中 東 戰 爭 全 史

중동전쟁전사

오정석 著

고난의 시기마다 정신적 버팀목이었던 부모님께 이 책을 바칩니다.

책머리에

지금까지 국내에서 출판된 중동전쟁에 관한 서적 중 최고는 누가 뭐라 해도 김희상 님이 저술하신 『中東戰爭』일 것이다. 1977년에 출판된 이 책은 당시 군인들을 비롯하여 많은 사람들의 애독서였고, 나 또한 읽고 또 읽으면서 군사적 지식의 강렬한 욕구와 갈증을 해소해 나갔다. 그 후 세월이 흐르면서 중동전쟁과 관련된 많은 해외 군사서적과 최신 자료들을 접할 수 있게 되었고, 좀 더 심층 깊게 연구할 수가 있었다. 그런데 중동전쟁을 연구하면 할수록 새로운 자료를 바탕으로 중동전쟁사(中東戰爭史)를 새롭게 집대성하고 싶다는 마음이 솟구쳤으나 워낙 방대한 내용이라 감히 엄두를 낼 수가 없었다. 그러나 전역 후 시간적 여유가 생기자 예전부터 꿈꿔왔던 소박한 욕망이 다시 꿈틀대기 시작해 졸필을 들었고, 결국 5년 동안 각고의 노력을 거듭한 끝에 작은 뜻을 이루게 되었다.

중동전쟁은 본질적으로 아랍과 이스라엘 간의 무력충돌이지만 중동지역의 패권을 둘러싼 초강대국의 대결이 겹쳐져 있는 이중성(二重星)이 특질이다. 바로 그 이중성이 중동전쟁을 복잡하게 만들고, 전쟁의 전 국면을 지배할 뿐만 아니라 심지어 전후 영향까지도 규제한다. 따라서 중동전쟁은 국제정치와 군사의 두 가지 관점에서 바라봐야 전체모습을 조망할 수 있다. 그래서 본서(本書)는 두 가지 관점에서 다음과 같은 문제의식을 바탕으로 그 개요를 정리하였다.

첫째, 중동의 주도권을 둘러싼 강대국의 대립 속에서 아랍과 이스라엘의 국가지도자는 4차에 걸친 전쟁을 어떻게 지도했으며, 그 전쟁을 통해 얻은 교훈은 무엇인가?

둘째, 아랍과 이스라엘의 군사지도자는 국내외의 여러 가지 제약 속에서 어떻게 작전계획을 수립하고 그것을 지도했으며, 그 작전을 통하여 무엇을 배우고 그것을 건군 및 군사력 건설에 어떻게 반영했는가?

셋째, 4차에 걸친 전쟁을 통해서 초강대국의 영향력은 어떻게 변해 왔는가? 그것에 수반하여 전쟁의 목적과 성격, 전쟁지도는 어떤 영향을 받았는가? 더 나아가 아랍과 이스라엘은 초강대국의 중동정책과 전략 환경의 변화에 따라 어떻게 대응했는가?

넷째, 4차에 걸친 전쟁이 끝난 다음 1975년 이후 계속되고 있는 분쟁과 충돌, 즉 레바논 분쟁, 팔레스타인 민중봉기(Intifada), 가자 전쟁의 원인은 무엇이고 어떻게 진행되어 왔는가? 또 아랍(팔레스타인 포함)과 이스라엘은 세계 여론이라는 변수 속에서 어떤 수단과 방법으로 자신들의 정치적 목적을 달성하려고 했는가?

이러한 문제의식과 함께 전쟁을 객관적인 입장에서 평가하고 공정하게 서술하려고 노력했으며, 동시 다발적으로 전개되는 복잡한 전투상황 및 진행경과를 이해하기 쉽도록 동시통합도표와 전투요도를 다수 사용하였다. 이렇게 나름대로 노력을 하기는 했지만 전쟁 전체를 정확하고 충분하게 조명하는 데에는 여전히 부족함이 많을 것이라고 생각한다.

이스라엘은 특별한 자원이나 독자적 가치를 갖지 못한 작은 나라다. 그러나 강대국 중심의 국제정치 와중에서도 자신이 추구하는 국가 정책과 전략을 추진하여 평시는 물론이고 전쟁 시에도 그 목적을 달성하였다. 이러한 성공은 우리나라를 비롯한 중소국가들에게 많은 교훈을 제시해 주고 있다. 우리가 특히 주목해야 할 것은 우리를 둘러싸고 있는 지정학적 요인과 안보환경이 이스라엘의 상황과 비슷하다는 것이다. 따라서 한반도에서 급변사태나 전쟁이 발생할 경우, 이미 중동전쟁에서 드러난 것처럼 복잡한 이해관계가 얽혀있는 강대국들이 직·간접적으로 개입할 것이며, 이는 이스라엘군이 완벽하게 승리하는 것을 강대국이 방해했듯이 우리의 자주적 행동도 제약을 받을 것이다.

이러한 안보환경 때문에 우리에게는 강대국과의 강력한 동맹이 반드시 필요하며, 아울러 그러한 제약 속에서도 전략 목적을 달성했던 이스라엘의 지혜를 배워야 한다. 이와 더불어 이스라엘군의 공세전략(선제타격, 단기결전, 내선작전 등)도 심층 연구할 필요가 있다. 우리와 같은 중소국가는 장기전을 감당하기가 어렵다. 따라서 전쟁 억지가 실패했을 경우에는 단기결전을 추구해야만 한다. 그럴 경우 국내외의 여러 가지 제약 하에서도 성공을 거두었던 이스라엘군의 공세전략사상과 전쟁지도 및 리더십 등은 우리에게 좋은 참고가 될 것이다. 이처럼 중동전쟁의 교훈을 참고하여 우리의 국가전략 및 군사전략개념을 발전시켜 나가는 데 본 졸저가 조금이라도 도움이 된다면 그보다 더 기쁜 일은 없을 것이다.

마지막으로 본 졸저가 출판되기까지의 격려와 도움을 주신 분들께 감사드리고 싶다. 무엇보다도 소천(召天)하셔서도 '보이지 않는 손'으로 도와주신 아버지 고 오세웅님과 어머니 고 장옥순님께 감사드리며, 그 보답으로 이 책을 바친다. 내가 40년 동안 군인으로서 외길을 걸을 수 있었고, 전역 후에는 한눈팔지 않고 전사연구를 계속하며 이 책을 쓸 수 있었던 힘의 원천은 부모님의 음덕과 가르침이었다. 그리고 집필하는 동안 물심양면으로 후원해주신 안해(安海)선생님께 나의 진심을 담아 감사드린다. 또한 아낌없는 지원과 격려를 보내주시다가 안타깝게도 책의 완성을 보지 못하고 소천(召天)하신 고 박동하님께 감사드린다. 아울러 본 졸저의 출판을 흔쾌히 허락해주신 연경문화사 이정수 대표님께도 감사의 말씀을 전한다.

2022년 6월, 꽃방마을 염궁당(念弓堂)에서

차례

제5부 소모전쟁

제6부 10월 중동전쟁(제4차 중동전쟁)

제7부 1975년 이후 분쟁 및 충돌

부 록   제4차 중동전쟁(10월 전쟁) 심포지엄 자료

제1부
중동전쟁의 역사적 배경

▌▌▌▌ 제1장 ▌▌▌▌
유대의 역사와 시오니즘(Zionism) 운동

기원전 2000년경, 아브라함이 이끄는 히브리족(族)이 가나안에 정착하지만 엄청난 기근 때문에 이집트의 나일 강 하류로 이주한다. 그리고 기원전 1300년경, 모세가 이들을 다시 가나안으로 이끈다. 이후 히브리족은 원주민인 가나안족(族)과 싸우면서 점차 영토를 넓히는 한편, 북쪽에서 내려온 팔레스타인(블레셋)족의 위협에 대항하기 위해 이스라엘 왕국을 세웠다.

이스라엘 왕국은 다윗왕과 솔로몬왕 시대에 최전성기를 이룬다. 그러나 솔로몬왕이 죽은 뒤 왕위다툼으로 분열되어 북(北)이스라엘과 남(南)유다로 나뉘게 된다. 북이스라엘은 기원전 722년, 아시리아에 의해 멸망하고, 남유다는 기원전 586년, 바빌로니아 왕국에 의해 멸망했다. 바빌로니아 왕국은 남유다의 백성을 본국으로 끌고 가 노예로 삼았는데, 이때부터 히브리족을 '유다 사람들'이라는 뜻의 "유대인(人)"이라고 부르게 되었다.

유대인은 기원전 538년, 바빌로니아 왕국을 점령한 페르시아의 칙령에 따라 고국으로 돌아온다. 이후 이스라엘 지역은 페르시아의 지배를 받다가 알렉산더 제국(그리스)의 지배를 받았다. 그러나 기원전 166년, 하스모니아 가문의 마타디아와 그의 다섯 아들이 반란을 일으켜 끝까지 투쟁한 결과, 기원전 129년에 유대국가인 하스모니아 왕조가 세워져 번영을 누렸다.

기원전 63년, 로마의 장군 폼페이우스가 예루살렘을 점령하고 이스라엘 땅을 로마의 속주로 삼았다. 그리고 로마에 협조적인 헤로데 1세를 왕으로 임명하였다. 그러나 헤로데

1세는 대중들의 신임을 얻지 못했다. 이 시대에 베들레헴에서 예수가 탄생했고, 그를 메시아로 믿고 따르는 초기 기독교가 성립하였다.

헤로데 1세가 죽은 후, 로마는 이스라엘을 직접 통치했지만 유대인들은 독립을 쟁취하려고 두 차례에 걸쳐 대규모 반란을 일으킨다. 그러나 반란은 실패했고, 로마는 이스라엘 땅의 이름을 유대인들이 싫어하는 팔레스타인(블레셋)족의 이름을 딴 팔레스타인으로 바꾸고 유대인들을 추방했다. 이때부터 유대인의 디아스포라(Diaspora : 유랑인, 이산離散)가 시작되었다.

1. 유대 · 로마전쟁과 디아스포라(Diaspora)

가. 제1차 유대 · 로마전쟁(66~73년)

유대민족이 조국을 잃고 '디아스포라(Diaspora)'가 되어 버린 것은 70년, 티투스(후에 로마 황제)가 예루살렘을 파괴하고 유대인들을 축출한 때부터였다. 당시 유대지방은 지중해 전역을 석권한 로마의 지배를 받고 있었다. 로마의 식민지 기본정책은 피지배민족의 문화를 존중하고, 로마에 협조적인 통치자를 두어 관리하는 것이었다. 따라서 로마지배하의 유대지방도 자치를 인정받았으나, 다신교 문화인 지중해권역 세계와는 달리 유대 속주만이 유일하게 일신교를 신봉하는 문화지역이어서 로마와 끊임없이 마찰을 일으켰다. 유대인들은 제정일치 사회를 이루기를 원했고, 이를 위해 로마의 지배로부터 완전히 벗어나려고 했다. 그 결과 유대인들이 여러 차례 반란을 일으키게 되는데, 66~73년까지 이어진 대규모 반란이 제1차 유대·로마전쟁이다.[1]

발단은 그리스인과의 작은 종교적 다툼에서 시작되었는데, 당시 유대총독 프롤루스가 체납된 속주세(稅) 대신 예루살렘 신전의 보물창고에서 17탤런트의 금화를 몰수하자 더욱 확대되었다. 그렇지 않아도 과중한 세금 때문에 불만이 많던 유대인들은 이를 '자신들의 신(야훼)을 모독하고 말살시키려는 음모'라고 주장하면서 폭동을 일으켰다. 프롤루스는 폭

---

1) '유대독립전쟁' 또는 '위대한 반란'이라고 부르기도 한다.

동 주모자를 체포하고 처형해 사태를 수습하려고 했지만 과격한 진압은 오히려 반(反)로마 성서에 불을 붙여 유대인 과격파들이 주도하는 폭동으로 변해 전국적으로 확대되었다. 그리하여 예루살렘을 점령하고 66년 6월에는 유대 남서부지역까지 장악하기에 이르렀다. 이에 시리아 총독 케스티우스가 반란을 진압하려고 로마군단을 이끌고 남하해 유대반란군이 점령한 몇몇 도시를 탈환하고 마침내 예루살렘을 포위하였다. 그러나 유대반란군이 기브온에 주둔한 로마군을 공격했다. 이렇게 되자 케스티우스는 예루살렘 포위를 풀고 철수할 수밖에 없었다. 유대반란군은 게릴라 전술로 철수하는 로마군 후미를 공격해 큰 피해를 입혔다. 결국 케스티우스는 반란진압에 실패하고 66년 11월, 시리아로 돌아갔다.

초기 진압에 실패하자 네로황제는 유대 속주에서 일어난 반란을 심각하게 받아들이고 경험이 풍부하고 노련한 베스파시아누스장군을 불러들여 로마군 3개 군단을 주고 유대 속주의 반란을 진압하도록 했다. 베스파시아누스는 각 지역에서 이동해 오는 군단과 동맹군 병력이 도착할 때까지 기다렸다. 그리고 사령관에 임명된 지 반년이 지난 67년 5월부터 군사행동을 개시했다.

아들 티투스와 함께 출전한 베스파시아누스는 예루살렘 주변지역의 유대반란군부터 각개 격파하기 시작했다. 갈릴리의 가장 견고한 요새도시인 요타파타는 47일간의 공방전 끝에 67년 7월 20일 함락되었는데, 베스파시아누스의 투항권고에도 불구하고 대부분의 유대장로와 병사들은 자결했다.[2] 요타파타를 함락시킨 베스파시아누스는 유대 북부지방을 대부분 평정하고, 68년 여름에는 예리코를 거쳐 예루살렘으로 진군해 들어갔다. 마침내 예루살렘은 사방에서 포위되었고, 유대반란군이 장악한 지역은 유대 동부지역 일부와 몇 개의 요새로 축소되었다. 그런데 이 시점에서 예기치 못한 일이 일어났다. 네로황제가 자살했다는 소식이 들어 온 것이다. 이 때문에 예루살렘 공격은 잠시 중단되었다. 로마에서는 황제 자리를 놓고 권력다툼이 벌어져 그야말로 혼란 상태였다. 이 와중에 시리아 총독 무키아누스의 지지를 받아 베스파시아누스가 황제로 추대되자 그는 아들 티투스에게 지휘권을 넘겨주고 로마로 갔다.

한편, 예루살렘 성안에서는 전쟁이 소강상태로 접어들자 내분이 일어났다. 그 과정에서 과격파인 열심당의 영향력이 커지면서 결사항전의 태세를 갖추었으며, 항복을 주장하는

---

2) 반란군의 지도자 요세푸스를 포함한 2명만이 자발적으로 항복했다. 훗날 요세푸스는 『유대전쟁사』를 집필했다.

사람은 누구든 '시카리(Sicarii)'[3]에 의해 살해당했다.

베스파시아누스 황제가 예루살렘 공격을 재개하라고 명하자 70년, 티투스 지휘하의 로마군은 총공격을 개시했다. 로마군은 공성탑, 공성추 등을 이용해 공격했고 유대반란군도 필사적으로 저항했다. 5월 25일, 마침내 첫 번째 성벽이 돌파되었다. 유대반란군은 두 번째 성안으로 후퇴했다. 이후 전투는 다양한 형태로 처절하게 전개되었는데, 유대반란군이 성문을 열고 나와 로마군을 기습 공격하기도 했다. 제2성벽도 로마군의 수중에 들어왔다. 티투스는 잠시 공격을 멈추고 항복을 권고했다. 그러나 유대인들은 묵묵부답이었다. 로마군은 공포심을 조성하여 항복을 유도할 목적으로 탈출하는 유대인들이 붙잡히는 대로 십자가에 매달아 성벽 앞에 둘러 세웠다. 그러나 이 같은 위협도 유대반란군의 항전의지를 꺾지 못했다.

유대반란군은 안토니오 요새와 예루살렘 성전에서 완강하게 저항하였다. 그러나 8월 말, 마침내 예루살렘성은 함락되었으며 9월에는 예루살렘 서북 고지대에 자리 잡은 헤로데 궁전까지 점령당함으로써 모든 저항은 끝이 났다. 로마군은 예루살렘을 철저히 파괴했다. 성전과 성벽은 '돌 위에 돌 하나 남김없이' 무너졌다.[4] 유대인들이 신성하게 여기는 성전도 철저히 약탈당했다.[5]

예루살렘의 함락으로 유대반란은 진압된 것이나 다름없었다. 그러나 유대인들이 최후까지 저항한 곳은 사해 서쪽에 위치한 마사다 요새였다. 하지만 마사다 요새도 73년, 실바가 지휘하는 로마군에 의해 함락되었고, 유대인 지도자 엘리아자르 벤 야이르를 포함하여 960명이 모두 자결함으로서[6] 제1차 유대·로마전쟁은 막을 내렸다.

---

3) '단검을 지닌 사람들'이라는 뜻이며, 유대민족의 자주독립을 위해 투쟁하는 열심당원 중에서 과격한 분파다. 이들은 옷 속에 단검을 숨겨 다니며 로마에 협조적인 사람은 누구든지 살해했다.

4) 현재 유일하게 남아있는 것이 서쪽 성벽(일명 '통곡의 벽') 일부다. 일설에는 티투스가 유대인들에게 뼈아픈 교훈을 주기 위해 기념물로 남겨두었다고 한다. 그러나 이 벽은 성전 언덕을 둘러싼 하부옹벽(흙이 무너져 내리지 않도록 막는 구실을 하는 벽)이므로, 파괴했을 경우 성전 언덕이 무너져 내릴 수 있기 때문에 축대 역할을 하는 서쪽의 하부옹벽 일부를 남겨둔 것으로 추측된다.

5) 원래 고대전쟁에서는 승리자라 하더라도 성전이나 신전은 약탈하지 않는 것이 불문율처럼 지켜졌는데, 이 전쟁에서는 성전도 철저하게 유린당했다. 이는 유대인들이 성전까지도 군사거점으로 사용해 끝까지 저항했기 때문이다. 또 로마가 앞으로는 유대교도에게 그들의 '총본산'을 갖는 것을 허락하지 않겠다는 결의의 표명이기도 했다.

6) 로마군이 요새 안에 진입하기 전에 자살을 하는데, 엘리아자르의 연설이 유명하다. "…그래야 우리의 여인들이 치욕을 당하지 않고 죽을 수 있으며, 아이들도 노예가 되지 않을 것이다. 먼저 우리 손으로 이들의 목숨을 끊은 후에 우리 자신도 서로에게 고귀한 죽음을 선사하여, 자유를 우리의 가장 아름다운 수의로 삼기로 하자!"

이 전쟁의 결과, 유대에 대한 로마의 관용정책은 크게 바뀌었다. 또한 유대인 포로 중 수만 명은 로마로 끌려갔으며, 나머지 대부분은 각 속주의 노예로 보내졌다. 16세 이하의 남녀포로는 전리품으로 분배되었다. 다만 반란에 참여하지 않았던 유대인들은 그대로 남아서 살 수 있었다.

나. 제2차 유대·로마전쟁(132~135)

제1차 유대·로마전쟁이 끝난 후 로마는 유대지방을 시리아에서 분리하여 독립된 속주로 삼아 통치하였고, 카이사레아에 주둔하던 로마군단도 예루살렘으로 이동시켰다.

한편, 유대종교에도 큰 변화가 일어났다. 예루살렘 성전이 파괴되었기 때문에 기존의 전례 중심의 종교는 더 이상 유지할 수가 없었다. 따라서 성전제의를 관장하던 사두가이파(派)가 몰락했고, 사제의 종교적 권위는 랍비에게로 이동했다. 그래서 회당에서의 기도와 성서공부, 가정에서의 일상생활이 종교의 중심이 되었고, 오늘날 유대교의 기틀이 되었다.

그 이후 한동안 잠잠하다가 트라야누스 황제 때 이집트와 사이프러스 등지의 유대인들이 주도한 반란(키토스 전쟁 : 115~117년)이 일어났다. 그러나 더 큰 문제는 하드리아누스 황제시대에 터졌다. 시몬 바르 코크바가 주도한 대규모의 유대인 반란이 일어난 것이다.[7] 문제의 발단은 하드리아누스 황제가 130년, 폐허가 된 예루살렘을 방문한 것에서 시작되었다. 하드리아누스는 도시를 멋있게 재건해 주겠다고 약속했는데 문제는 '로마식'으로 재건했다는 것이다. 더구나 제2성전 자리에 로마의 신 주피터 신전을 지으려고 한 것이 유대인의 심기를 건드렸다. 뿐만 아니라 유대인의 할례까지 금지시켰다.[8] 이것이 반란을 촉발시킨 직접적인 원인으로 볼 수 있겠지만, 보다 근본적인 이유는 제1차 전쟁 이후 유대인들의 땅이 황폐해진 데다가 많은 유대인들이 토지를 몰수당한 탓에 농민층의 빈곤화가 가속화된 것에 있었다.

결국 순행을 마친 하드리아누스가 유대지방을 떠나자마자 132년, 바르 코크바의 지휘

---

7) 이 반란을 일반적으로 제2차 유대·로마전쟁으로 부르는데, 트라야누스 시대의 반란을 제2차 유대·로마전쟁으로 보는 일부 학자들은 제3차 유대·로마전쟁으로 표기한다.

8) 전(前)에 아우구스투스가 제국의 인구수를 확보하기 위해 거세 금지령을 내린 적이 있었는데, 하드리아누스는 이를 더욱 강화하여 할례까지 금지시켰다.

하에 대대적인 봉기가 일어났다. 당시 유대인들의 존경을 받던 랍비 아키바는 바르 코크 바를 '메시아'라고 선언했다. '바르 코크바'는 아람어(語)로 '별의 아들'이란 뜻이다. 랍비 아키바는 이를 구약성서 민수기 24장 17절에 "야곱의 아들 중에서 별이 나올 것이며…"라 는 구절에 적용시켜 바르 코크바를 메시아로 추대하였다.

바르 코크바가 지휘하는 반란은 급속하게 확대되었으며, 예루살렘은 물론 유대지방과 사마리아 지방까지 장악하여 위세를 떨쳤다. 바르 코크바는 이스라엘의 '나시'⁹⁾를 자처하 며 '이스라엘 해방 제1년'이라고 새겨진 화폐(동전)를 발행했고, 랍비 아키바 벤 요셉은 유 대교 부흥에 나섰다.

로마의 하드리아누스 황제는 브리타니아에 있는 세베루스를 사령관으로 임명하고, 다 뉴브 근처에 배치되어 있는 로마군단까지 전환시켜 반란을 진압하도록 했다. 세베루스는 유대 북부에서부터 반란을 진압하며 남쪽으로 진군해 나갔다. 그리하여 134년, 대대적인 공세를 전개한 끝에 유대인들의 완강한 저항을 물리치고 예루살렘을 다시 탈환했다. 예루 살렘이 함락되자 유대인들은 제1차 전쟁 때처럼 도시 및 요새 위주의 방어작전을 실시하 지 않고 산악지역에서 게릴라전으로 전환하였다. 그래서 로마군을 여러 가지로 괴롭혔다. 로마군은 제1차 전쟁 때보다 더 많은 병력을 투입했고, 사상자도 상당했다. 바르 코크바는 예루살렘을 내준 후 베들레헴 근교의 산악지대로 철수하여 최후의 항전을 계속했지만 결 국 135년, 바티르 마을 전투에서 패하고 자살했다. 랍비 아키바 벤 요셉은 유대반란을 선 동한 죄로 체포되어 모진 고문을 받다가 죽었다. 이로써 반란은 실패로 끝났고, 독립국가 의 꿈도 사라졌다.

이 전쟁의 결과 예루살렘은 다시 한번 파괴되었다. 하드리아누스 황제는 예루살렘을 유대인들의 기억에서 완전히 지워버리기 위해 도시 명칭을 '아엘리아 카피톨리나(Aelia Capitolina)'라는 로마식 이름으로 개명하고, 도시를 로마식으로 재건하였다. 또 성전 자리 에 주피터 신전을 세웠다. 그리고 그 땅의 이름도 유대인들에게 가장 저주스러운 이름 중 의 하나인 '블레셋' 즉 '팔레스타인'¹⁰⁾이라는 이름으로 바꾸어 버렸다. 뿐만 아니라 예루살

---

9) 왕 또는 통치자라는 뜻.

10) 팔레스타인(Palestine)의 어원은 '필리시테인(Philistine : 블레셋 사람)'이다. 그러나 필리시테(블레셋) 사람 은 미케나 문명 당시 남부 그리스에서 이주한 그리스계 종족으로, 현재의 팔레스타인 사람과는 혈통적으로 직접적인 관련은 없다.

렘이 항상 로마제국에 반대하는 항쟁의 진원지가 되기 때문에 모든 유대인들을 예루살렘에서 추방했고, 나시는 들어가지 못하게 했다. 이로써 유대인들의 디아스포라(Diaspora)는 더욱 확산되었다. 이것은 앞으로 숱한 세월을 써 내려갈 고난의 역사의 시작이기도 했다.

그 후 유대지방이 이슬람 세력에게 넘어간 것은 이 지역을 지배하던 비잔틴제국(동로마제국)이 약화되고 이슬람 세력이 팽창했기 때문인데, 638년 예루살렘이 이슬람에 함락되자 이때부터 이슬람 세력이 지배하였다.

2. 유대인의 박해와 시오니즘(Zionism) 운동

로마에 의해 팔레스타인에서 추방된 유대인들은 여러 나라로 흩어져 살게 되었고, 수많은 인종적 박해를 받았다. 박해는 로마제국이 그리스도교를 국교로 채택한 때부터 시작되어 중세에 이르면서 점차 심해졌다. 1789년 프랑스 혁명 후 유대인의 박해가 완화되었지만, 제2차 세계대전 중 나치의 유대인 대량학살로 정점에 달했다.

그렇다면 유럽에서 유대인들이 인종적 박해를 받은 이유는 무엇일까? 그들은 '신에 의해 선택된 백성'이라는 종교관과 고유의 법률, 관습 등을 고수하여 이주한 곳의 민족 및 주민들과 동화하기 어려웠다. 이러한 선민사상과 독특한 생활방식이 대부분 지역에서 박해를 자초하는 근원이 되었다. 반면에 유대인 특유의 정체성을 강화시키는 데 큰 역할을 해 시오니즘(Zionism)의 근원이 되기도 했다.

중세 그리스도교 사회는 유대교를 사교(邪敎)로 규정하고, 유대인을 한군데 모아서 격리시키는 '게토제(制)'의 기초를 확립했다. 더구나 1215년에는 이교도에게 차별 배지(badge)를 붙이게 하는 제도가 도입되었고, 유대인의 국외 추방을 결정하는 나라가 계속 나타났다. 더구나 그리스도교 사회에서 유대교도는 직업에도 제한을 받아 의사와 같이 일반인이 하기 힘든 전문직에 종사하거나 가장 비천한 직업이었던 고리대금업[11]에 종사하는 경우가 많았다. 그 때문에 고리대금업을 하는 유대인들은 돈 또는 금을 많이 보유할 수밖에 없었는데, 이것이 또 그리스도 교도의 반감을 증폭시키는 원인이 되었다. 따라서 사회에 어떤

---

11) 당시 그리스도교는 돈을 빌려주고 이자를 받는 것을 죄악시했다.

문제가 발생할 때마다 유대인들이 분풀이 대상이 되어 살해되거나 시나고그(유대교 회당)가 불태워지는 경우가 있었다.

16세기에 이르러 르네상스와 종교개혁에 의해 가톨릭교회의 절대적 지배가 흔들리자 유대인 박해도 점차 줄어들었다. 특히 1789년 프랑스 혁명은 유대인에게 해방의 기운을 불어넣었다. 나폴레옹은 유대인 공동체의 자치권을 인정했고, 프랑스 혁명군이 도처에 이식하여 만개한 '모든 민족은 그들만의 독립 국가를 가질 권리가 있다는 사상'이 그 시대의 대표적 이데올로기로 자리매김한 것이다.[12] 따라서 유대인에게 메시아적(的) 꿈으로 남아있던 '시온으로의 복귀'는 19세기 유럽에 등장한 이데올로기에 의해 동시대의 정치 현안으로 탈바꿈했다. 그런데 새로운 민족주의는 다수파 이외의 집단에 대해서는 관용을 베풀지 않는 어두운 면이 생겨났고, 유대인이 맞닥뜨린 문제가 바로 그것이었다.[13]

19세기 말, 서유럽의 유대인들은 지난 수백 년간 그들의 삶을 옥죄었던 다수의 제약에서 벗어나 상당한 법적 지위를 누리게 되었다.[14] 그렇지만 그들은 여전히 유대인을 이질적으로 보는 이웃들의 크고 작은 적대감에 시달렸다. 더구나 동유럽국가들, 그중에서도 러시아(우크라이나 포함), 발트3국, 폴란드 등에서 유대인의 박해가 심했다. 당시 러시아 내에 설치되어 있던 강제거주 지역, 즉 페일(Pale : 건물 울타리에 사용된 말뚝에서 유래된 말)에 갇혀 살던 대부분의 유대인들은 유대계 러시아인이 되지 못한 채 러시아계 유대인으로 계속 남아있었다. 그들은 법적 제약에 그치지 않고 조직적 학살의 희생양이 되기도 했다. 19세기 후반기와 20세기 초에는 학살의 도가 갈수록 심해져 수많은 유대인들이 러시아 및 동유럽을 떠나 다른 곳으로 이주했다.[15]

이러한 상황에서 당시 민족주의가 정치적 악폐를 근절할 수 있는 만병통치약으로 간주되었던 만큼, 누군가가 유대인 문제에 대한 답으로 민족주의를 제시할 필요가 있었다. 즉

---

12) 다만 민족의 구성요소가 무엇인지는 분명치 않았다.

13) 민족주의가 팽배한 서유럽에서 유대인은 새로운 모습으로 다가왔다. 독일 유대인이 독일인이 될 수 있는지, 프랑스 유대인이 프랑스인이 될 수 있는지, 될 수 있다면 그들의 고유성은 어떻게 될 것인지의 문제가 대두된 것이다. 데이비드 프롬킨/이순호, 『현대 중동의 탄생』, (서울 : 갈라파고스, 2016), p.420.

14) 게토(유대인 강제거주 지역) 밖으로 나올 수 있고, 상업 활동과 직업선택이 가능해지고, 토지를 구입할 수 있고, 시민의 권리를 갖는 등. 상게서, p.420.

15) 그들의 행선지는 미국, 캐나다, 오스트레일리아, 남아프리카 등이었다. 그들 중 많은 수가 미국을 선택했는데, 1881년부터 19세기 말까지 60만 명 이상이, 1903년에는 150만 명, 1928년에는 300만 명이 미국으로 이주했다. 田上四郎, 『中東戰爭全史』, (東京 : 原書房, 1981), pp.1~2.

인종적 박해를 벗어나는 유일한 길이 단기적으로는 유럽에서 탈출하는 것이지만, 장기적으로는 유대인 자신의 민족적 국가를 수립해 그곳으로 돌아가는 해결책 같은 것을 일컫는다. 이에 따라 도달한 결론은 제각각이었지만 몇몇 작가들은 유대인들이 독립 국가를 수립해 민족통합과 민족자결을 이룰 것을 제안하는 작품을 집필하기도 했다.[16] 그중에서 시오니즘(Zionism)을 정치운동으로 부각시킨 최초의 인물은 테오도르 헤르츨(Theodore Herzl)이었다. 그는 1896년, 「유대나라(國)」라는 작은 책에서 시오니즘에 관한 자신의 생각을 밝혔다. 이것이 시오니즘의 바이블이 되었고, 예루살렘의 '시온의 언덕'으로 돌아가 국가를 수립하자는 시오니즘 운동으로 발전하였다. 그런데 문제는 헤르츨이 동화된 유대인[17]이다 보니 국가의 필요성을 느끼면서도 장소에 큰 의미를 부여하지 않았던 것이다. 하여튼 간에 헤르츨은 세상 물정에 밝았으므로 당시 유럽에서 어떤 식으로 정치적 거래가 이루어지는지에 대해서도 잘 알았다. 그래서 그것을 바탕으로 시오니즘 조직을 구성하고, 그다음에 조직의 대표로서 각국 정부의 관리들과 협상에 나섰다.

20세기 초에는 오스만 제국과 협상을 벌였다. 그러나 시오니스트들의 제안이 술탄의 동의를 얻기 힘들다고 생각해 다른 방향을 찾았다. 그러던 중 1903년, 영국의 식민장관인 체임벌린을 만나게 되었다. 체임벌린 역시 국가가 유대인 문제를 해결해야 한다고 생각했다. 그래서 팔레스타인에 유대인의 정치적 공동체를 수립하려는 최초 안(案)에서 한발 후퇴한 헤르츨의 제안을 호의적으로 받아들였다. 헤르츨은 대안으로서 키프로스 섬이나 팔레스타인 부근의 시나이 반도 북동부에 위치한 엘 아리쉬 중 하나를 유대인 정착지로 제안했다. 두 곳 모두 명목상으로는 오스만 제국 영토였으나 실질적으로는 영국이 지배하는 곳이었다. 이 중 키프로스 안(案)은 부결되고, 시나이 안(案)에 대해서만 영국 관리의 동의를 받을 수 있도록 도와주겠다고 체임벌린이 답변했다. 그런데 카이로 주재 영국 정부가 거부하여 시나이 안(案)도 끝내 부결되었다.

이 계획이 실패하자 체임벌린은 자기 부처의 관할권 내에 있는 지역이면 정착지로 제

---

16) 모세스 헤스의 「로마와 예루살렘(Rome and Jerusalem)」(1862), 레오 핀스케르의 「자력해방(Auto-Emancipation)」(1882)이 대표적인 예다.

17) 헤르츨은 오스트리아 출신으로서 빈의 한 신문사 파리특파원으로 활동한 멋쟁이 저널리스트였다. 자신이 유대인이라는 사실조차 잊고 지낼 정도였다. 그랬던 그가 전 세계 유대인들을 역사적 곤경에서 구해줄 결심을 하게 된 것은 드레퓌스 사건(프랑스의 군 관련 문서가 독일 정보원에게 넘어간 사실이 밝혀지자 유대인 포병장교 알프레드 드레퓌스가 그 누명을 뒤집어 쓴 사건) 때문이었다. 헤르츨은 그 사건으로 프랑스에 반유대주의 여론이 들끓는 것에 큰 충격을 받았다.

공해 줄 수 있다고 하면서 영국령인 동아프리카의 우간다를 후보지로 제안했다. 헤르츨은 우간다 안(案)에 동의하였다. 그리하여 헤르츨이 변호사로 선임한 로이드 조지가 유대인 정착촌 강령의 초안을 작성해 영국 정부에 제출하자 1903년 여름, 외무부는 그 제안을 호의적으로 고려하겠다는 신중하면서도 긍정적인 답변을 했다. 이것이 시오니즘 운동에 관해 한 나라의 정부가 내놓은 최초의 공식선언이자 유대인 국가의 의미가 내포된 최초의 공식 성명이었다. 최초의 밸푸어 선언인 셈이다.[18]

이로부터 얼마 지나지 않아 세계 시오니스트 대회가 열리자 헤르츨은 유대인 정착의 설립지로 동아프리카의 우간다가 제안된 사실을 알리고, 그것이 러시아계 유대인들이 학살의 공포로부터 벗어나 약속의 땅으로 가는 중간 기착지 겸 피난처가 될 것이라고 역설했다. 하지만 대의원들은 그의 연설에 전혀 공명하지 않았다. 지도자들만 우간다 안(案)에 찬성했을 뿐 대의원들은 조상의 땅이 아닌 다른 곳에는 흥미를 보이지 않았다.

시오니즘 운동은 결국 벽에 부딪히고 말았다. 헤르츨로서는 팔레스타인으로 시오니즘 운동을 이끌어 갈 방법이 없었고, 시오니즘 운동 또한 팔레스타인이 아닌 다른 곳이라면 그를 따르려 하지 않았던 것이다. 헤르츨은 이렇게 산산조각이 난 지도부를 남기고 1904년, 세상을 떠났다. 다시 팔레스타인이 유대인의 정착지 설립을 위한 열강의 지지를 얻으려면 상황을 급변시킬 수 있는 큰 사건이 필요했다. 그것이 제1차 세계대전이었고, 그 전쟁은 다가오고 있었다.

---

18) 전게서, 데이비드 프롬킨/이순호, pp.422~423.

▌▌▌▌▌ **제2장** ▌▌▌▌▌
비극의 씨앗, 기만적 3중 약속

오늘날 4차에 걸친 중동전쟁의 간접원인은 1915년의 「맥마흔 서한」과 1917년의 「밸푸어 선언」에서 찾을 수 있다. 주지하고 있는 대로 제1차 세계대전(1914~1918)은 영국·프랑스·러시아 등의 연합국과 독일·오스트리아·오스만 튀르크 등의 동맹국 간에 벌어진 전쟁이었고, 당시 오스만 튀르크 지배하에 있던 팔레스타인을 포함한 중동지역도 그 전장의 일부였다.

이때 영국은 오스만 튀르크를 견제하기 위해 중동지역의 이슬람 지도자인 후세인과 밀약을 맺고, 오스만 튀르크에 대항하여 반란을 일으키면 그 대가로서 전후 '아랍인의 독립국가'를 수립시키겠다고 약속했다. 이것이 「맥마흔 서한」이다. 그런데 다른 한편에서 영국은 연합국에 대한 유대인의 협력(막대한 전쟁자금 조달)을 얻기 위해 팔레스타인에 '유대인의 모국'을 수립하는 것을 지지하고, 그 목표가 달성될 수 있도록 최선의 노력을 다하겠다고 약속했다. 이것이 「밸푸어 선언」이다.

이와 같이 상반된 2개의 약속 뒤에서 제국주의의 야욕을 드러낸 또 다른 약속이 있었는데, 그것이 바로 「사이크스·피코 협정」으로, 전후 중동을 영국과 프랑스가 분할하여 지배하자는 것이었다. 이러한 영국 제국주의의 기만적 3중 약속에 의해 제1차 세계대전 후 이스라엘, 요르단, 시리아, 레바논, 이라크, 사우디아라비아 등의 국가가 탄생하였다. 그렇다면 현대의 중동을 이렇게 복잡하게 만든 주체는 누구며, 그 일이 어떻게 일어났고, 왜 그랬을까? 또 어떤 오류가 있기에 지금까지 전쟁의 불씨가 꺼지지 않는 것일까?

1. 제국주의의 기만적 약속 「맥마흔 서한」

가. 배경

중동지역에 대한 영국의 제국주의적 침략은 1882년, 인도로 가는 길목인 이집트를 점령하면서부터 본격적으로 시작되었다. 그 후 지중해~수에즈 통로가 당시 동유럽 일부 및 서남아시아를 지배하고 있던 오스만 튀르크 제국에 의해 위협을 받는다고 판단하고, 그 통로의 안전을 확보한다는 명목으로 1906년 초, 군대를 파견하여 라파~아카바에 이르는 선(線) 이서(以西)의 시나이 반도를 탈취했다. 이러한 영국의 침략적 행동은 그동안 러시아의 남진정책을 봉쇄하기 위해 공동대처해 오던 오스만 튀르크 제국과의 우호적 관계가 적대적 관계로 변하는 원인이 되었다.

그 후, 제1차 세계대전이 발발하자 뒤늦게 동맹국 측에 가담한 오스만 튀르크 제국은 중동지역에서 상실한 그들의 영토와 권위를 되찾으려고 하였다. 따라서 대부분의 병력이 유럽전선에 묶여있던 영국으로서는 특별한 대책이 필요했다. 오스만 튀르크가 참전한 1914년 11월, 오스만 제국의 술탄[19] 겸 칼리프[20] 메흐메트 5세는 콘스탄티노플에서 영국에 맞선 지하드(성전)를 선포했다. 이에 따라 인도에서 무슬림이 대규모 반란을 일으킬 것으로 예상했다.[21] 그러나 아무런 일도 일어나지 않았으며, 그럼에도 불구하고 영국은 마음이 조마조마했다. 무슨 대책이라도 세우지 않으면 안 될 처지에 놓였다.

나. 서로를 필요로 한 후세인과 영국

지하드가 실패한 유일한 요인은 술탄이 헤자즈의 성지[22]를 지배하지 못했기 때문이었다.

---

19) 술탄(Sultan) : '통치자' 또는 '권위'를 의미하는 아랍어로, 칼리프로부터 권한을 위임 받아 특정 지역을 지배하는 무슬림 통치자를 지칭하는 칭호로 사용되었다.

20) 칼리프(Caliph/Khalifah) : 이슬람 공동체의 통치를 위해 예언자 무함마드가 행사하던 권한을 대행하는 후계자로 볼 수 있다. 그러나 무함마드의 예언자적 성격의 대리인이 아니라 정치·군사 지도자로서의 대리인이다.

21) 인도의 무슬림 인구만 해도 700만 명에 육박했고, 인도군의 압도적 다수를 무슬림이 차지하고 있었다.

22) 홍해와 접한 아라비아반도 서쪽에 있는 헤자즈에는 무함마드가 태어난 메카와 이후 메카에서 추방당한 무함마드가 헤지라(이주)를 행한 메디나의 두 성지(聖地)가 있다. 헤자즈는 오스만 제국령이기는 했지만 콘스

당시 오스만 튀르크의 술탄을 대신해 헤자즈를 통치한 인물은 메카의 샤리프[23] 겸 아미르[24]인 후세인 빈 알리였다. 그는 술탄이 직접 선발해 1908년, 아미르로 임명하였다.[25]

아미르가 된 후세인은 명목상의 지배자인 술탄에게는 충성했는데, 실권을 쥐고 있는 CUP 정부[26]와는 심한 갈등을 빚었다. 후세인은 그 자신뿐만 아니라 대대손손 아미르의 지위를 확고히 하려는 야망을 지녔다. 그래서 독립을 추구하려 했고, CUP 정부는 그 기도를 꺾으려고 했다. 그중에서 대표적인 CUP 정책이 이미 부설된 다마스쿠스에서 메디나까지의 철도선을 메카와 제다 항(港)까지 연장시키려는 계획이었다. 그 계획이 실현되면 철도와 전신기를 이용해 메디나와 메카를 비롯한 헤자즈 지역을 CUP정부가 직접 통치할 수 있으며, 그렇게 되면 후세인은 오스만 제국의 일개 하급관리로 전락할 수밖에 없었다. 그래서 후세인이 생각해 낸 대응책이 아랍 민간인들의 폭동이었다.[27] 이런 움직임을 눈치챈 CUP 정부는 후세인을 불신하게 되어 그를 폐위시키고 새로운 인물을 메카의 아미르로 앉히려는 극비계획을 세웠다. 다만 전쟁에 참전하게 되어 그 계획이 잠시 뒤로 미루어진 상태였을 뿐이었다.

이러한 상황에서 영국은 오스만 튀르크의 위협에 대응할 수 있는 세력을 찾고 있었는데, 마침내 발견해 낸 것이 CUP 정부와 갈등을 빚고 있는 메카의 샤리프 후세인과 때마침 민족주의 사상이 고조되고 있는 아랍인들이었다. 후세인은 오스만 튀르크의 참전이 임박했을 무렵 그의 아들 압둘라를 카이로에 보내서 CUP 정부가 자신을 폐위시킬 것에 대비해 영국 정부의 지원을 요청한 적이 있었다.[28] 그래서 오스만 튀르크가 참전한 다음 달인

탄티노플과 거리가 워낙 먼데다가 교통과 통신수단 또한 원시적 상태에 머물러 있다보니 상당한 정도의 자치를 누렸다.

23) 샤리프(Sharif) : 무함마드의 후손에게만 부여되는 존칭. 메카의 샤리프는 강력한 종교적 권한을 갖고 있고, 성지의 수호자이기 때문에 칼리프에게는 없어서는 안 될 존재였다. 왜냐하면 샤리프만이 지하드(성전)를 선언할 수 있기 때문이다.

24) 아미르(Amir) : 원래 아랍어에서 '명령자'라는 뜻이나, 그것이 장(長), 수령, 지휘자(지도자), 군주 등의 뜻으로 바뀌어 일반적으로 쓰인다.

25) 술탄이 후세인을 아미르로 임명한 것은 그의 처(妻)가 튀르크 인(人)이었기 때문이었다.

26) CUP(Committee of Union and Progress; 통일진보위원회) : 청년장교와 지식인이 중심이 되어 1906년에 결성한 오스만 제국의 정치조직이다. 청년 튀르크 당으로 불린 이 조직은 1908년에 혁명을 주도했고, 1913~1918년까지 내각을 조직해 정권을 쥐었다. 이들은 급속한 근대화를 시작했으나 극단적인 튀르크 민족주의는 오스만 제국 내의 아랍인과 다른 민족의 반발을 불러일으켰다.

27) 상계서, p.176.

28) 그때 압둘라는 그의 아버지 후세인이 CUP 정부에 맞서 항거하면 아라비아반도의 다른 부족장들도 그를 따

1914년 12월 초, 영국은 후세인에게 '아랍인들이 오스만 튀르크와 관계를 끊고 이번 전쟁에서 영국을 도와주면 영국은 그들의 독립을 인정하고 보장하겠다. 또 메카와 메디나의 칼리프는 아랍민족이 되는 것이 옳다'는 내용의 전문을 보냈다.

이때 영국은 후세인으로 하여금 오판을 하게 하는 오류를 범했다. 영국 관리들은 '칼리프'가 종교의 영적지도자에 불과한 것으로 곡해하고 있었다. 이슬람의 칼리프가 통치자 겸 전쟁지도자, 다시 말해 '군주'라는 사실을 몰랐다. 그래서 나중에 후세인이 자신의 새로운 왕국의 경계가 될 곳을 언급하자 영국이 소스라치게 놀란 것도 이 때문이었다. 당연히 후세인은 영국이 보낸 전문을 보고 영국이 자신에게 거대한 왕국의 지배자를 제의한 것으로 여겼다.[29] 이슬람의 새로운 칼리프가 뜻하는 것이 바로 그것이기 때문이다.

이처럼 상호 의견을 교환한 결과 1915년 초, 양측이 기본적인 합의를 했다. 영국이 아랍의 독립을 보장해 주는 대가로 후세인으로부터 약속받은 내용은 '오스만 제국과 전쟁 중에는 후세인 자신의 종교적 위광을 영국에 사용하지 않을 것이며, 미래의 어느 시점에 영국을 위해서만 그것을 사용할 것'[30]이었다. 그런데 1915년 여름, 후세인이 느닷없이 아랍권 아시아의 대부분 지역을 자신이 지배하는 독립왕국에 포함시켜야 한다는 서신을 보냈다. 카이로의 영국 관리들은 깜짝 놀랐다. 앞에서 언급했듯이 영국 관리들은 자신들이 제안한 '아랍인 칼리프'를 후세인이 '왕국을 부여'하겠다는 의미로 받아들이리라는 것을 전혀 몰랐다. 이처럼 후세인이 불쑥 독립 왕국을 원했던 데는 그 나름대로 이유가 있었다. 영국 관리들은 잘 몰랐지만 1915년 1월, CUP 정부가 종전 무렵에 후세인을 폐위시키려 한다는 문서가 발견된 것이다. 그러자 후세인은 어쩔 수 없이 CUP 정부와 맞설 생각을 했다. 하지만 그렇게 하자니 아랍권에서 소외될 것이 걱정이었다. 그래서 그는 아들 파이살을 다마스쿠스로 보내 그곳에 근거지를 둔 아랍 비밀결사의 지원을 받을 수 있는지 알아보도록 했다. 1915년 3월 말, 파이살이 다마스쿠스에 들렀을 때 비밀결사로부터 '다마스쿠스 지역의 오스만 군대는 모두 자신들이 장악하고 있고, 봉기를 이끌 수도 있다'는 말을

를 것이라는 주장을 한 것으로 보이며, 아랍국가를 수립하면 내정은 아랍이 맡고 외교 분야는 영국이 담당하는 형태의 아랍·영국관계의 미래를 제시하였다.

29) 이슬람교에서는 정부와 정치를 비롯한 삶의 모든 영역이 율법의 지배를 받았으므로, 오스만의 술탄과 메카의 아미르 같은 수니파 무슬림의 시각에서 보면 칼리프는 율법의 옹호자였고, 따라서 모든 곳에 그의 지배권이 미쳤다.

30) 상게서, p.261. 전쟁이 끝나고 영국과 러시아의 경쟁이 재개되면 그렇게 해주기를 바랐기 때문이다.

들었다. 그러나 행동으로 옮기는 것에 대해서는 유보적 입장을 보였다.[31]

비밀설사와의 만남이 끝나자 파이살은 콘스탄티노플로 가서 CUP 정부 관리를 만났다. 그리고 5월 23일, 귀환 길에 다시 다마스쿠스에 들려보니 그사이 상황이 돌변해 있었다. 시리아의 오스만 총독이 아랍인들이 음모를 꾸미는 낌새를 알아채고 비밀결사를 일망타진한 것이다. 그 결과 몇 명밖에 남지 않은 비밀결사 요원들은 파이살을 만나 더 이상 자신들이 봉기를 이끌 수 없게 되었으니 이제 그 일은 후세인이 맡아서 해야 하며, 만일 후세인이 아랍의 독립을 지지하는 영국의 약속을 받아내면 자신들도 따르겠다고 말했다. 비밀결사 요원들은 독립 아랍국 영토의 경계를 설정한 문서도 작성했는데, 그것이 「다마스쿠스 의정서」로서 영토의 경계뿐만 아니라 후세인이 영국에 제시할 요구사항도 명시되어 있었다.[32]

이리하여 후세인은 영국에게 그 요구를 한 것이다. 그 요구를 한다고 해서 후세인은 잃을 것이 없었다. 오히려 나중에 봉기를 일으킬 때 어떤 식으로든 비밀결사의 지원을 받을 수 있고, 자신이 아라비아 및 아랍의 정치지도자로서의 권리를 주장할 수 있었기 때문이다.

다. 기만적인 「맥마흔 서한」

이러한 상황 속에서 1915년 가을, 갈리폴리 전선에서 오스만군을 탈영해 연합군 쪽으로 넘어온 알 파루키[33]라는 인물이 양측의 합의를 가속화시키는 데 촉진제 역할을 했다. 알 파루키는 다마스쿠스에 있을 때 취득한 정보에 의해 영국과 후세인이 상호 교신한 내용에

---

31) 조만간 독일이 승리할 것으로 보이니까 확실한 언질을 주지 않은 것이다. 굳이 지는 쪽에 가담할 필요가 없었다. 또 전쟁이 끝난 후 기독교권인 유럽보다는 같은 이슬람권인 오스만 제국의 지배를 받는 것이 더 나을 것 같다는 생각도 그들을 망설이게 한 또 다른 요인이었다.

32) 상게서, pp.263~264.

33) 무함마드 샤리프 알 파루키 중위는 이라크 모술 출신의 아랍계 오스만군 장교였다. 그는 1915년 봄, 파이살이 다마스쿠스에 처음 들렸을 때 그곳에 주둔한 오스만군에 있었고, 비밀결사 요원이었다. 그런데 비밀결사가 일망타진 될 때 그곳에서 쫓겨나 치열한 전투가 계속되고 있는 갈리폴리 전선으로 보내졌다. 그 후 1915년 가을, 오스만군을 탈영해 연합군 쪽으로 넘어왔다. 그리고는 카이로의 영국정보국에 전해줄 기밀사항을 갖고 있다고 주장해 즉시 이집트로 넘겨졌다. 그는 오스만군에 복무하는 아랍 장교들의 비밀단체인 알 하드 요원이라고 신분을 밝히고, 영국과 후세인의 협상과정에서 중심인물로 활약했다. 그러나 그는 알 하드 요원이 아니었다. 영국이 깜박 속아 넘어 간 것이다.

대하여 잘 알고 있었다. 그래서 진술하는 내용이 그동안에 있었던 일과 앞뒤가 척척 들어 맞자 영국은 그의 말을 신뢰하게 되었다. 따라서 영국은 알 파루키가 진술한 대로 '후세인이 다마스쿠스의 비밀결사의 지원을 받는 것이 사실이라면, 후세인은 단순한 메카의 아미르가 아니라 수십만의 오스만 군대를 손에 넣은 강력한 존재'라고 과대평가를 하게 되었다. 알 파루키는 '오스만 제국 내에서 아랍의 봉기가 일어나기를 원한다면 영국은 아랍권의 독립을 보장해야 한다'면서, 만약 이 요구가 받아들여지지 않는다면 아랍민족주의 운동은 독일과 오스만 제국을 지지하게 될 것이라고 말했다. 이 말을 들은 카이로의 영국 관리들은 흥분하여 "적군(오스만군) 내부에 '강력한 조직'이 존재하고, 후세인의 제안도 그 조직에서 나온 것이며, 만일 문제가 해결되지 않으면 아랍은 적 쪽으로 넘어갈 공산이 크다"는 내용의 급전을 런던에 보냈으며,[34] 정보국도 알 파루키의 요구사항을 수용할 수 있는 권한을 부여해 달라고 요청했다.

이에 대해 런던에서는 그동안 전쟁의 한 요소에 지나지 않았던 아랍이 이제는 연합군에 가장 중요한 요소가 되었으며, 따라서 후세인과 합의에 도달하는 것이 매우 중요하고 절실한 사안이 되었다고 판단하고, 카이로에 교섭권을 주어 후세인과 즉시 합의에 이르도록

〈그림 1-1〉 문제가 된 서쪽 지역

- 안다나
- 알레포
- 라타키아
- 하마
- 홈스
- 키프러스
- 베이루트
- 지중해
- 시돈
- 다마스쿠스
- 아크레
- 하이파
- 갈릴리호
- 텔 아비브
- 암만
- 가자
- 예루살렘
- 사해
- 라파
- 엘 아리쉬
- 이집트
- 아카바

---●---●--- 영국인이 주장하는 선

⬜ 후세인이 주장하는 독립 아랍국의 서쪽 경계지

---

34) 상게서, pp.265~267.

해야 한다는 결정을 내렸다. 이에 따라 1915년 10월 24일, 카이로 주재 고등판무관 맥마흔이 후세인에게 답신을 보냈는데, 그것이 「맥마흔 서한」이다. 그 서한에 의하면 '후세인이 헤자즈의 독립을 선언하고[35], 오스만 제국에 대항하여 군사봉기를 일으킨다면, 영국은 헤자즈의 지배권을 인정하고, 전후 후세인이 제안한 경계지 내에서 아랍의 독립국가 수립을 승인하겠다'고 했다.

하지만 맥마흔은 교묘히 약속의 본질을 비껴갔으며, 모호한 용어를 사용해 확실한 언질을 주는 데 따르는 책임을 회피하려고 했다. 전후 아랍이 독립하는 데는 동의하지만 정부 수립에 필요한 고문관과 관리는 반드시 영국인이어야 한다고 주장했다. 이는 아랍 왕국을 영국 보호령으로 만들겠다는 말이었다. 또 후세인이 요구한 아랍국가의 서쪽 영토[36]에 대해서는 '동맹국 프랑스의 이익에 손상이 가지 않도록 조치할 수 있는 영토에 한해서만 후세인의 권리를 지지할 수 있다'고 말했는데, 이는 당시 프랑스가 그곳의 모든 영토에 대한 권리를 주장하고 있었으므로, 결국 그 지역에 대한 아랍의 권리를 지지한다는 약속을 하지 않은 것이나 다름없었다.[37] 뿐만 아니라 책임을 회피하려고 지리적 용어를 모호하게 사용했다. 즉 '다마스쿠스'라고 하면 도시를 의미하는 것인지, 그 주변지역을 말하는 것인지, 다마스쿠스 지방을 의미하는 것인지 불분명했던 것이다.[38]

그래서 후세인은 결코 받아들일 수 없다(특히 서쪽 영토문제)는 답변을 보냈고, 교섭은 결렬되었다. 그러나 결국 후세인은 영국의 요구에 따를 수밖에 없었다. CUP 정부가 그의 폐위를 벼르고 있는 상황이라 영국이 그의 요구를 수용하던 수용하지 않던 간에 상관없이 오스만 제국과 싸워야 할 처지였기 때문이다.

---

35) 1916년 11월 6일, 독립선언.

36) 독립 아랍국의 서쪽 경계지는 지중해안선까지이며, 알레포, 홈스, 하마, 다마스쿠스 지역을 점유하는 것이었다.

37) 이때까지 중동의 미래를 논할 사이크스·피코 협상이 시작되지 않았다. 따라서 프랑스가 끈질기게 요구하는 시리아를 후세인에게 주었다가는 프랑스에게 더 큰 대가를 지불해야 한다는 것을 맥마흔은 잘 알고 있었다.

38) 이때부터 알레포, 홈스, 하마, 다마스쿠스에 대한 요구사항의 의미는 첨예한 논쟁거리가 되었다. 아랍-팔레스타인 옹호자들은 이후 수십 년 동안 이 네 곳의 지리적 용어를 정확히 해석하면 영국은 팔레스타인을 아랍에게 넘기겠다는 약속을 한 것이라고 주장하고, 유대인-팔레스타인 옹호자들은 정반대의 뜻이라고 역설했다.

라. 기만 대(對) 허상

맥마흔과 후세인의 각서는 서로 위조지폐를 남발하는 것이나 다름없었다. 영국은 아랍의 지지를 절박하게 원하면서도 후세인이 원하는 대가를 지불하지 않고 마치 후세인의 요구를 들어주는 척 무의미한 위조지폐만 남발하는 속임수를 쓴 것이다. 후세인도 위조지폐를 남발하기는 마찬가지였다. 그에게는 군대도 없었고, 비밀결사에도 부하들의 실체가 없었기 때문이다. 수만 명 혹은 수십만 명의 아랍군을 결집할 수 있다고 장담한 그들의 말은 모두 거짓말이었다.

하여튼 간에 후세인은 영국과 밀약한 대로 1916년 6월, 헤자즈에서 봉기를 일으켰다. 영국함대는 즉각 헤자즈 해안선으로 이동하여 오스만군의 진격을 가로막았다. 영국은 봉기가 무슬림과 아랍민족의 전폭적 지지를 받을 것으로 예상했다. 특히 아랍인들로 구성된 오스만군의 지원도 끌어낼 것으로 믿었다. 후세인과 파이살도 오스만군 전력의 1/3을 차지하는 아랍인 10만 명 정도가 봉기에 합류할 것으로 예상했다. 그러나 그런 일은 일어나지 않았다. 오스만군에 속한 아랍부대 중에서 후세인 편으로 넘어온 부대는 하나도 없었다.[39] 후세인의 병력은 영국 돈에 매수된 수천 명의 부족민이 전부였다. 그러다 보니 중무장한 오스만군의 상대가 되지 않았다. 영국의 해·공군지원을 받아 간신히 제다를 점령하고, 홍해 해안을 장악했을 뿐이었다. 영국의 실망은 컸고, 후세인에게 환멸을 느꼈다. 후세인의 봉기를 위해 영국은 1,100만 파운드[40]를 썼는데 본전도 건지지 못한 꼴이었다. 또 예상했던 것과 달리 후세인은 새롭게 분출한 아랍민족주의에는 관심을 기울이지 않고 더 큰 권력과 더 많은 영토를 얻고 자신의 지위를 세습하는 데에만 골몰했기 때문이다.

결국 영국군이 중심이 되어 1917년 가을부터 팔레스타인 및 시리아를 공격하게 되었고, 후세인의 아들 파이살이 이끄는 아랍군은 보조적인 역할만 수행했다.

---

39) 상게서, p.329.
40) 오늘날 환율로 계산하면 약 4억 달러에 달하는 거금이다.

2. 유럽 열강의 중동 분할 약속 「사이크스·피코 협정」

가. 배경

유럽의 제국주의 열강 중 대표적인 3국인 영국, 프랑스, 독일은 제1차 세계대전 이전부터 중동에서 우월적 이익을 추구하기 위해 치열하게 경쟁하였다. 그러나 3국은 자국의 제국주의적 이익을 양보할 생각을 갖지 않고 3각 대립을 전개하고 있었기 때문에 어느 일국이 일방적 우세를 점유할 수가 없었다. 이러한 가운데 1914년, 제1차 세계대전의 위기가 고조되자 독일이 선수를 치고 나왔다. 독일은 먼저 프랑스와 협상하여 시리아 중부에서 이집트 국경까지를 프랑스의 세력범위로 인정하고, 그 대신 시리아 북부와 메소포타미아에서 독일이 우월권을 보장받기로 했다. 그다음 영국과 협상하여 영국에게 베이루트 남부와 암만의 서쪽, 트란스요르단(동 팔레스타인), 이라크에서 특수 권익을 인정해 주고, 그 대신 메소포타미아에서 독일이 특수 권익을 인정받기로 합의했다. 그 결과 팔레스타인(요르단강 서쪽 지역)은 영국과 프랑스 간의 문제로 좁혀지고 상호 대립하게 되었다.

그런데 제1차 세계대전이 발발하자 상기 합의도 수정이 불가피하게 되었다. 3국 협상 측(영국, 프랑스, 러시아)이 3국 동맹 측(독일, 오스트리아, 오스만 튀르크)에 승리할 경우 대부분 오스만 튀르크의 통치지역인 서남아시아 및 중동을 재분할해야 했다. 독일이 빠짐에 따라 그 몫을 영국과 프랑스가 나누어 갖고, 그 대신 러시아에게는 적절한 보상을 해 주어야만 했다.

나. 영국과 프랑스의 중동 분할 협정

중동 분할에 대한 영국과 프랑스의 협상은 1915년 11월 23일부터 시작되었다. 프랑스 대표 피코는 팔레스타인 및 시리아에서부터 모술까지 프랑스 세력권을 확대하려고 했다. 영국 대표 사이크스는 팔레스타인과 요르단, 메소포타미아(바스라, 바그다드, 모술)를 영국의 세력권으로 만들려고 하면서, 한편으로는 프랑스가 요구하는 대로 시리아 서쪽 지중해 해안가에서부터 동쪽으로는 메소포타미아 북부 모술까지 프랑스 세력권을 확대하여 러시아 세력권과 평행선을 달리게 함으로써, 프랑스 영역을 영국의 방패막이로 삼으려는 속셈이었다. 그렇게 되면 프랑스와 러시아가 서로 견제하게 되어, 프랑스령 중동은 만리장성처럼 북쪽의 러시아의 침략으로부터 영국령 중동을 보호해 줄 것이라고 판단했다.[41] 그래서 막대한 양의 석유가 매장되어 있을지도 모르는 모술마저 포기하였다.[42]

갑론을박을 거듭한 끝에 결국 서로 원하는 것을 얻어냈다. 프랑스는 확대된 레바논을 지배하고, 여타 시리아 지역에 대한 독립적 영향력을 행사하게 되었으며, 모술까지 세력권에 포함시켰다. 영국은 프랑스 영역을 러시아에 대한 방패막이로 활용할 수 있게 되었고, 요르단을 세력권에 포함시켰으며, 메소포타미아의 두 지방(바스라, 바그다드)을 차지하기로 했다.

걸림돌이 된 것은 팔레스타인이었다. 영국도 그곳이 필요했고[43], 프랑스도 결코 양보하지 않을 태세였다. 그래서 지중해의 두 항구도시(아크레, 하이파)와 메소포타미아로 철도가 연결되는 주변 지대는 영국이 차지하고, 나머지 팔레스타인 지역은 모

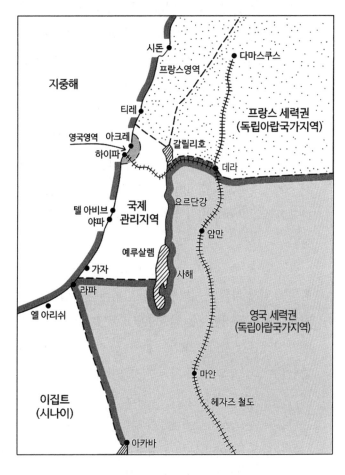

〈그림 1-2〉 「사이크스·피코 협정」에 의한 중동지역 분할

---

41) 상게서, pp.287~288. 영국 육군성도 '군사적 관점으로 볼 때 영국 지역과 러시아 카프카스 지역 사이에 프랑스 영토를 끼워 넣는 것은 여러 면에서 바람직하다'는 견해를 나타냈다. Marian Kent, 『Oil and Empire : British Policy and Mesopotamian Oil, 1900~1920』, (London and Basingstoke : Macmillian Press for the London School of Economics, 1976), p.122.

42) 당시에는 모술 지역에 유전이 발견되지 않았다. 얼마 후 프랑스는 모술을 포기하고 영국에게 넘겨주었다.

43) 특히 하이파 항(港)은 영국의 지중해 해군기지로서 중요했다. 또한 하이파는 바그다드를 잇는 철도(윌코크 계획)의 출발지였다.

종의 국제기구 통치를 받도록 하는 절충안을 채택했다. 또한 팔레스타인과 영·프가 직접 통치하시 않는 나머지 중동지역은 아랍국가로서 허울 좋게 독립시키겠지만 실제로는 영국과 프랑스 세력권으로 분할될 국가들의 연합을 만들기로 했다.[44]

이렇게 합의에 도달한 「사이크스·피코 협정」은 후세인의 아랍봉기가 일어난 후부터 효력이 발생할 예정이었으나 프랑스는 영국이 통 크게 양보한 것을 후회하기 전에 가능한 한 빨리 비준을 받으려고 영국을 독촉했다. 영국과 프랑스 내각은 1916년 2월 초, 「사이크스·피코 협정」을 승인했다. 그러나 협정내용은 물론, 심지어는 그 존재마저도 비밀에 부쳤다. 이제 남은 일은 러시아(3국 협상 측 일원)의 동의를 얻는 것이었다. 그런데 이 과정에서 비열한 행동이 벌어졌다. 프랑스가 사전에 러시아와 비밀 회담을 주도하여 '국제기구에 의한 팔레스타인의 통치가 비현실적이므로, 팔레스타인을 프랑스 세력권에 포함되도록 러시아가 지지해 주면 프랑스는 러시아가 추구하는 이익을 지지하겠다'는 약속을 했다. 이때 영국은 팔레스타인 문제에서 유대인들의 이익이 고려되지 않은 것을 발견했다. 그래서 팔레스타인에 유대인의 입지를 마련해 주지 않으면 유대인 세력이 주축국을 지원해 연합국의 승리가 어려워질 수 있다고 프랑스를 압박하고 주요 의제로 만들려고 했으나 실패했다.

결국 영·프·러 3국이 다시 한 번 협의를 한 결과, 팔레스타인 대부분 지역을 국제기구의 통치를 받게 하되 통치의 구체적인 형태는 연합국의 이해 당사국 및 아랍의 후세인과의 협의를 통해 결정한다는 절충안을 도출했다. 이리하여 확정된 영토 분할에서 영국은 지중해와 요르단강 사이의 해안지대(하이파와 아크레를 포함한 팔레스타인 일부 지역), 요르단, 이라크 중남부(바스라, 바그다드)를 차지해 지중해에서 인도에 이르는 육로를 확보했고, 프랑스는 터키 남동부, 시리아와 레바논 이라크 북부(모술)를 차지했으며, 러시아는 오스만 제국의 이스탄불(콘스탄티노플), 보스포루스 해협, 아르메니아 지역을 차지하기로 했다.

이와 같은 「사이크스·피코 협정」은 아라비아반도를 제외한 모든 아랍 영토를 제국주의 열강들이 임의로 분할하기로 결정한 것으로써, 결과적으로 볼 때 「맥마흔 서한」에 따라 전 아랍의 독립을 기대하고 있던 아랍민족에게는 명백한 배신행위나 다름없었다.

그 후 1917년 10월, 러시아 혁명 이후 볼셰비키가 이 협정을 공개하여 그 내용이 세상

---

44) 전게서, 데이비드 프롬킨/이순호, p.289.

에 드러났다. 영국은 당황했고, 아랍인들은 경악을 금치 못했다. 「밸푸어 선언」에 의해 팔레스타인에 건국의 희망을 품고 있던 유대인들 또한 크게 반발했다. 아랍인들의 내재적 분노와 대조적으로 유대인들의 반발은 즉각적이고도 격렬했다. 그리고 얼마 지나지 않아서 러시아가 연합군 전열에서 이탈하게 되자 전후 분배 문제의 수정이 불가피했다. 이견이 거듭되던 수정안은 1920년 8월 10일, 세브르 조약으로 일단락되었다.[45] 터키 독립 전쟁 후에는 세브르 조약이 폐기되고 새로이 로잔 조약을 맺었는데, 이는 아나톨리아와 동부 트라키아 지방이 신생 터키 공화국에 포함된다는 내용이었다.

3. 팔레스타인 비극의 서곡 「밸푸어 선언」

가. 배경

1917년, 연합국은 유럽이나 중동, 어느 곳에서도 결정적인 승리를 장담할 수 없었다. 겨우 현상 유지나 할 수 있을 정도의 평화협정을 체결할 가능성만 상존해 있을 뿐이었다. 이런 상황에서 영국은 전후에 독일이 오스만 제국을 독차지할지도 모른다는 점을 우려했다. 그렇게 되면 인도로 가는 통로가 위협을 받게 된다. 따라서 그 위험을 회피하려면 독일과 오스만 튀르크를 격퇴하고 오스만 제국 남쪽 주변부, 즉 중동지역을 차지하는 것이 중요했다. 영국 정부가 개전 초부터 메소포타미아(현 이라크 지역) 병합을 염두에 둔 것도 그것 때문이었다. 또 아라비아반도도 아랍의 독립을 주장하는 현지 지배자들과 협상을 벌여 보조금도 주고 독립지원을 약속하여 영국 편으로 만들었다.

그런데 그 지역에서 취약지로 남은 곳은 팔레스타인뿐이었다. 그곳은 인도로 이어지는 육로(철도)의 출발지이며, 수에즈 운하와도 가까워 운하는 물론이고 운하와 연결되는 해로도 위협할 수 있는 요지였다. 그리하여 영국은 팔레스타인에 모국 건설을 시도하는 시오니스트를 이용하여 이 문제를 해결하려고 했다. 그 당시 영국의 의도는 유대인 자본을 끌

---

45) 그 결과 오스만 튀르크는 이스탄불과 트라키아 일부만을 확보하고, 그 대신 아랍 지역을 내어놓았으며, 아나톨리아 지역은 신생 아르메니아에게, 에게 해(海)의 2개 섬(임로즈, 보즈자이다)과 이즈미르를 그리스에게 양도하기로 했다.

어들여 전쟁을 유리하게 이끌고 동시에 그들을 활용하여 중동정책의 포서을 굳히려는 데 있었다.

나. 시오니스트와의 거래

1917년 1월, 사이크스는 영국 시오니즘연맹 회장 바이츠만[46] 박사를 만났다. 바이츠만은 서구 민주주의만이 유대인의 이상과 양립할 수 있다고 믿은 열렬한 친연합국파였다. 바이츠만은 전후 연합국이 중동을 분할할 계획을 이미 수립해 놓았다는 사실도 모른 채, 전쟁이 진행 중일 때 팔레스타인에 유대인 국가 수립에 관한 확약을 받아 놓으려고 했다. 사이크스는 여전히 비밀로 유지되고 있는 「사이크스·피코 협정」에 기초하여 팔레스타인에 유대인 국가를 수립한다면 영국과 프랑스의 '공동통치'를 받아야 한다고 말했다.

1917년 2월 7일, 바이츠만과 영국의 다른 시오니즘 지도자들은 런던에서 사이크스를 만나 팔레스타인의 '공동통치'안에 반대하고 그 대신 '영국령 팔레스타인'을 원한다는 뜻을 밝혔다. 그러자 사이크스는 다른 문제(아랍인을 제어하는)는 해결 가능하지만, 해결 불가능한 난관(프랑스가 받아들이지 않는)에 봉착할 수 있다고 말했다. 그리고는 다음 날, 시오니즘 지도자 나훔 소콜로프를 프랑스 외교부 장관 피코에게 소개시켜 주었다. 이때 피코는 '프랑스 정부는 팔레스타인을 포기할 생각이 없다'고 말했다.

이렇게 협의의 진전이 없자 모든 당사자들은 좀 더 기다리면서 사태의 추이를 지켜보기로 했다. 그런데 두 달도 지나지 않아 러시아 제정이 붕괴되고 미국이 참전하는 사태가 벌어졌다. 그러자 사이크스는 재빨리 그 두 사건이 피코와 맺은 협정에 미칠 파장에 주목했다. 러시아에는 수백만 명의 유대인이 살고 있었다. 따라서 제정이 붕괴된 뒤에도 러시아를 연합국 편에서 계속 싸우도록 묶어 두는 데 그들의 지원이 도움이 될 수 있었다. 미국의

---

46) 러시아 태생의 유대계 정치인. 러시아에서 태어나 영국으로 귀화한 하임 바이츠만은 시오니스트 지도자이기 이전에 화학자였다. 그는 옥수수에서 아세톤(폭약 제조의 핵심성분) 추출과정을 발견해 전쟁에 크게 기여했다. 그래서 영국 고위 관료들과 폭넓게 교류했는데, 특히 군수장관 로이드 조지, 외교부 장관 밸푸어와 상당한 친교를 맺었다. 밸푸어가 바이츠만에게 전쟁에 기여한 공로로 어떤 보상을 원하느냐고 묻자 '팔레스타인에 유대인 국가를 건설하게 해달라'고 말했다는 일화가 있다. 그는 화학자로서뿐만 아니라 세계 시오니스트연맹 총재로 선출되어 팔레스타인에 유대인 국가를 건설하는 데 진력했다. 1948년, 팔레스타인에 대한 영국의 위임통치가 종료됨과 동시에 이스라엘 독립을 선언하고 임시 대통령을 맡았고, 1949년 이스라엘 정부의 정식 발족과 더불어 초대 대통령으로 추대되었다.

참전 또한 유럽 연합군이 전후 중동에서의 권리를 주장하는 것에 대하여 정당성을 인정받으려면 유대인, 아랍인, 아르메니아인 등, 억압받는 민족들을 지원해야 한다고 생각한 그의 신념을 강화시키는 역할을 했다. 따라서 두 요건 모두 시오니즘을 지지하도록 프랑스 정부를 설득시킬 수 있는 새로운 논거가 될 만했다. 그래서 사이크스는 프랑스를 계속 설득했다.

다. 프랑스의 「캉봉 보증서」

프랑스 정부는 시오니스트의 힘을 대수롭지 않게 여겼다. 그러다가 러시아 혁명이 일어난 뒤에야 유대인의 정치적 중요성이 생각보다 크다는 것을 인식했다. 그러나 러시아 제정이 붕괴하여 시오니스트들의 지지를 얻어야 할 필요성이 제기된 뒤에도 프랑스 외교부는 그들에게 선뜻 손을 내밀지 못했다. 행여 연합국이 시오니스트들에게 해 준 공약 때문에 팔레스타인에 대한 프랑스의 권리를 포기해야 할지도 모른다는 두려움 때문이었다.[47] 프랑스 관리들은 시오니즘을 지지할 준비가 되어있지 않았고, 팔레스타인에 유대인들이 국가를 갖는 것 또한 염두에 두지 않았다. 그렇기는 하지만 행동이 뒤따르지 않는 격려성 빈말 정도는 해도 무방하리라고 생각했다. 그래서 1917년 6월 4일, 시오니즘 운동의 지도자 소콜로프가 러시아에 가서 그가 가진 영향력을 이용해 유대인을 설득하기로 한 것에 대한 보상으로 프랑스 외교부 사무국장 캉봉이 보증서를 써준 것도 그런 판단에서 나온 행위였다. 다음은 캉봉이 써준 보증서 내용이다.

"귀하는 팔레스타인에 유대인 식민지를 개발하는 계획안을 마련하여 그 일에 매진하고 계신 훌륭한 분이십니다. 그러므로 여건이 되고 성지의 독립이 보장되면, 연합국의 보호로 아주 오래전 이스라엘 백성이 추방되었던 곳에 유대인 국가가 부활하도록 돕는 것이 정의와 보상의 행동이라 여기실 테지요.

프랑스 정부는 부당하게 공격받는 민족을 구하기 위해 지금의 이 전쟁에 뛰어들어 정의

---

47) 상게서, p.450. 그 문제는 결국 소콜로프가 프랑스 외교부와 협상하는 과정에서 어느 나라가 팔레스타인의 보호국이 될 것인가의 문제를 제기하지 않겠다고 하여 일단락되었다. 이에 따라 프랑스 외교부는 그 문제에서 시오니스트들이 중립을 지킬 것이라고 믿게 되었다.

가 힘을 눌러 이기기 위한 투쟁을 계속하고 있습니다. 그런 만큼 귀하가 빌이고 있는 행동,
연합국의 승리와 밀접하게 연관된 운동에도 충분히 공명하고 있습니다.
  이 자리를 빌려 그에 대한 보증의 말씀을 드리고자 합니다."

이 「캉봉 보증서」는 프랑스가 의도했던 대로 애매모호한 문서였다.[48] 하지만 프랑스는 제 꾀에 넘어가고 말았다. 보증서 존재 자체가 영국도 보증서를 쓸 수 있는 빌미를 제공했기 때문이다.

라. 시오니즘을 지지하는 「밸푸어 선언」

1917년 6월 중순, 영국의 외교담당 관리들은 소콜로프가 파리에서 가져온 「캉봉 보증서」를 밸푸어 외교부 장관에게 보여주면서 시오니즘 지지선언을 발표할 것을 촉구했다.[49] 이렇게 시작된 선언서 초안 작업에는 밸푸어의 초청을 받아 바이츠만도 함께 참여했다. 그런데 밸푸어의 시오니즘 지지선언은 뜻하지 않은 복병을 만나 중단되는 사태가 벌어졌다. 영국 유대인 사회의 지도급 인사들이 반대하고 나섰다.[50] 미국도 1917년 10월 중순, 선언서 발표를 연기할 것을 조심스럽게 권고했다. 윌슨 대통령은 시오니즘을 지지하면서도 영국의 동기에 대하여 의혹의 눈길을 보냈다.

영국은 독일이 선수를 쳐 시오니즘을 지지함으로서 영국의 기선을 제압할까 봐 걱정했다. 영국 외교부는 미국의 유대인 사회와 특히 러시아의 유대인 사회가 강력한 힘을 발휘할 수 있다고 믿었다.[51] 그래서 러시아의 위기가 심화될수록 영국 외교부는 더욱더 유대인

---

48) 시오니즘 사상의 핵심인 '유대인 국가는 독립 정치제'로 부활되어야 한다는 것이 제외되었다. 게다가 주민 대다수가 모여 사는 요르단강 서안과 팔레스타인 대부분의 지역은 「사이크스·피코 협정」에 의하면 프랑스가 공명하는 지역이 아니었다. 따라서 프랑스가 공명하는 유대인 국가는 하이파, 헤브론, 갈릴리 북부, 네게브 사막에 한정되는 것이었다. 상계서, p.451.

49) 이 일에 관여하는 영국 정부의 관리들은 모두 선언서 발표에 호의적이었다. 팔레스타인에 유대인 국가를 건설하는 것이 국익에 매우 중요하다고 여겼기 때문이다.

50) 상계서, p.453. 이 유대인들은 성공한 일부 부유층들로서 시오니즘을 적용하면 그들이 얻은 영국 사회에서의 지위가 위협받을 것으로 여겼다. 유대주의는 국가성이 아닌 종교라는 것이 그들의 지론이었다. 그런데 국가성을 적용하면 그들은 유대계 영국인이 아니라 영국계 유대인이 된다. 따라서 그들이 100% 영국인이 되지 못하기 때문에 영국 사회에서 얻은 그들의 지위를 인정받지 못하게 될 것이란 우려 때문이었다.

51) 페트로그라드 주재 영국대사가 '러시아 유대인들은 허약하고 핍박받는 소수파에 지나지 않으며, 따라서 정치적 중요성이 없다'고 한 보고를 받고도 영국 정부는 러시아가 연합국 진영에 남아 전쟁을 계속하도록 러

의 지지를 얻어야 한다는 절박감에 사로잡혔다. 결국 1917년 10월 31일, 영국 내각은 유대인 주요 인사들의 반대를 무릅쓰고 바이츠만이 요구한, 그러나 그가 요구한 내용보다 많이 희석된 시오니즘 지지선언을 발표할 수 있는 권한을 밸푸어 외교부 장관에게 부여하였다. 이리하여 밸푸어 외교부 장관이 1917년 11월 2일, 영국 내 유대인 사회의 대표 격인 은행가 로스차일드 경[52]에게 보낸 서한 형식의 선언문 내용은 아래와 같다.

> 친애하는 로스차일드 경
> 시오니스트 유대인의 열망에 공감하는 다음과 같은 선언문이 내각에 제출되어 승인을 받았기에 영국 정부를 대신해 당신에게 전달하게 되어 매우 기쁩니다.
>
> "영국 정부는 팔레스타인에 유대인의 민족적 고향(a national home)[53]을 수립하는 것을 지지하고, 그 목적이 달성되도록 최선의 노력을 다할 것이다. 팔레스타인에 거주하고 있는 비유대인 사회의 시민적 권리와 종교적 권리, 또는 다른 나라에서 유대인이 누리는 권리나 정치적 지위가 침해되는 일이 있어서는 안 된다는 점도 분명히 밝힌다."
>
> 당신이 이 선언문을 시오니스트연맹에 전달해 주시면 감사하겠습니다.
>
> 제임스 밸푸어 드림

영어 원문은 다음과 같다.

> *Foreign office,*
> *November 2nd, 1917.*

시아 유대인들이 영향을 미칠 수 있을 것으로 믿었다.

52) 영국 시오니스트연맹의 총재이며 재정적 후원자였고, 세계금융계의 황제로 불렸다. 또 모든 유대인 가문 중 가장 영향력이 큰 로스차일드가(家)는 세계에서 가장 부유한 집안으로 미국에도 상당한 영향력을 미치고 있었다. 따라서 영국 정부가 로스차일드 경에게 보내는 서한 형식을 통해서 선언한 것은 전쟁에 필요한 비용을 유대인의 자본을 끌어들여 충당하고, 미국 내 영향력 있는 유대인의 환심을 사 미국의 지원을 받으려는 계산이 깔려있었다.

53) 많은 유대인들은 선언 내용이 유대인의 조국 건설을 위한 명확한 약속이 되지 못한다고 불만을 표시했다. '국가'라는 표현을 쓰지 않고 '민족적 고향'이라는 애매한 표현을 썼기 때문이다.

Dear Lord Rothschild,

I have much pleasure in conveying to you, on behalf of His Majesty's Government, the flowing declaration of sympathy with Jewish Zionist aspirations which has been submitted to, and approved by Cabinet.

"His Majesty's Government view with favour the establishment in Palestine of a national home for the Jewish people, and will use their best endeavours to facilitate the achievement of this object, it being clearly understood that nothing shall be done which may prejudice the civil and religious rights of existing non-Jewish communities in Palestine, or the rights and political status enjoyed by Jewish in any other country."

I should be grateful it you would bring this declaration to the knowledge of the Zionist Federation.

Your Sincerely
Arthur James Balfour.

마. 「밸푸어 선언」의 파장

「밸푸어 선언」은 시오니즘 운동의 가장 큰 외교적 성과였고, 이를 계기로 미국 유대인 사회에서도 시오니즘 운동이 활발하게 전개되었다. 하지만 아랍인들에게는 제국주의 영국이 저지른 또 하나의 배신행위로 받아들여졌으며, 팔레스타인에 거주하는 아랍 주민들에게는 마른하늘에 날벼락이었고 아닌 밤중에 홍두깨 격이었다. 이리하여 발생한 유대인과 아랍인 사이의 갈등은 증오의 씨앗이 되어 세계평화에 상당한 위험을 야기했다. 「밸푸어 선언」의 충격파는 크게 세 가지로 요약할 수 있다.

첫째, 「밸푸어 선언」은 제1, 2차 세계대전 기간 동안 세계 각지에 거주하던 유대인들의 대량 이주를 불러왔으며, 반면에 팔레스타인 거주 아랍인들은 자신의 땅에서 쫓겨났다.

둘째, 「밸푸어 선언」은 그때까지 세계 곳곳에 있는 유대인들 사이에서조차 제대로 지지를 받지 못했던 시오니스트들에게 합법적인 토대를 만들어 주었다. 그래서 30년 후, 시오니스트들은 팔레스타인에 거주하던 수많은 아랍인들을 힘과 폭력으로 쫓아내고 유대인의 국가인 이스라엘을 건국하는 데 성공했다.

셋째, 「밸푸어 선언」은 "전후 아랍인의 독립 국가를 건설하는 것을 지지한다."는 「맥마흔 서한」에 위배되는 것이다. 그 결과 아랍인들은 서구에 대한 원한을 품게 되었고, 팔레스타인에서 유혈사태가 계속되는 단초를 제공하였다.

한편, 팔레스타인을 공격한 영국의 이집트 원정군[54]은 「밸푸어 선언」이 있은 지 한 달 후인 1917년 12월 11일, 예루살렘에 입성했다. 이로써 오스만 제국의 400년간 지배가 종식되었고, 제1차 세계대전이 끝난 후 팔레스타인은 영국이 위임통치를 하게 된다.

---

54) 영국군은 1917년 초, 팔레스타인을 침공했다. 그러나 3~4월에 실시한 2차례의 가자 지구 공격에서 실패해 철수하였다. 그리고 1917년 가을에 다시 공격해 12월 11일, 예루살렘에 입성했다. 그 후 다마스쿠스를 목표로 계속 공격하였다. 이 기간 중 「맥마흔 서한」에 의거 아랍 봉기군이 측방에서 영국군을 지원하였다.

▌▌▌▌▌ **제3장** ▌▌▌▌▌
영국의 위임통치하 두 민족의 대립

1. 대량 이민에 따른 유대인과 아랍인의 충돌

「밸푸어 선언」이 있기 전 팔레스타인의 유대인 인구는 대략 10% 미만이었으나, 그 이후 세계 각지에 거주하던 유대인들이 대거 이주를 시작함으로써 급격히 증가하였다. 또한 정착을 지원하기 위해 유대민족기금(JNF : Jewish National Fund)[55]으로 팔레스타인 땅을 합법적, 비합법적으로 사들였다.

세계 시오니스트연맹 총재인 바이츠만은 1919년 2월 파리강화회의가 열리기 전, 팔레스타인에 유대인의 이민을 확대하자는 과격한 요구를 했다. 그는 매년 7~8만 명의 유대인이 팔레스타인으로 이민 가는 것을 예상하고 있었다. 그리하여 팔레스타인에 유대인들이 다수를 점하게 되면 독립정부를 수립해, '영국이 영국인의 것이듯 팔레스타인도 유대인의 것으로 만들 것이다'라고 말했다.

1920년, 국제연맹이 팔레스타인의 위임통치를 영국에 위임하자 영국은 유대계 영국인 헐버트 루이스 사무엘을 팔레스타인 고등판무관으로 임명했다. 사무엘은 2,000년 만에 이스라엘의 역사적인 땅을 통치하게 된 최초의 유대인이 되었다. 그러나 아랍인들은 그것이 팔레스타인을 시오니스트 행정부에 넘기는 조치로 여겨 반발하였다. 사무엘은 고등판무관으로서 시오니스트와 아랍인들의 이해관계를 중재하려고 노력하였으나, 유대인들의 이민과 토지매입을 중지해 달라는 아랍인의 요청에 대해서는 어떤 권한도 행사하는 것을

---

55) JNF는 유대인의 팔레스타인 정착을 위한 토지를 매입하고 개발하기 위해 1901년에 설립되었다.

거부하였다. 유대인의 편을 드는 것이나 다름없었다. 유대인들은 유대인 민족기금으로 1920년대에 부재자 아랍소유주로부터 넓은 지역의 토지를 사들여 그곳에 살고 있는 아랍인을 쫓아낸 후 대거 이주해 왔다.[56]

이처럼 유대인의 이주가 계속 늘어나자 아랍인들은 조만간 유대인의 인구가 아랍인을 압도하게 되고, 결국에는 나라까지 빼앗기게 되는 것은 아닌가 하고 염려하기 시작했다. 특히 1930년대에 들어서자 히틀러의 유대인 압박정책으로 인해 유대인의 팔레스타인 이민이 가속적으로 증대되었다. 이에 위협을 느낀 아랍인들은 1936년, 영국 위임통치하 유대인 이민 정책에 항의하여 약 6개월간 대규모 파업과 봉기를 일으켰고, 유대인 정착촌에 테러를 감행했다.[57] 유대인 무장단체도 여기에 맞서 대항하여 피로 얼룩졌다.[57] 이러한 충돌은 제1차 세계대전 후 처음으로 아랍민족주의자들을 공동전선에 나서도록 결집시켰다. 아랍인의 파업과 봉기는 그들이 요구한 '유대인의 이민 및 토지매매 제한과 민주정부 수립'을 영국이 허용할 때까지 계속될 기세였다.

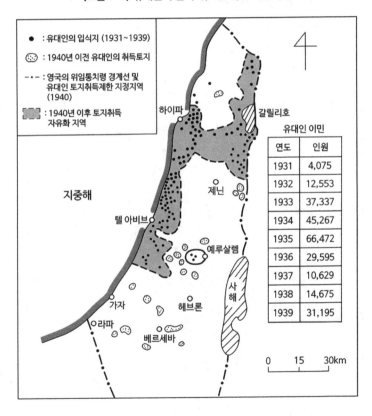

〈그림 1-3〉 유대인의 입식지(入植地)와 이민 상황

- 유대인의 입식지 (1931~1939)
- ⦙ 1940년 이전 유대인의 취득토지
- –·– 영국의 위임통치령 경계선 및 유대인 토지취득제한 지정지역 (1940)
- ▨ 1940년 이후 토지취득 자유화 지역

하이파 · 갈릴리호 · 지중해 · 제닌 · 텔 아비브 · 예루살렘 · 가자 · 헤브론 · 라파 · 베르세바 · 사해

유대인 이민

연도	인원
1931	4,075
1932	12,553
1933	37,337
1934	45,267
1935	66,472
1936	29,595
1937	10,629
1938	14,675
1939	31,195

0   15   30km

---

56) 팔레스타인의 유대인 인구가 1919년에는 총인구 70만 명 중 5만 6천 명이었던 것에 비해, 1938년에는 총인구 141만 명 중 아랍인이 약 99만 명, 유대인 40만 명이었다. 이후 1946년에는 67만 8천 명으로 대폭 증가하였다. 전게서, 田上四郞, p.6.

57) 1936~1939년에 걸친 아랍인과 유대인의 충돌에 의한 인적 피해는 유대인 사망 329명, 부상 827명이었고, 영국군은 사망 135명, 부상 386명이었으며, 아랍인은 사망 3,112명, 부상 1,775명에 달했다. 상게서, p.6.

2. 분할 논의의 실패

이처럼 팔레스타인의 상황이 심각해지자, 영국 본국에서는 위임통치하 팔레스타인의 불안정한 상태를 조사하기 위해 위원회를 구성하고, 그 위원장에는 로버트 필을 임명하였다. '필 위원회'는 양 민족의 증오와 대립이 심각한 수준이라 지적하고, 팔레스타인의 서북부를 유대인 측에, 동부를 아랍 측에 분할해 준 후 각각 자치령으로 하고, 예루살렘과 하이파를 포함한 영국 직할의 완충지대를 설치하는 3지역 분할안(案)을 권고하였다. 이때 제안된 유대인 영토는 전체 팔레스타인의 4.5%에 지나지 않았다. 그러나 아랍인이나 시오니스트 양측 그 누구도 이 권고안을 받아들이지 않았다.

필 위원회의 권고안이 실패하자 1939년 2월, 런던에서 영국의 후원 아래 팔레스타인 문제해결을 위한 '세인트 제임스회의(일명 원탁회의)'가 열려 아랍 측(이집트, 이라크, 사우디아라비아, 팔레스타인) 대표와 바이츠만을 포함한 유대인 대표가 모였다. 그러나 아랍 대표들은 유대인 단체의 합법성을 인정할 수 없다고 유대인 대표단을 직접 공식적으로 만나는 것을 거부하였다. 그 결과 영국이 중간에서 각

〈그림 1-4〉 「필 위원회」의 팔레스타인 분할 안(案) (1937년 7월)

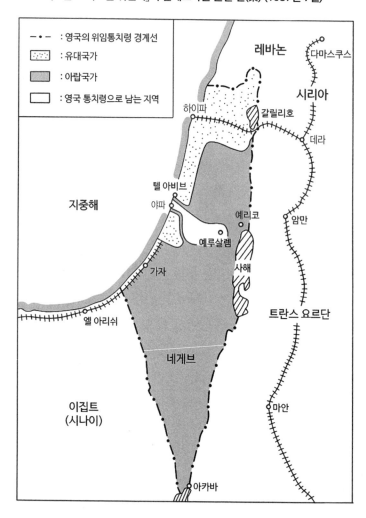

대표단을 따로 만나 협상을 진행할 수밖에 없었는데, 어떠한 합의점도 찾지 못했다.

3. 제2차 세계대전 발발에 따른 상황변화

제2차 세계대전의 전운이 감돌자 영국은 아랍세계의 영국에 대한 적대감과 친독일 감정 때문에 깊은 우려를 하게 되었다. 전쟁이 임박해 오고 있는 상황에서 영국 정부가 중동에서 전략적으로 매우 중요하게 여기는 이라크~하이파 항(港)을 연결하는 송유관을 잃는 일이 일어날까 봐 걱정이 되어서였다.[58] 따라서 나치 독일의 위협에 대항하기 위해서는 아랍의 협조가 필요하다는 판단에 따라 영국은 지금까지 보여 왔던 친 시오니즘태도를 버리고 아랍 측에 접근한다. 어차피 유대인은 연합국 편을 들 수밖에 없으니까 그대로 두고 아랍 측의 편을 든 것이다. 한마디로 말하면 영국은 정책을 결정하는 데 있어서 그 어떠한 약속이나 신의보다 국익을 위한 지정학적 고려가 더 중요하다는 냉혹한 결정을 내린 것이다.

이에 따라 영국은 1939년, 세인트 제임스 회의결과를 백서로 발표했다.[59] 그런데 이 백서는 놀랄만한 반전을 담고 있었다. 즉 팔레스타인을 분할한다는 이전의 약속을 포기하고, 팔레스타인의 아랍인과 유대인에 의해 공동으로 통치되는 독립적인 팔레스타인을 만든다는 것과 1940~1944년까지 5년간 유대인의 이주를 7만 5,000명으로 제한한다는 내용이었다. 또한 1944년 이후에는 팔레스타인으로의 유대인 이민은 아랍 다수의 허락을 받아야 하며, 팔레스타인에 토지를 매입할 수 있는 유대인의 권리도 제한시켰다. 시오니스트들은 「맥도날드 백서」가 팔레스타인에 유대인 국가를 세우려는 것에 대해 영국이 지지를 포기한 것이라고 격분하면서 강력히 반발했다. 특히 벤구리온은 제2차 세계대전이 발발하자 "우리는 마치 전쟁이 일어나지 않은 것처럼 백서와 싸울 것이고, 백서가 없는 것처럼 전쟁에서 싸울 것이다."라는 말을 했다.

이렇게 상황이 급변하자 시오니스트들은 영국 대신 그들의 긍정적 목표를 달성하는 것을 도와줄 다른 대상을 찾기 시작했고, 점차 미국이 적합한 대상이라고 생각하게 되었다.

---

58) 실제로 이 송유관과 하이파의 정제공장은 제2차 세계대전 시 지중해에 있는 영국군과 미군에게 필요한 연료를 제공해 주었다.
59) 식민지 장관 맥도날드의 이름을 따서 '맥도날드 백서'라고 부른다.

미국에는 시오니스트의 목표를 지지하는 많은 부유층 지도자들과 상당수의 유대인[60]이 살고 있으며, 또한 미국은 유대인을 박해한 전력이 없었다. 그리하여 1942년 5월, 뉴욕의 빌트모어 호텔에서 바이츠만과 벤구리온을 포함해 18개국에서 온 67명의 시오니스트 지도자들과 500명의 미국 시오니스트 대표들이 모여 회의를 개최하였다. 이 자리에서 바이츠만은 다른 사람 못지않게 영국에 대하여 심한 배신감을 느꼈지만 실용적이고 신중하게 문제에 접근하려고 하면서 좀 더 외교적이고 점진적인 방법을 지지했다. 이에 비해 벤구리온은 그의 성장배경[61]처럼 직접적이고 전투적인 방법을 선호했다.

결국 벤구리온의 접근방법이 미국 시오니스트 대표들의 마음을 얻는 데 성공하여 팔레스타인에 유대연방(Jewish Commonwealth)[62]을 수립할 것과 유대인의 무제한 이민을 요구하는 「빌트모어 강령」을 채택하였다. 이는 팔레스타인에 아랍인과 유대인이 공존할 수 있도록 두 민족국가(binational state)를 수립하자는 강대국의 제안을 거부하는 것으로서, 팔레스타인에 단 하나의 유대인 국가만 세우겠다는 뜻이었다. 그리고 새로운 유대국가 수립 및 독립을 위해서는 다수의 인구를 확보하여 강력한 인적 전력을 갖추는 것이 급선무이므로 200만 명의 유대인 이민을 요구하기로 한 것이다. 이것은 세계 시오니스트연맹의 공식적인 정책이 되었고, 1944년 2월에는 팔레스타인에 유대인 국가 수립과 유대인의 무제한 이민을 요구하는 결의안이 미국 상·하 양원에 제출되었다. 또한 빌트모어 집회의 여파로 인해 미국이 국제 시오니스트 활동의 중심지가 되었다.

제2차 세계대전이 가져온 마지막 변화는 홀로코스트(holocaust)와 그에 따른 난민 문제였다. 나치의 유럽 유대인 대량학살은 유대인 국가를 수립해야 한다는 시오니스트 주장에 강력한 도덕적 힘을 부여하였으며, 미국과 서구에서 시오니스트가 추구하는 목표에 공감하는 동정심을 유발하였다. 그러나 아이러니하게도 유대인에 대한 끔찍한 홀로코스트의 도덕적 책임을 자신들이 갚는 것이 아니라 엉뚱하게도 팔레스타인인(人)들에게 갚으라고 강요하면서 또 다른 엄청난 재앙을 만들어 내었다.

---

60) 러시아 및 동유럽 국가의 박해를 피해 1881년부터 19세기 말까지 60만 명 이상의 유대인이 미국에 발을 내딛었다. 또 시오니즘 운동이 활발히 전개되자 1903년에 150만 명, 1928년에는 300만 명, 1939~1944년간 24만 명이 미국으로 이주했다.

61) 폴란드 출신의 시오니스트 지도자로서 제1차 세계대전 시 미국에서 유대군단을 결성, 영국군과 함께 팔레스타인 전쟁에 참여했다.

62) 「밸푸어 선언」에서 영국이 제시한 "민족적 고향(home)"보다 더 앞선 "국가(state)" 건설을 목표로 한 것이다.

▌▌▌▌ 제4장 ▌▌▌▌

이스라엘 건국, 전쟁의 서막을 올리다

1. 피로 얼룩진 이스라엘 건국

가. 건국을 위한 유혈투쟁

1945년, 독일이 패망하면서 생긴 즉각적인 문제는 독일과 폴란드 강제수용소의 생존자들과 수십만 명의 유대인 피난민들이었다. 이들 유대인 대부분은 반유대주의가 만연한 독일과 동부 유럽에서 나왔기 때문에 자기 나라로 돌아가려고 하지 않았다. 그런데 미국이나 영국은 유대인의 대학살 기간 중 유대인을 받아들이지 않았기 때문에 이들이 갈 수 있는 유일한 희망의 땅은 팔레스타인뿐이었다.

홀로코스트 유대인 생존자 10만 명을 팔레스타인으로 이주하는 문제는 실로 어려운 문제였다. 1945년 8월, 미국의 트루먼 대통령은 이들을 팔레스타인으로 이주시키도록 영국을 압박했지만, 영국은 아랍인들의 격렬한 반대로 인해 중동에서 큰 분란이 생길 것을 우려해 유대인 이민을 반대하였다. 유대인들은 자신들의 요구를 관철하고 국가를 수립하려면 영국에 대한 무력시위와 압력을 강화하는 것이 필요하다고 생각했다. 그래서 '이르군(Irgun)'이나 '스턴 갱(Stern Gang)'같은 유대인 비밀결사나 무장단체를 설립하여 활발하게 활동하였다. 그 결과 팔레스타인에서 시오니스트 테러에 의해 다수의 아랍인이 추방되고 살해되었다. 또한 반영 무력투쟁이 가열되어 사태는 걷잡을 수 없는 통제 불능 상태에 도달하였다.

1946년, 유대인 지하무장단체 '이르군'은 영국의 팔레스타인 행정 및 군사본부가 들어 있는 킹 다비드 호텔을 폭파하고,[63] 영국 외교부 장관 베빈을 살해하려고 계획하였으며,[64] 영국의 중동담당 국무장관 모인 경(卿)을 살해하는 데 성공했다. 이런 혼란이 거듭되자 1947년 2월, 영국 외교부 장관 베빈은 영국이 팔레스타인에 대한 통제력을 상실했음을 인정하면서, 1948년 5월 15일을 기해 위임통치를 종료하고 모든 문제를 UN에 이관하겠다고 발표했다.

나. UN의 팔레스타인 분할 결의

UN은 팔레스타인 문제를 해결하기 위해 11개국으로 구성된 팔레스타인 특별위원회를 설치했고, 동 위원회는 팔레스타인을 방문한 후 1947년 가을, UN에 보고서를 제출했다. 보고서에서는 2개 안(案)이 거론되었는데, 하나는 유대인과 아랍인이 각각 자치권을 갖는 연방국가안(案)이고, 다른 하나는 예루살렘은 3개 종교(유대교, 그리스도교, 이슬람교)의 중요성 때문에 국제기구에서 관리하며 나머지는 유대지역과 아랍지역으로 분할하여 독립시키는 2개 국가 분리안(案)이었다. 이 중에서 2개 국가 분리안이 1947년 11월 29일, UN총회에서 가결되었다.[65] 그리고 영국이 그 지역에 대한 통치를 종결하는 데 필요한 약 6개월의 행정적 시간을 허용하고 영국의 철수와 동시에 유대 및 아랍국가가 수립될 수 있게 결의하였다.

UN의 분할 및 분리 결의안에 의한 아랍과 유대의 경계는 주로 두 민족의 거주 지역을 주체로 고려한 결정이었다. 이 분할 결의에 의해 유대인은 하이파로부터 아크시론의 해안지대와 농경에 적합한 동부 갈릴리, 북부 사마리아 지방을 차지했고, 게다가 미개발지인 네게브 지방도 그들의 영내로 들어왔다. 아랍은 요르단강 서안 지역과 가자(Gaza)지구 등으로 축소되었다.

---

63) 영국이 유대인의 팔레스타인 이주를 금지하는 법안해지를 거부하자 유대인들은 영국에 대한 테러를 감행했다. 그 대표적인 사례가 예루살렘의 킹 다비드 호텔 폭파사건으로서 92명이 사망하였다.

64) 영국 외교부 장관 베빈은 '트루먼 대통령이 팔레스타인에 10만 명의 유대인 이민을 받아들이도록 영국을 압박하는 것은 미국인들이 뉴욕에 너무 많은 유대인이 오는 것을 원치 않기 때문'이라는 직선적이고 비외교적 언사로 인해 반유대주의자로 비난받았으며, 특히 시오니스트들의 증오를 샀다.

65) 이 분리안은 기권 10개국을 제외하고 찬성 33개국, 반대 13개국이라는 압도적 표차로 통과되었다.

아랍 측은 이 분할 결의가 부당하다고 전면 거부하였다. 그들의 불만은 첫째, 유대인은 팔레스타인에 8%에도 미치지 못하는 토지밖에 소유하고 있지 않는데 55%의 영토를 차지했다는 것이고, 둘째는 고대 유대왕국의 땅에 국가건설을 한다고 운운하는데 분할된 유대령은 원래 아랍영토였다는 점이다. 더욱 결정적인 불만은 팔레스타인 땅은 지금까지 1,800년간 분할될 수 없는 아랍인의 정치공동체였다는 점이었다. 따라서 이 분할 결의는 아랍을 전쟁에 끌어들이는 동기와 원인이 되었다.[66]

〈그림 1-5〉 시오니스트의 유대국가 건설 구상과 UN의 분할 결의

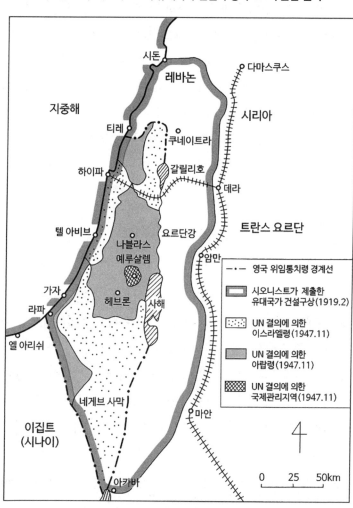

66) 상계서, pp.18~19.

한편, 유대인들은 예루살렘이 UN의 관리하에 놓인 것에 불만이 있었지만 그 분할을 환영했다. 50년간 어두운 노정 끝의 빛이었다.[67] 팔레스타인 분할의 UN결의는 트루먼 대통령의 특별한 노력에 의한 결과였는데, 특기할만한 사항은 동서냉전이 시작된 시기에 미·소가 함께 지지하고 공동전선을 펼친 이상한 현상이 나타난 것이다. 그 이상한 현상이 무엇을 목적으로 한 것인가는 이후의 역사가 보여주고 있다.

UN의 분할 결의 후 유대인들은 영국군이 철수하기 직전까지 유대국가로 할당받은 토지를 확보하기 위해 총력을 기울였다. 그 과정에서 유대인과 아랍인의 무력투쟁은 더욱 격화되어 팔레스타인은 내전 상태에 빠졌다. 특히 '이르군', '스턴 갱' 등 유대인 무장단체들은 본격적으로 팔레스타인 마을을 공격해 전체의 50% 이상을 파괴하였다. 대표적인 사례가 1948년 4월 9일, 예루살렘 부근의 데이르 야신 마을을 공격해 주민 400명 중 남녀노소를 가리지 않고 250명 이상을 학살한 사건이었다. 이후 더 많은 팔레스타인인들이 공포에 질려 고향을 떠났다. UN분할 안에서 유대국가령에 속하는 지역은 아랍인이 밀집한 거주지역이었지만 1948년 봄, 그곳이 마침내 유대인들의 통제하에 들어가게 되자 대략 40만 명의 팔레스타인인들이 쫓겨나 난민이 되었다.

다. 이스라엘 건국

1948년 5월 14일 영국의 위임통치가 끝나는 날, 마지막 고등판무관 커닝햄 장군은 권력이양 절차도 없이 조용히 하이파 항(港)에서 구축함을 타고 떠났다. 영국군도 철수했다. 그 영국군대의 존재는 아랍에 대한 억지력으로서 작용하고 있었는데, 그 존재감에 의한 억지력이 없어졌다. 즉 팔레스타인은 무정부상태가 된 것이다.

영국군이 철수하자 벤구리온은 텔아비브에서 이스라엘 건국을 선포하였다. 유대인 중 극소수의 열렬한 시오니스트들에 의해 주도된 국가건설이 마침내 이스라엘이 나라를 잃은 지 2,000년 만에 성공하는 기적이 일어난 것이다. 이날 미국은 즉각 이스라엘을 승인

---

67) 1897년, 스위스 바젤에서 열린 제1회 국제 시오니스트 대회에서 "팔레스타인에 유대국가를 건설한다"는 「바젤 강령」이 채택된 후 50년 만이었다. 제1차 세계대전이 끝난 후인 1919년 2월, 파리강화회의에서 시오니스트연맹은 「밸푸어 선언」에 기초하여 팔레스타인에 유대국가안을 제출했으나 부결되었다. 그때 유대국가의 지역적 범위는 현재의 시돈~사사~데라~암만~마안~아카바~라파~지중해안선을 잇는 지역이었다. 상게서, p.18.

했고, 곧이어 소련을 비롯한 여러 국가들이 이스라엘을 승인했다. 그러나 바로 이날, 인접 아랍국가의 군대가 '이스라엘을 말살시켜 생활터전을 빼앗긴 팔레스타인 거주 아랍인들의 삶을 되찾아 주겠다'고 외치며 이스라엘 영내로 진입하였다. 팔레스타인 전쟁의 발단이다.

이리하여 이스라엘은 영국에 의해 건국을 보장받고, UN, 특히 미·소에 의해 국가탄생을 맞이하게 되고, 영국군의 철수에 의해 개전에 돌입하고, 그 후 수차례의 전화(戰火)가 거듭될 때마다 강대국의 연대와 제약을 강하게 받게 된다. 이것은 정치, 외교, 군사전반에 걸쳐 강대국과 연대를 강화하지 않으면 안 되는 소국 이스라엘이 그 지정학적 중요성 때문에 세계전략 속에 편입되어 가는 과정을 볼 수 있게 한다.

2. 전쟁으로 가는 길

가. 국제정치적 배경

아랍·이스라엘 분쟁은 전후 동서냉전 하에서 전화(戰火)가 반복될 때마다 강대국의 세계전략의 일환으로 편입되었고, 특히 초강대국의 정치, 경제, 군사상의 영향을 강하게 받았다.

1943~1945년에는 제2차 세계대전도 군사적 정점을 지나 정치가 보다 더 큰 비중을 차지하던 시기였다. 그때 미국이 목표로 한 전후 세계상은 자유무역주의 체제를 세계적 규모로 확대하는 것이었다. 그런데 그 큰 정책목표의 장애가 된 것은 제2차 세계대전 후 대홍수 같은 사회주의 혁명의 물결과 소련 세력권의 확대였다. 이런 현상하에서 중동은 미·소 냉전의 전체적인 모습 중 일부였다. 따라서 전후 중동의 전략구조는 제2차 세계대전 후 소련의 중동진출과 구미의 대응이라고 할 수 있는 몇 개의 단계를 거치면서 형성되었다고 볼 수 있다. 그 첫 단계가 1945~1949년으로서 슬라브 민족 숙원인 중동진출과 이에 대한 구미의 방위체계 강화가 대립되고 있는 시기였다.

소련은 이미 제2차 세계대전 전·후, 즉 1945년 6월부터 1957년 초기에 걸쳐 중동에 대한 일대 돌파작전을 기도하였다. 이리하여 미국과 소련의 완전히 새로운 전쟁이 시작된다. 이 새로운 전쟁에서 뒤처진 미국이 그것을 깨닫고 대소봉쇄전략을 채택한 것은 1947년 3월 12일, 「트루먼 독트린」을 발표하면서부터였다. 「트루먼 독트린」의 이론적 기초를 제공한 것은 당시 소련 외교연구의 최고권위자였던 '조지 케넌'이었다. 그의 지론은 "항상 약한 곳을 찾아 막무가내로 개입하고, 권력의 공백을 메우려고 하는 크렘린의 정책에 대해서는 '장기적으로 강한 인내심, 특히 흔들리지 않고 방심하지 않는 봉쇄'가 되지 않으면 안 된다"는 것이었다. 그런데 미국이 대처해야 할 목전의 위기가 먼저 동지중해에서 전개되었다.

1946년 가을, 소련의 강한 압박이 그리스에 집중되었다. 만약 그리스가 붕괴되어 공산화된다면 터키 및 이란까지 연쇄적으로 붕괴되는 것은 시간문제였다. 이 상황에서 트루먼 대통령은 "이 운명의 순간에 그리스와 터키에 원조하지 않는다면 그 여파는 동방뿐만 아니라 서방에도 파급된다. 우리는 즉시 결연한 행동을 취하지 않으면 안 된다"고 강한 결의를 표명했다. 이리하여 대소봉쇄를 위한 신정책이 실행되었다. 1946~1948년간, 그리스에 대하여 경제원조 5억 2,500만 달러, 군사원조 2억 달러를 제공하였다. 그 후 1949~1952년까지 「마셜 플랜」에 의한 경제원조, 베를린 공수, 그리고 1949년 4월에는 NATO를 창설하였다. 이로써 유럽 정면의 대소봉쇄는 일단 완성을 보았다.

이렇게 미·소 냉전 하에 있던 UN은 1947년 11월, 팔레스타인 분할결의안을 가결했다. 다음 해인 1948년 5월 14일 영국의 팔레스타인 지배가 끝난 날, 유대인은 그들의 숙원인 이스라엘 국가독립을 선언하자 미국의 트루먼 대통령은 11분 후에 독립을 승인[68]했으며, 소련은 5월 17일, 이스라엘을 합법적으로 승인하였다. 신생 이스라엘에 대한 미·소 양국의 이해관계가 일치한 것이다. 그 증거로서 팔레스타인 전쟁의 휴전 중에 이스라엘은 체코(1947년 2월, 공산정권 탄생)로부터 대량의 소화기, 화포, 탄약 등을 공급받았다. 이를 수송하기 위해 항공기가 동원되었다. 이처럼 팔레스타인 전쟁에서 미·소의 공존외교가 영국과 프랑스의 중동지역 패권을 급속히 쇠퇴시켰다. 그 빈자리는 미국과 소련이 메웠다. 미국은 중동에서 패권을 차지하기 시작했고, 소련도 슬라브 민족 숙원인 중동진출의 문을 열었다.

---

68) 미국이 이스라엘을 공식적으로 승인한 것은 1949년 1월 31일이었다.

나. 아랍의 전쟁 결의

영국은 중동을 안정시키고 자신의 전략적 이익을 극대화시키기 위해서는 아랍의 지원 및 협조가 필수라고 판단했다. 그리고 아랍을 통합시켜 활용하는 것이 더 효율적이라 생각하여 연맹을 결성하도록 지원하였다. 그리하여 주로 영국의 영향력 하에 있던 이집트, 이라크, 사우디아라비아, 트란스요르단, 예멘의 대표가 1945년 3월 22일, 카이로에서 아랍연맹을 결성하고 조인식을 가졌다.

그 후 제2차 세계대전이 끝나고, 팔레스타인 문제를 해결하기 위해 UN이 분할결의안을 가결하자 분할안에 반대하는 아랍 측은 행동을 통일하여 대응할 필요성을 느꼈다. 그래서 아랍연맹은 1948년 2월 9일, 카이로에서 회의를 열고, 유대국가 수립을 저지하는 것으로 의견의 일치를 보았다. 4월 16일에는 베이루트에서 회의를 열고, 영국의 위임통치가 끝나고 영국군이 철수하면 아랍육군을 팔레스타인에 파견하기로 합의했다. 또 4월 25일에는 트란스요르단의 압둘라 왕과 다른 지도자 간에 긴급회의가 열렸는데, 무력에 호소해서라도 UN의 분할결의안을 저지시키기로 결정했을 뿐만 아니라 영국이 팔레스타인에서 철수한 후에는 아랍이 팔레스타인을 통치하기로 결정했다. 그러나 아랍연맹은 우세한 병력과 무기를 보유하고 있고, 게다가 유대국가 수립저지를 위한 외교적 협력체제까지 확립했지만, 오랜 반목과 주도권 다툼 때문에 내부 분쟁이 심각한 상태였다.

정치적으로 대표적인 경쟁자는 트란스요르단의 압둘라 왕과 후세인 왕가였다. 압둘라 왕은 시리아, 레바논, 트란스요르단, 팔레스타인으로 구성된 '대 시리아 왕국'을 꿈꾸고 있었다. 그와 대립되는 또 한 사람은 이집트의 파루크 왕이었는데, 각 방면에서 아랍의 지도자로 주목을 받고 있었다. 그런데 이라크는 파루크 왕을 반대했고, 자신이 아랍세계의 맹주라는 자부심을 버리지 않았다. 이렇듯 아랍연맹은 트란스요르단, 이집트, 이라크의 3개국이 쟁패를 다투고 있는 상황에서 유대인과 전쟁을 앞두고 군사력을 보유한 지휘관 카우지[69] 대(對) 후세인의 대립이 표면화되었다.

1947년 11월 29일, UN의 팔레스타인 분할결의안이 가결되자 후세인은 대 유대 성전을

---

[69] 1936년 아랍인의 대영봉기/폭동 때, 아랍 지도자들은 조직적인 투쟁을 전개하기 위해 오스만 튀르크군 장교 출신인 카우지(Fawzi Al-Kaukji)를 초청하였다. 그때 카우지는 지휘관으로 활약을 하다가 영국군의 대규모 진압으로 인해 일단 국외로 도피하였다. 그 후 다시 돌아와 팔레스타인 전쟁 시 아랍해방군을 지휘하였다.

호소하면서 요르단의 압둘라 왕에게 접근하였다. 이에 대항하여 시리아, 레바논, 이집트 지도자들은 카우지에게 아랍 각국에서 차출한 의용병부대의 지휘를 맡겼는데, 이것이 바로 아랍해방군이다. 아랍해방군 사령부는 다마스쿠스에 위치했고, 무기나 보급품은 주로 레바논이나 시리아가 공급했다. 그러나 카우지의 관리능력을 불신한 이라크는 최고 감찰관을 붙여 놓았고, 시리아는 행정장교를 파견했다. 결국 카우지에게 작전 지휘권만 부여한 것이다. 카우지의 병력은 약 8,000명이었는데, 각 국가에서 차출한 병력은 아래와 같다.

시리아	레바논	이라크	요르단	사우디아라비아	이집트
1,000명 포병 1개 대대	500명	2,000명 포병 2개 대대	500명 포병 1개 대대	2,000명	2,000명 포병 1개 대대

한편, 후세인은 팔레스타인의 아랍인 의용병으로 구세군을 결성하고, 군사경력이 없는 조카 카델 후세인을 지휘관으로 임명했다. 카델 후세인은 무기조달을 위해 다마스쿠스에 갔지만 거부 당했다. 후세인의 구세군은 2개 분견대(각 1,000명)로 구성되었으며, 1개 분견대는 리다 비행장(현 로드 국제공항) 지역, 1개 분견대는 예루살렘 지역 방어를 담당했다. 후세인이 지휘하는 구세군과 카우지가 지휘하는 해방군은 서로 대립한 채로 팔레스타인 전쟁에 돌입했다. 양측의 유일한 타협점은 카우지군이 팔레스타인 북부 정면에서 작전하고, 후세인군이 남부 정면에서 작전하는 것으로 결정한 것뿐이었다.

다. 이스라엘 국방군의 모체 "하가나"

1948년 5월 14일 이스라엘이 독립을 선언하는 날, 이스라엘에는 세 종류의 무력집단이 있었다. 유대기구(Jewish Agency)의 지하조직인 "하가나(Haganah)"[70]와 비정규군인 "이르군 쯔바이 뤼미(I·Z·L)" 및 "로하미 헤르트 이스라엘(Lehi)"이다.[71] 이 중 후자인 2개의 비정규전 조직은 팔레스타인 전쟁 초기에 이스라엘 국방군에 흡수되었다.

---

70) 이스라엘정부 수립 전에 민병대 수준의 방어공동체.
71) 'I·Z·L'은 '민족 군사 조직'이란 의미의 히브리어 두문자이고, 'Lehi'는 I·Z·L에서 분리된 조직으로 '이스라엘의 자유를 위한 전사'라는 의미의 히브리어 두문자.

"하가나"의 기원은 멀리 튀르크 지배 시대로 거슬러 올라가지만, 정식으로 1920년 12월, 시오니스트의 지하군사조직으로 발족했다. 처음에는 지방분권적 조직으로서 주로 입식지의 경비를 담당했는데, 아랍인과의 항쟁이 격화됨에 따라 점차 규모가 커지면서 중앙집권적 색채가 강해졌다. 1936년 예루살렘에서 아랍인의 폭동을 계기로 "팔마치(Palmach)"[72]의 창시자인 이자크 세데에 의해 예루살렘에 기동경비대가 창설되었다. 또 1937년에는 입식지 경비를 위해 입식자에 의한 자경단이 창설되었다. 기동경비대는 중대가 최대 규모였는데, 주로 분대~소대 단위로 편성되었으며, 점차 그 수가 증가하여 1938년에는 1,000명에 달했다. 기동경비대는 게릴라 전술을 다용했다. 당시 영국군 정보장교 윙 게이트 대위는 대 아랍 폭동진압을 위해 본국 정부의 승인을 얻어 하가나 대원과 영국인으로 구성된 특별야습부대를 편성하여 운용했는데, 그 부대의 기본전술이 '치고 빠지기(Hit & Run)'이었다. 그 영향을 받아 윙 게이트가 1939년에 아프리카로 전출된 후에도 하가나는 그의 전술과 사상을 이어받아 활용하였다.

1939년에는 기동경비대, 자경단 및 특별야습부대의 상비 경비대원이 3,000명으로 증가되었다. 동년 9월, 텔아비브에서 유대기구 예하에 하가나 총사령부가 설치되었고, 야콥 드우리가 지휘관으로 취임하였다. 총사령부에는 계획편성반, 교육훈련반, 통제반, 기술반의 4개 반이 설치되어 1947년까지 그 기능을 발휘하였다. 제2차 세계대전이 발발하자 유대기구는 상비군 확대 필요성이 대두되었다. 그래서 종래의 야전중대(FOSH)를 해체하고, 새로운 야전대대(HISH)를 편성하여 18~25세까지의 청년이 주말이나 하계에 군사훈련을 받도록 했다.

"팔마치" 부대는 1941년, 이자크 세데가 야전중대와 특별야습부대의 병력 2,000명으로 6개 팔마치 중대를 편성해 본격적인 훈련을 개시했다. 그 후 팔마치 부대는 계속 확장되어 해군중대와 항공소대까지 신설하였다. 1944년 말, 영국 정부는 이탈리아에서 처음으로 유대 여단을 편성하여 운용했는데, 특별한 활약을 하지 못했다. 다만 유대인 장교에 의해 조직적 군사훈련을 받고 전투에 참가하여 귀중한 경험을 쌓았다는 성과를 얻었을 뿐이었다.

1947년 1월, 팔레스타인에서 아랍·유대 간 전쟁의 위기가 고조되자 유대기구의 지도

---

72) 지하무장특공대로서 나중에 하가나의 소수정예부대가 됨.

자 벤구리온은 게릴라에 대응하는 정도의 경비부대 수준으로는 전쟁을 할 수 없다고 판단하여 정규 야전군 건설에 박차를 가했다. 그 결과 1947년 중반에는 야전부대 병력이 1만 2,000명에 달했고, 그 중 15개 중대로 편성되었던 4,500명을 4개의 지역예비여단으로 개편하여 공격능력을 향상시켰다. 나머지 병력은 중대 단위 부대로 남겨놓아 주로 지역방어 및 경계임무를 수행하도록 했다.

라. 아랍군대의 실태

1948년 5월 14일, 개전시의 아랍군은 8개 집단으로 구성되었으며, 총병력은 4만 2,000명에 달했다. 그 내역은 카우지가 지휘하는 아랍해방군 5,500명, 후세인이 지휘하는 구세군 5,000명, 레바논군 2,000명, 시리아군 5,000명, 트란스요르단군 7,500명, 이집트군 5,000명, 이라크군 1만 명, 사우디아라비아군 2개 중대였다.

개전 전, 아랍군의 총병력은 10만 명이 넘을 것으로 예상했는데 개전 후 그 숫자는 과도하게 부풀려져 서류상에나 존재하는 엉터리라는 것이 밝혀졌다. 이스라엘 초대 총리 벤구리온도 개전 전, 아랍군의 총병력을 약 15만 명이라고 판단했다. 그러나 실제 참전한 병력은 개전 후 5개월이 지난 1948년 10월 시점에서 5만 5,000명이었다. 그렇다면 당시 팔레스타인 전쟁에 참가한 아랍국가들의 전력과 실태는 어떠했는지 살펴보자.

트란스요르단군 1946년 3월 22일, 영국으로부터 독립을 승인받은 트란스요르단은 양국의 상호원조조약(20년간)에 의해 영국군 장비와 훈련방식을 도입해 군대를 육성했다. 그 결과 아랍국가 군대 중 최정예로 육성되었으며, 이스라엘군이 가장 위협을 느낀 군대였다. 트란스요르단군의 핵심부대인 아랍군단의 병력은 약 6,000명이었는데, 3개 대대로 구성된 1개 기계화여단과 17개 독립보병중대, 야포 8문을 보유한 2개 포대로 편성되어 있었다.

시리아군 1948년 4월 프랑스로부터 독립한 시리아는 1945년부터 영국 군사고문단의 도움을 받아 군대를 편성하고 훈련을 시작해, 개전 시 육군의 병력은 7,000~8,000명에 달했다. 그러나 실제 가용한 부대는 2개 보병여단 정도였고, 약간의 프랑스제 전차를 보유했을 뿐이었다. 항공기도 50기를 보유하고 있었는데 가동기 수는 10기에 불과했다.

레바논군   레바논 육군은 3,500명 정도였고, 약간의 전차와 장갑차를 보유하였다. 그밖에 별도로 2,000명의 무장 헌병대를 보유하고 있었다. 이 중에서 전쟁에 참가한 실제 병력은 4개 보병대대 및 2개 포대였다. 그러나 레바논이 아랍군에게 기여한 것은 병력제공뿐만이 아니고, 시리아와 이라크 공군에게 비행장을 제공했고, 카우지가 지휘하는 아랍해방군에게 기지를 제공했다.

이라크군   1921년, 지원병제도에 의해 3,500명의 국민군을 창설하였다. 영국의 위임통치가 끝난 1934년에 징병령이 시행되어, 1936년에는 2개 보병사단 및 1개 기병여단이 편성되었으며, 약간의 지원항공기도 보유하였다. 1941년에는 육군 4만 1,000명, 항공기 120기를 보유하고 있었는데, 동년에 발생한 대영 반란 때 대부분이 와해 및 격파되었다. 1948년 5월 팔레스타인 전쟁 발발 시, 육군 2만 1,000명, 항공기 100기를 보유했지만 장병들의 사기는 낮았다. 더구나 징병기간이 1년이기 때문에 숙련도 또한 낮았다. 게다가 이라크 지도층은 군대를 권력유지를 위한 수단으로 여겼다. 그래도 개전초기 아랍국가들 중에서 가장 많은 1만 명의 병력을 파견하였다.

이집트군   1936년, 영국·이집트 조약 결과 이집트 육군은 모든 제한이 해제되었지만, 예산과 건전한 병력자원의 부족에 시달렸다. 육군은 영국식 편성을 모방했고, 영국 군사고문단이 훈련을 지도했다. 또한 무기·탄약도 영국의 지원을 받았다. 1948년 5월, 이집트 육군의 총병력은 약 5만 명이었고, 85기의 항공기를 보유하고 있었다. 그러나 개전초기 참전한 병력은 5,000명에서 최대 1만 명에 불과했다. 그 후 점차 증가하여 절정 시에는 4만 명까지 전장에 보냈다.

사우디아라비아군   개전 시에 2개 중대를 파견했다. 그 후 6개 중대로 증가했고, 1949년 1월 1일까지 2개 대대가 이집트군과 함께 행동했다.

개전 전, 아랍은 압도적 다수의 병력을 보유(서류상에만 존재)하고 있다고 발표했지만, 전쟁이 진전되어 감에 따라 병력수가 과도하게 부풀려졌다는 것이 점점 명백해졌다. 뿐만 아니라 아랍국가들은 내부항쟁과 주도권 다툼으로 그들의 전력을 제대로 집결시키지도 못하고 또 작전의 통합성마저 결여된 채 전단을 열게 되었다.

제2부
팔레스타인 전쟁(제1차 중동전쟁)

▌▌▌▌ 제1장 ▌▌▌▌
지하투쟁기(1947년 11월 29일~1948년 5월 14일)

1948~1949년의 팔레스타인 전쟁은 이스라엘에게는 독립전쟁이고, 아랍으로서는 이스라엘 국가말살을 목표로 한 전쟁이었다. 팔레스타인 전쟁은 1947년 11월 29일, UN총회에서 팔레스타인 분할결의안이 가결되면서 실질적으로 전단이 열렸다. 그 후 1949년 2월 24일, 이집트와 이스라엘의 정전성립까지 450일간의 팔레스타인 전쟁은 다음과 같이 7기로 구분할 수 있다.

제1기 지하투쟁기(1947년 11월 29일~1948년 5월 14일)
제2기 아랍군의 초기 진공(1948년 5월 14일~6월 11일)
제3기 제1차 휴전(1948년 6월 11일~7월 9일)
제4기 이스라엘군의 제1차 공세(1948년 7월 9일~7월 18일)
제5기 제2차 휴전(1948년 7월 18일~10월 15일)
제6기 이스라엘군의 제2차 공세(1948년 10월 15일~10월 29일)
제7기 종말공세와 정전(1948년 10월 29일~1949년 2월 24일)

팔레스타인 전쟁에서 이스라엘은 자발적으로 치열하게 싸웠고, 주어진 휴전을 잘 활용했다. 지하투쟁기 중에 이민을 증가시키려 노력했고, 국방군의 골격을 형성했으며, 영토를 확대해 국가창업을 추진했다. 따라서 1948년 5월 14일, 이스라엘 독립선언 이후의 전과는 지하투쟁기의 시련에 힘입은 바가 크다.

1. UN 분할결의안에 대한 아랍인의 반발

1948년 5월 14일, 이스라엘이 독립선언을 한 그날 전단이 열린 팔레스타인 전쟁은 그 이전 영국의 위임통치하에서 6개월간 지하투쟁의 시기가 있었다. 그 지하투쟁은 1947년 11월 29일, UN의 팔레스타인 분할결의안 결의가 계기가 되었다. 그 결의에 반발한 예루살렘의 이슬람 지도자 후세인은 다음 날인 11월 30일, 전 아랍인들에게 3일간 전면파업에 돌입하라고 지시했다. 이에 따라 봉기한 아랍인들은 12월 2일에는 예루살렘의 유대인 상점가를 습격했고, 유대인 상점들이 불타올랐다. 폭동의 불길은 점점 더 크게 번져 하이파까지 확대되었다.

더구나 1948년 1월 10일에는 카우지가 지휘하는 아랍해방군 900명이 시리아 국경을 넘어 침입해 유대인 촌락을 습격했다. 그들의 활동은 매우 효과적이어서 갈릴리 북쪽과 네게브 서부와 같은 격오지(隔奧地)에 위치한 유대인 촌락들은 심각한 위기에 봉착했다. 그러나 영국군은 그 습격을 제압하려고 하지 않았다. 유대인들의 격렬한 반영투쟁에 대한 업보였다. 지난 2년간 유대인의 반영 테러활동에 의해 영국군 127명이 살해되고 331명이 부상당했기 때문이다.

카우지가 지휘하는 아랍해방군은 이스라엘의 장갑부대에 의해 격퇴되어 시리아국경으로 퇴각했다. 그러나 카우지의 라이벌인 후세인이 약 1,000명의 아랍의용군을 이끌고 예루살렘 남방 25km 부근의 유대인 촌락을 습격했다. 이에 대해 유대기구는 팔마치 부대 30명을 갖고 곳곳에서 매복공격을 실시하여 격퇴했다. 이렇듯 아랍·이스라엘 쌍방의 테러활동은 날이 갈수록 치열해졌다. 2월 22일에는 예루살렘에서 수개소의 유대인 아파트가 파괴되어 50명이 사망하고 70명 이상이 부상했다. 또 3월 11일에는 유대기구 건물이 파괴되어 12명이 사망하고 90명이 부상하는 사건이 일어났다. 이리하여 1948년 3월 말에는 팔레스타인 전 지역으로 테러가 확산되어 안전한 지역은 찾아볼 수 없었다. 1947년 11월부터 1948년 3월까지 유대인은 1,200명 이상의 사상자를 냈으며, 아랍인의 사상자는 그 이상이었다.

2. 하가나의 작전 준비

하가나 총사령부는 1948년 3월, 다가올 전쟁에 대비하여 부대를 편성하고 작전계획을 보완했다. 종래의 A, B, C 계획을 수정한 "D 계획"을 작성한 것이다. D 계획은 1948년 5월 14일 24:00시, 영국군의 마지막 부대가 팔레스타인을 떠나는 순간 아랍군대가 진공해 올 것이라는 전제하에 수립한 작전계획이다.

D 계획에서 하가나의 임무는 이스라엘 국가로 지정된 지역을 확보하고, 국경과 유대인 촌락을 방어하는 것이었다. 그러나 이 임무를 수행하는 것은 결코 쉬운 일이 아니었다. 먼저 아랍군의 진공을 격퇴하고 유대인 촌락간의 교통로를 확보해야 하며, 그다음 공세로 나가 아랍군의 전진기지를 습격하거나 아랍인 마을을 점령해서 그들의 근거지를 파쇄해야 하는 어려운 것이었다.

당시 하가나 총사령부는 아랍군의 총병력을 15만 명으로 판단했다.[1] 하가나의 총병력은 1948년 3월 시점에서 2만 1,000명이었다. 유대기구는 1947년 11월부터 동원을 하령하여 종래의 야전대대(HISH)를 모체로 6개 여단(3,000~4,000명)을 편성하기 시작했다. 무기가 부족했지만 1948년 4월 1일, 체코에서 소총을 적재한 수송기가 도착했고, 4월 3일에는 소총과 기관총이 체코에서 폴란드를 경유하여 텔아비브에 도착했다. 4월부터 5월 15일까지 약간의 전차, 야포, 박격포, 항공기도 입수하였다. 이리하여 1948년 5월 15일 기준으로 하가나의 총병력은 약 3만 명으로 증가했고, 소총 2만 2,000정, 기관단총 1만 1,000정, 대전차포 86문, 경박격포 682문, 중(中)박격포 195문, 야포 5문을 보유하였다. 하가나의 부대별 병력은 아래와 같다.

구분	팔마치 3개 여단	골라니 여단	카메리 여단	알렉산드로니 여단	키야티 여단	기바티 여단	에쯔니 여단
병력	6,000	4,095	2,238	3,588	2,504	3,229	3,116
구분	포병부대	공병부대	수송부대	헌병부대	훈련부대	신병	공군
병력	650	150	1,097	168	398	1,719	675

---

1) 개전 초기 아랍군이 투입한 병력은 4만 2,000명이었다.

1948년 5월 14일 시점에서 아랍·이스라엘군 주요 장비는 아래와 같다.[2]

구분	전차(대)	장갑차(대)	차량(대)	야포(문)	고사포(문)	항공기(기)	함정(척)
아랍	40	200	300	140	220	131	12
이스라엘	1	2	120	5	24	28	3

3. 하가나의 지하투쟁

1947년 11월, 팔레스타인에 거주하는 유대인은 약 60만 명이었다. 그중 텔아비브에 15만 명, 예루살렘에 10만 명, 하이파에 8만 명이 살고 있었고, 나머지는 지방의 농업이주지에 분산되어 있었다. 폭동은 주로 인구가 많은 위의 3대 도시에서 격렬했다.

하이파에서는 4건의 테러가 발생했다. 1947년 12월 30일, 유대인 테러리스트가 산 정상에서 계곡의 아랍인 부대에 폭탄을 굴려 4명이 죽고 47명이 부상당했다. 그 보복으로 유대인 노동자 41명이 살해되었다. 1948년 1월 14일에는 아랍인 테러리스트 차량이 우편국 안으로 돌진해 들어와 유대인 45명이 부상했다. 3월에도 2건의 테러가 발생했다.

북부 팔레스타인의 군정을 담당하던 영국군 제6공정사단은 5월 15일까지 철수를 완료하기 위해 하이파에 집결 중이었다. 4월 21일 사단장 스톡웰 소장은 아랍인과 유대인 쌍방에게 하이파에서 원활하게 철수할 수 있도록 협조를 요청하였다. 그런데 하가나 총사령부는 하이파의 아랍인 지구를 통제하기 위해 사전에 무력행동 계획을 수립해 놓고 있었다.

4월 21일 미명, 하가나 사령부는 카메리 여단을 투입해서 "가위질 작전"을 실시하여 하이파의 아랍인 거주구를 3개로 분리시켰다. 21일 정오 무렵, 분리된 아랍인 거주구가 붕괴되기 시작했다. 이때 스톡웰 소장이 중재하여 유혈투쟁을 정지시키고 5일간 휴전하기로 결정했다. 그사이 영국군 부대와 주민들이 하이파에서 철수했다.

---

2) Col. Jehuda Wallach, 『Carta's Atlas of Israel』, (Jerusalem, 1978), p.13.

가. "이프타(Yiftach) 작전" : 1948년 4월 28일~5월 12일

1948년 초, 사파드 마을은 아랍인이 1만 명, 유대인이 1,500명 정도 거주하는 작은 읍(邑)이었다. 그 지역은 영국군이 적게 배치되어 있어 아랍인의 테러가 자주 발생했다. 그런데 1948년 4월 15일, 영국군이 철수하자 아랍인들은 영국군이 사용하던 건물과 요새, 경찰서 등을 점거했다.

하가나 총사령부는 갈릴리 지방의 동북부 입식자들과 연락을 유지하기 위해서는 사파드를 반드시 확보해야 한다고 생각했다. 그래서 4월 15일, 영국군이 사파드에서 철수하자마자 즉시 골라니 여단의 분견대가 사파드 마을의 전진 거점이었던 경찰서를 공격했지만 실패하고 말았다. 하가나 총사령부는 영국군이 동부 갈릴리 지방에서 완전히 철수할 때까지 작전을 연기하기로 했다. 그 사이 총사령부는 "이프타 작전" 계획을 수립했다. 작전의 요점은 사파드 주변의 아랍진지와 주요 도로를 점령함과 동시에 차후 예상되는 레바논 및 시리아군의 공격에 대비하여 방어진지를 구축하는 것이었다. 사파드는 그 방어편성을 하는 데 있어서 중요지형이었다. 작전부대는 팔마치 1개 대대와 야전 1개 대대, 지역 방위대로 편성되었으며, 아론 대령이 지휘관으로 임명되었다.

4월 28일, 영국군이 동부 갈릴리 지방에서 철수를 완료했다. 이제 작전을 방해하는 것은 없었다. 아론 대령은 그날 즉시 작전을 개시해 5월 1일까지 사파드 외곽 경찰서와 아랍인 부락을 점령했다. 5월 3일, 아론 대령은 팔마치 1개 대대의 증원을 받아 본격적인 사파드 공격을 준비했다. 5월 5일 밤, 아론 대령은 사파드에 대한 야간공격을 감행했는데, 아랍인의 강력한 저항에 부딪혀 공격이 돈좌되었고, 어쩔 수 없이 재편성을 하는 데까지 이르렀다.

5월 10일 저녁, 아론 대령은 호우를 무릅쓰고 공격을 재개하였다. 팔마치 대대는 사파드 마을의 한집 한집을 이 잡듯이 샅샅이 뒤지며 공격을 계속해 5월 11일 아침에는 마을의 3개 거점을 점령했다. 다음 날인 5월 12일에는 사파드를 완전히 점령했고, 아랍인들 대부분은 마을에서 쫓겨났다.

나. "나치손(Nachson) 작전" : 1948년 4월 6일~12일

1947년 말, 예루살렘의 유대인은 신(新)시가지에 10만 명, 구(舊)시가지의 유대인 지구에 2,500명이 거주했고, 각각 아랍인 지구와 격리되어 있었다. 10만 수천 명이나 되는 유대인의 생활물자는 텔아비브에서 예루살렘을 잇는 도로를 통해 보급되었다. 또 식수는 텔아비브 동방 20km 지점에 있는 우물에서 펌프에 의해 급수되었다. 그런데 그 보급로가 아랍인에 의해 차단된 것이다.

1948년 4월 1일, 하가나 총사령부는 텔아비브~예루살렘 도로를 개통하고 보급부대를 호송하기 위해 나치손 작전을 실시하기로 결정했다. 이 작전은 4월 5일 밤에 개시되어 도로 개통은 성공했다. 70km에 달하는 텔아비브~예루살렘 간의 도로경비는 팔마치의 하렐 여단이 담당했다. 그리고 "하렐 작전"이라고 부르는 6일간의 보급수송작전을 라빈 대령이 지휘했다. 이 작전에서 250~300대의 차량종대가 텔아비브와 예루살렘 간을 왕복했다. 스코푸스 산(山) 위에 있는 하다사 병원과 히브리대학은 유대인이 확보하고 있었는데, 그 부대에 대한 보급도 가능했다.

그러나 4월 18일, 제닌 방면에 있던 카우지의 아랍해방군 증원을 받은 아랍인 부대가 스코푸스 산과 신 예루살렘 시가지 정면에 공격을 개시하자 또다시 위기에 빠졌다. 하다사 병원의 의사 및 간호사 77명이 살해된 사건도 이때 일어났다. 하가나 총사령부는 세데가 지휘하는 부대를 급파해 예루살렘의 하렐 여단을 증원했다. 그리하여 4월 20일, 350대의 차량종대가 텔아비브를 출발했는데, 예루살렘 근처의 산악지대에 접어들었을 때 아랍인 부대의 매복공격을 받아 대혼란에 빠졌다. 예루살렘에서 구출부대가 급히 출동해 매복부대를 격퇴하였고, 차량종대는 간신히 예루살렘에 도착했다. 그러나 그 수송부대가 마지막이었다. 텔아비브~예루살렘 도로가 다시 아랍인 부대에 의해 차단된 것이다.

다. "지부시(Jebussi) 작전" : 1948년 4월 21일~30일

예루살렘에 급파되어 하렐 여단을 증원하던 세데의 부대는 4월 21일 밤, 지부시 작전을 개시하여 예루살렘 시가지에 있는 3개소의 아랍진지를 공격했다. 그러나 아랍인 부대의 맹렬한 화력에 봉착했고, 또 주둔하고 있는 영국군이 공격중지를 종용해 1차 공격은 실패로 돌아갔다.

4월 25일, 재차 공격을 개시해 예루살렘 시가지 대부분을 점령했는데, 이번에도 영국군이 점령지역에서 철수할 것을 명령했다. 세데의 부대가 거부하자 4월 26일 오후, 영국군은 전차와 포병의 지원을 받는 보병 1개 대대를 투입해 세데의 부대를 공격했다. 더 이상 버틸 수 없었던 세데의 부대는 짧게 응전한 후 철수하여 스코푸스 산과 신 예루살렘지역으로 되돌아 왔다.

라. "맥카비(Maccabi) 작전" : 1948년 5월 9일~14일

하가나 총사령부는 기바티 여단을 추가 투입하여 차단된 텔아비브~예루살렘 도로를 재개통시키기 위해 맥카비 작전을 개시하였고, 5월 14일에는 중간 지점에 위치한 라트란의 아랍군 진지를 점령했다. 이로서 두 도시를 잇는 도로가 재개통되었고, 생활물자 수송이 가능해졌다.

▌▌▌▌▌ 제2장 ▌▌▌▌▌
아랍군의 초기 진공(1948년 5월 14일~6월 11일)

1948년 5월 14일, 아랍군은 이스라엘을 향해 진공을 개시하였고, 이후 제1차 휴전 성립 때까지 전반적으로 아랍군이 우세한 가운데 작전이 전개되었다. 이스라엘군으로서는 팔레스타인 전쟁 기간 중 가장 어려운 전투를 할 수밖에 없었던 시기였다.

아랍연맹은 1948년 2월 9일, 카이로에서 회의를 열고 유대국가 건설을 저지하기로 의견의 일치를 보았다. 또 4월 16일에는 베이루트에서 재차 회합을 갖고 영국군이 팔레스타인에서 철수하면 즉시 육군을 파견하기로 결정했다. 이렇듯 아랍연맹은 팔레스타인에 대한 군사개입 의도를 명확히 했지만 실제적으로 군사행동이라는 귀찮은 과업은 서로 회피하며 트란스요르단의 아랍군단(Arab Legion)에게 맡기려고 했다.[3] 그 결과 5월 15일 아랍연맹 군사위원회는 연합 사령부 편성에 실패했으며, 급거 트란스요르단의 압둘라 왕이 형식상의 아랍군 총사령관이 되었다.[4] 이집트와 시리아는 압둘라 왕의 총사령관 취임을 별로 좋아하지 않았다. 그래서 실질적인 연합작전구상은 붕괴되고, 각국의 의도에 따라 작전이

---

3) 김희상, 『中東戰爭』, (서울 : 일신사, 1977), p.56. 아랍 상호 간의 불신과 상반된 이해관계는 연합작전을 수행하는 데 가장 큰 장애요소였다. 요르단의 압둘라 왕은 팔레스타인 땅을 가능한 한 많이 그의 왕국에 편입시키려 했고, 이집트의 파루크 왕은 팔레스타인에 아랍국가를 수립해 주고 그것을 이집트의 보호국으로 만들려는 속셈을 갖고 있었다. 따라서 자신들의 야심을 실현하기 위해 이번 전쟁에서 서로 주도권을 확보하려 했고, 동시에 자국군이 지나친 피해를 입지 않으려고 했다.

4) 이때 압둘라 왕은 비밀리에 이스라엘과 접촉하고 있었다. 그는 이스라엘에게 우호적인 온건파였다. 그러나 아랍의 공동군사행동에서 예외적인 행동을 취해 정치적 고립을 자초할 필요가 없었고, 성공이 확실시 되는 이번 전쟁(당시 아랍의 오판)에서 주도적 역할을 수행함으로서 얻을 수 있는 이익을 놓치고 싶지 않았다.

수행되었다.

후(後)에 이스라엘 군부는 아랍의 연합사령부가 편성되지 않아서 실행하지 못한 연합작
전계획을 입수하였다. 그 계획에 의하면 남쪽에서는 이집트군이, 북쪽에서는 레바논 및
시리아군이 각각 조공으로서 이스라엘군을 고착·견제하고, 동쪽에서는 요르단의 아랍군
단과 이라크군이 주공으로서 이스라엘 중앙의 짧은 종심을 신속히 돌파해 해안도시인 하

〈그림 2-1〉 아랍군의 공세(1948, 5.14~6.11)

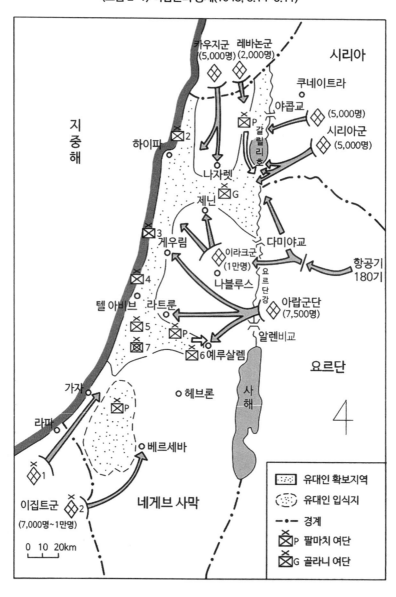

이파와 텔아비브를 점령함으로써, 이스라엘을 절단한 후 각개 격파하는 것이었다. 이때 예루살렘은 최초부터 공격해 점령하는 것이 아니라, 2단계 작전(각개 격파) 시에 점령하도록 되어 있었다.[5]

이러한 외선 작전을 수행하기 위해서는 연합사령부 설치가 필수적이며, 각국의 군대 간 협조 및 조정이 절대적으로 필요했다. 따라서 연합사령부를 설치하지 못한 것은 아랍군에게 치명적인 약점이었다. 그러다 보니 가뜩이나 전의가 없는 각국의 군대는 서로 눈치만 보고 있었다. 이러한 때에 전체 아랍군이 비교적 조기에 전면 공격을 개시할 수 있었던 것은 이집트 파루크 왕의 결단 덕분이었다. 그는 영국군이 이미 철수하여 텅텅 비어있는 팔레스타인 접수를 요르단의 아랍군단에게 일임한다면 그들은 적은 노력을 투자하여 큰 이익을 얻게 되는 것이며, 따라서 차후 팔레스타인 문제를 처리할 때 자신의 발언권이 약화될 것을 염려했다. 그래서 주위의 건의를 무시하고 이집트군을 시나이 반도로 파견함으로서 다른 아랍국가들의 참전을 주도하였던 것이다.

아랍 각국 군대의 초기 작전 및 전투는 다음과 같다.

이집트군   개전 초기 투입한 이집트군은 2개 여단으로서, 보병 5개 대대와 이를 지원하는 전차부대, 기관총 1개 중대, 포병 1개 연대로 구성되었으며, 총병력은 7,000~1만 명 정도였다. 이집트군은 2개 제대로 나누어 공격을 개시했다. 좌측의 제1여단은 텔아비브를 목표로 하여 해안도로를 따라 전진했고, 우측의 제2여단은 예루살렘을 목표로 하여 내륙도로를 따라 전진했다. 그런데 해안도로를 따라 북쪽으로 공격하던 제1여단은 전진로 상에 있는 수 개의 유대인 마을을 점령하는 과정에서 상당한 피해를 입었다. 그래서 공격기세가 둔화되었고, 이스라엘 영내에 진입했지만 아쉬도드에서 이스라엘의 하가나 부대에 의해 저지당해 더 이상 진격이 곤란하였다. 이에 비해 내륙에서 예루살렘을 향해 북쪽으로 공격한 제2여단은 비교적 성공적이어서 네게브 지역에 있는 28개의 유대인 마을을 고립시키면서 전진했다. 그러나 유대인 마을을 점령하거나 전투거점을 확보하지는 못했다. 전반적으로 이집트군이 유리한 상황에서 작전이 지속되었지만 제1차 휴전의 성립으

---

5) 田上四郎, 『中東戰爭全史』, (東京 : 原書房, 1981), p.35.

로 인해 공세행동이 중지되었다.

시리아군 　시리아군은 2개 기계화여단으로 구성되었으며, 총병력은 약1만 명 정도였다. 시리아군은 갈릴리호 남쪽과 북쪽의 2개 방향에서 공세를 실시했다. 주공은 갈릴리호 남단으로 지향했는데, 이스라엘의 팔마치 여단이 긴급히 투입되어 시리아군의 진격을 저지하려고 했으므로, 5월 16일부터 19일까지 갈릴리호 남부지역에서 격전이 전개되었다. 5월 19일, 이스라엘 항공기가 이 전쟁에서 최초로 대지공격을 감행해 시리아군의 진격을 지연시켰으며, 또 이스라엘군 유일의 화염방사기와 야포 2문이 이 전선에 급파되었다. 이렇게 치열한 격전을 전개한 끝에 시리아군의 공세는 돈좌되었다.

레바논군 　2,000명 규모의 레바논군은 카우지가 지휘하는 5,000명 규모의 아랍해방군과 연합하여 북부 갈릴리 지역을 공격했다. 카우지의 아랍해방군은 나자렛 부근까지 깊숙이 침투하여 활동했지만 레바논군은 갈릴리 북부지역에 진입한 이후 더 이상 전진하지 않았다.

이라크군 　나블루스 정면에서 공격한 이라크군은 최초 기계화보병 1개 연대 및 보병 1개 대대 규모였는데, 축차적으로 항공 3개 중대의 지원을 받는 1개 기계화여단이 증원되었다. 그리하여 제닌에서 이스라엘군과 치열한 전투가 전개되었다. 그런데 이 전투에서 이스라엘군은 역습 개시 시기와 통로를 잘못 선정해 고전했고 결국 6월 3일, 이라크군은 제닌 전투에서 이스라엘군의 역습을 격퇴시켰다. 이외 다른 정면의 전투는 활발하지 않았다.

트란스요르단군 　아랍군의 최정예 부대인 트란스요르단의 아랍군단이 부여받은 임무는 종심이 짧은 이스라엘 중부지역에서 해안 방향으로 공격하여 이스라엘 영토를 두 동강 내는 것이었지만, 연합작전이 물 건너간 상황에서 압둘라 왕에게는 먼저 예루살렘을 점령하는 것이 보다 매력적이었다. 그래서 우선 예루살렘 회랑을 차단하기 위해 아랍군단의 일부를 게우림과 제닌 방향으로 전진시키면서 주력부대는 이스라엘군의 반격을 격퇴하고 라트룬을 점령, 확보함으로서 예루살렘 회랑을 차단하는 데 성공했다. 이와 동시에 또 다른 아랍군단의 부대가 예루살렘을 포위 공격하였다.

〈그림 2-2〉 예루살렘 전투(1948.5.14.~18)

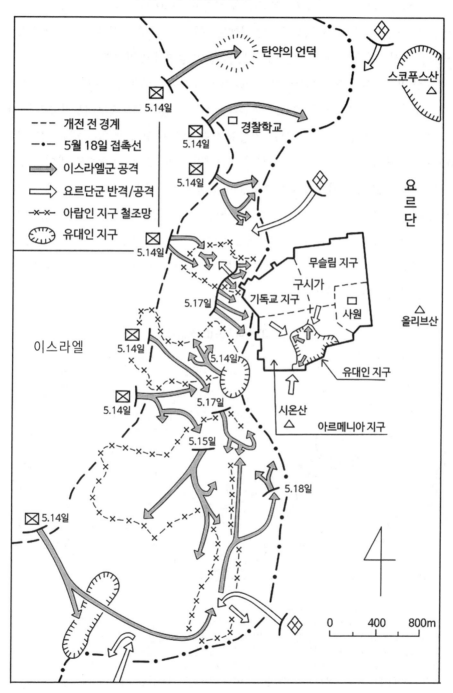

한편, 이스라엘군은 5월 14일, 예루살렘에서 영국관리가 떠나자마자 에쪼니 여단을 투입하여 제일 먼저 영국군이 사용하던 건물을 점거하고 이어서 성벽 밖의 예루살렘 시가지 점령을 시도했다. 이리하여 5월 15일 저녁에는 예루살렘 북부와 서쪽 구역은 점령했지만 올리브산과 시온산 일대의 성 밖은 여전히 아랍군이 점령하고 있었다.

이런 상황에서 트란스요르단의 아랍군단 일부가 예루살렘을 공격하자 여기저기서 치열한 전투가 전개되었다. 그중에서도 예루살렘 성안에 있는 유대지구에서의 전투는 대단히 격렬했다. 유대인들은 결사적으로 저항했으며, 심지어 성 밖에 있는 하렐 여단의 1개 대대는 시온 게이트(Zion Gate)를 돌파하여 성안에서 저항하고 있는 유대인 방어부대와 한때 연결하기도 했다. 그러나 우세한 아랍군단을 축출할 수가 없었다. 이처럼 예루살렘 성내의 유대인 지구에서 유대인들이 완강하게 저항하자 아랍군단은 포위망을 확고히 한 채 무차별 포격을 감행하여 전의를 분쇄하려고 했다. 그 결과 시민 170여 명이 죽고 1,000여 명이 부상당했으며, 마침내 성내의 유대인 지구에서 전투원 150명, 비전투원 1,700여 명이 요르단군에게 항복했다.[6]

〈그림 2-3〉 버마 로드(Burma Road)

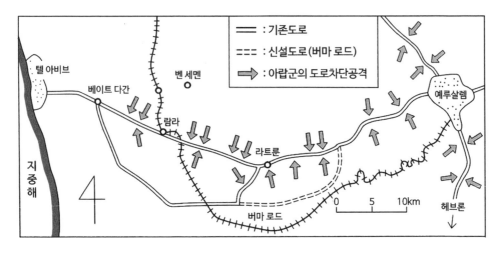

---

6) 1948년 5월 28일, 예루살렘 성안에서 검은 연기가 솟아올랐다. 당시 26세였던 라빈은 팔마치의 하렐 여단을 지휘하고 있었다. 그는 시온산에 올라 화염에 휩싸인 동예루살렘을 내려다보았다. 유대인 거주구역이 불타고 있었으며, 라빈이 평생 기억에서 지우지 못할 충격적인 장면이 펼쳐졌다. 2명의 랍비(유대교 율법학자)가 이끄는 유대인 행렬이 요르단군에 항복한 뒤 끌려가고 있었다. 그러나 그가 할 수 있는 것은 아무것도 없었다. 그들의 능력으로는 우세한 아랍군단의 전력을 분쇄하고 예루살렘을 회복한다는 것은 불가능한 일이었다.

이렇게 예루살렘에서 치열한 전투가 계속되는 동안 이스라엘군은 아랍군단의 포위망을 뚫는다는 것은 불가능하다고 판단하고, 차단된 텔아비브~예루살렘 간의 도로를 개통하는 대신 아무도 주의를 기울이지 않는 산악지대를 통한 새로운 보급로를 건설하고 있었다. 아랍군이 상상하지 못했던 이 도로공사는 전투 못지않은 피나는 노력 끝에 6월 말에 완공되었다.[7] 이스라엘은 이 우회도로를 통해 포위된 예루살렘에 보급품을 수송하고 병력을 증원할 수 있게 되어 예루살렘 내의 이스라엘군은 끝까지 저항할 수 있었다.

---

7) 요르단의 아랍군단이 텔아비브와 예루살렘을 잇는 도로의 중간 요충지 라트룬을 점령하자, 예루살렘에 있는 유대인의 보급로가 차단되었다. 이를 타개하기 위해 라트룬 외곽 산악지대에 우회도로를 개설하여 텔아비브와 예루살렘을 연결시킴으로서 물자 및 병력수송이 가능해졌다. 유대인들은 이 통로를 "버마 로드(Burma Road)"라고 불렀다. 이는 제2차 세계대전 시 일본군과 싸우는 중국군에게 보급물자를 수송하기 위해 연합군이 버마(지금의 미얀마)에서 중국 남부를 연결하는 산악도로를 건설했는데, 이 통로 이름인 "버마 로드(Burma Road)"를 본떠서 부른 것이다.

|||||| **제3장** ||||||
제1차 휴전(1948년 6월 11일~7월 9일)

영국이 제안한 팔레스타인 휴전결의안은 5월 29일, UN총회에서 가결되었다. 아랍연맹은 처음에 휴전을 반대하였지만 수많은 우여곡절 끝에 어쩔 수 없이 동의하여 6월 11일부터 4주간이라는 조건부 휴전이 성립되었다. 전반적으로 고전하고 있던 이스라엘은 그 휴전을 환영했다. 휴전기간 중 상호 전선의 변경과 군대 이동은 금지되었지만 이스라엘은 4주간의 휴전을 최대로 활용해 아래와 같이 차후의 전쟁을 준비했다.

첫 번째는 병력확보였다. 개전 시 훈련을 마친 5,000~6,000명의 병력 중, 3주간의 전투에서 2,500명의 사상자가 나왔다. 6월 6일 기준으로 4만 명의 병력을 보유하고 있었지만, 그 중 3,000명이 전투부대에 배치되어 있을 뿐이었다. 따라서 이스라엘이 당면한 시급한 과제는 전투적령자의 이민을 포함하여 병력, 무기, 탄약, 식량을 확보하는 것이었다. 그래서 이스라엘 정부는 다음과 같은 결정을 내렸다.[8] ① 17세의 남녀를 소집하여 2개월간 훈련을 실시한다. ② 36~38세까지의 남녀를 병역에 소집하고, 42세까지의 남자를 요새 구축에 동원한다. ③ 35세까지의 기혼 남자는 2인 이상의 부양자가 있어도 징병한다. 이뿐만 아니라 UN의 휴전결의안에는 병역적령자의 이민을 제한하지 않았기 때문에 휴전 중에 이민도 공공연히 받아들였다.

두 번째는 무기조달이었다. 유대인 단체가 모금한 자금을 갖고 유대인 지도자들이 소련

---

8) 상게서, p.40.

을 통해 무기구매 교섭을 한 결과, 주로 체코에서 소화기 및 탄약과 일부 중화기 및 야포를 입수할 수 있었다. 항공기는 미국과 영국에서 밀수를 통해 확보했고, 외국에서 실전 경험을 쌓은 파일럿이 조종했다. 이리하여 제1차 휴전이 끝날 무렵에는 소규모이기는 하지만 이스라엘 공군이 탄생했다. 또 소형 선박과 초계정을 획득하여 이스라엘 해군도 창군했다. 그 결과 1948년 7월 9일까지 이스라엘 국방군은 육·해·공의 3군 체제 골격이 형성되었다.

세 번째는 지역사령부 신편이었다. 이스라엘 국방군은 4개의 지역사령부를 편성하여 작전담당지역을 명확히 했다. 제1지역(북부)사령부는 갈릴리 및 사마리아 삼각지대의 북부국경을, 제2지역(동부)사령부는 사마리아 삼각지대의 동부국경을, 제3지역(중부)사령부는 텔아비브 및 예루살렘지구를 방어하고 두 도시를 잇는 도로를 경비하며, 제4지역(남부)사령부는 네게브 사막지대의 방어를 담당하는 것이었다. 그리고 각 사령부에는 필요에 따라 적절한 수의 여단을 배속시켰다.

네 번째는 종래의 비정규적인 각종 무장부대를 이스라엘 국방군으로 통합시켰다. 이스라엘의 정규군으로서는 하가나가 핵심이었지만 그 밖의 비정규군부대로서는 "이르군 쯔바이 뤼미"[9]와 "스턴"그룹이 있어, 하가나의 통제를 받지 않고 독자적으로 전투를 해 왔다.[10] 1948년 6월 28일, 국방군 통합을 위해 국기에 대한 충성 서약식을 육군에서 실시했는데, 대부분의 "이르군 쯔바이 뤼미" 대원들도 충성 서약을 했다. 이리하여 일부를 제외하고 전 이스라엘 육군은 이때 실질적으로 통합되었다. 또한 통합된 새로운 국방군을 혁

---

9) 팔레스타인의 유대인 지하민병조직인 "하가나(Haganah)"가 갖는 사회주의적 성격에 불만을 품은 중산층 도시민들과 자본주의적 영농자들은 "이르군 쯔바이 뤼미"라는 우익 군사조직체를 만들었다. 이들은 적극적인 열정과 강한 행동력으로 대 아랍 및 대영투쟁을 전개했다. 이스라엘 독립 후에는 이스라엘군의 주도권을 둘러싸고 하가나와 갈등을 빚었다.

10) 이스라엘 정부는 하가나를 정규군의 주력으로 흡수하면서 통합을 위하여 그 밖의 군사조직체들이 독자적으로 무기를 구매하는 것을 금지시켰다. 그런데 "이르군 쯔바이 뤼미"는 독단으로 무기 및 탄약을 구입하여 900명의 이민자를 태운 알타레나호에 싣고 프랑스에서 출항하였다. 이 정보가 이스라엘 정부에 입수되자 벤구리온은 그 배와 화물을 정부에 인도할 것을 요구했는데 "이르군 쯔바이 뤼미"의 지도자는 이를 거부하였다. 1948년 6월 20일, 알타레나호가 케파르 빅팀 해안에 도착했을 때, 벤구리온은 정부군(하가나군)을 파견하여 접수하려고 했으나 "이르군 쯔바이 뤼미"는 저항했고, 배는 텔아비브 해안으로 도피했다. 결국 정부군은 "이르군 쯔바이 뤼미"를 무력으로 격퇴하고 알타레나호를 격침시켰다. 배는 수많은 이민자와 귀중한 무기(소총 5,000정, 경기관총 250정), 다량의 탄약을 실은 채 텔아비브 앞바다에 수장되어 버렸다. Misha Louvish, 「The State of Israel: History from 1880」, (Jerusalem: Keter Publishing House, 1973), p.130. 이 사건은 당사자 상호 간에 씻을 수 없는 증오감을 심어주었다. 그러나 이 사건은 벤구리온으로 하여금 이스라엘군을 통합시키는 조치를 앞당기게 하는 계기가 되었다.

명군 또는 인민군으로 할 것인가, 통상적인 일반군대로 할 것인가를 논의했는데, 벤구리온은 후자인 일반군대로 하는 것을 선택했다. 이에 반대한 하가나 사령관 이스라엘 가릴리는 사직했다. 결국 벤구리온이 총사령관에 취임했고, 참모총장은 야콥 드우리 준장, 작전부장은 30세의 이갈 야딘 대령, 공군사령관은 35세의 하임 라드킨 준장, 해군사령관은 27세의 몰디하이 레몬 중령이 각각 임명되었다. 군제(軍制)는 영국식을 채용했다. 계급제도가 정식으로 적용됐고, 계급에 의한 급료제도와 징계제도도 시행되어 이스라엘군의 골격이 완성되었다.

한편, 아랍군은 휴전기간 동안 각 군이 지역 내에서 재편성을 실시했을 뿐이었다. 이집트군은 야전군을 1만 8,000명으로 증강시켰고, 탄약도 보충했다. 이라크군도 1만 5,000명으로 증강되었고, 시리아·레바논군도 대규모적인 모병을 실시하여 병력을 증강시켰다. 이리하여 제1차 휴전기간 중 아랍군의 총병력은 2만 5,000명에서 4만 5,000명으로 증강되었다.

제4장
이스라엘군의 제1차 공세(1948년 7월 9일~18일)

이스라엘군의 제1차 공세는 7월 9일부터 18일까지 단기간 실시한 공세로서 "10일간 공세"라고도 부른다. 주 전투는 골란 정면과 갈릴리 정면에서 전개되었다.

이스라엘군 최고사령부는 휴전기간 중에 4개의 공세계획을 수립했다. '제1공세 계획'은 텔아비브의 방어진지를 강화하고 예루살렘을 잇는 도로를 개통시키는 것이고, '제2공세 계획'은 북부의 후레호(湖) 남측지역에서 시리아군을 격퇴하는 것이며, '제3공세 계획'은 나자렛 지역과 갈릴리 북부의 카우지군(軍)을 격퇴하는 것이고, '제4공세 계획'은 예루살렘의 구시가지를 점령하는 것이었다. 이에 대하여 아랍군은 각 국가별로 자신의 정책을 추구하는 군사작전을 수행할 뿐이고 연합작전계획은 없었다.

1. 제1공세작전 : 중부전선 ("다니 작전")

텔아비브 동방 약 10km 지점부터는 아랍군의 지배지역이었다. 따라서 하가나 총사령부는 텔아비브에 대한 위협을 배제하기 위해 "다니 작전"이라고 명명된 공격 작전을 계획하였다. 이 작전은 이갈 아론 대령이 지휘하는 4개 여단이 담당하기로 했다. 그중에서 신편의 제8기갑여단은 전차 1개 대대, 보병 2개 대대와 65밀리 및 75밀리 포를 장비한 야전포병대대를 핵심으로 편성되었다. 이때 다얀 소령은 제89코만도대대 대대장으로서 리다

비행장 점령 임무를 부여 받았다.

제1단계 작선은 7월 9일 전반야에 개시되었다. 제8기갑여단이 북쪽에서 남으로, Y여단이 남쪽에서 북으로 공격하여 양익포위를 하는 것이었다. 양개 여단은 벤 세멘에서 연결하여 포위망을 완성했으며, 7월 11일에 리다를 점령하였다. 7월 12일에는 고착부대인 K여단과 포위부대인 제8기갑여단이 협격하여 람라를 점령하였다. 아론 대령이 계획한 포

〈그림 2-4〉 다니 작전(제1단계)

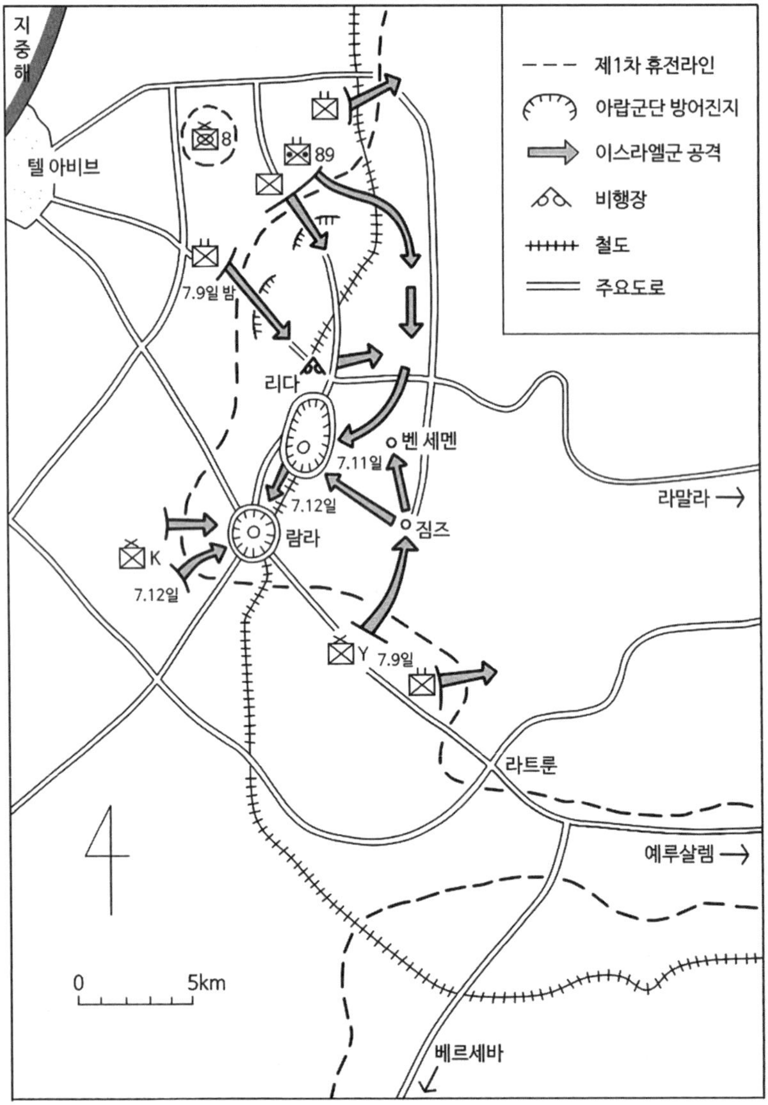

위전술이 성과를 거둔 것이다. 이때 아론 대령은 1/4톤 지프, 트럭, 차륜형 장갑차 등, 가용한 모든 차량을 총동원하여 제89코만도대대를 임시 차량화 보병대대로 편성해 운용하였다. 또 이스라엘 공군도 리다와 람라를 폭격해 지상작전을 지원하였다. 요르단의 아랍 군단도 완강하게 저항했지만 600여 명의 전사자와 250명의 부상자를 남기고 패퇴하였다.

이 전투에서 가장 참혹한 피해를 입은 것은 팔레스타인 사람들이었다. 약 5~7만 명에 이르는 리다와 람라의 주민들 대부분이 며칠 사이에 추방당했다. 이 지역을 공격한 이스라엘군은 교회와 사원에 감금된 사람을 포함하여 약 250명의 팔레스타인 사람을 죽였다. 이스라엘군 정보장교 예루함 코헨은 "마을사람들은 공포에 질렸다. 그들은 이스라엘 군인들의 복수가 두려워 고막이 찢길 듯한 소리를 질렀다. 끔찍한 광경이었다. 자신의 죽은 모습을 이미 목격이라도 한 듯 여자들은 목놓아 울었고, 남자들은 기도문을 읊었다"고 증언했다.[11]

쫓겨난 수많은 사람들이 앞서거니 뒤서거니 하며 걸어서 요르단군이 통제하는 서안지구 구릉지대로 이동했다. 여자들은 머리 위에 짐을 이고 있었고, 아이들은 엄마 뒤를 따랐다. 길고도 무더운 여정에서 많은 사람이 탈수와 피로로 쓰러졌다. 요르단군을 지휘한 영국인 클럽 파샤는 "얼마나 많은 아이들이 죽었는지 아무도 알 수 없었다"고 말했다. 라빈은 자신이 내린 명령이 자랑스럽진 않지만 불가피했다고 주장했다. "후방인 로드(리다의 이름을 바꾼 현 지명)에 적대적인 무장 세력을 남겨 둘 수는 없었다"는 것이다.

제2단계 작전은 7월 14일 전반야에 개시되었다. Y여단이 북쪽에서 남으로, 제8기갑여단의 전차대대가 남쪽에서 북으로 공격하여 양익포위를 실시하고, 7월15일 이른 새벽에 H여단이 정면에서 라트룬을 공격하여 탈취하려고 했다. 그러나 통신능력 부족으로 지휘통제가 잘 이루어지지 않았고, 또 군수지원이 충분하지 않아 결정적 목표인 라트룬 목전에서 공격의 충력(衝力)이 저하되었다. 이는 라트룬에 대한 포위환(包圍環)이 너무 작았고, 또 포위작전을 실시하기에는 투입된 전력이 부족했기 때문이었다. 게다가 남측에서 위협을 받아, 정면공격을 하던 H여단을 7월 16일에는 공격방향을 전환시킬 수밖에 없었다. 결국 7월 18일, 제2차 휴전을 맞이하게 되어 전투가 종료되었다. 따라서 "다니 작전"은 텔아비브에 대한 아랍군의 위협을 어느 정도 제거하는 데는 성공했지만, 텔아비브와 예루살렘을

11) 제러미 보엔/김혜성, 『6일 전쟁』, (서울: 플래닛 미디어, 2010), p.35.

잇는 도로의 중간 요충지인 라트룬을 점령하여 도로를 개통시키려고 한 목적은 달성하지 못했다. 또한 기갑부대를 처음으로 운용하여 여러 가지 미숙한 섬이 나타났다. 그 결과 지휘 통제, 통신지원, 보급 및 정비 등에서 허다한 교훈을 얻은 것이 또 하나의 성과였다.

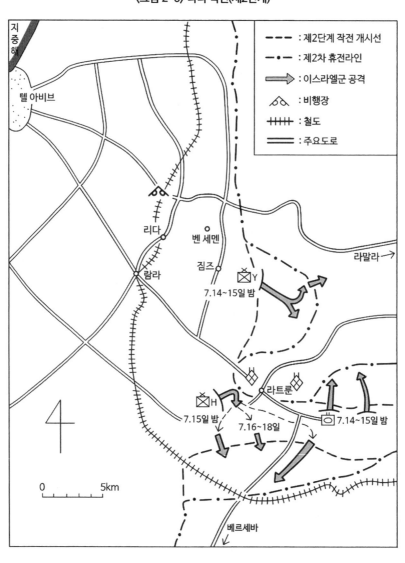

〈그림 2-5〉 다니 작전(제2단계)

2. 제2공세작전 : 시리아 전선("야프타 작전")

시리아 전선에서는 제1차 휴전기간 중 양측 모두 전력을 보강하면서 차후 작전을 준비
하였다. 시리아군은 갈릴리호(湖) 북단의 미시마르 교두보에 전차와 포병의 지원을 받는
2개 여단(2,500명)을 투입하여 견고한 진지를 구축하고 이스라엘군의 공격에 대비하였다.
한편, 이스라엘군은 1개 여단(2,000명)을 투입하여 갈릴리호 북쪽의 요르단강 상류 30km
정면에서 시리아군을 공격할 준비를 하였다.

1948년 7월 9일 저녁, 4개 제대로 편성된 이스라엘군이 30km의 전 정면에서 공격을
개시하였다. 그러나 4개 제대가 4개 정면에서 공격했기 때문에 전력의 집중이 이루어지
지 않았고, 또한 요르단강을 도하한 후 화력지원이 불충분하여 실패하고 말았다. 특히 예
비대를 보유하지 않았기 때문에 전황을 진전시킬 수 있는 정면에서 전과를 확대할 수 없
었던 것이 실패의 주요인이었다. 예비대를 보유하지 못한 지휘관이 중요한 시기에 전술
적 결심을 내릴 수 없는 것은 자명한 사실이었다. 그러나 작전이 실패한 근본 원인은 시리
아군을 과소평가했기 때문이었다. 이스라엘군은 시리아군의 양익을 공격하면 시리아군은

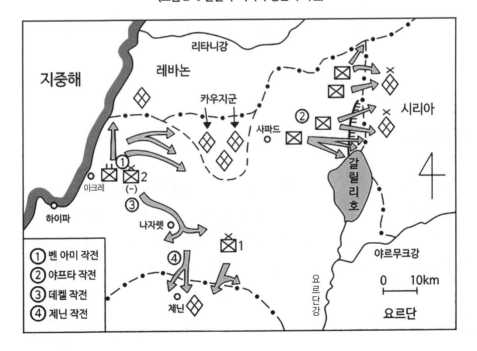

〈그림 2-6 갈릴리·시리아 정면의 작전〉

후퇴할 것이라고 판단해 4개 정면에서 공격했는데, 시리아군은 후퇴하지 않고 완강하게 저항하였다. 이리하여 제2차 휴전이 성립된 7월 18일에도 시리아군은 여전히 미시마르 교두보 진지를 확보하고 있었다.

3. 제3공세작전 : 갈릴리 전투

갈릴리 중앙지역에서는 카우지가 지휘하는 아랍해방군이 활동하고 있었는데, 그 병력은 2,000명으로 감소되었고, 레바논군의 통제를 받고 있었다. 이스라엘군 총사령부는 나자렛을 확보하여 제부론 계곡을 안전하게 만들려고 "데켈 작전"을 계획하였다. 이 계획에 따라 7월 15~16일, 카메리 대령이 지휘하는 감소된 1개 여단(2개 대대 기간)을 투입하였다. 이 부대는 야간을 이용하여 이동하고, 또 야간에 기습공격을 실시하는 등, 산악지대에서 기습과 기동성을 중시한 전투를 전개하였다. 그 결과 작전은 성공적으로 진행되어 나자렛을 점령하고 카우지가 지휘하는 아랍해방군을 레바논으로 격퇴시켰다. 이와 병행하여 카메리 대령이 지휘하는 제2여단의 잔여부대는 레바논 국경부근의 레바논군을 고착하고 카우지군의 측방을 공격하는 "벤 아미 작전"을 실시하여 "데켈 작전"을 지원하였다. 또 제1여단은 남쪽의 제닌 일대를 공격해 아랍군의 침입을 사전에 봉쇄하는 "제닌 작전"을 실시하였다.

4. 제4공세작전 : 예루살렘 공격

제1차 휴전이 종료된 후, 이스라엘군이 예루살렘을 재차 공격한 것은 다음의 세 가지 목적 때문이었다.[12] 즉 ① 마나하와 아인 케렘 계곡의 점령, ② 구시가지의 확실한 통제, ③ 세이크 쟈라흐 점령이었다. ①의 작전목적은 "다니 작전"과 밀접한 연관이 있었고, 텔아비브~예루살렘을 잇는 도로를 확보하는 데 있어 불가결한 목표였다. ②의 목표는 최종적으로

---

12) 전게서, 田上四郎, pp.44~45.

예루살렘을 완전히 점령하는 것이었고, ③의 목적은 아랍인의 예루살렘 신시가지 접근 경로를 차단하기 위해서였다.

1948년 7월 9~10일 밤, 에쬬니 여단의 1개 중대가 아인 케렘 계곡을 통제하는 헤르쯜 산(山)을 공격해 그곳을 점령했다. 아랍군은 철수했다. 또 다른 1개 중대가 남쪽의 견부고지를 공격했지만 아랍군의 저항에 부딪혀 실패했다. 그렇지만 계곡의 도로를 따라서 공격한 중대가 깊숙이 진출해 아인 케렘을 점령하였다. 이렇게 되자 예루살렘 일대의 아랍군단 군사거점의 대부분이 이스라엘군 포병의 사격을 받게 되었다. 이에 대항하여 이집트 공군은 7월 11일, 예루살렘 신시가지 외곽에 있는 이스라엘군 포병 및 박격포 진지를 폭격했다.

7월 13~14일 밤, 이스라엘의 이르군 대대가 마나하 계곡을 공격하여 그곳을 점령하였다. 그러자 아랍군단은 7월 15일, 반격을 개시하여 이르군 대대를 격퇴하고 마나하를 탈환하였다. 이르군 대대도 굴하지 않고 이날 밤 증원을 받아 재차 공격을 개시하여 마나하 계곡의 대부분을 점령하였다. 또한 이날 밤, 이스라엘군은 세이크 쟈라흐도 공격하여 점령하였다.

〈그림 2-7〉 예루살렘 공격(1948.7.9.~16)

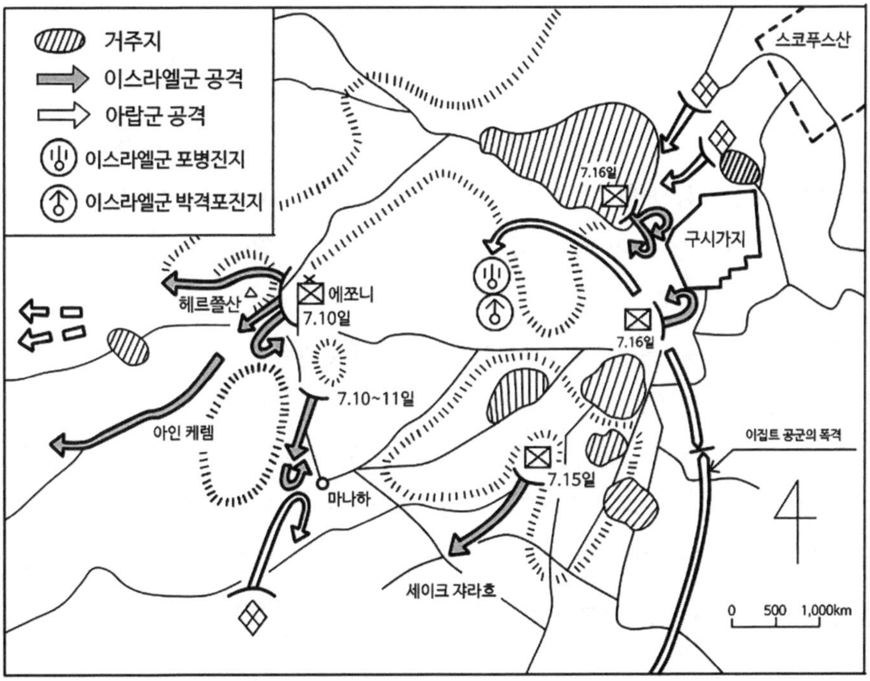

이제 남은 것은 예루살렘 점령이었다. 그래서 이스라엘군 참모본부는 정전 전(前)에 예루살렘 구시가지를 점령하려고 했으며, 7월 16일, 이르군 부대와 예루살렘 지역방위부대가 공격을 개시했는데, 구시가지 성벽 안으로 돌입하지 못하고 시온 게이트(zion Gate) 근처에서 격퇴되었다. 아직까지 아랍군의 최정예라 불리는 요르단의 아랍군단 저력은 강력해서 이스라엘군의 공격을 저지하고 오히려 유대인 신시가지를 공격해 왔다. 이렇게 되자 7월 17일 새벽, 다른 지역보다 일찍 정전이 발효되었고, 전투가 정지되었다.

이스라엘군이 실시한 10일간의 공세작전은 전반적으로 성공해, 참모부가 계획하고 주도한 작전의 정당성이 실증되었다. 공군을 포함한 전 병종의 조정도 잘 이루어졌고, 대부대 운용 시 야기되는 군수지원문제도 작전에 큰 영향을 주지 않았다. 또한 전술적으로는 정면 공격을 회피하고 침투식 포위공격을 실시하여 성공을 거두었다. 이스라엘군 장병들은 각 전투에서 전반적으로 잘 싸웠는데, 그들 중에서 노병들 대부분은 책임지역을 사수하는 전투에는 적합하지 않았다. 치안경찰군의 심리에 젖어 있었기 때문이었다. 10일간의 공세에서 이스라엘군은 838명이 전사했고, 시민들도 300명이 사망했다. 부상자는 3,000명으로 추정된다. 아랍군의 사상자 수는 불명이다.

5. 이집트군의 공격 : 시나이 전선

제1차 휴전이 끝난 후, 이스라엘군이 대대적인 공세로 나온데 비하여 아랍 측에서는 이집트군만이 시나이 전선에서 전면적인 공격을 계속했을 뿐, 다른 아랍군부대들은 적극적인 공세를 취하지 않았다. 이집트 파루크왕은 이번에야말로 적극적인 작전을 실시하여 네게브를 휩쓸어 버리려고 하였다. 그러나 이스라엘군은 휴전기간을 이용하여 장비 및 물자를 보강해 각 거점들은 휴전 전(前)보다 훨씬 강화되어 있었다.

1948년 7월 8일, 이집트군은 공격을 개시했다. 해안도로를 따라 공격한 부대는 마자르까지 진출하였고, 내륙도로를 따라 공격한 부대는 헤브론을 거쳐 베들레헴까지 진출하였다. 더구나 좌·우측 부대가 팔루자에서 연결함으로서 네게브 지역의 유대인 마을들이 고립되었다. 그러나 이스라엘 방위부대가 유대인 마을의 각 거점에서 완강하게 저항하고, 기동화된 특수임무부대를 편성하여 이집트군의 측방을 공격하자 이집트군은 더 이상 진

〈그림 2-8〉 이집트군의 공격(1948.7.8.~17)

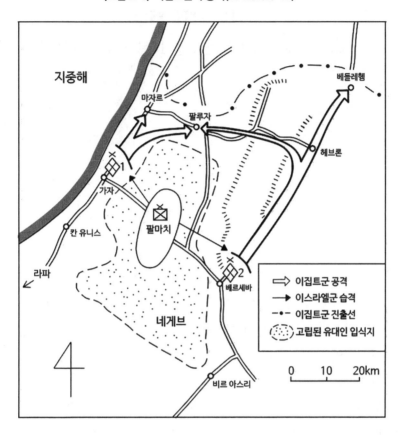

출하지 못했고, 포위한 네게브 지역을 완전히 점령할 수가 없었다. 이집트군의 공격이 기대했던 만큼의 성과를 올리지 못하게 되자 이집트군의 공세는 작전개시 10일 만에 740명의 전사자와 200여 명의 포로, 1,000여 명의 부상자를 내고 종료되었다.

▌▌▌▌▌ 제5장 ▌▌▌▌▌
제2차 휴전(1948년 7월 18일~10월 15일)

1948년 7월 15일, UN안보리는 양측 정부에 대하여 휴전명령의 발령을 요구하는 결의안을 가결시켰다. 이번 휴전의 특징은 미국이 제안한 것으로서 쌍방의 합의에 바탕을 둔 휴전이 아니라 명령 받는 휴전이었다.[13] 불응할 경우 엄한 경제 제재가 가해질 것이라는 데 의심의 여지가 없었다. 더구나 이 휴전은 무기한이었는데[14], 단지 사격을 중지하는 것뿐이라고 쌍방이 자인한 휴전이었다.

이스라엘 정부는 군부에서 상당한 반대가 있었지만[15] 그 휴전에 동의했다. 이에 대해 이라크, 시리아는 휴전기간을 정해야 한다고 반대했지만, 결국 아랍측도 휴전에 동의했고, 7월 18일 17:30분부터 휴전에 들어갔다. UN은 휴전감시위원장으로 베르나도트 백작을 임명하였다. 감시요원으로 영국, 프랑스, 벨기에 장교 300명과 스웨덴 장교 10명을 파견하였고, 감시활동에 필요한 대규모의 차량, 항공기 18기, 선박 4척, 각종 무전기도 지원해 주었다.

이들 휴전감시요원들은 이스라엘과 아랍 각국에 광범위하게 배치되어 활동하였다. 그

---

13) 상게서, p.46.

14) UN안보리에서 결의한 휴전 기간은 '팔레스타인의 장래에 평화가 이루어질 때까지'였다.

15) 이스라엘은 휴전 전까지 몇 군데의 새로운 지역을 획득했지만 아직도 시리아가 요르단강 상류를 점령하고 있고, 텔아비브~예루살렘을 잇는 도로가 절단되어 있으며, 예루살렘 구시가지는 아랍의 지배하에 있었다. 또 네게브 지역의 유대인 입식지는 이집트군에게 포위되어 있었다. 이런 상황에서 이스라엘군은 이제 막 그 문제점들을 일거에 해결하려 했고, 또 충분한 능력을 보유하고 있었다. 따라서 이스라엘군은 휴전을 달갑게 여기지 않았다.

런데 9월 17일, 베르나도트 백작이 그의 보좌관 사라트 대령과 함께 예루살렘에서 이스라엘 비정규군 조직인 스턴 그룹의 분리파 요원에게 살해당했다. 이에 UN은 후임으로 미국의 흑인 랄프 번치 박사를 임명하고, 베르나도트 백작이 추진하던 「팔레스타인 평화안」[16]에 기초를 둔 종전과 평화를 위해 압력을 강화했다. 그러나 이스라엘은 그들의 장래에 대하여 심각한 불안을 느꼈고, 휴전이 계속된다면 모든 문제점들이 해결되지 않은 채 그대로 굳어질지 모른다는 초조함이 가중되어 갔다. 그래서 어떻게 하든지 이 현상을 타파하려고 했고, 휴전을 파기할 합법적인 핑계를 찾게 되었다.

제2차 휴전이 시작되었는데도 아랍측은 이 전쟁을 승리로 이끌기 위한 전력증강 노력을 게을리 하고 있었다. 그러나 이스라엘은 여러 가지 어려운 상황[17]임에도 불구하고 적극적으로 전쟁 수행능력을 재정비 강화하였다. 또한 이스라엘은 제2차 휴전이 대량 이민을 실현할 수 있는 호기라고 판단했다. 그래서 벤구리온은 휴전 중에 군비의 증강 및 정비뿐만 아니라 대규모 이민계획을 실행에 옮기는 노력도 게을리 해서는 안 된다고 역설했다. 이리하여 8월 9일, 이스라엘 정부는 유럽에서 60만 명의 대량 이민계획이 순조롭게 진행되고 있으며, 5월 15일 이후 이미 3만 명이 도착했다고 발표했다.[18] 그 뿐만 아니라 항공기, 화포, 탄약 등의 장비 및 물자가 매일 도착해 이스라엘 국방군의 장비 및 훈련 수준은 날이 갈수록 충실해졌다.

이리하여 8월 말 총병력은 7만 8,348명이었으며, 10월 초에는 7만 9,889명에 달했다.

---

16) 베르나도트 백작은 제1차 휴전 때부터 팔레스타인 지역에 평화를 정착시키기 위해 중재자 역할을 했다. 그는 전쟁 이전에 UN에서 결의된 「분리안」에 구애받지 않고, 초기 전투결과를 바탕으로 양측을 만족시켜줄 수 있는 방안을 모색했다. 그 방안은 팔레스타인에 어느 쪽도 완전독립이 아닌 유대인 및 아랍인의 2개 국가로 이루어지는 국가연합을 구성하고, 그 중 아랍국가는 요르단과 연결되는 복합구조의 국가 수립이었다. 그리고 팔레스타인의 아랍난민은 인접 아랍국가에서 살 수 있도록 각종 지원을 해주고, 아랍인을 자극하는 유대인 이민은 UN에서 통제한다는 것이 골자였다. 영토문제는 현재 군사상황에 따라 재조정하는데, 네게브와 예루살렘을 요르단에 주는 대신 이스라엘은 갈릴리 서부를 받으며, 하이파 항(港)과 리다 공항은 자유지역으로 만들려고 했다. 이 베르나도트 안(案)은 이스라엘과 아랍 양측 모두가 거부했다. 아랍국가들 입장에서는 이스라엘 말살을 시간문제로 보고 있는데 그대로 잔존시킨다는 것은 있을 수 없는 일이며, 그 안 자체가 유대인을 보호하기 위한 교활한 수단처럼 여겨졌다. 특히 이집트는 아무것도 얻는 것 없이 물러나야 했으므로 거부할 수밖에 없었다. 이스라엘도 이 제안이 자신들의 안전한 독립을 보장해주지 못할 뿐 아니라 앞으로 더 많은 지역을 확보할 수 있는 가능성을 포기하는 것이기 때문에 일고의 가치도 없는 것으로 받아들였다. 특히 민족주의적 극우 군사단체의 반발이 심했던 터라 아마도 이것이 암살까지 이어진 것 같다.

17) 당시 이스라엘은 막대한 전쟁비용과 장기적인 군사동원으로 인한 경제적 노동력의 결핍 때문에 이스라엘 정부의 재정부담이 가중되었고, 국민들의 경제적 고통도 극심했다.

18) 실제 이민수는 1948년 11만 8,993명, 1949년 23만 9,576명, 1950년 17만 249명, 1951년 17만 5,095명, 1952년 2만 4,369명이었다. 상게서, p.46.

특히 해·공군의 증가가 현저해 해군 2,417명, 공군 4,377명, 포병 3,718명에 달했다. 해군이 증강되면서 10월에는 16척, 7,000톤의 선박을 보유하기에 이르렀으며, 공군을 강화할 수 있게 되자 고립된 네게브 지역의 유대인 입식지(入植地)와도 연락이 가능해졌다. 신병은 마할과 지방에 거주하는 가할에서 보충했다. 마할은 이스라엘 정착을 희망하지 않는 해외의 지원병으로서 조종사, 선원, 포병 등의 전문 훈련을 받은 숙련자가 많았다. 따라서 마할이 없었다면 해군 및 공군, 포병부대를 편성하여 운용하기가 어려웠을 것이다. 가할은 1948년 이후 이민자들이다.

▮▮▮▮ 제6장 ▮▮▮▮
이스라엘군의 제2차 공세(1948년 10월 15일~29일)

　휴전기간 중 전력을 보강한 이스라엘군은 내선(內線)의 이점을 최대한 활용하여 군사작전을 전개해 불안정한 영토선 문제를 해결하려고 했다. 따라서 네게브와 갈릴리의 2개 지역에 대한 공세작전을 계획했는데, 그중에서 최우선 지역은 네게브 지역이었다. 그 지역에 산재해 있는 다수의 유대인 마을(入植地)이 이집트군에게 포위되어 있었기 때문이다. 그런데 문제가 있었다. 그것은 '어떻게 휴전상황을 타개하느냐'와 휴전상황을 타개하여 군사작전을 실시하더라도 UN의 간섭에 의해 작전목적을 달성하기 이전에 또다시 휴전이 성립될 가능성이 농후하다는 것이었다.

　첫 번째 문제는 이집트군의 도발을 유도하여 휴전을 파기할 합법적 명분을 만드는 것으로 해결하려 했다. 휴전협정에 의하면 고립된 네게브의 유대인 마을에 식량 및 식수 등, 생활 필수품을 보급하는 것이 허용되었다. 이를 위해 매일 일정한 시간에 이집트군이 점령한 포위환(包圍環)의 좁은 회랑을 가로지르는 도로를 사용할 수 있었다. 그런데 이스라엘군이 이 도로를 통해 보급물자를 수송할 때 이집트군이 자주 습격을 해왔다. 그래서 이것을 이용하여 휴전을 파기할 명분을 만들려고 했다.

　두 번째 문제는 '전력의 신속한 집중 및 전환'을 통해 최단 시간 내 군사작전을 완료함으로써, UN의 간섭에 의해 휴전이 성립되기 전에 작전목적을 달성하여 해결하려고 했다. 이를 위해 이스라엘군은 제2차 공세 시 여단 3~4개를 편합(編合)한 사단을 편성해 전력의 집중운용을 시도했다. 또 공군과의 통합작전을 적극 실시하고, 미력하지만 해군도 작전에

참가하기로 했다. 다음은 1948년 10월, 제2차 공세 시 아랍과 이스라엘의 전력이다.[19]

구분	병력	전차	장갑차	전투차량	야포	박격포	전투기	폭격기	함정
아랍	70,000	45	180	440	240	16	86	21	46
이스라엘	99,300	15	20	280	126	57	13	16	15

1. 대 이집트 공세작전 : "요우브 작전"

제2차 휴전기간 동안 이집트군도 나름대로 전력을 보강하여, 시나이 전선의 이집트군은 보병 13개 대대, 기관총 2개 대대, 포병 3개 연대, 전차 1개 연대를 기간으로 하는 1만 5,000명 수준으로 증강되었다. 여기에 약간의 항공지원을 받을 수 있었다. 이집트군은 네게브 지역의 포위환을 형성한 도로를 연해 진지를 구축했는데 전투종심이 짧은 것이 치명적인 약점이었다.

이스라엘군은 전투종심이 짧은 이집트군의 약점을 이용하여 공격계획을 수립하였다. 먼저 여건조성작전으로 지중해안 지역의 이집트군 측방인 베드 하눈을 공격하여 우측의 이집트군을 촌단(寸斷)하고, 또 다른 내륙지역의 이집트군 측방인 베드 지브린을 공격하여 좌측의 이집트군을 고착시키며, 이와 병행하여 이집트군의 우측방 및 후방인 칸 유니스 등, 여러 곳을 소부대가 습격함으로서 이집트군의 전력을 분산시킨다. 그리고 결정적 작전은 포위환 북쪽의 이집트군 진지를 돌파하여 네게브 지역과 연결함과 동시에 텔아비브 ~네게브를 잇는 도로를 개통시키는 것이었다.

이 같은 작전을 수행하기 위해 아론 대령이 통합지휘를 하는 4개 여단이 투입되었다. 그리고 고립된 네게브 지역에도 전력을 보강시켜야 함으로 작전개시에 앞서 공중 및 육로수송을 통해 병력을 증강시켰다. 모든 작전준비가 완료되자 1948년 10월 15일, 이스라엘군은 UN 감시요원들에게 통보한 후 보급수송부대를 네게브 지역으로 보냈다. 예상했던 대로 이집트군이 미끼를 물었다. 보급수송부대를 습격한 것이다. 이것이야말로 이스라엘군이 노리던 바였다. 이에 대한 반격으로 이스라엘군은 10월 15일 오후, 이집트군의 엘 아

---

19) 전게서, Col. Jehuda Wallach, p.54.

리쉬 비행장과 가자, 베드 하눈, 마자르, 팔루자 등의 기지를 폭격했다. 그러나 폭격이 불철저하게 끝나 기대했던 만큼의 성과를 올리지 못했다.

10월 15일 밤, 네게브 유대인 입식지의 이푸타 여단이 해안도로를 연해 길게 배치되어 있는 이집트군의 측방인 베드 하눈을 공격했고, 이와 동시에 수개의 소규모 습격부대들이 엘 아리쉬, 라파, 칸 유니스 등지에 침투하여 철도 및 교량 등을 파괴하였다. 이러한 습격부대의 공격에 대처하기 위해 이집트군은 주력부대에서 상당수의 병력을 차출할 수밖에 없었다.

한편, 중부내륙 깊숙이 진출한 이집트군을 고착하기 위해 이스라엘 본토의 하렐 여단이 베들레헴 서쪽의 산악지대를 공격했다. 주공인 기바티 여단은 중앙지역의 종심이 얕은 이집트군 포위환을 돌파하여 고립된 네게브 지역과 연결하려고 만쉬야 정면에서 공격을 실시했다. 그러나 이집트군의 역습에 의해 공격은 실패하고 말았다.

10월 16일 여명, 이스라엘군은 만쉬야 정면에서 재차 공격을 실시하였다. 이 공격은 이스라엘군 최초로 실시된 보·전·포 협동공격이었다. 그러나 이집트군이 정확한 포병사격을 실시하면서 완강히 저항했기 때문에 이스라엘군은 여러 대의 전차가 피해를 입었고 공격은 실패로 끝났다. 이렇게 되자 아론 대령은 주공의 공격 지점을 변경하기로 결심하였다. 새로운 공격 지점은 수웨이단 서쪽을 통과하는 도로였다. 10월 19일 22:00시, 증강된 전차대대가 공격을 선도하고, 제8보병여단이 후속하였다. 이집트군은 교차로 부근의 고지군 일대에 강력히 구축된 진지에서 완강하게 저항하였다. 피아간의 전투가 너무 격렬하여 이스라엘군은 한때 '공격이 실패하는 것 아닌가'하고 의심했을 정도였다. 결국 전차의 기동전투가 아닌 치열한 백병전을 몇 차례 반복한 후에 고지 몇 개를 탈취하였다. 이집트군은 10월 20일, 격렬하게 반격을 실시했지만 성공하지 못했다.

이집트군의 반격을 격퇴한 이스라엘군은 돌파구를 확장하여 10월 20일 밤에는 후레이콰트를 점령함으로서, 마침내 1947년 11월 이후 포위되었던 네게브를 이스라엘 본토와 연결시켰다. 이 연결작전이 성공하자마자 제8보병여단은 전차 및 차량을 중심으로 기동성 있는 부대를 편조하여 신속히 남진시켰다. 그리하여 500명의 이집트군이 방어하고 있는 베르세바를 기습해 불과 5시간의 전투 끝에 10월 21일 04:00시, 베르세바를 점령하였다. 이리하여 헤브론 일대의 이집트군은 병참선이 차단되고 고립되어 오히려 이스라엘군에게 역으로 포위당할 위기에 처하게 되었다.

이처럼 이스라엘군이 신속하게 진격할 수 있었던 것은 공군의 활약 때문이었다.[20] 이스

〈그림 2-9〉 요우브 작전 (1948. 10.15~22)

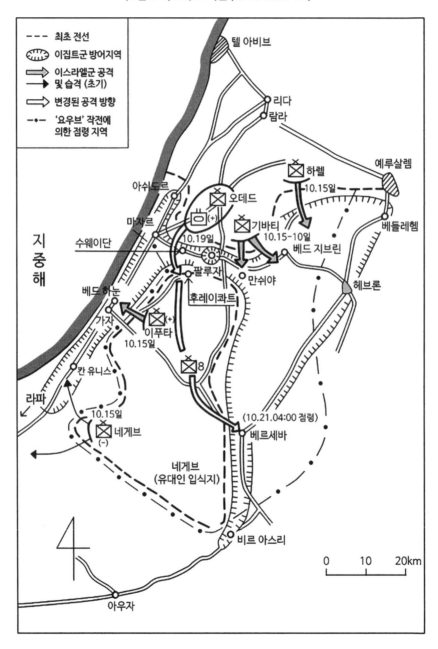

라엘 공군은 239회나 출격하여 21개 목표에 151톤의 폭탄을 투하하였다. 이렇게 되자 엘 아리쉬 비행장의 이집트 공군은 행동 불능이 되었고, 이집트군 주요거점의 방어력 또한 약화되어 이스라엘군의 지상진격은 한층 더 용이하였다.

10월 22일, 지중해안 지대를 공격하던 이스라엘군의 이푸타 여단은 베드 하눈을 탈취해 이집트군을 촌단(寸斷)하자 마자르 일대의 이집트군은 해상보급에 의지하며 항전을 계

〈그림 2-10〉 요우브 작전 시 대지폭격(1948.10.15.~17)

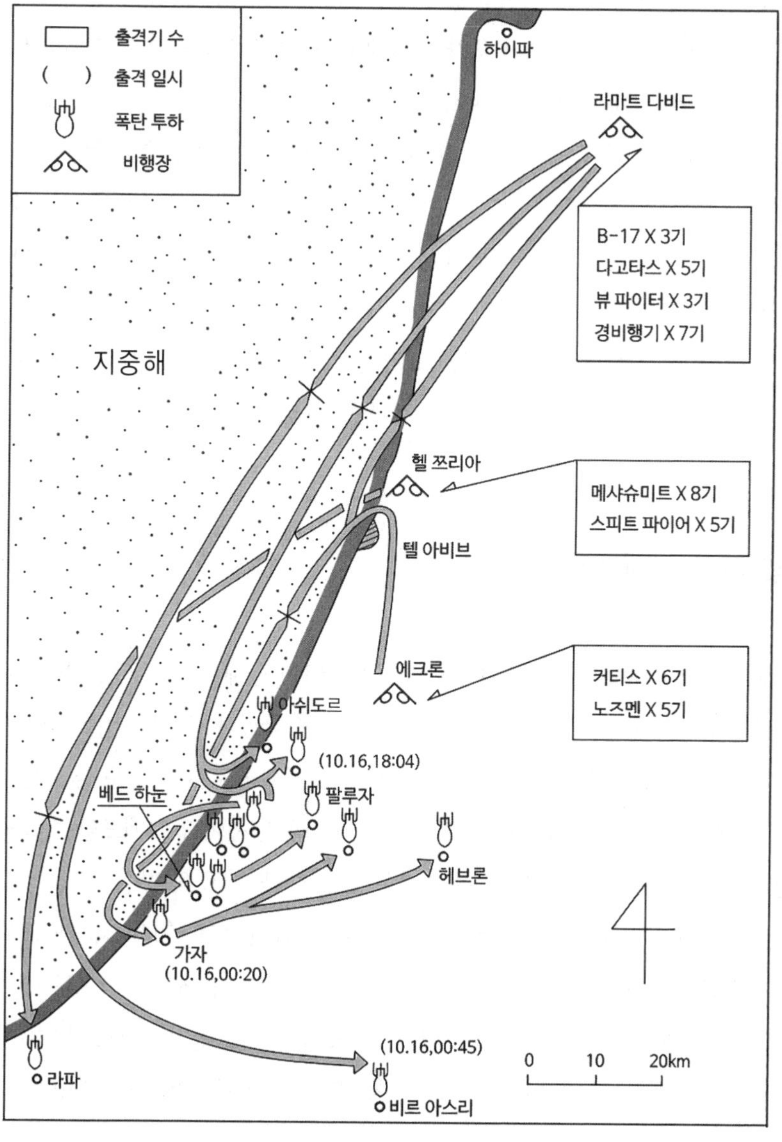

속하였다. 이때 신생 이스라엘 해군이 이집트군의 해상보급과 증원을 저지하기 위해 출동하였고, 이집트 해군과 교전하여 3척의 소형 선박을 격파하는 전과를 거두었다. 이렇게 되자 베드 하눈 이동(以東)의 이집트군은 전의를 잃었다. 10월 27일, 이스라엘군이 아쉬도르를 점령하자 마자르 일대의 이집트군은 가자 남서지역으로 후퇴하였다. 그리고 이스라엘군 주공 정면에 위치한 수웨이단도 끝까지 저항하다 11월 9일에 함락되었다. 다만 팔루자 일대에 고립된 이집트군 만은 휴전이 성립될 때까지 강력하게 저항하였다.

한편, 중부내륙에 진출해 있던 이집트군은 후방의 전략 요충지 베르세바가 점령당하고, 최전선에서는 하렐 여단이 공격해 오자 베들레헴 및 헤브론 동쪽으로 후퇴하였고, 일부 부대는 비르 아스리 일대로 후퇴하였다.

아론 대령이 지휘한 "요우브 작전"은 피아 동등한 전력을 갖고 전투를 했지만 결과는 이스라엘군의 승리였다. 이스라엘군이 승리한 요인은 이미 제공권을 장악했다는 것과 팔마치 여단이 차량화 부대를 활용하여 포위작전을 다용했다는 것을 들 수 있다. 한편, 이집트군은 방어가 정형화되었으며, 종심이 얕고, 역습부대가 충분한 병력을 보유하고 있지 않았다. 또한 역습 시 적절한 화력지원 없이 보병만으로 돌격을 했다. 그리고 통신이 두절된 부대를 통제할 수 없었다는 것 등을 패인으로 꼽을 수 있다.

2. 갈릴리 작전 : "히람 작전"

카우지가 지휘하는 아랍해방군은 이스라엘군의 제1차 공세 시, 나자렛을 포함한 남부 갈릴리 지역을 상실하고 북부 갈릴리의 산악지대로 철수하였다. 그러나 카우지군은 아직도 갈릴리의 상당부분을 점유하고 있을 뿐 아니라, 이스라엘군이 대 이집트 공세작전에 전념하고 있는 틈을 이용하여 갈릴리 북부 후레 계곡에 인접한 세이크 아베드를 기습 공격하여 함락시켰다. 이에 이스라엘군 참모본부는 카우지군을 격퇴하고 북부 갈릴리를 점령하기로 결의하였다. 이리하여 수립된 공격작전계획이 "히람 작전"이며, 카우지군과 교전한 카메리 대령이 작전을 담당하게 되었다. 이때 카우지는 그의 부대를 3개 여단으로 나누어 북부 갈릴리의 산악지대에 배치했는데, 1개 여단은 아크레~사파드를 잇는 도로 남방에, 나머지 2개 여단은 아크레~사파드 도로 북방 좌우측에 각각 1개 여단씩 배치하였다.

"히람 작전"은 2단계로 구분되었다. 제1단계 작전은 골라니 여단이 남부 정면의 남쪽과 서쪽에서 카우지군을 고착 견제하고, 오데드 여단과 고다드 여단이 아크레~사파드 도로 이북의 좌우측에서 협격하여 카우지군을 포위 격멸하는 것이었다. 이때 조공인 오데드 여단은 좌측에서 타르쉬하를 향해 돌진하고, 주공인 고다드 기갑여단은 사파드에서 사사를 향해 신속히 돌진한다. 제2단계 작전은 오데드 여단과 고다드 기갑여단이 사사에서 연결하여 카우지군을 포위한 후, 오데드 여단 좌측에서 지중해안 도시 로니하니크라 방향으로

〈그림 2-11〉 히람 작전(1948. 10. 28~31)

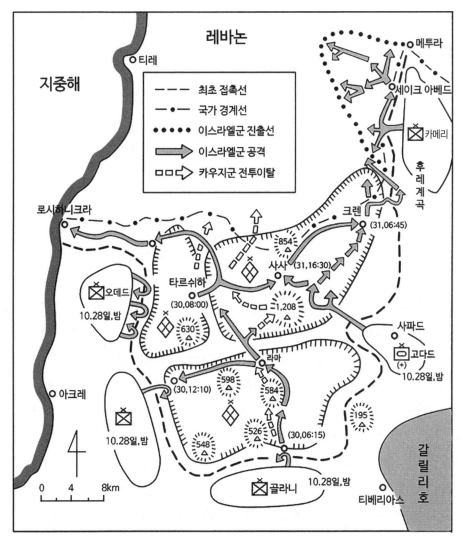

전과확대 및 추격을 실시하고, 고다드 기갑여단은 사사에서 후레 계곡과 인접한 크렌, 세이크 아베드 방향으로 전과확대 및 추격을 실시하여 북쪽에서 레바논을 공격하는 가메리 여단과 연결하는 것이었다. 이 작전을 지원하기 위해 이스라엘군은 전 공군력을 투입하기로 했다. 이스라엘 공군 최초의 집중 운용이었다.

10월 28일 오후, 먼저 이스라엘 공군이 타르쉬하, 사사를 폭격했다. 그리고 그날 저녁, 동·서·남의 3개 방향에서 지상공격이 개시되었다. 이때 카우지군은 이스라엘군의 주공이 남쪽이라고 판단하고 신속히 북쪽으로 전투 이탈을 하였다. 이리하여 카우지군을 남부 정면에 고착 시킨 후 좌우측에서 협격하여 포위 격멸하려던 계획은 수포로 돌아갔다. 뿐만 아니라 가장 신속하게 돌진해야 할 고다드 기갑여단은 카우지군이 전투 이탈을 하면서 도로에 매설한 지뢰 때문에 발이 묶여 버렸다. 결국 지뢰를 제거하느라고 많은 시간을 허비한 끝에 10월 29일 새벽부터 전진을 재개하였다. 갈릴리 북부지역은 대부분이 산악지대고 도로망이 빈약하여 기갑부대 운용이 불리한 지역이었다. 그러나 신속성을 요구하는 작전의 특성 때문에 기갑부대를 투입하는 모험을 감행했는데, 역시 초기에는 도로에 매설된 지뢰 때문에 고전할 수밖에 없었다. 하지만 일단 돌파를 한 후 공군의 지원을 받으며 맹렬하고 신속하게 공격을 계속하자 카우지군은 조직적인 저항을 하지 못하고 붕괴되기 시작했다.

한편, 좌측에서 타르쉬하 방향으로 공격하던 오데드 여단은 예상외로 강력한 방어부대에 직면하여 고전하다가 10월 30일 08:00시에 타르쉬하를 점령하였다. 그 후 오데드 여단의 주력은 로시하니크라 방향으로 전과확대 및 추격을 실시하고, 일부 부대는 사사방향으로 공격하여 고다드 기갑여단과 연결하였다. 고다드 기갑여단은 최초 돌파 후 2개 방향으로 공격을 계속하였다. 사사 방향으로 공격한 부대는 카우지군의 저항을 물리치고 10월 31일 16:30분 사사를 점령했으며, 후레 계곡 방향으로 공격한 부대는 10월 31일 06:45분에 크렌을 점령했다. 그리고 계속 북진하여 이날 오후에는 카메리 여단과 연결했다.

카메리 여단은 세이크 아베드를 공격하여 탈환하고, 10월 31일 18:00시까지 레바논 국경지대 북쪽 리타니 강에서부터 남쪽의 마리키아에 이르는 지역을 점령함으로써, 후레 계곡의 안전을 확보하였다. 이리하여 "히람 작전"은 완료되었다. 그러나 카우지군의 대부분이 레바논으로 도주하는 것을 저지하지 못해 작전 목적은 절반만 달성한 셈이었다.

이스라엘군의 작전 성공 요인으로는 치밀한 계획, 적시 적절한 통제, 속도, 협조 및 협동, 특히 공군을 포함한 모든 병과의 통합, 높은 사기 등을 들 수 있다. 또 카메리 대령의 기습과 속도를 중시한 부대 운용도 중요한 요인이었다. 이에 비해 상대의 카우지군은 장기간 방어할 준비가 부족했으며, 진지를 사수해야 한다는 집념이 없었다. 아울러 무기 및 장비에 대한 숙련도가 낮았고 사기 또한 낮았다. 그래서 이스라엘 공군의 공격을 받으면 금방 전의를 잃었다.[21] 그런데 "히람 작전" 간에 비극적인 사건이 발생했다. 10월 29일, 이스라엘군이 북부 갈릴리 마을 사프사프(Safsaf)에서 주민들을 학살하는 만행을 저지른 것이다. 전차 및 장갑차를 타고 마을에 들이닥친 이스라엘군은 민간인인 주민 52~64명(증언에 따라 엇갈림)을 굴비 엮듯 묶어 웅덩이 앞에 무릎을 꿇린 뒤 집단학살했다. 14세 소녀를 비롯하여 다수의 여성이 강간·살해당했다고 한다.[22]

21) 상계서, pp.52~53.

22) 2018년 10월 29일, 한국일보 30면. 만행이 알려진 것은 사건 직후인 11월 6일, 마을을 둘러본 유대민족기금(JNF)의 요세프 나흐마니(Yosef Nachmani)의 일기가 1980년대 초 공개되면서부터였다. 그는 "…잔혹극은 인근 마을에서도 반복됐다고 한다. 나치와 다를 바 없는 잔인한 수법은 어디서 비롯되었을까? 저 방법 말고는 주민들을 내쫓을 수 있는 인간적인 길은 없을까…"라고 적었다.

▌▌▌▌▌ 제7장 ▌▌▌▌▌
종말공세와 정전(1948년 10월 29일~1949년 2월 24일)

종말(終末)공세는 카우지군을 격파하고 난 후, 이스라엘군이 다시 주력을 시나이 지역으로 전환하여 실시한 대 이집트 작전이었다. 이스라엘군은 1948년 10월의 "요우브 작전"에서 베르세바 이북의 이집트군은 대부분 격파했지만 수웨이단과 팔루자에서는 고립된 이집트군이 완강히 저항하고 있었고, 또한 헤브론 지역의 이집트군 잔류부대 역시 무시할 수 없는 상황이었다. 그리고 베르세바 이남의 시나이 반도에 있는 이집트군도 여전히 건재했다.

이스라엘군은 우선 수웨이단과 팔루자에 고립된 이집트군을 격멸하여 후방지역의 안전을 확보하려고 했다. 그러나 이집트군의 저항이 너무나 완강하여 수웨이단은 7번이나 공격을 반복한 끝에 11월 9일에서야 간신히 점령했고, 팔루자는 휴전이 성립될 때까지 점령하지 못했다.

한편, 이집트군도 지난 10월 이스라엘군의 공세로 인해 빼앗긴 군사적 이점을 회복하려고 11월 19일, 가자 지구에서 네게브 사막으로 진출하였고, 12월 7일에는 이스라엘군 진지를 공격하였다. 이집트군의 공격을 격퇴한 이스라엘군은 방어보다는 차라리 공격을 실시하여 이집트군을 격파하는 것이 효과적이라 생각하고 대규모 공세작전을 계획했는데, 그것이 바로 "호레브 작전"이다. 작전은 아론 대령이 지휘하는 1만 5,000명의 팔마치 부대가 수행하기로 했다.

이에 대응하여 이집트군도 치밀한 방어작전을 준비하고 있었는데, 고착된 사고방식으로 인해 유연성이 결여된 것이 큰 약점이었다. 이집트군은 이 지역의 주요 도로들이 유일한 병참선이며, 그 병참선을 확보하는 것이 이 지역을 통제할 수 있는 유일한 방법이라고 생각했다. 그래서 가자에서 라파에 이르는 해안도로, 우측은 비르 아스리에서 아우자를 잇는 내륙도로를 중심으로 방어배치를 하였다. 그리고 좌우측 도로를 연결하는 도로, 즉 라파에서 아우자를 잇는 도로와 그 후방의 엘 아리쉬와 아부 아게일라 등에도 병력을 배치하였다. 또 이스라엘군의 야간공격에 대비한 준비도 강화하였다. 그런데 이집트군의 방어배치에도 치명적인 문제점이 있었다. 그것은 베르세바에서 네게브 사막 중앙을 가로질러 아우자에 이르는 로마시대의 군용도로가 있다는 사실을 모르고 그에 대한 대비를 전혀 하지 못한 것이다.[23] 게다가 좌우측 도로를 연결하는 방어진지의 우단과 아우자 사이에 간격이 있었다. 이집트군은 이러한 사실을 전혀 몰랐는데, 이스라엘군의 공격은 바로 그 통로와 그 간격을 이용하도록 되어 있었다.

이스라엘군 공격작전의 기본개념은 고착 및 견제와 측방 우회공격을 혼합하여 포위로 확대시켜 나가는 것이었다. 이에 따라 제1단계 작전은 지중해안의 가자 지구에 대해서는 조공부대가 견제공격을 실시하여 가능한 한 많은 이집트군을 고착시키고 주공부대는 내륙지역의 비르 아스리에 대하여 정면 및 측방공격을 실시하면서 주력(기갑여단)은 로마시대의 군용도로를 이용해 네게브 사막을 통과한 다음, 아우자를 기습 점령하여 내륙지역의 이집트군을 포위 섬멸하는 것이며, 제2단계 작전은 아우자를 점령한 기갑여단이 아부 아게일라~엘 아리쉬로 전과확대를 실시하면서 가자 및 라파 일대의 이집트군을 포위하는 것이다. 그리고 지상작전 개시 전에 공군에 의한 선제 기습공격을 실시하기로 했다.

12월 22일, 이스라엘 공군은 이집트군의 엘 아리쉬 비행장과 라파, 칸 유니스, 가자의 군사기지를 폭격했다. 이집트 공군기는 활주로 이륙 전에 대부분 파괴되었고, 이스라엘 공군은 제공권을 장악하였다. 이어서 전 전선에 걸쳐 이집트군 진지에 대한 공격준비사격이 개시되었다.

12월 22일 밤, 조공인 골라니 여단이 해안도로를 연해 광정면에서 공격을 개시하여 가자 남방 8km 지점에 있는 86m 높이의 감제고지를 점령했다. 이집트군은 가자에서 라파를 잇는 도로가 차단될 위험에 처하게 되자 이 지역에서 가용한 모든 전력을 동원하여 역

---

23) 이스라엘군은 항공사진을 판독하여 네게브 사막을 가로지르는 고대 로마시대의 군용도로 흔적을 찾아냈다. 그리고 은밀히 이 도로를 보수하여 전차를 비롯한 각종 차량들이 통과할 수 있도록 했다. 상게서, p.54.

습을 해 왔다. 4차례에 걸친 역습을 반복한 끝에 이집트군은 86고지를 탈환하였다. 이집트군은 가자 지구에 대한 공격이 이스라엘군의 주공이라고 판단하고 가자~라파 일대의 방어태세를 한층 더 강화시켰다. 골라니 여단은 이집트군의 강력한 반격으로 86고지를 다시 탈취 당했지만 가자 및 라파 지구의 이집트군을 고착 견제한다는 작전 목적을 달성하였다.[24] 이것이 내륙지역에서 공격하는 주공부대가 기습을 달성할 수 있는 여건을 조성한 것이다.

내륙지역에서는 12월 25일 08:00시, 하렐 여단과 네게브 여단이 비르 아스리를 공격하기 위해 전진을 개시했다. 이들의 공격은 이집트군을 비르 아스리에 고착시키고, 베르세바에 대한 역공격을 방지하기 위한 것이었다. 하렐 여단은 베르세바 동측에서 크게 우회하여 남서진하고, 이와 동시에 네게브 여단은 베르세바 서측에서 로마시대의 군용도로를

〈그림 2-12〉 호레브 작전 (1948.12.22.~1949.1.6)

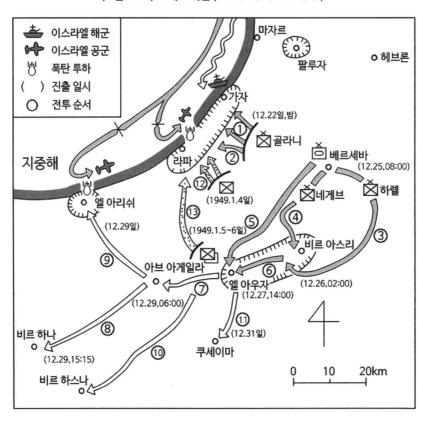

---

24) 전게서, 김희상, p.85 재정리.

따라 남서진하다가 네게브 사막 중앙에서 동쪽을 향해 방향을 전환하여 진격해 비르 아스리를 좌우측에서 협격하려고 했다. 양개 여단은 이집트군에게 노출되지 않고 좌우 측방에서 은밀하게 기동하여 12월 26일 02:00시경, 비르 아스리 후방에 위치한 일련의 이집트군 거점을 기습적으로 점령하였다. 비르 아스리를 방어하고 있던 이집트군 부대는 이스라엘군이 베르세바로부터 주도로를 따라 정면 공격을 해 올 것이라 예상하고 철저히 대비하고 있었는데, 이스라엘군이 좌우측에서 측후방 공격을 실시하여 후방을 차단하자 고립되어 아무것도 할 수가 없었다.

한편, 내륙지역의 주력부대인 기갑여단은 네게브 여단을 후속하다가 로마시대의 군용도로를 따라 그대로 네게브 사막을 거의 일직선으로 통과하여 엘 아우자로 접근하였다. 이 진격방향은 이집트군의 의표를 찔렀다. 이집트군은 이스라엘군 주력이 가자~라파의 해안도로를 따라 공격해 올 것이라고 판단하여 내륙지역의 방어배비를 엷게 하였고, 더구나 네게브 사막을 통과하는 로마시대의 군용도로의 존재를 몰라 완전히 기습을 당했다.

이스라엘군 기갑여단은 엘 아우자~라파 간 도로에 도착하자마자 일부 부대를 라파를 향해 배치하여 도로를 차단하고, 주력부대는 12월 26일 새벽에 엘 아우자를 공격하였다. 이집트군은 비록 기습공격을 받았지만 최선을 다해 싸웠다. 그러나 완전히 고립되어 있었으므로 장기적 저항이 불가능했다. 결국 엘 아우자의 이집트군은 라파로부터의 구출부대가 도로를 차단하고 있던 이스라엘군 부대에 의해 전부 격파되자 더 이상 버티지 못하고 12월 27일 새벽에 사막으로 퇴각하였다. 몇 시간 후에는 완전히 고립되어 있던 최전방의 비르 아스리도 함락되었다. 비르 아스리를 점령한 하렐 여단과 네게브 여단이 남진하여 12월 27일 14:00시에 엘 아우자에서 기갑여단과 연결하자 베르세바~엘 아우자 간의 도로가 완전히 이스라엘군 수중에 들어왔다. 이로써 이스라엘군의 제1단계 작전은 완전한 성공을 거두었다.

이스라엘군은 엘 아우자에서 간단한 휴식과 재보급을 받은 후, 팔레스타인 땅에서 이집트 영내로 진격을 개시하였다. 이집트군은 국경지역의 군사거점인 움 카테프에서 이스라엘군의 진격을 저지시키려고 완강히 저항했지만 이스라엘군 기갑부대의 맹렬한 공격을 막아 낼 수가 없었다. 12월 28일, 움 카테프를 돌파한 이스라엘군 기갑부대는 계속 진격하여 시나이의 전략 요충인 아부 아게일라를 공격하였고, 12월 29일 06:00시에 아부 아게일라를 점령하였다. 그리고 숨 돌릴 틈도 없이 비르 하나와 엘 아리쉬를 향해 맹진하였다. 그리하여 29일 15:15분에는 비르 하나까지 진출하였으며, 지중해 방향으로 돌진한 부대는 엘 아리쉬 비행장을 점령하고 전혀 손상을 입지 않은 비행기 몇 기를 포획하였다. 한편, 기갑부대를 후속하던 부대는 남측방을 방호하기 위해 움 카테프에서 비르 하나를 향해 진격했으며, 또 다른 부대는 엘 아우자에서 남진하여 12월 31일, 쿠세이마까지 진출하

〈그림 2-13〉 "호레브 작전" 시 피아 항공작전(1948.12.22~1949.1.8)

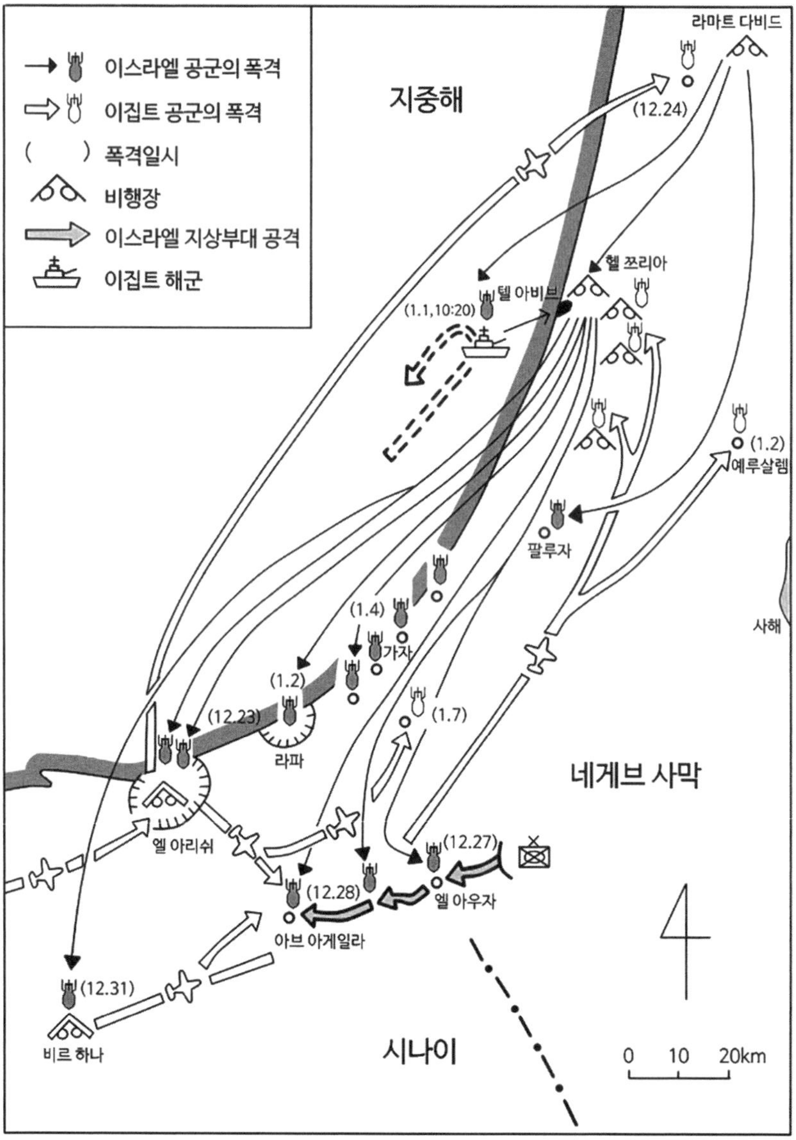

였다. 이제 이스라엘군 주력부대가 단 한번만 더 공격하면 해안도로를 점령하고 가자 및 라파 일대의 이집트군을 완전히 고립시킬 수 있었다. 그래서 이스라엘군이 결정적 타격을 가하려고 할 때, 영국이 이스라엘에게 이집트 영토에서 철수할 것을 요구해왔다.

이스라엘 독립전쟁이 팔레스타인 지역을 넘어 이집트 영토로 확대되는 것은 이집트에 깊은 이해관계를 갖고 있는 강대국들에게는 참을 수 없는 일이었다. 특히 이집트와 수에즈 운하에 특수 권익을 갖고 있는 영국으로서는 어쩌면 이집트 정권이 붕괴될지도 모르는 이 사태를 절대로 용납할 수가 없었다. 따라서 영국은 어느 국가보다도 특히 강경하게 이스라엘군의 본토 복귀를 요구하였으며, 만약 신속한 복귀가 이루어지지 않을 때는 군사개입도 할 수 있다고 위협하였다.[25]

이와 같은 영국의 정치적 압력과 군사적 위협을 받자 이스라엘군은 더 이상의 진격을 중지하고 팔레스타인으로 철수하였다. 그러나 비록 영국의 요구에 따라 철수하기는 하지만 이스라엘은 호락호락하지 않았다. 철수부대를 포함한 수개 여단을 신속히 집결시켜 가자 및 라파 지구의 이집트군을 공격하였다. 이집트군의 전력을 완전히 격멸하여 시나이 지역의 안전을 확보하기 위해서였는데, 그 지역은 팔레스타인 땅이지 이집트 영토가 아니라는 핑계를 댈 수 있기 때문이기도 했다.

이스라엘군은 철수한다고 하면서 부대를 집결시켜 1949년 1월 4일에는 라파 일대를 감제하는 동쪽의 고지군을 공격하여 점령했고, 1월 5일~6일에는 라파에서 엘 아우자를 잇는 도로 남방의 고지들도 공격하여 점령했다. 이리하여 가자 지구를 제외한 전 팔레스타인 지역에서 이집트군은 완전히 축출되었고, 대부분의 전력을 상실하였다. 이렇게 되자 이집트는 1949년 1월 7일, 휴전을 요청하였다. 더 이상 정치적 군사적 피해를 감수할 수 없었기 때문이었다.

한편, 이스라엘도 언제까지 전쟁을 계속할 수는 없었다. 언젠가는 전쟁을 종결해야만 했다. 더구나 1949년 1월 초, 영국공군 전투기 5기가 정찰임무 수행 중에 이스라엘 공역에 진입했는데, 이스라엘 공군기가 그것을 격추시켜 영국과 이스라엘의 관계가 극도로 악화된 것도 휴전을 수락하게 된 요인 중 하나였다. 이리하여 1949년 2월 24일, 로데스에서 이스라엘과 이집트 간의 휴전협정이 조인되었다. 그러나 이스라엘은 3월 6일~10일에 걸

---

25) 상계서, pp.86~87.

쳐 금번 전쟁기간 중 마지막인 "우부다 작전"을 실시하였다. 이스라엘군은 2개 여단을 투입하여 네게브 사막 일대를 점령하고, 계속 남하해서 홍해로 통하는 항구인 에일라트를 확보하였다.

　일단 이집트와의 전쟁이 종결되자 이제 아랍국가들 중에서 그 누구도 이집트 없이 혼자서 전쟁을 계속할 능력이 없었다. 그리하여 3월 23일, 레바논과의 휴전협정이 이루어져 이스라엘은 레바논 영토에서 철수했다. 4월 3일에는 요르단과 이스라엘 간의 휴전도 조인되었고, 시리아와는 7월 20일에 휴전이 성립되었다. 그러나 휴전라인은 휴전 성립 시 양군이 실제로 대치하고 있던 선이 그대로 적용되어 분쟁의 씨앗을 남겼다.

::::: 제8장 :::::
전쟁의 유산

팔레스타인 전쟁은 전쟁기간은 길었지만 실제 전투기간은 짧았다.[26] 그렇지만 쌍방 공히 인원 손실은 많았다. 이스라엘 측의 피해는 전사 6,000명, 부상 1만 5,000명이었고[27], 아랍 측의 피해는 전사 1만 5,000명, 부상 2만 5,000명에 달했다. 특히 이스라엘은 1948년 제2차 휴전 시부터 1949년 1월 7일까지의 6개월간 민·군 합쳐 2,133명의 전사자를 냈다.

1. 대립의 심각화

가. 영토문제와 아랍의 분열

UN총회에서 결의되었던 팔레스타인 분할안에 의한 유대인 지역, 아랍인 지역, 국제관리 지역 따위는 이스라엘과 이집트 그리고 요르단 간의 휴전협상에 의해 분할 점령됨으로써 완전히 소멸되었다.

---

26) 전쟁기간은 14개월(1948년 5월부터 시리아와의 휴전협정이 조인된 1949년 7월까지)이었지만 실제 전투기간은 총 61일에 불과했다.

27) 1947년 말, 이스라엘(유대) 인구가 68만 명이었던 것을 고려하면 큰 피해였다.

전쟁결과 이스라엘이 가장 큰 몫을 차지해 분할결의안에서 할당된 영토보다 6,350㎢를 더 차지하게 되었고, 요르단은 요르단강 서안지구의 5,588㎢를 획득했으며, 이집트 역시 가자 지구의 343㎢를 지배하에 두게 되었다. 또 UN의 분할결의안에서 국제관리 하에 놓

〈그림 2-14〉 이스라엘군의 공세작전과 점령지역(1948.10~1949.3)

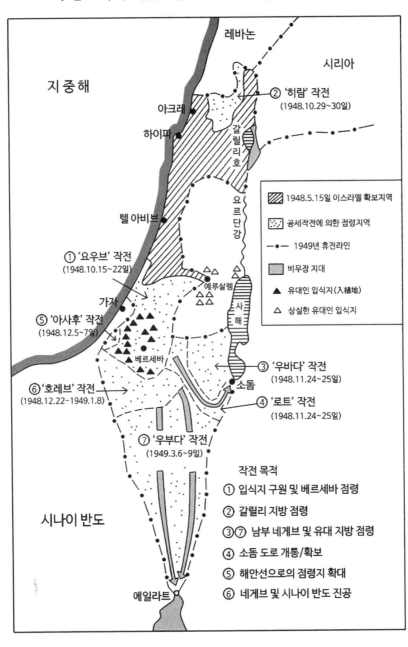

였던 예루살렘을 이스라엘과 요르단이 각기 자국 점령지를 기준으로 나누어 가졌다. 예루살렘 신시가지는 이스라엘이 점령을 이어갔고, 구시가지는 요르단이 지배했다. 시리아와 레바논과는 원래 팔레스타인과의 국제적 경계선이 휴전선이 되었다. 그리고 좁기는 하지만 이스라엘과 이집트, 요르단, 시리아의 휴전선 사이에 비무장지대가 설치되었다. 이리하여 UN의 분할결의안에서 팔레스타인의 아랍인에게 할당되었던 지역은 사라져 버렸고, 그들은 고향에서 쫓겨나 난민으로 전락했다.

　이스라엘과 아랍 각국 사이에 조인된 휴전조약은 평화조약이 아니었고, 또 공식적으로 이스라엘이라는 국가를 인정한 것이 아니었다. 어느 아랍국가도 이스라엘을 공존할 수 있는 인접국가로 인정하려고 하지 않았다. 이것은 언제든지 누구나 다른 어느 누구의 제지를 받지 않고 평화를 파괴할 수 있다는 것이며, 또 후일 어떠한 분쟁이 발생하였을 때 상호 간 직접적인 대화로 해결할 수 있는 길이 희박하다는 뜻이다. 더구나 팔레스타인 전쟁 기간에 드러난 아랍국가 상호 간의 불신과 분열은 이후 팔레스타인 문제를 더욱 복잡하게 만들었다. 이는 아랍국가 군주들의 야심이 충돌하여 발생한 것이었다.

　형제국인 이라크를 등에 업은 요르단 국왕은 팔레스타인 분할안의 아랍인 지역을 자국의 영토에 편입시키려 했고, 사우디의 지원을 받는 이집트는 분할안 자체를 취소시키고 전 팔레스타인 지역에 아랍인 국가를 수립한 후 그 국가를 자국의 보호국으로 만들려는 야심을 갖고 있었다. 이 때문에 팔레스타인 전쟁기간 중 같은 아랍국가이면서도 서로 상대국가의 전승을 시기해 유기적인 연합작전을 실시하지 않았고, 그 결과 이스라엘에게 각개 격파 당하고 말았다.

　이러한 이해의 상충은 전쟁이 끝난 후, 이집트가 가자 지구에 팔레스타인 아랍정부를 수립하고 장차 이스라엘과 전쟁을 하여 상실된 팔레스타인 땅을 회복하겠다고 기세를 올리자, 요르단은 이스라엘의 암묵적 양해[28] 하에 요르단강 서안의 팔레스타인 지역을 자국의 영토로 편입시킴으로서 더욱 명백히 드러났다. 이러한 요르단의 행위는 사실상 이스라엘을 승인한 행위로 간주되고, 팔레스타인 사람들의 영토와 다름없는 지역을 빼앗은 것이므로 강한 반발을 불러 일으켰다. 그래서 1950년 7월 20일, 요르단 국왕 압둘라 1세가 예루살렘을 방문했을 때 팔레스타인 청년에게 암살되는 비극적 결과를 초래하였다. 이 같은

---

28)　요르단과 이스라엘은 팔레스타인 민족(아랍인)이 어떠한 경우에도 국가를 수립하지 못하게 하는 데 의견의 일치를 보았다.

아랍국가들의 불협화음과 전의 부족이야말로 아랍군의 최대 약점이 되었다. 이 문제를 극복하지 않는 한 아랍국가들은 이스라엘과의 진쟁에서 승리를 보장할 수 없었다.

나. 팔레스타인인(人)의 피난민 문제

팔레스타인 민족은 1948년을 묘사할 때 '재앙'이라는 뜻의 아랍어 '낙바(Nakba)'를 사용한다. 1,000년 넘게 지속되어 온 공동체가 파괴되어 주민들 대부분이 중동전역으로 흩어졌다. 모든 전쟁이 그러하듯 팔레스타인 사람들은 자신의 생명을 지키고 아이들을 보호하기 위해, 그리고 일부 지역에서는 인종청소를 피하기 위해 도망쳤다.

1947년, UN이 팔레스타인 분할결의안을 통과시킨 후, 유대인 군사조직들은 본격적으로 팔레스타인 마을을 공격해 50% 이상을 파괴했다. 그 중에서 가장 참혹한 학살사건은 1948년 4월 9일, 유대 극단주의자들이 예루살렘 외곽에 있는 데이르 야신 마을을 공격해 마을 주민 400명 중 남녀노소를 가리지 않고 250명 이상을 학살한 사건이었다. 이스

〈그림 2-15〉 1948년 4월~12월까지 팔레스타인 피난민 상황

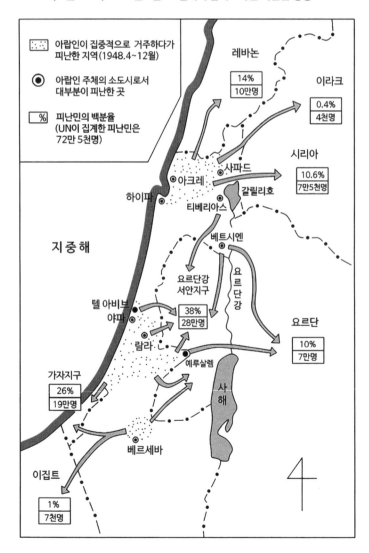

라엘 심리전 부대는 이 사실을 확대 재생산하여 공포심을 불러일으켰다. 이후 팔레스타인 사람들은 그 마을의 이름을 듣기만 해도 놀라서 도망쳤다.

팔레스타인 전쟁기간 중에도 이스라엘군이 점령한 지역의 팔레스타인 사람들은 대부분 거주지에서 쫓겨났다. 대표적인 사례가 람라와 리다 지역에서 팔레스타인 사람들을 추방한 사건이다. 1948년 7월, 이스라엘군은 텔아비브 동쪽 15km 지점의 작은 도시 람라와 리다[29]를 공격하여 점령하였다. 그들은 약 250명의 팔레스타인 사람들을 죽였고, 5~7만 명에 달하는 람라와 리다의 주민들 중 1,000여 명만 남기고 며칠 사이에 모두 추방했다. 요르단 국경으로 향하는 길고 무더운 여정에서 많은 사람이 탈수와 피로로 쓰러져 죽었다.

1949년 여름 무렵까지, 팔레스타인 사람 70여만 명이 난민으로 전락했다. 이들 중 일부는 다른 곳에 정착해서 살 수 있는 여유가 있었지만 대부분은 가난한 소작농과 노동자들이었다. 많은 사람들이 인근 아랍국가의 수용소에서 비참한 생활을 이어갔다. 이들에게는 아랍 각국들과 이스라엘 간의 휴전협정이 전혀 무의미한 것이었다. 1,000년 이상 살아온 고향이 UN의 분할결의안에 의해 찢겨지고, 더구나 자신들의 지역이라고 인정받은 지역까지 빼앗긴 채 쫓겨나온 원한을 풀 수가 없었다. UN이 여러 차례 이 문제를 해결하기 위해 노력해 보았지만 현실의 벽을 넘기가 어려웠다. 결국 난민들의 증오는 세대를 타고 이어졌고, 이들 문제가 아직까지 완전히 해결되지 않아 중동의 가장 큰 불씨로 남아있다.

2. 이스라엘군 발전의 초석

팔레스타인 전쟁을 통해서 이스라엘은 많은 것을 배웠다. 그중에서도 핵심적인 것은 ① 장기전을 피하고, 전쟁수행의 기반을 정비하는 것. ② 적은 아랍이며, 강대국의 지원 및 협조체제를 견지한다. ③ 작전은 기습과 기동작전을 중시할 것 등이었으며, 이를 중심으로 전략·전술을 발전시키고 군사력을 건설하게 되었다.

1947년 말, 팔레스타인의 유대인은 68만 명에 불과했지만 이스라엘군은 1948년 5월

---

29) 이스라엘군이 점령 후, 도시 이름을 리다(Lydda)에서 로드(Lod)로 바꾸었고, 국제공항을 건설하였다.

개전 시, 3만 명의 병력을 유지했고, 5개월 후에는 약 10만 명으로 늘어났다. 장비도 소화기 위주에서 벗어나 전차, 장갑차, 전투기까지 보유하게 되었을 뿐 아니라 그것을 효율적으로 운용할 수 있는 군대로 성장했다. 이와 더불어 동원체제의 골격도 형성되어 총 인구의 13%를 군대에 흡수할 수 있게 되었다. 이렇게 전쟁을 거치면서 발전을 거듭한 이스라엘군은 하가나가 중심이 되었던 국방군을 새롭게 변모시켰으며, 강인한 전투의지, 뛰어난 전기·전술, 우수한 통합작전능력, 독특한 동원체제를 구비한 정예 강군으로 거듭나게 된다.

가. 실전 경험을 바탕으로 확립된 독특한 전술

이스라엘군의 모체인 하가나는 1948년 5월의 개전초기에는 100명 전후의 중대가 전투의 기간부대였으며, 그 이상의 병력으로는 전투를 하지 않았다. 또 보급품도 자대에서 휴대하고 다녔고, 화기 및 장비도 소화기가 주체였다. 그러나 1948년 10월 공세 시, 4개 여단을 통합 운용한 "요우브 작전"을 전개하면서부터 이스라엘군의 기본전술이 틀을 잡기 시작했다. 즉 분권적 작전지휘를 추구하여 여단전투에서 각 대대장에게 작전지휘를 대폭 위임하였다. 이를 계기로 작전 목적을 명시하고 세부실행은 예하 지휘관에게 위임한다고 하는 이스라엘식 임무형 전술이 팔레스타인 전쟁에서 체험적으로 확립되었다.

이번 전쟁에서 작전적 성공을 거두었던 지휘관들의 공통점은 위험을 감수하는 용기와 함께 진취적인 기질을 구비했다는 것이다. 신중한 전술은 패배로 이어지는 것을 체험했다. 역으로 아랍군의 저류(底流)에 흐르는 취약점을 노려서 대담하게 전투를 하면 예상했던 것 이상의 성과를 얻는다는 것을 체험했다. 그 대표적인 예가 팔마치에 소속되어 있는 이갈 아론 대령이었다. 그는 북부 갈릴리에서 실시한 "이푸타 작전(1948.4.28~5.12)"은 실패했지만, 중부지역에서 실시한 "다니 작전(1948.7.9~18)"에서는 성공했다.

"다니 작전" 시 다얀 소령도 대대장으로 참전했는데, 포병 및 박격포의 지원 없이 진내로 돌입하여 아랍군 요새를 분단했다. 아론 대령이 지휘한 세 번째 작전은 대 이집트 공세 작전인 "요우브 작전(1948.10.15.~29)"이었다. 이때 아론 대령은 4개 여단의 통합지휘관으로서 작전을 성공적으로 이끌었다.

아론 대령의 지휘로 대표되는 팔마치의 작전지휘 특징은 종래의 군사상식과는 달리 공격 시 예비대를 공치(空置)[30]시키지 않고, 또 측방 엄호부대도 두지 않은 채 결정적 지점에 모든 전력을 집중하는 것이었다.[31] 또 지휘관은 항상 최일선에 위치하여 "나를 따르라"는 모토(motto)하에 전단을 열어 나갔다. 이스라엘군 장교의 전사자가 다른 나라 군대의 약 2배에 달하는 것도 이러한 팔마치 정신 때문이다.

1948년 4월 "나치손 작전" 시, 팔마치의 하렐 여단이 철수할 수밖에 없는 불리한 상황에 직면했을 때, 그 철수를 엄호하던 한 중대장이 "병사들은 전원 후퇴하라, 간부들은 전원 그 전투이탈을 엄호하라!"고 외쳤다. 그 중대 간부들은 중대장의 명령대로 병사들의 전투이탈을 엄호하다가 소대장 3명과 분대장 9명 중 1명을 제외한 전원이 전사했고, 병사들은 무사히 전장을 이탈했다. 이러한 팔마치 정신은 장교 교육과정에서 자주 인용되고 있다.

1948년 5월, 아랍군의 초기 진공 시, 이스라엘군이 당면한 문제는 '우세한 포병 및 기갑전력을 보유한 아랍군에게 어떻게 대응하여 싸울 것인가'였다. 이에 대하여 이스라엘은 팔마치 창설자 이작크 세데의 제안에 따라 게릴라 전술을 채용했다. 그리고 익숙한 지형을 잘 활용하여 야간 게릴라 활동을 실시한 결과 많은 성공을 거두었다. 수적으로 우세하지만 판에 박힌 듯이 유연성이 없는 방법으로 전개한 적의 화력보다 전술적 유연성과 주동성(주도권)이 있는 지휘가 우세를 점했기 때문이다.

게릴라 전술은 리델 하트의 간접전략의 일종이다. 팔레스타인 전쟁에서 이스라엘군이 간접전략에 바탕을 둔 게릴라식 전술을 선호한 것은 정면 공격이 성공을 거두지 못했기 때문이다. 즉 예루살렘으로 가는 통로에 있는 트란스요르단 경찰거점을 점령하기 위해 5차례에 걸쳐 정면공격을 반복했지만 모두 실패했고, 700명이나 전사했다. 그 전사자 수는 6일 전쟁 시 전사자와 비슷할 정도로 큰 피해였다. 그래서 총리 겸 국방부 장관인 벤구리온이 정면 공격을 좋아하는 성격임에도 불구하고, 팔마치는 이에 구애받지 않고 철저한 기습과 우회공격을 실시하여 전과를 거두었다.

이스라엘군은 전쟁초기에는 중대급의 소부대전투 위주의 작전을 수행했으나 전쟁이 점차 확대되면서 단기간에 큰 성과를 거두기 위해 전력을 집중시켜 대부대 작전을 실시하기 시작했다. 이를 위해 보병여단을 급히 편성해서 작전 목적 및 형태에 따라 운용하였다. 그

---

30) 작전 초기, 명시된 임무·과업을 부여하지 않고 특정 지역에 위치시키는 것(의명 임무·과업은 부여됨).
31) 분진합격(分進合擊)의 특수 형태라고 볼 수 있다.

러나 육군의 전차 및 포병부대, 해·공군은 단기간 내에 편성하여 작전에 투입할 수가 없었다. 특히 전차병, 전투기 조종사, 해군의 수병은 장비조작 기술을 숙달하는 데 많은 시간이 소요되었기 때문이다. 그럼에도 불구하고 1948년 7월까지 전차대대와 해군 및 공군을 창설하였다. 전차병 및 포병은 대부분 소련 육군에 근무했던 이민 중에서 선발했으며, 해군과 공군의 기술요원도 해외로부터의 이민으로 충당했는데, 공군 조종사들은 미·영·캐나다 공군에서 근무했던 베테랑이었다.

공군의 경우, 창설하기는 했지만 초기에는 전술적 운용을 위한 어떠한 교리도 없었고, 또 운용 가능한 항공기도 몇 기 밖에 없었다. 그러나 공군을 창설한 의의는 컸다. 1948년 5월 29일 최초의 전투 임무를 수행했다. 메샤슈미트 4기가 해안도로를 이용하여 텔아비브 방향으로 진격해 오는 이집트군 종대를 공격했다. 이 공격에 의해 이집트군은 별다른 피해를 입지 않았음에도 불구하고 더 이상 진격하지 않고 참호 속에 은신했다. 이스라엘군이 전투기를 보유한 것을 모르고 있다가 기습을 받은 충격이 너무 컸기 때문이었다. 또 1948년 7월 14일, 이스라엘군의 B-17 폭격기 1기가 카이로를 폭격했다. 피해는 경미했지만 그 이후 이집트 공군은 텔아비브 폭격을 중지했다. 보복이 반복되는 것을 두려워했기 때문이었다. 이어서 요르단의 암만, 시리아의 다마스쿠스를 포함하여 여러 도시를 폭격했다. 피아 공히 유효한 레이더에 의한 엄호를 받을 수 없기 때문에 상대방의 항공기를 저지할 수 없었다. 그래서 이스라엘 공군은 "요우브 작전" 초기, 시나이의 엘 아리쉬 비행기지를 공격하여 이집트 공군을 지상에서 격파해 조기에 제공권을 확보하기도 했다. 이와 더불어 항공정찰임무도 수행했고, 특히 지상군을 위한 근접항공지원도 점차 확대해 나갔다. 더구나 1949년 1월, 영국 공군기 5기와 교전하여 이를 격추시켰는데, 그 정도로 이스라엘 공군의 조종사 수준이 높았다. 이리하여 이스라엘군은 공군의 가치를 실전에서 체험했고, 그 경험이 전후에는 공군전력을 증강시키는 데 촉매 역할을 했다.

이스라엘 해군은 전쟁기간 중 대부분 만족할만한 상태를 유지하지 못했다. '함대'라고 말을 했지만 노후 화물선 수 척에 구식 65밀리 야포를 응급가대에 설치했을 뿐이었다. 상륙용 주정과 경비용 함정을 몇 척 구입했지만 전쟁이 거의 끝나 갈 무렵인 1948년 가을까지 도착하지 않았다. 빈약한 함대를 지휘한 것은 미국계 유대인 지원자들이었다. 그리하여 "요우브 작전"과 "호레브 작전" 시, 가자 항(港) 봉쇄작전을 계획하고 실시하여 성과를 거두었다. 그러나 전력이 빈약했기에 그 외 특필할 만한 작전은 실시할 수 없었다.

나. 국방군의 해체와 신(新)국군의 재검토

1949년 여름, 이스라엘은 전시에 징집된 장병 8만 명을 대부분 복원시켰기 때문에 이스라엘 육군은 실질적으로 와해된 상태나 다름없었다. 징집병들은 더 이상 군에 남기를 원하지 않았고, 군의 중핵인 장교단도 해체되어 일반시민으로서 사회에 봉사할 수 있는 일을 구하려고 뿔뿔이 흩어졌다.

장교단 해체의 원인은 1936년 아랍인 폭동 이후, 전쟁으로 피폐해진 것과 군내의 항쟁 때문이었다. 팔레스타인 전쟁에서 가장 중요한 역할을 한 팔마치 장교의 대부분은 좌익 '마팜당(党)'에 소속돼 있었다. 그런데 총리 겸 국방부 장관인 벤구리온은 '마파이당(党)'에 소속돼 있어 '마파이당'이 결정적 지배권을 쥐게 되었다. 그 결과 전쟁 시에는 팔마치 장교를 우대했지만 전후에는 정치적인 고려가 전면에 드러나기 시작했다.

1949년 1월 "호레브 작전" 직후 이스라엘 의회 최초의 총선거가 실시되었다. 그 결과 사회민주당 '마파이'는 120석 중 46석을 확보해 제1당이 되었다. '마팜당'은 19석을 확보하여 '마파이당'과 이데올로기 면에서 라이벌이 되었다. 이러한 배경 하에 벤구리온 총리 겸 국방부 장관은 군대 내에서 팔마치의 영향력을 제거하기 위해 비정한 조치를 취했다. 복원시키는 최초의 부대로 팔마치 3개 여단을 지정하고 다른 여단과 달리 전 부대원을 제대시켰다. 장교들도 주요 참모직책에 보임되는 것을 제한하여 거의 대부분이 전투부대 지휘관으로 진출하지 못했다. 군의 상급사령부는 전시 영국에서 훈련받은 장교와 마파이 당적을 가진 장교들에 의해 독점되었다. 이는 벤구리온의 개인적 신념 때문이었다. 그는 영국 육군을 모델로 삼아 건군을 생각했고, 또 팔마치의 전투방법이 일반적 정규군대의 대규모 작전에 적합하지 않다고 판단했다.

이러한 배경 하에서 팔레스타인 전쟁 후 이스라엘 육군을 완성시킨 사람은 어느 그룹에도 속하지 않은 '이갈 야딘'이었다. 그는 전쟁 중 참모본부의 작전부장으로 재직하는 동안 건강이 좋지 않고 지도력이 미흡한 당시 참모총장 드우리의 대리로서 실질적으로 참모총장 직무를 수행했었다. 야딘 참모총장은 전략적 수준의 군사 문제를 재검토했다. 하임 라스코프 준장은 전술 및 편성문제를 연구했다. 제1의 문제점은 '이스라엘 방위에 필요한 막대한 요구에 대하여 유한한 자원을 갖고 어떻게 최적화시킬 것인가'였다. 제2의 문제는 '육군의 작전운용사상과 전투부대편성을 어떻게 할 것인가'였다.

1949년 정전 후의 이스라엘 영토는 지역의 종심이 얇고, 국경이 평지이며, 예루살렘, 텔아비브, 로드 국제공항 등, 주요 도시가 아랍의 야포 사정거리 내의 위협에 노출되어 있었다. 또한 남부의 에일라트 항(港)도 방어하기가 어려웠다. 만약 아랍이 기습공격을 한다면 국토의 여러 곳이 절단되는 위기에 처할 수 있었다. 따라서 이스라엘군으로서는 고도의 기동력을 보유한 부대를 단시간 내에 전투태세로 이행(移行)시켜야 하는 것이 불가결한 조건이었다. 그런데 1949~1950년 당시, 인구가 100만 명도 되지 않았기 때문에 부족한 상비군을 보완하기 위한 동원체제의 정비가 긴급한 과제였다. 이러한 문제를 야딘 참모총장은 이스라엘 실정에 적합한 방법으로 해결하였다.

다. 통합참모본부의 확립

1948년 당시 육군의 지휘조직은 전후에도 그대로 이어졌다. 그런데 이스라엘군 참모본부의 특징은 육·해·공군의 모든 병종을 통제하는 통합참모본부라는 점이다. 이때까지도 해군과 공군은 독립적인 군(軍)의 수준까지 성장하지 못했다. 또 이스라엘군은 총사령관이

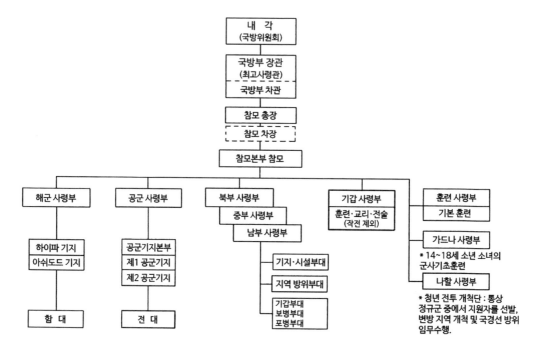

〈도표 2-16〉 이스라엘 국방군의 조직

라는 직위가 없기 때문에 참모총장이 육·해·공군 전 부대를 지휘하는 유일의 지휘관이다. 참모총장은 역대로 육군이 맡아 왔다. 때때로 참모차장이 임명되기도 했는데 작전 담임을 겸무했다.

참모총장은 참모본부를 통할하는 의장이며 참모본부의 상임구성원은 육군의 남·중·북부사령관 및 기갑사령관과 해·공군사령관이다. 참모본부는 참모총장을 통해 내각의 정치상 최고사령관(국방부 장관)에게 연결된다. 참모총장은 육군에 대한 모든 사항에 관하여 국방부 장관에게 책임을 진다. 해·공군은 독립된 군(軍)이라고 하기보다는 '부대(Corps)'라고 부른다. 그래서 정식명칭도 '해군부대(Sea Corps)', '공군부대(Air Corps)'다. 해·공군사령관은 참모총장에게 보고하지만 전투근무지원 업무를 책임지는 별도의 행정조직을 갖고 있다. 또 특이한 것은 기갑사령부다. 기갑사령부는 전차 및 기계화보병의 교육훈련, 전술 및 교리개발에 관한 책임이 있다.

참모본부의 4개 참모부는 다수의 관리구역과 기능별 부대를 감독한다. 참모본부는 훈련, 감독, 기술지도 등에 관해서는 관할 분야의 네트워크를 통해 육군을 관리한다. 결과적으로 참모본부는 최상위 기관으로서 2개의 상이한 계통으로 육군을 지휘한다. 즉 작전부대의 지휘계통(지역 → 사단 → 여단사령부)과 각 참모부가 주관하는 기술·감독계통이다. 다만

〈도표 2-17〉 이스라엘군 참모본부 편제

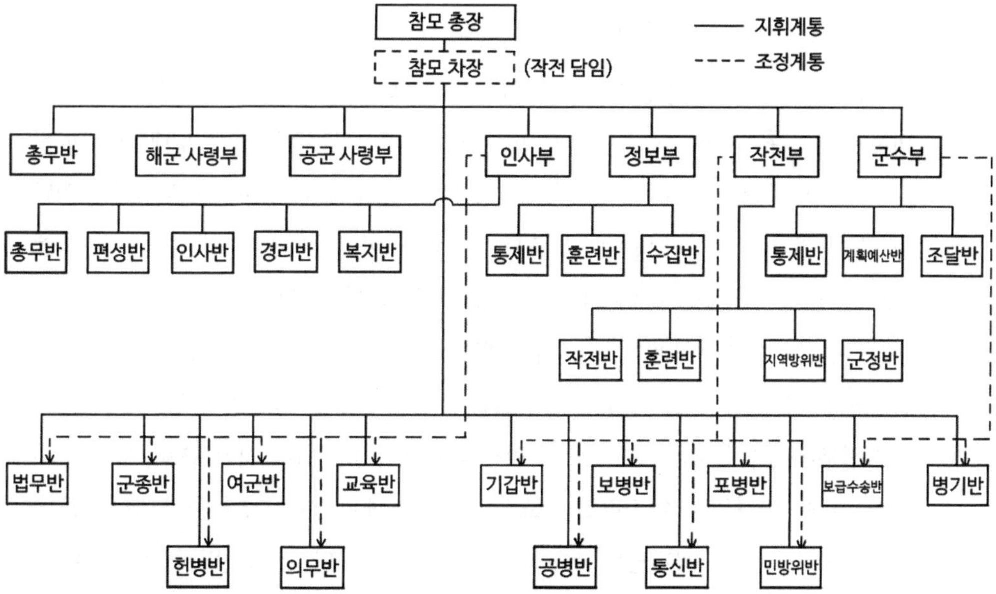

정보참모부만은 특별관리 분야를 갖고 있지 않다. 정보부장은 육군의 각 부대에 정보장교를 보충하고 정보부대를 직접 감독한다.

이스라엘에는 최고지휘관(Supreme Commander)이라든지, 총사령관(Commander in Chief)이라고 하는 직책은 없지만 내각에 최고 지휘의 권한을 주었다. 실제로 국방부 장관에게 위임되어 군사에 관한 연구개발, 장비, 보급품의 생산 및 구입, 재정계획 및 국방예산 전반에 관해 권한과 책임을 갖는다.

국방부와 군(軍)과의 직무분담은 원칙적으로 명확하게 되어있다. 국방부는 관리와 기술지원을 하지 않는다. 군(軍)은 편성, 훈련, 특히 군사작전의 계획 및 실시에 관한 전문분야에 관해 책임을 진다. 그러나 국방부 장관은 군의 최고지휘관이기 때문에 전문분야를 포함해 군의 모든 문제에 개입할 권한을 갖고 있다. 국방부 장관과 참모총장과의 관할권에 대한 논쟁이 1950년대에 두 번이나 일어났다.

라. 예비역 제도의 확립

1949년, 이스라엘의 인구는 100만 명이 채 되지 않았다. 팔레스타인 전쟁 시에는 약 10만 명의 병력을 보유했지만 그 수준을 상시 유지하는 것은 불가능했다. 인구 100만 명으로는 3만 명의 상비군을 유지하기도 곤란하였다. 그래서 이스라엘은 전투부대의 요원 대부분을 시간제 근무(part time) 병사들에 의존한다고 하는 파격적인 방법을 택했다.

이갈 야딘의 연구팀은 두 종류의 민병에 관하여 검토했다. 즉 전투부대에 편입된 시간제 근무 병사인 하가나 히쉬(Haganah HISH)와 향토방위에 종사하는 지방 의용부대 및 일반 병역의무의 예비역 병(兵)으로 구성된 스위스 민병조직이었다. 야딘 연구팀은 하가나 히쉬와 스위스 민병의 요소를 통합한 예비역 제도를 확립했다. 이리하여 1952년 12월, 이스라엘군은 새로운 예비역 제도의 토대 위에 군을 새롭게 편성하기 시작했다.

새롭게 편성된 이스라엘군은 장교 및 부사관과 직업기간요원, 다수의 징집병, 훈련받은 시민 예비군이라는 3중 구조 위에 건설되었다. 예비역 병(兵)은 동원이 발령되었을 경우, 자신의 작전부대에 합류하는 것으로서 상비군을 증강시키기 위해 편입시키는 단순한 인적자원 풀(pool)이 아니었다. 이스라엘군 조직의 특성은 예비역부대가 육군의 가장 중요한 부분을 차지하고 있으며, 상비군의 부수품이 아니라는 점이다. 평시 상비군의 주요한 역

할은 군의 예비역부대에 훈련된 요원을 보내주는 것이다. 이와 같이 예비역 병(兵)이 국방
군의 주력이므로 이스라엘의 국방은 결국 예비역 병(兵)에 의존할 수밖에 없다는 것이 명
확하다. 예비역 병(兵)에게 나타나기 쉬운 소극적인 태도와 같은 것도 이스라엘군에서는
보이지 않는다.

소수의 상비군만 보유하고 있을 경우 대규모 훈련을 실시할 때는 국경을 수비하는 것이
대단히 어렵다. 그래서 훈련을 실시하는 기간에는 예비역을 동원하여 적의 침공에 대비할
국지방어부대가 필요하다. 이 때문에 하가나의 향토방위부대인 '힘(Him)'을 보강하여 그
기능을 부여했다. 그리하여 이 부대의 방위요원들은 국경지역에 거주하는 노령자, 또는
야전근무에 적합하지 않은 남자와 다수의 여자로 구성되고, 자신들이 선발한 지도자를 중
심으로 국지방위그룹에 편입되었다. 적이 침공했을 경우 국지방위그룹은 거주 지역 주변
의 방어진지에 배치된다. 또 국경부근의 기브츠나 모사브는 계획된 정책을 바탕으로 건설
되었는데, 아랍의 침공 시 이들 또한 유효한 방파제 역할을 할 수 있었다.

국지방어그룹의 제2의 임무는 잠입자에 대한 거주지 경비였는데, 1950년대 이후 월
경하여 잠입한 자가 있는 것이 판명된 후부터는 안전을 위해 긴급 과제로 격상되었다.
그 잠입자에 의해 발생한 최종적인 영향은 중대했다. 즉 이스라엘군의 변화를 가져왔고,
1956년 수에즈 전쟁 발발의 원인도 되었다.

예비역 제도에 의해 인적자원 부족문제는 해결되었다. 그러나 예비역 부대가 기대했
던 만큼 제1선 전투부대로서 임무수행을 할 수 있을 것인가, 아닌가가 문제였다. 이 때문
에 징집병의 복무를 2년에서 3년으로 연장하고, 제대 후의 예비군훈련을 반복하는 것으로
그 문제를 해결하려고 했다. 1949년의 병역법에는 남자 예비병은 39세까지 매년 31일간,
55세까지는 연간 14일 소집하는 것이 가능했다. 그 밖의 예비역 병(兵)은 매월 1일씩 소집
하는 것이 가능했다. 또 장교와 부사관은 병보다 장기간 소집할 수 있었다. 참모총장 이갈
야딘이 말한 바와 같이 '모든 시민은 11개월 동안 휴가를 간 병사'였다. 예비역 제도가 최
종적으로 완성되어 제도화된 1950~1951년에는 예비역 여단은 전원 동원된 시민으로 충
원되었다. 그 이후 예비역 장교가 대대장, 때로는 여단장 직(職)까지 수행했다. 6일 전쟁에
서는 아비람 요페같이 예비역 사단장도 출현했다.

마. 징병제와 장교 교육

이스라엘 국민은 18세가 되면 남녀 모두 병역의무가 생긴다. 타국의 군대와 동일하게 정신적, 육체적 건강검진과 지식, 재능 등에 대한 테스트를 받고 입대한다. 기초군사훈련은 육·해·공군장병 공히 동일하게 실시한다. 건강이 좋지 않은 징집병은 비전투임무를 부여받기 때문에 보다 단기간의 쉬운 기초군사훈련과정을 거친다. 기초군사훈련은 장래 장교와 부사관을 선발하는 데 필터와 같은 역할을 한다. 성적이 우수한 자는 일반병사로서 단기간 야전부대에서 근무하기도 하지만 통상 분대장 과정에 들어갈 자원으로 표시된다. 더욱 우수한 적격자는 장교 후보자로 지정된다.

분대장은 병장 계급으로 수 개월간 야전부대에서 근무한다. 장교 후보자는 팔마치의 소대장 과정에 기초를 둔 "장교 훈련과정"에 들어가 이스라엘 육군의 독특한 훈련을 받는다. 육·해·공군 장교 후보자는 동일하게 이 과정을 거친다. 교육훈련 과목은 지휘 통솔, 독도법, 각종 화기, 전술 등이며, 군사적 직무능력을 향상시키는 것뿐만 아니라 사회교육이라는 면도 중시하여 팔마치의 전통을 이어간다. 지휘통솔의 문제는 각 부대에서 실시하는 부대훈련에 위임하고 있지만, 장교 기초훈련과정에서는 전술문제를 해결하기 위한 주도성과 문제를 해결하려는 통솔력 배양에 중점을 둔다. 전술문제는 실전에 도움이 되는 교육을 중시하고 특히 임기응변의 조치를 즉석에서 요구한다. 전투 시 지휘통솔은 지휘자(관)의 제1선 진출을 중시한다. 왜냐하면 적의 사격 하에서는 예하부대가 명령대로 움직이지 않는다고 생각하기 때문이다. 제1선에 진출해 있는 것만이 부하를 '잡아 끌 수 있다'는 유일한 방법이라는 것을 안다면, 다른 방법으로는 달성하기 곤란한 전술적 문제도 대담한 해결책을 찾아낼 수 있다는 것이다. 이처럼 명령한 대로 움직이지 않는 병사를 지휘자(관)의 모범적 행동에 의해 통솔하는 힘이야 말로 장교 교육과정의 최고 목표이며, 팔마치가 이러한 이상을 유지해 왔기 때문이다.

새로 임관한 보병장교는 교육수료 직후 각 부대에 배치되는데, 보병 이외의 장교는 기갑, 공군, 기타 부대에서 실시하는 병과 훈련과정에 보낸다. 해군장교 및 공군 조종사도 별도로 훈련을 받는다. 그 다음 상급 교육과정으로서는 대대장 교육과정이 있는데, 이는 중령 및 그 이상으로 진급하기 위한 관문이다. 1950년대 중기에 대대장 교육과정은 중대장 초급과정과 고급 참모과정으로 나뉘었다. 고급 참모과정은 대령 및 그 이상으로 진급하기 위해 필요했다. 또 전쟁대학(War College)도 설치되었는데 수년간 시행 후 1967년에 폐지되었다. 그 대신 일반대학에서의 면학기회를 활용하고 있다.

　팔레스타인 전쟁은 이스라엘에게 군 근대화를 위한 출발점이 되었고, 전후 국방군의 골격을 형성하게 만들었다. 또한 장기전의 쓰라린 경험을 했기 때문에 「단기전 이론」이라는 작전사상이 생겨났다. 이리하여 짧은 기간에 폭발적인 전력을 조성하고 운용하는 것이 작전사상의 골간으로 정착되어 갔다.

전투 서열 (1948~1949)

이스라엘군

국방부 장관	다비드 벤구리온
국방부 차관	이스라엘 갈릴리
참모총장	야콥 드우리(소장)
참모차장(작전)	이갈 야딘 대령(준장)
북부사령관	모세 카메리 대령(준장)
중부사령관	단 에븐 준장
동부사령관(예루살렘)	다비드 마카스 대령(준장)
남부사령관	이갈 아론 대령(준장)
팔마치	이갈 아론 대령(준장)
여단	
이프타(팔마치)	사미엘 콘 대령
하렐(팔마치)	이작크 라빈 대령
네게브(팔마치)	네훔 사리그 대령
제1여단(골라니)	네훔 고란 대령
제2여단(카메리)	모세 카메리 대령
제3여단(알렉산드로니)	벤 쯔온 지브 대령
제4여단(키야티)	미첼 베르잘 대령
제5여단(기바티)	시메온 에비단 대령
제6여단(에쪼니)	다비드 샤르딜 대령
	모세 다얀 소령(대령)
제7여단(기계화)	벤자민 단켈만 대령
제8여단(기갑)	이작크 세데 준장
제9여단(오데드)	우리 요페 대령
공군사령관	에이론 레메쯔 준장
해군사령관	낫하만 술만 준장
	샤롬 샤미르 준장

이라크군

국방부 장관	샤클 와지
참모총장	사레브 사에브 가뷔리 대령
야전군사령관	날 딘 마하무드 소장
제1여단	나지브 루비시 대령
제3여단	
제4여단	살 짜키 뒤피크 대령
나블루스 수비대	라피크 아레후 대령
공군사령관	사미 파타 중장

아랍군

아랍연합사령관	압둘라 왕(트란스요르단)
아랍연합군부사령관	날 엘 딘 마하무드 소장(이라크)
아랍해방군	
감찰장관	타하 알 하시미 소장
야전군사령관	파우지 딘 카우지
갈릴리 지구대	쿠데르 대대
야르무크 대대	에나딘 대대
히친 대대	얏호 수비대
레바논 대대	아크레 수비대
후세인 대대	가자 수비대
아랍 구세군사령관	압드 카다르 후세이니
레바논군 국방부 장관	마짓드 아스란

시리아군

국방부 장관	아마드 샤라하티
참모총장	압둘라 아트후 소장
제1여단	압둘라 와하브 하킴 소장
제2여단	카와스 대령
제3여단	사미 히나위 대령

아랍군단(트란스요르단)

참모총장	존 그라브 소장
제1여단	N.O. 랏쉬 준장
제2여단	J.O.M 아쉬튼 대령
예루살렘 수비대	압둘라 엘 텔 대령

이집트군

참모총장	무하마드 하이델 소장
야전군사령관	아메드 알리 마위 소장
제1여단	아마드 파드 사디크 소장
제2여단	모하메드 나기브 준장
제4여단	토픽크 라드완 준장
파르샤 수비대	사드 타하 대령
의용군	아메드 압드 아지즈 대령

제3부
수에즈 전쟁(제2차 중동전쟁)

▌▌▌▌ **제1장** ▌▌▌▌
전쟁 발발의 배경과 원인

1. 꺼지지 않은 전쟁의 불씨

팔레스타인 전쟁이 끝난 뒤에도 지속되는 후유증 가운데 가장 극심한 것은 난민 문제였다. 요르단, 시리아, 레바논 등지에서 피난처를 구하게 된 팔레스타인 난민은 이 지역의 복잡한 국제정세에 새로운 정치적 불안 요소로 등장했다. 그들 중 일부는 열렬한 민족주의자가 되기도 했지만, 그들은 자신들의 존재를 인정하고 실질적인 회복을 후원해 준다면 어떤 세력이나 이데올로기와도 제휴할 각오가 되어 있었다. 그러나 미국, 영국, 프랑스의 서방 3국은 자국의 이익을 위해 화평만을 강요했다. 이러한 태도는 「3국 공동선언」[1]을 통해 나타났다. 이 선언은 중동에서 소련의 확장을 억제하고, 이 지역 서구동맹국의 이탈을 방지하기 위한 것이었지만, 그들이 의미한 화평과 안정은 팔레스타인 전쟁의 참혹한 결과를 아랍에 강요한 것에 지나지 않았다. 따라서 이스라엘과 그의 서구 후원자들에 대한 팔레스타인 사람들의 격렬한 항의는 이스라엘과 평화관계를 원하는 아랍국가에 대한 적의(敵意)로 나타나기도 했다.[2]

---

1) 1950년 5월 25일, 미국, 영국, 프랑스 3국이 '팔레스타인 지역에서의 평화를 위해 중동지역에 대한 무기 지원은 중동국가들의 내부안정과 사회적 질서 유지를 위해서만 제공하되, 유대와 아랍 양 민족 간의 세력균형을 유지하기 위해 양측에 동일한 비율로 공급한다'는 것과 또한 팔레스타인 전쟁 종전 후 새로이 설정된 휴전선을 파괴할 수 있는 어떤 종류의 군사위협도 군사적으로 저지할 것임을 선언했다.

2) 대표적인 사례가 요르단의 압둘라 국왕 암살사건이었다. 1949년 6월, 압둘라 국왕은 트랜스요르단의 국명을

팔레스타인 난민 문제를 해결하기 위한 여러 가지 노력도 있었다. 그렇지만 그들이 '고향으로 되돌아가 과거와 같은 생활을 하고자 하는 열망'을 결코 충족시킬 수가 없었다. 더욱이 전쟁의 패배로 인해 과거 2천여 년간 계속되었던 유대인들의 고난과 불행이 이제 팔레스타인 사람들이 대행하는 것으로 바뀌었다는 절망적인 사태를 깨닫게 되면서 그들의 좌절감은 유대인에 대한 증오와 복수심으로 변해 갔다. 이와 같은 팔레스타인 사람들의 감정은 이스라엘에 대한 무력투쟁으로 발전하여 페다인(fedayeen)과 같은 게릴라들이 다수 출현하였다. 그 결과 가자 지구와 인접한 이스라엘 국경지대에서는 주로 팔레스타인 난민들로 구성된 게릴라들의 습격이 빈번하게 발생하였고, 이에 대한 이스라엘군의 강도 높은 보복공격이 반복되었다.[3]

한편, 시리아와 이스라엘 간의 국경에서는 주로 비무장 지대를 사이에 두고 무력충돌이 반복되었다. 이스라엘은 비무장지대도 자국의 주권 하에 있다고 판단하여 비무장 지대 내에서 경작을 시도했다. 그러나 시리아는 이스라엘의 행동이 군사적 이점을 강화하는 것이라 생각해 저지하려고 했다. 그러면 이스라엘은 시리아의 저지행동에 대하여 무력으로 대응하였다.

이처럼 아랍과 이스라엘 간의 적대감과 무력충돌이 끊임없이 발생했지만 1954년까지는 전쟁으로 발전할 가능성은 낮았다. 어느 쪽이나 전쟁을 강행하려는 의도가 없었고, 국제적 상황도 그럴 상황이 아니었다. 또 미국, 영국, 프랑스의 「3국 공동선언」은 무기수입을 이들 3국에 의존하고 있는 중동국가들에게 안정장치 역할을 했다. 그런데 1955년부터 일련의 사건이 발생하면서 전화(戰火)로 비화되었다. 서구 제국주의 국가들이 또 중동에 불

"요르단 하심 왕국(Hashemite Kingdom of Jordan)으로 바꾸었다. 그리고 1949년 말, 압둘라 국왕과 이스라엘 간에는 '요르단강 서안을 요르단에 통합하고, 이스라엘은 팔레스타인 난민구제사업을 위한 전쟁보상금을 지불하며, 요르단으로 하여금 지중해의 출구로서 하이파 항(港)을 자유롭게 사용하게 한다'는 등의 내용이 포함된 비밀협상을 했다. 이에 따라 1950년 4월에는 인접 아랍국가들이 강력하게 반대했음에도 불구하고 동예루살렘과 요르단강 서안 지구를 자국의 영토로 편입시켰다. 이는 팔레스타인 사람들의 입장에서 볼 때 자신들의 땅을 요르단이 차지한 것일 뿐 아니라, 아랍민족주의 또는 아랍의 대의를 배신하는 행위였다. 특히 이스라엘과의 협상은 이스라엘의 국가적 존재를 실질적으로 인정하게 되는 것이어서 아랍인들의 분노를 샀다. 결국 압둘라 국왕은 1951년 7월, 팔레스타인 민족주의자 지도자인 하지 아민 알 후세이니 파의 지령을 받은 자객에 의해 예루살렘 알 아크사 사원에서 암살되었다.

3) 다얀 이스라엘 참모총장은 이집트군이 팔레스타인 게릴라를 조직 및 훈련시켰다고 강하게 주장했다. 이집트 통치하에 있던 가자 지구가 팔레스타인 난민에게 몇몇 기초적 조직의 기지를 제공한 것은 사실이지만 이스라엘 영토에 치명적 손상을 가할 수 있는 정도는 되지 못했다. 또 이집트 정부가 팔레스타인 게릴라 활동을 묵인하기는 했지만 이를 조직한 것은 결코 아니었다. 그런데 이스라엘은 1955년 2월, 가자 지구의 이집트군에 대하여 대규모 공습을 실시해 막대한 피해를 입혔다.

을 지른 것이다.

2. 나세르의 등장과 국제정치적 환경의 변화

가. 이집트 혁명과 나세르의 개혁

1952년 7월 23일, 이집트에서는 나세르 육군 중령이 이끄는 자유장교단의 무혈 쿠데타가 성공하였다. 나세르는 무함마드 나기브 소장을 명목상의 국가 원수로 내세우고, 11명의 장교로 구성된 혁명평의회가 의회를 장악했다. 이집트 혁명은 영국의 계속된 나일계곡 점령과 팔레스타인 전쟁에서 수치스런 패배로 인해 점증되던 심각한 좌절이 표출된 결과였다. 이는 단순한 군사 쿠데타가 아니라 한 체제에서 다른 체제로의 교체를 의미했다.

이집트 혁명정부는 봉건적 칭호 폐지, 토지개혁 등을 단행함으로써 이집트 사회와 경제의 근본적인 개혁을 추진하였다. 또 1953년에는 모든 정당을 해산하고, 국민계몽조직으로서 해방전선을 결성한 뒤 모든 노동조합을 해방전선 산하에 흡수함으로서 1당 지도체제를 확립했다. 나세르는 서구 민주주의 정치제도를 무비판적으로 모방한 구체제의 타락을 필연적인 결과로 보고, 국가적 필요와 이집트 국민의 요구에 부응한 새로운 형식의 민주주의를 확립하는 것이 자신의 사명이라고 생각했다. 또한 안정과 번영, 압제와 착취로부터의 자유가 모든 이집트인의 열망이라고 생각하고 개혁을 추진해 나갔다.

나세르는 내정에서는 대담한 개혁을 추진했지만 국제관계는 신중하게 처신했다. 1953년 2월에는 수단 문제에 대해, 1954년 10월에는 수에즈 운하 문제에 대해 영국과 타협했다. 이 타협안에서 이집트는 영국이 수에즈 운하지대에서 철수할 것을 약속받았다. 이것은 이집트가 친(親) 서방정책에 깊은 관심을 갖는 계기가 되었다. 아랍연맹 회원국이나 터키 등이 외세의 침략을 받을 경우 영국군이 복귀할 권리를 부여했기 때문이다. 물론 이런 규정은 소련을 의식한 조치였다. 그러나 이집트의 이러한 친 서방정책은 영국의 호의를 얻게 되었고, 이를 계기로 미국이 나세르에게 접근했다. 그리고 미 국무부와 CIA 대표는 나세르와 각종 현안에 대하여 깊이 있게 논의하기 시작했다. 그러한 논의는 1955년까지 원활하게 이루어졌고, 그 결과 이집트는 4,000만 달러의 경제원조까지 받았다.

1956년 6월 13일, 이집트와 이스라엘을 가로막고 있던 영국군이 수에즈 운하지대에서 철수를 완료했다. 이를 계기로 나세르는 이집트 대통령에 취임했다. 그는 "우리 투쟁의 한 단계가 끝나고 새로운 단계가 막 시작되고 있다"고 천명했으며, 이집트 언론은 장래 영국과의 협력보다는 제국주의로부터의 마지막 해방을 강조했다. 이는 서방측의 입장에서 볼 때 불길한 사건의 시작을 알리는 전조나 다름없었다. 또한 영국군의 철수는 이집트와 이스라엘 사이의 안전장벽이 스스로 붕괴된 것을 의미하는 것이어서 양국 간의 불안과 상호 경계심을 고조시키는 계기가 되었다.

나. 급진주의의 대두

나세르는 이집트를 정치, 군사, 문화를 핵(核)으로 하는 위대한 아랍국가로 만들려고 했다. 또 많은 아랍인들은 단지 지역적 자존심 때문이 아니라 서구의 지배에 항거할 수 있는 하나의 강력하고 통합된 아랍국가가 필요하다는 믿음 때문에 아랍이 통합되기를 바랐다. 이집트인들뿐만 아니라 아랍어를 사용하는 민족의 대부분은 서구로부터 자신들이 받은 상처와 모욕감을 알고 있었다. 이집트 혁명정권은 구체제를 타파하고 영광스럽게 등장했다. 아랍인들은 1187년, 살라 알 딘(Salah al-Din)이 예루살렘에서 십자군을 몰아냈듯이 나세르가 그렇게 해주기를 바랐다.

혁명 초기, 나세르는 아랍주의에 적극적으로 가담해 주기를 바라는 아랍인들의 기대에 부응하지 못했다. 오히려 대중에게 친숙한 나기브를 제거한 후 실제로 권력을 차지했고, 더구나 팔레스타인 대의(palestinian cause)를 열렬히 주장했던 "무슬림 형제단"[4]을 탄압하는 등, 소극적인 태도를 보였다. 그런데 나세르가 이스라엘에 대항해 범 아랍주의를 수용하고 소련과 제휴하기로 결심한 것은 1955년 2월경으로서, 당시 두 가지 사건과 관련이 있다. 하나는 이라크가 터키와 방위 조약을 체결해 아랍을 이탈한 것이고, 또 하나는 이스라엘이 가자 지구의 이집트군을 공습해 막대한 피해를 입힌 사건이었다.

미국과 영국은 1949년부터 수에즈 운하를 중심으로 지중해와 중동 산유지역, 그리고

---

4) 이집트에서 영향력 있는 조직인 종교운동단체 "무슬림 형제단"은 1928년, 하산 알 바나가 창시한 단체로서 이슬람에 사회주의 이념을 가미해, 경제 파탄으로 곤경에 빠진 하층민을 상대로 영향력을 확대시켰다. 이 단체는 1940년대 말, 소속원 50만여 명과 그 이상의 동조자를 확보했다. 독립과 이슬람적 가치의 보존, 서구 제국주의에 대한 반항을 주요 목표로 하는 이들은 팔레스타인 전쟁에도 참여했다.

터키, 이란, 파키스탄과 같은 북변 국가들(Northern Tier Countries)에 대한 방위를 강화하기 위해 중동 각국과 미국, 영국, 프랑스 등 중동 관계국이 참가하는 중동방위기구(MEDO : Middle East Defence Organization)를 구상하고, 이를 NATO와 통합시키려는 계획을 세우고 있었다. 본래 미국의 구상은 미국과 군사원조협정을 체결하고 있는 터키, 파키스탄을 축으로 중동국가들을 참가시켜 중동방위기구를 수립하는 것이었다. 그런데 이집트가 이를 거부했고, 미·소 대립에 휘말릴 것을 경계한 아랍연맹국가들의 반대, 터키를 중심축으로 하는 미국과 이라크를 중심축으로 하는 영국의 대립 등, 그 결성에 많은 문제가 있었다. 그럼에도 불구하고 1955년 2월, 터키·이라크 방위 조약이 체결되고, 이어 영국도 그 방위 조약에 참가했다. 그리고 7월에는 파키스탄, 10월에는 이란이 가맹함으로써 바그다드조약(Baghdad Pact)[5]에 의한 동맹기구가 완성되었다.

어찌되었던 간에 바그다드조약은 영국의 입장에서 볼 때 수에즈 운하 지역에 주둔하는 군대를 등에 업고 추진해 오던 중동전략의 대안이었다. 즉 영국군이 수에즈 운하 지역에서 철수한다 해도 영국은 바그다드조약에 근거하여 중동국가들에게 계속적으로 영향력을 행사할 수 있는 것이다. 나세르는 이러한 영국의 기도를 아랍세계에서 주도적 위치를 점하려고 하는 자신에 대한 정면 도전으로 여겼다. 역으로 영국 정부는 나세르의 이런 야심을 중동에서 영국의 특별한 위치에 대한 심각한 위협으로 간주했다. 이리하여 1954년 10월에 영국·이집트 조약이 체결되고 난지 불과 몇 개월이 지난 후부터 영국과 이집트는 중동지역에서 주도권(헤게모니)을 차지하기 위한 투쟁을 시작하였다.

이러한 경쟁과 반목의 분위기는 이스라엘 문제와 뒤엉켜 결정적 전환의 계기를 맞았다. 이집트 혁명정부는 1955년까지도 이스라엘에 대한 아랍의 적대감을 주도해 나가기를 꺼렸다. 비록 이집트가 이스라엘의 승인을 거부하고, 이스라엘에게는 수에즈 운하를 폐쇄했지만 소극적 태도로 일관해, 아랍의 관점에서 볼 때 배신에 가까울 정도로 온건 노선을 취했다. 이러한 이집트를 자극한 것은 이스라엘이었다.

1950년대 초, 미국이 영국보다 더 적극적으로 친 이집트 정책을 추진하자 이스라엘의 불안감은 점점 더 커져만 갔다. 이스라엘은 이러한 미국의 정책이 영국으로 하여금 수에

---

[5] 1955년 11월, 바그다드에서 이라크, 터키, 이란, 파키스탄, 영국에 의해 결성된 상호안전보장조약으로서 정식 명칭은 중동조약기구(MEDO : Middle East Defence Organization)다. 외견상 중동지역의 방위동맹이었지만 실제로는 미국이 소련의 중동진출을 견제하기 위해 설립을 주도한 국제기구였다. 1958년 8월, 중앙조약기구(CENTO : Central Treaty Organization)로 재출범 했다.

즈 운하 지역에서 군대를 철수시키도록 고무시키고, 그 결과 이집트가 군사적 야심을 증폭시켜 이스라엘에 위협이 되지 않을까 우려하였다. 이른바 라본 사건(Lavon affair)도 이런 분위기 속에서 발생하였다.

1954년 여름, 이스라엘 군사정보국 아남(Anam)의 국장 벤야민 가브리는 수에즈에서 영국군의 철수를 뒤집기 위해 "수산나 작전(Operation Susanah)"을 감행했다. 작전에는 극비 세포조직 "유닛 131(Unit 131)"이 동원되었다. 작전 목표는 수에즈 운하 지역에서 영국군의 철수를 좌절시킬 수 있는 여론을 미국과 영국 내에 조성하기 위해 이집트에서 폭탄 테러와 생산설비 파괴 활동을 감행하는 것이었다. 그리하여 1954년 7월 2일, 알렉산드리아 우체국이 소이탄 공격을 받았고, 7월 14일에는 알렉산드리아와 카이로에 있는 미국 해외정보국 도서관과 영국령 극장이 폭탄 테러를 당했다. 이 사건은 이집트가 혐의를 뒤집어쓰도록 조작되어 있었다.[6] 더구나 이스라엘은 1955년 2월, 가자 지구의 이집트군을 공습하여 막대한 피해를 입혔다. 팔레스타인 게릴라 습격에 대한 보복 공격이었다. 당시 이집트 통제하에 있던 가자 지구가 팔레스타인 난민에게 몇몇 기초적 조직의 기지를 제공한 것은 사실이었다. 그러나 팔레스타인 게릴라들의 습격이 이스라엘 영토에 치명적 손상을 가할 수 있는 정도는 되지 못했고, 또 이집트 정부가 팔레스타인 게릴라 활동을 묵인하기는 했지만 이스라엘의 주장처럼 그들을 조직하고 훈련시킨 것은 아니었다.[7] 그럼에도 불구하고 이스라엘은 대규모의 보복 공격을 실시한 것이다. 이러한 이스라엘의 행동은 돈독해져가는 이집트와 미국의 관계를 왜곡시키려는 의도가 다분했다.

미국 중앙정보부장 알렌 덜레스는 이스라엘이 미국과 이집트간의 관계를 왜곡시키고, 국경지역에서 군사적 활동을 증대시키고 있는 점과 관련해서 나세르의 무기판매요구[8]에 상징적 의미로 적극 응함으로써 미국이 나세르를 지지하고 있다는 것을 보여주자고 제안했지만, 친 이집트 정책을 달갑지 않게 여기고 있던 국무부 장관 존 F. 덜레스는 이를 거부

---

6) 이 사건은 아남(Anam)의 경쟁조직인 모사드(Mossad)가 아남을 배후로 지적하면서 정치적으로 비화되었는데, 국방부 장관 라본(Lavon)이 이 작전을 사전에 인지하고 있었는가가 문제의 초점이었다.

7) Moshe Dayan, 「Diary of Sinai Campaign」, (Harper & Row Publishers, New York, 1966), p.5. 이스라엘군 참모총장 모세 다얀은 팔레스타인 게릴라를 이집트군이 조직하고 훈련시켰다고 강조했다.

8) 가자 지구에서 발생한 무력충돌에서 이집트군이 예상외로 큰 손실을 입자, 나세르는 군사력의 열세를 절감하고 미국에게 무기를 판매해 줄 것을 요청했다. 그러나 미국은 나세르의 군사력 증강 필요성을 공감할 수 없었으므로 아무런 관심을 표명하지 않았다. 이것이 나세르가 소련을 통해 무기를 구입하게 되는 원인이 되었다.

하고 반(反) 나세르 정책을 추구하였다. 이는 향후 20년 동안 미국이 이집트와 반목하는 계기가 되었다.

아랍 진영은 큰 충격을 받았다. 그들은 이스라엘이 시오니즘의 전통적 정책을 재개했다고 믿었고, 이러한 이스라엘의 팽창적 행동을 두려워했다. 이렇게 되자 나세르는 아랍세계의 지도자 역할을 더 이상 외면할 수 없다는 사실을 깨달았다. 그 역할을 떠맡기 위해서는 이스라엘에게 좀 더 확고한 입장을 보여줘야 했다. 이는 이스라엘에 대한 직접적인 공격을 의미했다. 그러나 무력 대결은 곤란했다. 전쟁의 결과를 낙관할 수 없기 때문이었다. 결국 대안을 선택했다. 이스라엘과 전쟁을 하지 않는 대신 영국과 이라크에 대한 중립노선을 강화함으로써 이스라엘에 대한 적대감을 표출하는 것이었다. 이때 소련의 외교노선이 나세르가 과감한 외교노선을 선택하도록 유도[9]했고, 1955년 4월에 개최된 반둥회의[10]도 좋은 기회였다.

다. 급진 나세르에 대한 미·영·프 3국의 대응

나세르를 강경노선으로 선회하게 한 배경에는 서방국가들의 맹목적인 태도에도 많은 책임이 있었다. 당시 서방국가들은 아랍의 소망이 얼마나 강렬한지를 깨닫지 못했다. 아랍인에게 대단히 중요한 문제를 서방국가들은 대수롭지 않게 여겼다. 서방국가들이 관심을 보인 것은 소련의 팽창 저지와 자유세계의 방어라는 자신들이 추구하는 정책과 관계되는 것뿐이었다.

아랍인들은 냉전보다는 자신들이 살고 있는 중동지역 문제에 더 관심이 많을 수밖에 없었다. 그래서 서방국가들이 '공산주의 침략에 대한 방어'라는 논리를 중동에 적용시키려는 것은 그들의 지배권을 영속화하기 위한 제국주의적 발상으로 여겼다. 아랍인들에게는

---

9) 소련의 국경을 둘러싸듯이 연결되는 바그다드조약에 반감을 갖고 있던 소련 지도자들은 나세르가 '바그다드 체제가 아랍연맹의 안보체제 형성을 방해한다'고 맹렬히 비난하는 것을 보고 그에 대한 평가를 다시 했다. 원래 소련은 나세르의 친 서방적 쿠데타를 비난하면서 이집트의 공산당을 지원하고 있었는데, 바그다드조약에 대항하는 나세르의 활약을 본 후로는 '나세르가 계속 활약한다면 중동에서 서방거점을 파괴하고 서방의 계획을 무산시킬 수 있을 것'이라고 생각하게 되었다. 소련은 나세르가 원하는 것이 무기라는 것을 잘 알고 있었으므로, 나세르의 요청에 의해서라기보다는 오히려 적극적으로 그를 유혹하려고 했다.

10) 1955년 4월 18일, 인도네시아 반둥에서 아시아·아프리카의 29개국 대표단이 모여 개최한 국제회의로서 A·A(아시아·아프리카)회의라고도 한다. 24일까지 계속된 회의에서 A·A 국가들 사이에 긴밀한 관계수립을 모색하고, 냉전 상황 속에서 이들 국가가 중립을 선언하는 한편, 식민지의 종식을 촉구했다.

자신들을 위협하는 국가는 소련이 아니라 이스라엘이었다. 이 때문에 1955년 2월, 이스라엘의 가자 지구 공습으로 막대한 피해를 입은 이집트는 미국에게 무기를 판매해 줄 것을 요청했다. 그러나 미국은 나세르의 군사력 증강에 대한 필요성을 공감할 수 없었으므로 아무런 관심을 표명하지 않았다. 결국 이집트는 소련에게 지원을 요청했고, 1955년 9월 27일, 체코 정부와 2억 달러 상당의 소련제 첨단군사장비를 구매하는 데 합의했다.[11] 이를 통해 나세르는 소련에게 바그다드조약이란 장벽을 뛰어넘어 중동에 진출할 수 있는 길을 터주었다.[12] 나세르가 소련과 무기를 거래한 것은 서방이 후원하는 바그다드조약에 대항하기 위한 수단이었다. 이를 계기로 아랍민족주의 운동의 물결이 아랍 동부를 휩쓸었다.

나세르는 1955년 9월, 아카바 만(灣) 봉쇄를 선언했다. 이처럼 나세르가 이스라엘에게 강경한 자세를 취하기는 했지만 근본적으로 서방을 적대시한 것은 아니었다. 또 이집트군을 강화시키기 위해 소련에 접근했지만 그것이 친 사회주의 노선을 의미하는 것은 아니었다. 나세르는 오히려 팔레스타인 전쟁 때 소련이 이스라엘에 무기를 원조했던 사실을 기억하고 있었다. 나세르는 기본적으로 중립주의를 선택했다. 서방 진영은 중립주의를 공산주의와 동일시했다. 그러나 아랍의 민중들에게 중립주의는 반 서방주의를 의미했으며, 이는 서구 열강의 제국주의적인 지배로부터 벗어나기 위한 것이었다. 그런데 나세르의 사회주의 국가들과의 제휴, 반제국주의/반 바그다드조약, 대(對) 이스라엘 군비강화정책은 미국, 영국, 프랑스 그리고 이스라엘의 대응을 불러 일으켰다.

미국은 이집트가 사회주의 국가와 제휴하는 데 촉각을 곤두세웠다. 특히 1955년 11월에 이루어진 소련의 대 이집트 경제기술원조 제의에 주목하고, 그 초점이 아스완 하이 댐(Aswan High Dam) 건설계획 원조임이 명백해지자 이와 경쟁하기 위해 이집트에 원조를 제의했다. 영국은 아랍의 반영투쟁에 직면하게 되자 바그다드조약기구 결성을 서둘렀다. 그리고 나세르와 아랍인들의 호의를 얻기 위해 '1947년 11월 UN의 팔레스타인 분할안을 기준으로 팔레스타인 문제 해결'을 주장하는 이라크의 입장에 동조하여 이스라엘에게 양

---

11) 체코와의 통상협정을 통해 이후 수년간 전차 230대, 장갑차 300대, 야포 500문, 미그 전투기 150기, 폭격기 50기, 기타 수 척의 잠수함 및 선박 등을 입수할 수 있게 되었다. 田上四郎, 『中東戰爭全史』, (東京 : 原書房, 1981), p.74.

12) 체코를 통해 이집트에 무기 공급을 개시한 소련은 다음해인 1956년에는 시리아, 예멘, 아프카니스탄, 1958년에는 이라크, 인도네시아에 무기를 공여했다. 이집트에 대한 소련의 무기 공급은 나세르를 현대판 살라 알 딘으로 만들어 서방세계와 대결시키고, 소련은 아랍민족주의의 옹호자가 되는 동시에 가장 절친한 아랍의 우방국이 되는 효과를 거두었다.

보할 것을 촉구했다. 프랑스는 나세르의 반제국주의 투쟁이 알제리아 민족해방전선에 영향을 주지 않을까 우려하면서 나세르에게 알제리에 있는 낡은 프랑스 무기를 구입하도록 설득하기 시작했다.

이스라엘은 이집트의 군사력 증강과 아카바 만 봉쇄로 나타난 실제적 위협에 대처하기 위해, 미국, 영국, 프랑스에게 「3국 공동선언」 정신에 따라 무기지원을 해 줄 것을 요청했지만 아무런 성과도 얻지 못했다. 왜냐하면 당시 미국과 영국은 소련의 팽창정책으로부터 중동지역을 수호하기 위한 바그다드조약 체결의 성공을 위해 이집트의 참여와 협조를 열망하고 있었기 때문이다. 이렇게 고립된 상태에 처하게 되자 이스라엘은 안보에 대한 불안감이 점점 증폭되어 갔다. 이는 이스라엘에게 개전을 강요하는 결과를 가져왔다. 이스라엘은 아카바 만이 봉쇄되었을 때 이미 개전결의를 굳혔지만, 단지 대내외적 여건이 아직 전쟁을 결행할 만큼 성숙되지 못했던 것뿐이었다.

라. 수에즈 운하의 국유화 선언

나세르의 대외정책은 그의 계획대로 잘 추진되어 갔다. 1956년 4월 21일, 이집트는 예멘, 사우디아라비아와 연합군사령부 설치계획을 밝힘으로써 반 바그다드조약 클럽의 결속을 견고히 하는 한편, 5월 16일에는 아랍국가들 중에서 가장 먼저 중공을 승인했다. 중공은 그 답례로 나세르를 초청했다. 더욱이 영국·이집트 협정에 의해 6월 13일, 영국군이 수에즈 운하지대에서 철수를 완료함으로써 74년 만에 외국군 주둔 사태가 끝이 났다. 또 3일 후인 6월 16일에는 드미트리 세필로프 소련 외상이 방문했고, 6월 18일에는 소련이 아스완 하이 댐 건설 자금의 대부를 제의했다. 그리고 6월 22일, 공동성명에서 8월 중 나세르가 소련을 방문한다고 밝혔다.[13] 다음 날인 6월 23일, 이집트는 압도적 다수의 찬성으로 헌법을 승인하고 나세르를 대통령으로 선출했다.

이러한 나세르의 외교성과도 존 F. 덜레스 미 국무부 장관의 냉전적 사고를 극복할 수 없었다. 덜레스는 소련이 아스완 하이 댐 건설에 별로 관심이 없다는 사실이 밝혀지고 이

---

13) 모스크바와 카이로의 급격한 접근은 이스라엘뿐만 아니라 미국 및 영국까지도 경악하게 만들었다. 소련과 이집트가 중동을 지배한다면 구미 각국에 대한 석유공급을 차단하고 NATO를 포위할 수 있어 총 한발 쏘지 않고 유럽을 중립화 시킬 수 있었기 때문이었다.

집트가 중공을 승인하자, 이집트가 체코에서 무기를 구입했다는 이유를 들어 이집트에 대한 제재조치를 취했다.[14] 그 결과 1956년 7월 19일, 아스완 하이 댐 건설을 위해 약속한 세계은행차관 2억 달러가 취소되었다.

아스완 하이 댐 건설은 이집트 혁명의 목표와 직결되는 최대의 현안 과제였다. 따라서 나세르와 이집트인들의 분노는 걷잡을 수 없이 증폭되어 세계은행의 조치가 취해진지 1주일도 지나지 않아 폭발했다. 7월 26일, 나세르는 수에즈 운하의 국유화를 선언하고, 운하 통행수입으로 아스완 하이 댐 건설비를 조달할 것이라고 발표했다. 이어서 이스라엘의 유일한 홍해 진출로인 티란 해협을 봉쇄하기 시작했다. 이러한 나세르의 대담한 행동에 아랍세계는 열광적인 환호를 보냈다. 이때가 나세르 생애에서 영광의 극점에 다다른 시기였다.

나세르의 수에즈 운하 국유화 선언은 미국보다도 만국운하회사의 2대 지주라고 할 수 있는 영국과 프랑스에게 큰 타격을 주었다. 그래서 영국과 프랑스는 수에즈 운하를 무력으로 점령할 것을 결정하고, 여기에 이스라엘이 참가하도록 유도하면서 미국의 동의를 얻는 데 진력했다.[15] 한편, 이스라엘은 1956년 7~8월의 위기는 군사적 해결 이외의 방법으로는 타개할 수 없다고 판단해 "카데쉬 작전"이라는 명칭의 군사작전 계획수립에 착수했다. 이럴 때 통보를 받은 영·프의 군사행동계획은 이스라엘이 개전을 결심하는 데 결정적인 계기가 되었다. 이스라엘로서는 천재일우의 기회였다.[16]

8월 16일, 수에즈 운하 문제를 토의하기 위한 제1차 운하이용국 회의가 열렸다. 나세르는 이를 제국주의의 음모라고 비난했다. 그래서 초청된 22개국 중 18개국이 '수에즈 운하의 국제관리안'에 찬성했지만 나세르는 이를 단호히 거부했다. 영국과 프랑스는 비 이집

---

14) 미국은 아스완 하이 댐 건설자금을 지원하는 데 몇 가지 조건을 달았다. 그것은 바그다드 조약에 이집트가 참여하고, 공산국가들로부터 무기구입이나 군사제휴를 금지하며, 그 대신 친미노선을 확약하는 것이었다. 그런데 나세르는 이에 강력히 반발하여 체코로부터 공식적으로 무기를 구입하고, 바그다드조약에 대하여 맹렬하게 비난했을 뿐만 아니라 1956년 3월에는 바그다드조약에 가입할 듯하던 요르단마저 물러서게 만들었다. 이렇게 되자 덜레스는 제재 조치에 나섰고, 때마침 나세르와의 무기판매 흥정에 실패한 프랑스가 이스라엘에게 무기판매를 실시했으며, 미국도 공식적으로 동조했다.

15) 영국 이든 총리는 무력행사도 불사하겠다고 결의했고, 8월 3일, 군부에 대하여 대 이집트 군사작전계획을 수립할 것을 명했다. 작전목적은 수에즈 운하지대 점령이었다. 프랑스도 계획수립에 동참하기 위해 연락장교를 런던에 파견했다.

16) 이집트군의 군사력 증강, 이집트·시리아·요르단 간의 군사협약, 아랍 게릴라 활동의 증가, 아카바 만 봉쇄 등으로 아랍권의 압박을 받던 이스라엘은 이러한 국제상황을 자국문제 해결을 위한 기회로 삼았다.

트인 수로(水路) 안내자를 철수시켜 이집트를 압박했지만 별 성과를 거두지 못했다.

10월 1일, 영국의 이든 총리는 "나세르는 무솔리니와 같은 파시스트이므로 유화정책을 추진하는 것은 무의미하다"는 메시지를 아이젠하워 대통령에게 보냈다. 그러나 아이젠하워는 오히려 영국과 프랑스의 태도를 '신 식민주의'라고 부르면서 미국의 '독자적 역할'을 강조했다. 이러한 미국의 태도에 이집트가 호응했다. 덜레스 미 국무부 장관이 소련인 수로 안내자를 사용하는 데 불만을 표시하자 마무지 파우지 이집트 외무부 장관은 '단지 일시적인 것'이라고 발표했다. 또 나세르는 "아랍국가들에 의한 석유권리의 국유화에는 반대한다"고 말하고, 9월 하순, "미국 석유회사 등에 수에즈 운하의 개발을 위탁한다"는 정책을 발표했다. 이와 같이 미국과 이집트가 장단을 맞추어 나가자 영국과 프랑스는 수에즈 운하 문제를 해결하는 데 미국을 배제하기로 결정했다.

10월 4일, 영국은 최후의 수단으로 수에즈 운하 문제를 UN안보리에 제소했다. 그러나 '수에즈 운하 국제관리안'은 소련의 거부권 행사로 무산되었다. 이제 남은 수단은 군사행동뿐이었다. 영국과 프랑스는 이스라엘을 끌어들여 비밀리에 전쟁 준비를 하기 시작했다.

3. 3개국(영·프·이)의 연합작전계획 수립과정[17]

영국과 프랑스는 왜 이스라엘을 전쟁에 끌어들였을까? 그것은 수에즈 운하를 국유화한 이집트를 공격할 명분을 찾기 위해서였다. 명분 없이 공격할 경우 국제사회로부터 받는 비난은 큰 부담이 된다. 그런데 이스라엘은 이집트와의 국경지대에서 충돌이 빈번하게 발생해 보복공격의 악순환이 반복되어 왔고, 더구나 이집트가 아카바 만을 봉쇄했기 때문에 이를 타개할 목적으로 선제공격을 감행할 수 있는 명분을 갖고 있었다. 이것을 영국과 프랑스가 이용하려고 한 것이다.

그렇다면 무슨 이유로 이스라엘·이집트 전쟁에 영국과 프랑스가 개입할 것일까? 바로 그 이유를 만들어 내기 위해 '서로 사전에 짜고 하는 게임'의 방법을 사용하기로 했다. 즉 이스라엘이 아랍 게릴라 습격에 대한 보복이라는 명분으로 전단을 열면, 영국과 프랑스는

---

17) Moshe Dayan, 「Diary of Sinai Campaign」, (New York: Harper & Row Publishers, 1966), pp.38~64; 田上四郎, 『中東戰爭全史』, (東京 : 原書房, 1981), p.75~76을 주로 참고.

국제수로인 수에즈 운하를 보호한다는 명분으로 즉각 적대행위를 중지하고 수에즈 운하지대에서 쌍방의 군대가 철수하도록 요구한다. 그리고 국제법에 의거 모든 국가의 선박이 안전하게 수에즈 운하를 통과하는 것을 보장하기 위해 영국과 프랑스군이 수에즈 운하지대를 일시적으로 점령하는 것을 수락하라고 이집트에게 최후통첩을 보낸다. 이를 거부할 경우 군사행동에 들어가 수에즈 운하지대를 재점령한다. 이런 계획이었다. 이때 이스라엘은 영국과 프랑스에게 이용당하고, 국제사회로부터 침략자라는 낙인이 찍힐 수 있는 부담이 있지만, 이 기회를 이용하여 자국의 안보에 위협이 되는 이집트 군사력을 파쇄하려고 했다. 결국 수에즈 전쟁은 영국과 프랑스, 그리고 이스라엘이 각자의 목적달성을 위해 서로 이용하고 야합한 비열한 교집합의 행동이었다.

그렇다면 이들 3개국은 어떻게 협력하면서 연합작전계획을 수립했을까? 영국 국방부는 1956년 8월 3일, 이든 총리의 지시를 받고 작전계획을 수립하기 시작했다. 최초 계획에서는 알렉산드리아를 상륙지점으로 선정했는데 이든 총리가 반대했다. 그 이유는 '이 작전은 경찰행동으로서 발동되는 것이므로 수에즈 운하에서 멀리 떨어진 알렉산드리아는 적당하지 않다'고 생각했기 때문이었다. 그 후 상륙지점은 포트 사이드로 변경되었다. 작전은 9월 6일 개시하기로 결정했고, 연합작전을 위한 지휘기구도 편성했다. 최고사령관은 영국의 찰스 게이트레이 장군, 부사령관은 프랑스의 피에르 바르죠 제독이 임명되었다. 또 육군사령관은 영국의 스톡웰 장군, 부사령관은 프랑스의 앙드레 보프르 장군이 임명되었다.

최종적으로 결정된 작전계획은 3단계로 구성되었다. 제1단계 작전은 이집트 공군을 격멸하는 것이고, 제2단계 작전은 상륙부대가 해상에 대기하는 동안 항공작전을 계속해 이집트군을 타격함으로써 그들의 전의를 분쇄하는 것이었으며, 마지막 제3단계 작전은 9월 14일, 수에즈 운하 북단에 상륙하여 운하지대를 점령한다는 계획이었다. 그런데 작전이 갑자기 연기되었다. 그 이유는 이스라엘군이 계획한 시나이 작전계획과 조정이 불가능했기 때문이었다.

이스라엘은 다얀 참모총장이 9월 말, 파리를 방문하여 작전계획을 협의했다. 그 결과 개전 일을 10월 20일로 하는 것으로 결정했는데 며칠 후 또 변경되었다. 결국 이스라엘의 개전 일은 10월 29로 하고, 영국군과 프랑스군은 10월 30일로 하는 것으로 최종결정을 보았다. 영국군과 프랑스군의 상륙은 11월 1일로 결정되었다. 그러나 이스라엘의 벤구리온 총리는 영국과 프랑스에 대한 불신감이 가시질 않았다. 특히 최초에 이스라엘이 전단을 열게 하여 국제사회에서 침략자로 낙인찍히게 만들고, 영국과 프랑스는 평화의 수호자로 추앙받게 만드는 것에 대하여 강한 불만을 표출했다. 그러나 다얀 참모총장은 전단을 여는 것은 그다지 중요한 문제라고 생각하지 않았다. 오히려 개전 초기 이스라엘 영공에 대한 방공문제를 걱정했는데, 텔아비브와 예루살렘의 방공을 프랑스 공군이 담당하기로 했고, 그 시기도 영국군 및 프랑스군이 대 이집트 폭격을 개시하기 전부터 책임지기로 했다. 그러나 가장 중요한 문제인 전단을 여는 방법이 결정되지 않았다.

10월 22일, 벤구리온 총리, 다얀 참모총장, 펠레스 국방부 차관이 파리를 방문해 작전의 세부사항을 협의했다.[18] 다얀 참모총장이 제시한 전단을 여는 방법은 이러했다. 즉 이스라엘은 이집트의 습격행동에 대한 보복행동으로서 공정대대를 미틀라 고개에 강하시킨다. 그다음 영국군 및 프랑스군이 예정대로 작전을 개시하면 이스라엘군은 그 작전과 연계하여 본격적인 시나이 작전으로 전이(轉移)한다. 이때 만약 영·프군이 참전하지 않는다면 이스라엘은 미틀라 고개에 강하시킨 공정대대를 철수시키고 단순한 습격행동이었다고 국내외에 해명한다는 것이었다. 프랑스 수뇌부는 그 방안을 승낙하고 텔아비브 및 예루살렘 방공 작전에 필요한 차량과 항공기 60기를 이스라엘에 급송하도록 결정했다. 이러한 협의 사항은 영·프·이 3개국 대표에 의해 조인되었다. 당시 국제정세의 이목은 10월 23일에 시작된 헝가리 폭동으로 동구에 집중되어 있었다.

10월 25일, 이스라엘은 극비리에 부분동원을 하령했다. 다얀 참모총장은 10월 10~11일 밤에 실시했던 요르단에 대한 보복공격을 다시 실시하기 위해 하령하는 것으로 국내외에 인식시키고 싶었다. 또 이날(25일)은 이집트·시리아·요르단 3개국의 군사협정이 성립되었다고 발표한 날이고, 아랍연합군 총사령관 아메르 장군이 요르단과 시리아의 군사령부를 방문하는 중이었다. 아메르 장군은 10월 30일, 카이로로 돌아왔다. 그런데 이때 이스라엘 공정부대가 미틀라 고개에 강하하고 있었다.

---

18) 전게서, 田上四郎, p.76.

▌▌▌▌▌ **제2장** ▌▌▌▌▌
개전 전 양군의 상황

1. 이집트군

가. 전력

이집트군의 병력은 약 10만 명으로서 그 대부분은 육군이었다. 육군은 약 8만 명이었는데, 5개 사단(제1, 2, 3, 4, 8사단)과 수개의 독립여단으로 구성되어 있었다. 주요 장비는 전차 430대, 다수의 병력수송 장갑차와 야포 약 500문이었다. 공군은 6,000~8,000명으로서 작전기 255기를 보유하고 있었고, 그중 MIG-15 전투기 120기가 주력이었다. 그러나 숙련된 조종사와 지상정비요원이 절대 부족하여 실제 가동 기수는 130기 정도였다. 해군은 3,000~4,000명으로서 구축함 4척, 프리킷함 5척, 호위함 2척, 어뢰정 30척을 보유하고 있었다.

정규군 외에 약 10만 명의 국가방위대(National Guard)가 편성되어 있었지만 시나이 반도에 배치되었던 일부를 제외하고는 훈련 및 장비 등, 모든 면에서 수준이 현격하게 떨어져 제대로 전투력을 발휘할 수가 없었다.

나. 방어계획 및 배치

이집트군의 방어 우선순위는 이스라엘군의 공격에 대비한 시나이 반도의 방어가 최우선이었고, 그 다음이 수에즈 운하지대 방어였다. 시나이 반도 방어계획은 팔레스타인 전쟁 경험에 기초하여 수립한 것으로서 시나이 북부에 주력을 배치하고, 중부 및 남부에는 최소한의 경계 병력만 배치하였다.

시나이 북부방어의 핵심부대는 제3보병사단이었다. 제3보병사단은 시나이 북부의 요충인 엘 아리쉬, 라파, 아게일라를 잇는 3각 지대의 방어를 담당했다. 제3보병사단 예하의 제5보병여단(사단 전차대대의 1개 중대 배속)은 좌 일선에서 라파 지역을 방어하는데, 라파에서 편성중인 제8팔레스타인사단의 제87팔레스타인여단도 작전통제하게 되었다. 제6보병여단은 우 일선에서 움 카테프와 아부 아게일라를 방어하면서 쿠세이마에 배치된 1개 국가방위여단을 작전통제 하였다. 제4보병여단의 제11대대는 엘 아리쉬를 방어하고 나머지 제12대대와 배속된 사단 전차대대 2개 중대는 사단 예비전력으로 엘 아리쉬 일대에 위치시켰다. 제3보병사단이 배치된 지역은 시나이 방어의 관문이었다. 이곳이 돌파되면 시나이 반도의 주요 통로 3곳(북부 : 해안도로, 중부 : 기디 고개, 남부 : 미틀라 고개)을 통하여 수에즈 운하로 곧장 돌진할 수 있었다. 이러한 중요성에 비해 기동성 있는 예비전력이 너무 부족했다.

제8팔레스타인사단이 배치된 가자 지구는 해안도로를 따라 돌출되어 방어하기에 불리했다. 그렇다고 인구가 밀집된 해안 도시들을 포기할 수가 없어 국경선을 연해 선(線) 방어 개념으로 부대를 배치하였다. 제8팔레스타인사단이 통제하는 제26국가방위여단이 가자시(市)를 포함해 북부지역을 방어하고, 제86팔레스타인여단이 가자 남부의 칸 유니스와 그 주변 지역 방어를 책임지고 있었다. 제87팔레스타인여단은 라파 지역에서 편성하여 훈련 중이었는데, 제3보병사단의 작전통제를 받아 라파 지역 방어를 증원할 예정이었다. 이처럼 제8팔레스타인사단은 2개 여단을 갖고 불리한 지형에서 방어를 할 수밖에 없는 실정이었다. 특히 사단이 운용할 수 있는 예비전력이 부족한 것이 치명적인 약점이었다.

시나이 중부 및 남부의 방어부대는 제2차량화경비대대와 국가방위대대 뿐이었다. 제2차량화경비대대(3개 중대 편성)의 A중대가 시나이 중부국경선(쿠세이마~쿤틸라) 일대를, B중대가 시나이 남부국경선(쿤틸라~나키브) 일대를 차장하였고, 대대(-2)는 나클에 위치해 있으면서 타마드에 배치된 국가방위대대를 통제하였다. 이는 국경선에서 이스라엘군의 공격을 조기에 경고하고, 시나이 반도 남부통로인 미틀라 고개로 이어지는 주요 도로 교차점을 통제하기 위한 배치였는데, 광범위한 지역에 비해 전력이 너무 부족했다.

시나이 반도 방어부대는 이스마일리아에 위치한 동부군 사령부의 지휘를 받았다. 동부군 사령부는 예비로 제4기갑사단 소속의 제1기갑여단을 보유했는데, 수에즈 운하 동안에 위치시켜 유사시 기디 고개와 미틀라 고개의 저지진지를 점령하도록 계획했다. 시나이 반

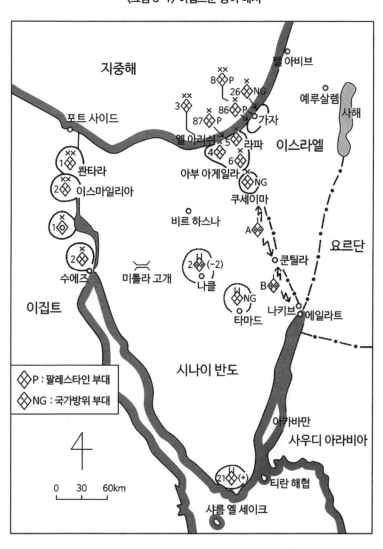

〈그림 3-1〉 이집트군 방어 배치

도 최남단의 샤름 엘 세이크에는 제21보병대대가 배치되어 요새를 수비하고 있었고, 티란 해협 입구인 라스 나스라니에는 국가방위대대가 배지되어 있었는데, 이들 부대는 카이로의 총사령부 지휘를 받았다.

이집트군의 두 번째 방어 우선순위는 수에즈 운하였다. 이에 따라 제1보병사단을 운하 북부 칸타라에 배치하여 운하 북부지대를 방어하고 의명 시나이 북부 해안도로를 따라 공격해 오는 이스라엘군을 저지시키도록 했다. 제2보병사단은 운하 중앙 이스마일리아에 배치하여 운하 중부지대를 방어하고, 의명 기디 고개 돌파에 대비하도록 했다. 그리고 제4기갑사단 소속의 제2보병여단을 수에즈 일대에 배치하여 운하 남부지대를 방어하고, 의명 미틀라 고개 돌파에 대비하도록 계획했다.

이집트군 총사령부의 예비는 제4기갑사단(-2)으로서 수에즈 운하 서안에 위치해 있었다. 이와 같은 이집트군의 방어계획 및 배치를 분석해 보면 시나이 반도와 수에즈 운하 두 곳을 동시에 방어하기 위해 전력을 양분했기 때문에, 어느 곳에도 전력의 집중이 이루어지지 않았다. 특히 주전장인 시나이 반도에는 전력이 너무 부족해 조기 돌파될 가능성이 높았다. 이러한 상황에서 이집트군 방어태세의 근본적인 문제점은 그들 전투방식 그 자체에 있었다. 이집트군의 수준과 능력으로는 기동방어를 실시할 수 없었고, 결국 지역방어 방식의 전투를 수행할 수밖에 없었는데, 이를 위해 주요 통로 상에 대대단위 거점을 축차적으로 편성하고 다수의 전차를 호 속에 배치하여 고정전차 형태로 운용하였다. 이러한 방어계획과 전투방식은 전력의 집중 및 절약이 곤란하고 융통성이 결여되어 결국 이스라엘군에게 각개 격파 당하는 원인이 되었다.

이에 부가하여 이집트 수뇌부의 방심이 방어에 큰 영향을 미쳤다. 수에즈 운하 국유화 선언 직후만 해도 나세르는 군사적 위협을 실감하고 있었다. 그러나 그 후 8월 26일, 런던 회담에서 '수에즈 운하 국제관리안'이 가결되었지만 나세르가 이를 거부했을 때 미국은 '분쟁이 평화적으로 해결되기 바란다'며 지극히 미온적인 태도를 보였다. 또 10월 5일, UN안보리에서도 '분쟁이 생길 때는 중재에 의한다'는 식의 결의로 어물쩍 결말지어지자 나세르는 침략의 위협이 10%로 감소되었다고 오판했다.[19] 이러한 상황이 방심을 불러 온 것이다.

---

19) 전게서, Moshe Dayan, pp.73~74.

2. 이스라엘군

가. 전력

이스라엘군은 1955년까지만 해도 사막의 주전투 장비라고 할 수 있는 전차의 보유 수가 총 200여 대에 불과했다. 그러다가 1956년부터 프랑스에서 약간의 무기를 구입하기 시작했는데, 10월에 영·프군의 군사개입이 확정되자 대량의 무기 및 장비를 획득할 수 있어 개전 직전의 이스라엘군 전력은 상당히 증강됐다.

개전 직전, 이스라엘군은 약 5만 5,000명의 상비군과 즉각 동원 가능한 예비역 약 10만 명을 보유하고 있었다. 그리고 10만여 명의 향토방위요원 및 전투 가능한 국경지역 정착민이 있었다. 육군은 평시 4만 5,000명의 현역이 필요시 즉각 16개 여단을 추가 편성할 수 있도록 준비하고 있다가 완전 동원이 되면 3개 기갑여단과 3개 공정여단을 포함한 총 26개 여단으로 확장된다. 주요 장비는 전차 400대(경전차 100대 포함), 반궤도형 병력수송 장갑차량 450대, 야포 150문을 보유하고 있었다. 공군은 5,000~6,000명으로서 미스테르 제트전투기 60대를 포함하여 작전기 155기를 보유하고 있었고, 해군은 불과 2,000~3,000명의 병력으로 구축함 2척, 경비함 9척을 장비하고 있었다.

나. 작전계획

이스라엘은 이미 1955년 10월부터 이집트가 선포한 아카바 만(灣) 봉쇄를 무력으로 타개할 결심을 굳히고 있었지만 실제로 유효한 작전계획을 수립한 것은 나세르가 수에즈 운하 국유화를 선포하고 나서 얼마 지나지 않은 1956년 8월부터였다. "카데쉬(Kadesh) 작전"이라고 이름 붙여진 이집트 공격작전의 목적은 시나이 반도를 석권하여 이집트군을 격멸하고, 티란 해협의 봉쇄를 타개하며, 동시에 가자 지구의 테러기지를 파괴하는 것이었다.[20] 이와 같은 작전 목적을 달성하기 위한 계획수립 시, 다얀 참모총장은 몇 가지 지침을 하달하였다.

---

20) 전게서, 田上四郎, p.78.

첫째, 대 이집트 전쟁이므로 시리아와 요르단에 대해서는 전략적 수세를 취함으로써 전력을 이집트 전선에 집중한다.

둘째, 영·프군의 전력을 최대한 활용하되 그들의 앞잡이로 매도되지 않고 이스라엘의 정당한 전쟁 명분이 잘 드러날 수 있도록 계획을 수립한다.[21]

셋째, 기습을 달성할 수 있도록 한다.

넷째, 단기전이 될 수 있도록 속도를 중시한 속전속결을 추구한다.

이와 같은 지침을 고려하여 작성한 최초 계획은 시나이 반도의 이집트군 방어 요충에 결정적 타격을 가하여 단시간 내 전쟁을 종결하는 것이었다. 즉 D일은 10월 초순경으로 설정하고, 공군이 먼저 이집트군 비행장을 선제 타격하며, 이와 동시에 이집트군 주력이 배치된 시나이 북부 전략요충의 하나인 엘 아리쉬에 제202공정여단을 강하시켜 병참선을 차단한다. 그리고 전면적인 공격을 감행하여 시나이 반도를 점령함으로써 일거에 전세를 결정짓겠다는 야심찬 계획이었다. 그러나 이 계획은 작전초기부터 격렬한 전투가 예상될 뿐만 아니라 이집트 공군의 반격으로 이스라엘도 상당한 피해를 입을 것으로 예상되었다. 그래서 영·프군의 전력을 최대한 활용하여 보다 적은 희생으로 최대의 효과를 얻을 수 있도록 계획을 수정 및 보완하였다.

우선 영·프와 협의한 결과 제공권은 영·프군이 확보하고, 특히 이스라엘 영공의 방공은 프랑스 공군이 담당하기로 했고, 이스라엘 공군은 주로 자군의 지상작전 지원과 아카바 만 정면의 작전을 담당하기로 했다. 그리고 작전계획을 보완하여 10월 25일에 하달한 내용은 다음과 같다.

작전은 3단계로 구분했다. 제1단계는 D~D＋1일(10월 29일 17:00시~30일 주간), 제2단계는 D＋1~D＋2일(30일 야간~31일 주간), 제3단계는 D＋2일 이후(31일 야간부터)였다. 이 시간계획은 영·프군의 개입시간과 연계되어 있었다. 제1단계 작전은 10월 29일 17:00시, 제202공정여단의 1개 대대가 시나이 반도 전략요충의 하나인 미틀라 고개 일대에 강하하여 이를 점령한다. 이때 제202공정여단(-1)은 시나이 남부국경선에서 남부축선의 도로를 따라

---

21) 이스라엘이 내건 선제공격의 명분은 아랍게릴라들의 습격에 대한 보복과 티란 해협의 봉쇄를 타개하는 것이었다. 그러나 이면의 실제 속셈은 영·프군이 참전하는 기회를 이용하여 이집트 군사력을 완전히 파괴시킴으로서 안보위협을 사전에 제거하는 예방전쟁의 성격이 강했다.

전진하여 10월 30일까지 미틀라 고개에 강하한 대대와 연결한다.[20] 그리고 1개 여단이 최남단의 나키브를 점령하고, 또 다른 1개 여단이 중부국경선의 관문 중 하나인 쿠세이마로 통하는 진입로를 개방하여 제2단계 작전의 발판을 마련하는 것이다. 이때 공군과 해군은 자국의 영공과 해안을 방호한다. 이처럼 수세적인 공군 운용은 이스라엘군의 초기 공격이 단순 보복행동에 불과하다는 것으로 기만하기 위해서였다.

제2단계 작전은 10월 30일 야간부터 31일 주간까지로서 중부국경선에 인접해 있는 쿠세이마를 점령하여 돌파구를 형성해 놓고, 최남단 나키브를 점령한 여단이 샤름 엘 세이크를 점령하기 위해 험난한 아카바 만 연안도로를 따라 전진하는 것 이외의 다른 공격행동은 아직 실시하지 않는 것이다. 이와 같은 소극적인 행동은 아카바 및 봉쇄를 타개하기 위한 한정된 군사작전이라는 인상을 주기 위한 기만책이며 동시에 차후 본격적인 시나이 반도 점령 작전의 준비단계였다. 이 정도의 전쟁상태를 조성해 놓으면 영·프군이 개입할 명분이 조성될 것으로 판단했다. 즉 영·프는 "이집트·이스라엘 간의 분쟁을 종식시키고, 국제수로인 수에즈 운하의 안전을 확보하기 위해서"라는 명분을 내걸고, 분쟁 쌍방에게 수에즈 운하로부터 각각 10마일씩 물러설 것을 통고하면서 10월 31일에는 직접 병력을 투입하기로 약속되어 있었다.

제3단계 작전은 10월 31일, 영·프군이 투입되고 나면 시나이 반도의 이집트군은 철수하거나 그렇지 않으면 전의가 저하될 것이므로, 10월 31일 밤에 이스라엘군은 전면적인 공격을 개시하여 수에즈 운하 동측 10마일 이동(以東)의 시나이 반도를 석권하고, 티란 해협을 점령하며, 이와 동시에 가자 지구를 소탕하는 것이었다. 이상과 같은 시나이 점령 작전은 남부사령부 책임 하에 실시하고, 이 작전 기간 동안 중부 및 북부사령부는 최소한의 병력으로 요르단 및 시리아의 공격에 대비하도록 했다.

공군의 작전은 크게 두 단계로 구분되는데, 제1, 2단계 작전까지는 소극적으로 영공방위만 실시하며, 이집트 공군이 이스라엘 영내로 공격해 올 경우에 한해서만 이집트 비행장 공격을 허용했다. 제3단계 작전부터는 지상부대 지원에 중점을 두면서 기타 방공 작전,

---

22) 이스라엘군이 초기단계에서 결전을 회피하고 단순히 미틀라 고개를 점령하는 정도로 제한한 것은 다음과 같은 이유 때문이다. 즉 이집트군의 관심이 집중되지 않은 남부축선상의 전략요충이므로 점령하기 쉽고, 점령한다면 전쟁초기에 이집트군의 퇴로를 차단하는 것이며, 또한 이스라엘군 차후 작전에 발판이 될 수 있다. 뿐만 아니라 영·프군에게 군사개입의 명분을 제공해 줄 수 있다. 그 반면 이집트군에게는 자신들의 행동이 '전면전이 아닌 이미 수없이 반복되어 온 보복행동' 정도로 인식시키려고 한 것이다.

제공작전, 이집트 본토 공격 등을 병행하기로 했다.

해군의 작전은 아카바 만 연안도로를 따라 사름 엘 세이크로 전진하는 지상부대를 엄호하고, 군수보급지원을 실시하는 것이 핵심이었다. 지중해에서의 작전은 영·프군이 담당하도록 되어 있었다.

다. 기습달성을 위한 노력

전승을 위해서는 기습달성이 무엇보다 중요했다. 특히 기습달성을 위해서는 개전 의도를 노출시키지 말아야 했다. 개전 의도를 노출시키지 않기 위한 가장 중요한 방책 중 하나는 예비군 동원을 기만시키는 것이었다. 그래서 이스라엘군은 예비군 동원을 최대한 늦추었다. 그렇다고 너무 늦추면 전투준비 시간이 부족하므로 오랜 숙의 끝에 장교는 D-수 일전, 전차병은 D-3일, 나머지 전 병력은 D-2일에 동원하기로 결정하였다.

이스라엘은 이처럼 개전 의도를 은폐시키기 위해 노력하는 한편, 그들의 행동을 의심하고 개전 의도를 추측하는 사람들을 기만하기 위해서 마치 요르단을 공격하는 것처럼 보이도록 애썼다. 그렇게 함으로써 이집트에 대한 기습을 보장 받으려고 했다. 마침 이라크군이 요르단에 진주하자[23] 벤구리온 총리는 그것이 이스라엘에 대한 중대한 위협이므로 가만히 있을 수 없다고 공식성명을 발표하였다. 그런데 이 무렵 이와 같은 이스라엘의 행동이 마치 사실인 것처럼 보이게 만드는 일련의 사태가 발생하였다. 그 중 결정적인 것이 요르단의 팔레스타인 게릴라들의 테러에 대해 9월 26일과 10월 12일, 두 번에 걸친 보복 공격이었다. 특히 10월 12일의 보복공격은 사상 최대 규모였기 때문에 이스라엘과 요르단의 관계를 일촉즉발의 위기로 몰아넣었다. 그뿐만 아니라 10월 21일, 요르단의 총선거에서 친 나세르파가 승리하자 요르단과 이집트 간에 군사협정이 조인되었고, 이에 따라 요르단군도 아랍연합군사령관의 지휘를 받게 되었다. 이렇게 되자 이스라엘의 요르단 침공은 충분히 가능성이 있는 것처럼 보였다. 이스라엘도 이와 같은 기만작전이 성공할 수 있도록 시나이 전선에 맨 처음 투입될 부대까지도 요르단 국경 근처에 있는 집결지에 계속 남아 있다가 개전 직전에서야 떠났다.

---

23) 이라크군 선발대가 1956년 10월 14일, 요르단에 진입하였다.

결국 이스라엘의 기만작전은 성공을 거두었다. 아랍연합군사령관 아메르 장군은 10월 26일부터 요르단 및 시리아군 사령부를 방문하고 10월 30일, 카이로로 돌아왔다.

라. 개전 전야

이스라엘군은 10월 28일 저녁, 18개 여단의 동원을 완료했다. 그 중 10개 여단이 남부 사령부에 배속되었다. 남부사령부는 4개 TF를 편성해 4개 축선을 담당시켰다. 북부 해안

〈그림 3-2〉 개전 직전 이스라엘군의 전개 상황

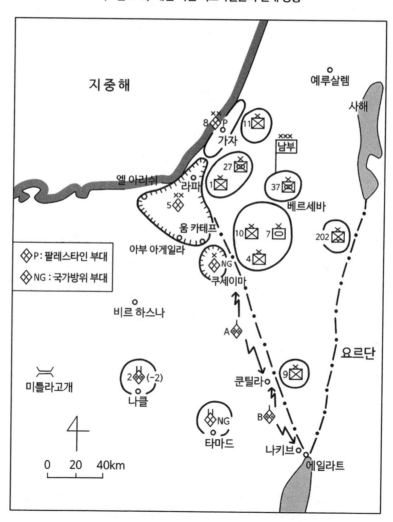

도로 축선은 라스코프 준장이 지휘하는 북부TF(우그다[24] 77: 제1보병여단, 제11보병여단, 제27기계화여단)가, 중부축선은 워라파 대령이 지휘하는 중앙TF(우그다 38 : 제4보병여단, 제10보병여단, 제7기갑여단)가, 남부축선은 샤론 대령이 지휘하는 제202공정여단TF가, 샤름 엘 세이크 정면은 요페 대령이 지휘하는 제9보병여단TF가 각각 담당했다. 제12보병여단과 제37기계화여단은 사령부 예비이며, 의명 제37기계화여단은 중앙TF에 우선적으로 투입하기로 했다.

  그러나 문제는 이스라엘군의 단독 작전이 아니고 영·프군과의 연합작전이라는 점이었다. 최초로 전단을 여는 것은 이스라엘군이다. 벤구리온 총리와 다얀 참모총장이 염려하는 것은 이스라엘군이 전단을 열어도 영·프군이 약속한대로 개입을 '할 것인가, 안 할 것인가'였다. 그래서 지상부대의 전투가입에 신중을 기하려고 했다. 즉 영·프군의 동향을 주시하면서 제일 먼저 10월 29일 저녁에 제202공정여단의 1개 대대를 미틀라 고개에 강하시킴과 동시에 공정여단(-1)과 제9보병여단이 시나이 남부국경선에 진입함으로써 전단을 연다. 그리고 10월 30일 여명까지 중앙TF(우그다 38)의 제4보병여단이 시나이 중부국경선 부근의 쿠세이마를 점령하여 전단을 확대시키지만 제10보병여단의 투입은 10월 30일 야간까지 늦춘다. 개전 48시간 후에 영·프군이 참전하면 제7기갑여단을 투입시켜 중부축선상에서 돌진시킨다. 북부 해안도로 축선을 담당하는 북부TF(우그다 77)는 10월 31일 저녁까지 대기하도록 했다.

  이렇듯 이스라엘군에게는 개전 후 48시간이 전쟁지도 및 작전지휘에 있어서 대단히 중요한 시간이었다. 48시간 동안 이집트군과 영·프군, 국제여론의 동향을 주시하면서, 그중에서도 특히 영·프군의 참전 동향을 확인해야만 본격적인 시나이 작전을 진행할 수가 있다. 그래서 벤구리온 총리와 다얀 참모총장은 초조한 마음으로 개전 전야를 보내고 있었다. 이런 모습을 통하여 소국이 대국과 연합해서 작전을 실시하는 경우, 내재된 제반문제의 한 단면을 엿볼 수 있다.

---

24) 이스라엘군의 평시 최상위 편성부대는 여단이다. 그래서 전시에는 필요에 따라 수개 여단을 묶어 임시로 사단급 규모의 임무부대를 편합(編合) 하는데, 이를 '우그다(Ugdah)'라고 부른다.

▌▌▌▌▌ **제3장** ▌▌▌▌▌
전단을 여는 이스라엘군(제1단계 작전)

1. 시나이 침공

가. 공정부대의 미틀라 고개 강하

10월 29일 16:20분, 이스라엘 공군의 수송기 16기가 4개 편대로 나누어 시나이 반도의 국경선을 통과했다. 수송기에는 에이탄 중령이 지휘하는 제202공정여단 예하의 1개 대대 395명이 타고 있었다. 이스라엘군 수뇌부는 이 수송기 편대가 이집트군에게 발견되어 이집트 공군기의 요격을 받거나 지상군의 대공포화에 격추되지 않을까 하는 불안감에 휩싸여 있었다. 특히 미틀라 고개에서 서쪽으로 약 70km 떨어져 있는 이집트군의 카브리트 비행장이 위협적인 존재였다. 그래서 10기의 전투기가 수송기 편대를 호위하였고, 12기의 전투기가 수에즈 상공을 비행하며 이집트 공군의 습격에 대비하였다.

수송기 편대는 이집트군의 레이더를 회피하기 위해 약 150m 높이의 저고도로 비행을 하다가 강하지점인 '파커 기념비'[25] 상공에 도달하자 고도를 450m로 높였다. 공정병을 낙하산으로 투하시키기 위해서였다. 16:59분부터 강하가 시작되었다. 조종사의 단순한 실

---

25) 작전계획상의 강하지점은 미틀라 고개였는데, 개전 직전인 10월 28일, 확인된 항공사진에 의하면 미틀라 고개에는 이미 이집트군의 방어시설이 구축되어 있는 것처럼 보였기 때문에 급히 강하지점을 '파커 기념비' 일대로 수정하였다. 그곳은 미틀라 고개 동쪽 수km 지점에 있는 3차로로서 1910~1923년까지 영국의 시나이 총독으로 있던 파커 대령의 기념비가 있었다.

수로 인해 계획된 강하지점보다 약 5km정도 벗어나 투하한 것과 착지 중 13명의 경상자가 발생한 것을 제외하고는 성공적인 강하였다. 이집트군도 전혀 눈치를 채지 못했다.

강화를 완료한 공정대원들은 19:30분까지 파커 기념비 일대에 집결을 완료한 후, 그 일대에서 사주방어에 들어갔다. 21:00시, 프랑스 공군기 6기가 날아와서 지프 8대, 106밀리 무반동총 4정, 120밀리 박격포 2문 및 탄약, 식수, 의약품 등을 투하하였다.[26] 이로서 공정대대는 공두보 내에서 기본적인 대전차 방어능력을 갖추게 되었고, 최소한 곡사화력도 운용할 수 있게 되었다.

나. 지상기동부대의 전진

파커 기념비 일대에 강하한 공정대대와 연결하는 임무를 부여 받은 제202공정여단(-1)은 요르단을 공격할 의도가 있는 것처럼 기만하기 위해 개전 직전까지 요르단과의 국경선에 인접해 있는 아인 후스브 기지에 주둔해 있었다. 동 여단은 미틀라 고개 인근에 강하한 대대와 24~36시간 이내에 연결하도록 계획되어 있었다. 그래서 여단장 샤론 대령은 2개 공정대대, 2개 나할중대, 전차 1개 중대를 중심으로 구성된 약 3,000명의 병력을 지휘하여 10월 29일 07:00시, 주둔지를 출발했다. 주둔지에서 시나이 남부국경선까지는 100km가 넘었고, 국경선에서 미틀라 고개까지는 200km나 되는 원거리 여정이었다.

국경선으로의 이동은 출발 초기부터 고난의 연속이었다. 여단은 원래 반궤도형 장갑트럭 153대를 지원받기로 계획되었다가 90대로 감소 조정되었다. 그런데 정작 작전이 개시되었을 때까지 도착한 차량은 겨우 46대에 불과했다. 이는 장비 및 필요한 물자를 1회에 동시수송이 불가능하다는 것을 의미했다. 결국 물자수송을 최소화할 수밖에 없었다. 문제점은 그뿐만이 아니었다. 노후된 차량이 많았는데 수리부속과 정비용 공구는 턱 없이 부족했다.[27] 더구나 이동로는 전혀 정비되어 있지 않아 조악하기 이를 데 없었다. 결국 이동도중에 많은 차량이 고장 났고, 이를 유기한 채 이동할 수밖에 없었다. 이러한 고난 끝에 주둔지를 출발한지 9시간만인 10월 29일 16:00시에 시나이 남부국경선에 도착했다. 출발 시 13대였던 전차도 고장이 속출하여 국경선에 도착한 것은 7대에 불과했다.

---

26) 상게서, p.79.
27) 전게서, Moshe Dayan, p.83.

샤론 대령은 한시라도 빨리 미틀라 고개 인근에 강하한 공정대대와 연결하려고 10월 29일 16:00시, 여단의 선두부대가 국경선에 도착하자마자 그대로 국경선을 넘어서 쿤틸라에 돌입했다. 쿤틸라에는 국경을 감시하는 1개 소대규모의 이집트군 차량화보병이 있었는데, 그들은 이스라엘군이 밀고 들어오자 황급히 도주해 버렸다. 그래서 어떤 접적 상황도 없이 쿤틸라를 통과한 후, 타마드를 향해 계속 전진했다.

10월 30일 03:00시, 제202공정여단의 정찰대가 타마드에 진출했다. 타마드에는 중기관총 및 무반동총을 보유한 이집트 국가방위대대가 방어를 하고 있었다. 그들은 지형을 잘 활용하여 방어진지를 편성했고, 지뢰 및 철조망 등 각종 장애물을 설치해 놓았기 때문에 도로를 제외하고는 접근이 곤란하였다.

제202공정여단은 10월 30일 06:00시, 타마드의 이집트군 진지에 대하여 공격을 개시했다. 먼저 맹렬한 박격포 사격을 실시하고 이어서 연막차장을 한 다음, 반궤도형 장갑트럭에 탑승한 보병이 전차 2대의 엄호사격을 받으며 이집트군 진지를 향해 돌진하였다. 때

〈그림 3-3〉 이스라엘군의 공정강하와 연결 작전(1956.10.29~30)

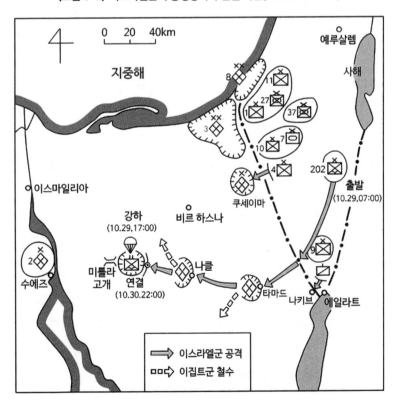

마침 떠오르는 태양을 등지고 공격한 덕분에 이집트군은 눈이 부실뿐만 아니라 연막과 반궤도 차량이 일으키는 먼지 때문에 제대로 사격을 할 수가 없었나. 그래도 전투는 1시간 30분이나 계속되었다. 그러나 전력 면에서 열세한 이집트 국가방위대대는 더 이상 지탱할 수가 없어 전사자 50명과 다수의 부상자를 남기고 도주하였다. 이스라엘군은 4명이 전사하고 6명이 부상했다.

타마다 전투가 끝난 후 08:00시경, 이스라엘 공군이 연료, 수리부속, 보급품 등을 공중투하했다. 재보급을 받아 정비를 완료한 제202공정여단은 10월 30일 13:00시, 다시 전진을 개시하여 17:00시에는 나클에 도착했다. 나클은 이집트군 제2차량화경비대대(-2)가 방어하고 있었는데, 제202공정여단은 선두의 2개 중대가 전차 2대 및 박격포의 사격지원을 받으며 공격을 실시해 불과 20여분 만에 나클을 점령했다. 이집트군은 56명의 전사자와 다수의 부상자를 남겨둔 채 도주하였다.

샤론 대령은 제3공정대대를 나클에 남겨놓고 여단 주력은 미틀라 고개를 향해 계속 전진시켰다. 그리하여 10월 30일 22:30분, 여단의 선발대가 파커 기념비에 도착하여 에이탄 중령의 공정대대와 연결했다. 주둔지를 출발한지 39시간 30분만이었고, 국경선을 돌파한 후 30시간 30분만이었다. 그러나 여단의 차량 중 2/3이상이 고장으로 전진로 상에 버려져 있었다. 이것이 계획했던 시간보다 늦어진 이유가 무엇인가를 증명해 주고 있었다. 연결 작전에 성공한 제202공정여단은 공정보를 강화하는 한편, 남부축선을 확보하면서 유기한 차량을 견인 및 구난, 정비하는 등 전력을 회복하기 위한 노력을 계속하였다.

한편, 제9보병여단은 샤름 엘 세이크로 진격할 준비를 하고 있었다. 샤름 엘 세이크로 진격하기 위해서는 시나이 남단 국경선 부근의 나키브를 확보하는 것이 필수 과제였다. 나키브에는 이집트군 제2차량화경비대대 예하의 약 2개 분대가 경계임무를 수행하고 있을 뿐이었다. 나키브 점령 임무는 에일라트 지역사령부에 부여되었다. 에일라트 지역사령부는 제9보병여단으로부터 약 1개 대대를 지원 받아 나키브 공격에 나섰다. 10월 29일 해질녘, 먼저 수색중대가 우회로를 따라 전진하여 나키브에 접근했다. 수색중대는 나키브 주변의 교차로를 점령하고 진격로 일대에 매설한 지뢰를 제거하기 시작했다. 21:00시, 지뢰제거 작업이 완료되자 공격부대는 지체 없이 나키브로 돌진해 들어갔다. 소수의 이집트군은 아무런 저항도 하지 못했다. 나키브는 무혈점령 되었다. 이제 제1단계 작전에서 마지막 남은 것은 시나이 중부의 쿠세이마 점령뿐이었다.

2. 이집트군의 응전[28]

카이로의 이집트군 총사령부가 이스라엘군의 공격을 인지한 것은 10월 29일 19:00시였다. 시나이 남부국경선 부근의 쿤틸라에서 감시 임무를 수행하던 차량화소대의 보고를 받고서였다. 20:00시, 나세르 대통령은 '아메르 동부군사령관이 수에즈 운하 서안에 배치되어 있던 제2보병여단 예하 제5, 6보병대대에게 미틀라 고개에 강하한 이스라엘군 공정부대를 공격하도록 했다'는 보고를 받았다. 그리고 21:00시, 이스라엘 방송을 통해 이스라엘군이 쿤틸라의 게릴라 기지를 공격했다는 것을 알았다. 이때 제5보병대대는 수에즈 운하를 도하하고 있었다.

23:00시, 이집트군 총사령부는 전반적인 상황을 파악하고 있었으며, 사전에 계획했던 '이스라엘군의 시나이 진공 시 반격계획'을 실시하라는 명령을 하달했다. 이 반격계획은 전방에 배치된 부대는 최대한 이스라엘군의 진공을 지연시키고, 그사이 군 주력(예비)을 신속히 비르 기프가파와 비르 타마다 주변에 집결시킨 다음, 아부 아게일라 방향으로 좌회전하여 포위작전을 전개한다는 것이었다. 공격 개시 시기는 11월 2~3일로 예정하였다. 이를 위해 아메르 사령관은 수에즈 운하 서안에 있는 제4기갑사단과 2개의 국가방위여단에 도하 명령을 하달했다.

한편, 미틀라 강하부대에 대한 이집트군의 대응은 어땠을까? 이스라엘군의 공정강하는 이집트군에게 발각되지 않고 성공했지만 10월 29일 저녁, 3대의 이집트군 차량이 미틀라 고개 동쪽의 이스라엘군 공정보에 접근해 왔다. 이스라엘군 강하부대는 매복공격으로 차량 1대를 파괴했는데, 나머지 1대는 나클로 반전했고, 또 다른 1대는 엘 샤트로 복귀하여 미틀라 강하부대 상황을 보고했다. 아메르 동부군사령관은 이 보고에 기초하여 29일 20:00시 전에 미틀라 고개에 강하한 이스라엘군 공정부대를 공격하라고 명령했다.

10월 30일 09:00시 조금 지난 시간에 이집트군 제2보병여단 예하 제5보병대대의 선두부대가 미틀라 고개를 넘어 동진 중이었다. 이스라엘군 공정대대장 에이탄 중령은 이집트군 제5보병대대의 종대에 대하여 박격포 사격을 실시하라고 명령한 후, 긴급히 근접항공지원을 요청했다. 그때 이집트군의 MIG전투기 4기가 날아와 공정대대를 공격했다. 이집

---

28) 전게서, 田上四郎, pp.80~82를 주로 참고.

트군 제5보병대대도 공두보의 간격으로 공격해 왔다. 1시간에 걸쳐 전투가 전개되었지만 쌍방 모두 결정적 성과를 거두지 못했다. 그러나 이집트군은 미틀라 고개의 동쪽 입구를 확보했다.

12:00시경, 이스라엘 공군기가 미틀라 상공에 나타났다. 에이탄 중령은 공군기의 폭격을 용이하게 하고 우군 피해를 방지하기 위해 공격중인 부대를 후퇴시켰다. 이스라엘 공군기는 이집트군 제5보병대대 진지에 폭격을 가한 후, 수에즈 운하를 도하중인 제5보병대대의 후발대와 제6보병대대까지 공격하였다. 이집트군은 대공화기로 응전했지만 성과를 거두지 못했다. 이스라엘 공군기는 계속해서 미틀라 고개 서쪽에서 올라오는 이집트군 종대에도 파상공격을 가했다. 파괴된 차량이 불타오르는 것이 이날 저녁때도 보일 정도였다.

3. 중부축선의 조기 진격

가. 쿠세이마 점령[29]

제1단계 작전 시, 중부축선은 돌파 여건을 조성하기 위해 쿠세이마를 점령하도록 계획되어 있었다. 그런 다음 영·프군이 개입하면 제2단계작전을 개시하여 쿠세이마 돌파구를 이용, 시나이 북부 및 중부로 돌진해 들어갈 계획이었다. 쿠세이마에는 이집트 국가방위부대 2개 대대와 1개 수색중대가 방어하고 있었다. 그리고 정규군은 제6보병여단 예하 제17보병대대의 1개 중대가 라스 아부 마타미르 돌출부에 배치되어 있었다.

이스라엘군은 제4보병여단이 쿠세이마를 점령하도록 계획하였으며, 10월 29일 23:00시에 공격을 개시할 예정이었다. 그런데 제4보병여단은 여러 가지 문제 때문에 계획된 시간에 공격을 하지 못했다. 먼저 동원된 지 얼마 되지 않아 작전준비가 불충분했다. 게다가 여단에 할당된 차량이 부족했을 뿐만 아니라 노후화된 것이었다. 또한 여단 집결지에서 국경선까지 약 20㎞의 도로에는 중앙TF(우그다 38)의 예비인 제7기갑여단과 제37기계화여

---

29) 김희상, 『中東戰爭』, (서울: 일신사, 1977), pp.150~151을 주로 참고.

단의 전차 및 중장비가 산재되어 있어 혼잡한 도로 상태를 더욱 악화시키고 있었으며, 노후된 차량은 이동 중 여기저기서 고장이 나서 교통의 흐름을 방해했다. 상황이 이렇다보니 제4보병여단이 이동하는 데 걸리는 시간은 계획보다 훨씬 더 소요되었다. 더구나 수송차량의 부족으로 여단은 각종 보조 장비와 지뢰, 철조망 등은 도로 옆에 놓아둔 채 병력과 경화기만을 반궤도 차량에 싣고 빠져 나올 수밖에 없었다. 탄약도 소요량의 1/3만 보급 받았다. 이렇게 간신히 국경선 근처까지 도착했는데, 이번에는 공격 대기지점으로 안내하던 담당자가 야간인데다가 지리에 익숙하지 못해 부대를 엉뚱한 장소로 이끌고 가는 일도 있었다.

이렇듯 수많은 우여곡절 끝에 제4보병여단은 불충분한 장비로 예정보다 5시간이나 늦은 10월 30일 04:00시에 공격을 개시하였다. 그러나 공격은 너무 쉽게 끝나 버렸다. 훈련 및 장비 등, 모든 면에서 정규군보다 뒤떨어져 있던 이집트 국가방위부대원들은 제대로 저항하지 않고 후퇴하였다. 단지 서부의 라스 아부 마타미르 돌출부에 배치되어 있던 정규군 중대만이 완강하게 저항하였다. 그러나 제4보병여단 수색중대가 증강되어 강력하게 공격하자 그 저항도 끝났다. 이리하여 10월 30일 07:00시까지 중부 시나이의 요충 쿠세이마는 완전히 함락되었다. 제4보병여단은 패주하는 이집트군의 뒤를 쫓아 나할, 비르 하스나, 아부 아게일라 방면으로 정찰대를 파견했다.

이 전투에서 이스라엘군은 전사 4명, 부상 36명의 경미한 피해를 입었는 데 비해 이집트군은 45명이 전사하고 370명이 포로로 잡혔다. 이처럼 포로가 많다는 것은 이집트 국가방위부대는 전투의지가 박약하여 근접전투를 회피하고 도주하거나 또는 항복했다는 것을 증명해 주는 것이다. 그런데 여기서 문제가 생겼다. 원래 이 선에서 제1단계 작전을 종료하고, 이를 아랍 게릴라들의 습격에 대한 이스라엘의 단순한 보복공격으로 인식시킴으로써 이집트가 반격에 나서지 않도록 기만하려고 했다. 그리고 다음 날 영·프군이 개입하면 그때 본격적인 공격을 감행하려고 계획되어 있었다. 그런데 남부사령관 아사후 심호니 준장이 중앙TF(우그다 38)의 가장 강력한 예비대인 제7기갑여단을 조기에 투입하여 공격을 확대함으로서 계획은 근본부터 흔들리게 되었다.

나. 제7기갑여단의 조기 투입[30]

남부사령관 심호니 준장은 정치적인 고려에 의해 제7기갑여단[31]의 투입시기를 제한한 것을 잘 이해하지 못했다. 군사적 관점에서 볼 때 쿠세이마를 조기에 확보한 이 순간이 예비대를 투입하여 돌파구를 확장한 후 종심으로 돌진할 호기였다. 그는 제7기갑여단에게 즉시 제4보병여단을 초월하여 움 카테프 및 움 시한을 공격하라고 명령했다. 그뿐만 아니라 10월 31일 공격 예정인 제10보병여단에 대해서도 즉시 국경선을 넘어 움 카테프를 공격하도록 중앙TF장(長)인 워라파 대령에게 명령했다. 제7기갑여단과 제10보병여단이 움 카테프를 협격한 후 아부 아게일라[32]로 신속히 진격하기 위해서였다.

다얀 참모총장이 이 사실을 알고 10월 30일 11:00시, 헬기를 타고 황급히 쿠세이마로 날아왔다. 그러나 제7기갑여단을 되돌릴 수가 없었다. 이미 이집트 영내 깊숙이 들어가 있었다. 다얀은 제7기갑여단이 쿠세이마를 통과해 아부 마타미르까지 진출한 것을 알고 격노했다. 심호니 장군은 제7기갑여단에게 움 카테프 일대로 전진만 하고 공격은 하지 말라고 지시했다며 변명했지만, 그는 이 시점이 움 카테프의 이집트군을 측방에서 공격할 호기로 보고 있는 것이 분명했다. 그렇지만 움 카테프는 쉽게 점령되지 않았다. 이집트군 제6보병여단이 견고한 진지를 구축해 놓고 완강하게 저항하고 있었기 때문이다.

10월 30일 12:30분, 제7기갑여단의 셔먼전차대대가 움 카테프 남쪽 600m까지 접근했을 때 이집트군 대전차포가 불을 뿜었다. 선두에서 공격하던 전차 1대가 파괴되고 중대장이 부상당했으며, 후속하던 반궤도 차량도 파괴되면서 포병관측장교가 전사했다. 그 후 3차례 걸쳐 공격을 반복했지만 모두 격퇴 당했다.

제7기갑여단장 벤아리 대령은 움 카테프 정면의 공격을 단념하고, 다이카 고개 정면에서 공격을 시도하려고 정찰대를 파견했다. 이제 와서 공격을 중지하거나 부대를 되돌릴 수는 없었다. 남은 길은 당면한 상황을 최대한 유리하게 전개시킬 수 있도록 노력하는 것

---

30) 상게서, pp.151~152; 전게서, Moshe Dayan, p.93; 전게서, 田上四郎, pp.84~87을 주로 참고.

31) 제7기갑여단은 셔먼 전차 1개 대대, AMX 경전차 1개 대대, 1개 반궤도차량화보병대대, 1개 기계화보병대대, 1개 야전포대로 구성되었다.

32) 아부 아게일라는 시나이 북부에서 이집트군 방어조직의 요충이었다. 아부 아게일라를 확보하면 북부 해안도로, 중북부 카타미아 고개, 중남부 기디 고개, 남부 미틀라 고개로 향하는 축선으로 돌진할 수 있었다. 그래서 이스라엘군 참모본부는 아부 아게일라의 타통(打通)에 중점을 지향했다.

밖에 없었다. 다이카 고개 정면에 진출한 정찰대의 보고를 받은 벤아리 대령은 그 정면에서 움 카테프 후방인 아부 아게일라를 공격하는 것이 가능하다고 판단했다. 중앙TF장 워라파 대령과 다얀 참모총장도 그 판단에 동의를 하고 제7기갑여단에게 '아부 아게일라를 점령한 후 제벨 리브니~이스마일리아 방향의 중부축선으로 계속 진격하도록 명령했다. 그리고 제10보병여단은 예정보다 24시간 앞당겨서 움 카테프 및 움 시한 진지를 공격하도록 했다. 새로운 명령에 따라 제7기갑여단은 아단 소령이 지휘하는 셔먼전차대대를 선도로 험악한 다이카 협로를 통과하려고 온갖 노력을 다 하였다. 그 결과 20km의 협로를 10시간 만에 간신히 통과하여 10월 31일 05:00시, 아부 아게일라를 공격할 수 있는 위치에 도달하였다.

한편, 24시간 앞 당겨서 움 시한 및 움 카테프 진지를 공격하라는 명령을 받은 제10보병여단은 10월 30일 17:00시에 엘 아우자를 출발해 19:00시, 움 바시스의 경계진지를 탈취했다. 그리고 계속해서 움 시한 진지를 공격했는데 격퇴 당했다. 그 이유는 부대를 축차적

〈그림 3-4〉 예정하지 않았던 조기 진격(1956.10.29.~30)

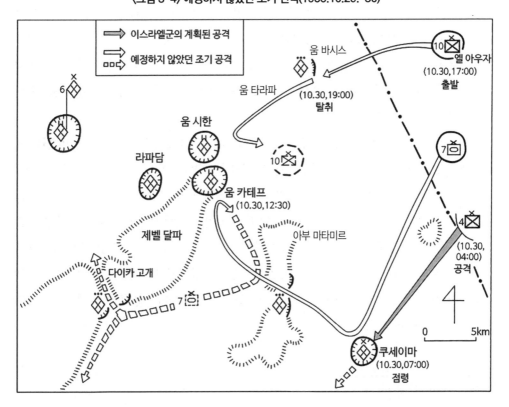

으로 투입했기 때문이었다. 공격에 실패한 제10보병여단장 구디르 대령은 움 타리파 남쪽에 집결하여 하는 일 없이 그날 밤을 보내면서 다시 공격할 준비도 하지 않았다.

이 무렵, 쿠세이마를 점령한 제4보병여단은 쿠세이마에서 나클에 이르는 통로를 개척하라는 명령을 받고 여단 수색대와 1개 보병대대를 서남쪽으로 전진시켰다. 그 통로가 개통되면 미틀라 고개 부근에 있는 제202공정여단에 대한 보급이 용이할 것이고, 그러면 동 여단의 추가적인 공격이 가능해질 수 있을 것으로 판단하였다.

다. 이스라엘 수뇌부의 고심

제7기갑여단의 조기투입으로 이스라엘군의 작전은 최초 계획과는 전혀 다른 방향으로 전개되기 시작했다. 제7기갑여단의 공격이 이스라엘의 기도를 노출시켜 더 이상 이집트를 기만할 수 없게 만들었기 때문이다. 이제는 본격적인 작전이 불가피하게 되었다.

이런 판국에 10월 30일 밤, 영·프군은 그들의 지상군 개입을 연기하며, 10월 31일 아침에 실시하기로 예정되었던 공군의 폭격마저 연기했다는 통보를 해왔다. 영·프군은 그들 나름대로 군사개입의 타당성을 증명할 수 있기 위해서, 그리고 보다 적은 희생으로 목표를 달성하기 위해 이스라엘을 이용하려는 속셈이었지만, 어찌되었든 간에 이스라엘의 입장에서 볼 때는 비열한 배신행위였으며, 영·프군 개입을 전제로 수립되었던 작전계획이 근본부터 흔들리게 되었다.

벤구리온 총리는 매우 불안했다. 그는 미틀라 고개 일대에 고립된 제202공정여단의 철수까지 고려했다. 그러나 다얀 참모총장의 생각은 달랐다. 이미 본격적으로 작전이 전개되고 있으므로 이제 와서 영·프군의 개입이 지연되거나 취소된다하더라도 작전은 완수되어야 하고, 지금까지 진행된 상황을 판단해 볼 때 이번 전쟁에서 승리할 자신이 있었다. 그래서 제2단계 작전을 조기에 적극 시행하자는 의견을 제시했고, 제7기갑여단에서 1개 대대TF를 미틀라 고개로 급진시켜 제202공정여단을 증강시키기로 함으로써 벤구리온 총리의 불안감을 덜어 주었다.[33] 이리하여 이스라엘군은 영·프군의 지원을 받지 못한 채 제2단계 작전에 돌입하였다.

---

33) 전게서, 김희상, p.153.

■■■■■ 제4장 ■■■■■
서전의 고전과 극복(제2단계 작전)

1. 영·프군의 최후통첩과 이·이의 대응

개전 후 25시간이 지난 10월 30일 18:00시, 영·프 양국 정부는 이집트·이스라엘 정부에 최후통첩을 보냈다. 그 내용은 다음과 같은 3개 항으로 구성되어 있었다.[34]

① 양국 정부는 육·해·공의 적대행위를 즉시 정지할 것.
② 양국 군대는 상호 철퇴한다. 이집트군은 수에즈 운하 서안으로 철퇴하고, 이스라엘군은 운하 동쪽 16km지점까지 철퇴할 것.
③ 이집트 정부는 양국 군대를 격리시키고 또한 국제법에 근거하여 모든 국가 선박의 운하 항행을 보장하기 위해 영·프군에게 포트 파드, 이스마일리아, 수에즈의 일시적 점령을 수락할 것.

제3항은 이집트에 대한 최후통첩을 의미했고, 이스라엘에 대해서는 영·프의 개전결의를 전하는 것이었다. 통첩은 12시간 내에 회답할 것이며, 그 시간 내에 회답이 없거나 또는 쌍방이나 어느 일방의 정부라도 응하지 않으면 영·프는 필요한 모든 군사력을 동원하

---

34) 전게서, 田上四郎, p.94.

여 개입할 것이라고 덧붙였다.

당연히 이스라엘 성부는 통첩을 수락하겠다고 회답했다. 그러나 이집트의 나세르 대통령은 10월 30일 심야에 그것을 거부했다. 강도가 협박하는 듯한 일방적 요구를 도저히 수락할 수가 없었다. 그리고 나세르 대통령은 10월 31일 06:00시, 나일 강 유역과 수에즈 운하지대의 방공부대에 대하여 경계태세를 발령함과 동시에 영·프군의 진공에 대비하기 위해 시나이 반도에 소재하는 부대를 철수시켜 수에즈 운하를 방위하도록 아메르 사령관에게 명령했다.

카이로 총사령부에서 파악한 시나이 정면의 전황은 심각했다. 그렇지만 라파-아부 아게일라-엘 아리쉬의 3각 지대를 확보하고 있는 한 이스라엘군의 중·북부축선 진격은 저지할 수 있다고 판단했다. 그러나 문제는 미틀라 고개에 강하한 이스라엘군 공정부대였다. 만약 비르 하스나까지 진출한 이스라엘군 제7기갑여단이 미틀라 공두보에 있는 제202공정여단과 연결한다면 남부축선이 종심 깊게 돌파되는 것이다. 이를 차단하기 위해 이집트군 총사령부는 운하 서안에 있는 제4기갑사단을 신속히 비르 하스나 정면과 타마다 정면으로 추진시키기로 했다.

10월 30일 심야, 이집트군 제4기갑사단 예하의 제1기갑여단이 수에즈 운하 도하를 개시했고, 제2기갑여단이 그 뒤를 이었다. 10월 31일 아침, 제4기갑사단장 가말 무하마드 준장은 제1기갑여단에게 '이스라엘군이 중부축선을 따라 기디 고개로 돌진하는 것을 차단할 수 있도록 비르 하스나로 전진'하도록 명했다. 그리고 제2정찰연대에게는 '비르 기프가파~비르 타마다로 전진'하도록 명령해 이스라엘군의 제7기갑여단이 미틀라 고개 강하부대와의 연결을 차단시키려고 하였다.

이집트 공군도 전투준비에 박차를 가해 10월 30일에는 겨우 30소티밖에 출격을 하지 못했지만 10월 31일에는 90소티까지 출격을 할 수 있게 되었다. 이때 이스라엘은 난감한 상태에 직면해 있었다. 이스라엘이 시나이 작전을 개시하자마자 미 대통령 아이젠하워는 즉각 정전을 요구했었고, 동시에 긴급히 UN안보리를 개최해 모든 무력행사를 금지하도록 결의해줄 것을 UN에 요청하였다. 이에 영국과 프랑스, 이스라엘은 UN안보리 개최를 5시간 연기해 줄 것을 건의한 후, 바로 연기된 5시간 중에 영·프가 최후통첩을 발표한 것이다. 아이젠하워 대통령은 그것을 자신에 대한 영·프의 배신행위로 간주하고 격노했으며, 미국

의 UN대표에게 영·프의 흉계를 저지하기 위해 전력을 다하라고 지시하였다.[35]

이스라엘로서는 어떤 일이 있더라도 전쟁 목적을 달성해야만 했다. 그렇지 못한 상태에서 UN의 압력으로 정전이 성립될 경우, 이스라엘의 장래를 보장해 줄 국가는 아무도 없었다. 어찌됐든 간에 이제 이스라엘로서는 전력을 다해 가장 신속하게 작전을 종결지어야 하고, 또 다른 한편에서는 시나이보다 더 중요한 UN이란 전장에서 정전을 늦추는 전쟁을 벌여야만 했다.

2. 아부 아게일라 전투 : 제7기갑여단의 우회 작전

아부 아게일라는 시나이 중·북부에서 이집트군 방어조직의 요충이었다. 역으로 이스라엘군에게는 서진을 위해서 반드시 확보해야 할 주요 지형이었다. 아부 아게일라를 확보해야만 엘 아리쉬~포트 사이드로 통하는 북부 해안도로와 중부의 기디 고개, 남부의 미틀라 고개로 진격할 수 있기 때문이다. 따라서 이스라엘군 참모본부는 아부 아게일라의 타통(打通)에 작전의 중점을 지향했다.

10월 30일, 움 카테프 공격에 실패한 제7기갑여단은 벤구리온 총리의 우려를 해소하기 위해 1개 대대를 미틀라 고개 방향으로 전진시켜 제202공정여단을 증원하도록 하고, 여단(-)은 움 카테프를 우회하여 아부 아게일라로 접근할 수 있는 다이카 협로로 전진하였다. 다이카 협로는 길이가 20km나 되는 좁고 험한 산길인데, 소수의 이집트군 경계부대가 철수하면서 곳곳에 산재해 있는 계곡의 교량을 폭파했기 때문에 이를 극복하는 데 장시간이 소요되었다. 밤새도록 온갖 노력을 다한 끝에 아단 소령이 지휘하는 셔먼전차대대의 전차와 반궤도 차량이 다이카 협곡을 통과하여 10월 31일 새벽, 아부 아게일라를 공격할 수 있는 위치에 당도하였다. 이제 제7기갑여단은 시나이 중·북부의 요충 아부 아게일라를 측방에서 공격할 수 있게 되었다. 여단장 벤아리 대령은 셔먼전차대대와 반궤도차량화부대로 하여금 아부 아게일라를 공격하도록 하고, 여단의 잔여부대는 기디 고개와 미틀라 고개로 전진할 수 있도록 제벨 리브니와 비르 하스나 방향으로 출발시켰다.

---

35) 전게서, 김희상, pp.156~157.

아부 아게일라에 대한 공격은 10월 31일 05:00시에 개시되었다. 아부 아게일라는 이집트군 제6보병여단 예하의 일부 부대가 방어하고 있었는데, 다이카 고개에 배치되었던 경계부대로부터 이스라엘군의 접근을 이미 경고 받은 상태였다. 그래서 이스라엘군이 멀리 3km 밖에 도착했을 때부터 포병사격을 개시했다. 이 때문에 하차보병들의 전진은 저지되었고, 전차와 반궤도 차량에 탑승한 보병만이 공격을 계속할 수 있었다. 그러나 이들도 이집트군의 맹렬한 대전차포 사격과 기관총 사격을 받아 이집트군 진지 200~300m 앞에서 공격이 돈좌되었다. 이때 우측방으로 우회하여 공격하던 셔먼전차대대의 일부가 아리쉬 와디(wadi)[36]를 만나 더 이상 전진할 수가 없었다. 그러나 이 와디가 공격부대를 사격으로 지원할 수 있는 최상의 차폐진지가 되었다. 이집트군은 정면의 도로를 따라 공격하는 반궤도차량화부대에 사격을 퍼붓고 있었다. 이런 이집트군의 사격진지를 와디의 차폐진지를 점령한 셔먼전차가 정확한 사격을 실시하여 파괴시켰다. 이 덕분에 반궤도차량화부대는 탑승돌격을 감행하여 이집트군 진지 일부를 돌파했다.

이 무렵, 이집트군은 이스라엘군의 우측면이 노출된 것을 보고 약 1개 중대 규모의 병력을 투입하여 반격을 실시했다. 위기의 순간에 예비로서 후속해 오던 1개 소대 규모의 반궤도차량화보병이 반격해 오는 이집트군 중대의 측후방을 맹격하자 이집트군은 반격을 중지하고 후퇴하였다. 이것으로 이집트군의 저항은 급속히 약화되었다. 일부 병력이 이스라엘군 전차를 향해 사격을 하기도 했지만 06:30분, 아부 아게일라의 도로 교차점이 점령됨으로서 전투는 사실상 끝났다. 아부 아게일라가 점령되자 새로 부임한 이집트군 제6보병여단장 무트와리 대령은 엘 아리쉬의 제4보병여단으로부터 증원된 제10보병대대와 움 카테프 수비대인 제18보병대대를 투입하여 아부 아게일라를 점령한 이스라엘군 제7기갑여단을 협격하기로 결심하였다.

10월 31일 12:00시경, 이집트군 제10보병대대가 수 대의 전차 지원 하에 아부 아게일라의 이스라엘군을 공격하기 시작했다. 이에 대해 아단 소령이 지휘하는 셔먼전차대대가 일제사격을 실시해 2회에 걸친 공격을 격퇴하였다. 3번째 공격해 올 때는 긴급 근접항공지원을 요청하였다. 시기적절하게 날아 온 이스라엘 공군기가 이집트군 역습부대를 맹렬히 타격하자 이집트군은 더 이상 공격을 포기하고 수 대의 전차를 유기한 채 퇴각하였다.

---

36) 건천(乾川) : 우기(雨期) 이외에는 말라있는 사막의 하천.

이 무렵 움 카테프의 이집트군 제18보병대대가 포병과 대전차화기의 맹렬한 사격지원 하에 공격으로 전환하여 아부 아게일라로 육박해 왔다. 이에 맞서 아단 소령의 셔먼전차대대가 격전을 벌였다. 만약 이집트군 제10보병대대와 제18보병대대가 상호 협조된 협격이었고, 이스라엘 공군의 근접항공지원이 적시에 지원되지 않았다면 이스라엘군은 아부 아게일라를 확보 및 유지할 수 없었을 것이다.[37] 그러나 동시 협격이 이루어지지 않아 결국 이집트군의 역습부대는 각개 격파되고 말았다.

이집트군 역습을 격퇴한 아단 소령의 셔먼전차대대는 그 여세를 몰아 아부 아게일라와 움 카테프 사이에 있는 라파담을 공격했다. 거의 3일 동안 휴식도 없이 행군과 전투를 계속했기 때문에 장병들의 체력이 한계에 도달했지만 승기를 잡았을 때 라파담을 확보하지 못하면 움 카테프의 이집트군 수비대로부터 또다시 공격을 받을 수 있다는 우려 때문이었다. 라파담의 이집트군은 20개 이상의 소규모 대전차 진지를 중심으로 견고한 방어진지를

〈그림 3-5〉 아부 아게일라 전투(1956.10.30~31)

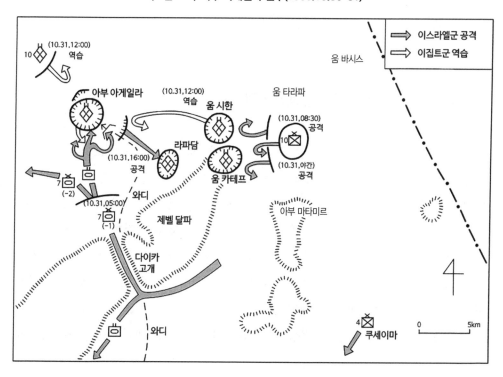

37) 전게서, 田上四郎, p.87.

구축하고 있었고, 다수의 대전차포, 무반동총, 야포 등을 보유하고 있있다.

공격은 16:00시에 개시되었다. 모래 먼지와 일몰 후의 박명 때문에 시계가 극히 제한되었지만 셔먼전차대대는 맹렬한 기세로 공격을 계속하였다. 이에 맞서 이집트군은 완강하게 저항하였다. 결국 야간까지 전투가 계속되었고, 보병들이 투입되어 수류탄을 투척하는 근접전투까지 전개한 끝에 이집트군을 진지에서 몰아냈다.

라파담을 점령하자 이스라엘군은 즉시 급편방어에 들어갔다. 그러나 탄약이 거의 다 소진되어 신속히 재보급을 받지 못하면 더 이상 전투를 계속할 수 없는 상태였다. 다행히 11월 1일 02:00시에 보급부대가 도착했다. 탄약 및 연료, 식량, 식수 등을 보급 받은 후 전차 승무원들은 밤새워 전차를 정비했다. 전날 하루 종일 계속된 전투에서 거의 모든 전차가 피해를 입었다. 이들은 초인적으로 철야 정비를 실시하여 11월 1일 아침에는 대부분의 전차가 전투를 할 수 있을 만큼 기능을 회복했다.

수에즈 전쟁 기간 중 이스라엘군의 가장 빛나는 전투는 아부 아게일라 전투였다. 그야말로 이스라엘군의 장점을 유감없이 발휘한 전투였다. 그중에서 가장 뛰어난 능력을 발휘한 부대가 아단 소령이 지휘하는 셔먼전차대대라고 할 수 있겠다.

3. 움 카테프 격전 : 이집트군 용전, 이스라엘군 졸전[38]

10월 30일 저녁에 움 시한의 이집트군 진지를 공격하다가 실패한 제10보병여단은 그날 밤 움 타라파 남쪽에서 무위(無爲)의 하룻밤을 보내면서 공격재개 준비도 제대로 하지 않았다. 이때 다얀 참모총장은 초조했다. 그는 제10보병여단이 한시바삐 움 카테프를 점령하기를 원했다. 왜냐하면 그곳을 점령해야만 제7기갑여단과 제202공정여단을 지원할 수 있는 포장된 양호한 보급로를 확보할 수 있기 때문이었다. 쿠세이마를 통한 우회로가 있었지만 그 비포장도로는 상태가 매우 나빠서 필요한 보급물량을 제대로 수송할 수가 없었다. 또 국제정세는 점점 이스라엘에게 불리해져 언제 정전이 될지 몰랐다. 그래서 정전이 되기 전에 빨리 작전을 종결지어 전쟁목적을 달성해야 하는 시간과의 전쟁을 하는 중이었

---

38) 상게서, p.88; 전게서, 김희상, pp.164~166; 전게서, Moshe Dayan, p.119를 주로 참고.

다. 따라서 움 카테프는 만난을 무릅쓰고라도 조기에 점령되어야 하고, 그렇게 해서 제7기 갑여단이 신속하게 진격할 수 있는 여건을 조성해 주어야만 했다. 그럼에도 불구하고 제10보병여단장은 노후장비 및 부족한 보급품 문제에 대하여 불평만 늘어놓을 뿐 신속히 작전을 전개하려고 하지 않았다.

결국 제10보병여단장은 다얀 참모총장으로부터 재차 공격하라는 독려를 받고서야, 10월 31일 08:30분에 간신히 움 카테프 진지에 대한 공격을 개시하였다. 공격부대는 여단의 수색대에 반궤도차량 10대에 탑승한 보병 1개 중대를 증강시킨 규모였다. 이들은 약 3km의 광정면에 전개하여 포병의 지원사격도 없이 전진을 개시했다. 그러나 이들이 이집트군의 거점에 근접하자 이집트군은 정확한 포병사격을 퍼부었다. 공격은 돈좌되었고 황급히 후퇴하였다. 이때도 제10보병여단장은 상급사령부에 주간 공격은 불가능하다는 보고를 하고는 적극적인 행동을 전혀 하지 않았다.

이렇게 되자 다얀 참모총장은 제10보병여단장 구디르 대령을 경질하였다. 후임에는 탈 대령을 임명함과 아울러 예비인 제37기계화여단에게 움 카테프 공격을 명했다. 사실 움 카테프와 움 시한의 이집트군 진지를 증강된 수색중대 규모의 부대로 공격한다는 자체가 무리였다. 그곳 진지에는 각각 1개 대대 규모의 이집트군이 배치되어 있었고, 그들은 사단 포병의 충분한 지원사격을 보장받고 있었다. 비록 쿠세이마와 아부 아게일라가 점령당했지만 이들은 아직 큰 손실을 입지 않았고, 비교적 높은 사기를 유지하고 있었다.

이러한 상황을 충분히 고려한 남부사령관 심호니 준장은 10월 31일 야간에 다시 공격하기로 결심했다. 그의 계획은 제10보병여단의 2개 보병대대로 하여금 움 카테프 양 측방을 공격하게 하고, 그사이 제37기계화여단을 투입하여 이집트군 방어선의 중앙을 돌파하겠다는 것이었다. 그러나 이 공격은 각 부대의 졸렬한 공격과 부대 간의 비협조로 인해 완전히 실패하였다. 제10보병여단의 제1대대는 길을 잘못 들어 공격목표도 찾지 못한 채 밤새껏 모래언덕을 방황하다가 다음 날인 11월 1일 10:00시 경에 목표와는 약 2.5km 떨어진 엉뚱한 무명고지를 점령했다. 제2대대 역시 길을 잘못 들어 모래언덕을 오르내리며 고생하다가 11월 1일 04:30분까지 목표 전면에 도착하는 데 성공했다. 그러나 그것이 한계였다. 그들이 모래언덕을 방황하는 동안 이집트군의 포화로 인해 이미 30여 명의 사상자가 발생하여 거의 전의를 상실한 상태였다. 그들 중 피해가 적은 1개 소대가 이집트군 방어진지에 접근했지만 이집트군의 사격으로 1명이 전사하고 1명이 부상당하자 공격을 중단하고 2명의 희생자를 버려둔 채, 대대 전체가 철수해 버리고 말았다.

한편, 제37기계화여단은 더 큰 피해를 입고 있었다. 제10보병여단의 공격실패가 전투의지 부족 때문이라면, 제37기계화여단의 공격실패는 지나치게 조급한 공격정신 때문이었다. 제37기계화여단은 10월 31일 오후, 집결지를 출발하여 자정 무렵 니트자나 일대에 도착했다. 그곳에서 전투준비를 한 후 다시 전진하여 움 카테프에 대한 공격준비를 완료했을 때는 11월 1일 02:00시경이었다. 그러나 전투준비가 완료된 것은 2개 중대의 반궤도차량화부대였을 뿐, 가장 중요한 전차중대가 도착하지 않았다. 여단장 고린다 대령은 선두부대와 함께 이미 도착해 있었다. 그는 남부사령부의 승인을 얻어 후속해 오는 전차중대를 1시간 정도 더 기다리기로 했다. 그러나 03:00시가 되어도 전차중대는 나타나지 않았다.[39] 여단장은 더 이상 기다리지 않고 보병부대 독력으로 공격하기로 결심했다.[40]

03:30분, 2개 중대 규모의 반궤도차량화부대는 차량의 전조등을 켠 채 전진했다. 여단장은 이 지역 지리에 익숙하지 못했기 때문에 가능한 한 이집트군 진지에 근접해서 부대

〈그림 3-6〉 움 카테프 전투(1956.10.31~11.1)

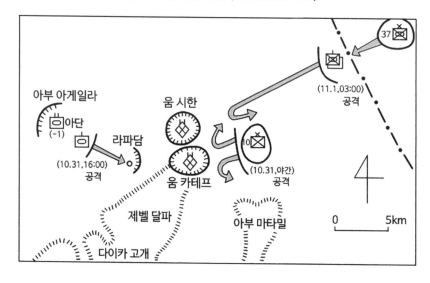

---

39)　전차중대는 04:00시에 도착했다.

40)　제37기계화여단장이 이와 같이 공격을 서둘렀던 것은 다얀 참모총장으로부터 누차에 걸쳐 움 카테프를 한시 바삐 점령해야 한다는 말을 들었기 때문이다. 하지만 무엇보다도 남부사령부에서 '움 카테프의 이집트군은 붕괴 직전에 있기 때문에 이스라엘군이 근접하여 약간의 포격만 해도 곧 항복해 올 것'이라는 그릇된 정보를 제공했기 때문이다. Moshe Dayan, 「Diary of Sinai Campaign」, (Harper & Row Publishers, New York, 1966), p.119.

를 전개시키려고 하였다. 그러나 선두의 반궤도차량이 지뢰폭발로 파괴되면서 불길에 휩싸였다. 그 불길이 주변을 환하게 밝히자 후속하던 반궤도차량들은 이집트군이 조준 사격할 수 있는 좋은 표적이 되었다. 이집트군의 대전차포가 불을 뿜자 몇 대의 반궤도차량이 단시간 내 파괴되었다. 그런데 제일 먼저 피격된 반궤도차량은 여단장이 탑승한 여단본부 차량이었다. 그래서 전투가 시작되자마자 여단장은 전사하고, 참모장교 대부분이 죽거나 부상당했다. 더구나 후속하던 중대도 지뢰지대에 봉착하여 더 이상 전진할 수가 없었다. 이런 와중에 1개 소대가 반궤도차량에 탑승한 채 이집트군 방어진지를 돌파해 들어갔지만 그 돌파구를 활용하여 승기를 잡을 지휘관도 후속부대도 없었다. 결국 부상당한 포병관측장교가 요청한 포병사격의 지원을 받고, 때마침 도착한 전차중대의 엄호사격을 받아 가까스로 공격부대를 파멸의 구렁텅이에서 구해낼 수 있었다. 하지만 80명 이상의 사상자를 낸 참패였다.

　제37기계화여단이 이처럼 참패를 당한 이유는 무엇일까? 그것은 먼저 여단장의 전술적 실책을 지적하지 않을 수 없다. 익숙하지 않은 지형에서 야간기동공격을 한 것이나, 차량의 전조등을 켠 채 전진한 것은 야간공격의 기본조차 망각한 행동이었다. 또 핵심전력인 전차부대의 도착을 기다리지 않고 조급하게 공격을 실시한 것이라든지, 차량 1대에 여단장을 비롯한 여단의 전 참모장교들을 탑승시킨 것은 전술의 기초를 무시한 일들이었다. 남부사령부 역시 책임을 모면할 수 없다. 10월 30일, 제7기갑여단을 조기에 투입시켜 1개 대대 TF가 움 카테프를 최초로 공격한 이후부터 제37기계화여단이 실시한 마지막 공격까지 남부사령부는 단 한 번도 전체 전력을 효과적으로 통합할 수 있도록 작전계획을 수립하지도 않았고, 또 그에 따른 적절한 지휘통제도 하지 않았다. 그 결과 모든 공격은 전력이 축차 투입되어 각개 격파 당하고 말았다. 어쨌든 움 카테프 점령 작전은 완전히 실패했고, 이스라엘군 참모본부는 움 카테프 진지에 대한 공격중지를 결정했다. 이 무렵 움 카테프 후방 12km 지점에 있는 아부 아게일라는 제7기갑여단에 의해 점령된 상태였다.

4. 미틀라 고개 공격 : 샤론의 만용[41]

10월 31일 아침, 제7기갑여단의 일부 부대가 중부축선으로 맹진을 개시하자, 파커 기념비 근처의 공두보를 확보하고 있던 제202공정여단장 샤론 대령은 하루를 그냥 허송한다는 것이 답답했다. 그래서 미틀라 고개 동단의 입구를 공격하여 점령하겠다고 참모본부에 건의했지만 받아들여지지 않았다. 참모본부로서는 우선적으로 아부 아게일라 공략을 중시했기 때문에 미틀라 정면의 전투는 회피하고 싶었다.

미틀라 고개/통로는 길이가 30km나 되는 긴 협로였다. 동단에는 헤이탄 계곡이 있고, 서단에는 미틀라 계곡이 있으며, 그 중간에 접시 모양의 고지대 평지가 있는 3개의 지형으로 구획되어 있었다. 이 중에서 동단의 헤이탄 계곡은 길이 6km, 폭 50m의 절벽으로 둘러싸인 미틀라 고개의 요충이었다.

이때 샤론 대령은 미틀라 고개 대부분이 아직 어느 쪽도 점령하지 않은 상태이니, 먼저 미틀라 고개 서단까지 정찰대를 파견해 보겠다고 재차 건의를 했다. 참모본부는 그 정찰 행동을 승인해 주었는데, 본격적인 전투는 회피한다는 조건이 붙어 있었다. 그러나 미틀라 고개는 이미 이집트군이 점령하고 있었다. 전날인 10월 30일, 파커 기념비 근처의 이스라엘군 공두보를 공격했던 이집트군 제5보병대대와 이를 증원하려고 후속해 온 제6보병대대의 일부 병력이 헤이탄 계곡 위 동단부 높은 평지를 점령하고 접근로 일대에 강력한 방어진지를 구축해 놓고 있었다. 이들 부대는 10월 30일 오후, 이스라엘 공군기의 폭격을 받아 큰 피해를 입었지만 아직까지 상당한 전투력을 갖추고 있었다. 그들은 57밀리 대전차포 12문과 중기관총 14정, 그리고 무반동총 40여정을 장비하고 미틀라 고개를 방어하고 있었는데, 제202공정여단이 지금까지 상대해 온 국경경비부대와는 전혀 다른 정예부대였다.

샤론 대령은 제202공정여단 제2대대의 2개 중대를 정찰대로 편성했다. 여기에 기존의 여단 정찰대, 전차 3대, 120밀리 박격포 4문, 공지 연락반을 증강시켰다. 지휘관은 대대장이 맡았고, 여단장도 동행하기로 했다. 이러한 전투편성은 정찰대라기보다는 공격부대에 가까웠다. 그런데 이 정찰대는 미틀라 고개에 대해 아무런 정찰 행동도 하지 않고, 병사들

---

41) 전계서, 김희상, pp.161~163; 전계서, 田上四郎, pp.82~84를 주로 참고.

을 반궤도차량과 트럭에 탑승시킨 채 일렬종대로 도로를 따라 전진했다. 그들은 어제 하루 동안 큰 저항을 받지 않고 백 수십km를 질주해 온 경험 때문에 자만하고 있었다. 그래서 미틀라 고개에도 이집트군이 없거나, 만약 있다 하더라도 어제처럼 손쉽게 물리칠 수 있을 것이라고 생각했다.

10월 31일 12:30분경, 정찰대의 선두가 헤이탄 계곡에 들어서자 이집트군의 사격이 개시되었다. 차량 1대가 피격되어 불타올랐다. 정찰대장은 계속 전진하라고 명령했는데, 협로 깊숙이 전진할수록 이집트군의 사격은 더욱 치열해졌고, 여기저기서 사상자가 발생하기 시작했다. 그런데도 정찰대장은 적은 소부대일 것이며, 언제나 그랬듯이 적진 깊숙이 돌진해 들어가면 그들은 곧 도주해 버릴 것이라고 생각했던 것 같다. 그래서 후속부대까지 전투에 투입시켰는데, 전날 이스라엘 공군기의 폭격을 받아 염상된 이집트군 차량의 잔해가 도로를 막고 있어, 후속부대의 차량종대는 계곡 내에서 북적거리다가 이집트군의 포화를 뒤집어썼다. 대부분의 장병들도 도로 양옆에 납작 엎드려서 쏟아지는 총탄이 자신의 몸을 피해가기만을 기도할 수밖에 없었다.

이스라엘군에게는 절망적인 상황이었다. 피격된 급유 트럭이 불타올랐다. 트럭 4대, 전차 1대가 대전차포에 맞아 불길에 휩싸였다. 또 중대장 1명이 전사하고 다수의 병사들이 죽거나 부상당했다. 이런 상황에서 샤론 대령은 부대를 철수시킬 것인가, 계속 공격시킬 것인가를 결심해야만 했는데, 그는 후자를 택했다. 불타는 차량 주위에 널려있는 부상자를 구출하기 위해서는 산등성이로 올라가 이집트군을 몰아내야만 했다. 때마침 지원을 요청했던 증원병력 2개 중대가 도착했고, 장병들의 사기도 다소 회복되었다.

샤론 대령은 가용한 모든 화력을 총동원하여 이집트군 진지를 제압하도록 하고, 증원된 2개 중대 병력을 투입하여 헤이탄 계곡의 고개 정상을 공격하도록 독려했다. 그리하여 저녁 무렵에는 선두 중대의 일부 병력이 산등성이를 기어올라 고개 정상에 펼쳐진 평지에 진입했고, 계속해서 2시간 동안 백병전이 전개되었다. 서로 피를 튀기는 전투 끝에 밤 20:00시경, 미틀라 고개에 정적이 찾아왔다. 이집트군은 50여 명의 전사자를 남겨둔 채 미틀라 고개 서단으로 후퇴했다. 장장 7시간이 넘는 혈투 끝에 미틀라 고개 동단은 이스라엘군이 장악했다. 그러나 그 대가는 너무 혹독했다. 38명이 전사하고 120여 명이 부상한 것이다. 이번 전쟁 중 전무후무한 피해였다.

제202공정여단 장병들의 용기와 과감성, 투지는 칭찬할만한 것이었다. 그러나 여단장 샤론 대령을 포함한 장교들의 만용과 적을 경시히는 태도, 경솔한 전술적 행동 등은 비난받아야 마땅하다. 그때까지 미틀라 고개는 점령할 필요가 없었다. 결국 제202공정여단은 그 고난의 정찰 행동을 끝내고 출발지인 파커 기념비 부근으로 되돌아 왔고, 미틀라 고개는 이집트군이 다시 점령하였다.

▌▌▌▌ 제5장 ▌▌▌▌
영·프군의 참전과 시나이 작전(제3단계 작전)

1. 이집트군의 시나이 철수

10월 31일 19:00시, 영·프 공군은 이집트군 비행장을 폭격했다. 11월 1일부터 3일까지 영·프 해군의 함재기도 이집트군 비행장을 폭격해 합계 200기의 항공기를 파괴했다. 이 폭격은 수에즈 전쟁의 새로운 국면을 여는 것이었다. 나세르 이집트 대통령은 시나이 반도에 대한 증원을 중지하고, 시나이 방위부대에 대하여 수에즈 운하지대로 철수를 명했다.[42] 영·프군의 수에즈 운하 상륙작전에 대비하기 위해서였다.

가. 시나이 방위부대의 급작스런 철수

철수하기 직전인 10월 31일 밤까지 이집트군의 시나이 방어작전 상황은 다음과 같았다. 북단의 가자 지구는 제8팔레스타인사단(북부 : 제26국가방위여단, 남부 : 제87팔레스타인여단)이 방어태세를 갖추고 있었고, 아직 이스라엘군의 공격이 실시되지 않은 상태였다.

중·북부는 제3보병사단이 시나이 방어의 핵심인 엘 아리쉬~라파~아부 아게일라를 잇는 3각 지대를 방어하고 있었는데, 제6보병여단이 방어하는 아부 아게일라와 쿠세이마는

이스라엘군에게 이미 함락되었고, 움 카테프는 고수하고 있었다. 그리고 제5보병여단이
배치된 라파와 사단 예비인 제4보병여단이 위치한 엘 아리쉬는 아직 이스라엘군의 공격
을 받지 않고 있었다. 그런데 제3보병사단은 제4보병여단(-)과 사단 전차대대(-)를 예비로
보유하고 있으면서도 방어요충인 아부 아게일라에 대한 역습을 실시하지 않았다. 그래서
아부 아게일라를 점령한 이스라엘군 제7기갑여단의 일부 부대가 이미 비르 하스나로 이

〈그림 3-7〉 이집트군 철수 초기 상황(1956.10.31.~11.1)

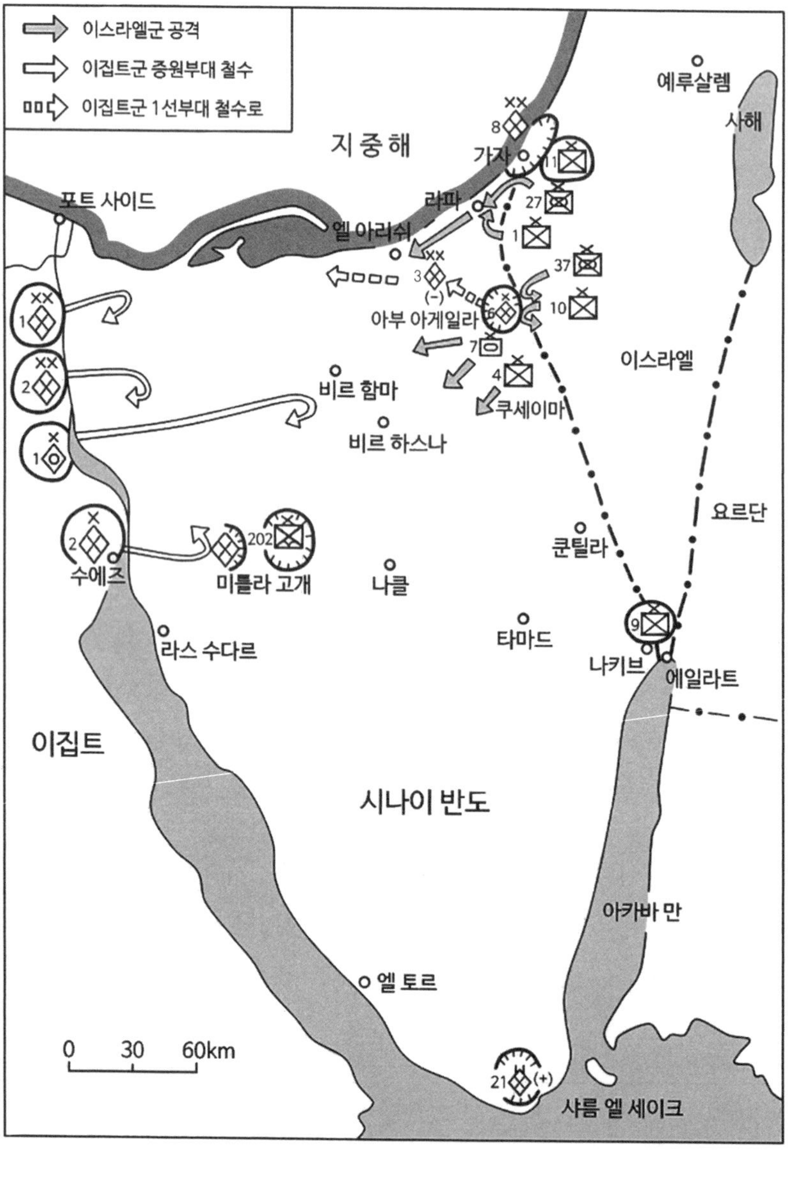

어지는 중부축선으로 진격하고 있었으며, 쿠세이마를 점령한 제4보병여단의 일부 부대도 나클로 진격하면서 제202공정여단과 연결을 시도하고 있었다. 이에 대응하여 이집트군 동부군사령부는 예비인 제1기갑여단[43]을 투입하여 이스라엘군 제7기갑여단을 차단·저지하려고 비르 하스나 방향으로 전진시켰다. 그러나 비르 함마에서 더 이상의 전진을 포기하고 되돌아가는 중이었다. 제1기갑여단장이 전진을 포기한 것은 당초 약속 받았던 공중엄호를 받지 못하고, 오히려 빈번하게 이스라엘 공군기의 공격을 받았기 때문이다.[44] 그는 공중엄호가 없는 기갑부대의 공격은 자살행위라고 생각한 모양이었다. 사실 이집트 공군 조종사의 수준은 이스라엘 공군 조종사에 비해 낮았다. 따라서 이스라엘군 전투기와 공중전을 회피할 수밖에 없었고, 그러다보니 기갑부대의 공중엄호를 제대로 제공할 수가 없었다. 아무리 그렇다 해도 강력한 기갑예비대를 보유하고 있으면서도 반격작전을 해보지도 못하고 중도에서 되돌린 것은 이스라엘군에 비해 전술적 능력과 과감성 면에서 뒤떨어진다는 것을 보여 주는 사례이다.

남부 미틀라 고개에는 제2보병여단 예하의 제5 및 6보병대대가 배치되어 파커 기념비 부근의 공두보를 확보하고 있는 이스라엘군 제202공정여단의 재공격에 대비하고 있었다. 제5 및 6보병대대는 제202공정여단과의 전투와 이스라엘 공군기의 폭격으로 많은 피해를 입은 상태였다. 시나이 반도 최남단 샤름 엘 세이크는 제21보병대대를 중심으로 한 수비대가 방어하고 있었다. 이 축선상의 이스라엘군은 아직도 국경 일대에서 대기하고 있는 상태였다. 이와 같은 상황에서 시나이의 이집트군은 10월 31일 밤, 철수명령을 받았다.

중·북부의 라파 수비대(제3보병사단의 제5보병여단)가 11월 1일 새벽부터 엘 아리쉬~칸타라 방향으로 철수하기 시작했고, 움 카테프를 고수하던 제6보병여단은 11월1일 밤에 탈출했으며, 엘 아리쉬 일대에 위치한 예비 제4보병여단은 전방여단의 철수를 엄호한 후에 철수하기로 했다. 제1기갑여단은 이미 철수 중이었고, 제2정찰연대도 뒤를 이어 철수했다. 미틀라 고개에 배치된 제2보병여단 제6보병대대의 2개 중대는 엄호부대 임무를 수행했다. 샤름 엘 세이크 수비대장 자키 대령은 철수할 차량이나 선박이 없기 때문에 철수를 지원할 선박이 도착할 때까지 요새를 고수하기로 결정하고 의견을 구신하여 승인을 받았다.

---

43) 제4기갑사단 예하부대로서 T-34전차 2개 대대, 기계화보병 1개 대대, SU-100 대전차 자주포 1개 대대로 편성되었다.

44) 전게서, Moshe Dayan, pp.146~147.

이렇게 급작스럽게 철수를 하게 되자 많은 혼란이 발생하였다. 더구나 막 철수하려고 할 때 이스라엘군의 전면적인 공격이 개시되었으므로, 전투다운 전투도 제대로 하지 못하고 조기에 붕괴되어 버렸다. 다만 움 카테프의 제6보병여단은 그동안 선전(善戰)했던 전투 못지않게 성공적으로 철수하였다.

나. 움 카테프 철수 성공 : 거듭되는 이스라엘군의 실책

움 카테프 전투에서 선전(善戰)한 이집트군 제6보병여단은 10월 31일 밤, 움 카테프에서 철수하라는 명령을 받았다. 여단장 무트와리 대령은 여단을 4개 제대로 구분하고, 1/3의 병력으로 구성된 제1제대는 11월 1일 18:30분, 야음을 기다려 철수를 개시했다. 아부 아게일라와 쿠세이마 교차점은 이스라엘군이 점령하고 있었기 때문에 서북쪽의 사막지대를 이용해 엘 아리쉬 방향으로 철수했다. 제2제대도 동일한 경로로 30분 후에 출발했으며, 제3, 4제대도 30분 간격으로 철수했다. 제4제대는 화포와 중장비 등을 모래 속에 매몰하거나 파괴하고 철수했는데, 이스라엘군에게 전혀 감지되지 않았다.[45]

그런데 이집트군이 철수한 후 이스라엘군은 움 카테프에서 뜻하지 않았던 큰 피해를 입었다. 즉 11월 2일, 제37기계화여단은 공군 정찰기로부터 움 카테프의 이집트군이 철수한 것 같다는 통보를 받았다. 제37기계화여단은 11월 2일 정오경, 전차중대를 앞세우고 움 카테프로 직행했다. 이집트군이 철수했다면 아부 아게일라의 제7기갑여단과 연결하기 위해서였다. 움 카테프를 통과하여 아부 아게일라로 전진해 나갈 때, 아부 아게일라 일대를 점령하고 있던 제7기갑여단의 전차 1개 중대가 일제 사격을 가해와 잠깐 사이에 전차 8대가 파괴되었다. 이때 제7기갑여단의 전차중대는 움 카테프 공방전이 시일을 끌자 협공을 하려고 움 카테프를 향해 접근해 가고 있었는데, 갑자기 전방에서 언덕을 넘어오는 전차가 나타나자 그것이 철수하는 이집트군 전차인줄 알고 먼저 발포한 것이다. 이 상황을 목격한 정찰기 조종사가 양쪽 지휘관에게 무선으로 연락하여 우군 상호 간 오인사격은 불과 5분 만에 끝났지만, 미처 언덕을 넘어오지 못한 최후미의 전차 1대를 제외한 모든 전차가 파괴되어 버린 뒤였다.[46] 이는 상급부대의 통제부실과 인접부대 간의 협조 미흡이 겹쳐

---

45) 전게서, 田上四郎, pp.89~90.
46) 전게서, 김희상, p.167.

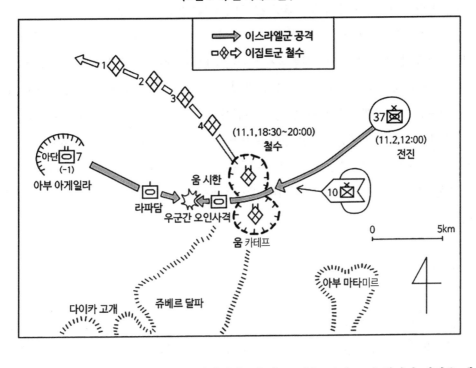

〈그림 3-8〉 움 카테프 철수

져 발생한 사고로서, 실로 뼈아픈 손실이었다. 이 사고 직후, 중앙TF장 워라파 대령은 제 10보병여단장에게 움 카테프와 움 시한 진지의 점령을 명했고, 제7기갑여단과 제37기계화여단은 시나이 중부축선으로 이집트군을 추격하기 시작했다.

이집트군 제6보병여단은 성공적으로 움 카테프를 빠져나갔다. 최초 철수는 제대별로 질서 있게 진행되었다. 그러나 철수하는 도중 '철수'가 가져오는 심리적 불안과 공포가 점차 확산되면서 부대는 질서를 잃기 시작했고, 게다가 라파를 점령한 이스라엘군 제27기계화여단이 철수로인 북부축선 해안도로를 따라 추격을 실시했기 때문에 제18보병대대를 제외한 대부분의 병력이 비르 라판에서 포로가 되었다.

2. 시나이 북부 및 가자 지구 전투

10월 30~31일에 걸쳐 UN안보리에서 대 이스라엘 규탄 및 종전 결의의 기도가 영국과 프랑스에 의해 실패하자 미국은 이 문제를 UN총회에 상정했다. 11월 1일, 미국 대표는

UN총회에서 '즉각 정전과 휴전선 후방으로의 철수'를 강력히 요구했다.

이스라엘 입장에서는 현재의 상태에서 정전이 성립되면 지금까지의 모든 노력이 무산되는 것이었다. 따라서 정전이 성립되기 전까지 보다 신속하게 계획된 작전을 종결해야만 했다. 다행히 지금까지 약 48시간의 작전 결과, 가장 중요한 최종목표(시나이 점령, 가자 지구 소탕, 샤름 엘 세이크 점령)를 달성할 수 있는 여건이 조성되어 있었다. 이 최종목표는 어떠한 희생을 무릅쓰고라도 달성해야 할 성질의 것이었다. 그래서 다얀 참모총장은 우선 라파를 점령한 후, 북부 시나이 축선을 따라서 추격을 실시함과 동시에 가자 지구를 소탕하며, 이와 병행하여 남부 시나이에서는 아카바 만의 관문인 샤름 엘 세이크를 점령하기로 결심했다.

가. 라파 공격[47]

라파는 가자 지구와 북부 시나이 사이의 힌지(hinge)와 같은 역할을 하는 전략요충지로써 이스라엘군이 점령한다면 가자 지구는 고립되고, 엘 아리쉬를 거쳐 시나이 북부 해안도로를 따라 수에즈 운하로 직행할 수 있다. 따라서 이스라엘군은 필히 점령해야만 했고, 역으로 이집트군은 필사적으로 방어하려고 했다.

라파를 방어하는 이집트군은 제3보병사단 예하 제5보병여단의 4개 대대가 핵심 부대였는데, 전쟁이 발발하자 급히 편성된 제87팔레스타인여단의 2개 대대가 증강되었고, 그외 1개 대전차포 중대와 사단 전차대대의 셔먼전차 1개 중대가 배속되어 있었다. 이들 부대는 라파의 주요 도로 및 그 측방의 국경선을 따라 상호지원이 가능한 중대 단위의 진지에 배치되었다. 그리고 진지 전방에는 철조망 및 지뢰지대 등의 장애물을 설치하였다. 그러나 종심이 짧은 지형이어서 방어의 융통성이 부족했으며, 병력규모에 비해 기동성 있는 예비대를 조금밖에 보유하지 못한 것이 큰 약점이었다. 더구나 이스라엘군이 공격하기 직전에 하달된 철수명령은 방어전투에 큰 영향을 주었다.

---

47) 상게서, pp.172~183; 전게서, 田上四郞, pp.90~92; 전게서, Moshe Dayan, pp.140~142를 주로 참고.

1) 이스라엘군의 공격준비

　라스코프 준장이 지휘하는 북부TF(우그다 77)의 3개 여단 중에서 제1보병여단과 제27기계화여단이 라파를 공격하고, 제11보병여단이 가자를 소탕하는 임무를 부여받았다. 라파 공격계획 수립 시, 최초에는 라파 일대의 강력한 방어진지를 피해 남서쪽으로 우회하자는 의견도 있었으나, 그럴 경우 장시간이 소요될 우려가 있었으므로 어느 정도 피해를 감수하더라도 직접공격을 실시하여 하루라도 빨리 작전을 종결시키자고 결론을 내렸다. 이에 따라 라파 지역을 점령하고 엘 아리쉬로 향하는 양호한 진격로를 확보하기 위해 라파 남쪽 7km 지점의 교차로를 최종목표로 설정했다. 이 교차로 서쪽은 엘 아리쉬, 남쪽은 니쯔아나, 북쪽은 라파, 동쪽은 칸 유니스로 연결되는 교통의 요지였다.

　공격부대는 3개의 전술집단으로 구성되었으며, 각 전술집단별로 교차로의 남, 동, 북쪽으로 향하는 도로축선을 하나씩 담당하였다. 이에 따라 남부공격부대는 제1보병여단의 2개 보병대대 및 제27기계화여단[48]으로부터 배속 받은 1개 전차중대로 편성되었으며, 좌측에서 주공으로 돌파를 실시하고, 돌파 후에는 북쪽으로 방향을 전환하여 최종목표인 교차로를 점령하는 것이었다. 중앙공격부대는 조공으로서 제1보병여단의 2개 보병대대가 병진 공격하여 동쪽도로 연변에 구축된 일련의 이집트군 진지를 점령하는 것이었으며, 의명 제27기계화여단에서 1개 제병협동대대[49]가 증원될 예정이었다. 북부공격부대는 제27기계화여단의 1개 기계화보병대대와 전차 위주의 1개 제병협동대대로 편성되었으며, 우측에서 주공으로 돌파를 실시하고, 돌파 후 남쪽으로 방향을 전환하여 최종목표인 교차로에서 남부공격부대와 연결하는 것이었다. 이는 양익포위형태로서 이집트군 방어부대를 확실하게 섬멸한 후, 가자 지구 소탕 및 북부축선으로 추격을 실시하려는 의도였다.

---

48)　제27기계화여단의 전차는 AMX 경전차 1개 중대, 셔면전차 1개 중대, 수퍼셔면전차 2개 중대였다.

49)　기갑대대전투팀(Armored battalion combat team)이라 부르며, 각 팀마다 편성은 약간 상이하지만 전차 1개 중대, 반궤도차량화보병 1개 중대, 105밀리 자주포 1개 포대, 정찰대, 공병소대 등으로 구성된 제병협동대대이다.

〈표 3-1〉 라파 공격부대의 전투편성

구분	남부(주공)	중앙(조공)		북부(주공)	예비
		좌	우		
주요부대		1 [부대기호]		27 [부대기호]	[부대기호]27
제1단계 (돌파)	1 [부대기호]	3 [부대기호]	4 [부대기호] [부대기호]27	[부대기호]	
제2단계 (초월공격)	2 [부대기호] [부대기호]27			[부대기호]	

그런데 기습달성이 곤란하다는 것과 준비된 방어진지를 돌파하는 것이 가장 큰 문제점이었다. 이를 극복하기 위해서 이스라엘군은 함포사격 및 공중폭격으로 최대한 적의 방어진지를 무력화 시킨 후 공격을 실시하며, 또한 여명인 05:30분 이전까지 돌파가 가능하도록 03:00시에 공격을 실시하기로 결정지었다. 그리고 최초 돌파를 용이하게 하기 위해 10월 30~31일 밤, 공병부대가 라파 정면의 이집트군 진지 전면의 지뢰지대에 3개소의 통로를 개척했지만 2개소가 이집트군에게 발각되어 다시 지뢰가 설치되었다. 그래서 11월 1일 공격 시에는 1개소의 통로만 사용하였다.

11월 1일 02:00시부터 30분간, 프랑스 해군과 이스라엘 해군이 라파의 이집트군 진지에 대하여 150여발의 함포사격을 실시하였다. 이어서 03:05분까지 이스라엘 공군이 맹렬한 폭격을 실시하였다. 그러나 기대했던 만큼의 성과를 올리지 못했다. 이제 마지막 남은 결정적인 수단은 보병의 공격이었다. 그들은 밤의 어둠을 방패삼아 이집트군의 진지를 향해 앞으로 나아가기 시작했다.

2) 남부지역의 공격

공격은 2단계로 구분하여 실시하였다. 제1대대가 이집트군의 전초기지인 2, 6, 293진지[50]를 점령하면 제2대대TF[51]가 초월공격을 실시하여 니쯔아나 도로를 통제하고 있는 5진

---

50) 이집트군 진지에는 각각 번호가 부여되어 있었다.

51) 제27기계화여단에서 수퍼셔먼전차 1개 중대가 배속되었고, 반궤도 차량, 트럭 등을 보유하여 차량화되어 있었다.

지를 점령하고, 그 후 방향을 북쪽으로 전환하여 최종목표인 라파 남쪽교차로를 점령하는 것이었다.

먼저 제1대대가 11월 1일 03:00시, 후반야 공격을 실시하였다. 그러나 선도 중대인 D중대가 어둠 속에서 방향을 잃고 말았다. 그런데 한참을 방황하다가 당도한 곳이 정말 운 좋게도 목표인 2 및 6진지였고, 더구나 진지를 수비하던 이집트군은 이미 철수한 상황이어서 무혈점령하는 행운까지 얻었다. 이어서 B중대도 운 좋게 아무런 피해 없이 이집트군의 장애물 지대를 통과하여 293진지를 공격했다. 일부 이집트군이 완강하게 저항했지만 B중대가 반궤도차량에 탑승한 채 진지 전면으로 돌진해 들어가자 그들 역시 진지를 버리고 철수하였다.

이처럼 제1대대가 용이하게 임무를 완수하여 제1단계 작전은 성공적으로 완료되었지만, 제2단계 초월공격을 실시하는 제2대대TF에게는 불운이 밀어닥쳤다. 제1대대가 지나간 흔적을 따라 지뢰지대를 통과하고 있었는데도 불구하고 선두차량이 지뢰에 접촉되어 파괴되었고, 그 뒤를 따라오던 반궤도차량은 파괴된 선두차량을 우회하여 전진하다가 이 역시 지뢰에 접촉되어 폭발하면서 불길에 휩싸였다. 이 불길은 이집트군 포병에게는 더할 나위 없이 좋은 표적 참고점이 되었고, 곧바로 포탄이 쏟아지기 시작했다.

이렇게 지뢰지대 한 가운데서 진퇴양난의 위기에 처하자, 공병소대가 빗발치는 탄우 속을 뚫고 들어가 파괴된 선두차량 좌측으로 통로를 개척하였다. 그리하여 전차 2대와 몇 대의 반궤도차량이 가까스로 새로 개척한 통로를 통과했는데, 3번째 전차가 또 지뢰에 접촉되어 파괴되었다. 이집트군의 사격은 점점 더 치열해지고 있었다. 이에 제2대대장은 더 이상의 야간공격은 무리라 판단하고 여단장에게 공격을 중지할 것을 건의하였다. 그러나 제1여단장은 이를 단호하게 거절하고 계속 공격하도록 독전하였다. 당시 여단은 제2대대TF를 대치할 예비대가 없었다. 그렇다고 최초 돌파를 실시한 제1대대를 투입할 수도 없었다. 제1대대는 보병위주였기 때문에 최종목표인 교차로까지 12km 거리를 단시간 내 돌진할 수 있는 능력이 부족했다.

결국 제2대대 TF의 보병과 공병이 필사적으로 통로 개척을 실시하였다. 이들의 헌신적인 노력으로 통로가 개척되었다. 05:15분경에는 대대 전체가 지뢰지대를 통과하였다. 이때는 날이 밝아 올 무렵이어서 이집트군의 조준사격에 노출될 위험이 컸다. 그래서 제2대대TF는 신속히 전진하여 05:50분경에는 부대의 선두가 중간 목표인 5진지 전면에 도착했다. 이미 날이 밝아 5진지를 수비하던 이집트군이 맹렬하게 사격을 가해 왔지만 제2대대 TF는 공격대형으로 전개하자마자 즉시 이집트군 진지를 향해 쇄도해 들어갔다. 이스라엘 군의 공격 기세에 놀란 이집트군은 더 이상 저항을 포기하고 철수하였다. 이미 철수 명령을 받았기 때문에 진지를 사수하려는 의지가 없었다. 이리하여 전투개시 5분 만에 니쯔아 나에서 라파로 연결되는 도로를 통제하고 있는 5진지를 점령하였다.

이제 라파 교차로로 향하는 도로는 활짝 열려진 상태였다. 06:30분, 제2대대TF는 최종 목표를 향해 전진을 재개하였다. 공격부대 선두가 목표에 접근하자 진지를 방어하고 있던 이집트군의 대전차포와 기관총이 불을 뿜었다. 대전차포 사격에 의해 전차 1대가 파괴

〈그림 3-9〉 라파 공방전(1956.11.1.)

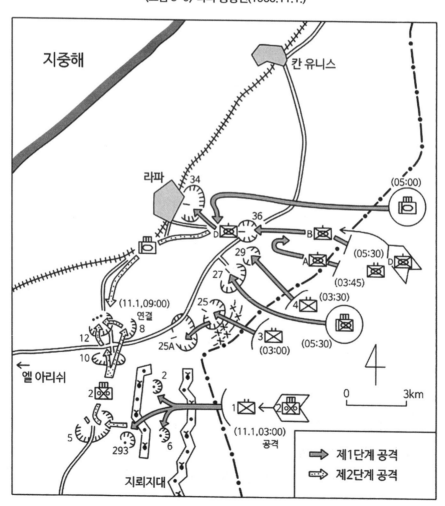

되자 제2대대TF는 사격진지를 점령한 후, 포병지원사격으로 이집트군을 제압하고 정확한 전차포 사격으로 대전차포 진지 및 기관총 진지를 파괴하였다. 그런 다음 탑승돌격을 실시하였다. 전차와 반궤도차량에 탑승한 보병의 탑승돌격은 실로 위협적이어서 이집트군은 그대로 도주해 버렸다. 이리하여 선두에서 돌격한 전차중대가 8진지를 점령하고 그 뒤를 후속한 반궤도차량화중대가 10진지를 점령하였다. 마지막 남은 12진지는 8진지와 10진지를 점령한 이스라엘군이 양쪽에서 에워싸듯이 압박해 들어가자 이집트군은 더 이상 견디지 못하고 엘 아리쉬 방향으로 철수해 버렸다. 이리하여 09:00시, 라파 남쪽의 교차로는 이스라엘군에게 완전히 점령되었다.

제2대대TF는 급편방어에 들어갔다. 아직 라파 전투가 끝난 것이 아니었다. 제27기계화여단의 제병협동대대와 연결할 때까지 교차로를 확보해야만 했다. 그사이 이집트군이 역습을 해올 것으로 판단되었다. 그러나 그들은 역습을 해오지 않았다. 이미 철수명령이 내려졌기 때문이었다. 이렇듯 남부지역 공격부대는 공격 간 행운과 불운이 반복되면서 치열한 전투를 벌였다. 그러나 피해는 예상보다 경미하였다. 전사 2명과 부상 22명은 모두 지뢰와 포탄에 의한 것이다. 전차 4대와 반궤도차량 3대도 지뢰에 의해 파괴되었다. 근접전투시 피해는 대전차포에 의해 파괴된 전차 1대뿐이었다.

3) 중앙 지역의 공격

중앙지역의 공격은 제1보병여단의 2개 보병대대가 담당하였다. 제3대대가 25 및 25A진지를 점령하고, 제4대대가 27 및 29진지를 점령하는 것이었다.

제3대대는 2개 중대 병진대형으로 공격을 개시했다. 목표는 05:00시까지 탈취해야만 했다. A중대는 25진지, 나할 중대는 25A진지를 향해 전진했다. A중대가 25진지 전면의 예상 전개선에 도달했을 때 이집트군의 사격이 개시되었다. 25진지는 철조망과 지뢰지대로 보강되어 있었다. A중대는 준비해 온 파괴통을 이용하여 철조망지대에 통로를 개척하려고 했다. 그런데 뇌관이 폭발하지 않아 실패했고, 어쩔 수 없이 맨손으로 철주를 뽑고 철조망을 비틀면서 전진해 나갔다. 다음은 지뢰지대였다. 이집트군의 사격은 더욱 치열해져 갔다. 그러나 야간사격이기 때문에 부정확했고, 대부분의 총탄이 머리위로 날아갔다. 공병장교가 선두에서 포복으로 전진하며 지뢰제거용 곡괭이로 지뢰를 파내면서 통로를 개척해 나갔고, 중대는 일렬종대로 그 뒤를 따라갔다. 그러자 접근전투 및 백병전을 싫어하는 이집트군은 황급히 도주하였다.

그런데 문제가 발생했다. 인접 25A진지를 공격해야 할 나할 중대가 방향 유지를 잘못하여 A중대 목표인 25진지로 올라 온 것이다. 두 중대장이 사태 해결을 위해 고심하고 있을 때 다행히 25진지에서 25A진지로 연결되는 교통호 하나를 발견하였다. 25A진지 출구 쪽에 이집트군이 매복하고 있을 위험성이 컸지만 그 교통호를 이용해서 25A진지로 접근하는 방법 외에는 다른 방법이 없었다.

나할 중대장은 부대를 이끌고 교통호를 따라 전진했다. 운 좋게도 출구에 이집트군의 매복은 없었다. 오히려 25A진지의 이집트군이 측방 기습을 받은 꼴이 되었다. 기습적으로 쇄도한 이스라엘군에 의해 25A진지는 순식간에 점령되었다. 이때 시간은 05:30분이었다. 대대의 피해도 전사 6명, 부상 20명으로 경미했다.

한편, 27 및 29진지를 공격하는 제4대대도 03:30분, 전진을 개시해 04:30분경에는 29진지 근처에 도달했다. 그러나 제4대대 또한 야간이기 때문에 목표를 제대로 식별하지 못하고 우왕좌왕하기 시작했다. 이러한 이스라엘군을 향해 이집트군의 사격이 개시되었다. 이처럼 제4대대가 혼란에 빠져 있을 때 A중대장이 부대를 이끌고 갑자기 전진하기 시작했다. 목표를 찾지 못해 우왕좌왕 하다가 큰 피해를 입는 것 보다 차라리 적을 향해 전진하는 것이 낫다고 판단한 것이다. A중대장은 이집트군이 사격하는 총구의 불빛을 기준점으로 삼고 무작정 전진하였다. 그러는 도중 이집트군 진지 중 어느 한곳에서 사격하는 총구의 불빛이 유난히 많이 발생하고 있는 것을 발견하였다. 그것이 바로 목표인 29진지였다. A중대는 은밀히 접근하여 맹렬히 사격하고 있는 이집트군 대전차포 진지 2개소를 파괴하였다. 그러자 이집트군 방어부대의 화력이 갑자기 약해졌다. 이틈을 이용하여 대기하고 있던 반궤도차량소대가 이집트군 진지로 강습 돌입해 들어가자 29진지는 함락되었다. 05:30분경이었다.

그러나 아직 27진지는 점령되지 않았다. 제4대대장은 2개 중대를 투입하여 27진지를 공격하려고 했다. 바로 그때, 제1보병여단장이 증원을 요청했던 제27기계화여단의 제병협동대대가 나타났다. 제병협동대대가 전차를 앞세우고 전진을 개시하자 이집트군은 곧 후방진지로 철수해 버렸다. 이리하여 27진지는 07:15분에 간단히 점령되었다.

4) 북부지역의 공격과 전투 종결

북부지역의 공격은 제27기계화여단이 담당하였다. 먼저 기계화보병대대TF[52]가 34진지를 점령하여 돌파구를 형성하면 전차 위주 제병협동대대가 초월공격을 실시하여 최종목표인 라파 남쪽 교차로에서 제1보병여단과 연결하는 것이었다. 그런데 기계화보병대대TF의 최초 공격은 불운하였다. 출발부터 늦어져 03:45분에 공격개시선을 통과했는데 불과 15분 후인 04:00시, 이집트군의 36진지로부터 맹렬한 사격을 받았다. 이집트군의 포탄이 전례가 없을 정도로 정확하게 날아와 순식간에 A중대장과 3명의 소대장을 포함해 11명이 전사하고 88명이 부상을 당하는 큰 피해를 입었다. 그래서 대대장은 일단 공격을 중지하고 부대를 후퇴시켜서 재편성을 실시한 다음 재공격에 나섰다.

기계화보병대대장은 이번에는 B중대가 선도하여 36진지를 공격하도록 했다. B중대장은 여명을 이용하여 부대를 신속히 전개시키고, 05:30분 일출이 시작될 때, 경전차중대와 반궤도차량화보병소대를 일시에 36진지로 돌입시켰다. 36진지는 갑작스런 홍수에 떠밀리듯 간단하게 점령되었다. 중대의 손실은 경상자 3명뿐이었다. 이처럼 36진지를 간단하게 점령할 수 있었던 것은 좌측에서 공격한 제1보병여단 제4대대가 05:30분경 이미 29진지를 점령한 효과에 기인한 바가 크다.

한편, D중대장은 D중대와 재편성한 A중대를 지휘하여 B중대를 후속하다가 B중대가 36진지를 점령하자 이를 초월하여 05:40분경 목표 34진지 전면에 도착하였다. 그런데 눈앞에서 비극이 벌어지고 있었다. 그 비극의 주체는 전차 위주 제병협동대대였다. 최초 공격 시, 제병협동대대는 계획대로 기계화보병대대TF를 후속 지원하였다. 그런데 기계화보병대대TF가 공격초기 큰 피해를 입고 재편성을 위해 일시 공격을 중지하자 후속 지원하던 제병협동대대가 공격의 전면에 나선 것이다. 즉 기계화보병대대TF가 재편성을 하느라고 공격이 지연되어 05:00시까지 36진지를 점령하지 못하게 되자 제병협동대대장은 자신의 부대가 직접 34진지를 공격한 다음 최종목표인 라파 남쪽 교차로를 향해 돌진해 나가기로 결심하고, 일단의 전차부대를 이끌고 전진해 나갔다. 그가 34진지 전면 400m 지점에 도착했을 때는 이미 날이 밝았고, 그 때문에 반궤도차량에 탑승한 제병협동대대장의 모습이 눈

---

52) AMX 경전차 1개 중대가 배속되어 있다.

에 확 띄었다.[53] 이집트군은 좋은 표적을 발견하고 즉시 대전차포를 집중 발사하여 3발을 명중시켰다. 그 결과 제병협동대대장은 즉사했고, 동승했던 부여단장도 부상을 당했다.

바로 이때, 기계화보병대대TF의 D중대장이 34진지를 공격하려고 전면에 나타난 것이다. D중대장은 우선 A중대를 지휘하여 사격을 계속하고 있는 34진지의 대전차포 진지를 파괴하려고 결심했다. 바주카포 사수를 포함한 공격팀은 34진지 남서쪽에 배치된 대전차포 진지 앞 250m까지 접근한 후 사격을 실시해 대전차포를 파괴하는 데 성공하였다. 이로 인해 이집트군의 사격이 약화되자 D중대장은 예비로 대기하고 있던 D중대와 36진지를 점령한 후 증원 나온 AMX 경전차 중대를 일시에 돌격시켜 06:30분, 34진지를 점령하였다. 이로써 라파 지역의 이집트군 주요 진지대는 이스라엘군 수중에 떨어졌다. 제병협동대대는 기계화보병대대의 D중대가 34진지를 공격하는 틈을 이용하여 06:00시경, 34진지와 36진지의 간격을 돌파하여 라파 남쪽의 교차로를 향해 돌진해 나갔다.

한편, 라파 남쪽 교차로를 확보한 후 급편방어 중이던 제1보병여단의 제2대대TF는 09:00시경, 멀리 북쪽에서 도로를 따라 남하해 오는 전차를 발견하고 즉시 사격태세를 갖추었다. 그러나 조준십자선 위로 피어오르는 먼지 속에서 표적을 정조준하고 방아쇠를 당기려던 포수가 갑자기 환성을 터트렸다. 그것은 제27기계화여단의 제병협동대대 전차였던 것이다. 제병협동대대의 전차 뒤를 따라 남하해 온 다얀 참모총장은 교차로에 나와 있던 제1보병여단의 부여단장을 발견하고 감격에 겨워 서로 부둥켜 안았다. 이리하여 라파 전투는 끝이 났다.

라파 전투는 이스라엘군의 승리였다. 그러나 빛바랜 승리였다. 이스라엘군 장병들과 초급지휘관들의 용감성은 칭찬할만한 일이지만 일부 상급지휘관들의 지휘 및 통제는 비난받아야 마땅할 것이다. 이스라엘군은 예상외로 야간공격 시 방향 유지가 미숙했다. 그래서 예상 전개선에 도달하지 못하고 중간에서 방황하는 일이 자주 발생해 전투에 영향을 미쳤다. 또 제27기계화여단의 기계화보병대대TF가 최초공격에 실패하고 재편성할 때, 후속하던 제병협동대대장이 독단으로 공격을 하다가 큰 피해를 입은 사건은 '당시 여단장은 무엇을 했는가? 상급지휘관으로서 제대로 지휘통제를 하고 있었는가?' 하는 의문을 갖게 만든다. 그리고 제1보병여단과 제27기계화여단이 라파 남쪽 교차로에서 연결할 때도 상급부대 및 해당부대 간의 통제 및 협조가 미비했다는 것이 단적으로 드러났다. 연결작전

---

53) 마침 대대장 전차의 무전기가 고장이 나서 지휘하기에 편리한 반궤도차량으로 갈아탔었다.

시에는 우군 간 오인사격 방지를 위해 피·아식별, 통신문제 등에 관해 사전에 협조하는 것은 전술의 기본상식이다.

이러한 실책과 문제점이 많았음에도 불구하고 이스라엘군이 비교적 용이하게 승리할 수 있었던 요인은 이집트군에게 있었다. 이집트군은 이미 수에즈 운하지대로 철수하라는 명령을 받았기 때문에 적극적인 전투의지가 없었다. 사격으로 적의 접근을 최대한 저지하다가 진내에 돌입하기 시작하면 접근전투를 회피하고 후퇴했다. 만약 영·프군이 개입하지 않은 상태에서 전투가 지속되었다면 이스라엘군의 대가 또한 만만치 않았을 것이다.

나. 북부축선상의 추격

시나이 방어의 요충인 라파~아부 아게일라~엘 아리쉬를 방어하고 있던 이집트군 제3보병사단은 10월 31일 밤부터 11월 1일 아침까지 예하부대에 철수명령을 내렸다. 아부 아게일라의 움 카테프 진지를 고수하던 제6보병여단은 11월 1일 전반야에 질서 있게 철수를 감행하였다. 그러나 라파를 방어하던 제5보병여단은 11월 1일 새벽, 이스라엘군 제1보병여단과 제27기계화여단의 공격을 받아 아침부터 패주와 철수가 동시에 진행되었다. 다만 제3보병사단의 예비로서 엘 아리쉬 일대에 위치해 있던 제4보병여단만이 북부축선의 후위부대로서 제5 및 6보병여단의 철수를 엄호하게 되었다. 이때 이집트군 동부군사령부의 강력한 기동예비로서 시나이 중북부의 비르 하스나 방향으로 투입되던 제1기갑여단은 충분한 공군의 엄호를 받을 수 없다는 이유로 이스라엘군에 대한 반격을 포기하고 비르 함마에서 방향을 전환하여 철수 중이었다. 이런 상황 속에서 이스라엘군 제27기계화여단은 라파 남쪽 교차로에서 제1보병여단과 연결한 후 즉시 추격으로 전환하였다.

11월 1일 10:30분, 제27기계화여단은 전차 위주의 제병협동대대를 선두로 하여 시나이 북부축선상의 엘 아리쉬~칸타라 방향으로 추격을 개시하였다. 철수하는 이집트군도 이스라엘군의 추격을 지연시키기 위해 안간힘을 썼다. 라파와 엘 아리쉬 중간 지점에서는 대전차포 2문과 120밀리 박격포 6문의 지원을 받는 이집트군 1개 중대의 저항 때문에 이스라엘군의 추격은 1시간 정도 지체되었다. 이어서 추격부대는 오후 늦게 엘 아리쉬를 방어하는 이집트군 제11보병대대[54]와 접촉하였다. 그들은 8문의 야포 및 대전차포를 도로 양

---

54) 제3보병사단의 예비인 제4보병여단 예하부대로서 엘 아리쉬 방어를 담당했다.

측에 배치해 놓고 있었다. 그러나 이때는 날이 어두워지고 있었으며, 전차의 연료도 거의 바닥난 상태였기 때문에 이스라엘군은 일시 추격을 멈추고 그날 밤 연료 재보급을 받았다. 이집트군은 이틈을 최대한 이용했다. 나세르 대통령은 엘 아리쉬의 이집트군을 철수시키기 위해 2개의 열차를 보냈다. 그러나 그것만으로는 수송능력이 부족해 일부는 도보로 철수하였다.

<그림 3-10> 이스라엘군의 추격(1956.11.1.~2)

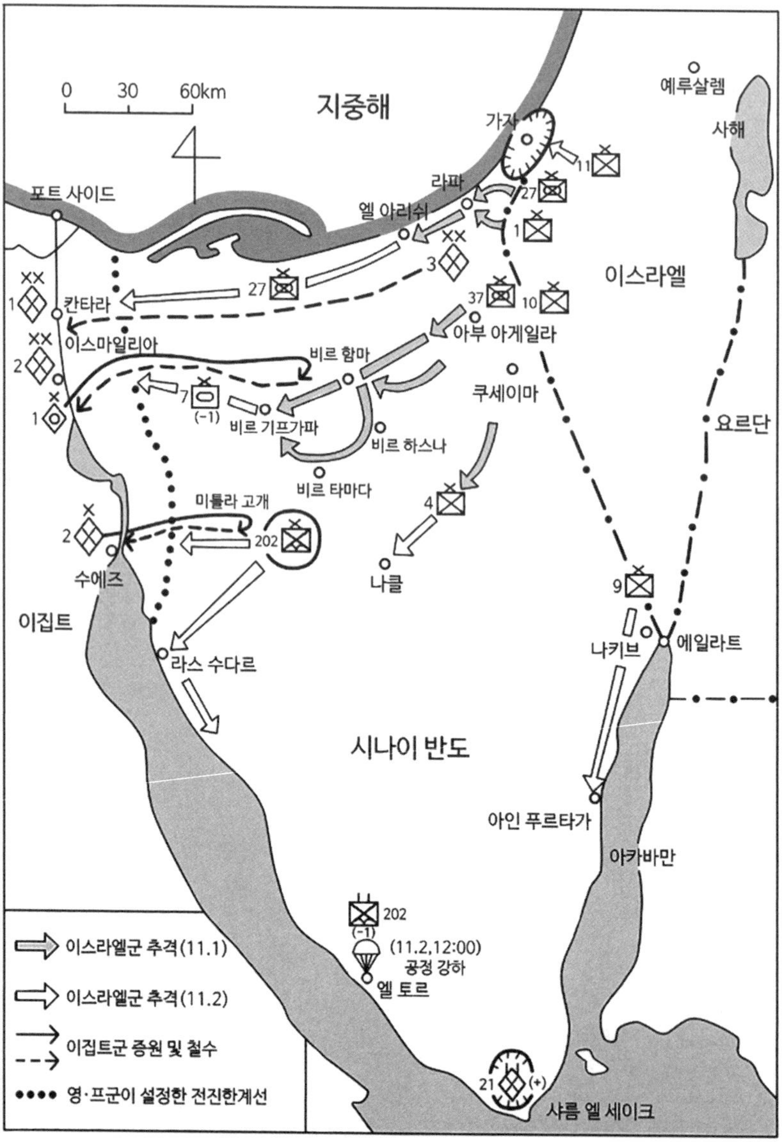

11월 2일 06:00시, 이스라엘군은 추격을 재개하였다. 지연전을 수행하던 이집트군 제11보병대대도 이미 철수하고 없었다. 이리하여 엘 아리쉬는 아무런 저항 없이 점령되었다. 시가지 곳곳에는 백기가 걸려 있었다. 그러나 제27기계화여단은 머뭇거리지 않고 맹렬한 추격을 계속했다. 칸타라로 가는 해안도로 곳곳에는 유기된 차량들이 널려 있었다. 이스라엘 공군기의 폭격에 파괴된 군용차량도 있었지만 서둘러 철수하던 전차나 대형차량들에게 밀려버린 흔적이 있는 차량도 많았다. 갑작스런 영·프군의 개입은 이집트군의 질서 있는 철수를 더욱 방해하였다. 그러나 역설적으로 무질서한 철수로 인해 유기된 차량은 이스라엘군 추격부대의 속도를 저하시켰다. 그럼에도 불구하고 제27기계화여단은 추격을 계속했고, 마침내 11월 2일 저녁에는 영·프군이 설정한 전진한계선인 수에즈 운하 동쪽 16km선에 도달하였고, 여기서 추격을 멈추었다.

한편, 도주하듯이 철수를 한 이집트군 제3보병사단은 전력이 50% 이하로 떨어졌다. 사단의 예비로서 철수를 엄호했던 제4보병여단은 비교적 무사히 철수했다. 그러나 제5보병여단은 라파 전투와 패주 중에 거의 와해되어 버렸다. 움 카테프에서 선전했던 제6보병여단은 질서 있게 철수를 개시했으나 제18보병대대만이 성공적으로 철수했고, 나머지 병력은 대부분 비르 라판 일대에서 포로가 되었다. 이스라엘군의 추격 속도가 빨랐기 때문이다.

다. 가자 지구 전투

가자 지구는 길이 40km, 폭 10km의 지협으로서 원주민 10만여 명 외에 난민이 18만 명이나 거주하는, 그야말로 인구 밀도가 대단히 높은 곳이었다. 이런 가자 지구를 이집트는 본토와 분리된 특수지역으로 설정하고 국방성 및 해군성에 맡겨 그저 통치만 하고 있을 뿐이었다. 이처럼 이집트는 가자 지구에 대한 영토적 야심이 없었다. 그것은 이스라엘도 마찬가지였다.

벤구리온 총리는 이스라엘이 수용할 수 없을 만큼 방대한 난민 때문에 가자 지구를 병합하는 데 동의하지 않았다. 그럼에도 불구하고 이스라엘이 가자 지구를 반드시 공격하려고 한 것은 그곳이 아랍게릴라의 본부임과 동시에 대 이스라엘 공격의 전초기지라는 점 때문이었다. 따라서 필히 공격하여 게릴라를 소탕하는 것이 이번 전쟁의 목적 중 하나였다.

가자 지구는 제8팔레스타인사단이 남북으로 구분하여 방이하고 있었다. 가자시(市)를 중심으로 한 북부지역은 제26국가방위여단이 담당했고, 칸 유니스를 중심으로 한 남부지역은 제86팔레스타인여단[55]이 담당했다. 제26국가방위여단은 약 3,500명의 병력을 14개 대대로 편성하여 국경선을 따라 선(線)방어를 하고 있었다. 그러나 지원화력은 120밀리 박격포 8문 밖에 없었으며, 예비대라고는 2개의 차량화 국경경비소대뿐이었다. 제86팔레스타인여단은 약 3,000명으로써, 3개 대대가 3개의 방위거점을 형성하여 방어하고 있었으며, 그 중앙에 120밀리 박격포 1개 중대를 위치시켜 각 거점을 지원하도록 했다. 이처럼 가자 지구 수비부대는 장비도 대단히 빈약했으며, 여단, 대대, 중대 등도 조직상의 명칭일 뿐, 군 조직 및 편성에서 의미하는 부대로서의 역할을 수행할 수 있는 능력은 없었다. 그저 소화기로 무장한 자경단(自警團) 수준을 조금 넘는 정도였다.

이스라엘군 참모본부는 북부TF의 제11보병여단에게 가자 지구 소탕임무를 부여했다. 제11보병여단은 2개 보병대대밖에 보유하지 못했지만 제37기계화여단[56]에서 감소된 전차 1개 대대TF[57]를 배속 받았다. 공격은 11월 2일에 개시하기로 결정하였다. 이는 전날인 11월 1일에 라파를 점령하여 가자 지구를 완전히 고립시켜 놓고 공격하기 위해서였다.

11월 2일 06:00시, 이스라엘군은 고립무원의 가자 지구를 공격했다. 최초 공격은 가자시(市)에 집중되었고, 따라서 공격의 초점이 된 곳은 전통적인 공격로인 가자시 서남부 텔 알리 분타르의 돌출된 3개의 진지였다. 이스라엘군은 전차와 반궤도차량을 앞세우고 공격해 들어갔다. 텔 알리 분타르 진지에 배치된 수비대(국가방위부대)는 이스라엘군에 대하여 맹렬한 사격을 퍼부었다. 그러나 정규군이 아닌 수비대가 대전차포도 없이 전차의 공격을 막아낼 수는 없었다. 방어진지는 이스라엘군 전차에 의해 간단하게 돌파되었다. 이스라엘군은 보병부대를 투입하여 돌파구를 확장한 다음, 가자 지구 최북단의 국경도시 베트 하눈까지 일거에 밀고 올라갔다. 이로서 가자 지구 북부지역의 전투는 끝이 났다.

칸 유니스 공격은 11월 3일 아침에 개시되었다. 이곳을 방어하는 제86팔레스타인여단은 거점 일대에 지뢰 및 철조망으로 장애물을 설치하는 등, 나름대로 방어태세를 강화하

---

55) 여단장만 이집트인이고, 나머지는 전원이 팔레스타인 사람으로 편성되었다.

56) 이때 제37기계화여단 주력은 중앙TF(우그다 38) 소속으로 제10보병여단을 지원하여 11월 2일, 움 카테프를 점령하고, 이어서 제7기갑여단과 함께 시나이 중부축선상으로 진격하였다.

57) 셔먼전차 1개 중대와 반궤도차량화보병 1개 중대로 편성되었다. 그러나 전차 13대 중 즉시 사용 가능한 것은 6대에 불과했다.

〈그림 3-11〉 가자 지구 전투(1956.11.2~3)

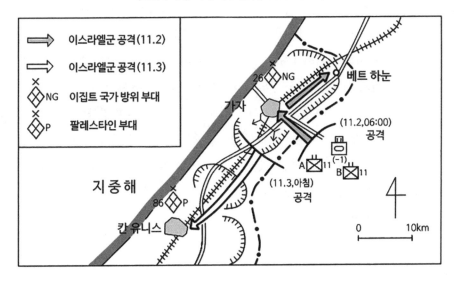

고 있었다. 공격하는 이스라엘군이 장애물지대에 봉착하여 전진이 일시 정지되자 수비대 (팔레스타인부대)는 일제히 대전차포와 기관총 사격을 개시하였다. 이 사격에 의해 이스라엘 군 반궤도차량 1대가 파괴되고, 지뢰에 접촉되어 전차 1대가 파괴되었다. 그러나 이스라 엘군은 그들 특유의 방식대로 전차와 반궤도차량이 파상 공격을 계속하였다. 마침내 방어 거점에 작은 돌파구가 생겼고, 이스라엘군 보병부대가 그 틈을 이용하여 진내로 돌입하기 시작했다. 치열한 접근 전투 끝에 13:30분경, 칸 유니스는 이스라엘군에게 점령되었다. 이스라엘군은 계속 남하하여 라파를 점령한 제1보병여단과 연결하였다. 이로서 가자 지 구 전투는 끝이 났다. 부분적인 게릴라 소탕만 남았을 뿐이었다.

3. 시나이 중부축선의 추격

시나이 북부축선의 추격은 라파 전투가 끝난 후, 제27기계화여단이 철수하는 이집트군 제3보병사단을 뒤쫓아 11월 1일부터 개시되었지만 중부축선은 제7기갑여단에 의해 10월 30일부터 부분적으로 종심기동을 실시한 것이 점차 확대되어 복합적인 추격으로 변화하 였다.

개전 초기, 조기 투입된 제7기갑여단이 움 카테프 공격에 실패하자 여단장은 다이카 협로로 우회하여 아부 아게일라를 공격하려고 방향을 전환하였다. 10월 30일 저녁 무렵, 다이카 협로 입구에 도착한 제7기갑여단은 미틀라 고개 부근에 공두보를 확보하고 있는 제202공정여단을 증원하기 위해 1개 기갑대대TF를 미틀라 고개 방향으로 돌진시키고, 여단 주력은 아부 아게일라를 공격하기 위해 다이카 협로로 기동하였다. 기갑대대TF는 가장 빠른 시간 내에 제202공정여단과 연결하기 위해 추격을 하듯이 맹렬한 속도로 돌진하였다. 그 결과 10월 31일에는 비르 하스나까지 진출했으며, 계속 돌진을 거듭하여 11월 1일에는 드디어 제202공정여단과 연결하였다. 그 후 기갑대대TF는 미틀라 고개를 넘어 추격을 실시했고, 제202공정여단은 미틀라 고개를 점령했다. 이집트군 제2보병여단은 미틀라 고개 동단까지 진출시켰던 부대를 이미 철수시켰고, 제6보병대대의 2개 중대 규모가 미틀라 고개에서 엄호부대 역할을 수행하다가 맨 마지막에 철수하였다.

한편, 제7기갑여단 주력은 10월 30일 저녁부터 밤새도록 험악한 다이카 협로를 통과하여 10월 31일 새벽에는 아부 아게일라를 공격할 수 있는 위치에 도달하였다. 이때 제7기갑여단장 벤아리 대령은 셔먼전차대대TF로 하여금 아부 아게일라를 공격하게 하고, 나머지 여단 주력은 중부축선으로 종심기동을 시켰다. 이리하여 제7기갑여단은 10월 31일 12:00시 경에는 제벨 리부니 교차로를 점령했으며, 16:00시에는 비르 함마를 점령했다. 이때까지 이집트군의 반격이나 강력한 저항은 없었다. 이스라엘군이 입은 피해는 제벨 리브니에서 이스라엘 공군기의 오폭에 의한 적은 피해뿐이었다. 이스라엘군이 우려했던 이집트군 제1기갑여단과의 전투는 발생하지 않았다. 이때 이집트군 동부군사령부의 강력한 기동예비인 제1기갑여단은 이스라엘군에 대한 반격을 실시하기 위해 비르 하스나 방향으로 이동을 시켰는데, 공군의 엄호가 불충분하기 때문에 반격은 무리라 판단하고 10월 31일, 비르 함마에서 반전하여 이스마일리아로 철수했다. 이때부터 제7기갑여단은 추격으로 전환하여 11월 1일에는 비르 기프가파를 점령하고, 11월 2일에는 멀리 이스마일리아를 바라 볼 수 있는 전진한계선에 도달하였다.

이밖에 제4보병여단의 수색대와 1개 보병대대가 제202공정여단에 대한 보급이 용이하도록 쿠세이마에서 나클에 이르는 예비보급로를 개척하라는 임무를 부여받고 전진하여 나클에 도착했는데, 이 또한 이집트군에게는 추격행동으로 인식되었다. 이렇듯 중부축선에서는 제7기갑여단이 조기 투입된 후 우회공격과 병행하여 고속으로 종심기동을 실시한 결과, 11월 2일 수에즈 운하 동쪽 16km를 연해 영·프군이 설정한 전진한계선에 도달하여 전세를 확정지었다.

4. 시나이 남부지역 작전(샤름 엘 세이크 공략)[58]

이스라엘군의 마지막 작전은 샤름 엘 세이크 공략이었다. 이는 수에즈 전쟁의 목적 중 하나인 아카바 만의 봉쇄를 풀기 위해서는 반드시 수행해야 할 필수 과업이었다. 따라서 이스라엘군이 시나이 반도 전부를 장악했다 하더라도 샤름 엘 세이크를 점령하지 않은 채 정전이 이루어지면 결코 승리했다고 말할 수 없을 것이었다.

이집트군 역시 샤름 엘 세이크의 전략적 중요성을 잘 알고 있었기 때문에 제21보병대대를 배치하고 요새화했다. 진지는 사주방어가 가능하도록 구축했으며, 또한 장기적 포위에도 견딜 수 있도록 지하창고에는 수개월 분의 식수 및 식량, 연료, 탄약 등을 비축해 놓고 있었다. 샤름 엘 세이크에 인접해 있는 라스 나스라니에도 국가방위대대가 배치되어 티란 해협을 감제, 감시하고 있었으며, 해안포(6인치 포 2문, 3인치 포 2문)가 설치되어 있었다. 이들 부대는 전략적 중요성 때문에 모두 카이로의 총사령부 지휘를 받았다. 그런데 영·프 공군이 개입하자 총사령부는 10월 31일 밤에 철수명령을 하달했다. 그러나 철수할 차량이나 선박이 없었다. 그래서 수비대장 자키 대령은 철수를 지원할 선박이 도착할 때까지 요새를 고수하기로 결정하고 의견을 구신하여 승인을 받았다.

가. 제9보병여단의 진격: 고난의 행군

샤름 엘 세이크를 점령하여 아카바 만의 봉쇄를 해제시키는 임무는 요페 대령이 지휘하는 제9보병여단에게 부여되었다. 제9보병여단은 10월 31일 22:00시 쿤틸라에 집결한 이래 이제나 저제나 하면서 공격개시 명령을 기다리고 있었다. 이때 제9보병여단은 보병 3개 대대, 포병 1개 포대, 중박격포 1개 대대와 여단정찰대, 공병 등 1,800명 규모였다. 차량은 일반트럭 104대, 5일분의 식량과 식수, 600km분의 연료를 휴대하였다.

---

58) 상계서, pp.191~196; 전게서, 田上四郎, pp.92~94; 전게서, Moshe Dayan, pp.195~197을 주로 참고.

11월 2일 05:00시가 되기 조금 전에 다얀 참모총장이 무선으로 전진명령을 하달하였다.[59] 제9보병여단은 즉시 집결지를 출발하여 11월 2일 06:00시, 국경도시 나키브를 통과한 후 아카바 만 연안을 따라 고난의 행군을 이어나갔다. 이때 다얀 참모총장은 불비한 도로와 험악한 지형 때문에 제9보병여단의 진출이 늦을 것을 우려해, 미틀라 고개 일대에 있는 제202공정여단 일부를 샤름 엘 세이크 공략에 사용할 것을 결심하였다. 마침 샤름 엘 세이크의 이집트군 수비대가 철수했다는 불확실한 정보까지 들어와 있기 때문에 서둘러야 했다.

나키브에서 아인 푸르타가까지 100km의 도로 상태는 그런대로 양호하여 불과 7시간만인 11월 2일 13:00시에 도착했다. 그러나 다음부터 이어진 도로는 두꺼운 모래로 뒤덮인 오르막길이었다. 병사들 모두가 차량을 밀고 끌어당기고 하면서 언덕길을 올라갔다. 고개를 넘어서부터는 내리막길이어서 쉽게 내려갔다. 이리하여 11월 3일 12:00시경, 아카바 만 연안 최대의 오아시스 도시인 다하브에 도착했다. 이곳에서 이스라엘군은 소수의 이집트군 낙타기병분대와 조우하였다. 그들은 이스라엘군을 습격하여 약간의 피해를 입혔다. 그리고 무선으로 이스라엘군의 접근을 샤름 엘 세이크에 보고한 후 철수해 버렸다. 제9보병여단은 이곳에서 해군의 상륙용 주정으로 운반해온 연료와 보급품을 보충 받고 잠시 휴식을 취했다.

11월 3일 18:00시, 제9보병여단은 다하브를 출발하였다. 그러나 곧 폭이 1.8m밖에 되지 않는 와디킷(wadi kit) 통로에 봉착하였다. 이 좁은 통로를 통과하는 방법은 폭파하여 도로를 개설하는 방법밖에 없었다. 선두의 정찰대가 먼저 좁은 통로를 통과하여 고개 너머에서 전방경계를 하고, 공병을 비롯한 모든 장병이 동원되어 바위벽을 폭파하고, 부서진 바위를 제거하여 도로를 만들었다. 이때 이집트군의 소부대 정도가 이스라엘군 본대를 습격했다면 큰 피해를 입힐 수 있었을 텐데 그들은 그렇게 하지 않았고, 20:00시경, 전방에 추진되어 경계임무를 수행하는 정찰대에게 약간의 사격만을 가했을 뿐이었다. 이집트군 경계부대는 전진하는 이스라엘군과 접촉만 유지했을 뿐, 그들을 저지하기 위한 적극적인 행동을 취하지 않았다.

---

59) 계획상으로는 11월 1일에 출발하여 11월 3일에 샤름 엘 세이크를 점령하는 것이었다. 그러나 제9보병여단의 진격로가 항공공격에 대단히 취약하기 때문에 영·프 공군이 개입해 이집트 공군을 완전히 격멸할 때까지 기다리느라고 늦춰졌다. 또 영·프군의 공군 개입이 계획보다 하루 늦춰졌기 때문이다.

도로개설 작업은 밤새도록 계속 되었고, 11월 4일 새벽이 되어서야 제9보병여단은 이 통로를 통과하기 시작하였다. 그리고 쉬지 않고 계속 전진하여 11월 4일 11:45분, 마침내 라스 나스라니와 샤름 엘 세이크를 바라볼 수 있는 곳에 도착했다. 그리고 14:00시에는 샤름 엘 세이크 북방 5km 지점까지 진출해 이집트군의 경계진지를 손쉽게 점령했다.

나. 제202공정여단의 진격 : 공정강하 및 지상기동

다얀 참모총장은 제9보병여단의 전진로 상태가 불량하여 샤름 엘 세이크까지 전진하 는 데 장시간이 걸릴까 봐 불안했다. 더구나 UN의 정전 압박까지 받고 있는 중이었다. 샤 름 엘 세이크를 점령하지 못한 채 정전이 된다면 시나이 남부지역 작전은 실패하는 것이 다. 그래서 미틀라 고개 일대에 있는 제202공정여단의 일부 병력을 투입하기로 결심했다. 이때 불확실하지만 샤름 엘 세이크의 이집트군이 철수했다는 정보까지 들어오니 마음이 더 조급해졌다. 그래서 제202공정여단의 1개 대대는 지상으로 기동시키고, 엘 토르와 샤 름 엘 세이크에는 각각 1개 중대씩 강하시켜 샤름 엘 세이크를 일거에 점령하려고 했다. 11월 2일 아침, 에이탄 중령이 지휘하는 공정대대는 미틀라 고개 남쪽의 소로를 따라 급 진하여 오전 중에 라스 수다르를 점령한 다음, 엘 토르를 향해 계속 전진하였다.

한편, 공정강하 할 2개 중대를 태운 수송기는 10:00시부터 이륙하기 시작했다. 그런데 이륙직후, 샤름 엘 세이크의 이집트군 수비대가 철수하지 않았다는 정보가 들어왔다. 이 에 다얀 참모총장은 샤름 엘 세이크의 공정강하를 취소하고 2개 중대 모두 엘 토르에 강 하하여 그곳을 점령하라는 명령을 내리고, 지상으로 기동하는 공정대대에게 '최대한 빨리 엘 토르에 도착하여 강하부대와 연결하라'고 독촉했다.[60] 그는 엘 토르가 점령되면 즉시 1개 보병대대를 공중수송하여 공정보를 확보하도록 하고, 공정부대는 샤름 엘 세이크로 직행시키려고 하였다.

11월 2일 12:00시가 조금 지났을 때 2개 공정중대가 엘 토르 비행장 일대에 강하하기 시작했다. 이들은 강착하자마자 공격을 개시하여 단시간 내에 엘 토르 비행장을 점령하였 다. 비행장이 확보되자 이스라엘군은 즉시 군용기와 민간여객기까지 동원하여 무려 23회

---

60) 라스 수다르에서 엘 토르까지의 180km 도로는 포장되어 있어서 이동이 용이했다.

의 대규모 공수작전을 실시해 1개 보병대대의 병력과 장비, 그리고 공격을 계속할 공정부대의 추가 탄약 및 보급품을 수송하였다.

11월 3일 오후, 엘 토르로 날아온 다얀 참모총장은 공정부대에게 일몰 전에 샤름 엘 세이크를 향해 진격하도록 독촉했다. 전날 강하한 공정중대와 전날 저녁에 도착한 지상기동 공정대대는 피로감이 극심했지만 참모총장의 명령에 따랐다. 그들은 부족한 차량은 징발하여 반궤도차량화보병 1개 중대와 트럭탑승보병 3개 중대로 임시대대를 편성한 후 샤름 엘 세이크를 향해 진격을 개시하였다.

다. 샤름 엘 세이크 공략

샤름 엘 세이크를 수비하던 이집트군에게는 이스라엘군 제9보병여단의 출현은 완전히 기습이었다. 물론 경계분견대로부터 이스라엘군의 접근을 경고 받았지만 그 정도의 대부대가 모래언덕과 와디킷의 험로를 극복할 수 있으리라고는 상상조차 하지 않았다. 뿐만 아니라 엘 토르를 점령한 이스라엘군 공정부대가 샤름 엘 세이크를 향해 진격해 오고 있다는 보고까지 들어 온 상태였다.

샤름 엘 세이크 수비대장 자키 대령은 자신의 열세한 병력으로는 라스 나스라니와 샤름 엘 세이크를 동시에 방어할 수 없다고 판단하여, 라스 나스라니를 포기하고 모든 병력을 샤름 엘 세이크에 집결시켰다. 이 덕분에 제9보병여단은 라스 나스라니를 무혈점령하였고, 11월 4일 저녁에는 선발대가 샤름 엘 세이크 요새 전면에 도착했다. 그들은 도착하자마자 요새 중심부로 돌진해 들어가려고 했다. 그러나 요새 안에서 날아오는 치열하고 정확한 사격으로 인해 실패했다.

이 무렵, 제9보병여단의 주력이 도착했다. 여단장은 이날 밤 야습을 할 것인가, 아니면 다음 날 아침 공군의 지원 하에 공격할 것인가를 참모들과 논의하였다. 그 결과 독립전쟁 시 공군의 지원 없이 야간공격을 실시하여 많은 성공을 거두는 등의 전투경험이 풍부한 그들이었기 때문에, 이날 밤 야습을 실시하여 일거에 승패를 결정짓기로 결론을 내렸다.

11월 5일 02:00시, 이집트군 2개 중대가 방어하고 있는 샤름 엘 세이크 요새의 서쪽 진지에 대하여 이스라엘군은 대대규모의 공격을 감행하였다. 그러나 그 진지는 지뢰 및 철조망 등의 장애물로 보강되어 있었고, 상호지원이 가능한 주변 진지에서의 지원사격 때문에 공격부대는 순식간에 대대장과 6명의 분대장을 포함하여 20여 명의 사상자를 냈다. 이후 몇 차례에 걸쳐 공격을 반복했지만 피해만 증가하여 결국 04:20분, 공격을 일시 중지하였다. 그리고 샤름 엘 세이크 북쪽 3km 지점으로 후퇴하여 재편성을 실시했다.

11월 5일 05:30분, 제9보병여단은 공군과 포병의 강력한 지원을 받으며 공격을 재개하였다. 제1대대가 주공으로 서측에서 공격했고, 제2대대는 조공으로 동측에서 공격하였

〈그림 3-12〉 샤름 엘 세이크 공략(1956. 11.2~5)

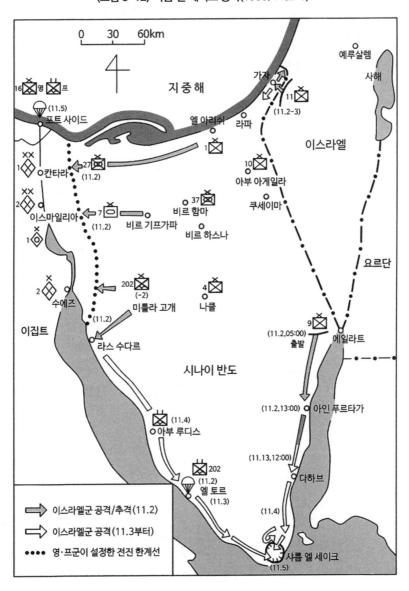

다. 주공대대 정면에서는 공군기가 저공비행을 하며 수비대 진지를 공격했고, 그 다음에는 야포 및 박격포가 집중사격을 퍼부었다. 이렇게 반복 타격을 하면 이집트군 수비대 진지의 사격이 급격히 감소했고, 그때 이스라엘군은 반궤도차량에 탑승한 채 돌진해 들어갔다. 이와 같은 정공법에 의해 요새 서측의 주요 포좌들을 하나씩 파괴하면서 점령해 들어갔다. 동측의 조공대대 정면에서도 박격포 지원사격을 받으면서 요새에 접근한 후, 바주카포와 기관총 사격을 퍼부어 수비대의 포좌들을 하나씩 무력화 시켰다. 이렇게 1시간 동안 격전을 벌인 끝에 요새의 일각을 탈취했고, 이후 진내로 돌입하여 접근 전투를 실시한 결과 11월 5일 09:30분, 마침내 샤름 엘 세이크 요새를 점령하였다. 제9보병여단의 피해는 전사10명, 부상 32명이었다. 이에 비해 이집트군은 약 100명이 전사하고 31명이 부상당했으며, 864명이 포로가 되었다.[61]

한편 11월 3일 저녁, 엘 토르를 출발한 공정부대는 11월 5일 05:00시쯤 샤름 엘 세이크로 통하는 남쪽 협로를 점령하고 무선으로 제9보병여단과 접촉했다. 그리고 반궤도차량에 탑승한 공정대대장 에이탄 중령은 선두에서 샤름 엘 세이크로 맹진하여 09:30분에는 요새 남측에 도달하였다. 에이탄 중령은 즉시 요새로 돌입해 들어가 제9보병여단과 연결하였다. 다얀 참모총장 일행도 엘 토르에서 지프 2대에 분승하여 앞서 간 공정부대를 뒤따라 왔고, 그들 역시 얼마 후에 샤름 엘 세이크에 도착하였다. 여기서 이집트·이스라엘 양군의 전투는 마침표를 찍었고, 이스라엘군은 전쟁목적을 달성하였다. 위대한 군사적 승리였다.

5. 영·프군의 수에즈 작전

10월 29일 오후 늦게 말타섬(島)에서 영·프 연합군 육군사령관 스톡웰 중장은 이스라엘군이 시나이 침공 작전을 개시했다는 보고를 받았다. 이때 영·프군은 수에즈 작전에 투입될 준비를 끝내고 대기하고 있었는데, 그 전력은 다음과 같았다.[62]

---

61) 이집트군은 결사항전의 의지가 부족했다. 특히 지휘관부터 전투의지가 박약했다. 일례로 샤름 엘 세이크 수비대장은 큰 가방 6개를 갖고 포로가 될 만반의 준비를 갖춘 모습으로 나타나 항복하였다.

62) 전게서, 田上四郎, p.95.

영국 육군은 제3보병사단(-), 제10기갑사단(미상륙), 제16공정여단, 제3해병여단 등을 중심으로 합계 1만 3,800명이었고, 프랑스 육군은 제10공정사단(-), 제7경기계화연대, 제1공정대대, 해병여단 등을 중심으로 합계 8,500명 규모였다.

영국 해군은 수송선단 외 지원그룹으로서 항모 3척(함재기 200기), 순양함 4척 구축함 13척, 프리킷함 6척, 잠수함 5척이었으며, 프랑스 해군은 전함 1척, 항모 2척(함재기 50기), 순양함 2척, 구축함 4척, 프리킷함 8척, 잠수함 2척이었다.

영국 공군은 9개 폭격기대 120기, 4개 전투기대 100기, 1개 정찰대 규모였으며, 프랑스 공군은 4개 전투기대 100기, 3개 수송기대를 투입하였다.

10월 30일 18:00시에는 영·프 양국이 이집트 및 이스라엘에게 최후통첩을 보냈다. 그 내용은 '상호 적대행위를 정지하고, 각각 수에즈 운하 동·서안 16km선까지 철퇴하며, 국제법에 의한 수에즈 운하 안전통행을 보장하기 위해 수에즈 지역을 일시적으로 영·프군이 점령하겠다'는 것이었다. 이스라엘은 비밀리에 약속한대로 통첩을 수락했지만 이집트는 너무 굴욕적이어서 거부하였다. 그러자 기다렸다는 듯이 다음 날인 10월 31일, 영·프군은 이집트를 폭격했다.

가. 영·프군의 공폭과 국제사회의 반응

최후통첩 수교 후 25시간이 지난 10월 31일 19:00시, 영·프 공군은 이집트의 철도, 대공화기 진지와 막사 등을 폭격했고, 이어서 11월 3일까지 공군기 및 해군 함재기들은 이집트군 비행장을 포함한 각종 군사시설을 폭격하였다. 이집트 공군은 거의 괴멸되었다.

영·프군의 항공폭격은 국제적인 반발을 초래하였다. 특히 미국 대통령 아이젠하워의 태도가 강경했다. 영국의회 내에서도 이 작전에 대한 반대가 강했다. 10월 31일, 긴급히 개최된 UN안보리에서 '즉시 정전안(案)'이 7:4로 가결되었다. 미국은 이집트·이스라엘 양국에 즉시 정전할 것을 요구했다.

사태가 이 지경에 이르자 영국의 이든 총리는 '지상작전을 계획대로 실시할 것인가, 연기해야 할 것인가'에 대해 연합군 수뇌와 협의를 거듭했다. 양국의 육·해군은 작전 준비를 이미 완료해 놓고 있었으므로 언제라도 작전을 개시할 수 있었다. 그런데 이스라엘과 이집트 간의 전쟁 상황이 영·프가 개입할 정도의 수준까지 진전되지 않은 것이 문제였다. 즉 영·프군의 지상군 개입 명분이 세계 여론에 어느 정도 부합되려면 전쟁 상황이 좀 더 치열해져야만 했다. 1개 공정여단이 미틀라 고개 일대를 점령했다고 하는 정도로는 개입할 수가 없었다. 그래서 11월 1일로 예정되었던 상륙작전을 계속 연기하였다.

한편, 이스라엘은 영·프군이 약속을 지키지 않고, 또 UN에서 정전 압력이 거세지자 정전이 되기 전에 스스로의 힘으로 전쟁목적을 달성하려고 시나이 작전에 박차를 가했다. 이렇게 되자 11월 3일, UN총회가 재개되었고, 이집트가 먼저 UN의 정전결의에 동의했다. 이스라엘도 11월 4일, 에반 외교부 장관을 통해 '이집트가 확실하게 정전에 동의하고, 이스라엘에 대한 각종 적대행위를 중지해야 한다'는 전제하에 '즉시 정전에 동의 한다'고 선언했다. 이때 이스라엘은 이미 시나이 대부분을 점령하고 있었고, 이집트에서 회답이 올 때쯤이면 샤름 엘 세이크를 포함하여 남은 지역을 점령해 전쟁목적을 달성할 수 있을 것이라고 판단하였다.

그러나 이때 영·프의 생각은 달랐다. 그들은 아직까지도 UN의 압력을 피하면서 수에즈 운하를 군사적으로 점령하기만 하면 나세르가 항복하거나, 아니면 최소한 수에즈 운하에 대한 그들의 제국주의적 특수이권을 회복할 수 있을 것이라 기대하고 있었다. 이런 때에 이스라엘이 정전 동의 선언을 하자 영·프는 대경실색했다. 명분이 없어지면 지상군을 투입하는 것은 불가능한 일이었다. 그래서 영국은 프랑스[63]를 통해 이스라엘의 정전 동의 발언을 취소하도록 강요하였다.[64]

이스라엘은 못마땅했지만 전후처리를 하려면 영·프와 같은 강력한 지원국가가 필요하고, 또 이스라엘 혼자만 UN에서 침략자로 낙인찍히는 것에 두려움을 느껴 어쩔 수 없이 영·프의 요구를 수락하였다. 그러나 그것은 교활한 제국주의 영국에게 배신당하는 계기가 되었다. 즉 이스라엘이 정전 동의를 철회한지 불과 수 시간 후에 영·프는 "이집트·이스라엘의 적대행위를 종식시키고, 이스라엘군의 시나이 철수를 확실하게 하기 위해서…" 군사 개입을 하겠다고 선언한 것이다.[65] 그리고 11월 5일 아침, 영·프군의 공정부대가 포트 사이드와 포트 파드에 강하하기 시작하였다.

---

63) 이번 전쟁에서 이스라엘에게 무기를 제공하고 개전할 수 있도록 군사력을 증강시켜준 것이 프랑스이기 때문에 활용한 것이다.

64) 전게서, 김희상, p.198.

65) 상계서, pp.198~199.

영·프는 그동안 지상 개입을 연기하던 것과는 정반대로 최초상륙작전과 동시에 공정부대를 강하시키려는 계획을 취소하고, 공정부대를 하루 먼저 강하시킬 만큼 조급히 서둘렀다. 그 이유는 명확했다. UN의 압력이 예상외로 강경하여 이제 더 이상 머뭇거릴 수 없는 막다른 상태에 다다랐고, 그 반면에 현지의 군사적 상황은 군사개입이 충분할 만큼 여건이 성숙되어 있었다. 즉 이스라엘군은 수에즈 운하 부근에 도달하여 이미 시나이 반도 대부분을 점령하였으므로 영·프군이 진주하여 양군을 격리 시킨다는 논리가 제법 설득력 있게 보여질 것 같고, 그 반면 이스라엘에게 타격을 입은 나세르는 영·프군이 투입된다면 항복하거나 그렇지 않더라도 투입되는 영·프군의 피해가 최소화될 것이라는 것은 분명했다. 이때 영·프군이 개입하는 데 있어 가장 중요한 문제가 비등하는 비난 속에서 보다 더 설득력 있는 개입명분을 제시하는 것이었는데, 이를 위해 사용된 것이 '이스라엘군의 철수를 확실하게 한다'는 것이었다.[66] 이는 이스라엘이 피 흘려 쟁취한 군사적, 영토적 이익을 자기 마음대로 포기시키게 하려는 파렴치한 행위였다.

나. 공정부대의 강하

상륙작전 24시간 전에 공정부대를 강하시킬 경우, 각개 격파를 당할 위험성이 있었다. 그래서 연합군 육군사령관 스톡웰 장군과 부사령관 앙드레 보프르 장군은 작전참모와 함께 지휘함에서 공정부대 강하계획을 재검토했다. 그 결과 '영국 공정부대는 11월 5일, 가미르 비행장에 강하하여 포트 사이드를 점령한다. 프랑스 공정부대도 동시에 포트 파드에 강하한다. 포트 사이드의 급수장과 운하의 교량 2개소는 영군이 확보한다'고 결정을 내렸다.

11월 3일 밤, 그 결정을 영국 정부에 보고해 이든 총리의 승인을 받았는데, 스톡웰 사령관은 11월 4일, 그 결정을 급거 변경했다. 운하 동안에서의 이스라엘군과 접촉 및 교섭을 프랑스군이 담당하고, 급수장 확보와 교량 2개의 확보도 프랑스군이 담당하는 것으로 변경하여 보프르 부사령관의 동의를 얻었고, 본국 정부의 승인도 받았다. 스톡웰 사령관은 1948년 5월까지 제6공정사단장으로 하이파에 주둔했었기 때문에 이스라엘인들의 반영

66) 상게서, p.199.

감정을 잘 알고 있었다. 그런데 이번에도 전쟁 진행 간에 이스라엘의 분노를 살만한 정치적 요인들이 발생했다. 따라서 이스라엘군과 직접 접촉을 최대한 피하기 위해 중간에 프랑스군을 끼워 넣은 것이다.[67]

개전 전, 이집트군은 포트 사이드에 예비역 보병 2개 대대와 정규 방공부대, 연안 방어부대 등을 배치하여 수비하고 있었다. 그 후 영·프군의 개입이 확실해지자 11월 4일까지 3개 민간 방위대대와 SU-100 대전차 자주포 4문을 증강시켰다. 그러나 영·프군의 공폭을 받았고, 대부분이 정규부대가 아니었기 때문에 실제 전투력은 빈약하였다.

11월 5일 새벽, 영군의 함재기가 포트 사이드와 포트 파드의 이집트군 방어진지를 폭격했다. 이어서 08:20분, 영 제16공정여단의 3개 대대가 가미르 비행장에 강하해 단시간 내 비행장을 점령하였다. 08:35분, 프랑스 제2공정연대의 500명이 포트 파드에 강하했다. 이집트군이 반격했지만 30분 만에 급수장을 점령하였다.

〈그림 3-13〉 영·프군의 수에즈 운하지대 공정 및 상륙작전(1956.11.5~6)

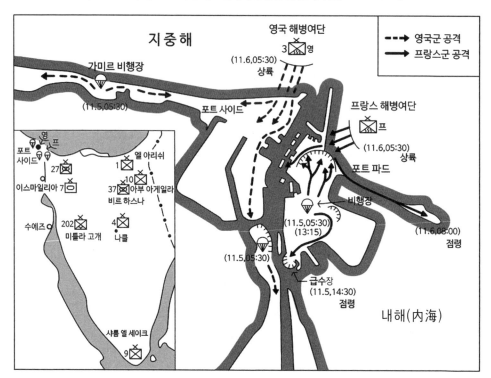

67) 전게서, 田上四郎, p.96.

11월 5일 13:45분, 영·프 양군은 제2파를 강하시켰다. 항공폭격 때문에 이집트군은 행동불능 상태였다. 이날 오후, 제16공정여단장은 포트 사이드시(市) 당국으로부터 제의 받은 휴전회담을 수락했다. 16:00시, 공정여단장은 급수장에서 프랑스군 지휘관을 만나 파괴된 급수장의 수리를 요청했고, 시(市) 당국과는 공정부대의 작전태세를 정리하고 급수장의 수리가 끝날 때까지 일시적 휴전에 동의했다.

11월 5일 22:30분, 휴전 기한은 끝났다. 이날 밤, 영 본국 정부의 명령을 받았다. 11월 6일 상륙작전 시, 이집트 민간인의 피해를 최소화하기 위해 4.5인치 이상의 함포를 사용하지 말라는 것이다. 이어서 두 번째 명령은 포·폭격의 표적목록이 수정된 것으로서 군사적으로 불가결한 표적도 삭제되어 있었다. 그 다음에 하달된 세 번째 명령에서는 상륙전에 포·폭격을 일절 금지한다는 것이었다. 명령을 수령한 스톡웰 사령관은 상륙 이전에 포·폭격지원이 없을 경우, 상륙부대의 사기와 충력(衝力)이 저하될 것을 우려해 그 타개책 강구에 고심했다. 결국 해군의 '포격'과 '화력지원'은 다르다는 견해를 제시하고, '화력지원'이라는 개념 하에 사격을 실시하기로 결정했다.[68]

다. 상륙작전 그리고 정전

11월 6일 06:00시부터 10분간 항공폭격을 실시하였고, 이어서 45분간 함포사격이 계속되었다. 이 폭격 및 포격에 의해 이집트군 해안수비대의 기능은 마비되었다. 또 영국 정부의 명령에 의해 표적에서 삭제되었던 포트 사이드시(市) 행정부 건물도 폭격에 의해 파괴되었다.

06:50분, 영 제3해병여단의 제1파가 포트 사이드에 상륙했고, 프랑스 해병여단은 포트 파드에 상륙했다. 상륙작전은 순조롭게 진행되었다. 이집트군의 저항은 미미했다.

11:00시, 스톡웰 사령관과 보프르 부사령관, 버넷트 공군사령관이 포트 사이드에 상륙했다. 16:00시, 스톡웰 사령관은 다음 날(1월 7일) 수행할 작전명령을 하달했다. 영국은 아부 세아 비행장을 점령하고, 프랑스 공정부대는 이스마일리아를 점령하는 것이었다.

11월 6일 19:30분경, 스톡웰 사령관이 포트 사이드에서 지휘함으로 돌아오자마자 영

---

68) 상게서, p.97.

국 정부로부터 전문이 내려왔다. 전문 내용은 '11월 6일 24:00시부로 전투행위를 중지하라'는 것이었다. 영·프 양국 정부는 국내외의 강압에 못 이겨 마지못해 정전에 동의한 것이다. 후르시초프 소련 수상은 정전에 응하지 않는다면 '영국 본토에 탄도미사일 공격'도 불사하겠다고 언명했는데,[69] 이는 소련이 헝가리 사태에 발이 깊숙이 빠져있는 상태였으므로 단순한 위협으로 보였다. 그런데 아이젠하워 대통령의 결의는 단호했다. 전 세계 미군부대에 경계태세를 발령했고, 영·프·이스라엘에 대하여 즉시 정전할 것을 강하게 압박했다. 영·프 정부는 미국의 강경한 태도 앞에 굴복하고, 11월 6일 공식적으로 정전에 동의했다.

정전 명령을 접수한 스톡웰 사령관은 보프르 부사령관과 참모들을 소집하여 긴급회의를 개최했다. 런던과 카이로의 시차는 2시간이었다. 스톡웰 사령관은 11월 6일 24:00시는 런던 시각을 의미한다고 해석하고 남은 시간을 최대한 활용하기로 했다.[70] 그는 제16공정여단장 브트러 준장에게 가능한 곳까지 수에즈 운하지대를 남하하라고 명령했다. 브트러 준장은 22:30분에 그 명령을 수령하자마자 즉시 남하를 개시하여 24:00시에는 엘 카르까지 남하했고, 그곳에서 정지했다. 여기서 영·프군의 수에즈 작전은 종말을 고했다.

---

69) 소련은 헝가리 사태에 개입했기 때문에 대외적으로 몸을 사리고 있었다. 만약 이스라엘과 이집트만의 싸움이었다면 소련의 개입명분이 희박했을 것이다. 그러나 영·프의 개입은 소련을 자극시켰다. 모처럼 소련이 개척해 놓은 중동의 거점이 파괴될까 봐 잔뜩 경계하고 있던 차에 전 세계의 지탄을 받을 만한 영·프의 개입을 보고 주저할 필요가 없었다. 그래서 영국에게 명확한 군사적 위협을 가함과 동시에 이스라엘에게도 '무책임하게 자국민의 운명과 평화를 희롱하고 있으며, 이것은 국가로서의 이스라엘 존재 자체에도 의문을 던져주는 것으로서, 소련정부는 중동에서의 평화유지를 위해 침략자를 억제하는 조치를 취하려고 하니, 이스라엘은 즉각 침략을 중지하고 이집트 영내에서 철수하라'고 외교문서로서는 있을 수 없는 내용으로 강력한 압박을 가했다.

70) 상게서, p.100.

▌▌▌▌ 제6장 ▌▌▌▌
전쟁의 결과

1. 전쟁의 이중성과 그 여파

수에즈 전쟁은 본질적으로 영·프·이스라엘 대(對) 아랍의 항쟁과, 영·프 대(對) 미·소의 중동 패권을 둘러싼 2개의 전쟁으로 구성된 이중성(二重性)이 노출된 전쟁이었다. 미국은 영·프의 수에즈 진공에 반대하여 영국이 공격을 중지하지 않는다면 석유로 경제적 제재를 가하겠다고 위협했다. 다른 한쪽인 소련도 미국과 동일하게 영·프를 대했으며 탄도미사일 공격도 불사하겠다고 경고해 영·프를 위협했다. 정전 후에도 소련과 중공은 의용병을 파견하겠다고 선언해 군사적 패배를 당한 나세르 대통령의 입장을 옹호함과 더불어 영·프의 위상을 추락시키려고 하였다.

이렇듯 미·소·중공이 공동으로 영·프·이스라엘에 위협을 가한 것이 전쟁의 확대를 억지하고 조기에 종결시키는 요인이 되었다. 특히 미국의 강경한 태도가 이스라엘이 시나이 반도에서 군대의 철퇴를 결의하도록 만든 최대의 요인이었다. 여기서 주목할 것은 첫째로 소련의 핵 위협이나 의용병 파견 성명도 실은 미국이 영·프를 지지하지 않는다는 것을 알고 난 후에 발표하였고, 미국과 핵 대결의 위험이 없다는 판단에 기초를 두었다는 것이다. 둘째는 미국이 왜 영·프·이스라엘을 지지하지 않고 아랍 측의 편을 들었느냐는 것이다. 이는 나세르를 구한다면 아랍민족주의를 자기편으로 끌어 들일 수 있고 석유자원도 안전하지만, 영·프·이스라엘을 지지하면 소련만을 아랍의 주도자로 만들어 버린다고 판단했기 때문으로 보인다.[71]이것은 결국 1948년 팔레스타인 전쟁 시, 미·소 협조와는 다르게 수에 즈 전쟁에서 미·소 관계는 '대(對) 영·프에는 협조, 패권 획득에는 대결'이라는 기본 태도를 무너뜨리지 않은 것이다.

결과적으로 영·프·이스라엘 연합군의 침공은 '수에즈 운하의 재산권 및 항해의 자유'에 대한 요구에서 시작되었지만 이는 영·프 식민지 정책의 마지막 실험이기도 했다. 또한 수 에즈 전쟁은 강대국들의 '정치적 이익의 조화와 갈등'이 표출된 전쟁이었다. 구 식민세력 인 영국과 프랑스는 기득권을 유지하기 위해 나세르 정권의 전복을 노린 이스라엘과 손 을 잡았으며, 미국과 소련은 이들의 침략에 반대하고 이집트의 운하 국유화 권리를 지지 했다. 아이젠하워 미 대통령은 아랍·이스라엘 분쟁을 해결하기 위해서는 두 분쟁 당사국 과 우호관계를 유지해야 한다고 믿었다. 그는 수에즈 전쟁 때문에 중동에서 반서구 감정 이 폭발하면 소련이 중동에 침투하는 데 더 유리해 질 수 있다고 판단하여 제국주의 의도 를 강력히 거부했다.

이리하여 제2차 세계대전 후 급격히 고양된 아랍민족주의를 배경으로 중동에서 영·프 의 세력은 후퇴했다. 게다가 미·소 경계선상에 있는 NATO국가 배후의 요충 이집트는 소 련과의 군사, 경제, 정치적 결합을 강화해 아랍민족해방의 선구적 역할을 담당하기에 이 르렀다. 이에 대해 미국은 1957년 1월, 「아이젠하워 독트린」을 발표해 "영·프의 지위 저 하에 의해 발생한 공백을 메우기 위해, 공산주의를 봉쇄하려는 「트루먼 독트린」을 한층 더 발전시켜, 공산주의 침략에 대항하기 위해서는 무력행사도 불사한다"는 것을 밝혔다.

수에즈 전쟁에서 영·프·이스라엘 3국은 수에즈 운하를 점령하고 시나이 반도에 군대를 진주시킴으로써 군사적 측면에서는 일방적인 승리를 거두었다. 그러나 미·소의 압력으로 그 지역에서 철수해야 했기 때문에 정치적으로는 패배했다. 역으로 나세르는 군사적 패배 를 당했지만 소련의 대규모 원조로 군사적 패배를 중화시켰으며, 정치적으로는 큰 승리를 거둔 결과가 되었다. 나세르는 아랍민족주의의 영웅이 되었고, 친 나세르 아랍민족주의가 모든 아랍지역을 휩쓸었다.

나세르는 수에즈 운하 국유화에서 얻은 정치적 승리를 아랍민족주의를 확산시키는 데

---

71) 1973년 10월 전쟁 시에도 미국은 대 이스라엘 무기지원을 제한하고, 이집트 제3군의 구원활동을 전개하는 등, 이집트에 접근하는 행동을 취했다.

활용했는데, 그 결실은 통일아랍공화국으로 나타났다. 이 전쟁은 또한 보수적인 아랍의 왕들에게 정치적 위기를 불러왔다. 요르단의 후세인 국왕은 나세리즘 민족주의자들의 도전을 받았으며, 친영 성향의 이라크의 파이잘 2세는 1955년 바그다드조약의 중심인물이었으나 1958년 7월 14일, 쿠데타로 몰락을 맞았다.

소련은 이 전쟁으로 이집트, 시리아, 이라크에 영향력을 행사하게 되었으며, 각국에 대한 주요 무기 공급국이자 무역대상국이 되었다. 아이젠하워 역시 수에즈 위기에 적극 개입함으로써 이 지역 전역에서 미국의 성실성과 신뢰감을 어느 정도 회복하는 데 성공하였다.

2. 결과 분석(전쟁 목적)

1956년 10월 29일부터 11월 6일까지 전개되었던 수에즈 전쟁은 미·소 양대국이 중동의 전화(戰火)를 원하지 않는 시기에 벌어진 전쟁이었다. 소련은 헝가리 동란에 몰두해 있는 시기였고, 미국은 대통령 선거운동이 한창인 시기였다. 이처럼 중동에 대한 미·소 양대국의 억지력이 작동하기 어려운 시기에 전단이 열렸는데, 바로 그런 시기였기 때문에 미·소는 보조를 맞춘 것처럼 강경한 태도로 즉시 정전을 요구하였다.

이렇게 되자 영국과 프랑스는 11월 6일, 정전에 동의하고 수에즈 운하지대에서 철수하겠다고 약속했으며, 이스라엘 역시 11월 8일, 정전에 동의하고 그들이 점령한 모든 지역에서의 철수를 약속함으로써 시나이에서의 총성은 일단 멎었다. 그렇다면 전쟁 참가국들은 과연 무엇을 얻고, 무엇을 잃었을까? 그들의 전쟁 목적 달성 여부를 분석해 보자.

영국과 프랑스 양국의 수에즈 작전은 정치적으로도 군사적으로도 실패한 것이었다. 수에즈 운하 점령이라고 하는 군사적 목적을 달성하지 못했을 뿐만 아니라 이든 총리를 사퇴하도록 만들었다. 군사적으로 볼 때 11월 1일 예정의 상륙작전을 정치적인 이유로 연기한 것은 이든 총리의 실패작이었다. 만약 11월 1일에 예정대로 상륙작전을 개시했다면 11월 2일에는 이스마일리아를 점령하고, 11월 3일에는 수에즈시(市)를 점령할 수 있었을 것이다. 또 국제외교에서 교활한 제국주의적 속성을 드러낸 것도 정치적으로 큰 타격이었다. 결국 수에즈 전쟁의 실패로 인해 영국과 프랑스는 중동지역에서의 주도권을 완전히 미·소 양국에게 넘겨주고 말았다.

　이스라엘에게 있어서 수에즈 전쟁은 2개의 적을 상대로 하는 전쟁이었다. 하나는 이집트였고, 다른 하나는 수에즈 운하지대의 점령을 기도하는 영국과 프랑스였다. 이스라엘의 전쟁 목적은 티란 해협의 봉쇄를 해제시키는 것과 시나이 반도의 이집트군을 격파하는 것이었다. 시나이 반도의 이집트군을 격파하지 못하면 아카바 만을 항구적으로 보호 및 유지할 수 없었다. 그러나 이집트군을 패주하게 만든 주요인은 이스라엘군의 시나이 반도 진격보다 오히려 영·프 군의 참전이었다.

　이스라엘은 1957년 3월 16일, 미국과 UN의 압력으로 시나이 반도에서 철수했지만 전쟁 목적은 달성했다. 샤름 엘 세이크와 시나이 반도 정전지대에는 UN긴급군이 주둔하게 되어 아카바 만의 항행은 자유롭게 되었고, 아랍게릴라의 습격을 일시적으로 중단시키는 데 성공하였다. 그러나 이것은 문제를 완전히 해결한 것이 아니고 연기한 것에 불과했다. UN긴급군의 존속여부는 나세르에게 위임되었으며, 아랍게릴라의 습격도 얼마 지나지 않아 다시 발생하였고, 아카바 만 봉쇄도 언제든지 나세르가 결심만 하면 가능한 일이었으며, 파괴된 이집트 군사력도 소련의 지원을 받아 급속히 회복하였다. 따라서 전후 이스라엘이 직면하게 된 국가적 고뇌는 단지 전쟁의 승리를 통해서 전쟁 목적을 영구히 달성할 수 없다는 것뿐만 아니라, 이번 전쟁을 통해 그들이 아랍인에게 심어준 복수와 증오의 감정, 그리고 영·프와 같이 공모했다는 사실 때문에 이스라엘은 제국주의의 도구라는 사실을 아랍민중에게 명확히 심어 준 것이다. 엄밀히 분석해 보면 영·프의 개입이 이스라엘에게 군사적으로는 도움을 준 것이 사실이지만 정치적으로 볼 때 과연 어떤 이익을 준 것인지 의심스럽다. 이 때문에 이스라엘군이 이룩한 찬란한 군사적 영광까지 빛을 잃었다.

　이집트는 비록 군사적으로는 패배했지만 수에즈 운하 국유화와 이스라엘군을 시나이 반도에서 철수시키는 정치적 목적을 달성했다. 그러나 그 정치적 승리요인은 미·소 양국과 국제여론에 힘입은 바가 크다. 수에즈 전쟁은 미국 및 소련과 같은 전쟁 목적 달성 여부를 결정하는 강력한 제3자가 있는 것이 이집트에게는 다행이었다. 이와 같은 정치적 결과는 종전 후, 나세르에 대한 아랍민중의 열렬한 지지로 이어졌다. 지금까지 중동 전역을 지배해 왔던 영·프 양국이 합세하여 군사력을 투입했는데도 그들은 얻은 것이 아무것도 없었다. 오히려 그 덕분에 나세르는 수에즈 운하에 대한 이집트의 배타적 주권을 전 세계에 인식시키는 데 성공하였다. 그 결과 나세르는 단연 아랍세계의 맹주로 등장하였고, 범아랍민족주의의 열풍을 일으키는 데 성공하였다.

3. 군사적 피해와 이스라엘군의 교훈

짧은 기간 동안 복잡한 전쟁이었던 수에즈 전쟁의 군사적 피해는 아래와 같다. 이집트군
이 큰 피해를 입었으며, 특히 대량의 포로가 발생했는데 이는 대부분 철수 도중에 발생한
것이다,

구분		병력				항공기
		전사	부상	포로·행불	계	
이집트	대 이스라엘	1,000	4,000	6,000	11,000	215 (지상격파 : 200)
	대 영·프	650	900	185	1,735	
이스라엘		189	899	4	1,092	15
영국		16	96	0	112	4
프랑스		10	33	0	43	1

이스라엘군은 수에즈 전쟁에서 수많은 교훈을 얻었다. 그중에서 첫 번째가 동원체제와
발령시기의 문제였다. 동원하령은 개전 2일전인 10월 27일이었으며, 동원이 다 완료되지
않은 상태에서 전쟁에 돌입하였다. 동원체제의 문제점으로서 지적된 기술적 사항은 다음
과 같다.

① 실제로 동원된 차량은 계획상의 13,013대보다 훨씬 적었다. 운전자들은 자신의 차량
　과 분리되어 별도로 소집되었기 때문에 출두 전에 자신의 차량을 동원차량 집결장소
　에 갖다 놓지 않았다.
② 동원부대가 갱신되지 않아 실제 동원된 병원(兵員) 및 차량이 명부상의 숫자와 차이가
　났다.
③ 차량정비용 공구가 불비했다.
④ 통신기재가 불비했다. 그래서 작전간 교신이 단절되는 경우가 많았고, 공지(空地) 간의
　통신소통도 잘 이루어지지 않았다. 이 때문에 이스라엘 공군은 아군 종대를 폭격하는
　사태가 종종 발생했다. 뿐만 아니라 제202공정여단이 미틀라 고개에서 격전을 벌이
　고 있을 때, 상공에 떠 있는 공군기와 교신이 되지 않아 근접항공지원을 받지 못한 일
　도 있었다.

⑤ 보급문제로서는 소요량을 낮게 산출했기 때문에 실제 작전 수요를 충족시키지 못했다.

두 번째로, 작전에 관한 문제점은 다음과 같은 것이 거론되었다.

① 다얀 참모총장은 기갑부대의 진가를 인식하지 못한 상태에서 작전을 지도했다. 즉 제7기갑여단은 최량의 전차와 최강의 승무원을 보유하고 있는데도 불구하고, 개전 초부터 전투임무를 부여하지 않고 후방 방호 및 전선예비로서 요르단 정면의 견제작전에 사용되었다. 북부 TF장(長) 라스코프 준장은 '기갑부대는 지상작전의 결전 병기로서 집중 운용해야 한다'는 사고를 갖고 있었다. 그는 보병 중시 사상에 빠져있지 않았다. 그런데 다얀 참모총장의 사상은 '전차는 보병의 지원 병기'이며 따라서 대대급 단위 이상으로 집중 운용하는 것이 아니라 예비로서 대기시키다가 필요에 따라 보병부대에 배속시키는 것이었다. 즉 전차부대는 전투부대가 아니라 전투지원부대라는 사고방식을 갖고 있었다. 그러나 수에즈 전쟁에서 제7기갑여단 및 제27기계화여단의 작전 결과를 보고난 후, 다얀 참모총장은 라스코프 준장의 '전차 집중 운용론'에 동조하였다. 사실 제7기갑여단은 다얀 참모총장의 최초 계획과는 다르게 작전에 투입되어 시나이 작전을 성공으로 이끌었던 것이다.

② 이스라엘 공군은 개전 초기, 전력을 집중하여 이집트 공군을 지상에서 격파하는 작전을 전개하지 않았다. 따라서 공군작전은 결정적 전과를 거두지 못했다. 최초부터 방공 작전 및 지상부대 근접항공지원 임무를 수행했으며, 적비행장 공격임무가 승인된 것은 이집트 공군이 이스라엘 영내의 목표를 공격한 직후였다. 이러한 이스라엘 공군의 작전 운용은 벤구리온 총리가 도시지역 방공을 우선했기 때문이었다.

③ 예비역의 전투능력은 기대 이상이어서 걱정할 필요가 없었다. 샤름 엘 세이크 점령 임무를 부여받은 제9보병여단은 개전 2일 전에 동원된 예비역여단이었지만 훌륭하게 임무를 완수했다. 이와 같이 7개 예비역여단 중 2개 여단(제10보병여단, 제37기계화여단)을 제외하고는 잘 싸웠다. 그러나 제10보병여단처럼 결단력이 부족한 지휘관이 최소한의 기본훈련밖에 받지 못한 시민을 급히 동원하여 편성한 부대를 지휘할 경우, 적화(敵火)를 향해 전진할 때 쉽사리 집단적 무력상태에 빠져 버렸다.

④ 다얀의 분권적 지휘 : 다얀 참모총장은 야전지휘관들의 자발적 적극성과 제1선 진출

(진두지휘)을 강조했다. 명령 위반일지라도 그것이 '감투정신' 때문에 '도를 지나친 것'이라면 군이 처벌하지 않았다. 그는 '머뭇거리는 노새를 채찍질하여 끌고 가는 데 몰두하는 것보다 용감한 종마의 고삐를 잡아당겨 제어하는 데 몰두하는 편이 훨씬 좋다'고 말했다. 여단은 계획/명령을 하달할 시에 작전 목적, 과업, 목표, 전투지경선 등과 전투 시에 지도 요령만을 제시할 뿐이다. 실제 전투는 여단장이 상황에 따라 독자적으로 판단하여 실시한다. 여단 상호 간 지원은 별로 고려하지 않는다. 사막의 기동작전에서는 즉각적인 결심과 지휘관의 제1선 진출(진두지휘)이 절실히 요구되기 때문이다. 그 반면 참모본부는 조직적인 통제력이 없었고, 만약 있다 하더라도 그 계획이나 명령을 그대로 실행하는 것은 아니었다. 이에 대하여 라스코프 준장은 참모본부의 집권적 통제 필요성을 역설했지만 군 전반에서 받아들이지 않았다. 지휘의 분권과 집권이 균형을 유지하게 된 것은 1960년대에 들어서서 군내에 "작전의 통제(Operational Control)"라는 사고방식이 정착하면서부터였다. 즉 긴급을 요하는 결심은 당연히 제1선 지휘관에게 위임되지만, 상급부대가 폭넓은 관점에서 대처하는 것이 타당하다고 판단될 때는 언제든지 통제할 수 있다는 것이다. 6일 전쟁 시 참모본부가 작성한 공군의 집중운용이나 지상작전계획은 "작전의 통제"라는 사고방식이 전군에 정착된 후 처음으로 적용된 계획이었다.

수에즈 전쟁에서 다얀 참모총장이 얻은 교훈은 아래와 같다.

① 충분히 준비되지 않은 상태에서 군에 행동명령을 내리는 결정을 했기 때문에 예비역 동원, 차량준비, 보급, 항공공격, 지상 순찰 등에서 차질이 발생해 작전속도가 떨어졌다.
② 군사행동에서는 다모클레스의 '정치의 칼'이 걸려있다. 이스라엘의 전쟁계획이 사전에 누설되었거나 전쟁이 2~3일이라도 더 연장되었다면 미·소의 압력을 피할 수가 없었고, 이스라엘은 UN에서 침략자로 낙인찍혀 궁지에 몰렸을 것이 틀림없었다.
③ 시나이 반도에서 이스라엘군이 직면한 현실적 문제는 '이집트군에게 승리해야 하는 것만이 아니라, 둘러싸인 정치적 제한의 테두리 안에서 어떻게 작전을 해야 하느냐'였다. 전쟁의 중지 및 종결에 대한 결정권도 이스라엘의 손안에 있지 않았다.

이와 같은 교훈은 6일 전쟁 시 활용되었다.

전투 서열 (1956. 10. 29)

이스라엘군	
국방부 장관	다비드 벤구리온
참모총장	모세 다얀 소장
참모차장(작전)	메이어 아미트 준장
남부사령관	아사후 심호니 준장
북부TF(우그다77)	하임 라스코프 준장
제1보병여단	벤자민 기부리 대령
제11보병여단	아하론 드론 대령
제27기계화여단	하임 바레브 대령
중앙TF(우그다38)	이호다 워라파 대령
제4보병여단	조세프 하파즈 대령
제10보병여단	사미엘 구디르 대령
	이스라엘 탈 대령
제7기갑여단	우리 벤아리 대령
제37기계화여단	사미엘 고린다 대령
독립여단	
제202공정여단	아리엘 샤론 대령
제9보병여단	아비라함 요페 대령
제12보병여단	다비드 에라잘 대령
공군사령관	단 트르코우스키 준장
해군사령관	사미엘 탄크스 준장

이집트군	
국방장관 겸 최고사령관	압드 하킴 아메르 대장
동부군 사령관	알리 아메르 소장
동부군 참모장	사라 딘 모기 준장
제3보병사단	안와 압드 와하브 카디 준장
제4보병여단	사드 딘 무트와리 준장
제5보병여단	가페르 압드 준장
제6보병여단	사미 야싸 대령
	사드 딘 무트와리 준장
제8팔레스타인사단	에쌰 아그로우디 준장
제86팔레스타인여단	
제87팔레스타인여단	
제26국가방위여단	
제4기갑사단	알리 가말 무하마드 준장
제1기갑여단	타라드 핫산 알리 준장
제2기갑여단	이비라힘 모기 대령
제2보병여단	와기 타르 세르비 준장
제2정찰연대	아메르 알리 아데 대령
샤름 엘 세이크 수비대	라후 마파즈 자키 대령
가자 수비대	마하메드 파드 드기 준장
포트 사이드 수비대	사라 딘 모기 준장
해군사령관	소리만 에자트 대장
공군사령관	모하메드 시디 마하무드 중장

영국 · 프랑스군

영·프 연합군 사령관	찰스 게트레이 대장
영·프 연합군 부사령관	피에르 바르조 제독
연합군 육군사령관	휴 스톡웰 중장
연합군 육군부사령관	앙드레 보프르 중장
연합군 공군사령관	데니스 버넷트 대장
연합군 공군부사령관	브리게 파로우 대장
연합군 해군사령관	로빈 턴호드 스리터 제독
연합군 해군부사령관	P.J.G.M. 란세로 제독
영국 육군	
제3보병사단(-)	J. 샤칠 소장
제10기갑사단	R. 모어 소장
제16공정여단	M.A.H. 브트러 준장
제3해병여단	R. 메이독크 준장
프랑스 육군	
제10공정사단(-)	쟈크르 매쉬 소장
제1공정대대	피에르 샤트 조베르 대령
제7경기계화여단	
영국 해군	
수송함대	M. L. 파워 중장
지원함대	데리크 호란드 마틴 중장
프랑스 해군	Y. 캬론 제독
영국 홍해 경비대	J. G. 해밀턴 대령
영국 공군	
9개 폭격전대	
4개 전투폭격전대	
1개 정찰대	
프랑스 공군	
4개 전투폭격단	
3개 수송대	

제4부
6일 전쟁(제3차 중동전쟁)

▌▌▌▌▌ 제1장 ▌▌▌▌▌

전쟁발발의 배경과 원인

1. 수에즈 전쟁 후 중동정세

가. 미·소의 정책

1960년대의 10년간 미국의 대 중동정책은 시몬 페레스[1]의 말에 의하면 두 가지 전제조건하에 시행되었다. 하나는 미국의 중동 분쟁 개입은 어느 일개 국가를 위해서가 아니라 지역 전체의 이익을 위해 개입하는 것이며, 또 하나는 다른 세계적인 세력(소련)에 대항하기 위해 개입하는 것으로, 중동의 어느 특정 국가를 상대하는 것이 아니었다. 「아이젠하워 독트린」은 공산주의 위협에 대한 방위를 보장해 주는 것이지 그 외의 위협에 대한 방위를 제공해 주는 것이 아니었기 때문이다. 케네디 대통령이 취한 입장도 같았다. 즉 이스라엘에 대한 원조를 구체적으로 약속하면 소련도 이에 대항하여 아랍에 똑같은 약속을 하는 불행한 결과를 초래하게 된다는 것이다. 이러한 미국의 대 중동정책은 이스라엘에게 안보

---

1) 1923년 폴란드에서 태어나 10대에 팔레스타인으로 이주했다. 그는 1960년대 말까지 열렬한 시오니스트였고, 국방부 장관 재직 시에는 이스라엘 군비증강을 주도했다. 그러나 전쟁과 테러를 겪으며 군사적 해법으로는 중동평화가 불가능하다는 것을 깨닫고, 노동당 집권기 외교부 장관으로서 1993년, 팔레스타인 해방기구와 오슬로 평화협정을 주도했다. 그 결과 1994년에 노벨 평화상을 받았으며, 이후 이스라엘 총리(1995~1996)와 대통령(2007~2014)을 지냈다.

의 불안감을 가중시키게 만들었으며, 이를 극복하기 위해서 페레스는 프랑스와 동맹관계 체결을 위해 노력했지만 결국 실패했다. 이리하여 이스라엘은 어떠한 국제적 방위기구에 도 가입하지 못한 극소수 국가 중에 하나가 되었고, 동시에 어떠한 지역적, 경제적, 정치적 공동체의 회원이 되지 못한 희귀한 국가가 되었다.

한편, 1962년 쿠바위기에서 패퇴한 소련은 민족해방투쟁지원의 중점을 아프리카 대륙 및 중근동으로 전환하였다. 1960년대는 '아프리카의 해(年)'라고 말할 정도로 아프리카 대 륙에 독립국가가 탄생했는데, 그 수는 무려 15개국이나 되었다. 소련은 1963년부터 지원 방향을 중동으로 지향했다. 1953년 한국전쟁이 종결되자 1955년에 이집트로 진출했던 것과 동일한 형태였다. 1963년, 소련은 두 번째로 이집트에 무기 공여를 개시했다. 1955 년에 공여했던 것과 같은 구형무기가 아니라 MIG-21 전투기, T-54/55 전차, SA-2 지대 공 미사일 등, 신형무기였다. 그 무기 공여는 1967년 6일 전쟁 때까지 계속되었다. 이집트 는 소련의 최신무기로 넘쳐났고, 이러한 소련의 최신무기 공여가 6일 전쟁 발발의 간접적 원인 중 하나가 되었다.

소련이 민족해방투쟁지원을 용이하게 할 수 있었던 요인은 아랍국가들의 경제적 문제 때문이었다. 1958년 초에 성립된 통일아랍공화국의 산업국유화 및 토지접수정책은 국내 의 투자를 정지시켰으며 해외로부터의 투자도 막혀 국가경제성장률은 저하되고 극심한 인플레에 시달렸다. 이렇게 되자 국가예산의 1/3을 차지하는 군사비도 경제개발자금으로 유용할 수밖에 없었고, 20만 명의 군대도 유지하기 어려워졌다. 이런 상태에서 국민의 불 만은 1964년, 미 도서관 방화사건이라는 반미항쟁으로 나타났다.

이처럼 국내문제가 막다른 골목에 몰리면 위정자들은 밖에서 그 활로를 찾게 된다. 이때 이스라엘도 사회적, 경제적, 이념적으로 심각한 위기에 직면해 있었다. 따라서 6일 전쟁은 이집트·이스라엘 모두 국내문제를 대외적으로 해결하려는 일면도 갖고 있다.

나. 아랍통합의 추구와 좌절

1958년 2월 1일, 시리아의 크와틀리 대통령과 이집트의 나세르 대통령이 카이로에서

양국 통합을 발표함으로서 통일아랍공화국이 탄생했다[2]. 2월 21일, 시리아와 이집트 양
국민의 투표에서 나세르가 통일아립공화국의 초대 대통령으로 선출되었다. 이리하여 나
세르는 독립과 현대화를 지향하는 아랍 정렬의 표상이 되었다. 또 아랍의 통합은 아랍이
이스라엘에 군사적 승리를 쟁취하는 데 필요한 힘을 갖기 위한 방법으로 아랍인의 가슴
속에 자리 잡았다. 실제로 이스라엘은 남·북 양쪽에서 통일된 아랍국가의 위협을 받게 되
었다.

통일아랍공화국의 탄생은 '통합적 단결'을 지향하는 범 아랍주의의 산물이었다. 나세르
는 즉각 모든 아랍국가들에게 자신이 건설하고 있는 통합 아랍국가에 동참하도록 촉구했
다. 그러나 통일아랍공화국은 보수적 왕정국가인 요르단과 이라크에 위협이 되었으므로,
3월에 요르단의 하심 왕가와 이라크는 양국 간에 연방안(案)을 구상해 나세르와는 반대되
는 행동을 취했다. 이는 시리아와 이집트의 통합이 시발점이 되어 전 아랍이 통합되기를
기대하는 범 아랍주의라는 대세에 대항하는 행동이었다.

1958년 5월, 레바논과 요르단에서는 나세리즘(Nasserism)을 추종하는 인민들의 봉기가
일어났다. 그 봉기가 점차 내전으로 확대되자 7월에 레바논 정부는 미국에게 지원을 요청
했고, 다음 날 미 해병대가 베이루트에 상륙했다. 요르단의 후세인 국왕도 국내의 질서유
지를 위해 영국에게 군대파견을 요청했고 영국은 그것에 응했다. 이때 이라크도 요르단
을 지원하기 위해 군대를 파병했는데, 아랍인들은 이것을 친 서방주의라고 격렬하게 비난
했다. 미·영의 군대는 10월 말에 철수했지만 레바논과 요르단의 국내 상황은 여전히 불안
했다.

1958년 7월 14일, 이라크에서 카심 장군이 쿠데타를 일으켜 왕정을 타도하고 공화정을
수립했다.[3] 영국의 지원을 받던 이라크 왕정의 소멸은 아랍 최대의 친 서방정권의 붕괴를
의미했다. 카심 정권은 소련의 영향을 강하게 받았고, 바그다드조약기구에서 탈퇴하였다.

---

2) 1957년, 시리아는 국내외적으로 큰 정치적 고통을 겪고 있었다. 친소정책으로 인해 소련으로부터 군사적·
경제적 지원을 받았지만 이는 사회와 군부 내에 공산주의 세력을 부식시키는 결과를 가져왔다. 이리하여 시
리아의 바트레짐은 내부적으로는 공산주의의 전복에 직면했고, 외부적으로는 미국의 지원을 받는 터키, 이
라크, 요르단으로부터 압박을 받았다. 결국 시리아 정치지도자들은 무정부상태에 직면한 시리아를 공산주의
위협으로부터 구하기 위해 이집트와 통합을 선택했다.

3) 쿠데타를 일으킨 카심 준장과 자유장교단은 나세르의 범 아랍주의를 추종하는 나세리스트였다. 그들은 혼
란에 빠진 요르단을 지원하기 위해 이동하라는 명령을 받은 제19여단이 바그다드 시내를 통과할 때를 기회
로 삼아 왕궁을 습격했다. 그리고 국왕 화이살 2세와 알 사이드 총리를 살해한 다음 정권을 장악했다. 그러나
1963년, 바트당이 쿠데타를 일으켜 카심을 몰아내고 정권을 잡았다.

그러나 이라크의 공화정 수립도 아랍 통합에는 도움을 주지 못했다. 카심은 이탈된 국가로서의 자유주의를 옹호했다.

이러한 상황 속에서 아랍의 통합은 암초에 부딪쳤다. 그 시발은 통일아랍공화국의 내분이었다. 통일아랍공화국이 존속한 기간(1958~1961)에 발생한 복잡한 정치적 문제는 첫째, 바트당[4]과 나세르파 사이의 권력투쟁이고, 둘째 시리아와 이집트 간의 통합방식론의 차이였다. 의견대립이 표면화된 이유는 바트당과 나세르파가 서로 시리아에 대한 통치권을 요구했기 때문이다. 그런데 통일아랍공화국 수립 직후 임명된 중앙관료 14명 중, 시리아인은 3명뿐이었다. 이는 이집트 중심주의나 다름없었으며, 나세르의 시리아 지배를 의미했다. 게다가 1961년 7월, 나세르의 사회주의 개혁안과 국유화 조치도 시리아인들의 불만을 고조시켜 새로운 군사 쿠데타가 발생할 수 있는 사회적 조건을 만들었다. 결국 1961년 9월, 시리아 군부가 쿠데타를 일으켜 정권을 잡았다.

1963년, 이집트, 시리아, 이라크 3국의 통합을 위한 정상회담이 시도되었지만, 통합방법과 정당구성에 대해 나세르와 바트당이 대립함으로서 통합은 결국 실패하고 말았다. 나세르는 1958년의 단일국가 형태로 복귀할 것과 여기에 이라크가 가입하는 방안을 주장했고, 바트당은 각국의 동등권을 보장할 수 있는 통일전선 같은 단일 대정치기구[5]를 주장했다. 그러나 협상은 결렬되었고, 시리아가 통일아랍공화국으로부터 탈퇴함으로서 '통일아랍'의 이상은 결정적인 타격을 받았다.

통합에서 시리아가 이탈하자 나세르는 구제도를 부활시키려는 시리아 보수세력을 아랍민족주의의 적으로 낙인찍고, 1959년 이후 조심스럽게 추진해 오던 온건노선에서 탈피하

---

4) 바트당(아랍부흥사회당)은 1943년, 기독교도인 미셸 아플락과 수니파 무슬림인 살라 비타르에 의해 시리아에서 설립되었다. 아플락은 1928~1932년 사이 프랑스 파리에서 유학 중 서구의 발전을 실감했다. 그는 과거 아랍의 영광을 되찾는 길은 식민지 경계를 없애버리고 무지와 후진성을 탈피하여 분열된 아랍을 재통일하는 것이라 생각하고 바트당을 창건했다. 따라서 바트당의 목표는 '영원한 사명을 가진 단일 아랍국가 수립'이며, 한때 파리에서 공산주의자들과도 접촉했던 관계로 마르크스주의의 영향을 많이 받았다. 그래서 바트당의 슬로건은 '자유, 통합, 사회주의'다. 이 같은 바트당의 이념은 시리아와 이라크 같은 다민족국가의 지식인과 지배자들에게 잘 받아들여졌다. 바트당은 잘 조직된 군부와 대부분 대학교육을 받은 젊은 엘리트로 구성되었으며, 본부는 시리아에 있으나 지구당은 레바논, 요르단, 이라크에 퍼져 있는 범 아랍주의 초국가적 정당이었다. 바트당 당원들은 아랍민족을 발전시킬 수 있는 이상적인 제도는 사회주의 제도라고 믿었으며, 평화적인 사회진출을 믿는 영국 노동당식의 온건한 사회주의자들이었다. 바트(Bá ath)는 '부활' 또는 '르네상스'를 의미한다.
5) 바트당이 구상하는 단일 대정치기구는 구체적으로 1961년에 창립된 신정치기구인 민족연맹(The National Union)이나 통일아랍공화국이 해체된 후 1962년 7월에 대체조직으로 만든 아랍사회주의연맹 등이 있다.

여 모든 보수적 이웃국가의 정권 전복에 역점을 둔 군사혁명 수출 정책을 채택하였다. 그래서 1962년 9월, 예멘에서 내전이 발발하자 서슴없이 군사개입을 단행하였다.[6] 아랍세계의 맹주를 노리던 나세르에게는 예멘 분쟁이 통일아랍공화국의 붕괴로 인해 추락한 위신을 회복하고 사우디아라비아를 견제하며 아덴에 영향력을 행사할 수 있는 호기로 판단되었다. 그러나 예멘 내전의 개입은 이집트에게 정치적, 경제적, 군사적으로 큰 부담이 되었다.

다. 급변하는 상황

1) 파타(Fatah)의 등장과 시리아의 대 이스라엘 강경책

수에즈 전쟁이 끝난 후에도 아랍과 이스라엘 간의 적대적 상태는 해소되지 않았지만 그래도 이스라엘과 이집트가 행동을 자제함으로써 1960년대 초반까지 결정적인 위기는 조성되지 않았다. 그러다가 1960년대 중반부터 상황이 급격하게 변하기 시작했다.

요르단강 서안, 가자 지구, 요르단, 레바논 등지에 흩어져 살던 팔레스타인 난민들은 비밀지하운동조직을 결성해 게릴라전 등으로 이스라엘에 맞섰다. 그러나 군사력 열세로 반이스라엘 통일전선의 필요성을 절감하게 된 여러 조직의 지도부가 1964년 5월, 예루살렘에서 개최된 제1차 팔레스타인 민족평의회(PNC : Palestine National Council)를 통해 팔레스타인 해방기구(PLO : Palestine Liberation Organization)라는 정치조직을 결성하였다.

이때 나세르는 팔레스타인의 비극에 대해 무언가를 해야 한다는 아랍인의 공통된 심리를 만족시키면서 비교적 해(害)가 되지 않은 조직을 원했다. 그래서 그는 자신이 통제하기 용이한 아메드 슈카이리를 PLO 수장에 임명하고 팔레스타인 해방운동을 일원화하려고 했다. 나세르는 아랍이 아직 이스라엘을 공격할 준비가 되어 있지 않으니 때가 무르익을 때까지 힘을 모으며 기다리자는 것이었다. 그러나 이러한 나세르의 정치적 구상은 시리아의 하피즈 대통령으로 인해 한계에 부딪쳤다.

---

6) 예멘 내전은 혁명에 성공한 군부세력과 축출당한 이맘 바드로 세력 간의 분쟁이었으나, 이집트의 개입과 파병으로 아랍 내 보수세력과 혁신세력 간의 분쟁으로 확대되었다. 이 내전에서 사우디아라비아를 중심으로 한 보수왕국들은 이맘 세력을, 이집트를 중심으로 한 혁신세력은 예멘 정부를 지원했다.

1964년 10월, 시리아의 바트당 정권의 실권을 장악한 하피즈는 이스라엘에 강경한 입장을 취했다. 여기에 팔레스타인 민족해방조직인 파타(Fatah)[7]가 호응하여 이스라엘에 대한 무장투쟁을 개시하였다. 1964년 11월에는 요르단강 수원(水源)을 둘러싸고 아랍과 이스라엘 간의 충돌이 벌어졌다. 이스라엘은 1959년 이후, 남부 네게브 사막에 물을 대기 위해 송수관을 북부 갈릴리호에 연결하는 국가적 사업을 진행해 왔는데, 1964년에는 이 사업이 마무리 단계에 접어들고 있었다. 이에 대해 아랍 측은 요르단강 수원 일부를 내륙으로 돌려 이스라엘에게 경제적 압박을 가하려고 하였다. 이에 이스라엘 공군은 그 수리공사와 관련이 있는 요르단강 상류를 폭격했다. 결국 아랍 측은 수리공사를 포기했다. 계속 강행할 경우 전쟁을 야기할 것이라고 판단했기 때문이다.

팔레스타인 전쟁 이후, 이스라엘·시리아 국경지대에서 빈번하게 발생하는 충돌은 경작지를 비무장지대 안까지 확장하려는 이스라엘 정책 때문이었다.[8] 이스라엘인에게는 비무장지대를 경작하는 것이 단순한 농업활동이 아니라 국가건설이었다. 그래서 키부츠(집단농장) 사람들은 경작하기 좋은 땅을 발견하면 시리아군이 발포할 줄 알면서도 비무장지대로 트랙터를 보냈고, 그들이 발포하지 않으면 더 깊숙이 보냈다. 그러면 결국 시리아군이 자극을 받아 발포하였고, 이스라엘군 역시 대응사격을 하며 공군까지 동원했다. 이런 방법으로 이스라엘은 비무장지대를 야금야금 잠식해 들어갔다.

이렇듯 시리아와 이스라엘의 충돌이 빈번했지만 나세르는 1차적 정책 목표를 예멘 내전과 남예멘의 반영투쟁에 두고 이스라엘과의 관계는 신중하게 다루었다. 그러나 이러한 나세르의 전략은 1966년부터 붕괴되기 시작한다. 1966년 2월, 시리아에서는 9번째의 쿠데타가 일어났다. 쿠데타 배후인 살라 자디드 장군은 국가수반에 누레딘 알아타시를 앉혔다. 자디드는 전통적인 이슬람 교리를 추구하는 '알라위'라는 종파에 속했다. 알라위는 다수파인 수니파 이슬람교도의 지지를 얻고자 이스라엘·시리아 국경에서 더욱 요란하게 저항했다. 포격전이 이어졌고, 갈릴리호에서는 이스라엘 경비정과 시리아 해안포 사이에 전

---

7) 파타는 주로 팔레스타인의 젊은 대학생 및 고등학생으로 조직된 민족해방단체로서, 군사훈련과 반(反) 유대교육을 받았으며, 이스라엘에 대한 무장투쟁에 앞장섰다. 1964년 12월 31일, 파타 소속의 1개 팀이 이스라엘의 상수도 시설을 파괴하려고 남부 레바논에서 잠입을 시도하다가 실패했다. 다음 날 밤, 다른 팀이 이스라엘에 침투하는 데 성공했지만 이들이 설치한 폭탄은 터지지 않았다. 팔레스타인 단체들은 이날(1965년 1월 1일)을 무장투쟁의 시초라며 기념한다.

8) 팔레스타인 전쟁 정전협정 시, 이스라엘과 시리아는 평화협정이 체결될 때까지 비무장지대를 유지하고 주권문제는 차후에 다루자고 합의했다.

투가 벌어지며 공중전을 촉발하기도 했다. 여기에 발맞추어 팔레스타인의 파타(Fatah)도 이스라엘에 침투하여 강도 높은 게릴라전을 계속했다[9] 과격한 아랍사회주의자들은 이것을 보고 열광했다. 이에 대해 이스라엘의 보복행위도 아랍게릴라들의 행동 못지않게 격렬했다.

1966년 봄과 여름을 거치며 폭력은 고조됐다. 이스라엘 총리 레비 에슈콜은 반격해야 한다는 여론의 압박을 받았다. 그래서 이스라엘군은 10월, 시리아군의 병력과 장비를 최대한 파괴하고 골란고원을 비롯한 국경지역을 장악하기 위한 대규모 군사작전을 준비했다. 그런데 갑자기 변수가 생겼다. 11월 초, 시리아가 이집트와 상호안보조약을 체결한 것이다. 이때 소련은 중동진출의 발판이 될 수 있는 시리아에 막대한 군사적, 경제적 지원을 쏟아 붓고 있었다. 그러나 쿠데타로 집권한 시리아 정부는 대외적으로 아직 불안정한 상태에 있었다. 그래서 시리아가 통일아랍공화국에서 탈퇴한 이래 비우호적 관계를 유지해 오던 나세르를 설득하여 관계를 개선하고 상호안보조약을 체결하도록 했다. 이렇게 이집트와 국가방위를 연결시킴으로써 시리아 정권을 보호하려고 했던 것이다.

나세르는 이 조약을 통해 시리아의 성질 급한 군인들을 통제할 수 있기를 희망했다. 그는 '이집트는 아직 이스라엘을 대적할 준비가 되어있지 않다'고 누차 강조했다. 그러나 시리아 군부는 이집트와 체결한 조약 덕분에 이스라엘이 경각심을 가질 수밖에 없다는 점을 잘 알고 오히려 더 호전적으로 변했다. 이스라엘도 새로 체결된 조약을 보고 시리아에 대한 군사작전을 재검토하였다. 그 결과 시리아 대신 요르단을 공격하기로 결정을 내렸다. 이리하여 11월 13일, 요르단강 서안지구 국경마을 사무아를 공격하게 된다.

2) 사무아(Samua) 마을 공격과 그 여파

1966년 11월 13일 일요일, 이스라엘은 팔레스타인 해방기구(PLO)의 테러활동에 대한 보복이라는 기치 아래 요르단강 서안지구의 국경마을 "사무아"를 공격했다. 사무아 마을

---

9) 파타는 '이스라엘 기간시설에 심각한 피해를 입혔고, 수많은 이스라엘인들을 살상하였다'고 발표했다. 그러나 군사적으로 봤을 때 그들은 성가신 존재 그 이상도, 이하도 아니었다. 그래도 파타는 적지 않은 정치적·심리적 영향을 미쳤다. 팔레스타인 사람들은 그들을 보며 저항심을 이어나갔다. 이스라엘 입장에서는 그들은 테러리스트였기 때문에 반드시 뿌리를 뽑아야만 했다. 제러미 보엔/김혜성, 『6일 전쟁』, (서울: 플래닛 미디어, 2010), p.53.

은 1948년 이후 이스라엘 국경과 5km 떨어진 곳에 위치하였으며, 동쪽에는 유대 사막, 남쪽에는 네게브 사막이 있었다.

1966년 11월 13일 09:00시경, 5km 떨어진 국경에서 포성이 울려왔다. 마을 주민들은 아이들을 데리고 주변 석회암 동굴과 벌판으로 재빨리 대피했다. 그들은 이스라엘군의 보복이 얼마나 무서운지 경험을 통해 잘 알고 있었다. 이스라엘군 전차와 보병이 탑승한 장갑차들이 국경을 넘어 마을로 오고 있었다. 포탄이 소리를 내며 마을 위로 지나갔다. 하늘에는 이스라엘군의 우라강 전투기들이 저공비행을 하고 있었으며, 그 위로 미라쥬 초음속 전투기들이 요르단 공군기들의 접근에 대비하고 있었다.

이 공격은 1956년 이후 가장 큰 규모의 이스라엘군 군사작전이었다. 공격부대는 2개 부대로 구성되었다. 주력부대는 센츄리온 전차 8대의 선도 하에 사무아 마을로 진입해 왔다. 전차 뒤에는 공정부대원 400명을 태운 무개 장갑차 40대가 후속했으며, 그 뒤로는 폭파를 담당한 공병 60명이 장갑차 10대에 나누어 타고 뒤따랐다. 다른 한 부대는 센츄리온 전차 3대의 선도 하에 공정부대원 및 공병 등, 100여 명이 10대의 장갑차에 나누어 타고 인근 마을인 엘마르카스와 짐바로 향했다. 이 부대 외에 슈퍼 셔먼전차 5대와 야포 8문이 국경 일대에 위치하여 공격부대를 지원할 태세를 갖추었다. 공격부대의 임무는 사무아와 인접 마을에 진입해 가옥을 포함한 각종 건물을 폭파하고 철수하는 것이었다. 이는 사무아 주민들을 비롯한 요르단강 서안지구 거주 팔레스타인인들에게 '테러리스트를 숨겨주지 말라'는 경고였으며, 후세인 국왕에게는 '테러리스트가 국경을 넘어 이스라엘에 침투하지 못하도록 더욱 노력하라'는 경고의 메시지를 전달하기 위해서였다.[10]

이 지역에 배치된 요르단군은 제48보병대대 뿐이었다. 대대장 간마 소령은 몰려오는 이스라엘군과 일전을 벌일 수밖에 없음을 깨달았다. 그는 대대를 지휘하여 사무아로 진입한 이스라엘군을 공격했다. 106밀리 무반동총 2정을 장비한 대전차 소대도 출동했다. 마을 남쪽에서 격렬한 근접전투가 벌어졌다. 그러나 전투는 단시간 내 끝이 났다. 요르단군은 용감히 싸웠으나 상황에 유연하게 대처하면서 보·전·포 협동전투를 전개하는 이스라엘군을 당할 수가 없었다. 하늘에서는 4기의 요르단군 호커헌터 전투기가 이스라엘군의 미라쥬 전투기와 맞붙었다. 요르단군 전투기는 저공에서 인상적인 기술을 펼쳤음에도 불구하

---

10) 상게서, p.57.

고 1기가 격추당했다. 전투기의 성능차이 때문이었다. 전투결과 요르단군은 18명(민간인 3명 포함)이 전사하고 54명이 부상했다. 이스라엘군은 1명(공정대대장)이 전사하고 10명이 부상했을 뿐이었다.

요르단군을 격퇴한 이스라엘군은 공병이 집집마다 폭약을 설치하고 남아있는 주민이 있는지 없는지 살폈다. 그런 다음 폭파하고 철수했다. 이스라엘군의 작전은 불과 1시간 만에 끝났다. 이스라엘군이 철수한 후, 공포에 질린 주민들이 마을로 돌아왔다. 마을은 처참하게 파괴되어 있었다. 완전히 불타버린 요르단 육군차량 3대가 마을로 들어가는 다리를 가로막고 있었다. 마을의 유일한 의료원과 여학교는 돌무더기 속에 묻혀 있었다. 우체국도 사라졌고, 마을버스도 부서진 건물 안에 깔려있었다. 총 140채의 가옥이 파괴되어 마을은 폐허로 변해 버렸다.

요르단의 후세인 국왕은 망연자실했다. 그동안 정치적 위험을 무릅쓰고 이스라엘과 비밀리에 접촉하며 평화와 안정을 추구했던 그의 노력이 완전히 배신당한 것이다. 이스라엘과 공존하려던 그에게 이제는 절제할 수 없는 적의만 남았다.[11] 기습을 당한 다음 날, 후세인 국왕은 외국 대사들을 불러놓고 이스라엘을 맹비난했다. 미국은 후세인 국왕이 이집트나 소련에게 군사지원을 요청할까 두려웠다. 그래서 UN안보리에 이스라엘의 공격을 규탄하는 결의안을 통과시켰고, 그것만으로는 불충분하다고 생각하여 후세인 국왕이 계속 권좌를 유지할 수 있도록 도와주려고 요르단에 긴급히 군수물자를 공수하였다.[12]

후세인 국왕은 불만이 팽배해진 육군 장교들과 팔레스타인 난민들이 요르단강 서안지구에서 소동을 일으킬까 두려웠다. 쿠데타가 일어나 요르단에 친 나세르 정권이 들어설 경우, 이스라엘은 이를 명분삼아 개입할 것이다. 그럴 경우 어쩌면 후세인은 왕위를 잃을 것이고, 그가 속한 하심가(家)는 모든 권력을 내놓게 될 것이 틀림없었다.

후세인 국왕이 우려했던 대로 요르단강 서안지구 팔레스타인인들은 분노로 들끓었다. 사무아 주민들은 구호식량과 텐트, 이불마저 거절했다. 대신에 그들은 무기를 요구했다. 인근 팔레스타인 도시 헤브론에도 군중들이 몰려들었다. 전투기를 보내 지원해 주지 않은

---

11) 후세인 국왕은 1967년 5월의 위기가 이 사건으로부터 시작되었다고 말했다. 왜냐하면 이 사건을 계기로 후세인 국왕은 전통적 적대관계에 있던 나세르에게 굴복할 수밖에 없었으며, 동시에 나세르는 후세인 국왕의 태도를 보고 사태를 오판하게 된 것이다.

12) 상게서, p.61.

시리아와 이집트, 이스라엘을 비호하는 미국, 그리고 후세인 국왕을 비판하는 구호가 함께 터져 나왔다. 시위대는 동예루살렘과 나블루스로 향했다. 후세인 국왕은 왕위에 위협을 느껴 모든 팔레스타인 지역에 계엄령을 선포했다.

공군 장교들은 유난히 미국 측에 불만을 갖고 있었다. 그들은 음속으로 날지 못하는 영국제 '호커헌터'같은 구형 전투기를 타고 전투에 임해야 했다. 그들은 전투를 포기하거나 이스라엘의 미라쥬 초음속 전투기 앞에서 개죽음을 당하거나, 둘 중 하나밖에 선택할게 없다고 주장했다. 그들은 신형 전투기를 제공해 주지 않는 미국이 원망스러웠던 것이다. 육군 장교들은 전사한 조종사의 장례식에서 국왕에 대한 불만을 강하게 토로했다. 일부 장교들은 어떻게 나오든 당장 이스라엘을 공격해야 한다고 주장했다.

이집트와 시리아는 그동안 후세인 국왕의 친서방적 행동을 못마땅하게 여겨 왔으므로, 이번 사태로 후세인 국왕이 곤경에 처한 것을 오히려 고소하게 생각하였다. 그래서 이집트는 지원과 관련된 어떤 메시지도 보내지 않았고, 시리아는 이스라엘에 대하여 더욱 강경한 자세를 취했다. 이리하여 상황은 점점 복잡해지고 악화되어 갔다.

3) 대규모 충돌과 고조되는 긴장

1967년 초, 이스라엘 정부는 1948년 팔레스타인 전쟁 시 정전협정에서 비무장 지대로 설정된 골란고원 일대에 나할(Nahal)이라 부르는 농지개척업무 병행 전투부대를 진주시켜 그 지역에서 농작물을 경작한다는 일방적인 조치를 발표하였다. 그 결과 이스라엘에 대한 시리아의 감정이 더욱 격앙되어 국경을 연해서 게릴라의 습격과 박격포 및 곡사포 사격이 빈번하게 발생하였고, 마침내 4월 7일에는 공군까지 동원한 대규모 교전으로 확대되었다.

1967년 4월 7일 09:30분, 이스라엘 트랙터 2대가 비무장지대 농지개간 작업에 나섰다. 이것을 본 시리아군은 09:45분경, 트랙터에 대하여 사격을 개시하였다. 이스라엘군도 대응사격에 나섰다. 교전은 점점 치열해져 전차와 곡사포, 중기관총까지 동원한 전투로 확대되었고, 오후에는 이스라엘 공군기들이 시리아군 진지를 폭격하였다. 이에 대한 보복으로 시리아군은 15:19분, 국경근처의 이스라엘 가돗 기브츠를 집중 포격했다. 약 40분간 기브츠 일대에 300발의 포탄이 쏟아졌다. 다시 이스라엘 공군기가 출동하여 시리아군 진지를 폭격하고 아울러 국경근처 시리아 민간마을을 폭격하여 가옥 40여 채를 파괴했다.

시리아군도 전투기를 출동시켰다. 그러나 결과는 시리아군의 참패였다. 이스라엘군의 미라쥬 전투기들은 시리아군의 MIG-21 전투기를 격퇴했다. 미그기 2기는 다마스쿠스 부근까지 도주했지만 결국 격추 당했다. 이스라엘군 전투기들은 시리아 국민들의 자존심을 짓밟으려고 굉음을 내며 다마스쿠스 상공을 저공비행했다. 시리아군 전투기 4기가 추가로 격추당했다.

다음 날 아침, 동예루살렘에 거주하는 팔레스타인인들은 전날의 교전소식을 전해 듣고는 이스라엘의 강력함과 이에 맞서는 아랍의 무기력함에 아연 실색하여 "이집트는 무엇을 하고 있는가?"라고 절규했다. 반면 이스라엘은 전국적인 축제분위기에 빠져 들었다. 건 카메라(gun camera)에 미그기가 격추되는 모습이 찍혔고, 그 모습이 영화관에서 상영됐다. 이스라엘인들은 환호했다.[13]

4월 7일 교전 이후, 시리아와 아랍게릴라들은 더욱 이스라엘을 자극했고, 이는 새로운 충돌로 이어졌다. 이를 보고 다마스쿠스 주재 영국대사는 "시리아는 게릴라 잠입을 묵인한다는 점에서 분명히 잘못했다. 그러나 이스라엘은 성가신 존재에 불과한 게릴라들에 대하여 과도하게 대응하고 있다"고 말했다.

이스라엘 독립기념일[14]에 맞춰 라빈과 에슈콜은 인터뷰와 방송을 통해 시리아에 강도 높은 경고를 보냈다. 이스라엘은 시리아 공격을 검토하면서 세계 여론을 자기편으로 만들려고 노력하였다. 5월 12일, UPI 통신은 "오늘 이스라엘의 고위 소식통에 의하면, 만약 시리아 테러리스트들이 이스라엘 내 습격활동을 중지하지 않으면, 시리아 군사정부를 몰아내기 위해 이스라엘군은 제한된 군사행동을 취할 것이다"라고 보도했다. 실제로 '이스라엘 고위 소식통'은 군사정보부장 아론 야리브 준장이었다. 그는 여러 가지 가능성 중 하나로 '시리아에 대한 전면 침공과 다마스쿠스 점령'을 언급했을 뿐이었는데 기사가 과장된 것이다. 하지만 이미 되돌릴 수 없는 일이 되었다. 너무나 높아진 긴장감으로 인해 대부분의 사람들은 시리아와 이스라엘 사이에 뭔가 큰일이 터질 것이라고 생각했다. 이스라엘의 영자신문 「예루살렘 포스트」는 이러한 경고를 최후통첩으로 해석했다. 영국 정부는 이스라엘의 경고가 '전쟁으로 가는 일련의 사건들의 시발점'이라고 평가했다. 위험을 인지한 미

---

13) 상계서, p.66의 내용을 의역.
14) 이스라엘은 1948년 5월 14일에 독립하였다. 유대력 기준으로는 독립기념일이 5월 5일이다. 그러나 유대력에 의해 매년 날자가 변동된다.

국 CIA는 존슨 대통령에게 시리아가 공격받을 수도 있다고 보고했다. 이집트의 나세르도 동일한 결론을 내렸다. 이를 뒷받침하듯 '이스라엘군은 시리아를 공격하기 위해 이스라엘 북부에 병력을 집결시키고 있다'는 보도가 모스크바, 카이로, 다마스쿠스에서 흘러 나왔다. 이스라엘은 소련대사에게 실제로 병력을 집결시키고 있는지, 아닌지를 확인하기 위해 현지를 시찰하도록 수차례에 걸쳐 요청했는데 소련대사는 그것을 거부했다. 전쟁의 진짜 원인은 '크렘린의 사주'에 있었다.

2. 소련의 중동진출정책과 전쟁 사주

6일 전쟁은 국제정치적으로 보면 소련의 중동진출정책과 그것을 저지하는 미국의 중동정책이 대결한 장(場)이었다. 크렘린의 권력투쟁에서 승리한 브레즈네프는 1967년 4월 11일, 유럽 공산당회의 출석 후 중동진출정책을 공세적으로 전개했고, 그레치코 국방부장관과 공모하여 속칭 '소련의 거짓말'을 날조해 나세르를 전쟁으로 몰아넣었다.[15] 그 과정은 다음의 3단계로 구분할 수 있다.

가. 제1단계 : 시리아 · 이집트 군사체제의 확립(1964. 10~1966. 11)

1964년 10월 14일, 후르시초프 경질 후, 브레즈네프 공산당 서기장, 코시킨 수상, 말리노프스키 국방장관으로 구성된 트로이카 방식에 의한 의사결정기구가 출범하였다. 코시킨과 말리노프스키는 상호 협동하여 외교정책면에서 지배적인 영향력을 행사했다. 말리노프스키는 중국이 소련의 제1의 적(敵)이기 때문에 중동 및 서구 각국과의 대결을 피하고 싶었다. 코시킨도 인도·파키스탄 전쟁의 해결을 위해 조정을 제의했고, 1966년 1월, 타시켄트에서 강화회의를 성공시켰다.

한편, 브레즈네프는 심복인 국방차관 그리고 그레치코 원수의 협력을 받아 중동의 화약고에 불을 붙일 준비에 몰두하고 있었다. 우선 정치적으로 불안정한 시리아가 표적이 되

---

15) 田上四郎, 『中東戰爭全史』, (東京 : 原書房, 1981), p.109.

었다. 브레즈네프는 시리아에 공여한 소련제 무기의 비밀을 보호한다는 구실을 내세워 첩보부대 요원을 시리아에 파견했다. 이들의 첩보활동은 점점 확대되어 1966년 2월 23일, 마침내 시리아의 군사 쿠데타가 성공했다. 시리아군 참모총장 사라 제디드 장군과 첩보부대장 스웨이다니 대령은 소련 첩보부대의 지원을 받아 아민 대통령을 추방했다. 제디드 장군이 총리가 되었고, 하페즈 아사드 장군은 국방장관에 취임했다.

이후 3월 29일, 시리아 공산당 대표단은 소련 공산당 23회 대회에 참석했고, 이어서 4월 18일, 제디드 총리와 아사드 국방방관이 모스크바를 방문했다. 이리하여 시리아의 새로운 군사정권과 크렘린의 매파(강경파)인 브레즈네프·그레치코의 결속이 강화되었다. 그 결과 1966년 11월 4일, 시리아는 이집트와 군사협정을 조인하게 되었으며, 그 이후 이스라엘에 대한 강경책을 더욱 강화시켰다. 이와 동시에 브레즈네프·그레치코는 이집트에도 접근했고, 11월 24일, 이집트 부총리 겸 최고사령관 아메르 원수가 모스크바를 방문했다. 그레치코는 아메르와 회담하면서 시나이 반도로부터 UN긴급군의 철수를 요구할 것을 제의했고, 만약 전쟁이 발발할 경우 소련이 원조할 것이라고 표명했다.

나. 제2단계 : 후임 국방장관을 둘러싼 권력투쟁(1966. 11~1967. 4)

1966년 중반, 말리노프스키 국방장관이 암으로 쓰러졌다. 크렘린의 강경파와 온건파는 국방장관 자리를 둘러싸고 대립했는데, 소련 최고회의 대부분이 문민 국방장관을 원했다. 코시킨 수상의 부하인 우스치노프 군수장관이 그 후보였다. 이에 대하여 브레즈네프 공산당 서기장은 자신의 심복인 국방차관 그레치코 원수를 국방장관에 앉히려고 노력했는데, 그러기 위해서는 외부에서의 군사적 사건이 필요했다.

1967년 3월 중순, 그레치코의 밀사가 카이로에 도착해 아메르 원수와 회담을 했다. 그 직후, 아메르는 UN긴급군의 철수를 재차 나세르에게 진언했다. 나세르는 이를 거부하면서 코시킨 수상의 진의를 타진해 보았다. 이러한 사태에 깜짝 놀란 코시킨은 그로미코 외교장관을 카이로에 파견했다. 3월 29일부터 4월 1일까지 카이로에 체재한 그로미코 외교장관은 UN긴급군의 철수를 요구하지 않는다는 것과 우스치노프 군수장관을 국방장관에 임명하려한다는 사실을 나세르에게 전했다.

우스치노프를 국방장관에 임명한다는 결정은 4월 3일에 공표되었다. 그런데 다음 날인

4월 4일, 원수그룹의 대표단이 그 결정에 의문을 표명했다. 하지만 코시킨과 포드고르니 (소비에트 최고회의 의장)는 그들의 주장을 받아들이지 않았다. 그런데 4월 7일, 이스라엘·시 리아 국경지대에서 대규모 충돌이 벌어지고 공중전까지 전개되어 미그 전투기 6기가 격 추되는 사건이 발생했다.[16] 그러자 다음 날인 4월 8일, 소련 육군 장교 일단이 소련 수뇌부 를 방문하여 시리아의 미그 전투기 격추 사건을 거론하면서 그레치코 원수를 국방장관에 임명해 달라고 요구하였다. 4월 11일, 코시킨과 포드고르니는 그 요구를 수용해 그레치코 원수를 국방장관에 임명하였다. 이리하여 브레즈네프는 심복인 그레치코를 국방장관에 앉혔고, 크렘린의 주도권을 쥐게 되었다.

다. 제3단계 : 브레즈네프 주도하 중동사태 개입(1967. 4. 11~6. 5)

1967년 4월 11일, 체코의 카를로비 바리에서 유럽 공산당회의가 개최되었다. 그날, 브 레즈네프는 공산당 서기 야고리체프를 특사로 임명하여 카이로에 파견했다. 야고리체프 는 친소파 인물인 알리 사브리와 사라위 고메아 등과 회담을 하였다. 사브리와 고메아는 야고리체프에게 아메르 원수의 군사계획을 지지한다고 밝혔다.

4월 27일, 나세르는 크렘린 내부의 진의를 확인하기 위해 안와르 사다트를 소련에 파견 했다. 4월 29일, 사다트는 코시킨 수상을 만났는데 '소련은 중동에서 무력대결을 요구하 지도 않으며, 원하지도 않는다'는 인상을 받았다. 사다트는 5월 4일, 북한으로 여행을 떠 났다. 그리고 5월 12일, 다시 모스크바로 돌아왔는데, 그동안 크렘린의 분위기가 변했다 는 느낌을 받았다. 그렇다면 그동안 크렘린 내부에서는 무슨 일이 벌어졌던 것일까?

5월 5일부터 11일 사이, 브레즈네프와 그레치코는 군첩보부장과 비밀리에 논의하여 속 칭 '소련의 거짓말'을 만들어 냈다. 이는 '이스라엘이 시리아를 공격하려고 한다'는 정보를 나세르가 확실히 믿도록 하기 위해 조작된 거짓말이었다.[17] 이러한 거짓말은 온건파인 코

---

16) 4월 7일, 이스라엘 전투기에 의해 시리아 미그 전투기가 격추된 사건은 우연히 발생된 것이 아니라, 소련 공 군의 사주에 의해 강력하게 대응하다가 자초한 것이라는 설(說)이 오히려 신빙성이 있다. 4월 6일, 말리노프 스키 원수의 장례식에 참석했던 시리아 대표단이 돌아갈 때 모스크바 공항에 소련 공군의 바트프 대장이 전 송 나온 것도 이와 관계가 있는 것으로 보인다. 즉 소련 군부도 그레치코 원수를 국방장관에 앉히려고 군사 적 위협사건을 만들어 냈다는 것이다.

17) 상게서, p.114. 4월 7일의 충돌사건은 소련으로서도 큰 충격이었다. 그런 사건이 계속 발생한다면 허약한 시리아 군사정권은 전복될 우려가 있었다. 그래서 소련은 이집트를 이용하여 이스라엘을 견제해 시리아의

시킨과 포드고르니의 반대를 억누르기 위해서도 필요했다. 그들은 「니만 보고서」를 살짝 뜯어 고쳤다. 「니만 보고서」는 1957년, 이스라엘군 정보부 차장 유발 니만이 이스라엘에 대한 모든 위협의 가능성에 관해 기술한 보고서였는데, 이스라엘의 사회, 경제, 심리, 군사 전반에 걸쳐 조사한 것이다. 그 결론으로서 시리아와 이집트는 이스라엘을 공격하여 단시간 내에 승리를 획득할 수 있다고 단언하였다.

5월 13일, 소비에트 최고회의 의장 포드고르니와 외무차관 세묘노프는 출국하는 사다트를 환송하러 모스크바 국제공항에 나왔다. 사다트가 탈 비행기가 연착하자 그들은 1시간가량 시리아에 관한 이야기를 나누었다. 그들은 사다트에게 "이스라엘이 시리아 국경 부근에 10개 여단을 집결시키고 있으며, 1주일 안에 공격할 것"이라고 말하고,[18] 조작된 「니만 보고서」를 보여주었다.

5월 14일 오후, 카이로로 돌아온 사다트는 나세르에게 '이스라엘이 시리아를 공격하기 위해 대규모 군사작전을 준비하고 있다'는 정보와 함께 '이집트가 전쟁의 주도권을 쥐는 것에 반대하던 종전의 크렘린 분위기와는 달리 지금은 전쟁을 강하게 요구하고 있다'고 보고했다. 그때 친소파인 이집트 첩보기관장 사미 사라후도 사다트가 본 서류의 신빙성을 강하게 주장하였다. 나세르 또한 KGB와 소련 대사관으로부터 이스라엘이 시리아를 공격하기 위해 국경 근처에 병력을 집결시키고 있다는 보고를 받았다고 말했다. 이렇게 되자 나세르도 가만히 있을 수가 없었다. 무엇인가 이스라엘에게 경고를 보내야만 했다.

안전을 도모하려고 했다. 또한 인기가 땅에 떨어진 알아타시 정권은 국민을 단합시킬 무언가가 필요했다. 따라서 이스라엘에 의한 침공은 이런 필요에 대한 완벽한 구실이었다.

18) 전게서, 제러미 보엔, pp.69~71; Anwar, El-Sadat, 『In Search of Identity』, (New York : Harper & Row, 1978), p.172; Nadav, Safran, 『From War To War』, (New York : Pegasus, 1969), p.274; Heikal, Mohamed, 『Sphinx and Commissar』, (London: Collins, 1978), pp.174~175; Parker, Richard, 『The Politics of Miscalculation in the Middle East』, (Bloomington and Indianapolis: Indiana University Press, 1993), p.5. 소련이 이스라엘의 공격계획을 첩보로 입수했을 가능성이 있다. 그런데 첩보는 어디까지나 첩보인데도 불구하고 소련은 이스라엘군의 공격규모를 잘 모르고 범위와 목적을 과장한 것으로 보인다. 사실 이스라엘은 시리아에 대한 대규모 공격을 검토하고 있었다. 즉 시리아에 대한 '제한적 보복'은 5월 7일, 내각에서 허가했다. 비밀리에 공격할 계획은 분명히 존재했고, 총리실과 참모본부도 이를 검토했다. 그러나 국경 근처에 대규모의 병력을 집결시키지는 않고 있었다. 이때 미국의 존슨 대통령도 '비록 규모는 과장됐지만 이스라엘이 시리아 공격을 준비하고 있다는 소련의 판단은 틀리지 않는다'는 보고를 받았다.

3. 나세르의 허세와 오판

가. 이집트군의 시나이 진주

시리아인들도 이스라엘군의 침공이 임박했다고 믿었다. 시리아 육군참모총장 수와이 다니 소장은 이집트 육군참모총장 무하마드 파우지 장군에게 '대규모의 이스라엘군이 집 결하고 있으며, 공격이 임박한 상태'라는 메시지를 보냈고, 알아타시 대통령은 상호방위 조약에 따라 이집트에 군사지원을 요청했다.[19] 소련으로부터 받은 정보와 시리아의 지원 요청을 무시할 수 없었던 나세르는 우선 시나이에 병력을 진주시키는 첫 번째 조치를 취 했다.

5월 14일, 이집트군 최고사령관 아메르 원수는 '시리아 국경에 대규모의 이스라엘군이 집결 중'이라며 '전투명령 제1호'를 발령했다. 작전참모 안와르 알카디 중장은 깜짝 놀랐 으며 걱정이 됐다. 그는 아메르 원수에게 '이집트군은 아직 이스라엘과 싸울 준비가 되어 있지 않다'고 말했다.[20] 아메르 원수는 걱정하지 말라고 대답했다. 전쟁을 할 계획은 없으 며, 단지 시리아를 위협하는 이스라엘에 대응하기 위한 차원에서 '시위'를 벌이는 것이라 고 말했다.

사실 이집트군은 1967년까지 5년째 예멘 내전에 집중하고 있었다. 그래서 이스라엘 과 전쟁을 하기 위한 어떠한 준비나 훈련도 이루어지지 않았다. 그 상태가 너무 심각하여 1966년 말, 군사기획자들은 '이집트가 이스라엘을 공격하려면 우선 예멘에서 철수해야 한 다'고 경고했다. 육군참모총장 파우지 장군은 이러한 경고를 받아들였다. 그러나 1967년 5월, 아메르 원수는 이를 무시한다. 그는 필요하다면 군은 언제든 이스라엘과 맞붙을 수 있다며 나세르를 안심시켰다.

---

19) 전게서, 제러미 보엔, p.68. 실제로 시리아는 이스라엘과의 전면전을 원하지 않았다. 이미 지난 4월 7일 충 돌 시, 공중전에서 뼈저린 교훈을 얻었기 때문이다. 공군참모총장 하페즈 알 아사드 장군 같은 정권의 주요 인사들은 전쟁에서 패배할 경우, 쿠데타로 집권한 자신들이 역 쿠데타를 당할 수 있다는 점을 잘 알고 있었 다. 이 냉혹한 현실에도 불구하고 시리아는 과격한 언사로 전쟁 분위기를 조성하였다.

20) 상게서, p.75. 알카디 장군은 이집트군 현실을 정확히 파악하고 있었다. 1967년 5월의 이집트군은 이스라 엘군의 상대가 되지 못했다. 연초에 경제적인 문제로 방위비가 삭감됐고, 따라서 훈련도 대폭 줄었다. 게다 가 이집트 육군의 정예병력 절반이 예멘에 있었다. 예멘 내전은 이집트군을 서서히 약화시켰다. 상당한 병 력손실을 보았으며, 막대한 전비를 부담하기가 버거웠다. 이런 상태로는 잘 조직되고 훈련된 이스라엘군과 맞서 싸울 수가 없었다.

5월 15일, 이집트 육군참모총장 파우지 장군은 시리아를 방문했다. 그러나 그는 국경지 내에서 이스라엘군이 집결중인 것을 발견하지 못했다. 소련과 시리아로부터 받은 정보를 뒷받침할 어떤 구체적 증거도 찾을 수 없었다. 오히려 5월 12일과 13일에 찍힌 항공정찰 사진에 의하면 이스라엘군 진지에는 통상적인 활동 외에 어떤 것도 보이지 않았다.

어떻든 간에 나세르의 최초 기도는 결코 전쟁을 예상한 것은 아니었다. 시나이에 군대를 진주시키는 것은 다분히 시위 목적이었다.[21] 그래서 시나이 진주 부대는 5월 14일부터 외국 공관이 많은 카이로 시내의 거리와 중심가를 행진하였고, 매스컴은 '용감한 군대의 행진'을 대대적으로 보도하였다. 이처럼 시나이 진주가 시리아에 대한 이스라엘의 대규모 군사행동을 억제하기 위한 시위였지만, 필요시 시나이에서 이집트의 군사행동이 용이하도록 기반을 형성하려는 숨은 목적도 있었을 뿐만 아니라, 더 나아가서는 세계이목을 집중시켜 분쟁을 가라앉히려는 국제적 압력을 얻어내기 위한 것이었으므로 대대적인 시가 행진과 선전을 할 필요가 있었다.

나. UN긴급군의 철수

시나이에 군대를 진주시키는 승부수를 던진 나세르는 2일 후, 한발 더 깊이 들어갔다. 아랍민중들의 환호와 그들의 열망에 부응하기 위해 UN긴급군의 철수를 요구한 것이다. 이때, 나세르는 UN긴급군의 존재를 실질적으로 불원(不願)한 것이 아니었기 때문에 그저 매스컴으로만 UN긴급군의 철수를 주장하였고, 이미 UN긴급군이 철수하고 없다고 떠들어댔다.[22] 그런데 이렇게 나세르가 선전에 열을 올리고 있을 때, 우탄트 UN 사무총장은 카이로의 보도와는 정반대로 'UN긴급군의 철수를 제의받은 바가 없으며, UN긴급군은 계속 성실히 임무를 수행하고 있다'고 공식성명을 발표했다. 이것은 나세르의 가장 아픈 약

---

21) 미국의 CIA는 이집트가 이스라엘에 경고성 메시지를 보내고 있다고 판단했다. 영국도 병력이동이 "기본적으로 방어책이며, 이스라엘의 위협에 대항해 시리아인들에게 연대감을 심어주기 위한 것"이라고 평가했다. 나세르는 이집트·시리아 방위 조약을 이스라엘에게 확실히 인식시키려고 했다. 그는 이스라엘과 전쟁을 원하지 않았다. 하지만 이스라엘이 시리아를 공격할 경우 가만히 있을 수 없다는 것을 잘 알고 있었다. 가만히 있는다면 아랍세계 내 그의 위상이 큰 타격을 입을 것이기 때문이다. 상게서, p.77.

22) 이때까지만해도 나세르의 UN긴급군 철수 요구는 그저 '위협'을 위한 목적이었을 뿐이며, 더구나 가자 지구나 샤름 엘 세이크에 대해서는 명백한 지칭을 하지 않은 채 그저 막연히 이스라엘과 아랍 국경에서의 철수만을 요구하였다. 전게서, Nadav, Safran, pp.287~289.

점을 정면으로 자극한 것이었다. 이에 격노한 나세르는 즉각 UN긴급군의 철수를 요구했다.[23] 그동안 후세인 요르단 국왕은 나세르가 입으로만 대 이스라엘 투쟁을 외칠 뿐, 실제로는 UN긴급군을 핑계 삼아 그 뒤에 숨어 있다고 비난해 왔기 때문에,[24] 시나이에 진주한 현 시점에서 UN긴급군에 대한 직접적 조치를 취하지 않을 수 없었다.

5월 16일 밤, 이집트 특사 에이즈 엘 딘 모크다 준장은 가자 지구에 있는 UN긴급군사령관 인다르짓 리크혜 장군에게 다음과 같은 서신을 전했다.

UN긴급군사령관(가자)

귀하에게 통보합니다. 나는 모든 통일아랍공화군(이집트) 병력에게 이스라엘이 아랍국가를 공격할 경우 우리 또한 행동을 취할 수 있게 준비하라는 명령을 내렸습니다. 이러한 명령 후 우리군은 이미 동부국경 시나이 지역에 집중 배치되었습니다. 이 국경에 관측소를 설치한 모든 UN군 병사의 안전을 위해 즉각 병력을 철수시킬 것을 요청합니다. 나는 동부지역 지휘관에게 이와 관련된 지시를 내렸습니다. 요청에 대한 회답을 바랍니다.

통일아랍공화군 육군참모총장 파릭 아왈(M. 파우지)

서신을 받은 리크혜 장군은 충격을 금치 못했다. 시나이에서 UN긴급군이 철수한다는 것은 이스라엘과 이집트 사이에 있는 안전판이 없어지는 것으로서 이는 곧 전쟁이 불가피하다는 것을 의미했다. 그는 일단 편지 내용을 우탄트 UN사무총장에게 보고했다.

나세르는 정치적 완승을 노렸다. 미국은 나세르가 이번 기(氣) 싸움에서 이긴다면 '수에즈 사태 이후, 총 한발 쏘지 않고 거둔 최대의 정치적 승리'가 될 것이라고 보았다. 이스라엘이 반격하지 않는다면 나세르는 이스라엘을 굴복시키고 최초로 이스라엘을 꺾은 아랍의 영웅으로 부각될 것이다. 아랍인들의 눈에 이것은 미국에 대한 또 하나의 승리로도 비

---

23) 김희상, 「중동전쟁」, (서울 : 일신사, 1979), p.232.

24) 1966년 11월 13일, 이스라엘군이 요르단 국경마을 사무아를 침공했을 때, 이집트가 공군지원을 해 주지 않은데 대해 후세인 국왕과 팔레스타인인들의 불만은 컸다. 또 1967년 4월 7일 충돌 시, 시리아가 공중전에서 참패하자 팔레스타인인들은 이집트의 무대응을 비난했다.

추어 질 것이다.

이런 상황에서 우탄트 UN사무총장이 큰 실책을 범했다. UN긴급군이 철수하려면 당연히 거쳐야 할 과정인 UN총회의 심의에 상정도 하지 않은 채, 그것도 전 지역에서의 철수를 지시했다. 이는 명확히 전쟁을 향해 내딛는 제1보였다. 이렇게 되자 나세르에 대한 아랍민중들의 지지와 환호성은 더욱 커졌고, 반대로 이스라엘에서는 에슈콜 총리의 우유부단함에 대한 비난과 불만이 높아갔다.

시리아는 이 모든 상황을 보며 흐뭇해했다. 시리아는 전쟁이 날 경우 어떻게든 이집트를 끌어 들이려 했다. 이제는 이집트와 함께 전열에 참가하였기 때문에 더할 나위 없이 만족스러웠다. 이집트 라디오 방송 「아랍의 소리」는 나세르의 일거수일투족을 대대적으로 선전했다. 「아랍의 소리」 수석 정치논설위원 아메드 사이드는 열렬히 강경론을 주장했다. 청취자들은 아랍이 쉽게 승리할 것으로 믿었다. 특히 난민수용소에 거주하는 팔레스타인인 등, 아랍민중들은 사이드와 그의 동료들이 하는 말을 곧이곧대로 믿었다. 그렇기 때문에 이들은 훗날, 패전이라는 현실과 맞닥뜨렸을 때 더욱더 절망에 빠질 수밖에 없었다.

이런 와중에 5월 18일, UN긴급군 철수가 완료되고, 이집트군은 신속히 가자와 샤름 엘 세이크를 접수하게 되었다. 샤름 엘 세이크에 이집트군이 주둔하게 되었으니 이제는 이스라엘 선박에 대한 해협의 봉쇄를 실행해야 할 것인가, 아닌가를 결정해야만 했다.

다. 아카바 만(티란 해협) 봉쇄

나세르는 3일 동안 심사숙고를 거듭한 끝에 더 큰 도박을 결심했다. 이집트군이 시나이에 진주했을 때 이스라엘군은 침묵했다. 그래서 한발 더 나아갔다. 5월 22일 월요일, 아카바 만 입구인 티란 해협에서 이스라엘 선박의 통행을 금지시킴으로써, 1956년 해제된 에일라트 항 봉쇄를 재개하기로 했다. 나세르는 이 조치를 발표하기 위해 시나이 사막의 한 공군기지를 찾았다. "앞으로 이스라엘 국기를 단 선박은 아카바 만을 항행할 수 없습니다. 아카바 만 출입로에 대한 우리의 주권은 논쟁의 여지가 없습니다. 이스라엘이 전쟁으로 위협하려 한다면 우리는 '언제든지 덤벼라'고 말하겠습니다." 아카바 만 봉쇄를 선언한 나세르는 웃음 짓는 조종사들에 둘러싸여 사진을 찍었고, 세련된 분위기를 연출한 사진은

통신사를 통해 전 세계로 퍼져 나갔다.[25]

아랍세계는 갑자기 들뜨기 시작했다. 이미 수백 대의 전차가 시나이에 배치되었다. 아랍인들은 「아랍의 소리」 방송을 통해 '대단히 쉬운 승리'라고 방송된 환상적인 선동에 매혹되었다. 이집트 국민뿐만 아니라 아랍 각국의 국민들도 이러한 선전에 선동되어 다 같이 호전적인 열풍에 휩쓸리기 시작했다.

아카바 만 봉쇄 소식을 들은 우탄트 UN사무총장은 당혹감을 느꼈다. 그는 평화협상을 추진하고자 카이로로 날아갔다. 5월 24일 저녁, 우탄트 UN사무총장과 리크헤 UN긴급군 사령관은 나세르 저택에서 나세르와 함께 만찬을 했다. 나세르는 그가 보일 수 있는 모든 호의를 베풀었다. 나세르는 전쟁을 원하지 않았다.[26] 이집트는 1956년에 영국과 프랑스, 그리고 이스라엘에게 잃은 자존심을 되찾고 싶을 뿐이었다. 나세르는 이스라엘이 시리아를 공격하지 않을 것이라는 미국의 장담도 믿지 않았다. 그래서 나세르는 미국과 소련에게 한 것과 똑같은 약속을 우탄트에게 했다. 이집트는 먼저 발포하지 않을 것이다. 그러나 공격을 당할 때는 자위권을 행사할 수밖에 없다. 호텔로 돌아온 우탄트 사무총장은 '봉쇄를 막을 수 없다면 전쟁도 막을 수 없을 텐데…'라는 고민에 빠졌다.

5월 26일, 아랍세계의 가장 권위 있는 대변자로 알려진 언론매체 「알 아람」의 편집장 헤이칼은 「알 아람」을 통해 명확히 자신들의 입장을 설명하였다. 그는 "이스라엘과의 군사적 투쟁은 불가피한 것이며, 이번 기회야 말로 우리의 실정(實情)을 바꾸어 놓을 수 있는 첫 기회"이고, "해협의 봉쇄는 필연적으로 이스라엘의 도전을 유발하겠지만 결국 이집트가 승리할 것이다. 또 군사적 도전을 하지 않는다 해도 해협의 봉쇄는 이스라엘의 에일라트 항을 통한 석유 수송을 막아 경제적 타격은 물론 생존 자체를 파괴할 수 있다. 지금까지 이스라엘은 지난 번 전쟁의 혜택으로 생존해 왔지만 이제는 이집트가 해협을 봉쇄함으로써, 그런 혜택은 최종적이면서 또 효과적으로 끝났다"고 말했다. 이때 나세르도 같은 지면에서 "우리는 이제 이스라엘에 대해 전면적인 공세를 가할 준비가 되어있다. 이것은 총력전

25) 전게서, 제러미 보엔, pp.84~85.

26) 상계서, p.86. 나세르가 결행한 아카바 만 봉쇄는 사실 기만술에 불과했다. 그것은 나세르가 취한 행동을 보면 알 수 있다. 5월 19일 칼릴 준장은 공정부대원 4,000명을 이끌고 샤름 엘 세이크에 도착했다. 해안포도 배치했다. 아카바 만을 봉쇄하라는 명령을 5월 22일에 받았지만 이는 모순될 뿐만 아니라 실행 불가능했다. 이스라엘 선박에 사격을 가할 경우, 배의 앞과 뒤에만 사격하라는 것이 봉쇄행동의 전부였다. 단 1개의 기뢰도 설치하지 않았다. 칼릴 준장이 받은 명령에 따르면 이스라엘군 함정을 포함한 어떤 국가의 해군 함정도 건드려서는 안 되었다. 해군의 보호를 받는 상선도 건드려서는 안 되었다.

이 될 것이며, 우리들의 기본적인 목표는 이스라엘의 파괴에 있다"고 호언하였다.

미국 CIA는 나세르의 일서수일투족을 분석했다. CIA가 보기에 나세르는 소련의 시시를 그대로 따르고 있지는 않았다. 나세르는 시리아에 대한 이스라엘의 위협에 대응하고 있을 뿐이었다. 또 그가 전쟁을 일으킬 가능성도 매우 낮았다. CIA와 소련이 평가한 것과 마찬가지로 나세르는 아랍진영이 아직 이스라엘을 이길 수 있다고 보지 않았다. 그러나 그는 시나이에 병력이 증강된다면 이스라엘의 공격은 저지할 수 있을 것이라고 생각했다. 나세르는 대외적으로 정치적 승리를 원했다.

라. 이집트 · 요르단 방위 조약 체결

5월 28일, 전 세계의 언론이 나세르를 주목했다. 「아랍의 소리」 방송을 통하여 나세르의 연설이 생중계 되었다. 그는 "UN긴급군과 티란 해협을 둘러싼 현재의 위기는 팔레스타인을 향한 이스라엘의 일상적인 위협 때문이었다. 그러니 이집트의 대응은 당연한 것이 아니겠는가" 라고 말하며, "누구든 이집트 주권을 건드린다면 상상할 수 없는 피해를 입게 될 것"이라고 경고했다. 또 그는 "이스라엘이 1956년에 거둔 '거짓 승리'로 스스로를 속이고 있다"고 말하며, "이스라엘이 팔레스타인을 빼앗고 주민들을 쫓아냈기 때문에 공존이 불가능해졌다. 따라서 팔레스타인의 권리가 복원되지 않을 경우, 이스라엘은 그에 상응하는 대가를 치를 것"이라고 힘주어 말했다.[27]

이 연설을 듣고 아랍인들은 열광했는데, 특히 팔레스타인인들은 더욱 열광했다. 그러나 카이로 주재 미국 외교관들은 위기가 재앙으로 번지고 있다며 걱정했다. 그들은 나세르가 분명하고 압도적인 힘에 직면하지 않는 한, 결코 물러서지 않을 것으로 봤다. 설사 미국이 영향력을 행사하여 뒤로 물러난다 해도 나세르는 이러한 후퇴를 정치적 승리로 이끌려 할

---

27) 전쟁을 원하지 않았던 나세르가 이렇게 강경한 발언을 하게 된 자신감의 배경은 무엇일까? 이에 대해 David Kimche & Dan Bawley, 『The Sandstorm』, pp.117~120에는 "5월 하순, 소련은 중동에서의 전쟁 가능성을 두고 다양한 경우를 분석해 본 결과, 미국의 배후 지원이 약한 가운데 이스라엘이 단독으로 전쟁을 강행할 확률이 가장 높은 것으로 보았다. 또 미국의 지원 없이 이스라엘이 공격할 경우, 이집트 단독으로 방어가 가능할 것으로 판단했다. 그래서 코시킨은 5월 26일, 미국에 대해 양국이 중동에 대한 개입을 억제하자고 건의했고, 이에 대해 존슨 대통령은 5월 27일 밤, 에슈콜 총리에게 군사력 사용을 금지할 것을 요청하는 메시지를 발송하는 동시에 그것을 복사한 사본을 소련에 송부하였다. 이것은 코시킨에게 큰 안도감을 주었으며, 그들은 이것을 바탕으로 나세르에게 그 같은 보장의 언질을 준 것으로 추론된다"고 설명하고 있다.

것이 분명했다. 나세르는 먼저 발포하지 않을 것이다. 하지만 그는 이스라엘과의 대결을 통해 아랍세계에서 자신의 지위를 더욱 강화하고자 했다.

요르단의 후세인 국왕도 나세르의 연설을 들었다. 나세르가 말한 대로라면 전쟁은 불가 피하다고 생각했다. 후세인 국왕은 UN긴급군이 철수할 때부터 이미 전쟁은 피할 수 없을 것이라고 판단할 만큼 사태를 냉철히 파악하고 있는 소수의 아랍인 중 하나였다. 그는 전 쟁이 발발한다면 아랍이 질 것이라고 판단했기에 고심이 깊었다. 전쟁을 회피할 것인가, 아니면 아랍의 대열에 동참할 것인가.

나세르는 전쟁을 자극하고 있었지만 아랍인들 사이에서 그의 인기는 하늘을 찌를 듯 했 다. 이런 현상은 특히 요르단강 서안지구 팔레스타인 사회에서 더욱 두드러졌다. 만약 요 르단까지 밀어닥친 아랍민중의 열망을 무시하고 전쟁을 회피하려고 한다면 '밑에서부터 분출되는 분노'가 그의 정권을 몰락시킬 것은 더할 나위 없이 명백했다.

그동안 후세인 국왕은 친미노선을 걸으면서 이스라엘과도 물밑 접촉을 해왔기 때문에 아랍진영으로부터 미운털이 박혀 있었다. 그래서 지금 들끓고 있는 '아랍민족의 분노'를 피하려면 미국에 반기를 드는 모습을 보여야 하고, 그래야만 생존할 수 있다고 생각했다. '전쟁은 피할 수 없다'고 판단한 그는 요르단 국왕으로서 결단을 내려야만 했다. 그러나 하 심 왕조를 증오하는 시리아 정권과는 연대나 연합을 할 수 없었다. 시리아의 급진파가 이 스라엘보다 후세인 국왕 자신을 더 주적으로 여기고 있다는 것을 잘 알고 있기 때문이었 다. 그렇다면 이제 남은 선택은 나세르와의 협력뿐이었다. 이집트와 연합한다면 전쟁이 발발하더라도 이집트 공군이 출동하여 이스라엘군의 요르단강 서안지구 진격을 지연시켜 줄 수 있을 것이라고 생각했다.[28] 그렇게 되면 UN이 개입할 시간적 여유가 생길 것이고, 따라서 패배를 최소화할 수 있을 것이라고 판단했다.

5월 30일 화요일, 날이 밝자마자 후세인 국왕은 카이로로 향했다. 카이로에 도착한 후 세인 국왕은 나세르와 회담을 시작했다. 그 자리에는 이집트군 최고사령관 아메르 원수도 배석했다. 후세인은 '이스라엘은 아랍이 상대하기에는 너무 강하며, 오히려 이집트가 위 험에 처해 있다'고 경고했다. 나세르와 아메르는 걱정하지 말라고 대답했다. 이제 와서 전 쟁을 회피한다면 아랍은 자존심에 큰 상처를 입을 수밖에 없었다. 후세인 국왕은 이집트

---

28) 전게서, 제러미 보엔, pp.110~111. 후세인 국왕은 이스라엘이 요르단강 서안지구를 전략적 목표로 삼고 있 는 것이 분명하다고 생각했다.

가 시리아와 체결한 방위 조약을 보고 싶다고 말했다. "복사본 하나만 주시오. 그리고 '시리아'라고 쓰인 자리에 '요르단'을 넣어주시오. 그러면 되겠소?"

15:30분, 카이로의 라디오 방송은 정규방송을 잠시 멈추고 이집트와 요르단 간의 협약을 발표했다. 요르단 국민들과 요르단 내 팔레스타인인들은 몹시 놀라면서 뛸 듯이 기뻐했다. 공항에 내려 궁으로 가는 후세인을 향해 수많은 환영인파가 몰려들었다. 기쁨에 도취된 군중들은 그 어느 때보다 승리를 확신했다. 그들은 이스라엘을 증오했고 나세르를 신뢰했다. 그들은 기쁨에 취했지만 정작 후세인 국왕은 공감할 수 없었다.

카이로에서 돌아온 후세인 국왕은 요르단강 서안지구를 순시했다. 첫 번째로 방문한 곳은 벤 세이커 왕자가 지휘하는 제60기갑여단이었다. 국왕은 장교들에게 솔직히 말했다. "나는 우리가 이 전쟁을 이길 수 없으리라는 결론에 도달했습니다. 이 전쟁에 휘말리길 원하지 않지만, 만약 그렇지 않다 해도 최선을 다해주길 바랍니다. 전통과 조국을 위해 싸우고 있다는 것을 잊지 않기를 바랍니다." 그는 서안지구 내 어떤 부대를 방문하든 그 말을 반복했다. 차를 타고 부대와 부대 간을 이동할 때마다 '전쟁이 일어나지 않기를 신께 기도하지만 내 생각에는 일어날 것 같군'이라고 말했다. 후세인 국왕은 처음부터 최악의 상황이 벌어질 것을 우려했던 것이다.

마. 나세르의 오판

점차 긴장을 높여가는 일련의 사태와 더불어 나세르의 인기도 높아만 갔다. 많은 아랍인들은 승리에 대한 꿈을 꾸며 환상에 사로잡혀 있었다. 「아랍의 소리」 방송에 세뇌된 팔레스타인인들은 모두 나세르를 찬양하기에 바빴다. 불과 2주 남짓 사이에 급격히 변해버린 사태의 진전은 나세르에게 자심감과 마치 오랜 꿈이 실현될 것만 같은 희망을 안겨주기 시작하였다. 제일 극적인 사건은 요르단의 후세인 국왕이 나세르 측에 가담한 것이다. 이로써 지금까지 이름뿐이던 '통일아랍사령부'[29]가 활성화되었으며, 이제부터 통합작전이

---

29) 요르단강의 수원(水源) 문제로 이스라엘과 분쟁이 발생하자 이에 대응하기 위해 1964년 1월, 카이로에서 아랍수뇌회의가 열렸다. 이때 아랍통합사령부(United Arab Command) 설치안이 논의됐으나 일단 거부되었다. 그런데 수원(水源) 문제를 비롯한 여러 가지 사건들이 아랍과 이스라엘 간의 전쟁위기를 고조시키자 이집트의 알리 아메르 원수를 사령관으로 하는 통일아랍사령부가 설치되었다. 그러나 대 이스라엘 작전에 반드시 포함되어야 할 요르단은 참여하지 않았다.

가능해졌다.

이러한 가운데 6월 2일에는 이집트군 최고사령관이 전투명령 제2호를 발령했고, 각 부대는 계획된 위치로 이동하여 전투배치에 들어갔다. 6월 3일, 이라크군 선발대와 이집트군의 2개 특공대대가 요르단에 도착했다. 이집트에 공수된 쿠웨이트군은 시나이로 파송되어 이집트군과 함께 배치되었다. 6월 4일, 이라크는 이집트와 방위협정을 체결하고, 이라크 미그 전투기 부대를 요르단의 마프라크 공군기지로 이동시키는 한편, 요르단 공군과 더불어 그 지휘권을 이집트에 위임하였다. 이와 같은 조치들은 명확히 전쟁을 추구하는 듯한 행동으로 보이지만 과연 나세르가 전쟁을 희구하였는지는 의심의 여지가 많다.

이집트는 「사자 작전」[30]이라는 선제공격계획을 갖고 있었다. 그러나 실행하지 않았다. 나세르의 요란한 선전활동은 오히려 그 계획을 결행하지 않으려는 의도로 볼 수 있다. 왜냐하면 선전이 갖는 효과란 위협뿐이며, 위협은 통상 실행할 의도가 없을 때 행해지기 때문이다. 나세르에게는 전쟁 직전의 긴장상태를 유지하는 것이 바람직한 것이었다. 그러나 이러한 긴장상태가 오랫동안 지속될 수 없다는 것을 잘 알고 있었다. 그래서 적절한 시기에 정치적 승리를 얻어내는 것을 목표로 삼고 있었다. 그런데 욕심이 너무 컸고 판을 너무 크게 키운 것이 화근이 되었다. 즉 그는 풍선에 바람을 너무 많이 불어넣었다. 바람을 많이 불어넣을수록 풍선은 커지지만 적정수준에서 멈추지 않고 한계점을 초과하면 터져버리기 때문이다.

미국의 석유부호인 로버트 앤더슨은 존슨 대통령의 비공식 특사로서 카이로를 방문하여 5월 31일, 나세르를 만났다. 나세르는 '이스라엘이 시리아를 공격하려고 하기 때문에 군을 동원할 수밖에 없었다'는 상투적인 말을 반복했다. 앤더슨은 이번 사태를 논의하기 위해 모히에딘 이집트 부통령을 워싱턴에 초청하려고 한다는 존슨 대통령의 뜻을 전했다. 나세르는 6월 4일이나 5일에 부통령이 미국을 방문하기를 원했다. 그는 부통령을 워싱턴에 보내 미국과 공개적인 회담을 해야만 임박한 전쟁을 막을 수 있을 것이라고 생각했다.

그런데 6월 2일, 나세르는 자신이 벌인 도박판이 뭔가 잘못되어가고 있다는 것을 느끼기 시작했다. 이스라엘에서는 강경파인 다얀이 국방부 장관에 임명됐다는 소식이 들어왔

---

30) 이 작전은 '에일라트 항을 폭격하고, 그 지역을 분리 및 절단시키기 위하여 지상군이 네게브 사막으로 우선 진격한다.'는 선제공격계획이었다. 아메르 원수는 이 계획을 무척 자랑스러워했고, 나세르에게 여러 차례 허가를 요청했다. 나세르는 처음에는 거절했으나 결국 5월 27일로 공격일자를 정했다. 그런데 나세르는 그 작전이 위험하다고 생각해 취소했다. 이집트는 전쟁을 준비하기보다 정치적 게임을 준비하고 있었다.

다. 이스라엘은 무엇인가 할 것 같은 기세였고, 겁을 먹은 것 같지 않았다. 이렇게 되니까 이제 문제는 모히에딘 부통령이 이스라엘이 공격하기 전에 워싱턴에 도착할 수 있느냐, 없느냐 였다. 그것이 가능하다면 이집트는 전쟁을 피할 수 있을지도 모르고, 또 괜찮은 정치적 소득을 올릴 수도 있을 것이다. 여하튼 나세르는 군 지휘부가 전쟁에 대비할 시간을 벌어 주어야만 했다.

　나세르는 아메르 원수를 비롯한 군 고위 장성들을 긴급 소집하였다.[31] 그는 6월 4일(일요일)이나 5일(월요일)에 전쟁이 일어 날 것 같다고 말했다.[32] 그러면서 육군참모총장 파우지 장군, 공군참모총장 시드키 마무드 장군, 방공사령관 이스마일 라빕 장군에게 선제공격은 절대로 안 되며, 제한된 선제공격도 실시해서는 안 된다고 강력하게 말했다.[33] 그는 이스라엘의 선제공격을 흡수한 후 전력을 축적했다가 반격에 나서라고 지시했다. 이에 공군참모총장 시드키 마무드 장군은 '공군은 공격용으로 운용해야지, 이스라엘 전투기들이 몰려올 때까지 기다리는 방법으로 운용해서는 안 된다'고 거칠게 항의했다.[34] 그는 오히려 이집트가 선제공격을 실시해야 한다고 고집을 부렸다. 그 누구도 나세르에게 이렇게 대든 적이 없었다. 이에 나세르는 "누가 통수권자냐? 명령을 내리는 사람이 누구냐? 정치인인가, 아니면 군인인가?"하며 질책했다. 옆에 있던 아메르 원수도 "우리가 선제공격을 실시했다가 UN이 이스라엘 편에 서는 꼴을 보고 싶은 것이냐?"하면서 힐난했다. 그러자 나세르는 "바로 그것이다. 그렇다면 우리가 선제공격을 받을 경우 어느 정도의 피해를 입을 것으로

---

31)　이날(6월2일) 저녁, 이집트 외교부 장관 마무드 리아드는 수년간 알고 지낸 미국특사 찰스 요스트를 찾아갔다. 리아드는 그에게 '이집트는 전쟁을 할 의도가 없다'고 확인하면서 한 가지 제안을 했다. 그것은 이스라엘이 석유를 제외한 물품을 외국선박으로 들여오려고 한다면 이를 허용해 주겠다는 것이었다. 이렇게 하여 이집트는 이스라엘과의 전쟁을 피하면서 티란 해협과 시나이에서의 세력균형을 자국에게 유리하게 만들려고 했다. 그러나 리아드는 이스라엘이 결단코 그것을 허용하지 않을 것이라는 사실을 알지 못했다. 상게서, p.131.

32)　이때 이라크는 최소한 증강된 1개 기갑사단과 3개 보병여단을 파병할 것으로 보였다. 이를 위해서는 최소 2~3일이라는 시간이 소요되며, 이스라엘 또한 그 사실을 알고 있었다. 이스라엘은 요르단 전선에 아랍군의 전력이 강화되는 것을 허용할 생각이 없었다. 따라서 나세르는 이라크군이 요르단에 파병되기 전에 이스라엘이 공격을 감행할 것이라고 판단했다. 상게서, p.130.

33)　미국과 소련은 나세르에게 먼저 공격하지 말라고 경고했다. 그래서 나세르는 그 경고를 따르기로 한 것이다. 상게서, p.130.

34)　상게서, p.130. 1956년 수에즈 전쟁 시, 영국과 프랑스군의 선제공격에 의해 공군이 무력화된 경험을 한 이집트 정보당국은 다음 전쟁에서 이스라엘 공군은 자신들의 공군을 선제타격 할 것이라고 예측했다. 그래서 시드키 마무드 공군참모총장은 방공격납고를 짓고자 수천만 파운드의 예산을 요청했지만 방위비가 삭감되는 현실 때문에 예산을 획득하지 못했다.

판단되나?"고 물었다. 시드키는 더 이상 패배주의자로 몰리기가 싫어서 "이스라엘이 기습할 경우, 이집트 공군은 약 20%의 전력을 잃을 것"이라고 말했다. 이에 나세르는 "좋다, 그러면 80%는 남아서 반격할 수 있겠구면"하고 말했다.

이스라엘군이 기습을 실시하기 전날인 6월 4일 일요일 밤, 가자 지구 남쪽에 배치된 이집트군 경계병들은 이스라엘군이 공격준비를 하고 있는 징후를 포착하였다. 그들은 22:30분에 "이스라엘군이 6월 5일 동틀 무렵, 시나이의 지상군 부대에 대하여 공격을 개시할 것으로 보인다"고 보고했다. 하지만 이런 경고는 대부분 무시당했다. 이집트군은 다른 일로 더 바빴다. 다음 날(6월 5일) 아침, 아메르 원수가 시드키 마무드 공군참모총장과 함께 시나이로 내려가 야전지휘관들을 만나기로 되어 있었다. 그래서 이집트군의 일부 고위 지휘관들은 아침에 아메르 원수를 영접하기 위해 부대를 비우고 일요일(6월 4일) 밤, 시나이에 있는 비르 타마다 비행장으로 떠났다.

4. 이스라엘의 대응

이스라엘은 수에즈 전쟁 시, 미국의 동의를 받지 않고 선제공격을 실시한 결과, 점령한 시나이 반도에서 철수해야 하는 쓰라린 경험을 한 바가 있었다. 그때 이스라엘은 중동에서의 전쟁은 그 시작부터 종결까지 초강대국인 미·소의 영향력이 지대하다는 사실도 깨달았다. 그래서 전후 이스라엘은 미국과의 관계를 개선하기 위해 노력을 계속하였다.

1965년 6월, 에슈콜 총리는 이스라엘의 군사력 정비에 관한 회담을 위해 미국을 방문했다. 미국이 본격적으로 북베트남에 대해 북폭을 개시한지 5개월이 지난 후였다. 회담 성과는 기대이상이었다. 가장 중요한 성과는 '이스라엘과 미국은 중근동의 정보만을 교환한다는 차원을 넘어 정기적으로 군사정세를 공동으로 분석한다'는 결정을 한 것이다. 이 결정은 만약의 사태에 대한 '미·이스라엘 공동작전계획'의 성격을 갖는 것이나 다름없었다. 미국은 국방성과 CIA가 중심이 되어 중근동에서 아랍의 군사능력을 분석해 미·이스라엘의 작전개념을 검토하였는데, 그 상황 속에서 '미국은 무엇을 할 것인가'를 정확히 파악할 때까지 모든 대화를 하도록 되어 있었다. 또 한편으로는 미국과 소련이 중동과 지중해에서 충돌을 회피하는 것에 대해서도 충분히 고려하였다.

1965년 6월부터 1967년 봄까지, 이스라엘은 미국에게 외교적, 군사적, 경제적으로 무거운 짐이었다. 그러나 1967년 4월부터는 이스라엘의 군사적 존재가 다른 요소보다 우선하게 되었다. 미국은 이스라엘과의 군사적 제휴를 한층 더 강화시킬 필요성을 절감하고, CIA와 기타 정보기관은 이스라엘군의 정보부장 야리브 준장 및 모사드 사령관 메이어 아미트와 긴밀히 협조하였다. 이리하여 이집트의 나세르 대통령이 티란 해협 봉쇄를 선언해 사태가 긴박한 지경에 이르렀지만, 미 국방성과 CIA는 미국이 개입하지 않더라도 이스라엘은 스스로의 힘으로 사태를 처리할 수 있을 것이라고 판단하였다. 그 결과 6일 전쟁 시 이스라엘의 선제공격은 미국의 암묵적인 동의를 받고 개시한 것이다. 이때 미국은 이스라엘과 공모했다는 의혹으로부터 스스로를 지키지 않으면 안 되기 때문에, '개전을 한다 해도 미국은 개입하지 않는다'는 메시지를 제일 먼저 소련에게 통보하겠다는 미국의 약속 또한 묵시적 동의 못지않게 중요한 것이었다.

가. 위기 발생과 초기 대응

이스라엘은 1967년 5월 15일에 예루살렘에서 건국 19주년을 기념하기 위한 퍼레이드를 벌이기로 했다. 그래서 5월 14일, 이스라엘의 최고위급 정치인들과 군사령관들은 독립기념일 행사에 참석하기 위해 예루살렘으로 모여들고 있었다. 바로 이날, 이집트의 나세르 대통령은 시나이에 군대를 진주시키기 시작했다. 라빈 참모총장은 서예루살렘의 킹 다비드 호텔에서 에슈콜 총리를 만나 이집트군에 대한 최신 정보를 제공하며 더 많은 병력이 이동할 것이라고 보고했다. 이스라엘도 예비군 일부를 동원해야 할 것으로 보였다. 라빈은 "병력 증강이 안 된 상태로 남부지역을 방치 할 수 없습니다"라고 말했다. 하지만 이들은 크게 걱정하지 않았다. 1960년에 시리아와 국경문제가 발생했을 때도 이집트는 시나이로 전차부대를 이동시켰지만, 이스라엘이 병력을 증강해 맞대응하고, 서로 체면이 서자 위기는 금방 사라졌던 전례가 있었기 때문이다. 또 라빈 참모총장은 이집트군의 도발 가능성을 아주 낮게 판단했다. 그는 아직 5만 명의 이집트군이 예멘에 파견돼 있다는 사실과 나세르가 '아직 우리는 전쟁을 할 수 있는 능력이 성숙돼 있지 않다'고 아랍 내 급진적 호전론자들을 달래 왔다는 사실, 또 '이집트는 1970~1971년까지는 전쟁을 도발할 수 있는 능력이 없을 것이다'라는 자신들의 정보판단에 비추어 볼 때 그들의 도발 가능성을 믿을 수가 없었다. 그래서 나세르의 행동은 교묘한 기만술이라고 판단했다. 이스라엘 언론도 나세르가 시리아를 안심시키려고 심리전을 펴고 있다는 이스라엘군의 판단을 존중하였다.

처음에 이스라엘은 이집트의 행동에 대해 큰 위협을 느끼지 않았다. 그러나 사태는 놀랄 만큼 급격히 악화되어 갔다. 5월 16일 밤에 이집트가 UN긴급군의 철수를 요구하자 UN긴급군은 5월 18일, 무기력하게 철수하였다. 이것을 보고 이스라엘의 에반 외교부 장관은 UN긴급군의 행동에 대해 "소방대가 수년간 불이 날것을 감시하다가 정작 불이 나니까 끄지도 않고 도망가 버렸다. 그것도 비참할 정도로 급속히"라고 비꼬았다.

UN긴급군이 철수하자 이집트군이 가자 지구와 샤름 엘 세이크에 진주하였다. 샤름 엘 세이크를 점령했다는 것은 티란 해협을 봉쇄할 수 있다는 것을 의미했고, 이는 동시에 전쟁을 의미하기도 했다. 이렇게 되자 이스라엘 내각에서는 강경파(주전파)들의 목소리가 점점 커졌다. 다얀은 이집트군이 샤름 엘 세이크를 점령하면 티란 해협을 봉쇄할 것이며, 그러면 해협을 강제로 개방하려는 시도, 즉 전쟁이 일어날 것이라고 판단했다. 온건파인 에반 외교부 장관도 '원치 않는 사건의 연속'이 진정한 위협의 요인이 될 수 있다고 경고했다. 에반은 이스라엘이 어떤 일방적인 행동을 취하기 전에 워싱턴과 런던이 외교적 전략을 수립해 주기를 희망했다. 그러나 강경파 고위관료들의 생각은 달랐다. 그들이 보기에 외교 전략은 이미 실패했으니 이제 행동으로 나가야 한다는 것이었다.

미국은 이스라엘이 군사행동을 취할 것이라 생각하고 이를 막으려고 노력했다. 그래서 존슨 대통령은 5월 17일, 에슈콜 총리에게 서한을 보내 "귀하의 지역 내 폭력과 긴장을 고조시킬 만한 행동을 피해야 합니다. … 우리와 상의하지 않은 행동의 결과로서 나타나는 상황에 대해 나는 미합중국 대표로서 책임질 수 없습니다"라고 말했다. 존슨 대통령은 서신과 함께 그동안 연기해 왔던 이스라엘에 대한 물자지원을 승인했다. 일종의 회유책이었다.

나. 급변하는 사태와 외교활동

5월 23일 새벽, 이스라엘군 정보부장 야리브 장군은 라빈 참모총장에게 전화를 걸어 나세르가 티란 해협의 봉쇄령을 내렸다는 사실을 보고했다. 보고를 받은 라빈은 지금까지 나세르의 행동이 기만술일 것이라고 판단했던 생각이 일시에 사라져 버렸다. 그러나 이집트가 감행한 봉쇄행동은 사실 기만술에 지나지 않았다. 티란 해협을 봉쇄하라는 나세르의 명령[35]은 모순될 뿐만 아니라 실행 불가능했다. 또 봉쇄수단으로서 해안포를 배치했을 뿐, 해상에는 단 1개의 기뢰도 설치하지 않았다.

나세르가 해협을 봉쇄한 다음날, 이스라엘은 총 동원령을 내렸다. 아카바 만 봉쇄 자체가 바로 '전쟁 행위'나 마찬가지였기 때문에 내각에서도 전쟁 결정의 원칙에 반대하는 사람이 없었다. 총 동원령이 내려진 이후, 전쟁이 임박했다는 느낌이 팽배했다. 남자 대부분이 동원되자 경제활동이 사실상 멈춰졌다. 이스라엘은 이런 상태를 계속 유지할 수가 없었다. 빨리 결정을 내려야만 했다. 그러나 아직도 에슈콜 총리가 망설이는 것은 수에즈 전쟁 때의 악몽 때문이었다. 당시 군사적으로 승리를 거두고서도 아무런 소득도 없이 철수했다. 두 번 다시 그런 일이 발생해서는 안 되었다. 그래서 우선 에반 외교부 장관으로 하여금 미·영·프를 순방하여 개전 및 전쟁 시에 그들의 지원을 받고, 전후 처리 시에도 특정한 보장안(案)을 받아 낼 수 있도록 외교활동을 전개하도록 했다. 그리고 전면적인 개전 여부는 외교활동의 결과를 보고 결정하기로 했다. 이 같은 조치에 강경파 정치인과 군부는 강력히 반발하였다. 이스라엘군 장군들은 '전쟁은 불가피하며, 이길 수 있다'고 자신했으며 빨리 행동하기를 원했다. 그들은 자신이 지휘하는 군대가 얼마나 강하고 적(아랍군)은 얼마나 약한지를 잘 알고 있었다. 그래서 그들은 온건파 정치인들이 즉각적인 군사공격에 반대하자 분노했다. 또 그들은 에반 외교부 장관이 전쟁을 막으러 워싱턴에 간 것에도 불만을 제기하였다.

에반 외교부 장관은 우선 파리에서 드골 대통령을 만났다. 미국에 대한 이스라엘의 태도를 못마땅하게 생각하고 있던 드골은 오히려 이스라엘이 먼저 발포할 경우에는 프랑스와의 우호적 관계를 포기해야 할 것이라고 경고했다. 다음에 만난 영국의 윌슨 총리는 미국과 함께 국제적인 연합해군함대를 조직해 티란 해협의 봉쇄를 타개하자고 말했다. 마지막 방문국은 미국이었다. 대서양을 횡단하는 비행기 안에서 에반은 깊은 생각에 잠겼다. 그는 어떠한 경우에도 이스라엘이 침략자로 규정되어서는 안 된다고 생각했다. 그럴 경우 1956년 수에즈 전쟁 때처럼 점령한 영토를 모두 반환해야 하기 때문이다. 그래서 이스라

---

35) 이스라엘 상선에 사격을 가할 경우 선박의 앞과 뒤에만 사격해야 하며, 해군의 보호를 받는 상선에 대해서는 사격할 수 없었다. 또 이스라엘을 포함한 모든 국가의 해군함정을 절대 건드려서는 안 되었다.

엘이 전쟁을 할 의도가 있다면 미국의 동의를 얻는 것이 무엇보다도 필요했다.

에반이 공항에 내리자 많은 기자들이 "미국의 참전을 요청하러 왔느냐?"고 질문했다. 당시 베트남 전쟁에 50만 명을 파병한 미국에게 그것은 중요한 문제였다. 에반은 "아니오, 단지 미국이 이스라엘의 자위권을 보장해 주기를 바랄뿐입니다"라고 대답했다. 존슨 대통령은 에반이 미국의 지지를 얻기 위해 왔다는 사실을 잘 알고 있었다. 존슨은 이스라엘에 우호적인 정치인 이었지만 당시 미국은 베트남전의 수렁에 빠져 있었기 때문에 또 다른 전쟁(이스라엘과 아랍)에 휘말리고 싶지 않았다. 존슨 대통령은 집무실에서 에반을 만났다. 에반은 이스라엘 역사상 지금과 같은 순간은 없었다고 하면서 말문을 열었다. 그는 '나세르가 이스라엘의 목을 조여 오고 있다. 이스라엘은 나세르와 한판 승부에서 이길 수 있으므로 그에게 굴복할 이유가 없다'고 말한 후, "아랍의 공격이 임박했습니다. 미국은 어찌할 것입니까? 해협의 봉쇄를 타개하겠다는 약속을 지킬 것입니까? 해협의 봉쇄를 타개하기 위해 조직한다는 국제적 연합해군은 왜 소식이 없습니까?"라고 물었다. 존슨 대통령은 '이스라엘이 처한 위협은 급박하지 않다. 만약 아랍이 공격한다면 이스라엘이 혼쭐을 내줄 것이 아니냐. 미국은 해협의 봉쇄를 타개하기 위해 가능한 모든 조치를 취할 것'이라고 말했다. 그러면서 '어떤 경우에도 이스라엘이 먼저 공격해서는 안 된다'고 강조했다.

결국 에반 외교부 장관은 별다른 소득 없이 5월 27일 토요일 저녁, 이스라엘로 돌아왔다. 그리고 내각이 밤샘회의를 시작할 무렵 총리실에 들어왔다. 이스라엘군은 다음날일지라도 즉각 공격을 개시할 준비가 되어 있었다. 에반은 미국에 대해 외교적 노력을 계속할 수 있도록 추가적인 시간을 달라고 내각에 요청했다. 격렬한 토론을 벌인 끝에 장관 9명이 에반의 의견에 동의했고, 다른 9명은 반대하며 즉각적인 개전을 원했다. 그날 밤, 존슨 미 대통령은 '선제공격을 하지 말라'고 다시 한 번 경고했다. 이처럼 밤샘회의를 한 결과 5월 28일 아침, 이스라엘 내각은 2주간 '미국의 조정'을 더 기다려 보는 것으로 결정했다. 이스라엘군 장군들은 에반 장관 때문에 개전이 지연되고 있다고 불만을 터트렸다.

다. 에슈콜 총리에 대한 불신과 비난

5월 28일 일요일 아침, 에슈콜 총리는 지칠 대로 지쳐 있었지만 쉴 틈도 없이 대국민 라디오 연설을 하였다. 그러나 생방송된 이 날의 연설은 한 마디로 재앙이었다. 사전 연습도 없이 연설을 했기 때문에 말을 더듬는 등, 헤매다시피 했다. 더구나 서툴고 불분명한 어조의 연설은 자신감에 찬 지도자를 원했던 국민들을 더욱 실망시켰다. 얄궂게도 그가 연설한 내용은 틀린 것이 없었다. 그의 말대로 이스라엘군은 완벽한 준비태세를 갖추고 있었다.

이날 저녁 21:00시, 에슈콜 총리는 이스라엘군 최고지도부와 회합을 가졌다. 이 자리에서 장군들은 에슈콜 총리를 맹비난 했다. 이스라엘군이 승리할 것이라는 자신감에 차있는 그들은 전쟁을 기다려야 하는 것이 수치스러워 분노에 찬 목소리로 행동을 촉구했다. 회합이 시작되자 먼저 군 정보부장 야리브가 독설을 퍼부었고, 다른 장군들이 뒤이어 에슈콜을 힐난했다. 그 내용은 다음과 같다.

> *샤론: 우리 스스로 이스라엘군의 억지력을 없앴습니다. 우리의 주된 무기인 공포심을 스스로 제거한 것입니다.*
> *탈: 정부의 결정은 명확하지 않습니다. 우리는 명쾌한 지시를 받을 권리가 있습니다.*
> *나르키스: 이집트군은 비누거품 같아서 콕 찌르기만 해도 터질 겁니다. … 그러나 우리 군대는 환상적입니다. 걱정할 필요가 없습니다.*
> *요페: 총리가 군으로부터 존재 이유를 앗아가고 있습니다.*
> *펠레드: 총리가 전쟁을 가로 막음으로써 이스라엘군을 모욕하고 있습니다.*

에슈콜은 이 상황을 통제하려고 했다. 그는 "이집트군이 시나이에 진주했다고 반드시 전쟁을 해야 한다고 보지 않는다. 평생 칼을 차고 살 수는 없지 않느냐"고 하면서, 그동안 자신이 군의 전력 증강을 위해 노력한 사항들을 상기시키려고 했다. 라빈 참모총장은 전쟁선포를 고려하자고 제안했지만 에슈콜은 거부했다. 그리고 공개적인 반란과 같은 장군들의 비난에 화가 나서 밖으로 나가버렸다. 이로서 회합은 끝이 났다. 에슈콜을 비난한 장군들은 요페를 제외하고는 모두 30대 후반에서 40대 초반이었고, 대부분 이스라엘 태생이었으며, 이스라엘이 겪은 모든 전쟁에 참가했었다. 그들이 보기에 에슈콜 총리는 장애물이었고, 나약한 유대인의 표상이었다. 그러나 이는 정확하지 않은 평가였다. 에슈콜은 러시아의 키예프에서 태어나 20세가 되던 해, 팔레스타인으로 이주해 와서 유대국가를 건설하는 데 평생을 바쳤다. 다만 이번 위기가 발생하자 그는 외교적 노력을 우선하고 개전은 최후 수단으로 결정하려고 하는 온건적인 입장이었다. 그래서 강경파인 군부의 비난을 많이 받을 수밖에 없었다.

라. 국방장관 임명을 둘러싼 갈등

에슈콜 총리의 라디오 연설은 그의 인기를 급격하게 추락시켰다. 그리고 하룻밤 만에 국가 지도자의 능력이 최대 현안문제로 떠올랐다. 모세 다얀의 동지 시몬 페레스는 에슈콜이 전쟁을 머뭇거려 나라를 위기에 몰아넣었다고 비난했다. 페레스는 에슈콜이 국방부 장관뿐 아니라 총리직에서도 물러나야 한다며[36] 맹렬한 정치적 선동을 펼쳤다. 언론들도 에슈콜을 비난했고, 신문 사설은 다얀[37]을 국방부 장관으로 입각시키라고 요구했다. 이스라엘 국민들은 강력한 군인이 나타나 그들을 이끌어 주기를 바랐다. 그들이 보기에 에슈콜은 적임자가 아니었고, 다얀이 적임자였다. 군 최고사령부도 에슈콜 대신 다얀이 국방부 장관직을 수행하기를 원했다. 더구나 5월 30일, 요르단의 후세인 국왕이 카이로를 방문하여 전격적으로 이집트와 상호방위 조약을 체결하자 위협을 느낀 국민들의 요구는 더욱 거세어졌다.

에슈콜은 견딜 수 없는 압박감을 느꼈다. 그는 다얀 대신 이갈 아론을 국방부 장관으로 임명하려고 했다. 그러나 점차 다얀으로 대세가 굳어져 갔다. 장관들과 의원들도 다얀을 원했다. 에슈콜은 일단 국방부 장관직을 고수하려고 5월 30일 저녁, 의회 지지 세력을 만난 자리에서 도움을 요청했지만 반응이 시큰둥했다. 하루를 더 버티어 보기로 한 에슈콜은 다얀에게 부총리 자리를 제안했다. 그러나 다얀은 거절했다. 그는 국방부 장관 아니면 참모총장 자리를 원했다. 할 수 없이 에슈콜은 아론을 국방부 장관에 임명하기로 결심했다. 그래서 그는 5월 31일, 남부사령관 가비쉬 준장을 다얀으로 교체하겠다는 뜻을 내각

---

36) 벤구리온이 총리를 할 때부터 총리가 국방부 장관을 겸무하는 전통을 세웠다.

37) 모세 다얀은 1915년, 최초의 이스라엘 정착촌 데가니아에서 출생했다. 그의 부모는 러시아 출신의 이민자였다. 그는 1929년, 농민자위대에 들어가 반영운동에 참가했고, 1937년에는 유대 지하 민병대 하가나에 가입했다. 그리고 1938년에는 영국군 장교 윙 게이트로부터 게릴라 전술을 배웠다. 1939년, 하가나가 비합법적 조직이라는 이유로 영국 당국에 체포되었고, 1941년, 비시정권에 대항해 싸우다 한족 눈을 실명하기도 했다. 1948년 팔레스타인 전쟁에서는 예루살렘 전선 사령관, 1953년에는 이스라엘군 참모총장, 1956년 수에즈 전쟁 시는 시나이 전선 사령관을 역임했다.

에 통보했다. 가비쉬 장군[38]은 그 사실을 뒤늦게 알았다. 그는 다얀이 자신의 자리를 원하고 있다고는 전혀 생각하지 못했다.

6월 1일 새벽, 라빈 참모총장은 가비쉬 준장을 텔아비브의 참모본부로 불러들였다. 가비쉬와 라빈은 1940년대 팔마치 시절부터 동지였다. 라빈은 가비쉬에게 미안하다는 말만 반복했다. 가비쉬는 큰 충격을 받았지만 다얀이 자신보다 훨씬 더 유능한 군인이니 원하면 그렇게 하라고 말했다. 그러나 다얀이 남부사령관에 취임하면 그의 참모로 남아 달라는 라빈의 말을 듣고는 화를 벌컥 냈다. 그것은 불가능한 일이었고, 그렇게 할 마음도 없었다. 그는 불쾌한 감정을 억누르면서 남부사령부로 돌아왔다. 신임 참모차장 바레브가 그를 따라왔다.

바레브는 다얀이 자기밖에 모르는 사람이라고 비난하면서도 가비쉬가 새로 취임할 다얀의 참모로 남지 않으면 '재앙'이 초래할지도 모른다고 말했다. 가비쉬는 약 3년간 시나이 작전계획 수립에 참여하였지만 다얀은 은퇴한 군인이어서 아무것도 모르기 때문이었다. 그러나 이미 자존심이 상한 가비쉬는 승낙하지 않았다. 가비쉬는 마지막으로 전선을 순시했다. 샤론, 탈, 요페 등 사단장들을 만났지만 무슨 일이 있었는지 말해주지 않았다. 그저 최종 공격계획만 승인해 주었다.

한편, 가비쉬를 희생시켜 자신을 살리려고 한 에슈콜의 계획은 뜻대로 돌아가지 않았다. 연립정부를 구성하고 있는 국민종교당 간부들이 아론이 아닌 다얀이 국방부 장관이 되길 원했으므로 결국 에슈콜은 자신의 결심을 바꿀 수밖에 없었다. 이리하여 6월 1일, 다얀은 국방부 장관에 임명되었고, 가비쉬는 남부사령관직을 그대로 유지하게 되었다. 그러나 그는 정치가 안보를 우선하는 모습에 실망하여 "이는 개인적인 모욕의 문제가 아니었다. 전차 1,000대가 시나이에서 우리를 노려보고 있었다. 그런데 어떻게 전쟁 직전에 지휘관을 교체할 생각을 할 수 있나?"라며 불만을 표출하였다. 에슈콜도 국방부 장관을 겸무하면서 책무를 다했다. 그러나 에슈콜이 국방력 강화에 공헌한 것보다 다얀이 복귀함에 따라 군과 국민의 사기를 북돋은 가치는 환산할 수 없을 만큼 높았다.

---

38) 1948년 팔레스타인 전쟁에서 다리를 다친 그는 42세의 나이에 용모가 수려했고, 지휘관으로서 인기도 높았다.

마. 미국의 암묵적 동의와 개전 결정

1967년 5월 말, 이스라엘 첩보기관 모사드는 크렘린 내부의 격렬한 권력투쟁과 시나이 반도에서의 위기 관련성을 분석한 결과 소련이 중동에 진출하려는 것을 판명하였다. 이렇게 되자 이스라엘은 미국에 지원을 요청할 수밖에 없었다. 그래서 에반 외교부 장관이 미 국무부와 접촉했지만 아무런 반응이 없었다. 더구나 5월 30일에는 나세르와 대립하던 요르단의 후세인 국왕이 카이로를 전격 방문하여 상호방위 조약을 체결했다. 요르단의 전향은 이스라엘에게 치명적이었다. 군사적으로 아랍국가들에 의해 포위되고, 이스라엘의 전략적 약점이 아랍의 가까운 공격거리 내에 노출되기 때문이다.

이렇게 되자 5월 31일, 모사드 사령관 메이어 아미트는 비밀리에 워싱턴으로 날아가 CIA 국장 리처드 헬무즈가 있는 곳으로 직행했다. 헬무즈는 지난 4월 11일 개최된 유럽 공산당회의 후의 소련 외교정책에 관한 분석을 존슨 대통령에게 보고했을 뿐이었다. 보고한 내용은 '크렘린의 정책은 서방 측에 대하여 보다 경화되었고, 중동에서 사건을 일으키려 한다'는 것이었다. 헬무즈는 소련의 그 정책을 미국이 베트남에 대한 본격적인 개입을 약화시키기 위한 일련의 공작이라고 보았다. 즉 소련은 미국과 대결하면서까지 중동에 진출할 의도는 없다는 것이 헬무즈의 생각이었다. 그러나 헬무즈는 아미트와 6시간 동안 대화를 나눈 후 자신의 생각을 수정했으며, 이번에 이스라엘이 패배할 경우 중동전역이 소련의 영향력 아래 놓일 것이라는 위험성에 동의했다.

6월 1일, 헬무즈의 소개로 아미트는 맥나마라 국방부 장관을 만났다. 아미트는 정세 분석 결과를 설명한 후, '이스라엘은 전쟁을 하겠다'고 말했다. 맥나마라가 "얼마나 걸리겠소? 예상되는 사상자는?"하고 묻자, 아미트는 "1주입니다. 사상자는 독립전쟁 당시의 6,000여 명보다 적을 겁니다"라고 답했다. 아미트가 "내가 이곳에 좀 더 머물러야 할까요?"하고 질문하자 맥나마라는 "이스라엘로 돌아가시오. 당신이 있을 곳은 그 곳이오"라고 답하며, '방금 전에 다얀 장군이 국방부 장관에 임명됐다는 뉴스를 들었다. 1965년에 그가 베트남을 방문한 후 잠깐 대화를 나눌 기회가 있었다. 그는 대단히 복잡한 정세를 분석할 줄 아는 능력 있는 사람이다. 나는 그가 임무를 완수하길 바란다'고 부언했다.

미국은 분명한 신호를 전달한 것이다. 이스라엘은 미국에게 전쟁을 하겠다고 통보했고,

미국은 이를 막지 않았다.[39] 아미트는 하르만 대사와 함께 그날 밤 군수물자를 가득 실은 비행기를 타고 이스라엘로 향했다.

6월 3일 토요일 새벽, 텔아비브에 도착한 아미트와 하르만은 에슈콜 총리의 아파트로 향했다. 그곳에 장관들이 모여 기다리고 있었다. 아미트는 '이제 전쟁을 피할 수 없게 됐다'고 말했다. 하르만 대사는 1주일 정도 더 기다려 보자고 했지만 다얀이 반대했다.[40] 그는 '1주를 더 기다리면 수천 명이 더 죽을 것이다. 기다리는 것은 논리에 맞지 않는다. 전쟁을 시작하자'고 말했다. 그 자리에 있던 사람들은 모두 다 이제 결정이 내려졌다는 것을 의심하지 않았다.

개전이 기정사실화 된 6월 3일은 토요일이었다. 이스라엘군의 주요 지휘관들은 전쟁이 없을 것이라고 기만하기 위해 최선을 다했다. 라빈 참모총장과 호드 공군사령관은 텔아비브 교외에 있는 자택에서 이웃들과 수다를 떤 뒤 정원을 산책하며 아이들과 놀아 주었다. 라빈과 호드는 평소처럼 행동했고, 심지어 전쟁에 관해서는 신경을 끈 것처럼 보이려고 애썼다. 이들은 기습을 위한 기만책의 일환으로 이날 밤, 그냥 집에 있었다. 다얀 국방부 장관도 자택에서 정원을 손질하고 있었다. 휴가를 얻은 병사 수천 명이 텔아비브 해안에 몰려들었다(이들은 이날 밤, 모두 자대로 복귀했다). 이러한 기만행동에 영국대사조차도 속아서 '이스라엘군에 작전중지 명령이 내려진 것 같다'는 전문을 런던에 보냈다.

6월 4일 일요일, 각료회의에서 정식으로 개전을 결정했다. 좌파에 속한 두 명을 제외하고는 장관 모두가 전쟁에 동의했다. 회의가 끝난 후, 다얀은 국방부로 가서 월요일(6월 5일)에 전개될 상황을 검토했다. 세 번째의 중동전쟁이 눈앞에 다가오고 있었다.

---

39) 상게서, p.135.
40) 전날인 6월 2일, 이스라엘군 장군들은 마지막으로 내각 국방위원회를 열어 전쟁을 촉구했다. 또 이날 다얀도 전쟁계획을 에슈콜 총리와 일부 각료들에게 전달했다.

▌▌▌▌ 제2장 ▌▌▌▌

이스라엘의 개전 결의 과정

개전 결의, 그것은 국가가 평시에서 전시로 돌입하는 중대한 의지 결정이다. 옛날부터 국가가 전쟁에 돌입하는 과정은 시대에 따라, 국가에 따라, 게다가 전쟁의 성격에 따라 동일하지 않지만, 개전 결의에 이르기까지는 사태 해결을 위해 수많은 옵션(option)이 존재하는 것도 사실이다. 오늘날의 위기관리는 그 위기 사태에서 이른바 개전 결의를 회피하거나 억지해 다른 옵션으로 유인시키는 방책을 관리하는 것이라고 할 수 있다.

6일 전쟁에서의 개전 결의는 수에즈 전쟁 때의 '너무 빠른' 개전 결의와 제4차 중동전 때의 '너무 늦은' 개전 결의의 중간에 위치한다. 그렇다면 6일 전쟁 전 위기가 발생했을 때, 이스라엘의 의사결정자가 다른 옵션을 선택하지 않고 어떠한 과정을 거쳐 개전의 길로 들어섰는가를 밝혀 보겠다.

1967년 6월 5일 아침, 정확히는 이스라엘 시간으로 07:45분에 이스라엘 공군은 10개소의 이집트 비행장에 일제히 항공공격을 감행하여 9개 비행장은 동시에, 1개 비행장은 수분 늦게 폭격했다. 그 결과 2시간도 채 안되어 이집트 공군은 거의 괴멸했고, 6일 전쟁의 승리는 확실시 되었다. 이로서 개전 1개월 전부터 시작된 중대한 위기사태와 이스라엘 정부 및 군 수뇌부의 고민은 끝났다.

6일 전쟁에까지 이르게 한 위기는 수에즈 전쟁 이후 3개의 단계를 거치면서 격화되었다. 제1단계는 1957년 3월, 이스라엘군이 시나이 반도에서 철수하면서부터 1966년 중반기까지의 '보통수준'의 적의와 선전을 주고받은 기간이다. 제2단계는 1966년 5월 13~14

일, 이집트 정부가 취한 군사행동으로써, 과거 10년간 '보통수준의 대립상태에서 이질의 항쟁'으로 발진하였다. 게다가 제3단계에서 이스라엘의 대응은 '동원하령 → 군사행동의 연기 → 거국일치내각의 성립 → 개전'이라고 하는 경과를 걷고 있었는데, 구체적으로는 다음과 같은 5개 기간으로 구분할 수 있다.

제1기(5. 14~5. 18) : 전쟁 위협기
제2기(5. 19~5. 22) : 전쟁 우려기
제3기(5. 23~5. 28) : 전쟁 회피기
제4기(5. 29~6. 4) : 개전 결의기
제5기(6. 5~6. 10) : 전쟁 수행기

그러면 제3단계인 위기단계에서 이스라엘은 어떻게 하여 개전을 결의하는 데까지 이르 렀을까? 제1~4기에서 그 개요를 밝혀보자.

1. 제1기(5월 14~18일) : 전쟁 위협기

이스라엘의 국가의지 결정 과정은 독립기념일 행사 전날 밤인 5월 14일부터 시작됐다. 야리브 군 정보부장은 라빈 참모총장에게 이집트 육군이 경계태세에 들어갔다는 것을 보 고했고, 라빈 참모총장은 다음 날인 5월 15일 아침, 에슈콜 총리에게 그 내용을 보고했다. 보고 석상에서 협의한 결과, 군은 네게브 사막의 정전라인 정면에 1개 여단을 증원하기로 결정했다. 에반 외교부 장관도 미국 및 영국대사로부터 받은 정보를 종합하여 '이번 이집 트군의 동향은 단지 시위형에 불과하다'고 보고 하였고, 그 후 24시간 동안 상황을 검토한 결과 보고내용과 동일한 결론을 내렸다.

5월 16일, 정례 각료회의에서도 이번 나세르의 행동은 정치적 위협이며, 군사적 위협은 아니라는 데 평가가 일치하였다. 그러나 예측불허의 사태도 예상되었기에 최악의 사태에 대처할 준비는 필요하다는 결론에 도달해, 각료회의 종료 후 즉시 예비역의 부분동원이

하령됐다. 이것이 1967년 위기가 발생했을 때 최초의 국가의지 결정이었다.[41]

다얀 장군은 이 사태를 심각하게 받아들여 '머지않아 나세르는 UN긴급군의 철수를 요구하고, 티란 해협을 봉쇄할 것'이라는 의견을 표명했다. 그 말대로 5월 16일 22:00시, 이집트의 모크다르 준장은 UN긴급군사령관 리크혜 중장에게 시나이 반도에서의 긴급군(3,400명) 철수를 요구하는 서신을 전달하였다. 우탄트 UN사무총장은 그 서신을 받은 지 1시간이 지난 후, 그 요구를 수락하기로 결심했다. 이를 두고 지나치게 빨리 수락했다고 비난을 받았다. 5월 17일 16:00시, UN의 협의에서도 유고슬라비아와 인도는 우탄트의 결심을 지지했지만 캐나다와 브라질은 반대했다. 5월 17일, 이스라엘은 정부 및 군 수뇌부의 멤버를 교체해가며 4회에 걸쳐 사태를 분석했지만 매회 모두 '이집트군의 동향은 개전의 징후가 아니고 나세르의 대 이스라엘 억지행동'이라고 판단했다.

5월 18일 19:00시, 우탄트는 UN긴급군의 철수요구 동의서를 이집트 UN대사 엘 코니이에게 건넸다. 이집트군은 이미 시나이 반도에 1개 사단을 증강시켰고, 정전라인 부근까지 접근해 오고 있었다. 이날 이스라엘 정부는 UN긴급군 철수의 철회를 요청했으나 관철되지 않았다. 이에 총리, 외교부 장관, 군 정보부장이 다시 정세를 검토했고, 그 결과 머지않은 시기에 전쟁이 발발할 가능성이 있을 것이라는 판단으로 수정되었다.

2. 제2기(5월 19~22일) : 전쟁 우려기

5월 19일은 이스라엘의 국가의지 결정자에 의해 장래의 동향을 결정하는 중요한 날이었다. UN긴급군의 철수가 19일 16:00시에 완료되자, 사태는 급전하였다. 회의석상에서는 적의 항공 공격에 어떻게 대처할 것인가에 대한 검토를 하면서 아울러 유럽으로부터 긴급히 무기를 조달하는 조치를 취했다. 이에 앞서 야리브 정보부장은 이집트군의 동향 및 병력에 관하여 보고하였다. 그 내용은 ① 정찰 목적을 위한 영공 침범이 빈번히 발생하며, ② 시나이에 진주한 이집트군의 규모는 전차 500대, 병력 4만 명에 달하고, ③ 예멘군 1개 보병여단과 2개 기갑대대가 수에즈 항에 정박 중인데, 가까운 시나이 반도로 출항을

---

41) 전게서, 田上四郎, p.122.

준비하고 있다는 정보였다.

에슈콜 총리는 ③항의 정보에 대하여 곤혹스러워 하년서 타란 해협의 봉쇄 가능성을 격정하였다. 그 예멘군의 출항 준비 정보는 이스라엘로 하여금 두 번째의 국가의지 결정을 이끌어 냈다.[42] 5월 19일 오후, 대규모 동원의 하령이 내려진 것이다. 에반 외교부 장관은 현재 이스라엘이 직면해 있는 세 가지 문제점을 지적했다. 첫째는 시나이 반도에서의 이집트군의 집중이고, 그 다음으로는 이집트가 UN긴급군을 퇴출시킨 것이며, 마지막으로 시리아의 선동에 의해 인민전쟁의 위기에 처해 있다는 것이었다.

5월 20일에 이르자 사태는 더욱 악화됐다. 시나이 정면에서는 이집트·이스라엘 양군이 직접 접촉하기에 이르렀고, 이렇게 되자 20일 오전에 총리와 참모총장이 시나이 전선을 현지시찰 하였다. 또 이날 이집트군 공정부대가 샤름 엘 세이크에 강하했다. 게다가 이집트 해군이 수에즈 운하를 통과한 후, 샤름 엘 세이크를 향해 남하 중이라는 정보가 들어왔고, 이에 다얀 장군이 시나이 전선으로 날아갔다.

5월 21일 07:30분, 정부 및 군 수뇌부는 현 사태를 검토했다. 회의석상에서 라빈 참모총장은 시나이에 진주한 이집트군이 8만 명에 달한다고 보고했지만, 에반 외교부 장관은 강대국들이 나세르의 타란 해협 봉쇄를 억제하려는 행동으로 나올 것이라는 낙관적인 견해를 표명했다. 그러나 5월 22일 밤, 나세르는 시나이 반도의 요충 비르 기프가파에서 '이스라엘 선박에 대한 타란 해협 봉쇄'를 선언했다. 1956년 수에즈 전쟁 시, 이스라엘이 개전을 결의하도록까지 했던 타란 해협 봉쇄의 재현이었다.

3. 제3기 (5월 23~28일) : 전쟁 회피기

5월 23일 04:30분, 라빈 참모총장은 나세르의 타란 해협 봉쇄 선언을 총리에게 보고했고, 09:00시부터 야당 지도자를 포함한 국방위원회가 열렸다. 정부 측은 에슈콜 총리, 에반 외교부 장관, 가릴리 무임소 장관, 아란네 교육부 장관, 사피로 내무부 장관, 야당 측은 메나헴 베긴, 시몬 페레스, 모세 다얀, 골다 메이어 여사가 참석했다. 군부 측에서는 라빈

---

42) 상게서, p.123.

참모총장, 야리브 정보부장, 와이츠만 작전부장이 동석했다. 참모총장이 전반적인 상황 설명을 한 후, 긴급히 결단하지 않으면 안 되는 문제가 거론되었다.

첫째는 티란 해협 봉쇄에 관한 것으로써, 이스라엘이 아카바 만 통행을 과시하기 위해 동(同) 해협에 선박을 파견하는 것을 48시간 연기하도록 요청해 온 미국의 제안을 처리하는 문제였다. 다얀은 미국이 원하는 대로 48시간 연기하고, 48시간 경과 후 이집트에 대하여 군사행동을 일으키자는 취지의 발언을 했다. 토의의 결론으로서 출석자 다수는 48시간을 기다린다고 하는 미국의 제안을 받아들이지만, 미 해군의 호위는 요구하지 않는다는 데 동의했다. 또 국방군이 예비역의 전면 동원을 하령하는 것도 동의했다.

다음은 군사행동의 결행에 관한 토의로써, 즉시 티란 해협 봉쇄를 타개할 것인가, 아닌가의 문제와 시나이 반도에 집결한 이집트군 격파 문제였다. 다얀은 현재의 사태는 단지 가자 지구를 점령할 것인가, 티란 해협을 개통할 것인가의 문제로 한정되는 것이 아니라, 이것은 전쟁이며 그 목적은 나세르와의 무력대결에 있다고 말했다. 즉 티란 해협의 봉쇄에서 정말 중대한 것은 봉쇄 그 자체만이 아니고, 이스라엘은 아랍에 대항할 수 없다는 것을 과시하려고 시도해 본 것이 나세르의 진짜 노림수다. 이 노림수를 분쇄하지 않으면 정세는 더욱 악화일로를 걸을 것으로 생각한다는 말이었다. 한편, 라빈 참모총장은 샤름 엘 세이크 점령은 '실행 가능하나 타당하지 않다'고 말하며, 실행 가능한 안(案)은 이집트 공군을 격파하고 가자 지구를 점령하는 것이라고 주장했다. 사실 남부사령부는 5월 25일 아침을 개전일(D일)로 잠정 결정하고, 그 일정에 맞추어 작전을 준비하고 있었다.

이를 통해 사태 인식에 대한 개인차와 그 해결책의 차이를 볼 수 있다. 이날 회의에서는 즉시 개전하자는 군의 압력은 없었다. 결국 5월 23일 09:00시부터 시작된 확대 국방위원회에서 다음의 세 가지가 결정되었다. 그것은 세 번째의 국가의지 결정이었다.[43]

① 티란 해협 봉쇄는 이스라엘에 대한 침략행위다.
② 군사행동의 어떠한 결정도 48시간 연기한다. 그사이 외교부 장관이 미국의 요청을 승낙해 준다.
③ 적당한 시기에 외교부 장관을 파견하여 미국 대통령과 회견한다.

---

43) 상게서, p.124.

5월 24일, 에반 외교부 장관은 미·영·프랑스를 방문하기 위해 출국했다.[44]

5월 25일, 에슈콜 총리, 라빈 참모총장, 바레브 장군 일행은 네게브 사막을 시찰하고, 가비쉬, 탈, 샤론의 각 사단장을 만났는데, 그때 이집트군 4개 사단이 시나이 정면에 집결하고 있었다.

5월 26일, 각료회의 석상에서 거국일치내각의 의제가 올려졌다. 에반 외교부 장관에게서 '미국의 진의를 조속히 타진하는 것이 어렵다'는 취지의 보고가 올라왔다. 이갈 아론 노동부 장관은 에슈콜 총리에게 '즉시 군사행동을 결행하자'는 뜻을 강경하게 진언했다. 라빈 참모총장도 아론의 의견에 동의했다. 그러나 이때 미국은 이스라엘이 선제공격을 자제하도록 요구하고 있었다.

5월 27일의 각료회의는 전쟁을 결의하라는 압력을 심하게 받고 있었다. 국내에서는 군사행동을 결행하라는 분위기였으며, 더 이상 기다리는 것은 정신적, 물질적으로 국가를 피폐하게 만들뿐이라는 위기감이 대두되고 있었다. 요약하면 다음과 같은 것이었다.

① 국방군은 1주일 이상이나 동원태세를 유지하고 있으므로 국가경제활동이 마비되고 있다. 동원된 일반 시민들은 정부가 무엇인가 결단을 내리라고 강하게 요구하였다.

② 국가지도자에 대한 실망감이 컸다. 특히 에슈콜 총리가 비난의 표적이 되었으며, 위기관리 능력에 대한 불신감이 증대했다.

③ 선제공격 결행에 대한 육군 내의 압력이 강했다. 결행이 늦어지면 늦어질수록 인적, 물적 피해가 증대될 것이다.

④ 외교활동에 의해 얻어내려는 강대국의 지지는 점점 공수표가 되어가는 것이 판명되었다.

⑤ 나세르는 여전히 침략행위를 격화시키고 있다. 다른 아랍국가들의 군대도 국경선에 집결하고 있고, 이스라엘 말살을 외치며 광기어린 사태를 연출하고 있다.[45]

---

44) 5월 23일, 존슨 미 대통령은 성명을 통해 티란 해협 봉쇄사태에 대하여 다음과 같이 말했다. "아카바 만은 국제적 수로이며, 티란 해협 봉쇄는 비합법적이고 국제분쟁의 원인이 되는 것이다 … 이스라엘이 독자적으로 행동하는 결단을 내리지 않는다면 고립될 것이 없다. 이스라엘이 어떠한 사태에서도 미국의 원조를 바란다면 주도적인 적대행위를 하는 데 대하여 책임을 지지 않으면 안 된다. 우리는 이스라엘이 그와 같은 행동을 취할 것이라고 생각하지 않는다."

45) 나세르는 5월 27일 연설에서 "이번 전쟁의 목적은 이스라엘 말살이다. 사태는 단지 이스라엘만의 문제가 아니고, 그 배후(미국)의 문제다. 만약 이스라엘이 이집트 혹은 시리아에 대하여 침략행위를 자행한다면 대

이상과 같은 5가지의 무거운 짐이 이스라엘 내각 18명의 어깨를 짓누르고 있었다. 또 소련은 자신의 책동을 기만하려는 듯이 코시킨 수상은 5월 26일 서한에서 다음과 같이 말하고 있었다. "현재의 사태가 군사적 분쟁으로 발전하지 않도록 모든 수단을 강구할 것을 이스라엘에게 요청한다. 국경지대의 군사적 태세가 어떻게 될지라도 문제가 얼마나 복잡할지라도 비군사적인 수단에 의한 해결책을 찾아내는 것이 중요하다."

5월 28일은 이스라엘이 화전(和戰) 중에 어느 쪽을 선택할 것인가를 결정해야 하는 날이었다. 03:30분부터 05:00시까지 각료회의가 열렸다. 즉시 개전하자는 안과 결정을 48시간 연기하자는 안이 대립했고, 표결 결과 9:9 동수로 나뉘었다. 즉시 개전안에 대해서도 벤구리온은 '티란 해협의 봉쇄 해제'만으로 한정하자고 주장했다. 다른 편의 베긴은 주요한 문제는 티란 해협이 아니라 시나이 반도에 집결한 이집트군이라고 주장했다. 그러나 에슈콜 총리는 어느 것의 결정도 연기하기로 결심했다.

5월 28일의 시점에서 존슨 미 대통령의 대 소련 동향 판단은 '만약 이스라엘이 군사행동을 채택한다면 소련은 공격받은 국가를 지원할 것'이라고 판단하고 있었다. 그 판단을 기초로 미 대통령은 이스라엘의 동향에 중대한 관심을 갖고 있었다. 그래서 이스라엘이 선제공격을 결행해서는 안 되며, 만약 결행한다면 모든 책임은 이스라엘이 져야 한다는 것을 강조했다. 프랑스 드골 대통령은 에슈콜에게 보낸 서신에서 나세르가 이미 저지른 일을 묵인하도록 충고하였다. 영국은 이스라엘에 동정적이었고, 계속 외교 노력을 속행하기를 희망한다는 태도를 표명하였다. 또 미·영 양국은 티란 해협 봉쇄조치에 대하여 국제적인 함선호위계획을 작성 중이며, 서독과 캐나다도 동의하고 있다는 뜻을 에슈콜 총리에게 전했다.

이러한 상황을 알고서 5월 28일 15:00시부터 20:00시까지 재차 각료회의가 열렸다. 이 자리에서 외교적인 노력을 계속하는 것으로 결정했다. 이것이 네 번째의 국가의지 결정이었다.[46] 그러나 이날 21:00시에 에슈콜은 아론, 요페 등 군 수뇌부와 회합을 가졌는데, 군부는 즉각 개전할 것을 독촉하였다. 또 다얀을 국방부 장관으로 임명하라는 압박도 억제하기 어렵게 되어갔다.

이스라엘 전쟁은 전면전쟁이 될 것이다"고 말했다.
46) 상게서, p.128.

〈그림 4-1〉 아랍군의 병력 전개 및 증강(1967.5.25.~30)[47]

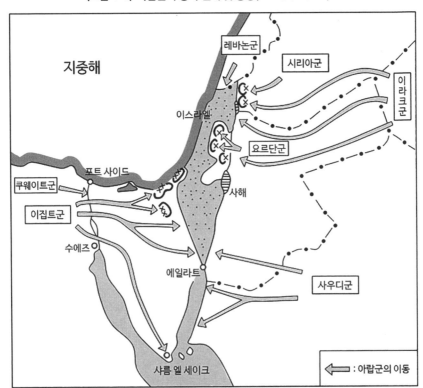

4. 제4기(5월 29일~6월 4일) : 개전 결의기

제4기는 2단계로 더욱 세분화할 수 있다. 즉 5월 29일~6월 1일까지의 전(前)단계와 6월 2~4일까지의 후(後)단계다. 전단계는 국내적 요인이 주체였고, 특히 개전을 요구하는 국내적 압력이 격화된 시기였다. 국내의 지식인, 노동자, 학생, 심지어 여자들까지 개전을 요구하는 데모를 전개하기에 이르렀다.

5월 29일, 이집트와 요르단이 상호방위 조약을 체결하자 위기는 더욱 촉진되었다. 1966년 11월의 이집트·시리아 방위 조약과 관련하여 이스라엘은 3정면의 위협에 대처하지 않을 수 없었다. 이날 저녁, 독립민주당은 거국일치내각의 조각을 정식으로 결정했지

---

47) John Norton Moore, 「The Arab-Israel Conflict」, (Prinston Univ, Press, 1974), pp.67~68.

만 에슈콜 총리 유임에는 반대했다.

5월 31일 16:30분, 에슈콜·다얀 회담에서 다얀은 총리 겸 국방장관, 그렇지 않으면 야전군사령관의 지위를 요구했다. 이날 20:00시, 라빈·에슈콜·다얀의 3자 회의에서 다얀은 남부사령관에 내정됐다. 그런데 6월 1일, 시몬 페레스는 다얀이 입각하지 않는다면 거국일치내각에 협력할 수 없다는 뜻을 표했다. 결국 6월 1일 10:00시부터 15:00시까지 협의한 끝에 만장일치로 다얀을 국방장관으로 결정했다. 이제 외교부는 군사행동에 이의를 제기하지 않았다. 6월 1일 21:30분, 거국일치내각이 성립했다. 이것이 다섯 번째의 국가의지 결정이었다.[48]

후단계의 첫날인 6월 2일, 신국방장관인 다얀의 말에 의하면 행동을 개시하기에는 빠르지도 않고 늦지도 않았다. 그런데 6월 3일에 3개의 사건이 발생했다. 하나는 요르단 정면에 이라크군과 이집트군이 도착한 것이고, 다음은 프랑스가 무기 수출을 금지하겠다는 성명이었으며, 마지막은 존슨 미 대통령이 5월 30일 날짜로 에슈콜 총리에게 보낸 서한의 수령이었다. 서한의 내용은 다음과 같았다. 그러나 에반 외교부 장관은 '이스라엘이 채택한 행위는 이스라엘 자신에게 달려있다'는 단서를 정부에 보고하는 것을 수일간이나 방치하였다.

"나는 이스라엘 정부가 독자적 책임에 있어서 적대행동을 채택하지 않도록 강조하지 않으면 안 된다. 이스라엘이 독자적으로 결단을 하지 않으면 고립되지는 않을 것이다. … 나는 이스라엘의 영토보존을 희구하며, 이스라엘 및 인근 국가들의 평화와 자유를 보증하기 위해 가능한 한 유효한 지원을 아끼지 않을 것을 에반 외교부 장관에게 전한다. 나는 또한 타국과 함께 행동할 필요성을 강조한다. … 이스라엘이 단독으로 행동해서는 안 된다는 점이 미국의 의견이며 이는 타국 지도자들의 의견과도 일치하고 있다."

이스라엘 지도자가 이해한 속뜻은 이스라엘이 주도적으로 결행해도 미국은 비우호국으로 간주하지 않을 것이며, 소련이 개입하는 일도 없을 것이라는 것이다.

6월 4일, 다얀 국방부 장관은 아랍군의 전개 병력을 다음과 같이 산출하였다.

● 시나이 정면 : 제1선 병력 10만 명, 전차 1,000대, 항공기 480기, 예비병력 6만 명

---

48) 상게서, p.128.

- 시리아 정면 : 병력 5만 명, 전차 200대, 항공기 100기
- 요르단 성면 : 병역 5~6만 명, 전차 250대, 항공기 24기

그리고 7시간의 각료회의 끝에 6월 4일, 개전을 결의했다. 전날인 6월 3일, 이미 작전계획은 승인되었다. 공군의 집중운용에 의한 선제공격으로 승산을 요구하는 결단이었다. 이것이 여섯 번째의 국가의지 결정이었다.[49] 6월 4일, 이스라엘의 동원병력은 25만 명에 달했다. 기습은 다음 날(6월 5일) 아침에 시작되었다.

---

49) 상게서, p.129.

▮▮▮▮▮ 제3장 ▮▮▮▮▮
선제기습, 건곤일척의 항공작전

1. 개전 전, 양군의 전력 및 전략개념

가. 아랍군

1) 전력 및 배치

가) 이집트군

1967년 5월 말, 이집트 정규군(正規軍)은 예멘 내전에 참전한 3만 명을 포함하여 19만 명이었다. 국가방위 및 예비역 12만 명을 보유하고 있었으나 대부분 장비나 훈련이 극히 빈약했고, 임무 자체도 향토방위(Home Guard)일 뿐이기 때문에 수에즈 운하 및 그 이동(以東)에 있는 2만 명을 제외하고는 사실상 의미가 없었다. 그래서 1967년 전쟁 전, 실질적인 이집트군 병력은 약 21만 명(예멘 파병 3만 명 포함)으로 평가할 수 있다.

정규군 19만 명 중에 육군은 15만 명이었으며, 전차 1,300대, 장갑차 1,100대를 보유하고 있었다. 이 중에서 시나이에 진주한 전력은 병력 10만 명, 전차 950대, 장갑차 900대 규모였다.[50] 이집트군의 주력 전차는 소련제 T-54/55전차였으며, 약간의 영국제 센츄리

---

50) 훗날 이집트 정부의 공식 집계 수치에 의하면 전반적으로 시나이 지역 이집트군의 장비 보유는 기준 수에 훨씬 못 미친다는 것이 드러났다. 제러미 보엔/김혜성, 『6일 전쟁』, (서울: 플래닛 미디어, 2010), p.154. 따

온 전차도 보유하고 있었다. 장갑차도 BTR-152, BTR-40 등 대부분이 소련제였다. 이러한 장비는 이스라엘처럼 사막전에 적합하도록 개조하지 않았기 때문에 전투효율성이 떨어졌다.

이집트군은 시나이에 3개 보병사단과 1개 팔레스타인사단, 1개 기갑사단, 1개 기계화사단, 1개 기갑TF, 1개 독립보병(공정)여단을 배치하였다. 지역별로는 가자 지구 및 시나이북부에 제20팔레스타인사단과 제7보병사단을 배치하였고, 시나이 중북부 축선에는 전방에 제2보병사단을 배치하고 종심에 제3보병사단과 제4기갑사단을 배치하였다. 그리고 광대한 시나이 중부 및 남부지역에는 샤즐리 기갑TF(사단규모)와 제6기계화사단을 위치시켰고, 특정 지역인 샤름 엘 세이크는 독립보병(공정)여단이 수비하고 있었다.

공군은 1966년, 코시킨 소련 수상이 방문한 후 급격히 증강되어 580기를 보유하고 있었는데, 이 중 작전기는 380기였다. 작전기 내역은 수호이(Su-7M) 전투기 1개 전대 30기, MIG-21 전투기 6개 전대 120기, MIG-19 전투기 4개 전대 80기, MIG-15/17 전투기 5개 전대 150기였다. 이밖에도 Tu-16중형 폭격기 2개 전대 30기, IL-28 경폭격기 3개 전대 40기를 보유하고 있었다. 따라서 보유기수 면에서는 이스라엘군에 비해 월등하였다. 그러나 항공기 가동률이 50%에 불과했으며, 제대로 훈련된 조종사가 부족했다. 이집트 공군의 조종사 700명 중 실제 전투를 수행할 수 있는 조종사는 200명 정도인 것으로 평가되었다. 이집트군은 대공방어에도 각별한 관심을 가졌다. 그래서 소련제 SA-2 지대공미사일 160기를 도입하였고, 나일계곡과 삼각주 일대, 그리고 수에즈 운하 및 시나이 등지에 27개소의 SAM 진지를 구축하였다.

해군은 6척의 구축함과 9척의 잠수함을 포함하여 총 114척의 함정을 보유하고 있었다. 이 중에서 소련제 스틱스 함대함 미사일을 장비한 코마급 미사일 보트와 오사급 미사일보트가 이스라엘 해군에게 큰 위협을 주었다.

병력 규모면에서 분석해 볼 때, 시나이에 진주한 이집트군의 병력이 10만 명이었으므로 이스라엘군 남부사령부 예하의 병력 7만 명보다 수적으로 우세하였다. 그러나 질적인 면에서 말단의 전차포수로부터 조종사, 지휘관에 이르기까지 전투기량과 전술적 능력은 이스라엘군에 비해 대단히 열등하였다. 이는 이집트군이 5년째 예멘 내전에 집중하고 있었

라서 이 수치는 과대평가된 것이다.

으므로 이스라엘과 전쟁을 할 수 있는 실질적인 준비가 이루어지지 않았고, 또 경제적인 문제로 방위비가 삭감되어 훈련이 대폭 줄었던 것이 가장 큰 원인이었다.

나) 시리아군

시리아군의 총 병력은 약 7만 명이었다. 육군이 주력군으로서 2개 기갑여단 및 1개 기계화여단, 그리고 6개 보병여단으로 편성되어 있었다. 이 중에서 5개 보병여단이 골란고원에서 갈릴리호에 이르는 제1선에 배치되었고, 나머지 4개 여단은 종심에 배치되어 있었다. 전차는 소련제 T-34 전차와 T-54 전차 약 400대를 보유하고 있었으며, 이스라엘 국토 종심깊이 사격할 수 있는 130밀리 장사정포를 골란고원 일대에 배치하고 있었다.

공군은 172기를 보유하고 있었는데, 이 중 작전기는 136기로서 그 내역은 MIG-21 전투기 2개 전대 36기, MIG-15/17전투기 4개 전대 100기였다. 이는 시리아군 규모에 비해 대단히 강력한 공군력을 보유하고 있는 것이었다. 그러나 소련의 군사원조에 의해 보유기 수는 많았지만 가동률이 낮았고, 더구나 보유한 조종사 115명 중 실제로 전투를 수행 할 수 있는 기량과 능력을 구비한 조종사는 35명에 불과했다.

해군의 병력은 1,300여 명으로서 각종 소형함정 46척을 보유하고 있었다.

다) 요르단군

요르단군은 5만 5,000명 규모로서 육군은 2개 기갑여단과 8개 보병여단으로 편성되어 있었다. 전차는 미국제 M-48 패튼 전차 250대를 주력으로 약 300대를 보유하고 있었다. 육군의 부대배치는 요르단강 서안지구 및 예루살렘의 국경선을 연해 7개 보병여단을 배치했고, 예비로서 2개 기갑여단은 요르단강 부근에, 1개 보병여단은 암만 부근에 배치하였다.

공군은 대단히 빈약했다. 56기를 보유하고 있었는데, 이 중 작전기는 34기로서[50] 영국제 호커헌터 전투기 21기가 주력이었다. 이 전투기는 음속이하의 구형 전투기로서 초음속 전투기의 상대가 되지 않았다. 그래서 미국제 F-104 초음속 전투기를 도입하기로 했는데, 전쟁 전날 6기가 미국인 교관과 함께 도착했을 뿐이었다. 이때 요르단 공군 조종사들의 기

---

51) 전쟁 전날 도착한 F-104 전투기 6기 포함.

량은 우수했다. 비록 소수였지만 그들은 영국에서 훈련을 받았고, 이스라엘군 조종사들과 겨룰 수 있는 능력을 갖추고 있었다.

라) 기타 아랍군
레바논 병력은 1만 2,000명이었으며, 전차 80대, 작전기 18기를 보유하고 있었다.
이라크 병력은 7만 명이었고, 전차 400대와 작전기 200기를 보유하고 있었다.
쿠웨이트 병력 5,000명, 전차 24대, 작전기 9기를 보유한 작은 군대였다.
사우디아라비아 병력은 5만 명이었고, 전차 100대와 작전기 20기를 보유하고 있었다.

위의 아랍국가들 중 이라크는 이집트, 시리아와 요르단에 일부 부대를 파견했고, 사우디 아라비아는 소수의 부대를 요르단에 파견하고 일부는 아카바 만 연안에 배치하였다. 쿠웨이트도 소수의 부대를 이집트에 파견했다.

2) 전략 개념

아랍은 전형적인 외선작전 위치에 자리하고 있었다. 적대국인 이스라엘은 바다를 제외한 3면이 아랍국가들에게 포위되어 있고, 국토 중앙의 종심이 짧아 절단되기 쉬운 지리적 불리함을 안고 있었다. 그래서 아랍은 팔레스타인 전쟁 시에도 외선작전을 실시했지만 오히려 각개 격파 당하고 말았다. 그것은 외선작전 시의 중요 요소인 통합과 협조를 바탕으로 한 연합작전이 제대로 이루어지지 않았기 때문이며, 그렇게 된 근본적인 원인은 아랍 각국 간의 상호불신과 각종 이해관계가 뒤엉켜 있었기 때문이다.

외선적 위치에서 연합작전을 실시할 수 없다는 것은 공세적 전략개념을 채택할 수 없다는 것이다. 왜냐하면 외선작전의 효율을 극대화할 수 있는 동시 통합성 공세작전을 실시할 수가 없기 때문이며, 이는 외선작전의 장점을 포기하는 것을 의미한다. 그렇다고 이스라엘과 일대일로 전쟁을 할 경우 해당 교전국만 막대한 피해를 입을 가능성이 있기 때문에 결국 수세적인 전략을 선택할 수밖에 없다.

이러한 현실을 감안하여 나세르는 상호방위 조약을 토대로 수세 공세적 전략개념의 군사작전을 실시, 정치적 목적을 달성하려고 나섰다. 즉 아랍국가들이 연합하여 이스라엘이 추구하는 단기 결전을 회피하고, 외선의 이점을 살리면서 장기 소모전을 통해 이스라엘의 국력을 소모시키는 전략이다.

이를 추구하려는 나세르의 전략개념은 명확했다. 군대는 결전이 아닌 티란 해협 봉쇄 및 시나이 반도에서의 무력시위를 통해 전쟁으로 비화되지 않을 정도의 적절한 긴장감을 불러 일으켜 세계의 이목을 집중시키는 역할을 수행한다. 그러면 강대국의 개입을 통해서나 또는 이스라엘로부터 직접 양보를 얻어내어 정치적 목적을 달성하고, 그렇지 않으면 장기적 봉쇄를 통해 이스라엘을 고사(枯死) 시킨다. 그러다가 이스라엘이 견디지 못하고 선제공격을 해 올 경우, 준비된 방어지대에서 이스라엘군을 저지한 후 반격으로 전환한다. 이때 느슨한 형태의 연합작전(단일 연합참모부가 없는)을 실시하여 이스라엘 영토로 진입하며, 가능하다면 이스라엘 국가 자체를 괴멸시킨다. 불행하게도 전세가 불리해질 경우에는 UN의 개입을 촉구하여 조기 정전을 추구한다. 이것은 군사전략이 정치전략의 하위개념이라는 것을 여실히 보여주는 일종의 '수세적 공세 개념'이라고 할 수 있다.

그런데 이 전략개념은 몇 가지 치명적인 약점을 내포하고 있는데, 첫 번째는 외선작전의 이점인 공세적 개념을 포기해서 주도권을 상실했다는 것이며, 두 번째는 결국 적의 선제공격을 감수해야 하는 것으로서 무엇보다 반격능력까지 상실할 수 있는 위험성이 있으며, 마지막으로는 군의 자주성과 적극성을 상실하는 수동적인 군대로 전락할 우려가 있다는 것이다. 하지만 아랍군의 수준과 능력이 높지 않은 현실에서는 어쩔 수 없는 선택이었을 것이다.

나. 이스라엘군

1) 전력 및 배치/전개

1967년 6월 4일, 이스라엘군의 총 병력은 25만 명에 달했다. 그중 5만 명이 상비병이고, 20만 명이 동원된 예비역이었다. 육군은 22만 5,000명에 달했고 25개 여단으로 편성되어 있었다. 여단의 내역은 9개 기갑여단, 2개 기계화여단, 10개 보병여단, 4개 공정여단이었다. 이 중에서 20개 여단은 6개의 사단급 부대(우그다)에 편조되어 작전에 투입되었고, 나머지 5개 여단은 독립여단으로서 예비 또는 특정 지역 경비부대로 운용되었다. 이러한 야전여단 외에 국지 또는 국경수비를 담당하는 15개 여단 상당의 부대가 있었다. 부대별 개략적인 배치 및 전개는 다음과 같다.

우선 시나이에서 이집트군과 접촉하고 있는 남부사령부 예하에 총 13개 여단이 전개하였다. 이 중에서 5개 여단(기갑 : 2, 기계화 : 1, 보병 : 1, 공정 : 1)으로 구성된 탈 기갑사단[52]은 시나이 북부에, 3개 여단(기갑 : 1, 보병 : 1, 공정 : 1)으로 구성된 샤론 사단과 2개 여단(기갑 : 2)으로 구성된 요페 기갑사단은 시나이 중북부에 배치되었다. 이밖에 3개 독립여단(기갑 : 1, 보병 : 1, 공정 : 1)이 남부사령부의 지휘를 받았다.

시리아 및 요르단과의 접경지역을 담당하는 북부사령부에는 총 7개 여단이 전개하였다. 시리아 정면에는 2개 여단(기갑 : 1, 보병 : 1)으로 구성된 라이너 혼성사단이, 요르단 정면에는 3개 여단(기갑 : 2, 보병 : 1)으로 구성된 페라드 기갑사단이 전개하였다. 이밖에도 1개 독립여단이 북부사령부 지휘 하에 있었다.

예루살렘 지구를 담당하는 중부사령부에는 5개 여단(보병 : 3, 공정 : 1, 기계화 : 1)이 배치되어 있었다.

이스라엘 육군이 장비한 주력전차는 미국제 M-48 패튼 전차 200대, M-4 셔먼전차 200대, 영국제 센추리온 전차 250대였다. 이들 전차는 주포를 모두 105밀리 포로 교체하여 아랍군의 주력전차인 T-54/55 전차의 100밀리 포보다 사거리 및 관통력 면에서 우수하였다. 또 고도로 훈련된 전차포수들은 원거리 사격에서도 뛰어난 능력을 발휘했기 때문에 전차전에서 아랍군을 압도할 수 있었다. 그리고 프랑스제 AMX-13 경전차 150대를 보유하고 있었는데, 이 전차는 15톤의 중량에 75밀리 포를 장비한 경전차로서 시속 64㎞의 민첩한 속도와 항속거리가 333㎞나 되는 장점을 최대한 살려 주로 수색정찰이나 측방방호, 고속 돌파가 필요한 지역에서 운용하였다. 뿐만 아니라 주력전차의 기동력과 전투효율성을 높이기 위해 대량의 전차 운반차를 주장비의 하나로 채택하여 운용하였다. 이로서 전차의 신속한 장거리 이동이 용이하였고, 기동 간 고장률을 최대한 낮출 수 있어 정비소요를 최소화 시킬 수 있었다.

화포는 기본장비인 105밀리 곡사포 및 155밀리 곡사포와 더불어 자체 생산한 120밀리 및 160밀리 박격포를 반궤도차량에 탑재하여 운용하였다. 박격포는 곡사포에 비해 사거

---

52) 평시부터 편성된 부대가 아니라 필요시 임무와 지형에 따라 여단을 할당받아서 임시로 '우그다(Ugdah)'라는 사단급 TF(임무부대)를 편성하기 때문에 사단급 TF(임무부대) 명칭에 지휘관의 이름을 붙인다.

리가 짧고 사탄분포가 큰 단점이 있지만 기갑부대를 근접후속 하다가 필요시 단시간 내에 다량의 포탄을 사격할 수가 있는 대단히 효과적인 화력지원 수단이었다.

개전 전, 이스라엘 공군은 354기를 보유하고 있었는데, 이 중 작전기는 196기였다. 작전기 내역은 3개 전대로 구성된 미라쥬-ⅢCJ 전투기 72기를 주력으로, 슈퍼 미스테르 전투기 1개 전대 24기, 미스테르-Ⅳ 전투기 3개 전대 60기, 우라강 전투기 2개 전대 40기였다. 그 외 바트르-ⅡA 경폭격기 1개 전대 25기와 훈련용이지만 지상공격용으로 사용할 수 있는 푸카 매지스터 2개 전대 76기를 보유하고 있었다. 2년 전에 미국에 주문한 A-4 스카이 호크 공격기 48기는 아직 도착하지 않은 상태였다. 전투기의 경우 프랑스제 미라쥬-ⅢCJ는 전천후 요격기라는 점에서는 MIG-21과 같으나 속도에서 약간 앞서고, 무장능력 면에서는 훨씬 우세했다. 특히 마트라 530/550/551 공대공 미사일은 대단히 효과적이었고, 장착된 30밀리 기관포도 공중전이나 지상공격 시 위력을 발휘했다. 더구나 우수한 전자장비는 통합전투능력을 더욱 향상시켰다.

이스라엘 공군의 또 다른 장점은 조종사의 숙련도와 가동률이었다. 1958년에 공군사령관으로 취임한 바이츠만 장군은 다음 전쟁에서는 선제공격에 의한 제공권 확보가 전쟁의 승패를 좌우한다고 확신하였기 때문에 끊임없이 정부와 군에 압력을 넣어 작전에 가장 적합한 항공기를 도입했을 뿐만 아니라 조종사들이 최상의 훈련을 받을 수 있도록 최선의 노력을 다했다. 그리하여 조종사들은 아랍공군기지와 항공기를 기총소사와 폭격으로 파괴하는 훈련을 반복하여 실시했다. 그 결과 1963년, 호드 장군에게 공군사령관직을 인계할 때는 바이츠만 장군이 구상한 선제기습공격계획을 수행할 기본 능력을 갖춘 상태였다. 또 숙련된 정비사들에 의해 작전기 가동률은 개전 시 96%에 달했다. 이는 이집트 공군의 가동률 50% 이하와 비교하면 월등한 수준이었다.

해군은 구축함 3척, 잠수함 4척과 쾌속정을 중심으로 구성된 19척의 함정을 보유하고 있는 정도였다.

2) 전략개념 및 작전사상

6일 전쟁에서의 이스라엘군 전략개념 및 작전사상은 팔레스타인 전쟁과 수에즈 전쟁을 거치면서 정립된 이스라엘 국방군 건설 18년의 총결산이라고 할 수 있다. 그 핵심은 여러 가지 불리한 여건을 어떤 방법으로 극복하여 전쟁 목적을 달성하느냐 였다. 우선적으로 이스라엘은 국토의 종심이 얕기 때문에 조기 경보가 어렵고 적의 선제 일격에 치병적 타격을 입을 수 있으므로, 선제공격을 실시하여 전장을 적 지역으로 확대하는 전략을 채택할 수밖에 없었다. 뿐만 아니라 3면이 적에게 포위되어 있어서 내선의 이점을 활용한 작전을 해야만 했다. 그리고 이스라엘의 경제규모로는 장기전이나 소모전이 불가능했기 때문에 단기 결전을 추구해야만 했다. 또한 전쟁이 발발했을 경우, 수일 내에 UN이나 강대국이 개입하므로 단기간 내에 목적을 달성해야만 했다. 더구나 인구가 적기 때문에 대규모 상비군을 유지할 수가 없었다. 그래서 평시에는 소규모의 정예병력 만을 보유한 상태에서 예방적 선제타격을 실시하여 전쟁을 억제하고, 전쟁이 불가피한 경우에는 신속히 최대한의 전력을 동원하여 과감한 전술적 공세를 실시함으로써 전략적 방어를 추구할 수밖에 없었다.

이러한 특수성을 바탕으로 전쟁 지도 면에서는 '① 이스라엘의 적은 아랍이고, 그중에서도 강적은 이집트다. 그 외의 대국은 적으로 돌리지 않는다. ② 전쟁은 단기전이 아니면 안 되며, 그 때문에 선제공격이 불가피하다. ③ UN 및 강대국의 개입 이전에 전쟁을 종결시키지 않으면 안 된다. 국가의 존립과 장래의 전쟁 위협을 배제하기 위해 전과를 최대한 활용한다. ④ 이스라엘 국가의 존망을 결정하는 열쇠는 군사력이며, 국제여론에 큰 기대를 걸어서는 안 된다. ⑤ 작전은 내선 작전이며, 아랍군을 각개 격파한다. 2개 이상의 전선을 동시에 열지 않는다'는 원칙을 철저히 준수하였다. 특히 다얀 국방부 장관은 시리아, 요르단에 대하여 동시에 전단을 여는 것을 강력히 회피하였다. '공세적 수세 전략'을 수행하기 위한 작전사상의 핵심은 아래와 같았다.

① 현대전 하, 특히 사막에서의 작전은 제공권의 귀추가 승패를 결정한다.
② 지상작전은 기갑부대가 주병(主兵)이고, 기습과 속도에 의한 기동전에 의해 전장을 석권하여 아랍군대의 추종을 불허한다.
③ 야전지휘관은 전쟁의 초점에 위치하여 기동전의 견인차 역할을 하지 않으면 안 된다. 전투손실 50% 이하에서는 임무달성의 불가능을 정당화해서는 안 된다.
④ 작전은 육·해·공 통합작전이 되어야 하며, 특히 공지일체의 전력을 발휘해야 한다. 참모본부의 조직은 그것을 가능하게 해야 한다.

⑤ 정보는 전력이며, 야전의 작전전투정보와 전략정보의 일관성이 중요하다. 정보는 결
승점의 간파와 전기의 포착을 잘 할 수 있게 한다.

⑥ 안전한 국경선은 천연의 장애에 의지하는 것이 필요하다.

이러한 전략개념과 작전사상이 국가를 방위하는 이스라엘군의 기준점과 방향성을 제공
해 주었다.

2. 이스라엘군의 항공작전 준비

이스라엘군의 작전은 시간적으로 단기전, 공간적으로는 내선작전이라는 특징이 있다.
그래서 이스라엘군 참모본부는 시나이 작전계획수립 3대 요건으로 ① 선제기습, ② 제공
권 조기 획득, ③ 시나이 반도의 이집트군 조기 격멸을 지향하였다. 이러한 작전 구상은
1963년, 라빈이 참모총장으로 취임한 후 검토하여 계획에 반영하였다.[53] 기습을 위한 사
전 정지작업은 이미 1956년 초부터 시작했다. 이스라엘 공군은 아침 일찍 지중해에서 서
쪽 방향으로 편대비행을 반복했다. 이에 대하여 이집트 공군은 처음에는 아침 일찍 1시간
정도 경계태세를 취했지만 1967년 중반에는 타성에 젖어 그다지 관심을 갖지 않았다.[54]

6일 전쟁 시 항공운용의 특징은 '서전에서 전력 집중'과 '지휘통일'이었다. 참모본부의
작전 부장 바이츠만 준장(공군)은 개전 시 예비를 전혀 보유하지 않고 작전기 100%를 투입
했다. 그가 "이스라엘의 최상의 방위는 카이로 상공에 있다"고 말한 것과 같이, 이스라엘
방위는 주적인 이집트 공군의 조기 격멸에 의한 제공권 획득이 작전의 성부(成否)를 결정한
다고 생각했다.

1967년 6월 1일, 다얀이 국방부 장관에 취임하자, 바이츠만 작전부장은 전반적인 작전

---

53) 이스라엘 공군은 적 비행장 선제공격안(案)을 오래전부터 준비해 왔다. 바이츠만 장군은 1956년 수에즈 전
쟁 시 영·프군이 이집트군 항공기 대부분을 비행장에서 파괴하고 조기에 제공권을 획득했던 것에 주목했
다. 그래서 1958년, 그가 공군사령관이 되자 선제기습공격을 이스라엘 공군의 핵심전략으로 삼고 끊임없이
준비하였다. 그리하여 1963년, 호드 장군에게 공군사령관 자리를 물려주고 참모본부 작전부장으로 갈 무렵
에는 적 비행장 공격에 대한 기본적 능력을 갖춘 상태였다.

54) 10월 전쟁 발발 전에 이집트군의 거듭된 동원연습이 계속되자 타성에 젖었던 이스라엘군의 실수와 쌍벽을
이룬다.

계획을 보고하여 승인을 받았다. 작전계획의 핵심은 ① 이집트 공군의 조기 격멸, ② 시나이 반도 석권, ③ 이집트군 지상군 격파 ④ 티란 해협 봉쇄 타개였다. 이보다 앞선 5월 28일 08:00시에 에슈콜 총리에게 작전계획과 작전준비 상황을 보고해 승인을 받았다.

항공작전계획은 단순하고 담대했다. 전쟁이 본격적으로 시작되기 전에 아랍공군기지를 공격하여 항공기를 지상에서 파괴하는 것이었다. 그런데 문제는 능력의 한계였다. 이스라엘 공군의 가용 작전기를 총 동원해도 이집트 공군비행장 18개소를 동시에 제압할 능력이 부족했다. 그래서 면밀한 정보 분석에 따라 최신형 MIG-21 전투기와 Tu-16 폭격기 기지를 우선으로, 또 이스라엘에 대한 위험도가 높은 비행장을 우선으로 하여 10개 비행장을 선정하였다.[55] 제1차 공격 시에는 가용 작전기를 집중하여 10개의 비행장을 동시·집중타격하고, 제2차 공격부터는 10개소의 비행장에 대한 재타격과 나머지 8개 비행장 및 SAM 기지 공격, 그리고 요르단, 시리아, 이라크의 비행장을 공격하는 것으로 순서를 정했다.

작전을 성공시키기 위해서는 완벽한 기습이 전제되어야만 했다. 기습을 달성할 수 있는 방법은 주로 접근방법에 의한 것이지만 시간선정 역시 중요한 요소였다. 공격개시 시간은 07:45분(이스라엘 시간, 카이로 시간은 08:45분)으로 결정했는데, 그 이유는 다음과 같다.

① 이집트군은 3주 전부터 시나이 반도에 병력을 진주시키기 시작했고, 최고의 경계태세를 유지했다. 이집트 공군은 매일 새벽 날이 밝을 무렵, MIG-21 전투기 수기를 5분 대기상태에 두고 1~2기의 MIG-21 전투기가 공중초계를 실시하였다. 이스라엘 공군이 오래 전부터 후반야 새벽에 비행훈련을 실시해 왔기 때문에 그 시간대에 공격해 올 공산이 크다고 판단했기 때문이다. 그래서 새벽에는 최고의 경계태세를 유지하다가 그로부터 2~3시간이 지나면 이집트군은 레이더를 정지시켰다.[56] 이집트군은 위험한 시간이 지났다고 판단되는 08:45분(카이로 시간)이면 공중초계기들이 돌아와 연

55) Marshall, S. L. A, 「Swift Sword」, (New York : American Heritage Publishing, 1967), p.24에는 시나이 반도의 4개소(엘 아리쉬, 제벨 리브니, 비르 타마다, 비르 기프가파), 수에즈 운하지역 3개소(카브리트, 파예드, 아브 스웨르), 카이로 및 나일 계곡 4개소(카이로 웨스트, 베니 수웨이프, 룩소르, 인샤스)로서 총 11개소다. 그런데 Nadav Safran, 「From War To War」, (New York : Pegasus, 1969) 등에서는 나일계곡의 베니 수웨이프, 룩소르를 제외하고 알 마자를 포함하여 10개 비행장이 선정되었다고 기술하였다. 田上四郎, 『中東戰爭全史』,(東京 : 原書房, 1981), p.131의 요도와, 가장 최근에 발행된 제러미 보엔, 『6일 전쟁』, (서울: 플래닛 미디어, 2010), p.173의 내용을 보면 제1차 공격 시는 룩소르가 빠진 10개소다. 룩소르는 12:30분에 공격하였다.

56) 전게서, 田上四郎, p.132.

료를 주입받았다. 또 레이더 기지 근무요원들의 긴장감도 풀리기 시작하는 시간이며, 기지에 대기하는 공군 조종사들까지도 가장 많이 자리를 뜨는 시간이었다. 이러한 정보를 입수한 이스라엘 정보부는 08:30분(카이로 시간)이면 이집트 공군의 경계태세는 저하되기 시작한다고 판단했다.

② 이른 아침에 공격하는 훈련을 할 때마다 이스라엘 공군 조종사들은 출격 3시간 전부터 준비를 해야 하기 때문에 충분한 수면을 취할 수가 없었다. 이런 상태로 개전 다음 날 저녁때까지 36시간 동안 전투태세를 유지한다면 수면부족으로 조종사의 피로도가 극심해진다. 그러나 최초 공격 개시 시간을 07:45분으로 하면 조종사들은 최소한 04:00시까지 수면을 취할 수 있다.

③ 날씨도 중요한 변수였다. 6월에는 아침 해가 뜰 무렵, 나일지대에 안개가 자욱이 끼는데 08:45분(카이로 시간)이면 안개가 완전히 걷히고 시계가 양호해지며, 동시에 태양의 각도가 비행장 활주로를 정확히 폭격하는 데 적절한 시간이다.

④ 이집트군의 고급장교들은 통상 09:00시(카이로 시간)에 출근한다. 그 15분 전인 08:45분은 장군들이나 지휘관들이 차량을 타고 출근하는 도중이어서 부대에 무슨 일이 일어났는지 알 수 없고, 알았다 하더라도 지휘를 할 수 없는 시간이었다. 동시에 조종사들도 전력 발휘를 할 수 없는 시간이었다.

이러한 정보를 토대로 개전 수개월 전부터 이스라엘군 정찰기가 고고도에서 몇 번에 걸쳐 이집트군 레이더의 반응을 시험해 보았다. 그 결과 이집트군 미그기는 10분 이내에 이륙하지 못했고, 종종 26분까지 걸렸다.

이스라엘 공군이 보유한 작전기(미라쥬, 슈퍼 미스테르, 미스테르, 우라강, 바트르)는 프랑스제였다. 그런데 2개 전대 40기를 보유하고 있는 우라강 전투기는 수에즈 운하 이서(以西)에서는 작전을 할 수 없을 만큼 항속거리가 짧았다. 이로 인해 이집트 공군비행장 공격에 투입할 작전기가 감소될 수밖에 없었는데, 이 문제점을 이집트 공군이 해결해 주었다. 이집트 공군의 전투기가 계속해서 시나이 지역의 비행장으로 추진 배치되고 있었기 때문이다. 이에 호드 공군사령관은 항속거리가 짧은 우라강 전투기를 시나이 지역의 이집트군 비행장을 공격하는 데 할당하고, 항속거리가 긴 미라쥬, 미스테르 전투기와 바트르 폭격기를 수에즈 운하 이서(以西)에 있는 이집트군 비행장을 공격하는 데 할당했다. 이처럼 모든 작전기의 성능을 고려하여 목표별 전투편성을 실시했다.

최초 공격 시 목표에 접근하는 비행로는 2개가 설정되었다.[56] 하나는 '지중해 비행로'로서 카이로 및 나일계곡과 수에즈 운하 지역의 비행장을 공격하는 작전기들이 사용한다. 이들은 이륙 후, 지중해상으로 나가 서쪽 방향으로 비행하다가 알렉산드리아에서 남쪽으로 방향을 전환한 다음 각각의 목표 방향으로 비행하게 된다. 또 하나는 '네게브 사막 비행로'로서 시나이 지역의 비행장을 공격하는 작전기들이 사용한다. 이들은 이륙 후, 남쪽으로 비행하다가 네게브 사막에서 서쪽으로 방향을 전환한 다음 각각의 목표방향으로 비행하게 된다.

조종사들의 훈련 상태는 최상이었다. 그들은 폭격과 기총사격으로 아랍 공군기지 및 항공기를 파괴하는 모의 훈련을 몇 년 동안 끊임없이 실시해 왔다. 그들은 목표에 도달하는 거리 시간까지 완벽하게 계산하여 훈련에 적용했다. 이때 정보 보고에 기초해 격납고, 활주로, 항공기, 대공포 등, 가상표적을 설치해 놓고 전술 타격을 실시하였다. 또 반년마다 한 번씩 전 공군은 가상전쟁연습을 실시했다. 미스테르 전투기 편대장 아비후 빈눈 대위는 "우리는 목표물을 줄줄이 외울 수 있을 만큼 철저히 훈련했다. 각 편대마다 목표물이 할당되었는데, 우리는 완전히 무전을 끊은 채 훈련을 해왔다. 우리는 서로 말 한마디 하지 않아도 될 지경에 이르렀다. 눈 감고도 작전을 펼칠 수 있을 정도였다"고 말했다. 그들은 몇 년 동안 칼을 갈고 또 갈았다. 이제 칼을 빛낼 때가 온 것이다.

3. 최초 기습공격

6월 5일 동틀 무렵, 공군사령관 호드 준장은 텔아비브의 국방부 건물 내 깊숙이 자리 잡은 지휘센터로 향했다. 그는 10여 년간 준비한 기습작전으로 이스라엘이 전쟁에서 승리할 것이라고 굳게 믿었다. 작전의 명칭은 "모케드(Moked)", 히브리어로 '초점'이라는 뜻이었다.

04:00시, 이스라엘의 모든 공군기지에서 수면 중이던 조종사를 깨웠다. 대부분의 조종

---

57) 상게서, p.131.

사들은 무슨 일이 일어날지 사전에 몰랐기 때문에 숙면을 취할 수 있었다. 각 공군기지에 서는 조종사들에게 브리핑을 실시하였다. 공격개시 시간은 '07:45'이라고 하달했다. 조종 사 별로 목표가 부여되었다. 비밀유지와 기습은 생명과 같았다. 막판까지도 기밀 누설은 절대 용납되지 않았다. 그래서 조종사들에게 '절대로 무전을 해서는 안 된다. 비행기에 문 제가 생기면 날개를 좌우로 흔들어 알린 뒤 복귀하라, 비행기가 추락해도 구조 요청을 하 지 말라, 바다로 탈출한 뒤 구조를 기다려라'고 거듭 강조했다.

조종사들의 출격준비와 병행하여 기습을 위한 기만작전도 착착 진행되었다. 오늘도 평 범한 하루라고 알리듯이 06:00시경, 푸가 매지스터 훈련기 4기가 일상적인 정찰임무를 수 행하기 위해 이륙했다. 이스라엘군은 통상적인 훈련이라는 것을 강조하기 위해 조종사와 관제사 간의 일상적인 대화를 녹음해 틀었다. 최전선 전투비행단에 할당된 호출부호와 주 파수도 그대로 사용하였다. 이스라엘 공군은 요르단 공군이 아즐룬 산(山)에 설치한 강력 한 마르코니-247 레이더로 이 모든 상황을 감지할 수 있을 것이라고 생각했다.[58] 이 훈련 기들은 공격개시 시간인 07:45분까지 비행하도록 되어 있었다.

제1차 공격에 투입할 수 있는 전투기와 폭격기는 총 196기였다. 그밖에 본토 방공을 위 해 12기가 할당되었다. 06:30분, 출격할 작전기 편대들이 모든 준비를 마치고 이륙을 기 다렸다. 이륙 타이밍은 작전의 핵심 중 하나였다. 만일 비행기에 이상이 생겨 정해진 시간 에 이륙하지 못할 경우에는 옆으로 밀어내서라도 다른 비행기가 이륙할 수 있도록 하라는 지시가 있었다. 첫 공격대는 어떤 일이 있어도 정확히 07:45분에 적 비행장에 도달해야만 했다. 이륙시간은 각 목표별 거리에 맞춰 정해졌다. 어디서 이륙하고 어디로 비행하느냐 에 따라 각 편대마다 10~45분을 비행하도록 되어 있었다.

07:00시, 제1차로 40기의 작전기가 이륙한 후 지중해로 나가 서쪽 방향으로 비행하였 다. 수분 후 40기, 또 수분 후 40기… 이렇게 간격을 두고 이륙하였다. 지중해상을 비행 하는 편대는 레이더 감시를 피하기 위해 초저공으로 비행하였다. 너무 낮게 날았기 때문 에 바닷물에 긴 자국이 남을 정도였다. 마지막에 이륙한 편대군은 남쪽 방향인 네게브 사 막을 향해 비행하다가 서쪽으로 방향을 전환해 시나이 상공에 진입하였다. 이들은 사막을 낮게 비행하며 혹시라도 작전이 누설되지나 않을까하고 불안해했다. 그러나 지상에서 손

---

58) 이밖에 이집트군의 레이더 기지뿐만 아니라, 지중해에 떠있는 소련 해군 함정의 레이더와 미 제6함대의 레 이더도 있었다.

을 흔드는 한 무리의 이집트군 병사를 보자 불안감이 사라졌다. 아직까지 이집트군은 전혀 눈치를 재지 못하고 있었다.

몇몇 전투기는 기체에 작은 문제가 생겨 이륙이 약 5분 정도 지연되었다. 이 전투기들은 귀중한 연료를 더 사용해서 속도를 높여 공격개시 시간에 맞추어야 했다. 이는 결국 목표 상공에서 체공하며 공격하는 시간이 감소된다는 것을 의미했다.

참모본부의 작전부장 바이츠만 장군은 미칠 듯이 불안하고 초조했다. 지휘센터에는 국방부 장관과 참모총장도 함께 있었다. 모두들 긴장했고, 숨소리마저 거칠었다. 호드 공군

〈그림 4-2〉 이스라엘 공군의 선제공격(1967.6.5.)

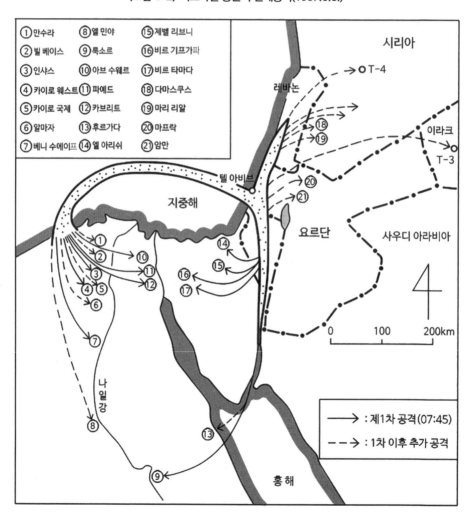

사령관도 애써 태연한척 했지만 그도 엄습해 오는 긴장감을 피할 수가 없었다. 모든 작전기가 성공적으로 이륙하여 목표를 향해 날아가고 있었다. '과연 발견되지 않고 목표상공에 도달하여 07:45분에 일제히 공격을 개시할 수 있을까?'하는 마음에 모두들 침이 마르고 입술이 타들어갔다. 지중해상에서 서쪽으로 비행하던 편대군은 알렉산드리아에서 남쪽으로 방향을 전환해 각각 목표로 접근해 갔고, 남쪽 네게브 사막으로 비행하던 편대군은 서쪽으로 방향을 전환해 시나이 반도에 있는 목표로 접근해 갔다.

07:45분(카이로 시간 08:45분), 이스라엘 공군은 기습에 성공했다. 카이로 및 나일계곡, 수에즈 운하, 시나이 반도의 목표상공에 도착한 공격기 편대는 9개소의 비행장을 동시에 폭격했고, 단 1개소만 수분 늦게 폭격했을 뿐이었다. 공격기는 먼저 활주로에 폭탄을 투하하여 이집트 공군기들이 이륙하지 못하게 해 놓은 후, 3~4회에 걸쳐 기총소사를 실시해 항공기를 파괴했다. 제1파가 7분간에 걸쳐 공격한 후 이탈하면, 3분 후 제2파가 7분 동안 공격했다. 그 다음에 제3파, 제4파의 공격이 이어졌다. 이러한 집중공격에 의해 이집트 공군은 개전 벽두 40분 만에 약 200기가 지상에서 격파 당했다. 일부 이집트 공군기들이 간신히 이륙하는 데 성공했지만, 곧 이스라엘 전투기에 의해 격추당했다. 체계적인 훈련을 받은 이스라엘군 조종사들에게 이집트군 조종사들은 적수가 되지 못했다. 공격이 시작되자 무전기에서 흐르던 정적이 사라졌다. 꺼놓았던 무전기가 켜지면서 전투현장의 모습이 생중계 하듯이 들려왔다. 지휘센터에서는 환성이 터져 나왔다. 믿기지 않는 놀라운 전과였다. 다음은 각 지역별 주요 비행장에 대한 공격 모습이다.

베니 수웨이프 비행장(나일 계곡 지역) 바트르 폭격기 4기 편대로 구성된 공격대는 나일강 위를 낮게 날아서 목표로 접근해 갔다. 베니 수웨이프 기지는 관개 농장에 둘러싸인 모래 언덕 위에 위치해 있었다. 물에 젖은 논밭 위로 아침 안개가 피어올랐지만 모래언덕 위에 위치한 베니 수웨이프 기지는 깨끗했다. 안개가 전혀 없었고, 태양이 솟을수록 활주로가 뚜렷하게 보였다. 바트르 폭격기는 6,000피트까지 급상승했다가 하강하면서 각각 두 차례씩 폭격을 가했다. 활주로에 폭탄이 터져 사용불능이 되었다. 마지막에 투하한 폭탄에는 시한장치가 부착돼 있어 신속한 활주로 보수를 방해했다. 폭격 후에는 각각 세 차례씩 기총소사를 실시하여 덩치가 큰 Tu-16 폭격기를 파괴하였다. 뒤늦게 이집트군 방공진지에서 대공포 사격을 실시했으나 바트르 폭격기를 격추시키지 못했다.

인샤스 비행장(나일 삼각주 지역)　인샤스 기지에 접근한 미라쥬 4기 편대는 급상승했다가 하강하면서 활주로에 폭탄을 투하했다. 그리고 시상에 놓인 미그기에 대하여 세 차례나 기총소사를 반복했다. 햇빛에 반사되어 반짝이던 미그기 대부분이 파괴됐고, 이륙 준비를 하던 일부 미그기들은 조종사를 태운 채 불길에 휩싸였다. 기습은 대성공을 거두었다.

파예드 비행장(수에즈 운하 지역)　수에즈 운하 강기슭에 위치한 파예드 기지는 수에즈 운하 지역의 핵심 공군기지로서 MIG-19 및 MIG-21 전투기, 수호이(Su-7) 전투기 등, 3개 전대 가 배치되어 있었다. 그런데 6월 5일 아침에 샤페이 이집트 부통령과 야히야 이라크 부총 리가 파예드 공군기지에 도착할 예정이었다.[59] 08:45분(카이로 시간), 샤페이 부통령을 태운 비행기가 파예드 비행장에 착륙을 시도하고 있었다. 이때 빠르게 다가오는 제트기 소리가 들렸다. 한편, 파예드 비행장을 공습할 이스라엘군 슈퍼 미스테르 4기 편대는 나일 삼각주 를 거쳐 수에즈 운하 방향으로 낮게 날며 접근하고 있었다. 아침 안개를 걱정했으나 파예 드 비행장은 쾌청했다. 비행장이 가까워지자 슈퍼 미스테르 편대는 급상승했다가 하강하 면서 폭탄을 투하했다. 이때 샤페이 부통령을 태운 비행기는 활주로에 막 착지한 상태에 서 아직 이동 중이었다. 첫 번째 폭탄이 터졌고, 이어서 또 하나가 터졌다. 샤페이 부통령 등, 첫 번째 비행기에 탑승한 사람들은 비행기 밖으로 뛰어내린 후 죽을힘을 다해 달려서 활주로 옆 작은 모래 제방 뒤에 숨었다. 두 번째 비행기는 착륙 중 이스라엘 전투기의 기총 사격을 받았다. 조종사는 사격을 피하기 위해 방향을 튼 다음 즉시 이륙하였고, 잠시 후 수 에즈 운하 부근에 불시착하였다. 그러나 탑승자 대부분이 사망한 상태였다.

폭탄 투하를 끝낸 슈퍼 미스테르 편대는 기총소사를 반복했다. 정렬되어 있던 이집트군 전투기들은 공격기의 단 한번 연사로도 여러 대가 파괴되었다. 이륙준비를 하던 MIG-21 전투기 몇 기와 수호이(Su-7) 전투기 몇 기도 이스라엘군 공격기의 사격을 받고 화염에 휩 싸였다. 이런 와중에 이집트군 지상관제원들과 기지의 건설노동자들이 수호이(Su-7) 전투 기 몇 기를 건물 뒤와 나무 밑으로 밀어 넣어 숨기는 투혼을 발휘했는데, 그 과정에서 여러

---

59)　이들은 시나이에 있는 이라크군 부대를 순시할 계획이었다. 그 부대에는 이라크 대통령의 아들도 있었다. 이들을 태운 비행기 2대는 08:00시, 카이로 국제공항 근처에 있는 알 마자 공군기지에서 이륙했다. 약 40분 후 파예드 비행장에 도착할 무렵, 창밖으로 회색 비행기 몇 기가 지나가는 것을 보았다. 샤페이 부통령은 이 집트 공군이 호위기를 보낸 것으로 생각했다. 기습해 오는 이스라엘군 전투기인줄 은 꿈에도 생각하지 못 했다.

명이 사망했다. 이러한 아수라장 속에서 모래 제방 뒤로 몸을 숨겼던 샤페이 부통령과 야히아 이라크 부총리가 간신히 건물 안으로 대피하였다. 그런데 이들은 화가 날대로 난 조종사들과 마주쳤다. 조종사들은 샤페이 부통령에게 "이것 보시오! 이 꼴을 보니 행복하십니까? 왜 우리가 먼저 공격하지 못하게 한 겁니까?"하고 따질 듯이 물으며 대들었다.[60]

비르 타마다 비행장(시나이 지역) 이집트의 아메르 원수는 시드키 마무드 공군참모총장과 함께 6월 5일 아침에 시나이로 날아가 비르 타마다 공군기지에서 시나이에 배치된 부대의 야전지휘관들을 만나기로 계획되어 있었다. 07:30분, 아메르 원수와 공군참모총장이 탑승한 비행기가 카이로 국제공항 근처에 있는 알 마자 공군기지에서 이륙했다. 이들을 태운 IL-28 경폭격기가 수에즈 운하를 통과할 때 이스라엘의 레이더에 포착됐다. 이를 본 호드 공군사령관은 마음이 조마조마했다. 만약 그 비행기가 이스라엘군 공격기 편대를 발견하게 되면 기습은 수포로 돌아 갈 수밖에 없다. 그렇다고 무전기를 켜서 조종사들에게 경고할 수도 없는 노릇이었다. 그러나 다행히 서로 조우하는 일은 발생하지 않았다.

07:45분(카이로 시간 08:45분), 아메르 원수가 도착하기 조금 전, 비르 타마다 공군기지에는 먼저 도착한 이집트군 총사령부의 전선지휘소 본부장인 무르타기 대장, 참모장 아마드 이스마일 소장, 시나이 전선 야전군사령관 살라 무신 중장 등, 고위 장성들이 의장대를 사열하고 있었다. 이때 이스라엘군 전투기가 들이 닥쳤다. 활주로에 폭탄이 떨어져 터졌고, 이어서 정렬되어 있는 미그기들이 총탄을 뒤집어쓰기 시작했다. 의장대를 사열하던 이집트군 고위 장성들은 혼비백산하여 참호로 대피하였다. 그들은 처음에는 이집트 공군기가 날아 온 것이라고 생각했다. 첫 번째 폭탄이 터진 후에는 몸을 숨긴 채 미그기들이 하나하나씩 파괴되는 것을 속수무책으로 바라보면서 이집트 공군기들이 금방 하늘에서 나타나 이스라엘군 전투기를 쫓아 낼 것이라고 믿었지만 아무런 일도 없이 시간만 흘러갔다. 결국 이스라엘군 전투기들은 마음대로 활개 친 후 돌아갔다.

---

60) 6월 2일, 나세르가 군 고위 장성들을 소집한 자리에서 "선제공격은 절대로 안 되며, 이스라엘의 선제공격을 받은 후 반격에 나서라"고 지시했다. 이때 시드키 마무드 공군참모총장은 "공군은 공격용으로 운용해야 한다"면서, 오히려 이집트가 선제공격을 해야 한다고 주장해 격론을 벌였다. 이 사실은 공군 내에서 다 알고 있는 공공연한 비밀이었다. 그래서 이스라엘 공군의 선제공격을 받아 자신들의 전투기가 산산조각이 나는 것을 지켜볼 수밖에 없었던 조종사들은 수뇌부의 잘못된 판단과 지시가 이모양 이꼴을 만들었다고 끓어오르는 분노를 표출한 것이다.

공습이 끝나자 시나이에 배치된 부대의 야전지휘관들은 허겁지겁 자대로 복귀하였다. 그러나 이늘을 기다리고 있던 것은 또 다른 기습이었다. 08:15분(이스라엘 시간), 이스라엘 지상군이 시나이에서 공격을 개시한 것이다. 이스라엘군 전투기들이 공습을 하는 동안, 아메르 원수를 태운 비행기는 그대로 하늘에 떠 있었다. 착륙할 곳을 찾을 수 없었다. 그 시각에 시나이와 수에즈 운하 지역에 있는 모든 공군기지가 이스라엘군 전투기의 공습을 받고 있었기 때문이다. 결국 아메르가 탑승한 비행기는 되돌아가 10:15분, 카이로 국제공항에 착륙했다. 그곳도 이미 폭격을 당했지만 완전히 마비되지는 않았다.

이처럼 전쟁 초기 90분 동안이나 이집트군 최고사령관과 공군참모총장은 전혀 부대를 지휘할 수 없는 위치에 있었다. 하기야 부대를 지휘할 수 있는 위치에 있었다 하더라도 이스라엘공군의 선제 기습공격에 제대로 대응하지 못했을 것이다.

4. 재타격 및 추가공격

최초 기습공격이 대성공을 거두었지만 이집트 공군을 더욱 철저하게 격멸하기 위해 제1차 공격을 했던 10개 비행장에 대한 재타격과 제1차 공격대상에 포함되지 않았던 비행장에 대한 추가공격을 실시하였다. 추가로 공격한 곳은 엘 만수라, 빌 베이스, 카이로 국제공항, 카이로 웨스트, 엘 민야, 후르구다, 룩소르 등이었다. 또 표적대상도 비행장뿐만 아니라 레이더 및 SAM 진지까지 확대시켰다.

이스라엘 공군이 제한된 작전기로서 지속적인 공격을 감행할 수 있었던 것은 1기의 작전기가 가능한 한 여러 번 재출격을 할 수 있었기 때문이다. 수에즈 운하 지역 목표의 경우, 제1차 공격 출발 시부터 재출격 준비를 완료할 때까지 소요되는 시간은 1시간 정도였다.[61] 물론 나일 지역은 왕복비행시간 차이로 인해 시간이 더 소요되었고, 시나이 지역은 좀 더 단축되었다.

---

61) 예를 들어 수에즈 운하 지역 비행장 공격 시, 목표에 도달하는 데 소요되는 비행시간 22.5분, 목표 공격시간 8분, 기지로 복귀하는 데 소요되는 비행시간 20분, 그리고 재급유 및 재무장과 새로운 명령을 수령하는 데 소요되는 시간 7.5분, 마지막으로 기지에서 안전한 출격을 위해 소요되는 시간 2분, 합계 60분이면 재출격이 가능한 것으로 되어 있었다.

제1차 공격을 마치고 복귀했던 전투기들이 재출격하기 시작했다. 이들은 다시 날아가서 아직까지 남아있는 비행기들을 남김없이 파괴하였다. 재공격을 받은 비행장은 아수라장이 되었다. 시나이의 비르 타마다 공군기지에서는 병사들이 차량을 탈취하여 도망가기 시작했다. 제1차 공격대상에 포함되지 않았던 비행장도 이번에는 공격을 피해갈 수 없었다. 이 중에서 가장 원거리에 있는 목표는 나일강 중류에 있는 룩소르 비행장이었는데, 텔아비브에서 직선거리로 600km가 넘었다. 룩소르 비행장에 대한 공격은 베니 수웨이프를 공격하고 돌아온 바트르 폭격기 편대에게 부여되었다. 제1차 공격 시에 파괴를 모면한 이집트군 전투기 및 폭격기가 그곳으로 대피했다고 판단했기 때문이다.

첫 임무는 목표물을 눈감고도 그릴 수 있을 만큼 철저하게 준비했었지만 이번 임무는 사전에 준비가 없는 즉각적인 대응이었다. 가장 큰 문제점은 룩소르로 가는 길목인 후르구다 공군기지에 배치된 MIG-19 전투기의 요격을 받기 쉬웠다. 그래서 미라쥬 편대가 먼저 그곳을 공격하여 파괴시켜 버렸다. 그 뒤를 이어 비행하던 바트르 폭격기 편대는 12:30분, 룩소르 비행장을 폭격했다. 공습은 대성공이었다. Tu-16 폭격기를 12기나 파괴하였다. 그런데 폭격 중, 바트르 폭격기 1기가 이집트군 대공포에 의해 피해를 입었다. 엔진에서 기름이 뿜어져 나왔고, 복귀하던 중 엔진 한쪽이 정지하였다. 조종사는 엔진이 정지하기 전 최대한 상승한 뒤 서서히 고도를 낮추며 이스라엘까지 비행하려고 했다. 그러나 연료가 얼마 남

〈표 4-1〉 각국의 항공기 보유수와 전쟁 중 손실

이스라엘				이집트			
구분		보유기 (1967.6.1)	6일전쟁시 손실	구분		보유기 (1967.6.1)	6일전쟁시 손실
전투기	오라곤	40	3	전투기	MIG-15/17	150	75
	미스테르	60	8		MIG-19	80	20
	슈퍼 미스테르	24	3		MIG-21	120	90
	미라주-3	72	6		Su-7	30	12
	소계	196	20		소계	380	197
기타 항공기		158	12	기타 항공기		200	89
합계		354	32	합계		580	286
요르단				시리아			
구분		보유기 (1967.6.1)	6일전쟁시 손실	구분		보유기 (1967.6.1)	6일전쟁시 손실
전투기	뱀파이어	8	2	전투기	MIG-15/17	100	20
	호커 헌터	21	21		MIG-21	36	30
	F-104	5	0				
	소계	34	23		소계	136	50
기타 항공기		22	5	기타 항공기		36	4
합계		56	28	합계		172	54

지 않았기 때문에 이스라엘 남쪽 끝 에일라트 항에 있는 작은 활주로에 비상착륙하였다. 이집트군은 SA-2 지대공 미사일 20개 중대를 전개시켰지만 이스라엘군 전투기들이 저고 도로 접근해 왔기 때문에 제대로 대응하지 못했다. 겨우 6발을 발사했을 뿐이었다.

5. 요르단 및 시리아 공습

6월 5일 08:50분, 후세인 요르단 국왕은 군사보좌관 자지 대령으로부터 '이스라엘이 이 집트를 공격하기 시작했다'는 긴급보고를 받았다. 후세인 국왕은 군사본부에 전화를 걸었 다. 군사본부에서는 "이집트로부터 '이스라엘 전투기 3/4이 격추당했고, 이집트군이 시나 이에서 총공세를 전개했다. 요르단도 동참하라'는 내용의 메시지를 받았다"고 보고했다. 후세인 국왕은 즉시 군사본부 지휘센터로 갔다. 전쟁이 발발하자 혼란과 공황에 빠져있는 이집트 군사본부에서 '요르단은 시리아 및 이라크 공군과 합세해 이스라엘 내 목표를 공 격하라'는 지시가 내려왔다.

요르단 공군은 출격할 준비를 갖추고 있었고, 조종사들은 시리아 공군과 함께 이스라엘 을 협공하기를 원했다. 그래서 시리아군에 협조를 요청했더니 시리아군은 조종사들이 훈 련을 나가 있기 때문에 자신들도 허를 찔렸다고 대답하며, 처음에는 30분, 그 다음에는 1시간, 그리고 10:45분까지도 기다려 달라는 말만 되풀이 했다.

레이더를 주시하자 한 무리의 비행기가 이스라엘로 들어가는 모습이 나타났다. 후세인 국왕과 참모들은 드디어 이집트 공군기가 이스라엘을 공격하는 것이라고 생각했다. 아직 까지 그들은 이집트가 허위발표를 하는 것을 알아차리지 못했다. 이에 반해 마프락 공군 기지에서 동일한 레이더 화면을 본 요르단 조종사들은 그 비행기 무리는 공격을 마치고 복귀하는 이스라엘 공군기라는 사실을 정확히 파악했다. 그래서 조종사들은 '공격을 마치 고 복귀하는 이스라엘 공군기가 틀림없다. 그들은 연료와 무장을 대부분 소모했을 것이니 이때를 틈타 공격하자'고 건의했지만 안 된다는 말만 들었다. 이스라엘을 공격하러 들어 가는 이집트 공군기라는 것이었다.[62] 이리하여 이스라엘 공군의 허점을 노려 타격을 가하

---

62) 전쟁 1주일 전까지만 해도 요르단 공군은 이스라엘군 기지를 기습할 작전을 준비하고 있었다. 많지 않은 항 공자산을 최대한 활용할 수 있는 방법이었다. 그러나 며칠 전, 요르단이 이집트와 상호 방위 조약을 맺자 이

고 그들의 출격 횟수를 제한시킬 수 있는 절호의 기회를 놓치고 말았으며 그러한 기회는 다시 오지 않았다. 이때 요르단 공군 전투기들은 소수였지만 출격태세를 갖추고 있었다.

11:00시, 예루살렘에 있는 UN의 오드 불 장군은 후세인 국왕에게 전화를 걸어 에슈콜 이스라엘 총리의 메시지를 전했다. 그 내용은 '이스라엘군은 이집트군을 상대로 작전을 펼치고 있으므로 요르단이 개입하지 않으면 공격당하지 않을 것이다'였다. 그러나 그 메시지는 너무 늦게 전달됐다. 후세인 국왕은 1년 전, '사무아 마을 사건'을 잊지 않고 있었다. 1966년 11월 12일, 이스라엘은 요르단 국경마을 사무아를 공격하기 전날, 요르단을 공격하지 않겠다는 비밀 메시지를 보내고는 그 다음 날인 11월 13일, 사무아를 공격하는 비열한 짓을 저질렀다. 그 이후 후세인 국왕은 이스라엘의 약속을 믿지 않았다. 후세인 국왕은 며칠 전 이집트와 상호방위 조약을 체결할 때부터 이미 참전을 결심했다. 또 카이로 방송에서는 이스라엘 공군이 박살나고 있다는 뉴스가 계속 나오고 있었으므로 겁을 먹을 필요가 없었다. 후세인 국왕은 오드 불 장군에게 "그들이 먼저 전쟁을 시작했소, 이제 그들은 하늘에서 우리의 응징을 받을 것이오"라고 대답했다.

11:50분, 요르단 공군은 더 이상 시리아 공군과의 협력에 매달리지 않았다. 단독으로 이스라엘을 공격하려고 마프락 공군기지에서 대기 중이던 호커헌터 전투기 16기가 출격했다. 그들은 텔아비브 북쪽의 해안도시 네타니아에 있는 이스라엘 공군기지를 폭격하라는 임무를 부여 받았다. 호커헌터 전투기들은 무사히 네타니아 공군기지 상공에 도달한 후 공격을 개시하였다. 그들은 이스라엘군 비행기 4기를 파괴하고, 30분 후 전기 무사히 귀환하였다.

12:30분, 이스라엘 공군의 반격도 신속했다. 즉시 마프락 공군기지를 공습해 온 것이다. 긴급 대기 중이던 요르단 공군의 호커헌터 전투기 몇 기가 이스라엘군 전투기를 요격하려고 날아올랐다. 그리하여 하늘에서는 요르단 전투기와 이스라엘 전투기 간에 치열한 공중전이 벌어졌다. 요르단 공군 조종사들의 실력은 뛰어났다. 유리한 위치를 선점한 다음 사격을 가했다. 이스라엘군의 미스테르 전투기 4기 이상이 격추되었다. 이때 네타니아 폭격을 마치고 조금 전에 복귀한 요르단 전투기들은 연료를 주입하며 재무장을 하고 있었다. 그런데 공중전을 벌이고 있지 않는 이스라엘 전투기들은 비행장을 공격하였다. 먼저 활주

집트는 자국 전투기가 이스라엘 공격을 전담할 터이니 요르단은 자국의 영공 방위만 담당하라고 했다.

로를 폭격하였고, 그 다음 재출격 준비를 하는 요르단군 전투기에 기총소사를 실시했다. 대부분의 호커헌터 전투기가 지상에서 그대로 파괴되었다. 네타니아 공습을 마치고 돌아온 조종사들 중 일부는 재출격을 하려고 이륙하려다가 이스라엘군 전투기의 총격을 받고 쓰러졌다.

마프락 공군기지는 완전히 파괴되어 불길에 휩싸였다. 공중전을 벌였던 호커헌터 전투기들은 활주로가 파괴되어 착륙할 수 없었다. 하는 수 없이 그들은 수도 암만 공항의 활주로에 착륙하였다. 그런데 착륙하자마자 이스라엘군 전투기들이 몰려와 맹폭을 가했다. 공습은 2시간 반 동안이나 계속되었다. 요르단 공군은 거의 모든 전투기를 잃었다. 후세인 국왕의 왕궁도 폭격을 당해 집무실이 파괴되었다.

시리아 공군은 간단하게 분쇄되었다. 시리아 전투기 몇 기가 하이파 항(港)을 공격하다가 격추되었고, 그 후 시리아에서 이륙한 미그기들은 이스라엘 공군의 미라쥬 전투기들에게 요격당하여 이스라엘 상공에 진입하기도 전에 격추되었다. 그리고 6월 5일 13:00시부터 다마스쿠스 비행장을 포함한 5개 공군기지가 이스라엘군 전투기의 공격을 받아 큰 피해를 입었다.

마지막으로 남은 것은 이라크 공군뿐이었다. 6월 6일, 이라크 공군의 Tu-16 폭격기 1기가 이스라엘 상공으로 침투해 들어가 네타니아 주변에 폭탄 3개를 투하하였다. 그러나 복귀 도중에 이스라엘군 대공포에 격추되었다. 이스라엘군은 즉시 반격에 나서 이라크 비행장을 공격해 MIG-21 전투기 전대를 무력화 시켰다.

전쟁 첫날, 이스라엘 공군은 이집트, 시리아, 요르단 공군을 섬멸했다. 이스라엘군은 19기를 잃었고, 조종사 9명이 전사했다. 투입한 작전기의 약10%에 해당하는 큰 손실이었다. 그러나 총 출격 횟수와 격파한 적기의 수 등을 비교해 보면 큰 손실이라고 볼 수 없다. 제공권을 장악한 첫날 이후 손실률이 급격히 감소하여 전쟁기간 중 총 32기(전투기 : 20, 폭격기 : 5, 기타 : 7)를 상실했기 때문이다.

6. 혼란에 빠진 이집트 군사본부

시나이의 비르 타마다 공군기지에서 야전지휘관들을 만나려고 했던 아메르 원수와 시드키 마무드 공군참모총장은 이스라엘 전투기의 공습 때문에 착륙하지 못하고 하늘을 떠돌다가 결국 카이로 국제공항에 내렸다. 전쟁 초반 가장 중요한 때에 이집트군 최고사령관과 공군참모총장의 지휘공백이 발생한 것이다.

카이로 군사본부에 도착한 시드키 마무드 공군참모총장은 파죽지세로 공격하는 이스라엘군에 대한 보고를 들었다. 그는 나세르 대통령에게 전화를 걸어 무슨 일이 벌어지고 있는지를 보고했다. 더 구체적인 피해보고가 군사본부에 들어오기 시작하자 재앙의 윤곽이 들어났다. 나세르 대통령은 제대로 싸워보기도 전에 패배한 것은 아닌지 불안해하였다.

카이로 군사본부는 최고사령관인 아메르 원수의 통제 하에 있었다. 그런데 아메르 원수는 전혀 예기치 못한 기습에 충격을 받은 탓인지 완전히 정신이 나간 듯 멍해져서 상황파악도 제대로 하지 못하고 있었다. 11:00시경, 보그다디 부통령이 방문했을 때도 엉뚱한 소리를 했다. 시나이에 있는 지휘관들이 모든 것을 통제하고 있기 때문에 자신은 바쁠 것이 없다고 하며, 공중전이 끝나면 아예 지휘관이 할 일이 없을지도 모른다고 큰 소리쳤다. 그러면서 분주히 전화기를 돌리며 상황파악을 하고 있는 공군참모총장에게 계속 '적기가 몇 기 격추되었느냐?'고 물었다. 그는 자신이 무엇을 어떻게 해야 할 줄을 몰랐다. 그러나 무엇인가를 해야겠다는 생각에 지휘계통을 무시하고 하급부대에 전화를 걸어 피해보고를 받은 후 일부 잔존 전투기를 동원하여 즉각 '표범작전'을 실시하라고 지시했다. 표범작전은 이스라엘 공군기지에 대한 반격작전 코드명이었다.

제1차 공습이 끝난 후에도 이스라엘군 전투기들이 끊임없이 날아와 재공격을 계속하자 아메르 원수와 시드키 마무드 공군참모총장은 미국과 영국이 이스라엘을 도와 참전한 것으로 생각했다. 이스라엘 공군의 능력만으로는 그렇게 많은 전투기를 계속 날려 보낼 수 없다고 판단했기 때문이다. 다시금 수에즈 전쟁 때처럼 영국과 프랑스가 개입한 것과 유사한 사태가 반복되는 것이라면 분명 솟아 날 구멍이 있을 것이라고 생각했다. 이처럼 아메르 원수는 공포와 환각 사이에서 헤매고 있었다.

12:00시경, 자택으로 돌아간 나세르 대통령이 군사본부로 전화를 했다. 그는 비행기를 몇 대나 잃었는지 물었다. 아메르는 답변을 회피했다. 나세르가 다그치자 그때서야 아메르는 '47기가 피해를 입었는데, 그중 35기는 그런대로 사용가능하다'고 보고하면서 나머지도 정비하면 된다는 말을 덧붙였다. 정말로 낮가죽이 두껍고 뻔뻔한 거짓말이었다. 정오 무렵, 이집트 공군은 약 200기의 전투기 및 폭격기를 잃은 상태였다.

14:00시경, 수에즈 운하 지역의 파예드 공군기지에 착륙할 때 이스라엘군 전투기의 공습을 받았던 샤페이 부통령이 차량을 타고 카이로로 돌아왔다. 그는 나세르 대통령에게 현장 상황을 보고했다. 그리고 군사본부를 찾아갔다. 군사본부는 극심한 혼란 상태였다. 아메르 원수는 완전히 얼이 빠진 듯했다. 그는 밑에서 올라오는 보고도 주의 깊게 듣지 않고 있었고, 예하부대에 적절한 명령이나 지시도 내리지 못했다. 군사본부에서 하달된 명령 중 일관된 것은 하나도 없었다. 때문에 시나이의 이집트군이 제대로 전투를 할 리가 만무했다. 최고사령관이 공황에 빠져 우왕좌왕하고 있으니 이집트군은 이미 패배한 것이나 다름없었다.

¦¦¦¦¦ 제4장 ¦¦¦¦¦
시나이 작전

1. 작전계획

가. 이스라엘군

시나이 지상작전계획은 남부사령관 가비쉬 준장과 그의 참모들이 작성하였다. 이스라엘군 참모본부에서는 '시나이의 이집트군을 격멸하고, 샤름 엘 세이크를 점령하여 티란 해협을 통제할 수 있도록 하라'고 간결하게 하달한 후 단기간 내 작전을 종결지을 수 있도록 최대한의 전력을 할당해 주었다.[63]

남부사령관 가비쉬 준장은 1956년 수에즈 전쟁 시, 시나이 중남부에서 먼저 공격을 개시했던 것과는 달리, 중북부의 협소한 정면에 전투력을 집중시켜 신속히 돌파한 후 전과확대 및 추격으로 전환하고, 그 밖의 광대한 정면에서는 제한된 공격 및 견제를 하는 과감한 작전을 구상하였다. 이에 따라 작전을 수행할 전술집단을 6개로 구성하였다. 이 중 핵심적인 과업을 수행할 3개 전술집단은 '우그다(Ugdah : 사단급 TF)'[64]로 조직하였으며, 나머

---

63) 남부사령부에 할당된 전력은 6개 기갑여단, 3개 보병여단/연대, 3개 공정여단, 1개 기갑정찰연대의 13개 여단/연대 규모였으며, 병력은 약 7만 명, 전차는 약 750대에 달했다.

64) 이스라엘군은 사단편제가 없고, 필요시 여단급 부대를 몇 개 편합(編合)하여 '우그다'라는 사단급TF(임무부대)를 만든다.

지 전술집단 3개는 각각 독립여단을 그대로 활용하였다. 우그다(이하 편의상 사단으로 표기)의 지휘관은 역전의 용사인 탈, 샤론, 요페 준장이 각각 임명되었다.

각 사단(우그다)은 전술적 임무 및 과업 수행에 적합하도록 전력을 할당받았다. 탈 사단은 2개 기갑여단(이스라엘군 최정예 기갑부대인 제7기갑여단 포함), 1개 공정여단, 연대급 독립부대 2개를 중심으로 구성되었으며, 전차 300대, 장갑차 100대를 보유하였다. 샤론 사단은 셔먼 및 센츄리온 전차로 혼성 편성된 1개 기갑여단, 1개 보병여단, 1개 공정여단을 중심으로 구성되었으며, 전차 150대, 장갑차 100대를 보유하였다. 요페 사단은 주로 예비역으로 구성된 2개 기갑여단이 주력이었고, 전차 200대, 장갑차 100대를 보유하였다.

<표 4-2> 전술집단 구성 및 전투 편성

구분	탈 사단	샤론 사단	요페 사단	레세프 여단	멘들러 여단	매트 여단
부대	7 ⊡ ⊡ ⊠ ⊘ ⊠	⊡ ⊠ ⊠	⊡ ⊡	⊠	⊡	⊠

남부사령부의 시나이 공격계획은 4단계로 구성되었다.

1) 제1단계 작전(돌파)

- **레세프 여단** : 북쪽의 가자 지구를 공격하여 점령한다.
- **탈 사단** : 라파-엘 아리쉬 방향으로 공격하여 이집트군 제1방어선(제7보병사단 방어)을 돌파한다.
- **샤론 사단** : 움 카테프-아부 아게일라 방향으로 공격하여 이집트군 제1방어선(제2보병사단 방어)을 돌파한다.
- **요페 사단** : 예비로서 초월공격준비를 한다. 다만 1개 기갑여단을 탈 사단과 샤론 사단 사이로 투입하여 비르 라판 방향으로 공격한다(모래언덕을 극복하고 전진하여 비르 라판 부근의 도로를 봉쇄함으로써, 이집트군의 증원부대를 차단하고, 제1방어선의 제7보병사단과 제2보병사단을 절단 및 분리시킨다).
- **멘들러 여단** : 시나이 중남부의 이집트군(샤즐리 TF, 제6기계화보병사단)을 견제한다.

2) 제2단계 작전(종심 공격)

- **탈 사단** : 엘 아리쉬를 공격(지상공격, 공정강하, 상륙작전의 3자 통합작전)하여 확보한다. 주력은 남쪽으로 방향을 전환하여 제벨 리브니 방향으로 공격한다.
- **샤론 사단** : 아부 아게일라~제벨 리브니 방향과, 쿠세이마~비르 하스나 방향으로 공격한다.
- **요페 사단** : 선도여단이 비르 라판에서 제벨 리부니 방향으로 공격하여 이집트군 제2방어선 배비부대(제3보병사단)를 격파한다. 예비로서 대기하고 있던 후속여단은 샤론 사단을 남쪽에서 초월한 후, 쿠세이마~비르 하스나 방향으로 공격하여 이집트군 제2방어선 배비부대(제3보병사단)를 격파한다.
- **멘들러 여단** : 시나이 중남부의 이집트군을 계속 견제한다.

3) 제3단계 작전(전과 확대)

- **탈 사단** : 에이탄 여단은 엘 아리쉬~로마니 방향으로 전과확대를 실시한다. 주력은 제벨 리브니~비르 기프가파 방향으로 전과확대를 실시한다.
- **요페 사단** : 제벨 리브니~비르 타마다~미틀라 고개 방향으로 전과확대를 실시한다.
- **샤론 사단** : 비르 하스나~나클 방향으로 전과확대를 실시함과 동시에 시나이 중남부의 이집트군(샤즐리 TF, 제6기계화보병사단)을 포위 격멸한다.
- **멘들러 여단** : 쿤틸라~나클 방향으로 공격하여 시나이 중남부의 이집트군(샤즐리 TF, 제6기계화보병사단)을 고착시킴으로서 샤론 사단이 포위 격멸할 수 있는 여건을 조성한다.

이리하여 비르 기프가파~미틀라 고개~나클을 잇는 3각 지대에서 이집트군의 예비(제4기갑사단)와 시나이 중남부에 배치되었던 샤즐리 TF와 제6기계화보병사단을 격멸한다.

4) 제4단계 작전(추격)

- **탈 사단** : 에이탄 여단은 로마니~칸타라 방향으로 추격을 실시하고, 주력은 비르 기프 가파~카트미아 고개~이스마일리아 방향으로 추격을 실시한다.
- **요페 사단** : 비르 타마다~기디 고개와 미틀라 고개~수에즈 운하 방향으로 추격을 실시한다.
- **샤론 사단** : 나클~미틀라 고개~수에즈 및 라스 수다르 방향으로 추격을 실시한다.
- 매트 공정여단과 별도의 상륙부대는 샤름 엘 세이크를 점령한다.

이러한 남부사령부의 작전계획 중 제4단계인 '수에즈 운하로의 추격'을 다얀 국방부 장관은 개전 전부터 반대하였다. 다얀은 '시나이 반도에서 전진한계선은 미틀라~기디~카트미아 고개를 연하는 선'이고, 그 이상 진출하면 소모전쟁에 휘말릴 위험성이 크다고 하며 반대한 것이다.

그런데 이 작전의 성공여부는 기만에 있었다. 이집트군은 이스라엘군이 1956년 수에즈 전쟁 때와 동일하게 시나이 남부축선에서 먼저 공격을 실시하여 샤름 엘 세이크를 점령함으로서 티란 해협의 봉쇄를 타개하려 할 것으로 판단하고 시나이 중남부에 약 2개 사단 규모(샤즐리 TF, 제6기계화보병사단)의 전력을 배치하였다.[65] 이스라엘군 입장에서는 시나이 중남부에 배치된 이집트군이 주공 정면인 시나이 북부지역으로 전환되지 못하도록 막아야만 작전성공이 가능했다. 그래서 이스라엘군은 1956년과 동일하게 남부축선 상에서 일련의 공격행동을 개시할 것처럼 기만하였다. 즉 5월 중순부터 동원되기 시작한 부대들은 네게브 사막 북서부에 은밀히 집결하면서 일부 부대를 이용하여 마치 1956년 수에즈 전쟁 시와 동일하게 시나이 중남부를 돌파하려는 것처럼 부대를 이동시켰다. 또 네게브 남부에 대규모의 모의전차도 설치하였다. 이렇게 하여 실제로 1개 여단밖에 배치되지 않은 시나이 남부지역의 이스라엘군이 마치 3~4개 여단이 배치된 것처럼 과장하였다. 그 결과 이집트군은 철저하게 기만을 당해 샤즐리 TF와 제6기계화보병사단은 유병화되었고, 종국에 제6기계화보병사단은 격멸 당했다.

---

65) 이 부대들은 방어를 강화할 목적뿐만 아니라 공세 전환 시에는 라몬 계곡을 따라 사해 남부 방향으로 공격하여 요르단군과 연결해 에일라트를 고립시키려는 목적을 갖고 있었다.

나. 이집트군

이집트군이 오랜 기간에 걸쳐 구상한 작전계획은 이스라엘군을 시나이 중부로 유인한 뒤 잘 준비된 두 방어진지 사이로 몰아넣어 섬멸하는 것이었다.[66] 방어진지가 완전히 준비된 것은 아니었지만 당시 군사적 관점에서 볼 때 타당한 계획이었다. 이집트군이 국경을 연하는 선에서 지역방어를 실시하지 않고 이스라엘군을 중부내륙으로 깊숙이 유인한 뒤 섬멸하려는 방안을 채택한 것은 다음과 같은 이유 때문인 것으로 판단된다.

① UN긴급군이 국경선 일대에 배치되어 양군을 감시하고 있었다.
② 선(線: Line) 및 지역방어를 실시하기에는 시나이 국경선이 장대(長大)했다. 또한 시나이는 지역방어를 실시할 만한 가치가 적은 땅이었다.
③ 당시 이집트는 예멘 내전에 개입하고 있었으므로 시나이 전선을 강화할 여력이 부족했다.
④ 5월 14일, 나세르가 시나이로 대병력을 진주시키기 전에는 시나이에 배치된 병력이 적었으므로 국경선을 연해서 선 및 지역방어를 하기가 어려웠다.

그러나 5월 14일 이후, 이집트군의 대병력이 시나이에 진주하기 시작하면서부터 상황이 달라졌다. 지금까지의 작전계획은 이스라엘군을 유인한다는 차원에서 어느 정도 영토를 희생한다는 것을 전제로 했다. 그러나 시나이에 대규모 병력을 진주시킨 나세르 대통령은 영토를 양보하는 작전을 받아들일 수가 없었다. 그는 UN긴급군이 국경선 일대에서 철수하자 국경선 부근까지 전진해서 방어할 것을 요구하였다. 그래서 이집트 육군은 기존 작전계획에 따라 진지를 구축하고 방어준비를 해야 할 시점에 새로운 작전계획을 작성하고 부대를 재배치하느라 혼란에 빠졌다.[67]

---

66) 전게서, 제러미 보엔, p.205. 유인격멸작전에 대한 구체적인 내용은 기술되지 않았지만 관련 사항을 종합해 보면 대략 다음과 같이 추정할 수 있다. 즉 국경부근의 주요 통로의 목지점에 거점을 편성하고 고수방어를 실시하여 이스라엘군의 공격을 지연 및 약화시킨다. 우회 및 일부지역을 돌파한 이스라엘군이 제벨 리브니 ~비르 하스나 선(線)까지 진출하면 도로를 감제하는 좌우측 고지에 구축된 진지에서 협격한다. 약화된 적은 비르 타마다와 비르 기프가파에 위치한 예비대를 투입 공세행동을 실시하여 격멸한다.
67) 상게서, p.205.

나세르와 그의 참모들은 완강하게 구축된 방어진지에 의지하여 이스라엘군의 공격을 저지하고, 그 다음에 공세로 전환하여 이스라엘 자체를 격파하려고 하였다. 나세르가 판단한 결정적 지역은 1956년 수에즈 전쟁 시와 마찬가지로 시나이 북부의 라파~엘 아리쉬~쿠세이마를 연결하는 삼각지대였다. 그 지역은 2개의 교통로인 북부 및 중부축선이 출발하는 곳일 뿐만 아니라 시나이에서 가장 기동이 용이한 지역이었다. 나세르는 그곳이 이스라엘군의 주공 방향일 것이라고 판단하고 주력을 배치하였다. 다행히 그곳은 오래 전부터 소련의 지원을 받아 방어진지를 강화한 곳이었다.

나세르는 그 삼각지대에서 이스라엘군의 공격을 저지 및 격멸한 후 반격으로 전환하여, 네게브 사막을 횡단한 후 요르단군과 연결하려고 생각했다. 만약 이스라엘군의 공격을 격퇴하는 것이 여의치 않을 경우에는 그곳에서 이스라엘군 주력을 고착 및 견제하고, 그 대신 시나이 남부에 배치된 부대가 사해 남부 방향으로 공격하여 요르단군과 연결하려고 하였다. 요르단군과 연결하고 에일라트를 고립시킨다면 정치적 목적을 달성할 수 있는 계기로 삼을 수 있다고 생각했다.[68] 이를 위해 이집트군은 시나이 남부에 제6기계화보병사단과 1개 기갑사단 규모의 샤즐리 TF를 배치시켜 놓았다.[69]

이집트군의 전반적인 방어배치는 소련군 방어전술교리를 모방했다. 즉 최전방에 경계제대를 배치하고, 그 뒤에 주로 보병부대를 3선으로 배치한 주 방어지대를 설치하며, 그곳으로부터 20~30km 후방에 보병 및 기갑부대가 배치된 제2방어지대를 편성한다. 그리고 그 뒤 후방의 교통 중심지에 기동력이 양호한 기갑부대를 예비대로 배치시키는 형태의 종심 깊은 3선 배치를 하였다.

이러한 방어형태에 따라 이집트군은 시나이 북·중부지역에는 3개 보병사단(제2보병사단, 제7보병사단, 제20팔레스타인사단)을 제1선에 배치하고, 1개 기계화사단(제3기계화사단)을 제2방어지대(제벨 리브니, 비르 하스나를 연하는 선)에 배치했으며, 1개 기갑사단(제4기갑사단)을 후방의 교통 중심지인 비르 기프가파, 비르 타마다 일대에 위치시켰다.

제1선 방어부대의 배치를 살펴보면, 시나이 최북단의 가자 지구는 1956년과 유사하게 제20팔레스타인사단이 방어를 전담했다. 시나이 북부의 요충인 라파와 엘 아리쉬는 제7보병사단이 방어를 전담했는데, 이스라엘군의 공격을 격퇴하면 의명 라파 남부에서 북동

68) 김희상, 「중동전쟁」, (서울 : 일신사, 1977), p.276.
69) 전게서, Nadav Safran, p.336.

방향으로 반격을 할 계획이었다. 제1선에서 가장 강력한 방어지역은 시나이 북·중지역의 요충 움 카테프, 아부 아게일라, 쿠세이마였다. 그곳에는 전차와 포병으로 증강된 제2보병 사단이 배치되었고, 방어진지도 견고하게 구축되어 있었다.

〈그림 4-3〉 개전 전 양군의 부대 배치 및 전개 상황

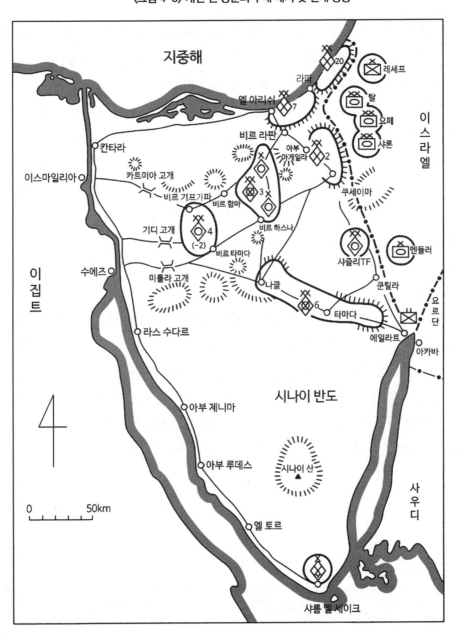

　1956년 수에즈 전쟁 시, 이스라엘군 제202공정여단이 전쟁 초기에 진격해 왔던 시나이 남부축선에는 제6기계화보병사단이 국경도시 쿤틸라에서 시나이 중부 나클까지 종심 깊게 배치되어 있었다. 그리고 쿤틸라, 나클, 쿠세이마를 잇는 삼각지대 중앙인 와디 멜리츠 부근에 샤즐리 TF[70]를 위치시켜 공격이나 방어 등, 어떤 경우에도 공세적으로 운용할 수 있도록 했다.

　제2방어지대는 제1선의 주요 방어지대로부터 40~50km 후방인 비르 함마, 제벨 리브니, 비르 하스나 일대로서 제3보병사단이 배치되어 있었다. 이 부대는 필요시 제1선 방어부대를 증원하고, 제1방어선이 돌파될 경우 제2방어선에서 이스라엘군을 저지시키는 임무를 부여 받았다. 또한 시나이 남부에 배치된 샤즐리 TF와 제1선 사단들이 반격작전을 실시할 때, 그 부대를 후속 지원하다가 초월공격을 실시하는 임무를 부여받고 있었다.

　예비대는 이집트 육군의 최강인 제4기갑사단으로서 비르 기프가파 및 비르 타마다 일대에 위치해 있다가 전방 방어지역 돌파 시에 의명 강력한 역습이나 공세행동을 실시하는 임무를 부여 받았다. 이러한 임무 수행 시, 작전반응시간을 단축하기 위해서 제40기갑여단을 비르 하스나에, 제41기갑여단은 제벨 리브니에 추진 배치시켰다.

　티란 해협을 통제할 수 있는 시나이 반도 최남단의 샤름 엘 세이크에는 1개 독립보병여단이 배치되어 있었다.

　이처럼 변경된 작전계획에 의해 갑작스럽게 부대를 재배치했기 때문에 방어 준비를 하려면 상당한 시간이 필요했다. 그런데 이스라엘군이 너무 빨리, 게다가 기습공격까지 해온 것이다. 또 이집트군의 전반적인 작전계획을 보면 자신의 능력을 과대평가하고 이스라엘군의 능력을 과소평가한 것 같다. 특히 반격으로 전환하여 요르단군과 연결하겠다는 계획은 희망사항일 뿐 실행 및 성공 가능성이 거의 없는 계획이었다. 이 때문에 샤즐리 TF와 제6기계화보병사단을 시나이 남부에 배치하여 귀중한 기갑전력을 유병화 시켰다.

---

70)　샤즐리 장군이 지휘하는 사단급 특수임무부대로서 1개 기갑여단, 1개 차량화여단, 1개 포병여단을 중심으로 편성되었다. 샤즐리는 예멘 내전에도 참전한 경험이 있는 공격적인 지휘관이었으며, 10월 중동전쟁 전(前) 및 초기에 육군참모총장으로 활약했다.

2. 개전 및 돌파(6월 5일)

개전 벽두, 항공작전에서 이집트 공군을 격파하고 제공권을 획득한 이스라엘군은 6월 5일 08:15분(이스라엘 시간), 시나이 반도에서 지상공격을 개시하였다. 이집트군은 이스라엘군의 공격에 대비하여 라파~아부 아게일라~엘 아리쉬의 삼각지대에 전차로 증강된 보병

〈그림 4-4〉 최초 돌파작전(6월 5일)

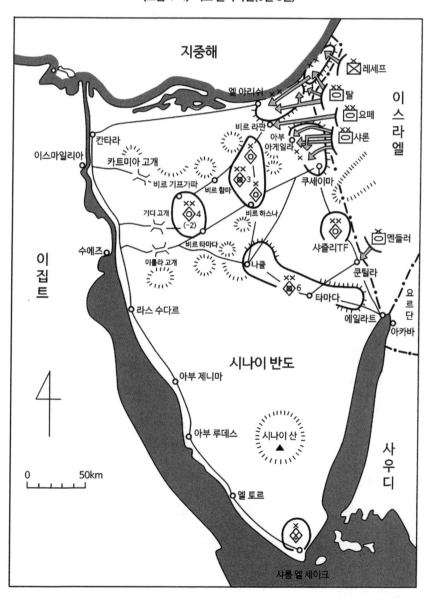

3개 사단을 배비하고 견고한 방어진지를 구축하고 있었다.

이스라엘군의 공격은 3개 방향에서 진행되었다. 탈 사단(2개 기갑여단, 1개 기갑정찰부대, 1개 보병특수임무부대)은 라파~엘 아리쉬 방향으로, 샤론 사단(1개 기갑여단, 1개 보병여단, 1개 공정여단)은 아부 아게일라~비르 하스나 방향으로 공격하여 이집트군 진지를 돌파하려 했고, 요페 사단(2개 기갑여단)은 탈 사단과 샤론 사단의 사이에서 비르 라판 방향으로 공격하여 두 사단의 측방을 엄호하려고 했다. 이 결정적인 작전과는 별도로 가자 지구 공격은 레세프 보병여단이 담당하고, 시나이 남부 쿤틸라 정면에서는 멘들러 기갑여단이 견제공격을 실시하였다.

가. 탈 사단의 강습돌파 및 돌진

시나이 북부축선으로 공격하는 탈 사단이 종심 깊게 돌파하려면 시나이 관문인 라파를 필히 점령해야만 했다. 라파는 교통의 요지로서 가자 지구, 엘 아리쉬, 엘 알쟈의 3개 방향에 대한 중심점이었다. 그래서 시나이 북부를 방어하는 이집트군 제7보병사단은 라파에 1개 여단을 배치하고, 그 측방 및 후방에도 각각 1개 여단을 배치하였다. 견고하게 구축된 방어진지는 다중 지뢰지대 및 철조망 등의 장애물로 보강하였으며, 주요 기갑 접근로에는 다수의 대전차포를 배치하였다. 그리고 방어진지 후방에는 강력한 포병여단을 배치하여 화력지원을 실시할 태세를 갖추고 있었다. 종심지역인 제라디에도 보병여단이 배치되어 있었으며, 긴 협로를 따라 수십 개의 벙커가 구축되어 있었다.

탈 장군은 라파에 대한 정면 공격은 곤란하다고 판단하여, 좌우 측방에서 돌파하여 라파를 포위하기로 결심했다. 그래서 고넨 대령이 지휘하는 제7기갑여단을 라파 동쪽의 칸 유니스를 향해 공격시켜 돌파구를 형성한 다음 좌측으로 방향을 전환하여 라파를 포위하고, 아비람 대령이 지휘하는 기갑여단은 라파 남쪽의 모래언덕을 넘어서 공격시켜 이집트군의 퇴로를 차단하고 세이크 주웨이드에서 제7기갑여단과 연결하여 포위망을 완성하며, 에이탄 대령이 지휘하는 공정여단은 이집트군을 고착시키기 위해 중앙에서 라파를 향해 공격시키기로 했다. 고넨의 제7기갑여단 공격로는 칸 유니스 및 가자를 방어하는 제20 팔레스타인사단과 라파를 방어하는 이집트군 제7보병사단 간의 협조점이었다. 또 아비람 기갑여단의 공격로는 모래언덕으로써, 이집트군은 어떤 부대도 통과 불가능한 지역이라고 판단하고 일부 경계 병력만 배치한 지역이었다.

이스라엘군 사단 중 가장 강력하게 편성된 탈 사단의 첫 번째 당면 과제인 라파 지구 전투는 돌파의 성공 여부를 결정하는 중대한 의미를 지녔다. 그래서 공격개시 직전, 탈 장군은 다음과 같은 훈시를 했다. "국가의 존망이 오늘 우리 손에 달려있다. … 전 부대는 측방이나 후방의 위협 따위는 고려하지 말고 돌진에 돌진을 거듭해 종심 깊이 공격해야 한다. 본대와 분리되거나 낙오된 부대 또는 병사는 자기 부대와 전우들이 계속 전방으로 돌진하고 있다는 사실을 믿고 전진하라. … 죽는 한이 있어도 이 전투는 이겨야 한다. … 전·사상자에 구애 받지 말고 전 장병들은 최종 목표를 향해 돌진해야 한다. 멈추거나 물러서서는 안 된다. 오직 공격과 전진만이 있을 뿐이다!"[71] 이 말대로 첫날 전개된 전투에서 탈 사단의 모든 부대는 그의 말대로 장렬히 싸웠다.

1) 제7기갑여단의 돌파 및 돌진

6월 5일 08:15분, 제7기갑여단은 짧은 공격준비사격을 실시한 후 공격을 개시하였다. 여단장 고넨 대령은 공격부대 선두에 센츄리온 전차대대를 내세우고, 그 뒤를 패튼(M48) 전차대대가 후속하게 하면서 종대대형 그대로 칸 유니스를 향해 돌진시켰다. 그 다음에는 기계화보병대대와 가자 지구를 공격하는 레세프 보병여단[72]의 좌측 공격부대가 후속하였다.

고넨 대령은 선두대대에 위치하여 전투를 지휘했다. 그의 무전기 중 1대는 이집트군 통신망을 감청하고 있었는데, 이집트군의 당황한 목소리가 흘러나오고 있었다. "그들이 우리를 덮치고 있어, 2개 대열이 먼지를 일으키며 접근 중이야. 어떻게 해야 하나? 어떻게 해야 하나?"

제7기갑여단이 국경을 넘어 칸 유니스에 접근하자 이집트군과 팔레스타인 병사들은 일제 사격을 개시하였다. 치열한 대전차포 사격과 지뢰로 인해 선두대대는 큰 피해를 입었

---

71) 전게서, 제러미 보엔, pp 51~52; 전게서, 김희상, pp.294; Bar-On, Mordechai, 「The Gates of Gaza : Israel's Road to Suez and Back」, (New York : St Martin's Press, 1994), p.38의 내용을 의역.

72) 별도로 가자 지구 임무를 부여받은 레세프 대령의 보병여단은 우측 공격부대가 가자를 직접 공격하고, 좌측 공격부대는 칸 유니스를 공격한 후 가자 방향으로 진격할 계획이었다. 그런데 탈 사단의 제7기갑여단이 칸 유니스를 공격하게 되자, 레세프 여단의 좌측 공격부대는 단독으로 공격하지 않고 제7기갑여단을 후속하여 칸 유니스에 돌입함으로써, 전투를 보다 용이하게 전개하려고 하였다.

다. 순식간에 전차 6대가 파괴되고 대대장을 포함하여 35명이 전사했다. 일부 전차 및 장갑차는 이집트군 진지 전면에 지뢰 및 대전차 장애물이 너무 많이 설치되어 있어 전진하지 못하고 되돌아 나와 다른 곳으로 우회할 수밖에 없었다. 이 때문에 적지 않은 시간을 소비했다.

전장은 아수라장이었다. 어떤 전차장은 저격수에게 사살 당했다. 이스라엘군 전차장들은 상체를 해치(hatch) 밖으로 내놓고 지휘하였다. 그렇게 하면 시야가 넓어져 전투상황에 신속히 대응할 수 있지만 저격당하기 쉬웠다. 포탄에 명중된 장갑차가 폭발해 그 안에 타고 있던 병사 전원이 즉사했다. 이집트군 진지로 돌격해 들어가던 장갑차가 지뢰를 밟고 뒤집혔다. 여기저기서 포탄이 터지고 날아오는 총탄 때문에 사상자가 속출했다. 그러나 빗발치는 총탄 속에서도 후속하는 전차 및 장갑차는 멈추지 않고 계속 돌진하였다. 일단 돌파한 전차는 이집트군을 소탕하기 위해 방향을 돌리거나 위기에 처한 전우들을 지원하기 위해 머뭇거리지 않고 오직 부여된 목표를 향해 전진해 나갔다. 그래서 후속부대는 다시 한 번 돌파전을 치러야 할 정도였다.

이렇듯 피해를 두려워하지 않는 이스라엘군의 과감한 공격이 약 1시간 정도 계속된 끝에 칸 유니스의 제1선 진지가 돌파되었다. 최초 돌파에 성공한 제7기갑여단은 측방이나 후방의 위협 따위는 전혀 고려하지 않고 남쪽으로 방향을 전환하여 라파 지역에 배치된 이집트군 여단의 측면으로 공격해 들어갔다. 그들은 뛰어난 전차포 사격능력을 발휘하여 원거리에서 적을 제압하며 라파시(市)를 관통하였다.

라파 교차로까지 남진한 제7기갑여단은 또 다시 강력한 이집트군 방어진지에 부딪쳤다. 이집트군은 라파 교차로 일대에 진지를 구축한 후 다수의 전차와 대전차포를 배치해 놓고 있었다. 여단장 고넨 대령은 센츄리온 전차대대로 하여금 정면에서 이집트군을 교란시키도록 하고, 그러는 동안 패튼(M48) 전차대대는 해안지대에 구축해 놓은 모래언덕을 극복하고 전진하여 후방에서 이집트군 진지를 공격시켰다. 치열한 격전 끝에 라파 교차로는 점령되었다.

이집트군은 진지 내에서 완강하게 저항했지만 배후에서 강습한 패튼(M48) 전차대대에게 허를 찔렸고, 또 무모하리만치 맹렬하게 돌진해 오는 이스라엘군 기갑부대를 당해낼 수가 없었다. 이집트군 제7보병사단의 라파 방어선을 측·후방에서 돌파한 고넨 대령은 후속해 오는 기계화보병대대에게 라파시(市)의 소탕을 맡기고, 자신은 공격부대의 주력인 2개 전

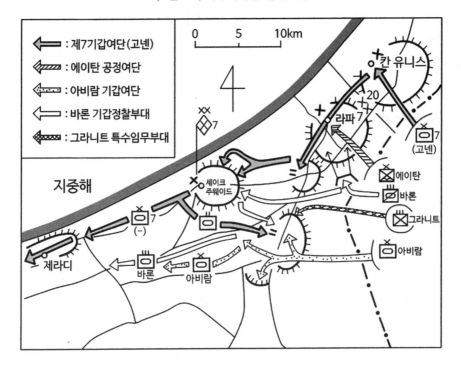

〈그림 4-5〉 라파 지역 돌파(6월 5일)

차대대를 지휘하여 라파 남서쪽의 세이크 주웨이드를 향해 계속 돌진하였다.

라파 교차로에서 남서쪽으로 약 12km 떨어진 세이크 주웨이드에는 이집트군 제7보병 사단 사령부가 위치해 있었으며, T-55 전차대대로 증강된 보병여단이 방어하고 있었다. 고넨 대령은 이 거점에 대하여 세 방향에서 공격을 가했다. 언제나 그렇듯 센츄리온 전차 대대가 정면에서 원거리 사격으로 적진지를 파괴하기 시작했고, 기동성이 양호한 패튼 (M48) 전차대대가 모래언덕을 극복하고 북측방에서 공격을 하였으며, 에이탄 공정여단의 공격을 지원한 후 이집트군 진지 간격을 통해 종심으로 기동해 오는 바론 대령의 기갑정 찰부대가 남측방에서 밀고 올라왔다. 이렇게 세 방향에서 동시통합공격을 실시하자 이집 트군 보병여단은 얼마 버티지 못하고 붕괴되었다.

세이크 주웨이드를 점령한 고넨 대령은 휴식도 하지 않고 엘 아리쉬를 향해 돌진하려고 했다. 이때 사단장인 탈 장군으로부터 '라파로 1개 대대를 반전시키라'는 무전을 받았다. 그 이유는 좌측방에서 공격하는 아비람 기갑여단의 고전을 구원하기 위해서였다.[73] 고넨

---

73) 전게서, 田上四郎, p.135.

대령은 즉시 1개 대대를 반전시키고, 여단 주력을 지휘하여 엘 아리쉬를 향해 폭풍처럼 돌진하였다. 이들을 일시적으로 저지시킨 곳은 엘 아리쉬 동쪽 8~10km 지점에 있는 제라디 협곡이었다.

2) 에이탄 공정여단의 혈전

에이탄 대령이 지휘하는 공정여단은 라파의 이집트군을 고착시키기 위해 중앙에서 공격을 개시하였다. 바론 대령이 지휘하는 기갑정찰부대(M48 패튼 전차 위주 편성)가 공정부대의 전진을 엄호했다. 그런데 공정부대원들도 처음에는 길을 잃고 전차부대와 함께 헤맸다.[74] 공정여단 공격 시, 가장 큰 위협은 이집트군의 포병부대였다. 그 포병부대를 파괴하기 위해 이스라엘 공군의 푸가 훈련기들이 로켓탄을 장착하고 날아와 포병진지를 폭격했다. 뿐만 아니라 푸가 훈련기들은 초저공으로 비행하면서 근접항공지원을 실시하였다. 이러한 와중에 UN긴급군도 전쟁에 휘말렸다. 칸 유니스 남쪽에서 이스라엘 공군기가 백색으로 도색된 UN긴급군 차량행렬에 발포를 하여 인도군 병사 3명이 사망했다.[75]

공군의 근접항공지원과 전차의 사격지원을 받으며 이집트군 방어진지에 접근한 공정부대는 파괴된 진지의 간격을 이용하여 일제히 참호에 진입하였다. 그들은 우지 기관단총을 난사하면서 참호를 소탕하기 시작했고, 여기저기서 치열한 백병전이 전개되었다. 피가 튀는 혈전을 거듭한 끝에 승리는 죽기 살기로 싸운 이스라엘군에게 돌아갔다. 라파 일대의 이집트군 거점을 점령한 공정부대는 잔적 소탕에 들어갔고, 공정부대를 지원하던 기갑정찰부대는 라파 남쪽으로 전진하였다.

3) 아비람 기갑여단의 고전

좌측에서는 아비람 기갑여단이 공격을 개시하였다. 아비람 대령은 이집트군 제7보병사

---

74) 전게서, 제러미 보엔, p.181.
75) 상게서, p.183. 뿐만 아니라 12:30분에는 이스라엘군이 UN긴급군 야영지에 포격을 해 인도군 병사 5명이 더 죽고 12명 이상이 부상당했다. 뉴욕에서 UN사무총장은 "비극적이고 불필요한 인명 희생"이라며 에슈콜 정부에 강하게 항의했다.

단의 퇴로를 차단함과 동시에 남쪽에서의 포위환을 완성하기 위해 2개 전차대대를 이집트군 진지 남쪽 측익으로 전진시키고, 기계화보병대대는 정면에서 공격하여 적을 고착시키려고 했다. 남쪽 측익은 모래언덕으로 형성돼 있어 이집트군은 어떤 부대도 통과할 수 없다고 판단해 방어배치를 소홀히 한 지역이었다. 그래서 포위기동을 해야 하는 전차대대가 지뢰 및 철조망지대, 대전차포 등이 집중 배치된 방어지역을 피해 그 험난한 지역을 택한 것이다. 그러나 역시 모래언덕은 통과하기가 힘들었다. 궤도차량들도 모래언덕을 기어오르다 끊임없이 미끄러져 내렸고, 더구나 지뢰까지 매설돼 있어 공병은 계속해서 지뢰를 제거해야 했다.

천신만고 끝에 모래언덕을 극복하고 전진하기 시작했는데, 선두 전차대대가 엉뚱한 곳을 이집트군 진지의 남쪽 측익이라고 착각하고 공격을 했다. 그리고 공격 방향을 북쪽으로 전환하였다. 그런데 불운하게도 그 남쪽의 진지에 이집트군 1개 대대가 배치돼 있었다. 진지는 모래언덕 일대에 교묘하게 은폐되어 있어서 발견하기 어려웠다. 후속하는 전차대대가 선두 전차대대의 뒤를 따라 북쪽으로 방향을 전환하려고 할 때, 남측 진지에 배치된 이집트군 대대가 선두 전차대대의 배후를 향해 집중사격을 퍼부었다. 선두 전차대대는 대혼란에 빠졌다. 그들은 방향을 착각하여 이집트군 진지 한가운데로 들어온 꼴이 되었으므로 북쪽에서 연이어 방어하던 이집트군 부대에게 좋은 표적이 되어 집중사격을 받았다. 선두 전차대대는 점차 기동을 할 수 없을 정도로 완전 고립 및 차단되었다.

아비람 기갑여단의 선두 전차대대가 절체절명의 위기에 빠지자 사단장 탈 장군은 가용한 모든 포병부대의 화력을 이 지역에 집중시키고, 예비로 보유하고 있던 그라니트 특수임무부대를 투입했다. 그리고 에이탄 공정여단을 지원한 후, 세이크 주웨이드까지 진출한 바론 대령의 기갑정찰부대와 제7기갑여단의 1개 대대를 반전시켜 투입했다. 앞서 사단장 탈 장군이 고넨 대령에게 1개 대대를 라파로 반전시키라고 긴급명령을 내렸었는데, 그것이 바로 아비람 기갑여단의 선두 전차대대를 구출하기 위해서였다.

탈 사단장의 조치는 신속히 진행되었다. 정면에서 공격을 하는 아비람 기갑여단의 기계화보병대대가 압박을 가하고, 또 그라니트 특수임무부대가 북쪽 측방에 투입되어 공격을 실시했으며, 바론 기갑정찰부대와 제7기갑여단의 1개 대대가 후방에서 이집트군 진지를 공격하였다. 그 결과 선두 전차대대는 위기에서 벗어났다.

한편, 선두 전차대대를 뒤따라가던 후속 전차대대는 선두 전차대대가 이집트군의 집중

사격을 받은 직후, 이집트군의 포병진지를 공격하기 위해 전진하였다. 포병진지 근처까지 육박하여 유린하려고 할 때, 긴급 요청했던 공군기들이 날아와 그 포병진지를 파괴했다. 후속 전차대대는 계속 전진하여 이집트군 제7보병사단 방어지역의 후방을 유린하고 전차 2개 중대(40대)를 격파했다.[76]

선두 전차대대의 구출작전은 90분간의 혈투 끝에 17:00시가 되어서야 겨우 종결되었다. 아비람 기갑여단은 이 전투에서 250명의 사상자를 냈다. 이집트군의 사상자도 수백 명이나 됐다. 아비람 기갑여단은 부대를 재편성하여 이날 늦게까지 잔존하는 이집트군 거점을 소탕하였다.

4) 엘 아리쉬를 향한 돌진

아비람 기갑여단이 혈전을 벌이고 있는 동안 제7기갑여단의 주력은 엘 아리쉬를 향해 폭풍처럼 돌진하고 있었다. 원래 엘 아리쉬 공격은 공정작전, 상륙작전, 그리고 지상 진공의 3자 통합작전으로 실시할 계획이었는데, 제7기갑여단의 진격속도가 예상보다 훨씬 빨랐고, 또 참모본부에서는 예루살렘 공격을 중시하여 구르 대령의 공정여단을 예루살렘으로 전용하기로 결정했기 때문에 고넨 대령의 제7기갑여단이 독력으로 엘 아리쉬를 공격하게 되었다.[77]

17:00시경, 카할라니 중위[78]가 전차에 탑승하여 엘 아리쉬를 향해 돌진하고 있었다. 그는 엘 아리쉬에 진입한 최초의 이스라엘 군인이 되고 싶었다. 그의 부대가 엘 아리쉬 동쪽 8~10km 지점의 제라디 협로 가까이 접근했을 때였다. 갑자기 이스라엘군 병사 1명이 그의 전차 앞으로 달려들어 손을 흔들며 전방에 이집트군 전차가 있다고 소리쳤다. 카할라니 중위는 전방을 자세히 관측하기 위해 해치 밖으로 상체를 내밀었다. 그 순간 전차가 충격을 받았고, 곧이어 화염이 치솟았다. 카할라니의 몸에도 불이 붙었다. 그는 전차에서 도저히 빠져나올 수가 없었다. 살타는 냄새와 뜨거운 열기가 전차 안을 가득 메웠다. 젖 먹던

---

76) 전게서, 田上四郎, p.135.
77) 상게서, p.137.
78) 전게서, 제러미 보엔, pp.229~230과 Avigdor Kahalani, 『The Hights of Courage』, (Praeger, 1992), pp.54~55의 내용을 의역.

힘까지 다해 가까스로 전차 밖으로 뛰쳐나온 그는 엔진 상판위에서 뒹굴었다. 그래도 불이 꺼지지 않자 모래에 몸을 던져 뒹굴었다. 카할라니는 의식을 잃을 것 같았다. 전차들이 포를 쏘자 발사 압력에 의해 그의 주변 모래가 갈라졌다. 속옷 일부를 제외하고 그가 입은 모든 옷이 불탔다. 군화 속 양말 한쪽에도 불이 붙었다. 그는 있는 힘을 다해 다른 전차에 올라탔다. 심한 화상을 입은 그는 거의 벌거벗다시피 한 상태로 의무대로 이송되었다.

카할라니 뒤에 있던 전차도 이집트군의 대전차포에 맞아 박살이 났다. 또 다른 전차 2대는 지뢰를 밟아 파괴되었다. 엘라드 소령은 '신속히 소산(疏散)해서 적진지 측면을 공격하라'고 지시했다. 그 자신도 차내 통신으로 조종수에게 '더 빨리!'라고 외쳤다. 그 순간 상체를 해치 밖으로 노출 시킨 채 지휘를 하던 엘라드 소령은 저격을 받아 머리는 날아가고 몸만 전차 안으로 떨어졌다.

제7기갑여단의 돌진을 일단 저지시킨 제라디 진지는 1956년 수에즈 전쟁 시에도 소수의 병력으로 이스라엘군의 진격을 저지시켰었다. 이 지역의 도로는 통과하기 곤란한 모래 언덕을 뚫어 놓은 긴 협로였기 때문에 가파른 좌우측의 견부를 확보하지 않으면 안전하게 통과할 수 없었다. 그런데 제라디 진지를 방어하는 이집트군은 이스라엘군 전차부대가 맹렬히 공격해 오면 통로를 약간 개방하여 간신히 통과하도록 하고, 그다음 후속부대나 보급지원부대들에 대해서는 또다시 치열한 사격을 가해 선두제대와 분리 및 절단시킴으로써 각개 격파를 기도했다.

제7기갑여단의 선도(先導) 전차대대는 큰 피해를 입었지만 맹렬히 공격한 결과 나머지 전차들은 대부분 제라디 협로를 통과하였다. 그런데 후속해 온 보급지원부대는 이집트군에게 저지당했다. 이런 의외의 사태에 당황한 여단장 고넨 대령은 이 사실을 탈 사단장에게 보고하였다. 뜻밖의 보고를 받은 탈 장군은 우선 포병부대를 추진시켜 제라디 진지의 이집트군을 포격하고, 재공격 준비를 시켰다.[79]

어둠이 깔리자 포병의 조명탄 사격 하에 제7기갑여단의 전차 1개 대대와 기계화 보병 1개 대대가 공격을 개시했다. 이번에도 도로를 따라 맹렬하게 공격한 전차대대는 치열한 전투를 벌이며 협로를 통과했는데, 협로의 좌우측 견부를 공격한 기계화보병대대는 이집트군을 축출시키지 못했다. 그 결과 2개 전차대대가 제라디 협로를 통과하기는 했지만 후

---

79)　전게서, 김희상, pp.292~293.

속부대와 차단된 채 적진 깊숙한 곳에서 고립된 것이다.

이렇게 되자 탈 사단장은 먼저 진출한 2개 전차대대는 더 이상의 전진을 중지시키고, 한밤중이지만 가용한 모든 부대를 투입하여 제라디 협로에 대한 공격을 재개했다. 포병의 지원 하에 전차들은 횡대대형으로 늘어서서 사격을 가하며 정면으로 접근했고, 기계화보병들은 지뢰를 하나하나 제거하면서 장애물 지대를 극복했다. 그리고 이집트군 참호선에 접근하여 수류탄으로 벙커를 파괴한 후 참호에 진입했다. 그들은 우지 기관단총을 난사하면서 참호를 소탕했고, 때로는 백병전도 전개하였다. 이렇게 수 시간 동안 격전을 치른 끝에 드디어 모래언덕 정상에 올라갔고, 긴 협로의 견부를 완전히 장악했다.

이리하여 6월 6일 03:00시, 탈 사단의 주력이 엘 아리쉬 교외에 도달했다. 05:00시에는 보급지원부대가 도착했다. 제7기갑여단은 재급유 및 재보급을 마친 후 곧바로 엘 아리쉬에 대한 공격을 개시했다. 그런데 전투는 예상했던 것보다 너무 싱겁게 끝났다. 불과 수 시간의 가벼운 전투 끝에 엘 아리쉬를 점령한 것이다. 이집트군은 더 이상 방어할 의지를 상실해 버린 것 같았다.

한편, 아비람 기갑여단과 바론의 기갑정찰부대는 라파를 점령한 후, 제7기갑여단의 남측에서 제7기갑여단의 전진축과 평행하게 서쪽으로 기동하였다. 그들은 착잡한 지형을 극복하고 6월 6일 새벽녘에 엘 아리쉬 남쪽에 도착하였다.

이렇듯 탈 사단은 24시간 만에 이집트군의 제1방어선을 돌파하고 엘 아리쉬까지 40km를 전진하였다. 그래도 탈 사단의 전진은 멈추지 않았다. 탈 장군은 제7기갑여단장 고넨 대령에게 남쪽으로 방향을 전환해 이집트군 제2방어선의 핵심지역인 비르 라판을 공격하라고 지시했다. 그리고 그라니트 특수임무부대를 북부해안도로를 따라 수에즈 운하가 있는 서쪽으로 맹진시켰다.

나. 샤론 사단의 통합된 정밀공격

1) 개요

이스라엘 국경에서 서쪽으로 약 25km 떨어진 지점에 위치한 아부 아게일라는 이스라엘에서 시나이 중부로 진입하는 관문일 뿐 아니라 시나이에서 가장 핵심적인 교차로 역할을 하는 교통의 요지였다. 즉 그곳은 이스라엘의 니짜나에서 이스마일리아에 이르는 동서통로와 엘 아리쉬에서 쿠세이마 및 나클에 이르는 남북통로가 교차되는 전략적 요충이었다. 따라서 그곳은 전쟁이 발발할 때마다 피아간에 필히 확보하려고 치열한 쟁탈전을 벌였다.

1948년 독립전쟁 시에는 이스라엘군이 니짜나에서 아부 아게일라를 거쳐 엘 아리쉬로 우회기동을 하여 일대 포위전을 성공시켰다. 그러나 1956년 수에즈 전쟁 시에는 이스라엘군이 수차례에 걸쳐 공격을 반복했지만 강력하게 방어하고 있는 움 카테프를 점령하지 못하고, 이집트군이 스스로 철수한 다음에야 겨우 확보할 수 있었다. 이 때문에 이스라엘군 공격부대는 길고 험한 다이카 고개로 우회하여 전진하면서 한동안 전투근무지원 문제 때문에 적지 않은 애로를 겪었다. 그래서 이스라엘군으로서는 두 번 다시 그와 같은 고통을 당하지 않으려 했고, 이집트군도 그토록 중요한 지역을 절대로 빼앗기지 않으려 했다.

이스라엘군은 수에즈 전쟁 직후 아부 아게일라 전투를 진지하게 연구했다. 연구반을 현지에 파견해서 이집트군의 방어진지를 답사하고 대책을 수립했다. 또 지형을 철저히 살펴보고 측량한 뒤 영상과 기록으로 남겼다. 그리고 지휘참모과정에서 연 1회 도상훈련을 실시할 때는 아부 아게일라에 대한 공격을 훈련과제로 선정하여 소련식 방어진지에 대한 공격방법을 훈련시켰다. 6일 전쟁 시, 아부 아게일라 공격을 담당한 샤론 장군은 개전 직전까지 이스라엘 육군의 훈련부장으로 재직했었기 때문에 이런 종류의 훈련을 많이 지도하였다.[80]

2) 이집트군의 방어 준비[81]

이집트군도 수에즈 전쟁의 교훈을 활용하여 아부 아게일라와 쿠세이마의 방어진지를 보강하고 제2보병사단을 배치하였다. 특히 움 카테프 진지는 소련 전문가들이 소련식 방어개념에 따라 대폭 수정하고 강화하였으며, 1개 여단이 수비를 하는 가장 견고한 진지였다. 움 카테프 북쪽은 사막의 바람에 의해 쌓여진 부드러운 모래언덕으로 보호되었고, 남쪽은 심한 단애와 험준한 바위언덕으로 이루어진 구릉지로 막혀있어, 도로를 중심으로 폭

---

80) 전게서, 田上四郎, p.135.
81) 상게서, p138을 참고하고, 전게서, 김희상, pp.299~301을 요약하여 의역.

2~3km밖에 기동할 수 있는 공간이 없었기 때문에 이집트군의 방어진지는 도로를 따라 종심 깊게 구축되어 있었다.

움 카테프 전면의 주방어진지는 3선으로 구축되어 있었다. 제1참호선과 제2참호선의 간격은 300m, 제2참호선과 제3참호선의 간격은 600m로서 종심은 약 1km에 달했다. 또 진지의 폭은 4~5km로서 도로를 중심으로 좌우측 기동 가능한 공간을 완전히 통제할 수 있었다. 제1참호선 전방에는 3중의 철조망과 지뢰지대가 설치되어 있었으며, 제3참호선 전방에도 지뢰 및 철조망이 설치되어 있었다. 각 참호선은 교통호로 연결되었고, 진지는 대전차 방어거점 위주로 편성하였다. 각 진지에는 각종 대전차포, 차체 차폐된 T-34 전차 및 T-54 전차, 기관총 등을 겹겹이 배치하였다.

주방어진지 전방에는 중부축선상의 주도로를 따라 움 타라파, 움 바시스, 아우자 마스리 등을 중심으로 종심 깊게 중대급 전초진지가 구축되어 경계지대를 형성하고 있었다. 주방어진지 후방 라파담에는 제4참호선의 종심방어진지를 구축하였고, 1개 보병대대를 배치하였다. 라파담 진지가 있는 아부 아게일라 일대에는 122밀리 곡사포 6개 대대가 배치되어 있었을 뿐만 아니라 예비대로서 전차 2개 대대(80여 대)가 전방부대 지원 및 역습을 위해 대기하고 있었다.

한편, 움 카테프 남쪽 25km 지점에 위치한 교통 요지인 쿠세이마에도 움 카테프 진지 못지않게 견고한 방어진지를 구축했으며, 1개 여단을 배치해 이스라엘군의 아부 아게일라 우회를 저지하려고 했다. 이집트군이 쿠세이마의 방어를 강화한 것은 교통의 요지이기도 하지만, 1956년 수에즈 전쟁 시 이스라엘군이 쿠세이마를 통해 움 카테프를 우회한 전례가 있었기 때문이었다.

3) 이스라엘군의 공격계획

샤론 장군은 움 카테프 공격에 전력을 집중시키기로 결심했다. 왜냐하면 움 카테프를 신속히 점령해야만 후속하는 요페 사단(-)이 신속하게 초월공격을 실시할 수 있기 때문이며, 또 쿠세이마 지역이 움 카테프 못지않게 강력하게 방어하고 있는 것도 이유 중의 하나였다. 이러한 결심에 따라 강력하게 요새화된 움 카테프의 공격작전은 다음과 같은 개념을 바탕으로 계획을 수립하였다.

① 좌우측방으로 특수임무부대(Task Force : 이하 TF로 표기)을 투입하여 움 카테프 진지를 고립 시킨다.

② 공중강습작전을 실시하여 주공격부대의 위협이 되는 적 포병부대를 사전에 무력화 시킨다.

③ 보병 부대가 측방에서 주방어진지의 참호선에 돌입함으로써 적의 통합된 방어전투 자체를 마비시킨다.

④ 보병부대의 참호선 돌입과 동시에 기갑부대가 중앙통로를 돌파한다.

⑤ 우측방으로 투입한 특수임무부대(TF)와 중앙통로를 돌파한 기갑부대가 이집트군의 예비대인 전차부대를 협격한다.

이는 모든 공격제대가 잘 협조된 시간표에 따라 행동함으로써 이집트군 방어수단의 통합을 차단하고 각개 격파하려는 의도였다. 이러한 기본 개념에 따라 구체적으로 작성된 작전계획은 다음과 같다.

- **우측방 경계부대(센츄리온 전차대대 TF)** : 움 카테프 북쪽의 모래언덕을 극복하고 깊숙이 침투하여 엘 아리쉬와 아부 아게일라를 연결하는 도로를 차단하고, 아부 아게일라에 위치한 이집트군 제2보병사단 사령부를 유린하여 지휘체계를 마비시킨다. 그 후 움 카테프로 돌진하여 이집트군 예비대인 전차부대를 후방에서 공격한다.

- **좌측방 경계부대(AMX 경전차대대 TF)** : 움 카테프 남쪽에서 바위언덕으로 이루어진 구릉지를 극복하고 침입하여 쿠세이마와 비르 하스나에서 움 카테프로 접근하는 도로의 교차점을 점령함으로써, 움 카테프에 대한 증원을 차단시킨다.

- **공중강습부대(공정여단)** : 중앙의 주공격부대가 야간공격을 실시하기 전, 움 카테프 진지 후방에 강습하여 이집트군 포병부대를 무력화시킴으로써 주공격부대에 대한 위협을 제거한다.

- **중앙 주공격부대(보병여단 및 기갑여단)** : 좌우측 경계부대가 움 카테프에 대한 고립화 작전을 전개하는 동안 중앙에서 움 카테프를 공격한다. 작전은 2단계로 구분하여, 제1단계 작전인 주간공격에서는 이집트군 경계제대를 격파하고, 제2단계 작전인 야간공격에서는 주방어진지를 공격하여 돌파한다. 먼저 보병여단이 아무도 극복할 수 없을 것이

라고 믿고 있는 북쪽의 모래언덕을 극복한 후, 주방어신지 북측면에서 3개의 참호선에 동시 돌입하여 이집트군의 통합된 방어전투 자체를 마비시킨다. 이때 기갑여단은 배속된 공병부대의 장애물 개척을 사격으로 지원하다가 중앙통로의 장애물이 개척되면 즉각 움 카테프로 돌진하여 이집트군 예비대인 전차부대를 우측방 경계부대와 협격한다.

이렇게 통합된 정밀공격에 의해 움 카테프가 점령되면, 구간 전진을 하면서 후속해 오는 요페 사단(-)은 샤론 사단을 초월하여 제벨 리브니 방향으로 돌진한다.

이와 같은 작전계획을 기초로 샤론 사단의 전술제대들은 모래를 이용하여 움 카테프의 방어진지 모형을 만들어 놓고 정밀한 예행연습을 반복하였다.

〈표 4-3〉 전술제대별 임무과업

구분	좌측방 경계부대	중앙 주공격부대		공중강습부대	우측방 경계부대
		돌파부대	돌격부대		
부대	AMX	쯔보리	아단	매트	센츄리온
임무 과업	좌측방 차단	중앙통로 돌파, 적 예비대 격파	참호선 소탕 (주 방어진지)	적 포병부대 무력화	우측방 차단, 적 지휘소 유린 적 진지 후방공격

4) 주간공격(차단 및 고립화)[82]

6월 5일 08:15분, 니짜나 부근의 약 16km에 달하는 전선에서 샤론 사단의 공격제대들이 모래먼지를 일으키며 일제히 전진을 개시하였다.

---

82) 움 카테프/아부 아게일라 전투에 대한 설명은 주로 다음의 책에 기초한다. 전게서, 김희상, pp.299~309; 전게서, 제러미 보엔, pp.221~222, 240~242; 전게서, 田上四郎, pp.137~142; A. J. Barke, 『Arab-Israeli War』, (London, Ian Allan, 1980), p.70; Dupuy, T. N, 「Elusive Victory : 1947~1978), pp.258~263; Pollack, Kenneth M, 「Arabs at War : 1948~1991」, (Lincoln, NE : University of Nebraska Press, 2002), pp.258~263.

• **우측방 경계부대** : 센츄리온 전차대대에 기계화보병 1개 중대, 공병 1개 소대, 120밀리 박격포 1개 소대, 공지연락반 등이 배속되어 구성된 특수임무부대(TF)는 국경 근처에 구축된 이집트군의 중대급 전초진지를 가볍게 격파한 후 전진을 계속하였다. 이들은 움 카테프 북쪽에 있는 가파른 모래언덕을 극복한 다음, 휘몰아치는 모래바람을 뚫고 약 15km를 전진하자 이집트군 진지가 앞을 가로 막았다. 이집트군 보병 1개 대대가 약 1.5km에 달하는 참호선에서 전차 20대의 지원 하에 방어를 하고 있었다.

센츄리온 전차대대 TF는 이집트군 진지에 대하여 급속 공격을 실시하였다. 그러나 이집트군의 치열한 사격에 의해 중대장 1명과 소대장 3명이 전사했으며, 다른 2명의 중대장도 부상을 입었다. 더구나 지뢰에 접촉되어 전차 7대가 파괴되었다. 전투 초기에 너무 큰 피해를 입었기 때문에 대대 TF장은 일단 공격을 중지하고 부대를 재집결시켰다. 재편성을 완료한 후 15:00시경, 푸가 훈련기 8기의 근접항공지원을 받으며 공격을 재개하였다. 대대 TF는 이집트군 진지 우측면으로 우회하려고 시도했는데, 이 또한 이집트군의 포격으로 인해 좌절되었고, 대대 TF장 니르 중령은 양다리에 심한 부상을 입었다. 이 보고를 받은 샤론 사단장은 작전장교 1명을 헬기로 급파해 작전을 지도하도록 했다. 이 작전장교는 이집트군이 설치한 지뢰지대를 우회한 후 우측 모래언덕을 통해 전진할 수 있는 통로를 발견하였다. 이리하여 센츄리온 전차대대 TF는 전진을 재개할 수 있었고, 17:30분에는 엘 아리쉬와 아부 아게일라를 연결하는 주도로 상에 도착하였다. 대대 TF는 일부 부대를 그곳에 잔류시켜 엘 아리쉬 방향을 경계하도록 하고, 주력부대는 아부 아게일라를 향해 전진하였다.

• **좌측방 경계부대** : AMX-13 경전차 1개 중대, 지프탑승보병 1개 중대, 120밀리 박격포 1개 중대, 공병 1개 소대로 구성된 특수임무부대(TF)는 움 카테프 남쪽에서 소로를 따라 전진하였다. 바위투성이인 험악한 지형을 약 15km 전진하여 290고지 부근에 도달했을 때, 이집트군 중대급 전초부대의 사격을 받았다. 대대 TF는 이를 간단히 제압하고 290고지를 점령하였다. 그리고 290고지의 고개를 넘어 계속 전진하여 마침내 움 카테프에서 쿠세이마와 비르 하스나를 연결하는 도로 교차점에 도착했다. 그들은 즉각 좌측방을 차단했다.

● **중앙 주공격부대** : 08:15분, 쯔보리 기갑여단도 니찌나에서 움 카테프에 이르는 도로를 따라 전진을 개시했다. 국경을 넘자 선도(先導) 대대인 셔먼 전차대대가 이집트군 경계제대 (20여 대의 전차로 증강된 대대급)를 공격하기 시작했다. 그런데 이집트군의 저항은 극히 미흡하여 움 바시스 전초진지는 불과 2시간 만에 점령되었고, 움 타라파 전초진지도 12:00시경에 붕괴되었다. 포병부대는 쯔보리 기갑여단을 근접 후속하여 화력지원을 실시하였고, 아단 보병여단은 동원된 민간버스를 타고 바로 그 뒤를 따랐다.

〈그림 4-6〉 움 카테프 및 아부 아게일라 전투(6월 5일~6일)

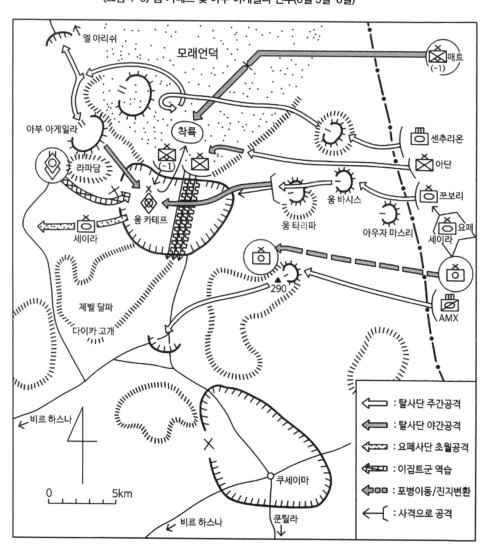

〈표 4-4〉 전술제대별 시간대별 전투상황

구분	6월 5일 주간공격 08:15~18:00	전반야 공격 22:30~23:05	6월 6일 후반야 공격 01:00~04:30
아측방어 — 셴쥬리온 旅	공격개시→경계진지돌파 →방어진지공격→재공격→후방도로차단 (실패) →적 배후로 전진→아부 아게일라 점령 (적 사령부 유인)	라파단 공격 → 음 카테프 점령(적진지 후방에서 공격) →	오인사격 발생 →이집트군 역습부대와 지근거리에서 교전
중앙 — 쵸보리 旅	공격개시→경계진지돌파→사격에 의한 공격	야간공격개시→장애물 제거→통로 개설 (지뢰/철조망)(통과 중 전자피해)→재개척 (개통) →	중앙통로로 돌진(오인사격발생) →이집트군 역습부대와 지근거리에서 교전
공중강습 — 이단 師(-1)	공격선 통과→모레인덕 도착 (급속 개시)	공격준비사격 예상 전개선→참호선 돌입 도착	지연한 근접전투(참호 소탕, 백병전)
좌측방어 — 매트 師		공중강습 → 공격선으로 이동 → 포병진지 타격 → 전투 이탈 (23:50)	
— AMX 旅	공격개시→290고지 점령 →후방도로 차단		
초월공격 — 요페 旅(-2)	사단-사단의 중앙 공격부대를 근접추속(구간 전진)		→음 카테프 진지 전면통과(04:15) →초월 공격개시(04:30)

움 카테프의 이집트군 주진지에 대한 공격은 야간에 실시할 계획이었으므로 쯔보리 기갑여단은 각 전차중대에서 전차 1대씩 차출하여 임시정찰대를 편성한 후, 오후 내내 견제공격을 실시하였다. 그러나 사격만으로 공격하는 이스라엘군의 눈앞에 보이는 것은 방어진지 전면에 설치되어 있는 다량의 철조망뿐이었고, 땅위에 드러나 있는 것은 아무것도 없었다.[83]

18:00시경 어둠이 내리기 전, 아단 보병여단은 포병부대의 화력지원 하에 움 카테프 북쪽의 모래언덕을 기어오르기 시작했다. 그들은 야간에 침투식 기동을 실시하여 22:30분까지 예상전개선인 이집트군 주방어진지 참호선 북측방에 도달해야만 했다. 이때 탈 사단의 공격작전을 지도하던 남부사령관 가비쉬 장군이 움 카테프 공격을 참관하기 위해 헬기를 타고 날아왔다.

한편, 참모총장 라빈 소장은 움 카테프 공격계획이 지나치게 정교하므로 야간에는 차질을 빚을 수도 있다는 우려 때문에 '야간에는 계속 포격만 실시하고, 기동은 내일 아침 공군의 지원 하에 실시하는 것이 어떠냐?'고 제안했다. 그래야만 전투손실을 최소화 시킬 수 있을 것이라고 그는 믿었다. 그러나 가비쉬와 샤론은 동의하지 않았다. 샤론은 작전은 이미 진행되고 있으며, 현재까지 특별히 우려할 만한 상황이 없으므로 내일까지 미룰 이유가 없다고 하면서, 오히려 연기할 경우 작전 전반에 걸쳐 차질이 발생할 수 있다고 말했다. 또 그는 "이집트군은 야간전투를 싫어할 뿐만 아니라, 백병전도 좋아하지 않습니다. 하지만 우리는 그 분야에서 전문가나 다름없습니다."하며 이스라엘군의 강점을 최대한 활용하려고 했다.[84]

5) 야간공격(격전, 그리고 점령)

6월 5일 해가 진 후, 2명의 패스파인더(Pathfinder)가 강하했다. 그들은 이집트군 포병진지를 타격하려는 공중강습부대의 항로유도요원이었다. 이스라엘군 포병부대들도 사격진

---

83) Marshall, S.L.A, 「Swift Sword : The Historical Record of Israel's Victory, June 1967」, (New York : American Heritage Publishing, 1967), p.58.

84) Churchill, Randolph S. and Winston S, Churchill, 「The Six-Day War」, (Boston, Ma : Houghton Mifflin, 1967), p.118에서 인용.

지를 추진하기 시작했다. 또한 아단 보병여단도 어둠속에서 예상전개선을 향해 계속 전진했다.

- **공중 강습부대** : 22:30분, 매트 공정여단의 2개 대대가 S-58 헬기를 이용, 3회에 걸쳐 이집트군 포병진지 인근의 모래언덕에 강습 착륙했다. 그런데 착륙지점에 대한 착오로 인해 계획된 지점보다 훨씬 더 멀리 떨어진 지점에 착륙하고 말았다. 원래 계획된 지점은 이집트군 포병진지로부터 약 3km 떨어진 모래언덕이었는데, 실제 착륙한 곳은 약 6km 떨어진 지점이었다. 이 때문에 이동하는 시간이 더 많이 소요되어 계획된 시간보다 늦은 23:50분경에 이집트군 포병진지를 타격하였다. 그래도 다행히 작전 전반에 영향을 주지는 않았다. 이집트군 포병은 이스라엘군 포병에 대한 대 화력전을 제대로 실시하지 못했을 뿐만 아니라 야간공격을 개시한 아단 보병여단과 쯔보리 기갑여단에 대한 사격도 제대로 못하고 있던 중에 무력화되었기 때문이다. 공정부대는 이집트군 포병부대를 무력화 시킨 후, 이집트군 예비대인 전차부대가 반격을 실시하기 직전 전투이탈을 하여 착륙 장소였던 모래언덕에 재집결하였다.

22:45분, 이스라엘군 포병부대가 공격준비 사격을 개시하였다. 맹렬한 사격으로 인해 방어진지 주변은 삽시간에 탄흔으로 얼룩졌다. 20분 동안 7,000발의 포탄을 퍼붓자 전장은 포성으로 가득 찼다. 샤론 장군조차 "이런 포격은 내 생애에 처음 본다"[85]고 말할 정도였다.

- **중앙 주공격부대** : 포병의 공격준비사격이 끝나자 이집트군 주방어진지 참호선 북측면의 예상전개선에 전개해 있던 아단 보병여단이 일제히 이집트군 참호선에 돌입하였다. 각 참호선에 1개 대대씩 3개 대대가 동시에 돌입하자 이집트군은 대경실색하였다. 이스라엘군이 북측면의 모래언덕을 극복하고 측방에서 돌입해 올 줄은 꿈에도 생각하지 못했기 때문이었다. 2문의 탐조등이 전장을 조명하는 가운데 참호에 돌입한 아단 보병여단의 병사들은 참호를 따라 내려가며 벙커 안에 수류탄을 던지고 우지 기관단총을 난사했다. 참호 소탕전은 백병전으로 이어졌고, 처절한 접근전투는 6월 6일 03:00시까지 계속되었다.

---

85) Dayan, Moshe, 「Story of My Life」, (London : Weidenfeld & Nicolson, 1967), p.48.

한편, 또 다른 주공격부대인 쯔보리 기갑여단은 공격준비사격이 끝나자 중앙의 도로를 따라 공격을 개시하였다. 먼저 배속된 공병대대가 주접근상의 지뢰 및 철조망을 제거하면서 통로를 개척하기 시작했다. 셔면 전차대대가 뒤에서 공병을 엄호했다. 마침내 6월 6일 01:30분경, 통로가 개설되자 전차가 통과하기 시작했다. 4대가 무사히 통과하고, 5번째 전차가 통과하다 지뢰가 터져 궤도가 날아가 버렸다. 그 바람에 다시 통로가 폐쇄되었다. 어쩔 수 없이 공병은 다시 장애물 제거작업을 실시하여 02:30분에 통로가 개통되었다. 셔면 전차대대는 즉시 움 카테프 진지 안으로 돌진해 들어갔다. 이때 참호를 소탕중인 아단 여단의 보병과 중앙통로를 따라 돌진 중인 쯔보리 기갑여단의 전차들은 야간표식으로 각각 적·황·녹색 필터를 부착한 플래시를 사용하여 부대 식별을 용이하게 했다.

• **우측방 경계부대** : 센츄리온 전차대대 TF의 주력은 18:00시경부터 후방을 공격하기 위해 아부 아게일라를 향해 전진하였다. 대대 TF장 니르 중령은 양다리에 부상을 입었음에도 불구하고 부대를 이끌었다. 그리하여 22:30분, 아부 아게일라를 점령하고, 그곳에 위치해 있던 이집트군 제2보병사단 사령부를 유린하였다. 그 결과 22:45분, 이스라엘군 포병부대가 공격준비사격을 실시할 때부터 이집트군 제2보병사단은 지휘체계가 마비되어 조직적인 방어전투를 실시 할 수가 없었다. 23:05분, 센츄리온 전차대대 TF는 라파담을 공격했고, 이어서 움 카테프를 향해 전진했다. 이때 세심한 주의가 필요했다. 1956년 수에즈 전쟁 시, 아부 아게일라와 움 카테프 사이에서 우군 전차부대 간의 상호 오인사격에 의해 큰 피해를 입은 적이 있었기 때문이다. 센츄리온 전차대대 TF는 6월 6일 01:00시에 움 카테프에 진입하여 이집트군 진지 후방을 공격하기 시작했다.

• **혼전의 연속, 지근거리 전차전** : 6월 6일 03:00시경, 쯔보리 기갑여단의 셔면 전차대대가 움 카테프 진지에 돌입하여 전투를 개시하고 있을 때, 쯔보리 기갑여단장은 센츄리온 전차대대와 셔면 전차대대로부터 각각 전차포 사격을 받고 있다는 보고를 받았다. 쯔보리 기갑여단장은 움 카테프를 앞과 뒤에서 동시에 협격을 하고 있기 때문에 우군 간 상호 오인사격일 가능성이 크다고 판단하고 우선 셔면 전차대대에게 사격중지 명령을 내렸다. 그러자 원인은 금방 판명이 났다. 후방에서 진입해 온 센츄리온 전차대대와 전면에서 돌입한 셔면 전차대대가 마주치자 서로 적으로 오인하여 사격을 했던 것이다. 이리하여 큰 피

해를 입기 전에 문제가 해결되었다. 이 사태 직후, 아부 아게일라 및 라파담 일대에 위치해 있던 이집트군 전차 2개 대대(80대)가 움 카테프로 역습을 해왔다. 03:00시가 조금 지난 시점부터 전차전이 시작되었다. 전차전은 완전히 혼전이어서 10~50m의 지근거리에서 사격을 주고받는 경우가 허다했다. 이집트군 전차는 야간사격이 가능한 적외선 장비를 장착하고 있었지만 효율적으로 활용하지 못했다. 반면 적외선 장비가 없는 이스라엘군 전차는 계속 위치를 변경시켜 가며 사격을 실시함으로써 상대를 혼란에 빠뜨렸다. 전차전은 04:30분경까지 계속되었다. 그러나 초월공격을 실시한 요페 사단의 선도 전차대대가 전투에 가담하자 이집트군 전차부대는 더 이상의 전투를 포기하고 이탈하기 시작했다. 40대의 이집트군 전차가 파괴되어 여기저기서 불타올랐다. 이스라엘군 전차도 19대나 파괴되었다.

● **요페 사단(세이라 기갑여단)의 초월공격** : 샤론 사단을 초월하여 공격하기로 계획되어 있던 요페 사단의 세이라 기갑여단은 구간 전진을 하며 샤론 사단을 근접후속하고 있었다. 도로는 샤론 사단의 보병을 전장으로 수송하기 위해 이용했던 민간차량 수백 대로 가득했다. 요페 사단의 장병들은 민간차량을 도로 밖으로 밀어내 통로를 확보하면서 샤론 사단의 쯔보리 기갑여단을 후속했다. 그리하여 04:45분부터 움 카테프 주진지 전면에 공병이 개설해 놓은 통로를 통과하기 시작했고, 09:00시까지 전 부대가 통과하였다. 그리고는 제벨 리브니를 향해 맹렬히 돌진하기 시작하였다.

아부 아게일라 및 움 카테프 전투는 이스라엘군의 승리로 종결되었다. 이집트군 제2보병사단은 하룻밤 사이에 붕괴되었다. 그렇다고 해서 이집트군을 무조건 비하할 수는 없다. 언제나 그랬듯이 이집트군 병사들은 고정된 위치에서 용감하게 싸웠다. 그러나 언제나 그랬듯이 이집트군 장교들은 측후방에서 공격해 들어오는 이스라엘군을 상대할 만큼 병력을 유연하게 운용하지 못했다. 가장 큰 문제점은 이집트군 제2보병사단 지휘부가 예비대를 적절한 시기에 투입 및 운용하지 못했다는 점이다. 움 카테프 북쪽의 모래언덕을 뚫고 측후방으로 진입한 센츄리온 전차대대 TF를 공격할 수 있는 전차 예비대가 적소에 위치해 있었지만 이 부대는 아무런 행동도 하지 않았다. 아마 어떤 명령도 받지 않았기 때문에 그랬을 것으로 추정된다. 또 제2보병사단 지휘부는 움 카테프에서 전개되는 전장의 굉음을 들을 수 있을 만큼 가까이 있었음에도 불구하고 전장을 관망만 하고 있다가 예비대인 전차부대를 적시에 투입하지 못했다. 그러다가 사단 사령부가 유린되고 조직적인 방어전투가 불가능한 상황에서 뒤늦게 전차 예비대를 투입했지만 이는 패배를 조금 늦추게 했을 뿐이었다.

다. 요페 사단(샤드니 기갑여단)의 측방차단 및 방호[86]

요페 사단은 시나이 공격작전에 투입된 3개 사단 중 규모가 가장 작았다. 2개 기갑여단과 지원 포병 및 공병, 통신 등의 부대로 구성되었을 뿐이며, 병력들도 대부분 예비역에서 소집된 자원들이었다. 따라서 부여받은 임무도 단순했다. 사단의 주임무는 샤론 사단이 중부축선을 돌파하면 그것을 초월하여 종심 깊은 공격을 실시하는 것이었다. 그런데 그 이전에 수행해야 할 또 다른 임무가 있었다. 그것은 북부축선에서 공격하는 탈 사단과 중부축선에서 공격하는 샤론 사단 사이에 1개 여단을 투입하여 양 사단의 측방을 엄호하고, 동시에 방어하고 있는 이집트군 제2보병사단과 제7보병사단 간의 상호지원 및 협조를 차단할 뿐만 아니라 증원부대까지 저지시키겠다는 것이었다. 사단장 요페 장군은 그 임무를 샤드니 대령이 지휘하는 기갑여단에 부여하였다.

공격 첫날, 샤드니 기갑여단이 수행해야 할 과업은 이집트군과 격전을 전개하는 것이 아니고, 엘 아리쉬 남쪽 비르 라판 부근의 도로를 차단하는 것이었다. 이 과업은 단순하기는 했지만 전투보다 쉬운 것은 아니었다. 오히려 적지 깊숙한 곳에서 고립되어 위험한 상황에 봉착할 수도 있었다. 6월 5일 08:15분, 요페 사단의 샤드니 기갑여단도 이동을 개시하여 국경을 통과하였다. 그리고 탈 사단과 샤론 사단 사이의 사구(砂丘)지대로 침투하였다. 이 험난한 모래언덕에는 지뢰까지 매설되어 있었다. 그래서 이집트군은 이스라엘군이 그 지역을 통과한다는 것은 불가능할 것이라고 판단하고 있었다. 그러나 샤드니 기갑여단은 공병을 앞세워 탐침봉으로 지뢰를 제거하고, 차량 통과가 불가능한 지역은 길을 만들어가며 모래언덕을 극복하고 꾸준히 전진하였다. 이리하여 14:00시경에는 바르 암 중령이 지휘하는 선도(先導) 전차대대가 비르 라판을 약 11km 앞둔 지점까지 진출하였다. 그러나

---

86) 전게서, 김희상, pp.295~298; 전게서, 제러미 보엔, p.241; 전게서, Marshall, S.L.A, p.70에 기초한다.

이때 그들 전면에 10문의 대전차포를 장비한 이집트군 부대가 배치되어 있는 것을 발견하였다. 바르 암 중령은 이스라엘군이 상용(常用)하는 전술 그대로 일부 부대로 하여금 사격으로 적을 고착시키고, 부대 주력은 측방으로 우회하여 공격을 했다. 그 결과 약 30분간의 전투 끝에 이집트군 대전차포 부대는 격멸되었다. 이스라엘군 전차도 4대가 파괴되었지만, 샤드니 기갑여단은 지체하지 않고 계속 전진하였다.

이와 같이 끈기 있게 전진을 계속한 결과 샤드니 기갑여단은 약 9시간 만에 장장 58km에 달하는 사구(砂丘)지대를 통과하여 비르 라판 남쪽 1km 지점의 주 도로상에 진출하였고, 17:00시경부터 도로차단 임무를 실시할 수 있도록 부대를 배치하기 시작했다. 이때 비르 라판을 방어하고 있던 이집트군이 샤드니 기갑여단을 발견하고 포병사격을 가해왔다. 포탄이 중대장 전차에 명중하여 중대장이 전사하고 전차는 파괴되었다. 이렇게 피해를 입었지만 샤드니 기갑여단은 비르 라판을 공격하지 않았다. 비르 라판 공격은 다음날 남진해 올 예정인 탈 사단이 담당하기로 계획되어 있었다. 그래서 샤드니 기갑여단은 도로차단 및 측방방호 임무만 수행하였다.[87]

22:00시경, 남서쪽에서 접근해 오는 긴 차량행렬의 불빛이 관측되었다. 2시간 전에 추진 배치한 지프 차량화 정찰대로부터 '최소한 증강된 1개 여단규모의 이집트군이 접근 중'이라는 보고가 들어왔다. 샤드니 대령은 급히 지뢰를 매설하고 방어용 장애물을 설치하고 싶었지만 이미 그럴만한 시간적 여유가 없었다. 그는 전력을 집중운용하기 위해 군사적 모험을 하기로 했다. 즉 북쪽의 비르 라판을 방어하고 있는 이집트군은 포병사격만 하고 있을 뿐 적극적인 공세행동을 할 의지가 보이지 않으므로 그 방향의 위협을 무시하고, 가용한 모든 전력을 남서 방향에 투입하여 접근해 오는 이집트군에 대응하기로 결심했다. 샤드니 대령이 한 가지 더 고려한 사항은 야간전투능력이었다. 이집트군 전차는 야간 사격이 가능한 적외선 장비를 장착하고 있었다. 그러나 이스라엘군 전차는 적외선 장비가 장착되어 있지 않았다. 그래서 샤드니 대령은 지형을 적절히 이용하여 불리한 점을 극복

---

[87] 전게서, 김희상, pp.296~297에 의하면, "이때 요폐 사단의 참모장 아담 대령이 찾아와 '아부 아게일라를 후방에서 공격하여 샤론 사단과 협력하려고 하니, 전차 1개 대대를 차용해 달라'고 샤드니 대령에게 요구했다"고 한다. 계획에도 없는 무리한 요구였지만, 결국 아담 대령이 전차 1개 대대를 이끌고 아부 아게일라를 향해 전진하고, 샤드니 대령은 감소된 여단으로 임무수행을 했다고 하는데, 아담 대령이 아부 아게일라로 전진하여 어떻게 전투를 했는지에 대한 기록은 여러 문헌에서도 찾지 못했다. 만약 이것이 사실이라면 아담 대령의 행동은 아무리 독단 활용을 장려하는 이스라엘군이라 할지라도 비난 받아 마땅한 행동일 것이다.

하려고 급히 방어진지를 변경하였다.

샤드니 기갑여단이 도로를 차단하고 있는 곳에는 동서로 이어진 작은 능선이 있고, 도로가 남북방향으로 그 능선 한가운데를 지나고 있었다. 샤드니 대령은 능선 고갯길 북쪽하단으로 모든 전력을 이동시킨 후, 도로를 중심으로 정면 및 좌우측에 병력과 장비를 배치하였다. 능선 북쪽하단에서 매복하고 있다가 이집트군 전차가 능선 고갯길을 넘으려고 공제선상에 모습을 드러내면 그 형체와 윤곽이 보이기 때문에 그것을 조준하여 사격할 생각이었다. 일종의 변형된 반사면 방어 형태와 무조명 하에서의 야간사격기술이 조합된 방법이었다. 이렇게 남서방향에 전력을 집중하고, 배후에 있는 비르 라판으로부터 공격당할

〈그림 4-7〉 샤드니 기갑여단의 측방차단 작전

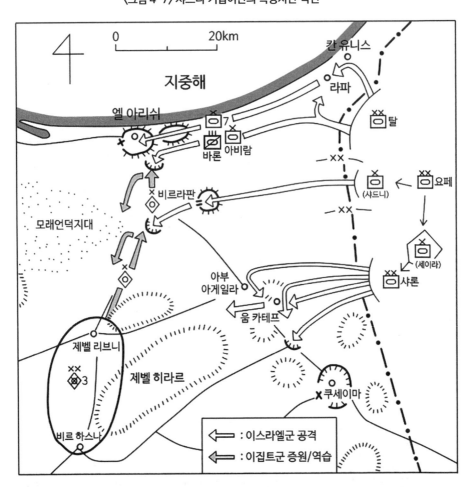

위험은 감수하기로 했다. 이것은 이집트군의 특성을 꿰뚫고 있지 않으면 생각조차 할 수 없는 모험이었다.

접근해 오고 있는 이집트군은 시나이 전선 예비인 제4기갑사단의 예하 여단으로서 비르 라판에 있는 또 다른 예하 여단이 엘 아리쉬 방향(제7보병사단 종심지역)으로 역습하는 것을 증원하기 위해 제벨 리브니에서 비르 라판으로 이동 중이었다.[88] 이집트군은 그들 앞에 죽음의 함정이 가로놓여 있는 줄도 모르고 행정적 행군 대형으로 이동해 왔다. 그들은 비르 라판의 이집트군 부대로부터 이스라엘군이 도로를 차단하고 있다는 정보를 전혀 제공 받지 못한 것 같았다. 이집트군 기갑부대의 선두 대열이 능선의 고개를 넘어설 때, 매복하고 있던 바르 암 전차대대의 센츄리온 전차 9대가 약 1,000m 거리에서 일제히 사격을 개시하였다. T-55전차 1대와 경장갑차량 7대가 명중되어 한꺼번에 폭발했다.

기습사격을 받은 이집트군 기갑부대는 혼란에 빠졌다. 이집트군은 잠시 동안 응전하다가 도로를 벗어나 옆에 있는 와디(Wadi)로 이동로를 바꾸었다. 엘 아리쉬에 대한 증원이 시급했기 때문에 이집트군 부대 지휘관은 이스라엘군 차단부대를 돌파하기보다는 우회하려고 생각한 모양이었다. 그러나 폭 1km에 달하는 와디에는 부드러운 모래가 깔려있어 이집트군 전차가 신속히 기동할 수가 없었다. 더구나 와디로 기동하고 있는 이집트군 전차와 매복해 있는 이스라엘군 전차와의 거리는 약 900~1,200m이었는데, 그 거리는 전차전의 가장 이상적인 거리였다. 그래서 치열한 전차전이 전개되었다. 센츄리온 전차들은 적외선 장비가 장착되지 않은 불리점이 있었지만 와디를 향해 계속 사격을 실시했다. 가끔 이집트군 전차에 포탄이 명중되어 불타오르는 것이 보이기는 했지만 무조명 하에 형체의 윤곽을 조준해서 사격하는 야간사격이기 때문에 명중률은 낮았다. 이집트군 전차도 응전을 했지만 적외선 장비를 효율적으로 활용하지 못해 표적을 제대로 명중시키지 못했다. 이집트군은 포병까지 동원하여 맹렬한 사격을 퍼부었지만 결국 이스라엘군의 차단부대를 돌파할 수 없게 되자 날이 밝기 전에 전투이탈을 하였다.

날이 밝기 시작하고 두껍게 끼었던 새벽 안개가 서서히 걷히자 밤새도록 교전을 벌였던 전투현장의 모습이 드러났다. 차단진지 남방에는 20여 대의 이집트군 전차 및 장갑차가 파괴되어 있었고, 와디 쪽에도 10여 대의 전차 및 장갑차가 불타오르고 있었다. 샤드니 기

---

88) 전게서, Pollack, p.71. 그러나 이때 이집트군 제7보병사단은 라파의 방어선이 돌파되어 패주 중이었으며, 엘 아리쉬 전방에 있는 제라디 진지에서 탈 사단의 공격을 간신히 저지하고 있는 중이었다.

갑여단의 완승이었다. 이집트군 제4기갑사단은 큰 타격을 받았을 뿐만 아니라 엘 아리쉬로의 증원이 좌절됨으로써 제7보병사단의 패주가 더욱 가속화되는 결과를 초래했다. 이에 비해 샤드니 기갑여단은 전차 12대의 손실을 보았지만 부여받은 '차단 및 봉쇄' 임무를 훌륭하게 수행함으로서 탈 사단의 종심돌파 작전에 크게 기여하였다.

　이집트군이 패배한 가장 큰 원인은 상하좌우 부대 간에 통제 및 협조가 전혀 이루어지지 않아 각자 단독으로 전투를 한 것이다. 특히 비르 라판에 배치된 부대의 행동은 이해할 수 없는 점이 너무 많다. 이스라엘군 차단부대 출현에 대한 보고 및 전파유무, 또 자신들의 눈 앞에서 전투가 벌어지고 있는데도 관망만 하고 있는 태도 등이 그러했다. 그러나 비르 라판에 배치된 부대만을 탓할 수는 없을 것 같다. 전쟁 첫날, 이스라엘 공군의 기습으로 인해 이집트군 주요 지휘부가 혼란에 빠져 예하 부대를 제대로 지휘통제 할 수 없는 상황이었다. 이러한 문제점을 더욱 증폭시켜 부대를 파멸의 구렁텅이로 몰아넣은 것은 이집트군 장교들의 지휘능력 부족과 유연성의 결여였다. 이 덕분에 이스라엘군 차단부대는 적은 희생으로 훌륭히 임무를 완수할 수 있었다.

라. 기타 지역 작전

1) 멘들러 기갑여단의 쿤틸라 양공

　6월 5일 오전, 이스라엘군은 시나이 북동부에 3개 사단을 투입하여 이번 전쟁의 성패를 가름할 맹렬한 돌파전을 전개하고 있었다. 그러나 이와는 달리 같은 시각, 시나이 남부에서는 멘들러 기갑여단이 양공을 실시하고 있었다.

　멘들러 기갑여단은 1956년 수에즈 전쟁 때처럼 시나이 반도 남단에 있는 샤름 엘 세이크로 진격하는 인상을 주기 위해 쿤틸라 지역에 배치된 이집트군 정보부대를 먼저 공격했다.[89] 멘들러 기갑여단의 셔먼 전차대대가 기관총을 난사하며 돌진해 왔다. 이집트군 정보부대는 휴대용 대전차 로켓발사기(RPG)를 갖고 이스라엘군 전차에 맞섰다. 전차가 사정거리 안에 들어왔을 때 대전차 로켓을 발사하려 했지만 몇몇의 발사기가 작동하지 않았다.

---

89)　전게서, 제러미 보엔, p.180.

이스라엘군 전차들은 이집트군을 향해 기관총 사격을 퍼부었다. 다수의 이집트군이 전차의 기관총에 사살 당했고, 일부는 전차궤도에 짓밟혀 죽었다.[90]

이렇듯 멘들러 기갑여단은 과감하게 공격을 하였지만 종심 깊은 돌파를 실시하지 않았다. 그들의 공격 목적은 주공방향을 기만하기 위한 양공일 뿐만 아니라, 시나이 남부에 배치된 이집트군 제6기계화사단과 샤즐리 TF의 공세행동을 억제시키고, 그 부대들이 중부 축선 상으로 지원 및 증원하는 것을 방지하기 위한 것이었다. 따라서 1개 여단이지만 1개 사단 이상의 부대가 강력한 공세를 취하고 있는 것처럼 시위하면서, 동시에 전력이 열세한 것에 대한 대비가 필요했기 때문이었다.

공격 첫날, 텔아비브의 이스라엘군 참모본부에서는 이집트 육군의 반격을 우려하고 있었다. 그래서 13:00시, 군사정보부장 야리브는 라빈 참모총장에게 '샤즐리TF가 네게브 사막을 가로질러 공격할 가능성을 예의 주시해야 한다'고 말했다.[91] 이처럼 시나이 남부에 배치된 샤즐리 TF의 존재는 이스라엘군에게 적지 않은 불안감을 안겨주고 있었다. 그러나 사실은 염려할 필요가 없었다. 이날 아침, 샤즐리도 시나이 전선의 다른 고급지휘관들과 마찬가지로 아메르 원수를 만나기 위해 비르 타마다 공군기지에 갔다가 이스라엘 공군의 공격을 받았다. 그는 15:00시가 되어서야 간신히 부대로 복귀했는데, 카이로의 군사본부로부터 아무런 지시도 없었다. 그는 카이로 군사본부에 연락을 취해 봤지만 아무런 응답이 없었다. 그래서 어떠한 공세행동도 취할 수가 없었다. 그가 할 수 있는 것이라고는 전투력을 보존하면서 명령을 기다리는 것뿐이었다. 이런 상황에서 멘들러 기갑여단의 계산된 선제공격은 대단히 성공적이었다. 시나이 남부의 이집트군은 이스라엘군의 종심 깊은 돌파를 저지했다는 사실에 만족하고 스스로 유병화(遊兵化) 되었기 때문이다.

2) 레세프 보병여단의 가자 지구 공략

제20팔레스타인사단이 방어하고 있는 가자 지구 공략은 레세프 보병여단이 담당하였다. 이 작전을 위해 레세프 보병여단은 반궤도 차량에 탑승한 공정대대와 AMX-13 경전차대대로 증강되었다.

---

90) Draz, Isam, 「June's Officers Speak Out」, (Cairo : El manar al Jadid, 1989 [Arabic]), pp.49~54.
91) 전게서, 제러미 보엔, p.206.

 레세프 보병여단은 좌우측 양면에서 가자 지구를 공격하려고 계획을 수립하였다. 즉 우측 공격부대는 조공으로서 나할 오즈를 출발하여 가자시(市) 입구의 알리 문타르 산(山)을 공격, 정면에서 적을 고착 및 견제하고, 좌측 공격부대는 주공으로서 남쪽의 칸 유니스를 공격하면서, 주력은 북쪽으로 방향을 전환하여 가자시(市)를 측면에서 공격하는 것이었다. 그런데 이때 탈 사단의 우측 공격부대가 칸 유니스에서 돌파를 실시할 계획이었기 때문에 이를 활용하려고 했다. 즉 탈 사단은 세 방향에서 라파를 공격하도록 계획을 수립했는데, 그중 우측에서 공격하는 제7기갑여단은 최초 칸 유니스에서 돌파를 한 후, 남쪽으로 방향을 전환하여 공격하도록 되어 있었다. 그래서 레세프 보병여단의 좌측 공격부대는 제7기갑여단이 형성한 돌파구를 통해 공격함으로써 작전을 좀 더 쉽게 진전시키려고 한 것이다.

 6월 5일 08:15분, 탈 사단의 제7기갑여단이 칸 유니스를 향해 공격을 개시하였다. 레세프 보병여단의 좌측 공격부대(보병 1개 대대, 반궤도 차량에 탑승한 공정 1개 대대, AMX-13 경전차부대)는 제7기갑여단의 전차대대를 후속하여 전진하였다. 치열한 격전 끝에 제7기갑여단의 전차대대가 돌파에 성공하자, 후속하던 레세프 보병여단의 좌측 공격부대는 돌파구를 활용하여 북쪽으로 공격방향을 전환하였다.

 북진을 개시한 좌측 공격부대는 2개 제대로 나뉘었다. 보병대대는 칸 유니스를 공격했고, 반궤도 차량에 탑승한 공정대대와 AMX-13 경전차부대는 도로를 따라 북쪽의 가자를 향해 전진했다. 이들 부대가 북쪽으로 진격하자 도로 양측의 건물로부터 끊임없는 사격을 받았다. 선두에 위치한 AMX-13 경전차가 치열한 사격전을 전개하면서 20km 이상을 전진하여 마침내 가자 남쪽도로의 교차점에 도착하였다.

 한편, 우측 공격부대는 나할 오즈를 출발하여 가자시(市)로 들어가는 도로를 따라 전진하였다. 그러나 가자시(市) 입구의 알리 문타르 산(山)에 진지를 구축하고 방어하는 팔레스타인 병사들의 완강한 저항에 의해 공격이 돈좌되었다. 이러한 때에 좌측 공격부대가 나타남으로서 전세는 역전되었다. 즉 가자 남쪽도로의 교차점에 도착한 공정대대가 우측으로 방향을 전환하여 알리 문타르 산(山)에 배치된 팔레스타인 부대를 배후에서 공격하였다. 앞뒤에서 공격을 받은 팔레스타인 병사들은 패주하였고, 18:00시경 알리 문타르 산(山)은 이스라엘군 수중에 들어왔다. 그러나 이스라엘군의 피해도 적지 않았다. 특히 AMX-13 경전차는 8대나 파괴되었다.

〈그림 4-8〉 가자 지구 전투 (6월 5일)

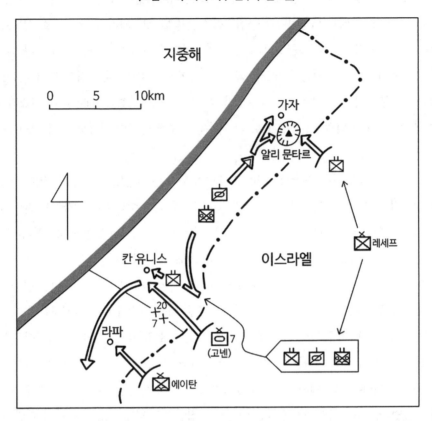

가자 지구를 방어하는 제20팔레스타인사단의 저항은 매우 끈질겼다. 이들은 전쟁 첫날, 완전히 포위되었을 뿐만 아니라 전략요충인 알리 문타르 산(山)을 비롯하여 가자 지구 대부분이 점령되었음에도 불구하고 가자시(市)와 칸 유니스 중심부에서 끝까지 버티고 있었다. 제20팔레스타인사단이 내세울 수 있는 것은 '사단'이라는 그럴듯한 명칭 외에는 아무것도 없었다. 사실 '사단'이라고 부를 수도 없었다. 포병을 비롯한 지원부대들이 제대로 편성되어 있지 않았기 때문이다. 투지는 강하지만 제대로 훈련받지 못한 팔레스타인 출신 보병들 대부분은 소화기 밖에 없었으며, 변변한 대전차화기조차 보유하지 못했다. 그런데도 불구하고 이스라엘군은 고전했다. 그 이유는 전쟁 전날, 이집트 당국과 팔레스타인 저항조직이 일부 무기를 팔레스타인 민간인들에게 분배했기 때문이다. 그래서 이스라엘군은 이집트군 장교가 지휘하는 팔레스타인 병사 외에 이들 민간인과도 싸워야 했다. 더구나 가자와 칸 유니스 시가지는 소수의 큰길을 제외하고는 대부분의 지역이 좁고 불규칙한 골목길들로 얽혀있어 어느 건물에서나 접근해 오는 이스라엘군을 쉽게 저격할 수 있었다.

6월 6일 아침, 레세프 보병여단은 근접항공지원을 받으며 가자와 칸 유니스 시내로 진입했다.[92] 여기저기서 치열한 근접 전투가 전개되었다. 날이 저물 무렵, 가자는 완전히 점령되었지만 칸 유니스에서는 밤새도록 전투가 이어졌다. 다음 날 아침이 되어서야 모든 방어진지가 분쇄되었다. 그러나 저격수들의 공격은 계속 이어졌다. 이에 따라 이스라엘군의 소탕작전도 계속되었고, 이는 포로 및 다수의 민간인들이 학살당하는 비극으로 이어졌다.

이스라엘군이 소탕하는 저항세력이라고 해봐야 대부분 이집트 당국으로부터 무기를 받은 팔레스타인 민간인들이었다. 이스라엘군은 가가호호를 수색하며 남자들을 끌어냈다. 그런 다음 군인이라고 의심되거나 민간인 저격수로 의심되는 남자들을 처형했다. 또 통행금지를 위반한 자들과 지시에 따르지 않는 자들도 모두 죽였다. 가자의 자이툰 지구에서는 아부 라스 가문 출신의 젊은 남자 28명이 생포되어 외곽으로 보내진 뒤 즉결 처형됐다.[93] 특히 전투가 치열했던 칸 유니스에서의 처형은 더욱 심했다. 이스라엘군은 가옥을 수색하며 엉성한 아랍어로 '남자들은 집에서 나오라'고 소리쳤다. 남자들은 지시대로 밖으로 나왔다. 집안에 있던 여자들이 비명을 지르며 따라 나갔다. 이스라엘군 병사들이 남자들을 죽일 것이라는 육감에서였다. 1956년 수에즈 전쟁을 경험한 그들은 그렇게 생각할 수밖에 없었다.[94] 이스라엘군 병사들은 여자들을 집안으로 밀어 넣고 문을 막아 버렸다. 잠시 후 총성이 울렸다. 남자들은 모두 사살되었다. 이후에도 이스라엘군은 끊임없이 가옥을 수색하면서 남자들이 어디 있느냐고 묻고 집에 남아있는 사람들의 숫자를 세며 확인했다. 가자 지구 전투는 전술적으로 가치가 없는 전투였다. 그러나 시나이 전역 전투 중 가장 치열한 혈전이었다. 또한 전쟁의 비참하고 추악한 면을 보여준 전투였을 뿐만 아니라 이스라엘 사람들과 팔레스타인 사람들 사이에 증오의 감정이 더욱 증폭된 전투였다.

---

92) 어제 라파를 점령했던 탈 사단의 에이탄 공정여단도 가자 지구 소탕작전을 지원했다. 에이탄 공정여단은 칸 유니스 중앙로로 공격해 들어간 다음 그대로 북진하여 가자 시내에 돌입하였다. 그들은 주요도로를 왕래하며 사격을 가한 후 칸 유니스로 돌아왔다. 그리고는 탈 사단의 지휘 하에 칸타라로 진격하기 위해 신속히 엘 아리쉬를 이동했다. 전게서, 김희상, p.317.

93) 전게서, 제러미 보엔, p.283.

94) 1956년 11월 3일, 이스라엘 침공군은 칸 유니스에서 일련의 학살을 자행하였다. 마을 중앙에서 시작해 외곽지역으로 확대된 이 학살에서 500~700명의 팔레스타인 사람들이 즉결 처형되었다. 그들 대부분은 민간인으로 노약자와 어린이들도 포함됐다. 한 가족 21명 전부가 죽임을 당한 경우도 있었다. 상게서, p.283.

마. 전쟁의 파장

1) 이집트의 허위 보도

6월 5일 아침, 카이로 시민들은 귀가 찢어질 듯한 폭발음을 들었다. 몇 분 뒤에 도시 전역에 공습 사이렌이 울렸다. 대공포의 둔탁한 사격소리가 점점 또렷해졌다. 시민들은 불안하여 라디오 주변에 몰려들었다. '카이로 라디오'에서는 군가만 흘러 나왔다.

09:22분, 이스라엘 라디오의 아랍어 방송에서 '이스라엘 국방군 대변인의 발표에 의하면 오늘 아침 이스라엘을 향해 진격한 이집트 공군과 기갑부대는 이스라엘군과 치열한 교전을 개시했습니다.'라는 전쟁 발발 보도가 나왔다.[95] 10:10분쯤부터 카이로 라디오에서 군가가 중단되고, 아나운서가 흥분한 목소리로 짤막한 성명을 읽었다.

"시민 여러분, 중대 소식이 들어왔습니다. 이스라엘이 이집트를 공격하기 시작했습니다. 우리 군이 적에 맞서고 있습니다. 추후 더 자세한 사항이 나오면 알려 드리겠습니다."[96]

카이로 텔레비전 센터에도 이미 시민들이 몰려와 있었고, 외신기자들도 몰려들었다. 이집트 수석공보관 카말 바크르가 군사 통지문 제1호를 게시판에 붙였다.

"이스라엘이 오늘 아침 카이로를 비롯한 통일아랍공화국(이집트)에 공습을 실시했다. 통일아랍공화국 전투기가 적과 맞서 싸우고 있다."[97]

10:20분, 군사통지문 제2호가 게시됐다. 그 내용은 이집트군이 텔아비브를 공습했다는 이스라엘 방송을 인용한 것이었다. 10분 후 전신 수신기를 통해 '중동통신'의 보도가 흘러 나왔다. 이스라엘군이 전투기를 23기나 잃었다는 내용이었다. 순간 장내는 환호성과 박수가 터져 나왔고, 온통 흥분의 도가니에 빠져 들었다. 라디오에서는 "팔레스타인으로 돌아가 텔아비브에서 만나자"는 애국주의 노래가 흘러나왔다.

이집트군에서는 계속 허위사실을 흘려보냈다. 카이로 라디오는 이를 그대로 보도했고, 카말 바크르도 허위사실이 담긴 군사통지문을 게시했다. 11:10분, 바크르는 '격추된 이스

---

95) 이스라엘 라디오의 히브리어 방송에서는 09:05분(카이로 시간)에 전쟁을 발표했고, 아랍어 방송은 17분이 지난 09:22분에 이를 보도했다.

96) 상계서, p.178.

97) 상계서, p.197.

라엘군 전투기는 23기가 아니라 42기이며, 이집트군은 단 1기도 잃지 않았다'고 자랑스럽게 발표했다.

군사통지문은 시간이 지날수록 표현의 강도가 점점 세졌다. 새로운 군사통지문이 게시판에 붙을 때마다 함성과 환호성이 터져 나왔다. 흥분한 시민들은 공습 사이렌이 울리고 대공포 사격소리가 들리는 와중에도 모두 거리로 나왔다. 적기가 격추됐다는 소식이 확성기에서 나올 때마다 사람들은 서로 부둥켜안고 환호했다. 실제로 이스라엘군 전투기 1기가 대공포에 맞아 도심 한복판에 떨어지자 흥분은 극에 달했다. 군중들은 격추된 전투기 주변에 모여들어 '나세르'의 이름을 연호했다. 그들은 나세르가 1956년 수에즈 전쟁 시 영국과 프랑스에게 굴욕을 안겨 주었듯이 이번에도 이스라엘의 무릎을 꿇리고 있다고 믿었다.[98]

저녁 무렵, 지방의 수많은 인파가 이집트의 위대한 승리를 자축하기 위해 카이로로 몰려왔다. 그들은 집권정당인 아랍사회주의연맹에서 제공한 버스와 트럭을 타고 왔다.

20:17분 쯤, 카이로 라디오는 '적기 86기를 격추시켰고, 이집트군 기갑부대가 이스라엘로 진입했다'고 방송했다.[99] 거짓 승전보에 도취된 군중들이 카이로 시내를 신나게 뛰어 다니며 '나세르'를 연호했다.

한편, 이스라엘이 이집트를 공격했다는 첫 방송이 나온 이후, 성난 아랍군중들은 유대인 거주구역을 습격했다. 카이로와 알렉산드리아에 있는 유대인 거주구역에서는 유대인들이 연행되기 시작했고, 리비아에서는 트리폴리와 벵가지에 있는 유대인 거주구역이 습격당해 대부분의 유대교회가 파괴됐고 다른 건물들도 불탔다. 또 튀니스에서는 성난 군중들이 영국과 미국 대사관을 공격한 뒤, 유대인 거주구역을 습격해 유대교회와 상점에 불을 질렀다.

이렇듯 아랍군중들이 거짓 승전보에 도취되어 흥분하고 있을 때, 이집트 지도부는 갈팡질팡하고 있었다. 오전 중, 카이로 군사본부(이집트군 총사령부)로 구체적인 피해 보고가 들어오면서 재앙의 윤곽이 드러났다. 나세르는 제대로 싸워 보기도 전에 패배한 것은 아닌지 불안해했다. 정오 무렵, 이집트군은 대부분의 폭격기가 파괴됐고, 많은 수의 전투기를 상

---

98) 상게서, p.198.

99) 상게서, p.243. 시나이 전선 사령부에서 이 방송을 들은 가마시 장군은 끊임없는 허위 보도에 경악했다.

실했다. 그런데도 아메르 원수는 나세르에게 피해를 축소시켜 보고했다.[100]

아메르는 공군기지가 계속 공격을 받자 미국과 영국이 개입한 것은 아닌가 의심하기 시작했다. 이스라엘 공군만으로는 그렇게 많은 전투기가 공격해 올 수 없다고 판단했기 때문이다. 14:00시경, 나세르는 파예드 공군기지에서 급히 돌아온 샤페이 부통령으로부터 현장의 생생한 보고를 받았다. 그러나 나세르는 군사본부로 가서 아메르 원수를 만나라고 지시했을 뿐 별다른 조치를 취하지 않았다. 이집트군을 총 지휘하는 아메르 원수는 공포와 환각 사이를 헤맸다. 군사본부에서 하달되는 명령 중 일관된 것은 하나도 없었다. 시나이에서 어떻게 해야 할지 전혀 모른 채 이스라엘군에게 넋 놓고 당하고 있었다.[101]

2) 이스라엘의 기만 보도

이스라엘은 초전의 대승을 당분간 비밀로 했다. 공격만큼이나 기만도 중요했기 때문이다. 처음에 이스라엘은 선제공격을 한 사실도 부인했다. 그래서 08:05분(텔아비브 시간)에 실시한 첫 공식발표도 이집트가 먼저 공격해서 전쟁이 시작됐다고 발표했다.[102]

"오늘 아침, 이집트 공군과 육군이 우리를 공격했습니다. 이집트군의 기갑부대가 네게브를 향해 진격해 왔습니다. 우리군도 이를 격퇴하기 위해 출동했습니다. 같은 시각에 대규모 이집트 공군 전투기가 레이더에 포착됐습니다. 그들은 이스라엘 해안선을 따라 날아오고 있습니다. 네게브에서도 비슷한 작전이 벌어지고 있습니다. 우리 공군은 적기에 대항하기 위해 전투기를 출격시켰습니다. 공중전은 현재 계속 이어지고 있습니다. 총리는 각 부처 장관을 소집해 긴급회의를 개최했습니다."

다얀은 처음 48시간동안은 모든 것을 불분명한 상태로 유지하려고 했다. 초전의 승리를 이스라엘 국민들에게도 알리지 않았다. 이집트가 크게 이기고 있다고 허위 과장보도를 하고 있을 때, 이스라엘은 철저하게 연막을 쳤다. 그래서 이스라엘 국민들은 혹시 지고 있는 것이 아닌가하고 불안해 할 정도였다. 이스라엘은 아랍이 UN의 휴전 결의안을 신속히 받

---

100) 전게서, El-Gamasy, p.57. 아메르는 47기가 피해를 입었고, 그중 35기는 그럭저럭 사용할만하다고 보고했다. 나머지도 정비하면 된다고 했다. 뻔뻔한 거짓말이었다.

101) 전게서, Dupuy, p.265.

102) 전게서, 제러미 보엔, p187.

아들이는 것을 원하지 않았기 때문에 전황에 관해서는 침묵으로 일관했다. 'BBC'의 엘 킨스 기자가 오전 내내 열띤 취재를 벌이며 현실을 사실내로 파헤쳤다. 그리고 아래와 같은 기사를 송고하기 시작했다.

"전쟁이 시작된 지 3시간 만에 나는 이스라엘군이 승리했다고 선언했다. 이집트군이 공군 지원 없이 시나이 사막에서 이길 수 없는 것은 자명했다…"

이집트군이 큰 타격을 입었다는 엘킨스 기자의 보도에 대해 이스라엘 국방부 대변인은 "조급하고 정확하지 않으며, 근거 없는 보도다."라고 평했다.[103] 그렇다 보니 전 세계가 이집트의 방송과 보도에 귀를 기울였다. 그 덕분에 전쟁과 국제외교 면에서 이스라엘이 더욱 유리해 졌다.

12:00시경, 모사드 사령관 메이어 아미트는 텔아비브에서 미국 대사 월 워스 바보르와 존슨 대통령의 특사 해리 C. 맥퍼슨을 만났다. 아미트는 진실과 거짓, 과장을 그럴듯하게 섞어서 정보를 제공했다. 그는 미국 측도 나름대로의 정보소식통이 있다는 것을 알고 있었기 때문에 사실을 적당히 왜곡해 전달했다.[104] 아미트는 "이집트는 이스라엘을 막다른 골목으로 몰아넣었고, 사태는 나세르 자신도 통제할 수 없는 지경에 이르렀다. 더구나 이집트군은 전쟁이 발발한 후 48시간 이내에 전차 400대를 보유한 최정예 제4기갑사단과 샤즐리 TF를 투입하여 에일라트를 포위하고 요르단군과 연결하려는 작전계획을 수립해 놓았다. 따라서 이스라엘은 아랍세계가 총공세를 펼치기 전에 먼저 행동할 수밖에 없었다."고 주장했다. 그는 "오늘 아침 이집트군은 가자 지구 부근 이스라엘 정착촌 세 곳에 포격을 가했고, 같은 시각 이집트군 전투기들이 이스라엘 영공을 침범했다. 그러나 이집트 육군은 아직 국경을 넘고 있지 않다"고 말하며, "그동안 미국이 이스라엘을 통제하려고 했기 때문에 이제 이스라엘 육·해·공군은 더 어렵게 전쟁을 치를 수밖에 없게 되었다"고 당당하게 미국을 나무랐다.

아미트는 이미 2시간 전에 이스라엘 공군이 유래가 없을 정도의 대승리를 거둔 것을 알고 있었다. 그러나 아미트는 당분간 미국이 이스라엘 공군의 승리를 모르고 있어야 한다고 생각했다. 그래야만 미국으로부터 정치적, 군사적, 금전적 지원을 받을 수 있고, 소련을 확실히 견제할 것이기 때문이었다. 아미트는 이스라엘 정부가 이집트와의 전쟁 시 '강

---

103) 상게서, p.193.
104) 상게서, p.193.

구할 수 있는 모든 방법을 동원'하겠다는 결론을 이미 하루 전에 내렸다고 말했다. 그리고 그는 미국인이 가장 좋아하는 냉전논리를 통해 이번 전쟁의 정치적 목적을 달성하려고 했다. 즉 나세르는 소련과 손을 잡고 터키와 이란을 연달아 공산진영으로 넘어가게 하려 한다는 이른바 중동판 도미노 이론이었다. 그것은 1960년대 미국을 가장 쉽게 이해시킬 수 있는 언어라 해도 과언이 아니었다. 아미트는 '이제 나세르를 무너뜨릴 때가 왔고, 그렇게 할 경우에만 중동은 안정을 찾을 수 있다'는 말로 쐐기를 박았다.

　미국은 이스라엘이 선제공격을 실시했다는 것을 알고 있었다. 이스라엘의 선제공격은 위기해결을 위해 대화를 촉구하던 미국의 입장을 난처하게 만들 수 있었다. 국무부에서는 이스라엘의 선제공격은 UN헌장 위반이라는 법률적 의견을 내놓았다. 하지만 이미 전쟁이 발발한 마당에 미국의 입장에서는 이스라엘이 지는 것보다 이기는 것이 더 나았다. 다행히 이스라엘 공군의 기습공격이 큰 성공을 거두었다는 소식이 늦은 오후에 들어왔다. 이렇게 되자 미국은 이스라엘이 선제공격을 한 덕분에 티란해협 봉쇄문제를 해결하는 데 어떠한 책임도 지지 않을 수 있게 되어 대단히 기뻤다. 그동안 존슨 대통령은 티란해협 봉쇄를 해제시켜야 한다는 책임감에 짓눌려 왔다. 그것은 아이젠하워 대통령의 약속이기도 했다. 존슨 대통령은 여러 국가들이 참여한 연합해군함대를 창설하여 티란해협 봉쇄를 타개하려고 했다. 그러나 그것은 이스라엘을 대신하여 펼치는 무력성 포함(砲艦)외교로 비춰질 것이 뻔해 국제적 지지를 받기 어려웠다. 이러한 시기에 이스라엘이 선제공격을 개시하자 미국을 대신하여 총질을 해주고 있는 셈이 됐다. 그래서 미국은 이스라엘을 보호하려고 '이스라엘이 선제공격을 실시했다'는 점을 공식화하지 않았다.

3) UN본부(안전보장이사회)

　6월 5일 오전(뉴욕 시간), UN안보리 위원장직을 맡고 있는 한스 타보르 덴마크 대사가 이사회를 소집했다. 이때 이스라엘과 미국을 제외한 다른 국가의 대사들은 전쟁이 발발했다는 소식만 접했을 뿐 전황에 대한 정확한 정보를 얻지 못했다.

　니콜라이 페도렌코 소련 대사는 모스크바에서 지시가 내려올 것이라 생각하고 보안장치가 설치되어 있는 통신선 옆에서 기다렸지만 아무것도 내려오지 않았다.[105] 그는 필요한

---

105)　상계서, p.232. 전쟁초기 카이로 주재 소련 외교관들은 확실한 정보를 얻지 못했다. 처음에는 카이로 라디

정보나 지시를 받지 못한 채 UN본부로 향했다. UN본부에서 만난 엘코이 이집트 대사는 전황을 전혀 모르는 듯 엉뚱한 소리를 했다.

"우리는 이스라엘을 속이는 데 성공했습니다. 우리가 가짜로 만든 공군기지를 파괴했어요. 우리는 일부러 합판 비행기를 만들어 놓았거든요. 이제 누가 전쟁에서 이길 것인지 지켜봅시다."[106]

이것은 정말 몰라도 너무 모르는 말이었고, 사실과 아주 동떨어진 말이었다. 이에 비해 UN주재 이스라엘 대사 기드온 라파엘은 자국 공군이 어떤 성과를 거두고 있는지 잘 알고 있었다. 그는 이스라엘군이 불과 4시간 만에 이집트군 항공기 약 250기를 파괴했다는 내용을 비밀전신으로 받았다. 라파엘에게는 '외교적으로 시간을 끌라'는 지시가 이미 내려와 있었다.[107] 시간과 공간의 변수에 따라 전쟁의 전략적 결과는 달라질 수밖에 없다. 그래서 이스라엘 외교관들은 그들의 기갑사단이 이집트군의 주력을 격멸시키는 작전 목적을 달성할 수 있도록 정전을 늦춰 최대한 시간을 벌려고 했다. 외교적 지원이 필요할 경우에 대비해 아바 에반 외교부 장관까지 뉴욕으로 오고 있었다.

안전보장이사회가 열리고, 정전에 대한 논의가 시작되었다. 그러나 진전이 없었다. 인도는 이스라엘이 가자 지구에서 무차별적으로 기총을 난사하여 UN긴급군 3명이 죽었다고 항의했다. 그러면서 전쟁발발 전날인 6월 4일 영토로 되돌아가고 정전을 촉구하는 결의안을 제시했다. 전쟁이 어떻게 진행되는지 정확히 알고 있는 이스라엘과 충분히 알고 있는 미국은 침묵을 지켰다. 다른 국가들은 전황을 제대로 알고 있지 못했기 때문에 무어라 발언할 수가 없었다. 결국 안보리는 전장의 소식이 더 들어오길 기다리자며 휴회를 선언했다.

휴회 후, 골드버그 미국 대사는 페도렌코 소련 대사를 만나려고 했다. 그러나 페도렌코는 오후 늦게까지 골드버그를 피해 다녔다. 아직 본국의 지시를 받지 못해 미국 대사를 만난다 하더라고 제대로 된 의사표명을 할 수 없기 때문이었다. 미국은 맨 처음에 '휴전만을 촉구'하는 결의안을 내 놓았다. 그런데도 페도렌코가 자꾸 접촉을 회피하자 골드버그와

오 방송에 의존했다. 이집트군이 허풍을 떨고 있어 보도가 정확치 않아 보였지만 거짓말을 하는 것은 아니라고 생각했다. 그래서 소련은 이스라엘군이 얼마나 승승장구 하고 있는지 알지 못했다. 이집트 지도부는 공황에 빠져 마비된 상태였기 때문에 자국의 외교부에도 제대로 된 정보를 제공하지 못하고 있었다. 그러니 소련에 신경을 쓸 틈이 없었다. 오후에 이집트 공군기지에 파견 나가 있던 소련 기술자들이 돌아와 한 말을 듣고서야 어느 정도 정보를 얻었지만 카이로 주재 소련 대사는 이를 제대로 전파하지 않았다.

106) 상계서, p.233.
107) 상계서, p.233.

미국 대표단은 한발 더 양보하기로 했다. '휴전만을 촉구'하는 결의안으로는 소련의 거부권 행사를 피할 수 없을 것이라고 판단했기 때문이다. 그래서 골드버그는 '휴전촉구 결의안'에 '병력까지 철수시키자'는 내용을 포함시켰다. 이스라엘 대사는 '병력철수' 내용이 포함되는 것을 결사반대했다. 1956년 수에즈 전쟁 때처럼 아무런 대가없이 점령지에서 철수하면 전쟁에서의 승리가 무의미해지기 때문이었다. 그럼에도 불구하고 미국이 '병력철수' 내용을 추가로 포함시키자 이스라엘 대사는 미국을 비난하며 불만을 토로했다.

17:00시경(이스라엘 시간 6월 5일 24:00시경), 골드버그는 페도렌코를 만났다. 골드버그는 '어떠한 권리, 요구, 입장에도 치우침이 없이 신속히 모든 병력을 본래 영토로 철수시킬 것. 그리고 무력 충돌을 방지하고 긴장을 감소시킬만한 적절한 조치를 취할 것'을 촉구하는 수정된 결의안을 페도렌코에게 제시했다. '본래 영토'라는 표현은 이스라엘뿐만 아니라 전쟁에 참여한 모든 아랍국가가 병력을 철수시켜야 한다는 것을 의미했다. 즉 이집트와 요르단을 지원하고 있는 이라크, 쿠웨이트, 사우디아라비아의 병력을 자국 영토로 철수시켜야 하는 것이다. 이에 대하여 페도렌코는 '본래 영토' 대신에 '휴전라인'[108] 뒤로 철수시키자고 제안했다. 이렇게 되면 아랍지원 국가들의 병력이 자국 영토로 철수하지 않아도 되는 것이다.

합의를 보지 못한 양측은 서로 생각할 시간을 갖자고 말한 뒤 돌아갔다. 그러나 페도렌코는 곧바로 이집트, 요르단, 시리아 대사와 사적으로 만나 미국의 제안이 최선일 것이라고 말했다.

21:00시(이스라엘 시간 6월 6일 04:00시), 골드버그와 페도렌코가 다시 만났다. 미국은 아랍과 이스라엘이 '휴전라인 뒤로 철수한다'는 소련의 표현을 수용했다. 또 한발 물러서는 양보를 한 것이다. 그런데도 페도렌코는 즉답을 피했다. 더구나 그는 다음 날인 6월 6일 아침까지(뉴욕 시간) 어떠한 답도 주지 않았다.

하루 동안에 미국은 '휴전만을 촉구'하는 입장에서 '휴전 및 병력철수까지 촉구'하는 입장으로, 그 다음에는 '휴전 및 병력철수를 6월 4일의 영토로 철수'하는 입장으로 거듭 양보했다. 만약 소련이 이를 받아 들였다면 소련은 물론이고 아랍의 입장에서는 대단히 큰 외교적 승리였을 뿐만 아니라 1956년 수에즈 전쟁 시처럼 군사적 패배를 만회할 수 있었

---

108) 전쟁발발 전날인 6월 4일의 영토를 의미함.

을 것이다. 이와 반대로 이스라엘은 또다시 외교적으로 패배하여 군사적 승리가 물거품이
되었을 것이다. 그러나 정보가 충분하지 못한 소련은 최적의 시점에서 결단을 내리지 못
한 채 이스라엘의 외교전술에 힘없이 말려들어갔고, 결과적으로 페도렌코는 이스라엘을
멋지게 도와준 셈이 되었다.

안전보장이사회는 22:20분(이스라엘 시간 6월 6일 05:20분)이 되어서야 재개되었다. 그러나
이번에도 별 진전이 없었다.

3. 돌파구 확장 및 종심공격(6월 6일)

가. 이집트군의 붕괴

1) 충격, 되살아난 1956년의 악몽

개전 벽두, 이스라엘 공군의 선제공격은 나세르 대통령을 필두로 이집트군 수뇌를 당황
하게 만들었다. 5월 말부터 위기가 고조되어가자 이집트는 이스라엘이 선제공격을 감행
할 것이라고 예상했다. 그러나 막상 선제공격을 받고 보니 그 충격이 너무 컸다. 이집트 군
사본부는 강한 충격의 여파에 어찌할 줄 몰랐다. 시나이 방위부대가 공격을 해야 할 것인
가, 아니면 방어를 해야 할 것인가에 대한 명확한 지침을 하달하지 못하고 우왕좌왕하며
그저 이스라엘군의 공격에 휘둘릴 뿐이었다. 주도권을 완전히 상실한 것이다.

이집트군 수뇌는 이스라엘 공군이 단시간 내에 재출격 준비를 마치고 파상공격을 반복
했기 때문에 지중해의 미 제6함대의 함재기가 공격에 가담한 것으로 판단했다.[109] 이집트
측이 그런 판단을 한 것은 그 나름의 이유가 있었다.

첫째, 요르단군의 레이더가 지중해 크레타 섬(島) 방향에서 대편대를 포착했다는 것을 암
만으로부터 통보를 받은데다가, 엘 아리쉬 북방 30km 공해상에 떠있는 미 제6함대의 정
보함 리버티호가 이집트군의 통신을 감청하거나 방해하고 있다고 생각했기 때문이다.

---

109) 전게서, 田上四郎, pp.142~143.

둘째, 가장 중요하다고 생각되는 증거로서 포로가 된 이스라엘군 전투기 조종사가 휴대하고 있던 정밀한 항공사진이었다. 그 정도로 정밀한 항공사진은 미국이나 소련의 첩보용 항공기만이 촬영할 수 있다고 판단했다.

셋째, 거듭 의심이 가는 사실은 5월 28일, 미국이 나세르 대통령에게 절대로 이스라엘을 공격하지 말라고 강한 압력을 가한 것이다. 소련도 미국과 동일하게 개전하지 말라고 압력을 가했지만 소련이 이스라엘과 협력하는 것은 있을 수 없었다.

이렇듯 이스라엘의 선제공격을 미국과의 공모(共謀)라고 판단한 이집트군 수뇌는 1956년 수에즈 전쟁 시, 영·프군이 참전한 악몽이 떠올랐다. 다만 영국과 프랑스가 지금은 미국으로 바뀌었을 뿐이었다. 되살아 난 그 악몽은 총사령관 아메르 원수로 하여금 전쟁 지도(指導)를 엉망으로 하도록 만들었고, 이는 이집트군을 조기에 붕괴시킨 주요 원인이 되었다.

2) 붕괴를 가속화시킨 지휘체계의 이중화(二重化)

전쟁 초기부터 이스라엘군 야전사령부의 지휘통제는 일사불란했다. 시나이 지역에서 육군을 지휘하는 남부사령관 가비쉬 장군은 기동성 있는 전술지휘소를 구성하여 이동하면서 부대를 지휘했다. 필요할 경우에는 헬기를 타고 현장으로 날아가 직접 사단장을 만났다. 사단장뿐 아니라 일선부대 지휘관과도 바로 통화할 수 있었다. 또 라빈 참모총장과도 끊임없이 연락을 하며 지원을 요청하고 작전을 협의했다.

이에 비해 이집트군의 지휘통제는 너무나 한심했다. 6월 5일 오후 늦게, 아메르 총사령관은 시나이 야전군 사령부를 거치지 않고 각 사단장들에게 직접 전화를 걸어 상황을 파악하려고 했다. 그는 지푸라기라도 잡는 심정으로 분주히 전화기를 돌렸다. 때때로 무르타기 야전군 총사령관에게 아부 아게일라와 엘 아리쉬에 증원부대를 보내도록 독려했지만 그러한 지시는 무시되었다.[110]

이집트군의 가장 큰 문제점은 시나이 전선의 지휘체계가 이중화(二重化)된 것이다. 즉 각기 다른 사령부를 두 개나 두고 있었다. 원래는 무신 중장의 야전군 육군사령부(육군동부사

---

110) 상게서, p.143.

령부)가 시나이 전선을 담당하였다. 그 사령부는 비교적 잘 조직되어 있었다. 또 그들은 지형을 잘 알고 있었으며, 방어계획뿐만 아니라 공격계획도 수립하고 있었다. 그런데 아메르 원수는 사령관 무신 중장의 능력이 부족하다고 생각했다. 그렇다면 무신 중장을 다른 유능한 장군으로 교체시키면 되는데, 그렇게 하지 않고 전쟁발발 직전, 그의 심복인 무르타기 대장을 사령관으로 하는 야전군 총사령부를 시나이에 설치했다. 무르타기 휘하에는 병력도 없었고, 또 그는 시나이 지휘관으로서의 경험도 없었다. 시나이의 모든 전투 병력은 무신 휘하에 있었다. 그런데 무르타기의 야전군 총사령부와 무신의 야전군 육군사령부가 어떤 관계인지 명확히 규정된 것이 없었다.[111]

서로 다른 두 개의 지휘소(사령부)가 존재하는 바람에 시나이의 이집트군은 더 빨리 붕괴되었다. 무르타기와 무신은 각자 자신의 의도대로 작전을 실시하겠다고 아메르에게 경쟁적으로 전화를 걸었다. 두 사령관이 서로 싸우는 모습을 지켜 본 다른 장군들은 절망에 빠졌다. 지휘권의 통일이 이루어지지 않은 상태에서 작전 지휘가 제대로 될 리가 없었다. 혼란에 빠진 일선 부대들의 패배가 점점 앞당겨질 뿐이었다.

나. 탈 사단의 종심공격

1) 이집트군의 역습 격퇴

고넨 대령이 지휘하는 제7기갑여단이 제라디 협로에서 혈투를 벌이고 있을 때, 아비람 기갑여단과 바론의 기갑정찰부대는 라파를 점령한 후 제7기갑여단의 남쪽에서 제7기갑여단의 전진축과 평행하게 기동하였다. 그들은 착잡한 지형을 극복하면서 계속 서진한 결과 6월 6일 03:00시경에 선두부대가 엘 아리쉬 남쪽에 도착하였고, 즉시 비르 라판 방향의 도로를 차단하였다.

한편, 이집트군 동부사령부는 제7보병사단의 전방 방어선이 돌파되고, 종심지역의 요충인 엘 아리쉬까지 위협을 받게 되자 역습을 실시하기로 결심하였다. 그리하여 시나이 전

---

111) 전게서, 제러미 보엔, p.25. 아메르 원수는 전쟁이 발발하기 전, 일종의 예비지휘소를 무르타기 대장 지휘하에 둔 것이라고 설명했다. 그는 전쟁이 발발하면, 참모들을 데리고 시나이로 옮기는 데 필요한 48시간 정도의 시간적 여유는 충분히 있을 것이라고 생각했다.

선 예비로서 비르 라판 일대에 추진 배치된 제4기갑사단 예하 여단에게 '탈 사단의 좌측방을 공격하라'는 명령을 하달하였다.[112] 그리고 공격부대를 증원하기 위하여 제벨 리부니에 추진 배치된 또 다른 여단에게 비르 라판으로 이동하라고 명령했다.[113] 이리하여 6월 6일 03:00시경, 비르 라판에 추진 배치된 제4기갑사단 예하 1개 여단이 엘 아리쉬 방향으로 공격을 개시하였다. 이때 엘 아리쉬 남쪽에는 아비람 기갑여단의 선두부대가 막 도착하여 비르 라판 방향의 도로를 차단한 상태였다.

어둠속에서 이집트군 제4기갑사단의 전차부대와 이스라엘군 탈 사단의 아비람 기갑여단 전차부대 간에 전투가 벌어졌다. 이집트군 T-54/55 전차는 적외선 야시 장비를 장착하고 있어 이스라엘군 전차보다 야간전투에서 유리했다. 그럼에도 불구하고 어둠속에서 전개된 전차전에서 이스라엘군 전차를 단 1대밖에 파괴시키지 못했고, 오히려 이집트군은 전차 9대를 잃었다. 이렇게 되자 이집트군은 이스라엘군의 대부대가 배치된 것으로 판단하고 공격을 중지하였다.

몇 시간 후 날이 밝자 이집트군은 이스라엘군 전차가 생각보다 적다는 것을 깨달았다. 그래서 즉각 전면적인 공격을 재개하였다. 이에 대응하여 이스라엘군 전차는 신속히 사격진지를 변환해 가며 시종일관 선제사격을 지속하였고, 또 그들의 장기(長技)인 원거리 사격기술을 발휘하여 이집트군 전차를 격파하였다. 또 날이 밝은 후 적시에 비래한 공군 전투기의 근접항공지원을 받아 이집트군을 패퇴시켰다. 이 전투에서 이집트군 제4기갑사단은 30~80대의 전차를 잃고 비르 기프가파로 퇴각했다.[114]

2) 엘 아리쉬 점령

제라디 협로에서 '처절한 전투'를 끝낸 제7기갑여단은 6월 6일 03:00시경, 엘 아리쉬 교외에 도착하였다. 그리고 05:00시에 보급지원부대가 도착하자 신속히 재보급 및 재급유를 실시하였다. 이때 엘 아리쉬는 완전히 혼란에 빠져 있었다. 전날 이스라엘군 전투기

---

112) 전게서, Pollack, p.71.
113) 그 기갑여단은 6월 5일 22:00시경, 비르 라판으로 이동하던 중 비르 라판 남쪽에서 차단임무를 수행하고 있던 요페 사단 예하 샤드니 여단의 매복에 걸려 큰 피해를 입고 저지되었다.
114) 전게서, 제러미 보엔, p.262.

에 의해 피격된 탄약 열차가 계속 폭발을 일으키며 화염을 뿜어냈다. 탄약이 폭발할 때마다 마치 지진이 일어난 것처럼 진동이 느껴졌다.

재보급 및 재급유를 마친 제7기갑여단이 엘 아리쉬를 공격하자 이집트군 저항은 수 시간 만에 끝났다. 이미 아수라장으로 변한 엘 아리쉬에서 조직적인 저항을 계속한다는 것은 불가능했다. 결국 10:00시경, 이스라엘군은 엘 아리쉬를 점령했다. 이집트군 제7보병사단은 급속히 붕괴되어 시나이 북부해안도로를 따라 패주하기 시작했다. 이때 아랍 동맹군으로 참전한 쿠웨이트군 특공대대도 제대로 싸워보지도 못한 채 수에즈 운하지대로 퇴

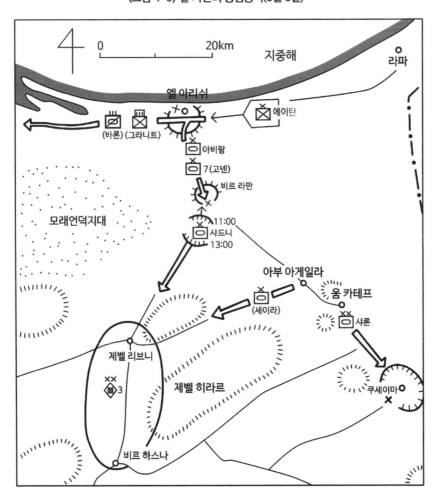

〈그림 4-9〉 탈 사단의 종심공격(6월 6일)

각했다.[115] 이스라엘군 전투기는 엘 아리쉬에서 칸타라에 이르는 철도는 물론, 해안도로를 따라 패주하는 이집트군을 공격하여 풍비박산을 냈다.

3) 2개 방향으로 공격 속행

엘 아리쉬를 점령한 후, 탈 사단장은 사단을 2개 제대로 나누었다. 2개 방향으로 공격을 속행하기 위해서였다. 우선 에이탄 공정여단, 바론의 기갑정찰부대, 그라니트 특수임무부대로 북부제대를 구성하여 시나이 북부해안도로를 따라 칸타라 방향으로 서진시키고, 고넨의 제7기갑여단과 아비람 기갑여단을 주축으로 하는 사단 주력으로 남부제대를 구성하여 비르 라판~제벨 리브니 방향으로 남진시켰다.

이 작전은 이집트군 제1방어선을 돌파한 여세를 몰아 지체함이 없이 그대로 전개되었다. 일반 전투 병력은 물론이고 전차 승무원들도 전투 중간 중간에 잠깐씩 연료 및 탄약을 재보급 받는 것 이외에는 휴식이나 정비도 하지 못했다. 그렇다고 이집트군 제1방어선을 돌파할 때처럼 손실을 고려하지 않고 돌진하는 것은 아니었다. 종심기동을 시작하면서부터는 가급적 피해를 최소화하고 효과를 극대화시킬 수 있도록 그들의 우수한 전투기술을 활용하는 전투방법으로 전환하였다. 즉 강력하게 구축된 제1방어선 돌파 시에는 손실을 고려하지 않고 저돌적으로 공격했지만, 제2일차 종심공격 시부터는 진격 도중 적과 접촉했을 때 가급적 피해를 줄이기 위해 3,000m 거리에서 적 전차에 대하여 사격을 실시하였다. 이 거리에서 이스라엘군 전차포수는 1~2발로 이집트군 전차를 명중시킬 수 있었으나 이집트군 전차포수는 그럴만한 수준이 되지 못했다. 따라서 전차전은 대부분 일방적이었다.

이렇게 되자 이집트군도 그것에 대응하는 전투 방법을 모색하였다.[116] 즉 이집트군은 구

---

115) 상게서, p.288. 이집트군을 지원하기 위해 파병된 쿠웨이트군 1,250명은 운하지역에 안전하게 배치되어 있었다. 그런데 이 중에서 특공대대는 6월 5일 05:50분경, 열차를 타고 시나이로 출발했다. 그들이 엘 아리쉬역에 도착하여 장비를 하역할 때 이스라엘군 전투기의 공격을 받았다. 그 후 대오를 정비한 특공대대는 6월 5일 야간에 접촉하기로 되어있던 이집트군 포병대대에 연락을 취했지만 연결이 되지 않았다. 6월 6일 아침, 쿠웨이트군 특공대대는 차량을 타고 접촉하기로 되어있는 이집트군이 위치해 있을 것으로 여겨지는 지역을 찾아갔다. 그러나 그곳에는 아무도 없었다. 함께 싸울 동맹군과의 접촉에 실패한 쿠웨이트군 특공대대는 이스라엘군 전투기의 공격을 피해가며 수에즈 운하로 되돌아 왔다. 그러나 병력의 1/3은 돌아오지 않았다.

116) 전게서, 김희상, p.312.

릉지대의 지형을 이용하여 전차를 매복시킨 다음, 근거리에서 기습사격을 실시해 이스라엘군에게 피해를 주었다. 이에 대한 역대응책으로 이스라엘군은 AMX-13 경전차를 정찰대로 앞세워 이집트군의 매복전차를 조기에 발견하고, 발견 즉시 후속해 오는 센츄리온 전차나 패튼 전차가 원거리 사격으로 매복 전차를 파괴시켰다.

- **북부제대** : 시나이 반도 북부해안도로는 북쪽에는 지중해, 남쪽에는 넓고 긴 모래언덕 사이로 형성된 도로로써, 엘 아리쉬에서 수에즈 운하 북부의 칸타라까지 거의 직선으로 뻗어있는 포장도로였다. 이 도로를 따라 바론의 기갑정찰부대가 선봉에 서서 서진하기 시작했고, 그 뒤를 그라니트 특수임부부대가 후속했다. 에이탄 공정여단은 라파 점령 후 잠시 동안 레세프 여단의 가자 지구 소탕작전을 지원하고 있었는데, 북부축선으로 진격하라는 명령을 받고 즉시 복귀하여 북부해안도로를 따라 진격했다.

북부제대가 엘 아리쉬로부터 약 50km 서진했을 때, 최초로 이집트군 저지부대와 마주쳤다. 6대의 T-55 전차로 증강된 보병 1개 중대 규모였다. 이스라엘군 선두부대는 이동종대대형 그대로 공격을 실시했다. 참호 속에 배치된 이집트군은 완강하게 저항했지만 포병의 지원을 받으며 원거리 사격으로 공격하는 이스라엘군 전차를 막을 수가 없었다. 불과 2시간 만에 전투가 끝났고, 이집트군 전차는 모두 파괴되었다. 그렇지만 2시간 동안 이스라엘군의 진격을 저지시켜 철수하는 이집트군 부대들이 한숨을 돌릴 수 있었다. 이후 북부제대는 거침없이 진격해 다음 날인 6월 7일 아침까지 엘 아리쉬로부터 약 80km를 진격하였다. 이스라엘군 전투기도 계속 출격하여 철수하는 이집트군을 맹타하였다.

- **남부제대** : 탈 사단의 주력인 2개 기갑여단은 엘 아리쉬에서 비르 라판 방향으로 남진하기 시작했다. 그들이 엘 아리쉬 남쪽 약10km 지점에 도달했을 때 3차로 일대에서 방어하고 있는 이집트군을 발견했다. JS-3 스탈린 중전차로 증강된 보병 1개 대대 규모였다. 이스라엘군 전차는 원거리 사격으로 공격을 개시하였다. 이에 맞서 이집트군 전차도 발포했으나 원거리 사격능력의 차이는 현격했다. JS-3 스탈린 중전차 4대가 파괴되자 이집트군은 더 이상의 방어를 포기하고 비르 라판으로 철수했다. 비르 라판에는 비교적 강력한 규모의 이집트군 부대가 방어하고 있었다. 제2방어지대를 담당하는 제3기계화사단의 일부 부대와 역습을 실시하다가 실패하고 퇴각한 제4기갑사단 예하의 여단이 주력이었고,

여기에 방금 철수해 온 보병 1개 대대가 가세하였다. 그러나 그들의 후방은 전날 밤부터 요폐 사단의 샤드니 여단에 의해 퇴로가 차단된 상태였다.

탈 사단의 선두에서 남진해 온 고넨의 제7기갑여단이 지체 없이 비르 라판을 공격하기 시작했다.[117] 이스라엘군 전차병들은 우선 그들의 장기(長技)인 원거리 사격으로 이집트군 진지를 공격하였다. 뛰어난 기량의 이스라엘군 전차포수들은 3,000m 거리에서 사격을 개시하여 견고한 진지에 배치된 이집트군 대전차포 16문과 포탑만 노출되어 있는 JS-3 스탈린 중전차 6대를 파괴하였다. 그런 다음 제7기갑여단장 고넨 대령은 장갑이 두꺼운 센츄리온 전차대대를 도로를 따라 이집트군 진지 정면으로 공격시키고, 동시에 기동성이 우수한 패튼 전차대대를 동쪽 구릉을 따라 밀어 올렸다. 패튼 전차대대는 언덕으로 올라간 후 이집트군 진지를 측방에서 공격하였다. 그 결과 이집트군 참호선이 붕괴되기 시작했고, 2시간 후에는 이집트군의 저항이 종식되었다. 이때 비르 라판 남쪽에서 제벨 리브니 방향의 도로를 차단하고 있던 요폐 사단의 샤드니 여단이 비르 라판을 방어하고 있는 이집트군의 후방을 공격하자 이집트군의 붕괴는 더욱 가속화되었다.

비르 라판의 이집트군 진지가 붕괴되자 탈 장군은 즉시 제7기갑여단을 제벨 리브니로 전진시켰다. 그리고 자신도 반궤도 차량에 탑승하여 선두대대를 후속하였다. 종심돌파기동 시, 사단장이 선두대대를 후속하는 것은 일반적인 전술상식을 초월하는 행동으로서 이스라엘군에서나 있을 수 있는 일이었다. 이렇게 되자 여단장과 대대장은 더 선두에 위치해서 전진할 수밖에 없었다. 이는 기동전 하에서 지휘관의 진두지휘이자 강력한 독전이었다.

그러나 탈 장군의 이러한 행동은 위험 또한 수반하였다. 사단장 전술기동지휘소 그룹이 선두대대를 후속하는 도중, 매복해 있는 T-55 전차 1대와 조우하였다. T-55 전차의 사격에 의해 반궤도 차량 1대가 화염에 휩싸이고 5명이 부상을 당했다. 탈 사단장도 절체절명의 위기에 빠졌다.[118] 이때 다른 반궤도 차량은 T-55 전차의 사격을 피해 은폐된 곳으로 대피한 후 병력을 하차시켰다. 하차한 병사 중 한명이 매복한 T-55 전차 측후방으로 접근한 다음 포탑 안으로 수류탄을 집어넣었다. 수류탄이 터지자 사격을 퍼붓던 T-55 전차가 침묵하였고, 탈 사단장은 간신히 위기를 모면하였다. 이처럼 탈 사단의 종심돌파기동은 위

---

117) 상계서, p.312.
118) 상계서, p.313.

험을 두려워하지 않고 저돌적으로 전개되었다.

다. 요페 사단의 종심공격[119]

6월 6일 11:00시경, 탈 사단이 비르 라판을 공격하여 격전을 벌이고 있을 때, 비르 라판 남쪽에서 제벨 리브니 방향의 도로를 차단하고 있던 요페 사단의 샤드니 여단은 탈 사단의 제7기갑여단과 비르 라판을 협격하기 위해 북쪽으로 전진하기 시작했다.

비르 라판의 이집트군은 제7기갑여단의 맹공을 막아내기도 힘든 상황에서 샤드니 여단으로부터 후방공격까지 받게 되자 더 빨리 붕괴되었다. 그리하여 비르 라판을 손쉽게 점령한 탈 사단의 제7기갑여단은 비르 라판의 중앙을 관통하는 도로를 따라 남진하기 시작했고, 13;00시경, 비르 라판 남쪽 외곽에서 샤드니 여단과 연결하였다. 이때 샤드니 여단에는 요페 사단장이 와 있었는데, 때마침 비르 라판을 돌파해 오는 제7기갑여단의 선두부대와 마주쳤다. 선두 전차에 탑승한 중대장 아미르 대위는 그의 조카였다. 그러나 바로 뒤따라 온 제7기갑여단장 고넨 대령이 뒤에 있어서 아무런 말도 하지 않았다. 그리고 비르 라판이 점령된 것을 직접 확인했기 때문에 요페는 샤드니 여단에게 계획대로 제벨 리브니로 진격하라고 명령했다.

제벨 리브니로 진격하는 샤드니 여단에게 절실히 필요한 것은 재보급이었다. 6월 5일, 장장 9시간을 이동해 비르 라판 남쪽에 도착한 이후, 23:00시부터 6월 6일 새벽까지 차단 전투를 실시했고, 또 6월 6일 11:00시부터 13:00시까지 비르 라판을 남쪽에서 공격했기 때문에 연료와 탄약이 바닥을 드러냈다. 특히 식수는 모든 부대가 부족했다. 또한 뜨거운 사막의 더위에 견디려면 많은 양의 소금이 필요했는 데 이마저도 부족했다. 간간히 일반 차량과 헬기 수송으로 재보급을 받았지만 수요를 충족시키기에는 턱없이 부족했다. 요페 사단장도 3일 동안 오렌지 주스 6개 외에는 아무것도 먹지 못했다.

이러한 상황 속에서도 샤드니 여단은 제벨 리브니를 향해 진격했다. 그들은 진격하는 도중 간간히 이집트군 매복전차와 조우하기도 했다. 매복전차를 격파하면서 약 20㎞를 남진하여 14:30분경에는 제벨 리브니 외곽에 도착하였다. 제벨 리브니는 그 남쪽 20㎞ 지점에

---

119) 상게서, pp.313~315에 기초한다.

있는 비르 하스나와 더불어 이집트군 제2방어지대의 중심이었다. 그곳에서는 비르 기프 가파와 기디 통로, 미틀라 통로에 이르는 주요 도로를 통제할 수 있을 뿐만 아니라 남북을 잇는 도로가 통과하는 교통의 요지였다. 그래서 이집트군은 그곳에 강력한 방어진지를 구축하였고, 제3기계화사단을 투입하여 방어하고 있었다. 따라서 제벨 리브니를 공격하기 위해서는 보다 충분한 준비가 필요했다.

샤드니 여단은 선두대대만 도착한 상태였기 때문에 후속해 오는 대대와 또 움 카테프에서 샤론 사단을 초월해서 전진해 오고 있는 세이라 여단을 기다렸다. 얼마 지나지 않아서 기다리던 후속부대가 속속 도착했고, 보급품이 낙하산으로 공중투하 되었다. 이리하여 16:00시경에는 제벨 리브니에 대한 공격을 개시할 수가 있었다.

샤드니 여단은 제벨 리브니 북쪽에서 공격을 했고, 세이라 여단은 동쪽에서 공격해 들어갔다. 그러나 제벨 리브니 산(山)이 가로막혀 2개 여단의 협조된 공격이 이루어지지 않아 각각 별개의 전투로 진행되었다. 더구나 높은 고지에 진지를 구축한 이집트군은 이스라엘군의 행동을 용이하게 관측할 수 있어 이스라엘군이 절대적으로 불리하였다. 이러한 불리점을 극복하기 위해 샤드니 대령은 근접항공지원을 요청하여 이집트군 진지를 타격했다. 그리고 2개 전차대대를 좌우측으로 각각 전개시켜 공격했다. 진지 속에 엄폐하여 포탑만 내놓은 이집트군 전차들이 공격해오는 이스라엘군 전차를 향해 불을 뿜었다. 이스라엘군 전차들도 사격과 기동을 연결하며 접근하였다. 하늘에서는 이스라엘군 전투기들이 난무하면서 이집트군 진지 및 전차를 하나하나 파괴하였다.

전장은 전차가 기동할 때 궤도에서 일어나는 모래먼지와 전차포를 사격할 때 충격파에 의해 포구 앞에서 일어나는 모래먼지 때문에 관측과 사계가 제한을 받았다. 이런 상황에서 좌우 측방으로 공격해 오는 이스라엘군 전차부대를 관측한 이집트군은 모래먼지에 의해 차장된 은폐를 이용하여 좌측의 이스라엘군 전차대대 측방으로 4대의 전차를 투입하여 공격시켰다. 이 상황을 좌측의 이스라엘군 전차대대는 전혀 알지 못했고, 뒤늦게 반대편의 우측 전차대대장이 목격하고 즉시 무전으로 경고하였다. 그러나 이미 때는 늦어 이집트군 전차가 선제 사격을 개시하였고, 그 사격으로 이스라엘군 전차 2대와 반궤도 차량 2대가 파괴되었다.

이러한 위기 상황 속에서 이스라엘군에게 다행인 것은 측방에서 공격해 온 이집트군 전차가 소수라는 것과 전차포 사격 시 충격파에 의해 포구 앞에서 일어나는 모래먼지 때문에 관측이 제한되어 동일 위치에서 짧은 시간 내 연속사격을 하지 못하고 사격 위치를 바꾸어야 했기 때문에 연속사격을 받지 않았다는 점, 그리고 이집트군 전차가 전술상황에 적합한 사격방법 및 기술을 적용하지 않고 각 단차별로 무분별하게 사격을 했다는 것이다. 선제 기습사격을 받아 피해를 입은 좌측의 이스라엘군 전차대대는 즉각 반격에 나서서 측방에서 공격해 온 이집트군 전차를 모조리 격파하였다.

이후 전투는 전차와 전차, 전차와 대전차포 간의 사격전으로 전개되었다. 이스라엘군 전차포수들은 우수한 원거리 사격 기량을 발휘하여 진지에 배치된 이집트군 전차와 대전차포를 하나씩 파괴해 나갔다. 전투는 해가 진 후에야 끝이 났다. 40여 대의 전차를 잃은 이

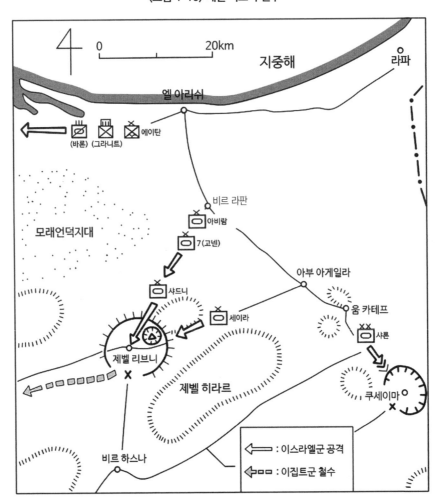

〈그림 4-10〉 제벨 리브니 전투

집트군이 더 이상의 저항을 포기하고 어둠을 이용하여 철수하기 시작한 것이다. 이리하여 저녁 늦게 제벨 리브니의 대부분이 이스라엘군 수중에 들어왔고, 비르 하스나로 가는 길이 열렸다.

샤드니 여단은 잠시 틈을 내어 개전 후 처음으로 재편성을 실시하고 재보급을 받아 전열을 정비하기 시작했다. 그러나 제벨 리브니 산(山)에 배치된 이집트군은 철수를 하지 않고 이스라엘군을 괴롭혔다. 그들은 전열을 재정비하는 샤드니 여단을 향하여 22:00시가 지날 때까지 맹렬하게 포탄을 퍼부었다.[120]

라. 샤론 사단의 돌파구 확장

6월 6일 아침까지 샤론 사단은 움 카테프에 발이 묶여 있었다. 아단 보병여단이 참호 진지를 하나하나씩 소탕하면서 점령해 나가고 있었기 때문이다. 이 잔적 소탕은 요페 사단의 세이라 여단이 초월해 간 후에도 2시간이나 더 계속되어 08:00시경에 끝이 났다.

움 카테프를 완전히 점령하자 샤론은 아단 보병여단을 그대로 남하시켜 쿠세이마를 측방에서 압박했다. 그러나 쿠세이마도 움 카테프처럼 강력한 진지가 구축되어 있었을 뿐만 아니라 이집트군 1개 여단이 방어하고 있었으므로 아단 보병여단만으로는 점령할 수가 없었다.

샤론은 잘 구축된 요새진지를 정면에서 공격할 경우 발생할 수 있는 피해를 최소화하기 위해 돌파하려는 지점에 '연속적으로 쐐기를 박는 형태'의 공격방법을 채택하였다. 이 방법은 공지합동 특수공격부대를 구성하여 돌파해야 할 지역의 아주 좁은 정면을 예리한 송곳으로 계속 찔러서 뚫듯이 집중적으로 반복 타격하는 것이었다. 이는 통합된 정밀공격형태의 움 카테프 공격 방법과는 다른 방법이었다. 그리하여 먼저 아단 보병여단이 광정면에 전개하여 천천히 전진하면서 이집트군을 견제하고, 공지합동 특수공격부대가 좁은 정면을 집중공격하기 시작하였다. 먼저 공군 전투기가 날아와 이집트군 진지를 타격했다. 그 다음 중박격포와 곡사포가 집중포격을 실시했다. 이어서 기갑부대가 사격을 하면서 쐐

---

120) 이때 이집트군은 아메르 원수의 철수명령을 받았을 것이므로 더 이상 저항하지 않고 철수하기 시작한 것으로 보이며, 제벨 리브니 산(山)에 배치된 이집트군의 맹렬한 포격은 철수를 엄호하기 위한 행동으로 추정된다.

기를 박듯이 뚫고 나갔다. 또 다른 이집트군 종심진지에 봉착하면 위와 같은 공격방법을 반복했다. 이러한 전투는 하루 종일 계속되었다. 요새진지를 활용한 이집트군의 서항이 완강하여 이렇게 전투력을 집중시켜도 돌파해 나가는 속도가 대단히 느렸다. 야간이 되자 전투는 소강상태에 빠졌다.

마. 양측의 작전형태 전환

1) 이집트군의 철수명령

1967년 6월, 이집트군 수뇌가 저지른 가장 큰 실수는 시나이에서 엉망진창으로 철수한 것이다. 순식간에 부대가 붕괴되었을 뿐만 아니라 수천 명의 병사들이 무익하게 죽었고, 대량의 장비를 상실했다.

6월 6일 아침, 아부 아게일라가 함락되고, 이스라엘군이 엘 아리쉬를 향해 돌진중이라는 보고가 들어왔다. 이집트군 군사본부는 1956년의 악몽에 휩싸였다. 이번에는 미군이 수에즈 운하나 나일 삼각주에 상륙하는 것이 아닌가 하는 공포에 사로 잡혔다. 미군의 상륙을 나타내는 징후가 하나도 없었음에도 불구하고 아메르 원수는 공포에 빠졌다. 그 공포는 총사령관인 아메르 원수로 하여금 1956년과 똑같이 시나이 방위부대의 철수를 명령하게 만들었다. 아메르 원수는 나세르 대통령을 비롯한 참모들의 의견을 구하지 않고 독단으로 시나이 방위부대에게 철수를 명했다. 명령은 단지 "철수하라" 그것뿐이었다.[121]

가) 철수명령, 붕괴의 시작

전쟁 초일 시나이 전선 상황을 제대로 파악하지 못하고 있던 이집트군 수뇌부는 2일째가 되어서야 겨우 최전선에서 어떤 일이 벌어지고 있는지 깨닫기 시작했다. 카이로 군사본부에 있던 이집트군 중부사령관 살라하딘 하디디 대장[122]은 시나이 상황을 정확히 파악하고자 끊임없이 부하 장교들에게 전화를 걸었다. 상황 파악 도중 그의 사무실로 탈영병

---

121) 전게서, 田上四郎, p.143.

122) 그는 1964~1966년까지 시나이를 담당하는 동부사령관을 역임했고, 시나이 방위를 위해 작성한 '카헤르 작전' 계획을 잘 이해하고 있었다.

1명이 끌려 들어왔다. 하디디 대장은 그의 소속이 어디며 무슨 일이 일어났는지 직접 물었다. 그 병사는 "이스라엘 전투기들이 갑자기 나타나 인정사정없이 폭격을 하는 바람에 그의 부대뿐만 아니라 주변의 다른 부대들도 모두 뿔뿔이 흩어졌다"고 말하면서 "그 상황에서 자신이 할 수 있는 것은 아무것도 없었고, 그저 이스라엘군 전투기를 피해서 도망갈 수밖에 없었다"며 당시의 지옥 같은 장면들을 언급했다.[123] 이 말을 들은 하디디 대장은 큰 충격을 받았다. 그렇다면 '카헤르 작전' 조차 실시할 수 없는 최악의 상황이 벌어지고 있는 것이었다.

6월 6일 오후, 전투가 시작된 지 만 이틀이 되지 않았는데 시나이 사막에서의 완패 소식이 카이로 군사본부에 도착했다.[124] 심리적으로 거의 탈진 상태인 아메르 원수가 갑자기 육군참모총장 파우지 대장을 불렀다. 그리고는 "20분 내에 시나이 이집트군을 수에즈 운하 서쪽으로 철수시킬 작전계획을 수립하라"고 지시했다. 전쟁이 시작된 이후 아메르가 처음으로 참모진에게 내린 지시였다.[125]

지시를 받은 파우지 대장은 다른 2명의 장군들과 철수계획을 논의하였다. 철수로를 지정하고, 저지진지를 선정하고, 엄호부대를 편성하는 등의 계획을 세웠고, 질서 있게 철수를 완료하는 데 4일이 걸릴 것으로 판단하였다. 아메르 원수는 파우지 대장의 보고를 받고는 "파우지 장군, 4일이라고? 내가 이미 철수명령을 내리지 않았는가.[126] 당장 하란 말일세!"하고 소리치며 사무실 뒤에 있는 침실로 들어갔다. 파우지 대장을 포함한 3명의 장군은 당황하여 그 자리에 굳은 모습으로 한동안 서 있었다.

이후 시나이 전선의 이집트군은 급속히 붕괴되었다. 사단장의 대부분은 정치군인이었고, 기회를 엿보는 데는 재빨랐다. 예하 부대에 철수명령을 하달하고는 자신이 제일 먼저 차량에 탑승하고 이스마일리아 방면으로 철수하는 행태를 보였다.[127]

---

123) 전게서, 제러미 보엔, p.287.

124) EL-Gamasy, 『Mohamed Abdel Ghani, The October War』, (Cairo, The American University in Cairo Press, 1993), pp.67~71.

125) 전게서, 제러미 보엔, p.285.

126) 상게서, p.286. 아메르는 나세르가 철수명령을 승인했다고 주장했으나 나세르는 아메르가 독단으로 행동한 것이라고 주장했다. 책임여부야 어떻든 아메르는 야전에서 만난 모든 지휘관에게 이러한 명령을 전달했다. 훗날 이는 그가 내린 가장 어리석은 명령으로 기록됐다. 1967년 6월, 이집트가 저지른 가장 큰 실수는 정치적으로 긴장을 고조시킨 것뿐만이 아니라 시나이에서 엉망진창으로 퇴각한 것이었다.

127) 전게서, 田上四郎, p.144.

이날 저녁, 아메르를 방문한 부통령 압둘 라티프 보그다디는 이러한 명령[128]을 듣고, 이는 '치욕스런 결정'이라고 말했다. 이에 대해 아메르는 "명예나 용기의 문제가 아닙니다. 적은 이미 우리 사단 2개를 박살냈습니다."라고 대답했다.

나) 물거품이 된 저지계획

이집트군이 선제 기습의 충격에서 간신히 벗어난 것은 아메르 원수가 철수 명령을 내린 직후였다. 상황이 점차 명확하게 파악되자 군사본부 참모들은 이미 수립되어 있던 '카헤르(Qaher; 승리) 작전'[129]을 시행하려고 검토하였다. 그들은 지금 제2보병사단과 제7보병사단이 패주하고 있지만 잔여 전력으로 제벨 리브니와 타마다 사이에서 공세행동을 실시한다면 이스라엘군의 진격을 저지시킬 수 있을 것이라고 판단했고, 최악의 상황이라 해도 비르 기프가파, 기디 고개, 미틀라 고개 이동(以東)에서 이스라엘군을 저지할 수 있을 것이라고 판단했다. 비록 초기전투에서 큰 피해를 입기는 했지만 아직도 제4기갑사단과 제3기계화사단은 제한된 공세를 실시할 수 있는 전력을 보유하고 있으며, 또 샤즐리 TF와 제6기계화사단도 상당한 전력을 보유하고 있으므로 최악의 경우 기디 고개와 미틀라 고개는 충분히 확보할 수 있을 것으로 판단했다.

이러한 판단을 기초로 '카헤르 작전'을 실시하려고 할 때 갑자기 하달된 총사령관 아메르 원수의 철수명령에 군사본부 참모들과 시나이 부대들은 혼란에 빠졌다. 단지 '철수하라'는 명령을 받은 부대들은 철수 통로나 철수 순서도 알지 못하는 상태에서 엄호부대도 없이 서쪽으로 철수하다가 급추(急追)하는 이스라엘군 앞에 무익한 피해를 당하며 수에즈 운하 쪽으로 쫓기고 있었다.

군사본부의 참모 3명은 아메르 원수의 철수명령을 철회시키려고 직접 면담을 요청하였다.[130] 작전차장 덴 나시하 소장과 리하트 후세이니 소장, 조사부장 무스타프 가말 소장은 아메르 원수를 만나서 "총사령관님의 철수 명령은 부대를 혼란에 빠지게 할 뿐입니다. 즉

---

128) 전게서, 제러미 보엔, p.286. 보그다디에 따르면 아메르는 이집트군에게 중무기를 버리고 밤에 탈출하여 새벽까지 운하 서쪽으로 오라고 명령을 내렸다고 한다.

129) 전게서, 田上四郎, p.144. 이스라엘군을 시나이 중부로 유인한 뒤, 잘 준비된 두 개의 방어진지 사이로 몰아서 섬멸한다는 작전계획. 이 작전은 이스라엘군을 유인한다는 차원에서 어느 정도 영토를 희생하는 것을 전제로 했다. 전쟁 발발 전, 나세르는 이 전제를 받아들일 수 없다고 판단하고 전진 방어를 요구했다.

130) 6월 5일부터 아메르 원수는 총사령관실에서 참모들과의 접촉을 회피하고 있었다.

시 철수 명령을 철회해 주십시오."라고 건의했다.[131] 아메르 원수는 철수 중지명령을 하달하는 데 동의하였다. 군사본부는 제4기갑사단과 제3기계화사단으로 하여금 제벨 리브니~비르 하스나 선(線)에서부터 비르 기프가파~비르 타마다 선(線)까지의 사이에서 지연전을 실시하고, 나머지 전 부대를 카트미아 통로 및 기디 통로와 미틀라 통로 일대로 철수시키기로 하였다.

그러나 이미 때는 늦었다. 제3기계화사단은 이미 철수를 개시했고, 제6기계화사단은 방어지역에서 철수 준비 중이었다. 제4기갑사단은 1개 여단이 제7보병사단 종심지역으로 역습을 실시하다가 실패했고, 1개 여단은 역습부대를 증원하려고 이동하다가 비르 라판 부근에서 이스라엘군 차단부대에게 큰 피해를 입어 전력이 크게 감소된 상황이었다. 샤즐리 TF는 아직 전투력을 보존하고 있지만 시나이 남부 국경선 부근에 위치해 있어 즉시 사용할 수가 없었다. 제2보병사단과 제7보병사단은 이미 패주중인 부대라서 제대로 수습할 수가 없었고, 대부분의 전력을 상실한 상태였다.

철수 중지 명령의 위령(威令)은 효력을 발휘할 수가 없었다. 이집트군은 철수 중이거나 철수준비 중인 부대가 다시 정상으로 환원되어 전투를 할 수 있는 수준의 군대가 아니었다. 또 지휘통신축선이 붕괴되어 지시나 보고가 제대로 이루어지지 않았다. 이에 부가하여 고급장교들의 무능은 전반적인 상황을 더욱 악화시켰다. 그저 혼란과 공포에 휩싸여 무질서하게 철수하고 있었고, 철수는 곧 패주로 이어졌으며 이것을 그 누구도 돌이키거나 막을 수 없었다.

시나이 전선 상황을 책임질 수밖에 없었던 아메르 원수는 어떻게든 누군가에게 책임을 전가하려고 했다. 그는 이스라엘군의 선제공격에 미국과 영국이 연루되었다는 의혹에 집착했다. 그래서 그는 소련대사를 불러 호되게 꾸짖었다.[132]

"어째서 소련은 서방이 이스라엘에게 해준 만큼의 지원을 이집트에게 해주지 않는 것인가? 소위 말하는 데탕트 때문인가? 그렇다면 소련도 이스라엘과 공모한 것이 아니고 무엇이겠는가? 왜 소련은 5월 26일 03:00시에 나세르에게 전화를 걸어 선제공격을 하지 말라는 코시긴의 메시지를 전했나? 소련은 사실상 이집트가 패배하도록 내버려 둔 것이 아닌가? 우리가 선제공격을 하지 못한 것은 바로 소련 때문이다. 당신네 때문에 우리는 주도권

---

131) 상게서, p.144.
132) Heikal, Mohamed, 「The Cairo Documents」, (New York, Doubleday, 1973), pp.181~182.

을 잃었고, 이것이야 말로 공모일세."

이집트는 모든 대사관에 메시지를 보내 미국과 영국의 참전이 사실이라고 주장했다.[133] 생포된 이스라엘군 전투기 조종사가 자신의 공군기지에서 영국 비행기가 출격한 것을 보았다고 '스스로 자백했다'는 것이 증거였다. 또 시리아 라디오 방송국은 미국 항공모함에 도움을 요청하는 메시지를 포착했다고 주장했다.

2) 이스라엘군의 추격 발동[134]

6월 6일 늦은 밤, 남부사령관 가비쉬 준장은 3명의 사단장(탈, 요페, 샤론)을 사령부로 불러 차후 작전방향을 협의하였다. 이미 이집트군은 시나이에서 본격적으로 철수를 개시하였으므로 즉시 추격으로 전환하지 않으면 이집트군을 수에즈 운하 이동(以東)에서 포착하여 격멸하는 것이 곤란할 수 있기 때문이었다.

가비쉬 사령관은 시나이 반도의 지형과 제한된 도로망, 이집트군의 상황을 고려하여 두 가지 형태의 추격작전을 전개하려고 했다. 이집트군 제2방어지대를 돌파한 탈 사단과 요페 사단은 비르 기프가파~카트미아 고개, 기디 고개, 미틀라 고개 방향으로 정면추격[135]을 실시하고, 아직도 이집트군 제1방어지대인 쿠세이마에서 전투 중인 샤론 사단은 쿤틸라를 공격하고 있는 멘들러 기갑여단을 작전 통제하여 혼합추격[136]을 실시하는 것이었다.

사단장들은 추격작전으로 전환하는 데 의견을 같이했다. 탈 사단의 북부제대는 시나이 북부해안도로를 따라 이미 추격작전에 들어 간 것이나 다름없었다. 그리고 순조롭게 진격하고 있는 중북부 축선에서도 아직까지 결정적으로 파괴되지 않은 이집트군 제4기갑사단과 제3기계화사단을 격파하기 위해서는 그들이 조직적인 철수를 할 시간적 여유를 갖지 못하도록 즉시 추격을 실시하지 않으면 안 되었다. 추격을 하더라도 지형과 제한된 도로망 때문에 정면추격을 할 수밖에 없었으므로 직접 압박부대가 무자비하게 압박을 가하지 않으면 이집트군을 격파하는 것이 곤란했다. 따라서 탈 사단과 요페 사단은 즉시 맹렬한

---

133) 전게서, 제러미 보엔, p.287.
134) 전게서, 田上四郎, pp.144~145에 기초한다.
135) 주로 도로망이 제한될 경우 적의 철수로를 따라 추격을 실시하며, 직접 압박부대만 운용한다.
136) 정면 추격과 포위를 혼합한 형태로서 직접압박부대와 포위부대를 운용한다. 추격작전에서 가장 결정적인 효과를 거둘 수 있다.

속도로 추격할 것을 요구받았다.

샤론 사단은 아직 추격을 실시할 만한 여건이 조성되지 못한 상태였다. 이런 상황에서 시나이 남부에 배치된 이집트군 제6기계화사단과 샤즐리 TF가 성공적으로 철수한다면 차후 이스라엘에게 중대한 위협이 될 수 있었다. 그래서 가비쉬 사령관은 샤론 사단의 공격 진도가 부진함에도 불구하고 혼합추격을 실시하여 이집트군을 포위 섬멸하도록 요구하였다. 결정적인 작전은 샤론 사단이 포위부대가 되어 이집트군 제6기계화사단보다 먼저 나클을 확보함으로서 그들의 철수로를 차단하고, 그 다음 직접 압박부대인 멘들러 여단과 협격하는 것이었다. 그런데 쿠세이마에서 나클까지의 도로상태가 최악이었기 때문에 샤론 사단의 고난이 예상되었다.

〈그림 4-11〉 시나이에서의 추격작전 계획

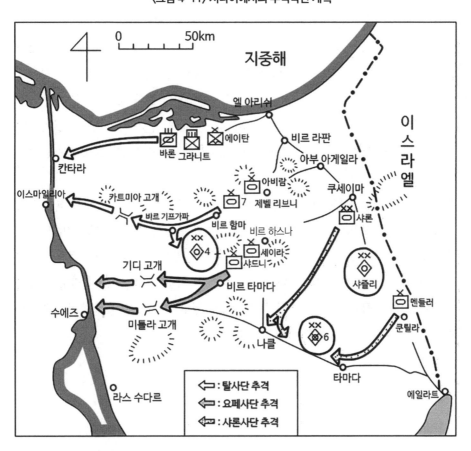

사단별로 추격의 형태를 분석해 보면 탈 사단과 요폐 사단은 정면추격이었고, 샤론 사단은 혼합추격이었다. 그러나 3개 사단의 추격을 통합하여 남부사령관 관점에서 분석해 보면 대규모의 혼합추격으로 귀결된다. 즉 요폐 사단의 직접 압박부대가 미틀라 통로를 따라 압박을 가하는 것이 사단 관점에서는 정면추격이지만, 미틀라 고개를 확보했을 때는 남부사령부의 관점에서 보면 요폐 사단의 직접 압박부대는 혼합추격의 포위부대 역할을 한 것이다. 다시 말하면 샤론 사단의 혼합추격은 나클에서의 작은 포위(제1차 포위)를 통해 목적을 달성하고, 남부사령부의 혼합추격은 미틀라 고개에서 큰 포위(제2차 포위)를 통해 목적을 달성하는 것이다. 따라서 미틀라 고개를 확보 및 차단하는 부대는 사단의 관점에서는 정면추격 시 직접 압박부대지만, 남부사령부 관점에서 본다면 혼합추격 시 포위부대로서의 역할을 하는 것이다.

작전회의가 끝나자 3명의 사단장은 헬기를 타고 사단 전술지휘소로 돌아왔다. 탈 사단과 요폐 사단의 전술지휘소는 제벨 리브니에 위치해 있었다. 탈과 요폐는 즉시 여단장들을 부른 다음 차후 작전에 관하여 토의하였다. 그 결과 탈 사단의 북부제대는 그대로 북부 해안도로를 따라 추격을 실시하고, 남부제대(2개 기갑여단)는 비르 기프가파로 통하는 북쪽 도로를 따라 추격을 실시하여 카트미아 고개를 차단하기로 했다. 요폐 사단(2개 기갑여단)은 비르 타마다로 통하는 남쪽 도로를 따라 추격을 실시하다가 기디 고개와 미틀라 고개를 확보 및 차단하기로 결정했다. 그리고 이 결정은 가비쉬 사령관에게 보고하여 승인을 받았다.

쿠세이마로 돌아온 샤론은 여단장들에게 조속히 쿠세이마를 점령한 후 전력을 다해 나클로 진격하라고 명령했다. 그리고 쿤틸라에 위치한 멘들러 여단장에게는 이집트군 제6기계화사단을 최대한 고착시키라고 명령했다. 이제 전투는 새로운 국면으로 접어들었다. 이집트군이 철수에 성공하느냐, 아니면 이스라엘군이 추격에 성공하느냐 였다. 성공의 열쇠는 '누가 먼저 나클과 미틀라 고개를 확보하느냐'였고, 이는 쌍방 공히 모든 수준에서 지휘관의 능력과 주도권 발휘 여부에 달려 있었다.

바. 또 다른 전쟁의 모습

1) 패배의 책임을 전가하려는 아랍

6월 6일 05:30분, 나세르와 후세인 요르단 국왕이 전쟁 상황에 관하여 전화 통화를 했다. 이때 나세르는 '미국과 영국의 항공모함에서 출격한 항공기들이 우리를 공격하고 있다'는 성명을 발표하자고 말해 후세인 요르단 국왕의 동의를 얻었다.[137] 희생양이 절실히 필요했던 나세르는 후세인 요르단 국왕의 도움을 받아 아랍세계에 임박한 패배가 미국과 영국의 책임이라고 선언하기로 작심한 것이다. 이는 이스라엘이 실제 보유한 것보다 더 많은 전투기가 출격한 것처럼 보이자 이를 의심한 데서 기인한다. 아랍은 이스라엘 공군이 1시간 이내에 재출격을 반복하고 있는 것을 상상조차 하지 못했다.

09:00시, 「카이로 라디오」는 여전히 거짓 뉴스를 내 보냈다. 외국 기자들은 프레스 센터로 가서 조간 신문을 펼쳐 보았다. 카이로 일간지 중의 하나인 「알 아크바르(Al Akhbar)」 1면에는 '우리 군이 적의 영토 깊숙이 침투했다'고 쓰여 있었고, 영자지 「이집션 가제트(Egyption Gazette)」에도 비슷하게 1면 제목이 달려있었다.

09:05분, 이스라엘군 전투기의 공습이 재개되었다. 몇 분후 「중동통신」 전신 수신기에 '긴급, 긴급'이라고 쓰인 통지문이 도착했다.

"미국과 영국이 이스라엘의 공격에 참여하고 있다는 것이 명확하게 드러났다. 미국과 영국의 일부 항공모함이 이스라엘을 지원하는 대규모 활동을 벌이고 있다."[138]

이와 비슷한 보도가 암만과 다마스쿠스에도 퍼져 나갔다. 미국과 영국이 참전했다는 이집트의 주장은 중대 뉴스였다. 기자들은 분주히 기사를 송고했다. 미국 대사관 소속 외교관 댄 가르시아는 이러한 보도가 '완벽한 조작'이라는 보도자료를 게시판에 붙였다. 이를 읽기 위해 기자들이 모여들자 이집트 수석공보관 카말 바크르가 보도자료를 뜯은 뒤 찢어 버렸다.

10:40분, 「카이로 라디오」는 '미국과 영국이 이스라엘 편에 서서 참전한 것은 의심의 여지가 없다'고 주장했다. 라디오 방송에 의하면 미국과 영국의 전투기들이 항공모함에서

---

137) 전게서, 제러미 보엔, pp.265~266.
138) 상게서, p.270.

출격해 이집트와 요르단을 폭격하고 있었다.

미국과 영국이 이스라엘 편에 서서 참전했다는 주장에 영국 외교관들은 즉각 '터무니없는 거짓말'이라며 부인했다. 쿠웨이트 주재 영국대사는 외교부를 방문해 이는 모두 소설 같은 이야기라고 주장했다. 그런데 그는 쿠웨이트 외교부 고위관료 대부분이 이집트의 주장을 믿고 있다는 사실에 경악했다. 하기야 영국은 1956년 수에즈 전쟁 시 프랑스 및 이스라엘과 공모하여 함께 이집트를 공격한 적이 있지 않았는가. 이처럼 아랍권은 이집트의 주장을 믿을 수밖에 없는 과거의 경험을 갖고 있었다. 다마스쿠스 주재 미국대사 휴 스미스도 시리아 외교부를 찾아가 아랍의 주장을 부인했다. 그러나 그를 접견한 관료는 미국이 아랍에 대해 전통적으로 취해 온 자세, 그리고 이스라엘과 지속적으로 협력해 온 사실 때문에 외교관계를 끊을 수밖에 없다고 하면서 대사관 직원들은 48시간 이내에 시리아를 떠나야 한다고 경고했다.

이때, 아랍의 산유국 대표들은 바그다드에서 회담 중이었다. 그들도 미국과 영국이 이스라엘 편에 서서 참전했다는 소식을 듣고서는 이스라엘 편에 서는 국가에게는 석유를 팔지 않겠다고 선언했다. 미국과 영국이 개입했다는 보도가 나간 지 1시간쯤 지나자 성난 군중들이 모여들기 시작했다. 그들은 영국 영사관과 알렉산드리아에 있는 미국 도서관에 불을 질렀다. 미국 대사관을 경비하는 경찰병력이 2배로 증가 되었고, 대사관 안에서는 직원들이 만약의 사태에 대비하여 기밀문서를 소각하기 시작했다.

2) UN본부(안전보장이사회)

6월 6일 10:00시(이스라엘 시간 17:00시), UN주재 미국대사 골드버그는 소련대사 페도렌코와 다시 만났다. 그런데 페도렌코는 '휴전 및 전쟁 전인 6월 4일의 영토로 병력 철수를 촉구'하자는 골드버그의 제안을 다시 거부했다. 거부한 이유는 골드버그가 '티란 해협의 봉쇄도 해제하고 병력을 철수시키자'는 제안을 덧붙였기 때문이다. 소련으로서는 아랍의 이익에 반하는 양보를 할 생각이 없었다. 그러나 소련이 미국의 제안에 대한 동의를 늦추면 늦출수록 눈부신 군사적 승리를 거듭하고 있는 이스라엘에게는 큰 이익이었다.

회합이 끝난 지 얼마 지나지 않아서 소련 측 태도가 완전히 바뀌었다. 전쟁 상황이 어떻게 진행되고 있는지 뒤늦게 깨달았기 때문이다. 이스라엘군이 수에즈 운하를 향해 파죽지세로 진격하고 있었고, 예루살렘을 포위 중이었다. 따라서 미국이 제시한 결의안을 빨리 처리하지 않으면 아랍이 파국을 맞이할 것이 명확해 보였다. 페도렌코는 본국으로부터 미국이 '병력철수'를 조건으로 제시한 휴전안을 받아들이라는 지시를 받았다. 만약 그것이 어렵다면 미국의 최초 제안인 '단순휴전'만을 촉구하는 결의안을 받아들이라는 것이었다. 이 지시를 받자 페도렌코는 황급히 골드버그를 찾았다. 하지만 입장이 바뀌어 이번에는 미국이 배짱을 부릴 수 있게 되었다.

15:00시가 되어서야 양측은 다시 만났고, 페도렌코는 미국의 최종안을 받아들이겠다고 말했다. 단, 티란 해협 문제는 논외로 하자는 조건을 달았다. 이에 대해 골드버그는 티란 해협에서의 철수에 관한 '긴급한 논의'를 한 후 휴전을 하자는 타협안을 제시했다. 페도렌코는 이를 받아들일 수 없다고 하면서 미국이 최초 제안한 결의안을 선택하겠다고 했다. 그 결의안은 단지 '전투를 멈추고, 모든 병력의 이동을 중지'할 것을 촉구하는 '단순한 휴전'이었다. 다만 그 결의안에는 '최초의 행동으로서(a first step)'라는 문구가 앞에 들어갔기 때문에 추가적인 후속조치를 결의할 수 있는 여지를 남겨 놓았지만 '전쟁발발 전날인 6월 4일의 영토로 철수'한다는 내용은 없었다. 따라서 페도렌코는 소탐대실하는 우(愚)를 범했다. 티란 해협 문제를 양보하지 않음으로서 이스라엘군이 점령한 시나이에서 그들을 철수시킬 수 있는 더 큰 카드를 버렸기 때문이다. 이러한 우여곡절 끝에 6월 6일 18:30분(이스라엘 시간 6월 7일 01:30분), 단순 휴전을 촉구하는 결의안이 UN안보리에서 만장일치로 통과되었다. 이것은 소련 외교의 패배였다. 즉 소련은 정보 부족 및 지연으로 적시에 결심하지 못하고 오랫동안 망설이다가 최악의 수를 둔 것이다.

미국은 이스라엘이 허용할 수 있는 한계를 훨씬 넘으면서까지 소련에게 양보하려고 했다. 그러나 소련은 스스로 실책을 저질렀다. 그로 인해 미국은 막판에 역전할 수 있었고, 이스라엘은 원하던 것을 얻게 됐다. 이스라엘이 가장 두려워하고 불안해 한 것은 시나이에서 이집트 지상군 격멸이라는 작전목적을 달성하기 전에 UN에서 정전결의안이 채택되는 것이었다. 만약 그렇게 될 경우, 1956년 수에즈 전쟁 시의 상황이 되풀이 되어 군사적으로 승리하고도 아무런 대가없이 점령지에서 철수할 가능성이 높았다. 역으로 아랍은 군사적으로 패배하고도 정치적, 외교적으로는 승리한 꼴이 되는 것이다. 하지만 이번에는 아랍, 그중에서도 특히 이집트의 책임이 크다. 전황을 허위 보도로 일관함으로써 외교적 무기를 제대로 사용하지 못하게 했음은 물론, 오히려 이스라엘을 이롭게 만들었기 때문이다.

전쟁 2일째인 6월 6일이 끝나갈 무렵, 이스라엘군은 시나이의 1/4을 장악한 상태에서 추격으로 전환할 준비를 하고 있었고, 몇 시간 후면 동예루살렘도 점령할 수 있을 것으로 예상됐다. 만약 소련이 '휴전 및 전쟁전인 6월 4일의 영토로 병력을 철수시키자'는 미국의 제안에 곧바로 동의했더라면 이집트군은 시나이에서 병력손실을 줄일 수 있었을 것이며, 정전 후, 점령당한 시나이를 되찾을 수 있었을 것이다. 그 대신 티란 해협 봉쇄를 포기해야 했겠지만 완전한 패배 및 시나이를 상실한 것에 비하면 그리 큰 대가는 아니었다.

4. 추격으로 전환(6월 7일)

가. 이집트군의 전선사령부 철수

6월 7일 이른 새벽, 이집트군 총사령부의 선발대 개념으로 시나이에 설치한 야전군 총사령부는 지휘소를 수에즈 운하 이서(以西)지역으로 이동시키기로 결정했다. 사령부 참모들은 총사령관 아메르 원수가 철수명령을 내렸다는 사실을 알지 못하고 있다가, 03:00시가 되어서야 헌병대 사령관으로부터 '시나이 철수 명령'이 하달되었다는 말을 들었다.[139] 사령부는 기디 통로를 따라 서쪽으로 이동하기 시작했다. 이동로 상에는 전투에서 패배한 뒤 도망치는 병사들과 차량들로 가득했다. 이를 본 장군 참모들은 당황했다. 그들은 추격해 오는 적을 뒤에 두고 후퇴한다는 것이 얼마나 위험한지 잘 알고 있었다. 이스라엘군의 추격을 지연시키기 위해서는 용감하게 싸워주는 후방 엄호부대가 필요했다. 뿐만 아니라 엄정한 군 기강이 확립되고 유지되어야만 했다. 하지만 모든 것이 부재한 상태였다. 그들은 한 번의 전술적 패배가 이제 거대한 재앙으로 변모해 다가오는 것을 현장에서 뼈저리게 느꼈다.[140]

날이 밝기 시작하자 이스라엘군 전투기들이 도처에서 철수하는 이집트군을 공격했다. 특히 미틀라 통로는 계속되는 공중폭격으로 인해 거대한 묘지로 변해갔다. 전차 및 각종

---

139) 상계서, p.307.
140) 전게서, El-Gamasy, pp.64~65.

차량들이 파괴되어 여기저기서 불타올랐고, 시체가 널려 있었다.

아침 무렵 수에즈 운하 서안에 도착한 야전군 총사령부 참모들은 시나이 야전군 육군사령부(육군동부사령부)도 수에즈 운하 서안으로 이동했다는 말을 듣고 깜짝 놀랐다. 야전군 총사령관 무르타기 대장은 야전군 육군사령부(육군동부사령부)를 찾아가 "왜 허락도 받지 않고 사령부를 이동시켰느냐?"고 물었다. 이에 무신 중장은 "전화 연락이 되지 않아서…"라고 우물거리며 변명했다.[141] 무르타기는 불같이 화를 냈다. 이렇듯 이집트군은 고급장교 및 장군들이 문제였다. 그들은 질서 있는 이동 및 철수를 한 것이 아니라 병사들과 같이 아니 병사들보다 먼저 도망쳐 온 것이나 다름없었다.

나. 탈 사단의 추격

1) 북부제대

에이탄 공정여단, 그라니트 TF, 바론 기갑정찰부대로 구성된 북부제대는 그야말로 거침없이 추격을 하였다. 그들이 수에즈 운하에 근접함에 따라 이집트군의 저항도 조금씩 증가되었다. 이집트군은 이스라엘군 전차의 원거리 사격에 대응하기 위해 전차를 반지하화한 진지에 매복하거나 도로 양측의 모래언덕에 매복시켰다가 근거리에서 기습사격을 실시하였다. 이에 대한 역대응으로 이스라엘군은 2대의 AMX-13 경전차를 앞장세워 도로 양측을 따라 정찰을 하게 하고 그 수백 미터 뒤에 센츄리온 전차나 패튼 전차가 따라 오다가 발견된 전차를 원거리 사격으로 파괴시켰다

북부제대의 추격속도가 가장 빨랐기 때문에 이집트군은 몇 기 남지 않은 전투기까지 출격시켜 이를 저지하려고 안간힘을 썼다. 그렇지만 이집트군 전투기들은 이스라엘군의 대공포와 긴급요청을 받고 출동한 전투기에 의해 격추되거나 쫓겨났다. 그래도 이스라엘군의 추격을 지연시키는 데 상당한 기여를 하였다. 북부제대가 수에즈 운하에 근접한 칸타라를 15㎞ 앞둔 지점에 이르렀을 때, 약 1개 중대 규모의 이집트군 전차가 반격을 해왔다. 이에 이스라엘군은 전차와 지프에 탑재한 106밀리 무반동총 등, 대전차 화기를 총동원하

---

141) 전게서, 제러미 보엔, p.307.

여 이집트군의 반격을 분쇄하였다. 그리고 계속 서진을 한 결과 6월 7일 아침, 드디어 칸 타라 부근의 수에즈 운하에 도달했다. 그라니트 대령은 탈 사단장에게 상황을 보고했다.

탈 사단장으로부터 수에즈 운하에 진출했다는 보고를 받은 다얀 국방장관은 '즉각 운하 로부터 30km 후방(동쪽)으로 철수하라'고 명령했다. 아직 다른 전선에서는 작전 목적을 달 성하지 못하고 있는 현 시점에 이스라엘군 병사가 수에즈 운하에 발을 담그고 있는 모습 이 보도되면 국제적 압력에 의해 정전이 앞당겨질 수 있는 것을 우려했기 때문이다.[142] 다

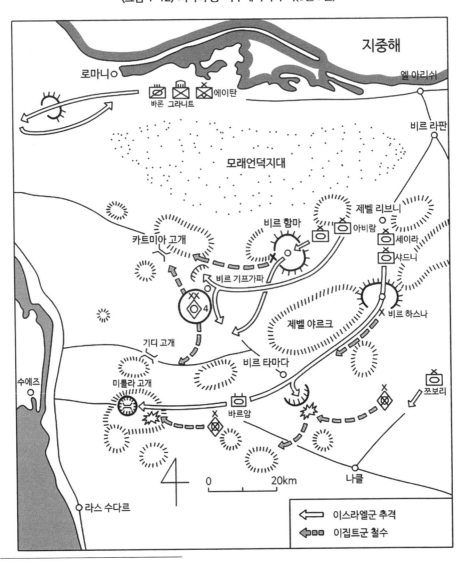

〈그림 4-12〉 시나이 중·북부에서의 추격(6월 7일)

얀의 명령에 따라 북부제대는 우선 로마니로 철수하였다.

2) 남부제대

6월 7일 이른 새벽, 제7기갑여단은 비르 함마를 향해 추격을 개시하였다. 비르 함마는 제벨 리브니와 비르 기프가파 사이의 중간에 있는 요충지였다. 그래서 이집트군은 비르 함마에 SU-100 자주대전차포[143]로 증강된 1개 여단을 배치하여 급편 방어를 하고 있었다. 그들은 제2방어지대를 방어하던 제3기계화사단 소속으로서 본대의 철수를 엄호하기 위한 후방 엄호부대였다.

6월 7일 오전 중, 비르 함마에 도착한 제7기갑여단은 급편방어를 하고 있는 이집트군을 공격했다. 이집트군도 가용한 화력을 총동원하여 필사적으로 저항했다. 그러나 이스라엘군은 근접항공지원을 받으며 이집트군 거점을 차례차례 파괴하였다. 약 2시간의 전투 끝에 이집트군은 철수했다. 후속하던 아비람 기갑여단이 철수하는 이집트군을 압박하며 추격했다. 고넨의 제7기갑여단은 잠시 동안 전열을 재장비한 후 아비람 기갑여단의 뒤를 따라 서진했다.

6월 7일 오후, 아비람 기갑여단은 비르 기프가파 교차로에 진출했다. 탈 사단장은 AMX-13 경전차대대를 비르 기프가파 서측의 감제고지에 배치하여 만약의 경우 이집트군이 수에즈 운하 방향에서 반격해 오는 것에 대비하도록 했다. 그리고 아비람 기갑여단은 비르 기프가파 교차로에서 남쪽의 도로를 따라 전진하여 이집트군 제4기갑사단의 좌측을 공격하고, 뒤따라오는 고넨의 제7기갑여단은 사막을 가로질러 비르 타마나 방향의 퇴로를 차단하도록 했다. 그러나 이집트군 제4기갑사단의 주력은 이미 철수를 완료한 상태였기 때문에 포위망에 갇힌 이집트군은 소수에 지나지 않았다.[144] 포위된 이집트군은 저항의지가 별로 없었다. 따라서 전투는 일방적으로 진행되었다. 결국 19:00시경, 이집트군의 저항은 끝이 났고 이스라엘군은 비르 기프가파를 완전히 점령하였다.

---

143) T-34 전차의 차체위에 100밀리 직사포를 장착하여 주로 전차파괴 임무를 수행하였다. 전차와 다른 점은 선회형 포탑이 없이 상자형 전투실에 대형포를 설치한 구조다.

144) 상게서, p.146.

다. 요페 사단의 추격

제벨 리브니를 점령한 후 재편성을 실시하고 재보급을 받아 전열을 정비한 샤드니 여단은 6월 7일 04;00시, 저항을 계속하고 있는 제벨 리브니 산(山)의 이집트군을 축출하고 세이라 여단과 연결하였다. 그리고 샤드니 여단이 선두에서 비르 하스나를 향해 추격을 개시하였다.

비르 하스나에는 이집트군 제3기계화사단의 철수를 엄호하는 후방 엄호부대가 배치되어 있었다. 샤드니 여단은 이동종대대형 그대로 급속공격을 실시했다. 이 과정에서 선두대대에 위치해 있던 샤드니 대령은 자신을 향해 돌진해 오는 T-34전차 1대와 정면에서 조우했다. 이 위기의 순간, 대열 후방 300m 지점에 위치해 있던 105밀리 자주포가 직접조준 사격으로 T-34 전차를 격파했다.[145] 몇 초만 늦었어도 T-34 전차가 먼저 발포하여 샤드니 대령이 탑승한 차량이 파괴됐을 것이다. 이처럼 전장에서는 불과 몇 초 사이가 생사를 갈랐으며, 이런 일들이 비일비재하게 발생하였다.

몇 시간의 전투 후 샤드니 여단은 비르 하스나를 점령했다. 저항을 포기한 이집트군 수백 명이 소총을 손에 들고 어깨위로 올린 채 항복해 왔는데, 그 수가 점점 늘어 12:00시경에는 거의 1,000명에 달했다.[146] 그러나 샤드니 대령은 포로에 신경을 쓸 틈이 없었다. 그는 전차대대와 기계화보병대대를 이끌고 남서쪽으로 추격을 재개하였다.

이처럼 샤드니 여단이 비르 타마다를 향해 거침없이 추격을 하고 있을 때, 그 도로 양옆에는 이집트군 수백 명이 지뢰를 매설하려고 준비 중이었다. 그러나 그들은 질주하는 이스라엘군 전차를 보고는 완전히 넋이 나가서 멍하니 바라만 보고 있을 뿐 어떠한 저지행동도 취하지 못했다.

1) 비르 타마다 격전[147]

선두에서 추격하는 바르 암 중령의 전차대대는 가끔씩 출현하는 이집트군 매복 전차를

---

145) 전게서, 김희상, p.321.
146) 전게서, Marshall, S.L.A, p.80.
147) 전게서, 김희상, pp.321~324에 주로 기초한다.

격파하면서 계속 전진해 15:00시경에는 비르 타마다에 도착하였다. 그런데 그때 비르 타마다에서 동쪽으로 약 30㎞ 떨어진 사막위로 거대한 모래먼지 기둥이 일어나는 것을 관측했다. 그것은 수백 대의 차량이 대열을 형성해 이동할 때 일어나는 먼지기둥이었다. 그렇다면 그것은 이집트군의 대부대가 분명했다.[148] 샤드니 대령은 그 이집트군 부대가 자신의 부대를 공격해 오지 않을까 하는 불안감 때문에 긴장을 늦출 수가 없었다. 그는 전차대대 및 기계화보병대대만을 지휘하여 정지함이 없이 최대한 빠른 속도로 달려왔기 때문에 후속해 오는 또 다른 전차대대와는 거리가 상당히 이격되어 있었다. 또한 바르 암 전차대대도 추격해 오는 도중 많은 전차들이 연료가 떨어져 중도에서 낙오되었기 때문에 비르 타마다에 도착한 전차는 절반도 되지 않았다.[149] 그중에서도 연료가 거의 바닥을 드러낸 전차가 4대나 되었다. 연료가 떨어진 전차는 고정포 역할밖에 할 수 없으므로 전투효율이 극히 낮아진다. 그래서 당장 시급한 것이 연료 보충이었다. 바르 암 중령은 다급히 근처에 있는 타마다 비행장을 수색해 보았다. 이스라엘군 전투기의 공습에 의해 파괴된 타마다 비행장에 항공유는 남아 있었지만 전차에 보충할만한 휘발유는 없었다. 이때가 15:15분이었다.

이렇게 긴장되고 불안 초조한 판국인데도 불구하고 사단 참모장 아담 대령이 뒤따라와서 독전을 하고 돌아갔다. 그는 '샤론 사단이 포위부대로서 이집트군 제6기계화사단과 샤즐리 TF의 퇴로를 차단하기 위해서 나클로 진격하는 중이고, 쿤틸라에 있는 멘들러 여단도 직접압박부대로서 추격을 시작했는데, 이중포위를 하기 위해서는 샤드니 여단이 빠른 시간 내에 미틀라 고개를 확보해야 한다'고 강조했다.

샤드니 대령은 짧은 시간동안 고민을 한 끝에 '계산된 그러나 위험한 군사적 모험'을 하기로 결심했다. 그의 결심은 다음과 같았다. '연료가 거의 바닥이 난 전차 4대와 궤도차량에 탑승하지 못한 일반 부대들은 비르 타마다에 남아서 급편 방어태세를 취하며 후속 전차대대를 기다린다. 바르 암 중령은 전차 9대와 몇 대의 반궤도 차량을 지휘하여 미틀라 고개를 향해 전진하고, 반궤도 차량 위주로 구성된 기계화보병대대는 기디 고개를 향해

---

148) 쿠세이마에서 6월 7일 이른 새벽에 철수한 이집트군 제2보병사단의 1개 여단이었다.

149) 가솔린 엔진을 장착한 이스라엘군 전차는 항속거리가 짧아 자주 연료를 재보충해야 하는 문제점이 있었다. M48 패튼 전차는 항속거리가 113㎞로 가장 짧았고, 센츄리온 전차도 189㎞에 불과했는데, 전투가 빈번하게 벌어지는 상황과 모래 위를 자주 기동해야 하는 주행 여건 하에서는 연료 소모율이 약2배 이상 증가함으로 M48 패튼 전차는 60㎞, 센츄리온 전차는 90㎞를 기동했을 때마다 연료를 재보충해야만 했다. 이에 비해 이집트군 전차는 디젤 엔진을 장착했기 때문에 T-34 전차 항속거리는 360㎞, T-54/55 전차는 500㎞나 되어 연료 재보충에 대한 부담이 훨씬 적었다.

전진한다. 후속 전차대대가 도착하면 증원 우선순위는 미틀라 고개, 기디 고개 순이다.'

후속 전차대대가 머지않아 도착할 것이라고 계산한 샤드니 대령은 15:50분 경, 전차대대는 미틀라 고개로, 기계화보병대대는 기디 고개로 출발시켰다. 그런데 그 직후 비르 타마다 동측 사막에서 서쪽 방향으로 이동하던 차량 대열이 방향을 전환하여 샤드니 대령이 위치해 있는 비르 타마다 교차로를 향해 접근해 오기 시작했다.

샤드니 대령은 조금 전 자신이 결심하여 조치한 행동을 후회하였다. 잔류해 있는 부대의 전력으로는 접근해 오는 거대한 이집트군 부대를 상대할 수가 없었다. 미틀라 고개를 신속히 확보하기 위하여 지체하지 않고 바르 암 전차대대를 출발시킨 것이 위기대응을 어렵게 만든 것이다. 이제 와서 후회해봤자 아무 소용이 없었다. 그렇다고 후속해 오는 전차대대를 기다리고 있을 수만도 없었다. 무슨 수라도 써봐야 했다. 그는 주변에 있는 모든 일반차량의 연료를 빼서 남아있는 전차 4대에 보충하라고 지시했다. 전차가 효과적인 전투를 하려면 신속히 위치를 변환해 가며 사격을 해야 한다. 그러려면 어느 정도 기동할 수 있는 연료가 필요했다. 이 작업은 수동식으로 할 수 밖에 없었으므로 적지 않은 시간이 필요했다. 그래서 작업이 끝났을 때는 17:00시가 넘었고, 이집트군 전차들이 발포하기 직전이었다.

그런데 계산된 모험의 효과가 나타났다. 바로 이때 후속해 오는 전차대대가 도착했다는 보고가 들어왔다. 그리고 막 도착한 전차대대는 즉시 일제사격을 개시하여 이집트군 차량 대열의 선두에 있는 전차 10여 대를 단숨에 파괴시켜 버렸다. 불과 몇 초 차이가 또 승패를 가른 것이다. 이후 전투는 격렬한 사격전으로 이어졌다. 그러나 선제사격으로 기선을 잡은 이스라엘군이 훨씬 유리하였다. 큰 피해를 입은 이집트군은 18:30분 경, 전투를 중지하고 다시 방향을 전환하여 미틀라 고개 방향인 남서쪽으로 이동하기 시작했다.

이후 전투는 한동안 소강상태를 유지하다가 날이 어두워진 후에 다시 전개되었다. 그것은 이집트군 차량대열 후미에서 이동해 오던 전차들이 3~4대씩 팀을 이루어 샤드니 부대가 배치된 비르 타마다 교차로 일대를 공격하기 시작한 것이다. 전투는 야간이라 근거리에서 벌어졌다. 이스라엘군은 지프에 탑재한 106밀리 무반동총까지 동원하여 원형 방어진을 구성하고 접근해 오는 전차 및 차량에 대하여 무조건 사격하였다.[150] 몇 차례에 걸친 이집트군의 공격은 번번이 실패하였다. 이렇듯 샤드니 여단이 비르 타마다 교차로를 끝까

---

150) 야간이라 40m거리에서도 조명 없이는 피아구분을 할 수 없었다. 그래서 접근하는 차량을 적으로 간주하고 조건 없이 발포했다.

지 고수하자 이집트군 제2보병사단 일부와 제3기계화사단 일부는 사막으로 우회하여 철수할 수밖에 없게 되어 신속하게 철수하는 것이 곤란해졌다.

2) 미틀라 고개의 혈전[151]

비르 타마다에서 미틀라 고개를 향해 추격을 개시한 바르 암 전차대대는 또 다시 연료 문제 때문에 난관에 봉착했다. 약 25㎞를 기동하여 미틀라 고개 전방(동쪽) 약 24㎞ 지점에 있는 파커 기념비 부근에 왔을 때 9대의 전차 중 4대가 연료가 떨어져 멈춰 섰다. 이렇게 되자 바르 암 중령은 '어떻게 할 것인가'를 빨리 결심해야 했다.

'이곳에서 멈추어 연료보급을 받을 때까지 급편방어를 할 것인가, 미틀라 고개를 확보하는 것이 무엇보다 중요하니까 연료가 떨어진 전차를 이곳에 남겨두고 기동 가능한 전차만 지휘해서 갈 것인가'의 결심이었다.

고민 끝에 그는 아직 기동할 수 있는 전차 5대로 연료가 떨어진 전차 4대를 끌고 가기로 결심했다. 전차 승무원들은 신속히 견인 케이블을 연결하였다. 이리하여 바르 암 중령이 탑승한 전차를 제외한 나머지 전차들은 서로 끌고 끌리면서 전진하기 시작했다. 그들은 한시 바삐 미틀라 고개를 선점해야 한다는 책임감 때문에 최대한 빨리 이동하려고 했지만 견인하중 때문에 속도는 현저히 저하되었다.

곧 날이 어두워지기 시작했다. 그런데 어둠과 더불어 철수하는 이집트군의 차량대열이 뒤에서 그들을 서서히 덮쳐오기 시작했다. 바르 암 중령은 눈앞이 캄캄해졌다. 어찌해야 될지 묘안이 떠오르지 않았다. 멈추어서 전투를 해야 할 것인지, 아니면 철수하는 이집트군 부대처럼 보이도록 그대로 이동하면서 상황을 주시해 볼 것인지…. 어느 것이든 절망적인 것 같았다. 천만 다행인 것은 날이 어두워지기 시작해서 근거리라 하더라도 사물을 명확히 식별하기 곤란한 상태였고, 또 전차 주행 시에 궤도에서 일어나는 모래먼지 때문에 피아 식별이 제한을 받는다는 것이다. 빠른 속도로 뒤쫓아 온 이집트군 차량대열은 바르 암 대대가 자기들처럼 철수하는 아군이라고 생각했는지 아무런 의심도 하지 않고 추월하기 시작했다. 어둠 때문에 그리고 모래먼지를 뒤집어썼기 때문에 이집트군은 이스라엘군

---

151) 상게서, pp.323~325; 전게서, Marshall, S.L.A, pp.82~84에 기초한다.

표식을 보지 못한 것이 분명했으며, 한편으로 자신들의 후방지역에서 고장 난 전차를 견인한 채 느릿느릿 이동하고 있는 한심한 부대가 추격해 오는 이스라엘군 부대라고 그 누구도 상상하지 못했던 것 같았다. 그들은 자신들과 똑같은 '철수 중인 아군부대'일 것이라고 생각하고 있는 것이 확실했다.

이집트군 부대는 속도가 늦은 바르 암 대대를 추월해 가며 이동을 계속하였다. 그리하여 바르 암 대대는 전후좌우 모두 이집트군의 전차 및 각종차량, 화포 등에 둘러싸인 채, 함께 이동할 수밖에 없었다. 사면초가에 빠진 바르 암 대대는 이집트군의 눈에 드러나지 않도록 노출을 최소화한 채 침묵을 지켰다. 무전으로 이 사실을 보고 받은 샤드니 여단장은 '밀어붙여라'는 식으로 지시를 했는데, 지금 상황으로서는 도저히 불가능한 일이었다. 차량대열은 어느새 미틀라 고개 입구 가까이까지 도달하였다.

하지만 하늘이 무너져도 솟아날 구멍이 있듯이, 바르 암에게 천재일우의 기회가 찾아왔다. 어둠이 뒤덮인 야간인데도 불구하고 때마침 이스라엘군 전투기들이 공습을 해왔다. 이집트군 차량 대열은 곧 혼란에 빠졌다. 각 차량들은 공습을 피해 대피하느라고 야단이었다. 이 혼란이 바르 암 대대에게 절호의 기회를 제공하였다. 바르 암 대대는 전속력을 발휘하여 이집트군의 차량대열 전방으로 나간 다음, 최선두에서 미틀라 고개를 향해 기동하였다. 그리고 미틀라 고개의 동쪽 끝 고지대에 도착하자마자 전차를 둥글게 배치하여 원형진을 편성하였다. 그리고 뒤따라서 올라오는 이집트군 차량을 향해 일제히 사격을 개시하였다.

전혀 예측하지 못했던 돌변사태에 이집트군은 경악하였고, 어찌할 줄 몰랐다. 얼마쯤 시간이 지난 뒤에야 이집트군은 사태의 본질을 깨달을 수가 있었다. 이스라엘군이 미틀라 통로의 '목'을 장악하고 있으면 자신들은 독 안에 든 쥐와 같았다. 그래서 철수해 오는 이집트군은 미틀라 고개를 돌파하려고 파상적인 공격을 반복하였다. 그 결과 한때는 이집트군 전차가 바르 암 대대 원형진 바로 앞까지 돌진해 오기도 했다. 이런 상태가 계속된다면 바르 암 대대는 얼마 버티지 못하고 전멸할 것으로 보였다. 절망적인 상황에 봉착하자 바르 암은 샤드니 여단장에게 "두 번 다시 당신을 볼 수 없을 것 같다"는 전문을 보내기도 했다. 전투는 야간 근거리 사격전이었기 때문에 고막을 찢는 듯한 전차포 발사음과 명중 시의 폭발음, 치솟는 화염 등이 바로 눈앞에서 펼쳐져 그 처절함이 극에 달했다. 이러한 상황에서 이스라엘군은 사즉생(死則生)의 각오로 해당 위치를 끝까지 사수하면서 20대 이상의 이집트군 전차를 파괴하였다. 이렇게 되자 이집트군의 돌파시도는 곧 약화되었고, 비로소 바르 암 중령은 미틀라 고개 차단 임무를 완수하고 있음을 보고 할 수 있었다. 이리하여 이스라엘군은 6월 7일 밤에 미틀라 통로를 차단하는 데 성공하였다. 소수의 이집트군 차량만이 이스라엘군이 알지 못하는 측면도로를 통해 탈출했을 뿐이었다.

라. 샤론 사단의 추격

6월 7일 이른 새벽, 샤론의 기갑특수공격부대는 전날 하루 종일 공격했는데도 돌파하지 못한 쿠세이마의 이집트군 진지에 대한 공격을 재개했다. 강력한 포병화력의 지원을 받으며 전차가 선두에서 이집트군 주진지에 돌입해 보니 이집트군은 이미 사막으로 철수해 버린 후였다.[152]

쿠세이마를 점령하자 남부사령관 가비쉬는 샤론 사단장에게 "신속히 나클로 전진하여 이집트군 제6기계화사단과 샤즐리 TF의 퇴로를 차단하고 그들을 격멸하라"는 명령을 내렸다. 샤론은 즉시 나클을 향해 전진했다. 그러나 나클로 가는 도로는 주요 도로라고는 하지만 시나이에서 가장 상태가 나쁜 도로였다. 돌멩이로 뒤 덮여 있는 험악한 그 길은 차량을 타고 가는 것보다 차라리 걸어가는 것이 더 빠를 정도였다.

샤론 사단의 장병들은 도로를 보수해 가며 최대한 신속히 전진하였다. 그 결과 하루 종일 약 60㎞를 기동하여 6월 7일 저녁 어두워질 무렵에 제벨 카림에 도착했다. 사단의 선두에서 전진해 온 쯔보리 기갑여단은 그곳에서 불상(不詳)의 이집트군 부대와 조우했는데, 차량 전조등을 비추면서 즉각 공격을 개시하려고 하다가 중지하였다. 왜냐하면 전방 정찰대가 '이집트군이 매설한 지뢰지대가 산재해 있다'는 보고를 해왔는데, 이런 상황에서 야간공격을 실시할 경우 지뢰에 의한 피해가 예상되었기 때문이다. 뿐만 아니라 하루 종일 이동해 오느라고 전차의 연료가 대부분 소진되어 연료보충이 더 시급했다. 그래서 샤론 사단은 제벨 카림에서 경계태세를 취한 가운데 재보급을 받고 연료를 보충하면서 그날 밤을 보냈다.[153] 나클까지는 약 45㎞가 남아있었다.

---

152) 6월 6일 오후, 이집트군 총사령관 아메르 원수가 내린 철수명령에 따른 것으로 추정된다.

153) 전게서, Marshall, S.L.A, p.61.

마. 이집트의 절박감(허위 보도의 한계)[154]

카이로 외곽 나세르시(Nasser City)에 있는 이집트 국방부 건물에서 아메르 원수가 소련 대사관 무관을 접견했다. 소련은 이미 상황이 이집트에게 불리하게 돌아가고 있다는 것을 알고 있었다.

소련 무관은 전선 상황을 구체적으로 물었다.

"전선이 형성된 곳이 어디입니까? 일선 부대는 지금 어떤 상태입니까? 이스마일리아에 서는 무슨 일이 벌어지고 있습니까?…"

이에 대해 아메르는 아무런 대답도 하지 않았다. 아메르는 자신도 전장 상황을 제대로 파악하지 못하고 있는 것이 확실했다. 마치 정신이 나간 사람 같았다. 그는 짜증을 내면서 지금 당장 중요한 사항은 수에즈 운하를 폐쇄하기로 한 나세르의 결정이라고 말했다. 이 때문에 전쟁이 국제분쟁으로 전환되고 있다는 말을 하려는 것 같았다. 아메르는 미국이 참전했다고 주장할 때만 눈빛이 반짝 거렸다. 그는 이집트, 요르단, 시리아의 연합공군이 이스라엘 공군을 파괴시켰다고 어느 때보다 더 뻔뻔스럽게 거짓주장을 했다. 그러면서 문제는 지중해에 있는 항공모함에서 출격하여 공격해 오는 미군 전투기라고 했다. 이런 상황에서 이집트는 소련의 지원을 기대할 수밖에 없다고 말하며 소련이 개입해 주길 원한다는 뜻을 은근히 내 비췄다.

소련 무관은 "미군 전투기를 격추한 적이 있나요? 미군 조종사를 생포했나요?"하면서 미군 전투기가 공격했다는 증거를 제시하라고 말했다. 아메르는 미군 전투기가 공격에 가담한 것은 이미 잘 알려진 사실이므로 증거 따위는 필요 없다고 설명하면서, 격추시킨 전투기는 바다에 추락해 찾을 수 없다고 말했다. 그리고는 무례하게 일방적으로 회동을 끝내 버렸다.

이후 「중동 통신」 기자들은 소련이 이집트를 배신했다는 주장을 하기 시작했다. "미국과 영국이 이스라엘을 지원하는데 왜 소련은 개입하지 않는가, 이것이야말로 이집트에 대한 배신이 아닌가." 나세르는 소련이 참전해 주기를 원했다. 그렇게 되면 국제분쟁으로 전환되어 이집트의 군사적 패배를 희석시킬 수가 있을 것이라고 생각했다. 그러나 소련은 참

---

154) 전게서, 제러미 보엔, pp.326~327, 335~337에 기초한다.

전하지 않았다. 이에 대한 섭섭함이 이집트를 배신했다는 주장으로 이어진 것이다.

한편, 미국과 영국은 자국 군대가 이스라엘 편에서 싸우고 있다는 아랍의 주장에 대하여 즉각 반박했다. 미·영이 작성한 반박 보도문은 라디오와 TV를 통해 재빨리 퍼져 나갔다. 하지만 너무 늦었다. 오히려 이집트의 '어마어마한 거짓말'이 진실로 받아들여졌다. 전쟁이 끝날 때까지 신문이나 라디오를 한번이라도 접한 거의 모든 아랍인들은 미국과 영국이 개입했다고 믿었다. 지중해에 있는 항공모함에서 출격한 미·영 전투기가 이스라엘 공군과 함께 공격에 가담했다는 것은 분명히 거짓말이었다. 그러나 그런 거짓말이 아랍인들에게 먹혀 들어갈 수 있었던 것은 미국과 영국이 여전히 이스라엘에 대해 우호적이었다는 점이고, 또 이스라엘의 팽창주의 정책을 전혀 문제 삼지 않았기 때문이다.

5. 수에즈 운하지대 진출(6월 8일)

가. 탈 사단의 추격작전 종결

1) 이집트군의 제한된 공세행동과 탈 사단의 대응[155]

이집트군 총사령부(카이로 군사본부)의 장군참모들은 시나이에서 도륙당하고 있는 병력 중 일부라도 구출할 수 없을까 고민하다가 6월 6일 오후 늦게 철수 엄호부대를 편성해 이스라엘군의 공격을 지연시키려고 하였다. 그 결과 첫 번째로 임무를 부여받은 부대가 제2방어지대에 배치되어 있는 제3기계화사단이었다. 제3기계화사단은 우선 제벨 리브니 산(山)에 배치된 대대에게 끝까지 잔류하여 싸우라는 명령을 내렸다.

6월 6일 저녁, 제벨 리브니 산(山)에 배치된 이집트군은 제벨 리브니 일대를 대부분 점령하고 있는 샤드니 여단을 향해 밤늦게까지 맹렬하게 포격을 실시했고, 6월 7일 새벽, 샤드니 여단과 세이라 여단의 협격을 받아 궤멸될 때까지 용감하게 싸웠다. 그 후 이집트군 제

155) 주로 다음 책에 기초하였다. 전게서, 제러미 보엔, p.310; 김희상, p.329; Churchil, pp.171~172; Pollack, pp.72~73; Wright, Patrik, 『Tank : the Progress of a Monstrous War Machine』, (London, Faber & Faber, 2000), pp.346~349.

3기계화사단은 1개 여단을 비르 함마, 또 다른 여단은 비르 하스나에 배치하여 6월 7일 주간에 지연전을 실시하였다. 그러나 제3기계화사단은 이스라엘군의 탈 사단과 요페 사단의 추격을 불과 몇 시간밖에 지연시키지 못했다. 따라서 철수하는 많은 이집트군 부대들이 비르 기프가파, 비르 타마다, 그리고 기디 고개 및 미틀라 고개 이동(以東)에서 큰 피해를 입거나 포위 및 고립되어 있었다.

이집트군 총사령부는 마지막 남은 예비대인 제4기갑사단을 투입하여 철수 중인 부대를 엄호하기 위한 제한된 공세행동을 실시하기로 결정하였다. 제4기갑사단은 몇 번의 교전에서 피해를 입기는 했지만 사단 전력의 절반 이상이 카트미아 및 기디 고개를 넘어 수에즈 운하지대까지 철수한 상태였다. 원래 제4기갑사단은 비르 기프가파와 비르 타마다 일대에서 이스라엘군의 추격을 저지 및 지연시키라는 임무를 부여 받았는데, 그 임무를 적극적으로 수행하지 않고 6월 7일 오후 일찍 철수하여 질책을 받고 있었다.

6월 7일 저녁, 이집트군 총사령부는 제4기갑사단에게 '카트미아 고개를 넘어 비르 기프가파를 공격하여 이스라엘군의 탈 사단을 격파하고, 포위 및 고립되어 있는 제2보병사단 및 제3기계화사단의 잔여부대를 구출하며, 그들 부대의 철수를 엄호하라'는 임무를 부여하였다. 이때 탈 사단의 남부제대는 6월 7일 오후, 비르 기프가파 교차로를 점령한 후 AMX-13 경전차대대를 비르 기프가파 서쪽의 감제능선에 배치하여 이집트군의 내습에 대비하였다. 그리고 고넨 기갑여단(제7기갑여단)과 아비람 기갑여단을 투입하여 이집트군 제4기갑사단을 포위격멸하려고 했다. 그러나 제4기갑사단의 주력은 불과 몇 시간 전에 대부분 철수한 상태였기 때문에 잔적만을 소탕했을 뿐이었다.

4월 7일 오후 늦게까지 비르 기프가파 남쪽 지역을 소탕한 탈 사단의 남부제대는 4월 8일 아침 일찍 카트미아 고개를 통과하여 수에즈 운하까지 진출할 계획이었다. 그런데 4월 8일 이른 새벽, 오히려 이집트군 제4기갑사단의 공격을 받았다. 이집트군 제4기갑사단은 철수한 부대의 전열을 재정비하여 증강된 1개 여단 규모의 공격부대를 편성하였다. 그리고 4월 8일, 아직 날이 밝지 않고 어둠이 짙게 깔린 시간에 카트미아 고개를 넘어 비르 기프가파를 향해 공격을 개시하였다.

비르 기프가파 교차로의 서쪽 능선일대에 배치된 AMX-13 경전차대대 전차병들은 T-54/55 전차의 궤도가 덜거덕 소리를 내며 다가오는 소리를 들었다. 그들은 이집트군의 내습을 감지하고 신속히 전차로 차량 방벽을 만들고 전투준비를 했다. 궤도 소리가 점점 가까워지더니 약 60대의 이집트군 전차가 전조등을 켠 채 나타났다. T-54/55 전차가 근거리까지 접근했을 때, AMX-13 경전차가 일제히 사격을 개시하였다. 그러나 AMX-13

〈그림 4-13〉 이집트군의 제한된 공세행동

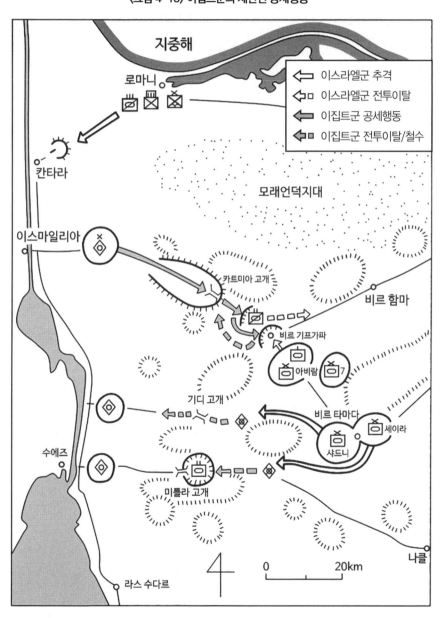

경전차의 철갑탄은 T-54/55 전차의 전면 장갑을 뚫지 못하고 튕겨 나왔다.[156] 오히려 이집 트군 T-54/55 전차의 대응사격에 의해 순식간에 AMX-13 경전차 2대가 간단히 파괴되 었고, 탄약이 적재되어 있는 반궤도 차량 1대가 피격되어 폭발하는 바람에 그 옆에 있던 AMX-13 경전차 1대가 날아가 버렸다.

이스라엘군은 AMX-13 경전차의 경쾌한 기동성을 이용, 신속히 위치변경을 계속해 가 며 근거리에서 T-54/55 전차의 약한 측면을 노리고 사격을 하였다. 이는 대단히 용감한 행동이었지만 그래도 T-54/55 전차는 파괴되지 않았다. 이 근거리 전투에서 이스라엘군 은 단시간 내에 20여 명이 전사하고 그 이상의 인원이 부상을 입었다. AMX-13 경전차대 대가 고전하고 있다는 보고를 받은 탈 사단장은 포병화력의 엄호 하에 비르 기프가파 교 차로 일대로 철수하라는 명령을 내렸다. 그리고 신속히 슈퍼 셔먼 전차 1개 중대를 투입하 여 이집트군의 공격을 저지하려고 했다.

이집트군 전차부대는 철수하는 AMX-13 경전차대대를 뒤쫓아 비르 기프가파 교차로 부근까지 추격해왔다. 이 무렵 날이 밝기 시작했다. 비르 기프가파 교차로 일대의 저지진 지를 점령하고 있던 슈퍼 셔먼 전차중대는 이집트군 전차가 사격개시선에 도달하자 일제 사격을 개시하였고, 동시에 포병도 집중사격을 퍼부었다. 이 사격에 의해 선두에서 공격 해 오던 이집트군 전차 5대가 순식간에 파괴되었다. 이스라엘군의 맹렬한 사격에 당황한 이집트군은 추격을 중지하였다. 그리고 비르 기프가파 서쪽 능선에서부터 카트미아 고개 에 이르는 약 7㎞ 종심에서 급편방어를 실시하여 탈 사단의 추격을 저지시키려고 하였다.

6월 8일 아침, 탈 사단장은 원거리 저격전술을 사용하여 카트미아 고개 전방에 종심 깊 게 구축한 이집트군 저지진지를 돌파하려고 결심하였다. 이는 A급 포수가 탑승한 센츄리 온 전차 3대를 앞장세우고 종대대형으로 전진하면서 3,000m의 원거리에서 적 전차를 하 나하나 파괴하는 방법이었다.

이번에도 고넨 기갑여단(제7기갑여단)이 공격의 선두에 섰다. 이집트군은 은·엄폐된 모래 언덕에 전차진지를 구축하고 기습사격으로 이스라엘군 전차를 파괴시키려고 하였다. 그 러나 사격으로 인해 위치가 노출된 전차는 여지없이 이스라엘군 전차의 원거리 사격에 의 해 파괴되었다. 더구나 근접항공지원을 실시하는 이스라엘군 전투기는 지상에서 발견하

---

156) AMX-13 경전차의 주포는 75밀리로서 장갑관통능력은 130㎜에 불과하다. 이에 대해 T-54/55 전차의 전 면 최대장갑두께는 203㎜나 되기 때문에 관통이 불가능하다.

기 어려운 곳의 이집트군 매복전차를 찾아내 파괴하였다.

이렇게 사격전을 전개하며 한 걸음 한 걸음 전진한 결과, 공격을 개시한 지 6시간만인 12:00시경에 종심이 7㎞나 되는 이집트군 저지진지는 돌파되었고, 남은 것이라고는 여기 저기서 불타고 있는 이집트군 전차와 각종 차량들 뿐이었다. 그러나 이 공세행동에서 이집트군 제4기갑사단이 큰 피해를 입기는 했지만 8시간 이상 탈 사단 남부제대의 추격을 지연시켜 상당수의 이집트군 부대들이 철수할 수 있는 시간을 획득했기 때문에 어느 정도 작전목적을 달성했다고 평가할 수 있다.

2) 탈 사단의 수에즈 운하지대 진출

6월 7일, 다얀 국방장관의 명에 의거해 칸타라에서 로마니까지 후방으로 철수했던 탈 사단의 북부제대는 6월 8일 새벽, 다시 수에즈 운하로 전진하라는 명을 받았다. 북부제대는 다시 추격을 개시하였고, 칸타라 동쪽 10㎞ 지점에서 이집트군의 철수 엄호부대와 접촉했다. 이집트군은 전차 1개 중대 규모였는데, 북부제대가 급속공격을 실시하자 축차적으로 철수했다.

6월 8일 06:00시경, 북부제대는 다시 칸타라에 입성했고, 그 서쪽에서 출렁이는 수에즈 운하의 푸른 물을 바라볼 수 있었다.[157] 이때 수에즈 운하 서안에 배치된 이집트군의 대전차포 사격에 의해 전차 1대가 파괴되었다. 북부제대는 즉시 사격으로 제압한 후 수에즈 운하를 옆에 끼고 남진을 계속하여 마침내 이스마일리아 동안에 도착했다. 그리고 그곳에서 카트미아 고개를 돌파해 온 남부제대와 연결하였다. 한편, 남부제대는 12:00시경, 카트미아 고개를 돌파한 후 그대로 추격을 실시하여 13:30분 경, 이스마일리아 동안에 도착했고, 그곳에서 북부제대와 연결하였다. 이로서 탈 사단은 전 부대가 수에즈 운하에 도달하였다.

나. 요페 사단의 추격작전 종결

6월 7일 밤부터 미틀라 고개에서 혈전을 치른 바르 암 중령과 그의 대대원들은 완전 녹

---

157) 전게서, Churchill, pp.176~177; Dupuy, p.278.

초가 된 상태였다. 한 가지 다행인 것은 피해가 경미하여 1명이 전사하고 4명이 부상당했을 뿐이었다. 또 전차 9대가 모두 한군데 이상 피탄되었고, 그중에서 센츄리온 전차 1대는 무려 12군데나 피탄되었는데도 불구하고 완전히 파괴되거나 기능을 상실한 전차는 없었다. 어찌되었던 간에 그들은 임무를 훌륭하게 완수하고 미틀라 고개를 확보하고 있었다. 하지만 그것은 역으로 이집트군에게 포위되어 있는 상태이기도 했다. 따라서 빠른 시간 내에 후속 지원부대와 연결하지 않으면 위험에 빠질 수도 있었다. 샤드니 여단장도 미틀라 고개를 확보하고 있는 바르 암 대대가 완전히 이집트군에게 둘러싸여 있어 지원이 필요하다고 요페 사단장에게 보고했다.

요페 사단장도 샤드니 여단이 이미 인내의 한계점에 도달해 있을 것이라는 것을 잘 알고 있었기 때문에, 6월 8일 아침에 세이라 여단을 투입하여 추격작전을 종결시키려고 계획하였다. 이에 따라 세이라 여단의 제1대대는 미틀라 고개를 통과하여 수에즈 운하지대로 진격하고, 제2대대는 미틀라 고개 남측의 도로를 따라 라스 수다르로 진격하며, 제3대대는 바르 암 대대의 미틀라 고개 차단임무를 인수하도록 각각 임무를 부여하였다.

6월 8일, 동이 트면서부터 미처 철수하지 못한 이집트군들이 미틀라 통로로 몰려들었다. 죽음에서 탈출한 이집트군 전차 및 차량들이 또 다른 죽음의 장소를 향해 몰려드는 것이었다. 바르 암 대대는 미틀라 통로 동쪽 고개에서 다시 몰려드는 이집트군 전차 및 차량을 향해 총·포탄을 퍼부었다. 이스라엘군 전투기들도 아침 일찍부터 출격하여 철수하는 이집트군을 폭격했다. 이는 일방적인 전투였다. 철수하는 이집트군은 큰 피해를 입었고 장비 대부분이 파괴되었다.[158]

이렇게 미틀라 고개에서 전투가 전개되고 있는 6월 8일 06:00시, 세이라 여단이 진격을 개시했다. 제1대대는 미틀라 고개로 가는 통로 주변에서 갈팡질팡하고 있는 이집트군을 무시하기도 하고, 때로는 사격을 하기도 하면서 미틀라 고개를 향해 직진했다. 미틀라 통로에는 파괴된 수많은 차량들이 산재해 있어 이를 밀어내어 통로를 개척하면서 전진해야 했다. 그들은 미틀라 고개 동단에서 바르 암 대대를 초월한 후, 수에즈 운하를 향해 질주하였다. 이때 수에즈 동안에는 이집트군의 T-54/55 전차 2개 중대 규모가 전투준비를 하고

---

158) 이 폭격에 참가한 이스라엘 공군 조종사 우리길은 다음과 같이 술회하였다. "내가 지금까지 본 것 중에서 가장 거대한 차량들의 묘지였다. 이를 보면서 기쁜 마음이 들지 않았다. 마치 시신을 보는 것 같았기 때문이다. 나는 저공에서 지근거리 사격으로 연료탱크 차량을 폭파시켰다. 나에게 사격을 하는 지상병력은 하나도 없었다. 이는 학살에 가까웠다. 필요한 작전이라는 생각이 들지 않았다." 전게서, 제러미 보엔, p.309.

〈그림 4-14〉 시나이 중·북부에서의 추격(6월 8일)

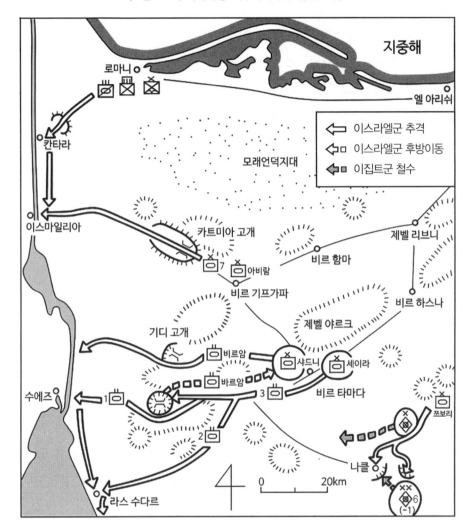

있었는데, 갑자기 나타난 세이라 여단의 제1대대 전차가 맹렬한 속도로 질주해 오는 것을 보고는 깜짝 놀라서 포탄 한발 쏘지도 않고 황급히 운하를 건너가 버렸다. 수에즈 동안에 도착한 제1대대는 이후 운하지대 일대에서 SA-2 대공미사일기지 수개소를 무상(無傷)인 채로 탈취했다. 그리고 수에즈 만을 따라 라스 수다르까지 남진하였다.

제2대대는 제1대대를 후속하다가 미틀라 고개 입구에서 남측도로를 따라 라스 수다르로 전진하였다. 그리하여 12:00시경, 수에즈만이 눈앞에 내려다보이는 라스 수다르를 점

령하였다. 그리고 다시 80㎞를 남진하여 아브 제미나에서 샤름 엘 세이크를 점령한 공정
부대와 연결하였다.

제3대대는 제2대를 후속하다가 미틀라 고개로 전진하여 바르 암 대대와 연결하였다. 그
들은 즉시 미틀라 고개 차단임무를 인수하여 임무수행에 들어갔고, 임무를 인계한 바르
암 대대는 비르 타마다로 복귀하였다.

한편, 샤드니 여단은 기디 통로를 통해 수에즈 운하지대로 진격하라는 명령을 받았다.
샤드니 여단장은 우선 바르 암 대대를 비르 타마다로 철수시킨 뒤 2~3시간 동안 휴식을
취하도록 조치했다. 그리고 연료보충과 재보급 등, 일련의 정비를 실시한 후 다시 전선에
투입하였다.

바르 암 대대는 추격작전을 종결시키기 위해 기디 통로를 통해 수에즈 운하지대로 진격
했다. 기디 고개를 확보하고 있는 기계화보병대대를 초월하여 종대대형으로 이동 도중,
바위 뒤에 숨어 있는 매복 전차의 사격을 받았으나 피해는 없었다.[159] 바르 암 대대는 사격
으로 제압하면서 그 지점을 돌파하여 곧 바로 운하를 향해 전진했다. 이리하여 6월 8일 오
후, 바르 암 대대는 수에즈 운하에 도달했고, 이것으로서 추격작전은 종결되었다.

다. 샤론 사단의 포위섬멸 전투

6월 7일 밤, 샤론 사단은 제벨 카림에서 전열을 재정비하는 한편, 공병부대를 투입하여
나클로 가는 도로상에 이집트군이 매설한 지뢰를 제거했다. 지뢰 제거 작업이 끝난 6월
8일 새벽, 샤론 사단은 나클을 향해 진격을 재개하였다. 이때 샤론은 남부사령관 가비쉬로
부터 '멘들러 기갑여단이 쿤틸라에서 직접압박부대로서 추격을 개시하였다'는 사실을 통
보받고 아울러 작전 지휘권도 인수받았다.[160]

철수하는 이집트군 제6기계화사단을 포위섬멸하기 위해서는 나클을 선점하여 퇴로를
차단하는 것이 급선무였다. 이를 위해 샤론은 쯔보리 기갑여단을 선두에 세우고 신속히
전진하도록 재촉하였다. 그러나 도로상태가 불량하여 전진속도가 느렸고, 그것이 샤론을

---

159) 전게서, 김희상. p.330. 바르 암 대대를 뒤따라오던 샤드니 여단장과 후속대는 동일지점에서 매복사격
을 받아 센츄리온 전차 1대가 파괴되고 전차승무원 4명이 전사했다.

160) 상게서, p.327.

초조하게 만들었다. 그런데 뜻하지 않은 행운이 찾아왔다. 어제 저녁 접촉을 했지만 연료 부족과 도로에 매설된 지뢰 때문에 공격을 하지 못했던 이집트군의 기계화여단이 눈앞에 나타난 것이다. 교전을 하기 위해 접근했지만 이집트군의 전투차량은 움직이지 않았다. 그것은 버려진 장비였다. 이집트군 제6기계화사단 예하의 기계화여단이 JS-3 스탈린 중전차, SU-100 구축전차, 각종 화포 및 차량 등, 완전한 1개 여단 장비를 유기한 채 도주해 버린 것이다.[161] 이집트군은 주도로 상에 지뢰지대를 설치하는 등, 방어준비를 해 놓았음에도 불구하고 더 이상 싸울 의지가 없었던 것이다. 이리하여 샤론은 피 한 방울 흘리지 않고 1개 기계화여단의 장비를 노획하는 전과를 올렸다. 그러나 그보다 더 중요한 행운은 몇 시간 후 전개된 전투결과였다. 만약 그 이집트군 여단이 도주하지 않고 몇 시간 동안만 샤론 사단을 저지 또는 지연시켰다면 제6기계화사단 주력이 나클에서 퇴로가 차단당해 완전히 섬멸되는 비극은 없었을지도 모른다. 그러나 샤론 사단은 간발의 차이로 먼저 나클에 도착해 제6기계화사단을 섬멸했다.

쯔보리 기갑여단은 전진을 계속해 10:00시경, 나클 근교에 도착하였다. 샤론은 헬기에 정보장교를 탑승시켜 나클에서 타마다 사이의 도로를 정찰하도록 했다. 잠시 후, 정보장교는 타마다 방향에서 철수해 오는 이집트군의 대부대가 나클 전방 8㎞까지 접근했다고 보고했다. 샤론은 급히 쯔보리 기갑여단의 전차 1개 대대는 나클 주도로를 차단하도록 전면에 배치하고, 또 다른 전차 1개 대대는 살상지대를 더 크고 길게 설치할 수 있도록 측방에 배치하였다. 그리고 나서 쿤틸라에서 추격해 오는 멘들러 기갑여단에게 이집트군을 더욱 강하게 압박하라고 지시했다. 이리하여 샤론 사단의 쯔보리 기갑여단이 모루(anvil)가 되고 멘들러 기갑여단이 망치(hammer)가 되었다.

잠시 후, 철수하는 이집트군 제6기계화사단 주력이 모습을 나타냈다. 쯔보리 기갑여단의 전차들은 모래언덕 뒤에 숨어서 이집트군의 이동대열이 살상지대 내에 완전히 들어올 때까지 사격을 하지 않고 기다렸다. 드디어 이집트군 대열 선두가 나클 교차로 300m

---

161) 상게서, p.327; 전게서, 제러미 보엔, p.342. 얼마 후, 미틀라 방향으로 도주했던 이집트군 기계화여단장 아브드 엘 나비 준장이 생포되었다. 그는 샤론에게 "퇴로가 차단(미틀라 고개)되어 포위당한 것을 알게 되자 장병들이 완전히 공포에 휩싸여 명령과 지시를 무시하고 모두 도망가 버렸다"고 변명하였다. 그렇다고 여단장이 책임을 면할 수는 없다. 장비를 파괴조차 하지 않은 것이다. 아마도 장비를 폭파시키면 그 폭음에 의해 이스라엘군에게 위치가 노출되어 은밀히 도주할 수 없을 것을 두려워했던 것 같다. 전게서, Churill, pp.167~168.

전방에 도달하고, 2개 대대 이상이 측면을 노출시키자 샤론은 사격개시 명령을 내렸다. 40여 대의 이스라엘군 전차가 일제히 불을 뿜었다. 그 발사음은 천지를 진동시켰고, 포구 앞의 충격파에 의해 모래폭풍이 일어났다. 이집트군 전차 10여 대가 한 순간에 파괴되었다. 후속해 오던 전차 및 각종 차량과 화포들이 계속 포탄에 명중되어 불타올랐고, 이집트군 병사들은 그 불길 속에서 발버둥 치다 죽었다. 살아남은 병사들은 뿔뿔이 흩어져 사막으로 달아났다.

이집트군 대열의 앞부분이 궤멸적인 타격을 받고 있을 때, 대열 뒷부분의 이집트군은 어떻게 해서든지 도로를 차단하고 있는 이스라엘군을 돌파하여 탈출을 하려고 시도하였다. 그중에서 8대의 이집트군 전차가 이스라엘군의 사격을 피하기 위해 도로 옆에 있는 나지막한 모래언덕 뒤로 이동한 후, 측방에 배치되어 사격하고 있는 이스라엘군 전차대대를 후방에서 공격하려고 하였다. 그러나 때마침 날아 온 이스라엘군 전투기가 그들을 발견하고 공격하여 모두 파괴시켰다. 또 이집트군 대열 뒤에서 추격해 온 멘들러 기갑여단이 공격에 가세하자 이집트군은 완전히 '독 안에 든 쥐'와 같은 신세로 전락했다.

이후 전투는 전투가 아니라 살육과 파괴였다. 사격이 몇 시간 동안 계속되었고, 곳곳에서 차량과 인간이 함께 불타며 치솟아 오르는 검은 연기와 묘한 냄새가 모래바람 속에 일렁거렸다. 이스라엘군은 한쪽에서는 사격과 전투를 계속하면서, 다른 한쪽에서는 물과 탄약을 운반해 오며 부상자를 후송하였다. 전투는 14:30분에 끝이 났다. 샤론 사단과 멘들러 기갑여단은 4시간 반 동안의 전투 끝에 이집트군 전차 60대, 화포 100문, 300대 이상의 각종 차량을 파괴했다. 또 이집트군 수백 명이 죽거나 다쳤고, 최소한 5,000명이 사막으로 도망쳤다.[162] 그 외에도 많은 병사가 탈진하거나 열사병으로 숨졌다. 이스라엘군의 피해는 대단히 경미했다. 전차 4대가 파괴되고 24명이 전사했을 뿐이었다.

전투가 끝난 직후 샤론은 전장을 둘러보았으며, 그 광경을 다음과 같이 묘사했다.

"내가 지금까지 본 적이 없는 죽음의 계곡이었다. 수백 명의 시체와 불타고 있는 전차가 여기저기 널려 있었다. 또 차량에 적재된 연료와 탄약이 계속 폭발하고 있었다. 승리의 기쁨보다는 인간으로서의 연민과 슬픔만이 있었다.…"[163]

---

162) 전게서, 제러미 보엔, pp.342~343; 전게서, 田上四郎, p.147.

163) 전게서, 제러미 보엔, p.343; 전게서, 김희상, p.328; 전게서, Churchill, p.171; 전게서, Nadav Safran, p.348.

나클에서 이집트군 제6기계화사단의 주력을 포위섬멸한 후, 샤론 사단과 멘들러 기갑여단은 미틀라 통로로 전진하면서 이집트군을 소탕했다. 시나이 남부축선에서 철수하던 대부분의 이집트군은 미틀라 고개를 장악하여 모루(anvil)를 형성하고 있는 요폐 사단과 샤론 사단의 망치(hammer) 사이에서 격멸되었다. 더구나 하늘에서 쇄도해 오는 이스라엘군 전투기의 공격은 철수하는 이집트군을 더욱 비참하게 만들었다. 특히 미틀라 통로 일대는 엄청난 수의 이집트군 장비들이 파괴되어 있었다. 미틀라 통로야말로 이집트군의 묘지였다.

〈표 4-5〉 전투지역별 전차손실/인원피해[164]

구분		전차 손실		인원 피해	
일시	지역	이집트	이스라엘	이집트	이스라엘
6월 5일	라파	70	17	3,000	500
6월 5~6일	아부 아게일라 움 카테프	40	21	1,000	200
6월 6~7일	가자	60 30	4 4	250 500	45 20
6월 5~6일	엘 아리쉬	80	14	250	85
〃	비르 라판	30	12	1,500	50
6월 6일	제벨 리브니	30	10	500	40
6월 7일	비르 함마 비르 타마다	30	5	600	45
〃	비르 하스나 비르 타마다	30	10	600	30
6월 7~8일	미틀라 고개	100	18	600	60
6월 8일	비르 기프가파	10	3	500	40
〃	나클	60	4	684	24
비고	1. 가자지구: 상단은 6일, 하단은 7일. 2. 인원피해: 전사상, 포로, 행방불명 포함				

라. 샤름 엘 세이크 점령

1) 이집트군 수비대 철수

나세르는 티란 해협을 봉쇄하는 조치의 일환으로 5월 19일, 샤름 엘 세이크에 칼릴 준

---

164) Dupuy, Trevor N., 「Combat Data Subscription Service」, Vol.2, (New York : CDSS, 1977), p.17.

장이 지휘하는 공정여단 4,000명을 배치했다. 그런데 그들이 봉착한 가장 큰 문제는 물(水)이었다. UN긴급군이 철수하기 전에 담수장비를 모두 파괴했다. 그래서 이곳에 투입된 공정부대에게는 담수장비는커녕 저수탱크도 없었다. 그래서 매일 16㎞ 떨어진 오아시스에서 물을 길어왔다. 오아시스에서 물통 수백 개에 물을 채워 운반하는 데 부대차량이 모두 동원됐다. 이런 상황에서 사전 통보도 없이 5월 28일, 증원 병력이 추가 공수되었다. 안 그래도 물이 부족한 상황인데 병력이 추가되자 더욱 물 부족에 시달렸다.

6월 5일, 전쟁이 발발했지만 전장에서 멀리 떨어져 있는 샤름 엘 세이크에서는 전혀 상황을 파악할 수가 없었다. 총사령부에서는 어떤 연락도 없었다. 매일 아침마다 날아오던 연락 헬기도 6월 5일에는 나타나지 않았다. 라디오 뉴스는 승전 소식 밖에 없었다.

6월 6일 아침, 갑자기 아메르 원수가 보낸 전문이 도착했다. 그러나 이집트군 공군기지가 폭격 당했다는 것 외에 다른 내용은 없었다. 칼릴 준장은 무언가 잘못되어 가고 있음을 느꼈다. 어쩌면 서둘러 철수해야 될 것 같다고 생각했다. 그래서 그는 부하들에게 즉시 이동할 수 있도록 준비하라고 지시했다.

6월 6일 해가 졌을 때, 아메르 원수의 철수 명령이 내려왔다.[165] 칼릴은 휘하 장교들을 집합시킨 후 자신이 수립한 철수계획을 설명했다. 오늘밤 후반야에 여단을 2개 제대로 나누어 시간 간격을 두고 출발해 우선 엘 토로로 이동하고, 그곳에 도착한 다음에 다시 북상하여 수에즈 운하 서쪽으로 이동한다는 계획이었다.

일부 장교들은 철수하지 말고 이스라엘의 아카바만 항구도시 에일라트를 공격하자고 제안했다. 해군의 지원도 가능했고, 만약 상륙작전이 실패할 경우 인근에 있는 요르단의 항구 아카바로 후퇴할 수 있었다. 그러나 칼릴은 거절했다. 전쟁 상황을 제대로 파악할 수 없는 상태에서 섣불리 공격을 할 수도 없거니와 또 이때 철수 명령이 하달됐으니 그에 따를 수밖에 없었다.

철수하기 전에 휴대할 수 없는 무기 및 탄약을 파괴했다. 그중에는 며칠 전, 선박으로 수송해 온 기뢰도 포함되었다. 그것은 티란 해협을 봉쇄할 경우 사용할 폭발물이었다. 기뢰를 폭파시키자 그 폭발음이 어마어마했다. 일부 병사들은 이스라엘군이 공격해 오는 것으로 착각하고 혼비백산했다.

---

165) 전게서, 제러미 보엔, p.298.

6월 7일 이른 새벽, 선두 제대가 출발했고, 몇 시간 후 동이 틀 무렵, 칼릴이 후미 제대를 지휘하여 샤름 엘 세이크를 떠났다. 최초 이곳에 투입될 때 비행기를 타고 왔기 때문에 보유하고 있는 차량이 더욱 부족했다. 그래서 가용한 차량에 병사들이 올라 탈 수 있을 만큼 최대한 올라타고 이동했다. 정원을 훨씬 초과하여 마치 콩나물시루 같았다. 티란 해협 입구에 있는 티란 섬(島)에 배치된 병력은 철수하지 못하고 남겨졌다. 그들은 최초 헬기로 수송했었다. 그런데 지금은 헬기가 가용하지 않았다.

샤름 엘 세이크를 떠난 칼릴 공정여단은 6월 7일 낮에는 계속 이스라엘군 전투기의 공습에 시달렸다. 그러나 소산하여 이동한 덕분에 큰 피해를 입지 않았다. 이렇듯 고난의 행군을 계속한 끝에 6월 8일 이른 새벽, 칼릴 공정여단은 부대 건재를 유지한 채 수에즈시(市)를 바라볼 수 있는 운하 동안(東岸)에 도착하였다. 이때 아메르 원수의 특사가 나타났다. 그는 칼릴이 부대를 버렸다는 소문을 듣고 확인하러 온 것이다. 칼릴은 손으로 그의 부대를 가리켰다. 공정부대원들은 사기를 잃지 않은 모습이었고, 무기를 휴대한 채 대오를 유지하고 있었다. 특사는 안심하며 월요일 이후 상황을 설명해 주었다.

6월 8일 동틀 무렵, 칼릴의 부대는 부교를 이용하여 운하를 건넜다.[166] 칼릴은 기뻤다. 큰 손실 없이 부하들을 탈출시켰기 때문이다. 수에즈시(市)에 도착하자마자 칼릴은 아메르 원수에게 전화를 걸었다. 그런데 아메르는 이해할 수 없는 명령을 내렸다. 제1기갑여단장을 해임한 후, 칼릴이 그 부대를 지휘하여 미틀라 고개로 전진해 이스라엘군을 저지하라는 것이었다.[167] 이때 시계는 05:00시를 가리키고 있었다. 칼릴은 아메르의 명령을 따르지 않기로 했다. 아메르는 중요한 순간에 스스로를 통제하지 못한다는 것을 예멘 내전 시 함께 작전했던 경험을 통해 잘 알고 있었고, 또 공정부대 지휘관이 아무런 준비도 없이 기갑부대를 지휘하여 전투에 뛰어드는 것은 미친 짓이라고 생각했기 때문이다. 대신 그는 운하 동안으로 건너가 그가 해임하기로 되어 있는 기갑여단장을 만나 '미틀라 통로로 전진하여 이스라엘군을 저지 및 지연시키는 것이 상급지휘관의 의도'라는 말만 전했다.

---

166) 이스라엘군 요페 사단의 세이라 여단 제1대대가 미틀라 고개를 넘어 수에즈 운하 도하지점에 도착한 것은 6월 8일 12:00시경이었다.

167) 이때 아메르의 정신 상태는 완전히 혼란에 빠져있었다. 그는 1956년 수에즈 전쟁 때처럼 이스라엘군 공정부대가 미틀라 고개에 강하했다고 생각한 모양이었다. 그래서 지푸라기라도 잡는 심정으로 칼릴 준장에게 제1기갑여단의 지휘권을 넘겨주려했다. 그러나 다음날 아메르는 그와 같은 명령을 내렸다는 사실조차 잊은 듯했다. 상게서, pp.344~345.

공정여단장 칼릴 외에 또 다른 지휘관 샤즐리도 그의 부대를 성공적으로 철수시켰다. 샤즐리 소장은 6월 5일 이후 그의 부대를 이끌고 시나이 남부의 국경선 부근에서 참호를 파고 그 속에 은폐해 있었다. 6월 7일 17:00시 경, 총사령부로부터 '당장 철수하라'는 연락을 받았다. 그는 야음을 이용하여 철수하려고 기다렸다가 야간에 사막을 횡단했다.[168] 6월 8일 새벽 약 100㎞쯤 이동했을 때, 이스라엘군 전투기의 공격을 받아 피해를 입었다. 그럼에도 불구하고 강행군을 계속하여 6월 8일 어두워지기 시작할 무렵, 수에즈 운하에 도착했다. 샤즐리는 병력의 15%를 잃었다. 그러나 시나이에서 철수한 다른 부대에 비하면 상당히 양호한 상태를 유지하고 있었다.

2) 이스라엘군의 무혈점령

이스라엘군은 1956년 수에즈 전쟁 시에도 샤름 엘 세이크를 공격하여 점령했던 경험이 있었다. 그때는 아카바만 해안지대의 도로가 불비한 지형을 극복하면서 진격한 제9여단과 엘 토르에 강하한 공정부대가 협력하여 점령했다. 그러나 이번에는 그때와 같이 도로가 불비한 지형을 극복하며 장거리를 돌파하는 공격방법은 상황에 부합되지 않았다. 더구나 이집트군 1개 여단이 수비하고 있는 요새화된 진지를 점령하기 위해서는 치밀한 작전계획 및 준비가 필요했다. 이를 위해 이스라엘군이 수립한 작전계획은 다음과 같다.

먼저 공군이 맹폭을 실시하여 이집트군 수비대의 전력과 전의를 저하시킨다. 이와 동시에 해군부대는 샤름 엘 세이크 인근 해안에 전차부대를 상륙시킨다. 이 전차부대는 공정부대와 연결하기 위해 이동한다. 이때 공정 2개 대대가 샤름 엘 세이크 부근에 강하한다. 강하한 공정부대는 상륙한 전차부대와 연결한다. 전차부대의 지원 하에 샤름 엘 세이크를 공격하여 이집트군 수비대를 구축한다.[169]

6월 8일 이스라엘군이 작전을 개시했을 때, 샤름 엘 세이크는 텅 비어있었다. 그곳에 주둔했던 이집트군 수비대는 전세가 불리해지자 1956년의 전철을 밟지 않으려고 조기에 철수해 버린 것이다. 제일 먼저 도착한 해군부대는 요새가 텅 빈 것을 발견하고 신속히 연락하여 공군의 폭격계획을 취소시켰다. 이미 출발한 공정부대도 강하를 하지 않고 목표지역

---

168) 상게서, p.346.
169) 전게서, 김희상, p.325.

주변의 비행장에 착륙한 후 수송기 문을 열고 내려왔다. 그중 일부 병력은 헬기에 탑승한 후 엘 토르로 공수되어 그 작은 읍(邑)을 예정보다 일찍 점령하였다. 그리고 계속 북상하여

〈그림 4-15〉 샤름 엘 세이크 점령

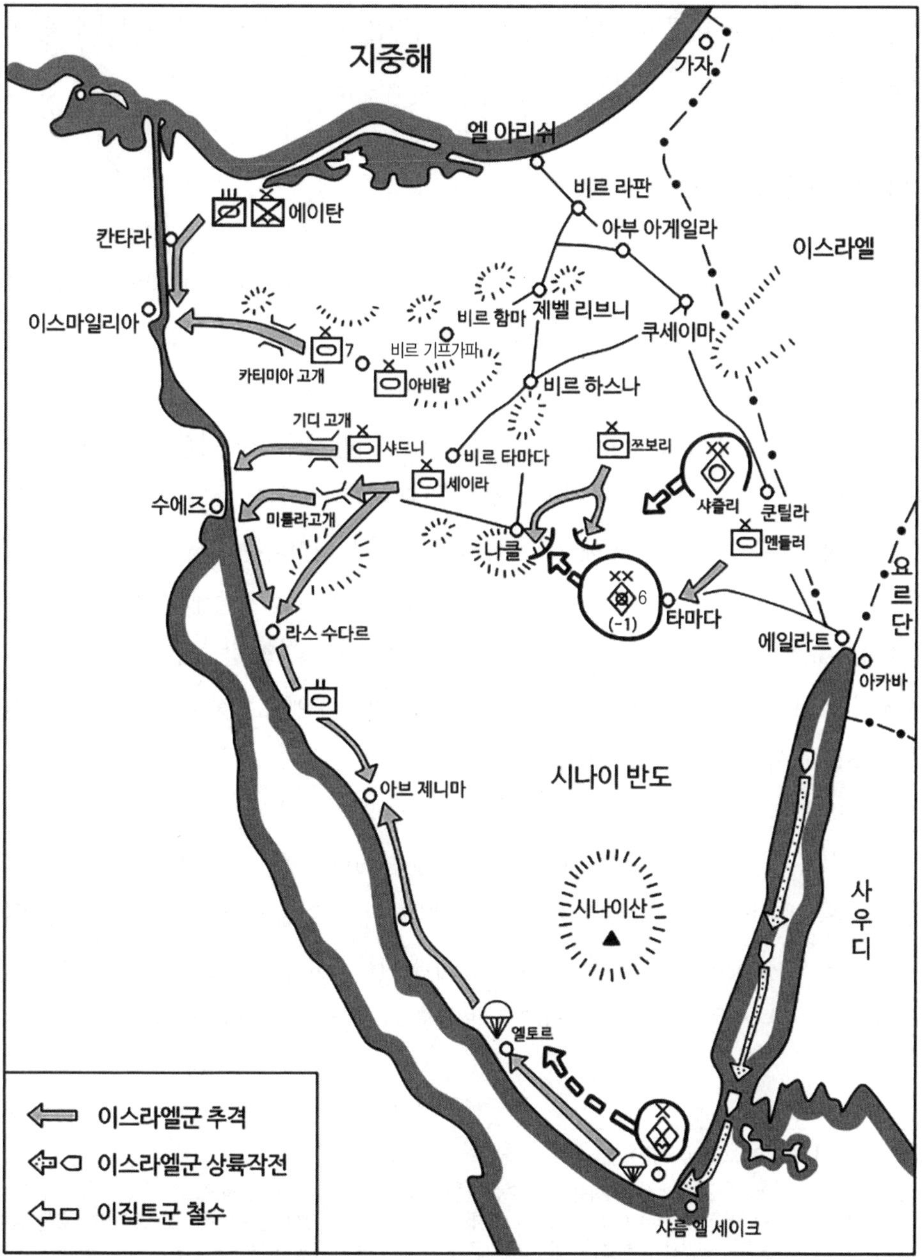

6월 8일 오후, 남하해 온 세이라 여단의 제2대대와 아브 제니마에서 연결하였다.

한편, 해군부대는 미처 철수하시 못한 소수의 이집트군 병사들을 생포했다. 그들은 티란섬(島)에 배치되었던 병사들이었다. 그들은 어부들의 도움을 받아 어선을 타고 철수를 시작했지만 홍해를 건너 이집트로 가지 않고 본대가 있는 샤름 엘 세이크로 돌아왔다가 포로가 된 것이다. 이리하여 샤름 엘 세이크 공략 작전은 또 하나의 극적인 작전임과 동시에 가장 흥미 없는 작전이 되어 버렸다.

마. 돌발사건 발생(리버티호 공격)[170]

시나이 작전이 끝나 갈 무렵 돌발사건이 발생했다. 이스라엘이 미국의 전자정보선 리버티호(USS Liberty)[171]를 공격하여 큰 피해를 입한 것이다.

미국은 중동의 긴장이 고조되자 전자정보선 리버티호를 서아프리카 해안에서 지중해로 재배치 시켰다. 6월 8일 새벽, 리버티호는 엘 아리쉬 해안에서 32㎞ 가량 떨어진 공해상에 떠있었다. 경계태세도 격상되어 갑판과 상부 기관총좌에 인원이 추가 배치되었다. 이날 아침, 미국 정부는 리버티호에 해안으로부터 더 멀리 떨어지라는 지시를 내렸다. 그런데 이 지시가 통신장애로 인해 즉각 수신되지 않았다. 리버티호는 지중해의 제6함대 소속이었지만 비교적 독립적으로 운용되었다. 또 미 해군이 운용했지만 탑승하고 있는 기술자들은 국가안전보장국 소속이었다. 국가안전보장국은 미 정부에서 가장 비밀스러운 조직 중 하나였고, 전 세계 통신을 감청했다.

리버티호가 시나이 해안 근처를 항해하자 동이 틀 무렵부터 이스라엘군 전투기들이 배에 바짝 붙은 채 비행을 했다. 리버티호 승조원들은 시나이 전쟁 구역에 와 있는 외국 함정이기 때문에 상당한 관심을 보이는 것으로 생각했다. 그런데 리버티호를 감시하기 위한 이스라엘군의 정찰비행은 이상하리만치 집요하게 반복되었다. 08:00시부터 12:00시까지 이스라엘군 전투기들은 60m 이하의 저고도에서 최소한 6~7차례나 리버티호 함상 위로

---

170) 전게서, 제러미 보엔, pp.354~356의 내용을 기초로 한다.

171) 리버티호는 제2차 세계대전 시 사용하던 수송선을 개조하여 만든 전자정보함으로서 통신감청이 주 임무였다. 전파를 이용한 통신은 어떤 주파수도 감청할 수 있었다. 이러한 임무수행을 위해 리버티호는 각종 초현대식 극초단파 접시를 장착하고 있었기 때문에 눈에 띌 만큼 유별난 모습이었다.

비행하였다.

13:00시, 리버티호 함장 윌리엄 맥고나글 대령은 전원배치를 명했다. 훈련이었다. 배는 전파를 수신하기에 가장 적합한 속도인 5노트로 항해했다. 훈련이 끝난 후 일부 승조원들은 다시 일광욕을 하러 갔다. 레이더 상으로 리버티호는 엘 아리쉬로부터 약 45㎞ 떨어진 해상에 위치해 있었다. 함장 맥고나글 대령은 이정도면 안전하다고 믿었다. 리버티호에는 이름과 번호 등이 확실하게 적혀 있었고, 1.5×2.4m 크기의 성조기가 펄럭이고 있었다. 또 이스라엘군 전투기들이 여러 차례 비행하면서 배의 신원을 확인한 바 있었다. 그런데 얼마 지나지 않아서 이스라엘군 전투기가 공격을 가해 왔다. 전혀 예상치 못했던 일이 벌어진 것이다.

13:50분, 텔아비브 군사본부의 수석 관제사인 슈무엘 키슬레브 대령은 '쿠르사'라는 코드명을 갖는 미라쥬 전투기 2기를 호출했다.[172] 그는 '이갈'이라는 조종사에게 '26구역으로 이동하여 그곳에 있는 선박이 전투함정일 경우 파괴하라'고 명령했다. 관제실에서도 목표물의 정체가 무엇인지 명쾌한 결론이 내려지지 않은 상태였다. 3분 후 무기통제 장교가 "뭐지? 미국 선박인가?"하고 말했다. 그는 이스라엘군이 장악한 해안 가까이에 이집트군이 전투함정 1척만 보낼 리가 없다고 확신했다. 이때 녹음된 대화내용을 들으면 키슬레브 대령이 어떤(이름이 밝혀지지 않은) 상관에게 전화를 걸었다. 그 상관은 선박이 미국 소유일 수도 있다는 말을 듣고 "자네는 어떻게 생각하나?"하고 물었다. 이때 키슬레브는 마치 '알고 싶지 않다'는 말투로 "제가 말할 사안이 아닙니다."고 대답했다.

3분 후인 13:56분, 미라쥬 전투기 편대장이 공격허가를 요청했다. 이때 키슬레브 대령은 피아식별을 요청하지도 않고 짜증난 듯한 목소리로 "이미 말했다… 전투함정이면 공격하라"고 말했다. 리버티호에 추가 배치된 경계 병력들은 미라쥬 전투기 편대가 접근해 오는 것을 보았다. 하지만 그들은 지금까지 몇 차례 지나간 것과 같은 정찰비행이겠지 하며 걱정하지 않았다. 그런데 전투기가 수평비행을 하며 공격할 것처럼 접근하더니 갑자기 기체에 장착된 30밀리 기관포가 불을 뿜었다. 이 사격으로 조타수가 치명상을 입고 쓰러지자 병참장교가 대신 키를 잡았다. 함장 맥고나글 대령은 전속력 항해를 명령했다. 통신병들은 SOS를 보내려고 안간힘을 썼지만 소용이 없었다. 이스라엘군 전투기가 첫 번째 공격

172) Cristol, Joy, 「The Liberty Incident」, (Washington DC, Brassey's, 2002), pp.210~223.

을 할 때 안테나를 박살냈고, 또 이스라엘군이 전파 방해까지 하고 있었기 때문이었다.

13:59분, '쿠르사'라는 코드명을 갖는 미라쥬 전투기 편대장이 텔아비브 군사본부에 "함정에 상당한 타격을 가했다…. 멋지다… 훌륭해. 함정이 불타고 있다…"고 보고했다. 2분 후 그는 "나는 여기까지다. 방금 탄약이 바닥났다. 함정은 불타고 있다… 거대한 검은 연기가 올라오고 있다"고 추가 보고를 했다.

리버티호 통신병들은 빗발치는 총탄을 무릅쓰고 갑판으로 올라가 안테나선을 연결한 덕분에 SOS를 보낼 수 있었다. "누구든 들으라. 여기는 록스타. 우리는 지금 정체불명의 제트기로부터 공격을 받고 있다. 도움을 요청한다."

14:09분, 제6함대의 항공모함 사라토가에서 SOS를 수신했다.[173] 사라토가호의 통신병이 확인 암호를 요구했다. 하지만 암호는 이미 파괴된 상태였다. 리버티호 통신병은 분노해서 소리쳤다.

"이 개새끼야, 로켓탄 터지는 소리가 안 들리냐?"

텔아비브 군사본부의 키슬레브 대령은 슈퍼 미스테르 전투기 2기를 호출하여 리버티호에 대한 공격을 이어가라고 명령했다. 슈퍼 미스테르 전투기는 안테나와 갑판에 사격을 퍼부은 다음 네이팜탄을 투하했다. 순식간에 화염이 퍼지면서 검은 연기가 하늘로 치솟았다. 리버티호의 연료탱크도 폭발했다.

14:14분, 리버티호를 공격하던 슈퍼 미스테르 조종사가 텔아비브 군사본부에 함정의 국적이 어디냐고 물었다. 함정에 적힌 문자가 아랍어가 아니었기 때문이다. 키슬레브 대령은 "아마 미국일 것"이라고 두 차례나 말했다.[174]

14:26분, 슈퍼 미스테르 전투기의 공격이 끝나자 이번에는 이스라엘군 고속어뢰정 3척이 나타났다. 어뢰정은 5발의 어뢰를 발사했다. 그중 1발이 명중했다. 폭발과 함께 리버티호가 물위로 번쩍 솟아올랐다. 우측에 큰 구멍이 나고 배가 기울었다.

리버티호가 공격 당한지 약 2시간 50분이 지난 시간(워싱턴 DC 시간 09:50분, 이스라엘시간

---

173) 처음 SOS가 접수된 이후, 리버티호에서는 다시 연락이 오지 않았다. 제6함대는 군사행동을 준비했다. 조종사들이 브리핑 룸에 소집되어 브리핑을 받았다. 정확한 사항을 모르기 때문에 소련군의 공격을 받은 것으로 가정했다. 리버티호의 위치는 이집트 12마일 영해 경계부근에 있는 것으로 판단했다. 교전수칙도 하달했다. 이번 반격은 어디까지나 리버티호를 보호하기 위한 것이므로 상황을 제어하기 위해 군사력을 사용해도 좋으나 필요 이상의 군사력은 사용하지 말라고 했다. 전계서, 제러미 보엔, p.358.

174) 상계서, p.358.

16:50분), 존슨 미국 대통령은 전자정보선 리버티호가 지중해에서 어뢰공격을 받았다는 긴급보고를 받았다. 그로부터 약1시간이 지난 후, 텔아비브에 있는 미국 대사관 무관이 이스라엘의 공격이라고 알려왔다. 이때 제6함대 사령관은 항공모함 아메리카호와 사라토가호에서 각각 4기의 A-4 공격기가 출격할 것이라고 워싱턴에 보고했다. 구축함 2척도 전속력으로 리버티호가 있는 곳을 향해 가고 있었다. 그런데 아메리카호에서 출격한 A-4 공격기에는 핵무기가 장착되어 있었다. 그래서 출격 직후 다시 불러 들였다.

백악관 상황실에 리버티호의 피해 상황이 들어오기 시작했다. 인명피해가 엄청났다. 최종 집계된 현황은 294명의 탑승인원 중 34명이 사망하고 172명이 부상했다. 이런 엄청난 인명피해 현황을 보고 받은 백악관은 분노했다. 이스라엘은 아브라함 하르만 주미대사와 아바 에반 외교부 장관을 통해 존슨 대통령에게 사과 서신을 보냈다. 이스라엘은 모든 책임을 인정했다. 그러나 전쟁의 열기 속에서 실수가 있어 이러한 참사로 이어졌다고 주장했다. 이집트 해군 함정이 엘 아리쉬 인근 해안에서 이스라엘군 진지에 포격을 실시하고 있다는 잘못된 보고를 이스라엘 공군과 해군이 받았고, 또 미국 선박이라는 보고도 잘 전달되지 않았을 뿐만 아니라 그 선박이 5노트가 아닌 30노트로 항해 중이라고 잘못 판단하는 바람에 적의 함정이라고 결론을 내렸다는 것이 그들의 주장이었다. 또 리버티호를 이집트 수송선 '쿠세이르'와 착각했다고 변명했다. 많은 미국의 고위관료들은 이스라엘의 해명을 믿지 않았다.[175] 딘 러스크 국무장관은 리버티호가 미국 함선인 것을 알고도 이스라엘이 공격했다고 믿었다.

카이로 소재 미 대사관은 리버티호 공격 소식을 듣고 충격에 빠졌다. 미국이 이스라엘과 공모하여 이집트를 공격했다는 의혹이 제기된 이후 놀트 대사는 격분한 카이로의 군중들이 미국인들을 공격할까봐 겁이 났다. 그래서 그는 "리버티호가 이스라엘군의 공중 공격 및 어뢰 공격을 당했다는 소식을 최대한 빨리 확산시키는 것이 좋겠다"는 전신을 본국에 보냈다. 이스라엘군이 미군 함정을 공격했다고 하면 미국이 이스라엘과 공모했다는 의혹을 부정하는 증거가 될 수 있기 때문이었다.

---

175) 2002년 6월 10일의 리버티호에 관한 BBC 다큐멘터리 「물속에서의 죽음(Dead in the water)」에 의하면, 1967년 CIA 국장이었던 리처드 헬름스는 "실수였다는 변명은 어떤 근거도 없다"고 하며, 이스라엘의 리버티호 공격은 의도적이었다고 말했다. 또 존슨 행정부에서 국무부 차관보를 지낸 루셔스 배틀은 이스라엘이 "미국에 새어 나가고 싶지 않은 이야기들을 감청 당하고 있다"는 두려움 때문에 리버티호를 공격했을 것이라고 생각했다.

그러나 이집트는 이를 역으로 이용했다. 「카이로 라디오」에서는 리버티호 공격이 사고였다는 이스라엘의 주장을 거론하며 오히려 그것이 미국이 참전했다는 사실을 확증시켜 주는 것이라고 강조했다. 그러면서 "아랍인들이여… 우리는 미국과 맞서 싸우고 있는 것이 분명합니다"라고 말했다.

리버티호 사건은 이스라엘에게 악재였다. 그러나 전쟁이 승리로 마감 중이었기 때문에 승패에 큰 영향을 미치지는 않았다. 그렇지만 단순히 이스라엘군의 실수였는가, 아니면 의도적으로 공격한 것인가. 의도적이었다면 왜 그랬을까? 하는 의문은 여전히 남아있다.

바. 시나이 작전 종결(휴전)

1) 반미 감정의 격화 및 계속되는 허위 보도

미국이 이스라엘을 지원하고 있다는 보도를 듣고 격분한 아랍군중들은 곳곳에서 반미 시위를 벌였다. 시위대의 행동은 점점 격렬해져 사우디아라비아의 다란에서는 미국 시설들이 공격당했고, 시리아 알레포에서는 미국 영사관이 불타올랐다.

카이로 소재 미국 대사관은 아랍세계에 있는 모든 미국 공사관에 시위대가 몰려들었다는 소식을 듣고 두려움에 떨었다. 카이로에 거주하는 미국인들도 불안에 떠는 것은 마찬가지였다. 놀트 대사는 '이곳 상황은 갈수록 위태로우며, 이집트 정부가 보호해 주겠다고는 하나 그러지 못할 수도 있는 것으로 보인다'고 본국에 전신을 보냈다.[176]

미국은 이집트에 있는 800명의 자국민을 대피시키기 위해 그리스에서 정기선을 보냈다. 놀트 대사는 그것조차도 늦을까봐 불안했다. 초조해진 그는 지중해의 제6함대 사령관에게 '자국민 대피를 위한 선박 지원이 가능하냐'고 메모를 보냈다. 미국 CIA도 '나세르는 절박한 상황에 놓여 있고, 자신의 입지를 유지하기 위해서는 어떤 짓을 저지를 지도 모르며, 또 요르단에 있는 미국인들도 성난 서안지구 난민들의 표적이 될 수 있다'는 비관적인 보고를 했다.

이런 상황에서 이집트 언론은 허위 보도를 계속했다. 영자신문 「이집션 가제트」는 여전

---

176) 상계서, p.346.

히 1면에 "아랍군, 이스라엘에 큰 타격 입혀"라는 기사를 실었다. 「BBC」에서는 이스라엘 군이 수에즈 운하에 도달했고, 요르단은 휴전을 받아들였다고 보도했지만, 「카이로 라디 오」는 교묘히 거짓말을 이어 나갔다. 라디오에서는 '이집트군이 샤름 엘 세이크에서 이스 라엘군 공정연대를 격파했으며, 시나이에서는 이스라엘군 기갑부대를 박살냈다'고 주장 했다. 뉴스속보 사이에 군가가 우렁차게 흘러나오며 거리에 퍼졌다.

2) 휴전결의안 수용

이스라엘군이 수에즈 운하까지 진출하고 시나이 반도에서 이집트군이 대부분 격파되자 더 이상 버틸 수 없게 된 나세르는 6월 8일 저녁, 마침내 UN의 휴전결의안을 수락하였다. 한편, UN의 휴전결의안을 무시하고 수에즈 운하지대까지 추격을 실시한 이스라엘은 이 집트군의 주력을 격멸한다는 자신들의 군사작전 목적을 달성하였기 때문에 시나이에서의 군사작전을 종결하였다. 이로서 시나이에서 쌍방의 교전행위는 일단 종료되었다.

비록 총성은 멈추었지만 3박 4일간 주야 연속으로 계속된 시나이 전역의 승자와 패자의 피해는 너무나 대조적이었다. 나세르가 수없이 자랑하던 정예 이집트군은 불과 며칠 사이 에 시나이 사막의 모래바람 속에서 속절없이 무너져 버렸다.

이집트군의 사상자는 공식적으로는[177] 병사 1만 명과 장교 1,500명이었고,[178] 포로는 병 사 5,000명, 장교 500명이었다. 또 장비손실은 80%에 달했다. 손실된 전차는 700대에 달 했으며, 그중 100대는 무상인채로 이스라엘군에게 포획됐다. 그밖에도 야포 400문, 자주 포 50문 등, 엄청난 양의 장비를 상실함으로써 이집트군은 당분간 전투를 할 수 없는 상태 가 되어 버렸다. 이에 비해 이스라엘군의 피해는 경미했다. 300여 명이 전사하고, 1,450 명이 부상했으며, 파괴된 전차는 61대에 지나지 않았다.[179]

---

177) 나세르가 국회에서 밝힌 내용이다. 그러나 실제 피해는 그보다 훨씬 컸다.
178) 사상자 중 절반은 전투 중에 발생한 피해지만, 나머지 절반은 패퇴하여 도망치던 중 사막에서 더위와 갈증 을 이기지 못해 사망했을 것으로 추정된다.
179) 전투 중 피해를 입은 전차는 122대였으나 그중 절반은 정비를 하여 복귀시켰다.

3) 전쟁의 어두운 면(포로학살)

전쟁 중 이스라엘군은 이집트군 포로를 다수 학살했는데, 이는 아랍 게릴라에 대한 복수심이 크게 작용했기 때문으로 보인다. 하지만 최소한 이집트군 및 팔레스타인 병사 900명이 항복 후 살해[180] 된 것은 이스라엘군의 도덕성에 큰 오점을 남겼으며 비난받아 마땅한 일이었다. 이에 대한 대표적 사례는 다음과 같다.

6월 7일, 엘 아리쉬 공군기지에서 포로들이 다수 처형되었다. 이날 이집트군 포로 약 150명은 비행장 격납고 안에서 머리에 손을 얹은 채 앉아 있었고, 그 건물 옆에서 이스라엘군 병사 2명이 탁자 앞에 앉아 포로를 심문했다. 포로를 심문하는 병사는 선글라스를 썼고, 얼굴은 카키색 손수건으로 가리고 있었다. 그들은 포로 중에서 페다이(Fedayee ; 아랍 무장 게릴라)를 색출해 내는 중이었다. 포로 심문이 끝나면 몇 분마다 헌병이 와서 포로를 1명씩 데리고 갔다. 포로들은 건물에서 약 100m쯤 떨어진 곳으로 끌려간 뒤 삽을 받았다. 그리고는 커다란 구덩이를 다 파자 헌병은 포로에게 삽을 던져 버리라고 했다. 포로가 삽을 밖으로 던지자 헌병은 구덩이 안에 있는 포로를 향해 우지 기관단총을 3~4발씩 두 차례 연사했다. 포로는 그 자리에서 쓰러져 죽었다. 그리고 몇 분 뒤에 또 다른 포로가 구덩이로 끌려와 총을 맞고 쓰러졌다.[181] 이렇게 포로들을 처형하고 있을 때, 에슈엘 대령이라는 장교가 나타나 포로 심문 및 처형을 중지하라고 소리쳤다. 그래도 병사들이 말을 듣지 않자 그는 권총을 빼어 들었다. 그제서야 병사들은 하던 일을 멈추었다.

최악의 학살은 6월 9일과 10일에 엘 아리쉬에서 발생했다. 학살이 자행된 직접적인 원인은 이집트군 포로들이 반항해서 이스라엘군 병사 2명이 사망했기 때문이었다. 이에 분노한 이스라엘군 병사들은 몇 시간동안 닥치는 대로 포로들에게 총격을 가했다. 이때 지휘관들은 분노한 병사들을 제대로 통제하지 못했다. 그래서 수많은 포로들이 죽임을 당했다. 다얀 국방장관, 라빈 참모총장, 그리고 여러 장군들을 비롯한 이스라엘군 지휘부는 그 사실을 알고 있었지만 그 누구도 그 사건에 대해 비난하지 않았다.

전쟁기간 중 일부 이스라엘군은 복수의 화신 같았다. 병사들만 그런 것이 아니라 샤론 장군 같은 경우도 감정을 절제하지 못했다. 그는 시나이 전역에 휴전이 발효된 다음날인

---

180) 상게서, p.377.
181) 상게서, p.379.

6월 9일, 지프를 타고 사막을 순시하다가 아주 먼 거리에서 이집트군 병사들이 수에즈 운하를 향해 걸어가는 모습을 보았다. 그러자 샤론은 지프 뒷좌석에 거치된 중기관총좌로 뛰어 올라가 이집트군 병사들을 향해 중기관총을 계속 연사했다. 차량이 질주하면서 흔들렸기 때문에 제대로 맞추지 못했다. 그러나 중요한 것은 그의 모습이 마치 악마에 홀린 듯했다는 것이다.[182] 이때 이집트군 병사들은 미처 철수하지 못한 패잔병이었고 멀리 떨어져 있어서 전혀 위협이 되지 않았다. 더구나 휴전까지 발효된 상태였다. 그런데 그들을 향해 사단장이 원거리에서 기관총을 난사했다는 것은 승자가 오만하게 호기를 부린 것에 지나지 않으며, 비난받아 마땅할 것이다. 이렇듯 포로 처형과 학살이 빈번하게 발생하자 이스라엘 총참모본부는 전쟁이 끝나고 하루 뒤인 6월 11일, 포로 대우에 관한 새로운 명령을 내렸다.[183]

"기존 명령에 모순된 점이 있어 새로운 명령을 포괄적으로 하달한다. 첫째, 항복하는 군인 또는 민간인을 해쳐서는 안 된다. 둘째, 항복하지 않고 무기를 든 군인 또는 민간인은 사살해도 좋다."

이에 부가하여 '명령을 어기고 포로를 죽이는 자는 중대한 처벌을 받을 것이다. 모든 병사들이 이 명령을 숙지할 수 있도록 하라'는 내용도 있었다. 이것만 보더라도 이스라엘군의 비윤리적 행위가 다수 있었다는 것을 미루어 짐작할 수 있다.

6. 패배의 책임

가. 나세르의 사임 발표

6월 9일 아침, 「카이로 라디오」에서는 슬프고 감성적인 노래가 흘러나오기 시작했다. 조국에 대한 비극적인 사랑이나 민중의 가슴 속에 살아 숨 쉬는 이집트의 영토에 관한 노

---

182) 상게서, p.376.
183) 상게서, p.378. 캠프 데이비드 협정 후, 이집트가 시나이를 반환받자 많은 집단묘지가 발견됐다. 이를 계기로 이집트 내 인권단체들은 전직 병사와 민간인들의 증언을 토대로 이스라엘군이 포로를 학대하고 일부는 학살했다고 주장하였다.

래였다. 우렁찬 군가소리와 함께 이집트군이 승리하고 있다는 보도를 하던 어제까지의 방송과는 너무 달랐다. 이것은 마치 국민들에게 무언가 마음의 준비를 시키려는 것 같았다.

이집트군의 패배가 너무나 엄청났기 때문에 누군가는 책임을 져야 했다. 책임의 정점에는 나세르가 있었다. 다른 선택의 여지가 없는 나세르가 사임하기로 결심했다. 사임 연설문은 나세르를 오랫동안 추앙해 온 신문매체 「알 아람」의 편집장 모하메드 헤이칼이 작성했다.

12:00시경, 대통령이 19:30분에 대국민 연설을 할 예정이라는 발표가 나왔다. 연설시간이 다가오자 아랍세계 전역에서 수많은 사람들이 TV와 라디오 앞에 몰려들었다. 연설은 19:43분에 시작되었다. TV에 비친 나세르의 얼굴은 수척해 보였고, 표정도 고통스러워 보였다. 나세르는 그의 정치인생 내내 카리스마가 넘치는 대중연설가였다. 그런데 이때 그의 모습은 전혀 달랐다. 그는 중간 중간 연설을 멈추기도 하고, 때로는 내키지 않은 듯이 연설문을 읽어 내려갔다. 나세르는 이집트가 지난 며칠간 '중대한 좌절'을 겪었다고 설명했다. 그는 '패배'라는 표현을 쓰지 않았고, 구체적으로 어떤 일이 일어났는지는 언급하지 않았다. 그는 이집트가 지난 5일간 겪은 재앙을 표현하기 위해 '낙사(naksa)'[184]라는 아랍어를 사용했다. 일시적인 후퇴를 뜻하는 단어였다. 그의 표현은 대중들의 마음을 파고들었다. 나세르는 이집트가 종국에 이러한 '일시적 좌절'을 극복할 것이라고 말했다. 그리고 서방세계가 다시금 이스라엘을 도왔다고 말했다.

"6월 5일 월요일 아침, 적이 우리를 쳤습니다. 우리가 예상했던 것보다 강한 공격이었지만 적은 자신이 보유한 능력 이상을 보여주었다는 점 또한 분명히 해야 할 것입니다. 처음부터 적 뒤에는 다른 강대국들이 있었다는 점은 분명합니다. 그들은 아랍민족주의 운동에 대해 반감을 가진 나라들이었습니다. 우리 군은 사막에서 용감하게 싸웠습니다. … 적의 압도적인 우위 속에 제대로 된 공중지원도 없이 싸웠습니다. 어떠한 흥분이나 과장도 없이 말 하건데 적은 평소의 3배에 달하는 전력을 보여 주고 있습니다.

자, 이제 우리 스스로에게 질문을 던져 볼 중요한 시점이 되었습니다. 그렇다고 하여 이러한 일시적 좌절의 결과에 대해 우리 스스로 책임을 지지 않아도 되겠는가? … 국민 여러분께 진심을 다해 말씀드리건 데 이번 사태 내내 어떠한 변수들이 제 행동에 영향을 미쳤

---

184) 아직도 아랍세계에서는 1967년의 참패를 '일시적 좌절'로 불린다. 반면 1948년 전쟁은 '재앙'으로 여긴다.

든, 저는 전적으로 책임질 준비가 되어 있습니다. … 저는 국민 여러분이 저를 도와주셔야만 내릴 수 있는 결정을 내렸습니다. 저는 제가 가진 모든 정부 내 직책과 정치적 지위를 포기하고 대중 속으로 들어가 다른 모든 시민 여러분과 마찬가지로 제 의무를 다할 것입니다. …"[185]

연설이 끝나자마자 아나운서가 울음을 터뜨렸다. 스튜디오 다른 곳에서도 흐느끼는 소리가 들렸다. 상처 입은 거인의 모습과 그의 침울한 목소리는 이집트와 아랍세계 전체에 거대한 반향을 불러 일으켰다.

나. 군중들의 나세르 지지 시위

나세르의 사임 연설을 들은 사람들은 절규했다. 카이로 시내 사방에서 사람들이 소리치거나 통곡하면서 몰려들었다. 놀라운 광경이었다. 잠옷을 입은 채로 나오거나 맨발로 나온 사람들도 있었다. 수십만 명이 카이로 거리로 뛰쳐나왔다. 그들은 "나세르, 우리를 떠나지 말아요. 우리는 당신이 필요해요!"라고 외치기 시작했다.

이집트에서 두 번째로 큰 도시인 알렉산드리아에서도 거대한 인파가 거리로 나왔다. 수에즈 운하가 있는 포트사이드에서는 사람들이 카이로로 가서 '나세르'를 외치는 군중들과 합류하겠다고 하는 바람에 주지사가 나서서 만류해야 할 정도였다. 일부 성질 급한 시위대는 미국 대사관에 불을 지르려다가 경찰의 제지를 당했다. 또 일부 사람들은 소련 대사관으로 몰려가 반소 구호를 외쳤다. 소련 대사관 직원들은 공포에 떨며 빨리 밤이 지나가기만을 초조하게 기다렸다.

나세르는 15년간 아랍세계에서 지배적인 인물로 군림했다. 그는 강대국의 식민지배와 1948년 참패로 인해 잃었던 아랍의 자존심을 되찾아 주었다. 그래서 그는 대중들의 사랑을 받았고, 또 영웅 대접을 받았다. 그런 그가 이제 떠나고 있었다. 이는 이집트 국민들에게 충격이었다. 나세르 외에는 대안 없는 현시점에서 이집트 국민들은 결코 그를 놓아줄 수 없었다. 나세르의 사임을 반대하는 시위는 밤새도록 계속되었다. 그의 저택에도 거대한 인파가 몰려들었다.

---

185) 상게서, p.394.

나세르가 정말 사임하려고 했는지에 대해서는 많은 논란이 있다. 그러나 이집트군이 너무나 큰 패배를 당했기 때문에 다른 선택의 여지가 없다고 느꼈을 것이다. 그는 엄청난 패배로 인해 6월 7~8일 쯤에 민중봉기가 일어날 것이라고 생각했다. 다행히 민중봉기는 일어나지 않았지만 책임을 피할 수 없었기 때문에, 나세르는 사임 연설을 하기 전 정보장관 모하메드 파엑에게 "나는 법정에 서게 되고 결국 카이로 한복판에서 교수형에 처해질 걸세"라고 말했다.[186] 따라서 사임 연설 후 대중들이 이렇게 격렬하게 자신을 지지하는 반응을 보일 줄은 예측하지 못한 것 같다.

다. 사임 철회

나세르의 사임을 반대하는 국민적 시위가 계속되자 나세르는 사임을 발표한 다음날인 6월 10일 오전, 사임을 철회했다. 한편, 이집트군 고위 장교들도 시위를 벌이는 군중들만큼이나 나세르가 철회하기를 원했다. 그러나 그 이유는 달랐다. 그들은 나세르가 이집트군을 수렁에 빠뜨렸기 때문에 다시 꺼낼 책임도 있다고 믿었다. 그들은 아메르 원수 또한 돌아오기를 원했다. 그의 지휘능력을 높이 평가해서가 아니었다. 만일 그가 숙청된다면 누구든지 숙청될 수 있기 때문이었다. 놀라운 점은 그의 무능이 만천하에 드러났음에도 불구하고 많은 장교들이 여전히 그에게 충성을 다하고 있다는 것이었다. 그것이 나세르에게 심각한 위협이 될 수 있었다.

6월 10일 14:30분, 라디오 뉴스에서 나세르는 불만세력을 언급하며 다시금 자신의 권위를 세우기 시작했다. 앵커가 장교 12명의 퇴임을 발표하는 통지문을 읽었다. 오후에 더 많은 장교가 해임되었다. 나세르에 대한 쿠데타를 일으키려면 이때가 최적의 순간이었다. 그는 매우 위태로운 상태였다. 나세르를 보호할 만한 병력이 카이로에 없었다. 그러나 누구도 나세르를 쓰러뜨릴 준비가 되어 있지 않았다.[187]

나세르가 가진 최고의 방어수단은 그가 발산하는 카리스마였다. 거리에서 그를 위해 소리치고 우는 사람들이 지금까지 벌어진 재앙(패배)의 총체적 규모를 알고 있지 못하는 바람

---

186) 상게서, p.396.
187) 상게서, p.402.

에 그는 여전히 안전했다. 시나이에서 격파당하고 간신히 철수한 병사들을 통해 진실[188]이 확산되고 있었지만 국영매체의 선전이 워낙 광범위하게 진행되었기 때문에 대중들이 그 사실을 알아차리는 데 몇 주가 걸릴 것이 뻔했다. 신문과 라디오, TV 방송은 이스라엘이 미국과 영국의 도움을 받고 있다는 주장을 더욱 강화했다. 그들은 패배에 관한 진실을 끊임없이 은폐했다.

　나세르는 권력을 되찾았지만 예전의 나세르가 아니었다. 전쟁이 일어나기 전날 밤, 그는 피 한 방울 흘리지 않고 이스라엘을 무릎 꿇려 그의 생애에서 가장 위대한 정치적 승리를 거둘 것이라고 생각했을 것이다. 그러나 지금 그의 군대는 박살 났다. 그가 자리를 지킬 수 있었던 것은 그보다 더 나은 지도자가 없기 때문이었다. 나세르만큼 대중에게 안정감을 주는 사람은 없었다. 만약 나세르가 한 순간에 사라진다면 이집트 정부가 무너지는 것은 물론이고 이집트 전체에 대혼란이 일어날 것이 명확해 보였다.

---

188) 그 병사들은 "경악할 만한 사상자 수, 그 자리에 버려진 부상병들, 뜨거운 태양 아래서 수백 마일을 걸어가는 사람들, 운하를 향해 힘겹게 걸어가는 자들을 1명씩 학살하는 이스라엘군 전투기들"에 대해 이야기하기 시작했다.

▊▊▊▊▊ **제5장** ▊▊▊▊▊

요르단 작전

1. 개전 전, 양군의 배치 및 작전계획

가. 요르단군

요르단군은 수도 경비 겸 전략예비로서 1개 보병여단만을 요르단강 동안의 본토에 주둔시키고 전 지상군 전력인 8개 보병여단과 2개 기갑여단을 서안지구에 투입하였다.

요르단군이 통제하고 있는 서안지구는 중앙에 사마리아 산맥이 척추처럼 남북으로 뻗어있는 고지대로서 이스라엘에 비해 상대적으로 높은 위치에 있어 이스라엘의 심장부를 잘 관측할 수 있었다. 뿐만 아니라 서쪽 국경선에서 지중해까지의 거리가 좁은 지역은 16㎞에 불과했기 때문에 만약 요르단군이 공세로 나갈 경우 이스라엘을 남북으로 단절시킬 수 있어서 이집트나 시리아 등, 그 어느 곳보다도 이스라엘에게 치명적인 타격을 줄 수 있었다. 지형 상으로 이러한 유리점이 있는데도 불구하고 요르단군은 전력의 한계로 인해 공세를 포기하고 방어를 주안으로 하는 개념에 의거해 부대를 배치했다. 즉 8개 보병여단을 국경선을 연해 배치하고 2개 기갑여단을 예비로 보유했는데, 세부적인 배치는 아래와 같다.

국경선 북쪽의 요르단강 좌우측에 1개 보병여단, 서안지구 북쪽의 중심지역인 제닌에 1개 보병여단, 그리고 국경선 서쪽의 툴캄에 1개 보병여단, 칼키리아에 1개 보병여단, 라트룬에 1개 보병여단을 배치했고, 예루살렘에 2개 보병여단, 국경선 서남쪽 헤브론에 1개 보병여단을 배치했다. 예비인 기갑여단은 요르단강 중류의 다미야교(橋) 서측에 1개 여단을 위치시켜 북부 및 북서부지역에 우선권을 두고 증원 및 역습을 실시하며, 또 다른 1개 여단은 예리코에 위치해 있다가 예루살렘 지역에 우선적으로 투입하도록 되어 있었다. 이

〈그림 4-16〉 요르단군의 배치

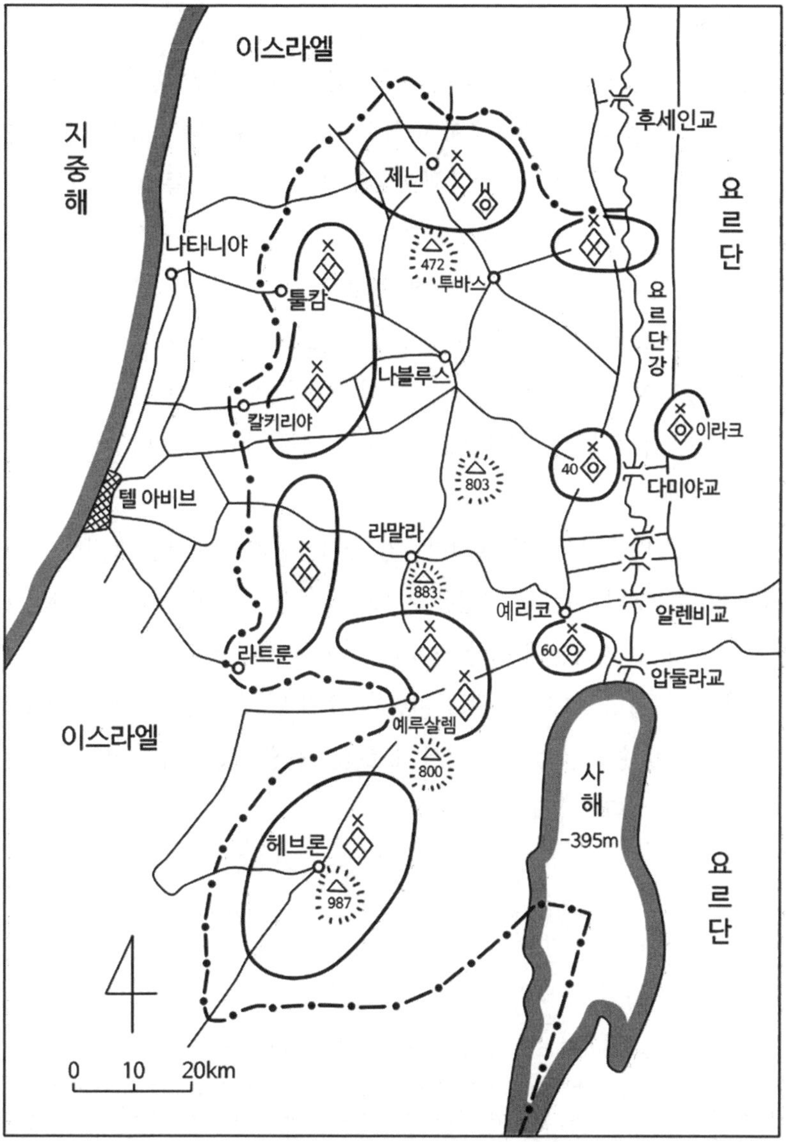

밖에 제닌 지역에 1개 전차대대를 추가 배치하여 종심을 보강하고, 다미야교(橋) 동안에는 이라크군 1개 기갑여단을 배치하여 만일의 사태에 대비하였다.

　이처럼 요르단군은 대부분의 병력이 국경선을 따라 신장 배치되어 있고, 예비인 기갑여단도 후방에 위치해 있어 과감한 공세로 나아갈 수 없는 배치구조였다. 요르단군은 대부분의 전력을 투입했음에도 불구하고 약 630㎞에 달하는 이스라엘과의 국경선(휴전선)을 방어할 수 없다고 판단했다. 그래서 방어계획에 부가하여 '타릭(Tariq)'이라 부르는 제한된 공세작전을 계획했다.[189]

　그 작전은 이스라엘의 전략요충이면서 상징적인 지역인 예루살렘을 장악해 휴전을 압박하고, 이스라엘이 점령한 다른 지역에서 철수하도록 강요하는 협상의 지렛대로 활용하는 것이 주목적이었다. 그 밖의 우발계획으로서 제한된 공세행동계획도 있었다. 그것은 이집트군이 공격을 실시하여 베르세바로 진격해 올 경우, 요르단군도 이에 호응하여 예리코 일대에 위치해 있는 제60기갑여단을 헤브론으로 이동시킨 후, 남쪽 베르세바를 향해 공격을 실시하여 이집트군과 연결하는 것이었다.[190] 그렇게 되면 이스라엘 남부 네게브 지역은 본토와 단절되어 완전히 고립된다. 그 공세 행동은 계획상으로는 그럴 듯 했지만 1개 기갑여단만으로 공세작전을 실시하기에는 전력이 너무 부족했다. 따라서 현실적으로 성공 가능성은 희박했다.

　여하튼 요르단군이 방어작전을 실시하든지 공격작전을 실시하든지 간에 치명적인 약점은 공군력의 열세였다. 요르단 공군은 이스라엘 공군에 대항하여 방공 작전도 수행하기 힘든 상태였으므로 지상군에 대한 근접항공지원은 기대조차 할 수 없었다. 이렇게 되면 지상군 전력발휘에도 막대한 영향을 미친다. 오직 믿을 것은 이집트 공군의 지원뿐인데 이 조차도 신뢰할 수가 없었다. 따라서 요르단은 전쟁이 일어나지 않기만을 간절히 바랄 수밖에 없는 상태였다.

---

189) Muttawi, Samir A., 「Jordan in the 1967 War」, (Cambridge: CUP, 1987), p.125.

190) 이 경우 제60기갑여단의 공백을 해소하기 위해 다미야교(橋) 서측에 있는 제40기갑여단이 예리코로 이동하여 제60기갑여단의 임무를 인수하며, 제40기갑여단의 임무는 시리아에서 증원되는 1개 기갑여단이 인수하도록 되어 있었다. 전게서, 제러미 보엔, p.211.

나. 이스라엘군

3면 전쟁을 강요받고 있는 이스라엘군이 채택한 작전 방침은 전쟁 초기에 요르단과 시리아 정면은 완전한 방어태세를 유지하는 것이었다. 그 이유는 간단했다. 가장 위협적인 적은 이집트군이며, 따라서 시나이 전선에 전력을 집중하여 이집트군을 격파하기 전까지 요르단 및 시리아 정면에서는 최대한 교전을 회피해야만 했다. 그래서 다얀은 국방부 장관에 취임하자마자 '요르단과 시리아 정면은 철저히 방어태세를 유지하여 동시에 2개 이상의 전선에서 전단을 열지 않도록 하라'고 강조했다. 그렇지만 요르단군이 공격해 올 것에 대비한 작전계획은 수립해 놓고 있었다.

요르단의 공격은 국토종심이 짧은 이스라엘에게는 전략적으로 큰 위협이 될 수 있었다. 그러나 요르단이 공격해 올 경우 오히려 이스라엘군이 역공격을 실시하여 종교적 성지인 예루살렘을 확보하고, 안보상 언제나 위협이 되는 문제 지역을 일거에 점령하는 좋은 기회로 활용할 수 있었다.

요르단 및 시리아 정면은 이스라엘군 중부사령부와 북부사령부가 방어를 담당했다. 예루살렘 지구를 담당하는 중부사령부는 5개 여단(보병 : 3, 공정 : 1, 기계화 : 1)으로 방어를 하고 있었다. 서안지구 북부국경선과 시리아 정면을 담당하는 북부사령부는 7개 여단으로 방어를 하고 있었는데, 서안지구 북부국경선에는 3개 여단(기갑 : 2, 보병 : 1)으로 구성된 펠레드 사단과 1개 독립여단이 배치되었고, 시리아 정면에는 2개 여단(기갑 : 1, 보병 : 1)으로 구성된 라이너 사단과 1개 독립여단이 배치되어 있었다.

이스라엘은 만약 요르단 및 시리아 정면에서도 전단이 열릴 경우, 시리아 정면은 방어태세를 유지하면서 시리아군의 공격을 최대한 저지 및 지연시키고, 요르단 정면에서는 북부 및 중부사령부 예하의 가용한 모든 병력은 물론 시나이 정면에서도 작전추이에 따라 전용할 수 있는 병력이 있으면 최대한 차출하여 단시간 내에 요르단군을 격멸하고 서안지구를 점령할 계획이었다.

이스라엘군의 공격작전 개념은 서안지구의 산악지형과 요철이 심한 국경선의 특징을 고려하여, 북부지역과 중남부의 예루살렘 지역에서 돌파를 실시한 후, 서안지구 중앙에 남북으로 형성된 사마리아 산맥의 종적 도로망을 따라 남과 북에서 협격을 실시하여 요르단군 주력을 포위격멸하며, 그다음 요르단강까지 신속히 동진함으로서 조기에 요르단강

이서(以西) 지역을 점령하는 것이었다. 이를 위한 단계별 세부계획은 다음과 같다.[191]

　　제1단계는 돌파작전으로서 2개의 주공과 3개의 조공이 협조된 공격을 실시한다. 북부 사령부는 펠레드 사단이 주공으로서 제닌을 공격하고, 가비쉬 보병여단이 조공으로서 요

〈그림 4-17〉 이스라엘군의 작전계획

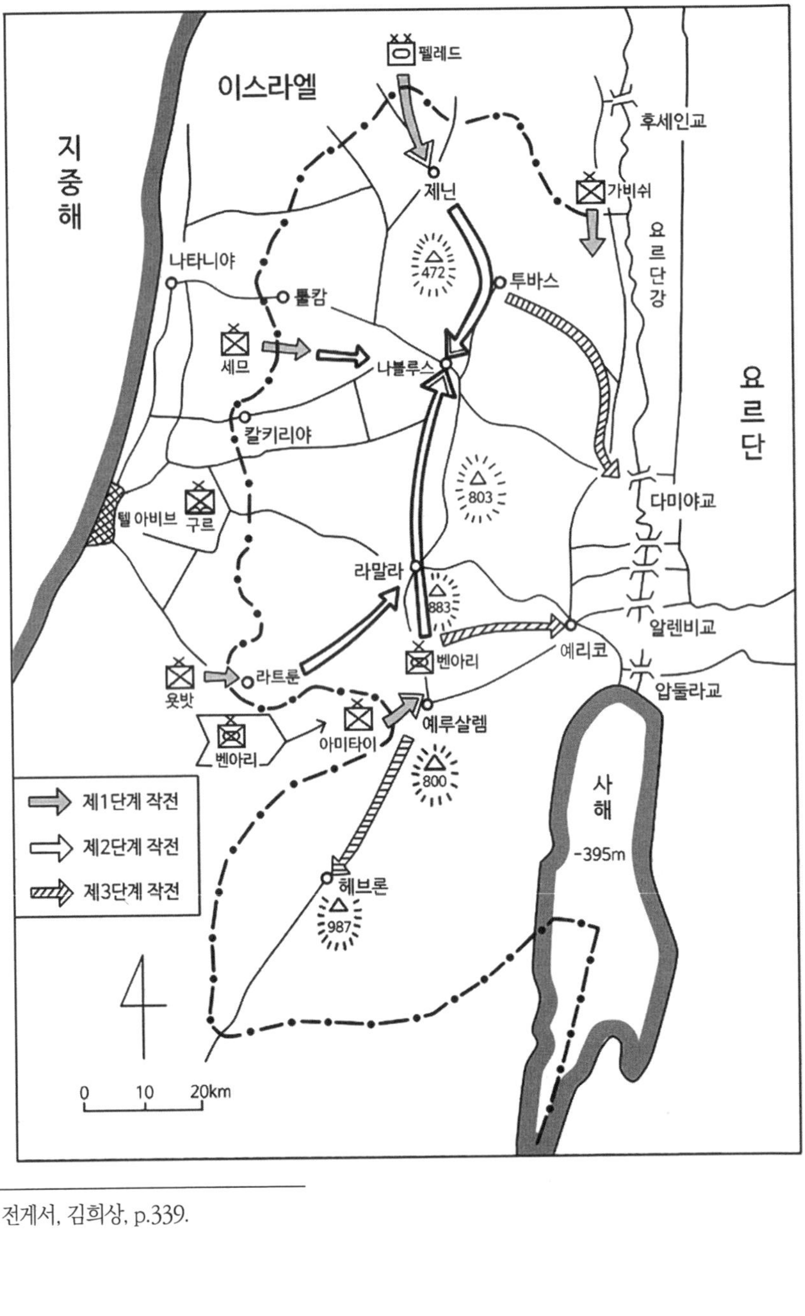

---

191)　전게서, 김희상, p.339.

르단강 북부지역에서 공격한다. 중부사령부는 아미타이 보병여단이 주공으로서 예루살렘을 공격하여 1948년 전쟁 이래 계속 고립되어 있던 감제고지 스코푸스 산(山)과 연결하고 회랑을 개설함으로서 차후 작전을 위한 발판을 구축한다. 그리고 조공으로서는 1개 보병여단이 라트룬 돌출부를 공격하여 점령함으로서 텔아비브 및 로드 비행장에 대한 위협을 제거하며, 또 다른 조공인 1개 보병여단은 툴캄과 칼키리아를 공격하여 요르단군 2개 여단을 고착 및 견제한다.

제2단계는 협격작전으로서 북부의 펠레드 사단은 제닌 돌파구를 확장한 후 서안지구 북부의 중심지인 나블루스로 기동하고, 예루살렘 지역에서는 벤아리 기계화여단이 주공이 되어 아미타이 보병여단을 초월한 후 라말라~나블루스 방향으로 돌진한다. 이렇게 하여 양개 부대가 나블루스에서 연결한다. 그 다음 조공부대와 함께 포위된 요르단군을 협격한다. 이때, 양개 주공부대가 모루(anvil) 역할을 하고 조공부대들이 망치(hammer) 역할을 한다.

제3단계는 잔적 소탕 및 요르단강 이서(以西)지역 점령이다. 이때 북부사령부의 주공인 펠레드 사단은 나블루스로 종심기동을 하면서 동시에 요르단강 중하류에 있는 다미야교(橋)까지 신속히 진출하며, 또 다른 주공인 중부사령부의 벤아리 기계화여단도 라말라에서 나블루스 방향으로 돌진하면서 동시에 여단의 일부는 예리코까지 신속히 진출한다. 한편, 중부사령부는 예루살렘을 점령한 후 일부부대를 남쪽으로 공격시켜 헤브론을 점령한다. 이렇게 요르단강 이서(以西) 서안지구를 완전히 점령하면서 잔적 소탕을 완료하면 작전이 종료된다. 이러한 작전계획은 일련의 연속적인 작전이기 때문에 제1단계 작전추이에 따라 제2단계 및 3단계 작전은 변화가 있을 것으로 예측되었다.

2. 뒤늦게 시작된 공격(6월 5일)

라빈 참모총장은 6월 4일, 이집트에 대한 선제공격 명령을 하달했지만 요르단 정면의 예루살렘 지구를 담당하는 중부사령부에는 방어태세를 견지하라고 지시했다. 그러나 나르키스 중부사령관은 만일의 사태 시,[192] 예루살렘 지구에 대한 전술적 공격의 필요성을 고

---

192) 5월 30일, 후세인 요르단 국왕이 카이로를 방문하여 군사협정을 맺었고, 그 후 이집트군 코만도 2개 대대를 요르단에 파견하기로 결정했으며, 이집트군의 리아드 대장이 요르단 전선 연합군사령관으로 부임하였

려하여 2개 여단(기계화 : 1, 공정 : 1)의 증원을 요청하였다.

6월 5일 08:50분, 후세인 요르단 국왕은 군사보좌관 자지 대령의 보고를 통해 이스라엘이 이집트를 공격했다는 것을 알았다. 09:00시, 요르단 전선 연합군사령관 리아드 장군은 아랍군 총사령관 아메르 원수로부터 전문을 받았다. '침공한 이스라엘 공군전투기 75%를 격추시켰으며, 시나이 반도에서 이스라엘군의 공격을 효과적으로 저지하고 반격에 나섰으니 요르단도 신속히 공격을 개시할 것을 요청한다'는 내용이었다.[193] 리아드 장군은 즉시 요르단군 부사령관 자미르 장군 및 참모총장 가마시 장군과 협의한 후, 신속히 후세인 국왕에게 보고했다. 그리고 09:30분까지 협의를 한 결과 요르단강 이서(以西) 지역에서 공세를 취하기로 결정을 내렸다. 이때 요르단 공군은 즉시 출격하여 이스라엘을 폭격하기를 원했다. 그런데 함께 협공하도록 지시를 받은 시리아 공군과 이라크 공군은 계속 기다려 달라는 말만 반복했다.

11:00시, 예루살렘에 있는 UN휴전감시단 단장 오드 불 장군은 후세인 요르단 국왕에게 전화를 걸어 이스라엘 에슈콜 총리의 메시지를 전했다.[194] '이스라엘은 이집트를 상대로 작전을 전개하고 있으며, 요르단이 개입하지 않는다면 이스라엘도 서안지구를 공격하지 않겠다'는 내용이었다. 후세인 국왕은 이미 지난 5월 30일, 나세르와 군사협정을 맺을 때 참전을 결심한 상태였고, 사무아 공격사건 이후 이스라엘의 약속 따위는 믿지 않았다. 더구나 이집트가 공격받는 상황에서 참전하지 않는 것은 군사동맹국 및 아랍형제국에 대한 배신이었다. 그래서 후세인 국왕은 이스라엘의 제안을 거절하였다.

11:00시가 지나자 요르단은 더 이상 시리아 공군과 이라크 공군의 지원을 기다릴 수 없다고 판단했다. 그리하여 11:30분부터 요르단군은 전 전선에서 포병사격을 개시하였고, 11:50분에는 마프락 공군기지에서 호커 헌터 전투기 16기를 출격시켰다. 미국제 155밀리 장사정 곡사포 2개 대대는 텔아비브 부근의 군사시설과 제닌 북서쪽에 있는 라마트 다비드 공항에 산발적인 포격을 실시했고, 또 다른 포병부대들은 서예루살렘 있는 이스라엘군 진지를 포격했지만 명중률은 높지 않았다. 출격한 전투기들도 텔아비브 북부의 네타니아 공군기지 등을 폭격하고 30분 후 전기 무사히 귀환했다. 이스라엘은 요르단을 자극하

다. 이러한 상황을 고려하여 요르단 정면의 위협이 증대된 것에 따른 대비책이었다.

193)　전게서, 田上四郞, p.151.
194)　전게서, Nadav Safran, p.360.

지 않으려고 부단히 노력했다. 그래서 요르단군의 일방적인 포격을 받으면서도 얼마동안
은 응전하지 않은 채 대기하고 있었다. 요르단군 역시 오전에 산발적인 포격만 실시했을
뿐 아무런 공격도 실시하지 않았다.

　요르단군은 '타릭(Tariq) 작전'을 시행할 준비를 하고 있었다. 그 작전의 핵심은 이스라엘
지역인 서예루살렘을 2개 방향에서 동시에 공격해 점령하는 것이었다. 그런데 12:45분,
나세르가 후세인 국왕에게 전화를 걸어왔다. 전쟁이 개시된 이후 처음이었다. 나세르는
"이스라엘이 우리 공군기지를 폭격했고, 우리도 그들의 기지를 폭격해 보복했습니다. 우
리는 네게브에서 총공세를 시작했습니다."[195]라고 말한 후 후세인 국왕에게 '가능한 한 많
은 병력을 투입하여 최대한 많은 영토를 점령해 달라'고 부탁했다. 저녁에 UN안보리에서
전쟁을 중지하도록 요구할 것이 예상되므로 그 이전에 영토를 최대한 점령해야 한다는 뜻
이었다. 이때 나세르는 자국 공군이 대부분 파괴되었다는 진실을 말하지 않았다. 그래서
후세인 국왕도 이스라엘 공군과 육군이 이집트군에게 얼마나 큰 피해를 입혔는지 알지 못
했다. 나세르의 거짓말에 속은 것이나 다름없었다. 또한 카이로 군사본부에서 보내온 전
문에는 '이집트군 1개 사단이 베르세바를 공격하기 위해 네게브 사막으로 진격하고 있다'
고 적혀 있었다. 요르단 전선 연합군사령관 리아드 장군은 그 내용이 사실이 아니라 순전
히 아메르 원수의 상상이라는 것을 깨닫지 못했다. 리아드 장군뿐만 아니라 요르단에 있
는 그 누구도 시나이에서 무슨 일이 벌어지고 있는지 제대로 알지 못했다.

　이리하여 요르단은 1949년 이래 전쟁계획의 핵심이었던 '타릭 작전'을 포기하고, 이
집트군의 군사행동에 호응하여 베르세바를 협격하기로 했다. 이러한 결정 과정에서 '타
릭 작전'이 취소되자 암만 군사본부에 있는 일부 요르단군 장교들은 이집트군에게 강력히
항의했고, 특히 요르단군 최고사령관 마잘리 장군의 분노는 대단하였다. 그러나 후세인
국왕의 신임을 받고 있는 요르단 전선 연합군사령관 리아드 장군이 최종 결정권을 행사
했다.

　베르세바를 협격하기 위해 13:30분경부터 예리코에 있던 제60기갑여단이 헤브론으로
이동하기 시작했다. 이와 동시에 다미야교(橋) 일대에 있던 제40기갑여단이 예리코로 이동
하기로 되어 있었는데, 제40기갑여단의 빈자리를 채우기로 한 시리아군의 기갑여단이 도

195)　Hussein, King of Jordan, as told to Vick Vance and Pierre Lauer, 『My 'War' with Israel』, (New York
　　　: William Morrow, 1969), p.71.

착하지 않아 이동이 지연되고 있었다. 이때 시리아군은 요르단군을 지원할 준비도 되어있지 않았고, 또 지원할 마음도 없었다. 이처럼 베르세바를 공격하기 위해 준비하는 도중 엇박자가 발생하였다. 예루살렘에 배치된 요르단군의 일부 병력이 UN휴전감시단본부 건물에 진입한 것이다. 이는 이스라엘군이 서안지구를 공격하게 하는 빌미를 제공했다. UN휴전감시단본부 건물은 정전협정에 의하면 UN의 영토이면서 누구도 침범해서는 안 되는 비무장지대였다.

가. 예루살렘 지구 전투(총독관저 공격)

1948년 팔레스타인 전쟁에서 예루살렘은 양분되었다. 이스라엘군이 점령한 신시가지와 요르단군이 사수한 구시가지로 분할되었으며, 그사이에 완충지대라고 하여 무인 지구가 설치되었고 철조망이 칸막이 역할을 했다. 이런 상태로 6일 전쟁이 발발하기 전까지 18년 동안 서로 대립해 왔다.

구시가지에는 그리스도교, 이슬람교, 유대교의 성지가 있고, 8만 명의 주민은 대부분이 아랍인이었다. 반면 신시가지의 주민 10만 명은 주로 유대인이었다.

예루살렘 시가지를 감제할 수 있는 스코푸스 산(山) 지역은 팔레스타인 전쟁 시, 이스라엘군이 끝까지 확보한 곳으로서 이스라엘 령(領)이지만 아랍지역 내에 섬(島)처럼 고립되어 있는 상태였다. 그러나 정전협정에 의해 이스라엘 경찰 120명이 UN군 감시 하에 2주간씩 교대로 그 지역 거주자들에게 생활물자를 공급할 수 있었다. 또 하나의 특별지역은 UN휴전감시단이 있는 비무장지대였다. UN은 팔레스타인 전쟁 때부터 그 지역에 감시단 본부를 두고 있었다.

예루살렘 구시가지를 방어하는 요르단군은 아카 알리 준장이 지휘하는 제27보병여단이었으며, 보병 3개 대대, 포병 1개 대대, 공병 1개 중대를 기간으로 편성되어 있었다.[196] 여단은 다마스쿠스 문(門)에서부터 '탄약의 언덕'에 이르는 지역에 가장 견고한 진지를 편성했고, 여단장 아타 알리가 가장 신뢰하는 제2대대를 배치하였다. 구시가지의 성벽 안에는 서안지구 출신자로 구성된 1개 대대가 다마스쿠스 문(門)에서부터 '시온의 언덕'까지의 지

---

196) 전게서, 田上四郎, p.154.

역을 방어했다. 그리고 아브 토르 계곡에서부터 UN휴전감시단본부가 있는 야벨 무카베르 언덕까지 1개 중대가 방어를 담당했고, 나머지 2개 중대는 예비로서 여단지휘소 부근에 집결해 있었다. 야포 18문을 보유한 포병대대는 여단지휘소 뒤쪽인 올리브 산 북동부에 포진하고 있었다. 구시가지 내에는 120밀리 박격포 2문과 지프탑재 106밀리 무반동총, 그리고 40밀리 대공포가 배치되어 있었다. 그러나 전차는 1대도 없었다. 정전협정에

〈그림 4-18〉 팔레스타인 전쟁 후의 예루살렘 상황

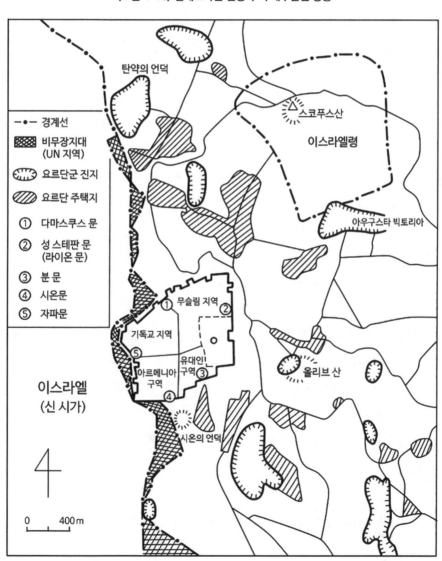

의하면 예루살렘 시내에는 전차를 들여 올 수 없기 때문이었다.

이스라엘군 중부사령관 나르키스 장군은 1948년 농예루살렘의 문턱에서 패배를 당한 이후 줄곧 예루살렘을 점령할 기회만을 노려왔다. 그래서 그는 예루살렘 공격을 승인해 달라고 오전 내내 작전부장 바이츠만 장군을 설득했으나 거절당했다. 그런데 요르단이 그가 필요로 하는 공격 명분을 선사했다. 12:45분, 「라디오 암만」은 스코푸스 산(山)이 요르단군에 의해 점령됐다는 오보를 냈다. 그리고 13:30분경, 요르단군 2개 중대가 예루살렘의 UN휴전감시단본부가 있는 '총독관저'[197]내로 어설픈 공격을 해 온 것이다. 그 건물은 정전협정에 따라 UN의 영토였으며, 누구도 침범해서는 안 되는 비무장지대였다. 그 소식을 들은 중부사령관 나르키스는 '하늘에서 선물이 내렸다'고 기뻐했다.

이렇게 되자 상황이 급변하기 시작했다. 요르단군이 UN휴전감시단본부가 있는 총독관저에 진입한 것은 이스라엘령 예루살렘 남동부지역의 안전을 위협하는 것이고, 무엇보다도 이스라엘을 공격하겠다는 의도를 명확히 드러낸 것이었다. 이 사실이 보고되자 라빈 참모총장은 즉각 반격을 명했다. 이스라엘군 수뇌부는 어차피 개시된 전쟁이라면 이때를 활용하여 성지 예루살렘을 확보하고, 자신들의 심장부에 비수를 겨누고 있는 듯한 돌출부를 일거에 제거하려고 결심한 것이다.

이에 따라 나르키스 중부사령관은 다음과 같이 예루살렘을 공략하기로 계획을 세웠다.[198]

작전개념은 양측익에서 예루살렘을 포위 또는 고립 및 차단시키고, 중앙 정면에서 예루살렘 구시가지를 공격하여 점령하는 것이었다. 우선 예루살렘에 주둔하고 있는 아미타이 대령의 보병여단이 6월 5일 오후에 요르단군이 진입한 총독관저를 탈환하여 남쪽에서의 위협을 제거하고, 이어서 아브 토르를 점령하여 구시가지와 베들레헴의 연결을 차단한다. 이때 벤 아리 대령이 지휘하는 기계화여단은 예루살렘 북쪽의 감제고지대인 텔 엘 풀을 점령한 후, 라말라 및 예리코 방향에서의 증원을 저지한다. 새로 배속되는 구르 대령의 공정여단은 양측익 공격부대의 보호 하에 6월 6일 오전, 중앙 정면에서 예루살렘 구시가지를 공격한다.

---

197) 영국이 팔레스타인을 위임통치하던 시대의 고등판무관 청사로서 예루살렘이 내려다보이는 야벨 무카베르 언덕에 세워진 석조건물이었다.

198) 상게서, pp.154~156.

한편, 예루살렘 공략작전과 병행하여 또 다른 보병여단이 라트룬 돌출부 제거작전을 실시하여 텔아비브에 대한 위협을 제거하고 예루살렘 후방지역의 안전을 도모하기로 했다. 이와 같은 계획에 의거해 제일 먼저 시작된 전투는 총독관저에 대한 공격이었다.

13:30분경, 요르단군의 2개 중대 병력이 UN휴전감시단본부가 있는 총독관저 안으로 밀고 들어왔다.[199] UN휴전감시단 장교들이 나와서 진입한 요르단군에게 강력하게 항의했다. 그 지역은 비무장지대임과 동시에 UN의 영토이므로 누구도 침범해서는 안 되는 곳이며, 더구나 건물 안에는 UN군 장교들의 가족까지 거주하고 있기 때문이었다. 결국 요르단군은 건물 밖으로 쫓겨 나갈 수밖에 없었다. 그 대신 요르단군은 건물 밖 주변 숲에 머물렀다.

요르단군이 총독관저에 쳐들어갔다는 소식을 들은 이스라엘군은 즉각 대응에 나섰다.[200] 공격은 예루살렘에 주둔하고 있는 아미타이 보병여단의 제161대대가 담당했다. 드리젠 중령이 지휘하는 제161대대는 서예루살렘에 거주하는 35~40세의 예비군으로 구성된 부대였다. 평균 연령이 조금 더 낮은 또 다른 대대가 반격을 위해 대기하고 있었다.

드리젠 중령은 우선 2개 중대를 총독관저로 보내고 자신도 곧 뒤따라갔다. 이때 예루살렘 외곽에 배치되었던 전차부대가 시내로 진입해 들어왔다. 전차대대장 아론 카메라가 독단으로 전차를 이끌고 예루살렘 시내로 들어온 것이다. 이는 정전협정 위반이었으나 때마침 요르단군이 총독관저를 공격했으므로 이를 모면할 수 있었다. 드리젠은 카메라에게 전투에 가담할 것을 지시했다. 그리고 자신은 병력을 이끌고 총독관저로 들어갔다.

14:50분, UN휴전감시단장 오드 불 장군은 요르단군 병력의 철수를 지시할만한 책임자를 찾기 위해 총독관저 밖으로 나갈 채비를 했다. 이때 갑자기 이스라엘군이 정문을 뚫고 들어오면서 요란한 교전이 전개되었다. 이스라엘군이 출현하자 건물 주변에 있던 요르단

199) 요르단군이 왜 비무장지대 안에 있는 UN휴전감시단 건물로 진입해 왔는지 그 이유를 명확히 알 수가 없다. 정상적인 공격작전이라면 그렇게 어설프게 공격을 하지 않았을 것이다. 당시 상황을 고려해 본다면 아마도 '타릭 작전'을 시행하기 전, 예루살렘 남부를 감제할 수 있는 유리한 위치를 선점하기 위한 행동이던가(이때는 타릭 작전이 취소되었으므로 그 가능성이 낮다), 그렇지 않으면 베르세바를 공격하기 위해 헤브론으로 이동하는 제60기갑여단이 예루살렘 남쪽도로를 통과할 때 그 측방을 보호하기 위한 행동이 아니었을까 추정할 뿐이다.

200) 총독관저 점령에 관한 내용은 주로 다음을 참조했다. 전게서, 제러미 보엔, pp.219~220; Eric Hammel, 『Six Days in June : How Israel Won the 1967 Arab-Israeli War』, (New York : Scribner, 1992), p.297; Pollack, Kenneth M, 「Arabs at War: Military Effecness, 1948~1991」, (Lincoln, NE: University of Nebraska press, 2002), p.300.

군은 중기관총과 대전차 화기를 장착한 랜드로버 차량으로 뛰어갔다. 드리젠 중령은 지휘 차량에 장착된 중기관총을 잡고 직접 사격을 하여 랜드로버 차량을 박살냈다. 교전 중 요르단군이 사격한 포탄의 파편이 드리젠의 팔에 박혔지만 그는 의무병이 건네준 붕대로 오른팔을 싸맨 채 계속 진격했다.

〈그림 4-19〉 요르단 작전 제1일차 상황(6월 5일)

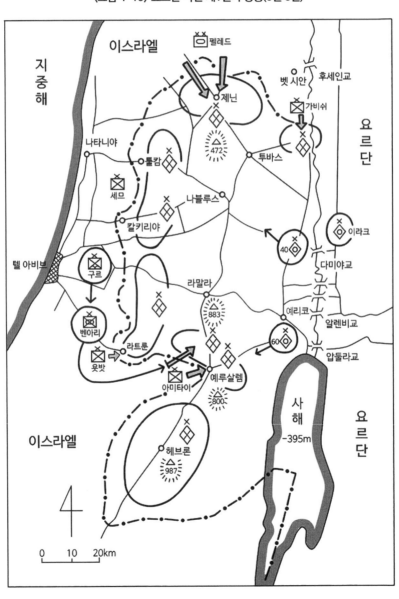

　한편, 전차대대장 카메라가 지휘하는 셔먼 전차 8대 중 고장이 나거나 도로 장애물에 막히는 바람에 겨우 3대만이 전장에 투입되었다. 요르단군은 전차를 향해 포병사격을 실시했으나 정확히 명중시키지 못했고 일부 포탄은 아군 진영에 떨어지기도 했다. 그래도 사격을 거듭하여 전차 2대를 파괴하였다. 또한 요르단군 보병들도 충실하게 싸웠다. 하지만 반격의 기회를 잡는 데 실패했다.

　드리젠 중령이 지휘하는 이스라엘군의 공격은 매우 성공적이어서 불과 10여 명의 사상자만을 내고 15:30분경, 총독관저를 점령했다. UN휴전감시단장 오드 불 장군은 '불과 2시간 동안에 2번이나 침공을 당했다'고 분노했다. 그런데 두 번째로 침공한 이스라엘군은 총독관저의 두꺼운 목제 대문을 폭파하고 내부로 진입하여 UN뉴욕본부와 연결된 통신망까지 끊어 버렸다. 뿐만 아니라 이스라엘군은 건물 곳곳에 수류탄을 던지고 기관단총을 난사하면서 요르단군이 남아있지 않는지 확인했다. UN휴전감시단 장교들이 나서서 대피 중인 여자들과 어린이들이 다칠 수도 있다고 강력하게 설득하자 그제서야 과격한 수색을 중지하였다.

　총독관저를 완전히 장악한 이스라엘군은 16:00시경, 예루살렘 남동부의 도로를 통제하고 있는 요르단군 진지를 공격했다. 몇 개 분대가 참호 양 끝단에 진입한 후 양쪽에서 요르단군을 중앙으로 몰아가며 소탕을 했다. 이런 방법으로 이스라엘군은 단 1명의 사상자도 내지 않고 요르단군 30명을 사살했다. 또 다른 복잡한 참호는 후방으로 침투하여 소탕했다. 요르단군도 필사적으로 싸웠지만 예상치 못한 방향에서 급습해 온 이스라엘군에 의해 궤멸 당했다.

　이리하여 드리젠 중령과 그의 부하들은 마침내 요르단군 진지를 완전히 점령했다고 생각했다. 그런데 이때 매복해 있던 요르단군 4~5명이 기습사격을 가해왔다. 참호 가장자리에 서 있던 드리젠은 팔에 총을 맞았고, 그의 양쪽에 있던 부하 병사 2명은 즉사했으며, 소대장은 총알이 눈을 관통했다. 불의의 기습사격을 받은 이스라엘군은 즉각 응사했고, 일부 병사들이 측면으로 접근하여 수류탄을 투척해 요르단군 매복조를 섬멸했다.

　이렇게 피를 튀기는 근접전투를 벌인 끝에 드리젠 중령의 대대는 18:30분경, 예루살렘 남동부의 수르 바히르 마을을 점령했고, 요르단군은 베들레헴으로 퇴각하였다. 이로서 서안지구에 예루살렘과 베들레헴/헤브론을 연결하는 간선도로가 차단되어, 헤브론에 배치된 요르단군 제29보병여단이 고립될 처지에 놓였을 뿐만 아니라 제60기갑여단이 이동하여 베르세바를 향해 공격하는 것도 어렵게 되었다.

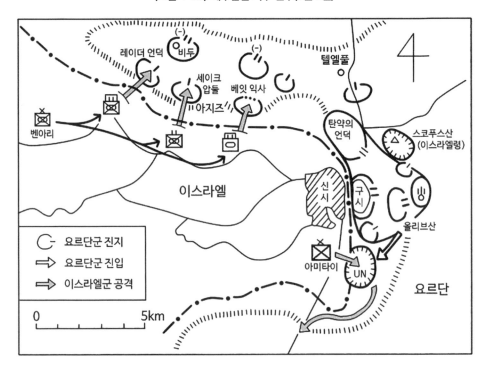

〈그림 4-20〉 예루살렘 지구 전투(6월 5일)

나. 텔 엘 풀을 향한 전진

예루살렘 공격작전 시, 가장 결정적인 역할을 담당하게 된 벤 아리 기계화여단은 13:20분, 텔아비브 동쪽 벤 샤만에 있는 주둔지를 출발하여 예루살렘으로 이동하기 시작했다. 셔먼 전차 및 센츄리온 전차와 기계화보병이 탑승한 반궤도 차량 등, 수백 대의 차량군(群)이 약 40㎞의 산길을 달려서 오후 늦게 공격대기 지점에 도착하였다.

벤 아리 기계화여단에게 부여된 임무는 다음날인 6월 6일 06:00시까지 예루살렘을 감제하는 북부의 고지대를 점령하는 것이었다. 이를 확보하면 예루살렘 북부 및 동부와 서부를 잇는 도로를 차단할 수 있어 예루살렘에 대한 요르단군의 증원을 저지할 수가 있다. 따라서 6월 6일 새벽, 예루살렘 구시가지를 공격하는 구르 공정여단의 성공을 보장하기 위해 필수적으로 수행해야 할 과업이었다. 그런데 그 임무는 결코 쉬운 것이 아니었다. 1948년에도 이스라엘군에게 악몽을 안겨준 '레이더 언덕', '세이크 압둘 아지즈' 및 '베잇 익사' 거점을 점령하고, 그다음 '텔 엘 풀' 고지 일대까지 점령해야 하는 너무 멀고 험난한 여정이었다.

여단장 벤 아리 대령은 예루살렘 북부를 가로지르는 700~800m 고지군(群)의 서단을 점령한 후, 그곳을 발판으로 고지대 능선을 따라 동쪽의 '텔 엘 풀'을 향해 진격해 나가려고 결심했다. 공격 성공의 관건은 초기에 고지대 서단인 레이더 언덕과 세이크 압둘 아지즈 및 베잇 익사 거점을 얼마나 신속히 점령하느냐 였다. 그런데 문제는 도로였다. 레이더 언덕과 세이크 압둘 아지즈 및 베잇 익사 거점으로 통하는 도로는 각각 하나밖에 없었고, 그 또한 20여 년 동안 폐쇄되었기 때문에 차량이 다닐 수 없을 정도로 폐허가 되어 버렸다. 더구나 요르단군은 그곳의 지형을 최대한 이용하여 강력한 진지를 구축했으며, 진지 전면에는 대전차호, 철조망, 지뢰지대 등, 각종 장애물을 종심 깊게 설치해 놓았다. 그리고 레이더 언덕과 세이크 압둘 아지즈 거점에는 각각 증강된 1개 중대를 배치하고, 두 거점의 종심인 비두 마을에 대대(-2)를 배치하였다. 또 다른 거점인 베잇 익사는 등산조차 하기 힘든 험난한 지형이었다. 길은 좁고 대단히 가팔랐으며, 바닥에는 자갈이 두껍게 깔려있어 차량은 거의 통행 불능이었다. 이처럼 접근조차하기 힘들었기 때문에 요르단군은 이스라엘군이 그곳으로 공격해 올 것이라고는 전혀 생각지 않았다. 그래서 그곳에는 강력한 방어진지를 구축하지 않았고, 단지 보병 1개 소대를 배치하여 경계만 하고 있을 뿐이었다.

이에 대해 벤 아리 대령은 공격부대를 3개 제대로 편성하여 3개의 거점을 동시에 공격하려고 계획했다. 3개 소(所) 중 1개 소(所)만 돌파해도 작전을 성공시킬 수 있기 때문이었다. 이에 따라 기계화보병대대 TF(기계화보병대대＋전차 1개 중대)가 주공으로 좌측에서 레이더 언덕을 공격하고, 또 다른 기계화보병대대는 조공으로 중앙에서 세이크 압둘 아지즈 거점을 공격한다. 그리고 우측에서는 또 다른 주공인 전차대대 TF(전차 2개 중대＋정찰 1개 중대)가 베잇 익사 거점을 공격하기로 했다. 벤 아리 대령은 공격부대 중에서도 우측의 주공인 전차대대 TF가 결정적인 역할을 할 것이라고 기대하였다. 비록 지형은 험난해도 소수의 경계부대만 배치되어 있을 뿐이고, 위치상으로 볼 때 작전을 가장 빨리 종결지을 수 있는 위치였기 때문이다.

19:00시, 공격준비사격을 위해 전차 28대가 사선(射線)으로 올라갔다.[201] 곧이어 19:05분부터 25분간 요르단군 거점에 대하여 전차포 사격을 실시했다. 요르단군도 10여 문의 대전차포를 쏘며 맹렬히 반격했다. 그러나 이스라엘군 전차는 날이 어두워지기 전에 요르단군 공용화기 진지의 총안을 하나씩 침묵시켰다.

19:30분, 이스라엘군 보병들이 레이더 언덕을 기어오르기 시작했다. 요르단군의 총탄이 비 오듯이 쏟아졌다. 잠깐 사이에 중대장 1명과 소대장 2명을 포함하여 다수의 사상자가 발생했다. 그럼에도 불구하고 이스라엘군은 지뢰지대 및 철조망 지대를 극복하고 요르단군의 참호에 돌입하였다. 참호 내에서는 치열한 백병전이 전개되었다. 약 20분간의 백병전 끝에 이스라엘군은 레이더 언덕을 점령하였다. 세이크 압둘 아지즈 거점에서도 유사한 전투가 전개되었고, 이스라엘군은 치열한 백병전을 벌인 끝에 거점을 점령하였다. 양개 거점 전투에서 이스라엘군은 20명이 전사하고 81명이 부상하는 큰 피해를 입었다.[202]

격전이 끝나자 일부 장병들은 부상자들을 경사지 아래에서 대기하고 있는 구급차로 후송하고, 나머지 장병들은 전차부대가 전진할 수 있도록 통로를 개척하기 시작했다. 공병은 지뢰를 제거하고, 보병은 통로상의 각종 잡목을 베어낸 다음, 바위를 굴려 넣어 3~4m 깊이의 대전차호를 메꾸었다. 이 모든 작업은 어둠속에서 맨손으로 진행되었다. 이처럼 전투를 한 시간보다 더 긴 시간동안 피나는 노력을 계속한 결과 자정이 넘어서 작업은 겨우 완료되었고, 다음날(6월 6일) 02:00시경부터 벤 아리 여단은 전차를 앞세우고 다시 전진할 수 있었다.

한편, 베잇 익사 거점을 공격한 전차대대 TF는 어떻게 되었을까? 벤 아리 대령은 그들이 최초 돌파단계에서 결정적인 역할을 해줄 것이라고 기대하고 있었는데 그 기대에 부응하지 못했다. 그러나 그것은 전차대대 TF가 태만했기 때문이 아니었다. 베잇 익사 지역은 보병부대가 공격했다 하더라도 공격은커녕 등산조차도 어려운 험악한 지형이었는데, 하물며 전차부대가 공격을 했으니 말하여 무엇 하겠는가. 길이라고 말하기조차 어려운 길은 좁고 경사가 급한데다가 자갈이 두껍게 깔려 있어 전차가 급경사를 기어오르려고 움직일 때마다 오히려 줄줄 미끄러져 내려갔다. 사막에서 이골이 나도록 훈련을 한 한 이스라

---

201) 통상 전차는 공격준비사격에 가담하지 않는다. 그러나 이 경우 거점 공격 시, 보병의 공격을 용이하게 하기 위해 사전에 적진지를 정확한 전차포 사격으로 파괴시키기 위한 조치로 보인다.

202) 전게서, 김희상, p.345.

엘군 전차 중대장조차 이렇게 말했다. "우리는 2개의 적과 싸우고 있다. 어느 쪽이 더 힘든 상대인지 모르겠다. 요르단군인지, 언덕길인지."[203] 이렇듯 베잇 익사 거점을 공격한 전차대대 TF는 요르단군의 방어능력 때문이 아니라 험악한 지형 때문에 전진이 대폭 지연되고 있었다. 어쩔 수 없이 길의 경사각을 줄이기 위해 지그재그로 길을 만들어 가며 전진할 수밖에 없었다. 그 결과 자정까지 겨우 2㎞를 전진했다.

다. 라트룬 돌출부 제거작전

이스라엘은 1948년 팔레스타인 전쟁 시, 라트룬을 점령하지 못한 것을 매우 안타깝게 생각하고 있었다. 지도상으로 볼 때, 라트룬은 이스라엘 영토의 중심인 텔아비브를 비수로 찌르는 듯한 형태였고 지중해까지 거리는 32㎞에 불과했다. 그래서 요르단군이 이스라엘을 남북으로 절단하기 위해 공세작전을 실시할 경우 공격의 발판이 되는 전략적 요지였을 뿐만 아니라, 예루살렘과 텔아비브를 잇는 간선도로를 중간에서 차단 및 통제할 수 있는 지역이므로 이스라엘에게는 눈에 가시 같은 존재였다.

이러한 중요성 때문에 전쟁이 개시되기 3일전, 라트룬 지구를 담당하는 보병여단장 욧밧 대령은 '만일 예루살렘 전투가 시작될 경우 신속히 라트룬을 점령하라'는 명령을 받았다. 욧밧 대령은 젊은 시절 1948년 팔레스타인 전쟁 때 라트룬에서 전투를 했었고, 처참한 패배를 경험했었다. 그래서 전쟁이 발발하자 라트룬을 반드시 빼앗겠다고 결심했다. 그러나 욧밧은 라트룬을 점령한 후 그 이동(以東)지역으로 깊숙이 전진하리라고는 생각하지 않았다. 육군은 그에게 라트룬 지역 지도 외에 다른 곳의 지도를 주지 않았기 때문이다.

욧밧은 1948년 당시의 공격 상황을 떠올렸다. 당시 라트룬을 정면공격으로 고착시키고, 양 측면에서 공격하여 포위하려고 했었다. 따라서 현재 요르단군은 당시 상황을 상정해 방어를 할 것이라고 판단한 그는 정반대의 경로를 선택했다. 즉 양 측면에서 공격하는 것처럼 적을 기만하면서 정면에서 급습하기로 결심했다. 그리고 기만작전의 성과를 극대화시키기 위해 야간공격을 실시하기로 했다.

이렇게 이스라엘군이 라트룬을 공격하려고 준비하고 있을 때, 먼저 행동을 개시한 것은

---

203) 전게서, 제러미 보엔, p.228.

이집트군 코만도 부대였다. 도착한지 얼마 되지 않은 이집트군 코만도 2개 대대는 암와스(라트룬에 있는 3개의 팔레스타인 마을 중 하나)에서 이스라엘 영(領) 안으로 침투할 준비를 하고 있었다. 이들의 임무는 로드에 있는 국제공항과 하츠소어에 있는 이스라엘군 공군기지를 습격하는 것이었다. 요르단인(人)들이 국경에서 길 안내를 해주었다. 코만도 대원들은 열정이 가득했지만 의지할 것이라고는 손바닥만한 항공사진밖에 없었다. 이들은 해가 완전히 진 후, 농장과 마을을 거쳐 잠입을 개시했다.[204]

날이 어두워 진 후, 욧밧 보병여단은 라트룬 정면 일대로 이동하여 야간공격을 준비했다. 우선 자정 무렵에 낙숀 정착촌의 차량을 이동시켜 이스라엘군 주력이 라트룬 양 측방으로 움직이고 있는 것처럼 기만한 후 6월 6일 03:00시에 공격을 개시하려고 했다.

라. 북부 사마리아 공격

요르단강 서안지구 작전은 이스라엘군 중부사령부와 북부사령부가 담당했다. 7개 여단을 보유한 북부사령부는 레바논, 시리아, 요르단의 3정면을 담당했다. 에라잘 북부사령관은 평시에는 레바논 정면에 1개 여단, 시리아 정면에 2개 여단, 요르단 정면에 1개 여단을 배치하고, 펠레드 사단(3개 여단: M4 셔먼전차 90대, M48 패튼 전차 10대)을 예비로 하여 중부 갈릴리 부근에 집결시켜 놓았다.

전쟁이 개시되자 이스라엘은 시리아의 태도를 면밀히 관찰하였다. 왜냐하면 시나이 정면에 전력을 집중시켜 이집트군을 격멸할 때까지 시리아 정면에서는 방어 및 견제작전으로 일관하고 결전은 최대한 회피해야 했기 때문이다. 다행히 시리아는 소극적인 태도를 취했다. 시리아가 전쟁을 회피하려 한다는 것을 눈치 챈 이스라엘은 신속히 펠레드 사단을 서안지구 공격에 투입시켜 수년간 준비해 온 계획을 실행에 옮겼다. 그리고 만일의 사태에 대비하여 요르단 정면에 배치했던 독립보병여단을 시리아 정면에 증원시켰다. 이스라엘군의 북부 사마리아 공격계획은 다음과 같다.

---

204) 상계서, p.239. 그것은 요르단 전선 연합군사령관 리아드 장군의 명령에 의한 것이었지만, 요르단군 수뇌부와 협의를 한 것인지 분명하지 않다. 만약 이집트군이 좀 더 체계적으로 전쟁준비를 했더라면 게릴라 작전으로 이스라엘 영토 내에 심각한 타격을 입힐 수 있었을 것이다. 그러나 침투하던 그들은 곧 발각되었고, 비행장 활주로 근처의 은신처를 찾아 피신했지만 이스라엘군의 소탕작전에 의해 450명이 죽고 나머지 생존자는 요르단으로 탈출하였다.

먼저 1개 독립보병여단이 베트 시안 계곡으로 공격하여 그곳에 배치된 요르단군 보병여단과 다미야교(橋) 일대에 집결해 있는 기갑여단이 제닌 지역으로 증원하지 못하도록 고착 및 견제한다. 이와 병행하여 펠레드 사단의 1개 기갑여단과 1개 보병여단이 깊숙이 돌파한 후 북부 사마리아의 핵심도시인 제닌을 서측 후방에서 공격하며, 이때 또 다른 1개 기갑여단이 제닌 동쪽의 계곡으로 깊숙히 진입해 배후에서 요르단군의 증원을 차단한다. 그리고 하루 늦게 중부사령부의 1개 보병여단이 조공으로서 툴캄과 칼키리야에서 공격을 실시해 요르단군의 전투이탈을 방해한다. 이후 펠레드 사단은 나블루스와 다미야교(橋) 방향으로 돌진하여 서안지구를 점령한다.

〈그림 4-21〉 사마리아 지구 돌파작전(6월 5일)

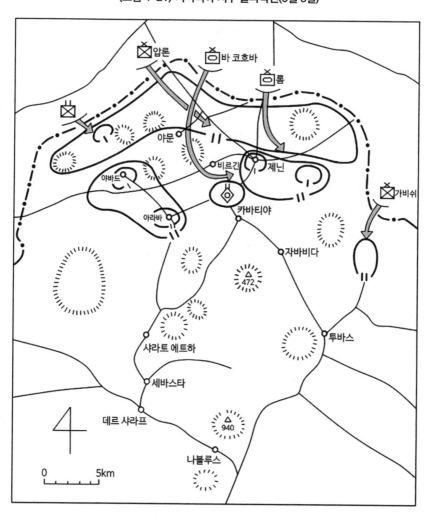

이에 대해 요르단군은 북부 사마리아 제닌 일대에 제25보병여단을 배치하여 방어를 하고 있었다. 그러나 전초대대는 약 33㎞에 달하는 광정면을 담당하고 있었으므로 돌파에 대단히 취약했다. 그래서 요르단군은 북부 사마리아 산악지대의 제한된 도로와 '목'을 통제하여 이스라엘군의 종심돌파를 저지하려고 국경선으로부터 5~8㎞ 후방의 방어에 유리한 지역에 2개 보병대대를 배치하였고, 돌파가 되었을 경우에는 다미야교(橋) 일대에 집결해 있는 기갑여단을 투입, 역습을 실시하여 이스라엘군을 격퇴할 계획이었다.

17:00시, 이스라엘군 전투기가 요르단군 진지를 폭격했다. 그리고 가비쉬 대령이 지휘하는 독립보병여단이 베트 시안 계곡으로 공격을 실시했다. 그 다음 주공부대인 펠레드 사단이 제닌의 북쪽과 서쪽에서 국경을 넘어 돌진했다. 해가 진 후, 바 코흐바 기갑여단의 선두부대가 최초로 요르단군과 조우했다. 155밀리 곡사포의 지원을 받는 대전차부대였다. 이스라엘군 전차는 제압사격을 하면서 요르단군 진지를 우회하여 남진했다. 이스라엘군의 기습공격에 충격을 받은 요르단군은 이스라엘군 전차가 통과하고 난 후 겨우 정신을 차리고 후속하는 기계화보병을 향해 사격을 퍼부었다. 그러나 이스라엘군 기계화보병부대는 짧은 교전 끝에 요르단군을 섬멸했다. 그리고 앞서 간 전차부대와 합류한 다음 다시 전진하여 19:30분에는 야문 마을을 점령했다.[205] 이후 계속 남진한 바 코흐바 기갑여단은 비르긴을 점령하고, 제닌의 서측 후방으로 공격해 들어갔다.

한편, 압론 보병여단도 국경을 넘어 요르단군 경계부대를 격퇴하고 제닌을 향해 전진을 계속했다. 그리고 롬 기갑여단도 국경을 돌파한 후 제닌 동쪽으로 전진했다. 이로서 펠레드 사단은 제닌을 차단 및 포위할 수 있는 여건을 조성하였다.

3. 혈전(6월 6일)

가. 예루살렘 지구 전투

6월 5일 오후, 예루살렘에서 가장 먼저 요르단군을 공격한 부대는 아미타이 대령이 지

---

205) 전계서, 김희상, pp.355~356.

휘하는 보병여단이었다. 그러나 예루살렘에 주둔하고 있는 아미타이 보병여단만으로는 3대 종교의 성지로서 정치적 상징성이 매우 큰 동예루살렘을 점령할 수 있는 능력이 부족하여 총사령부(참모본부)의 예비인 구르 공정여단을 투입하게 되었다.

원래 구르 공정여단은 6월 6일 새벽, 시나이의 엘 아리쉬 공격 시에 3자(지상, 상륙, 공정) 통합작전의 한축으로 투입될 예정이었다. 따라서 여단은 비행기에 모든 장비를 적재해 놓고 텔아비브 북부에 있는 텔 노프 공군기지 활주로에서 대기하고 있었다. 그런데 시나이에서 탈 사단의 쾌속전진으로 인해 엘 아리쉬에 대한 3자 통합작전을 실시할 필요성이 대폭 감소되고 있는 반면, 요르단 정면의 위협은 점점 증대하고 있었다. 이에 참모본부는 구르 공정여단을 예루살렘에 투입하여 본격적인 공격을 준비하도록 명령을 하달했다.

구르 대령이 예루살렘 공격을 위한 준비명령을 수령한 것은 6월 5일 10:00시였다. 그는 즉시 투하장비를 점검중인 장병들의 행동을 중지시켰다. 14:00시에는 1개 대대를 먼저 예루살렘으로 투입시키라는 명령이 내려왔다. 잠시 후, 그 명령은 전 여단을 투입하라는 것으로 확대되었다. 구르 대령은 우선 중부사령관 나르키스 준장과 협의를 한 후 자신이 먼저 예루살렘으로 가서 공격계획을 수립하고, 그의 부대는 출발준비가 완료되는 대로 신속히 예루살렘으로 이동하기로 했다.

구르 대령은 예루살렘 신시가지의 학교 건물에 지휘소를 설치하고 참모들과 함께 공격계획을 수립했다. 그는 예루살렘 출신이었기 때문에 지형을 잘 알고 있었다. 그는 여단 주력을 예루살렘 시(市) 북부에 집중 투입하여 돌파한 후 고립되어 있는 스코푸스 산(山)과 연결하고, 이를 발판으로 예루살렘 시 외곽 동쪽 능선을 따라 올리브 산(山)을 공격하여 예루살렘 구 시가지를 포위한 다음 마지막으로 소탕작전을 실시하는 것으로 계획을 작성했는데, 부대별 임무과업은 다음과 같았다.

"제66공정대대는 좌측에서 요르단군의 가장 강력한 거점(탄약의 언덕과 경찰학교)을 점령한 후 세이크 자라를 거쳐 스코푸스 산(山)의 수비대와 연결한다. 제71공정대대 및 제28공정대대는 우측에서 요르단군의 거점을 측면 돌파한 후, 제71공정대대는 와디 알 요즈를 점령하여 아우구스타 빅토리아 언덕을 공격할 발판을 확보하고, 라말라 및 예리코로부터의 증원을 차단한다. 제28공정부대는 '미국인 거주지(American Colony)'를 거쳐 고고학 박물관 일대를 탈취함으로서 성벽 안으로 들어갈 수 있는 발판을 확보한다."

이와 병행하여 예루살렘 북부산악지대를 공격하는 벤 아리 기계화여단은 텔 엘 풀을 점령하여 구르 공정여단의 좌측방을 방호하기로 했다.

구르 공정여단이 돌파하려고 하는 예루살렘 시 북부의 '탄약의 언덕(Ammunition Hill)',[206] 경찰학교, 세이크 자라(Sheikh Jerach) 등은 1948년 팔레스타인 전쟁 때도 격전지였다. 이스라엘군이 그곳을 점령하면 예루살렘을 완전히 감제할 수 있는 스코푸스 산(山)과 연결될 수 있을 뿐만 아니라 북쪽으로는 라말라, 남쪽으로는 헤브론으로 연결되는 남북 간선도로를 차단할 수 있었다. 이렇게 중요한 지역이었기 때문에 요르단군도 견고한 진지를 구축하고 지뢰 및 철조망 등의 장애물로 보강했으며, 동예루살렘을 방어하는 요르단군 제27보병여단장 아타 알리 준장이 가장 신뢰하는 제2대대를 배치하였다.

6월 5일 17:00시, 이번 작전을 위해 아미타이 보병여단에서 구르 공정여단으로 배속이 전환된 전차 1개 중대가 도착했다. 구르 대령은 그들에게 간단히 상황 설명을 한 후 제71공정대대 및 제28공정대대가 돌파할 지역 근처에 위치시켰다. 그런데 공격작전의 주력인 구르 공정여단의 도착이 늦어지고 있었다. 기다리던 부대는 날이 완전히 어두워지고 난 후, 20:00시경이 되어서야 징발된 민간버스를 타고 도착하기 시작했다. 그런데 공정부대원들이 개인화기 이외의 중화기를 휴대하지 않은 것을 보고 구르 대령은 소스라치게 놀랐다.[207] 여단의 주요장비와 무기들은 그들을 엘 아리쉬에 공중강하 시킬 항공기에 대부분 적재되어 있었기 때문에 그것을 해체하여 갖고 올 시간적 여유가 없었다. 그래서 병력을 먼저 보내고, 그 다음으로 중화기 및 장비를 수송하려고 한 것이다.

구르 대령은 큰 곤란에 처했다. 편제화기 및 장비 모두가 도착할 때까지 공격을 늦출 수도 없었다. 여러 가지 궁리 끝에 구르 대령과 그의 참모들은 예루살렘에 주둔하고 있는 아미타이 보병여단으로부터 중화기와 탄약, 필요한 장비 등을 차용했다.[208] 그리고 그것을 부대별로 분배하느라고 정신없이 뛰어 다녔다. 그런데 문제가 또 있었다. 초급장교들을 비롯한 대부분의 장병들이 예루살렘의 지형에 관하여 생소하다는 것이다. 대부분의 병사들은 생전 예루살렘에 와 본 적도 없었다. 이제 와서 지형 정찰을 할 수도 없었다. 또 너무 어

---

206) 영국군이 주둔했을 때 탄약고가 있던 능선.

207) 전게서, 제러미 보엔의 p.217에서는 '공정부대원들을 예루살렘으로 수송하기 위해 낡은 마을버스들이 나타났다. 병사들은 휴대할 수 있는 장비와 무기를 갖고 버스에 올라탔다. 무거운 장비와 무기는 나중에 수송했다'고 설명한다. 따라서 개인화기는 휴대하고 기관총, 박격포, 포탄 등과 같은 장비와 탄약은 함께 도착하지 못한 것으로 보인다.

208) 전게서, 김희상, p.351.

두워서 지형을 상세히 설명할 수도 없었다. 어쩔 수없이 각 부대별로 작전지역의 도로와 건물 등, 주요 지형지물에 대해서만 간단히 교육하였다.

21:30분경, 이러한 사정을 알지 못하는 나르키스 중부사령관은 6월 6일 00:00시를 기

〈그림 4-22〉 요르단 작전 제2일차 상황(6월 6일)

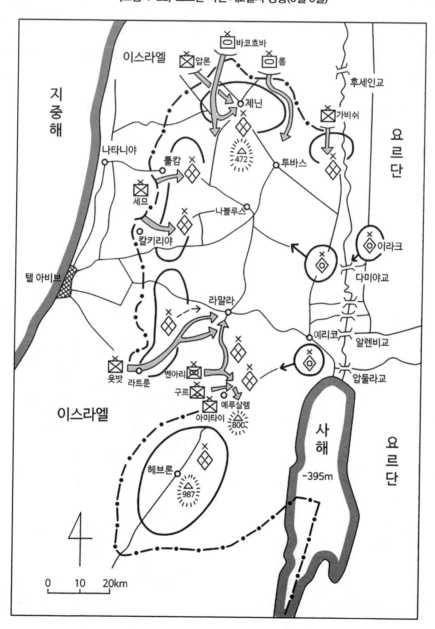

해 공격하기를 원한다는 의견을 보내왔다. 아무리 생각해 봐도 그것은 불가능했다. 그래서 구르 대령은 1시간이 지난 22:30분에 01:00시를 기해 공격을 개시하겠다고 건의했다. 그러자 불과 30분 후에 이번에는 대대장들이 공격개시 시간을 좀 더 연기해 달라고 요구해 왔다. 이렇게 되자 나르키스 중부사령관도 구르 여단의 어려운 상황을 알게 되었고, 즉시 여단지휘소를 방문하여 구르 대령으로부터 보고를 받았다. 또 참모본부도 공격개시 시간을 08:00시로 연기하여 근접항공지원 하에 공격하자는 의견을 제시했다. 그러나 구르 대령은 공격목표가 예루살렘 시가지와 근접해 있기 때문에 근접항공지원이 불가능하며, 또 02:00시까지는 공격준비가 완료될 수 있다고 보고해 결국 02:00시에 공격을 개시하는 것으로 승인되었다. 다만 사전에 강력한 포병사격으로 견고하게 구축된 요르단군 진지를 충분히 제압하기로 했다.

〈그림 4-23〉 예루살렘 지구 전투(6월 6일)

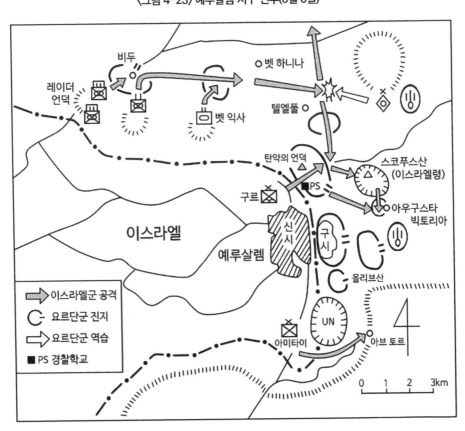

1) 돌파 및 연결

6월 5일 23:00시가 조금 지났을 때부터 이스라엘군은 요르단군 진지에 대하여 곡사포 및 박격포 사격을 개시하였다.[209] 주요 표적은 스코푸스 산(山) 하단 계곡과 예루살렘 시 북부지역의 요르단군 진지, 올리브 산(山)에 위치한 요르단군 제27보병여단지휘소 등이었다. 특히 견고한 진지가 구축되어 있는 '탄약의 언덕'과 경찰학교에는 농밀한 제압사격이 실시되었다. 야간사격은 예루살렘 신시가지의 노동조합 건물 옥상과 스코푸스 산(山)에 배치된 탐조등 조명하에 행해졌다.

제27보병여단지휘소에 포탄이 집중적으로 떨어지기 시작하자 여단장 아타 알리 준장은 이스라엘군의 공격이 임박했음을 판단하고 병력 증원을 건의했다. 얼마 후 증원부대가 예리코에서 출발했다는 소식이 암만에 있는 군사본부로부터 들어왔다. 그러나 서안지구사령부와는 연락이 되지 않았다.

6월 6일 01:00시, 구르 공정여단의 각 대대는 공격대기지점으로 이동하기 시작했다. 이때 이스라엘군의 공격을 알아차린 요르단군이 제28공정대대의 위치를 파악하고 포격을 가했다. 건물 옥상에서 적진을 관측하고 있던 나르키스 사령관과 구르 여단장이 있는 곳에도 포탄이 떨어졌다. 포탄이 난간을 치며 폭발해 파편이 사방으로 튀었다. 거리에 지휘용 지프를 세워놓고 나르키스 사령관을 기다리던 요엘 헤르츨은 거대한 연기 속에서 옥상이 무너지는 광경을 보았다. 그는 나르키스 사령관과 구르 여단장이 틀림없이 죽었을 것이라고 생각했다. 포격은 계속되었다. 공정대원들이 고함을 지르며 부상자를 옮겼다. 죽거나 다친 병사들이 거리에 즐비했다. 얼마 후 나르키스 사령관이 온몸에 흙을 뒤집어 쓴 채 나타났다. 그 포격에 의해 제28공정대대는 8명이 죽고 최소한 60명이 부상을 당했다. 공격을 개시하기도 전에 큰 피해를 입어 단시간 내에 재편성을 하지 않으면 안 되었다. 02:20분, 구르 공정여단의 주력은 만델바움 문(門) 근처의 비무장지대를 통과하였다. 제66공정대대는 경찰학교와 '탄약의 언덕'으로 전진했고, 제28 및 71공정대대는 '미국인 거주지' 방향으로 전진했다.

---

209) 전게서, 田上四郎, p.156.

• **제66공정대대의 '탄약의 언덕' 공격**[210] : 제66공정대대는 비무장 지대를 통과한 후 2개 중대는 '탄약의 언덕'으로, 1개 중대는 경찰학교로 각각 전진했다. 경찰학교로 전진한 공정대원들은 파괴통을 이용하여 철조망을 파괴하고 돌파를 시도했다. 방어하는 요르단군은 맹렬한 사격을 퍼부으며 이스라엘군의 돌파를 저지했다. 이때 배속된 전차 2대가 도착해 요르단군 진지에 사격을 가하자 요르단군의 저항이 현격하게 감소하였다. 그 덕분에 경찰학교를 예상보다 일찍 점령하고, 요르단군이 가장 강력하게 방어하고 있는 '탄약의 언덕' 공격에 가담하였다. '탄약의 언덕'을 공격하려면 먼저 지뢰지대를 통과해야만 했다. 하지만 통로상의 지뢰를 제거하는 것은 불가능했다. 그래서 지면에 닿는 면적을 줄여서 지뢰를 밟을 확률을 줄이려고 최대한 발끝으로 서서 걸었다. 이들을 향해 요르단군의 사격이 개시되었다. 총소리와 함께 여기저기서 비명소리가 넘쳐났다. 방어하는 요르단군은 제27보병여단 제2대대의 증강된 1개 중대 규모였다. 그들이 방어진지에서 퍼붓는 화력은 마치 폭풍이 몰아치는 듯 했다. 그들은 대부분 유목민 베두인 출신의 병사들이었고, 중대장 술라민 살라이타 대위는 팔레스타인인(人)이었다. 이미 가벼운 부상을 입은 살라이타 대위는 본격적인 전투가 시작되자 이렇게 외쳤다.

"제군들의 날이 왔다. 예루살렘이 그대들을 부르고 있다. 신(神)이 그대들을 부르고 있다. 신의 목소리를 듣고 그를 섬겨라, 끝까지 살아남아라. 치욕을 당하느니 차라리 지옥으로 향하자!"

이스라엘군은 요르단군의 소총 및 기관총 사격에 계속 쓰러졌고, 그보다 더 많은 장병들이 각종 포화와 지뢰 등으로 인해 피해를 입었다. 그렇지만 진격을 멈추지 않았다. 요르단군도 물러서지 않고 사력을 다해 싸웠다. 지뢰지대와 철조망을 돌파하는 데 2시간이나 소요되었다. 이스라엘군이 참호선에 근접해 오자 요르단군은 자신들의 위치에 포격을 요청했다. 고막이 터질 듯한 굉음이 들려왔다. 이어서 참호선과 벙커 안에서 근접전투 및 백병전이 벌어졌다. 서로 총을 난사하면서 수류탄을 투척하였고, 자주 백병전이 벌어졌다. 벙커마다 사체와 부상병이 가득했다. 수류탄이 바닥나자 이스라엘군은 휴대하고 있던 가방

---

210) '탄약의 언덕' 전투는 주로 전게서, 제러미 보엔, pp.251~254; 전게서, Pollack p.305; 전게서, Muttawi, pp.133~134; Moskin, Robert, 『Among Lions』(New York : Arbor House, 1982), pp.258~259에 기초하였다.

폭탄[211)]으로 요르단군 벙커를 파괴하였다. 그들은 빗발치는 총탄 속에서 포복으로 접근하여 폭탄을 설치하고 동료들의 엄호사격을 받으며 그곳을 이탈한 다음 폭파시켰다. 때로는

〈그림 4-24〉 구르 공정여단의 제1단계 공격(돌파 및 연결)

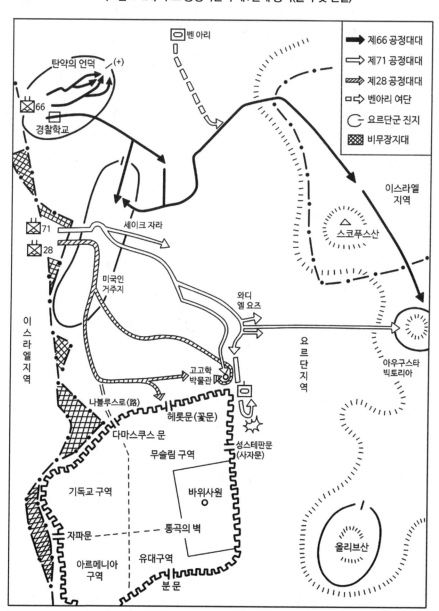

---

211) 원래 계획되었던 엘 아리쉬 공정작전에 투입될 경우, 이집트군의 대포를 파괴하기 위해 제작한 휴대용 폭탄.

벙커 안으로 돌진해 들어가 우지 기관단총을 난사하여 요르단군을 사살하기도 했다.

이렇게 처절한 전투도 날이 밝으면서부터 서서히 막을 내리기 시작했다. 대부분의 요르단군은 끝까지 싸우다 죽었다. 중대장 살라이타 대위는 전투가 패배로 끝난 것을 알고 부하 3명과 함께 전장을 떠났다. 요르단군과 이스라엘군 모두 용맹성을 발휘한 전투였다. 다만 결정적인 차이가 있다면 그것은 전술의 유연성이었다. 요르단군은 이를 악물고 저항했다, 그렇지만 이스라엘군은 고전을 하면서도 모험을 감행해 주도권을 확보했다. 전투가 끝나자 '탄약의 언덕' 위로 아침 해가 떠올랐다. 전장에는 쌍방 전사자의 시신이 널려 있었다. 이스라엘군 36명과 요르단군 71명이 전사하였다. 제66공정대대 부대대장 도론 모르 소령은 대원들의 시신을 수습하기 시작했다. 죽은 많은 장병들이 그의 친구였다. 살아남은 공정대원들은 멍하니 앉아서 모르 소령과 공병들이 요르단군이 남기고 간 트레일러에 시신을 옮기는 모습을 넋 놓고 바라보았다. 그들은 충격에 빠져 있었다. 또 지쳐 있었고, 무모한 공격에 분노하고 있었다.[212]

• **제28 및 71공정대대의 공격:** 제28공정대대는 공격 전 요르단군의 박격포 사격을 받아 큰 피해를 입었음에도 불구하고 비무장 지대를 통과한 후 '미국인 거주지' 주변의 요르단군 진지를 공격하였다. 그들은 요르단군의 방어가 약한 살라 알 딘 가(街)를 통해 접근하려고 하였다. 그러나 길을 잘못 들어 요르단군이 가장 강력하게 방어하고 있는 나블루스로(路)에 들어갔다. 그 결과 공정대원들은 요르단군의 치열한 저항과 맞닥뜨렸고, 배속된 전차도 도로를 따라 지근거리에서 교전하였다. 어느 건물도 그대로 지나칠 수가 없었다. 조금 더 빨리 전진하려고 건물을 지나치면 어김없이 뒤에서 총알이 날아왔다. 요르단군은 나블루스로(路)로 이어지는 작은 골목길 칼데안 거리에도 진지를 구축해 놓고 있었다. 그곳을 지나가던 이스라엘군 다수가 죽거나 다쳤다. 공정대원들은 칼데안 거리를 '죽음의 골목'이라고 불렀다. 요르단군은 이스라엘군의 공격을 몇 차례 저지했지만 차츰 화력 면에서 밀리기 시작했다. 공정대원을 지원하는 전차는 포격으로 요르단군 진지를 차례차례

---

212) 일부 이스라엘군 장교들은 너무 준비 없이 급하게 '탄약의 언덕' 공격에 투입되어 불필요한 희생을 많이 당했다고 생각했다. 또 예루살렘 북부 고지대를 공격해 스코푸스 산(山)까지 진출해 온 벤 아리 기계화여단장도 이렇게 비판했다. "전차가 배후에서 '탄약의 언덕'으로 돌진해 들어갔다면 전투는 1분만에 끝났을 것이다. 지뢰지대를 통과하여 계속 전진한 것은 실수였다. 전장에 따라 계획도 바꿔야 한다. 공정부대의 희생이 너무 컸다." 제러미 보엔, p.254; Moskin, p.272.

파괴해 나갔다. 마침내 제28공정대대는 나블루스로(路)를 점령했다. 그러나 쌍방 공히 희생이 너무 컸다. 이스라엘군은 30명이 전사했으며, 요르단군 전사자도 45명이나 됐다.

제71공정대대도 비무장지대를 통과한 후, 세이크 자라 지구의 요르단군 진지를 돌파하고 고고학 박물관 방향으로 전진하였다. 이렇게 격전이 전개되고 있을 때, 요르단군 제27보병여단장 아타 알리 준장과 동예루살렘 행정청장 안와르 알 카팁 등, 주요 인사들은 구르 공정여단이 세이크 자라에서 구시가지 사이의 지역을 장악하기 전에 구시가지 성벽 안으로 걸어 들어갔다. 헤롯의 문으로 향하는 마지막 20m는 총알이 빗발쳤다. 뒤따르던 남자 1명만 사망했고, 나머지는 모두 무사히 성문을 통과했다. 날이 밝기 시작하자 이스라엘군 전투기가 올리브 산 후사면에 있는 요르단군 포병대대 진지를 폭격했다. 요르단군의 저항이 눈에 띠게 감소했다.

제66공정대대의 일부 병력은 동쪽으로 전진하여 스코푸스 산을 수비하고 있는 병력과 연결하였다. 제28공정대대는 나블루스 도로의 요르단군 저항진지를 분쇄하고 '미국인 거주지' 지역을 소탕했다. 그러나 고립된 상태에서도 여전히 목숨을 걸고 독자적인 저항을 계속하는 요르단군 병사들이 있었다. 또 많지 않은 숫자지만 팔레스타인 남자들도 막판에 보급된 무기를 들고 저항했다. 이러한 난관을 극복하고 제28공정대대는 구시가지 성벽의 다마스쿠스 문(門)앞까지 진출했다. 제71공정대대는 짧은 교전 끝에 고고학 박물관 일대를 점령했으며, 주력은 스코푸스 산 서쪽 하단의 와디 알 요즈를 확보했다. 그곳은 라말라와 예리코로부터의 증원을 차단할 수 있는 요지였다.

이리하여 09:00시경에는 구르 공정여단의 제1단계 작전이 완료되었다. 구르 대령은 여단지휘소를 전방으로 추진하고 다음 단계 작전을 준비했다. 그러나 이때 여단은 극심한 피해를 입고 있었기 때문에 재편성 및 재정비가 가장 시급했다. 구르 공정여단은 75명이 전사하고 300명이 부상을 당했는데, 이는 여단 총병력의 20%에 해당하는 피해였다. 또 배속된 전차중대의 전차장 대부분이 피격되었고, 절반 이상의 전차가 기동이 불가능한 상태였다. 그래서 경찰학교 앞 공터에 급히 야전정비소가 설치되었으며, 손실된 병력은 아미타이 대령의 예루살렘 여단으로부터 긴급 보충을 받았다.

11:30분경, 예루살렘 북부 고지대 군(群)을 공격한 벤 아리 기계화여단이 '탄약의 언덕'에서 구르 공정여단의 제66공정대대와 연결하였다.

2) 구(舊)시가지 우회 및 포위

12:30분, 나르키스 중부사령관, 다얀 국방부 장관, 바이츠만 작전부장이 장갑차 2대와 지프 1대에 나누어 타고 예루살렘에 도착했다.[213] 나르키스 사령관은 옛 동지인 제66공정대대 부대대장 모르 소령을 만나 인사를 나눈 다음, 장군단을 스코푸스 산으로 안내하라고 말했다. 모르 소령은 난처했다. '탄약의 언덕'을 점령한 후 스코푸스 산과 연결하기는 했지만 스코푸스 산으로 가는 도로가 완전히 장악된 것이 아니기 때문이었다. 모르 소령은 모험을 하기로 결심했다. 그가 운용할 수 있는 차량은 기관총이 장착된 지프 2대뿐이었다. 그는 수류탄을 몇 개 휴대한 다음 선두차량에 타고 장군단은 뒷 차량에 탑승시켰다. 그리고는 운전병에게 최대한 빨리 달리라고 지시했다. 선두차량이 빠른 속도로 달리자 뒷차량도 뒤따랐다. 다행히 도로차단 장애물이 없었고, 사격을 가해 오는 요르단군도 없었다. 불과 몇 분 만에 스코푸스 산에 도착했다.

스코푸스 산에서 예루살렘 시가지를 바라보고는 모두들 감격스러워 했다. 이때 나르키스 중부사령관이 '이제 구시가지로 진입해야 한다'고 말하자 다얀 국방부 장관은 '절대로 안 된다'고 대답했다. 다얀은 지금 이대로 구시가지로 진입할 경우 성지나 그 주변 일대가 훼손될 것을 우려했고, 또 세계 모두의 기독교인들에게 공분을 살 수 있는 것이 두려웠다. 그는 예루살렘 성지를 점령한다 해도 국제여론에 밀려 포기할 수밖에 없을 것이라고 생각했다. 그는 우선 구시가지를 포위하기를 원했다. 현재 그들이 서 있는 스코푸스 산을 발판으로 삼아 아우구스타 빅토리아 병원이 있는 언덕을 거쳐 올리브 산까지 예루살렘의 고지대 능선을 장악하여 구시가지를 원거리에서 완전히 포위하는 개념이었다. 그렇게 되면 구시가지는 잘 익은 과일처럼 저절로 떨어질 것이라고 생각했다. 이 작전을 위해 11:30분에 연결한 벤 아리 기계화여단의 전차 1개 중대가 잔류하여 구르 공정여단을 지원하기로 했다.[214]

한편, 요르단군 제27보병여단도 항전의지를 굽히지 않았다. '탄약의 언덕'을 포함한 예루살렘시 북부지역을 탈취당하고 그곳을 방어하던 제2대대가 격멸 당했지만 아직도 1개 보병대대가 구시가지 내에서 방어하고 있었고, 또 아우구스타 빅토리아 언덕과 올리브 산에도 1개 보병대대가 배치되어 있었다. 그리고 예리코에서 약 1개 여단이 증원될 예정이

---

213) Narkiss, Uzi, 「The Liberation of Jerusalem」, (London : Valentine Mitchell, 1992), p.219.
214) 벤 아리 기계화여단은 14:00시에 다시 간선도로를 따라 북쪽으로 진격하였고, 그 후 라말라를 점령했다.

었다.

구르 대령은 상급지휘관 의도에 맞춰 제2단계 작전을 준비했다. 그의 계획은 전차로 증강된 2개 공정대대가 아우구스타 빅토리아 병원 언덕을 점령하고, 그다음 올리브 산으로 이어지는 동부 고지대 능선을 장악하여 구시가지를 포위함과 동시에, 1개 공정대대는 처음부터 구시가지 성벽의 동쪽에 있는 성 스테판 문(門)[215]으로 직진하는 것이었다. 이러한 구르 공정여단의 우회 및 포위공격을 지원하기 위해 아미타이 대령이 지휘하는 예루살렘 보병여단이 먼저 여건 조성 작전을 실시하였다. 즉 구시가지 남쪽 능선을 점령하여 포위망을 완성하는 것이었다.

오후 일찍, 예루살렘 보병여단의 1개 대대가 구시가지 남쪽으로 진격하기 시작했다. 아부 토르 일대에 배치된 요르단군 1개 중대는 후퇴하면서도 맹렬히 싸웠다. 예루살렘 기차역 근처에 있는 헤브론로(路)를 지나던 이스라엘군 1개 중대가 포격을 받아 큰 피해를 입었다. 사상자가 거리에 즐비했다. 또 이스라엘군 중기관총 팀원 4명이 단 1명의 요르단군 저격수에 의해 길가에서 모두 사살되었다. 저격수를 제거하기 위해 대전차 로켓발사기 사수가 10m 근처까지 접근한 후 방아쇠를 당기려는 순간 간발의 차이로 먼저 저격당했다. 결국 다른 병사가 접근하여 수류탄을 투척해 저격수를 제거했다.

이러한 혈전을 치르며 아부 토르로 진격하던 대대장 마이클 파익스 중령은 대대 정보장교와 함께 이미 점령한 것으로 보이는 참호로 들어갔다. 이때 소총을 든 요르단군 병사 1명이 뛰어들었다. 갑작스런 조우에 양측 모두 화들짝 놀랐다. 정보장교가 먼저 요르단군 병사의 소총을 낚아챘다. 요르단군 병사 3명이 참호 안으로 더 뛰어 들어왔다. 그중 2명은 이스라엘군을 보자 깜짝 놀라 곧바로 도망쳤고, 1명은 대대장 파익스 중령을 죽이고 정보장교에게 달려들었다. 두 사람은 참호바닥에서 서로 붙잡고 뒹굴다가 정보장교가 먼저 우지 기관단총으로 요르단군 병사를 사살했다. 이러한 혈전 끝에 이날 오후 아부 토르는 이스라엘군에 점령되었다.

18:30분, 구르 공정여단이 제2단계 야간공격작전을 개시하였다. 제66공정대대는 벤 아리 기계화여단으로부터 배속 받은 아이탄 전차중대와 함께 스코푸스 산에 있는 히브리 대학 교정에서 출발하여 산 능선을 따라 아우구스타 빅토리아 언덕을 공격하고, 제71공정대

---

215) 예루살렘성의 동쪽에 있는 2개의 문(門) 중 하나로서 '사자문(Lion's Gate)'이라고도 부른다.

대는 아미타이 대령의 예루살렘 보병여단으로부터 배속전환 된 라피 전차중대와 함께 서쪽의 와디 알 요즈에서 험한 비탈길을 타고 올라가며 아우구스타 빅토리아 언덕을 공격하였다. 그러나 야간인데다가 아직도 예루살렘 시내의 지리를 완전히 파악하지 못한 장교들로 인해 공격은 혼란 속에 빠져 들었다.

라피 전차중대는 처음부터 길을 잘못 들었다. 예리코로 가는 구시가지 동쪽 성벽 밖의 도로로 진입한 것이다. 그 때문에 구시가지의 성벽과 올리브 산 양쪽에서 공격을 받았다.[216] 요르단군은 가용한 모든 화력을 퍼부었다. 포탄에 맞은 이스라엘군 전차가 도로 위에서 불타올랐다. 선두에서 전진하던 전차장은 이마에 총을 맞고 엄청난 양의 피를 흘렸다. 한참 만에 자신의 잘못을 깨달은 라피 대위는 구르 대령에게 자신의 위치가 어디인지를 문의했다. 구르 대령은 예루살렘 태생으로 그곳 지리를 자신의 손바닥처럼 훤히 알고 있었지만 라피 대위가 설명하는 위치를 전혀 알 수가 없었다. 결국 그는 정보참모 카프스타 소령에게 수색부대를 지휘해서 라피 부대를 찾으라고 하였다. 그러나 그 조치 또한 실수였다. 카프스타 소령 역시 예루살렘 시내의 지리를 몰랐다. 그래서 그도 예리코로 가는 도로로 접어들었다. 더욱 불운한 것은 요르단군의 강력한 방어진지 앞으로 무심히 나아갔고, 그 순간 요르단군의 집중사격을 받아 그가 탄 지프가 벌집처럼 된 것이다. 엎친 데 덮친 격으로 지프에 탑승한 수색대원이 전차를 안전한 곳으로 유도하려다가 오히려 깔려 죽는 사고까지 발생하였다. 또 방향을 전환하여 계획된 통로로 되돌아가던 전차 중에서 포탄에 맞거나 교량[217] 아래로 떨어지는 전차도 있었다. 추락한 전차에 탑승한 승무원들은 죽지는 않았지만 크게 다쳤다. 카프스타 소령을 비롯한 몇몇 수색대원들은 총탄이 빗발치는 상황에서도 추락한 전차에 접근해 부상당한 전차승무원들을 구출했다. 이 소식을 듣고서야 구르 대령은 그들이 길을 잘못 들어 예리코로 가는 길로 접어들었다는 것을 깨달았다.

이렇게 혼란스런 와중에 구르 대령은 나르키스 사령관으로부터 약 40대의 요르단군 전차가 접근 중이라는 통보를 받았다. 이때가 자정 직전이었는데 실로 중대한 위협이었다. 구르 공정여단은 충분한 전차를 보유하고 있지 못했고, 무엇보다도 중요한 것은 작전계획에 큰 차질이 생긴다는 사실이었다. 그렇지만 어쩔 수가 없어 구르 대령은 야간공격을 일시 중지하고 급편방어로 전환하였다.

---

216) 상게서, p.242.
217) 구시가지와 올리브 산 사이에 있는 기드론 골짜기 계곡에 놓여 있는 교량.

나. 텔 엘 풀 공격 및 점령

벤 아리 기계화여단은 예루살렘 북부 감제 고지대에 대한 공격을 계속하기 위해 레이더 언덕과 세이크 압둘 아지즈 거점을 확보한 후, 전차가 기동할 수 있도록 통로개척 작업을 실시하였다. 전투 못지않게 힘든 통로개척 작업은 자정이 넘도록 계속되었다. 이러한 고난 끝에 6월 6일 02:00시, 벤 아리 여단의 전차 및 반궤도 차량은 고지대로 기동을 재개하였다. 그러나 대단히 조악한 도로 상태로 인해 8대의 셔먼 전차가 무한궤도가 벗겨져나가 도로가에 주저앉았다. 이렇듯 기동을 하는 데 많은 어려움이 있었지만 최초 목표인 비두 마을은 큰 저항을 받지 않고 탈취하였다. 방어하고 있던 요르단군 대대는 이미 레이더 언덕과 세이크 압둘 아지즈 거점에서 큰 피해를 입었기 때문에 저항을 계속할 수가 없었다.

비두 고지 및 마을을 점령한 후 벤 아리 대령은 주공으로서 레이더 언덕을 공격했던 기계화보병대대가 가장 큰 피해를 입었기 때문에 후방에 잔류시켜 재편성 및 잔적 소탕을 실시하도록 하고, 조공이었던 기계화보병대대와 주공에 배속되었던 전차중대를 이끌고 텔 엘 풀을 향해 진격을 재개하였다. 이때 벤 아리 대령은 반궤도 차량에 탑승하고 대열의 선두에 서서 최종 목표를 향해 당당하게 진군하였다.[218]

이스라엘군은 후퇴하는 요르단군의 뒤를 쫓아 거침없이 동쪽으로 진격했다. 진격로 상에 몇 개의 요르단군 저지진지가 있었지만 이스라엘군이 후퇴하는 요르단군의 꼬리를 물고 뒤쫓아 왔기 때문에 저지진지에서 이스라엘군을 저지/지연시킬 수가 없었다. 그래서 벤 아리의 부대는 보다 신속히 전진할 수 있었고, 계획보다 2시간이나 빠른 04:00시경, 예루살렘과 라말라를 잇는 간선도로에 도착하였다. 이때 베잇 익사를 공격했던 전차대대 TF도 도착했다. 그들은 경사가 급한 산악지대에 지그재그로 도로를 만들어가며 고난의 전진을 거듭했었다. 그러나 돌멩이로 뒤덮인 암석지대를 극복하는 것이 너무 어려웠다. 30대의 전차 중에서 무려 12대가 궤도가 이탈되어 주저앉았다. 결국 18대만이 간신히 암석지대를 통과하였고, 새벽까지 가까스로 여단의 선두대대를 따라잡아 접촉한 것이다. 이렇게 해서 04:00시경, 여단의 주력이 집결하자 벤 아리 대령은 부대를 재편성한 후, 텔 엘 풀을 공격하기에 앞서 그 전방의 전초기지와도 같은 텔 자하라를 먼저 공격하였다. 요르단군의 저항은 경미하였다. 벤 아리 여단은 짧은 교전 끝에 텔 자하라를 탈취하였다.

텔 자하라를 탈취한 직후, 요르단군의 역습이 개시되었다.[219] 역습부대는 예리코에서 막 이동해 온 제40기갑여단의 1개 대대 규모였다. 요르단군의 M48 패튼 전차는 근처에 있는 민가 뒤에 은폐하여 사격을 했다. 그러나 이스라엘군이 확보한 텔 자하라는 주변을 감제할 수 있는 고지대였으므로 요르단군보다 관측과 사계가 유리했다. 더구나 이스라엘군 전차병의 사격능력이 우수했으므로 전투는 이스라엘군에게 유리하게 전개되었다. 그럼에도 불구하고 요르단군은 끈질기게 저항하여 전투는 3시간 가까이 계속되었다.

날이 밝자 이스라엘군은 근접항공지원을 요청했다. 이스라엘군 전투기들이 날아와 요르단군 전차를 다수 격파하였다. 이렇게 되자 요르단군은 더 이상 버티지 못하고 08:00시경 후퇴하기 시작했다. 전장에는 요르단군 전차 12대가 불타오르고 있었다. 이스라엘군의 피해는 반궤도 차량 4대가 파괴되었을 뿐이었다.

요르단군의 역습을 격퇴하고 난 후 벤 아리 여단은 여세를 몰아 그 지역 전체를 감제 및 통제할 수 있는 전략요충인 텔 엘 풀을 공격했다. 텔 엘 풀에는 전차 수 대로 증강된 1개 중대 규모의 요르단군이 배치돼 있었다. 요르단군은 완강히 저항했지만 압도적인 이스라엘군을 당해낼 수가 없었다. 전투는 단시간 내에 끝이 났다. 이스라엘군은 2대의 AMX-13 경전차를 상실한 대신 요르단군의 M48 패튼 전차 3대를 파괴하였다. 더 이상의 저항이 불가능해지자 요르단군은 예리코 방향으로 도주하였다. 08:30분, 마침내 벤 아리 여단은 텔 엘 풀을 점령하였다.

텔 엘 풀을 점령한 벤 아리 여단은 09:00시, 예루살렘 시 북부지역을 공격하는 구르 공정여단과 연결하기 위해 남쪽으로 전진하기 시작했다. 그러나 예루살렘으로 들어가기 위해서는 스와파트 마을 뒤의 언덕과 스코푸스 산 북단의 '프랑스 고지(French Hill)'에 구축된 요르단군 진지를 돌파해야만 했다. 그 지역은 지형이 착잡하고 도로까지 협소한데다가 각종 장애물까지 설치되어 있어 이스라엘군 전차의 장기(長技)인 원거리 사격전을 전개할 수가 없었다. 요르단군은 그곳에 15문의 대전차포 및 106밀리 무반동총을 배치하고 이스라엘군의 공격을 저지하려고 했다.

벤 아리 여단은 공격을 개시하였다. 전투는 50~100m의 근거리에서 전개되었다. 벤 아

---

219) 상게서, p.347.

리 대령이 탑승한 반궤도 차량도 요르단군이 쏜 포탄에 명중되어 파괴되었지만 운 좋게도 벤 아리 대령은 무사했다. 2시간이 넘도록 치열한 근거리 교전이 계속되었다. 그러나 전력 면에서 우세하고 전투기술면에서도 우수한 이스라엘군을 저지하기에는 역부족이었다. 11:00시가 지나면서부터 요르단군은 붕괴되기 시작했다. 이 전투에서 이스라엘군은 셔먼 전차 2대와 반궤도 차량 3대가 파괴되었으며, 10명이 전사하고 31명이 부상당하는 큰 피해를 입었다. '프랑스 고지'를 넘어서자 예루살렘 시는 그야말로 지척이었다. 그 지역을 통과하고 난 이후 불과 10분 이내에 벤 아리 여단의 선두부대는 '탄약의 언덕' 부근에서 구르 공정여단의 제66공정대대와 연결되었으며, 이때가 11:30분경이었다.

12:30분, 예루살렘을 방문한 다얀 국방부 장관은 나르키스 중부사령관과 함께 스코푸스 산에 올라가서 차후 작전을 협의했다. 그는 '스코푸스 산에서 아우구스타 빅토리아 언덕을 거쳐 올리브 산에 이르는 동쪽 능선을 점령하여 예루살렘 구시가지를 포위하고, 그

〈그림 4-25〉 예루살렘 북부지구 전투(6월 6일)

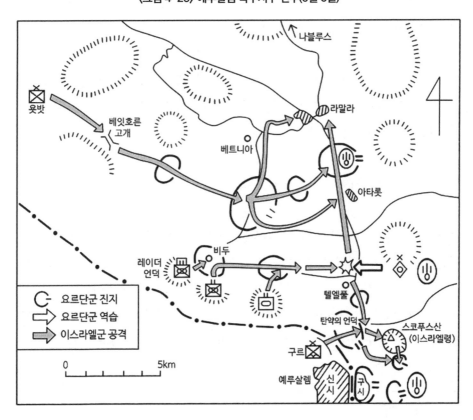

다음 포위된 요르단군을 소탕하는 작전'을 제의했다. 그 작전을 위해 벤 아리 여단은 전차 1개 중대를 구르 공정여단에 배속시키고, 여단 주력은 북쪽으로 공격하여 라말라를 점령함으로써 서안지구의 중부지역을 장악하기로 했다.

14:00시, 벤 아리 기계화여단은 서안지구의 남북으로 연결된 간선도로를 따라 북쪽으로 24㎞ 떨어진 라말라를 향해 전진을 개시하였다. 이때 비두 마을에서 재편성 및 잔적 소탕을 하던 기계화보병대대도 이동해 와 중간에서 합류했다. 벤 아리 여단의 기습적인 돌진으로 라말라는 손쉽게 점령될 것처럼 보였다. 벤 아리 대령은 근접항공지원을 기다리지 않고 곧바로 라말라 시내로 진입했다. 그러자 건물의 창문과 옥상 등에서 수백 명의 저격병들이 사격을 가해 오고, 부근의 구릉에서 쏘아대는 기관총 사격도 제법 맹렬하여 이스라엘군을 놀라게 했다. 그러나 그들을 더욱 놀라게 한 것은 벤 아리 여단의 전차대대가 앞장서서 제압사격을 하며 시내 중앙광장에 진입하자마자 저격병들의 사격이 일시에 멈춰버린 것이다. 이때가 해가 지기 30분 전인 18:30분이었다. 이스라엘군 병사 1명이 시내의 군용물품 상점을 부수고 들어가 트럼펫 10개를 약탈했는데도 저격병들은 침묵했다. 그들은 이제 자신의 패배를 인정할 수밖에 없었던 모양이었다.

벤 아리 여단은 시내를 여러 차례 위아래로 반복해서 오가며 소탕전을 벌였다. 날이 어두워졌다. 야간을 적지에서 보내는 것은 지나친 만용이었다. 그래서 벤 아리 대령은 부대를 시 외곽으로 이동시킨 후, 1개 대대는 라말라 북쪽 개활지에서 야영을 하도록 하고, 나머지 부대는 칼란디아 비행장에 숙영시켰다.[220]

다. 라트룬 돌출부 제거 및 라말라로 진격

욧밧 보병여단은 자정 무렵부터 라트룬에서 가장 가까운 정착촌인 닉숀 기브츠의 민간차량을 이용해 기만행동을 실시했다. 군용차량 2대가 먼저 출발하고 그 뒤를 정착촌의 민간차량들이 전조등을 켜고 줄줄이 뒤를 이었다. 대규모의 기갑부대가 이동하는 것처럼 연출하기 위해서였다. 약 4~5㎞의 거리를 유지한 채 정착촌에서 빠져나온 차량들은 국경도로를 따라 이동했다. 국경도로는 요르단군 진지에서 관측이 용이했다. 가짜 기갑부대는

운 좋게도 요르단군의 사격을 받지 않고 무사히 이동해 웃밧 보병여단본부에 도착했다.

기만행동이 끝나고 15분이 지난 03:00시, 이스라엘군 포병 1개 대대가 라트룬의 요르단군 진지에 대하여 공격준비사격을 실시하였다. 탐조등이 요르단 경찰 요새[221]를 비추자 포탄이 경찰 요새와 그 뒤 언덕에 있는 요르단군 진지를 강타하기 시작했다. 요새 뒤에 있는 언덕을 지나야만 예루살렘으로 갈 수 있었기 때문이다. 경찰 요새에서 800m쯤 떨어진 트라피스트 수도원의 수도사들은 포탄이 날아들자 황급히 대피하였다. 공격준비사격이 시작되자마자 진지에 배치되었던 요르단군 병력은 철수를 서둘렀다. 지휘관 인솔 하에 하시미 보병여단 소속의 병사 60명은 라트룬을 떠났다. 대규모의 이스라엘군 기갑부대의 공격이 임박한 것으로 판단하고 황급히 철수한 것으로 보인다.

04:00시, 이스라엘군이 경찰 요새 안으로 진입했다. 그러나 요새는 텅텅 비어 있었고, 요르단군이 먹다 남긴 음식물만 남겨져 있었다. 1948년에 그토록 점령하려고 애썼지만 점령하지 못했던 라트룬의 경찰 요새가 이번에는 이렇게 손쉽게 점령된 것이다. 웃밧 대령은 작전이 너무 쉽고 빨리 끝나 스스로도 놀랄 정도였다. 그는 나르키스 중부사령관에게 '1시간 만에 라트룬을 탈환했다'고 무선으로 보고했다. 그러면서 '라말라로 진격해도 되느냐?'고 물었다. 나르키스는 '조심하라'고만 말했다.[222] 이에 웃밧은 '진격할 지역의 지도를 보내달라'고 요청했다.

웃밧 보병여단이 라말라로 진격할 준비를 하는 가운데 라트룬에서는 비참한 광경이 펼쳐졌다. 주민들의 추방이었다. 라트룬은 이스라엘 국토의 중앙에 비수를 들이대고 있는 형태였다. 따라서 전략적 위협을 감소시키려면 그곳에 거주하는 팔레스타인 사람들을 모조리 몰아 낼 필요가 있었다. 이를 위한 행동이 아침 일찍부터 시작되었다.

이스라엘군은 지프에 달린 확성기를 이용하여 주민들을 마을 광장 앞으로 모이라고 방송했다. 주민들이 모이자 이스라엘군은 그들에게 '현 상태 그대로 즉시 라말라로 떠나라'고 지시했다. 집에 들를 수도 없었고, 짐을 챙길 수도 없었다. 잃어버린 가족을 찾을 기회도 없었다. 아이들 외에는 아무것도 손에 쥐거나 들지 못했다. 집을 떠나지 않으려는 사람은 강제로 밖으로 끌려 나왔다. 마을 주민 중 한 사람이 이스라엘군 병사에게 항의하자 그

---

221) 영국군이 식민지 지배 당시, 팔레스타인 전역에 철근 콘크리드 건물의 요새를 다수 축성하였다. 주로 경찰이 배치되었던 그 요새를 요르단군은 방어거점으로 활용하였다.

222) 전게서, 제러미 보엔, p.259.

는 "누구든지 남는 사람은 죽을 것이오."라고 대답했다. 이렇게 라트룬에 거주하는 팔레스타인 사람들은 강제 추방되었다.

오전 중에 진격할 지역의 지도가 헬리콥터로 보급되었다. 이에 진격할 준비를 마친 욧밧 보병여단은 라말라를 향해 진격할 수 있게 되었다. 이때 남쪽에서 공격하고 있는 벤 아리 기계화여단은 이미 텔 엘 풀을 점령하고 예루살렘을 향해 남하 중이었기 때문에 벤 아리 여단의 북측방을 방호하기 위해서는 욧밧 보병여단이 서둘러서 라말라를 향해 동진해야만 했다.

욧밧 여단은 증강된 보병대대를 라트룬 북쪽에 배치하여 측후방 위협에 대비토록 하고, 여단 주력은 라말라를 향해 진격을 개시했다. 요르단군은 하르 아다르에서 이스라엘군을 저지하려고 했다. 욧밧 여단은 전차를 앞세우고 공격하여 신속히 돌파하려고 했지만 요르단군이 매설한 지뢰에 의해 전차 7대를 잃었다. 욧밧 여단은 전차를 뒤로 돌리고 보병만으로 공격했다. 이스라엘군 보병들은 요르단군 포화 속에서 지뢰를 피하기 위해 바위에서 바위로 뛰어다니며 분전했다. 마침내 요르단군 참호에 진입하여 치열한 백병전을 전개하였다. 요르단군은 다수의 전사자가 발생하자 더 이상 지탱할 수가 없어 퇴각하기 시작했다.

욧밧 여단은 진격을 재개하였다. 욧밧 대령은 자신이 타고 있는 반궤도 차량에 팔레스타인 노인을 태우고 길을 안내하라고 했다. 그 뒤를 병사들을 태운 차량이 따라갔다. 욧밧 여단은 베잇 호른 고개를 통과한 후 요새화된 4개 마을을 접수하였다. 그런데 도로는 비좁고 이동차량이 많아 진격속도가 대단히 느려졌다. 욧밧 대령은 짜증이 났다. 그는 여단의 선두에서 정찰중대만을 이끌고 라말라를 향해 질주했다. 그런데 비두 마을과 베트니아 마을 중간지점에 라말라를 방어하는 요르단군 하시미 보병여단의 1개 대대가 방어를 하고 있었다. 그런 사실을 모르는 욧밧 대령과 정찰중대는 라말라를 향해 질주하다가 17:00시경, 요르단군의 포격을 받았다. 갑작스런 포격에 욧밧은 팔과 어깨에 강한 통증을 느끼며 의식을 잃었다.[223] 그는 길 위에 나가 떨어졌다. 부상을 당한 욧밧 대령은 후송됐다. 후속해 오던 부대가 요르단군과 교전을 시작했다. 그런데 저항이 갑자기 약해졌다. 그들의 후방에서 벤 아리 기계화여단이 라말라를 향해 진격하고 있었기 때문이다. 포위당할 위험에 처한 요르단군은 더 이상의 저항을 포기하고 후퇴하기 시작했다.

---

223) 상게서, p.300.

욧밧 보병여단은 라말라를 향해 3개 방향으로 진격했다. 그들이 라말라 외곽에 도달했을 때는 이미 벤 아리 기계화여단이 시내로 돌입하고 있는 중이었다. 이리하여 욧밧 보병여단은 라말라에서 벤 아리 기계화여단과 합류했고, 다음날인 6월 7일에는 라말라에서 텔아비브로 가는 도로를 따라 서쪽 국경 쪽으로 진격해 미처 철수하지 못한 요르단군 하시미 보병여단의 잔적을 소탕하였다.

라. 북부 사마리아 공격

1) 제닌 전투[224]

6월 5일 오후 늦게 공격을 개시한 펠레드 사단의 바 코흐바 기갑여단은 계속 남진하여 6월 6일 03:00시경에는 제닌 남서측에 도달하였다. 한편 우측(서쪽)에서 공격하는 암론 보병여단과 좌측(동쪽)에서 공격하는 롬 기갑여단도 제닌을 향해 진격하고 있었다.

제닌을 방어하고 있는 요르단군은 이스라엘군의 주공이 제닌 남쪽에서 공격해 올 것이라 판단하고, 그 정면에 3중의 대전차 방어선을 구축해 놓았다.[225] 착잡한 지형의 제1선 방어진지는 대전차포로 증강된 보병부대가 배치되어 있었다. 제2선 방어진지는 엄개 된 대전차포가 촘촘히 배치되었고, 전차가 진내를 이동할 수 있었다. 제3선 방어진지는 전차 위주로 배치되어 있었으며 어느 방향에서 공격해 오더라도 사격할 수 있는 위치에 은폐되어 있었다. 각 방어선은 상호지원이 가능했고, 대전차포는 잘 은폐되어 있었으며, 사계 청소도 잘 되어 있었다. 지형적으로 분석해 봐도 측방에서 공격당할 우려는 없었다. 이스라엘군은 제닌의 후방에서 공격한다 하더라도 정면 돌파 외에는 선택이 없었다.

제1선 진지의 올리브 숲에는 요르단군 병사들이 매복해 있었다. 숲이라고는 하지만 바위투성이의 능선이었다. 03:00시경, 제닌 남쪽 외곽에 도달한 바 코흐바 기갑여단이 요르단군의 제1선 진지를 공격하기 시작했다. 요르단군의 기관총과 대전차포, M48 패튼 전차

224) 전게서, Pollack, pp.308~310; A. J. Barke, 『Six Day War』, (New York : Ballantine Books, 1974), p.113; Dupuy, Trevor N., 「Elusive Victory: The Arab-Israeli War 1947-1974」, (New York : Harper & Row, 1978), pp.309~310를 주로 참고.

225) 전게서, 田上四郎, p.165.

가 불을 뿜었다. 요르단군의 저항은 어느 전투보다도 완강했다. 시간이 지날수록 이스라엘군의 피해는 늘어났다. 이스라엘군의 셔먼 전차가 요르단군의 대전차포 및 M48 패튼 전차의 포탄에 명중되어 여기저기서 불타올랐다.[226] 피해가 계속 증가하자 바 코흐바 여단장은 먼동이 틀 무렵, 공격을 중지시키고 부대를 일시적으로 후퇴 시켰다. 승기를 탄 요르단군 전차대대는 보병의 지원 없이 방어진지에서 뛰쳐나와 공세행동으로 전환했다. 이스라엘군의 위기였다. 바 코흐바 여단장은 후퇴하던 2개 대대를 다시 돌려 세운 후 요르단군

〈그림 4-26〉 사마리아 지구 돌파작전(6월 6일)

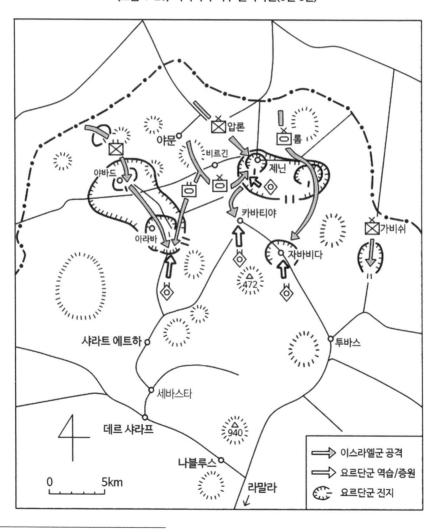

---

226) 전게서, Hussein, King of Jordan, p.78에 의하면 이때 17대의 이스라엘군 전차를 파괴하였다.

의 전차와 맞서게 했다. 치열한 전차전이 전개되었다. 이스라엘군의 셔먼 전차와 요르단군의 패튼 전차는 호각으로 싸웠다. 이런 상황에서 바 코흐바 여단장은 1개 전차중대 규모의 여단예비대를 투입하여 요르단군 전차대대의 측면을 강타했다. 전세는 다시 역전되었다. 큰 피해를 입은 요르단군 전차대대는 제닌 시내로 후퇴했다.

바 코흐바 기갑여단이 재공격을 실시했다. 진지에 남아있던 요르단군 보병들은 끝까지 저항했지만 전차나 항공지원 없이 버티는 것은 한계가 있었다. 결국 요르단군의 남쪽 진지는 돌파되었고, 바 코흐바 기갑여단은 07:30분경, 제닌 시내로 진입하기 시작했다. 이때 나자렛에서 제닌으로 연결된 도로를 따라 남동진해 온 압론 보병여단이 제닌 시(市) 북서쪽 외곽에 도달하였다. 그래서 바 코흐바 기갑여단과 압론 보병여단은 남북에서 제닌을 협격할 수 있었다. 바 코흐바 여단의 전차가 제닌 시내로 진입하자 요르단군의 대전차포가 불을 뿜었다. 그러나 제닌 남쪽의 3중 방어선에서의 전투와 같은 통합 및 협조된 전투를 전개하지 못했다. 바 코흐바 여단은 요르단군의 대전차포 및 전차를 하나씩 파괴하면서 전진했고, 제닌 시(市) 북부에 있는 경찰서를 공격할 때는 압론 보병여단과 협격하였다. 그리하여 09:00시경에는 끝까지 저항하는 요르단군을 굴복시켰다.

2) 카바티야 전투[227]

제닌 시내 소탕전을 계속하고 있을 때, 이스라엘군에게는 또 다른 위기가 닥쳐오고 있었다. 경찰서를 점령할 무렵, 바 코흐바 여단장은 정찰대대로부터 '요르단군 전차 50~60대가 투바스에서 제닌 방향으로 북상 중'이라는 무선 보고를 받았다.[228] 이에 대처하기 위해 바 코흐바 여단은 제닌 시내 소탕을 압론 보병여단에게 위임하고 즉시 부대를 집결시킨 후 카바티야 교차점을 향해 남하하기 시작했다. 남하하고 있는 다톤 계곡은 오늘 이른

---

227) 상게서, p.78; 전게서, 김희상, pp.357~359; 전게서, 田上四郎, pp.165~167; 전게서, 제러미 보엔. pp.279~280에 기초한다.

228) 제닌이 위기에 처했다는 보고를 받은 요르단 전선 연합군사령관 리아드 장군은 시리아에 지원을 요청하였다. 유사시 다미야교(橋) 일대에 증원하게 되어있는 1개 기갑여단을 조속히 투입해 달라는 것이었다. 그러나 시리아는 항공지원 없이는 어떠한 행동도 할 수 없다고 답했다. 이렇게 되자 요르단군 최고사령부가 할 수 있는 방법은 단 한가지뿐이었다. 이집트군과 베르세바를 협격하기 위해 이동하는 제60기갑여단을 예리코로 복귀시키고, 제60기갑여단의 공백을 메우기 위해 예리코로 이동한 제40기갑여단을 신속히 북서진시켜 제닌을 구원하는 것이었다. 그래서 제40기갑여단은 제닌을 향해 거의 40km의 속도로 질주하였다.

새벽 요르단군과 치열한 전투를 전개하던 곳으로서 요르단군 3중 방어선을 공격하다 파괴된 많은 전차와 반궤도 차량들이 구난 및 정비를 기다리고 있었다. 만약 요르단군 제40기갑여단이 이곳을 덮친다면 옴짝달싹도 하지 못하고 전멸당할 것이 명확해 보였다. 엎친 데 덮친 격으로 남하하고 있는 바 코흐바 여단의 잔여 전차들도 계속된 기동과 전투로 연료 및 탄약이 거의 떨어져 가는 상태였다. 그런데 북상해 오고 있는 요르단군 제40기갑여단[229]은 불과 몇 Km밖에 떨어져 있지 않은 카바티야까지 접근해 오고 있었다. 바 코흐바 여단에게는 절체절명의 위기였다. 바 코흐바 여단장은 긴급결심을 수립하여 하달하였다. 우선 긴급히 근접항공지원을 요청하였다. 그리고 정찰대대로 하여금 카바티야 교차로 일대에서 요르단군 제40기갑여단의 진격을 최대한 지연시키라고 명령했다. 그사이 여단 주력은 신속히 재편성 및 재보급을 실시하여 요르단군을 저지할 수 있도록 조치했다.

카바티야 교차로를 통과한 요르단군 제40기갑여단이 다톤 계곡으로 들어서자 바 코흐바 여단의 정찰대대가 길을 막았다. 그러나 AMX-13 경전차 위주로 편성된 정찰대대는 요르단군 M48 패튼 중전차의 상대가 되지 못했다. 단시간 교전 끝에 정찰대대는 괴멸적인 타격을 받았다. 하지만 정찰대대의 희생이 바 코흐바 여단을 구했다. 곧이어 도착한 이스라엘군 전투기들이 요르단군 제40기갑여단을 공격하기 시작했다. 그 틈을 이용하여 바 코흐바 여단의 주력인 2개 전차대대는 부대를 재편성하고 연료 및 탄약을 보충했다. 이로서 위기는 사라졌다.

이후 전투는 다톤 계곡 입구에서 요르단군 전차와 이스라엘군 전차간의 소규모 교전이 계속 이어지다가 해질 무렵에야 끝이 났다. 날이 어두워지자 양군은 모두 방어태세로 전환했다. 이스라엘군은 다톤 계곡에서, 요르단군은 카바티야 능선에서 방어태세로 전환한 후 각각 내일의 승리를 다짐하고 있었다. 그러나 원거리를 이동해 온데다가 이스라엘군 전투기의 파상 공격을 받아 피해를 입은 요르단군 제40기갑여단이 불리한 상태였다.

3) 자바비다 전투

바 코흐바 기갑여단이 혈전을 전개하고 있을 때, 동쪽 축선에서 공격하고 있는 롬 기

---

229) 3개 전차대대로 편성되었으며, 전차 120대(M48 패튼 전차: 90대, 센츄리온 전차: 30대)를 보유하였다. 전차 1개 대대의 전력은 M48 패튼 전차 30대, 센츄리온 전차 10대로서 총 40대였다. 전날 예리코로 이동시 이스라엘군 전투기의 공격을 받아 전력이 저하된 상태였다.

갑여단도 남진을 계속하고 있었다. 롬 기갑여단의 임무는 최초 자바비다를 점령하고 계속 남진해 투바스를 거쳐 최종적으로 북부 사마리아의 중심인 나블루스를 점령하는 것이었다.

롬 기갑여단이 진격하고 있는 동쪽 축선의 모든 도로는 대전차 장애물 및 지뢰지대 등으로 봉쇄되어 있었다. 그래서 그들은 길보아 산(山) 남쪽의 와디를 따라 전진하여 장애물지대를 우회한 다음 데이르 아부 다이프 산(山)의 요르단군 진지를 공격하였다.[230] 요르단군은 대전차포 사격을 퍼부으며 완강히 저항했다. 격전 끝에 요르단군 진지는 돌파되었고, 롬 여단은 잘 카무스와 틸핏트 마을을 점령하였다. 그 후 움 투트 부근에서 3대의 요르단군 전차가 길을 막고 사격을 가해왔지만 그 역시 간단하게 격파하였다. 이제 자바비다 계곡만 무사히 통과하여 자바비다에 진입하면 북부 사마리아의 남북간선도로를 이용하여 신속히 남진할 수가 있다. 그렇게 된다면 예상보다 훨씬 빨리 최종목표인 나블루스를 점령할 수 있게 되는 것이다.

그러나 10:15분경, 선도부대인 정찰중대가 자바비다 계곡을 통과하던 도중 요르단군의 집중포화를 받았다.[231] 잠시 후 정찰중대장은 '정찰 결과 자바비다 부근에 요르단군 전차 약 30대가 배치되어 있다'고 보고했다. 롬 기갑여단 주력이 자바비다 부근까지 진출했지만, 요르단군 전차가 잘 은폐되어 있어서 좀처럼 발견할 수가 없었다. 정찰팀을 앞세워 요르단군 전차를 발견하기도 했지만 너무 원거리였기 때문에 사격을 해도 명중시키기가 어려웠다. 더구나 협곡이기 때문에 이스라엘군의 장기(長技)인 측면 공격을 실시할 수도 없었다. 결국 최선의 방책으로 근접항공지원을 요청하여 이 난관을 타개하려고 했다. 얼마 후 이스라엘군 전투기가 날아와 요르단군 진지를 공격하기 시작했다. 몇 대의 요르단군 전차가 로켓탄 공격을 받고 불타올랐다. 그렇지만 요르단군은 진지를 버리고 후퇴하지 않았다. 계곡 후사면으로 대피하여 더욱 철저하게 은폐 및 엄폐를 하였고, 이스라엘군 전차가 계곡을 통과하려고 하면 사격으로 저지하였다. 이런 전투는 저녁 무렵까지 이어졌다.

롬 대령은 주간공격을 중지하고 야간공격을 실시하기로 결심했다. 그는 펠레드 사단장에게 야간공격계획을 보고하여 승인을 받았다.[232] 야간공격은 6월 7일 01:00시에 개시할

---

230) 김희상, p.360.
231) 田上四郎, p.167.
232) 상게서, p.167.

예정이었다. 그런데 요르단군은 험악한 지형을 과신하여 야간방어를 소홀히 했다. 그들은 약간의 경계병만 배치한 후 숙영에 들어갔다.

4) 아리바 점령

전날 저녁, 제닌 북서쪽에서 국경선을 돌파한 압론 보병여단의 1개 대대는 요르단군 1개 중대가 방어하고 있는 국경선 진지를 단시간 내 돌파하고, 6월 6일 이른 새벽에는 야바드에 진출하였다. 야바드에도 요르단군 1개 중대가 방어하고 있었는데, 이스라엘군이 접근하자 맹렬한 사격을 퍼부었다. 이스라엘군은 사격으로 정면을 고착하고 측면으로 공격해 들어갔다. 이에 요르단군은 더 이상 지탱하지 못하고 붕괴되었다. 이스라엘군은 계속 진격하여 날이 밝을 무렵에는 교통의 요지 아리바에 진출하였다. 아리바에도 1개 중대 규모의 요르단군이 방어하고 있었는데, 이를 증원하기 위해 전차대대가 증원되면 아리바를 공략하기 어렵게 될 뿐만 아니라 제닌 남서쪽으로 우회하고 있는 바 코흐바 기갑여단의 후방이 위협을 받게 된다. 따라서 증원부대가 도착하기 전에 아리바를 점령해야만 했다. 이때 바 코흐바 기갑여단은 측방위협에 대처하기 위해 비르긴을 점령한 후 전차 1개 대대를 아리바를 향해 출발시켰다. 이리하여 압론 보병여단의 보병대대는 때마침 도착한 바 코흐바 기갑여단의 전차대대와 함께 아리바를 협격했다. 이스라엘군은 단시간 내 요르단군을 격파하고 아리바를 점령했다. 그리고 급편방어태세를 갖추었다.

해가 뜰 무렵, 요르단군의 전차대대가 모습을 드러냈다. 이스라엘군 전차가 일제사격을 개시했다. 최초사격에 피해를 입은 요르단군 전차는 대열을 정리한 후 공격을 계속해 왔다. 그러나 피해만 증가했고, 이스라엘군의 근접항공지원까지 가세하자 공격을 중지하였다. 이스라엘군은 재공격에 대비하여 방어태세를 강화하였다. 이리하여 제닌 남서측방의 위협은 저지되었다.

5) 칼키리야 점령

칼키리야는 요르단 국경 서쪽 끝에 있는 작은 마을로서 지중해까지는 불과 16㎞밖에 되지 않는다. 만약 요르단군이 칼키리야에서 지중해 쪽으로 공격을 한다면 이스라엘 영토가

두 동강이 날 수밖에 없었다. 이러한 전략적 중요성 때문에 1948년 이후, 이 마을을 놓고 쌍방 간에 엄청난 피가 뿌려졌다.

6월 5일, 칼키리야와 툴카렘 사이의 국경에는 요르단군 2개 대대와 몇 문의 곡사포가 배치되어 있을 뿐이었다.[233] 이스라엘군은 몇 문의 곡사포를 큰 위협으로 간주하고 아랍 공군을 격멸하자마자 즉시 이곳에 전투기를 보내 곡사포를 파괴했다. 이스라엘군의 공격이 임박하자 이 지역 출신들로 구성된 향토방위군 200명이 나섰다. 그들은 마을 밖 동굴과 올리브 숲으로 대피한 가족들을 살핀 뒤 전선으로 향했다. 그들의 무기는 변변치 못했지만[234] 이스라엘에 대한 적개심은 충만했다. 그들은 요르단군과 더불어 칼키리야 주변에 참호를 파고 매복을 했다.

6월 6일, 이스라엘군 중부사령부 소속 세므 보병여단이 칼키리야와 툴카렘에서 공격을 개시했다. 제2예비역으로 구성된 세므 보병여단의 공격은 단지 조공 역할만 수행하는 미미한 작전이었다. 칼키리야 주변에 배치된 팔레스타인 향토방위군은 이스라엘군의 전차와 대포에 맞서 용감히 싸웠다. 그러나 그것은 달걀로 바위를 치는 것과 같았다. 25명이 전사했고, 나머지는 나블루스 방향으로 도주할 수밖에 없었다.

마을을 점령한 이스라엘군은 주민들에게 회당으로 모이라고 방송했다. 모인 주민들은 버스에 태워 요르단강 쪽으로 보내졌다. 버스를 타지 못한 주민들은 나블루스를 향해 걸었다. 나이 많은 노인들은 피난길에 동행할 수가 없어 집에 머물렀다. 집은 약탈당했다. 마을 주변에 숨어있던 칼키리야 주민 수백 명은 고지대가 안전할 것이라고 생각해 경사가 가파른 산으로 올라간 후 산길을 따라 나블루스로 갔다. 트럭을 타고 나블루스로 피난 가던 주민들은 이스라엘군 전투기의 폭격을 받았다. 12명이 사망했는데 대부분이 여자와 어린이였다. 이어지는 포격과 폭격으로 마을을 떠나지 못한 노인들과 떠나기를 거부한 주민들이 죽었다. 그들의 시신은 무너진 집안에 그대로 묻혔다. 칼키리야에서 죽은 민간인은

---

233) 전게서, Muttawi, p.135.

234) 국경지대에 사는 팔레스타인인들은 이스라엘군이 공격할 때마다 요르단 정부에 무기를 달라고 요구했다. 하지만 후세인 국왕은 계속 거절했다. 팔레스타인인들에게 무기를 제공하면 언젠가 이스라엘을 공격해서 문제를 야기하던지, 아니면 왕을 향해 총을 겨눌 것이라고 생각했기 때문이다. (실제로 요르단 초대 압둘라 국왕의 팔레스타인 정책에 불만을 품은 팔레스타인 청년이 1951년 7월 20일, 예루살렘에서 압둘라 국왕을 암살하였다.) 따라서 팔레스타인인들은 개인적으로 휴대하고 있는 구식 소총과 아라파트가 이끄는 파타로부터 공급받은 약간의 무기밖에 없었다.

74명이었다.[235]

이스라엘군이 이렇게 칼키리야 주민들을 추방시킨 것은 칼키리야가 요르단 국경 서쪽 끝에 돌출돼 있어 전략적으로 이스라엘에게 큰 위협이 되므로 그 화근을 없애기 위한 일종의 사전 정지작업이었다.

마. 요르단 수뇌부의 고뇌

6월 6일 이른 새벽부터 예루살렘과 제닌에서는 혈전이 벌어지고 있었다. 이스라엘군은 라트룬과 텔 엘 풀을 점령했다. 요르단군은 이스라엘군에 대항하여 용감히 투쟁하고 있었지만 전쟁수행능력은 빠르게 붕괴되고 있었다. 이른 아침, 전선의 상황을 보고 받은 리아드 장군은 후세인 국왕에게 두 가지 선택밖에 없다고 말했다.[236] 휴전협정을 얻어내거나, 서안지구에서 모든 병력을 철수시켜 요르단강 동안에 배치하는 것이었다. 만약 24시간 내에 결정을 내리지 않으면 요르단군은 고립되어 격멸당할 것이며, 국왕께서도 요르단을 잃게 되는 최악의 상황에 직면할 수 있다고 충고했다. 크게 놀란 후세인 국왕은 나세르의 생각은 어떤지 알아보라고 리아드에게 지시했다.

06:00시경, 리아드 장군은 나세르에게 전화를 걸어 후세인 국왕과 연결시켰다. 서로 인사를 주고받은 후 이어진 대화에서 나세르는 '이집트군은 모든 전선에서 싸우고 있다. 처음에 무슨 일이 있었든지 걱정하지 마시라. 점차 나아질 것이다'고 말한 후, '이집트, 시리아, 요르단이 함께 미국과 영국이 항공모함을 동원해 항공기를 출격시켜 아랍을 공격하고 있다는 성명을 발표하자'고 제의했다.[237] 그러면서 '오늘도 이집트군 전투기는 아침부터 이스라엘 공군기지를 폭격하고 있다'고 강조했다.

전쟁이 시작된 지 24시간 밖에 되지 않았지만 이미 전세는 기울었다. 패배할 것이 분명했다. 가장 결정적인 원인은 공군이 격멸당해 제공권을 빼앗겼기 때문이었다. 전쟁이 시

---

235) 전게서, 제러미 보엔, p.297.

236) 전게서, Hussein, King of Jordan, p.81.

237) 전게서, 제러미 보엔, p.265. 이스라엘군이 실제 보유한 전투기보다 더 많은 전투기를 출격시킨 것처럼 보이자 아랍은 지중해에 있는 미·영군의 항공모함에서 출격한 전투기들이 이스라엘군을 지원하고 있는 것으로 의심했다. 패배의 책임을 전가할 희생양이 절실히 필요했던 나세르는 후세인 요르단 국왕의 도움을 받아 아랍세계에 임박한 패배가 미국과 영국의 책임이라고 선언하기로 작심한 것이다.

작되기 전 호기롭게 약속한 시리아와 이라크를 비롯한 아랍 각국의 지원도 보잘 것 없었다. 정말 필요한 시기에 시리아는 공군력을 상실했다는 이유로 기갑여단의 지원을 거부하였고, 요르단강 동안에 위치해 있던 이라크군 기갑여단은 예루살렘 방어부대를 증원하려고 이동하다가 이스라엘군 전투기의 공격을 받고 후퇴하였다. 13:00시에는 제닌이 함락되었고, 역습을 실시한 제40기갑여단도 이스라엘군에게 상당한 피해를 입혔지만 결국 이스라엘군 전투기 때문에 더 이상의 성과를 확대하지 못하고 저지되었다. 더구나 베르세바로 공격하기 위해 헤브론으로 이동하던 제60기갑여단도 이스라엘군 전투기의 공격으로 피해만 입고 되돌아왔다.

후세인 국왕은 '어떻게 하면 요르단군의 피해를 줄일 수 있을까' 고민하기 시작했다. 해결책은 세 가지뿐이었다. 가장 좋은 것은 즉각적인 정전이었다. 그러나 그것은 미국이나 소련 또는 UN안보리를 통해서만 가능했다. 그 다음은 오늘 밤 안에 서안지구를 포기하고 요르단강 동안으로 철수하는 것이었다. 그러나 이집트군의 동의 없이 철수할 경우 패배의 책임을 뒤집어 쓸 우려가 있었다. 마지막으로 24시간을 더 지탱해 보는 것인데, 이 경우 요르단군이 완전히 괴멸될 것이 분명했다. 어느 것도 입맛에 맞는 방안이 없었다. 더구나 그 시점에서 선택권과 결정권을 완전히 후세인 국왕이 쥐고 있지 못했다.

13:00시경, 후세인 국왕과 리아드 장군은 다음과 같은 내용을 포함하여 서안지구에서 철수할 수밖에 없는 상황이라는 전보를 각각 나세르에게 보냈다.

"상황은 급속도로 악화되고 있음. 예루살렘은 위기에 처해 있음. 공중지원 부재로 장비의 손실이 클 뿐만 아니라 매 10분마다 전차 1대씩을 잃고 있는 상황임."

후세인 국왕은 나세르를 신뢰하지 않았다. 그래서 국왕은 어떤 결정을 내리든 나세르를 끌고 들어가려 했고, 리아드 장군을 통해서 뿐만이 아니라 국왕 자신도 전보를 보냈다. 얼마 후, 아메르 원수가 '서안지구 철수와 민간인 무장에 동의한다'고 답신을 보내왔다.[238] 이를 본 후세인 국왕과 참모총장 카마시 장군은 무언가 속임수가 있다고 느꼈다. 카마시 장군은 '이집트가 자국군을 시나이에서 철수시킨 것은 후세인 국왕이 서안지구에서 병력을 철수시켰기 때문이라고 나중에 비난할지도 모른다'고 조언하였다. 요르단이 배신해서 이집트도 철수할 수밖에 없었다고 핑계를 댈 근거가 된다는 것이다. 만약 이런 속임수가 먹

---

238) 전게서, Hussein, King of Jordan, p.88.

한다면 후세인 국왕의 권좌는 더욱 위태로워질 수 있었다. 하지만 요르단으로서는 서안지구에서 철수하는 것이 차선 또는 차악의 선택이었다. 그렇다고 카이로의 조언대로 철수하는 것은 치명적인 실수가 될 수 있었다. 그래서 후세인 국왕은 조금 더 기다려 보기로 했다. 이처럼 크나큰 위기에 봉착한 상황에서도 아랍지도자들은 서로 신뢰하지 않았다.

그 후, 후세인 국왕은 미국, 영국, 프랑스, 소련대사를 불러 그가 나세르에게 보낸 메시지를 보여 주었다.[239] 그리고 제발 UN안보리를 통해서든, 아니면 각국 정부가 이스라엘에게 영향력을 행사해서라도 휴전을 성사시켜 달라고 간절히 요청했다. 또한 휴전협정이 체결될 경우 이를 공개하지 말았으면 한다는 부탁도 잊지 않았다.

후세인 국왕은 암만의 요르단군 총사령부에서 자신이 할 수 있는 것이 아무것도 없다는 것을 알고 절망에 빠졌다. 상황실에서 지도를 바라보아도 모든 것이 추상적이거나 애매할 뿐 확실한 것이 아무것도 없었다. 그래서 국왕은 오후에 경호원을 대동한 채 무전기가 장착된 지프를 타고 요르단 계곡으로 향했다. 후세인 국왕이 직접 본 요르단 계곡의 상황은 처참했다. 폭탄으로 얼룩진 도로 위에서 각종 차량이 파괴된 채 불타고 있었다. 고약한 냄새가 진동했다. 죽은 병사들이 여기저기 널려 있었고, 다치거나 기진맥진한 병사들은 40~50명씩 무리를 지어 도망치고 있었다. 하늘에서는 이스라엘군의 미라쥬 전투기 한 무리가 날아다니며 잔인한 공격을 가하고 있었다.

암만으로 돌아온 후세인 국왕은 번스 미국 대사를 만났다. 휴전에 관한 이스라엘의 생각이 어떤지 알고 싶어서였다. 번스 대사의 답변은 국왕을 더욱 절망에 빠뜨렸다. 이스라엘은 휴전 따위에는 관심이 없다는 것이었다. 국왕은 이스라엘이 요르단군을 궤멸시키려는 의도를 갖고 있다고 확신했다. 그래서 번스 대사에게 오후에 전선에서 본 장면을 이야기하며, 이제 요르단 육군은 사실상 존재하지 않는다고 말했다.

시간이 흐를수록 후세인 국왕의 고뇌는 깊어만 갔다. 이제 문제는 '서안지구를 버릴 것이냐, 말 것이냐'였다. 그는 지난 월요일 아침에 전쟁을 피할 수 있는 기회를 날려버렸다. 이제 이스라엘의 요청을 무시하고 참전한 것에 대한 책임을 스스로 걸머져야만 했다. 리아드 장군도 철수할 것을 건의했다. 그는 지금까지의 모든 상황에 관여했던 만큼 자신이 서둘러 행동하지 않으면 안 된다고 생각했다.

---

239) 전게서, 제러미 보엔, p.277.

4. 패퇴와 점령(6월 7일)

가. 예루살렘 지구 전투

1) 요르단군의 철수

예루살렘을 방어하고 있는 제27보병여단의 전투력이 저하되자, 요르단군 총사령부는 예리코에 집결중인 1개 여단규모의 증원부대를 투입했다. 당초 이 부대에게 부여한 임무는 라트룬에 대한 역습이었는데, 예루살렘의 상황이 악화되자 스코푸스 산(山)을 공격하는 것으로 변경되었다. 요르단군 증원부대의 접근을 사전에 인지한 이스라엘군 중부사령부는 구르 공정여단의 야간공격을 급편방어로 전환시키고 긴급항공지원을 요청하였다.

01:00시경, 요르단군 증원부대의 전위가 아우구스타 빅토리아 언덕에 도달하였다. 이때 긴급 요청한 이스라엘군 전투기가 날아와 공격을 가하기 시작했다. 공중공격에 이어서 포병이 포탄을 퍼부었다. 폭탄 및 포탄이 터지는 소리가 예루살렘 시내까지 들렸다. 파괴된 장비에서 치솟는 불길의 밝은 빛이 올리브 산 능선 위로 피어올랐다. 구시가지 성벽에 있던 요르단군 병사들은 그 광경을 빠짐없이 목격했다. 증원부대는 예루살렘 문턱에서 큰 피해를 입고 패퇴하였다. 증원부대의 패퇴는 예루살렘을 방어하고 있는 요르단군의 마지막 희망이 사라진 것을 의미했다. 이렇게 되자 요르단군 장교들이 먼저 전장을 이탈하기 시작했다.

02:30분경, 제27보병여단장 아타 알리 준장은 이슬람 종교청인 와크프 사무실을 찾았다. 그곳에는 동예루살렘 행정청장 안와르 알카팁이 비상본부를 설치해놓고 있었다. 아타 알리는 알카팁에게 '더 이상 방어할 수 없다'고 말했다. 알카팁은 '동예루살렘 시민들이 무기를 들고 저항하면 어떻겠냐'고 물었다. 장교가 필요하다면 팔레스타인 귀족가문 자제들을 활용하면 되지 않겠느냐는 것이었다. 아타 알리는 고개를 내 저으며 말했다. "그랬다간 예루살렘은 더 박살이 날 것입니다. 동이 틀 무렵에 이스라엘군은 분명히 예루살렘을 공격할 것인데, 우리 병사들은 상대가 안 됩니다." 그는 행정청장 알카팁에게 함께 철수할 것을 제의했다. 알카팁은 거절했다. "당신은 군 지휘관이니 필요한 군사행동을 취하시오. 하지만 예루살렘은 내가 선택한 도시이고, 나는 이 상태에서 떠날 생각이 없소. 내가 이곳

에서 죽는 것이 신의 뜻이라면 다른 곳에서 죽을 수는 없지 않소."[240]

요르단군 부사관들이 들어와 여단장 아타 알리에게 '장교들이 전장을 이탈한 후 병사들도 탈영하기 시작했다'고 보고했다.[241] 그러자 아타 알리는 일단 진지로 가자고 말했다. 건물에서 나온 그는 부사관들에게 병사들을 남쪽 성벽에 있는 '분문(Dung Gate)'으로 이동시키라고 지시했다. 그곳에서 철수를 시작하기 위해서였다. '분문'에 집합한 병사들에게 아타 알리는 '모두 최선을 다해 요르단강 동안으로 가라'는 명령을 내렸다. 몇몇 요르단군 병사들은 목숨을 걸고 싸우겠다고 남았다. 일부 팔레스타인 자원병들은 초소로 돌아갔다. 행정청장 알카팁은 요르단군이 철수하고 있다는 소식을 듣고 크게 놀랐다.

제27보병여단의 철수는 잘 조직된 철수는 아니었지만 그래도 이스라엘군에게 발각되지 않고 많은 병력이 예루살렘을 빠져 나왔다. 아타 알리와 그의 부하들은 요르단강 동안을 향해 터벅터벅 걸었다. 예루살렘과 예리코 사이의 중간 지점에서는 공습을 받고 파괴된 이라크군 기갑여단의 잔해를 보았으며, 아울러 동쪽으로 분주히 도망치고 있는 이라크군도 목격했다. 요르단군은 도보로 철수하면서 나세르를 욕했고, 또 이스라엘에게 공중지원을 해준 미국과 영국(그들은 그렇게 믿고 있었다)을 비난했다.[242]

2) 구시가지 점령

6월 6일 밤, 아우구스타 빅토리아 언덕의 공격에 실패한 구르 대령은 참모들과 함께 6월 7일 주간공격을 준비하고 있었다. 이때 다얀은 UN의 정전결의가 임박했다는 소식을 듣고 마음을 바꾸어 예루살렘 구시가지 진입을 허락했다. 이는 내각의 결정 없이 독단적으로 내린 명령이었다.

05:30분, 이스라엘군 참모차장 바레브 장군이 나르키스 중부사령관에게 전화를 걸었다. "이미 UN에서 정전이 추진되고 있네. 시나이에서는 우리 군이 수에즈 운하에 도착했어. 예루살렘 구시가지를 결코 아랍의 거점으로 남겨두지 말게나."[243] 나르키스는 흥분과

---

240) 상게서, p.305.

241) Abdullah Schliefer, 『The Fall of Jerusalem』, (New York and London : Monthly Review Press, 1972), pp.189~190.

242) 전게서, 제러미 보엔, p.306.

243) 전게서, Narkiss, p.245.

긴장감으로 정신이 번쩍 들었다. 이 순간을 1948년부터 기다려왔다. 그는 즉시 구르 대령을 불러 UN이 정전을 결의하기 전에 구시가지를 공격하도록 독촉했다. 구르 대령은 그 자

〈그림 4-27〉 요르단 작전 제3일차 상황(6월 7일)

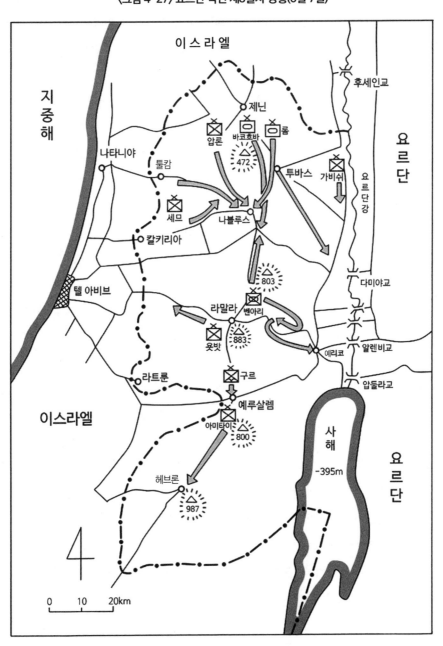

리에서 6월 7일 주간 공격계획을 보고해 승인을 받았다. 그 내용은 다음과 같았다.

"제66공정대대는 스코푸스 산(山)에서 아우구스타 빅토리아 언덕을 공격하고, 제71공정대대는 구시가지 동쪽 계곡의 와디 알 요즈에서 아우구스타 빅토리아 언덕을 공격한다. 이와 병행하여 제28공정대대는 구시가지를 배후에서 공격한다. 아우구스타 빅토리아 언덕을 점령한 2개 대대는 예리코 도로를 차단하고 요르단군의 증원을 저지함과 동시에 주력은 구시가지 공격에 참여한다. 구시가지 성벽의 돌입개소는 동쪽의 '성 스테판 문(St Stephen's Gate; 일명 Lion's Gate)과 남쪽의 '분문(Dung Gate)' 2개소다"

07:00시, 이스라엘군 전투기가 날아와서 아우구스타 빅토리아 언덕과 올리브 산의 요르단군 진지를 폭격했다. 이어서 올리브 산 동쪽 계곡의 요르단군 포병진지와 구시가지 내의 박격포 진지도 폭격했다. 전투기의 공격에 이어 포병이 제압사격을 실시했다. 그러나 이미 몇 시간 전에 요르단군이 철수하여 텅텅 비어 있는 진지였다. 박격포 진지의 폭격으로 인해 애꿎은 민간인들만 피해를 입었다.

08:00시, 구르 공정여단은 일제히 공격을 개시했다. 텅 비어있는 아우구스타 빅토리아 언덕과 올리브 산을 손쉽게 점령하고, 곧이어 예리코 도로를 통제했다. 08:30분, 구르 대령은 무전기로 대대장들에게 명령을 하달했다. "우리는 지금 구시가지를 감제하는 고지에 올라 있으며, 곧 구시가지로 진입할 예정이다. 우리 민족 모두가 구시가지로 돌아가기를 꿈꿨다. … 우리가 최초로 들어가게 될 것이다. … 전차는 '사자의 문(Lion's Gate)'으로 들어가라. 문(Gate)으로 이동하라! 그 위 성전의 광장에서 만나자."[244]

올리브 산 맞은 편, 즉 구시가지 성벽 동쪽에는 '성 스테판 문'이 있다. 입구에는 사자가 새겨져 있어 '사자의 문'이라고도 불렀다. 구르 대령은 제28공정대대 장병들이 전차를 앞세우고 '사자의 문'을 향해 경사진 도로를 올라가는 모습을 보았다. 그는 반궤도 차량을 타고 '사자의 문'을 향해 달려갔다. 앞서가는 전차를 추월하자 '사자의 문'이 보였다. 문짝은 포탄에 맞아 반쯤 파괴되어 있었다. 그대로 통과하기에는 폭이 조금 좁아 보였다. 구르 대령은 문에 부비트랩이 설치되어 있지 않을까 잠시 걱정했다. 그러나 그는 무모한 모험을 감행했다. 운전병에게 그대로 돌진하라고 지시한 것이다. 운전병이 가속페달을 힘껏 밟자 반궤도 차량은 파괴된 문짝을 부수며 성안으로 들어갔다. 그 뒤를 이어 공정대원들이 진

---

244) 전게서, 제러미 보엔, p.315.

입했다. 이때가 09:50분이었다.

구르 대령은 이슬람 종교청 건물로 차를 몰았다. 요르단의 동예루살렘 행정청장 안와르 알카팁이 시장과 함께 기다리고 있었다. 그들은 구르 대령에게 '요르단군은 이미 철수했으며, 더 이상 저항할 의지가 없다'고 말했다. 이때, 나르키스 중부사령관과 참모차장 바레브 장군도 구시가지에 진입하기 위해 이동 중이었다. 그들은 '사자의 문'을 통과하기 전, 무선으로 구르 대령의 위치를 물었다. 구르 대령은 "성전 산(Temple Mount)이 드디어 우리 것입니다"라고 대답했다. 나르키스는 믿을 수가 없었다. 구르가 말했다. "다시 말씀드립니다. '성전 산'이 우리의 것입니다. 저는 지금 '바위 사원(Dome of the Rock)' 옆에 와 있습니다. 1분만 가면 '통곡의 벽(Western Wall/Wailing wall)'이 나옵니다."[245]

나르키스 사령관과 바레브 참모차장은 사자의 문으로 이어지는 경사진 도로를 따라 빠르게 이동했다. 공정대원들이 흉벽 뒤에서 저항하는 적군과 여전히 교전 중이었다. 두 장군은 지프에서 내렸다. 저격수 때문에 더 이상 진출이 곤란했다. 나르키스 사령관의 보좌관 헤르츨은 반대편 건물 2층 창문에 옷깃이 펄럭이는 것을 보았다. 저격수가 틀림없었다. 그는 공정대원들에게 엄호를 부탁하고는 건물 입구로 들어섰다. 최대한 조용히 계단으로 올라가자 문틈으로 요르단군 병사들이 걸치는 붉은 카피에 두건이 보였다. 헤르츨은 그를 향해 우지 기관단총을 연사했다.

저격수가 제거되자 진출이 용이해 졌다. 나르키스와 바레브는 통곡의 벽으로 직행했는데, 길을 찾기가 쉽지 않았다. 이때, 동행한 이스라엘 육군 수석랍비 슐로모 고녠이 자신을 따라 오라고 말했다. 그가 앞서서 달렸고, 마침내 통곡의 벽에 도착했다. 10:20분, 나르키스 사령관과 바레브 참모차장은 구르 대령을 만났다.

통곡의 벽 앞에서 수석랍비 고녠은 계속 기도문을 외웠다. 그 모습을 본 병사들은 감격에 겨워 사방에서 '아멘'을 외쳤다. 이스라엘 민족에게 이 순간은 전쟁이 아니라 19년에 걸친 독립역사의 클라이맥스였다. 그곳에 모인 사람들은 유대민족의 가장 성스러운 장소를 드디어 되찾았다는 것에 깊은 감동을 받았다. 많은 이들이 눈물을 흘렸다. 얼마 후 다얀이 날아왔다. 그는 "우리는 가장 성스러운 곳에 왔고 다시는 떠나지 않을 것입니다."라고 선언했다.[246]

---

245) 상계서, p.319.
246) 상계서, p.330. 이때 한 공정대원이 오마르 사원(Mosque of Omar, 일명 바위 사원) 천장 위에 올라가 이

제28공정대대 뒤를 이어 진입한 제66공정대대 부대대장 모르 소령은 통곡의 벽 앞에서 '무아지경'에 빠진 병사들을 보고 걱정했다. 갑자기 요르단군 저격수가 나타나 사격을 해 온다면 큰 피해를 입을 수 있기 때문이었다. 밀집해 있는 것이 너무 위험하다고 판단한 그는 병사들은 소산시켰다.

한편, 제71공정대대는 남쪽의 '분문(Dung Gate)'으로 진입했다. 분문을 통과하자 저격수들이 여기저기서 사격을 해왔다. 총탄이 성벽에 부딪쳐 사방으로 튀었다. 처음 몇 백 미터를 전진하는 동안 상당한 인명 손실을 입었다. 공정대원들은 소산해서 전진했지만 그래도 사격권 내에 노출되어 있었다. 만약 요르단군이 박격포 사격을 실시했다면 더 큰 피해를 입었을 것이다. 그러나 철수하지 않고 스스로 자원하여 잔류한 일부 요르단군 병사와 소수의 팔레스타인 자원병들만의 능력으로는 우세한 이스라엘군을 격퇴시킬 수가 없었다. 마침내 저항의 한계를 절감한 그들은 하나둘씩 항복하기 시작했고, 일부는 민간인 옷으로 갈아입고 도망치기도 했다. 이러던 와중에 갑자기 요르단군 병사 한명이 두 손을 들고 이스라엘군 앞으로 뛰어나왔다. 그는 무기를 갖고 있지 않았다. 항복하려고 한 것이다. 하지만 저격수 때문에 신경이 날카로워진 이스라엘군은 즉시 엎드렸고 반사적으로 그 병사를 향해 사격을 했다. 그 병사는 온 몸에 총탄을 맞고 쓰러졌다. 저격수들이 활약하는 전장에서 벌어질 수밖에 없는 냉혹한 현실이었다.

구르 공정여단은 저항군이 남아있는지 없는지를 확인하기 위해 구시가지내 가택 수색을 계속해 나갔다. 그 결과 12:00시가 지나서야 모든 예루살렘 시내가 이스라엘군의 지배하에 들어왔다. 성전 산(Temple Mount)이 점령된 지 몇 시간이 지난 후, 수석랍비 고넨이 나르키스 사령관에게 건의했다. "이제 바위사원에 폭약 100kg를 설치해서 영원히 없애버릴 때가 왔어요. … 당신이 한다면 역사에 남을 것입니다." 이 말을 듣고 나르키스는 '닥치지 않으면 처벌 하겠다'고 하며 고넨을 질책했다.[247]

21:00시경, 전쟁이 시작된 이후 처음으로 이스라엘 민간인들이 대피소 밖으로 나왔다. 예루살렘에서 요르단군 및 팔레스타인 자원병들의 위협이 사라진 것이다. 3일 동안 예루

스라엘 국기를 걸었다. 다얀은 주말 무렵, 국기를 내리라고 지시했다. 다얀은 각 건물의 출입구를 제외하고 알하람 알샤리프(Al-Haram Al-Sharif : 이슬람교도들이 성전 산을 부르는 이름, 고귀한 성소라는 뜻)에 있는 건물에서 병력을 모두 철수시켰다. 이슬람교도들이 건물과 관련한 일상적인 행정업무를 맡았다.

247) 상게서, p.330.

살렘에서 벌어진 전투에서 이스라엘 민간인 14명이 죽고 500명이 부상당했다. 팔레스타인인들의 사상자는 알려지지 않았다.

　예루살렘 구시가지가 점령된 후, 전쟁의 추잡한 모습이 나타났다. 이스라엘군의 약탈이 시작된 것이다. 제일선 전투부대인 구르 공정여단(제55공정여단)은 기강이 잡혀 있었고, 거

〈그림 4-28〉 구르 공정여단의 제2단계(구시가지 점령)

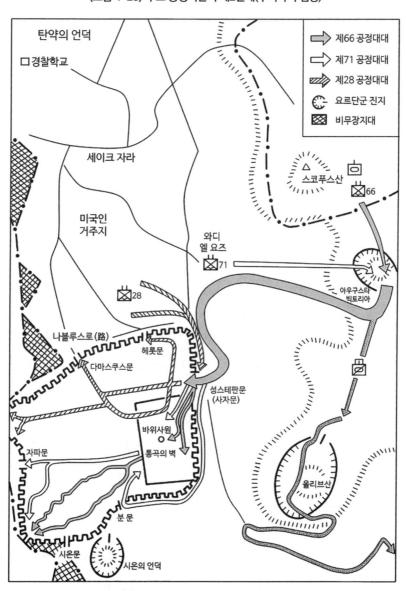

의 민폐를 끼치지 않았다. 그런데 공정여단이 떠나고 예비역으로 구성된 예루살렘 여단이 들어오면서 팔레스타인인과 요르단인에 대한 조직적인 약탈이 시작되었다. 그들은 기강이나 질서를 찾아볼 수 없었다. 그들은 잠겨 있는 문을 부수고 들어가 라디오, TV, 보석, 담배, 캔 음식, 옷 등을 훔쳤다. 또 동예루살렘 번화가에 있는 상점에 트럭을 대고 난로, 냉장고, 가구, 옷 등을 모조리 쓸어 넣었다. 약탈을 멈추기 위한 다양한 조치가 취해졌지만 대부분 무시되었다.[248] 이것은 전쟁의 또 다른 추잡한 모습이었다.

나. 예리코 점령

6월 7일 아침이 되자 라말라에서는 어떠한 저항도 느껴지지 않았다. 07:00시, 벤 아리 대령은 중부사령부로부터 '나블루스를 향해 북진하라'는 단편명령을 받았다. 벤 아리 기계화여단이 전투태세를 갖추고 막 출발하려고 할 때, 명령이 변경되었다. 1개 대대만 나블루스로 전진하고 여단 주력은 예리코를 공격하라는 것이었다.[249]

변경된 명령에 따라 1개 기계화보병대대는 그대로 나블루스를 향해 전진했고, 여단 주력은 도로상태가 불량한 2개의 도로를 따라 예리코를 향해 전진했다. 10:30분, 벤 아리 여단이 예리코 전방 약 5㎞ 지점까지 진출했을 때 예리코를 방어하고 있는 요르단군 전차 20여 대를 발견하였다. 지형상으로 이스라엘군이 높은 곳에 위치하고 있었기 때문에 교전시 내려다보고 사격할 수 있어서 유리하였다. 따라서 조금만 더 접근하면 지근거리에서 요르단군 전차를 격멸할 수 있는 좋은 기회였다. 그런데 바로 그때, 시간상으로는 10:39분, 벤 아리 여단은 '신속히 라말라로 돌아오라'는 단편명령을 받았다. 벤 아리 여단은 절호의 기회를 포기하고 다시 좁고 험한 산악도로를 따라 올라갔다. 이렇게 복귀하는 중이던 12:00시경, 이번에는 '나블루스나 또는 남쪽의 헤브론으로 진격할 준비를 하라'는 단편명령이 내려왔다. 그러나 명령은 또다시 변경되었다. 13;00시, "다시 돌아가서 예리코를 점령하라"는 명령이 하달되었고, 이후 다시 변경되지 않았다.[250]

---

248) 상계서, pp.388~389.
249) 전계서, 김희상, p.370.
250) 상계서, p.371. 왜 명령이 계속 변경되었는지 자세한 이유는 알 수 없다. 그렇지만 대략 다음과 같은 상황을 분석해 보면 이해할 수 있을 것이다. 즉 6월 7일 아침 일찍, 후세인 요르단 국왕은 UN안보리 휴전결의 안을 받아들였다. 요르단군은 서안지구에서 철수하기 시작했다. 오전 중에 이스라엘군은 예루살렘 구시가

이렇게 벤 아리 여단이 왔다 갔다 하는 동안 예리코 주변에서는 팔레스타인 피난민들이 지옥 같은 현실과 마주쳤다. 1948년의 비극(데이르 야신에서 벌어진 학살사건)을 경험했던 팔레스타인 사람들은 이스라엘군이 두려워서 도망가고 있었다. 그들은 머리에 가방을 이고, 우는 아이들의 손을 잡은 채, 동예루살렘 밖의 경사진 도로를 따라 예리코로 내려갔다. 그들의 목적지는 요르단강 동안이었다. 예리코와 그 주변에는 이스라엘군 전투기들의 폭격이 계속되었다. 네이팜탄 공격을 받은 이라크군 병사들은 물구덩이 안으로 뛰어 들어갔다. 그래도 여전히 몸은 불타고 있었으며, 그 고통의 비명소리가 여기저기서 들려왔다. 요르단강을 건너는 다리는 이스라엘군 전투기의 폭격으로 파괴된 상태였다.[251] 다리는 요르단강의 흙탕물 속에 축 처져 있었다. 다리로 가는 길에 민간인과 군인의 시신이 200구 가량 뒤엉켜 있었다. 지나가는 사람들은 아무 도포나 집어 들어 시신을 덮어 주었다. 피난민들은 파괴된 다리 위를 기어서 건너고 있었다.[252] 16:00시쯤, 갑자기 이스라엘군 전투기가 날아와 네이팜탄을 투하했다. 온통 불바다가 되었다. 많은 사람들의 몸에 불이 붙었다. 뒹굴어도 불은 꺼지지 않았다. 수많은 피난민들이 불에 타 죽거나 화상을 입었다. 또 다른 전투기가 내려와 조종사의 얼굴이 똑똑히 보일 만큼 초저공으로 비행했다. 이 참상은 팔레스타인 사람들의 가슴속에 지워지지 않는 상처로 남았다.[253]

벤 아리 기계화여단은 또다시 방향을 전환해 예리코로 전진하였고, 18:30분경, 예리코

지를 점령했다. 이런 상황에서 다얀은 국제여론을 고려해 지나치게 요르단을 압박하지 않으려고 했다. 그래서 벤 아리 기계화여단장이 요르단군을 추격해 예리코가 눈앞에 보인다고 하자 당장 부대를 물리라고 했다. 그리고 몇 시간 후, 정보국으로부터 요르단군 대부분이 서안지구에서 철수했다는 보고를 받고서야 다얀은 예리코로 진격하는 것을 허락했다.

251) 그 다리의 이름은 1917년, 예루살렘을 점령한 영국의 알렌비 장군의 이름을 따서 지어졌다. 그 후 요르단은 영국이 강철로 만든 그 다리를 '후세인 왕의 다리'로 불렀다.

252) 전쟁 첫날(6월 5일)부터 6월 15일 사이에 12만 5,000명의 난민이 요르단강을 건넜다. 요르단 정부는 감당할 수 없을 만큼 많은 난민이 밀려들자 경악했다. 정부는 구호 물자를 받을 능력도 분배할 능력도 결여돼 있었다. 「라디오 암만」은 서안지구 팔레스타인인들에게 집이나 수용소에 머물라고 촉구했다. 경찰은 무력을 써서라도 난민의 유입을 막으라는 명령을 받았지만 능력 밖이었다. 요르단 정부와 UN난민구제사업국(UNRWA)은 더 이상 사람을 수용할 곳이 없다고 말했다. 전게서, 제러미 보엔, p.334.

253) 이러한 네이팜탄 공격은 전날인 6월 6일에도 있었다. 당시 요르단군 제60기갑여단을 지휘했던 후세인 국왕의 사촌 샤리프 제이드 벤 셰이커 준장은 이스라엘 공군이 도로 위의 민간인과 군인을 구분하지 않고 무차별 폭격을 했다고 확신했다. 그는 6월 6일, 민간인을 가득 태운 채 예리코를 떠나 '알렌비교(후세인 왕의 다리)'로 가는 버스를 보았다. 10분 후 다시 마주친 그 버스는 네이팜탄 공격을 받아 불타고 있었다. 참상을 목격한 그는 이렇게 말했다. "버스에는 1명의 군인도 타고 있지 않았다. 남자와 여자, 아이들이 완전히 타버린 채 자리에 앉아 죽어 있었다. 버스 옆을 지날 때 맡은 냄새를 난 절대로 잊지 못할 것이다. … 이스라엘군 전투기는 민간인과 군인을 구분하는 확인 절차 없이 모든 무장을 쏟아 부었다. … 확인할 시간은 얼마든지 있었다. 그들은 마냥 즐기고 있었다. 사람들 머리 위를 날면서 마음대로 표적을 골랐다." 상게서, p.333.

전방 약 1.5㎞ 지점에 도착했다. 많은 시간을 허비한 벤 아리 여단은 전개를 하지 않고 이동종대대형 그대로 공격해 들어갔다. 요르단군 대부분은 이미 철수를 한 상태였고, 증강된 전차중대 규모의 엄호부대만이 남아서 이스라엘군의 공격을 저지 및 지연시키려고 했다. 이 엄호부대는 자주포 1개 대대의 화력지원을 받으며 완강하게 저항하였다. 치열한 사격전이 전개되었다. 바나나 농장에 숨어서 사격하던 요르단군 전차가 하나 둘씩 파괴되었고, 마침내 이스라엘군은 예리코 시내에 돌입하였다. 시내에 돌입한 후 이스라엘군 병사 10명은 라말라 시내 상점에서 약탈한 트럼펫을 들고, 한꺼번에 불어 제쳤다.[254] 그것은 승리에 대한 환성이기도 했지만, 구약성서에 '나팔을 불고 함성을 지르니 여리고 성(城)이 무너지고 결국 함락됐다'고 쓰여 있는 내용을 상징하는 행동이었다.

19:00시, 예리코는 완전히 함락되었고, 이로서 서안지구의 요르단군 최종 근거지는 분쇄되었다. 그러나 예리코를 점령하는 데 지불한 이스라엘군의 희생도 만만치 않았다. 전차 4대가 파괴되고, 장교 7명을 포함한 36명이 전사했다.

다. 베들레헴 및 헤브론 점령

롬 기갑여단이 나블루스에 진입하고, 구르 공정여단이 예루살렘 동측 능선을 공격하고 있을 때, 서예루살렘에 배치돼 있던 아미타이 보병여단은 예루살렘 남부로 전진하였다. 이들의 임무는 아브 토르를 점령하고 실르완 마을을 확보하여 예루살렘의 남쪽 포위망을 완성하는 것이었다. 그 다음 구르 공정여단이 예루살렘 구시가지를 장악하면 신속히 남진하여 유대 지역을 점령하는 것이었다.

6월 7일 오전에 구르 공정여단이 예루살렘 구시가지를 장악하자 아미타이 보병여단은 예루살렘 남쪽에 있는 마르 엘리아스 수도원 지역의 요르단군 진지를 소탕하고 14:00시경, 베들레헴을 향해 남진하기 시작했다. 이때 베들레헴과 헤브론을 방어하던 요르단군의 히틴 보병여단은 철수를 준비하고 있었다. 이스라엘군이 예루살렘을 점령하자 퇴로가 차단될 것을 우려한 것이다. 이리하여 히틴 보병여단은 전투를 포기하고 정오 무렵, 베들레헴에서 철수하였다. 15:00시경, 아미타이 보병여단은 별다른 저항을 받지 않고 베들레헴

---

254) 전게서, 김희상, p.371.

에 진입했다. 공포에 휩싸인 주민들은 성탄교회 건물 안으로 피신했다.

베들레헴을 점령한 아미타이 보병여단은 곧바로 헤브론으로 진격을 개시해 황혼 무렵에는 헤브론도 접수하였다. 이후 아미타이 대령은 부대를 2개로 나누어 1개 부대는 다히리야로 전진시키고, 또 다른 부대는 사무아로 전진시켰는데, 그곳에서 베르세바를 거쳐 북진해 온 남부사령부 예하부대와 연결하였다. 이로서 서안지구 남부의 유대 지역은 완전히 이스라엘군의 손에 들어왔다.

라. 북부 사마리아 공격

1) 자바비다 및 나블루스 점령

전날(6월 6일) 자바비다 공격에 실패한 롬 기갑여단은 야간공격을 준비했다. 그리하여 6월 7일 00:40분, 공격준비사격이 개시되었다. 맹렬한 포격에 뒤이어 01:00시, 2개 소대 규모의 센츄리온 전차가 기습적으로 요르단군 진지를 향해 돌진해 들어갔다. 방심하고 있던 요르단군은 기습을 당해 어찌할 줄을 몰랐다.[255] 이스라엘군 전차가 진내에 진입했을 때 비로소 정신을 차린 요르단군이 전차에 뛰어 올라가 반격을 하였다. 그러나 그런 방식의 저항은 오래 갈수가 없었다. 대부분의 저항은 불과 2개 소대의 센츄리온 전차가 전개한 기습공격에 의해 각개 격파되었다. 공격을 선도하는 센츄리온 전차부대가 요르단군 진지를 돌파하자 롬 기갑여단의 주력이 계곡을 통과하기 시작했다.

02:00시경, 롬 기갑여단은 자바비다를 공격하기 시작했다. 주민들 대부분이 도망가 버려 자바비다 시내는 텅 비어 있었다. 가벼운 전투 후 03:00시경, 자바비다를 점령하였다. 그리고 후퇴하는 요르단군의 뒤를 쫓아 투바스로 진격했다. 약 1개 중대 규모의 요르단군이 전열을 가다듬고 자바비다 남쪽 3㎞ 지점에서 이스라엘군을 저지하려고 했으나 역부족이었다. 불과 몇 시간 동안 이스라엘군의 진격을 저지시켰을 뿐이었다.

요르단군의 저지진지를 돌파한 직후 롬 대령은 AMX 경전차 위주로 편성된 정찰대를 본대에 앞서 나블루스 방향으로 출발시켰다. 그리고 1개 기계화보병대대 TF를 다미야교(橋)

255) 상계서, p.360.

방향으로 진격시켜 동측방으로부터의 위협을 차단할 수 있도록 했다. 이어서 여단 주력이 나블루스를 향해 전진을 개시했는데, 이때가 09:30분경이었다.

얼마 후, 롬 대령은 나블루스에 대한 두 가지 정보를 받았다. 하나는 상급사령부에서 내려온 것으로서 '현재 나블루스에는 50대 정도의 요르단군 전차가 배치되어 있다'는 것이고, 다른 하나는 나블루스 동측의 도로를 따라 접근하고 있는 여단 정찰대에서 보고한 것으로서 '현재 나블루스에는 요르단군이 하나도 없다'는 것이었다. 두 개의 상반된 정보는 그 시각 현재 모두 사실이었다. 요르단군이 나블루스 시내에 있느냐, 시내 서쪽에 있느냐의 차이였을 뿐이다. 이때 롬 대령은 자기 부하의 정보를 더 신뢰하였다. 그래서 도로 상태가 좁고 불량했음에도 불구하고 나블루스를 향해 쾌속으로 전진하였다. 조금이라도 빨리 적이 없는 상태에서 나블루스 시가를 점령하는 것이 유리하다고 판단했기 때문이다.

11:00시경, 나블루스 시(市) 외곽에서 몇몇 팔레스타인 사람들이 '알제리군이 오고 있다'고 소리쳤다. 멀리 동쪽에서 군부대가 진군해 오고 있었다. 수많은 시민들이 밖으로 나왔다. 그리고 진입해 오는 군부대 대열을 향해 축복의 의미로 쌀을 뿌렸고, 또 하얀 손수건을 흔들며 환호했다. 동쪽인 투바스에서 들어오는 부대니까 알제리군이나 이라크군이 확실하다고 생각했다. 「카이로 라디오」는 연일 '아랍 형제국들이 도움을 주고 있다'고 떠벌렸다. 그 방송 내용을 철석같이 믿고 있었던 나블루스 시민들은 '이제야 구원군이 도착하는가' 싶었다.[256] 하지만 그 부대는 이스라엘군의 롬 기갑여단이었다. 이스라엘군 병사들도 환영을 받으면서 어리둥절했다. 제닌을 비롯한 다른 도시처럼 시민들이 총탄과 저주를 퍼부어댈 줄 알았는데, 이곳에서는 수많은 시민들이 모여서 환호성을 지르며 감격과 기쁨에 넘치는 표정으로 자신들을 맞이하고 있었다. 이들의 환영에 감동한 이스라엘군 병사들도 해치를 열고 상반신을 밖으로 내 놓은 채 손을 흔들어 환호에 응답하였다.

최초 얼마 동안 환희의 물결이 넘쳤다. 진실을 알고 있는 사람은 아무도 없었다. 그러던 중 한 이스라엘군 장교가 이들의 환영을 항복의 표시로 오해하고 전차에서 내려온 후 그 앞에 있는 청년이 들고 있는 총을 빼앗으려고 했다. 그 청년이 그것을 거절하고 반항하자 이스라엘군 장교는 경고의 표시로 자신이 휴대한 우지 기관단총을 땅을 향해 발사했다. 그 총성이 모든 군중들에게 전류처럼 퍼져나가 본능적으로 사태의 본질을 파악하게 되었

---

256) 전게서, 제러미, 보엔, pp.321~322.

다. 안도와 환희와 감사의 물결은 삽시간에 공포와 절망과 저주의 격랑으로 소용돌이 쳤다.[257] 갑자기 이곳저곳에서 총탄이 쏟아졌고, 환영의 장소는 아비규환의 현장으로 변해 버렸다.

나블루스에 배치된 요르단군은 그들의 배후인 동쪽 방향에서 이스라엘군이 돌진해 올 것이라고는 전혀 예상하지 못했다. 그들은 이스라엘군이 국경 방향인 서쪽에서 공격해 올 것으로 판단하고 거의 모든 부대를 나블루스 서쪽의 주요 도로상에 배치하여 이스라엘군의 접근을 경계하고 있는 중이었다. 그런데 나블루스 동쪽 외곽에서 이스라엘군을 아랍 형제국 군대로 잘못 알고 환영하던 군중들이 진실을 알게 되면서 총격전이 벌어지자 그때서야 비로소 상황을 파악하게 되었다.

롬 대령은 먼저 주도권을 확보하기 위하여 AMX 경전차 위주로 편성된 1개 중대 규모의 정찰대를 나블루스 시(市) 북쪽으로 우회시켜 투입하고, 2개 전차대대를 기간으로 하는 여단 주력은 그대로 서쪽으로 돌진시켜 요르단군의 배후를 공격하도록 조치했다. 요르단군 전차부대도 즉시 방향을 전환하여 응전하였다. 교전은 11:30분경부터 개시되었는데, 전투는 대단히 격렬하여 약 6시간 동안이나 혼전이 계속되었다. 롬 대령은 부족한 연료와 탄약을 고려하여 전차의 기동을 제한하고, 사격도 근거리 표적에 한정하여 실시하도록 통제했다. 이를 보완하기 위해서 근접항공지원을 최대한 활용했다.

14:00시경, 이스라엘군 전투기가 날아와 요르단군 전차부대에 파상공격을 가했다. 이를 기점으로 전투는 이스라엘군에게 점차 유리해지기 시작했다. 그 후, 나블루스 시(市) 북쪽으로 우회한 정찰대가 요르단군의 측방을 타격하자 요르단군은 큰 피해를 보았고, 더는 전투를 계속하기가 어렵게 되었다. 요르단군의 전차 손실은 40여 대에 달했고, 생존한 일부 전차는 동쪽으로 전투 이탈을 하였다. 이스라엘군 역시 10여 대의 전차가 파괴되는 등, 적지 않은 피해를 입었다.

요르단군이 완전히 퇴각하자 18:30분경, 나블루스 시장은 이스라엘군에게 항복했다. 19:00시 쯤, 확성기에서 딱딱하고 어색한 아랍어가 흘러나왔다. "시(市)는 항복했습니다. 백기를 걸면 해치지 않겠습니다. 밖으로 나오는 자는 생명을 보장받지 못할 것입니다." 그러나 나블루스 시민들의 저항은 밤늦게까지 이어졌다.

---

257) 전게서, 김희상, p.368.

〈그림 4-29〉 사마리아 지구 종심공격(6월 7일)

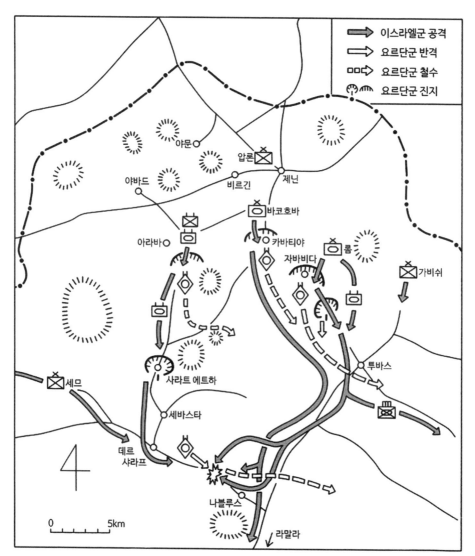

2) 카바티야 점령 및 남진

한편, 전날(6월 6일) 요르단군 제40기갑여단의 역습에 직면하여 위기에 처했을 때, 근접 항공지원을 받아 간신히 위기를 모면하고 재편성 및 재보급을 실시했던 바 코흐바 기갑여 단은 6월 7일, 카바티야 교차로를 감제하는 능선 위에 배치된 요르단군 제40기갑여단에

대하여 여명공격을 실시하였다.[258]

04:15분부터 15분간 포병과 공군이 포격 및 폭격을 실시했고, 04:30분에 바 코흐바 기갑여단의 전차부대가 공격을 개시하였다. 곧이어 쌍방 간에 치열한 전차전이 전개되었다. 요르단군은 호각지세로 싸웠다. 그러나 시간이 지날수록 근접항공지원을 받으며 공격해 오는 이스라엘군에게 점차 밀리기 시작했다. 4시간 동안이나 계속된 전투는 결국 요르단군의 패배로 끝이 났다. 20여 대의 전차가 파괴되자 더 이상 지탱할 수가 없었던 잔존 전차들은 전투 이탈을 한 후, 투바스 방향으로 철수하기 시작했다. 그런데 동쪽의 투바스는 이미 롬 기갑여단의 측방 방호부대에 의해 차단된 상태였다. 이러한 사실을 전혀 모르던 요르단군 전차는 투바스를 거쳐 다미야교(橋) 방향으로 철수하다가 또 다시 큰 피해를 입었다.

바 코흐바 기갑여단은 전투 이탈을 하는 요르단군을 뒤쫓다가 투바스에서 다미야교(橋) 방향으로 추격하지 않고 나블루스를 향해 돌진했다. 롬 기갑여단이 나블루스에서 요르단군 전차부대와 격전 중이었기 때문이다. 바 코흐바 기갑여단의 전위부대는 그대로 남진하여 남쪽의 라말라에서 북진한 벤 아리 기계화여단의 선도부대와 연결했고, 주력은 나블루스에 진입해 롬 여단과 합류했다. 한편, 다미야교(橋) 방향으로 진격한 롬 기갑여단의 1개 기계화보병대대 TF는 12:00 이전까지 다미야교(橋)를 확보하고, 오후에 예리코에서 올라온 벤 아리 기계화여단의 부대와 연결하였다.

3) 서측에서 나블루스를 향한 진격

아라바를 점령한 후 급편 방어를 실시하여 요르단군 전차부대의 역습을 격퇴한 압론 여단의 보병대대와 바 코흐바 여단의 전차대대는 날이 밝은 후 공격으로 전환하였다. 전날 역습을 실시했던 요르단군 전차대대가 급편 방어를 실시하며 맹렬한 사격을 가해왔다. 치열한 전투가 몇 시간 동안 계속되었다. 그러나 근접항공지원을 받으며 공격하는 이스라엘군을 당해 낼 수가 없었다. 요르단군은 더 이상 지탱할 수가 없게 되자 동쪽으로 전투 이탈을 하였다.

---

258) 상계서, p.369.

이스라엘군은 여세를 몰아 남진을 계속했다. 그런데 샤라트 에트화에서 1개 중대 규모의 요르단군 저지부대의 저항에 봉착했다. 또다시 치열한 전투가 전개되었다. 약 1시간의 전투 끝에 저지진지는 돌파되었다. 이제 앞을 가로막는 요르단군은 없었다. 그들은 나블루스를 향해 거침없이 진격했고, 이날 저녁 나블루스에서 바 코흐바 여단과 연결했다.

한편, 전날 칼키리야와 툴 카렘을 점령한 세므 보병여단도 소수의 전차를 앞세우고 요르단군을 소탕하면서 나블루스로 진격하고 있었다. 이들도 저녁 무렵에 나블루스에 도착하였다. 이렇게 모든 방향에서 공격하던 이스라엘군 부대들이 나블루스에서 합류하게 됨으로써 북부 사마리아 지구는 이스라엘군에게 완전히 점령당했다.

이스라엘군의 뒤를 이어 칼키리야, 라트룬 등지에서 쫓겨난 팔레스타인 난민들이 나블루스와 라말라에 몰려들기 시작했다. 그들은 작은 보따리를 등에 메거나 손에 들고 있었고, 젊은 여자들은 아기를 꼭 껴안고 있었다. 모두들 지치고 놀라고 절망한 얼굴이었다. 부모들은 아이들을 위해 빵을 달라고 구걸했다. 이 또한 전쟁의 참상 중 하나였다.

마. 요르단 수뇌부의 정전결의 수락

이스라엘군이나 요르단군 모두 상대와의 전투에서 사투를 벌이는 한편, 시간과도 사투를 벌이고 있었다. 이스라엘군은 UN안보리에서 정전결의안이 통과되기 전에 예루살렘뿐만 아니라 서안지구까지 점령하려고 했다. 반대로 요르단군은 정전결의안이 통과될 때까지 예루살렘 및 서안지구에서 최대한 버티려고 했다.

6월 7일 01:30분(뉴욕시간 6월 6일 18:30분), UN안보리에서 정전결의안이 통과되었다. 이 무렵, 예루살렘을 방어하던 요르단군 제27보병여단이 붕괴하기 시작했다. 증원부대가 이스라엘군 전투기의 폭격과 포병사격에 의해 격파되자 요르단군 장교들이 전장을 이탈하기 시작한 것이다. 이리하여 제27보병여단은 이른 새벽, 예루살렘에서 철수했다.

6월 7일 아침 일찍, 후세인 요르단 국왕은 UN의 정전결의를 받아들였다. 요르단 라디오 방송은 후세인 국왕이 UN의 정전결의에 동의했다고 보도했지만, 이스라엘은 이를 무시하고 아침부터 전면적인 공격을 개시하였다. 이스라엘군으로서는 싸우면 싸울수록 이익이었다. 암만 주재 번스 미국 대사는 이스라엘군이 요르단군을 전멸시키려고 하는 것은 아닌지 걱정했다. 그럴 경우 요르단의 국가체제가 뿌리부터 흔들릴 것이 분명했다. 그는 존슨 대통령이 에슈콜 이스라엘 총리에게 전화를 걸어 정전을 받아들이도록 압력을 넣어야 한다고 촉구했다. 모든 요르단 국민들은 미국이 마음만 먹으면 이스라엘의 공격을 중지시킬 수 있다고 보았다. 이러한 요르단 국민들의 정서를 잘 알고 있는 번스는 만약 미국이 나서지 않는다면 요르단에 거주하고 있는 수천 명의 미국인들은 '군중의 폭력'에 직면할 것이라고 생각했다.[259]

이스라엘군은 예루살렘 구시가지를 용이하게 점령하였다. 이미 새벽에 요르단군이 철수했기 때문에 일부 저항세력과 교전을 벌였을 뿐이었다. 베들레헴과 헤브론에 배치되었던 요르단군 히틴 보병여단도 오후 일찍 철수했다. 이스라엘군 전투기들이 철수하는 요르단군의 뒤를 쫓아 집요하게 공격을 퍼부었다.[260] 그러나 북부 사마리아 지구에서는 전투가 계속되고 있었다. 이스라엘군은 11:00시경, 나블루스를 점령했지만 그 후 몇 시간 동안 나블루스 시(市) 서쪽에서 요르단군과 치열한 전차전을 벌였다. 공중지원이 없는 요르단군은 큰 피해를 입고 요르단강 동안으로 철수했다. 저녁 무렵, 이스라엘은 예루살렘을 포함한 서안지구 전역을 점령했다. 이렇게 자신들의 목적을 달성하고 난 후에서야 비로소 UN 안보리의 정전결의를 수락했다.

전쟁기간 내내 후세인 요르단 국왕은 거의 잠을 못 자고 악몽 같은 시간을 보냈다. 기력이 거의 다 소진된 그는 라디오 방송을 통해 패배를 인정했다.

"우리군은 소중한 피를 흘리며 한 군데도 빠짐없이 영토를 지키려 했습니다. 국가는 아직도 마르지 않은 그 피를 소중히 여깁니다. … 만약 영광이 돌아오지 않더라도 그것은 용기가 부족해서가 아니라 신의 뜻이기 때문입니다."[261]

이 전쟁에서 요르단군과 이스라엘군 모두 큰 피해를 입었다. 처음에 요르단은 6,094명이 전사하고, 762명이 부상했으며, 463명이 포로가 되었다고 발표했다. 그러나 후에 발표된 요르단군 통계는 이보다 훨씬 적었다. 가장 근접한 수치는 약 700명이 전사하고 약 2,500명이 부상당하거나 행방불명된 것으로 보인다. 이스라엘군은 553명이 전사하고

---

259) 전게서, 제러미 보엔, p.324.

260) 후세인 국왕의 사촌 세이커 준장이 지휘하는 제60기갑여단은 전차 80대 중 절반을 잃는 등, 큰 손실을 입었다. "우리는 기총사격을 받을 때마다 차량에서 뛰쳐나와 구멍을 찾아 숨었다. 나는 당시 랜드로버를 타고 있었다. 이스라엘군 전투기가 내 뒤에 있는 무선통신차량을 공격했다. 상당한 양의 네이팜이 사용됐다. 한번은 네이팜이 내 바로 옆 아스팔트에 튕겨 200야드 날아간 뒤 폭발했다. 신이 나를 도우신 셈이었다." 상게서, pp.323~324.

261) 상게서, p.338.

2,442명이 부상했다. 이는 시나이 전선에서의 피해보다 1/3정도 더 많은 숫자이며, 예루살렘 전투에서 가장 큰 피해를 입었다. 최초 추정된 전투지구별 인원손실 및 전차 피해 수는 아래 표와 같다.

〈표 5-1〉 전투지구별 병력 손실 및 전차 피해 수[262]

구분		예루살렘	제닌	카바리야	자바비다	나블루스
요르단	병력	2,500	800	800	?	1000
	전차	70	40	44	36	45
이스라엘	병력	950	400	550	?	600
	전차	30	18	18	18	18

---

262) 전게서, 田上四郎, p.168.

▐▐▐▐ 제6장 ▐▐▐▐
시리아 작전

1. 개전 전, 양군의 상황

가. 시리아군

이스라엘과 시리아는 약 60㎞에 달하는 휴전선을 경계로 상호 대치하고 있었다. 휴전선 서쪽 이스라엘 지역은 요르단강이 남북으로 흐르고 있는 저지대였고, 동쪽 시리아 지역은 이스라엘 쪽보다 월등히 높은 골란고원지대로서 이스라엘 평원을 훤히 내려다 볼 수 있었다. 골란고원의 동쪽은 경사가 완만한 평원지대로서 접근이 용이했으나 서쪽은 급경사와 단애로 이루어져 군사적 접근이 거의 불가능하였다. 따라서 골란고원을 군사적 관점에서 본다면 시리아에게는 공격이나 방어 어느 쪽이든 간에 유리했고, 반대로 이스라엘에게는 절대적으로 불리했다.

1948년 전쟁 이후, 이스라엘과의 적대관계가 계속되자 시리아는 소련의 도움을 받아 골란고원의 지형적 이점을 활용하여 강력한 방어진지를 구축했다. 3선 개념에 따라 구축한 방어진지는 종심이 5~6㎞에 달했으며, 각종 거점은 상호지원이 가능하였다. 대전차포를 비롯한 각종 공용화기 진지는 철근콘크리트로 유개화되었고, 각 진지와 벙커는 깊은 참호로 연결되었다. 또한 각 방어선은 각종 지뢰 및 철조망 등의 복합 장애물지대로 보강되어 있어서 종종 마지노선에 비유되기도 했다.

1967년 5월 16일, 이집트가 비상사태를 선포하자 시리아도 그에 보조를 맞추어 육군의 동원을 하령했다. 그러나 상비군 주체의 시리아군은 전력 면에서 하령 전과 큰 차이가 없는 13개 여단 7만 명의 병력이 기간전력이었다.[263] 전쟁 위기가 점차 고조되자 시리아는 골란고원의 방어선에 전력을 대폭 증강시켰다. 평시 3개 여단이 방어하고 있던 골란고원의 쿠네이트라 및 보트미아 이서(以西) 지역에 8개 여단을 배치했고, 4개 여단을 쿠네이트라 및 보트미아~다마스쿠스 사이에 전개시켰다. 나머지 1개 여단(제23보병여단)은 북쪽 해안선 방어를 위해 라타키아 부근에 전개해 있었다.

전방지역인 골란고원은 요르단강의 야콥교(橋)~쿠네이트라를 잇는 도로 이북은 제12여단그룹(4개 여단)[264]이 방어하고, 그 이남은 제35여단그룹(4개 여단)이 방어를 담당했다. 골란고원 북부지역을 방어하는 제12여단그룹(보병 : 3, 기갑:1)은 제1선 방어진지에 제11보병여단과 제132예비보병여단을 배치하고, 제2선 방어진지에는 제89보병여단을 배치했다. 제44기갑여단은 예비로서 쿠네이트라 일대에 전개해 있으면서 종심배비, 전방증원 및 역습 등의 과업을 수행할 준비를 했다. 골란고원 남부지역을 방어하는 제35여단그룹(보병 : 3, 기계화 : 1)은 제1선 방어진지에 제8보병여단과 제19보병여단을 배치하고, 제2선 방어진지에는 제32보병여단과 제17기계화여단을 배치하였다.

시리아군의 총예비대인 제42여단그룹(보병 : 3, 기갑 : 1)은 제14기갑여단을 보트미아 동쪽 부근에 위치시켜 제35여단그룹을 증원할 수 있는 기동예비로 운용할 수 있도록 했다. 그리고 제25보병여단, 제50 및 60예비보병여단은 쿠네이트라~다마스쿠스 사이에 전개시켜 다마스쿠스 축선을 종심배비하고, 필요시 예비대로 활용할 수 있도록 하는 한편, 수도 다마스쿠스 지역에서 전쟁 중 혹시 발생할지도 모르는 반정부행동에 대비하였다. 이와 같은 정치적 불안은 아랍국가들의 공통적인 약점이었는데, 쿠데타로 집권한지 얼마 안 되는 시리아의 바트당 정권에게는 더욱 심각한 문제였다.

이처럼 시리아군의 부대 배치는 명확히 방어적이었다.[265] 이와 별도로 이스라엘에 대한

---

263) 상게서, p.169.

264) 사단과 유사한 편성으로서 통상 3~4개 여단으로 구성됨.

265) 전쟁 초기, 시리아군의 행동도 결코 본격적인 공격행동이었다고 보기 어렵다. 시리아는 자신들이 적극 도발하지 않는 한 이스라엘의 대규모 보복행동은 없을 것으로 보고, 그저 아랍동맹국 즉 이집트와 요르단이 잘 싸워줄 것만을 기대하면서 전반적인 상황을 주시하다가 만약 동맹국이 승리하면 그들도 참전하여 승리의 영광을 나눌 것이요, 실패한다면 참전하지 않음으로써 패배의 쓰라림을 겪지 않으려고 한 것 같다. 다른 아랍 국가들과는 달리 시리아는 만약 패전할 경우 그들 정권의 존립 자체가 위협을 받을지도 모르는 일

공격계획을 수립했던 것으로 보이나 명확히 밝혀지지는 않았다. 다만 이스라엘군이 노획한 기밀문서에 의하면 '갈릴리호 북쪽과 남쪽에서 각각 1개 사단 규모의 전력으로 공격을 개시하여 갈릴리호 이동(以東)의 이스라엘 영토를 점령하고, 그 후 서쪽으로 계속 공격하여 최종적으로 하이파 항(港)을 점령한다'는 것이었다. 그러나 시리아군은 대규모 공격작전을

〈그림 4-30〉 개전 직전 양군의 배치 상황(6월 8일)

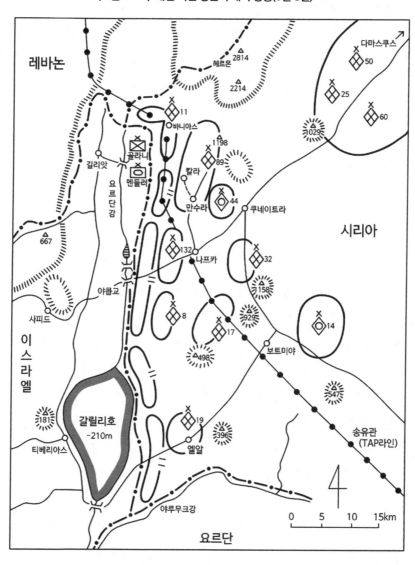

이었으므로 아무래도 과단성 있는 행동을 할 수 없었던 것이다. 전게서, 김희상, pp.378~379.

실행할 능력이 없었다. 부대훈련은 형편없었고, 지휘체계는 부재했으며, 보급체계는 극도로 취약했다. 장교들은 오직 정권을 잡거나 유지하는 데 관심을 쏟았다.

전쟁 전날 밤까지 시리아군은 여전히 잔인한 숙청을 진행 중이었다.[266] 마지막 쿠데타가 실패한 1966년 9월 이후, 숙청은 멈추지 않았다. 쿠데타를 진압한 시리아 지배자 살라 자디드와 그의 오른팔 하페즈 알 아사드 중장(공군참모총장 겸 국방부 장관)은 시리아군 역사상 가장 큰 규모의 숙청을 단행하였다. 쿠데타를 이끈 살림 하툼은 시리아에 돌아와 이스라엘과 싸우겠다고 선언했다. 그러나 그는 곧바로 체포되어 고문을 당하다가 처형됐다. 쿠데타 지도자 중에는 소련사관학교 출신 파드 알 샤이르 소장도 있었다. 그는 골란고원 남서부 전선을 담당하고 있었다. 그곳은 갈릴리 호수를 등 뒤에 두고 있는 이스라엘과 접경하고 있었기 때문에 시리아군에게 가장 중요한 지역이었다. 하지만 그도 체포되어 고문을 받았다. 약 400명의 장교가 해임되었다. 이스라엘군이 신임장교들을 훈련시키고 병사들과 호흡을 맞추며 전투준비를 하는 동안 시리아군은 정치활동에 몰두하고 있었다.

나. 이스라엘군

이스라엘군은 3개 정면(시나이, 요르단, 시리아)의 동시전쟁을 극력 회피하려고 했다. 1개 정면씩 전력을 집중하여 차례차례로 각개 격파하는 것이 승리할 확률이 가장 높았기 때문이다. 그런데 예상외로 요르단이 적극적으로 참전하게 되자, 어쩔 수 없이 2개 정면(시나이, 요르단)의 동시전쟁을 하게 되었다. 따라서 시리아 정면의 전력을 타 정면에 전용할 수밖에 없었고, 타 정면 작전이 끝날 때까지 시리아 정면은 절대적 방어행동을 취하지 않으면 안 되었다. 이와 같은 상황에서 서안지구 북부국경선과 시리아 정면을 담당하는 북부사령부는 7개 여단 중 4개 여단[267]을 요르단 정면(서안지구 북부 사마리아)의 공격작전에 투입하고, 잔여 3개 여단만을 보유하였다. 그중 2개 여단(보병 : 1, 기갑 : 1)[268]으로 구성된 라이너 사단을 골란고원 정면에 배치하고, 1개 독립보병여단은 시리아나 레바논 어느 방향이라도 투

---

266) Seale Asad, 「The Struggle for the Middle East」, (Berkeley, CA: University of Calfornia Press, 1988), p.113.

267) 펠레드 사단 예하의 압론 보병여단, 바 코히바 기갑여단, 롬 기갑여단과 가비쉬 독립보병여단.

268) 이 전력도 대 요르단 작전이 전개되어감에 따라 점차 줄어들어 6월 7일에는 1개 보병여단과 전차도 2개 대대로 감소된 기갑여단뿐이었다. 전게서, 김희상, p.379.

입할 수 있는 작전적 중앙에 위치시켰다. 이렇게 절대적으로 부족한 전력으로는 정상적인 지역방어가 불가능했다. 그래서 타 정면의 작전이 끝나고 전력이 증원되기 전까지 제1선 방어는 집단농장 및 민방위부대가 담당하고, 정규부대는 제2선에 위치시켜 기동예비대로 운용할 수 있도록 했다. 소수의 병력으로 방어하기 위한 고육지책이었다. 다만 이스라엘군이 유리했던 점은 모사드의 뛰어난 정보력으로 인해 시리아군의 방어진지 및 배치에 관하여 상세히 알고 있었다는 점이다. 이는 공격작전계획을 수립하는 데 큰 도움이 되었다.

전력이 증원될 경우 의명 실시하게 될 공격계획은 몇 가지 가정을 전제로 작성돼 있었다. 공격작전의 기본목표는 최단시간에 시리아군을 격멸하고, 전략요충인 골란고원[269]을 점령하는 것이었다. 이를 위해 주공은 골란고원 북부를 돌파한 후 단시간 내 쿠네이트라를 점령하여 일익포위를 실시하면, 골란고원 중부 및 갈릴리호 남쪽에서 조공부대가 직접적 압박 공격을 가함으로써 시리아군을 격멸할 수 있도록 계획을 수립하였다. 다만 전력이 증원되기 전까지 주·조공 및 예비대의 부대 지정만이 확정되지 않았을 뿐이었다.

2. 시리아군 공세에 대한 견제(6월 5일~8일)

가. 저강도 교전

개전 초기, 이집트군이 이스라엘군을 상대로 압승을 거두고 있다는 이집트의 거짓보도와 이집트군이 곧 텔아비브를 공격할 것이라는 잘못된 예측이 시리아로 하여금 조기 참전을 결정하게 하였다.

6월 5일 오전부터 골란고원에 배치된 시리아군 포병은 이스라엘 북부 정착촌에 포격을 시작했다. 뒤늦게 시리아군 전투기들도 출격하여 이스라엘 북부지역을 폭격했다. 그러나 오후부터 이스라엘군 전투기들의 반격이 시작됐다. 13:00시경에는 이스라엘군 전투기가

---

269) 골란고원은 시리아와 이스라엘에게 있어서 대단히 중요한 전략적 요충지였다. 시리아에게는 이스라엘을 공격하는 데 발판이 될 뿐 아니라 수도 다마스쿠스와 자국의 영토를 지키는 데도 결정적으로 유리한 지형이었다. 더구나 그곳을 통과하여 레바논으로 연결되는 송유관은 골란고원의 가치를 더욱 높여 주었다. 또한 골란고원 북쪽의 헤르몬산은 이스라엘과 요르단의 생명수와도 같은 요르단강의 수원이었다. 따라서 시리아가 골란고원을 장악하고 있는 한 이스라엘은 안보의 위협을 받을 수밖에 없었다.

다마스쿠스 공항을 폭격했다. 이에 대하여 시리아군 대공포가 불을 뿜으며 대응사격을 했다. 14:25분에는 이스라엘군 전투기가 시리아 남부 상공에서 시리아군 전투기를 요격해 3기를 격추시켰다. 저녁 무렵에는 시리아군 비행장을 폭격했다. 이 공습으로 시리아 공군은 MIG-21 전투기 32기, MIG-15/17 전투기 23기, IL-28 폭격기 2기를 잃었는데, 이는 시리아 공군전력의 2/3에 해당하였다. 잔존한 항공기는 내륙 깊숙한 공군기지로 퇴피하였고, 이후 거의 모습을 나타내지 않았다. 이렇게 공격을 받은 후에야 시리아는 비로소 이집트의 보도가 사실이 아니라는 것을 알게 되었다. 시리아군은 더 이상 전투기의 출격이 불가능하게 되자, 국경 부근의 이스라엘 정착촌에 대한 포격을 더욱 격렬하게 실시하였다. 이리하여 많은 정착촌이 피해를 입었는데 가장 큰 피해를 입은 곳은 길릴리호 북부의 로쉬 핀나 지역이었다.

6월 6일 05:45분, 시리아군은 뒤늦은 지상공격을 개시하였다. 먼저 포병이 이스라엘 북부 국경지대의 쉐아르 유습, 텔 단에 있는 정착촌을 포격했다. 시리아군 장교들은 이스라엘 방어선을 가리키며, '돌진하라'고 명령했다.[270] 그러나 그 공격은 정착촌 및 민방위부대들에 의해 저지되고, 기동예비대 역할을 하는 정규부대의 반격에 의해 격퇴되었다. 그리고 20분 후, 이스라엘군 전투기가 출격하여 기관총과 네이팜으로 마무리를 했다. 시리아군은 다수의 사상자를 냈고, 전차 여러 대가 요르단강에 수장되었다. 공격 간에 시리아군의 가장 큰 문제점은 전차와 보병 간의 협조가 제대로 이루어지지 않았다는 것이다. 보병이 계획된 시간에 도착하지 않거나, 공습을 핑계로 공격에 가담하지도 않았다. 또 요르단 강에 놓인 교량의 폭이 전차가 통과할 수 있는지 조차 확인하지 않았다. 교량은 전차가 통과할 수 없을 만큼 폭이 좁았다. 이를 보면 시리아군은 복잡한 작전을 실행할 능력이 부족하다는 것을 알 수 있다.

이 공격은 시리아군이 갈릴리 북부지역의 공격 가능성을 판단해 보기 위한 정찰이었다.[271] 시리아군은 2개 사단 규모의 전력을 투입하여 대규모 공격을 실시하려고 요르단강 도하자재를 다마스쿠스에서 운반해오는 계획까지 작성해 놓고 있었다. 그러나 시리아군 수뇌부는 대규모 공격을 실시하는 것이 불가능하다고 판단했다. 그 이유는 시리아 공군이

---

270)　전게서, Pollack, p.463.
271)　전게서, 田上四郎, p.169. 그러나 아랍동맹국들에게 자신들도 참전하였음을 시위하기 위한 상징적인 공격일 가능성도 있다.

괴멸되었기 때문이었다. 이스라엘 공군이 제공권을 장악한 상황에서는 도하자재를 운반할 수도 없을 뿐만 아니라 부대이동도 곤란하였다. 그래서 더 이상의 공세행동을 단념하고, 다음 날(6월 7일)부터는 가용포병을 동원하여 사거리가 닿는 모든 지역에 대한 포격을 강화했다. 그러나 그 포격도 이스라엘군 전투기가 포병진지를 폭격하고, 이스라엘군 포병이 적극적으로 대응사격을 실시함에 따라 점차 약화되었다.

이후, 이집트군 및 요르단군이 참패했다는 정보를 입수한 시리아군 수뇌부는 더 이상의 전투를 단념했다. 6월 8일 17:20분, 시리아는 UN의 정전권고를 수락한다고 발표했다. 따라서 이스라엘 정착촌에 대한 포격도 중지됐다. 이때까지 계속된 시리아군 포격에 의해 이스라엘 국경 정착촌의 가옥 205채를 비롯한 다수의 건물이 파괴됐다. 또한 트랙터 30대, 차량 15대가 파괴됐으며, 과수원 175에이커, 농경지 75에이커가 불탔다. 인명피해는 사망 2명, 부상 16명이었다.

나. 시리아 공격여부 논의

이스라엘은 시나이 및 서안지구 작전이 종료되자, 골란고원을 공격하는 문제를 두고 논의했다. 6월 8일 저녁, 엘라자르 북부사령관은 텔아비브로 가서 라빈 참모총장을 만났다. 그는 시리아를 응징하자고 강력히 주장하면서 지금이 아니면 다시는 기회가 오지 않을 것이라고 말했다.

6월 8일 19:00시, 내각국방위원회 회의가 열렸다. 국경지대 31개 정착촌의 주민대표들도 참석했다. 주민대표들은 시리아와의 전쟁을 강력히 촉구했다. 그들은 시리아군의 포격 때문에 며칠 동안 대피소 밖으로 나오지 못한 가족들의 이야기까지 하면서 만약 골란고원의 시리아군을 몰아내지 않으면 정착촌 주민들은 모두 짐을 싸서 떠날 것이라고 엄포까지 놓았다. 에슈콜 총리를 비롯한 대부분의 내각 원로들은 젊은 시절 동유럽에서 팔레스타인으로 이주해왔으며, 그 후 적대적인 지역에서 개척공동체를 세워 유대정착지를 확장하는데 일생을 바쳤기 때문에 정착민 대표들의 호소가 가슴에 와 닿았다.

에슈콜 총리를 비롯한 내각위원 대부분은 시리아 침공에 찬성했다. 시리아는 전쟁 전부터 이스라엘에 대한 무력행위를 지원하여 긴장감 조성에 일조하였으며, 개전 후에는 골란고원에서 포격을 가해왔으므로 그 대가를 치러야 한다는 것이었다. 그러나 다얀은 가장 극단적인 표현까지 써가며 시리아 공격을 극렬하게 반대했다. 가장 큰 이유는 시리아를 공격할 경우, 소련을 자극할 수 있기 때문이었다. 모스크바는 다마스쿠스의 친소세력을 보호하려 할 것이 틀림없었다.[272] 또 다른 이유는 시나이 및 서안지구 작전으로 인해 피로해진 부대의 현상과 강력하게 구축된 골란고원의 요새진지를 공격할 경우 막대한 희생이 따를 것을 우려해서였다.

격론 끝에 시리아 공격은 무산되고 말았다. 북부사령관 엘라자르는 라빈 참모총장으로부터 시리아 공격이 거부됐다는 말을 듣고 화가 머리끝까지 치밀어 올랐다. "도대체 이 나라가 어떻게 된 것입니까? 이제 어떻게 우리 자신과 국민, 정착민들 앞에서 얼굴을 들 수 있겠습니까, 그놈들이 지금까지 우리를 얼마나 괴롭혔는데 그냥 놔두라뇨?"하고 소리쳤다. 다얀의 명령을 받은 라빈은 공격준비단계로서 국경지대에서 비전투원을 철수시키자는 엘라자르의 건의를 수용하지 않고, 아이들만 전선 밖으로 대피시키라고 했다.[273]

엘라자르는 공격 허가를 받기 위해 최선을 다했지만 이제는 어쩔 수없이 포기할 때가 되었나 싶었다. 전쟁은 거의 끝났고, 상부에서는 시리아를 공격할 생각이 없었다. 좌절감에 싸인 엘라자르는 펠레드에게 전화를 걸었다. 시리아를 공격할 경우 펠레드 사단이 주력부대였다. 그는 펠레드에게 나블루스에 있는 자신의 지휘소에 위치해 있으라고 말했다.

3. 종말단계의 한정적 작전(6월 9일~10일)

가. 극적인 반전(시리아 공격 결단)[274]

내각회의 후 다얀은 전쟁 상황실로 갔다. 전쟁은 거의 끝난 것처럼 보였다. 그는 여전히

---

272) 전게서, 제러미 보엔, p.367. 6월 6일, 세르게이 추바킨 소련 대사는 비교적 노골적인 경고를 했다. 그는 텔아비브 주재 서독 대사에게 이스라엘이 즉각 공격을 중단해야 한다고 말했다. 만약 성공에 도취한 이스라엘이 그만두지 않으면 "이 조그만 나라의 미래는 매우 슬퍼질 것"이라고 그는 말했다. 이를 걱정한 서독은 이스라엘 당국에 이 같은 경고를 전하고, 국경근처 고지대를 점령하는 것 이상은 하지 말라고 주의를 주었다.

273) Rabin, Yitzhak, 「The Rabin Memoris」, (London : Weidenfeld & Nicolson, 1979), pp.89~90.

274) 전게서, 제러미 보엔, pp.372~373 ; 상게서, p.90; Mayzel Matitiahu, 「The Golan Heights Campaign」, (Tel Aviv : Ma'arachot, 2001[Hebrew]), pp.142~143; Dayan, Moshe, 「Story of My Life」, (London : Profile Books, 1998). p.90의 내용에 기초함.

시리아를 공격해서는 안 된다고 보았다.

6월 9일 06:00시경, 다얀은 이스라엘 정보부가 감청한 전신을 받아보았다. 카이로에서 다마스쿠스로 보내는 그 전신에서 나세르는 '이집트는 UN의 정전안을 받아들일 것이니 시리아도 그렇게 하라'고 알아타시 대통령에게 권하고 있었다. 아울러 정보 보고에 의하면 시리아군은 급속히 붕괴하고 있었고, 시리아는 이집트나 요르단과 같은 참패를 피하기 위해 6월 7일 17:20분, UN의 정전 권고를 수락한다고 발표했다.[275] 이집트가 정전에 응한다고 하는 것은 시나이 전선에서 부대를 전용할 수 있고, 더구나 동시 3정면 작전을 회피할 수 있다는 것이다. 요르단 작전은 이미 6월 7일 저녁에 막을 내렸다. 만약 이대로 전쟁이 끝난다면 이스라엘은 골란고원의 시리아군 포격 위협으로부터 벗어 날 기회를 잃어버리게 된다. 소련이 경고를 하고 있지만 1~2일간의 단기작전이면 외교적으로 버틸 수 있을 것 같았다.

다얀은 몇몇 장교들을 불러 상기 사항에 관하여 몇 분 간 토의하였다. 장교들은 이 역사적인 기회를 놓쳐서는 안 된다고 거듭 주장했다. 다얀은 극적으로 결심을 바꿨다. 그는 에슈콜 총리와 라빈 참모총장에게 알리는 과정을 생략하고 6월 9일 06:45분, 보안전화기로 엘라자르 북부사령관을 호출했다. 다얀은 "지금 당장 공격할 수 있나?"하고 물었다. 엘라자르는 깜짝 놀라서 의자에서 떨어질 뻔 했다. 그는 "지금 당장 할 수 있다"고 대답했다. 그러자 다얀은 "그럼 공격하게"라고 말했다.

07:00시경, 에슈콜 총리는 다얀이 독단으로 시리아 공격명령을 내렸다는 말을 듣고 분노했다. 다얀은 이제 통제할 수 없는 존재가 되어버린 것이다. 그러나 에슈콜도 골란고원을 점령하고 싶었기 때문에 그냥 참고 받아들이기로 했다. 라빈 참모총장도 07:00시에 바이츠만 작전부장이 전화를 걸어 '15분 전에 다얀이 엘라자르에게 시리아 공격명령을 내렸다'는 말을 듣고서야 알았다. 다얀은 국방부 장관으로서 참모총장인 라빈에게 그 사실을 알려줄 의무가 있었다. 하지만 라빈은 '악질적인 시리아를 응징하기 직전'인 이 시점에서 그러한 것을 따지고 싶지 않았다. 09:30분에 소집된 내각국방위원회에서 다얀은 해명을 요구받았다. 특히 내무부 장관 샤피라는 다얀을 맹렬히 비난했다. 그러나 대부분의 장관들은 다얀이 독단적으로 결정을 내렸다는 점은 싫었지만 시리아에 대한 공격을 명령한 것

---

275) 정전발효시간은 36시간 후인 6월 10일 05:20분이었다. 전게서, 田上四郎, p.170.

은 마음에 들어 했다.

북부사령관 엘라자르는 너무 기쁘고 흥분돼서 나블루스의 사단지휘소에 있는 펠레드에 게 시리아 공격명령이 내려왔다는 사실을 알렸다. 펠레드는 '최대한 빨리 북부로 이동하 겠다'고 말했다. 이제 시리아가 대가를 치러야 할 때가 온 것이다.

나. 골란고원 공격계획

작전계획 수립 시, 가장 큰 영향을 준 것은 국제정치 상황이었다. 특히 소련이 더 이상 아랍의 패전을 감수하려들지 않을 것으로 판단되었기 때문이다. 따라서 공격을 한다 해도 최단시간 내에 작전을 완료해야 하고, 골란고원 점령만으로 작전목표를 한정해야만 했다. 이러한 제한 사항을 고려하여 엘라자르 북부사령관은 탈 장군의 작전방식과 같이 1개 지 점을 돌파한 후 그곳에서 시리아군 배후로 진격하는 대규모 우회 및 포위를 실시함으로서 단시간 내 시리아군을 격멸하고, 골란고원을 점령하려고 하였다.

이를 위해 그가 돌파지점으로 선정한 곳은 골란고원 최북단 정면이었다. 그곳은 지형이 험악하여 기동이 곤란하고 시리아군의 강력한 방어진지가 가로 막고 있지만, 일단 돌파를 하면 시리아군 측후방으로 연결된 간선도로에 손쉽게 진입할 수 있고, 일단 진입하면 골 란고원의 가장 중요한 전략적 요지인 쿠네이트라로 돌진할 수 있는 최단거리 접근로였다. 그러나 문제점이 또 있었다. 최초부터 공격부대를 동시에 투입할 수가 없었다. 요르단 전 선으로 전용되었던 부대와 증원부대가 작전지역으로 이동해 오는 데 어느 정도 시간이 소 요되기 때문이다. 그 부대들이 이동해 온 후에 작전을 개시하면 단시간 내 기습적으로 작 전을 실시하는 것이 어려워진다. 그래서 최초 단계에서는 북부지역에 대기하고 있던 골라 니 보병여단과 멘들러 기갑여단을 우선 투입하여 골란고원 북부 정면에서 돌파를 실시하 고, 뒤이어 도착한 부대들을 골란고원 중부 및 갈릴리호 동쪽 정면에 투입하기로 했다. 엘 라자르 북부사령관이 수립한 공격계획은 다음과 같다.[276]

"요나 에후라트 대령이 지휘하는 골라니 여단(-1)과 멘들러 대령이 지휘하는 제8기갑여 단은 주공으로서 골란고원 북부 정면의 텔 아자지아트 및 크파르 스졸드 일대에서 돌파를

---

276) 상게서, p.171; 전게서, 김희상, p.382~383.

실시한다. 2개 여단이 동일지점에서 나란히 돌파하고,[277] 돌파 후 멘들러 기갑여단은 칼라
~쿠네이트라를 향해 돌진한다. 동시에 골라니 보병여단은 좌측에서 텔 파르, 마사다를 점
령해 멘들러 기갑여단의 측후방을 방호한다. 골라니 보병여단과 멘들러 기갑여단은 부사
령관인 라이너 준장이 지휘하며, 요르단 전선에 투입되었던 바 코히바 기갑여단이 도착하
면 예비로 운용한다. 골라니 보병여단의 C대대와 나할 부대는 조공으로서 야콥교(橋) 북쪽
의 다바시아, 다다라, 쟈라비나 정면에서 공격하여 시리아군을 견제한다.

요르단 정면으로 전용되었던 부대와 증원부대가 도착하면 D+1일에 다음과 같이 공격
한다. 롬 기갑여단은 야콥교(橋) 북쪽 다바시아에서 골라니 보병여단 C대대를 초월하여 나
후카~보트미야를 향해 공격한다. 엠마니엘 보병여단은 야콥교(橋) 정면에서 공격하여 골
란고원 중남부의 시리아군을 고착한다. 구르 공정여단은 최초 갈릴리호 남동쪽 시리아군
제1선 진지 후방에 공정강하를 실시하고, 그 후 보트미야에 공정강하를 실시해 수직포위
를 실시한다. 압론 보병여단은 갈릴리호 남쪽에서 엘 알~보트미야 방향으로 공격하여 구
르 공정여단과 연결한다. 작전 간 공군은 적극적인 근접항공지원을 실시한다."

이 작전계획은 장기간 지상 및 공중정찰 결과를 바탕으로 수립된 것이었으며, 군사령관
으로부터 제1선 소대장에 이르기까지 접근로와 적 상황에 대하여 자세히 알고 있었다.

다. 돌파작전(6월 9일)

1) 주공지역 전투

엘라자르 북부사령관은 공격명령을 받자마자 즉시 작전을 개시했다. 주공부대가 공격
개시선으로 이동하는 동안 약 2시간에 걸쳐 공격준비사격을 실시하여 시리아군 진지를
파괴시키려고 했다. 09:40분부터 돌파지역으로 선정된 지역에 대규모 항공폭격을 실시했
고, 이어서 포병이 다량의 포탄을 퍼부었다. 그러나 공격준비 폭격 및 포격은 큰 피해를 주
지 못했다. 시리아군 진지가 워낙 견고하게 구축되어 있었기 때문이다.

---

277) 최초 돌파지점은 지형이 험악한 대신 적의 배치가 경미한 지역에 500m의 좁은 정면을 부여했다.

가) 멘들러 기갑여단의 돌파

11:30분, 멘들러 기갑여단이 국경선을 넘어 시리아 영내로 진입했다. 공병중대의 불도저 8대가 공격을 선도하였다. 그들은 골라니 여단 보병부대의 지원을 받았다. 뒤에서는 전차가 사격으로 공병부대를 엄호했다. 불도저가 경사지를 지그재그로 올라가며 길을 닦으면 병력과 전투차량이 뒤를 따라갔다. 시리아군은 강력하게 구축된 진지에서 산비탈을 기

〈그림 4-31〉 시리아 작전 제1일차 상황(6월 9일)

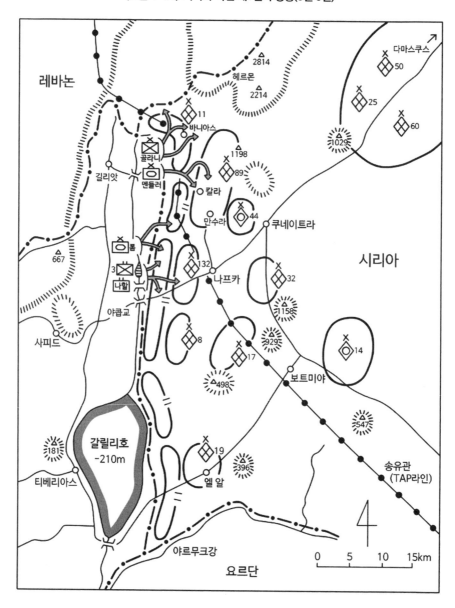

어오르는 이스라엘군을 향해 총탄과 포탄을 퍼부었다. 근접항공지원을 하는 이스라엘군 전투기가 급강하하면서 기총소사를 하거나 폭탄을 투하하면 잠시 사격을 멈추었다가 전투기가 급상승하면 다시 맹렬하게 사격을 했다. 경사지를 기어오르는 이스라엘군에게는 마땅한 엄폐물도 없었고, 은폐할 곳도 없었다.

　시리아군의 맹렬한 사격으로 이스라엘군은 상당한 피해를 입었다. 통로를 개척하던 불도저 3대가 파괴됐고, 탑승자 전원이 전사했다. 전차도 여러 대가 박살났고, 보병들도 다수의 사상자가 발생했다. 이러한 피해를 무릅쓰고 이스라엘군은 새로운 도로를 개척하면서 수백 미터의 경사지를 올라갔다. 그곳의 지표면은 오랫동안 풍화된 자갈로 뒤덮여 있어 대단히 미끄러웠고, 또 여기저기 현무암이 돌출되어 있었기 때문에 진출속도는 대단히 느렸다. 궤도차량 조차도 돌부리에 걸려 기동에 제한을 받았고, 일부 차량은 자갈 때문에 뒤로 밀리거나 옆으로 미끄러져 추락했다.

　이런 상태라면 시리아군은 이스라엘군을 쉽게 저지 및 격파할 수 있어야 했다.[278] 그러나 시리아군 병사 개개인은 용감히 싸웠지만 장교들의 전술적 지휘능력이 형편없었다. 무엇보다도 가장 큰 전술적 실책은 정예 전차부대를 후방에 위치시켜 놓고 투입하지 않은 것이다. 이 때문에 제1선의 방어전력을 강화시키지 못한 채 주로 언덕 위에 포탑만 내놓고 숨어있는 매복전차와 대전차포에 의존하여 방어를 하고 있었다. 만약 시리아군이 예비로 보유하고 있던 전차부대를 제1선에 투입했다면 이스라엘군 전투기에 의해 상당히 많은 전차를 잃었겠지만, 적어도 그토록 경사지고 험한 길을 개척하며 올라오는 이스라엘군을 저지할 수 있었을 것이다.[279]

　멘들러 기갑여단은 근접항공지원을 받으며 한 걸음 한 걸음 전진하였다. 공병이 지뢰를 제거하면 불도저가 나서서 도로를 닦고, 엄호하는 전차는 한 걸음 더 전진하여 시리아군 벙커의 총안구를 파괴하였다. 상공에서는 전투기가 시리아군의 사격을 침묵시키기 위해 간단없는 폭격을 계속하였다. 이런 방식의 전투가 반복된 끝에 드디어 멘들러 기갑여단의 선두전차가 산언덕에 올라갔고, 시리아군의 제1선 진지인 나무쉬에 진입하는 데 성공했다. 그리고는 후속부대들이 올라올 때까지 사격으로 시리아군 진지를 공격했다. 시리아군은 그들의 진지 외곽에 이스라엘군 전차가 진입하자 더 이상의 저항을 포기하고 도주하기

---

278)　전게서, Pollack, p.464.
279)　전게서, 제러미 보엔, p.381.

시작했다.

  나) 멘들러 기갑여단의 종심공격

  나무쉬 진지를 점령하여 작은 돌파구를 형성한 멘들러 기갑여단은 즉시 종심공격으로
전환하였다. 전차대대가 드디어 공병중대조를 초월하여 선두에 나섰다. 멘들러 여단은 사
아데브를 거쳐 자우라를 공격하도록 계획돼 있었다. 그런데 선두 대대장이 방향을 오인해
서 칼라 방향으로 진격하였다. 멘들러 대령은 선두대대의 공격방향이 잘못된 것을 알았지
만 그대로 칼라를 공격하도록 하고, 그 뒤를 후속하는 전차대대에게 자우라를 공격하라고
명령을 내렸다.[280]

  고원지대인 자우라에는 골란 북부지역을 방어하는 시리아군 제89보병여단의 사령부가
있었다. 그래서 강력하게 방어하고 있을 것으로 예상했다. 그렇지만 이스라엘군은 간단한
전투 끝에 자우라를 점령하였다. 가장 먼저 진입한 전차대대장은 시리아군의 사격을 받아
턱이 관통되는 부상을 입었지만 후송을 거부하고 전투를 지휘하였다.[281] 그는 작전지시를
메모에 적어 통신병에게 건네주고, 통신병은 그 내용을 무선으로 송신하는 방법으로 지휘
를 한 것이다. 이리하여 이스라엘군은 시리아군의 저항을 물리치고 16;00시경, 자우라를
점령하였다. 이에 추가하여 자우라 북쪽의 아인 피트 진지도 점령하였으며, 주력은 방향
을 남쪽으로 전환하여 칼라로 전진하였다.

  한편, 칼라를 향해 진격한 전차대대는 칼라 전방 약 2㎞에서 시리아군 전차대대와 조우
하였다. 곧 격렬한 전차전이 벌어졌다. 양측의 전차들은 도로 양옆에 매설된 지뢰 때문에
자유롭게 기동을 하지 못하고 도로를 중심으로 지근거리에서 사격을 주고받았다. 예상과
달리 시리아군 전차병들의 전투기술도 우수하였다. 격전 중에 이스라엘군 전차대대장이
전사했고, 이어서 지휘권을 인수받은 장교도 전투지휘 중 피격을 당했다. 이스라엘군은
악전고투 끝에 간신히 시리아군 전차대대를 격퇴했지만 큰 피해를 입었다. 전열을 가다듬
은 이스라엘군 전차대대는 다시 진격을 개시하여 칼라에 진입하였다. 그러나 처음 진입한
전차 3대는 시리아군 보병의 휴대용 대전차로켓 발사기의 사격을 받아 기동불능상태에
빠졌다. 후속해 오던 부대도 각 건물에서 쏟아지는 사격에 노출되었다. 이때 시리아군 전

---

280) 전게서, 田上四郎, p.171.

281) 전게서, 김희상, p.386.

차 7대가 출현해 이스라엘군의 진입을 저지하였다. 이스라엘군 선두부대는 뒤에는 후속해 오는 아군부대가 있고, 좁은 도로 좌우측은 지뢰지대였기 때문에 물러날 수가 없었다. 이스라엘군은 시리아군에게 사격을 퍼 부으며 앞으로 전진하면서 근접항공지원을 요청하였다. 잠시 후, 이스라엘군 전투기가 날아와 시리아군 전차를 공격하여 그 중 2대를 파괴하자 나머지 전차는 물러났다.

〈그림 4-32〉 골란 북부지역 돌파작전(6월 9일)

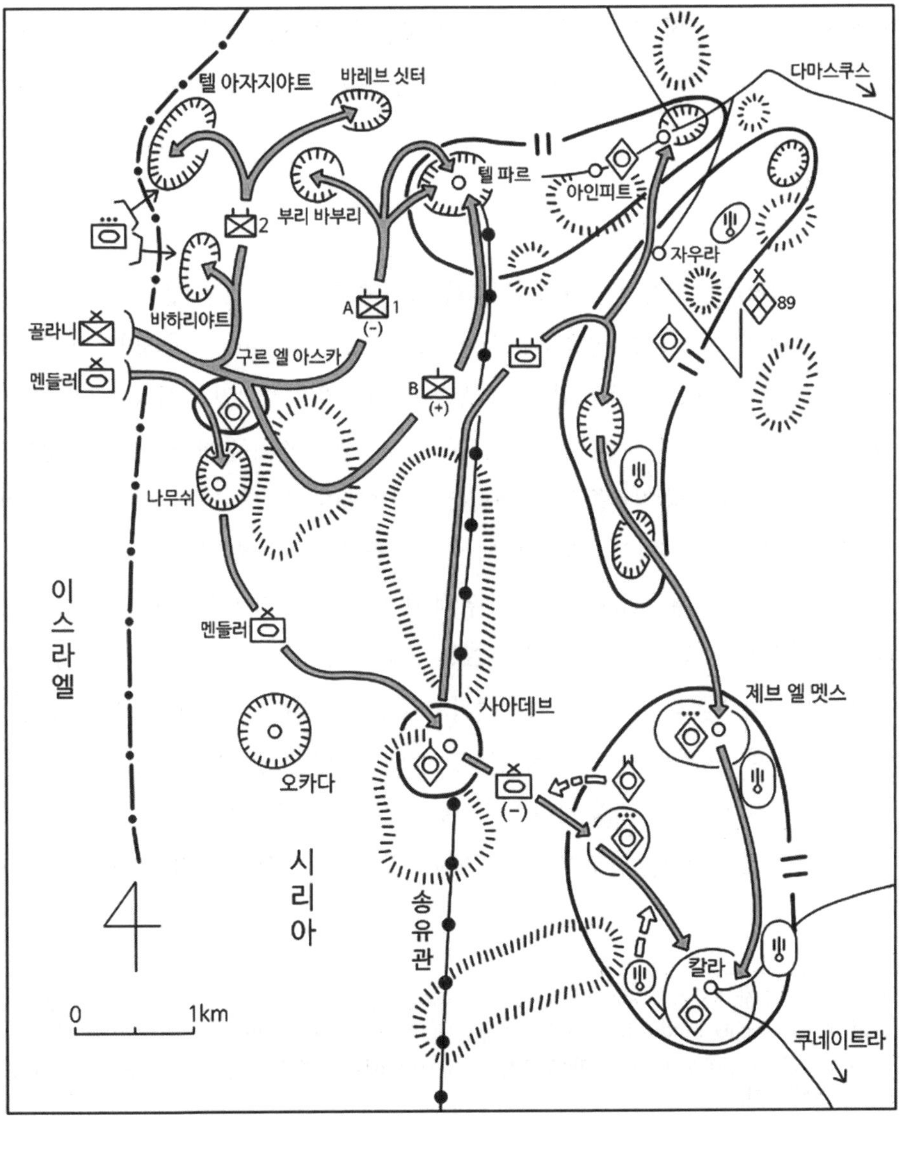

이러한 격전이 몇 시간 동안 계속되자 이스라엘군의 피해는 점점 증가하였고, 대부분의 장교가 전사 또는 부상을 당해 마지막 단계에서는 중위 1명이 몇 대밖에 남지 않은 전차를 지휘하여 싸웠을 정도였다. 시리아군도 큰 피해를 입었지만 끝까지 저항했다. 그러나 칼라 방어부대 지휘관이 전사하자 시리아군도 더 이상의 방어를 포기하고 후퇴하기 시작했다. 이리하여 이날 저녁 무렵, 멘들러 여단은 자우라에서 진격해온 전차대대와 협동하여 칼라를 완전히 점령하였다.

이후 멘들러 기갑여단은 재편성을 실시하고 탄약과 연료를 재보급 받았다. 부상자들은 헬기와 차량으로 긴급히 후송했다. 그리고 파손된 전투차량을 정비하는 데 최선을 다했다. 어느 정도 전투력을 회복하자 야간에도 종심공격을 시도했지만 시리아군 저항 때문에 제대로 진출할 수가 없었다.

다) 골라니 보병여단의 혈전[282]

골라니 보병여단도 멘들러 기갑여단과 협동하여 최초 돌파공격을 실시하였다. 멘들러 기갑여단으로부터 배속 받은 전차 1개 소대가 훌라 계곡에 위치하여 시리아군의 텔 아자지야트 거점을 향해 포격을 실시했다. 그 결과 텔 아자지야트 거점의 시리아군은 골라니 보병여단과 멘들러 기갑여단이 돌파를 시도하는 정면으로 전력을 전환시킬 수가 없었다. 골라니 여단 보병부대의 지원을 받은 멘들러 기갑여단이 천신만고 끝에 시리아군의 제1선 진지인 나무쉬를 탈취하여 돌파구가 형성되자, 골라니 보병여단과 멘들러 기갑여단은 각각 자신들에게 부여된 목표를 점령하기 위해 좌우로 진격하기 시작했다.

골라니 보병여단이 점령해야 할 핵심 목표는 텔 파르와 텔 아자지야트 요새진지였다. 그래서 여단장 요나 에후라트 대령은 모세 클라인 중령이 지휘하는 제1대대가 텔 파르를, 제2대대가 텔 아자지야트를 공격하도록 임무를 부여하였다.[283] 텔 파르 요새는 골란고원의 시리아군 방어진지 중에서 가장 강력하게 구축된 요새진지 중의 하나로서 1개 대대가 방어하고 있었다. 진지주위는 철조망과 지뢰지대로 구성된 약 100m 폭의 장애물 지대가 구

---

282) 전게서, 김희상, pp.387~389; 전게서, Pollack, pp.463~468; 전게서, Dupuy, Trevor N., pp.322~324; 전게서, Churchill, randolph S. and Winston S. Churchill, p.186; 전게서, A. J. Barke, p.92. 참조.

283) 이때 골라니 여단은 2개 보병대대밖에 없었다. 1개 보병대대는 야콥교(橋) 북쪽에서 조공부대로 운용 중이었기 때문이다.

축되어 있었으며, 그 장애물 지대 전면에는 기관총, 대전차 화기, 박격포, 포병의 화망이 농밀하게 구성되어 있었다.

텔 파르에 대한 공격은 14:00시에 개시되었다. 대대장 클라인 중령은 대대를 2개 제대로 나누어 A제대는 자신이 직접 지휘하여 정면에서 공격하고, B제대는 멘들러 기갑여단이 진격한 도로를 따라 크게 우회하여 텔 파르 진지 후방에서 공격하게 하였다. A제대는 반궤도 차량에 탑승한 채로 텔 파르 진지를 향해 돌진했다. 그러나 진지 가까이 접근했을 때 시리아군의 맹렬한 사격이 개시되었다. 삽시간에 수 대의 반궤도 차량이 파괴되었다. 클라인 중령은 그의 부대를 신속히 하차시킨 후 아래쪽에 있는 부리 바부리 진지는 소수의 병력으로 고착시키고, 핵심목표인 텔 파르 진지를 향해 정면과 좌측방에서 동시공격을 실시하였다. 그런데 시리아군의 장애물 지대는 이스라엘군의 공격을 지연시키는 데 매우 효과적이었다. 불과 100~150m밖에 안 되는 종심이었지만 이를 통과하는 동안 쉬지 않고 쏟아지는 시리아군의 총탄과 포탄에 의해 이스라엘군은 큰 피해를 입었다. 심지어 한 중대는 텔 파르 진지의 참호선에 돌입할 무렵 겨우 8명밖에 남지 않았다. 참호선에 돌입한 이스라엘군은 시리아군과 근접전투 및 무지막지한 백병전을 벌였다. 대대장 클라인 중령도 참호선 돌입 시 전사했다. 처절한 전투는 3시간 동안이나 계속되었다.

한편, 우측으로 우회하여 텔 파르 진지 후방으로 접근한 B제대 역시 격전을 벌였다. 그들도 반궤도 차량에 탑승한 채로 텔 파르 진지를 향해 돌진했다. 그러나 630m 정도까지 접근했을 때 시리아군의 일제사격을 받아 반궤도 차량 3대가 파괴되었고, 곧이어 또 1대가 파괴되었다. B제대도 즉시 하차하여 도보공격으로 전환하였다. 시리아군의 사격을 무릅쓰고 장애물 지대를 통과했을 때 B제대장을 따르는 부대원은 25명에 불과했다. B제대장은 그 병력을 2개 팀으로 나누어 좌우 양방향에서 공격을 실시하였다. 양 측방에서 참호선에 돌입한 그들은 시리아군과 치열한 근접전투 및 백병전을 전개하였다.[284] 수류탄전과 맨손 격투까지 포함한 치열한 근접전투를 전개하면서 참호선을 따라 전진한 결과 마침내 텔 파르 요새 최정상에 있는 벙커를 점령하였다. 그러나 피해가 너무 컸다. 좌우 측방에서 공격해 올라온 두 팀이 최정상에서 합류했을 때, 그들 중 약간의 부상이라도 입지 않은 인

---

284) 참호 소탕 시 이스라엘군의 강점 중 하나는 그들이 휴대한 우지 기관단총이었다. 그 화기는 근접전용으로 설계되었기 때문에 작고 가벼웠다. 그래서 참호 및 벙커와 같은 좁은 장소에서 근접전투를 할 때 시리아군의 AK-47 소총보다 사용하기가 훨씬 편했다.

원은 단 3명뿐이었다.

텔 파르 요새 최정상 벙커를 점령한 B제대는 A제대가 근접전투를 하고 있는 참호로 밀고 내려갔다. 또다시 백병전이 벌어졌고, 쌍방 공히 사상자가 속출했다. 이때 전장을 관측하고 있던 요나 에후라트 대령은 공격이 실패한 것으로 착각했다. 대대장 클라인 중령과 3개 중대장을 포함한 대부분의 장교들이 전사하는 등, 너무나 많은 인명피해를 입었을 뿐만 아니라 통신까지 두절되었기 때문이다. 그러나 시리아군의 피해도 컸고, 더구나 이스라엘군이 텔 파르 진지 상·하단의 양 방향에서 협격해 오니까 더 이상 버틸 수가 없었다. 혈전을 거듭한 끝에 전투는 이스라엘군의 승리로 막을 내렸다. 한 명의 부사관이 지휘하는 소수의 병력이 최종적으로 목표를 점령한 것이다. 대대가 전멸한 것이 아닌가 하고 걱정하고 있던 여단장 요나 에후라트 대령은 그 모습을 쌍안경으로 관측하고는 오열했다. 이스라엘군은 텔 파르를 점령하는 데 너무나 값비싼 대가를 치렀다. 반궤도 차량 11대가 파괴되었으며, 34명이 전사하고 78명이 부상했다. 시리아군도 59명이 죽고 32명이 포로가 되었다.

한편, 텔 아자지야트 진지를 공격한 제2대대는 최초에는 경미한 저항을 받았다. 제2대대는 훌라 계곡에서 사격으로 공격하여 정면에서 적을 고착시키는 전차소대의 지원을 받으며 텔 아자지야트 진지 후방으로 공격해 들어갔다. 제일 먼저 마주친 시리아군 진지는 1개 중대가 방어하고 있는 바하리야트 진지였다. 그러나 그곳을 방어하던 병력 대부분은 이미 텔 아자지야트 진지로 후퇴하였고, 소수의 병력만 잔류해 있었는데 그들은 백병전에 의해 간단하게 퇴치되었다. 제2대대는 계속 전진하여 텔 아자지야트 진지를 공격했다. 그 진지도 시리아군 1개 중대가 방어하고 있었다. 그런데 제2대대가 후방으로 접근하여 참호선에 도달했을 때, 돌연 방어부대 지휘관이 백기를 들고 나와서 항복했다. 그러고는 텔 아자지야트 진지에 배치된 그의 부하들을 향해 항복하라고 소리쳤다. 그러나 시리아군 병사들은 배반한 지휘관의 명령을 듣지 않고 사격으로 응답했다. 이리하여 참호선에서 치열한 근접전투와 백병전이 전개되었다. 쌍방 공히 수십 명의 사상자가 발생하였다. 이러한 혈전 끝에 텔 아자지야트 진지는 이스라엘군에게 점령되었다. 이어서 텔 아자지야트 위쪽에 있는 바레브 싯터 진지도 이스라엘군의 수중에 들어 왔다.

이후, 골라니 보병여단도 재편성을 실시하고 탄약과 연료를 재보급 받았다. 부상자들은 헬기나 차량으로 긴급히 후송했다. 그리고 다음날 아침 일찍 바니아스를 공격하기 위해 사전에 공병을 투입하여 지뢰를 제거하는 등, 통로 개척 작업을 실시하였다. 이를 인지한 시리아군의 박격포가 불을 뿜었다. 이 사격으로 이스라엘군 16명이 전사하고 4명이 부상을 당했다. 골라니 보병여단은 더 이상 야간공격을 계속할 수가 없게 됐다.

2) 조공지역 전투[285]

골란고원 북부에서 혈전이 전개되고 있는 동안 중부지역의 조공부대들은 의외로 성과를 거두고 있었다. 6월 9일 오후, 골라니 보병여단의 제3대대와 나할 부대는 야콥교(橋) 북쪽에서 공격을 개시하였다. 공병이 선두에서 층계 모양으로 형성된 낮은 단애를 헤치며 통로를 개척했다. 제3대대와 나할 부대는 공병이 개척한 통로를 따라 올라가 시리아군의 우리피아 및 마아모음 진지를 점령했다.

일몰 후 저녁 무렵에는 요르단 전선에 투입되었던 롬 기갑여단이 복귀하여 야콥교(橋) 다바시아 일대에서 돌파를 했다. 이때 엠마니엘 보병여단과 가비쉬 보병여단은 갈릴리호 남쪽에 집결 중이었기에 아직 투입되지 않았다. 롬 기갑여단 정면의 시리아군은 별다른 저항을 하지 않고 후퇴하기 시작했다. 밤늦게 철수명령을 받은 것 같았다. 이리하여 롬 여단은 라위예까지 진출했다. 이렇게 여러 곳에서 동시에 공격을 개시하자 시리아군은 당황하여 제대로 대응하지 못했다. 이틈을 이용하여 이스라엘군은 돌파구를 확장해 나가기 시작했다.

3) 시리아군의 충격과 후퇴

6월 9일 저녁때까지 골란고원 북부의 제1선 및 2선 진지가 붕괴되었지만 시리아군 주력은 아직 건재했다. 또 아직까지 헤르몬산과 북부의 바니아스, 만수라, 마사다, 중부의 나프카, 남부의 타우피크 및 엘 알은 시리아군 수중에 있었다. 그래서 이날 야간에 열린 작전회의에서 시리아군은 상기 지역에 증원부대를 투입하고, 보복으로 이스라엘인 거주지에 지속적인 포격을 실시하기로 결정했다. 그러나 20:45분경(다마스쿠스 시간)에 방송된 나세르

---

285) 전게서, 김희상, p.389; 전게서, 田上四郞, p.174 참조.

의 사임 발표는 시리아인에게 큰 충격을 주었다. 시리아 정부도 공황에 빠졌다.[286] 요르단은 이미 패배했고, 나세르가 사임했다는 것은 이집트 또한 패배했다는 뜻이었다. 이제 이스라엘이 쳐부술 대상은 하나밖에 남지 않았다. 그것은 시리아였으며, 이미 시리아를 공격하고 있다. 나세르 같은 걸출한 지도자가 이스라엘을 막을 수 없다면 과연 누가 막을 수 있단 말인가? 시리아 정부는 생존을 위해 몸부림치기 시작했다. 시리아군에게 전투를 중지하고 전선에서 철수하여 수도 다마스쿠스를 방어하라는 명령을 내렸다. 정부 주요 관계자들은 아예 수도를 떠났다.

후퇴하라는 정부의 명령을 받은 시리아 군부는 분개하며 불복했다. 그런데 골란고원 북부 및 중부 일부를 방어하는 제12여단그룹(사단급 부대) 사령관 아메드 아미르 대령은 참모총장 아메드 스웨이다니 소장에게 '이스라엘군이 제12여단그룹의 전방진지를 돌파한 후 측면을 공격하여 고립되기 일보 직전'이라고 보고했다.[287] 결국 스웨이다니 소장은 후퇴 명령을 내렸다.

늦은 밤부터 시리아군은 골란고원에서 다마스쿠스로 가는 간선도로상의 중심도시인 쿠네이트라로 철수하기 시작했다.

라. 시리아의 선전 실수와 쿠네이트라 함락(6월 10일)

최초 돌파작전이 성공을 거두자 엘라자르 북부사령관은 요르단 전선에 투입되었던 전력을 골란고원으로 전환시켜 전과확대를 실시함으로서 최단시간 내에 시리아군을 격멸하고 골란고원을 점령하려고 하였다. 그는 다음과 같은 계획을 세웠다.

"우선적으로 골란 북부지역에 1개 기갑여단을 추가 투입해 많은 피해를 입은 골라니 보병여단을 초월 공격하여 골란고원 북부를 점령함으로써 멘들러 기갑여단의 측후방을 방호하도록 한다. 멘들러 기갑여단은 전과확대로 전환, 쿠네이트라로 돌진하여 외곽 포위망을 형성한다. 야콥교(橋) 북부지역에서 돌파한 롬 기갑여단도 전과확대로 전환, 쿠네이트라와 부트미예로 돌진하여 내곽 포위망을 형성한다. 골란 남부지역, 즉 갈릴리호 동쪽으로는 요르단 전선에서 복귀한 4개 여단을 투입, 다양한 방법으로 부트미예로 진격시켜 포

---

286) 전게서, 제러미 보엔, p.398.
287) 전게서, Seale, Asad, p.140.

위망 내의 시리아군을 격멸한다."

6월 10일 아침 일찍, 이스라엘군은 진격을 재개하였다. 골라니 보병여단과 멘들러 기갑여단에 의해 형성된 돌파구에는 요르단 전선에서 복귀하여 전투력을 복원한 바 코히바 기갑여단이 투입되어 멘들러 기갑여단과 함께 좌·우의 각각 다른 방향으로 동시에 돌진했다.[288] 바 코히바 기갑여단은 좌측에서 골라니 보병여단이 바니아스를 손쉽게 점령할 수 있도록 지원한 후, 신속히 서쪽으로 진격하여 이스라엘과 레바논의 국경으로 형성된 계곡에 있는 누칼라와 아비쉬예를 점령하였다. 그리고 즉시 방향을 전환하여 바니아스로 반전한 후, 이번에는 아인 핏트와 자우라를 거쳐 마사다를 점령하였다. 이렇게 바 코히바 기갑여단이 기동력을 발휘하여 종횡무진하면서 좌측방을 방호하는 동안, 멘들러 기갑여단은 우측에서 돌진하여 만수라를 점령하고, 쿠네이트라를 향해 거침없는 진격을 계속하였다. 이들의 공격 앞에 시리아군의 저항은 거의 없었다. 전날 늦은 밤부터 골란고원 북부를 방어하는 시리아군 제12여단그룹(사단급 규모)이 쿠네이트라로 철수하기 시작했기 때문이었다.

그런데 시리아군을 완전히 붕괴시킨 것은 그들의 선전 실수가 가장 치명적인 원인이었다. 08:26분, 「다마스쿠스 라디오」는 국방부 통지문을 인용해 골란고원의 중심도시인 쿠네이트라가 함락됐다는 보도를 했다.[289] 그 뉴스에 의하면 '골란고원을 방어하던 시리아군은 후퇴하였고, 이스라엘군이 쿠네이트라로 진격하면서 모든 후퇴로를 차단하고 죽음의 고립지대(death pockets)로 만들고 있다'고 보도하였던 것이다. 그러나 그것은 사실이 아니었다. 시리아 국방부 장관 하페즈 알 아사드 중장은 2시간 후 정정 보도를 명령했다. 그러

---

288) 전게서, 김희상, p.392 참조.

289) 상게서, p.395; 전게서, 제러미 보엔, p.400; 전게서, Safran, Nadav, p.380 참고. 시리아 정부가 왜 그런 실수를 했는지는 정확히 밝혀지지 않았다. 그러나 추론해 본다면 대략 다음과 같이 네 가지로 귀결된다. 첫째, 혼란과 공포 속에서 벌어진 단순한 실수일 것이다. 둘째, 국민을 분기시키고, 전선의 병력을 조기에 철수시켜 수도인 다마스쿠스를 방어하려 했을 것이다. 시리아인에게 수도는 대단히 귀중한 존재였다. 따라서 다마스쿠스가 위태롭다고 하면 전 시리아 국민이 바트당 정권을 중심으로 일치단결하여 다마스쿠스를 방어하려 할 것이므로, 이렇게 될 때 정권 담당자들은 일석이조의 효과를 얻게 된다. 셋째, 일부러 잘못된 보도를 내보내 이스라엘군이 곧 다마스쿠스까지 진격할 것처럼 과장되게 선전함으로서 UN안보리나 소련의 신속한 개입을 유도하여 이스라엘을 압박해 이스라엘군의 진격을 저지시키기를 희망했을 수도 있다. 넷째, 이스라엘군이 쿠네이트라를 신속히 점령하면 시리아군의 퇴로가 차단돼 포위격멸 당할 우려가 있다. 그래서 보다 조기에 철수할 수 있도록 경고해 대량의 병력손실을 회피하려고 했을 것이다. 만약 그것이 사실이라면 실제로 시리아는 그것에 관해서는 성공한 셈이다. 후에 바트당 관계자들은 쿠네이트라가 함락되기 전에 함락되었다고 보도한 것은 수많은 생명을 구하기 위한 슬기로운 전술이었다고 변명했다. 이유야 어찌됐던 간에 그 방송으로 인해 이스라엘군은 신속히, 그리고 최소한의 손실로 전쟁 목적을 달성하게 된다.

나 이미 엎질러진 물이었다. 그렇지 않아도 전투에서 밀리고 있던 시리아군은 완전히 공포에 빠져 병사들은 장비를 내팽긴 채 도망쳤고, 일부 장교들은 민간복장으로 갈아입고 다마스쿠스로 향했다. 골란고원 북부지역을 방어하는 제12여단그룹 사령관 아메드 아미르는 말을 타고 도망쳤다.[290] 「다마스쿠스 라디오」는 "적의 공군은 강대국만이 보여줄 수 있는 숫자로 하늘을 뒤덮었습니다"라고 하며, 마치 미국과 영국이 이스라엘을 지원하고 있는 것처럼 주장해 실수를 만회하려고 했다.

이때, 혼란은 이스라엘군 수뇌부에도 있었다. 이날 아침, 다얀 국방부 장관이 갑자기 진격을 중지하라는 명령을 내린 것이다. 그것은 UN안보리의 정전 요청 및 소련의 정전 압력과 밀접한 관계가 있다. 라빈 참모총장은 그 명령을 엘라자르 북부사령관에게 하달했다. 이에 엘라자르는 '이미 공정작전을 실시 중이므로 너무 늦었다'고 말했다. 다얀은 다시 명령을 내렸다. 라빈도 다시 엘라자르에게 전화를 걸었지만 그는 같은 말을 반복했다. "미안합니다. 이미 공중 전력을 보냈고 이제는 멈출 수가 없습니다."[291] 엘라자르는 모처럼 찾아온 천재일우의 기회를 놓치고 싶지 않았다. 그는 어떤 일이 있더라도 이 기회에 시리아군 주력을 격멸하고 골란고원을 점령하려고 했다.

11:30분, 다얀은 엘라자르 북부사령관을 만났다. 그리고 쿠네이트라를 전진한계선으로 하고, 그 후에는 방어태세로 전환하도록 명령했다. 잠시 후, 멘들러 기갑여단으로부터 보고가 들어왔다. 2시간 후인 14:00시까지는 쿠네이트라를 완전히 점령할 수 있다는 것이었다. 이렇게 되자 이스라엘은 즉시 UN에 다마스쿠스를 점령할 의도가 없으며 정전을 받아들이겠다는 뜻을 표명하여, 강대국의 압력을 극복하고 골란고원을 완전히 수중에 넣는 성과를 올릴 수 있었다.

「다마스쿠스 라디오」 방송 후 시리아군은 삽시간에 붕괴되었다. 11:00시경부터는 아직 이스라엘군이 접근하지도 않은 진지에서도 탄약을 폭파하고 도주해 버렸고, 어떤 곳은 모든 시설과 장비 및 물자를 그대로 남겨둔 채 몸만 빠져나갔다. 이스라엘군은 기동훈련을 하는 것이나 다를 바 없는 상태로 진격했다. 시리아군 전차가 발견되어 포격을 가하면 그냥 버려진 채 비어 있었다. 병사들이 모두 전차를 버리고 도망친 상태였다. 이스라엘군이

---

290) 전게서, Seale, Asad, p.141.
291) 전게서, 제러미 보엔, p.412. 이때 구르 공정여단은 대기 중이었다. 엘라자르가 거짓말을 한 것이다. 라빈은 전쟁이 끝난 후에 그 사실을 알았다.

진입하는 곳마다 이미 시리아군은 도망치고 없었다.

　14:00시경, 멘들러 기갑여단은 쿠네이트라에 진입했다. 시리아군의 저항은 전혀 없었다. 각종 장비들이 그대로 버려져 있었고, 병사들은 하나도 없었다. 심지어 어떤 전차는 엔

〈그림 4-33〉 시리아 작전 제2일차 상황(6월 10일)

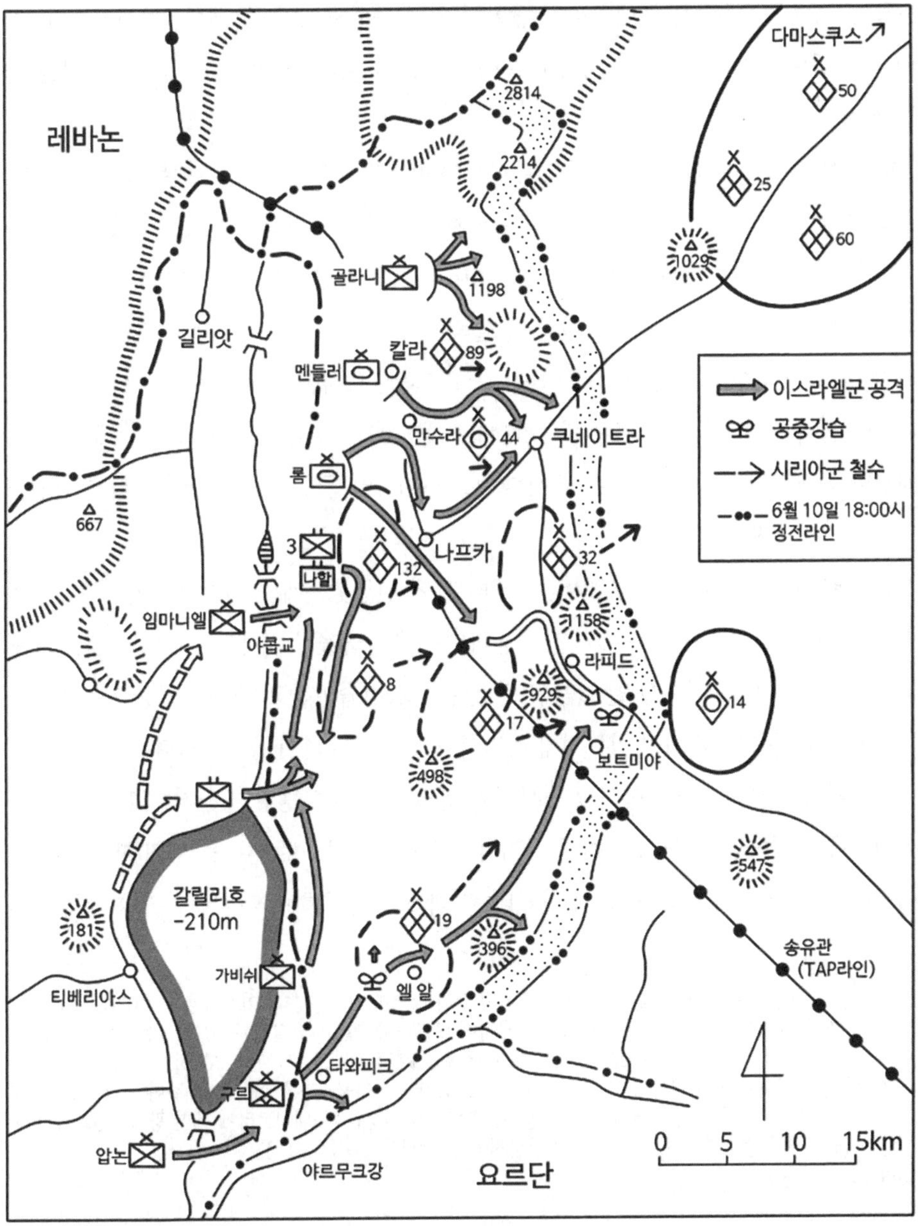

진도 끄지 않은 상태로 버려져 있었다. 전리품이 넘쳐났다.[292]

골란 중부지역에서 공격을 재개한 롬 기갑여단만이 약간의 형식적인 전투를 했다. 그들은 라위예~카나바 지역으로 전과확대를 실시하다가 시리아군의 저항을 받았다. 그러나 저항의 한계가 명확했기 때문에 단시간의 교전 끝에 격파되었다. 그 후 여단장 롬 대령은 정찰부대를 쿠네이트라로 진격시켜 좌측방을 방호함과 동시에 멘들러 기갑여단과 연결하도록 했고, 여단 주력은 쿠네이트라 남쪽의 라피드와 보트미야를 향해 돌진시켰다. 마침내 롬 기갑여단은 라피드를 점령하고 곧이어 보트미야을 점령하였다. 내곽 포위망을 완성한 것이다.

한편 12:00시경, 갈릴리호 동쪽으로 4개 여단이 투입됐다. 이들 부대는 전쟁을 보다 신속히 종결짓기 위해 골란 남부지역에 포위된 시리아군을 소탕하고 보트미야를 점령하는 임무를 부여 받았다. 그러나 시리아군이 이미 후퇴를 하였기 때문에 일방적인 기동훈련을 하는 형태의 공격작전이 되어버렸다. 그들의 최초목표는 타와피크에서 카프르 하리브를 거쳐 엘 알까지 뻗어 있는 험악한 산 능선에 구축된 요새진지였다. 지형이 너무 험악했기 때문에 급속공격을 실시할 경우 많은 피해가 예상됐다. 그래서 1시간 동안 공군과 포병이 맹렬한 공격준비 폭격 및 포격을 실시한 후 14:00시경, 구르 공정여단이 가파른 산언덕을 기어오르기 시작했다.

그들은 천신만고 끝에 15:30분경, 타와피크에 진입했는데 요새진지는 텅텅 비어 있었다.[293] 이후 구르 공정여단은 헬기를 이용하여 공중강습을 실시했다. 16:00시에는 카프르 하리브를 점령하고, 이어서 엘 알을 점령했다. 공중강습이라고 하지만 공중으로 기동하여 목표지역에 착륙한 후 적이 있는지 없는지를 확인하는 것뿐인 공격이었다.

지상에서는 압론 보병여단이 공정부대와 연결하기 위해 맹렬히 진격하였고, 마침내 보트미야을 점령하였다. 그러나 이미 시리아군은 다마스쿠스로 철수를 했기 때문에 이스라엘군이 획득한 포로는 몇 명 되지 않았다. 잔적 소탕을 위하여 가비쉬 보병여단은 갈릴리

---

292) 이스라엘군이 쿠네이트라를 점령한 후, 쿠네이트라 전역이 약탈당했다. 이스라엘은 쿠네이트라가 함락되기까지 24시간이 있었으므로 시리아군 병사들이 도망가며 충분히 약탈할 수 있다고 주장했다. 그러나 「다마스쿠스 라디오」가 쿠네이트라 함락을 보도한 08:26분과 실제로 함락된 14:00시 사이에는 시간이 별로 없었다. 공포에 젖어 전차의 시동도 끄지 않고 도망간 시리아군 병사들이 상점을 털며 퇴각했을 것이라고 보는 것은 무리가 있다. 7월에 그곳을 방문한 UN특사 거싱은 "쿠네이트라에 대한 광범위한 약탈은 이스라엘군에게 상당 부분 책임이 있다"고 결론지었다. 상게서, pp.412-413.

293) 전게서, 김희상, p.394.

호 동쪽에서 북진하고, 야콥교(橋) 동쪽에서 남진했지만 시리아군을 찾아보기가 힘들었다.

이렇게 하여 이스라엘군은 6월 10일 저녁때까지 헤르몬산 남쪽 봉우리에서부터 마사다, 쿠네이트라, 보트미야를 거쳐 갈릴리호 남쪽의 야르무크 강(江)까지 이어지는 골란고원 전역을 점령하였다. 2일간의 골란작전에서 이스라엘군은 127명이 전사하고 625명이 부상했다. 전차 및 반궤도 차량 160대가 피해를 입었지만, 신속한 야전정비를 실시하여 대부분은 곧 전선으로 복귀하고 17대만을 상실했을 뿐이었다. 이에 비해 시리아군의 추정 손해는 전사 600명, 부상 700명, 포로 및 행방불명 570명으로 계산되었다. 전차는 86대를 잃었는데, 그중 40대는 포획됐다. 또한 골란 전선에서 작전을 지도하던 소련군 군사고문관 5명이 포로가 됐다.[294]

마. 강대국의 정전 압력[295]

6월 9일, 이스라엘이 시리아를 공격하자 UN에서는 안보리회의가 긴급히 소집되었다. 이스라엘에게는 전장이 두 군데였다. 한곳은 골란고원이었고, 다른 한곳은 UN안보리였다. 이스라엘은 시리아가 6월 8일 밤에 UN정전결의안을 받아들였다는 사실을 의미 있게 생각하지 않았다. 이스라엘은 원하는 것만큼 진격할 생각이었고, 강대국의 개입이 없는 한 중단할 마음이 없었다. 하지만 갈수록 시간이 촉박했다.

UN안보리의 각국 대사들은 이스라엘이 공공연하게 시리아 영토를 점령해 나가는 것에 대하여 강력하게 비난했다. 영국과 프랑스는 UN안보리가 두 차례나 휴전을 존중할 것을 촉구했는데도 불구하고 시리아를 공격한 것은 '어떤 명분도 없다'고 했으며, 다마스쿠스 부근을 폭격하는 것도 '비난받아 마땅하다'고 말했다. 어떻게 해서든지 강대국의 정전압력을 지연시키기 위해 미국에 가 있는 에반 외교부 장관은 에슈콜 총리에게 전화를 걸었다. 에슈콜은 골란 북부지역의 군부대를 순시 중이었기에 그의 부인 미리암이 받았다. 에반은 "에슈콜에게 전쟁을 중단하라고 말씀해 주십시오. UN이 제게 압력을 가하고 있어

---

294) 전게서, 田上四郎, p.174.

295) 전게서, 제러미 보엔, pp.413~419, p.423; Bregman and Jihan el-Tahri, 『The Fifty Years War』, (London: Peanguin/BBC Books, 1998), p.98; Bull, Odd, 「War and Peace in the Middle East」, (London: Leo Cooper, 1976), p.118; Gideon Rafael, 『Destination Peace』, (New York : Stein & Day, 1981), pp.164~165를 주로 참고.

요"라고 말했다.

소련의 압력은 더욱 강력했다. 코시킨은 직통선으로 백악관에 메시지를 보냈다. '이스라엘은 UN안보리의 결의안을 무시하고 있다. 그러므로 미국은 몇 시간 내로 이스라엘에게 어떠한 조건도 없이 군사행동을 중지해야 한다는 경고를 보내야 한다'는 내용이었다. 만약 이스라엘에게 경고를 보내지 않으면 '미·소 간의 충돌을 불러올 것이고, 이는 중대한 재앙으로 이어질 것'이며, 또 만약 이스라엘이 따르지 않는다면 '군사적 행동을 포함한 필요한 조치를 취할 것'이라고 코시킨은 경고했다. 미국은 '휴전을 위해 노력하고 있다'는 내용의 답신을 코시킨에게 보내 소련정부를 안심시키려고 했다. 코시킨은 경고성 발언을 거듭했다. 미국은 소련의 군사적 행동에 대비하기 위해 시칠리아 부근에 있는 제6함대를 동쪽으로 이동시켰다.

모든 것은 이스라엘이 얼마나 빨리 공격을 중단하느냐에 달려 있었다. 이때 영국의 합동정보위원회는 '이스라엘이 6월 10일 자정(이스라엘 시간)까지 골란고원을 점령하면 휴전이 실질적으로 효력을 발휘하기 시작할 것'이라고 보았다. 소련이 강경한 입장을 취하는 것은 그저 아랍 우호국들 앞에서 체면을 세우고, 뒤늦기는 했지만 '단호하고 강력한 자세로' 시리아를 구했다는 것을 강조하기 위해서라는 것이었다.

백악관 상황실에 있던 대부분의 미국 관료들은 이스라엘이 다마스쿠스까지 진격할 계획일 것이라고 보았다. 영국 합동정보위원회와 비슷한 견해를 가진 사람은 별로 없었다. 국무부 차관 니콜라스 카첸바크는 이스라엘 대사관에 전화를 걸어 압력을 넣기 위해 상황실을 떠났다.

UN주재 미국대사 골드버그는 존슨 대통령의 구체적이고 긴급한 지시를 받고 이스라엘 대사 라파엘을 불렀다. 골드버거는 직설적으로 말했다. "이스라엘이 시리아 전선에서 모든 행동을 중단했다는 선언을 당장 하지 않으면 안 될 상황에 이르렀습니다. 소련대사 페레덴코가 조만간 최후통첩 형태로 성명서를 발표할거에요. 아마 '소련은 이스라엘이 휴전 결의안을 존중할 수 있게 가능한 모든 수단을 동원할 것'이라고 선언할 겁니다." 라파엘은 본국에 연락해 지시를 받겠다고 하며 약간의 시간을 벌었다. 이때(이스라엘 시간 6월 10일 12:00시경, 뉴욕 시간 05:00시경), 라빈 참모총장은 '앞으로 2시간 이내에 쿠네이트라를 점령할 수 있다'는 보고를 받았다. 그 보고는 즉시 미국에 있는 에반 외교부 장관에게 전해졌다. 라파엘 대사도 본국의 외교부로부터 전화를 받았다. 그는 '현 상태에서 이스라엘 국경 정착촌의 안전을 보장받을 수는 없지만 그래도 공격을 중단하겠다'고 휴전을 수용하는 성명서를 받아 적었다. 이리하여 UN안보리는 6월 10일 05:30분(이스라엘 시간 12:30분) 정전결의를 가결했다. 정전 효력은 6시간 후인 11:30분(이스라엘 시간 18:30분)부터 발효됐는데, 그때 이스라엘군은 이미 전 공격목표를 탈취하고 방어태세를 완료한 상태였다.[296]

296) 전게서, 田上四郎, p.178.

▮▮▮▮ 제7장 ▮▮▮▮
전쟁결과 분석 및 군사적 영향

1. 전쟁의 결과

6일 전쟁은 이스라엘 공군의 '건곤일척의 선제 기습작전'에 의해 개전 3시간 만에 승패가 결정되었다. 개전 전, 다얀 국방부 장관은 '이 전쟁이 2~3주간 걸릴 것'으로 판단했다. 세계의 군사 전문가들은 쌍방이 큰 피해를 입은 채 무승부로 끝날 것으로 예상했다. 소련은 최신무기를 장비한 아랍군이 우세할 것이라 판단했고, 미국은 아랍군이 선제공격을 한다 해도 이스라엘군은 그것을 격퇴할 수 있을 것으로 보았다.[297] 그러나 결과는 대부분의 예상을 뒤엎었다.

6일 전쟁에서 이스라엘이 얻은 것은 4배에 달하는 영토 및 예루살렘 구시가지 점령과 상승 이스라엘군의 자부심이었다. 그러나 약 41만 명에 달하는 팔레스타인 난민이 발생했고, 수에즈 운하는 폐쇄되었다. 더구나 괴멸적 패배를 당한 아랍인들의 마음에 깊은 상처를 남겼고, 이는 또다시 전쟁을 부르는 불씨가 되었다. 또한 세계 여론도 아랍에게 동정적으로 변해갔다. 6일 전쟁의 군사적 피해는 〈표 7-1〉과 같다.

이스라엘군은 예상보다 적은 손실로 작전목적은 달성하였다. 이에 비해 아랍군의 피해는 훨씬 컸으며, 특히 이집트의 피해가 막심했다. 아랍군은 수차례에 걸쳐 피해를 정정 발표 했는데, 그중 어느 것도 정확하다고 생각하지 않는다. 그래도 듀푸이(Dupuy)의 「달성하기 어려운 승리(Elusive Victory)」에 나와 있는 집계가 가장 근접한 것으로 판단된다.[298]

---

297) 전게서, 田上四郎, p.178.
298) 대 시리아 작전에서 이스라엘군의 전차피해가 많은 것은 피해를 입은 전차를 정비 및 복구하지 않은 상태

〈표 7-1〉 6일 전쟁의 군사적 피해[299]

구분		병력				주요장비	
		전사	부상	포로·행불	합계	전차	항공기
이스라엘	총계	983	4,517	15	5,515	394	40
	이집트 작전	303	1,450	11	1,764	122	
	요르단 작전	553	2,442	0	2,995	112	
	시리아 작전	127	625	4	756	160	
아랍	총계	4,296	6,121	7,550	17,967	965	444
	이집트	3,000	5,000	4,980	12,980	700	356
	요르단	696	421	2,000	3,117	179	18
	시리아	600	700	570	1,870	86	55
	이라크	?	?	?	?	?	15

2. 이스라엘의 승리요인

가. 국방군 건설 20년의 성과

1) 통합군 및 '우그다(Ugdah)' 체제

이스라엘군은 한 명의 참모총장 예하에 육군의 각 지역사령부와 해군 및 공군사령부로 편성되어 있는 통합군 체제다. 따라서 3군 통합의 참모본부 조직은 통합작전의 기반이 되며, 전장에서 긴밀한 협조 체제를 구축하는 데 결정적 여건을 제공해 준다.

이러한 통합군 체제는 고도의 '지휘통일의 원칙'을 추구하고 있다. 지휘통일이란 단일 지휘관의 지휘 하에 모든 역량과 노력을 한 방향으로 집중시키는 것을 말하는데, 특히 내선작전을 실시할 수밖에 없는 이스라엘에게는 필수적인 요소다. 그 결과 6일 전쟁에서 이스라엘군은 3군 체제를 유지하고 있는 이집트군보다 작전의 속도가 훨씬 빨랐고, 전투력 통합의 효율성 또한 대단히 높았다. 특히 긴밀한 근접항공지원은 이스라엘군이 승리하는 데 크게 기여하였다.

에서 집계한 것으로 판단된다.

299) 전게서, Dupuy. Trevor N., p.333.

　이스라엘군의 주축인 육군은 여단이 최고 전술단위부대지만 필요에 따라 '우그다(Ugdah)'라고 부르는 임시 사단을 편성해 운용한다. 우그다는 각종 여단을 편합(編合)한 일종의 '임무부대(Task Force)'로서 다양하게 편성할 수 있어 융통성 있는 부대 운용이 가능하다. 즉 작전 목적 및 지형에 따라 기갑여단, 기계화보병여단, 공정여단 등을 2~5개 편합하여 운용하기 때문에 일반적인 사단보다 훨씬 더 융통성 있게 운용할 수 있고, 작전의 효율도 극대화시킬 수 있다. 이처럼 지휘통일을 추구하는 통합군 체제와 부대 운용의 융통성을 추구하는 우그다 구조가 상호보완작용 및 조화를 이루고 있는 이스라엘군 특유의 조직체계 적합성이 이번 전쟁을 통해 검증되었다.

2) 독창적인 전술교리 : HRSH 원칙

　이스라엘군의 지상작전교리는 "HRSH 원칙"에 기반을 두고 있다. 즉 '돌파(H), 추격(R), 전차에는 전차(S), 격멸(H)'이라고 하는 말의 히브리어 두문자(頭文字)를 모은 것이다. HRSH 교리는 전투의 진행단계별로 각각의 전술적 임무를 부여한 집단(부대)을 따로 따로 편성해서 운용하는 것이 아니고, 특정의 1개 전술집단(부대)이 4개(H, R, S, H)의 전술적 임무를 모두 수행한다고 하는 사고 및 운용 방식이다.[300] 그렇다면 "HRSH 원칙"에 입각한 기동전은 어떤 방법으로 진행되는 것일까?

　기동전의 주축인 이스라엘군 기갑부대는 적화(敵火)의 한복판에서도 피해를 입은 전차를 정비하고 부상자를 후송하며, 연료 및 탄약의 재보급도 전진하면서 실시한다. 부대의 전투력 수준이 절반 이하로 저하되었다 하더라도 부대 교대나 새로운 부대 투입 없이 공격을 계속한다. 진격 방향의 변환 및 부대 전용도 시간을 낭비하지 않고 최대한 신속히 실시한다. 이스라엘군이 공격방향을 용이하게 변환할 수 있는 것은 포병을 자주화시켰을 뿐만 아니라 포대장/대대장이 기갑부대 지휘관의 전투차량에 동승해 있어 제1선의 상황변화에 따라 신속히 화력을 전환할 수 있기 때문이다.[301]

---

300)　일반적으로 기동전에서는 작전 및 전투단계에 따라 돌파부대, 돌격부대, 종심공격부대, 전과확대/추격부대 등의 전술집단을 각각 편성하여 운용하는데, 이스라엘군의 "HRSH 원칙"은 1개 전술집단(부대)이 돌파로부터 종심공격, 그리고 추격에 이르는 전 단계의 전술적 임무를 수행한다는 것이다.

301)　이렇게 기갑부대와 포병을 일체화시켜 운용하게 된 것은 1956년 수에즈 전쟁 시, 시나이 반도에서 돌진하는 기갑부대를 견인 포병이 후속하면서 지원할 수 없었던 전훈 때문이었다.

이처럼 1개 전술집단(부대)이 작전/전투의 진행과 더불어 대두되는 전술적 임무를 연속해서 수행해 나가는 것은 전력의 부족을 극복하기 위한 고육지책으로부터 출발했다. 즉 전력의 열세를 지휘관의 전술적 능력과 공세적 기질을 바탕으로 보완하려고 한 그들만의 처절한 대응책이었다. 그런데 이를 통해 본래의 목적뿐이 아니라 적보다 한 박자 빠른 기동전을 통해 단시간 내에 적을 격멸하고 작전을 종결하는 성과까지 거둘 수 있었다.

3) 전투지휘 : 자율성과 공세적 기질

이스라엘군은 전투 시에 상황의 변화를 중시함으로서 지휘관에게 최대한의 자유 재량권을 부여하고 있다. 즉 어떤 부대가 처한 상황은 현장에 있는 그 부대의 지휘관이 가장 잘 알고 있을 것이라는 너무나 당연한 이유에서 고도의 재량권을 전선의 예하 지휘관에게 부여하고 있는 것이다. 그 결과 모든 지휘관들은 부여 받은 임무에 대한 책임의식이 확고해져, 자발적, 적극적으로 문제를 해결하려고 노력할 뿐만 아니라 전투 시에는 즉응성 및 융통성을 발휘할 수 있게 된다.

이스라엘군이 지휘관에게 재량권을 대폭적으로 부여하는 이유는 즉응성(적시성) 및 융통성을 발휘하도록 하기 위해서다. 모름지기 전투는 상대적인 힘과 사고의 상호작용에 의해 진행되기 때문에 최초 예상(계획)한대로 이루어지는 경우가 거의 없다. 따라서 재량권을 부여해야 한다. 그러나 그것은 상·하 간에 작전적·전술적 사고의 공통성과 지휘관들의 높은 수준의 지휘역량이 구비되어야만 가능하다. 그래서 이스라엘군은 장교들의 질적 수준 향상과 자율성 함양을 위해 많은 노력을 경주하였다.

이와 더불어 이스라엘군은 한번 부여받은 명령(임무과업)은 어떤 일이 있더라도 반드시 수행하고야 마는 강력한 질서를 유지하고 있다. 그들에게는 최소한 50%의 병력과 장비가 남아있는 한 작전실패에 대한 변명은 받아들여지지 않는다. 따라서 서구의 군대나 미군의 경우에는 수행할 수 없는 전투도 지속할 수 있고, 마침내 승리를 획득하게 된다. 이스라엘군이 이렇게 극한 상황에 도달할 때까지라도 전투를 계속하는 이유는 '필요한 장소 및 결정적 순간에서의 전투적 희생은 다른 장소와 시간에서의 더 많은 피해를 예방할 수 있다'고 믿기 때문이다. 이러한 단순한 논리를 증명하기 위해서는 '많은 희생을 초래한 무능한 지휘관으로 낙인찍힐 불명예를 감수할 수 있는' 지휘관의 단호한 의지가 전제되지 않으면 안 된다. 그리고 '지나친 공명심에 불타는 장교'를 지휘관에 임명해서도 안 된다.

전투지휘 시, 이스라엘군의 특징은 가장 중요한 곳(통상 전투가 치열한 곳, 가장 위험한 장소, 공격 시에는 주로 선두)에 지휘관이 위치한다는 것이다. 이것은 그들의 용맹성 때문이라기보다는 그 위치가 전반적인 상황을 파악하고 부대를 효율적으로 지휘하는 데 가장 적합한 위치이기 때문이다. 이스라엘군은 이를 철저히 준수하여 중대장뿐만 아니라 대대장 및 여단장도 선두 제대에 위치하여 돌진하는 경우가 많았다.

이상과 같이 20년간 건설한 이스라엘 국방군의 특징은 목적과 상황에 부합될 수 있도록 조직 및 편성하여 지휘통일과 자율성, 그리고 공세적 기질을 조화시킨 체제라고 할 수 있는데, 이것이 바로 6일 전쟁에서 이스라엘군 승리의 초석이 되었다.

나. 작전 수행능력의 우월성

이스라엘군은 전력의 3대 지주, 즉 '탁월한 공군력, 정예의 기갑부대, 신속한 동원 태세'[302]의 바탕 위에 뛰어나고 명확한 정보를 활용하여 주도면밀하게 계획을 수립했을 뿐만 아니라, 예기치 못한 과감한 행동을 실시하여 6일 전쟁에서 승리하였다. 이를 좀 더 구체적으로 분석해 보면 군사적 승리요인은 ① 선제기습, ② 제공권의 조기 획득, ③ 기갑부대의 주동적(主動的) 운용의 세 가지로 요약할 수 있다. 이러한 세 가지 승리 요인은 이스라엘 군대의 고도의 작전 효율과 군 수뇌부의 소신 및 탁월한 지휘역량에 힘입은 바가 크다. 이스라엘군 지휘관들은 유연성이 풍부하고 다이내믹(dynamic)했으며, 공격정신 또한 왕성하였다. 이러한 특징은 중대장으로부터 참모총장에 이르기까지 동일하였다. 특히 최고위급 지휘관들은 아랍군과 비교해 볼 때 계획수립, 예기치 못한 사태에 신속히 대응하는 능력면에서 훨씬 우월하였다. 뿐만 아니라 육군 주도하에 육·해·공군을 통합하고 있는 참모본부의 조직은 통합작전의 기반이 되었고, 긴밀히 협조된 근접항공지원은 지상전투의 승리에 크게 기여하였다. 이밖에도 이스라엘군은 무기를 개조하고 그것을 통합하여 운용하는 능력과 야전정비능력 등도 아랍군보다 우수하였다.

전쟁이 끝나고 3주 후, 라빈 참모총장은 히브리 대학의 명예학위를 수여 받는 자리에서

---

302) 6일 전쟁 시, 이스라엘이 '예비역의 동원'을 하령한 것은 개전 20일 전 5월 16일이었다. 따라서 동원을 사전에 완료한 후 전쟁을 개시했기 때문에 '신속한 동원'이라고 말할 수 없다. 그러나 사전에 동원을 하여 부대편성을 완료하고 작전 예행연습까지 실시한 후 개전이 되었으므로 작전의 효율성을 높일 수가 있었다.

'정확한 공습을 실시한 공군과 열세한 장비로도 최선을 다해 싸운 기갑부대, 수적으로 우위에 있는 적을 상대로 치열하게 싸운 병사들을 치하하는' 연설을 했다. 전쟁에 대한 공헌도를 인정받은 그는 이스라엘 측이 사용하게 될 이 전쟁의 명칭을 부여하는 명예를 얻었고, 그는 수많은 제안 중에서 "6일 전쟁"이라는 명칭을 선택했다.

다얀 국방부 장관의 전쟁에 대한 최종보고서에는 이스라엘군의 작전에서 드러난 여러 가지 문제점들이 나열되어 있었다. 그중에 '나세르의 의도를 잘못 해석한 것, 미국에 과도하게 의존한 것, 이집트가 티란 해협을 봉쇄했을 때 행동에 나서지 못한 점' 등이 포함되어 있었다. 그러나 그는 이스라엘의 성공요인들을 열거하는 것도 잊지 않았는데, 요지는 '선제 타격과 정보력, 그리고 정보를 잘 활용한 것' 등이었다.

3. 아랍의 패배요인[303]

가. 전략적 오판

1) 수세공격 전략개념의 문제점

아랍의 전략개념은 이스라엘의 선제공격을 잘 구축된 방어진지에서 흡수한 후 반격으로 전환하는 '수세공격' 개념이었다. 그런데 '수세공격' 개념은 두 가지 문제점을 내포하고 있었다.

---

303) 아랍권에서 6일 전쟁의 패배요인을 분석한 자료는 드물다. 그런데 1968년, 이집트군 아메르 알리 예비역 소장이 아랍연맹에 제출한 보고서는 창피하리만치 적나라하게 패배요인을 분석했다. 그는 "1967년 6월 이스라엘의 침공과 아랍의 대 패배에서 배울 교훈"이라는 보고서에서 '아랍의 취약한 정치·군사적 지도력과 부실한 전략, 그리고 형편없는 보급망'에 대해 비판했다. 그의 보고서에 의하면 '전쟁의 근본목표는 적이 더 이상 저항을 계속할 수 없을 때까지 무력화 시키는 것이며, 이러한 목표는 오직 끈기와 적극성을 통해서만 이룰 수 있는데, 아랍 지도자들에게는 이러한 자질이 19년 동안 결여돼 있었고, 모든 아랍 라디오 방송의 거짓으로 인해 악화되기만 했다. 또 아랍은 세상에 존재하는 가장 효과적인 무기 중 하나인 기습의 효과를 무시했다. 오히려 그것과는 반대로 아랍은 스스로의 움직임을 선전했고, 적이 이미 대비했을 재래식 계획을 추진했으며, 적의 이동을 파악하기 위해 외신과 정기 간행물에 의존했다'고 비판했다. 전게서, 제러미 보엔, p.427. 이 보고서에 외에 이집트가 분석한 6일 전쟁의 패배 원인은 1973년 10월 전쟁 이후 발표되었는데, 그 중에는 개인주의적 관료제의 지도부, 능력이 아닌 충성도에 따른 진급, 두려움 때문에 나세르에게 진실을 말하지 못한 군부, 정보력의 부재, 열등한 무기와 조직력 미비, 전투의지 부족 등이 포함돼 있었다.

첫 번째는 수세공격이라는 개념 자체가 갖고 있는 중요한 약점으로서 상대방에게 '제1 격'을 허용한다는 것이다. 특히 고성능 폭탄과 발사체 및 운반수단의 성능이 향상된 현대 에서는 과거에 비해 제1격의 타격력이 비약적으로 증대하였다. 따라서 적의 제1격을 충분히 방어하지 못했을 경우, 반격을 제대로 할 수가 없다. 특히 적의 제1격이 완전한 기습일 경우 거의 치명적이다. 그래서 제1격을 허용한다 해도 기습을 당하지 않도록 하는 것이 무엇보다 중요하다. 그런데 나세르와 이집트군 수뇌부는 이스라엘군의 제1격에 의한 피해율을 낮게 평가했고, 충분히 반격할 수 있을 것으로 판단했을 뿐만 아니라 전략적·전술적으로 기습을 당할 줄은 상상조차 하지 못했다.

두 번째 문제점은 전략적 포위의 이점을 스스로 포기하게 되는 것이다. 아랍측은 이스라엘을 완전히 포위하고 있는 형태였다. 포위가 갖는 이점을 극대화시키려면 전쟁 초기부터 주도권을 쥐고 있어야 한다. 그런데 수세공격 개념의 사고방식은 최초단계의 주도권을 이스라엘에게 양보하고, 다음 단계에서 그것을 되찾겠다는 것이나 마찬가지였다. 하지만 아랍군은 그 전략개념을 성공적으로 수행할 수 있을 정도로 질적 수준이 높은 군대가 아니었다. 결국 나세르가 전략개념에서부터 초기의 주도권을 포기했기 때문에 이스라엘은 내선상의 이점을 활용하여 선제기습 및 각개 격파를 달성할 수 있었다.

2) 잘못된 개전 결심

나세르의 정치적 속셈은 무력을 행사하여 문제를 해결하는 것이 아니라 단지 무력시위를 통해 국제적인 압력을 유도해 내고, 그 압력을 지렛대로 삼아 이스라엘로부터 어떤 정치적인 양보를 얻어 내겠다는 것이었던 만큼, 확고한 전쟁 의지가 명확히 있었는지가 의심스럽다.

다얀은 나세르가 5월 17일, UN휴전감시위원단을 축출할 때 이미 전쟁을 각오하고 있었음이 틀림없다고 강조하고 있지만 그때까지 이집트군은 전쟁을 할 수 있는 태세가 아니었고, 나세르는 전쟁을 할 의지도 없었다. 그런데 많은 사람들은 나세르가 전쟁을 해도 좋다는 마음을 갖게 된 것은 그가 5월 22일, 시나이 반도의 공군기지 비르 기프가파를 방문한 자리에서 티란 해협 봉쇄를 선언하면서부터라고 말하고 있다.

그가 갑작스럽게 태도를 바꾸고 개전을 결심한 것은 일반적으로 이집트군과 이스라엘군에 대한 전략평가의 차이 때문이라고 보는 경향이 있다. 다얀의 말에 의하면 나세르는 1956년 수에즈 전쟁 시, 영·프군의 개입이 없었더라면 결코 패전하지 않았을 것이라는 그의 참모들의 말을 믿었고, 동시에 장비 그 자체가 바로 전투력이 될 수 없다는 사실을 망각하고 소련이 지원해준 최신무기와 장비에 현혹되었을 것이 틀림없다는 것이다. 그러나 존 킴치(John Kimche)에 의하면 6일 전쟁의 패인은 단지 아랍만을 보지 말고 크렘린의 정세판단의 잘못에서 찾아보라고 한다. 크렘린의 가장 큰 판단 실수는 '전력적으로도 국내적으로도 이스라엘은 개전을 결의할 수 없을 것'이라고 본 것이다. 따라서 나세르의 개전결심은 크렘린의 중동진출정책에 기초를 두었고, 소련의 교사 및 선동에 의한 것이라고 주장했다.[304] 크렘린의 그 뼈아픈 실수가 이집트에 대해 전례 없는 원조를 촉구하여 6일 전쟁 직후부터 제4차 중동전쟁 전(1973년 전반기)까지 총 80억 달러의 군사 장비를 지원했다고 한다. 이렇듯 잘못된 판단에 의한 개전 결심이야말로 가장 큰 전략적 오판이라고 볼 수 있다.

3) 전쟁 준비 미흡

나세르가 개전을 결심한 것은 전쟁이 개시되기 불과 2주 전이었다. 그 2주 동안 모든 국력을 기울여 최대한 노력을 한다 해도 충분한 전쟁 준비를 한다는 것은 대단히 어렵고 힘든 일이다. 그럼에도 불구하고 나세르는 전쟁 직전 상태까지 몰고 가더라도 이스라엘군은 도전해 오지 못할 것이고, 설령 도전해 온다 하더라도 충분히 저지할 수 있을 것이라고 오판한 나머지 스스로의 전쟁 준비를 게을리 하였다. 그 중에서도 가장 대표적인 것이 아랍군의 통합체계 구축을 위한 노력 부족이다.

전략적으로 이스라엘을 포위하고 있는 아랍 측의 이점을 극대화시키기 위해서는 아랍 각국의 군대들이 작전계획이나 행동 등, 모든 면에서 완벽한 협조와 통일을 이루어야만 했다. 그러나 아랍 각국은 명분상으로만 통합되었을 뿐, 실제로는 제각기 분리된 개별국가의 군대로 존재해 있었다. 아랍 측이 아직 통합군 체제를 구축하지 못했던 것은 사실이지만 그래도 각국의 군대들 간에 협조할 수 있는 기회는 얼마든지 있었다. 따라서 노력의

---

304) 전게서, 田上四郎, p.181~182.

통합은 충분히 가능한 상태였는데도 불구하고 그들은 결코 협조된 통합작전을 실시하려고 하지 않았다. 특히 시리아의 경우, 그들이 전쟁 원인의 상당부분을 제공했음에도 불구하고 전쟁의 주된 부담을 동맹국에게 떠맡겨 놓은 채 최초단계에서 그들이 주도권을 행사할 수 있는 기회조차도 스스로 포기하고 말았다. 그 결과 이스라엘군은 더욱 손쉽게 아랍군을 각개 격파할 수 있었다.

나. 독자적 군사 독트린의 부재

아랍 측의 직접적인 군사적 패인으로서는 소련군의 작전원칙, 전술 및 장비 등이 나빴기 때문이라고 1968년 11월의 「밀리터리 리뷰」에서 레오 하이만이 서술했고, 이에 동조하는 사람도 있다.[305] 그러나 아랍의 패인은 작전원칙이나 전술을 차치하고 무기만이라도 자국의 국민성, 지형, 기후 등을 고려해서 만들어야 하며, 동시에 그것을 적합하게 운용하지 않으면 안 된다는 것을 지적하려는 것이다.

1) 사막전에 부적합한 편성 및 장비

이집트군은 1956년 수에즈 전쟁 이후, 소련군 전술과 편성 및 장비를 그대로 받아들였다. 그래서 6일 전쟁 시, 시나이 반도에 투입되었던 기갑사단과 전차여단은 '큰 것은 전차로부터 작은 것은 군화 끈에 이르기까지' 모두 소련군의 편성 및 장비표 대로였다. 그 때문에 뜨거운 사막 지역인데도 불구하고 제설장비를 갖추고 있었고, 한 그루의 나무도 없는 사막에서 작전하는데도 동력톱을 보유하고 있었을 뿐만 아니라 하천이 없는 사막인데도 심수 도하 키트와 궤도 차량에 탑재된 부교를 장비하고 있었다. 이에 반해 사막의 전투에서 가장 중요하고 필요한 불도저나 도저 부착 전차가 없었고, 더구나 전차수송차량은 전혀 장비하고 있지 않았다.

뜨거운 사막에서 운용되는 장비와 산림 및 하천이 많고 혹한 지역에서 운용되는 장비가 같을 수 없다는 것은 지극히 당연한 것인데도 불구하고 이집트군은 소련제 장비를 사막의

---

305) 상게서, p.183.

환경에 적응할 수 있도록 변화시키지 못했다. 그래서 이집트군은 전차수송차량이 없었기 때문에 시나이 반도에 군대를 진주시킬 때 투입되는 전차는 철도를 이용하여 칸타라와 엘 아리쉬까지 수송한 다음, 그곳에서 자력으로 수백 ㎞의 사막을 횡단하여 작전지역으로 이 동했다. 이 때문에 이동 중 전차의 고장이 속출했고, 작전 지역에 도착했을 때 각 전차대대 의 전차는 편제표상에 표시된 수의 1/2~1/4로 감소되었다.[306] 물론 야전정비를 통해 어느 정도의 전차가 전열에 복귀하기는 했지만 전력이 대폭 저하된 상태에서 개전을 맞이하게 되었다.

2) 소련군 전술교리의 무조건적인 수용

이집트군의 방어체제는 소련식 개념에 따라 구축한 요새화된 진지에 의존하는 거점방 어체제였는데,[307] 문제는 거점방어체제를 이루고 있으면서도 선(線) 방어진지를 형성하고 있어, 대부분의 경우 그 측면과 후면은 자연장애물에 의지하고 있었다. 그래서 난공불락 을 자랑하던 아부 아게일라 요새의 소련식 3선 참호진지에서 보는 바와 같이 진지의 측방 방호가 불충분했다. 그 약점을 알고 있는 이스라엘군의 샤론 장군은 정면을 고착시킨 후 진지의 측방에서 공격해 들어가 함락시켰다. 이 전투에서 포로가 된 이집트군 대대장은 "이스라엘군은 교활하다. 왜 정면에서 당당히 공격해 오지 않는가?"라고 항의했다. 이를 보면 이집트군의 경직성과 민족성을 느낄 수 있다.

공격의 경우에도 소련군은 부대를 횡대대형으로 전개하여 공격해 들어가는 것을 선호 하는데, 아랍군도 그런 경향을 보였다. 이는 이스라엘군과 같이 360도 전 방향에 대한 전 투태세를 취하는 것이 아니라 특정 정면에 전투력을 집중하기 위한 것인데, 이 경우 측방 이 노출될 위험이 크다.

전차 운용에 관해서도 소련군 전술을 그대로 모방했다. 방어 시에는 소련군 방식대로 다 수의 전차를 엄체호 속에 배치하기도 하고, 축성진지 후방의 장벽 안이나 반사면에 배치

---

306) 이에 반해 이스라엘은 전차수송차량을 필수불가결의 장비로 보유하고 있었고, 이를 활용하여 요르단 정면 에 투입되었던 2개 기갑여단을 단 하루 만에 골란 정면으로 전용시켰다.

307) 거점방어체제는 산악국가의 방어체제로서는 타당성이 있을지는 몰라도, 시나이 반도와 같은 사막지형에 서는 무의미하다는 사실을 1956년 수에즈 전쟁의 교훈에서 깨달아야 했다.

하기도 했다. 그러나 이러한 방법은 사막지형에서 전차의 최대 장점인 기동성을 희생시키는 소극적인 운용방법이었다. 공격 시에도 소련군 방식대로 전차부대를 돌파, 지원, 전과확대의 3개 단위로 분할하여 운용했다. 이 방법이 원활하게 운용되어 효과를 거두기 위해서는 상당한 훈련의 숙련도가 요구되는데, 이집트군은 그 정도의 수준에 미치지 못했다.

포병의 운용도 소련식의 집권운용을 준수하여 사격임무도 상급사령부에서 부여했다. 그래서 표준적 사격인 고정탄막, 이동탄막, 그리고 동시 착탄의 화력집중방법을 잘 사용하였다. 그러나 속도와 기습에 능숙한 이스라엘군의 기갑부대를 상대로 하는 중동의 사막지대에서는 그와 같은 포병운용이 큰 효과를 보지 못했다.

다. 무능한 지휘 및 통제

이스라엘군은 필요에 따라 각종 여단을 편합한 임시사단(일명 '우그다')을 편성하여 융통성 있게 부대를 운용한 데 비해, 이집트군은 소련식으로 편성된 사단을 작전단위로 투입해 운용하였다. 또 이스라엘군은 예하 지휘관에게 재량권을 폭넓게 부여했지만 이집트군은 엄격한 집권적인 운용으로 각 단위 지휘관들의 자유재량권이 극도로 제한되었다. 초급장교들의 질적 수준이 높지 않았던 점을 감안하면 합리적일 수 있다. 그러나 이 경우 두 가지가 전제되어야 한다. 첫째로 고급사령부가 치밀한 계획을 수립하고 이를 수행하는 예하부대를 관리·감독할 수 있는 능력이 있어야 한다. 둘째로는 상·하급지휘관(부대) 간 원활한 소통을 할 수 있는 지휘통제 통신체제가 구축되어 있어야 한다. 그런데 이집트군 고급사령부는 그 방대한 업무를 조직적으로 수행할 수 있을 만큼 능력이 뛰어나지 못했고, 지휘통제통신체제 또한 잘 구축되어 있지 않았다. 특히 고급지휘관의 무능이 전쟁을 파멸로 이끌었다.

불비한 지휘 및 통제체제와 고급지휘관의 무능이 결합되어 전쟁을 파멸로 이끈 대표적인 사례가 아메르 원수에 의해 시나이 전선의 지휘체제가 이중화된 것이다. 즉 시나이에 이집트군 군사본부(최고사령부)의 전선지휘소격인 야전군 총사령부와 시나이 전선을 책임지고 있는 야전군 육군사령부라는 서로 다른 두 개의 사령부가 존재하는 바람에 지휘통일을 이루지 못한 이집트군은 제대로 작전 및 전투를 수행할 수가 없었다. 엎친 데 덮친 격으로 아메르 원수가 공황에 빠져 제멋대로 내린 철수명령은 시나이 전선의 부대들을 완전히 혼란에 빠뜨렸다. 단지 '철수하라'는 명령을 받은 전선의 부대는 철수 통로 및 순서도 알지 못하고 더구나 엄호부대도 없이 무질서하게 서쪽으로 철수하기 시작했다. 사단장의 대부분은 정치군인이었다. 그 결과 전선 지휘관들의 지휘력과 판단력 등이 부족하여 혼란에 빠진 부대의 붕괴가 더욱 가속화되었다. 군사본부(최고사령부)의 참모들이 철수명령을 철회시키고 지휘통제력을 회복해 보려고 노력했으나 허사였다. 이집트군은 불리한 상황에서 신속하고도 융통성 있게 대처할 수 있을 정도로 질적 수준이 높은 군대가 아니었다. 특히 장교들의 무능이 문제였다. 전쟁 후 이스라엘군의 샤론 장군은 이집트군에 대해 다음과 같이 평가했다.

"나는 이집트군 병사들은 뛰어나다고 생각한다. 단순하고 무식하지만 강하고 규율이 잡혀있다. 대포를 잘 다뤘고, 참호를 잘 팠으며, 사격술도 우수했다. 하지만 그들을 지휘하는 장교들은 쓰레기였다. 계획된 대로 밖에 싸울 줄 몰랐다. 우리는 전쟁 전부터 비르 하스나와 나클 사이에 지뢰지대가 있을 것이라고 생각했다. 그래서 우리는 그곳을 제외한 다른 전선에서 돌파했다. 이집트군 장교들은 다른 전선에서 우리의 진격을 지연 및 저지시킬 지뢰를 매설해 놓지 않았고, 매복도 하지 않았다. 그러나 미틀라 고개를 수비하는 일부 병사들은 수에즈 운하를 향해 서쪽으로 도주하면서도 목숨을 다해 싸웠다."[308]

이렇듯 장교들의 무능으로 인해 개전 2일째부터 지휘통제력을 상실하고 통신체제가 붕괴하기 시작해 급추하는 이스라엘군 앞에 무익한 피해를 당하며 붕괴되어갔다.

4. 이스라엘의 점령지역과 전략 환경의 변화

이스라엘은 6일 전쟁에서 북부의 골란고원, 동부의 요르단강 서안지역, 남부 시나이 반도 및 가자 지구의 합계 81,600㎢를 점령해, 건국 이래 국방상 최대 약점이었던 국토의 얇은 종심을 극복하였다.[309] 그동안 골란고원에 배치됐던 시리아군 포병이 요르단 계곡을 제압했고, 또 칼키리야에 배치됐던 요르단군 포병은 지중해까지 사정거리 내에 두고서 폭이 약 8㎞밖에 안 되는 그 좁은 목을 완전히 짓누르고 있었다. 그뿐만 아니라 이집트 공군

---

308) 전게서, 제러미 보엔, p.343; 전게서, Pollack, Kenneth M., pp.78~79에서 인용.
309) 이제까지 20,662㎢였던 영토가 일거에 4배로 확대되었다.

은 시나이 반도의 엘 아리쉬 비행장에서 이륙하면 6분 이내에 텔아비브에 도달할 수 있었다. 더구나 이스라엘 민족 2,000년의 숙원의 땅 예루살렘은 요르단과 동서로 분할되어 있었다.

이렇듯 1948년 팔레스타인 전쟁의 결과에 의해 설정된 국경선이 방어하는 데 얼마나 불리했는지를 직접 체험했기 때문에 이스라엘 국민들은 국방상 지형의 약점에 관해서는 대단히 예민했다. 그래서 6일 전쟁에서 획득한 4배의 영토를 '어떻게 방어할 것인가, 또 점령정책을 어떻게 실행할 것인가'하는 새롭고도 중대한 문제에 직면하였다.

팔레스타인 전쟁에 이어서 수에즈 전쟁까지가 '창업의 어려움'이었다면, 6일 전쟁의 전후 문제는 '수성의 어려움'이라고 말할 수 있는 성질의 것이었다. 즉 점령지에서의 철수를 결의한 1967년 11월 22일의 UN결의 제242호로 대표되는 국제여론은 말할 것도 없고, 아랍 측이 영토탈환을 위한 불퇴전의 결의를 굳게 다질 뿐 아니라, 팔레스타인 해방전선까지 강화되고 있었으며, 더구나 소련, 체코 등의 6개국은 이스라엘과 단교하는 사태까지 이르렀다. 또 국내에서는 수에즈 전쟁 때처럼 시나이 반도에서 철수하는 전철을 밟지 말라는 강경한 여론과 1968년의 경제적 호황 및 관광 붐 속에서 국민의식이 온건하게 변화하고 있는 가운데 수성을 해야 하는 어려움에 직면하고 있었다.

이와 같이 국내 및 국제적인 현상과 조건하에서 그 수성의 어려움 때문에 국방전략이 '공세에서 방어'로 변화해 갔다. 그러나 점령지를 확보하려는 이스라엘과 그것을 탈회하려는 아랍 측의 대립은 점차 격화되었고, 그것은 또다시 전쟁을 불러오는 원인이 되었다.

전투 서열 (1967.6.5)

이스라엘군	
국방부 장관	모세 다얀
참모총장	이작크 라빈 중장
남부사령관	예사야후 가비쉬 준장
기갑사단(우그다)	이스라엘 탈 준장
제7기갑여단	사미엘 고넨 대령
기갑여단	메나헴 아비람 대령
공정여단	라페르 에이탄 대령
기갑정찰연대	우리 바론 대령
그라니트 TF	그라니트 이스라엘 대령
기갑사단(우그다)	아비라함 요페 준장
기갑여단	이스카 샤드니 대령
기갑여단	에르하난 세이라 대령
기갑사단(우그다)	아리엘 샤론 준장
기갑여단	몰데하이 쯔보리 대령
보병여단	쿠디 아단 대령
공정여단	다니 매트 대령
독립기갑여단	알버트 멘들러 대령
독립보병여단	예후다 레세프 대령(가자 지구)
독립공정TF	아하론 다비드 대령(샤름 엘 세이크)
중부사령관	우지 나르키스 준장
보병여단	엘리자 아미타이 대령(예루살렘)
공정여단	몰데하이 구르 대령
기계화 여단	우리 벤아리 대령
보병여단	제부 세므 대령(칼킬리아 지구)
보병여단	모세 욧밧 대령(라크란 지구)
북부사령관	다빗트 엘라자르 준장
요르단 정면	
기갑사단(우그다)	엘라드 펠레드 준장
보병여단	아하론 압논 대령
기갑여단	모세 바 코히바 중령
기갑여단	우리 롬 대령
독립보병여단	요다 가비쉬 대령(벳 세안 지구)
시리아 정면	
혼성사단(우그다)	단 라이너 준장
기갑여단	알버트 멘들러 대령
보병여단	요나 에후라트 대령
독립보병여단	엠마니엘 세헷드 대령

이집트군	
최고사령관 겸 부통령	모하멧트 압드 하킴 아메르 원수
아랍연합군 총사령관	알리 아메르 대장
참모총장	안와 알 카우지 중장
야전군 총사령관	압드 모젠 무르타기 대장
야전군 참모장	아메드 이스마일 알리 소장
야전군 육군사령관	사라 엘 딘 무신 중장
제2보병사단	사디 나기브 소장
제3보병사단	오스만 나세르 소장
제4기갑사단	세디크 엘 가우르 소장
기갑 TF	사드 샤즐리 소장
제6기계화사단	압드 엘 가다르 핫산 소장
제7보병사단	압드 엘 아제즈 솔리만 소장
제20팔레스타인사단	모하멧드 모네임 하스니 소장
독립보병여단	모하메드 모넴 가릴 준장
공군사령관	모하메드 세디크 마아마우드 대장
해군사령관	솔리만 세랏트 제독

요르단군	
요르단 전선 연합사령관	압둘 모넴 리아드 대장(이집트)
최고사령관	하비스 엘 마자리 원수
부사령관	세리프 나세르 벤 쟈미르 대장
참모총장	아메르 카마시 소장
서부 사령관	모하멧드 아멧드 사림 소장
알리 보병여단	아메드 시하디 준장
히틴 보병여단	바짓트 무하싱 준장(헤브론)
제25보병여단	모하메드 갈리디 중령(제닌)
제40기갑여단	이나드 엘 쟈즈 준장(다미야)
제60기갑여단	제이트 벤 세이커 준장(제리코)
제27보병여단	아타 알리 준장(예루살렘)
카데쉬 보병여단	카심 엘 마티 준장(계곡 지구)
아리아 보병여단	타키 바라 준장(나블루스)
하시미 보병여단	카말 엘 타르 대령(라말라)
야르무크 보병여단	무하디 압둘 무스레이 대령(북부정면)
공군사령관	사레가 쿠르디 대장

시라아군	
국방부 장관	하페즈 알 아사드 중장
참모총장	아메드 스웨이다니 소장
제12여단그룹(사단급 TF)	아메드 아미르 대령
제11보병여단	
제132예비보병여단	
제89 예비보병여단	
제44기갑여단	
제35여단그룹(사단급 TF)	세이드 다얀 준장
제8보병여단	
제19보병여단	
제32보병여단	
제17기계화여단	
제42여단그룹(사단급 TF)	압둘 라작크 다달리 준장
제14기갑여단	
제25보병여단	
제50예비보병여단	
제60예비보병여단	
제23보병여단(라타키아)	
공군사령관	하페즈 알 아사드 중장
해군사령관	무스타하 슈만 준장

제5부
소모전쟁

▌▌▌▌▌ **제1장** ▌▌▌▌▌

개요

1967년 6일 전쟁에서 처참한 패배를 당한 아랍인들은 그들의 명예와 자존심에 깊은 상처를 입었다. 1956년 수에즈 전쟁과는 달리 그 누구에게도 설득력 있는 변명조차 할 수 없었다. 아랍인들은 그 굴욕을 그대로 받아들일 수가 없었다. 더구나 이스라엘은 그들이 점령한 영토에서 결코 물러나려 하지 않았고, 오히려 점령을 영구화하려는 노력을 노골적으로 강화하고 있었다.[1]

패배에 대한 책임을 지고 사임을 발표했던 나세르는 이집트 국민들의 적극적 지지에 힘입어 불과 16시간 만에 '이번 전쟁에서 입은 아랍의 후퇴가 만회될 때까지 유임하겠다'고 발표하며 사임을 철회하였다. 아랍의 후퇴를 만회하기 위한 방법은 명확하였다. 군사력을 회복시키기 위한 노력을 계속하면서 다른 한편으로는 마치 6일 전쟁의 휴전이 성립되지 않은 것처럼 소규모의 분쟁을 계속 이어나가겠다는 것이다. 이를 위해 이집트는 이스라엘 군의 강점을 회피하고 약점을 이용하는 전략을 택했다. 즉 이스라엘군은 공군력이 우세하고 기갑부대의 운용이 탁월할 뿐 아니라 병사들의 기술력 및 훈련의 숙련도가 높아서 단

---

1) 1967년 6월 27일, 이스라엘은 예루살렘의 구시가를 비롯해 요르단이 지배하던 동예루살렘을 그들이 지배하는 서예루살렘에 행정적으로 통합시켰다. 이 조치에 대해 전 세계에서 비난 여론이 들끓자 UN안보리는 "이스라엘이 도시의 상태를 변경하기 위해 취한 조치는 무효이며, (무효라는) 이 결의안에 대한 조치를 즉각 시행하고, 그것을 UN안보리에 보고할 것"을 요구했다. 그럼에도 불구하고 이스라엘은 아무런 조치를 취하지 않았고, 오히려 골란고원, 요르단 계곡, 남부 시나이 해안을 따라 나할(Nahal)을 설치하는 등, 점령지를 영구화하려고 시도하였다.

기결전에는 유리하지만, 반면에 병참선이 신장된 점령지에서 병력소모가 큰 장기전에는 취약할 것으로 판단했다. 그래서 끊임없이 소규모 분쟁을 유발해 이스라엘에게 소모전을 강요하려고 했다. 그것은 이집트 국민과 나세르가 이스라엘에 대한 복수와 집념이 얼마나 컸는지를 단적으로 보여주는 것이었다.

한편, 이스라엘은 6일 전쟁 이후 이집트군이 주도한 소모전쟁(War of attrition)도 하나의 전쟁으로 간주하여 그것을 '제4차 전쟁'이라고 부르고 있다. 그렇다면 이스라엘 입장에서 보았을 때, 1973년 10월 전쟁은 '제5차 전쟁'이 된다. 1967년 6월의 '6일 전쟁'으로부터 1973년 '10월 전쟁'까지의 6년 4개월의 기간을 대략적으로 관찰해 보면, 6일 전쟁의 여진과 군의 재건이라고 하는 나세르 시대의 3년과 1970년 8월 정전 이후 차기 전쟁을 준비하는 사다트 시대의 3년간으로 대별할 수 있다. 이를 수에즈 운하 정면의 군사상황을 기준으로 한다면 다음과 같이 5기로 구분할 수 있다.[2]

제1기(1967. 6~1969. 3) : 운하지대의 분쟁과 군의 재편성
제2기(1969. 3~1969. 7) : 이집트 주도에 의한 소모전쟁
제3기(1969. 7~1970. 8) : 이스라엘군의 반격 및 소련 공군과의 직접 대결
제4기(1970. 8~1972. 7) : 정전하 군비강화와 이스라엘의 억지전략
제5기(1972. 7~1973. 10) : 소련인 추방 후 본격적인 전쟁 준비

상기의 6년간을 대소 관계의 측면에서 분석해 본다면, 나세르 시대의 3년간은 패전 이후 군을 재건하기 위해 소련과 협조하는 시대였지만 후반의 3년은 아랍과 소련 간에 균열이 발생해 상호 간 불신의 시대였다. 아울러 미·소 강대국을 배경으로 수에즈 운하를 가운데 두고 힘의 균형이 시소게임과 같이 흔들리는 6년간이었다.

---

2) 田上四郎, 『中東戰爭全史』, (東京 : 原書房, 1981), p.189.

▮▮▮▮▮ 제2장 ▮▮▮▮▮
운하지대의 분쟁과 군의 재편성[3]

　제1기 운하지대의 분쟁과 군의 재편성(1967. 6~1969. 3)의 1년 9개월은 6일 전쟁의 여진이라고 말할 수 있는 소규모 분쟁이 수에즈 운하를 사이에 두고 계속된 기간이었는데, 이집트가 이스라엘의 방어 준비를 방해하면 이스라엘이 보복하는 행동이 특징이었다.

　그 기간은 이스라엘에게는 '점령지 정책을 어떻게 할 것인지, 또 어떤 방법으로 점령지를 방어할 것인가'의 문제에 직면하여 해결책을 추구하는 첫 단계였고, 이집트에게는 '괴멸적인 타격을 받은 군을 얼마나 신속하게 재건할 것인가, 또 어떻게 국내를 안정시키고 실지(失地)를 회복할 것인가' 하는 문제를 떠맡는 최초의 기간이었다. 아울러 그 기간은 이집트·이스라엘 쌍방이 전후의 새로운 사태에 대한 적응과 대결의 첫 장이었는데, 그 적응과 대응속도는 아랍 측이 훨씬 빨랐다. 즉 6일 전쟁의 전화가 멈춘 지 10일 후인 6월 20일에는 소련군 참모본부 일행이 카이로에 도착했고, 다음 날인 21일에는 포드고르니 최고간부회의 의장이 직접 이집트를 방문해 4일간 체재 후 귀국했다. 그리고 7월 말에 항공기 100기, 전차 200~250대로 추정되는 소련제 무기들이 도착했다. 뿐만 아니라 수천 명의 소련 군사고문관들이 직접 이집트군의 재건에 참여해 전술적·기술적 지원을 아끼지 않았다. 그 결과 이집트군의 군사력은 급속히 재건되어 10월에는 항공기 대수가 6일 전쟁 전의 수준에 달했고, 전차도 700대로 증강되었다.

---

3)　상게서, pp.189~194; 김희상, 『中東戰爭』, (서울: 일신사, 1977), pp.447~451을 주로 참고.

이와 같이 군사력 재건을 위한 노력을 계속하는 기간에도 수에즈 운하를 사이에 두고 쌍방 간의 충돌이 빈번하게 발생했다. 수에즈 정면의 충돌 사건은 나세르가 국내 여론을 견제하거나 완화시키려는 효과를 노린 것인지 알 수 없지만 이스라엘에 대한 복수의 집념이 얼마나 강했는지를 증명하는 실례 중의 하나다.

첫 번째 충돌은 휴전에 동의한지 불과 20여일 만인 7월 1일에 발생하였다. 이집트군 특공대 1개 중대가 수에즈 운하 북단의 삼각형 소택지에 있는 이스라엘군 경비대를 습격했다. 전투는 저녁때부터 한밤중까지 계속되었으며, 이집트군은 다수의 전사자를 남기고 퇴각하였다. 다음 날인 7월 2일에는 이집트군이 엘 칸타라 시가를 공격해 이스라엘군과 교전을 벌였으며, 7월 6일에는 대규모 포격전을 전개하였다. 전차포까지 동원된 교전에서 이스라엘군은 30명의 사상자를 냈다. 전투는 이스라엘군이 공군기를 요청하여 수에즈 서안의 이집트군 포병진지를 폭격함으로써 끝이 났다. 그러자 그날 저녁 이집트군도 미그기 4기를 동원하여 반격에 나섰고, 이들은 이스라엘군 미라쥬 전투기 2기의 추격을 받아 격추 및 격퇴되었다.

이러한 공방전은 바다에서도 예외는 아니었다. 7월 11일 밤에는 수에즈 운하 동쪽 35㎞ 지점의 로마니 앞바다에서 이스라엘 해군이 이집트 해군을 격파하는 쾌승을 거두었다. 그러나 불과 2개월 후인 10월 21일 저녁에는 이스라엘 해군 구축함 에일라트호가 이집트 해군의 미사일 보트에서 발사한 함대함 미사일을 맞고 침몰했다. 그 보복으로 이스라엘 공군은 수에즈 석유 정제소를 폭격했고, 3일간이나 불타올랐다.

초기의 이집트군 공격은 주로 수에즈 서안에서 포격을 실시하는 정도였는데, 점차 습격부대를 동안에 투입하였고, 이에 맞서 이스라엘군도 습격부대를 서안에 투입하였다. 이런 종류의 소규모 분쟁은 요르단 접경지역에서도 벌어지고 있었다. 요르단에 근거를 둔 팔레스타인 게릴라들은 이스라엘에 침투하여 공격을 가했고, 요르단군 포병은 벳 세안과 요르단 계곡의 마을들을 포격하였다.

한편, 이집트군의 군사적 증강 노력은 계속되어 1968년 봄에는 이미 전쟁 전의 전력을 능가할 정도의 항공기, 전차, 화포를 보유하게 되었고, 전력의 3/4에 해당되는 7개 사단 10만 명의 병력을 수에즈 서안에 전개시켰다. 이때부터 나세르는 '아랍 국가는 투쟁과 전쟁을 결정했다. 우리들은 다시 재무장을 했으므로 이제 주저하거나 양보하지 않고 이스라엘을 봉쇄하고 공격해 와해시켜 버리겠다'고 호언하기 시작했다. 또한 이집트군 포병부대도 수에즈 운하 동안을 따라 노출되어 있는 이스라엘군 진지를 포격하여 큰 피해를 입히기 시작했다. 특히 10월 26일의 포격전에서 이스라엘군은 14명이 전사하고 31명이 부상하는 큰 피해를 입었다.

이때까지 이스라엘군은 수에즈 동안에 조직적인 방어진지를 구축하여 방어를 실시하고 있었던 것이 아니고, 이른바 벌거숭이처럼 사막 위에 노출되어 있었다. 그리하여 이스라엘군은 이집트군 포격에 대한 방자전략으로 양자택일을 강요받았다. 제1안은 군 주력을 이집트군 포병 사정거리 밖의 안전지대로 후퇴시키고, 이집트군이 침공할 경우 기동반격에 의해 격퇴 및 격멸하는 방법이고, 제2안은 수에즈 운하 동안의 현 위치에서 그대로 방어를 하고 있으면서 강력한 요새진지를 구축하여 이집트군의 격렬한 포화로부터 피해를 방지하는 방법이었다. 그중에서 어느 안을 선택할 것인가 하는 딜레마에 빠져 있을 때 결단을 내린 사람이 바레브 장군이었다.

1967년 말, 라빈의 뒤를 이어 참모총장에 취임한 43세의 바레브 중장은 딜레마를 안고 있는 수에즈 전선을 시찰하여 현상을 파악하고 정치적 이유도 일부 고려하여 제2안을 선택하였다. 그 선택의 저류에는 1956년 수에즈 전쟁 후 '시나이 반도에서의 철수'라고 하는 쓰라린 교훈이 자리 잡고 있었고, 점령지의 '한 치의 땅'도 돌려줘서는 안 된다는 강한 여론의 영향을 받았다. 그런데 '바레브 라인'의 구상에 대하여 국내에서는 '군은 지역방어에 익숙하지 않으며, 방어요새 구축에 많은 비용이 소요된다'는 이유로 비판론자들이 많았다. 그래서 현실을 고려해 시나이 반도 방어의 기본 개념은 제2안을 기본으로 하고, 공지통합에 의한 기동방어개념을 추가하여 보완하기로 했다. 즉 바레브 라인은 대외적으로는 국위를 과시하고 작전적으로는 추진감시소 내지 인계철선(tripwire)으로서의 역할을 기대했으며, 적의 대규모 공격에 대해서는 비르 기프가파 주변에 위치한 기갑부대가 반격을 실시하여 격퇴 및 격멸하도록 계획하였다. 따라서 최종적으로 채택된 수에즈 동안의 방어개념은 제1안과 제2안을 혼합한 방안이었다. 결국 한 치의 땅도 잃어서는 안 된다는 여론도 만족시킬 수 있었고, 이스라엘군의 장점인 기동전도 가능했다. 그러나 무엇보다 중요한 것은 최소한의 병력으로 전선을 유지할 수 있다는 것이었다.[4]

---

4) 이스라엘은 6일 전쟁 후 다양하게 전개된 아랍 측의 소규모 공격에 대처하기 위해 보다 많은 병력이 필요했다. 그래서 1969년부터 이스라엘 남자의 의무복무기간을 30개월에서 36개월로 연장시켰다. 이렇듯 점령지 방어 부담이 컸기 때문에 바레브 라인의 건설은 '최소한의 병력으로 최대한의 방위효과를'이라는 사고방식이 관념론으로서가 아니라 국가존망이 걸린 현실의 문제로서 이스라엘 국민을 압박하였다.

이리하여 바레브 라인의 구상은 확정되었지만 실제 착공을 시작하게 되니까 이집트군의 포격 하에 어떻게 160㎞의 정면에 요새진지를 구축할 것인가가 문제였다. 그래서 아브라함 아단 준장을 축성책임지휘관으로 임명하고, 공학자를 포함한 2,000명의 민간인을 투입하여 주야로 공사를 실시한 결과 불과 3개월 만에 완성하였다. 그러나 이 때는 10월 전쟁 개전 직전 시와 같은 거점식의 지하요새가 완성된 것은 아니었다. 40개나 되는 거점식 요새는 1970년에 보강하여 1971년에 완성하였다.

이렇게 구축된 바레브 라인은 엘 샤트~엘 칸타라~로마니에 이르는 약 160㎞의 정면에 걸쳐 40개의 지하화 된 요새(strong point)와 그 후방 깊숙한 곳에 구축한 20개의 지원거점(supporting point)이 상호 지원할 수 있도록 되어 있었다. 거점은 등 간격으로 배치된 것이 아니라 4개의 주요 접근로로 통하는 도하지역을 감제할 수 있는 곳에 집중 배치되었다. 그래서 거점과 거점 간은 상호 화력지원이 가능한 곳도 있었지만 순찰에 의해 간격을 보완해야 하는 곳이 있는 등, 각양각색이었다. 그 지하요새 안에는 통신시설이 구축되어 있었고, 충분한 양의 탄약과 식량, 식수를 보관하고 있었을 뿐만 아니라 소형 불도저까지 장비하고 있어 자체적으로 요새 및 도로를 관리 유지할 수 있었다. 또한 전방 항공통제관이 상주해 있어 요청 시 8분 만에 이스라엘 공군기가 바레브 라인 상공에 도착할 수 있는 태세를 갖추고 있었다. 이리하여 바레브 라인의 건설에 대해 많은 논란이 있었지만 이집트군의 포격으로부터 인명피해를 크게 감소시켰고, 장차 있을지도 모르는 이집트군의 공격에 대해서도 비교적 양호한 방어선을 형성할 수 있었다.

이스라엘은 바레브 라인의 방어공사뿐만 아니라 골란고원의 방어공사도 실시하였다. 6일 전쟁 말기에 골란고원을 수중에 넣은 이스라엘은 이번에는 역으로 시리아를 내려다보고 있는 유리한 입장으로 변했다. 그래서 시계가 양호한 70㎞의 평원지대를 어떻게 방어할 것인가에 대한 논의는 빨리 끝났다. 방어 개념은 수에즈 정면과 똑같이 '선 저지, 후 기동반격'을 실시하는 것이었지만, 바레브 라인과는 다르게 3선으로 구성된 강도 높은 대전차 방어지대를 구축했다. 제1선은 대전차호(6×3×4m)를 구축하고, 그것을 지뢰로 보강했으며, 프랑스제 SS-10/11 대전차 미사일을 배치했다. 제2선은 40~50개의 요새화된 방어진지를 구축하고, 그곳에 대전차화기 및 대공화기를 배치했다. 제3선은 콘크리트로 축성한 지하의 전차 매복호를 종렬로 구축하여 전차가 통과할 수 있는 회랑을 방어할 수 있도록 편성하였다.

이러한 대전차 방어선은 축차 보완 및 강화되었는데, 이것은 10월 전쟁 시 시리아군의 돌진을 지연시키는 데 큰 역할을 하게 된다. 반격 통로로서는 요르단강의 야콥교(橋)~쿠네이트라~다마스쿠스를 잇는 북쪽 통로와 갈릴리 남부의 야르무크 강(江) 북안을 따라서 라피드로 향하는 남쪽 통로가 적합했다. 그 외 통로는 암석지대와 애로지역이 많아서 기동이 상당히 제한되었다.

▌▌▌▌ 제3장 ▌▌▌▌
이집트 주도에 의한 소모전쟁[5]

제2기(1967. 3.~7.)는 이집트 주도에 의한 소모전쟁이었는데, 이는 이집트가 UN안보리의 정전결의 242호를 분명하게 포기했다는 것을 의미했다.[6] 이집트가 소모전쟁을 주도하게 된 제1차적 목적은 포격으로 바레브 라인을 파괴하여 이스라엘이 수에즈 운하를 국경으로 하는 것을 방지하는 것이었으며, 최종적으로는 이스라엘이 수에즈 운하지대에서 철수할 수밖에 없도록 큰 피해를 주던가, 또는 아랍 측의 요구에 기초하여 정치적 타결을 수락할 수밖에 없도록 하는 것이었다. 나세르는 이집트군의 우세한 야포 및 중박격포에 의한 대포격과 특공대의 습격에 의해 수에즈 동안의 이스라엘군 진지를 파괴하여 그 목적을 달성할 수 있을 것이라고 생각했다. 그러나 이스라엘 공군 때문에 목적 달성이 곤란하다는

---

5) 전게서, 田上四郎, pp.195~196을 주로 참고.

6) 1967년 11월 22일의 UN안보리결의 242호는 ① 이스라엘군이 6일 전쟁에서 점령한 지역으로부터 철수하고, ② 그 지역 모든 국가들이 정치적 독립과 영토 보존, 주권의 인정과 상호 존중, 그리고 군사적 형태의 모든 위협으로부터 보호받고 평화롭게 살 수 있는 권리를 인정할 것을 요구했다. 이에 아랍 측, 특히 팔레스타인인들은 난민 문제에 대한 해법이 제시되어 있지 않고, ①항의 원문이 단순히 "Withdrawal of Israel: armed forces from territories occupied in the recent conflict"라고 표현되어 있어, 그들이 주장하는 "Withdrawal from all those territories"와 차이가 크다고 반발했다. 전게서, 김희상, pp.450~451. 이에 앞서 1967년 8월, 수단의 수도 카르툼에서 개최된 아랍연맹 정상회의에서는 이스라엘에 대한 비인정, 비교섭, 비평화원칙을 확인했다. 따라서 UN안보리결의 242호가 비교적 합리적일지라도 나세르에게는 리비아나 팔레스타인을 비롯한 강경한 아랍 국가들의 반대를 극복할 만큼 매력적인 것이 아니었다. 더구나 ②항은 이스라엘을 국가로 인정하는 것이라서 카르툼 정상회의에서 확인한 3원칙과 배치(背馳)되었다. 한편, 이스라엘도 점령지에서 철수할 생각이 없었다. 이스라엘은 최소한 안보에 필수적인 지역과 종교적 성역인 예루살렘 시가만은 협상의 대상이 되지 않는다고 밝혔으며, 이 기회에 확고한 평화와 보다 안전한 영토, 그리고 주권을 보장받아 내려고 하였다.

것이 판명되었다.

소모전쟁의 전략은 알 아람지(紙) 편집장 헤이칼이 1969년 3월부터 4월에 걸쳐 발표한 것으로서, 중심이 되는 논점은 "이스라엘은 광대한 땅을 점령했지만 그 때문에 병참선이 신장되고, 점령지 내의 치안유지에 시달리고 있으며, 경제적 부담도 크다. 바야흐로 전략상의 한계점에 도달해 있다. 이 기회에 이스라엘의 전선부대의 일부를 격파하여 거점에서 퇴각시키도록 해야 한다"고 말한 것이다.

이집트군은 수에즈 운하 서안에 대량의 야포 및 중박격포를 전개시킨 후, 1969년 3월과 4월에 걸쳐 매우 격렬한 포격을 실시했다. 그 후에도 포격을 계속해 1969년 말까지 4,500회 이상의 포격전을 전개했다. 포격전에 의한 성과를 과대평가한 나세르는 1969년 5월, 바레브 라인의 60%를 파괴했다고 선포했으며, 국방부 장관 파우지는 '나머지 40%도 곧 파괴될 것'이라고 보고했다. 그러나 이스라엘군의 방어선은 성공적으로 유지되고 있었다.

이러한 새로운 싸움을 이스라엘은 "수에즈 전역(Suez campaign)"이라고 불렀는데, 그 대량의 불시 급습 사격에 대처하기 위해 수에즈 동안의 방어체제를 지속적으로 강화시키지 않으면 안 되는 압박을 받았다. 1969년 4월 18일, 진지완공 보고회에서 바레브 장군은 "우리의 피해는 최소화되었고, 우리 군은 주도권을 장악했다"고 말했지만 또 "우리의 요새는 수에즈 동안을 완전히 밀봉시킨 것은 아니다. 이집트군은 운하를 건너와 매복을 하기도 하고, 지뢰를 매설하기도 하며, 우리 군 병사들을 포로로 잡기 위해 여기저기서 출몰할 것이다"라고 말하기도 해, 바레브 라인의 한계도 인정했다.

포격전이 계속됨에 따라 이집트군의 피해도 늘어갔지만 이스라엘군 피해 역시 점점 증가하여 1969년 전반기 약 5개월 동안 이스라엘군 61명이 사망하고, 168명이 부상을 당했다.[7] 이 같은 인명피해는 이스라엘로서는 참기 어려운 것이었다. 그래서 1969년 7월 20일 밤, 다얀 국방부 장관은 끝없이 끌려 들어온 소모전의 전투형태에서 탈피하고 공세적 행동으로 주도권을 확보하기 위해 공군력의 사용을 결정했다. 이에 따라 이스라엘 공군은 하루아침에 출동하여 수에즈 운하 지역의 이집트군을 폭격했다.

---

7) 6일 전쟁 이후부터 1970년 5월까지 이집트 측은 1,700명 이상이 사망했으며, 이스라엘 측은 사망 215명, 부상 565명이라고 한다.

▌▌▌▌▌ 제4장 ▌▌▌▌▌

이스라엘군의 반격 및 소련 공군과의 직접 대결[8]

이 기간(1969. 7.~1970. 8.)은 이스라엘군이 소모전쟁으로부터 벗어나 반격으로 나온 시기이며, 동시에 수에즈 운하 동안에 기본적 방어태세를 완료하고, 6일 전쟁 이후 처음으로 운하 서안의 지상목표에 대한 항공공격을 실시한 시기다.

이스라엘 공군은 1969년 7월 20일, 전력을 다해 이집트군 방어진지와 대공미사일기지를 폭격했고, 이집트 공군과도 교전했다. 해군 습격부대는 7월 19일 밤, 수에즈 남방 4㎞ 해상의 그린섬(島)을 습격해 이집트군의 레이더 및 각종 방어시설을 파괴하고 철수하였다.[9] 이때부터 전쟁의 주도권은 이스라엘에게 넘어갔고, 소모전이라기보다는 일종의 제한전쟁으로 발전하게 되었다. 이렇게 되자 포격전에서 주도권을 확보한 후, 수에즈 운하를 도하하여 보다 깊고 강렬한 작전을 전개해 보려던 나세르의 기도는 완전히 좌절되었고, 이스라엘 공군의 공격은 더욱 격렬해졌다.

이스라엘 공군은 소련 군사기술자들이 배치되어 있는 곳도 공격목표로 선정하였다. 그 중 한 곳이 소련 함선이 정박하고 있는 요충인 포트사이드였다. 이에 대해 소련은 전혀 반응을 보이지 않았고, 미국의 반응도 반대하는 것만은 아니었다. 따라서 이스라엘은 반격 작전의 규모와 범위를 더욱 확대시킬 수 있었다. 이처럼 강대국의 반응이 제한전쟁의 성

---

8) 전게서, 田上四郎, pp.196~202; 전게서, 김희상, pp.452~454을 주로 참고.
9) 대부분 암석으로 이루어진 그린섬은 145m×50m 크기였고, 이집트군 보병 1개 중대가 수비하고 있었다.

격과 규모를 결정하게 되었다. 다시 말하면 중소국가는 강대국의 동의와 묵인 없이는 작전 방향이나 진격의 한계도 교전 당사국이 독자적으로 결정할 수 없다는 것이다.

이스라엘의 반격작전 목적은 수에즈 운하지대의 이집트군 포병 전력을 파쇄하여 소모전쟁을 좌절시키는 것이었다. 이를 위해 이스라엘군은 제공권을 장악한 후 나일강 중류 적중(敵中) 깊숙이 습격부대를 공중침투시키기도 하고, 카이로까지 확대해 나갔다. 그 결과 1969년 말경에는 이집트군 포병의 위력도 쇠퇴하여 이스라엘군의 반격작전 목적이 달성되는 듯이 보였다.

이런 때인 1969년 12월, 미 국무장관 로저스는 '이스라엘군이 모든 점령지에서 철수하고, 그 대신 아랍은 샤름 엘 세이크와 가자 지구를 개방하고 이스라엘과 평화협정을 체결한다'고 하는 이른바 "로저스 안(案)"을 제안했다. 그러나 그것은 UN안보리결의 제242호와 큰 차이가 없어 이스라엘도 불만이었고, 나세르도 받아들일 수가 없었다.

이러는 가운데 군사적으로 이스라엘이 우위에 선 것 같았던 상황은 다시 역전되기 시작했다. 이집트가 이스라엘 공군에 대항할 대공미사일을 도입한 것이다. 1970년 1월, 나세르는 모스크바를 방문했다. 이때 저고도 대공미사일 SA-3을 비롯한 대량의 무기 공여가 결정되었고, 3월 중순에 제1진 1,500명의 소련 군사고문 및 기술자가 SA-3 대공미사일

〈그림 5-1〉 그린섬(島) 습격(1969.7.19.)

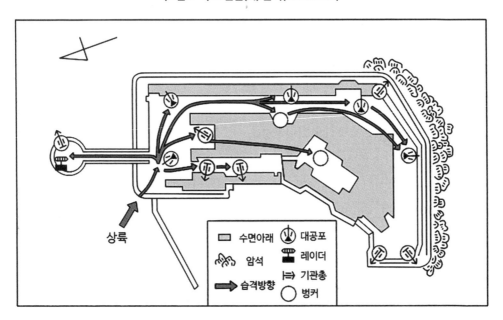

40기, MIG-21 전투기 100기와 함께 이집트에 도착했다. 또 4월에는 고고도 대공미사일 SA-2와 소련인 조종사가 도착함으로서 이스라엘 공군의 우세는 눈에 띄게 저하되어갔다.

〈표 4-1〉 이집트 내 소련 군사시설 및 인원(1970년)

구분	인원			소련인 조작 SAM 기지	소련인 조종 항공기	소련 통제 항공기지
	조종사	미사일 조작자	기타			
1월 1일	0	0	2,500~4,000	0	0	0
3월 31일	60 → 80	4,000	2,500~4,000	22	0	1(?)
6월 30일	100 → 150	8,000	2,500~4,000	45~55	120	6
9월 30일	150	10,000~13,000	2,500~4,000	70~80	150	6
12월 31일	200(+)	12,000~15,000	4,000	75~85	150	6

SA-2/3는 이스라엘군 포병의 사거리 밖인 수에즈 운하 서쪽 25~30㎞ 지역에 전개했다. 미사일지대 폭은 70㎞로서 운하전장 160㎞의 거의 절반에 해당됐는데, 4월 후반부터 이스라엘 공군의 행동은 상당히 제한을 받게 되었다. 그리고 시간이 지날수록 이스라엘군은 이집트 공격에 대한 자신감을 잃어갔다. 그 원인 역시 이집트군에 배치된 SAM과 203밀리 장사정 야포, 그리고 소련의 집요한 지원 때문이었다. 1970년 4월 14일, 다얀 국방부 장관은 다음과 같이 말했다.

"SA-3 대공미사일 배치는 대량 개입의 서곡에 지나지 않는다. 이 전쟁은 길어질 것이다. 그 주요한 이유는 아랍 국가들에 대한 소련의 지원이다. 우리들이 전장에서 어떠한 성과를 거두어도 그것은 한 강대국에 의해 금방 중화된다. 소련은 파괴되는 모든 것, 즉 전차든지 비행기든지 미사일이든지 또는 정치적 입장이든지 간에 즉시 보충한다."

그런데 힘의 균형이 또다시 소용돌이치는 사건이 발생했다. 1970년 7월 30일, 소련인 조종사가 조종하는 MIG-21 전투기 4기가 이스라엘 공군의 팬텀(F-4) 및 미라쥬 전투기에 의해 격추되었다. 다음 날인 7월 31일, 소련의 쿠다코프 공군사령관이 카이로를 방문해 패인을 조사했고, 동시에 소련인 조종사를 수에즈 운하지대에서 철수시켰다. 이 사건이 계기가 되어 소련은 MIG-23 전투기 1개 중대를 비롯하여 SA-4 대공미사일, 스완프 지대공 표시식 전송체계, 상륙용 주정 100척, 그리고 대량의 대전차 미사일을 원조했다. 이러한 무기를 바탕으로 8월에는 SA-2, SA-3, ZSU-23-4 자주대공포(23밀리 기관포 4문 장착)로 구성되는 SAM 체계가 소련인 기술자에 의해 완성되었다.

이렇듯 소련의 강력한 무기 원조에 의해 1970년 8월에는 힘의 균형이 역전되어 이스라엘이 궁지에 몰렸다. 이에 위기를 느낀 이스라엘은 미국에게 F-4 팬텀 전투기 125기의 원조를 요청함과 동시에 이스라엘 군부의 일각에서는 아랍이 전쟁 준비를 완료하기 전에 또 한번 예방 전쟁을 강행하자는 논의까지 일게 되었다.[10]

이리하여 수에즈 전선에서는 아랍과 이스라엘의 전면전쟁 위기가 고조되었다. 그러나 이때 미국은 물론 소련도 이 같은 위기 조성이나 새로운 전쟁이 결코 반가운 일이 아니었다. 당시 소련은 아랍인의 군사적 능력을 크게 의심하고 있었기 때문에 전쟁이 일어났을 경우 그들은 소련에게 또 하나의 군사적 패배를 안겨주지 않을까 두려워했다. 그래서 소련은 모스크바를 방문한 나세르를 설득했다. 그 결과 7월 17일 귀국한 나세르는 7월 23일, 중동 평화에 관한 미국의 제안을 수락한다는 성명을 발표했고, 8월 4일에는 이스라엘도 이를 수락함으로써, 8월 8일부터 90일간 정전하는 협정이 성립하게 되었다. 원래 나세르는 대 이스라엘 전쟁을 위한 군사적 지원을 요청하기 위해 모스크바를 방문한 것인데, 소련은 미국과의 군사적 대결을 회피하려고 오히려 '더 이상의 격전으로 확대되기 전에' 미국의 요구에 응하도록 강요했던 것이다.

---

10) 1973년 10월 제4차 중동전쟁에서 전세의 전환점이 된 이스라엘군의 수에즈 역도하 작전계획은 위기가 한창 고조되었을 때인 1970년 7~8월에 입안되었다고 한다.

∎∎∎∎∎ **제5장** ∎∎∎∎∎
정전하 군비강화와 이스라엘의 억지전략[11]

제4기의 2년간(1970. 8.~1972. 7.)은 정전이 성립되면서부터 소련인 추방성명이 나오기까지 격동의 시기였다. 즉 1970년 9월, "검은 9월단"이라는 아랍게릴라에 의한 민간항공기 납치사건, 요르단 내전, 9월 28일의 나세르 대통령 급사, 이어서 11월 13일에는 시리아의 쿠데타, 그리고 1971년 5월 13일의 이집트 정변 등, 중동은 태풍의 와중에 완전히 휩쓸렸다. 이런 가운데 쌍방은 외교적 노력을 계속하면서 군사적 대비태세를 강화했다.

1. 쌍방의 군비 강화

1970년 8월, 미국의 강압에 의해 '이스라엘은 1967년에 점령한 아랍지역에서 철수하고, 그 대신 이집트는 이스라엘 국가를 인정한다'는 일반적인 원칙하에 정전이 성립되기는 했지만, 그 어느 쪽도 정전을 진심으로 받아들이지 않았고, 오히려 그 기간을 군사력 정비 및 전투 능력을 강화하는 기회로 삼으려 했다.

이집트는 이스라엘 공군에 의해 파괴된 SAM 진지를 수에즈 운하 가까이로 추진시키기

---

11) 상계서, pp.203~204; 상계서, pp.455~465를 주로 참고.

시작했는데 이는 정전협정 위반이었다. 정전시에는 16기의 SAM이 운하 서쪽 30㎞ 이내 지역에 전개해 있었다. 그런데 정전협정에서는 운하 서쪽 50㎞ 이내 지역에는 SAM을 배치할 수 없도록 제한하였다. 이집트는 이를 무시하고 10월 14일 기준으로 운하 서쪽 50㎞ 이내 지역에 50기의 SAM을 배치하였고, 그중 60%인 30기가 30㎞ 이내 지역에 전개해 있었다. SA-3는 사정거리가 40~48㎞이기 때문에 최대 운하 동쪽 30㎞까지 대공미사일 사정권에 들어가게 되었다. 더구나 이집트는 포병전력도 증강시켰다. 정전시 700문이었던 야포 및 중박격포가 1,000문으로 증가되었는데, 그중에는 이스라엘을 괴롭히는 203밀리 장사정포가 다수 포함되어 있었다.

추진된 SAM 진지를 발견한 이스라엘은 큰 충격을 받았다. 정전협정 시, 다얀 국방부 장관이 염려했던 사항이 현실로 나타났기 때문이다. 이제 수에즈 운하 상공을 비행하는 전투기는 SAM의 위협을 받게 되었다. 이에 대해 미국은 처음에는 SAM 진지가 추진된 것을 믿지 않다가 위성의 영상 정보에 의해 확인을 하고는 중동정책을 일부 수정해 이스라엘에게 무기를 지원하였다. 이스라엘은 정전협정 위반에 대한 항의를 계속하면서 이 사태를 핑계 삼아 미국에게 전력 증강을 요청하였다. 결과적으로 이집트군의 203밀리 장사정포에 대응할 175밀리 자주평사포를 도입하였다. 175밀리 자주평사포는 최대 사거리가 32,500m로 최대 사거리가 29,250m인 203미리 장사정포에 대응할 수 있었고, 더구나 사거리 연장탄을 사용하면 최대 54㎞까지 사격할 수 있었다. 또한 M60전차 180~200대를 도입해 기갑전력도 대폭 증강시켰다.

이스라엘은 최신무기 도입과 병행하여 바레브 라인도 강화시켰다. 40개의 요새화 거점 중 11개는 영구 기지화되었으며, 그 주변은 철조망 및 지뢰지대를 설치하여 방어력을 보강하였다. 또 그 후방 8~12㎞ 선에는 전차와 포병이 집결된 제2의 요새지대가 구축되었고, 최전방 운하 동쪽 끝단에는 어떠한 기갑차량도 통과할 수 없도록 모래방벽을 쌓았는데, 그중 어떤 지점의 높이는 무려 25m에 달했다. 이 같은 요새를 구축하는 데에는 엄청난 비용이 소요되었다. 영구기지 1개소를 구축하는 데 무려 1억 5,000만 이스라엘 파운드(4,000만 달러)가 소요되었고, 시나이 전체의 방어력 강화공사에 20억 이스라엘 파운드(약 5억 달러)가 투입되었다.[12] 이렇게 막대한 비용을 들여 방어력을 보강했지만, 참모차장인 탈

---

12) 1972년 이스라엘의 국방비가 48억 이스라엘 파운드인 것을 고려하면, 몇 년 동안 바레브 라인 공사에 엄청난 비용이 들어갔다는 것을 실감할 수 있다.

장군은 바레브 라인의 효과에 대하여 의문을 가졌다.

2. 사다트의 "전쟁으로의 결단"

1970년 9월 28일, 나세르가 심장마비로 사망하자, 부통령이었던 사다트가 신임 대통령으로 취임했다. 사다트는 나세르보다 친서방적이고 온건하게 보여서 정전이 지속되고 평화 정착의 가능성이 높아질 것 같이 보였다. 그는 국내의 친소파를 비롯한 강경파들의 압력을 무마하기 위해 1971년을 "결단의 해(Year of Decision)"라고 공언했지만 사실은 외교적으로 해결하기 위해 적극적으로 노력하였다.[13]

1971년 2월 4일, 사다트는 다얀 국방부 장관이 제안하고,[14] 미국이 거론한 '수에즈 운하로부터 양군 모두 32㎞씩 철수하자'는 안(案)에 대하여 UN안보리결의 제242호 이행의 제1단계로서 그것을 인정했다. 그리고 그날 공식적으로는 정전연장 반대선언을 했지만 3월 7일에는 우탄트 UN사무총장에게 실지회복, 팔레스타인 문제 등을 전제로 정전연장을 통고하였다.

이와 같이 계속되는 협상의 가능성과 이집트의 정정(政情)이 친서방적인 것과 같은 분위기는 서방측을 고무시켜 1971년 5월 초, 미 국무부 장관 로저스는 차관보를 대동하고 카이로를 방문했다. 그런데 그 며칠 후인 5월 13일에 정변이 발생했고, 다음 날 사다트는 부통령 사브리와 국방부 장관 파우지를 비롯한 친소파 각료 및 아랍사회주의 연합의 간부 90여 명을 쿠데타 혐의로 숙청하고 신내각을 발족시켰다. 사브리의 제거는 소련에게 큰 충격을 주었다. 소련은 나세르가 사망했을 때, 코시킨 수상이 직접 카이로에 와서 1주일이나 머물며 이집트에 소련의 영향력을 강화시키려고 나세르의 후계자로 친소파인 사브리

---

13) 1971년 초, 뉴스위크 주필인 보르쉬 그레이브가 사다트를 인터뷰 했을 때, 사다트는 '이스라엘을 인정하고 평화롭게 살 준비를 할 것'이라 말했다고 한다. 그런데도 이스라엘의 메이어 여사는 그 사실을 믿지 않았으며, 그 때문에 전쟁을 방지할 수 있는 좋은 기회를 상실했다고 주장하였다.

14) 1970년 12월, 다얀은 이스라엘군이 수에즈 운하 동안에서 약간 철수하여 그 영역을 민간인들이 수에즈 운하를 재개방할 수 있도록 작업하는 공간으로 활용하도록 함과 동시에 비무장지대화 함으로써, 이집트군(특히 소련군)과 이스라엘군 간의 완충지대를 만들자고 제안했다. 이에 대해 이집트는 이스라엘의 전면 철수가 전제되어야 한다는 조건을 제시했고, 이스라엘은 구체적인 평화조약이 체결되기 전까지는 어떠한 철수도 없다고 하여 아무런 결과를 보지 못했다.

부통령을 지원했던 만큼 사브리의 제거는 소련에게는 중대한 경고였고, 서방측에는 큰 희망을 안겨주는 일이었다.

이렇게 되자 소련은 사다트를 달래기 위해 5월 25일, 최고회의 의장 포드 고르니 일행이 카이로에 도착했고, 2일 후인 5월 27일에는 소련의 적극적인 지원을 약속하는 15년간 우호협력조약의 조인을 발표하였다. 이것은 카이로에 와서 이스라엘과의 협상을 강조하던 미 국무부 장관 로저스의 행동에 찬물을 끼얹은 것이었지만 그래도 사다트는 일단 미국에게 희망을 걸었다. 미국의 닉슨 대통령도 6월 7일, 국무부 차관보 스터너를 보내 중동에서 미국이 보다 적극적인 역할을 하겠다는 뜻을 전했다. 이때 사다트는 미국의 희망대로 이스라엘이 첫 단계의 철수만이라도 시행한다면 미국과의 외교관계를 회복하려고 했다. 그러나 몇 개월이 지나도 이스라엘이 점령지로부터 철수하겠다는 의사표시가 되는 첫 단계의 철수조차 시행되지 않았다. 이에 사다트는 미국과의 접촉에서 아무 것도 얻어낼 수 없을 것이라는 결론을 내리고 1971년 10월 1일, 모스크바로 날아갔다. 그리고 3인의 소련 지도자들과 회담을 해 그들로부터 이집트가 요구하는 무기를 적극적으로 지원하겠다는 동의를 얻어냈다. 이렇게 무기지원 약속을 받은 직후, 사다트는 "전쟁으로의 결단 (decision in regard to the battle)"을 내렸다.

그러나 소련의 약속이라는 것도 그 이행 상태가 사다트를 만족시키지 못했다. 왜냐하면 12월 8일, 인도·파키스탄 전쟁이 발발하여 소련의 관심이 온통 인도에 쏠려있었을 뿐만 아니라, 때마침 무르익어 가는 듯한 미국과의 데탕트 분위기를 고려하지 않을 수 없기 때문이다. 그래서 다음 해인 1972년 2월, 사다트가 모스크바를 재방문했을 때나 2개월 후인 4월에 다시 한 번 초청되었을 때도 브레즈네프는 사다트의 요구에 동의는 하면서도 요구하는 무기를 속 시원하게 보내주지 않았다. 이런 상황 속에서 1972년 5월, 닉슨·브레즈네프 회담 결과는 '상호 간에 중동에서의 군사적 긴장 완화'를 결의한다는 것이었다. 이러한 결의는 궁극적으로 중동에서 이스라엘의 우위를 인정하고 이스라엘의 점령상태를 그대로 유지할 가능성이 극히 높은 것이었으므로 이집트로서는 도저히 승복할 수 없는 상황이었을 뿐만 아니라 명백히 4월의 이집트·소련 회담을 무시하는 것이었다. 사다트는 크게 분격했다. 그는 6월 1일, 소련의 명확한 해명을 요구하는 7개항의 질문서를 모스크바에 보냈다. 그것을 소련이 묵살하다시피 하자 1972년 7월, 사다트는 마침내 이집트에 있는 소련 고문단의 철수를 요구하였다.

3. 이스라엘의 방심

나세르의 죽음도 이스라엘인들이 방심할 수 있었던 요인 중의 하나였을 것이다. 대 이스라엘 전쟁의 화신처럼 보였던 나세르가 죽고, 미지수이기는 하지만 온건파로 알려진 사다트의 등장은 이스라엘에게 희망적인 사태였다. 그는 90일간의 정전을 연장했을 뿐만 아니라 외교적으로 문제를 해결하려고 노력하는 듯이 보였다. 따라서 이스라엘은 사다트가 이스라엘과의 평화를 희망한다고 기대할 수 있었고, 만약 그가 전쟁을 시도한다 해도 확고한 지도력을 발휘하려면 좀 더 시간이 소요될 것이라고 믿었을 것이다. 더구나 1972년 7월, 사다트가 이집트 내의 소련 고문단 철수를 요구한 것은 이스라엘에게는 대단히 고무적인 일이었다. 이스라엘인들은 이집트에서 철수하는 소련인들을 보면서 마치 중동에서 전쟁의 위협이 철수하는 것을 보고 있는 것처럼 안도감을 느꼈다. 그러나 그것이 정반대로 전쟁을 하기 위한 사다트와 이집트인들의 단호한 결의를 말해주고 있는 것임을 아는 사람은 별로 없었다. 결과적으로 '이 사태는 이스라엘로 하여금 사다트의 행동을 완전히 잘못 이해하도록 만들었으며, 그것이 이집트에 대한 대책 강구를 잘못하게 한 치명적 요인이 되었던 것이다.'[15]

요르단 내전 또한 이스라엘에게는 더할 나위 없이 고무적인 사태였다. 그 동안 요르단에 거주하는 약 100만 명의 팔레스타인 난민과 무장게릴라들은 후세인 국왕의 통치권을 위협했으며, 이스라엘에 침투 공격을 실시하는 등, 분쟁에 앞장서 왔다. 그래서 후세인 국왕은 1970년 9월, 팔레스타인 인민해방전선이 비행기를 납치한 사건을 계기로 다른 아랍 국가들의 반대를 무릅쓰고 요르단 내 팔레스타인 무장세력을 소탕하기 위한 군사작전을 전개하였다. 이에 대해 팔레스타인 난민과 게릴라들은 격렬하게 반발하였고, 약 2만 명이 사망하였다. 군사작전 결과, 요르단 내의 게릴라는 소탕되고 후세인 국왕은 통치력을 완전히 회복하였다. 그러나 그 여파는 극심하여 아랍 각국들로부터 경제원조의 단절은 물론 국교단절 등을 유발하여 후세인 국왕은 정치적으로 심각한 궁지에 몰리게 되었다. 하지만 요르단·이스라엘의 국경은 그 어느 때보다도 조용하게 되어 1970년 후반기부터 이스라엘 국민들은 깊은 안도감을 느끼게 되었다.

---

15) Chaim Herzog, 『The War of Atonement: The inside Story of the Yom Kippur War, 1973』, (Boston: Weidenfeld and Nicholson, 1975), p.22.

군사적인 면에서도 이스라엘은 이집트의 정전협정 위반을 핑계로 미국의 대규모 군사지원을 받아 기갑 및 포병 전력을 대폭 증강시켰고, 대규모 예산을 투입해 바레브 라인의 방어력도 크게 보강하였다. 또한 제트전투기의 국내 생산에 착수했을 뿐만 아니라 1971년 11월에는 해군용의 함대함 미사일 '가브리엘', 지대지 미사일 '요르단', 공대지 미사일 '루스'를 개발했다. 이러한 군사적 우위를 바탕으로 이스라엘은 대 아랍 억지전략을 채택하여 과중한 병역제도를 완화하였다. 예비역의 연간 소집훈련도 60일에서 30일로 단축시켜 국내 경제를 재건하는 데 집중했다.

1972년 5월 24일, 다얀 국방부 장관은 '전쟁은 1973년 전반기까지는 일어나지 않을 것이다'라고 말했다.[16] 이집트는 소련으로부터 각종 무기를 공여 받고 있기는 하지만 이집트군은 지금 한창 훈련 중이며, 이집트군이 소련제 무기를 익숙하게 사용할 수 있으려면 2~3년은 걸릴 것이라고 이스라엘 군부는 안이하게 판단한 것이다.

이스라엘군이 대 아랍 억지작전으로 전환한 것은 무엇보다도 경제문제 때문이었다. 경제발전과 수출증대에도 불구하고 이스라엘은 계속 인플레이션과 싸워야 했다. 뿐만 아니라 국방비의 비중이 너무 커서 교육 및 사회복지, 경제개발 예산 등이 압박을 받았다. 1970년 이스라엘 국방비는 전체 예산의 34%였으며, 1971년도에도 비슷했다. 그래서 이스라엘 여론은 점차 국방비의 부담을 줄이고 교육비 및 사회복지비를 증가시키자는 데에 모아졌다. 이와 같은 여론에 부가하여 평화무드가 확산됨에 따라 1972년 국방비는 1971년보다 7억 이스라엘 파운드나 감소되었고,[17] 그 결과는 당장 방어체제에 영향을 미쳤다. 바레브 라인의 상주 요새 수도 최소한도로 줄이고 요새 당 관리요원의 수도 제한했다.

이처럼 이스라엘이 평화무드에 젖어 국방비의 비중을 줄여나갈 때, 이집트의 국방비는 1970년의 38.5%에서 1971년에는 46.3%로 증가하였고, 1972년에는 43.7%에 달했다. 이것은 곧 이집트가 군사력 강화 및 전쟁 준비를 하고 있다는 증거였다.

---

16) 전게서, 田上四郎, p.204.

17) 1973년에는 세계적인 인플레이션으로 인해 전체 예산이 대폭 증가했음에도 불구하고 교육 및 복지예산 증가에 비해 국방비의 증가는 실질적으로 전력의 현상 유지에 불과한 정도였다. 교육비가 1972년의 1억 4,400만 이스라엘 파운드에서 1973년도에는 10억 7,000만 파운드로 증가했고, 사회복지비도 7,000만 파운드에서 1억 1,300만 파운드로 증가한 데 비해, 국방비는 1972년의 48억 파운드에서 1973년에는 52억 파운드로 증가했을 뿐이었다. 전게서, 김희상, pp.464~465.

▎▎▎▎▎ 제6장 ▎▎▎▎▎
소련인 추방 후 본격적인 전쟁 준비

제5기 기간(1972. 7.~1973. 10.)은 1972년 7월 18일, 이집트의 소련인 추방성명에 의해 축차적으로 소련인이 귀국하면서부터 주로 이집트가 제4차 중동전쟁 준비를 독자적으로 추진했던 기간이다. 전쟁준비가 가속화되기 시작한 것은 1973년 초부터였지만 실제로 제4차 중동전쟁의 계획수립에 착수하기 시작한 것은 1972년 11월이었다. 사다트 대통령은 1972년 10월 26일, 현재 보유한 장비로 한정전쟁(限定戰爭)을 실시하기로 결의하고, 이스마일 대장을 국방부 장관 겸 최고사령관으로 임명했다. 그리고 전쟁 준비를 위해 전력을 경주하도록 했다.

1. 소련인 추방

소련인의 추방이 어떤 원인과 경위로 실행되었는가를 고찰한 것은 제4차 중동전쟁의 발발 원인과 성격을 확인하는 데 매우 중요하다.

1972년 전반기, 소련은 이집트의 공격용 무기 공여 요청을 거부했다. 이집트는 소련의 거부가 1972년 5월, 모스크바에서 미·소 정상이 체결한 제1차 전략무기 제한협정에 기초한 것이라고 믿었다. 격분한 사다트는 1972년 6월 1일, 모스크바에 7개 항목의 질문지를 보내 소련의 해명을 요구했다. 그런데 6월 15일까지 회신이 오지 않자 다시 서신을 보냈다. 3주 후 소련 대사를 통해 답신이 도착했는데, 그 서신의 제2페이지에는 양국관계를 악화시킨 핵심인물로서 알 아람지(紙) 편집장 헤이칼을 공격하고 있었다. 제3페이지에서도 헤이칼에 대한 공격이 반복되었기 때문에 사다트는 크게 분노하여 소련 대사 면전에서 강력한 조치를 취할 것을 결심하고 즉시 지시를 내렸다.[18]

① 이집트군에 있는 모든 소련고문관들은 7월 17일부터 10일 이내에 퇴거할 것,
② 소련의 군사시설은 모두 이집트의 지배하에 놓을 것,
③ 소련군 장비는 이집트에게 매각하던가, 아니면 이집트에서 철수할 것,
④ 이집트와 소련 간의 모든 교섭은 카이로 이외의 어느 곳에서도 실시하지 않는다.

이리하여 소련인 고문관이 철수하게 되었다. 사실 그 시기에는 소련의 중동정책이 최초로 수정되었는데, '무력행사의 방기(放棄) 및 모든 국가들과의 평화공존'이라는 두 가지가 강조되었다. 이러한 소련의 중동에 대한 '불관여 정책'은 1973년 2월, 하페즈 이스마일이 모스크바를 방문했을 때 확인했다.

2. 아랍의 전쟁 준비

가. 한정전쟁(限定戰爭)을 결심

사다트는 외교적 노력에 의해 점령당한 영토를 되찾으려고 노력했지만 곧 한계에 봉착했다. 1967년 이래 모든 협상은 결실이 없었고, 이스라엘을 점령지에서 철수시킨다는 것은 점점 더 어려워져 갔다. 게다가 메이어 여사는 골란고원 같은 안보를 위한 필수 지역과 예루살렘은 협상의 대상이 되지 않는다고 못 박았다. 이대로 가만히 있다가는 중동문제가 세계의 관심으로부터 점점 멀어지게 되면서 이스라엘의 점령지 굳히기 수법에 당할 것 같

---

18) 전게서, 田上四郎, p.205. 존 킴치(John Kimche)가 저술한 『Palestine of Israel』에 의하면 사다트 대통령이 뉴스위크 편집자들에게 말했다는 내용이다.

았다. 이렇게 되자 사다트는 세계의 관심을 중동문제로 다시 돌리기 위해 1971년 12월, 폭격기 50기를 동원하여 샤름 엘 세이크를 폭격하려고 계획하였다. 그러나 바로 이 때, 인도·파키스탄 전쟁이 발발하여 어쩔 수 없이 계획을 취소하였다. 아시아에서 대전쟁이 벌어지고 있는 판에 중동에서의 작은 사건은 시선을 끌 수가 없을 것 같았기 때문이다.

이러한 상황 속에서 1972년 5월, 미·소 정상회담의 결과는 사다트를 더욱 당혹스럽게 만들었다. 세계적인 데탕트 추세와 병행하여 중동에서의 긴장을 완화하고 평화공존을 추구한다는 합의는 결국 이스라엘의 우위를 인정하고 이스라엘의 점령 상태를 그대로 유지하게 될 가능성이 높았기 때문이다. 사다트는 가만히 있을 수가 없었다. 중동에서 군사적 긴장상태가 계속되고 있다는 사실을 전 세계에 알려서 이스라엘의 점령지 영구화 정책에 제동을 걸 필요가 있었다. 그래서 사다트는 한정전쟁을 결심하고 1972년 10월 24일, 국방부 장관 사데크 장군에게 1개 공정여단을 시나이에 강하시켜 1~2주간 교두보를 점령할 것을 지시하였다. 그때는 리비아가 석유공급을 차단하고 UN안보리를 통해 워싱턴에 이스라엘이 점령지에서 철수하도록 압력을 넣기 위한 회의의 개최를 요구하는 중이었으므로, 이에 호응하여 군사작전을 전개하려고 한 것이다. 그러나 사데크가 그 작전은 이스라엘군의 반격에 의해 실패할 것이며, 이집트는 아직 전쟁 준비가 되어있지 않다는 이유로 반대함으로써 그 계획도 좌절되었다.[19]

2일 후인 10월 26일, 사다트는 자신의 의도를 이해하지 못하는 사데크를 해임하고, 그 대신 이스마일 장군을 국방부 장관 겸 최고사령관으로 임명한 다음, 전쟁 준비에 박차를 가하도록 지시하였다. 이제 사다트의 결단은 확고하였다. 미·소 간에 이루어지려고 하는 '현상유지'의 흐름을 저지하지 않으면 안 되었다. 더구나 그의 군대는 질적인 면과 양적인 면에서 그 어느 때보다 높은 수준에 도달하고 있었다.

이후, 전쟁 준비를 계속하면서 사다트는 최종적인 결단을 내리기 전, 한 번 더 외교적으로 목표를 달성할 가능성이 있는지 타진해 보는 최후의 평화공작을 실시하였다. 즉 1973년 3월, 그의 안보담당 고문 하페즈 이스마일을 특사로 임명한 후 미국과 소련, 그리고 UN과 영국 및 서독 등을 순방시켰다. 이때 사다트는 '이스라엘이 전면 철수의 원칙을 즉시 받아들이도록 서방측이 설득할 수 없다면, 장래 전면 철퇴를 전제로 시나이 반도에서

---

19) 전게서, 김희상, p.459. 사데크는 전면전쟁을 통해 실지를 회복하자고 주장하며, 이스라엘 공군과 대등하게 싸울 수 있는 공군력을 보유할 때까지 전쟁을 연기하자고 했다.

부분적인 철퇴도 용인할 수 있다'고 한 걸음 물러섰다. 그러나 결과는 별 소득이 없었다. 더구나 3월 초, 닉슨은 메이어와 회담 후 이스라엘에게 압력을 가하기는커녕 '중동지역에서 군사력 균형을 유지하기 위해' 3월 중순 F-4 팬텀 전투기 48기를 이스라엘에 공여하겠다고 발표했다. 이에 사다트는 '미국은 이스라엘에 압력을 가할 의사가 없을 뿐만 아니라 능력도 없다'는 것으로 지각(知覺)하였고, 더욱 확고하게 전쟁 결의를 다졌다. 그 결의를 최초로 외부에 표출한 것은 3월 6일이었다. 이날 사다트는 카이로 인민회의에서 자신이 총리직도 겸무하겠다고 언명하면서 "전면 대결의 국면을 피하기 어렵게 됐다…."고 하며 이번에야 말로 시나이 해방을 위해 싸울 것이라고 말했다.[20]

나. 정치적 공조[21]

군사적 전쟁 준비 못지않게 정치적 전쟁 준비 또한 중요했다. 사다트는 1967년 전쟁의 경험을 통해 아랍 전체의 역량을 집중할 필요성과 통합작전의 중요성을 절감하고 이를 위한 모든 역량을 쏟아 부었다. 사다트가 집권했을 때 많은 아랍 국가들이 그를 무시하고 비난했지만 그는 결코 단 한 명의 아랍 지도자들과도 다투지 않았다. 그 점이 나세르와 크게 달랐다. 그는 전통적인 이슬람 입장에서 사우디아라비아의 파이잘 국왕과의 관계를 개선하고, 아울러 카다피 대통령과도 친선 관계를 유지했다. 그 결과 사다트는 1973년 5월, 사우디아라비아와 제휴에 성공함으로써 석유의 무기화 가능성을 높였다. 과거 6년 동안은 파이잘 국왕의 반대로 불가능했던 일이었다.

사다트는 아랍 국가들의 '협동 및 협조'에 관해서도 노력을 경주하였다. 특히 요르단이 동참할 수 있도록 힘썼다. 요르단은 1970년 9월부터 1971년 7월까지 팔레스타인 게릴라 및 테러리스트들을 소탕하는 내전을 치렀다. 이 내전의 여파로 요르단은 아랍 각국들과 거의 국교 단절 상태에 있었던 데다가 1972년 3월에는 요르단강 서안을 포함하는(이스라엘과 평화협정이 전제되어야만 가능) 요르단 연방안을 발표하여 배반자라는 인상을 짙게 만들었다. 그러나 사다트의 노력과 후세인 국왕의 필요에 의해[22] 두 나라의 관계가 점차 개선되었

---

20) 상게서, p.459.
21) 상게서, pp.468~469를 주로 참고.
22) 전게서, 田上四郎, pp.207~209를 주로 참고.

으며, 1973년 8월에는 사다트의 개인특사가 암만을 방문하면서부터 급격히 가까워졌다.

이리하여 사다트는 1973년 9월 12일, 카이로에서 이스라엘과 국경을 접하고 있는 국가, 즉 이집트, 시리아, 요르단의 3개국 지도자들이 모였다. 이때부터 이집트와 시리아는 요르단과 외교관계를 재개하였고, 이스라엘에 대한 공격작전개념이 확정되었다. 후세인 국왕도 일반 상황을 보고받았다. 그러나 그는 6일 전쟁의 경험에 비추어 보았을 때, 공군력이 열세해 처음부터 본격적인 개입은 곤란하다는 입장을 표명하였다. 그래서 요르단은 시리아가 골란고원을 점령한다는 선행조건이 완료된 후에 개입하는 것으로 양해되었다. 그 대신 시리아의 남측방 방호, 즉 이스라엘군이 요르단 북부를 통해 시리아를 공격하는 것을 막아주기로 했다.

이 밖에도 사다트는 1973년 8월, 카이로에서 팔레스타인 해방기구(PLO) 의장 아라파트와도 회합하여 전쟁이 불가피하다는 의사를 전달하고 그들의 적극적인 협조를 구하는 한편, 세계 여론이 이스라엘에게 압력을 가할 수 있도록 유도하기로 했다.

다. 군사적 준비

이집트의 군사적인 전쟁 준비는 이스라엘의 능력에 대한 분석과 6일 전쟁의 교훈에 바탕을 두고 실시하였다. 그중에서 핵심적인 부분은 이집트군의 전투능력 향상과 더불어 6일 전쟁 시에 뼈저리게 느꼈던 아랍 국가들의 단결, 통합작전 및 노력의 집중 등이었다. 그러면서 기습을 달성하기 위해 자신의 기도를 은폐하였다.

1) 통합작전을 위한 노력

전쟁으로 가는 길은 험난했지만 아랍은 이를 하나씩 착착 진행해 나갔다. 1973년 1월 31일, 이집트·시리아 방위회의에서 대 이스라엘 전쟁을 위해 정치와 군사의 양면을 조정해 나가기로 했고, 2월에는 이집트의 이스마일 국방부 장관이 시리아를 방문하여 대 이스라엘 전쟁에서 연합작전을 실시하기로 결정했다. 아울러 개전시기까지 검토했는데 5월, 9월, 10월 중 가장 적절한 날짜를 택하여 개전하기로 결정했다. 그런데 5월의 개전은 이스라엘이 징후를 포착하고 부분 동원까지 실시하여 대응하는 바람에 포기할 수밖에 없었다. 5월 17일, 사다트는 개전을 9월 또는 10월로 연기한다고 결정했는데, 또 다른 이유는 5월에 미·소 정상회담이 개최되기 때문이었다.

전쟁준비가 점점 구체화되어 가자 사다트는 6월 12일, 다마스쿠스를 방문하여 아사드 대통령을 설득해 이번 전쟁의 목적을 피점령지 회복으로 한정시키는 데 성공했다. 이리하여 8월 5일, 이집트의 압데르 나치후 나자르 소장이 다마스쿠스에서 알리 지자 내무부 장관 및 군사지도자들과 회담을 하였고, 그 결과 대 이스라엘 작전계획이 작성되었으며 개전일은 9월 7~11일 사이 또는 10월 5~10일 사이로 결정되었다. 8월 27일에는 사다트와 아사드가 다마스쿠스에서 다시 한 번 회담을 갖고 전쟁 준비에 관해 조율했는데, 이때 9월 개전안(案)은 삭제되고 10월 개전하는 것으로 합의했다.

최종적으로는 9월 12일, 카이로에서 양국 대통령 간에 조인된 협정에 의해 수개월 동안 작성한 전쟁계획이 승인되었고, 개전일은 수에즈 운하의 조류와 월광 등을 고려하여 10월 6일로 결정하였다. 이때 후세인 요르단 국왕도 참석하여 연대하기로 했는데, 요르단은 초기부터 전쟁에 개입하지는 않지만 시리아의 남측방을 방호하는 역할을 수행하기로 했다.

이렇듯 이집트와 시리아는 통합작전을 실시하기 위해 일찍부터 수많은 상호협의를 거치면서 과거에는 볼 수 없었던 긴밀한 상호협력을 지속하였다. 그리하여 공동의 작전 명칭을 붙이고 세부 작전계획을 작성한 후, 부대를 점차 공격개시선 부근으로 추진 배치시켜, 9월 말에는 이미 공격을 위한 만반의 준비를 갖추고 있었다. 이와 같은 노력과 준비는 1967년, 그들이 당했던 것 못지않게 기습공격을 실시할 수 있는 밑바탕이 되었다. 이제 아랍은 과거의 분열된 아랍이 아니었다. 통합된 아랍의 힘을 보여줄 때가 오고 있었다.

2) 작전계획 수립[23]

대 이스라엘 작전의 기본계획이 수립된 것은 1973년 8월 초였고, 그 후 계속 세부 계획이 작성 및 보완되었다. 그러면 작전계획의 기본은 어떤 것들이었을까.

이집트는 서전은 기습 효과를 극대화시키기 위해 야간공격을 주체로 전단을 열 생각이었다. 물론 작전에 있어서 이집트와 시리아가 동시 공격을 실시하는데, 개전 초기부터 남

---

23) 전게서, 田上四郎, pp.207~209를 주로 참고.

부에서는 '수에즈 운하 도하', 북부에서는 '골란고원의 대전차호 돌파'라고 하는 어려운 문제에 당면하게 된다. 또 공격개시시간(H시)을 결정하는 데도 이집트와 시리아 간에 예민한 문제가 있었다. 즉 이집트는 공격 개시 후 가급적 신속히 야음을 이용할 수 있도록 일몰 때를 희망했고, 시리아는 태양을 등지고 싸울 수 있도록 아침을 희망했다. 그렇지만 남·북 양면에서의 공격 개시는 기습효과의 관점에서 동시에 할 필요가 있어 마지막에 중간 타협점을 찾아 H시를 14:00로 결정하였다.

다음으로 큰 문제의 결정은 '대 이스라엘 작전은 지역적으로는 한정하고, 시간적으로는 가능한 한 지연시켜 이스라엘에게 소모전을 강요해야 한다'는 것이었다. 이때 특히 관심을 가져야 할 사항은 '이스라엘군이 기동에 의해 신속히 결정적인 국면을 조성하려는 것 같은 사태 발생을 미연에 방지'하는 것이었다. 그래서 아랍 측은 신속히 교두보를 확보한 후 현대식 무기에 의해 종심 깊은 방어선을 구축하고 끈질기게 방어해야 하며, 준비가 되지 않은 상태에서 이스라엘군의 기동작전에 말려드는 것은 절대로 피해야 했다. 이상의 관점에서 작전은 3단계로 나누어 구상했다.

제1단계는 남과 북에서 동시에 총공격을 실시하고, 시리아 전선에서는 항공기도 투입한다.

제2단계는 이집트 전선에 노력을 집중하고, 가능하면 시나이 반도의 주요 통로 '목'까지 진출한다.

제3단계는 시나이 전선에 주 노력을 지향한다.

이 기본구상에 기초를 두고 시나이 정면의 작전은 2단계로 구분하여 계획을 수립했다. 제1단계는 도하 및 교두보 확보, 제2단계는 미틀라, 기디, 카트미아의 주요 통로까지 진출하는데, 미틀라 고개는 필히 확보하고, 기디 및 카트미아 고개는 가능한 한 탈취한다. 이 중 제1단계 작전이 이집트군의 가장 중요한 작전이었다. 그래서 소련군 도하작전 교범을 바탕으로 수년간의 훈련을 반복하였다.

이상과 같은 작전계획 전반에 걸쳐 일관되게 흐르고 있는 사상은 6일 전쟁의 실패를 반복하지 않으려는 것과 이집트군의 특성에 적합한 전투를 하려고 하는 2개의 사고방식이다. 이에 기초하여 10월 전쟁에서 이집트군이 중시한 사항은 다음과 같다.

① 선제공격에 성공한다 해도 전선을 확대하지 않으며, 또한 보급선을 신장시키지 않는다.

② 이스라엘군과의 공중전을 회피하며, 지상부대는 방공미사일로 방호한다.

③ 기갑부대를 진출시킬 경우 먼저 통합 SAM 네트워크를 추진한다.

④ 정부의 신뢰를 확보하기 위해 전과를 과대발표하지 않는다.

이것들은 모두 6일 전쟁의 쓰라린 체험을 통해 깨달은 것들이었다. 특히 대공방어에 대해서는 신중에 신중을 거듭하였다. 그 다음은 아랍식 전법이라고 부르는 '고기분쇄기식의 전투방법'의 채택이다. 이는 인명피해를 강요하는 소모전식 전투방법으로서 샤즐리 장군이 선호했다. 그는 과거 3회의 대 이스라엘 전쟁을 모두 경험했다. 그 경험을 바탕으로 병참선을 신장시키지 않은 상태에서 동적인 전투가 아닌 정적인 전투방법을 생각해 냈고, 참모총장으로 취임한 후 전군에 전파하였다. 이는 기동전에 미숙한 이집트군에게는 적합한 방법이었지만 인구가 적어서 병력손실(인명피해)을 최소화하려는 이스라엘군에게는 괴로운 것이었다.

한편, 시리아군의 작전계획은 어떤 것일까. 시리아군의 작전 목적은 골란고원에서 이스라엘군을 축출하고, 그 후 예상되는 이스라엘군의 반격을 격퇴함과 동시에 북부 갈릴리 지역을 위협하는 태세를 갖추는 것이었다. 만약 상황이 불리할 경우에는 쿠네이트라 동북방 12㎞ 부근에 구축된 방어진지에서 배수의 진을 치도록 했으며, 그 동북방 15~16㎞의 사사 북쪽에 종심 10㎞에 달하는 3선의 방어진지까지 준비하였다.

공군운용의 기본개념은 개전 전까지는 지상부대의 상공을 방호하지만 작전개시 후의 지상부대 방공은 통합 SAM 체제가 담당하고 공군은 지상부대의 외익(外翼)에서 작전을 한다는 계획이었다.

이상과 같은 작전개념에 기초를 두고 이집트와 시리아는 계획을 구체화시켜 나갔다. 이것을 6일 전쟁의 교훈활용 측면에서 고찰한다면 '이스라엘군 전력의 3대 지주인 공군력, 기갑부대, 동원체제의 질적 우월성에 대처하기 위해 채택한 전략은 대공미사일과 대전차미사일의 양적 우월성과 동원능력을 봉쇄하는 기습작전'이라고 말할 수 있다.

3) 무기 및 장비의 도입과 훈련[24]

전쟁을 위한 무기 및 장비는 소련에게 의존할 수밖에 없었다. 이집트는 1968년 봄까지 6일 전쟁 전의 수준으로 전력을 회복하였고, 소모전쟁 기간 중 정전협정이 체결된 1970년 여름에는 전투기, 야포, 전차 등 주요 전투장비가 대폭 보강되었다. 이때 SA-2, SA-3 ZSU-23-4 자주대공포 등이 소련인 기술자들과 함께 들어왔을 뿐만 아니라 1972년에는 SA-6까지 도입되어 이른바 통합 SAM 체계가 구축되기 시작했다. 또한 100여 척의 상륙용 주정과 대전차 미사일도 도입되었다. 그러나 전쟁에 필요한 장비 및 물자가 본격적으로 도입되기 시작한 것은 1973년 초부터였다.

1972년 말, 소련은 이집트에게 해군기지 사용을 요구하면서 그 대가로 이집트가 요구하는 전쟁 준비를 지원하겠다고 제의했다. 이리하여 1973년 3월, 이집트와 소련은 이집트의 항만 사용에 관한 협정을 맺었다. 이후 소련은 각종 전투장비와 전쟁물자 등을 보다 더 신속하고 풍족하게 이집트에 지원하기 시작했다. 소련으로서는 미국과의 데탕트 분위기가 마음에 걸리기는 했지만 그보다 중동에서의 국가적 이익이 더 중요했다. 특히 1973년 2월, 이스마일 국방부 장관이 모스크바를 방문하여 무기지원을 요청한 것을 계기로 4월에는 스커드 지대지 미사일을 공여했고, 여름부터는 금번 전쟁에서 필수불가결한 SAM 대공 미사일과 대전차 미사일을 대량으로 공급하기 시작했다.

이러한 무기를 바탕으로 아랍 측은 이스라엘군에 대응할 새로운 전술을 개발하였다. 그 첫 번째가 통합 SAM 체제에 의한 방공우산이었다. 6일 전쟁 시, 이스라엘 공군에게 괴멸적인 타격을 받은 아랍 측은 이스라엘군의 항공우세를 무력화시키는 것이 절대적으로 필요한 과업이라는 것을 익히 알고 있었다. 그래서 모든 전선을 따라, 그리고 이스라엘 공군기가 수도 카이로에 이르는 접근로를 연해서 통합 SAM 체제가 구축되었다. 또 전진하는 지상군에게는 통합 SAM 체제에 의한 방공우산을 씌울 수 있도록 준비하였다.

방공무기 못지않게 중요한 것은 대전차 무기였다. 6일 전쟁 시 또 하나의 경험은 이스라엘 기갑부대의 능력을 어떤 방법으로든지 제한시키지 않으면 안 된다는 것이었다. 이를 위해 다수의 전차를 도입했고, 특히 대량의 새거 대전차 미사일을 공급받았다. 이집트

---

24) 전게서, 김희상, pp.465~468을 주로 참고.

군은 새거 대전차 미사일과 RPG 휴대용 대전차로켓을 조합하여 보병에 의한 대전차 공격 및 방어능력을 획기적으로 향상시켰다. 이와 더불어 수에즈 운하를 도하할 수 있는 신형 PMP 부교를 비롯한 대량의 공병장비와 통신장비 등이 도입되었다.

그러나 전투능력을 향상시키기 위해서는 최신무기 및 장비 도입 못지않게 훈련수준을 높이는 것도 중요했다. 이를 위해서는 철저한 반복훈련이 필요했다. 동시에 장교들의 자질과 능력을 향상시켜 상·하 간의 일체감을 조성하고 단결을 유지시키지 않으면 안 되었다. 그래서 과거 특수계층에서 장교들을 점유하던 것을 지양하고, 대학 출신자들 중에서 특별히 선발한 후에 장교교육과정을 거쳐 임관시켰다. 이렇게 하자 과거 군내부에서 장교와 부사관 이하 계급 간에 지속됐던 이질감과 반목이 해소되어 군의 사기가 급속히 높아졌다. 이와 더불어 병사들에게 반유대주의 교육을 실시함으로서 이스라엘에 대한 적개심을 고취시키는 한편, 각개 병사와 제대별로 필요한 훈련을 강화하였다.

도하 훈련, 요새지 공격 훈련, 교두보 확보 시 보병에 의한 대전차 방어훈련, 그리고 이스라엘군의 전유물로 여겨졌던 야간훈련 등등 각종 훈련이 쉴 새 없이 계속되었고, 거의 같은 훈련이 제각기 맡은 임무에 따라 수없이 반복되었다. PMP 부교설치부대는 3년 동안 거의 매일 1회씩 무거운 PMP 부교를 트럭에서 내려 가설해 보았고, 대전차부대의 새거 미사일 사수들은 수동식 유도훈련을 수천 회 반복했다. 또한 방공부대는 SAM 지대공미사일과 ZSU-23-4 자주대공포를 통합한 대공방어훈련을 계속했다. 가장 중요한 훈련 중 하나는 이스라엘이 구축한 수에즈 운하 동단의 모래 방벽을 뚫고 통로를 개설하는 훈련이었다. 이 모래방벽은 이집트군의 최초 도하작전 시 중대한 장애물이었다. 일반차량은 물론 전차와 장갑차 같은 궤도차량도 통과할 수 없었기 때문이다. 작전이 개시되면 60여개의 돌파로가 필요했는데, 공병장비를 이용해서 모래를 제거하고 통로를 개설하는 데 시간이 너무 많이 소요되었다. 고민 끝에 고압의 물을 분사하여 모래를 제거함으로서 단시간 내에 통로를 개설할 수 있는 방법을 고안해냈다. 이 과업을 수행하기 위해 80개 부대가 창설되었고, 유사한 모래방벽을 쌓은 후, 주간과 야간에 통로를 개설하는 훈련을 거듭하였다.

이때, 참모총장 샤즐리 중장도 호화스런 군복에 싸여 집무실과 테니스장이나 오가던 과거의 장군들과는 달리 검소한 전투복에 베레모를 쓰고 매일 훈련장에 나와 병사들과 호흡을 같이 하면서 그들의 사명감을 높이고 일체감을 조성하였다. 이러한 결과 이집트군은 몇 년 내에 과거와는 달리 현대전을 수행할 수 있는 군대로 거듭났다. 각 병사들은 자신에게 부여된 임무를 수행할 수 있도록 훈련되었으며, 장교들의 지휘능력도 향상되어 새로운 전쟁을 수행할 수 있는 준비가 완료되었다.

이러한 여러 가지 과업들, 즉 각종 무기 및 장비 도입, 그리고 훈련 등의 전쟁준비 상황은 시리아의 경우도 이집트와 거의 동일하였다.

3. 이스라엘의 대비

아랍 측이 열심히 전쟁 준비를 하고 있을 때, 이스라엘은 무관심한 태도를 보이고 있었다. 1971~1972년의 평화무드를 거치는 동안 이스라엘은 국방예산을 삭감할 만큼 자신의 군사력을 과신하고 있었고, 모든 관심은 국내의 여러 가지 상황과 복지 문제에 쏠려 있었다. 이렇게 변한 가장 큰 이유는 두 차례의 전쟁에서 군사적으로 대승을 거둔 결과 이스라엘 국민들은 아랍군을 멸시하고 자신들의 능력을 과신하는 교만감에 빠져 있었기 때문이었다. 이리하여 1973년, 이스라엘 국민들의 관심을 사로잡고 있던 것은 그동안 증대된 사회계층 간의 이견 및 대립에 관한 것과 연 20%씩 상승하는 인플레이션 문제, 그리고 4월 10일의 제4차 대통령 선거와 10월의 총선거 등이었다. 그러다보니 아랍이 전쟁을 결심했다는 의사를 표명해도 별 반응을 나타내지 않았다.

1973년 3월 26일, 사다트는 카이로의 인민회의에서 자신이 총리직을 겸무하겠다고 언명하면서 "전면 대결의 국면을 피하기 어렵게 됐다. 그래서 우리는 좋든 싫든 관계없이 그 국면으로 들어가고 있다. 어떤 희생을 치르더라도 군사행동을 준비하지 않으면 안 된다…."고 말했다. 이처럼 이집트는 시나이 해방을 위해서 싸울 것이라고 발표했는데 아무도 그것을 믿지 않았다. 왜냐하면 1971년 10월 당시 이집트는 전쟁을 할 수 있는 상태가 아닌데도 불구하고 시나이 탈회를 위한 군사행동 명령을 내렸던 것과 같은 국내용의 정치적 제스처로 판단했기 때문이다. 더구나 1972년 7월부터 소련인 군사고문단이 철수하고 있는 중이어서 그 누구도 사다트의 발표를 그대로 받아들이기 어려웠다.[25]

이러한 상황 속에서 이집트는 5월 전쟁을 준비하고 있었다. 사다트는 5월 1일, 알렉산

---

25) 전게서, 田上四郎, p.206의 내용을 패러프레이즈.

드리아에서 "다가올 전쟁에서는 실지회복만으로는 만족하지 않는다. 23년 동안 계속되어 온 이스라엘의 거만함을 끝장낼 것이다. 우리는 100만 명의 피해를 감수할 용의가 있다"고 연설했다. 그리고 수에즈 운하 서안에 병력을 전개시키고 도하 공격을 실시할 준비를 하기 시작했다.

이러한 이집트군의 움직임을 보고 이스라엘군은 큰 위협을 느꼈다. 제이라 정보부장은 '이집트가 개전을 하려고 하는 여러 징후들이 포착되었다. 그러나 전쟁 발발 가능성은 낮다. 개전 직전까지 가는 벼랑 끝 전술일 뿐'이라고 판단했다. 그러나 엘라자르 참모총장은 정보부장의 판단에 동의하지 않고 긴박 사태에 대처하기 위해 부분 동원을 실시했다. 얼마 후 사다트가 전쟁을 9월 또는 10월로 연기시키자 이스라엘은 동원비용 1,100만 달러를 낭비하는 경제적 손실을 입었고, 국민들은 경솔한 동원이었다고 비판했다. 이 5월의 사건은 10월에 들어서서 전쟁 발발 가능성을 판단하는 데 큰 걸림돌이 되었다.

그렇지만 동원해제 후인 5월 21일, 다얀 국방부 장관은 여름 후반에 전쟁 발발 가능성이 높다고 하며 군 수뇌부에게 전쟁에 대비하라는 지시를 내렸다. 이에 따라 남부 및 북부 사령부는 부분적으로 방어태세를 강화하기 시작했다. 그런데 9월에 발생한 두 개의 사건은 결정적으로 이스라엘이 아랍의 기도를 오판하거나 또 아랍의 위협에 무관심하게 만들어버렸다.[26]

첫 번째로 발생한 사건은 9월 13일의 대규모 공중전이었다. 이 무렵 이스라엘과 시리아 접경지역에서 발생한 포격전이 원인이 되어 9월 13일 발생한 대규모 공중전에서 시리아 공군의 MIG-21 전투기 13기가 격추되고 이스라엘 공군은 1기를 상실하였다. 이 사건을 통해 이스라엘군은 공군의 절대 우위를 확인할 수 있었다. 그러나 이후, 국경 부근에 전투력을 급속히 증강시키고 있는 시리아군의 의도를 이스라엘군의 보복이 두려워 조치한 자위대책일 뿐이라고 스스로 넘겨짚는 실수를 초래해 개전 징후를 판단하는 데 영향을 주었다.

9월 하순 무렵부터 이집트군과 시리아군의 공격징후가 점점 농후해지자 이스라엘군도 심상치 않은 아랍군의 행동을 의심하고 대비책을 서두르기 시작했는데, 9월말 이스라엘 국민들의 모든 시선을 집중시킨 또 하나의 사건이 오스트리아에서 발생했다. 9월 29일,

---

26)　전게서, 김희상, p.471.

팔레스타인 테러리스트 2명이 체코·오스트리아 국경에서 소련으로부터 오는 유대인 이민 열차를 습격해 1명의 오스트리아 관리와 5명의 유대인을 인질로 삼고 협상을 벌였다. 그런데 문제는 오스트리아 총리가 테러리스트의 요구에 굴복해 지금까지 유대인 이민의 중계기지로 활용되던 쇼나우 성(城)을 폐쇄하기로 결정한 것이다. 이 사건은 이민에 의해 생성되었고, 또 앞으로도 계속 이민을 받아들이려고 하는 이스라엘에게는 큰 충격이었다. 그래서 메이어 총리는 모든 국내 문제를 제쳐두고 오스트리아로 날아갔으며, 그 사건에 모든 조야가 빠져들었다. 따라서 국경선 일대에 집결해 있는 아랍군에 대한 관심은 낮아질 수밖에 없었다.

그러나 전선사령관들의 위기보고가 계속되었기 때문에 10월 3일, 각료회의가 열렸다. 이때도 정보부는 '아랍군이 공격할 확률이 낮다'고 판단했고, 엘라자르 참모총장도 정보부의 판단에 동의했다. 지난 5월 위기 때 정보부의 판단이 결과적으로 정확했다는 것이 영향을 미친 것이다. 이리하여 아랍이 와신상담, 복수를 위한 준비를 하고 있는데, 이스라엘은 교만과 방심 속에 그들이 처해 있는 위협을 제대로 판단하지 못하고 있었다.

제6부
10월 중동전쟁(제4차 중동전쟁)

▌▌▌▌▌ 제1장 ▌▌▌▌▌
배경 및 개전 경위

1. 1970년대 중동의 전략구조[1]

가. 전략구조와 특징

1956년 10월의 수에즈 전쟁은 국제정치적인 면에서 볼 때, 중동의 지배권이 영·프에서 미·소로 전환되는 것을 의미했다. 그런데 1967년 6월의 6일 전쟁은 1955년부터 시작된 소련의 중동진출정책을 일시적으로 좌절시켰지만, 그 후 대 중동진출정책을 재정비하는 계기가 되었다.

1968년, 미국은 중동에서 소련이 우위를 점하려고 하는 정세를 감안하여 중동정책을 재검토하기 시작했다. 1968년 9월부터 이집트가 주도한 대 이스라엘 소모전쟁은 1970년에 이르자 수에즈 정면에서 미·소가 대결하는 양상으로 발전할 기미가 보였다. 그러자 미국이 주도하여 1970년 8월, 90일간의 정전을 성립시켰다. 이른바 로저스의 '평화 제안'을 이스라엘과 이집트가 받아들이도록 한 것이다. 그래서 1970년대 중동의 전략구조는 1956년 이후 '미국이 이스라엘을 억지하고, 소련이 아랍을 억지하는' 단순한 구조에서 축

---

1) 田上四郎, 『中東戰爭全史』, (東京 : 原書房, 1981), pp.214~216을 주로 참고.

차 유동적이며 복잡한 구조로 변화하였다. 또 자원민족주의와 석유자원 위기설과의 합체(合體)는 아랍 산유국을 종래의 아랍 국가들로부터 독립된 존재로 규정할 수 없는 정세를 초래하게 만들었다. 이리하여 점령당한 영토회복 및 팔레스타인인(人)의 복권을 핵심으로 하는 중동문제와 석유위기가 결합된 것이 1970년대 전략구조의 특색이었다. 이 중동의 전략구조는 전쟁 발발에 대한 억제력 내지 촉진력으로 작용하는 세 가지의 명확한 국면을 도출할 수 있다.

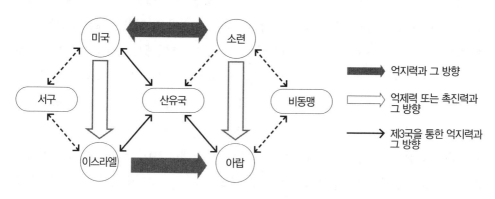

〈그림 6-1〉 1970년대 중동의 전략구조

　제1국면은 '미국이 이스라엘을 억제 또는 촉진시키고, 소련이 아랍을 억제 또는 촉진시키는 국면'이다. 이 경우 아랍은 이스라엘과의 제1차 인접국인 이집트, 시리아, 요르단, 레바논, 이라크, 사우디아라비아를 지칭한다. 제1국면이 전쟁 발발의 억제력이나 촉진력으로 작용하는 모습은 미·소의 상호 핵 억지의 균형을 밑바닥에 깔고, 본질적으로는 독립적이지만 현실에서는 두 개의 요인이 동시에 작용하면서 서로 그 효과를 부정하는 작용을 하고 있다. 즉 미·소 양국은 각각 중동기본정책에 기초를 두고 당시의 상황에 적응하면서 중동전쟁의 발발을 억제하거나 또는 촉진시키는 역할을 하고 있다는 것이다. 여기서 말하는 억제력은 전쟁 발발을 억제하는 방향으로 작용하는 제3국의 정치적, 군사적, 경제적인 제반활동도 포함된다.

　예를 들면 슐레진저 전 국무부 장관이 말한 바와 같이 미국의 중동정책은 인접 국가를 위협할 수 있을 정도로 이스라엘을 강력하게 지원하는 것이 아니다. 또 미네소타 대학교 정치학 교수 해럴드 체이스의 「미 중동정책의 군사적 측면」이라는 논문에서 보여주는 것과 같이 미국은 대 중동정책의 장기목표를 위해 필요한 정도의 군사원조가 포함된 이스라엘 지원정책을 실시하며, 그렇게 함으로써 석유자원의 확보 및 소련의 중동진출을 저지하는 등의 장기목표를 달성할 수 있는 환경을 구축한다는 것이다.

그렇다면 소련의 중동정책은 어떠한 것일까. 이때 소련은 6일 전쟁으로 인해 좌절된 중동진출정책을 재추진하기 위해 대폭적인 군사 및 경제 원조를 실시하여 아랍과의 신뢰를 회복하기 위한 노력을 계속하고 있었다. 그리하여 아랍 유일의 친구이자 동시에 지원자의 지위를 회복하여 아랍세계에서 미국 및 서구의 영향력을 대폭 축소시키려고 했다. 그러나 소련은 '이스라엘 말살'이라는 아랍의 주장을 지지하지 않았고, 정치적 해결의 원칙을 계속 주장했다. 1971년 5월에 체결된 소련·이집트 우호협력조약에서도 정치적 해결의 원칙을 고수하면서, 점차 무력으로 해결하려고 하는 이집트에 공격용 무기를 공여하지 않았는데, 그것이 1972년 7월, 소련 군사고문단 요원들의 귀국을 압박한 원인으로 작용했다.

이처럼 소련의 중동정책도 미국과의 대결을 회피하고, 아랍·이스라엘 간의 전쟁을 방지하는 태도를 취해 자기중심적이라고 비난을 받았다. 그래서 1972년 미·소의 중동정책은 중동전쟁 발발의 억제작용을 했다. 무력으로 해결할 의지는 있었지만 전쟁능력, 특히 공격용 무기가 없었던 것이 1972년 아랍의 실정이었다. 그런데 1973년 4월, 이집트의 요청에 응해 소련은 스커드 미사일을 공여했다. 그 지대지 미사일은 이른바 결전병기로서 그것을 이집트가 보유한다면 개전을 결의한다고 말할 수 있는 병기다. 따라서 그 시점에서 무력해결의 의지와 능력(병기)이 함께 갖추어졌고, 이제 발동조건의 작위와 발동만이 남았을 뿐이었다. 그런데 왜 1972년에는 무기 공여를 거부하고 1973년이 되어서야 공여했을까. 그것은 베트남 전쟁 종결 교섭과의 관련성을 포함해서 앞으로 더 분석해 보아야 할 과제다.

제2국면은 본 항의 주요한 국면으로서 '이스라엘이 아랍을 억지하는 국면'이다. 이 국면은 본래 억지력이 작용하는 국면인데, 다만 그 억지력은 이스라엘이 아랍에 대하여 갖고 있을 뿐이며, 그 '역(逆)의 국면', 즉 아랍이 이스라엘을 억지하는 것은 성립되지 않는다. 6일 전쟁 이후 불패의 이스라엘군은 그 '역의 국면'의 성립을 허락하지 않았다. 또 이집트가 대 이스라엘 억지력을 갖겠다고 소련에 요청했지만 소련은 그것을 거부했다.

1973년 초, 이집트군 참모총장 샤즐리 장군도 아랍군과 이스라엘군의 전력비를 1:2로 판단하여 이스라엘군의 우세를 인정했다. 그러나 1:2라는 정적(靜的)인 전력이 현실적으로 전장에서 전력화되기 위해서는 여러 가지 조건이 필요하다. 이와 더불어 이스라엘의 억지력은 공군 및 기갑부대에 의한 반격력이 핵심이고, 전력을 발휘하기까지 동원 하령 후 48~72시간의 간격(틈)이 있다. 따라서 반격력이 갖는 취약성과 그 전력발휘의 시간적 간격이 억지 파탄의 위험성을 내장하고 있다. 더구나 그 억지력은 미·소의 지원에 의해 그 강도가 좌우되는 특성을 갖고 있다. 아랍의 경우에는 개전시 기습을 성립시킬 수 있는 가능성은 있지만 나중에 전쟁을 어떻게 종결시켜야 하는가에 대한 문제에 직면하게 된다. 이 문제를 해결하기 위해 아랍이 선택한 비장의 카드가 석유전략이었다. 즉 석유전략을 발동하여 미국에 압력을 가하고 이스라엘에게 종전을 강요하는 것이다.

제3의 국면은 '이스라엘과 아랍(특히 이집트)에 미국이 개재(介在)하여 전쟁발발을 억제시키거나 또는 촉진시키는 국면'이다. 미국이 이스라엘에 대한 전투기 공여를 자제시킨 것과 같은 이집트의 외교활동 등이 이 국면에 포함된다. 소련이 개재하여 이스라엘과 이집트에 대한 억제 또는 촉진시키는 국면도 성립되나 미국의 영향력보다 훨씬 약하다. 그래서 제3국면은 제1 및 2국면의 보완적 성격을 갖고 있다.

나. 이스라엘의 억지전략[2]

1) 소모전략 대처에서 억지전략 중시로 전환

이스라엘은 벤 구리온이 제창한 안전보장이론에 기초를 두고 국가안전보장정책을 수행해 왔다. 그 안전보장이론은 이집트 측의 자료에 의하면 ① 안전한 국경과 국경 보존, ② 탁월한 군사력에 의한 침략의 억지와 억지가 실패했을 경우 반격행동, ③ 국익추구를 위해 강대국과의 협력 강화, ④ 아랍의 분단 및 약화 등의 4개 항목이다. 그런데 이스라엘 측 자료에는 ④항이 제외되어 있다.

이갈 아론의 「방위 가능한 국경」이라는 제목의 논문에서도 '이스라엘 국방군의 기본 임무는 전쟁을 억지하고, 그것이 실패했을 경우 유효한 대처 행동'이라고 언급했다. 그렇다면 이 억지전략을 중시하는 경향은 언제부터 나타나기 시작했을까. 그것은 1970년 8월,

---

2) 상게서, pp.217~221을 참고.

이집트와 90일간의 정전협정을 체결하면서부터라고 보인다. 왜냐하면 1968년 9월부터 이집트가 주도한 소모전쟁에 끌려들어가 1970년 8월, 90일간의 정전협정을 체결할 때까지 이스라엘은 막대한 인적·물적 피해를 입어 국가경제가 극도로 피폐해졌기 때문이다. 이러한 현상은 이스라엘이 소극적이고 수동적인 대처 전략에서 탈피해 대 아랍 억지전략을 채택할 필요성을 요구했다. 이후 이스라엘은 억지전략 중시로 전환하여 1971~1972년까지 절대적 우위를 과시하며 국내 경제의 재건에 몰두했다. 이스라엘이 억지전략 중시로 전환한 직접적인 원인은 "억지는 값이 싸다"는 이유에서였다. 그러나 국내적·경제적 요인 때문에 억지전략을 강조한 것이 결국 문제가 되었다.

2) 억지의 구상

억지를 해야 할 주요 위협은 대 아랍 전면전쟁이었다. 1973년 초, 엘라자르 참모총장은 소모전쟁이 재개될 확률은 적다고 판단했다. 억지의 대상은 여전히 주적인 이집트군이었고, 이집트의 개전만 억지하면 다른 아랍 국가들은 단독으로 개전하지 않을 것이라고 판단했다. 그래서 단편적인 자료를 종합해 보면 이스라엘의 억지의 기본 구상은 다음과 같다고 판단된다.

즉 단기적으로는 방위상 위험지역의 방비를 강화해서 군사적으로 유사시 즉응태세를 유지함과 동시에 침략을 격퇴할 수 있도록 국경경비를 끊임없이 지속함으로써, 아랍이 침략할 의도를 단념하게 한다. 장기적으로는 억지가 실패할 경우 대처 행동의 절대적 우월성을 과시하여 아랍의 개전의지를 상실시킨다는 것이다.

3) 억지의 성립 조건

이스라엘군 수뇌부가 생각하고 있는 억지의 성립조건을 자료를 통해 보면 다음의 두 가지였는데, 성립조건이 대단히 독단적이면서 낙관적이었다.

제1의 조건은 이집트군의 수에즈 도하 침공은 이스라엘군의 신속한 반격에 의해 교두보 설치 초기 단계에서 격파될 것이다. 이집트군도 그것을 잘 알고 있기 때문에 개전하는 일은 없을 것이다.

제2의 조건은 이집트군이 제1의 이유 때문에 개전을 하지 않는다면, 시리아도 단독으로 개전하지 못할 것이다.

그러나 10월 전쟁은 이스라엘이 생각한 억지성립조건이 단독적이면서 불충분하다는 것을 증명했다. 상기의 억지성립조건을 통해 짐작할 수 있듯이 이스라엘군이 생각하고 있는 재래식 전력에 의한 억지행동은 침공부대의 첨단 전력을 급습적으로 파괴하는 것에 억지의 주안(主眼)을 두고 있다. 이것을 핵에 의한 억지이론과 비교해보면 전쟁 수행의 근원을 파괴하는 사상과 대상적(對象的)이다. 따라서 이스라엘의 억지력이라고 하는 것은 단적으로 초동격파능력이고, 억지력의 골간은 공군과 기갑부대다. 그런데 그 억지력이 실제적으로 작동하기 위해서는 '경보-저지-동원-반격'의 각 기능이 유기적으로 작용해야 한다. 위기에 처했을 때 실제로 기능을 하는 대처능력이 곧 억지력이 된다. 억지력이 작동하는 시간적 관계는 다음 그림과 같다.

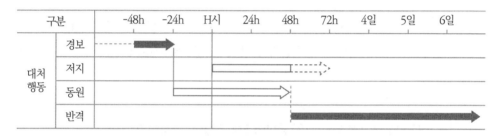

〈그림 6-2〉 억지력이 작동하는 시간적 관계

이스라엘 정보부는 개전 24시간 전에 경보를 발령할 수 있다고 판단했고, 작전부서도 정보부의 판단을 기초로 동원하령의 기준을 설정했다. 저지행동은 정전라인에 배치된 부대와 공군에 의한 저지공격을 기대하였다. 동원전력은 하령 후 48~72시간이면 제1선에서 전력발휘가 가능했고, 그 병력은 동시전면 동원일 경우 전군이 37만 5,000명에 달했다. 반격능력은 시나이 정면의 경우 H+24~48시간에 저지 1개 여단, 기동타격 2~3개 여단에 의해 반격이 가능하며, 골란 정면은 동원전력에 의해 H+48시간이면 반격이 가능하다고 보았다. 뿐만 아니라 이스라엘 측은 전쟁 기간을 7일로 산정하여 작전계획을 수립하였다.

결국 이스라엘의 억지력은 공군 및 기갑부대에 의한 반격력이었다. 그 반격력을 행사하는 것은 동원을 전제로 하며, 동원하령은 그것에 선행하는 경보발령에 따라 실시한다. 따라서 그 억지력 행사의 기점이 되는 경보발령은 무엇을 근거로 하며, 그 근거를 과연 억지력 행사의 근거로 삼을 수 있느냐 없느냐가 중요한 문제였다.

다. 아랍의 대 억지전략

1975년 10월, 카이로 대학에서 개최된 아랍 측의 "10월 전쟁 심포지엄"에서 이집트의 가마시 국방부 장관이 발표한 자료에 의하면 10월 전쟁에서의 이집트 전략은 다음과 같다.

1) 총합 전략 수립

10월 전쟁은 '6일 전쟁'의 패배를 감안하여 군사 및 정치 양면의 총합전략을 수립하는데 역점을 두었다. 이와 관련하여 그 근거가 된 '6일 전쟁'의 교훈 또는 패인은 다음과 같은 것이었다.

① 정치적 목표와 군사적 능력 간의 균형이 맞지 않았고 조정이 이루어지지도 않았다.
② 갑작스런 전쟁 결의에 의해 군은 준비할 여유가 없었다.
③ 군은 달성해야 할 군사전략목표를 알지 못하고 전개하였다.
④ 국제여론은 반(反) 이집트적이었다.
⑤ 개전 시에는 정부와 군이 분단되어 있었다.

이상과 같은 교훈이 10월 전쟁의 총합전략에 반영되었는데, 총합전략의 목표는 다음의 3개 항목으로 요약할 수 있다.

① 정치적 노력에 의해 군사행동개시에 유리한 환경을 조성한다.
② 선제기습을 추구한 개전결의 : 개전 24시간 내에 절대적 우위를 확립한다.
③ 개전 후에는 군사행동을 지원하고 성과를 활용하는 정책을 전개한다.

2) 정치 전략

「사다트 자서전」에 의하면 그가 대통령으로서 집무를 시작한 것은 1970년 10월 16일이었다. 그 시점에서 이집트는 대단히 곤란한 상황에 처해 있었다. 즉 6일 전쟁에 의한 군사적 패배의 상처가 아물지 않은데다가 경제는 붕괴 직전이었다. 무엇보다도 답답한 것은 정치적 고립이었으며 외교 관계도 소련에 의존하고 있을 뿐이었다. 그러나 개전의 해인 1973년의 정세는 일변했는데, 이는 개전 전에 사다트 대통령이 혼신의 노력을 경주한 국제정치 및 외교의 성과였다.

1973년 5월, 사다트는 아프리카 통일기구 수뇌회의에 출석해 이스라엘 비난결의안을 채택시켰다. 또 팔레스타인 간부 3명이 이스라엘인에 의해 살해된 사건이 발생하자 UN 안보리 개최를 요구해 비난 결의안을 14:1로 가결시켰다. 1973년 9월의 비동맹국가 수뇌회의에서 사다트 대통령은 "전쟁은 불가피하다. 왜냐하면 이스라엘이 그것을 바라고 있기 때문이다…. 이스라엘은 아랍이 무조건 항복하기 전까지 절대로 만족하지 않기 때문에 비동맹 국가들은 전쟁 준비를 결코 게을리 해서는 안 된다."고 호소해 대부분의 국가들로부터 지지를 받았다. 이렇듯 1973년 1월부터 9월에 걸쳐 유리한 국제적 환경을 조성하기 위한 노력이 결실을 거두어 개전 3개월 전에 100개국 이상으로부터 개전에 대한 지지를 얻어냈다.

문제가 되는 대미관계에 관해서는 "이집트가 패자이고 이스라엘이 승자의 자리에 있는 한, 유감스럽지만 미국은 이집트를 돕기 위해 할 수 있는 것이 아무 것도 없다"고 말한 키신저의 의도를 깊이 이해했다. 대 소련 관계는 1972년 7월의 소련인 추방조치 후에도 밀접한 관계를 지속하여 1973년 4월에는 스커드 미사일을 공여 받았다. 바야흐로 전쟁의 기회는 무르익어갔다. 1973년은 중동의 전략구조에 변화가 없었고, 100개국 이상이 전쟁의 불가피함을 지지하고 있는 가운데, 미·소 양국의 대 중동정책은 오히려 전쟁을 촉진시키고 있었다. 이제 이스라엘이 국제환경의 변화가 억지력에 미치는 영향을 어떻게 평가했는지가 문제였다.

3) 군사 전략

이렇게 유리한 국제적 환경이 조성되고 있는 상황 하에서 이집트가 수립한 군사전략의
골자는 다음과 같았다. 사다트 대통령은 어디까지나 선제 기습에 의해 개전 24시간 내에
절대 우위를 확립하도록 군 수뇌부에 명령해 이를 작전계획의 기초로 삼도록 했다.

① 선수(先手)를 쳐서 무력행사를 결행한다.
② 어떠한 희생을 지불하더라도 반드시 국경(현재 대치하고 있는 선)을 돌파해야 한다.
③ 적의 정보기관을 기만하고, 기습 달성을 위해 모든 노력을 경주한다.
④ 적의 강점을 약화시키고 약점을 이용한다.
⑦ 적의 제1격을 방해하고, 아랍이 제1격을 개시한다.
⑭ 공군과 SAM에 의해 이스라엘 공군을 마비시킨다.
⑮ 도하시 엄호포격으로 반격하는 적 기갑부대를 마비시킨다.
⑯ 증원부대를 저지하고 그들의 연락을 방해한다.

상기의 군사전략에 기초를 두고 "기선을 잡는 자가 전쟁을 주도한다"는 사다트 대통령
의 신념에 따라 아랍은 선제 기습을 개전의 절대적 조건으로 삼았다. 그래서 아랍은 이스
라엘의 억지전략 사각(동원하령 H시+48~72시간까지 전력 발휘의 맹점)이라는 급소를 찔렀고, 그
억지력의 시간적 사각에서 기습성립의 조건을 찾아냈다. 따라서 기습달성의 방책은 아군
의 개전 기도를 오인시켜 '경보발령 → 동원하령'의 타이밍을 빗나가게 하고, 그 억지력
의 시간적 사각은 그대로 작동하도록 하는 데 주안을 두었다. 이와 동시에 이스라엘이 개
전기도를 감지하더라도 시간적, 심리적, 정치적으로 기습을 회피할 수 있는 방책(공군에 의
한 선제공격)을 채택할 수 없도록 국내외 정세를 인위적으로 만드는 것이 필요했다. 이를 위
해 국제적으로는 100개국 이상의 지지를 얻어냈는데, 이는 이스라엘이 선제공격은 '침략'
이라는 오명을 뒤집어쓰도록 만들 수 있는 충분한 배경세력이었다. 군사적으로는 SAM에
의해 이스라엘 공군의 선제공격을 무력화시키는 방책을 만들어 냈다. 요약한다면 '우리는
기습을 한다. 그럼에도 불구하고 상대방에게는 기습회피책을 실행할 수 없게 만든다'는
것이 아랍의 대 억지전략의 골자였다.

2. 이집트군의 작전계획 수립과정[3]

1972년 11월, 이집트군 참모본부는 정부의 전쟁 결의에 근거를 두고 작전계획을 수립하기 시작했다. 계획수립 시 지침은 다음과 같았다.

① 이스라엘이 신봉하는 안전보장이론을 분석하고, 그 강점과 약점을 정확히 파악한다.
② 정확한 정보를 입수하고, 과대 또는 과소평가하지 말고 그 능력을 평가한다.
③ 이스라엘군의 작전지휘의 특성, 특히 행동방침과 대응행동에 관해서 사고(思考)의 일반적 경향과 심리적 특성을 파악한다.

가. 적(이스라엘) 상황 판단 및 분석

1) 이스라엘의 안전보장정책 분석

이집트군 참모본부가 작전계획 수립 과정에서 중시했던 점은 이스라엘군의 강점을 회피하고 약점을 포착하여 이용하는 것이었다. 이 때문에 먼저 이스라엘의 안전보장정책이 어떤 것인가를 분석 및 검토했고, 그 결과 안전보장정책을 다음의 5개항이라고 결론지었다.

① 안전한 국경지대 확보 : 천연 및 인공장애물에 의한 강고한 방어선을 확립하여 지역 종심의 안전을 도모하며, 비상시에는 국경 밖으로 공세를 취해 국경선을 확보한다. 샤름 엘 세이크는 절대적으로 확보한다(아키바 만의 요충 샤름 엘 세이크는 이스라엘 선박의 안전항행을 확보하기 위한 필수불가결의 요충이다).
② 전쟁억지능력 유지 : 아랍의 개전을 억지할 수 있는 능력을 유지한다. 특히 질과 양에서 탁월한 공군전력과 안전한 국경지대를 확보한다.
③ 동시 2개 정면의 작전 회피 : 이스라엘군은 내선 작전을 실시하며, 단일 정면에 전력

---

3) 상게서, pp.221~227을 주로 참고.

을 집중시켜 각개 격파를 기도하고 있다.

④ 단기전에 의한 전쟁의 조기종결 : 아랍의 군사행동 준비를 파쇄하기 위해 선제공격 또는 예방전쟁을 발동할 공산이 크다.

⑤ 강대국의 상시 전면적 지원 확보 : 이스라엘은 미국의 지지 하에 아랍의 대립과 분열을 촉진시키고, 자신은 강대국의 지원을 확보하는 방책을 취한다.

2) 이스라엘의 시나이 방위구상 판단

이집트군이 정보활동을 통해 판단한 이스라엘군의 시나이 반도 방위구상은 다음과 같다.

① 수에즈 운하의 최대 활용 : 운하 동안지대에 강력한 방어진지를 구축할 수 없다 하더라도 하천 장애물을 이용하여 이집트군의 공격을 저지, 지연, 격퇴시키고, 도하 시에는 절반 정도 건넜을 때 기회를 노려 분단 격파한다.

② 종심지대 기갑예비대의 신속한 기동 : 이집트군이 운하 동안지대에 교두보를 확보하는 것을 거부하기 위해 운하 동안지대의 방어거점을 고수한다. 그 사이 시나이 반도

〈그림 6-3〉 이스라엘군의 시나이 방위 구상(이집트군 판단)

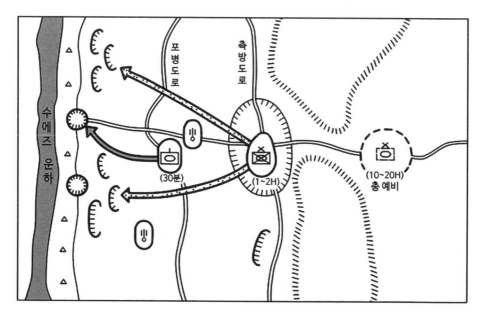

종심지대에 위치하고 있는 기갑예비대를 신속히 기동시켜 운하지역에 투입한다.

③ 도하공격부대에 대하여 공지 통합에 의한 조직적 반격 : 이집트군이 도하한 후 30분 이내에 국지적 반격을 실시하여 이집트군을 격퇴하고 방어거점을 탈환한다. 국지반 격은 개전 초일에 발동할 수 있도록 계획한다.

④ 운하 동안지역에 종심 깊은 방어진지 구축 : 이집트군의 도하부대가 계속 운하 동안 으로 진공하는 것을 저지 및 지연시키기 위해 수개 선의 방어진지를 구축한다.

⑤ 운하 동안지역의 기동로 정비 : 각 방면에서 신속히 전력을 집중할 수 있도록 기동로 를 정비하여 대규모 반격작전을 가능하게 한다.

⑥ 육·해·공 통합부대가 샤름 엘 세이크를 방어한다.

3) 이스라엘군의 시나이 방위 전력 판단

이집트군 참모본부는 작전계획을 수립하기 위해 시나이 반도의 이스라엘군 전력을 평 시와 동원시로 구분하여 다음과 같이 판단하였다.

① 평시 : 4개 기갑여단을 포함한 8개 여단, 10개 포병대대(175밀리 포병 3개 대대 포함) 및 1개 독립정찰대대가 배치된 것으로 판단했다.

② 개전시 동원하령에 의해 시나이 정면에 투입될 전력을 다음과 같이 판단하였다.

- 지상군 : 20개 여단(10개 기갑여단, 8개 기계화여단, 2개 공정여단), 8개 나할 대대, 40개 포 병대대, 주요 장비는 전차 1,300~1,500대, 야포 및 박격포 500문, 각종 대전차화 기 400문
- 공군 : 작전기 400기, 각종 지원기(정찰기, 수송기, 헬기) 150기
- 방공 : 호크 10개 사격대, 각종 대공포 50개 대대
- 해군 : 작전용 함정 27척, 상륙용 함정 18척

나. 이스라엘 공군의 선제공격 회피 방책

이집트군 참모본부는 6일 전쟁의 전철을 밟지 않기 위해 이스라엘 공군에 의한 선제공

격을 어떻게 회피할 것인가에 대해 고심을 했다. 그 결과 다음과 같은 전략적 기습 및 기만을 통해 해결하려고 했다.

1) 전략적 기습

1972년 7월의 소련인 추방조치는 이스라엘로 하여금 '이집트의 전쟁 수행 능력이 저하되어 당면한 전쟁의 발발 가능성이 낮아졌다'는 판단을 내리게 만들었다. 이집트군은 소련 군사고문단의 지도 없이는 최신무기를 제대로 사용할 수 없을 것이라고 오판했기 때문이었다. 하지만 추방 이후 얼마 되지 않아 소련 군사고문단 수백 명은 다시 돌아왔다.

이스라엘의 정찰, 정보, 모략 활동은 서구, 특히 미 CIA의 협조를 받아 활발하게 활동을 해왔는데, 이집트는 동원 및 각종 훈련을 수없이 반복하여 이스라엘 정보부의 판단을 오도하려고 했다. 결국 이스라엘 정보부는 반복되는 이집트의 동원 및 훈련에 이골이 났고, 또 남발되는 위협의 발언으로 인해 경각심이 날로 무뎌졌다. 그럼에도 불구하고 각종 대규모 훈련 및 연습 등은 은폐시킬 수가 없어 그대로 노출되었다. 개전을 위한 징후는 감출 수가 없었던 것이다. 그래서 '개전 기도'를 감추는 데 노력을 집중하였다. 즉 '개전 징후'는 어쩔 수 없이 노출되지만 '개전 기도'만은 어떤 수를 써서라도 감추려고 한 것이다. 그런데 '개전 기도'를 비닉하는 데 가장 크게 기여한 것은 아이러니하게도 이스라엘군에 만연되어 있는 '과잉된 자신감'이었고, 그것이 전략적 기습을 달성하게 만든 근본 요인이었다.

이집트는 자신들의 목표와 능력에 대한 이스라엘의 냉소적인 태도를 십분 활용했다. 서구 언론인들에게 아랍권의 불화와 이집트군의 부실한 임전태세에 관한 정보를 그대로 활용할 수 있도록 허락해 주었다. 이리하여 불패의 영광으로 인해 부풀어 오른 이스라엘군의 교만은 다음과 같은 요인 및 판단으로 인해 더욱 부풀어 올랐다.

① 양국 간의 문명과 산업기술의 격차.
② 이집트군은 수에즈 운하 도하능력 및 바레브 라인을 돌파할 수 없다는 판단.
③ 현 국제정세 하에서는 이집트 정부가 개전을 결의할 수 없으며, 그 능력도 없다고 판단.
④ 아랍의 연합화는 전설이며, 대규모의 대 이스라엘 연합작전은 실행할 수 없다고 판단.

이상과 같은 잘못된 판단의 내재는 아랍이 기습을 달성하는 데 결정적으로 중요한 의미를 갖는다.

2) 전략적 기만

전략적 기만은 기습 달성을 위한 결정적 요소 중 하나였다. 아랍은 전략적 기만을 군사적 수준이 아닌 정치적 수준에서 총합했으며, 작전계획 수립과 동시에 착수하였다.

전쟁을 개시하기 위해서는 대규모 동원이 필수적이다. 그러나 대규모적인 행동 자체를 완전히 은폐할 수는 없다. 그보다는 차라리 상대방으로 하여금 기만하려고 하는 자의 진의를 잘못 판단하게 하는 것이 보다 용이할 수가 있다. 그래서 아랍은 이스라엘의 판단을 오도(誤導)하게 하려고 노력했다.

이집트는 우선 이스라엘의 경계심을 무디게 하려고 동원훈련을 수없이 반복했다. 대규모 동원은 1971년과 1972년에 각각 1회, 1973년에는 4~5월과 9~10월에 실시하였다. 소규모 동원은 1973년에 들어서만 20여회나 실시했으며, 수에즈 운하지대에 병력을 전개시키는 훈련은 무려 41회나 실시했다. 시리아 역시 매년 여름이면 골란고원에 병력을 전개시키는 훈련을 연례행사처럼 실시하였다.[4] 그 결과 반복되는 훈련 관측에 이골이 난 이스라엘군은 타성에 젖어 경계심이 점차 무뎌져 갔다.

1973년 9월 말, 이집트는 10월 8일에 해제될 것임을 전제로 연례기동훈련인 '타히르(Tahir : 해방)-73' 훈련을 위해 모든 계층의 예비역을 동원했다. 그러나 오랫동안 타성에 젖어왔기 때문에 그 누구도 이집트가 전쟁을 준비하고 있다는 의혹을 품지 않았다. 더구나 9월 28일, 나세르 추도식에서 사다트 대통령이 "이집트가 직면한 최우선 과제는 영토해방이지만 그것은 대화로서 충분하기 때문에 반드시 전쟁만을 추구하지 않는다"고 말함으로서 일부 이스라엘인들이 품고 있던 전쟁의 의혹마저 해소시켰다.[5] 또 이스라엘 정보당국도 이슬람교도들이 낮 동안은 격렬한 활동을 삼가는 라마단 기간에 '타히르-73' 훈련을 실시하고 있다는 사실을 심각하게 받아들이지 않았다.

---

4) Chaim Herzog, 『The War of Atonement: The Inside Story of the Yom Kippur War, 1973』, (Boston: Weidenfeld and Nicholson, 1975), p.38.

5) 상게서, p.44.

시리아는 9월 13일 발생한 대규모 공중전 사태를 최대한 활용하여 골란고원에 대규모 병력을 전개시켰다. 9월 13일, 시리아군 전투기들은 시리아 항구 라타키아에 입항한 소련 화물선을 공중촬영하려는 이스라엘 정찰기를 요격하기 위해 긴급 발진했다. 뒤이어 이스라엘군의 엄호 전투기와 벌어진 공중전에서 시리아군 전투기 13기가 격추되었다. 이 사태는 시리아에게 이스라엘의 추가 도발에 대응하기 위해 골란고원에 대규모 병력을 전개시킨다는 유용한 구실을 제공했다.[6]

아랍 측은 이런 방법으로 제1선에 병력을 전개시킨 후, 매스컴을 통해 기만활동을 더욱 심화시켰다. 예를 들면 10월 4일, 다마스쿠스 라디오는 아사드 대통령이 10월 10일부터 시리아 동부지방 순시에 나선다는 내용을 방송했다. 또 이집트는 미국 및 UN 관리들과 다양한 평화안을 둘러싸고 대화를 계속했다. 한편, 이집트와 시리아의 신문들은 사다트와 아사드 사이에 정치적 균열이 심화되고 있다고 보도했다.

이집트군은 전략적 기만과 병행하여 전술적 기만도 실시했다. 즉 '타히르-73' 훈련을 명목으로 제1선 지역에 병력투입훈련을 실시했는데, 모든 부대는 주간에 이동하여 수에즈 운하 연변에 배치되었다가 밤에 철수하였다. 그러나 철수 시에는 각 여단에서 1개 대대만이 마치 전 여단이 철수하는 것처럼 소음을 내며 요란하게 철수하였다. 잔류한 병력은 절대로 운하의 둑 위에 모습을 드러내지 않은 채 운하 일대의 활동은 평상시처럼 유지하였다. 이와 같은 방법으로 이집트군은 개전 직전까지 8개 사단 10여만 명의 병력과 수많은 전차 및 화포를 공격대기지점에 집결시킬 수가 있었다.

이러한 기만작전에도 불구하고 이스라엘은 아랍의 여러 가지 개전 징후를 관측해 '위기의 존재'를 인식했다. 그리하여 9월 하순경부터 경계태세를 강화하는 등, 아랍의 개전에 대비하기 시작했다. 바로 이런 중대한 시기에 이스라엘 지도부의 주의를 분산시키는 사건이 발생했다. 팔레스타인 게릴라가 오스트리아에서 유대인 이민열차를 습격한 것이다. 이 때문에 이스라엘 내각은 아랍의 공격이 임박한 중대한 시점에서 그 사건을 해결하는 데 상당한 주의를 기울여야 했다. 또 그 사건은 이후 이스라엘이 보복을 할 것이라는 그럴듯한 논리를 펼 수 있게 함으로써 이집트와 시리아의 동원령에 대한 또 다른 구실을 제공하기도 했다. 그런데 이 사건이 이스라엘의 관심을 다른 곳으로 돌리게 하여 개전기도를 은

---

6) 사이먼 던스틴/박근형, 『욤 키푸르 1973(1)』, (서울 : 플래닛 미디어, 2007), p.65.

폐시키기 위한 아랍 측의 기만작전이었는지 아닌지 명확하지는 않다. 만약 기만작전이었다면 그 효과는 아주 훌륭한 것이었다.[7]

기만작전의 효과는 아랍의 뛰어난 군사보안과 기밀유지 행동에 의해 더욱 빛났다. 이스라엘은 거의 개전 직전까지 아랍의 의도를 파악하지 못했고, 공격개시시간은 끝까지 알지 못했다. 사다트는 리비아의 카다피는 물론이고, 심지어는 후세인 요르단 국왕에게도 사전에 공격개시 일자를 알려주지 않았다. 또 일선 부대의 중·대령급 장교의 대부분은 10월 6일 개전 당일, 개전 불과 몇 시간 전에 개전을 통보받았다. 심지어 이집트군 제16보병사단의 강습보트소대는 불과 수분 전에 정말 전쟁임을 알았을 정도였다.

다. D일 H시 결정

1) 개전시기 결정

개전시기 결정은 그 필요성과 가능성을 고려하여 검토했는데, 10월을 개전시기로 결정한 이유는 다음과 같다.

① 10월은 유대교 최대의 명절인 '속죄일(Yom Kippur)'이 있는 달이며, 10월 28일은 이스라엘 국회의원 총선거일이기 때문에 주의를 분산시킬 수 있다. 또 10월은 아랍 측의 라마단(Ramadan)의 달이어서 아랍군의 사기를 높임과 동시에 라마단의 달이기 때문에 군사행동은 없을 것이라고 예상할 이스라엘 측의 판단을 역이용할 수 있다.

② 10월은 야음이 12시간 동안 지속됨으로 이스라엘군의 관측 및 시계가 제한되는 야음을 이용해 도하하기에 적당하다.

③ 기후는 이집트 지역이나 시리아 지역 모두 아랍 측에 유리하다. 시리아는 골란고원에 폭우가 자주 쏟아지는 11월과 헤르몬산(山)에 눈이 쌓이는 12월은 피하려고 했다.

④ 10월 이전에는 아랍 측 부대의 준비가 미완(未完)이다. 소련이 공여하는 최신무기는

---

7) 상계서, p.50에 '시리아 페다인 게릴라의 일원인 사이카는 아사드의 동의를 간신히 얻어 기만작전에서 큰 몫을 해낸다. 9월 28일, 사이카 무장요원 2명이 오스트리아에서 열차를 납치해 유대인 몇 명을 인질로 삼은 것이다…'라는 내용을 보면 시리아가 직간접적으로 개입한 것으로 판단된다.

하계에 훈련하도록 계획되어 있었다.

2) 개전일(D일) 결정

개전일(D일)은 9월 12일, 카이로에서 이집트의 사다트 대통령과 이스마일 국방부 장관, 시리아의 아사드 대통령과 틀라스 국방부 장관이 참석한 비밀회담에서 10월 6일로 잠정 결정되었다. 그 후 10월 2일 밤, 국가안전보장회의에서 최종적으로 확정했다. 그날로 결정한 이유는 다음과 같다.

① 10월 6일은 이스라엘 사회의 활동이 전면적으로 정지되는 '속죄일(Yom Kippur)'이고, 게다가 그날은 주말(토요일)이어서 기습달성에 유리하다

② 10월 6일은 라마단의 열 번째 날이고, 더구나 만월이어서 일몰부터 5~6시간 동안 월광을 이용할 수 있다. 그 시간이면 야간에 월광을 이용하여 문교와 부교를 조립 및 설치하는 데 충분하고, 그 이후 10월 7일 00:00시부터는 어둠의 은폐 하에 후속사단 및 기갑부대의 도하가 가능하다.

③ 수에즈 운하의 조위(潮位: 기준점에서 계측한 해수의 높이)와 조류의 차이가 부교 설치에 적합하다.

3) 개전시간(H시) 결정

개전시간을 결정하는 데는 다소 미묘한 문제점이 있었다. 이집트는 수에즈 운하 도하 시, 초기 작전단계에서는 교두보 구축을 용이하게 할 달빛이 필요했고, 그 다음에는 운하 동안으로 병력과 차량을 이동시켜야 하기 때문에 어둠이 필요했다. 이와는 달리 시리아는 주간에 골란고원의 이스라엘군 방어진지를 돌파해야만 차후 작전에 유리했다. 이와 연관하여 이집트는 H시가 늦은 오후로 결정되기를 희망했고, 시리아는 이른 아침을 원했는데, 양쪽 모두 초기에 태양을 등지고 유리하게 싸울 수 있기를 바랐기 때문이었다. 그러나 기습을 위해서는 양쪽 동시 공격이 불가피했으므로 H시 결정은 지연될 수밖에 없었다. 이 문제는 수차례 회담에서도 명확한 결론을 내리지 못하다가 결국 이집트 국방부 장관 이스

마일 장군이 10월 3일, 다마스쿠스를 방문하여 협의했다. 이때 시리아군 참모총장 샤크르 장군은 일출시간을 고집했으나 아사드 대통령이 이스마일 장군의 타협안을 받아들여 양쪽 다 공평하게 14:00시로 결정했다. H시를 결정하는 데 고려한 사항은 다음과 같다.

① 시리아군은 개전 첫날 일몰 전에 골란고원에 구축된 이스라엘군의 대전차호를 극복하고 주 방어선을 돌파할 수 있어야 한다.

② 가장 곤란한 문제는 이집트군이 주간에 수에즈 운하 도하 시, 모래 제방을 '어떻게 올라가서 바레브 라인을 점령하느냐' 였다.

③ 개전 초일에 공군이 2회에 걸친 집중공격을 실시하여 이스라엘 공군이 다음 날 아침까지 항공전력을 집중할 수 없도록 한다. 제1차 항공공격(H-15~H+15분)과 제2차 항공공격(일몰 전)은 도하부대가 이스라엘 공군의 방해를 받지 않고 도하하기 위해서 대단히 중요했다.

④ 아랍이 태양을 등지고 공격할 수 있어야 한다.

⑤ 부교를 가설할 수 있는 충분한 시간을 확보할 수 있어야 한다(운하지역으로 도하 기재를 운반한 후, 월광을 이용하여 조립 및 부교를 설치하고, 월몰 후 어둠을 이용하여 주력이 도하할 수 있어야 한다).

⑥ 운하의 수위관계를 고려할 때 14:00시가 도하에 유리하다.

이상과 같은 사항을 고려할 때 H시=14:00시는 이집트와 시리아 측 요구의 조화점이었다. 수에즈 운하 도하작전 시 타이밍(timing) 만큼 중요한 것은 없었다. 수에즈 운하 조수간만의 차(差)는 운하 북부가 60㎝, 남부 수에즈시(市)는 2m에 가까웠다. 장기간 검토해 본 결과 조수간만의 차는 도하계획 수립에 큰 영향을 미쳤다. 최고 수위 2시간 전에 문교 및 부교설치부대는 행동을 개시하지 않으면 안 되었다. 더구나 부교를 설치하는 데에는 6시간이나 소요되기 때문에 최고 수위 8시간 전에 행동할 필요가 있었다. 조사 결과, 최고 수위 시각은 22:00시, 01:00시, 04:00시 3회였다. 따라서 도하개시 행동에 적합한 시간은 14:00시, 17:00시, 20:00시였다. 조류 또한 고려 대상이었다. 조류는 6시간마다 북에서 남으로, 또 남에서 북으로 변화했다. 유속은 운하 북부에서는 분당 18m, 남부에서는 분당 90m에 달했다. 도하계획 및 H시는 이러한 사항을 고려하여 수립되고 결정되었다.

라. 도하계획 수립 시 수반된 문제점과 해결 방법

① 운하의 화염화 계획 대처 문제

이스라엘군은 이집트군이 도하 시, 운하 수면 위를 네이팜(napalm)에 의해 화염화(火焰化)시키려고 준비하였다. 이를 무력화시키기 위해 이집트군은 사전 특공대를 투입하여 네이팜 탱크의 파이프를 시멘트로 막아버리고 저장탱크를 파괴시키도록 계획 및 준비하였다. 아울러 화염화 계획이 없는 지역을 도하지역으로 선정하였다.

② 운하 동안의 모래방벽을 절개하여 통로를 개설하는 문제

총 85개소를 절개하여 통로를 개척해야만 했다. 1개소를 절개하는 데 1,500㎥의 모래를 퍼내야 했다. 따라서 합계 127,500㎥의 모래를 3~5시간 내에 퍼내야 되는데, 공병의 토목장비로는 며칠이 걸릴 것으로 판단됐다. 이 문제는 고압펌프를 이용, 호스로 물을 분사해서 토사를 쓸어내는 방법으로 해결했다.[8]

③ 도하부대의 제1파를 적의 사격으로부터 어떻게 방호할 것인가?

우선 공격준비사격에 의해 이스라엘군의 기관총 진지, 전차 및 포병부대를 제압한다. 최초 1분간 1만발 이상의 포탄을 퍼붓고, 그 후 1시간 가까이 사격을 계속한다. 또한 운하 서안의 제방 둑 곳곳에 바레브 라인을 감제할 수 있는 높은 누벽(壘壁)을 설치하고, 그곳에 전차가 올라가서 이스라엘군의 기관총 진지를 사격으로 파괴하여 도하부대를 엄호한다.

---

8) 1973년 10월 당시, 바레브 라인을 형성하던 모래방벽은 대량의 모래 및 자갈로 이루어져 있었다. 재래식 폭약으로는 흠집조차 내기 힘든 이 방벽에 어떤 식으로든 통로를 개척하려면 공병의 토목장비로 며칠 동안 작업해야 했다. 일부 해외관측통은 오직 전술 핵무기만이 방벽을 허물 수 있다고 보았지만 이집트군 공병대의 생각은 달랐다. 그들은 아스완 하이댐(Aswan High Dam) 건설 과정에서 고압호스로 물을 분사해 많은 양의 토사를 쓸어낼 수 있다는 것을 발견한 바 있었다. 그래서 발전기로 작동하는 고압펌프를 '카이로 소방국'을 통해 영국과 서독에서 대량 구매하였다. 1969년 9월에 실시한 최초 기술시험에서 그 같은 방법으로 1시간 만에 500㎥의 토사를 제거했다. 일단 기술적 완성단계에 이르자 약 3~4시간이면 통로 하나를 뚫을 수 있는 것으로 판명되었다. 이것이 10월 6일, 거대한 모래방벽을 허물고 이집트군이 쏟아져 들어갈 통로를 만들 해법이었다. 상게서, p.78.

④ 도하작전 초기 이스라엘군 기갑부대와 어떻게 싸울 것인가?

- 도하부대 제1파에 새거 대전차 미사일 및 휴대용 대전차로켓발사기를 증가·휴대시킨다. 미사일 및 로켓탄을 최대한 많이 휴대하고, 전투식량은 최소한 휴대한다.[9]
- 운하 서안 제방 둑 위 높은 누벽에 구축한 전차사격진지에서 즉각 지원사격을 할 수 있도록 준비한다.
- 공격준비사격이 개시되자마자 대전차 특공조가 여러 지점에서 도하해 운하 동안의 모래방벽을 넘은 후, 비어 있는 이스라엘군 전차 엄체호를 장악함으로써 이스라엘군 전차들이 준비된 사격진지에 자리를 잡을 수 없게 한다.

이상과 같이 광범위하고도 치밀한 검토를 거쳐 작전계획을 완성했다. 작전은 "바드르(Badr)"[10]라는 암호명을 붙였고, 작전준비 완료시간은 10월 5일 06:00시였다. 제1단계 도하작전계획의 시간표는 다음과 같다.

〈표 6-1〉 제1단계 도하작전계획 시간표

순서	과업/행동	시간
1	항공 저지 작전	H-15'~H+15'
2	포병 공격 준비 사격	H-15'~H+15'
3	제1파(고무보트를 이용한 보병) 도하	H~H+6
4	보병여단의 제1선 대대 도하	H+12'~H+60'
5	보병여단의 전방추진본부 도하	H+60'~H+70'
6	보병여단의 제2선 대대 도하	H+60'~H+110'
7	운하 동안의 모래 방벽 절개 및 통로 개척	H+60'~H+6h
8	보병사단 전방추진 지휘소 도하	H+90'~H+100'
9	보병용 도보교 가설	~H+2h까지
10	기계화 여단 도하(특공작전 병행)	H+2h~H+4h
11	교두보 확보	~H+4h까지
12	도하 세트 공중투하 준비 및 투하	H+2h~H+6h
13	부교(PMP) 설치	~H+7h까지
14	전차대대/보병사단 도하	H+9h까지
15	중문교(TPP) 설치	H+9h까지
16	전차 여단 도하	H+11h까지
17	교두보 확대	H+18h까지(10.7.08:00)

---

9) 바레브 라인의 모래방벽은 경사가 심해 개인화기 및 장비만 휴대한 병사조차 쉽게 오를 수가 없었기 때문에 대전차 미사일이나 휴대용 대공미사일 같은 장비들은 특수 제작된 손수레로 운반해야 했다. 이탈리아의 베스파와 람브레타사(社)에서 수입한 스쿠터 바퀴를 이용해 만든 2,240개의 손수레는 이스라엘 공군 및 기갑부대에 대항하는 데 필요한 새거 대전차 미사일과 스트렐라 견착식 대공미사일을 효율적으로 운반하였다. 사전 실험을 통해 손수레가 비교적 쉽게 모래방벽 위로 견인할 수 있다는 것을 확인했다. 상게서, p.78.

10) 624년, 예언자 무함마드는 무슬림으로 구성된 군대를 이끌고 메카의 쿠라이시족을 공격하기 위해 진격하다가 메디나 남쪽 125㎞ 지점의 '바드르(Badr)'에서 쿠라이시족 우마이야 가문과 전투를 벌여 대승을 거두었다. 바드르 전투는 무슬림이 독자적인 세력을 구성한 후, 메카에 대항하여 싸운 첫 전투이며, 이슬람의 역사에서도 첫 번째 승리를 거둔 전쟁으로 의미가 크다.

3. 억지파탄(개전의 경위)[11]

'전쟁억지'라는 관점에서 적국의 개전 경위를 관찰해 보면, 평화적 해결을 단념하고 무력에 의한 해결을 결정한 '전쟁결의'는 억지의 잠재적 파탄을 의미하고, '개전결의'는 억지의 결정적 파탄을 의미한다. 이 '개전결의'가 바로 억지의 분기점이 된다. 그래서 '개전결의'에 근거한 '개전'은 표면적 파탄을 의미한다고 말한다.

가. 현 보유장비에 의한 한정전쟁 결의(1972. 10. 26.)

'결단의 해(年)'였던 1971년은 중동문제를 '평화적으로 해결할 것이냐, 전쟁을 할 것이냐'의 결단을 내려야 하는 해였지만, 공교롭게도 12월 8일, 인도·파키스탄 전쟁이 발발하여 소련의 원조를 얻지 못하게 됨에 따라 결단의 해는 무위로 끝났다. 더구나 다음 해인 1972년 5월에 열린 미·소 정상회담에서는 중동문제를 현 상태로 고착화시키는 데 합의했다. 결국 1972년 7월, 이집트는 소련 군사고문단을 추방시키는 조치를 취했고, 현 상황을 타개하기 위해 결단을 내렸다. 그런데 중동문제를 무력으로 해결하기 위한 전쟁을 어떻게 할 것인가에 대한 기본적인 문제에 대하여 사다트 대통령과 군 수뇌부의 의견은 서로 달랐다. 사디크 최고사령관은 전면전쟁을 주장하며 이스라엘 공군과 대등하게 싸울 수 있는 공군력을 보유할 때까지 전쟁을 연기하고, 때가 되면 공격을 개시해 실지(失地)를 일거에 탈환해야 한다고 말했다. 이에 대해 사다트 대통령은 한정전쟁을 주장하며 수에즈 운하 동안의 땅을 한 치라도 확보할 수 있다면 국제정치 및 외교의 장(場)에서 이집트가 우위에 설 수 있다고 판단하고 있었다.

1972년 10월 24일, 사다트 대통령 관저에서 최고군사평의회를 소집해 밤늦게까지 열띤 논의를 거듭하였다. 이 자리에서 사다트는 한정전쟁을 강하게 주장했다. 그 결과 10월 26일, 사다트는 전면전쟁을 주장하는 사디크 최고사령관을 해임하고, 샤즐리 장군을 참모총장, 이스마일 장군을 국방부 장관 겸 최고사령관으로 임명하였다. 이리하여 한정전쟁을 결의하였고, 인적 자원 구성도 정비되어 전쟁 준비가 가속적으로 진전되기 시작했다.

---

11) 전게서, 田上四郎, pp.228~238을 주로 참고.

이때 이집트가 전쟁결의를 하게 된 국내적 요인으로서는 6일 전쟁 이후, 총동원태세 유지에 따른 국내경제의 피폐, 그날 먹을 빵을 얻기도 힘들 정도로 어려움을 겪는 국민들의 생활, 사다트 정권의 불안정 등이었다. 특히 1972년 1월 25일, 카이로에서 발생한 반정부 폭동은 사다트로 하여금 무력에 의한 중동문제 해결로 내모는 큰 요인이 되었다. 국제적 요인으로서는 미·소 정상회담에서 중동의 현상 고착화가 결정되었기 때문에 미·소에 의한 해결은 기대하기 어렵게 되었고, "No Peace No War"의 현상은 시간이 경과됨에 따라 점점 아랍에게 불리해지기 때문에 이번 기회를 놓치면 전쟁을 할 수 없다고 판단했다. 이 때문에 사다트는 소련인을 추방하고 미국 쪽으로 다가갔다. 즉 1972년 7월, 소련 군사고문단을 추방시키면서 다른 한편에서는 1967년 이래 단절되었던 경제원조를 다시 받기 시작했는데, 그 금액은 1억 460만 달러에 달했다.

1973년 미국의 대 중동정책을 살펴보면 '6일 전쟁에서 아랍이 패배한 상태로는 이스라엘에게 UN안보리결의 242호를 이행시키는 것이 불가능하다'는 인식이 있었다. 그것이 사다트가 전쟁을 결의한 주원인이었다. 이를 분석해 보면 미국은 중동평화의 동기를 조성하기 위해 아랍 우위의 전쟁을 요망했다는 추론이 성립된다.

이 당시 이스라엘의 상황은 어떠했을까? 1972년에 이스라엘은 두 개의 큰 실책을 저질렀다. 전쟁 위협에 대한 잘못된 판단과 그것에 기초한 국방비 삭감이었다. 1972년 7월, 이집트가 소련 군사고문단을 추방시키는 것을 보고 이스라엘 당국은 이집트의 전력이 저하될 것이기 때문에 전쟁을 일으킬 수 있는 가능성이 더 낮아졌다고 판단했다. 이와 더불어 소련이 시리아에 SAM, 탱크 등의 무기를 공여하는 것을 보고, 이는 실질적인 전력증강이 아니라 단지 보급 및 보충을 하는 것이라고 판단했다. 이러한 판단에 근거하여 국경의 병력을 감축하고 국방예산을 삭감했다. 그리고 국내 경제부흥을 위해 힘을 쏟았다. 이때 채택한 전략이 억지전략이다. '억지는 비용이 싸다'는 것이 채택된 이유였다. 그런데 1972년 10월, 이집트가 한정전쟁을 결의할 즈음, 이스라엘의 억지력은 아무런 작용도 하지 않았다. 더구나 이집트는 이스라엘의 억지력을 단지 협박일 뿐이라고 받아들였는데, 바로 이 사실이 중요하다. 왜냐하면 억지는 본질적으로 억지를 당하는 쪽에서 어떻게 받아들이느냐에 따라 그 성패가 결정되기 때문이다. 결국 이스라엘이 국경의 병력을 감축하고 국방예산을 삭감하는 등, 안보중심정책에서 경제중심정책으로 전환한 것이 아랍 측에게 단기 한정전쟁의 가능성을 부여한 것이다.

나. 5월 전쟁의 연기(1973. 5. 17.)

5월의 위기는 아랍이 드디어 개전을 결의하려고 하는 상황을 이스라엘이 사전에 알아차리고 즉시 동원을 하령하는 등의 억지행동을 취했기 때문에 아랍이 개전결의를 연기했다고 판단되는, 이른바 억지성공의 범례라고 볼 수 있다.

1972년 11월부터 이집트는 작전계획을 수립하기 시작했고, 1973년 1월 아랍군사회의에서 대 이스라엘 작전과 정치행동을 조율했다. 2월에는 사다트 대통령이 군 수뇌부에게 개전시기의 검토를 명했고, 아울러 개전 24시간 내에 절대 우위를 확보할 것을 요구했다. 개전 시기는 5월, 9월, 10월의 3개 안이 보고되었다. 2월 중에 이스마일 국방부 장관이 시리아를 방문해 연합작전을 실시하기로 결정했고, 이어서 모스크바를 방문해 무기지원을 요청했다. 또 3월에는 하페즈 이스마일 특사가 워싱턴을 방문해 이스라엘에 대한 무기지원을 자제하도록 요청했지만 성과를 거두지 못했다. 그러자 사다트 대통령은 5월 전쟁을 결의하고 빠른 시간 내에 작전계획을 완성하라고 독촉했다.

사다트 대통령은 1973년 1월에 이미 도하작전계획을 포함한 여러 가지 작전계획을 수립하라고 샤즐리 참모총장에게 지시를 내린 바 있었다. 3월에 소련 군사고문단이 카이로에 도착했고, 4월에는 소련이 공여한 스커드 미사일이 도착했다. 서방 측 전문가들은 '스커드 미사일은 공격용 무기로서 개전의 결정적 수단이 되기 때문에 이집트가 그 미사일을 입수하면 자동적으로 아랍은 개전할 것이다'라고 판단하고 있었다. 이 예측을 증명이라도 하듯이 사다트 대통령은 5월 1일, 알렉산드리아에서 다음과 같이 연설했다.

"다가올 전쟁은 실지 회복만으로는 만족하지 않는다. 23년 만에 이스라엘의 거만함은 끝날 것이다. 우리는 100만 명의 피해를 감수할 용의가 있다."

이제 전쟁은 발동을 기다릴 뿐이었다. 한편, 이스라엘 측에서는 1972년 12월에 새로 취임한 제이라 정보부장이 1973년 4월 16일, 정보판단을 실시하여 '이집트가 5월에 개전할 명확한 징후를 입수했다'는 내용을 보고했다. 당시 이스라엘이 입수한 징후는 이집트의 민방위 요원 동원, 헌혈자 모집, 등화관제 선언, 교량방호 조치, 수에즈 운하 서안에 전차 진입로 설치, 운하 제방을 절개하여 통로 개설 등이었다. 그렇지만 제이라 정보부장은 그 후, '전쟁의 가능성은 낮다'는 판단을 내렸다. 그 이유는 이스라엘 공군이 시리아 내륙을 폭격했는데도 별 반응이 없었으며, 이번에도 사다트 대통령은 개전의 벼랑 끝까지 몰고 간 다음에 철수할 것이라고 보았기 때문이다. 아랍의 전쟁 개시에 대한 허세는 나세르 때부터 유명한 것이어서 사다트가 전쟁을 부르짖는 것도 국내 과시용이며 허풍이라고 본 것이다. 그러나 엘라자르 참모총장은 수에즈 전선 상황이 긴박하기 때문에 정보부장의 판단에 동의하지 않고 긴박한 사태에 대처하기 위해 부분 동원을 하령했다. 이렇게 하여 동원된 부대는 5월 15일, 예루살렘에 집결했고, 건국기념일 퍼레이드까지 실시한 다음 골란 전선과 시나이 전선에 투입하였다.

이러한 이스라엘군의 조치를 이집트군 수뇌부는 '이집트군이 도하를 한다면 전멸시키겠다'는 경고로 받아들였다. 그래서 5월 17일, 사다트 대통령은 전쟁을 5월에서 9~10월로 연기하는 것으로 결정했다.[12] 표면적으로는 5월 22일부터 미·소 정상회담이 개최되기 때문이라는 정치적 이유 때문이었다.

5월의 위기는 이스라엘 국민과 군 수뇌부에게 두 가지 문제를 제기했다. 이스라엘은 그 부분 동원에 의해 1,100만 달러의 경제적 손실을 입었다. 더구나 동원은 허사로 끝났다. 국민들은 신중하지 못한 동원하령을 비난했다. 제이라 정보부장의 판단에 동의하지 않고 동원을 하령한 엘라자르 참모총장의 입장은 복잡하고 곤혹스러웠다. 그것이 동원하령을 더욱 신중하게 하는 방향으로 작용했다. 또 하나의 문제는 제이라 정보부장이 '개전 가능성이 낮다'고 한 판단이 결과적으로 맞았다는 것이다. 따라서 5월의 위기는 제이라 정보부장의 판단에 대한 신뢰를 높이는 계기가 되었다. 반면 그 높은 신뢰가 10월에는 엉뚱한 결과(억지실패)를 가져오게 만들었다.

다. 10월 전쟁의 개전결의

국가가 주동적(主動的)으로 개전을 결의하는 경우 기습을 추구하는 것이 일반적이지만, 개전의 결의가 기습의 성부(成否)에 의존하는 정도는 전력의 차이, 교전기간, 상대방의 기습 대응 속도 등에 따라 다르다. 10월 전쟁의 경우, 사다트의 자서전에서 술회하고 있는

---

12) Chaim Herzog, 『The War of Atonement: The Inside Story of the Yom Kippur War, 1973』, (Boston: Weidenfeld and Nicholson, 1975), p.29에 의하면 '사다트 대통령 자신이 5월 전쟁을 실제로 발동하려고 계획하였다'고 하면서, Anwar el Sadat, 『サダト自伝』, (東京 : 朝日新聞社, 1978), p.283에는 '5월 전쟁은 10월 전쟁의 기만행동이었다'고 말하는데, 이를 종합해 분석해 보면 5월 전쟁은 이스라엘이 동원을 실시하여 방어태세를 강화하자 기습을 달성할 수 없다고 판단해서 연기한 것으로 추론할 수 있다.

것 같이 개전 24시간 내에 절대 우위를 확보하는 것이 개전결의의 필수불가결한 조건이었다. 전력의 차이와 개전 초기 수에즈 운하 도하작전이란 난제가 가로놓여있었기 때문이다.

아랍의 개전결의의 관건은 첫째, 기습의 성부에 있었다. 기습의 성공요인은 이스라엘이 개전 직후 24시간 동안 전력발휘를 할 수 없도록 만드는 것이고, 그 관건은 동원하령의 타이밍을 늦추어버리는 데 있었다.

10월 2일 밤, 사다트 대통령은 국가안전보장회의에서 D일을 10월 6일로 최종확정했다. 10월 2일에 D일을 확정지은 것은 결코 우연이 아니었다. 만약 이스라엘이 10월 2일에 아랍의 기습침공을 알아차려 동원을 하령한다 해도 시나이 정면에 10~11개 여단을 투입하여 반격을 하려면 5~7일이 걸릴 것으로 예상되었기 때문에 수에즈 기습도하가 성산(成算)이 있다고 분석하고 10월 2일에 개전을 최종 결의한 것이다. 사다트의 자서전에 의하면 10월 2일 밤 회의에서 사다트 대통령이 "이스라엘은 우리의 움직임을 눈치 채고 있는가?"라고 질문했을 때, "고넨 장군(이스라엘군 남부사령관)이 전선을 시찰했지만 배비를 변경하지 않았다"는 답변을 들었다. 또 참모총장 샤즐리 장군은 "우리는 선수를 잡았다. 오늘 밤(10월 2일 밤) 이스라엘이 우리의 기도를 알아차린다 해도 공격개시 때까지 동원을 완료할 수 없다"고 말했다.

다음 날인 10월 3일, 이스마일 국방부 장관이 시리아를 방문하여 타협한 결과 H시는 14:00시로 결정되었다. 이날 16:00시, 사다트 대통령은 "이스라엘이 지금 즉시 동원을 한다 해도 이미 늦었다"고 말하며 기습이 성립될 것이라고 확신했다. 그 발언의 이면에는 만약 이스라엘이 10월 3일 이후, 아랍의 개전 의도를 알아차린다 해도 공군에 의한 선제공격을 할 수 없도록 한 노력이 숨어있었다. 즉 이스라엘 공군이 이번에도 선제공격을 한다면 국제사회에서 완전히 침략자로 낙인찍힐 수 있도록 아랍에게 유리한 국제환경을 조성했고, 만약 선제공격을 하더라도 SAM에 의해 저지 및 방호할 수 있는 능력을 갖추었기 때문이다.

10월 3일, 이집트는 9월에 동원한 병력 일부를 해제하여 10월까지 직장에 복귀시킨다는 기만적인 조치를 취하면서, 4일에는 소련인 가족들을 귀국시켰고, 5일에는 소련에게 개전결의를 통보했다. 군내에서의 작전보안도 철저하게 유지하여 일선 지휘관들이 공격명령을 하달 받은 것은 사단장이 개전 당일(6일) 08:00시, 시리아 측은 대대장이 07:00시였다. 일선 소대장은 이집트·시리아군 모두 개전 1시간 전에 명령을 하달 받았다.

한편, 아랍이 개전을 결의하는 동안 이스라엘 측은 어떻게 상황을 판단했으며, 어떻게 대응했을까?

9월 24일, 북부사령관 호피 장군은 이스라엘군 참모본부회의에서 '시리아군이 골란 정면에 3개 사단, 전차 670대, 야포 100개 포대를 전개시켰다'고 보고했다. 엘라자르 참모총장은 호피 장군의 우려에 공감했지만 정보부장 제이라 소장은 북부 전선 사태에 동요하지 않았다. 그는 '시리아는 오직 이집트와 연합했을 때만 이스라엘을 공격할 수 있다. 이집트는 6일 전쟁 시 큰 피해를 입은 공군전력을 회복하지 못하면 이스라엘을 공격하지 못할 것이다. 전력을 회복하려면 최소한 5년은 소요될 것이고, 따라서 1973년에는 전쟁이 일어나지 않는다'고 판단하고 있었다. 다얀 국방부 장관도 제이라의 낙관론에 동의했다. 그러나 골란 정면의 상황이 점점 긴박해지자 9월 26일, 다얀 국방부 장관과 엘라자르 참모총장은 북부 전선을 시찰하고 제7기갑여단의 제77전차대대 증파, 경계태세 강화, 지뢰 매설, 동원본부 가동상태 유지, 장병들의 휴가 중지 등의 조치를 취했다.

9월 26일, 수에즈 정면에서도 이집트군이 포병을 전방으로 추진하고, 새로운 SAM 진지 점령, 운하지대의 지뢰지대 개척(70개소), 운하에 부설된 기뢰폭파, 부교설치 지역의 공병 작업, 방벽을 절개하여 통로를 개설하고 기타 지역의 통로는 폐쇄하는 등의 모습이 포착되었다. 그러나 한편에서는 이집트군 병사들이 철모를 벗은 채 낚시를 하거나 운하 기슭을 산책하고, 민간인들은 늘 하던 대로 생업에 종사하고 있었다. 이처럼 앞뒤가 맞지 않는 이집트군의 행동은 이스라엘군의 판단을 혼란스럽게 만들었다. 그러나 여러 가지 징후를 보고 받은 남부사령관 고넨 장군은 9월 30일, 운하를 연해 제252기갑사단의 일부를 경계 배치 시키는 등, 1급 경계태세 발령, 동원 조직의 점검, 장병들의 휴가를 중지시키는 등의 조치를 취했다.

10월 2일은 아랍이 개전을 확정지은 날이었다. 이날, 고넨 남부사령관은 긴장이 고조되고 있는 수에즈 운하 전선을 시찰한 후 예방적 조치를 실행할 수 있도록 허가를 요청하였다. 그러나 경계병력의 증가, 쇼바크 요님(Shovach Yonim) 계획[13] 실행 준비, 역도하작전을 위한 조립식 부교 준비만 허가되고 다른 것은 승인되지 않았다. 이때 이스라엘 정부와 군

---

13) 이집트군이 도하 공격을 해 올 경우, 제252기갑사단의 일부 부대로 공세를 저지하고, 주력은 의명 역도 하를 실시하여 반격하는 계획으로서 샤론 장군이 남부사령관으로 재직하던 1970년 8월에 작성되었다.

수뇌부의 관심은 온통 오스트리아에서 발생한 유대인 이민열차 습격사건과 그 대책에 집중되어 있었다.

10월 3일, 오스트리아에서 급거 귀국한 메이어 총리 주관 하에 각료회의가 개최되었다. 아론 부총리, 다얀 국방부 장관, 가릴리 국무부 장관, 엘라자르 참모총장, 사레브 정보부 주무관(제이라 정보부장은 병으로 인해 결석)이 참석했다. 회의는 아랍 지도자들의 개전 의도에 대해 집중적으로 논의하였고 2시간 동안 진행되었다.

메이어 총리가 "아랍은 현 태세 하에서 공격을 개시할 수 있는가?" 하고 물었다. 사레브 정보부 주무관은 "가능하다"고 말한 후, "그러나 정보부의 판단으로는 아랍이 개전할 확률은 낮다"고 답했다. 동석한 엘라자르 참모총장도 정보부 판단에 동의했다. 지난 5월 위기 때 정보부의 판단이 결과적으로 정확했다는 것이 큰 영향을 미쳤다. 각료회의에서 내린 결론도 "아랍이 국경을 연해 병력을 집중시킨 것이 절박한 개전을 의미하지 않는다."였다.

그런데 10월 4일 저녁부터 이집트와 시리아가 소련인 가족들을 귀국시키고 있다는 보고가 들어오고, 이어서 종래의 정보부 판단을 부정하는 정보가 점차 들어오기 시작하자 제이라 정보부장은 의심이 들기 시작했다. 그래서 10월 5일 아침, 엘라자르 참모총장은 최고 수준의 경계태세인 'C'를 발령했고, 동원센터는 근무태세에 들어갔다. 이어서 군 수뇌부의 긴급회의가 열렸다. 이 자리에서 제이라 정보부장은 '소련은 아랍의 개전을 알고서 이스라엘의 반격이 두려워 가족들을 귀국시키는 것으로 판단된다. 그러나 정보부의 느낌으로서는 아랍의 공격 가능성은 최저 중의 최저'라고 보고했다.

10월 5일, 골란 정면의 시리아군은 점점 증강되어 전차 900대, 야포 140개 포대에 달했다. 북부사령부는 시리아군이 공격준비단계에 있다는 결론을 내리고 제7기갑여단의 모든 부대를 골란 정면에 증원시켰다. 그리고 이날 저녁, 긴급 각료회의가 소집되었다. 참석자는 메이어 총리, 다얀 국방부 장관, 펠레스 교통부 장관, 가릴리 국무부 장관, 엘라자르 참모총장, 바레브 참모총장 특별보좌, 제이라 정보부장이었다. 이들은 국경 부근에 전개한 아랍군을 찍은 항공사진을 보면서 다음과 같은 의견을 주고받았다.

> *엘라자르(참모총장):* 이러한 전개는 공격도 할 수 있고, 방어도 할 수 있다고 생각된다.
> *제이라(정보부장):* 그러나 개전의 공산은 낮다(3번이나 반복).
> *각료들:* 최고 경계태세인 'C'를 유지하는 것이 좋겠다.

바레브(참모총장 특별보좌): *우리 전차의 전개 사항은?*
엘라자르(참모총장): *북부 전선은 200대, 남부 전선은 300대.*[14]
가릴리(국무부 장관): *펠레스 장관, 당신은 어떻게 생각하나?*
펠레스(교통부 장관): *마치 개전할 것처럼 보인다.*

  10월 5일 밤, 베드윈(중동사막 유목민)으로 변장한 수십 개의 이집트군 정찰대가 수에즈 운하 동안으로 침투했다. 그들은 '이스라엘군은 곤히 자고 있다'고 보고했다. 그들 중 1개조가 통신장비를 휴대한 채 이스라엘군에게 생포되었다. 그런데 이스라엘군은 그들을 제대로 처리하지 못했다.[15]

라. 개전 필지(必至)의 상황 하에서 이스라엘의 대응

  10월 6일 새벽, 이스라엘은 간신히 아랍의 개전 의도를 파악하였다. 04:00시, 제이라 정보부장은 신뢰할 만한 모사드 첩보부대장으로부터 전화를 받았다. 금일 저녁 해질녘에 2개 정면에서 개전은 필지(必至)라는 첩보였다. 짧게 통화한 그는 즉시 다얀 국방부 장관, 엘라자르 참모총장, 탈 참모차장에게 잇달아 전화를 걸었다.

  04:30분, 다얀, 엘라자르, 탈이 참모본부에 모였다. 일몰 경에 공격이 있을 것이라는 첩보 보고는 '18:00시에 공격이 개시될 것이다'라고 평가했다. 평가된 그 시간이 이후 대응 조치에 큰 영향을 미쳤다. 그 자리에서 엘라자르 참모총장은 펠레드 공군사령관에게 "선제공격을 실시한다면 언제 개시할 수 있느냐?"고 물었고, 펠레드는 "지금 즉시 명령을 내리면 11:00시에는 가능하다"고 대답했다. 05:00시, 엘라자르, 탈, 펠레드가 함께 대책을 협의했고, 05:30분에 다음과 같은 지시를 하달했다. '① 전선 및 내륙에 대한 동원병력 전개요령, ② 민방위 활동 개시 및 골란고원 정착촌의 소개를 위한 사전조치, ③ 시리아 공군 기지 및 SAM 기지에 대한 선제 항공공격 준비'의 세 가지였다. 그러면 개전 필지의 상황 하에서 10월 6일 이른 아침부터 이스라엘 정부 및 군 수뇌부가 주고받은 대화를 살펴보겠다. 이스라엘의 대응 상황을 실감할 수 있을 것이다.

---

14) 동원하령 전, 실질 가동 전차 수는 북부 186대, 남부 100대뿐이었다.
15) 전게서, 사이먼 던스턴, p.68.

05:50분, 국방부 장관실에서 참모총장의 진언.

> **엘라자르(참모총장)** : *전면 동원과 공군에 의한 대 시리아 선제공격을 요청합니다.*

> **다얀(국방부 장관)** : *선제공격은 부동의(대화는 동원문제로 옮겨간다). 최초 동원에서 북부는 1개 여단이면 충분하다(최종적으로 남·북부 각각 1개 사단의 동원에 동의했다).*

> **엘라자르(참모총장):** *신속한 공격을 위해서는 전투부대의 전면동원이 필요하다.*

> **다얀(국방부 장관):** *완전한 방어를 하기 위해서다. 전면동원하는 것은 반대한다.*

> **엘라자르(참모총장):** *반격의 발동 시기는 방어의 중요한 기능이며, 방어와 반격을 구분하는 것은 곤란하다.*

> **다얀(국방부 장관):** *총리에게 결재를 받으러 들어가려고 한다. 나는 5만 명을 동원하도록 총리에게 말씀드릴 것이다.*

> **엘라자르(참모총장):** *필히 전면동원을 발동해야 합니다.*[16]

> **다얀(국방부 장관):** *전면동원과 선제공격 발동에 관해서 총리의 재가를 요청해보겠다.*

07:15분, 참모본부회의(남·북부사령관도 참석)

> **엘라자르(참모총장):** *전반적인 작전지침은 아랍의 일격을 기다렸다가 반격하는 것이다. ① 초기단계는 저지작전이다. 전 부대는 가급적 빨리 반격할 태세를 갖춘다. 48시간 이내에 반격 태세를 취할 수 있도록 이동하라. ② 방어 및 공격에 관한 계획의 요점을 반복해서 설명.*

> **고넨(남부사령관):** *(남부사령부 지휘소에 전화를 하여) 이집트군에게 의심받거나 사태를 악화시키지 않도록 당분간 부대를 이동시키지 않는다. 개전은 금일 저녁 18:00시로 판단되는데, 17:00시까지 '쇼바크 요님(Shovach Yonim) 작전계획'에 기반을 두고 방어태세로 이행하라.*

08:00시, 긴급각료회의.

> **엘라자르(참모총장):** *선제공격과 전면동원을 꼭 하령해 주십시오.*

> **다얀(국방부 장관):** *(메이어 총리에게) 만약 당신이 참모총장의 건의를 승인한다 해도, 내 의지*

---

16) 전면동원은 37만 5,000명.

는 꺾이지 않을 것이며, 사임도 하지 않겠습니다. 선제공격과 전면동원이 쓸데없는 일임을 알게 될 것입니다.

메이어(총리): 동원은 10만 명으로 한정하고, 선제공격은 실시하지 않겠습니다.[17]

샤피라(법무부 장관): (다얀에게) 오늘 저녁 18:00시 이전에 적이 공격을 개시한다면 어떻게 할 것입니까?

다얀(국방부 장관): 그 문제가 이 회의에서 따져볼 중요한 문제입니다.

바레브(참모총장 특별보좌): H시가 18:00시라는 것은 의미가 없습니다. 그것은 뭔가 잘못된 것 같습니다.

다얀(국방부 장관): 아닙니다. 절대적으로 18:00시일 겁니다.

이때 레오라 준장이 문을 열고 들어와 "지금 막 전쟁이 시작되었습니다."라고 말했다.

4. 양군의 전력

가. 육군

1973년 10월 당시, 이스라엘의 상비군은 약 7만 5,000명이었으며, 이 중 1/3이 정규군으로 육군과 공군에 각각 1만 1,500명, 해군에 약 2,000명이 배치되어 있었다. 나머지 5만 명은 병역 의무를 수행하기 위해 훈련 중이었고, 유동적인 숫자의 예비군이 소집상태에 있었다.

육군은 꼭 완편 상태는 아니더라도 15개 이상의 여단이 작전태세를 유지했다. 동원체계 발동 시에 이스라엘군은 35만 명까지 증원되며, 30개가 넘는 여단 중 상당수를 사단급 임무부대(우그다)에 편조하여 배치할 수 있었다. 평시에는 1개 우그다가 시나이에 주둔했고, 또 다른 우그다는 골란고원을 담당했다. 그 밖의 우그다들은 훈련부대 역할을 하거나 기간요원만으로 유지되었으며, 예비역 장교들이 지휘하기도 했다. 시나이에 배치된 우그다(제252기갑사단)는 완편 시 3개 기갑여단이 주축이었다. 우그다에 배속되는 포병의 규모는

---

17) 이 시점에서 메이어 총리는 '이스라엘이 어디까지나 침략의 희생자일 경우에만 미국의 외교적, 물리적 지원이 보장된다'는 미국 대사의 경고에 따라 시리아에 대한 일체의 선제공격을 거부했다.

작전형태에 따라 결정되었다. 전투 서열의 엄격함을 지키는 것보다는 유연성을 발휘할 수 있도록 편조하는 것이 이스라엘군 우그다의 특징이었다.

이스라엘 육군은 대부분 국외에서 조달한 다양한 장비들을 자체적으로 개량하여 배치하고 있었다. 전차의 약 절반 정도는 영국제 센츄리온이었다. 신형 전차는 미국에서 도입한 M60 전차 150대 뿐이었고, 그밖에 화력강화용 M48 전차(105밀리포 장비) 400대, 제2차 세계대전시 미군의 주력전차였던 M4 셔먼전차를 개량한 슈퍼 셔먼전차 250대, 6일 전쟁 시 노획한 T-54/55 전차 250대를 개조하여 사용하였다. 아랍에 비해 전차대수가 약 2.4 : 1로 열세였지만 원거리 사격능력이 뛰어난 전차병들의 질적 우세가 수적 열세를 보완하였다. 따라서 이스라엘군의 대전차전투 주역은 전차였다. 그 결과 보병의 대전차전투에 관해서는 회의적이어서 그들의 대전차화기는 기본적인 대전차로켓발사기와 소량의 프랑스제 SS-11 대전차 미사일뿐이었다. 보병부대는 대부분이 기계화됨에 따라 병력수송용 장갑차도 크게 증가했는데, 주로 제2차 세계대전 시 사용하던 미국제 반궤도 장갑차량과 현대적인 M-113 장갑차를 혼용하였다.

소모전쟁 기간 중 포병의 중요성을 인식한 이스라엘군은 포병의 증강에 관심을 기울였다. 그 결과 155밀리 자주곡사포(미국제 M-109 또는 셔먼전차 차체를 활용한 자국산 솔탐)가 포병전력의 중추를 담당했고, 여기에 8인치 자주곡사포, 175밀리 자주평사포 등이 증강되었다. 또 자국에서 개발한 120밀리 박격포 및 160밀리 박격포 등이 화력을 보강하였다. 화포 문수에서는 아랍에 비해 크게 뒤지지만 대부분이 자주포 형태였기 때문에 운용 면에서 유리하였다.

이스라엘군은 자국의 방공을 주로 공군에 의존하고 있었다. 그래서 대공미사일은 호크 및 나이키 70여기에 불과했고, 대공화기도 아랍에 비해 크게 열세했다.

1973년 10월 당시, 이집트군의 병력은 약 120만 명에 달했다. 그러나 그것은 전투력이 없는 예비역 및 민방위병들을 포함한 것으로서 실질적인 전투 병력으로 볼 수 없었다. 실제로 다가오는 공세에 참가하는 병력은 30여만 명에 불과했다.

공세에 참가하는 육군부대는 5개 보병사단, 3개 기계화사단, 2개 기갑사단이 주축이었고, 그밖에 1개 상륙전여단과 3개 공정여단, 그리고 다수의 독립여단과 26개의 특공대대가 있었다. 이들 부대 중 보병사단은 대전차 전투능력을 강화하기 위해 SU-100 자주대전차포 1개 대대와 RPG-7 대전차로켓발사기 314문 및 새거 대전차 미사일 48기를 보유한

1개 대전차대대가 편성되어 있었다.

〈표 6-2〉 아랍·이스라엘 육군전력(1973. 10)[18]

구분		이스라엘	아랍(계)	이집트	시리아	참전 이라크	참전 요르단	기타
부대	병력(명)	31만	50.5만	31.5만	14만	2만	0.5만	2.5만
	기갑사단	7	5	2	2	1		
	기계화/보병사단		11	8	3			
	독립여단	18	47	20	21		1	5
전차/대전차	전차(대)	2,000	4,841	2,200	1,820	300	?	
	장갑차(대)	4,000	4,320	2,400	1,300	300	?	
	대전차 미사일(기)	280	1,200	850	350			
	대전차로켓(문)	650	5,300(+)	2,500	2,800	?	?	?
포병	야포(문)	570	2,055	1,210	655	54	36	100
	중박격포(문)	375	650(+)	350	300	?	?	?
	다연장로켓(문)		90	70	20			
방공	SAM(기)	75	1,280	880	360	20		20
	대공화기(문)	1,000	3,650(+)	2,750	1,900	?		?

시리아 육군은 약 14만 명으로서 3개 보병사단과 2개 기갑사단, 그리고 2개 특공여단을 포함한 다수의 독립여단(기갑, 기계화, 보병, 공정)을 보유하고 있었다.

주요 장비 면에서 이집트군은 신형 T-62 전차 100대와 T-54/55 전차 1,650대를 비롯하여 약 2,200대의 전차를 보유하고 있었고, 시리아군은 T-54/55 전차 900대를 포함하여 약 1,800대의 전차를 보유했다. 장갑차는 주로 소련제 BTR-40/50/60으로서 이집트가 2,400대, 시리아가 1,300대를 보유하고 있었다.

대전차 화기는 아랍이 압도적으로 우세했다. 아랍은 이스라엘 기갑부대에 대응할 수 있는 대규모의 대전차보병부대를 편성하고 대량의 대전차화기로 무장시켰다. 특히 RPG-7 대전차로켓발사기와 새거 대전차 미사일을 복합 운용하여 사각지대를 없애고 원거리 교전능력 및 명중률을 대폭 향상시켰다.

아랍은 원래 포병을 중시하여 다양한 구경의 화포를 다량 보유하였다. 그러나 소수의 자

---

18) T. N. Dupuy, 『Combat Data Subscription Service』, Vol. Ⅱ. No.2. p.3.

주포를 제외하고는 대부분이 견인포였다. SU-85/100 자주대전차포, 122밀리, 152밀리, 203밀리 곡사포, 120밀리, 160밀리, 240밀리 중박격포, 140밀리, 240밀리 방사포 등을 이집트는 1,600문 이상, 시리아는 900문 이상 보유했다.

아랍군이 이스라엘군에 비해 특히 우수했던 분야는 방공체제였다. 이집트군만 해도 130여개의 SA-2/3 포대와 40개의 SA-6 포대가 배치되어 있었다. 1967년도에는 고고도 대공미사일인 SA-2가 중심이었고, 그 후 저고도 대공미사일인 SA-3가 도입되었지만 전개 및 발사까지 장시간이 소요되었고, 이스라엘군의 ECM으로 인해 별 효과를 보지 못했다. 그러나 1973년의 방공체제는 SA-6와 ZSU-23-4 자주대공포를 연결시켜 복합적으로 운용했다.

SA-6는 고도 50~18,000m, 거리 30㎞까지의 범위를 커버하는데, 3개 종류의 추적장치를 보유하고 있었다. 당시 이스라엘군은 이에 대응할 수 있는 전자전 장비를 갖추고 있지 못했다. SA-6의 각 포대는 3발의 미사일이 장착된 4대의 발사차량으로 구성되어 있었고, 여기에 ZSU-23-4(실카)는 경전차 차체 위에 23밀리 4연장 기관포 포탑을 장착한 자주대공포로서 발사속도는 분당 최대 4,000발이었고, 대공 유효사거리는 3,000m였다. 그래서 SA-6의 사각지대인 5㎞ 이하의 저고도를 방어했다. 이 새로운 대공방어체제는 차량에 탑재되어 있어 기동성이 양호했으므로 신속한 이동 및 진지 변환이 가능하고 단시간 내에 발사할 수 있어 지상군에게 효율적인 대공방어를 제공할 수 있었다.

나. 해군

이스라엘 해군은 5척의 잠수함을 포함하여 미사일 보트 14척, 어뢰정 9척을 포함하여 총 47척의 함정을 보유한 연안해군에 불과했다. 그러나 1969년, 프랑스에서 도입한 미사일 보트 12척에 자국에서 개발한 가브리엘 함대함 미사일을 장착하여 일종의 미사일 보트 함대를 형성한 후 획기적인 발전을 거듭하였다.

이집트는 5인치 주포를 장착한 구축함 5척, 호위함 17척, 소련제 W급 잠수함 12척, 오사 및 코마급 미사일 보트 18척, 어뢰정 27척을 포함하여 총 94척의 함정을 보유하였다. 시리아는 호위함 2척, 오사 및 코마급 미사일 보트 8척, 어뢰정 2척을 포함하여 총 25척의 함정을 보유했다.

〈표 6-3〉 아랍·이스라엘 해군전력(1973. 10)[19]

구분		이스라엘	아랍(계)	이집트	시리아
병력(명)		0.5만	1.75만	1.5만	0.25만
전투함정	구축함	0	5	5	0
	호위함	0	19	17	2
	잠수함	5	12	12	0
	미사일 보트	14	26	18	8
	어뢰정	9	31	29	2

수적으로는 아랍 해군이 훨씬 앞서 있었다. 그러나 아랍 해군의 미사일 보트에 장착한 소련제 스틱스 함대함 미사일보다 이스라엘 해군의 미사일 보트에 장착한 자국산 가브리엘 함대함 미사일의 성능이 훨씬 우수하여 해전능력에서는 결코 뒤지지 않았다.

다. 공군

1973년 10월 개전 시, 이스라엘 공군은 F-4 팬텀 140기, A-4 스카이호크 150기, 미라쥬-III 50기, 슈퍼 미스테르 12기, 계 352기의 전투기를 보유하고 있었다. 이에 비해 이집트는 550기를 보유하고 있었지만 실제로 전투에 활용할 수 있는 것은 MIG-21 전투기 160기와 SU-7 전폭기 130기뿐이었고, 나머지 MIG-17/19는 구형이라 실질적인 전투능력이 부족했다.

시리아도 MIG-21 전투기 110기, SU-7 전폭기 45기 등, 계 275기를 보유했다. 여기에 이라크, 알제리, 리비아 등 범 아랍파견대의 전투기를 포함하면 아랍의 전투기는 990기로서 수적으로는 이스라엘의 2.8배였다. 하지만 전투기의 성능은 이 격차를 좁혀주고 있을 뿐만 아니라 오히려 역전시키고 있었다. 아랍의 주력기인 MIG-21은 무장능력이 약 2톤이었으며, 여기에 공대공미사일(AAM) 2기를 장착하면 전투행동 반경은 500항공마일에 불과했다. 이에 비해 F-4 팬텀은 무장능력이 약 6.5톤이었고, 여기에 공대공미사일(AAM) 8기를 장착할 수 있었으며, 전투행동 반경은 700항공마일에 달했다. 전투기의 무장능력과 행동반경은 전투능력을 의미하기 때문에 이스라엘군의 F-4 팬텀이 보다 우수하다

19) Otto, Van, Pivoka, 「Armies of Middle East」, (Garden City Press, 1979), p.44.

는 것을 알 수 있다. 더구나 이스라엘군의 전자전 능력과 조종사의 기량까지 고려해 보면 공군에 관해서는 이스라엘군이 우위를 점하고 있었다.

〈표 6-4〉 아랍·이스라엘 공군전력(1973.10)[20]

구분		이스라엘	구분	아랍(계)	이집트	시리아	이라크	기타
병력(명)		1.7만	병력(명)	3.24만(+)	2.3만	0.9만	400	?
전투기	F-4 팬텀	140	MIG-21	311	160	110	18	23
	A-4 스카이호크	150	MIG-17/19	411	260	120	7	24
	미라쥬	50	Su-7/미라쥬	247	130	45	32	12/28
	슈퍼 미스테르	12	호커 헌터	21			16	5
	계	352	계	990	550	275	73	92
폭격기		8	폭격기	48	48			
수송기		58	수송기	86	70	16		
헬기		50	헬기	130	82	36		12
총계		468	총계	1,254	750	327	73	104

20) T. N. Dupuy, 「Elusive Victory: The Arab-Israeli War, 1947~1974」, (New York: Harper & Row, 1978), p.606

▌▌▌▌▌ 제2장 ▌▌▌▌▌
골란 전역(戰役)

1. 개전 전 양군의 대비태세

가. 지형

지형은 모든 군사작전에서 중요한 요소이지만 특히 골란 전역(戰役)의 경우에는 공격하는 측과 방어하는 측 모두 부대배치 및 작전계획, 그리고 전투과정에서 핵심 변수로 작용했다. 헤르몬산(山)에서 발원한 요르단강은 남쪽 계곡을 따라 흐르다가 갈릴리 호수로 접어들고, 다시 팔레스타인을 종단하여 사해로 흘러들어 간다. 이 요르단강의 상류와 갈릴리 호 동쪽으로 급격히 솟아오른 약 1,000m의 고지대가 자리하고 있는데 이것이 바로 골란고원이다.

골란고원은 먼 옛날 화산활동에 의해 생성되었다. 그 때문에 분화구에서 분출한 용암이 고원의 표면을 뒤덮으면서 현무암 지대를 이루었고, 여기저기 흩어져 있는 20여 개의 분화구는 화산추(火山錐: 화산이 분출할 때 용암이 흘러나와 쌓이면서 원뿔 모양의 봉우리를 이룬 지형)를 형성하였다. 남북으로 길게 뻗은 고원은 남쪽에서 북쪽으로 완만하게 솟아오른 형태였으며, 요르단강 계곡과 남쪽의 야르무크 강 계곡을 감제할 수 있었다. 특히 북쪽 끝에 위치한 최고봉 헤르몬산(2,814m)에는 이스라엘군 관측소가 설치되어 있었는데, 그곳에서는 골란고원은 물론 멀리 지중해와 다마스쿠스까지 관측할 수 있었기 때문에 '이스라엘의 눈(eye)'이라고 불렀다.

골란고원은 시나이 반도와는 달리 전차 기동이 유리한 지형이 아니었다. 북부는 현무암 덩어리와 돌출된 암석 때문에 도로를 제외한 대부분의 지역에서 차량 통행이 거의 불가능하여 기갑부대 작전이 큰 제한을 받는다. 이에 반해 남부는 갈릴리 호수와 인접하여 솟아 있는 산악지대와 텔 파리스 고지 같은 몇 개의 구릉지대를 제외하면 전반적으로 전차기동이 가능하여 기갑부대 작전이 용이하다. 또한 여기저기 널려 있는 화산추는 최상의 관측 지점과 사계(射界)를 제공했다. 그래서 이스라엘군은 방어진지를 구축할 때 화산추 지형을 이용하여 천혜의 사격 진지를 만들었다. 특히 쿠네이트라 북쪽에 우뚝 솟아 있는 헤르모니트(1,200m)와 라피드 교차점 근처에 있는 화산추 텔 파리스(1,250m)는 10월 전쟁 시 중요한 역할을 하였다.

다마스쿠스 평원과 마주한 골란고원에서의 피아 경계선은 UN의 '퍼플라인(Purple Line)'[21]을 따라 불규칙하게 이어져 있었다. 이 경계선을 따라 폭 500m 미만의 좁은 중립지대가 설치되었고, 중립지대 내에는 16개의 UN 감시초소가 설치되어 정전상태를 감시·감독하였다.

골란고원의 동서를 횡단하는 몇 개의 도로는 요르단강에 설치된 교량을 통과한 후 골란고원에 진입하면 그 앞에 펼쳐지는 험악한 지형 가운데서 가장 순탄한 경로를 따라 동쪽으로 이어져 있었지만 중간 중간에 협로가 많았다. 남북을 잇는 종단도로는 2개였다. 하나는 퍼플라인 서쪽에 위치하여 남쪽의 라피드에서 북쪽의 마사다까지 연결된 도로였고, 또 다른 하나는 2,500㎞의 아랍횡단송유관(Trans Arabian Pipeline; 일명 TAP Line)과 평행하게 뻗어 있었다. 송유관 동쪽의 TAP 도로라고 부르는 이 관리도로는 철망으로 둘러싸여 있었다. 이러한 주요도로를 중심으로 이스라엘군이 군용차량 통행을 지원하기 위해 만든 지선 도로가 있었다.

---

21) 6일 전쟁 후 설치된 비무장지대이며, UN 감시초소의 지도에 '보라색 선(線)'으로 표시된 데서 유래했다.

나. 부대배치

1) 이스라엘군

6일 전쟁 이후, 이스라엘은 골란고원 일대에 3선의 방어지대를 구축하였다. 이 3개의 방어선은 수회에 걸쳐 축차적으로 보강했는데, 그중에서 대전차호 및 요새진지가 구축된 제1방어선이 가장 강력하였다.

제1방어선은 서쪽 퍼플라인을 따라 대전차호(폭: 4~6m, 깊이: 4m)를 구축하고, 그 대전차 호에서 퍼낸 흙으로 대전차호 후방의 화산추 고지 사이에 둑을 쌓아 대전차 방벽을 만들었다. 그리고 동쪽의 접근로를 종심 깊게 관측할 수 있는 여러 개의 화산추 고지 및 언덕을 중심으로 17개의 요새 거점과 112개의 벙커 및 강화진지(blockhouse)를 구축하였다. 이 요새와 진지는 시리아군의 대규모 포격에도 견딜 수 있도록 견고하게 구축되었으며, 그 주위는 지뢰 및 철조망 등의 장애물로 보강하였다. 또한 주요 접근로 상의 대전차호 전면과 그 후방에는 다량의 지뢰를 매설하였고, 곳곳에 전차 진지를 구축한 후 사계청소까지 실시해 놓았다.

약 4km 간격으로 설치된 요새 거점에는 정보 및 포병 관측 요원 외에 10~30명 정도의 수비 병력이 주둔했고, 유사시 이들 거점 대부분은 약 2,000m 후방에 포진한 전차 1개 소대의 지원을 받도록 되어 있었다. 전차 사격진지는 -10도까지 저각사격이 가능한 센츄리온 전차의 주포에 맞게 설계하여 가능한 한 고지대에 구축하였다. 이는 원거리 관측이 가능한 높은 위치에서 뛰어난 전차포 사격 능력을 발휘하여 원거리에서 선제 사격을 실시함으로서 최초부터 유리한 전투를 전개할 수 있기 때문이었다. 이러한 방어계획은 포병의 화력지원 계획과 긴밀하게 협조되어 있었으므로, 공격해 오는 시리아군의 전차 및 장갑차는 어떤 경우라도 이스라엘군이 계획한 살상지대를 통과하지 않으면 안 되었다. 아울러 이스라엘군은 주요 간선도로와 연계하여 군용차량이 통행할 수 있는 지선도로를 건설하였다. 이 도로들은 부대의 신속한 투입이나 전용 등, 작전의 융통성을 증가시킬 수 있게 하였고, 차후 역습을 가능하게 한 결정적인 요소 중 하나가 되었다.

그런데 문제는 골란고원 남부 개활지였다. 이스라엘군의 주노력 방향은 쿠네이트라를 중심으로 한 골란고원 중·북부지역이었다. 따라서 그 지역의 제1방어선은 상기한 바와 같

이 강력하게 구축되었는데, 보조노력 방향인 남부지역은 그렇지 못했다. 라피드 남쪽지역
은 중·북부지역보다도 전차 기동이 유리한 개활지가 많았다. 따라서 중요한 기갑부대 접

〈그림 6-4〉 이스라엘군 부대배치(1973. 10. 6.)

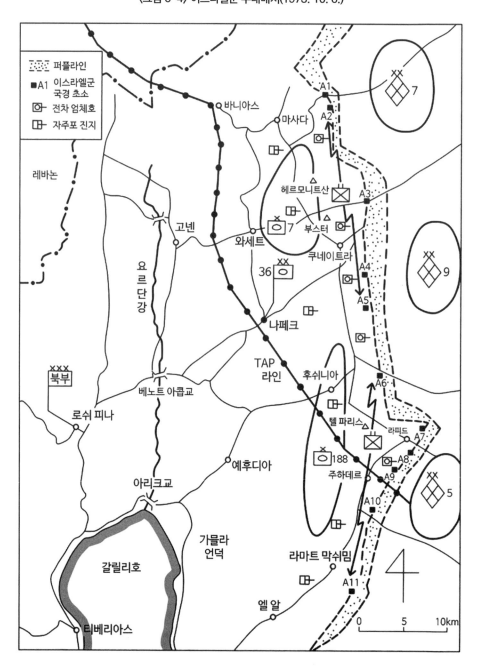

근로였음에도 불구하고 대전차호가 구축되어 있지 않았고, 지뢰나 철조망 같은 장애물의 밀도도 낮았기 때문에 강력한 방어선을 형성하지 못하고 있었다.

1973년 9월 중순, 골란고원 수비대는 에이탄 준장이 지휘하는 제36기갑사단(우그다)의 제1보병여단과 제188기갑여단(전차 90대)이 주축이었다. 보병의 평상시 전력은 2개 대대규모로, 쿠네이트라 북쪽에 1개 대대, 쿠네이트라 남쪽에 1개 대대가 배치되어 있었다. 퍼플라인을 따라 배치된 보병 방어선 후방에는 이작크 벤 쇼암 대령이 지휘하는 제188기갑여단(일명 바락(Barak)여단으로 이는 번개여단이라는 의미)이 배치되어 있었고, 그 뒤에는 155밀리 자주포 44문이 11개 포병진지에 배치되어 있었다. 그런데 제188기갑여단은 평시에 2개 전차대대만 현역이고 나머지 1개 대대는 예비역이었다. 그래서 9월에 위기가 점증하고 있을 당시, 야이르 중령이 지휘하는 제74전차대대는 쿠네이트라에 본부를 두고 북부지역을 담당하고 있었으며, 오데드 중령이 지휘하는 제53전차대대는 주데하르에 본부를 두고 남부지역을 담당하고 있었다. 이 전차대대들은 '쇼트(Sho't ; 채찍)'라고 부르는 개량형 센츄리온 전차를 장비하고 있었는데, 상황이 긴박해지자 각 소대별로 요새 거점이나 지정된 사격진지에 투입되었다.

9월 중순 이후, 시리아군이 골란 정면에 병력과 장비를 증강시키자, 이스라엘은 이에 대응하여 9월 27일, 이스라엘 남부 베르세바에 주둔 중이던 제7기갑여단의 제77전차대대를 제188기갑여단 본부가 있는 나페크 일대에서 예비임무를 수행하도록 하였다. 그럼에도 불구하고 시리아군이 계속 증강되고, 10월 초에는 공격대형으로 전개하는 것으로 판단되자 10월 5일, 제7기갑여단(-1)을 골란 정면에 추가로 증원시켰다. 제7기갑여단은 예비대로서 나페크 일대에 집결하여 쿠네이트라 또는 라피드 지역으로 역습을 실시할 준비를 하였다. 역습준비의 일환으로 제7기갑여단장은 예하부대 장교들을 이끌고 헤르몬산(山) 하단에서부터 쿠네이트라까지 전선 북부지역에 대한 지형 정찰을 실시했다. 북부사령부 참모들은 시리아군의 주공방향이 쿠네이트라 일대라고 확신했는데, 이와 달리 제36기갑사단장 에이탄 준장은 기갑부대의 기동이 용이한 라피드 일대로 시리아군의 주공이 지향되지 않을까 염려했다.

2) 시리아군

6일 전쟁에서 골란고원을 빼앗긴 시리아군은 전후, 동측 퍼플라인에서부터 다마스쿠스

〈그림 6-5〉 시리아군의 부대전개(1973. 10. 6.)

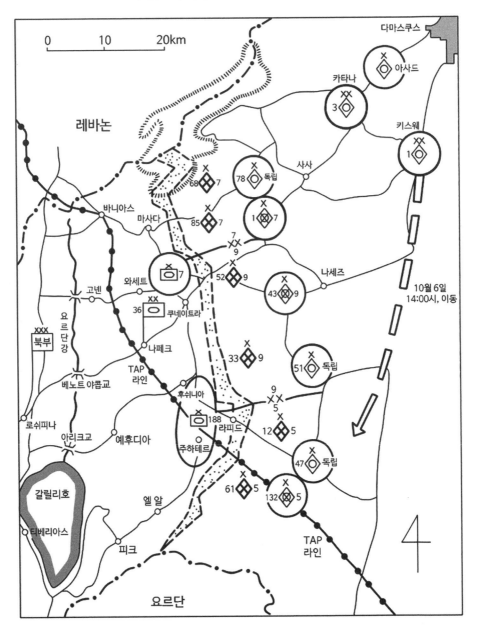

사이에 3선의 방어지대를 구축하였다. 제1방어선은 퍼플라인 동쪽 약 5㎞ 선을 따라 남북으로 구축했으며, 그 후방 약 20~25㎞에 제2방어선을 구축했다. 제3방어선은 다마스쿠스를 방어하기 위한 외곽 방어선으로서 제2방어선 후방 약 15㎞ 지점의 카타나와 키스웨를 연해 구축했다.

방어태세를 유지하고 있던 시리아군이 골란 정면에 병력과 장비를 점진적으로 증강시키기 시작한 것은 9월 중순경이었다. 이후 계속 전력을 증강시킨 시리아군은 점차 공격대형으로 부대를 전개시켰다. 쿠네이트라 북쪽에는 제7보병사단, 쿠네이트라와 라피드 사이에는 제9보병사단, 라피드 남부에는 제5보병사단이 전개했다. 각 사단은 퍼플라인 동측을 따라 제1제대인 2개 보병여단을 전개시키고, 그 후방 약 10㎞ 지역에 제2제대인 기계화여단과 증원된 기갑여단을 집결시켰다. 예비인 제1기갑사단과 제3기갑사단은 제3방어선 전방(서쪽)까지 추진 배치되었으며, 다마스쿠스 외곽 서쪽에는 최정예부대인 아사드 기갑여단이 융통성이 있는 기동예비로서 대기하고 있었다.

이리하여 10월 6일 공격개시 전까지 전개한 시리아군의 핵심전력은 3개 보병사단, 2개 기갑사단 및 1개 독립기갑여단으로서 병력 약 6만 명, 전차 1,300대, 야포 600문, 대공화기 400문, SAM 10개 사격대였다. 그런데 주목할 만한 것은 제9보병사단과 제5보병사단에 증원된 독립기갑여단이 남부지역인 라피드 인근에 집중배치된 것이다. 라피드 교차로 동쪽의 개활지는 양호한 기갑부대 접근로였기 때문에 이러한 부대전개는 시리아군의 작전의도가 그대로 표출된 것이었다. 그럼에도 불구하고 이스라엘군은 시리아군의 주공 방향과는 전혀 상이한 지역에 집착하고 있었다. 이스라엘군은 시리아군의 주공 방향이 쿠네이트라 주변일 것이라고 믿고 있었다. 따라서 라피드 이남지역은 방어진지의 강도도 낮고, 병력배치 밀도도 낮았다. 이스라엘군의 뼈아픈 실책이었다.

다. 작전계획

1) 시리아군

시리아군 참모본부가 작성한 공격계획은 소련군 전술교리의 영향을 강하게 받았다. 이는 15년간에 걸쳐 소련이 제공한 무기 및 기술지원과 시리아군 장교들이 소련 내 군사학교에서 교육을 받은 것이 집약된 결과였다. 공격계획은 2단계로 구분되어 있었지만 제2단계 작전은 UN의 정전권고 때문에 발동할 수 없을 것으로 예기했다.[22]

- 제1단계 작전 : 요르단강 동안의 골란고원 내 이스라엘군을 격파하고 동(同) 고원을 점령한다.
- 제2단계 작전 : 시나이 작전의 진전 등, 상황이 유리하게 전개될 경우 요르단강을 도하하여 동부 갈릴리 지방을 점령한다.

제1단계 작전에서는 양익포위를 기도했는데 세부계획은 아래와 같다.

"공격에 앞서 가용한 공군전투기와 포병 및 중박격포를 동원하여 짧고 강력한 공격준비사격을 실시하고, 그 직후 수적우세를 이용해 전 전선에서 공격을 실시함으로서 이스라엘군 방어부대가 분산된 상태에서 전투를 하도록 강요한다. 그리고 최초 3개 보병사단(각 사단에 1개 기갑여단 증강) 병진, 2개 기갑사단을 예비로 하는 대형으로 이스라엘군 진지를 돌파한다.

북부 골란 정면은 제7보병사단이 아마다이 방면에서 돌파하여 엘 롬~와세트를 경유, 고넨 서쪽에 있는 요르단강 교량을 확보한다. 이와 동시에 모로코군 산악여단이 헤르몬산(山) 남쪽 기슭을 따라 서진하여 마사다와 바니아스를 공격함으로써 제7보병사단의 우측방을 방호한다.

남부 골란 정면은 제5보병사단이 라피드 인근에서 돌파한 후 요르단강의 아리크교(橋)를 목표로 공격한다.

중앙 정면에서는 제9보병사단이 이스라엘군을 고착·견제하고, 마사디와 라피드를 잇는 남북도로망을 촌단하여 이스라엘군의 상호지원을 차단하고 각개 격파할 여건을 조성한다."

제7보병사단과 제5보병사단은 제1제대(보병여단)가 돌파를 하고, 제2제대(기계화/기갑여단)가 돌파구를 확장하도록 임무를 부여하였다. 돌파구가 형성되면 제7보병사단의 좌익여

---

22) 전게서, 田上四郎, pp.241~243; 전게서, 사이먼 던스턴, pp.21~24를 주로 참고.

단과 제9보병사단의 우익여단이 합세해 쿠네이트 지역의 이스라엘군을 포위하기로 했다. 최초 돌파 성공 시, 예비인 제1기갑사단은 제3제대로서 제5보병사단 지역에 우선적으로

〈그림 6-6〉 시리아군의 공격작전계획

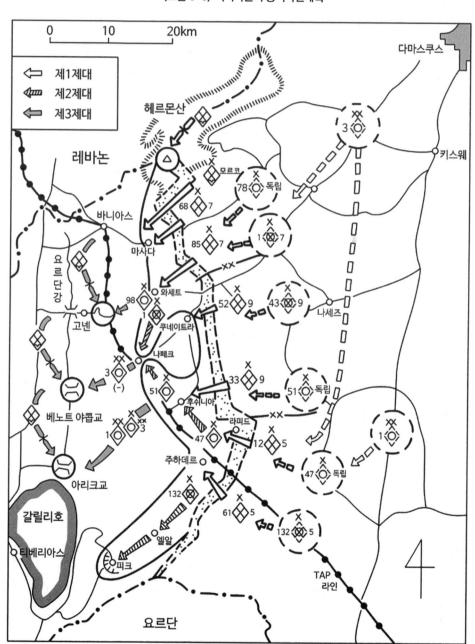

투입되고, 제3기갑사단은 의명 제7보병사단 지역에 투입되며, 필요시 일부는 제1기갑사단을 후속할 계획이었다. 주공인 제5보병사단이 라피드 남서쪽에서 이스라엘군 방어선을 돌파했을 경우, 예비인 제1기갑사단이 TAP 라인 도로를 타고 북쪽 및 서쪽으로 진격할 수 있어 단시간 내에 이스라엘군을 격파하고 골란고원을 석권할 수 있게 된다.

시리아군은 일단 돌파가 성공하면 공정부대와 기갑부대가 합동으로 요르단강의 교량들을 장악하는 데 총력을 기울이기로 했다. 공정부대는 헬기를 이용한 공중강습작전을 실시하여 아리크 및 베노트 야콥교(橋)와 고넨 동쪽의 애로 지역을 점령하는 임무를 부여받았고, 쿠네이트라~베노트 야콥교(橋) 간의 도로와 후쉬니아~예후디아~아리크교(橋) 간의 도로를 따라 진격하는 제1 및 제3기갑사단은 공정부대와 연결한 후 이스라엘군의 동원사단들을 저지하는 임무가 부여됐다.

공격 초기단계에서 특기할만한 사항은 시리아군의 정예부대인 제82공정대대와 특수부대가 전선 최북단 헤르몬산(山)의 이스라엘군 전자정보 감시기지를 공중강습에 의해 점령하는 것이었다. 이 기지는 '이스라엘의 눈(eye)'이라는 상징적 중요성을 갖고 있었을 뿐만 아니라, 시리아군의 모든 지상이동과 공중이동을 감시할 수 있었다.

시리아군의 공격작전계획에서 주목할 만한 사항은 주공방향 선정이었다. 시리아군은 남부 골란고원 정면을 주공방향으로 선정하고 라피드 일대에 전력을 집중시켰다. 이 경우 몇 가지 중요한 이점이 있었다. 첫째, 라피드 이남은 이스라엘군의 방어진지 강도와 방어전력의 밀도가 낮았다.[23] 둘째, 라피드 남쪽은 시리아군 기갑부대가 기동하기 용이한 넓은 개활지가 있었고, 또한 TAP 라인 도로를 따라 북쪽으로 진격할 수 있었는데, 그 방향을 선택함으로써 이스라엘군 주방어지대 배후로 기동하여 전술적 포위가 가능했다. 셋째, 가장 중요한 이점으로서 전술적 기습을 달성할 수가 있다. 왜냐하면 이스라엘군은 시리아군의 주공방향이 쿠네이트라 주변일 것이라 판단했고, 따라서 라피드 지역으로 주공이 지향되리라고는 전혀 예상하지 못했기 때문이다.

---

23) 북부지역은 전차기동이 곤란한 지형인데도 대전차호 및 대전차방벽을 구축하고 다량의 지뢰를 매설하는 등, 강력한 방어진지가 구축되어 있었다. 그러나 남부지역은 전차기동이 비교적 용이한 지형인데도 불구하고 방어진지가 구축되어 있지 않았다(대전차호는 라피드까지만 이어졌고, 방어진지상의 지뢰 매설량도 적었다). 또 북부지역은 제7기갑여단이 약 20㎞의 좁은 정면을 담당한 반면, 남부지역은 제188기갑여단이 거의 40㎞에 이르는 광정면을 담당했다. 김희상, 『中東戰爭』, (서울: 일신사, 1977), pp.507~508 참고.

이스라엘군이 쿠네이트라 지역에 집착한 것은 그들 나름대로의 충분한 이유가 있었다. 쿠네이트라는 골란고원의 중심 도시로서 그 도시를 점령하는 것 자체가 정치적, 심리적으로 큰 타격을 줄 수 있었고, 특히 베노트 야콥교(橋)로 향하는 주요 통로가 활짝 개방될 수 있기 때문이었다. 어찌되었든 간에 이스라엘군으로서는 큰 실책이었고, 시리아군에게는 행운의 기회였다.

2) 이스라엘군

그렇다면 이스라엘군의 골란고원 방어개념은 어떤 것이었을까?

이스라엘군은 주노력 방향을 골란고원 북부에 두고 북부지역을 고수하는 데 방어의 중점을 두었다. 따라서 보조노력 방향은 골란고원 남부였으며, 그곳의 평탄한 개활지에서는 종심의 저항에 의해 시리아군의 전력을 점진적으로 소모시키는 것이었다. 이렇게 시리아군의 공격을 저지하다가 동원된 증원부대가 도착하면 공세로 전환한다는 것이 방어작전의 기본개념이었다.

방어작전 초기에는 2개 여단이 시리아군의 공격을 저지하며, 축차적으로 5개 여단을 투입하고 필요에 따라 7개 여단으로 증강하여 공세로 전환한다는 계획이었다. 공세 방향은 헤르몬산계(山系)의 측방방호를 받으며 골란 북부 정면에서 다마스쿠스 방향, 또는 골란 남부 정면에서 다마스쿠스 방향이었다. 이러한 작전계획의 성공 관건은 초기단계에서 2개 여단이 최소한 48시간 동안 시리아군의 맹공을 저지할 수 있느냐, 없느냐에 달려 있었다.

2. 시리아군의 공격(D~D+1일 : 10월 6~7일)

10월 6일 아침, 무엇을 감추려는 듯한 정적이 감돌았다. 이스라엘군의 전방 부대는 최고의 경계태세를 취하고 있었지만 이날은 속죄일(욤 키푸르)이었다. 병사들은 대부분 요새 거점 안이나 전차 보급소, 강화진지의 기관총좌에서 기도를 드렸다. 헤르몬 관측소의 강철문 뒤에서도 종교의식이 행해졌다. 북부사령부에서는 긴급회의가 열렸다. 임박한 시리아군의 공세에 관한 정보를 전달받기 위해 여단장급 지휘관들이 참석했다. 사령관 호피 소장은 예상되는 시리아군의 공격시간은 18:00시라고 말했다. 그러나 참석자들은 그것이 전면전의 시작이 되리라고는 생각하지 않고 있었다.

13:45분, 헤르몬산(山) 관측소의 관측병은 시리아군 병사들이 퍼플라인 방향을 겨누고 있는 포병진지의 위장망을 거두고 있는 모습을 보았다. 곧 귀를 찢는 듯한 폭음을 내며 시리아군 전투기들이 이스라엘 상공으로 진입했다. 약 10분 후, 600문의 이상의 시리아군 야포 및 중박격포가 일제히 사격을 개시했다. 시리아군은 주요 돌파지역인 라피드와 보조 돌파지역인 쿠네이트라에 1㎞당 50~80문의 야포를 배치했는데, 이는 소련군 교리에서 정해 놓은 돌파지역 포병 집중도의 절반에 불과했다. 그런데도 그 위력은 대단했다. 이처럼 강력한 포격을 받아 본적이 없는 이스라엘군은 경악했다. 각종 화포들의 집중포격은 전차의 위장 페인트가 벗겨질 만큼 강한 모래바람을 일으켰으며, 통신 안테나를 부러뜨리고 광학장비들을 손상시켰다. 이러한 공격준비사격은 55분이나 계속되었다.

이 시각, 나페크에 위치한 제36기갑사단 사령부에서는 지휘관 회의를 열려고 하는 중이었다. 장교들이 모이고 있을 때 전투기 굉음이 들리더니 곧 폭탄이 떨어지고 이어서 기총소사가 개시되었다. 잠시 후에는 시리아군이 쏘아대는 포탄의 폭음까지 들려왔다. 이것은 회의의 종료를 알리는 신호가 되었고, 대대장들은 서둘러 복귀했다. 제7기갑여단장 벤갈 대령도 그의 여단 전방지휘소로 발길을 재촉했는데, 그동안에도 시리아군의 포격은 계속되고 있었다. 대대장들은 자대로 복귀하는 도중, 부대대장으로부터 '이미 비상계획에 따라 행동하고 있으며, 사격진지를 점령한 센츄리온 전차들이 15:00시 경부터 정전라인을 넘어 온 시리아군 전투차량과 교전을 시작했'는 보고를 받았다.

공격준비사격이 끝나자 시리아군 3개 보병사단은 UN 감시초소를 우회하기 위해 사전에 선정한 지점에서 정전라인을 돌파했다. 공격은 헤르몬산(山)에서부터 쿠네이트라~라피드를 거쳐 그 남쪽까지 이르는 전 전선에 걸쳐 동시에 개시되었다. 각 보병사단의 제1제대인 2개 보병여단은 이동탄막의 뒤를 따라 전진하였다. 보병여단의 진격은 지뢰제거용 전차와 대전차호를 극복하기 위한 교량가설용 전차를 장비한 전차대대에 의해 선도되었고, 그 뒤를 이어 보병대대가 전진하였다. 공격이 개시된 것과 거의 동시에 다마스쿠스 남쪽 외곽에 있던 제1기갑사단은 주공방향인 남부 골란 정면으로 이동하기 시작했다.[24]

---

24) 상게서, p.511.

한편, 이스라엘군 북부사령관 호피 소장은 시리아군의 공격을 보고 받고 예비대인 제7기갑여단을 전투지역 전단에 배치시키는 등, 방어배치를 일부 조정하였다. 전투지경선의 조정과 더불어 전투편성도 조정하였다. 나페크 일대에서 예비임무를 수행하던 제7기갑여단의 1개 전차대대를 제188기갑여단으로 배속전환하고, 그 대신 야이르 중령 지휘 하에 쿠네이트라 일대에 배치되어 있는 제188기갑여단의 제74전차대대가 제7기갑여단으로 배속전환 되었다. 이리하여 제7기갑여단은 3개 전차대대를, 제188기갑여단은 2개 전차대대를 갖고 방어전투에 뛰어 들었다.

가. 시리아군 제1제대 공격(최초 공격)

1) 북부 골란 정면 전투

시리아군 제7보병사단은 북부 골란 정면에서 공격을 개시하였다. 제68보병여단은 우일선 부대로서 마사다 방향으로 공격하고, 제85보병여단은 좌일선 부대로서 헤르모니트산(山)과 부스터 고지를 향해 공격했다. 이들 부대는 전투공병차량을 앞세우고 퍼플라인을 통과하여 이스라엘군 요새 거점 앞으로 쇄도해 들어왔는데, 시작부터 혼란에 빠져 들었다. 조금이라도 빨리 이스라엘군과 싸워야 한다는 조바심 때문에 행군 군기가 무너지면서 대전차호 극복에 필요한 교량가설용 전차의 진입이 늦어진 것이다.

감제고지인 헤르모니트산(山)과 쿠네이트라 사이에는 '부스터(Booster)'[25]라고 부르는 고지가 있었다. 이 고지에는 제7기갑여단으로 배속전환 된 제188기갑여단(일명 '바락'여단)의 제74전차대대의 일부가 배치되어 있었다. 그들은 보병이 배치된 요새 거점의 후방에 있는 사격진지에 소대 단위(3대씩)로 배치되어 제1방어선의 돌파를 저지하는 임무를 부여받았다. 제74전차대대장 야이르 중령은 시리아군 제7보병사단의 제1제대 기갑차량들이 열을 지어 다가오는 것을 관측했다. 시리아군의 기갑차량들이 일으킨 먼지구름 사이로 공병전투차량들이 계곡을 가로질러 오는 것을 볼 수 있었다. 그는 전차승무원들에게 제일 먼저 공병전투차량에 대하여 사격하라고 명령했다. 이스라엘군 전차병들은 2,000m가 넘는

---

25) 아랍인들에게는 텔 엘 메하피(Tel el Mehafi)로 알려져 있다.

거리에서 사격을 개시했고, 시리아군의 지뢰제거용 전차와 교량가설용 전차 대부분이 격파되었다. 살아남은 2대의 교량가설용 전차가 헤르모니트산(山) 동쪽의 대전차호에 간신히 도착했다. 그 사이 부스터 고지 아래는 이스라엘군 전차포탄에 명중되어 불타오르는 시리아군 전차와 장갑차들의 잔해가 가득했다. 대전차호에 도착한 교량가설용 전차에 의해 2개의 교량이 가설되고, 약 1개 중대의 시리아군 전차들이 이 교량을 건너 이스라엘군 진지로 돌입해 왔다. 하지만 이스라엘군 전차의 사격에 의해 모두 격파되었고, 교량들도 날이 어둡기 전에 파괴되고 말았다. 이것이 훗날 이스라엘군이 '눈물의 계곡'이라고 부른 요지(要地)를 둘러싸고 벌인 격전의 초기단계였다.

이와 같이 처절한 전투가 계속되고 있는 가운데 이스라엘군을 가장 괴롭힌 것은 시리아군 전차가 아니라 보병과 포병이었다.[26] 시리아군 보병들은 RPG-7 휴대용 대전차로켓발사기로 이스라엘군 전차를 공격했으며, 요새 거점에 대해서도 과감한 돌진을 불사했다. 또 시리아군 포병은 모든 공격을 철저히 지원했다. 이스라엘군 전차들은 시리아군 보병의 대전차 화기 사격을 피해 수시로 사격진지를 변환해 가며 필사적으로 싸웠다. 또한 요새 거점을 공격해 오는 시리아군 보병에 대해서는 포병의 진내 사격으로 응전했다. 그 결과 북부 골란 정면에서는 시리아군 보병들만이 퍼플라인을 넘어 불과 수㎞쯤 침투해 보았을 뿐이었다.

부스터 고지에 대한 시리아군의 공격이 집중되자 제7기갑여단장 벤갈 대령은 예하대대 중에서 제77전차대대를 부스터 고지에 증원시켰다.[27] 제77전차대대는 시리아군의 격렬한 포격과 항공공격을 뚫고 동쪽으로 이동했다. 골란고원 북부의 거친 현무암 지대는 전차이동에 상당한 제한을 주었고, 일반차량은 대부분 도로에 의존해서 이동해야만 했다. 여단 정찰대에 1개 중대를 파견해[28] 3개 중대로 줄어든 제77전차대대는 헤르모니트산(山)과 부스터 고지 사이에 대전차호를 내려다 볼 수 있는 사격진지를 점령했다. 대대장 카할라니

---

26) 상게서, p.514.

27) 제7기갑여단은 제71전차대대(메나헴 라테스 중령), 제77전차대대(카할라니 중령), 제82전차대대(하임 바락 중령), 제75기계화보병대대(요스 엘다르 중령)로 편조되어 있었다. 제77전차대대는 'OZ대대'로 불렸다. 'OZ'는 히브리어로 '용기, 용맹'을 뜻하며, '77'은 히브리 문자의 'OZ'에 해당하는 숫자다.

28) 제71전차대대는 여단의 예비였다. 그런데 이 부대는 여단에 배속된 기갑학교의 학생과 교관들로 구성된 혼성부대였다. 여단장 벤 갈 대령은 이 대대를 제대로 통제할 수 없을지도 모른다고 생각하고 제77전차대대에서 1개 중대를 차출해 여단정찰대를 증강시켜 전차 20대 정도의 전력을 갖춘 새로운 예비대대를 편성하였다.

중령은 재빨리 전차를 배치한 후 사격구역을 할당하고, 직·간접사격을 조율하는 등, 신속

〈그림 6-7〉 시리아군의 제1제대 공격(10월 6일 오후)

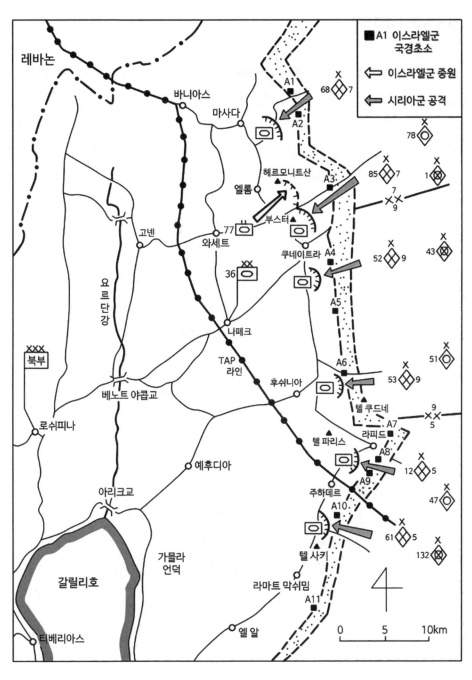

하게 전투준비를 실시하였다. 이후 전개된 전투는 15:1이라는 절대적 열세 속에서 시작되어 36시간 동안 계속된다.

2) 중부 골란 정면 전투

중부 골란 정면에서는 시리아군 제9보병사단이 공격을 개시하였다. 제52보병여단이 우일선 부대로서 쿠네이트라를 향해 공격했고, 제53보병여단은 좌일선 부대로서 후쉬니아 방향으로 공격했다. 그러나 제53보병여단의 공격은 쿠드네 전방에 구축된 이스라엘군 대전차호 앞에서 돈좌되고 말았다. 돌파부대를 지휘한 카플린 소령은 대전차 지뢰제거용 롤러를 장착한 MT-55전차와 교량가설용 MTU-120 전차를 앞세워 대전차호를 극복하려고 했지만, 1,500m 거리 서쪽의 엄체호에서 사격중인 이스라엘군 제188기갑여단의 개량형 센츄리온 전차에게 피격되어 불타올랐다. 잠시 뒤에는 카플린 소령이 탑승한 전차에도 APDS탄(Armor Piercing Discarding Sabot : 분리 철갑탄)이 명중되었고, 그 충격으로 전차가 화염에 휩싸이기 전에 카플린 소령은 포탑 밖으로 내동댕이 쳐졌다. 전장 상공에는 시리아군의 돌진을 저지하기 위해 이스라엘군의 A-4 스카이호크 전투기 4기가 날아왔다. 하지만 그중 2기는 시리아군을 공격해 보지도 못한 채 SA-6에 피격되어 공중에서 폭발해 버렸다.

시라아군의 공격은 이스라엘군의 사격에 의해 일시적으로 저지되기는 했지만, 시리아군 전차의 파상적인 돌진은 계속되었다. 다음은 이스라엘군 제188기갑여단(일명 '바락'여단) 제53전차대대 부대대장 슈멜 아스카로프 소령이 쿠드네 일대에서 시리아군과 격전을 벌인 내용이다.[29]

"24세의 슈멜 아스카로프 소령은 이스라엘 육군의 최연소 부대대장이었다. 10월 6일 13:56분, 시리아군이 대규모의 공격준비사격을 개시하자 그는 후쉬니아 기지에서 급히 자신의 전차에 올라 탄 후 동쪽의 퍼플라인을 향해 달렸다. 그는 무선으로 대대의 다른 전차를 호출해 자신을 따라오라고 지시했다. 그는 뒤따라온 동반 전차와 함께 쿠드네를 굽어보는 요새거점 부근에 구축된 사격진지를 점령했다. 요새거점은 보병 1개 소대가 배치되어

---

29) 전게서, 사이먼 던스턴, p.60.

방어하고 있었다. 시리아군의 공격준비사격은 거의 1시간동안이나 이어졌다. 드디어 동쪽
에서 먼지구름이 점점 다가오더니 한 무리의 전투차량들이 약 2,000m 전방에 구축되어
있는 대전차호 앞에 모습을 드러냈다. 개량형 센츄리온 전차에 탑승하고 있던 아스카로프
와 그의 동반 전차는 대전차호를 극복하고 통로를 개척하려는 시리아군 지뢰제거용 전차
와 교량가설전차를 최우선 표적으로 선정하고 일제사격을 개시해 3대를 파괴하였다. 그리
고 후속해 오는 시리아군 전차 및 장갑차와 치열한 사격전을 전개해 5시간동안 30여 대를
격파하였다."

3) 남부 골란 정면 전투

주공사단인 제5보병사단은 남부 골란 정면에서 공격을 개시하였다. 제12보병여단은 우
일선 부대로서 라피드 남쪽에서 주데하르를 향해 공격하고, 제61보병여단은 좌일선 부대
로서 텔 사키를 향해 공격했다. 초기 진격은 마치 군사퍼레이드를 하는 것처럼 당당하고
거침이 없었다. 제1제대를 선도하는 전차대대는 전투공병차량을 앞세우고 그 뒤를 SU-
100 자주대전차포, 새거 대전차 미사일 및 RPG-7 대전차로켓발사기를 휴대한 보병, 그
리고 이들을 지원하면서 돌파를 실시할 전차들이 뒤따랐다.

이스라엘군 전차들은 사계가 양호한 고지대에 구축된 사격진지에서 시리아군의 접근을
기다렸다. 시리아군이 퍼플라인을 통과한 후 이스라엘군 요새거점 전방에 설치된 장애물
지대를 개척하려고 할 때 전차포가 불을 뿜었다. APDS탄이 지뢰제거용 전차에 정확히 명
중하였다. 전투공병차량이 차례차례 격파되자 후속하던 각종 전투차량들이 제대로 전진
하지 못하고 밀집된 채 뒤엉켜 버렸다. 이들을 향해 이스라엘군 전차들이 계속 사격을 퍼
부었다.

처음 1~2시간 동안은 이스라엘군이 성공적으로 방어임무를 수행하고 있는 듯이 보였
다. 이스라엘군 전차들은 고지대의 사격진지를 점령하고 시리아군 전차를 향해 효과적인
사격을 퍼부었다. 그러나 점차 시간이 흐르면서 시리아군의 공세는 더욱 치열해져 갔고,
16:00시가 지나자 상황은 위급해졌다. 시리아군 전차들은 선행부대의 실패나 사상자와
관계없이 파상적인 돌격을 반복했다. 반면, 이스라엘군 제188기갑여단(일명 '바락'여단) 제
53전차대대의 전차는 급속히 감소되어 갔다. 더구나 라피드 이남으로 대전차호가 구축되

어 있지 않아서 방어하기가 더욱 힘들었다.

4) 헤르몬산(山) 점령[30]

이스라엘군은 전장 최북단의 헤르몬산(山)에서 치명적일 수도 있는 실패를 경험했다. 시리아군은 본래 공격개시 시간에 맞춰 헤르몬산의 이스라엘군 관측소를 점령할 계획이었는데, 공격부대인 제82공정대대원 500여 명에게 명령을 하달하고 작전을 준비하는 과정에서 시간이 지체되었다. 그래서 지상공격부대가 헤르몬산(山)기슭에 도착해 등반하기 시작한 것은 14:00시였고, 14:45분에 이스라엘군 관측소 하단 150m 지점까지 접근했다. 한편, 또 다른 공격부대는 14:55분, 헬기를 이용한 공중강습을 실시하여 헤르몬산(山)의 이스라엘군 관측소에서 마사다로 이어지는 도로를 차단했다. 이스라엘군의 구출 및 지원부대를 차단하기 위해서였다.

시리아군은 제82공정대대가 지상공격을 실시하기에 앞서 공격준비사격을 실시하였다. 포격이 개시됨과 동시에 관측소 일대는 금방 불바다가 되었다. 특히 시리아군 통제 하에 있는 헤르몬산(山) 최고봉에서 내려 쏘는 포탄 세례는 더욱 격렬하여 이스라엘군의 모든 병사들은 관측소 지하에 구축된 요새거점 안으로 대피하지 않으면 안 되었다. 소대장과 부사관 1명이 박격포를 끌고 나가 대응하려고 했지만 쉴 새 없이 쏟아지는 포탄 때문에 불가능했다.

공격준비사격이 끝나자 시리아군 제82공정대대가 정면공격을 개시하였다. 이에 대항하는 이스라엘군은 무기조차 변변치 못했다. 요새거점 안에 있던 중기관총 2정은 포격에 의해 이미 파괴되어 버렸다. 가진 것이라고는 우지 기관단총과 수류탄뿐이었다. 시리아군은 기관총의 엄호사격을 받으며 조금씩 전진해 왔다. 이스라엘군 골라니 여단의 병사들은 외곽 방어진지에서 시리아군에게 사격을 퍼부었다. 요새거점 내부에 있는 관측 및 기타 요원들은 겁에 질린 나머지 밖으로 나와 골라니 여단의 병사들을 도우려 하지 않았다.[31] 근거

---

30) 상게서, pp.66~67을 주로 참고.

31) 헤르몬산(山) 최고봉(2,814m)보다 600m 낮은 남쪽 봉우리에 있는 이스라엘군 관측소는 레이더 및 각종 전자장비가 설치된 작은 기지였기 때문에 요새화 되어 있었다. 이곳에 주둔하고 있는 인원은 수비 및 경계를 담당하고 있는 골라니 여단의 보병 1개 소대와 군 정보 및 관측요원, 통신병, 공군파견대, 민간기술자 등을 포함하여 55명이었다.

리까지 접근한 시리아군 제82공정대대와 이스라엘군 골라니 여단의 병사들 간에 치열한 사격전이 벌어졌다. 노출되어 있던 시리아군은 약 50명의 사상자가 발생하자 일단 공격을 중지하였다.

17:00시, 공격을 재개한 시리아군은 이스라엘군 수비대가 태양 때문에 제대로 관측을 할 수 없는 서쪽에서 밀고 들어왔다. 이스라엘군은 외곽 방어진지에서 높은 장벽이 둘러쳐진 중앙의 주진지로 밀려났다. 시리아 특공대원들은 밧줄과 갈고리를 사용해 장벽을 기어올랐다. 잠시 후 치열한 백병전이 벌어졌고, 시리아군은 수적으로 열세한 이스라엘군을 압도했다. 살아남은 이스라엘군은 더 이상 버틸 수 없게 되자 산 아래로 도망쳤다. 그러나 그들은 헤르몬산(山)에서 마사다로 이어지는 도로를 차단하고 있던 시리아군에게 피습 당하고 말았다. 탈출자 11명만이 다음날 아침, 전차소대에 의해 구조 되었고, 나머지는 전사하거나 포로가 되었다.

시리아군은 요새 내부로 진입하여 지하통로를 제압했다. 그러나 철문으로 굳게 잠겨있는 주 관측실과 통신실에는 진입할 수가 없었다. 이에 시리아군은 잔혹한 방법을 사용했다. 문을 열 때까지 이스라엘군 포로 1명을 폭행한 것이다. 전우의 비명소리에 견디다 못한 이스라엘군 병사들은 결국 철문을 열었고, 이어서 진입한 시리아군은 통신실 안의 이스라엘군 병사들을 사살하였다. 이리하여 시리아군은 개전 초기에 이스라엘군의 가장 중요한 관측 기지를 완전히 점령하였다.[32]

나. 시리아군 제2제대 공격(돌파/돌파구 확장)

1) 북부 골란 정면(돌파 실패)

시리아군 제7보병사단의 주간공격은 별 성과를 거두지 못했다. 제1제대의 2개 보병여단은 이스라엘군 방어선을 돌파하지 못하고 막대한 피해를 입은 상태였다. 시리아군은 공

---

32) 이스라엘군은 10월 8일 아침, 골라니 보병여단 소속의 병력을 투입하여 헤르몬산을 탈환하려고 시도하였다. 이때 시리아군은 접근로 곳곳에 병력을 배치하고 이스라엘군의 공격에 대비하고 있었다. 그래서 이스라엘군의 공격은 시리아군의 매복에 걸려 전사 22명, 부상 50명이라는 큰 피해를 입고 실패하였다. 결국 헤르몬산 관측소는 전쟁 말기 이스라엘이 재공격할 때까지 시리아군이 계속 점령하고 있었다. 며칠 후, 헬기로 도착한 소련 군사고문관은 노획한 관측소의 정밀한 전자기기와 관측 장비를 보고 크게 기뻐하였다.

격 기세를 계속 유지하기 위해 제2제대를 투입해 야간공격을 실시했다. 제7보병사단은 강력한 공격준비사격을 실시한 후, 제78기갑여단을 쿠네이트라 북쪽의 헤르모니트산(山)과 부스터 고지 사이에 있는 '눈물의 계곡'으로 투입하였다. 이곳을 돌파하면 곧장 와세트로 돌진할 수 있었다. 이스라엘군은 주간에는 제7기갑여단으로 배속전환 된 제188기갑여단의 제74전차대대 일부가 '눈물의 계곡'을 방어했지만, 야간에는 증원된 제7기갑여단의 제77전차대대가 방어를 전담했다.

적외선 야시장비를 장착한 시리아군 전차들이 야광 미등과 점멸등으로 표시된 지뢰지대의 개척 통로를 따라 돌진해오기 시작했다. 제77전차대대장 카할라니 중령은 전차장들에게 적외선 쌍안경을 이용해 시리아군의 야광 미등과 적외선 반사등을 찾아내라고 지시했다. 이스라엘군 전차장들은 시리아군의 표시등을 전차포 조준에 활용했지만 적외선 조준경이 없이는 원거리 교전이 불가능했다. 카할라니 중령은 전장을 밝히기 위해 포병의 조명탄 사격을 요청했다. 그러나 조명탄 재고가 별로 없어 사격은 산발적이었고, 금방 바닥이 났다. 공군기가 날아와서 조명탄을 투하해 주었지만 '눈물의 계곡'의 어둠을 걷어내는 데 큰 도움이 되지 못했다. 간혹 명중시킨 시리아군 전투차량이 불타올라 약간의 조명효과를 내는 가운데 양측의 교전거리는 100m 정도로 줄어들었다.

이윽고 접근하는 시리아군 전차의 굉음이 점점 커졌고, 이와 함께 이스라엘군 전차들이 불을 뿜기 시작했다. 적외선 야시장비가 없는 이스라엘군 전차들은 시리아군 전차의 소음과 사격하는 불빛으로 위치를 파악해 사격했는데도 불구하고 준비된 진지에서 실시한 사격은 매우 효과적이었다. 이리하여 시리아군은 큰 피해를 입었다. 하지만 이스라엘군 역시 시리아군의 강력한 포격에 의해 피해가 점점 증가하기 시작했다. 다음은 이스라엘군 제7기갑여단 제77전차대대 3중대 2소대 아미르 바샤리 하사가 이날 야간에 '눈물의 계곡'에서 시리아군과 격전을 벌인 내용이다.[33]

"제7기갑여단이 북부 골란 전선을 책임지게 되면서 제77전차대대 3중대는 와세트 교차로를 담당한 제75기계화 보병대대에 배속되었다. 바샤리 하사의 소대는 헤르모니트산(山) 근처의 전차 사격진지에 배치되었다. 그곳은 시리아군 제7보병사단의 주요 공격통로 한복

〈그림 6-8〉 시리아군의 제2제대 공격(10월 6일 야간~7일 새벽)

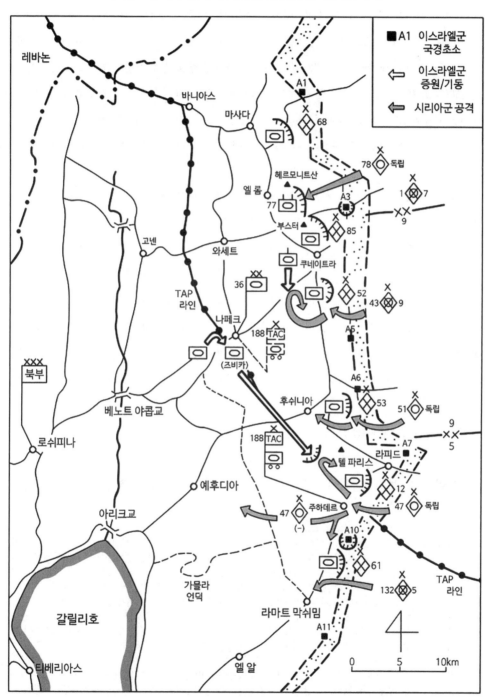

판이었다. 격렬한 포격을 받으며 이스라엘군 전차들은 전투에 돌입했다. 바샤리 하사의 개량형 센츄리온 전차는 근거리 교전에서 다수의 시리아군 전차를 파괴시켰다. 시리아군 포병이 쏜 포탄이 바샤리 하사의 전차 주변에서 무수히 터졌지만 물러서지 않고 교전을 계속했다. 21:30분, 시리아군의 포병탄이 바샤리 하사의 전차 표면에 작렬하면서 그는 즉사했다. 제7기갑여단 최초의 전사자였다. 목이 날아간 바샤리 하사의 몸이 포탑 안으로 굴러 떨어졌다. 이를 본 포수와 탄약수는 큰 정신적 충격을 견디지 못하고 구역질을 하면서 전차 밖으로 뛰쳐나가 바위틈에 몸을 숨겼다. 그들은 더 이상 전투를 할 수 있는 상태가 아니었다."[34]

밤이 깊어 갈수록 '눈물의 계곡' 전투는 점점 치열해져 갔다. 시리아군은 큰 피해를 입었지만 이에 굴하지 않고 22:00시경에 또 다시 맹공을 펼쳤다. 3시간 동안 근접 교전이 벌어졌다. 시리아군 제78기갑여단은 큰 손실을 입고 공격기세가 점점 둔화되어 갔다.

10월 7일 03:00시, 마침내 시리아군 제78기갑여단은 공격을 중지하였다. 이스라엘군은 열세한 전력으로 시리아군의 돌파를 저지한 것이다. '눈물의 계곡' 일대에는 70여 대의 시리아군 전차들이 파괴되거나 손상된 채 여기저기 널려 있었다. 이번 전투에서 이스라엘군을 괴롭힌 것은 시리아군 전차부대가 아니라 포병이었다. 그들은 전투를 하는 동안 끊임없이 격렬한 포격을 퍼부어 이스라엘군의 방어전투행동을 크게 제약시켰기 때문이다.

2) 중부 골란 정면(남측방 돌파)

시리아군 제9보병사단의 제1제대가 대전차호에서 저지되자 제2제대를 투입하여 야간

---

34) 골란고원 전투에서 발생한 전차병 사상자 중 거의 60%가 전차장이었다. 그들은 시계제한을 극복하기 위해 포탑 밖으로 머리를 내놓고 전장을 관측했다. 그 결과 몇 초를 다투는 전차전에서 선제행동이나 신속한 대응행동으로 전투를 유리하게 전개할 수 있었다. 그러나 전쟁 첫날, 너무도 많은 전차장들이 시리아군 포병의 포격에 목이 날아갔다. 목이 없는 전차장의 몸뚱이가 포탑의 전투실 안으로 거꾸로 떨어지는 광경은 대부분의 전차승무원들에게 감당하기 어려운 일이었다. 그래서 전차승무원 중 상당수가 전차를 버리고 밖으로 뛰쳐나갔다. 이같이 전차장의 피해가 속출하자 목 없는 시신의 신원을 확인할 수 있도록 인식표를 발목에 매라는 지시까지 떨어졌다. 이런 이유로 인해 유기된 전차는 구난반에서 회수해 즉시 사용할 수 있었다. 그러나 새로 교체된 승무원들은 전차를 제대로 운용하지 못했다. 그런 전차의 포탑 안에는 피비린내가 진동하고 사방으로 튄 피가 응고된 상태로 그대로 있어 교체된 승무원들이 극심한 혐오감에 시달렸기 때문이다. 이렇게 되자 이스라엘군 정비반원들은 곧 디젤 연료를 사용해 피비린내를 압도하는 세척법을 찾아냈다. 그 방법에 의해 전차들이 훨씬 짧은 시간 내에 전열에 복귀할 수 있었다. 상게서, p.92.

공격을 실시할 준비를 했다. 해가 저물자 시리아군은 불도저를 추진해 대전차호를 메웠다. 그리고 강력한 공격준비사격을 실시한 후 제43기계화여단의 주력은 남쪽에서, 제51기갑여단은 쿠드네 일대에서 공격을 개시하였다.

이스라엘군 전차는 적외선 야시장비가 장착되어 있지 않는 데다가 지원 포병의 조명탄도 금방 바닥이 났기 때문에 그들의 장기인 원거리사격 전투를 할 수가 없었다. 결국 전차 대 전차의 전투는 대부분 100m 이내에서 전개되었다. 쿠드네를 굽어보는 A6 요새거점 부근의 전차사격진지에 배치되어 시리아군 제53보병여단의 주간공격을 저지했던 이스라엘군 제188기갑여단 제53전차대대 부대대장 슈멜 아스카로프 소령도 날이 어두워지면서부터 시리아군 제51기갑여단의 전차와 근접 교전을 벌였다. 19:00시경, 아스카로프의 전차는 50m까지 접근해 온 시리아군 전차를 격파했다. 그 직후, 30m도 떨어져 있지 않은 시리아군 전차와 교전하기 위해 포탑을 돌렸다. 양 전차의 포수가 동시에 방아쇠를 당겼고, 양쪽 모두 명중했다. 아스카로프 소령은 철갑탄이 전차에 명중할 때 발생되는 충격에 의해 포탑 밖으로 내동댕이 처졌다. 땅바닥에 떨어져 얼굴과 목에 부상을 입은 아스카로프 소령은 A6 요새거점을 수비하던 보병들에게 구조되었다.[35]

야간 근접교전이 계속되면서 공격하는 시리아군의 피해도 크게 증가했지만 방어하는 이스라엘군 제188기갑여단 제53전차대대의 전차도 급속히 감소되었다. 마침내 100여 대의 시리아군 전차가 후쉬니아 전면에 있는 A6 요새거점의 남쪽으로 우회하기 시작했다. 그들은 요새거점을 무시하고, 우회한 다음 후쉬니아를 향해 신속히 전진했다. 이렇게 되자 퍼플라인 선상에 있는 이스라엘군의 요새거점들이 고립되기 시작했고 큰 돌파구가 형성되어 남쪽의 이스라엘군 제188기갑여단 지역은 심각한 위기에 처했다. 더구나 인접한 시리아군 제5보병사단의 제2제대인 제47기갑여단과 제132기계화여단까지 돌파에 성공하자 그들의 진격을 저지할 부대가 없었다. 이스라엘군 제188기갑여단(일명 '바락'여단)은 거의 괴멸 직전까지 내몰렸다.

한편, 쿠네이트라 남쪽에서 공격한 제43기계화여단도 전반야 내내 치열한 근접 교전을 벌인 끝에 24:00시경, 이스라엘군 방어선을 돌파했다. 그들은 즉시 쿠네이트라와 라피드

---

35) 상게서, p.60. 아스카로프 소령은 사페드의 야전병원으로 옮겨져 수술을 받았고, 2주간 입원하라는 지시를 받았다. 그러나 그는 10월 8일 월요일 아침 일찍, 지시를 무시하고 병상을 이탈하여 말도 제대로 할 수 없는 상태인데도 불구하고 골란고원의 급박한 전장으로 돌아갔다.

를 잇는 남북 간 도로를 차단한 후 방향을 전환하여 쿠네이트라를 향해 진격하기 시작했다. 만약 제43기계화여단이 쿠네이트라를 점령한다면 북부 골란을 방어하고 있는 이스라엘군 제7기갑여단은 측후방과 보급로가 위협받는 심각한 상태에 직면하게 된다. 이 상황을 보고받은 제7기갑여단장 벤 갈 대령은 그가 신임하는 전차중대장 메이어 대위에게 시리아군 저지 임무를 부여하였다.

10월 7일 03:00시경, 메이어 대위는 우선 쿠네이트라 북동쪽에서 접근해 올지도 모르는 적에 대비하여 전차 2대를 도로 양옆에 매복시켜 후방의 안전을 확보한 후, 주력을 이끌고 신속히 남진했다. 약 5㎞를 남진한 후 그는 중대를 2개 팀으로 편성했다. 중대 주력인 A팀은 자신이 지휘하여 도로 옆에 일정한 간격을 두고 매복시켰고, 전차 5대로 편성된 B팀은 부중대장인 마요르 중위가 지휘하여 약 1.5㎞ 더 남진한 후 도로 옆에 매복시켰다. 부중대장 마요르 중위의 임무는 시리아군의 접근을 경고하고, 유인된 시리아군을 공격할 때 후미를 공격함과 동시에 퇴로를 차단하는 것이었다.

매복한지 얼마 되지 않아서 부중대장으로부터 시리아군 전차 40여 대가 접근하고 있다는 보고가 들어왔다. 시리아군 전차들은 마요르 중위의 전차들이 도로 옆에 매복해 있는 것을 모르고 그대로 지나갔다. 메이어 대위는 시리아군 전차들이 살상지대 안으로 완전히 진입했을 때 사격개시 명령을 하달하였다. 측방과 후방에서 기습적인 전차포 사격이 실시되자 시리아군은 완전히 혼란 속에 빠져 버렸다. 근거리 기습사격이라 대응사격도 제대로 할 수 없었고, 다급한 상황에서 서로 먼저 도피하려다 어둠 때문에 자기편 전차들끼리 충돌하기도 했다. 일방적인 전투는 45분간 계속되었다. 결국 시리아군 전차는 제대로 교전을 해보지도 못한 채 파괴된 20여 대의 전차를 남겨두고 도주하였다.[36] 이것으로서 시리아군 제43기계화여단은 쿠네이트라를 향한 진격을 포기하였고, 이스라엘군 제7기갑여단은 위기를 극복하였다.

새벽 무렵, 메이어 대위의 전차중대는 본대로 복귀하였다. 그들이 쿠네이트라 일대에 도착했을 때, 파괴된 채 버려져 있는 또 다른 시리아군 전차 10여 대를 목격할 수 있었다.

---

36) 전게서, 김희상, pp.516~517.

3) 남부 골란 정면(대규모 돌파구 형성)[37]

남부 골란 정면에서도 시리아군 제5보병사단의 강력한 압박이 가해졌다. 그들은 라피드 남쪽에서 주하데르 방향으로 돌파하려는 것이 확실했다.

날이 어두워지자 강력한 공격준비사격을 실시한 후 제2제대가 투입되었다. 제47기갑여단은 제1제대인 제12보병여단을 초월하여 주하데르를 향해 공격하고, 제132기계화여단은 제1제대인 제61보병여단을 초월하여 라마크 막쉬밈을 향해 공격했다. 라피드 이남지역은 대전차호가 구축되어 있지 않아서 시리아군의 초월 공격이 순조로웠다. 야간이기 때문에 시계가 제한되어 대부분의 전투는 근거리에서 전개되었고, 방어하는 이스라엘군 제188기갑여단(일명 '바락'여단)의 전력은 급격히 감소되어 갔다. 시리아군 보병의 새거 대전차미사일과 RPG-7 휴대용 대전차로켓발사기는 이스라엘군 전차에 큰 피해를 입혔다. 주하데르 도로 남쪽 전선은 이스라엘군 생존자들이 몇 명씩 무리를 지어 시리아군의 TAP 라인 도로 진입을 필사적으로 저지하는 가운데 서서히 와해되고 있었다. 퍼플라인 선상에 있는 요새거점들이 고립되기 시작했다. 결국 북부사령부는 요새거점의 철수를 허가했다. 그러나 대부분은 철수조차 어려워 고립된 거점에서 제각각 결사적인 저항을 계속했고, 그중 몇 개소는 4일 후 연결될 때까지 버티었다.[38]

밤이 깊어 가면서 이스라엘군 제188기갑여단은 심각한 위기에 처했다. 거의 궤멸 직전의 상태에 빠졌고, 나페크의 주지휘소에 있는 여단장 벤 쇼암 대령은 전선의 상황조차 제대로 파악할 수 없는 지경에 이르렀다. 벤 쇼암 대령은 상황을 보다 명확히 파악하고 일선부대를 근거리에서 직접 지휘하기 위해 전술지휘소를 주하데르에 설치하기로 결심했다. 그는 나페크의 주지휘소에 부여단장 이스라엘리 중령과 작전참모 카친 소령을 남겨두고 자신은 정보참모 도브 소령과 통신참모 하난 소령을 대동한 채 TAP 라인 도로를 따라 주하데르로 향했다. 전술지휘소 차량은 전차 1대와 반궤도 장갑차 1대로 구성되었고, 고전

---

37) 김희상, 『中東戰爭』, pp.517~521; 사이먼 던스턴, 『욤 키푸르 1973(1)』, pp.67~73을 주로 참고.

38) A10 요새거점에서는 약 1개 소대의 수비 병력이 압도적인 시리아군의 공격을 막아내고 있었다. 완전히 포위된 이 거점에서 유일하게 지원을 받을 수 있는 것은 175밀리 자주평사포 1개 포대의 화력지원뿐이었다. 이런 악조건 속에서도 수차례에 걸친 시리아군의 공격을 격퇴하고 4일 간이나 버티었다. 4일 후 연결되었을 때 거점 주변에는 수십구의 시리아군 사체와 파괴된 전차 7대가 널려 있었다.
　이스라엘군 요새거점의 소탕은 시리아군 제1제대 중에서도 전차를 후속하는 보병들의 책임이었다. 그러나 그들이 임무를 성공적으로 수행하지 못해 시리아군은 여러모로 전진의 장애를 받았다.

중인 제53전차대대에 탄약 및 물자를 보급하기 위한 보급대 차량들이 뒤따랐다.

벤 쇼암 대령이 출발하기 전, 중대장반 교육을 이수한 즈비카 중위가 그를 찾아왔다. 즈비카 중위는 어떤 키브츠 소속이었는데, 이 지역에 여행을 왔다가 전쟁이 발발했다는 소식을 듣고 항시 휴대하던 군복을 갈아입은 후 전투에 참가하겠다고 찾아온 것이다. 그런데 벤 쇼암은 확답을 하지 않고 출발했다.

벤 쇼암 대령이 주하데르에 도착하자마자 시리아군의 강력한 포병사격을 받았다. 시리아군 포격 때문에 꼼짝할 수가 없어 제53전차대대에 탄약 및 물자를 보급해 줄 수가 없었다. 벤 쇼암 대령은 무전으로 전방에 있는 제53전차대대장을 호출했다. 대대장 오데드 에레즈 중령의 보고를 받는 벤 쇼암 대령은 전방 상황이 얼마나 절망적인지를 깨달았다. 제53전차대대는 부대대장 아스카로프 소령이 이미 부상을 당해 후송되었고, 중대장들은 대부분 전사했으며, 대대장 주변에는 전차 1개 소대(3개)밖에 없었다. 또한 그동안의 격전으로 포탄이 소진되어 주위의 파괴된 전차에서 포탄을 주워 모아 전투를 계속하고 있는 상태였다. 이처럼 제188기갑여단은 곳곳에 2~3대씩 남은 전차를 가지고 시리아군의 압도적인 공격에 대항하고 있었는데, 이들 전차를 모두 합쳐봐야 15대 정도에 불과했다. 벤 쇼암 대령은 오데드 에레즈 중령에게 '전차 및 장갑차들이 1대씩 교대로 빠져나와 이곳 임시 보급소로 와서 탄약 및 물자를 보급 받으라'고 지시했다. 그러나 이 위험한 시도는 미처 시작하기도 전에 무산되었다. TAP 라인 도로를 따라 정찰 중이던 시리아군 전차 1대가 나타난 것이다. 시리아군 전차는 벤 쇼암의 반궤도 장갑차에 불과 수 미터까지 다가 왔다가 방향을 돌린 다음 사라졌다. 어둠속이기 때문에 피아 구분을 명확히 하지 못한 것 같았다. 지나치게 전선 가까이 왔다고 판단한 벤 쇼암은 함께 온 보급대를 여단 주지휘소가 있는 나페크로 돌려보내고 자신은 반격할 부대를 재편성하기로 결심했다. 이때, 시리아군의 전차는 텔 쿠드네 서쪽에 150대(제9보병사단에 배속된 제51독립기갑여단), TAP 라인 도로 입구에 60대, A9 및 A10 요새거점 일대에 140대가 전개하여 공격하고 있었다.

벤 쇼암은 전선의 병력을 철수시켜 방어태세를 재정리하려고 북부사령관으로부터 철수 허가를 받아냈다. 그러나 철수시킬 수 있는 병력이 없었다. 전선의 이스라엘군은 이미 시리아군에게 차단당했고, 자신들을 소탕하려고 하는 시리아군과 사투를 벌이고 있는 중이었다. 결국 벤 쇼암 대령이 할 수 있는 최선의 방법은 제1선 대대장인 오데드 에레즈 중령의 건의를 받아들여 그들에게 남아있는 12대의 전차를 텔 파리스에 집결시켜 고립방어를 실시하게 하는 것뿐이었다.[39] 그밖에 벤 쇼암 대령의 부대는 나페크 주지휘소에 있는 일부 병력과 TAP 라인 일대에 흩어져 있는 소수의 병력뿐이었다. 라피드~엘 알 도로와 그 주변 지역에서 진격하는 시리아군을 저지할 부대라고는 완전히 지휘계통이 상실된 일부 패잔병밖에 없었다.

이 무렵, 시리아군 제5보병사단의 제2제대인 제47기갑여단과 제132기계화여단은 3개 종대로 전개하여 진격하기 시작했다. 최북단의 종대는 TAP 라인 도로를 따라 전진하다가 예후디아~아리크교(橋) 쪽으로 방향을 전환하였고, 남진하던 종대는 라마트 막쉬밈에서 엘 알을 향해 전진하는 종대와 서쪽으로 전진하는 종대로 나뉘었다.

골란 남부의 제1선 병력과 단절되어 있는 벤 쇼암은 새벽이 밝아 올 무렵, 시리아군 대열이 진격하며 일으키는 먼지구름을 보았다. TAP 라인 도로 방향에서는 요란한 포성이 들려왔다. 그는 3개 방향에서 포위되었다고 판단했다. TAP 라인 도로를 이용해 나페크로 돌아 갈 수 없게 되자 그는 갈릴리호 동안이 내려다보이는 가믈라 언덕을 거쳐 우회하려고 출발했다.

이처럼 벤 쇼암 대령이 절망적인 상황에 처해 있을 때, TAP 라인 도로에서는 소수의 이스라엘군이 시리아군의 대규모 공격을 저지해 전선의 붕괴를 막아내는 기적 같은 일이 전개되었다. 젊은 즈비카 중위가 기적을 만들어 낸 것이다. 그는 벤 쇼암 대령이 전투에 참가하라는 확답을 주지 않고 전선으로 떠난 후 스스로 전투에 참가할 준비를 했다. 얼마 후 전선으로부터 전투 중 파손된 전차 4대가 승무원과 함께 견인되어 왔다. 그 중 3대는 일부 파손된 것만 정비하면 전투에 투입할 수 있었다. 즈비카 중위는 전사자와 부상자를 후송시킨 후 파괴된 타 전차의 승무원을 포함시켜 재편성을 실시하고 자신도 소대장 겸 전차장이 되었다. 그리고 파손된 전차를 정비병과 함께 정비한 후 탄약과 연료를 보충하는 등, 출동준비를 하였다. 부여단장 이스라엘리 중령은 그들을 '즈비카 부대'라는 호출 명을 부여한 뒤 TAP 라인 도로를 따라 전진하여 시리아군을 저지하라고 명령했다.

즈비카 중위는 21:00시경, TAP 라인 도로에 진입한 후 주하데르 쪽으로 전진하다가 매복하기 좋은 지형에 전차를 배치하고 시리아군을 기다렸다. 21:20분, 최초의 적전차가 나

---

39) 텔 파리스는 시리아군의 남부전진로 입구인 라피드의 도로를 통제할 수 있는 중요지형으로서 시리아군에게는 목의 가시 같은 존재였다. 그래서 오데드 에레즈 중령은 이 작은 고지를 최선을 다해 지킬 생각이었다.

타났다. 즈비카 중위는 적전차가 충분히 접근할 때까지 기다렸다가 근거리에서 기습사격을 하여 간단히 파괴한 다음 다시 TAP 라인 도로를 따라 전진했다. 그런데 몇 백 미터를 달린 후 뒤를 돌아보니 다른 전차들이 따라오지 않고 있었다. 타 전차승무원들은 이미 시리아군의 맹공에 혼이 난 일이 있었기 때문에 즈비카 중위처럼 무모할 정도로 용감하게 행동할 수가 없었다. 바로 이때, 시리아군 전차 3대가 전조등을 켠 채 이동해 오고 있었다. 재빨리 전투준비를 갖춘 즈비카 부대는 마음 놓고 달려오는 시리아군 전차를 근거리에서 사격하여 단숨에 격파해 버렸다. 그리고 다시 매복사격을 하기 좋은 지형을 찾아 소대를 배치했다.

약 30분이 지난 후, 30여 대의 시리아군 전차와 트럭이 마치 퍼레이드를 벌이는 것처럼 당당하게 TAP 라인 도로를 따라 북쪽으로 밀려들었다. 즈비카는 또다시 적이 아주 가까이 접근할 때까지 숨어서 기다렸다. 최초 사격은 불과 20m 거리에서 실시되었다. 지근거리에서 기습사격을 받은 시리아군은 큰 혼란에 빠졌다. 그 혼란을 틈타 즈비카 부대는 사격 후 숨고, 숨었다가 나타나서 쏘고, 그다음 다시 숨는 등, 어둠과 지형을 최대한 이용하여 시리아군을 공격했다. 약 10대의 시리아군 전차가 파괴되어 불타올랐다. 시리아군은 다수의 이스라엘군 전차가 매복해 있는 곳으로 판단하고 전진을 중지하였다. 그리고 뒤따라오던 보급트럭을 철수시키기 시작했다.

이처럼 젊은 중위가 믿을 수 없을 만큼의 전과를 올리며 용전하고 있을 때, 긴급히 동원된 제7기갑여단 소속의 전차 7대가 우지 중령 지휘 하에 도착했다. 그들은 동원이 되자마자 전장으로 달려온 최선두부대였다. 이로서 시리아군 제51기갑여단이 TAP 라인 도로를 따라 북진을 계속하는 것을 일시 저지할 수 있게 되었다. 만약 이때 시리아군 제51기갑여단이 TAP 라인 도로를 따라 북진을 계속했다면 골란고원 방어의 중심지이며 이스라엘군 제36기갑사단 사령부가 위치한 나페크가 조기에 함락되고, 북부의 제7기갑여단의 측후방이 노출되어, 이스라엘군 방어체제가 대부분 붕괴되었을 것이다. 실로 아슬아슬한 순간에 한 젊은 장교의 영웅적 행동에 의해 위기를 모면한 것이다.

이처럼 TAP 라인 도로에서는 기적적으로 시리아군의 진격을 일시 저지하였다. 그러나 기타 남부 골란 지역의 이스라엘군은 거의 궤멸 상태였다. 따라서 그 지역에 투입된 시리아군 제47기갑여단과 제132기계화여단의 진격속도는 그들의 행군 능력에 달려있다 해도 과언이 아닐 만큼 별다른 저항을 받지 않았다. 그런데도 그들의 진격속도는 빠르지 않았다. 새벽빛이 밝아 올 즈음에서야 시리아군은 멀리 갈릴리호의 전경을 내려다 볼 수 있었고, 동시에 호수 건너 멀리 티베리아스의 모습도 보였다. 시리아군에서는 가벼운 흥분이 일었다. 제47기갑여단장은 여단 주력을 이끌고 예후디아 도로를 향해 진격하고 있었으며, 제132기계화여단은 제47기갑여단 일부 부대와 함께 엘 알을 향해 진격하고 있었다. 그들은 이미 패배한 적을 향해 진격 중이었으며, 승리는 거의 눈앞에 다가와 있는 듯이 보였다.

다. 시리아군 제3제대 투입(종심목표 공격)

1) 남부 골란 전선

가) 이스라엘군의 필사적 대응[40]

10월 7일 새벽, 시리아군 제47기갑여단과 제132기계화여단이 서진을 계속하고 있을 무렵, 이스라엘군 지휘부는 그들 나름대로 이 위기를 타개하려고 모든 노력을 경주하고 있었다. 우선 다얀 국방부 장관이 북부사령부를 방문해 보고를 받았다. 북부 전선에서는 제7기갑여단이 시리아군의 공격을 저지하고 있었으나 남부 전선에서는 제188기갑여단이 붕괴되어 시리아군의 돌진을 저지할 부대가 없었다. 그래서 그는 남부 전선의 심각한 상황을 극복하기 위해 다음과 같은 몇 가지 대책을 지시하였다.

"우선 날이 밝는 대로 가용한 모든 공군력을 골란 전선에 투입하여 시리아군의 진격을 지연 및 저지시킨다. 그리고 골란 전선을 2개 전구로 나누어 베노트 야콥교(橋)~나페크~쿠네이트라를 잇는 주도로의 북부는 에이탄 준장이 지휘하는 제36기갑사단이 담당하고, 그 남부는 라이너 소장의 제240동원기갑사단이 담당한다."

다얀은 라이너 소장에게 가능한 모든 수단을 동원하여 요르단강에 이르는 모든 통로를 봉쇄하라고 지시했다. 이와 같은 조치를 하고 텔아비브로 돌아온 다얀 국방부 장관은 메이어 총리에게 '현 전선에서 물러나 요르단 계곡이 내려다보이는 골란고원 외곽까지 후퇴

---

40) 김희상, 『中東戰爭』, pp.522~524; 사이먼 던스턴, 『욤 키푸르 1973(1)』, pp.80~83; 田上四郎, 『中東戰爭全史』, pp.245~247을 주로 참고.

해야 하며 요르단강의 교량을 파괴할 준비를 갖추어야 할지도 모른다'고 보고하였다. 이 때 다얀 국방부 장관은 전선 상황을 무척 비관적으로 판단하고 있었다. 깜짝 놀란 메이어 총리는 결심을 하기 전 좀 더 정확한 상황을 파악하기 위해 과거에 참모총장이었던 바레 브 산업통산부 장관에게 골란 전선을 시찰 한 후 보고하도록 지시했다.

한때 북부사령관을 역임한 바 있는 라이너 예비역 장군은 10월 6일 13:00시경부터 제 240동원기갑사단 사령부를 편성하기 시작했다. 그리하여 22:00시경에는 사단사령부의 개략적인 편성이 완료되었다. 10월 7일 새벽에는 제240동원기갑사단에 제17기갑여단, 제19기갑여단, 제14보병여단, 제188기갑여단(일명 '바락'여단)[41]이 배속되었다. 제188기갑 여단장 벤 쇼암 대령이 가믈라 언덕에서 부테이하 계곡으로 내려올 때가 바로 이 무렵이 었다.

벤 쇼암 대령은 새로운 그의 지휘관인 라이너 소장에게 '즉각 나페크로 돌아가서 잔여부 대를 수습해 전투하겠다'고 건의했다. 그리고 그는 정보참모 도브 소령과 통신참모 하난 소령에게 뒤따라오라고 명령한 후 자신은 아리크교(橋)를 지나 북쪽의 나페크를 향해 달렸 고, 09:00시경, 그곳에 도착했다.

한편, 제17기갑여단은 먼저 도착한 부대를 여단장 란 사릭 대령이 지휘하여 예후디아 일대에서 시리아군과 전투 중이었고, 일부 부대는 시리아군의 남진을 저지하기 위해 엘 알에 배치되어 있었다. 미르 대령이 지휘하는 제19기갑여단은 갈릴리 호수 남단에서 골란 지역으로 진입하려는 중이었다. 제14보병여단장 이직크 비아 대령은 우선 집결된 전차 2개 중대를 이끌고 갈릴리 지역을 지나고 있었다.

라이너 사단장은 자신의 방어책임지역의 상황을 정확히 알 수가 없었다. 그래서 그는 사 단지휘소를 아리크교(橋)일대로 옮긴 후 곧바로 예하 여단장들에게 작전지시를 하달했다. 제14보병여단장에게는 최대한 빨리 가믈라 언덕으로 올라가 그곳을 확보하라고 지시했 고, 제19기갑여단장에게는 최대한의 속도로 엘 알 지역으로 달려가 병목(bottle neck)처럼 생긴 그곳의 협로를 신속히 장악하라고 지시했다. 때마침 동원된 제188기갑여단의 예비 역 전차대대 대대장이 전차 2개 중대를 이끌고 도착하자 라이너 사단장은 제14보병여단 과 제19기갑여단에 각각 1개 중대씩 배속해 전력을 보강시켰다. 이렇게 하여 시리아군에

---

41) 이때까지 제188기갑여단은 제36기갑사단에 배속되어 남부 골란 전선을 방어하고 있었는데, 제240동원 기갑사단이 남부 골란지역 방어를 담당하게 되자 배속이 변경된 것이다.

게 저항할 부대가 거의 없었던 골란 남부지역의 중요 통로인 엘 알의 협곡과 가믈라 언덕을 시리아군보다 먼저 장악함으로써 위기를 극복할 수 있게 되었다. 그러나 아직까지 그들 부대의 실제 병력은 얼마 되지 않아서 여단이라고 해봤자 2~3개 중대 정도밖에 되지

〈그림 6-9〉 시리아군의 제3제대 공격(10월 7일)

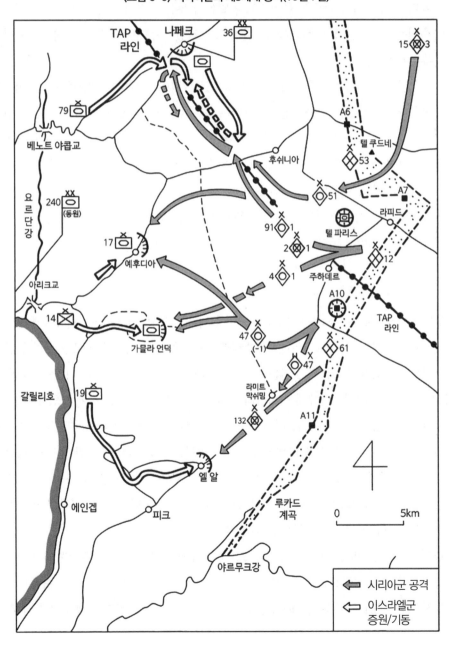

않았다. 다만 여단장이 그곳에 있다는 데 의의가 있었다.

이와 병행하여 예후디아 도로를 둘러싸고 절박한 사투를 벌이는 제17기갑여단에는 제36기갑사단 소속이지만 라이너 사단장이 지휘하게 된 사단정찰대 소속 전차를 급파했다. 제17기갑여단은 50대도 안 되는 전차로 시리아군의 2개 기갑여단(제47, 91기갑여단)을 상대로 예후디아~후쉬니아 가도를 둘러싸고 치열한 전투를 계속하고 있었다. 이스라엘군은 50대가 넘는 시리아군 전차를 격파했지만 연이은 격전에서 여단장 란 사릭 대령이 부상을 당해 후송된 상태였다.

라이너 사단장의 이어진 후속조치는 우리 오르 대령이 지휘하는 제79동원기갑여단을 투입하여 나페크에 있는 제36기갑사단 지휘소를 보호하고 나페크를 확보하도록 한 것이다. 그리고 라이너 자신은 시리아군의 맹렬한 포병사격을 받으면서도 사단의 교통헌병 역할을 수행하여 소대나 중대 단위로 도착한 부대들을 전선으로 보냈다. 이렇게 하여 10월 7일 12:00시까지 전선에 투입한 전차는 60대 정도였고, 황혼 무렵에는 그 수가 90대에 달했다. 상황은 여전히 혼미했지만 이와 같은 라이너 소장의 조치가 남부 전선의 붕괴를 막는 데 결정적인 역할을 했다.

나) 시리아군의 종심공격

시리아군 최고사령부는 북부 골란의 '눈물의 계곡'에서 이스라엘군이 완강하게 저항하고 있었지만, 남부 골란 전선에서는 이스라엘군이 패주하기 시작하자 모든 전력을 남부 골란 전선에 투입하여 지금까지 거둔 성과를 확대시키기로 했다 그리하여 10월 7일 아침, 최고사령부는 제1기갑사단에게 라피드의 돌파구를 확대하고 요르단강에 놓인 교량을 향해 돌진하라고 명령했고, 제3기갑사단의 제15기계화여단에게는 라피드와 텔 쿠드네 사이의 협곡을 통과한 후 나페크를 향해 돌진하라고 명령을 내렸다. 이에 따라 제1기갑사단의 제91기갑여단은 베노트 야콥교(橋)를 향해 돌진하고, 제46기갑여단은 아리크교(橋)를 향해 돌진했으며, 제2기계화여단은 제91기갑여단을 후속했다. 또한 제3기갑사단의 제15기계화여단은 후쉬니아~나페크 방향으로 공격했다.

제3제대가 투입되었을 때, 제2제대는 그들보다 앞서 가거나 또는 다른 방향에서 진격을 계속하고 있었다. 제5보병사단의 제47기갑여단 주력은 이미 가믈라 언덕과 예후디아를 향해 진격 중이었고, 제132기계화여단과 제47기갑여단의 일부 부대는 엘 알을 향해 진격

중이었다. 또 제9보병사단의 제51기갑여단도 전투를 벌이며 나페크로 진격하고 있었다. 이리하여 시리아군은 골란 남부에 약 600대의 전차를 전개시켜 공격을 계속했고, 이들과 맞선 이스라엘군은 텔 파리스에서 고수방어를 하고 있는 제188기갑여단(일명 '바락' 여단) 제53전차대대장 오데드 에레즈 중령의 전차 12대와 정전라인 일대에서 퇴로가 끊겨 고립된 소수의 요새거점 병력, 그리고 이제 막 골란고원에 투입되기 시작한 소수의 동원전차부대가 전부였다. 이제 시리아군의 제2제대와 제3제대가 공격기세를 유지하며 신속한 기동으로 요르단강의 교량을 점령하느냐, 아니면 이스라엘군이 소수의 동원전차부대일지라도 신속히 요르단강 동안의 주요 통로의 목 지점을 선점하여 시리아군의 진격을 지연 및 저지시키느냐의 경쟁만 남아있을 뿐이었다.

   다) 충돌, 격전[42]

   (1) 참렬(慘烈), TAP 라인 전투

   10월 7일, 날이 밝아오기 시작하자 라피드 및 주하데르 일대는 시리아군들로 가득 찼다. 마지막 남은 전차 12대로 텔 파리스에서 고수방어를 하고 있는 제188기갑여단 제53전차대대장 오데드 에레즈 중령이 근접항공지원을 요청했다. 얼마 후 시리아군을 폭격하러 날아온 이스라엘군 A-4 스카이호크 4기는 모두 지대공미사일에 피격되어 제53전차대대 장병들이 보는 앞에서 폭발했다. 뒤이어 날아온 두 번째 편대도 4기 중 2기가 대공미사일에 격추 당했다. 오데드 에레즈 중령은 더 이상의 근접항공지원 요청을 단념했다. 고립된 그들은 얼마나 더 버틸 수 있을지 알 수 없었다.

   한편, 제188기갑여단장 벤 쇼암 대령은 가믈라 언덕을 넘고 아리크교(橋)를 거쳐 09:00시경에 나페크에 도착하였다. 잠시 후 벤 쇼암 대령은 시리아군이 TAP 라인 도로와 거의 평행하게 뻗어있는 람타니아~신디아나~나페크로 통하는 도로를 따라 접근해 오고 있다는 보고를 받았다. 그들은 시리아군 제51기갑여단과 제1기갑사단의 제91기갑여단의 선두부대였다. 벤 쇼암 대령은 제7기갑여단으로부터 배속전환 된 제82전차대대의 부대대장에게 전차 6대를 이끌고 TAP 라인 도로를 따라 전진하여 후쉬니아에서 강력한 시리아군 기갑부대를 저지하라고 명령했다. 이 급조된 전차부대는 즉시 출동하여 후쉬니아 인근

---

42)   김희상, 『中東戰爭』, pp.524~528; 사이먼 던스틴, 『욤 키푸르 1973(1)』, pp.74~77; 田上四郎, 『中東戰爭
     全史』, pp.246~247을 주로 참고.

TAP 라인 일대에서 시리아군 전차와 교전을 벌였다. 벤 쇼암 대령도 즈비카 중위와 함께 전투중인 부여단장 이스라엘리 중령과 합류하기 위해 TAP 라인 도로를 따라 남하했다.

10:00시가 조금 지난 후 재차 공격을 개시한 시리아군은 2개 방향에서 접근해 왔다. 그들은 라피드 협곡에서 쏟아져 나와 나페크의 이스라엘군 제36기갑사단의 지휘소를 목표로 공격중인 제1기갑사단의 선두부대였다. 계속되는 교전 속에서 몇 대 안되는 이스라엘군의 급조된 전차부대는 거의 전멸 당했고, 마침내 부대대장 전차도 파괴되었다.

12:00시경, 급조된 전차부대의 생존 전차로부터 80여 대의 시리아군 전차와 교전중이라는 보고가 들어왔고, 곧 무전이 끊어졌다. 그리고 30분 뒤에는 시리아군 전차들이 나페크로부터 불과 3㎞ 떨어진 텔 아부 한지르 인근에 나타났다는 섬뜩한 보고가 들어왔다. 제36기갑사단장 에이탄 준장은 급히 제188기갑여단장 벤 쇼암 대령에게 TAP 라인 도로를 따라 나페크로 후퇴하여 저지진지를 준비하라고 명령했다. 이와 함께 부여단장 이스라엘리 중령에게는 후퇴중인 여단장을 엄호하라고 명령했다. 그러나 80여 대에 달하는 시리아군 전차를 당해 낼 수가 없었다. 마침내 이스라엘리 중령이 탑승한 전차는 포탄마저 바닥이 났다. 이스라엘리 중령은 이제 더 이상 시리아군을 저지할 수도 없고, 자신의 인생에 최후가 다가왔다는 것을 직감했다. 그는 TAP 라인 통로에서 전투중인 즈비카 중위에게 '시리아군 전차가 후방으로 우회하여 나페크로 전진중임을 알리고, 즉시 철수하라'고 지시했다. 그리고 자신은 전차를 몰고 적 전차와 충돌하려고 돌진하다가 시리아군 전차의 포격을 받고 전사했다.

한편, 부여단장의 운명을 알 수 없었던 벤 쇼암 대령은 서둘러 나페크로 후퇴하면서 이스라엘리 중령을 무전으로 호출했으나 응답이 없었다. 불행은 곧 여단장에게도 닥쳐왔다. 나페크에 있는 지휘소를 채 200m도 남겨두지 않은 지점에서 벤 쇼암 대령은 파손된 시리아군 전차 속에 남아있던 전차병이 발사한 기관총탄에 맞아 전사했다. 동행하던 작전참모 키친 소령도 역시 운명을 같이했다. 이처럼 제188기갑여단, 일명 '바락(번개)'여단의 지휘부는 최후까지 용전하다가 전사하였다. 다만 즈비카 중위만이 신속히 전투이탈을 하여 전속력으로 나페크를 향해 달려갔다.

⑵ 나페크 전투

시리아군 제1기갑사단의 선두부대는 벤 쇼암 대령이 전사한지 1시간도 지나지 않아 나페크를 공격했다. 이스라엘군 제36기갑사단 지휘소 요원들은 북쪽 출구로 급히 도피해 5㎞ 북쪽으로 지휘소를 옮겼다. 사단장 에이탄 준장도 13:15분, 사단사령부를 떠났다. 사단사령부 지역은 시리아군의 포격에 불바다가 되었다. 나페크의 제36기갑사단 사령부의 외곽 방어 책임자는 골라니 여단의 부여단장 피니 중령이었다. 그런데 시리아군 전차들이 외곽 철조망을 짓밟고 들어오자 피니의 부하들은 공포에 질려 달아나기 시작했다. 피니 중령은 3.5인치 대전차로켓포를 배치한 남쪽 출구로 뛰어갔다. 작전장교와 정보보좌관이 뒤따라 왔다. 남쪽 출구를 지키던 병사들은 도망갔지만 다행히 대전차로켓포는 그대로 있었다. 작전장교가 3.5인치 대전차로켓포 사수가 되고 피니 중령이 부사수가 되었다. 정보보좌관은 기관총 사수가 되었다. 시리아군 전차 1대가 200m 앞까지 다가왔을 때, 3.5인치 대전차로켓포를 발사했다. 대전차로켓탄이 시리아군 전차 조종수석에 명중하자 전차 승무원들이 탈출하기 시작했고, 그들을 향해 정보보좌관이 기관총을 난사했다.

시리아군 전차가 파괴된 직후, 잇달아 포성이 들려왔다. 뒤따라오던 시리아군 전차 2대와 라이너 소장이 제36기갑사단을 지원하기 위해 나페크로 보낸 제79동원기갑여단의 선발대 전차 간에 교전이 벌어진 것이다. 피지 중령과 그 일행은 이스라엘군 전차와 시리아군 전차들이 교전을 벌이기 시작한 외곽방어선의 남쪽 모퉁이로 달려갔다. 그곳에서 사격 위치를 잡은 대전차팀은 시리아군 전차 1대를 격파하고, 그 다음 전차를 조준해서 사격했으나 로켓탄이 빗나갔다. 그 시리아군 전차는 피지 중령의 대전차팀을 발견하고 사격을 하기 위해 포탑을 돌렸다. 위기일발의 순간, 갑자기 큰 포성이 울리고 시리아군 전차가 파괴되었다. TAP 라인 도로에서 전투이탈을 한 후 급히 나페크로 달려온 즈비카 중위의 전차가 사격을 한 것이다. 참으로 기적에 가까운 행운이었다.

제79동원기갑여단의 개입은 결정적이었다. 그들은 도착하자마자 시리아군 전차와 교전을 벌였고, 마침내 시리아군을 격퇴하였다. 나페크 주변 여기저기에는 파괴된 시리아군 전차들이 검은 연기를 내뿜으며 불타고 있었다. 즈비카 중위는 나페크 외곽진지 일대를 수색해 보았다. 시리아군이 물러난 것을 확인한 즈비카 중위는 전차에서 내려왔다. 그는 거의 20시간 동안이나 전투를 계속했기 때문에 매우 지쳐 있었으며, 더구나 부상까지 당한 상태라 즉시 병원으로 후송시키지 않으면 안 되었다.

나페크 주변의 시리아군을 몰아낸 제79동원기갑여단은 TAP 라인 도로를 따라 반격에 나섰다. 이로써 시리아군 제1기갑사단은 전략적으로 중요한 베노트 야콥교(橋)~쿠네이트라 간의 간선도로에 진입했음에도 불구하고 그 도로를 끝내 차단하지 못한 채 철수하고 말았다. 시리아군으로서는 승기를 놓쳤고, 이스라엘군은 위기를 넘긴 것이다.

이처럼 나페크에서 격전이 벌어지고 있을 무렵, 벤 쇼암 대령의 뒤를 따라 나페크로 향하던 제188기갑여단 정보참모 도브 소령과 통신참모 하난 소령은 베노트 야콥교(橋)를 지나 얼마 가지 않은 지역에서 뿔뿔이 흩어져서 후퇴해 오는 패잔병들과 마주쳤다. 패전의 공포에 빠져있는 그들의 모습은 처참하기 그지없었고, 그 어느 구석에서도 상승 이스라엘군의 면모는 찾아볼 수가 없었다. 그래도 다행인 것은 그들 중에는 포병과 다소 파손되기는 했지만 아직 사용이 가능한 전차가 포함되어 있었다. 도브 소령과 하난 소령은 그들이 타고 온 반궤도 장갑차로 도로를 가로막고, 패잔병을 수습하기 시작했다. 만일 이때 나페크가 함락된다면 베노트 야콥교(橋)에 이르는 도로상에는 시리아군을 저지할 어떤 병력이나 진지도 없었기 때문이다. 일단 패잔병을 수습한 도브 소령과 하난 소령은 베노트 야콥교(橋) 동쪽 알레이카 일대에 저지진지를 구축했다.[43]

⑶ 예후디아 및 가믈라 언덕 전투

한편, 예후디아에서는 이스라엘군 제17동원기갑여단이 시리아군 제47기갑여단 주력과 치열한 전투를 벌이고 있었다. 시리아군은 정면 돌파가 실패하자 측면공격을 시도하였다. 이스라엘군이 이에 맞서 전력을 측면으로 전환하자 격렬한 전차전이 전개되었다. 전투초기 제17동원 기갑여단장 란 사릭 대령이 부상을 당해 후송되었는데, 그 후 계속된 전투에서 대대장마저 부상을 당하자 선임중대장이 여단을 지휘하는 지경에 이르렀다. 그런 상황에서도 이스라엘군은 예후디아에서 물러서지 않았다. 이 전투에서 시리아군은 전차 및 장갑차 35대를 잃었다.

오후가 되자 시리아군 제1기갑사단의 주력부대들이 후쉬니아 남쪽에서 TAP 라인 도로를 가로지른 후 예후디아 도로를 따라 전진했고, 일부 부대는 가믈라 언덕으로 밀어닥쳤

---

43) 이에 앞서 나페크에 투입된 제79동원기갑여단이 시리아군을 격퇴하여 결국에는 그 저지진지가 무의미한 것이 되었지만, 패전의 충격을 받고 뿔뿔이 흩어져 후퇴하는 패잔병을 수습하여 다시 전투할 수 있도록 부대의 기능을 회복시키는 이스라엘군 장교들의 능력은 높이 평가받아야 마땅할 것이다.

다. 그들은 베노트 야콥교(橋)와 아리크교(橋)를 내려다 볼 수 있는 지역까지 도달하였다. 이 때 10㎞ 정도만 더 밀고 나가면 요르단강에 도달할 수 있게 되었다. 그러나 그들은 예후디 아에서 이스라엘군 제17동원기갑여단에 의해 저지되었다. 가믈라 언덕 쪽에서도 아침 일 찍 제188기갑여단(일명 '바락'여단)의 후속증원부대인 예비역 전차대대에서 증원된 전차 1개 중대가 오전에 시리아군 제47기갑여단의 1개 지대(支隊)를 격퇴시켰고, 오후에는 시리아군 제1기갑사단 제46기갑여단의 1개 지대(支隊)의 공격을 저지시켰다.

⑷ 엘 알 전투

전선의 가장 남쪽인 엘 알 지역에서의 이스라엘군 방어전투는 한층 더 성공적이었다. 이 스라엘군 제19동원기갑여단은 10월 7일 새벽, 엘 알에 도착했다. 이스라엘군에게 행운이 었던 것은 엘 알과 루카드 계곡 사이의 병목처럼 생긴 협로를 장악하고 방어준비를 완료 할 때까지 시리아군이 이 요충을 점령하려고 서두르지 않은 점이었다. 시리아군 제132기 계화여단과 제47기갑여단의 일부로 구성된 공격부대는 11:45분경부터 움직이기 시작했 다. 시리아군은 병목처럼 생긴 협로를 이스라엘군이 장악하고 있는 줄도 모르고 제47기갑 여단의 1개 지대(支隊)를 앞세우고 전진해 왔다. 그들이 협로에 완전히 들어왔을 때 이스라 엘군이 기습공격을 가했다. 시리아군 선도부대는 괴멸적인 타격을 입었다. 또 이 전투에 서 이스라엘군은 시리아군 제47기갑여단 부여단장 쿨툼 소령을 생포하는 의외의 전과를 올렸다.

협곡 통과에 실패한 시리아군은 이후 수차례의 파상공격을 실시하였다. 한밤중까지 계 속된 전투에서 이스라엘군 제19동원기갑여단은 시리아군의 공격을 저지하였다. 협곡 일 대에는 파괴된 시리아군 전차 25대가 널려있었다. 이리하여 10월 7일 일요일 밤이 깊어 가면서 이스라엘군은 독립전쟁 이래 가장 어려웠던 위기를 서서히 극복해 나가고 있었다. 시리아군의 공격력이 점차 한계점에 도달하고 있는 반면, 이스라엘군은 동원에 의해 전투 력이 매시간마다 증가하고 있었던 것이다.

이렇게 위기를 극복한 것은 이스라엘군의 처절한 항전과 동원전력을 신속히 투입하기 위한 그들의 피나는 노력 때문이기도 하지만 그에 못지않게 시리아군의 행동에 힘입은 바 도 컸다. 6일 전쟁의 패배를 잊을 수 없었던 시리아군은 말단 이등병에서부터 장군에 이르 기까지 어떤 상황에서도 상부의 명령 없이는 절대 물러서지 않겠다는 각오였다. 그 때문에 시리아군 중급장교들은 이스라엘군의 완강한 저항에 마주쳤을 때 우회공격이나 우회기동을 위한 전술적 후퇴를 거부했다. 또 그들은 유연한 상호협조를 통해 측면공격을 실시할 수 있었음에도 불구하고 정면돌파만 시도했다. 시리아군의 용맹은 칭찬받아야 마땅하지만 이러한 전술적 미숙함이야말로 이스라엘군에게 주도권을 넘겨준 근본원인이라 할 수 있겠다. 그리고 시리아군은 엘 알 통로에서 뿐만 아니라 모든 남부 전선에서 전진속도가 이해할 수 없을 만큼 완만하고 소극적이었다. 그것은 최초돌파공격 시의 기세와는 너무 대조적이었다. 그 이유는 최고사령부가 작전회의를 개최할 때 잘못된 지시를 내렸기 때문이지만 어찌되었던 간에 이스라엘군은 개전 초 충격에서 벗어나 시리아군을 밀어낼 수 있게 되었다.

2) 북부 골란 전선('눈물의 계곡' 전투)

10월 7일 08:00시, '눈물의 계곡'에 대한 시리아군의 공격이 재개되었다. 시리아군 제7보병사단의 제78기갑여단은 부스터 고지와 헤르모니트산(山) 사이, 폭 3㎞의 전선을 돌파한 후 헤르모니트 산기슭에서 와세트로 이어지는 와디(wadi)를 따라 종심 깊이 돌진하려고 했다. 이스라엘군 제7기갑여단의 제77전차대대(일명 'OZ'대대)가 시리아군의 공격을 가로막았다. 전투는 코앞에서부터 2,500m에 이르는 다양한 거리에서 전개되었다. 제7기갑여단장 벤 갈 대령은 전투 내내 제36기갑사단장 에이탄 준장과 교신을 유지하였고, 시리아군의 거듭된 돌파에 대응하기 위해 아무리 소규모라 할지라도 필히 전술적 예비대를 보유하였다. 전투는 4시간이 넘도록 계속되었다. 큰 피해를 입은 시리아군이 공격을 중지함으로서 종료되었다. 눈물의 계곡에는 시리아군 전차 및 장갑차량들의 잔해가 더 많이 남겨졌다. 이번 전투에서 격파된 전차들 위로는 연기기둥이 솟아올랐다.

22:00시, 시리아군은 대규모의 공격준비사격을 실시한 후 야간공격을 실시해 왔다. 시리아군 제7보병사단은 제3기갑사단(-1)의 지원을 받아 전력이 월등히 증강되어 있었다. 반면, 카할라니 중령이 지휘하는 제77전차대대의 가용전차는 40대에 불과했다. 전투는 주간보다 더 격렬하게 진행되었다. RPG-7 대전차로켓발사기를 휴대한 시리아군 보병들은 이스라엘군 진지를 우회하여 공격해 왔다. 야시장비를 장착한 시리아군 전차들이 50m 앞까지 다가왔다. 전투는 근거리에서 혈전이었으며, 10월 8일 01:00시경 절정에 달했다.

그러나 다수의 전차가 파괴된 시리아군이 더 이상 공격기세를 유지하지 못한 채 부상자를 후송하고 손상된 전차를 회수하면서 끝이 났다. 시리아군의 공격을 격퇴한 제77전차대대는 긴급히 탄약과 유류를 재보급하고 파손된 전차를 정비하기 시작했으며, 그러는 동안 포병이 시리아군에게 화력을 퍼부어 재보급 및 현장 정비활동을 엄호하였다.

라. 양군 수뇌부의 전쟁지도와 그 영향

1) 시리아군 (수뇌부 작전회의)

10월 7일 오후, 골란 남부에서의 종심공격이 이번 전쟁의 승패를 좌우하는 중요한 시점인데도 불구하고 시리아군 최고사령부는 전선 후방 40㎞ 지점에 위치한 카타나에서 수뇌부 작전회의를 열었다. 이 회의에는 틀라스 소장(국방부 장관), 요세프 샤쿠르 소장(참모총장), 나지 자밀 소장(공군사령관)을 비롯한 고위급 지휘관 및 참모들이 참석했다. 그런데 이 회의는 10월 전쟁의 결과에 중대한 영향을 미칠 결정을 내렸다. 귀중한 태양의 일광을 1시간 정도 더 이용할 수 있는 17:00시에 남부 골란 전선의 시리아군에게 '진격 중지' 명령을 내린 것이다.[44]

모든 부대가 그 명령에 복종하여 진격을 중지한 것은 아니었지만 종심공격부대임과 동시에 전과확대부대였던 제1기갑사단이 그 명령을 따랐다. 제1기갑사단의 주력이 제5보병사단과 함께 후쉬니아에서 진격을 멈춘 것이다. 또한 최남단에서 엘 알을 향해 공격하던 제5보병사단의 제132기계화여단과 제47기갑여단 일부도 도로상에 멈춰 섰다. 그 후, 시리아군이 진격을 재개했을 때는 요르단강에 닿을 수 있는 전기(戰機)가 사라져 버린 상태였다. 그렇다면 시리아군은 왜 이런 결정적인 시기에 진격을 중지했을까?[45]

그 이유는 대략 다음과 같이 추정해 볼 수 있다.

첫째, 국방부 장관이며 야전군 총사령관인 무스타파 틀라스 소장의 전략적·작전적 마인

---

44) 전게서, 사이먼 던스턴, p.84.

45) 이스라엘 측은 훗날 시리아군이 이런 결정을 내린 원인을 사상자가 너무 많은데 따른 대담함의 상실과 연료부족, 사기저하의 탓으로 돌렸다. 분명 시리아군의 연료 및 탄약 보급이 이스라엘 공군 때문에 어느 정도 방해를 받은 것은 사실이지만, 사기가 떨어졌다는 증거는 눈에 띠지 않는다. 상게서, pp.84~85.

드가 부족했기 때문이다. 정치군인이었던 그는 지휘소를 다마스쿠스와 전선의 중간 지점
에 설치함으로써 정치적 역할과 군사적 역할을 모두 수행하려고 했다. 그는 자신이 전선
을 직접 방문하여 상황을 파악하거나 작전을 지도하지 않고 오히려 전투가 중대한 고비를
맞이했을 때, 즉 일선 사단장들이 전투를 전술적으로 통제하고 있어야 할 결정적 순간에
전선 후방의 지휘소로 불러들였다. 결국 틀라스가 군사적으로 무능했기 때문에 전선의 상
황을 파악하지 못하고 잘못된 작전적·전술적 결심을 내린 것이다. 따라서 틀라스의 무능
과 지휘체계의 유연성 부족이 시리아군의 승리를 무산시켰다고 해도 과언이 아닐 것이다.

둘째, 격전을 치른 뒤 재편성을 실시할 필요성이 인식되었기 때문이다. 이는 나페크를
돌파하려던 시도가 모조리 저지당한 제1기갑사단의 선두부대에게는 그대로 적용된다.

셋째, 북부 전선의 '눈물의 계곡'에서 이스라엘군의 저항이 완강했던 만큼 남부 전선의
지휘관들과 최고사령부 수뇌들은 제1기갑사단이 북쪽으로부터 가공할만한 측방공격을
받을지 모른다고 판단했을 수도 있다.

마지막으로 엘 알로 진격하던 제5보병사단의 부대들이 좋은 기회를 제대로 활용하지 못
하고 공격을 일시중지한 것은 '교범대로'만 움직이려고 했기 때문인 것 같다. 시리아군은
지정된 진출선에 도착하면 이스라엘군의 저항이 없을지라도 자신들을 초월하여 공격할
후속부대를 기다렸다. 상황을 기준으로 한 융통성이 절대적으로 부족했던 것이다.

틀라스는 수뇌부 작전회의에서 일시적인 진격 중지 명령을 내린 것 외에 또 하나의 작전
적·전술적 실수를 저질러 상황을 더욱 악화시켰다.[46] 예비대인 제3기갑사단(-1)을 남부 전
선의 종심공격 및 전과확대부대로 투입하지 않고, 이스라엘군이 방어선을 유지하고 있는
북부 전선에 돌파부대로 투입하도록 한 것이다. 그는 이미 제3기갑사단의 1개 기갑여단을
제9보병사단지역에 투입했고, 나머지 사단(-1) 전력을 '눈물의 계곡'에서 전투중인 제7보
병사단지역에 투입시키는 최악의 결심을 하였다. 그 대가는 혹독했다.

2) 이스라엘군(바레브의 전선 방문)

10월 7일 아침, 골란 전선을 시찰하고 돌아온 다얀 국방부 장관은 메이어 총리에게 '요

르단강 동안(골란고원 서쪽 외곽)까지 후퇴해야 한다'고 건의했다. 깜짝 놀란 메이어 총리는 과거 참모총장을 역임했던 바레브 산업통상부 장관에게 조언을 구했고, 그에게 골란고원을 시찰한 후 보고하도록 지시했다. 메이어 총리는 골란 전선의 재앙이 갈릴리 지역에 파멸적인 결과를 가져올 수 있음을 분명히 인식하게 되었다. 바레브 장군은 즉시 군복으로 갈아입은 후 국방부 장관 다얀과 참모총장 엘라자르의 동의를 얻었다. 엘라자르는 필요하다면 참모본부의 이름으로 긴급명령을 내릴 수 있는 권한을 바레브에게 주었다.

10월 7일 20:00시, 바레브는 갈릴리호 북쪽 로쉬피나에 위치한 북부사령부에 도착했다. 사령부 내의 분위기는 무거웠다. 북부사령관 호피 소장은 라이너 사단과 펠레드 사단이 완전히 동원되기를 기다렸다가 반격으로 전환하겠다고 보고했다. 북부사령부가 상황을 더욱 암울하게 보고 있다는 것을 알게 된 바레브는 '동원을 신속히 집행하여 라이너 사단과 펠레드 사단을 전개시키라'고 지시한 후 곧바로 아리크교(橋) 부근에 지휘소를 설치한 라이너 사단을 찾아갔다. 그곳에서 사단 참모 및 여단장을 만난 바레브는 시리아군의 진격을 막을 수 있을 것이라는 확신을 가졌다. 바레브는 10월 8일에 실시할 반격작전에 관해 지시를 했다. 간결하고 설득력 있는 바레브의 지시는 참모 및 지휘관들의 침착함과 자신감을 되살렸다. 사기 면에서 본다면 바레브의 방문은 결정적 역할을 하였다. 이날 밤 늦게 텔아비브로 돌아온 바레브는 메이어 총리에게 시리아군의 진격을 저지할 수 있을 것이라고 보고했다.[47] 총리는 군사전문가가 자신의 눈으로 전선을 관찰한 보고를 듣고 안심했다.

이날 저녁, 펠레드 소장이 지휘하는 제146동원기갑사단의 선발대가 엘 알 도로로 나아갔다. 원래 펠레드 사단은 수에즈 전선에 투입될 예정이었기 때문에 참모총장 엘라자르는 골란 전선에 투입하기를 망설였지만, 바레브 장군의 북부사령부 방문을 계기로 골란 전선에 투입하기로 결정되었다. 처음에는 펠레드 사단의 배치를 둘러싸고 이견이 있었다. 베노트 야콥교(橋) 일대에 집결시키자는 안은 전차수송용 차량이 없다는 이유를 들어 펠레드 소장이 반대했다. 펠레드 사단의 전차는 이미 자력으로 장시간을 기동했는데, 베노트 야콥교(橋)까지 또 자력으로 기동할 경우 전차궤도에 너무 무리가 가서 실제 전투에 투입하기가 곤란해 질 수 있다는 말이었다. 그러면서 엘 알 축선을 따라 공격하겠다고 주장했다.

---

47) 전게서, 田上四郎, p.246.

이와 같은 남쪽 경로는 바레브의 지지에 힘입어 결국 북부사령관 호피 소장의 승인을 받았다.[48] 이처럼 바레브 장군의 전선 방문 후 북부사령부 및 예하 사단은 활기를 되찾고, 곧이어 대대적인 반격을 개시하려고 준비하였다.

3. 이스라엘군의 전선 수습(D+2~4일 : 10월 8~10일)

시리아군은 남부 전선에서 종심돌파에 성공하여 갈릴리호가 바라보이는 곳까지 진격했으나, 이스라엘군이 제240동원기갑사단(라이너 사단)의 동원전력이 도착하는 즉시 소부대 단위로 투입하여 진격로를 봉쇄한 결과 일시 공격이 돈좌되었다. 이에 시리아군은 10월 8일, 재공격을 실시하여 요르단강까지 진출하려고 시도하였다. 한편, 이스라엘군은 동원이 완료된 제146동원기갑사단(펠레드 사단)을 투입하여 제240동원기갑사단과 함께 공세행동을 실시하였다. 이리하여 남부 전선에서는 양군이 충돌하여 격렬한 전투가 전개되었는데, 결국 시리아군이 큰 피해를 입고 출발선으로 물러났다.

한편, 북부 전선에서는 시리아군이 수차례의 돌파공격을 실시했으나 이스라엘군 제7기갑여단에게 번번이 격퇴되었다. 이에 시리아군은 귀중한 예비전력인 제3기갑사단(-1)과 아사드 기갑여단을 북부 전선에 투입해 돌파를 시도하였다. 이에 대항하여 이스라엘군 제7기갑여단이 '눈물의 계곡'에서 혈전을 전개했지만 중과부적으로 돌파위기에 처했다. 이때 소규모의 재편성부대가 도착하여 위기를 극복했고, 시리아군은 공격을 중지했다. 이리하여 이스라엘군은 전선을 수습했고, 시리아군의 공격은 실패로 돌아갔다.

가. 북부 골란 전선

1) 10월 8일의 전투

10월 7일 22:00시, 시리아군 제7보병사단은 제3기갑사단의 증원을 받아 야간공격을 실

---

48) 전게서, 사이먼 던스턴, pp.85~86.

시했다. '눈물의 계곡'에서 전개된 이 전투는 혈전이었다. 그러나 막대한 피해를 입은 시리아군은 10월 8일 01:00시경, 공격을 중지하였다. 가까스로 시리아군을 격퇴한 이스라엘군 제77전차대대는 시리아군의 재공격에 대비하여 신속히 연료와 탄약을 보충하고 파손된 전차를 현장에서 정비했다. 10월 8일 04:00시, 시리아군이 공격을 재개했다. 그러나 이스라엘군의 저항을 극복하지 못하고 날이 밝아올 무렵, 시리아군은 공격을 중지하고 퇴각했다. 수많은 시리아군 전차와 장갑차량들이 파괴된 채 이스라엘군 진지 사이 또는 후방에 널브러져 있었다. 이스라엘군의 피해도 만만치 않았다.

10월 8일 주간에도 전투가 계속되었다. 시리아군은 위력수색을 하듯이 제7보병사단, 제3기갑사단, 아사드 기갑여단을 교대로 공격시켜 하루종일 산발적인 전투를 벌였다. 이러한 교전은 이스라엘군에게 막대한 타격을 주지는 못했지만 그들을 지치게 하는 데는 충분했다. 특히 시리아군 포병의 지속적이고도 격렬한 포격은 이스라엘군을 몹시 괴롭혔다. 50여 명의 병력손실은 대부분 포격에 의한 것이었고, 부상병도 상당히 속출했다. 2박 3일 동안 수면은 물론이고 식사조차 거의 하지 못한 이스라엘군 병사들은 완전히 기진맥진한 상태였다. 제7기갑여단은 최초에 개량형 센츄리온 전차 105대를 보유하고 있었는데, 그 중 절반 이상이 파괴되어 10월 8일 저녁에는 40여 대밖에 남지 않았다. 시리아군의 대규모 공격이 재개된다면 얼마나 더 버틸 수 있을지 불안한 상태였다.

몇 차례 공격에 실패한 시리아군은 야시장비가 장착된 이점을 활용한 대규모 야간공격을 준비하였다. 제7보병사단장 오마르 아브라쉬 준장은 남은 전차를 집결시키고 부대를 재편성하였다. 그는 강력한 포병사격 하에 제7보병사단과 제3기갑사단, 아사드 기갑여단의 전차를 제파식으로 투입하여 이스라엘군 진지를 돌파하려고 계획하였다. 그런데 10월 8일 황혼 무렵, 전차공격을 준비하던 아브라쉬 준장은 그가 탑승한 지휘전차가 이스라엘군 전차에서 쏜 APDS탄(Armor Piercing Discarding Sabot : 분리철갑탄)에 직격당해 불길에 휩싸이면서 목숨을 잃었다.[49] 이 용감한 사단장의 전사는 시리아군의 사기에 큰 영향을 미쳤고, 이날 야간공격은 10월 9일 아침으로 연기되었다. 이 사건으로 인해 이스라엘군 제77전차대대는 병력을 보충하고 파손된 전차를 정비할 뿐만 아니라 재편성된 증원부대를 투

---

49) 상게서, p.39. 제7보병사단장 아브라쉬 준장은 미 육군 지휘참모대학을 나왔다. 그는 역동적인 지휘관으로서 일선에서 부대를 지휘했으며, 때로는 이스라엘군이 구축한 대전차호 속에서 작전을 지시하기도 했다. 정치군인이 주류를 이루는 시리아군에서는 보기 드문 유능한 군인이었다. 만약 그가 전사하지 않았다면 10월 8일, 대규모 야간공격을 실시했을 것이며, 돌파에 성공했을 가능성이 높았을 것으로 판단된다.

입할 수 있는 귀중한 시간을 벌었다. 반면 시리아군은 유능한 지휘관을 잃음과 동시에 돌파할 수 있는 타이밍을 놓쳤다.

2) 10월 9일의 전투[50]

10월 9일 08:00시, 그 어느 때보다도 강력한 시리아군의 공격준비사격이 이스라엘군 진지를 강타했다. 강력한 포격에 뒤이어 09:00시부터 총력을 집중한 시리아군의 대공세가 시작되었다. 100여 대의 전차와 장갑차에 탑승한 기계화보병들이 헤르모니트산(山)과 부스터 언덕 사이의 '눈물의 계곡'으로 밀어닥쳤다. 제7보병사단뿐 아니라 제3기갑사단 주력과 아사드 기갑여단까지 포함된 공격집단의 기세는 마치 거대한 파도 같았다.

이스라엘군은 작은 구릉의 정상을 중심으로 방어하고 있었는데, 시리아군 포병이 퍼붓는 집중포화를 견딜 수가 없었다. 그래서 제7기갑여단장 벤 갈 대령은 제77전차대대에게 현 사격진지에서 500m 후방의 반사면으로 대피하라고 지시했다. 시리아군의 포격이 그치고 나면 다시 사격진지를 점령할 수 있는 시간이 충분할 것이며, 그렇다면 공격해 오는 시리아군 전차와 직접교전을 하는 데 문제가 없을 것이라고 판단했기 때문이다. 그런데 시리아군 전차는 포병사격이 연신되자마자 쏜살같이 달려와 제77전차대대가 배치되었던 능선을 장악했다. 이제 전투는 근거리에서 혼전 양상으로 변했다. 이때 엘 롬에 공중강습을 실시할 특공대원을 태운 시리아군 Mi-8 헬기들이 나타나 전차들이 난투극을 벌이는 능선을 덮칠 듯 스치며 서쪽으로 날아갔다. 그 직후 제36기갑사단장 에이탄 준장은 '시리아군 보병부대가 엘 롬 북쪽으로 진격하고 있는 중'이라는 보고를 받았다. 한편, 헤르모니트 산기슭의 와디(wadi)로 들이닥쳐 최전선을 통과한 아사드 기갑여단의 T-62 전차들도 엘 롬 방향으로 공격하고 있었다. 아사드 기갑여단이 엘 롬에 공중강습한 특공부대와 연결한다면 그들과 이스라엘 북부의 키르야트 쉬모나 사이를 가로막을 것은 아무것도 없었다.

제7기갑여단장 벤 갈 대령은 전장의 북쪽을 방어하던 제71전차대대(전력이 약 50%로 저하된 상태)에게 아사드 기갑여단을 저지하라는 명령을 내렸다. 대대장 메나헴 라테스 중령은 북단에 1개 소대(3대)만 남겨놓고 나머지 전력은 남쪽의 A3 거점 일대로 투입하여 아사드

---

50) 김희상, 『中東戰爭』, pp.531~533; 사이먼 던스턴, 『욤 키푸르 1973(1)』, pp.87~94; 田上四郎, 『中東戰爭全史』, pp.249~250; Chain Herzog, 『The War of Atonement』, pp.113~115를 주로 참고.

기갑여단을 저지하려고 했다. 그런데 남쪽으로 이동하던 도중 대대장 라테스 중령이 전사하였다. 벤 갈 대령은 제77전차대대장 카할라니 중령에게 제71전차대대의 잔여 병력까지 지휘하라고 명령했다.

카할라니 부대는 '눈물의 계곡'을 굽어보는 고지 위에서 15대의 전차로 사격을 계속하여 아사드 기갑여단을 간신히 저지했는데, 쌍방 간 교전거리는 500m 이하였다. 이렇듯 근거리에서 치열한 교전을 벌이고 있을 때, 시리아군 전차 몇 대가 이스라엘군 진지 후방으로 침투해 들어왔다. 제7기갑여단장 벤 갈 대령은 제36기갑사단장 에이탄 준장에게 '더 이상 지탱할 수 없을 것 같다'고 무선으로 보고했다.

> 벤 갈 대령 : 현재 부스타 정면에 시리아군이 공격 중. 여단이 진지를 유지할 수 있을지 의심스럽다.
> 에이탄 준장 : 잘 알았다. 그러나 진지를 고수하라, 고수하라! 30분간만 버텨라, 급히 증원부대를 보내겠다.

이스라엘군 전차승무원들은 4일 낮 3일 밤 동안이나 전투를 계속했고, 각 전차의 포탄도 평균적으로 4발정도만 남아있는 상태였다. 최초 전차 105대로 전투를 시작한 제7기갑여단은 이제 겨우 7대 밖에 남지 않았다. 에이탄 준장은 벤 갈 대령을 진정시키면서 곧 증원 병력이 도착할 것이라고 약속했다. 잠시 후, 시리아군은 버려진 이스라엘군 전차진지로 들이 닥쳤다. 시리아군이 승리를 거머쥐는 것처럼 보였다. 하지만 이때 양측 군대의 운명을 뒤바꿔놓는 또 하나의 엄청난 사건이 벌어졌다. 에이탄 준장이 약속한대로 이스라엘군 증원 병력이 도착해 전세가 역전된 것이다. 증원부대 지휘관은 벤 한난 중령이었다.[51]

새로 등장한 벤 한난의 전차부대는 부스터의 남동쪽 언덕으로 올라가 시리아군의 좌측방을 공격했다. 이때 부스터 지역을 방어하고 있던 제77전차대대의 잔여 전차 몇 대도 포

---

51) 제188기갑여단(일명 '바락'여단)의 제53전차대대장이었던 요시 벤 한난 중령은 전쟁발발 당시 히말라야에서 신혼여행 중이었다. 전쟁소식을 듣고 즉시 귀국한 그는 공항에 도착하자마자 전선으로 직행하여 여단에 복귀했다. 제188기갑여단은 여단장, 부여단장과 일반참모 대부분이 전사했고, 일반참모 중 정보참모인 도브 소령만이 생존하고 베노트 야콥교(橋) 동쪽 저지진지에서 부대를 재편성 중이었다. 도브 소령은 파손된 전차를 끌어모아 불철주야 야전응급정비를 실시한 결과 전투 가능한 전차가 13대로 증가되었다. 벤 한난 중령은 전차승무원을 편성한 뒤, 전차를 이끌고 나페크의 제36기갑사단 지휘소로 향했다. 사단장 에이탄 준장은 벤 한난 중령의 전차부대를 고전하고 있는 제7기갑여단의 전투현장으로 급파시켰다.

탄이 거의 다 떨어지다시피 했지만 벤 한난의 공격에 가세했다. 벤 한난의 부대는 최초 교전에서 시리아군 전차 약 30대를 격파했다. 이 공격은 시리아군에게 큰 충격을 주었다. 이스라엘군의 대규모 증원부대가 도착한 것으로 판단했는지 잠시 후 시리아군은 조금씩 뒤로 물러서기 시작했다. 퍼플라인 상의 이스라엘군 요새거점 중 고립된 채 생존해 있는 A3로부터 '시리아군 제7보병사단의 보급부대가 퇴각하고 있다'는 무전보고가 들어왔고, 이어서 '헤르모니트산(山) 중턱에 있는 전차부대도 퇴각하고 있다'는 보고가 들어왔다. 그동안 헤르모니트산(山)과 부스터 언덕 사이의 '눈물의 계곡'에서 악착같이 공격해 오던 시리아군 기갑부대는 거대한 먼지구름을 일으키며 후퇴하기 시작했다. 이스라엘군은 포병화력을 퍼부으며 조심스럽게 추격해 1967년의 정전라인을 회복했다.

에이탄 준장은 벤 갈 대령에게 "귀관이 이스라엘을 구했다"고 무전을 보냈다. 벤 갈 대령은 카할라니 중령에게 "귀관은 이스라엘 국민의 구세주다"라고 무전을 보냈다. 훗날, 벤 갈 대령은 이렇게 말했다.

"상대방이 어떤 처지인지는 알 수 없는 법입니다. 언제나 자기보다 나을 것이라고 생각하기 마련이죠, 시리아군은 성공의 기회가 사라졌다고 헛짚었던 게 분명합니다. 그들은 우리가 절망적인 상황이라는 것을 몰랐어요."

이스라엘군 제7기갑여단의 생존자들은 80시간동안이나 잠을 자지 못했고, 그중에서 50시간 이상은 전투를 계속했다. 이스라엘군은 '눈물의 계곡'에서 260여 대의 시리아군 전차와 100여 대의 장갑차, 그리고 140여 대의 차량을 파괴했다. 한편, 이스라엘군도 105대 전차 중 7대를 제외한 모든 전차를 잃는 피해를 입었다.

제7기갑여단이 담당한 방어지역은 정면이 15㎞, 종심이 3㎞ 정도였는데, 시리아군의 공격은 그중에서 약 9㎞ 정도의 정면에 집중되었다. 이스라엘군 전차는 수적으로 현저하게 열세했지만 효율적인 교전을 할 수 있도록 엄체된 사격진지가 준비되어 있었으며, 게다가 벤 갈 대령이 기동예비대를 적절히 운용했기 때문에 '눈물의 계곡'을 살상지대화 할 수 있었다. 그러나 벤 갈 조차도 전투의 처절함이나 실제로 겪게 될 전력의 차이, 그리고 그것 때문에 발생하는 육체적, 정신적 부담이 얼마나 큰지 미처 상상하지 못했다. 또한 격렬한 포화 속에서 처절했던 전투는 이스라엘군 전차지휘자(관)들이 해치를 개방하고 상체를 노출시킨 채 전투를 지휘하는 방식의 취약점을 여실히 증명했다. 아울러 '눈물의 계곡'에서 거둔 힘겨운 승리는 이스라엘군에게 골란고원에 닥친 중대한 위협에 직면하여 예비군을 적시에 동원하여 대응하지 못했다는 뼈아픈 경험을 남겼다.

한편, 시리아군도 이스라엘군에게 엄청난 피해를 안긴 포병화력의 위력을 제대로 알지 못해서 그 성과를 확대할 수 있도록 화력과 기동을 결합시키지 못했다. 또 엄청난 전술적 이점을 갖는 야시장비를 효율적으로 활용하지 못해 야간전투를 좀 더 유리하게 전개시키지 못함으로서 승리의 기회를 놓치고 말았다.

나. 남부 골란 전선[52]

1) 10월 8일의 전투

10월 7일 일요일 저녁, 시리아군 제1기갑사단장 투피크 주니 대령은 후쉬니아 인근에 보급 지원시설을 설치했다. 그는 내일(10월 8일) 요르단강을 향한 종심공격이 성공할 것이라고 확신했다. 같은 시각, 이스라엘군 북부사령관 호피 소장은 라이너와 펠레드 사단장에게 10월 8일 아침 반격을 개시하여 시리아군 돌출부를 제거하라는 명령을 하달했다. 라이너 사단은 나페크에서 후쉬니아로 남진하고, 펠레드 사단은 엘 알에서 주데하르~후쉬니아로 북동진하여 시리아군 돌출부를 협격하는 것이었다. 이를 위해 펠레드 사단에는 제9동원기갑여단, 제20동원기갑여단, 제70동원기갑여단, 제14동원여단이 배속되었고, 라이너 사단에는 제17동원기갑여단, 제79동원기갑여단이 배속되었다.

이날(10월 7일) 22:00시, 펠레드 소장은 갈릴리호 남단의 체마크에서 다음과 같은 공격명령을 하달했다.

"엘 알~라피드의 주공축선에서는 제9동원기갑여단이 공격을 선도하고 그 뒤를 제20동원기갑여단이 후속하며, 그 뒤에 제70동원기갑여단이 후속지원하면서 잔적 소탕과 우측 방인 루카드 계곡을 방호한다. 조공인 제14동원여단은 기바트 요아브의 가믈라 언덕을 출발하여 마즈라트 쿠네이트라~게슈르 나할을 경유해 후쉬니아로 진격한다."

이때 라이너 사단의 제79동원기갑여단은 TAP 라인 도로를 따라 신디아나~후쉬니아를 향해 남진하고, 제17동원기갑여단은 예후디아~후쉬니아를 향해 동진한다는 계획이었다.

---

52) 김희상, 『中東戰爭』, pp.534~541; 사이먼 던스틴, 「욤 키푸트 1973(1)」, pp.99~105; Chaim Herzog, 『The war of Atonement』, pp.125~127을 주로 참고.

- **시리아군의 공중강습 :** 10월 8일, 날이 밝아오자 시리아군이 먼저 행동을 개시하였다. 시리아군은 이스라엘군 제188기갑여단(일명 '바락'여단)의 일부 잔존부대가 고립방어를 하고 있는 텔 파리스에 공중강습을 실시하였다. 소수의 이스라엘군이 버티고 있는 텔 파리스 고지는 시리아군에게 '목의 가시'같은 존재였다. 공정부대를 태운 8기의 헬기 가 전투기의 엄호를 받으며 텔 파리스 산정에 강습착륙을 시도하였다. 그러나 텔 파리 스를 고수하고 있는 소수의 이스라엘군 전차의 사격에 의해 2기가 공중에서 파괴되었 고, 또 다른 2기는 착륙과 동시에 격파되었다. 이리하여 시리아군 공정부대의 공중강 습작전은 실패로 끝났다.

- **펠레드 사단의 반격 :** 시리아군의 공중강습이 실패로 끝난 직후인 08:30분, 펠레드 사 단은 공격을 개시하였다. 주공축선의 선도부대인 제9동원기갑여단이 엘 알에서 라 마트 막쉬밈을 향해 진격했지만 기대했던 만큼 진격속도가 빠르지 못했다. 전날(10월 7일) 엘 알을 공격했던 시리아군 제5보병사단의 제2제대인 제47기갑여단의 일부 부대가 진격로 곳곳에서 급편방어로 전환하여 이스라엘군의 진격을 저지하였기 때문이다. 그 래서 후속하던 제20동원기갑여단이 제9동원기갑여단을 초월하여 공격을 실시하였다. 그럼에도 불구하고 시리아군은 완강하게 저항하여 상황이 그다지 호전되지 않았다.

이 무렵, 조공축선으로 공격하던 제14동원여단은 시리아군 제47기갑여단의 주력부대 를 격파하면서 순조롭게 진격하여 라마트 막쉬밈에서 북쪽으로 뻗어있는 지선도로까지 진출한 상태였다. 그래서 펠라드 사단장은 주공축선의 부진을 타개하기 위해 제14동원여 단의 1개 대대를 남진시켜 라마트 막쉬밈에서 방어하고 있는 시리아군의 측방을 공격하 라고 명령했다. 그런데 그 대대장은 길을 잘못 들어 엉뚱한 곳으로 가고 말았다. 이렇게 되 자 제20동원기갑여단은 후속하던 1개 대대를 시리아군 우측방으로 기동시켜 측방공격을 실시하였다. 정면과 측면에서 동시공격을 받은 시리아군은 점차 붕괴되기 시작했다. 펠레 드 사단은 전술공군과 포병의 지원 하에 계속 압박을 가했고, 마침내 시리아군 제47기갑 여단은 패퇴하였다. 엘 알~라마트 막쉬밈 사이에는 파괴된 60대의 시리아군 전차가 널려 있었다.

라마트 막쉬밈을 확보하자 펠레드는 제20동원기갑여단은 그대로 텔 사키~주하데르 방

향으로 공격시키고, 제9동원기갑여단은 라마트 막쉬밈에서 북쪽의 지선도로를 따라 이동

〈그림 6-10〉 10월 8일의 전투

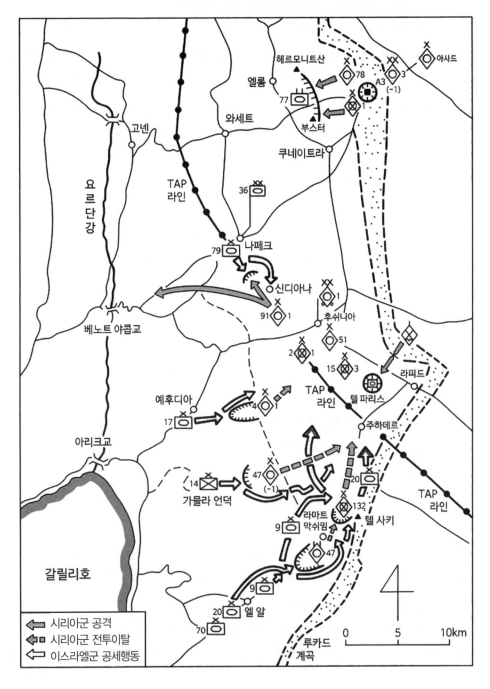

한 다음 제14동원여단의 좌측에서 공격하도록 계획을 일부 조정하였다. 그 결과 펠레드 사단은 3개 축선에서 3개 여단 병진으로 공격하게 되었다. 즉 제20동원기갑여단이 우측에서 주공, 제9동원기갑여단은 좌측에서 주공, 제14동원여단은 중앙에서 고착 및 견제의 조공 임무를 수행함으로서 양익포위를 하려는 것이었다. 그런데 포위의 일익을 담당한 제20동원기갑여단의 진격이 순조롭지 못했다. 제20동원기갑여단의 선두부대가 텔 사키에 도착했을 때 강력한 시리아군의 저항에 부딪친 것이다. 저항을 한 시리아군의 주력부대는 제2제대로서 전날(10월 7일) 제47기갑여단과 함께 엘 알을 공격했던 제132기계화여단이었다. 제132기계화여단은 강력한 포병의 지원을 받고 있었고, 제47기갑여단의 잔존 전차까지 가세해 있었다. 무엇보다도 위협적인 것은 새거 대전차 미사일을 탑재한 BMD-2 장갑차 3개 중대 및 106밀리 무반동총 2개 중대로 구성된 대전차대대가 배속되어 있는 것이었다.

　펠레드 사단의 제20동원기갑여단은 도로를 중심으로 종심 깊게 구축된 시리아군의 대전차 화망 때문에 고전을 면치 못했다. 그러나 오후 늦게 좌익에서 공격하던 제9동원기갑여단이 시리아군 방어부대의 측방으로 진출하여 타격을 가하자 상황이 변하기 시작했다. 정면과 측면에서 동시 공격을 받자 시리아군 제132기계화여단은 더 이상 버티지 못하고 동쪽으로 후퇴하였다. 이후 펠레드 사단은 꾸준히 전진하여 22:00시경에는 주하데르의 TAP 라인 도로를 확보하였다. 공격개시선으로부터 약 17㎞를 돌파한 것이다.

- **라이너 사단의 반격과 시리아군의 역공격** : 라이너 사단도 시리아군의 저항을 극복하며 진격하였다. 전날 전투에서 전력 소모가 컸던 제17동원기갑여단은 예후디아를 출발하여 동진하기 시작했는데 시리아군의 잇따른 매복공격을 받았다. 이로 인해 전력 소모가 극심해 나중에는 1개 전차대대와 1개 정찰대(제36기갑사단 소속인데 라이너 사단에 배속됨) 밖에 남지 않았다. 그럼에도 불구하고 후쉬니아 방향으로 힘겹게 전진을 계속했다.

　한편, 제79동원기갑여단은 나페크에서 TAP 라인 도로를 따라 남진을 개시했다. 그러나 나페크를 점령하기 위해 TAP 라인 도로를 따라 북진해오는 시리아군 제1기갑사단과 마주쳤고, 그들과 맞서 싸우느라 꼼짝할 수가 없었다. 시리아군 제1기갑사단장 주니 대령은 유능하고 추진력이 강한 지휘관이었다. 더구나 예하의 제91기갑여단장 샤피크 파야드 대령은 주도권을 행사하는 데 있어서 거침이 없는 공격적인 지휘관이었다. 그는 이스라엘군에게 고착당하지 않고 오히려 이스라엘군을 고착시켰다. 그는 나페크에서 TAP 라인 도로를 따라 남진해 오는 라이너 사단의 제79동원기갑여단을 일부 부대로 고착시키고, 주력은 나페크를 우회한 후 야지횡단을 실시하여 서쪽으로 돌진했다. 그리하여 제91기갑여단의 선두부대가 골란 전선의 이스라엘군 주보급창이 위치해 있는 스노바르 지척까지 진출했다. 요르단강에서 불과 5㎞ 떨어진 곳이었다. 이번 전쟁 중 시리아군이 가장 깊숙이 돌파한 정점이었다. 그곳에서 베노트 야콥교(橋)까지는 전차로 고작 10분 거리였다. 그러나 시리아군에게는 여기까지가 전진의 한계였다. 이스라엘군의 치열한 반격으로 인해 성과를 확대할 후속부대를 투입할 수가 없었던 것이다.

라이너 사단도 끈질기게 반격했다. 제17동원기갑여단은 가용전력이 얼마 되지 않았지만 부사단장 코히바 준장이 지휘하여 후쉬니아를 향해 계속 진격했으며, 제79동원기갑여단은 나페크를 공격하는 시리아군 부대에 대하여 역습을 실시하였다. 이때 제79동원기갑여단장 오르 대령은 골란 북부를 방어하고 있는 제7기갑여단으로부터 전차 1개 중대를 증원받았다. 오르 대령은 증원받은 전차중대로 하여금 나페크에서 TAP 라인 도로를 따라 남진하여 시리아군을 고착시키도록 하고, 자신은 여단 주력을 이끌고 신디아나로 향해 시리아군의 측방을 타격하였다. TAP 라인을 둘러싸고 벌어진 전투는 치열하였다. 이날 저녁때까지 계속된 전투에서 제79동원기갑여단은 적지 않은 손실을 입었지만, 신디아나를 점령하고 나페크 주변의 TAP 라인 도로를 완전히 장악하였다.

2) 10월 9일의 전투

이스라엘군 반격작전의 핵심은 후쉬니아 일대의 시리아군 제1기갑사단의 주력을 포위섬멸하고 1967년의 정전라인을 회복하는 것이었다. 이를 위해 라이너 사단의 제79동원기갑여단은 북쪽에서 람타니아를 거쳐 후쉬니아로, 제17동원기갑여단은 서쪽에서 TAP 라인 도로를 가로질러 후쉬니아로 공격하여 시리아군 제1기갑사단을 타격하는 망치(Hammer) 역할을 한다. 이때 펠레드 사단의 제20동원기갑여단 및 제14동원여단은 나란히 동진하여 라피드, 텔 파리스 등의 국경요지를 탈환하며, 이와 동시에 제9동원기갑여단은 북진하여 후쉬니아의 남쪽 및 동쪽을 차단해 모루(Anvil) 역할을 하는 것이다.

한편, 시리아군도 전술적 요충인 후쉬니아를 절대적으로 확보하기 위해 제1기갑사단을 중심으로 급편방어 준비를 하고 있었다. 후쉬니아 북쪽 람타니아 언덕에 제91기갑여단을 배치하여 강력한 대전차 방어진지를 편성하고, 서쪽에는 제2기계화여단을, 남쪽에는 제4기갑여단과 제5보병사단의 제132기계화여단을 각각 배치하여 이스라엘군의 공격에 대비하였다.

- **라이너 사단의 공격** : 이스라엘군의 공격은 03:00시에 개시되었다. 라이너 사단의 제79동원기갑여단은 시리아군의 집중포화를 무릅쓰고 람타니아의 동측면으로 돌진해 들어갔다. 람타니아 언덕에는 시리아군의 전차, 대전차포, 새거 대전차 미사일, RPG-7 등이 배치되어 농밀한 대전차 화망을 구성하고 있었다. 그래서 이스라엘군이 1보씩 전진할 때마다 혈전이 전개되었다. 전투는 하루 종일 계속되었고, 이날 밤이 되어서야 이스라엘군은 람타니아를 점령할 수 있었다. 온종일 계속된 격전으로 인해 제79동원기갑여단 장병들은 너무 지친 나머지 기진맥진한 상태였으며, 인명피해 또한 심각했다. 결국 여단장 우리 오르 대령은 더 이상의 공격을 중지하고 다음날 전투를 위해 후쉬니아를 건너다 볼 수 있는 람타니아 일대에서 재보급을 받은 후 재편성을 실시하였다. 한편, 서쪽에서 공격을 개시한 제17동원기갑여단은 초기에 산발적인 시리아군의 저항을 격파하면서 진격하였다. 그런데 TAP 라인 도로를 넘어서자 시리아군이 집중 포화를 퍼부었다. 격전의 격전을 거듭한 끝에 TAP 라인 도로를 돌파하여 후쉬니아 서쪽까지 진출하였다. 그러나 하루 종일 전투에 지친 제17동원기갑여단도 더 이상 진격하지 못하고 다음날 공격을 위해 재보급을 받고 짧은 휴식에 들어갔다.

- **펠레드 사단의 공격** : 우측에서 라피드 방향으로 공격을 개시한 제20동원기갑여단은 시리아군 제4기갑여단과 제132기계화여단을 밀어내면서 진격해 12:00시경에는 텔 파리스 근처에 도달하였다. 그런데 이때부터 시리아군의 저항이 매우 완강해지기 시작했다. 더구나 정전 라인을 넘어서 계속 증강되는 시리아군 부대가 제20동원기갑여단을 더욱 강하게 압박했다. 한편, 좌측에서 후쉬니아 방향으로 공격을 개시한 제9동원기갑여단은 11:00시경, 후쉬니아 남동쪽에 도착했다. 그런데 이들을 가로막은 길이 3㎞, 폭 1.5㎞의 능선에는 50여 대의 시리아군 전차와 다수의 대전차포 및 대전차 미사일이 배치되어 있었다. 제9동원기갑여단은 교전을 시작한지 10분 만에 선두 대대장

이 전사하고 다수의 전차가 파괴되어 공격이 돈좌됐다.

〈그림 6-11〉 10월 9일의 전투

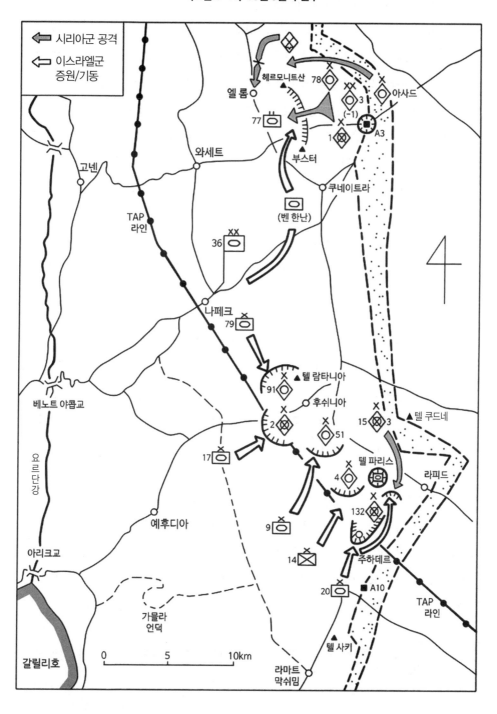

● **시리아군 제1기갑사단의 대응 :** 이때 시리아군 제1기갑사단 역시 어렵고 힘든 상황에 직면해 있었다. 이스라엘군의 포위공격 의도는 점점 명확해지고 있었다. 후쉬니아 북쪽과 서쪽에서는 라이너 사단이 공격해 오고 있었고, 남쪽에서는 펠레드 사단이 공격해 오고 있어 포위될 위험에 처해 있었다. 더구나 이스라엘 공군이 SAM의 위협을 거의 극복하고 맹렬한 폭격을 퍼붓기 시작했기 때문에 상황이 한층 더 악화되어 갔다. 북쪽을 방어하던 제91기갑여단은 라이너 사단의 제79동원기갑여단과 격전을 벌였기 때문에 전투력이 급격히 저하된 상태였다. 그렇다면 남쪽에서 공격해 오는 펠레드 사단을 타격해 그들의 진격을 저지시키는 것만이 파멸로부터 벗어날 수 있는 유일한 길이었다. 그래서 제1기갑사단장 주니 대령은 가용 전력을 총동원하여 펠레드 사단의 포위부대를 몰아내기 위한 작전에 들어갔다.

● **펠레드 사단장의 독전 :** 펠레드 소장은 공격이 부진한 상황을 타개하기 위하여 몇 가지 전술적 조치를 취하면서 독전에 나섰다. 우선 중앙 축선에서 공격하는 제14동원여단에게 '최대한 신속히 동진하여 후쉬니아~라피드를 있는 간선도로를 장악하라'고 독전하였다. 이는 사단 우측에서 공격하는 제20동원기갑여단에게 가해지는 시리아군의 압력을 완화시킴과 동시에 제20동원기갑여단의 좌측방을 방호하기 위해서였다.[53] 그리고 제20동원기갑여단에게는 '시리아군의 저항을 극복하고 텔 파리스에 고립된 제188기갑여단 제53전차대대의 잔존부대를 구출함과 동시에 동 고지를 점령하라'고 독전했다. 또한 제9동원기갑여단에게는 '후쉬니아 동쪽으로 공격을 재개하여 시리아군 제1기갑사단의 퇴로를 차단하라'고 명령했다.

제9동원기갑여단은 근접항공지원 및 강력한 포병화력의 지원을 받으며 공격을 재개했다. 후쉬니아 남동쪽 능선일대에서 처절한 혈전이 벌어졌다. 방어하는 시리아군도 필사적이었다. 그 누구도 패배해서는 안 되는 건곤일척의 전투였다. 어둠이 깃들기 시작하자 시리아군 보병의 침투공격이 시작되었고, 전투는 혼전 양상을 띠어갔다. 시리아군은 제3기갑사단의 제15기계화여단을 투입해 포위될 위험에 처한 제1기갑사단을 구출하려고 했다.

---

53) 그러나 텔 파리스에 잠복한 소수의 시리아군 병력이 10월 11일, 전멸할 때까지 화력을 유도하여 이스라엘군을 괴롭혔기 때문에 전술적 효과가 상쇄되고 말았다.

제15기계화여단은 라피드에서 돌파해 들어갔다. 그러나 텔 파리스 일대에서 펠레드 사단의 제20동원기갑여단에게 저지당했다. 전투는 밤새도록 계속되었다.

3) 10월 10일의 전투

펠레드 사단의 제20동원기갑여단은 시리아군 제15기계화여단의 공격을 저지하고 03:00시경, 라피드와 텔 파리스를 탈환했다. 이와 더불어 고립된 채 텔 파리스에서 고수방어를 계속해 온 제53전차대대의 잔존부대 및 퍼플라인 상의 요새거점 수비병들과 연결하는 감동적인 장면이 펼쳐졌다. 제20동원기갑여단을 후속하는 제70동원기갑여단은 루카드 계곡을 따라 우측방을 방호했으며, 중앙축선에서 공격하는 제14동원여단은 제20동원기갑여단의 좌측방을 방호했다. 이리하여 시리아군 제1기갑사단의 남쪽 통로는 완전히 봉쇄되었다.

04:00시경, 후쉬니아 남동쪽에서 혈전을 벌이던 제9동원기갑여단은 시리아군 제1기갑사단의 제2기계화여단 방어진지로 쇄도해 들어갔다. 근거리에서 처절한 전투가 반복되었다. 마침내 제9동원기갑여단은 후쉬니아 동쪽으로 통하는 도로 주변의 언덕을 장악했다. 이로서 후쉬니아 일대의 시리아군은 완전히 포위당했다. 그러나 제9동원기갑여단의 피해도 컸다. 텔 파즈라 고지를 점령했을 무렵, 전차의 1/3이 손실된 상태였다. 하지만 제9동원기갑여단은 텔 쿠드네를 향해 계속 동진했다. 그러나 곧 시리아군의 강력한 저항에 부딪쳤다. 텔 쿠드네는 시리아 영토였다. 펠레드 사단장은 북부사령관 호피 소장의 명령에 따라 제9동원기갑여단의 동진을 중지시키고 급편방어로 전환시켰다. 후쉬니아 일대의 시리아군을 포위 섬멸할 때 모루(Anvil)의 역할을 충실히 하도록 하기 위해서였다.

날이 밝을 무렵, 펠레드 사단의 제9동원기갑여단은 북쪽 및 서쪽에서 공격해 온 라이너 사단의 선견대와 연결하였다. 그러나 전투가 끝난 것은 아니었다. 망치(Hammer) 역할을 하는 라이너 사단의 제79동원기갑여단과 제17동원기갑여단은 포위망 속의 시리아군을 소탕 중이었으며, 소탕전은 11:00시 경이 되어서야 끝이 났다. 시리아군의 잔존 병력은 정전 라인을 넘어 동쪽으로 빠져 나갔고, 어둠이 깃들 무렵에는 정전라인 서쪽에서 단 1개의 시리아군 부대도 찾아볼 수 없었다.

격전이 끝난 후쉬니아 일대는 군사 장비의 거대한 묘지 같았다. 파괴되거나 불타버린 전차 및 장갑차, 야포 등 각종 차량들이 여기저기 널려있었다. 시리아군 제1기갑사단의 2개 여단이 이곳에서 괴멸된 것이다.

북부전선의 시리아군 공격도 좌절되었다. 양군 공히 1967년의 정전라인을 따라 다시 교착된 전선을 형성하였고, 온종일 격심한 포격전만 오갔다.

10월 10일은 오히려 항공전의 날이었다. 후방지역의 주요 도시 방공임무만 수행하던 시리아 공군이 증대되는 이스라엘군의 위협에 대처하기 위해 마침내 출격을 단행했고, 이에 따라 골란 상공에서는 개전 이래 최대의 공중전이 전개되었다.

결국 10월 6일 개시된 시리아군의 소련식 공세는 완전한 패배로 끝났고, 다시 출발선으로 되돌아 왔다. 불과 며칠 사이에 시리아군이 치른 대가는 엄청났다. 골란고원 일대에는 상당수의 T-62 전차를 포함한 860여 대의 전차, 수백여 대의 장갑차, 야포 수백여 문 등, 헤아리기 힘들 정도의 수많은 차량들이 파괴되거나 버려졌다. 한편, 이스라엘군은 독립전쟁 이후 최대의 위기를 간신히 극복하고 반격작전에 성공함으로써 전쟁의 주도권을 확보하였다. 이제 어떻게 전쟁을 종결시킬 것인가 하는 문제만이 남았다.

다. 이스라엘 공군의 활동

이스라엘 공군은 전쟁에 돌입하면서 자신들이 지상군에게 필수적인 근접항공지원 능력을 보유하고 있다고 확신했다. 그러나 개전 수 분만에 A-4 스카이호크가 SA-6에 격추당하자 큰 충격에 휩싸였다.

아랍 측의 통합방공체계는 개전 이틀 만에 시나이와 골란 전선에서 이스라엘군 항공기 50여기를 격추시켰는데, 이것은 이스라엘 공군 일선 전력의 15%에 달하는 수치였다. 이스라엘 공군은 저공비행을 하는 데 위협을 주는 SA-6와 ZSU-23-4 자주식 대공기관포에 대처하기 위해 우회 비행, 샘 송(SAM Song) 경고체계, 플레어 및 채프 살포, ECM 사용 등, 다양한 대처 방법 및 폭넓은 전술을 구사하며 항공기를 계속 출격시켰다. 그러나 이스라엘 공군은 전쟁 전까지 SA-6의 주파수를 파악하지 못하고 있었으며, 그 후 이를 찾아내어 항공기들이 사용 중인 ECM 포드를 적절히 조종하는 데도 시간이 걸렸다. 더구나 그것으로 레이더 유도는 무력화 시킬 수 있었지만 광학조준기에는 영향을 줄 수가 없었다. 또한 전쟁 첫날, 헤르몬산(山)의 관측소와 레이더 기지를 시리아군에게 탈취 당함으로서 문제가 더욱 복잡해졌다.

〈그림 6-12〉 10월 10일의 전투

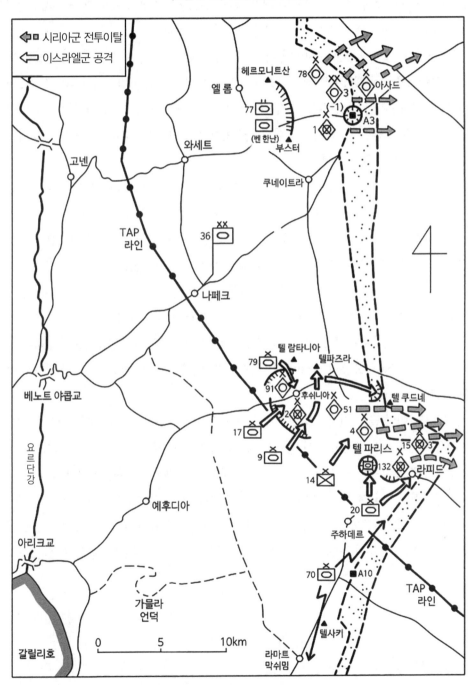

이스라엘 공군은 개전 초, 이틀간 입은 손실 때문에 근접항공지원과 SAM 기지 공격의 템포를 늦춰야만 했다. 근접항공지원과 SAM 기지 공격은 혹독한 대가를 요구했다. 근접항공지원을 계속할 수 없을 정도로 피해가 속출하고, 한 작전에서는 시리아군 SAM 진지 1개소를 파괴하는 데 무려 6기의 전투기가 격추되기도 했다.

10월 8일, 이스라엘 공군은 시리아 비행장을 공격해 대부분을 사용 불능으로 만들어 버렸다. 다마스쿠스 국제공항도 폐쇄되었다. 10월 9일에는 F-4 팬텀 8기가 다마스쿠스의 시리아 공군사령부를 폭격했다. 이 작전에서 팬텀 1기가 손실됐다. 제2파의 공격은 다마스쿠스 상공을 뒤덮은 구름 때문에 실시하지 못하고, 그 대신 후쉬니아 인근의 시리아군 집결지를 타격하는 임무로 전환했다.

이에 대응하여 시리아군도 10월 9일, 이스라엘의 라마트 다비드 공군기지 등, 지상목표를 향해 10여기의 프로그 지대지 미사일을 발사했다. 이후 이스라엘군은 공군력 운용 방향을 전환하면서 그 일환으로 전략폭격을 더욱 강화했다. 이스라엘 공군은 새로운 침투경로를 확보하고, 이스라엘 인근의 다른 아랍 국가들에게 경고하기 위해 시리아군 방공망과 연계된 레바논의 바루크 레이더 기지를 파괴했다. 이어서 시리아 정유산업과 전력발전체계에 대대적인 공격을 가했다. 바니아스 원유수출항(港)과 홈스의 정유시설, 그리고 시리아 전역의 유류저장소가 주요 표적이었다. 이처럼 시리아의 전쟁수행능력을 좌우하는 전략기간시설을 파괴함으로써 시리아 국민들에게 더 이상 전쟁을 계속해서는 안 된다는 여론을 불러일으키려고 했다.

한편, 시나이와 골란 전선에서 고전 중이던 10월 9일 아침, 이스라엘 전시내각은 핵무기 사용 가능성을 비롯하여 보다 강력한 항공공격을 실시하는 문제를 논의하였다. 이 논의의 기록 중 일부는 다얀과 메이어가 '이스라엘군 미사일에 핵탄두를 장착할 것과 텔 노프 공군기지의 F-4 전투비행대대에 핵무기를 탑재할 것을 명령했다'고 진술하고 있다.[54] 이는 미국이 이스라엘에게 무기를 보다 신속하게 공급해 주도록 하기 위한 술책일수도 있다. 실제로 미국의 무기수송은 10월 13일 밤의 대규모 공수를 필두로 본격화 되었다.

---

54) 전게서, 사이먼 던스턴, p.98.

4. 이스라엘군의 반격과 정전(D+5~16일 : 10월 11~22일)

가. 이스라엘군 수뇌부의 결단

1967년 정전라인까지 진격한 이스라엘군은 '계속 공격할 것인가, 아니면 방어로 전환할 것인가'하는 문제에 당면했다. 이에 대한 결단을 내리기 위해 10월 10일 밤, 이스라엘군 참모본부에서는 열띤 논의가 벌어졌다. 엘라자르 참모총장은 '시리아군을 무력화시키기 위해 공격을 속행해야 한다'고 단호하게 주장했고, 다얀 국방부 장관은 '월경(越境) 공격은 소련의 개입을 초래할 가능성이 있으므로 적절치 않다'고 말했다. 두 가지 모두 나름대로 설득력 있는 논거가 있었다. 계속 공격을 주장하는 측의 논거는 다음과 같았다.

첫째, 시리아를 무력화 시켜야만 안심하고 시나이 전선으로 전력을 전용할 수 있다.

둘째, 10월 10일, 이라크가 2개 기갑사단을 시리아에 파견하겠다고 발표했는데, 그 부대가 도착하면 아랍 측의 공격능력은 대폭적으로 증강된다. 또한 요르단도 10월 10일, 예비역을 소집하고 '전쟁수행'을 위한 자원을 동원중이라고 발표했으므로 요르단이 개입할 가능성이 커졌다.

셋째, 소련의 재보급에 의해 시리아군 전력이 급속히 회복되고 있다. 따라서 신속히 공격을 재개해 시리아군을 무력화시키지 않으면 안 된다.

이에 반해 시리아 영토 안으로 진격해 들어가서는 안 된다는 이유는 다음과 같았다.

첫째, 이스라엘군이 다마스쿠스를 위협할 경우 소련이 개입할 수 있다.

둘째, 3중으로 구축된 시리아군 방어선과 다마스쿠스를 향한 주공격 축선에 가로놓인 거친 용암지대를 극복하는 과정에서 소모전에 휘말릴 수 있다.

논란을 거듭한 끝에 도출된 결론은 '정전라인을 넘어 공격을 계속하되 20㎞를 돌파한 후 방어태세로 전환함으로써 다마스쿠스를 장사정포 사정권내에 둔다'는 것이었다.[55] 이러한 절충안은 소련의 개입을 초래하지 않으면서 시리아에게 치명적인 패배를 안겨줄 것으로 판단되었다. 다얀 국방부 장관은 10월 10일 밤늦게 메이어 총리에게 '한정적 공격안'을 보고하고 재가를 받았다. 공격개시일은 10월 11일로 결정되었다. 한편, 북부사령부

---

55) 상게서, p.108

에서는 '계속 공격하라'는 명령이 하달될 것에 대비하여 사전에 몇 가지 방안을 검토한 상태였다.[56]

- **제1안** : 북부 골란 지대에서 최단거리 직선 접근로인 쿠네이트라~사사~다마스쿠스 방향으로 진격해 수도를 직접적으로 위협한다. 이럴 경우 시리아군은 수도를 방어하기 위해 이 축선에 전력을 집중시킬 것이므로 시리아군 주력을 격파할 여건이 조성된다. 이 방안은 헤르몬산(山) 줄기에 의해 좌측방의 방호를 받는 유리점이 있지만, 소련의 개입을 초래할 위험성이 크기 때문에 이를 회피할 대책이 필요했다.
- **제2안** : 남부 골란 지대에서 다마스쿠스 남쪽 방향으로 공격해 다마스쿠스~데라를 잇는 간선도로를 차단하고, 이라크군과 요르단군이 합일(合一)하는 것을 저지한다. 이 방안은 다마스쿠스 남방의 견고한 시리아군 방어진지를 회피할 수 있지만 주보급로가 신장되는 약점이 있었다.
- **제3안** : 북부 골란 지대에서 동남 방향으로 공격해 퍼플라인 동쪽에 집결중인 시리아군 제9보병사단과 제5보병사단을 포위 격멸한다. 이 방안은 제2안의 유력한 대안으로 검토되었다.
- **제4안** : 골란고원의 모든 전선에서 공격을 실시하여 점령지역을 확대함으로써 전략적 방어종심을 증가시킨다. 이 방안은 장차 시리아군이 요르단 계곡에 대한 공격을 실시해 올 경우 이를 저지하는 데 상당히 효과적이다. 그러나 점령지역을 확보 및 유지하기 위해서는 막대한 병력이 소요된다.

10월 10일 밤늦게 '공격 속행'의 준비명령을 수령한 북부사령관 호피 소장은 제1안(북부 골란 지대에서 공격)을 건의하여 참모본부의 승인을 받은 후, 즉시 세부계획을 수립하기 시작했다. 작전의 핵심은 골란 중·남부에서 절약한 전력을 골란 북부에 집중시켜 공격을 실시함으로써 다마스쿠스에 위협을 가하는 동시에 시리아군 주력을 불리한 전투로 끌어들이는 것이었다. 이를 위해 펠레드 소장이 지휘하는 제146동원기갑사단은 퍼플라인을 따라 중·남부 골란 지대에서 급편 방어를 실시하고, 에이탄 준장이 지휘하는 제36기갑사단과

---

56) 전게서, 田上四郎, p.252.

라이너 소장이 지휘하는 제240동원기갑사단이 북부 골란 지대에서 다마스쿠스 방향으로 공격을 하도록 계획하였다.

호피 소장은 시리아군에게 재편성 및 전력을 회복할 시간을 주지 않으려고 했다. 그러나 그것은 양날의 칼이었다. 이스라엘군 또한 부대를 재편성하고 병력과 장비를 보충할 시간이 부족한 상태에서 공격에 나선다는 뜻이기 때문이다. 제36기갑사단의 주공격부대는 벤 갈 대령이 지휘하는 제7기갑여단이었다. 이 부대는 지난 며칠 동안 치열한 방어전투에서 막대한 피해를 입어 전력이 극도로 저하된 상태였다. 그러나 밤낮을 가리지 않고 파손된 전차를 수리했을 뿐만 아니라 벤 한난 중령이 지휘하는 부대와 제188기갑여단의 생존자들, 그리고 아모스 카츠 중령이 지휘하는 예비전차대대가 증원됨으로써 어느 정도 전력을 회복할 수가 있었다. 라이너의 제240동원기갑사단은 제17동원기갑여단과 제79동원기갑여단에 추가하여 펠레드의 제146동원기갑사단에서 제19동원기갑여단을 배속전환 받아 전력을 증강시켰다.

호피 소장은 헤르몬산(山) 남쪽 지역은 지형이 험악하여 기갑부대운용이 매우 곤란했기 때문에 시리아군도 그 지역에 대한 방어가 소홀하다는 것을 정확히 꿰뚫어 보고 있었다. 그래서 그는 시리아군의 취약점을 이용하기 위해 먼저 에이탄의 제36기갑사단을 투입해 헤르몬산(山)기슭의 마즈달 샴스~마즈라트 베이트 잔 축선으로 공격시키고, 2시간 후에 라이너의 제240동원기갑사단이 쿠네이트라~다마스쿠스의 간선도로를 따라 공격하도록 계획하였다. 최초 단계에서는 좌측의 제36기갑사단이 주공이지만, 일단 돌파가 이루어진 다음에는 제240동원기갑사단이 주공이 되어 다마스쿠스 가도(街道)를 따라 독자적으로 돌파를 실시하고 이를 확대할 계획 이었다. 공격개시 시간은 재편성 및 명령을 하달할 수 있는 시간을 고려하고, 또 공격 초기에 전차포수들의 시야가 태양의 영향을 받지 않도록 10월 11일 11:00시로 결정하였다.[57]

---

57) 이른 아침일 경우에는 동쪽에서 떠오르는 태양의 빛을 마주보고 싸우게 됨으로서 전차 포수들이 사격하는 데 불리했다.

나. 곤경에 처한 시리아

한편, 시리아군 최고사령부도 만신창이가 된 육군을 간신히 수습하여 이스라엘군의 공격에 대비하고 있었다. 시리아군은 정전라인부터 다마스쿠스 사이에 구축된 3개의 방어선 중, 정전라인 동측의 제1방어선에 대부분의 전력을 배치하였다. 최북단에는 제7보병사단(-1)과 모로코 원정여단을 배치하였고, 쿠네이트라 동쪽 정면에는 제3기갑사단(-), 중앙지역에는 제9보병사단(-), 중남부지역에는 제1기갑사단(-), 남부지역에는 제5보병사단(-)이 각각 배치되어 있었다. 그리고 사사 동측에 남북으로 구축된 제2방어선에는 최고사령부 예비인 아사드 기갑여단과 제62독립기갑여단을 배치하여 다마스쿠스로 가는 도로를 통제하였다. 그러나 SAM의 암호를 해독한 이스라엘 공군이 시리아군 및 국가기간시설에 대하여 전술적·전략적 폭격을 계속하자 시리아군은 전투력 복원 및 방어태세를 강화하는 데 큰 지장을 받았고, 소련의 재보급 활동도 방해를 받았다. 이렇게 되자 시리아 수뇌부의 당혹감도 점점 커져갔다.

결국 아사드 대통령은 사다트 이집트 대통령에게 도움을 호소했다. 하지만 이러한 호소는 불과 며칠 전 시리아군이 골란고원 서쪽으로 진격하던 유리한 시점에서 아사드가 소련을 통해 정전협상을 시도한 사실이 드러나면서 진정성을 상실하고 말았다. 사다트는 이미 수에즈 동안에 거점을 확보한다는 자신의 전략목표를 달성했기 때문에 시리아를 위한 군사행동에 나설 의향이 없었다. 하지만 시리아가 점점 더 심한 압박을 받게 되자 가만히 있기가 어려웠다.[58] 다른 아랍 국가들도 곤경에 처한 시리아를 외면할 수 없었다. 모로코는 전쟁이 시작되기 전에 이미 1개 여단을 파견한 상태였고, 이라크는 2개 기갑사단을 파견하여 지원하겠다고 발표했으며, 요르단도 움직이기 시작했다. 또 소련의 재보급 활동도 더욱 활발해졌다. 이리하여 시리아는 아랍 국가들의 지원에 실낱같은 희망을 품고 총력을 기울려 이스라엘군의 반격에 대비하였다.

---

58) 10월 14일에 실시한 시나이에서의 이집트군 대공세는 곤경에 빠진 시리아를 도와주려고 했던 이집트군의 행동이었다. 그러나 그것은 이집트의 자충수가 되고 말았다. SAM 우산 밖으로 공세행동에 나선 이집트군 기갑부대는 막대한 피해를 입었고, 이후 이집트는 주도권을 상실하였다. 또한 희생한 보람도 없이 골란 전선에서 이스라엘군의 압박은 감소되지 않았다.

다. 이스라엘군의 월경(越境) 공격

1) 에이탄 사단의 돌파 및 격전

10월 11일 아침, 이스라엘군 공군기와 포병은 북부 골란 지역의 시리아군 진지에 맹렬한 공격준비 폭격 및 포격을 실시하였다. 이어서 11:00시, 에이탄 사단(제36기갑사단)의 주공격부대인 제7기갑여단이 공격을 개시하여 정전라인을 넘었다. 제7기갑여단은 2개 그룹으로 나뉘어 2개 축선에서 공격을 실시하였다. 북부그룹은 제77(OZ)전차대대와 아모스 카스 중령이 지휘하는 특수임무부대로 구성되었고, 남부그룹은 벤 한난 중령이 지휘하는 임시편성대대와 제188기갑여단의 잔여병력[59]으로 보강된 제74전차대대로 구성되었다. 북부그룹은 헤르몬산(山) 기슭을 끼고 하데르와 마즈라트 베이트 잔을 향해 북동쪽으로 진격했고, 남부그룹은 텔 샴스를 점령하기 위해 동진했다.

정전라인 동쪽에는 시리아군의 제1방어선이 남북으로 길게 가로 놓여 있었다. 1967년 전쟁이후 소련 군사고문단의 감독 하에 구축한 방어지대는 다수의 콘크리트 벙커들이 교통호로 연결되어 있었다. 방어지대 오른쪽은 헤르몬산(山)에 접해 있었고, 왼쪽에는 차량 통행이 불가능한 레자 용암 대평원이 펼쳐져 있었다.

제7기갑여단의 전진을 가로막은 것은 제1방어선에 배치된 모로코 원정여단과 시리아군 제7보병사단의 잔존 병력들이었다. 그들은 완강히 저항했다. 그러나 황혼녘에 격렬한 전차전을 고비로 북부 골란의 시리아군 제1방어선은 붕괴되었다. 북부그룹은 혈투 끝에 하데르 교차로를 점령하고 마즈라트 베이트 잔을 향해 진격했다. 남부그룹은 텔아마르를 점령한 후 계속 동진하여 11일 밤에 호파를 점령했다. 시리아군은 지연전으로 전환하여 제2방어선을 강화하기 위한 시간을 획득하려고 했다. 지연전은 주로 도로축선에 대한 강력한 포격과 소규모 기갑부대에 의한 공세행동 위주로 전개되었는데, 이러한 행동은 이스라엘군의 진격 또는 정비 및 재보급을 방해할 수 있어서 어느 정도 성과를 거두었다. 그럼에도 불구하고 이스라엘군 제7기갑여단은 이날 중으로 약 20㎞를 돌파하였다.

10월 12일 아침, 북부그룹은 진격을 재개하였고, 근접항공지원을 받으며 전차 40여 대

---

59) 동 여단의 지휘관은 90% 이상이 전사 또는 부상을 당했다. 중대장급은 1명도 없었고, 부중대장 1명과 소대장 2명이 전부였다. 전게서, 김희상, p.544.

로 증강된 시리아군과 6시간의 전투를 벌인 끝에 마즈라트 베이트 잔을 점령했다. 남부그룹 역시 진격을 재개하여 오전에 요충지인 마츠 교차로를 점령했지만, 시리아군의 저항이 너무 완강하여 벤 한난 중령도 부상을 당했다. 그러나 그는 후송을 거부하고 지휘를 계속했으며, 그의 부대를 텔 샴스로 진격시키려고 했다. 하지만 시리아군이 강력하게 방어하고 있는 도로를 제외하고는 차량기동이 불가능했다. 용암으로 뒤덮인 레자 평원이 펼쳐져 있기 때문이다.

이 시점에 제7기갑여단장 벤 갈 대령은 레자 평원을 가로질러 텔 샴스로 접근할 수 있는 통로를 발견하고, 벤 한난에게 다마스쿠스로 이어지는 간선도로를 감제할 수 있는 바위언덕인 텔 샴스를 점령하라고 명령했다. 이는 도로를 따라 정면에서 공격하는 것이 아니라 헤일스 일대에서 레자 평원을 가로질러 텔 샴스를 배후에서 공격하는 것이었다. 그런데 벤 갈은 이 결정을 사단장인 에이탄에게 보고하지 않았다. 이것은 시리아군이 붕괴 직전이라는 확신과 전차단독운용교리(all tank doctrine : 일명 '전차만능주의')에 깊이 물들어 있었던 당시 이스라엘군의 분위기 때문에 발생한 실수였다.[60]

벤 한난 중령은 대대전력의 1/2에 해당하는 전차 20대를 이끌고 바위투성이인 레자 평원을 가로지르는 협로를 따라 전진을 개시했고, 마침내 텔 샴스의 배후에 도달하는 데 성공했다. 그들은 최초 기습의 효과에 힘입어 언덕 아래쪽의 시리아군 전차 10여 대를 근거리에서 격파하고 언덕 정상을 향해 올라가기 시작했다. 바로 이때, 그곳을 방어하고 있던 시리아군이 집중 사격을 가해왔다. 상황은 순식간에 역전되었다. 시리아군의 대전차 화력이 집중되면서 선두에서 언덕을 오르던 이스라엘군 전차 4대가 파괴되고 후속하던 전차들은 황급히 후퇴하였다. 벤 한난 중령이 탑승한 전차도 피탄되면서 그는 포탑에서 튕겨나와 떨어져 중상을 입었다. 이리하여 벤 한난의 공격부대는 오히려 적진 속에 고립되고 말았다.

뒤늦게 상황을 보고 받은 제36기갑사단장 에이탄 준장은 10월 13일 밤, 제31공정여단을 투입하여 벤 한난 부대의 구출작전을 전개하였다. 텔 샴스를 공격한 제31공정여단의 1개 대대는 소수의 사상자만 내고 단시간 내에 텔 샴스를 점령하였다. 벤 한난 부대는 네

---

60) 전게서, 사이먼 던스틴, p.113. 이스라엘군은 1967년 6일 전쟁에서 찬란한 승리를 거둔 후 전차만능주의에 빠지고 말았다. 그래서 기갑부대의 보병 및 포병 전력을 대폭 감소시켰다. 이같이 보병전력이 대폭 감소되었기 때문에 텔 샴스 공략도 전차만으로 실행한 것이다.

〈그림 6-13〉 이스라엘군의 공격(10월 11~12일)

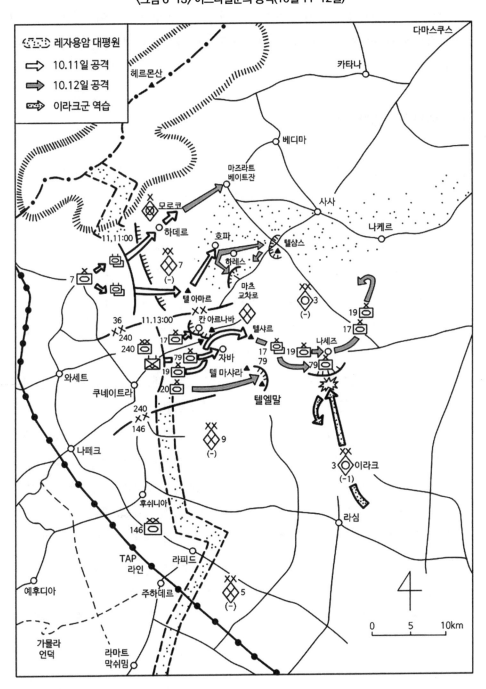

탄야후 대위[61]가 지휘하는 일단의 공정부대에 의해 구출되었으며, 벤 한난 중령은 하이파의 군 병원으로 후송되었다. 이와 같이 텔 샴스에서의 실패 및 지연은 이스라엘군의 공격작전에 지장을 초래했으며, 결과적으로 시리아군에게 한숨 돌릴 수 있는 시간적 여유를 제공해 주었다.

2) 라이너 사단의 돌파 및 격전

에이탄 사단의 제7기갑여단이 정전라인을 넘어 시리아 영내로 돌입한지 2시간 후인 10월 11일 13:00시, 그 남쪽에서는 라이너 사단이 쿠네이트라~다마스쿠스 도로를 따라 공격을 개시하였다. 그런데 라이너 사단은 처음부터 시리아군의 완강한 저항에 부딪쳤다. 선두에서 공격하던 란 사릭 대령의 제17동원기갑여단은 칸 아르나바 교차로에서 시리아군의 강력한 포격과 새거 대전차 미사일의 사격을 받았다. 공격하던 선두의 전차 여러 대가 파괴되었다. 후미에 있던 전차들은 시리아군의 사격을 피하기 위해 도로 좌우측으로 산개하다가 지뢰지대에 빠져들고 말았다. 이리하여 제17동원기갑여단은 큰 피해를 입었고, 가용 전력은 겨우 전차 5대밖에 남지 않았다.

제17동원기갑여단이 고전을 면치 못하자 라이너 소장은 제79동원기갑여단을 칸 아르나바 남쪽으로 투입해 자바를 거쳐 동진하도록 하고, 그 뒤를 제19동원기갑여단이 후속하다가 텔 샤르를 공격하도록 했다. 그런데 이날 밤, 용암지대를 건너와 역습에 나선 시리아군 보병들이 칸 아르나바 교차로를 차단하였다. 그것은 선두에서 공격하는 부대의 주보급로가 절단되었다는 것을 의미했다. 후속하던 기갑부대가 그들을 격퇴하려 하였으나 큰 피해만 입고 실패하였다. RPG-7으로 무장한 보병들의 집요한 공격 앞에서 보병과 포병의 적절한 지원을 받지 못하는 전차가 얼마나 취약한지 여실히 드러났다. 결국 사단이 공정부대를 투입해 시리아군 보병들을 소탕한 후에야 칸 아르나바 교차로의 통행이 가능했다. 이때 공정부대원들은 이 전투에서 살아남은 전차승무원들이 완전히 탈진한 것을 보고 놀랐다. 그래서 자신들이 전차에 재급유 및 탄약을 적재하고 전차승무원들은 휴식을 취하게 했다.

---

61) 그는 훗날 유명한 엔테베 기습작전을 지휘하게 된다.

　10월 12일 아침, 라이너 소장은 동쪽의 나세즈를 거쳐 나케르 방향으로 진격함으로서 사단의 진격로를 가로막고 있는 레자 용암지대를 회피하고 칸 아르나바를 비켜가는 대규모 우회기동을 실시하기로 결심했다. 그의 작전 목표는 쿠네이트라와 다마스쿠스의 중간 지점에 있는 사사를 남쪽에서 공격하여 점령해, 반경 30㎞의 돌출된 전선을 형성함으로써 시리아의 수도 다마스쿠스를 중포 사정권 안에 넣는 것이었다.

　라이너 사단은 동진을 계속하여 오후에는 제19동원기갑여단이 나세즈를 점령하였다. 후속하던 제17동원기갑여단과 제79동원기갑여단은 나세즈에서 재급유를 시작했다. 그런데 이때까지 북쪽에서 공격하는 에이탄 사단의 제7기갑여단이 텔 샴스를 점령하지 못해 (10월 13일 밤에 점령) 북쪽 방향으로 사사를 공격할 수가 없었다. 그래서 라이너 소장은 동쪽으로 돌파구를 확대한 다음 북동쪽으로 방향을 전환하여 나케르를 거쳐 사사를 우회포위하려고 했다. 이리하여 급유를 마친 제17동원기갑여단과 제19동원기갑여단은 나케르를 향해 진격을 개시했고, 제79동원기갑여단은 나세즈에서 재급유를 계속했다.

　라이너 소장은 시리아의 대평원이 한눈에 내려다보이는 텔 샤르 언덕의 사단지휘소에서 동북진하고 있는 예하 여단의 진격을 지켜보고 있었다. 그런데 갑자기 남쪽 10㎞ 지점에서 거대한 먼지구름이 일고 있는 것이 보였다. 대규모 기갑부대가 전투를 위해 전개하고 있는 것이 분명했다. 이것은 전투가 새로운 국면으로 접어들었다는 것을 의미했다.

라. 아랍 동맹군의 공세행동

　이스라엘군이 공세로 전환하자 시리아는 일대 위기에 빠졌다. 전선에 배치된 부대들이 완강하게 저항했지만 이스라엘군의 돌파구는 점점 확대되어 수도 다마스쿠스가 위협을 받는 지경에까지 이르렀다.[62] 더구나 이스라엘 공군은 전략적 표적에 대한 폭격을 계속하고 있었으며, 해군도 미사일 보트를 출동시켜 소련의 군수물자가 들어오는 항구인 라타키아와 타르투스 등을 습격하였다.

---

62)　이스라엘은 전후 "다마스쿠스는 군사적 가치는 적은 반면, 아랍세계로서는 극히 중요한 정치적 상징이고, 만약 점령한다 해도 100여만 명의 적성주민을 통제하기는 지극히 곤란한 문제이므로 애초부터 점령할 계획은 없었다."고 주장하면서, 이스라엘이 희망한 것은 단지 시리아군을 좁은 전선에 고착시키고자 한 것뿐이었다고 발표했다. 그러나 여하튼 당시의 상황에 관한한 시리아로서는 매우 위협적인 것이었다. 전게서, 김희상, p.548.

이러한 위기를 타개하기 위해 아사드 시리아 대통령은 모스크바 및 다른 아랍국들에게 지원을 요청하였다. 이에 대해 모스크바에서는 '이스라엘의 침공을 좌시하지 않을 것'이라는 경고를 보냈으며, 다른 아랍국들도 각기 그들 나름대로의 방법으로 시리아를 지원하기 시작했다. 그중에서 대규모 병력을 파견하여 가장 적극적으로 지원하기 시작한 것은 이라크였다. 이라크는 10월 8~9일 밤사이에 1만 6,000명의 병력과 250대의 전차로 편성된 제3기갑사단을 투입하였다. 그들은 이동 도중 이스라엘 공군의 공습을 받기도 했지만 큰 피해를 입지 않았고, 10월 11일에는 다마스쿠스~데라의 중간지점에 도착하여 작전에 투입될 준비를 하였다. 그리고 10월 12일경에는 1개 기갑사단을 추가 파견하려고 준비하고 있었다.

1) 함정에 빠진 이라크군의 첫 공세

위기에 처한 시리아군을 지원하기 위해 파견된 이라크군 제3기갑사단은 10월 12일, 나세즈 남방에서 이스라엘군의 남측방을 타격하기 위해 전개하기 시작했다. 이때 이스라엘군의 라이너 사단은 나세즈를 점령한 후, 재보급을 완료한 제17동원기갑여단과 제19동원기갑여단을 사사 동쪽의 나케르를 향해 진격시켰고, 제79동원기갑여단은 재급유 중에 있었다. 라이너 소장은 텔 샤르 언덕에서 예하 여단의 진격을 바라보다가 남측방에서 일어나는 2개의 먼지구름을 보고 경악했다. 적군일까? 아군일까? 만일 적군이라면 무방비로 노출된 남측방은 치명적인 타격을 받을 것이 확실했다. 라이너 소장은 처음에는 골란 남부에 있는 펠레드의 제146동원기갑사단이 투입된 것일지도 모른다는 생각에 북부사령부에 문의했다. 라이너 사단의 돌파구가 확대되기 시작하자 호피 소장은 펠레드 사단에서 제20동원기갑여단을 차출하여 라이너 사단으로 배속전환 시키기는 했지만 그 부대는 다른 방향에서 올 것이었다. 그렇다면 남측방에서 접근해 오는 부대는 적군이 틀림없었다. 라이너 사단에게는 일대 위기가 아닐 수 없었다.

라이너 소장은 즉시 전술적 조치를 취했다. 우선 나세즈에서 재급유중인 제79동원기갑여단은 급유를 중지시키고 나세즈 남쪽에 전개시켰다. 그리고 펠레드 사단에서 배속전환된 제20동원기갑여단은 텔 마샤라와 텔 엘 말 사이에 전개시켰다. 이로서 남측방을 방호할 수 있는 기본적인 준비는 완료되었다. 그다음 나케르 부근까지 진격한 제17동원기갑여단 및 제19동원기갑여단에게는 즉시 나세즈로 복귀하라는 명령을 내렸다.

이라크군 제3기갑사단은 먼지구름을 일으키며 라이너 사단의 남측방으로 진격해 들어왔다. 나세즈 남쪽에 전개한 제79동원기갑여단이 일제히 사격을 개시하였다. 이라크군 제3기갑사단은 전혀 예상하지 못한 전차전에 말려들었다. 그들이 라이너 사단의 남측방을 공격하려는 의도와 공격방향은 좋았으나 그 기회를 제대로 활용할 수가 없었다. 이스라엘군이 너무나도 신속하게 대처했기 때문이다. 탐색전과 같은 전투를 벌인 끝에 이라크군 제3기갑사단은 전차17대를 잃자 더 이상 공격을 포기하고 급편방어태세로 전환했다. 두 번째 기갑여단이 도착할 때까지 기다리기로 한 것이다. 이리하여 제79동원기갑여단은 남측방을 방호하는 데 성공하였고, 그사이에 제17동원기갑여단과 제19동원기갑여단이 나세즈로 복귀하였다.

전투가 끝난 후, 라이너 소장은 이라크군 제3기갑사단이 이날 밤 대규모 야간공격을 실시할 것이라 예상하고 급히 부대방어배치를 조정하였다. 그는 이라크군을 유인해서 격멸하기 위해 4개 여단을 개방형 상자(Open box) 형태로 배치하였다. 이것은 'ㄷ' 모습으로 일종의 함정을 파놓은 것이었다. 즉 제19동원기갑여단 및 제79동원기갑여단을 텔 샤르 기슭에서 자바 동쪽까지 전개시켜 북단(상자바닥)을 차단했다. 그리고 제17동원기갑여단을 나세즈 남북으로 전개시켜 동쪽의 벽을 형성하고, 제20동원기갑여단을 마샤라~자바 가도(街道)를 따라 전개시켜 서측의 벽을 형성하였다. 이렇게 3면을 봉쇄한 후 이라크군이 함정 안으로 유입될 수 있도록 남쪽 면은 마사라~나세즈 간 약 7㎞를 비워 두었다. 함정 안은 가용한 직접 및 간접 화력을 집중시켜 살상지대로 만들었다.

이날(10월 12일) 밤은 달빛이 무척 밝았다. 예상했던 대로 이라크군 제3기갑사단은 전반야에 요란한 소음과 함께 접근해 왔다. 그런데 21:00시경, 갑자기 전진을 중지했다. 모든 전차가 시동을 끄자 사방은 갑자기 적막 속에 빠져들었다. 1시간, 2시간이 지나고 마침내 자정을 넘어 13일에 들어섰는데도 이라크군은 움직이려 하지 않았다. 매복 형태로 배치된 이스라엘군은 그들이 함정 안으로 들어오기만을 초조하게 기다리고 있었다. 시간이 흐르자 라이너 소장은 점점 불안해지기 시작했다. 혹시 이라크군이 자신의 작전의도를 눈치 챈 것이 아닐까 하는 불안감이 엄습해 왔다. 날이 밝으면 설치해 놓은 함정이 무용지물이 될 수 있었다.

이렇게 불안과 초조 속에서 애태우기를 몇 시간, 13일 03:00시경, 마침내 이라크군이 전진을 재개하였다. 그들은 증원부대인 제6기갑여단을 기다리고 있었고, 제6기갑여단이 도착하자 공격으로 나선 것이다.[63] 이라크군 제3기갑사단은 제 발로 함정 안으로 들어가고 있다는 것을 전혀 눈치채지 못했다. 이스라엘군은 숨을 죽이고 여명이 되기를 기다렸다. 드디어 이라크군 주력이 함정 안(살상지대)에 들어오자 라이너 사단은 일제 사격을 개시하였다. 제19동원기갑여단의 슈퍼 셔먼전차가 포문을 열었을 때 이라크군 전차와의 거리는 불과 275m이었다. 4개 기갑여단의 집중포화 위력은 엄청났다. 더구나 여명 무렵이기에 조준사격이 가능했다. 이라크군 제8기계화여단은 몇 분 만에 괴멸되고 말았다. 이라크군 전차 80대가 파괴되었고, 나머지는 허겁지겁 도주했다. 그 반면 이스라엘군 전차는 단 1대도 피격되지 않았다. 고급지휘관의 뛰어난 전술능력과 하급부대의 우수한 전투기술이 결합된 완벽한 승리였다.

한편, 이라크군이 단시간 내 재난에 가까운 피해를 입었지만 그들의 개입은 전체적인 상황에서 볼 때 기여한 바도 있었다. 불운한 이라크군 제3기갑사단이 전선의 주요 부분을 잠시나마 맡아준 덕분에 시리아군은 긴급히 1개 여단을 북상시켜 다마스쿠스 접근로를 봉쇄할 수 있었기 때문이다. 다마스쿠스 방어의 주력은 상대적으로 전력이 온전한 시리아군 제3기갑사단이었다. 그들은 쿠네이트라와 다마스쿠스 중간에 위치한 사사 인근의 제2방어선을 사수할 준비가 되어 있었다.[64]

2) 습격당한 이라크군 호송대[65]

10월 12일, 이스라엘군은 이라크 제3기갑사단 유인격멸작전 외에 또 다른 원거리 매복 공격작전을 준비하였다. 이날 아침, 이스라엘군은 중요한 정보를 입수하였다. 이라크군이 이날 밤 대규모 병력과 장비를 바그다드에서 다마스쿠스로 수송한다는 것이었다. 그 부대가 전선에 투입된다면 큰 영향을 미칠 것으로 판단되었다. 그래서 수송도중에 격파하는 방안을 구상하여 긴급히 계획을 수립했는데, 특공대를 항공기로 침투시켜 매복공격을 실시한 후, 다시 항공기로 철수하는 대담한 계획이었다.

63) 상계서, pp.550~551.
64) 전게서, 사이먼 던스틴, p.117.
65) 김희상, 『中東戰爭』, pp.551~552; 田上四郎, 『中東戰爭全史』, p.337을 주로 참고.

〈그림 6-14〉 이라크군 제3기갑사단의 역습(10월 13일)

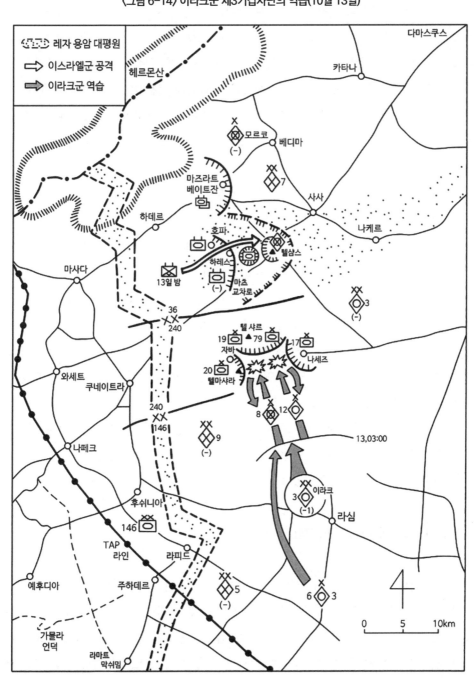

10월 12일 23:00시경, 이스라엘군 공정대원 12명과 106밀리 무반동총이 장착된 지프 1대를 탑재한 CH-53 헬리콥터 1기가 이륙했다. 헬리콥터는 시리아군의 방공망을 피하기 위해 초 저공으로 시리아·레바논의 국경선을 따라 비행하여 시리아 영내 깊숙이 침투하였다. 그리하여 24:00시에 골란 전선의 북동쪽 100㎞ 지점에 있는 다마스쿠스~바그다드 간(間) 간선도로상의 매복지점 근처에 착륙하였다. 헬리콥터는 간선도로로부터 수백 미터 떨어진 은폐된 곳에 숨겼고, 공정대원들은 즉시 매복공격준비를 하였다. 교량에는 폭약을 설치하여 폭파 준비를 했고, 매복지점 전면에는 지뢰를 매설했다. 또 106밀리 무반동총은 사격하기 좋은 위치에 배치하였다.

10월 13일 01:00시가 지난 직후, 드디어 이라크군 호송대가 나타났다. 그들은 전선에서 100㎞ 이상 떨어진 후방지역이고, 더구나 야간이기 때문에 어떠한 위험이 도사리고 있으리라고는 상상조차 하지 못했다. 그들은 별다른 경계 대책도 없이 유유히 다가왔다. 이라크군 호송대가 교량의 중간지점을 넘어섰을 때 교량을 폭파하였다. 이어서 106밀리 무반동총은 선두 차량을 파괴시키고, 그다음 후미 차량을 파괴시켰다. 기습공격을 받은 이라크군 호송대는 큰 혼란에 빠졌다. 설상가상으로 계획된 시간에 정확하게 내습한 F-4 팬텀 전투기가 진퇴양난에 빠진 호송대열에 폭탄을 퍼부었다. 이라크군은 큰 타격을 입었다. 공격을 끝낸 이스라엘군 특공대는 아무런 피해 없이 헬리콥터를 타고 철수하였다.

이 작전은 신속 정확한 정보획득, 단시간 내 대담한 작전계획수립, 초저공 침투비행기술, 헬리콥터를 현지에 잔류시킴으로서 얻어지는 융통성, 전투기와의 뛰어난 합동작전능력 등의 요인에 의해 성공을 거둔 것이다. 이라크군은 이날 밤 벌어진 두 곳의 전투결과로 인해 전투력에 치명적 손실을 입었다.

3) 전선의 고착과 요르단군의 개입

10월 13일, 이라크군 제3기갑사단이 격파당한 이후, 전선은 소강상태를 유지한 채 온종일 포격전이 전개되었다. 헤르몬산(山) 동쪽에 위치한 시리아군 포병은 마즈라트 베이트 잔과 사사 전방까지 진출한 이스라엘군 제7기갑여단을 효과적으로 저지하고 있었다. 시리아군 전방 관측자들은 이스라엘군 보급수송부대를 우선적으로 포격하도록 높은 고지에서 화력을 유도하였고, 그 결과 적시에 유류 보급을 받지 못하게 된 이스라엘군 기갑부대의 전진속도가 현저하게 떨어졌다. 이스라엘군의 에이탄 사단(제36기갑사단)과 라이너 사단(제240동원기갑사단)은 다마스쿠스로부터 약 30㎞ 떨어진 곳까지 진출하였고, 다마스쿠스가 175밀리 자주평사포의 사정거리 안에 들어오기는 했지만 공세의 예기는 대폭 둔화되어가고 있었다.

시리아군은 소련의 대대적인 지원과 아랍 형제국들의 참전에 힘입어 더 이상 후퇴를 중지했으며, 남부 골란 지대에서 이스라엘군의 펠레드 사단(제146동원기갑사단)과 대치하고 있는 제5보병사단과 제9보병사단 역시 북쪽 측후방이 위협을 받고 있음에도 불구하고 진지를 고수하고 있었다. 이렇게 되자 이스라엘군은 전역을 더 이상 확대시키지 않고, 지금까지 획득한 지역을 확보·유지함으로서 얻을 수 있는 이점을 이용하고자 노력하기 시작했다. 그래서 이스라엘군은 현 전선을 확보·유지하기 위해 마즈라트 베이트 잔, 텔 샴스, 텔 엘 알 등, 전선의 주요 요충지 방어를 강화하고, 전술적·전략적으로 중요한 돌출부 동남단의 감제고지 텔 안타르와 텔 엘 알라키에를 점령하기 위해 라이너 소장은 제19동원기갑여단을 진격시켰다. 이리하여 전선은 점차 소강상태로 접어드는 것처럼 보였다. 하지만 이러한 상황의 흐름에 뒤늦게 영향을 미치는 요소가 발생 했으니 그것은 요르단군의 개입이었다.[66]

10월 13일, 후세인 요르단 국왕의 결심에 의해 요르단군의 제40기갑여단이 시리아 영

---

66) 이때 후세인 요르단 국왕은 대단히 난처한 상황에 처해 있었다. 그로서는 전쟁에 동참하여 아랍세계에서 고립되는 것을 면해야 되는데, 그렇다고 적은 군사력으로 이스라엘군과 전면전을 전개할 수도 없었다. 그는 어쩔 수 없이 10월 9일, 참전을 결정했지만 참모본부와 함께 가능한 모든 방법을 포함한 4가지 방안을 검토하기 시작했다.
　제1안: 이스라엘이 시리아와 이집트를 상대로 2개 전선에서 싸우는 동안 요르단군도 요르단강 서안지구로 진격한다.
　제2안: 요르단강 동안에서 방어적인 무력시위를 펼쳐 이스라엘군 전력의 일부를 끌어들인다.
　제3안: 제한된 병력을 골란 전선에 파견하여 시리아군의 SAM과 항공엄호 하에 싸울 수 있도록 한다.
　제4안: 관망만하고 아무런 행동을 취하지 않는다.
그러나 여러 가지 약점 때문에 방안을 선택하는 데 많은 제약을 받았다. 요르단은 공군전력이 대단히 빈약하고 현대적인 방공체제도 갖추고 있지 못했다. 육군 역시 아랍권에서는 최고의 훈련수준과 높은 사기를 자랑했지만 예비전력이 적은데다가 보유 장비 대부분이 낙후되었고, 대전차 미사일을 전혀 장비하지 못했다. 더구나 10월 9일, 요르단 정보국은 시리아군의 공세가 실패했다고 보고했다. 따라서 제1안은 자동적으로 배제되었다. 하지만 정치적 현실이 후세인 국왕을 계속 압박했다. 시리아의 전황이 점점 불리해져가는 상황에서 끝까지 아무런 군사행동을 취하지 않은 채 방관한다면 나중에 패배의 책임을 혼자 뒤집어쓰고 '속죄양'이 될 가능성이 컸다. 따라서 제4안은 채택할 수가 없었다. 결국 후세인 국왕은 요르단이 요르단강 동안에서 군사행동을 취하지 않으면 이스라엘이 보복공격에 나서지 않을 것이라 판단하고, '요르단강 동안에서 무력시위'라는 제2안을 완화시킨 제3안, 즉 제한된 병력을 골란 전선에 파견하는 안을 채택하였다. 이러한 후세인 국왕의 결심이 아주 효과적이었음이 후일 증명되었다. 이스라엘의 공격을 받지도 않았으며, 전후 아랍세계로부터 소외당하지도 않았다. 전게서, 사이먼 던스턴, p.121

내로 진입했다. 여단은 4,000여 명의 병력과 센츄리온 전차 150대로 편성되었고, 할레드 하주즈 알 마잘리 대령이 지휘했다. 제40기갑여단은 이날 중으로 데라를 통해 다마스쿠스 가도로 진출했고, 그 후 전선을 향해 북서쪽으로 방향을 전환하였다.

한편, 이날 사우디아라비아도 그들의 군대를 시리아 전선에 파견할 것이라고 방송했다. 요르단군의 개입으로 상황이 급변하자 이날 밤부터 이스라엘군은 175밀리 자주평사포로 다마스쿠스의 군용 비행장에 포격을 가하기 시작해 시리아에게 압력을 가했다. 이 장거리 포격에 가세하여 이스라엘 공군도 시리아 비행장과 산업시설을 폭격했고, 이 과정에서 다마스쿠스의 민간공항에 있던 소련의 대형수송기 2기가 파괴되기도 했다.

4) 수차례에 걸친 아랍군의 공격실패

10월 14일, 요르단군의 제40기갑여단은 이스라엘군 돌출부 남쪽에 배치된 이라크군 제3기갑사단과 정전라인 동쪽의 쿠드네 일대에 배치된 시리아군 제9보병사단 사이에 있는 엘 하라의 북쪽 전선에 도착했다. 이날, 제40기갑여단장 마잘리 대령은 준장으로 승진했고, 제40기갑여단은 아랍군 동부지구를 담당하는 이라크군 제3기갑사단장 라프타 준장의 지휘 아래로 들어갔다.

10월 15일, 요르단군 제40기갑여단이 전선에 도착하여 전력이 증강되자 아랍군은 또다시 공격을 실시하기로 결정하고 이라크군 제3기갑사단에 명령을 하달했다. 그 명령의 요지는 '이라크군 제3기갑사단은 요르단군 제40기갑여단 및 시리아군 제9보병사단의 1개 여단과 함께 10월 16일 05:00시를 기해 크파르 샴스 서쪽에서 대규모 반격작전을 실시하라'는 것이었다.[67] 이 작전은 연합작전이기 때문에 치밀한 협조와 효율적인 지휘체계를 확립하는 것이 무엇보다도 중요했다. 그런데 초기부터 문제가 발생하기 시작했다. 10월 15일 오후, 이스라엘군 라이너 사단의 제19동원기갑여단이 나세즈 동쪽의 감제고지 텔 안타르와 텔 엘 알라키에를 점령하는 과정에서 이라크군 제3기갑사단과 충돌했고, 이것이 공격준비를 하는 데 큰 지장을 초래해 제3기갑사단은 정시에 공격을 할 수 없게 되었다. 이렇게 되자 시리아군 제9보병사단장이 요르단군 제40기갑여단을 작전통제 하여 좌

---

67) 상게서, p.122.

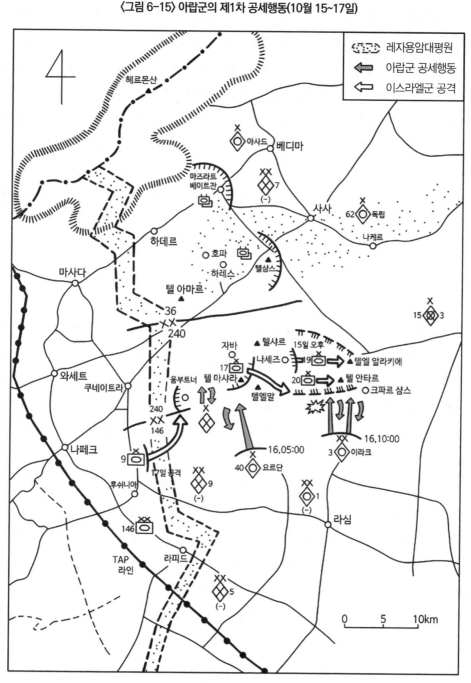

〈그림 6-15〉 아랍군의 제1차 공세행동(10월 15~17일)

측에서 정시에 공격하고, 이라크군 제3기갑사단은 공격준비가 끝나는 대로 우측에서 공격을 실시하기로 했다. 그런데 요르단군 제40기갑여단장 마잘리 준장이 시리아군 제9보병사단장 투르크마니 대령보다 상급자였던 탓에 작전준비를 하는 과정에서 심한 언쟁이 벌어지고 말았다. 때문에 공격작전 협조가 제대로 이루어질 수가 없었다. 결국 다마스쿠스에서 장성 한명이 달려와 연락관 역할을 하며 서로의 격앙된 감정을 가라앉혀야 했다.[68]

10월 16일 05:00시, 요르단군 제40기갑여단은 배속된 사우디군 분견대와 함께 시리아군 제9보병사단의 지원을 받으며 공격을 개시하였다. 이때 이라크군 제3기갑사단은 공격준비가 완료되지 않았기 때문에 동시공격을 하지 못했다. 요르단군은 텔 마샤라로 진격했다. 이에 맞선 이스라엘군은 라이너 사단의 제17동원기갑여단이었다. 양측 간에 치열한 전차전이 전개되었다. 이스라엘군은 요르단군의 전투기술 및 전술적 역량이 시리아군이나 이라크군보다 월등하다는 사실을 체험했다. 그러나 전투는 오래 지속되지 않았다. 요르단군은 이스라엘군 전차의 정확한 사격에 의해 저지당했고, 결국 20대의 센츄리온 전차를 잃은 채 퇴각했다.

요르단군의 공격이 실패한 후 10:00시경, 공격준비를 끝낸 이라크군 제3기갑사단이 텔 안타르와 텔 엘 알라키에를 향해 진격을 개시하였다. 이에 대항하여 라이너 소장은 제19동원기갑여단 및 제20동원기갑여단으로 하여금 정면에서 이라크군을 저지하게 하고 제17기갑여단을 남측방으로 우회시켜 타격을 가해 이라크군 전차 60대를 파괴하였다. 이리하여 이라크군 제3기갑사단은 큰 피해를 입고 패퇴하고 말았다. 부실한 연합작전의 결과였다.

아랍군이 계속 남측방에 대한 공격을 실시하자 이스라엘군 북부사령관 호피 소장은 돌파구 입구의 가시 같은 시리아군 감제고지를 탈취하여 측방위협을 감소시키려고 결심하였다. 이를 위해 이제까지 남부 골란의 정전라인에서 방어태세만 유지하고 있는 펠레드 사단의 1개 여단을 투입하였다. 공격목표는 쿠네이트라 동쪽 6㎞ 지점에 있는 움부트너 고지였다. 이 고지에서는 쿠네이트라와 이스라엘군 돌파구 내의 도로를 감제할 수 있었다.

10월 17일, 펠레드 사단의 1개 여단이 공격을 개시하여 움 부트너의 남측방을 돌파하

---

68) 아랍군은 이처럼 연합작전 협조 및 지휘체계가 부실하여 연이은 공격작전에서 손발이 맞지 않았을 뿐만 아니라 여러 가지 문제가 발생하였다. 그중에는 요르단군에 대한 이라크군의 오폭, 아랍연합군 공군끼리 몇 차례의 공중전이 벌어진 사건 등이 있었다. 전게서, Chaim Herzog, p.140.

<그림 6-16> 아랍군의 제2차 공세행동(10월 19~22일)

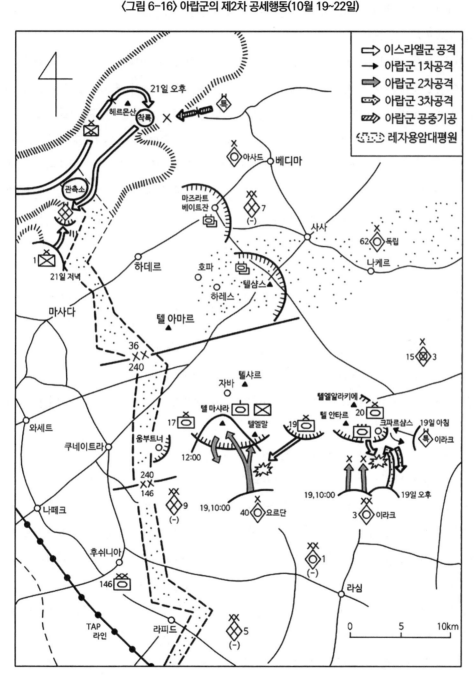

였다. 방어를 하고 있던 시리아군 제9보병사단은 완강하게 저항하였다. 격전을 거듭한 끝에 마침내 점령했지만 이스라엘군의 피해도 적지 않았다. 목표 점령 후에도 잔적 소탕은 18일 밤까지 계속되었다.

10월 19일, 아랍군은 또다시 대규모 공세를 감행하였다. 텔 안타르와 텔 엘 알라키가 목표였다. 그곳에는 이스라엘군 라이너 사단의 제20동원기갑여단이 배치되어 있었고, 그 서쪽에 제19동원기갑여단이 위치하고 있었다. 아랍군의 제1차 공격은 아침 일찍 이라크군 특공대대에 의해 실시되었으나 조기에 분쇄되고 말았다. 제2차 공격은 10:00시에 개시되었다. 이라크군 제3기갑사단은 우측에서 2개 여단을 투입하여 크파르 샴스 일대를 공격했다. 이제까지의 공격 중 가장 강력한 공격이었다. 이와 병행하여 좌측에서는 요르단군 제40기갑여단이 텔 엘 말과 텔 마샤라를 향해 진격했다. 이에 대항하여 이스라엘군은 전차 1개 중대와 소규모 보병으로 요르단군의 진격을 지연시키고 주력은 이라크군 정면에 집중시켰다. 이스라엘군 주력의 집중사격에 의해 이라크군은 큰 피해를 입었고 결국 공격이 돈좌되었다. 요르단군은 이스라엘군 소부대에 의해 지연당해 12:00시경이 되어서야 간신히 텔 마샤라 언덕에 도달했다. 그러나 이라크군의 공격이 돈좌되었기 때문에 텔 마샤라 언덕까지 진출한 요르단군의 우측방이 노출되었다. 이스라엘군은 그 기회를 놓치지 않고 제19동원기갑여단을 투입하여 측방을 타격하였다. 예기치 않았던 사태에 요르단군은 혼란에 빠졌다. 결국 요르단군 제40기갑여단은 텔 마샤라 언덕에 파괴된 전차 12대를 남겨놓고 퇴각할 수밖에 없었다.

2차 공격에 실패한 이라크 제3기갑사단은 부대를 수습하여 재차 크파르 샴스를 공격하였다. 그곳에 배치되어 있던 라이너 사단의 제20동원기갑여단은 집중사격을 퍼부어 이라크군의 진격을 지연시켰다. 이때 제20동원기갑여단장 요시 펠레드 대령은 예비로 전차 1개 소대(3대)를 보유하고 있었는데, 이라크군의 측방이 노출되어 있는 것을 발견하고 평원을 우회하여 측방공격을 하게 하였다. 이라크군은 제3차 공격 시, 요르단군과 시리아군도 좌측에서 병행공격을 실시하기로 했기 때문에 좌측방에 대한 경계를 전혀 하지 않고 있었다. 그러나 요르단군과 시리아군은 병행공격을 하지 않았다. 따라서 전차 1개 소대에 불과한 전력이었지만, 무방비 상태의 측방을 기습적으로 공격하자 그 충격은 대단히 컸다. 이라크군의 전열은 흐트러지기 시작했고, 마침내 제3기갑사단은 파괴된 60여 대의 전차를 내버려 둔 채 패주하고 말았다.[69] 이 격전을 고비로 이라크군 제3기갑사단의 전력은 급격히 저하되어 당분간 공격이 불가능했다.

한편, 이스라엘군도 계속되는 격전으로 인해 전투력이 많이 소모되었고, 시나이 전선의 작전을 위해 일부 부대를 전환시키기 시작했기 때문에 더 이상 진격을 시도하지 않았다. 따라서 전선은 교착상태에 빠져 버렸다.

5) 무산된 아랍군의 새로운 공세

이스라엘군이 시나이 전선으로 전력을 전환하자 시리아군은 주도권을 되찾을 기회가 왔다는 확신을 갖게 되었다. 이스라엘군 북부사령부는 이제 남아있는 예비대가 별로 없었다. 그러나 시리아군은 전장의 소강상태를 이용하여[70] 전투력이 극도로 저하된 부대를 재편성 및 재정비 할 수 있었다. 그래서 시리아군은 시리아 영내로 깊숙이 들어온 이스라엘군의 돌출부를 휘감고 있는 견고한 올가미가 자신들의 손 안에 있다고 믿게 되었다. 이것이 복이 될지 화가 될지 의심하는 사람도 있기는 했지만 여하튼 아랍 국가들의 추가병력이 도착했고, 북부지역에 투입할 수 있는 또 다른 이라크군 기갑사단도 이동 중이었다.

새로운 공세는 10월 21일에 실시할 계획이었다. 작전은 2단계로 구분하였다. 제1단계는 이라크군 제3기갑사단과 요르단군 제40기갑여단이 제1제대로서 공격을 개시하여 이스라엘군 돌출부의 남측방을 돌파한다. 제2단계는 돌파에 성공하면 제2제대인 시리아군 제1기갑사단이 쿠네이트라~다마스쿠스 가도를 향해 북쪽으로 전과확대를 실시함과 동시에 사사 정면에 배치된 이스라엘군의 보급로를 차단한다는 계획이었다.

상기 계획은 전황판 위에서는 그럴듯하게 보였지만 현장의 상황은 전혀 달랐다. 공격 하루 전인 10월 20일 오후, 이라크군은 작전준비가 완료되지 않았다고 통보해 왔다. 그래서 공격을 10월 22일로 연기했다. 그런데 이 무렵, UN이 중재하는 정전발효가 임박해지자 다른 사건이 발생하였다. 정전 전에 유리한 지점을 차지하기 위한 경쟁으로, 10월 21~22일 밤사이에 전개된 이스라엘군의 헤르몬산(山) 탈환작전이었다. 어쩔 수 없이 시리아군도

---

69) 전게서, 김희상, p.554.

70) 아랍연합군이 중심이 되어 이스라엘군의 돌파구 남측방에서 전투를 하는 동안에 다른 지역은 소강상태를 유지했다. 따라서 시리아군은 전투력을 복원할 시간적 여유를 얻었다.

이에 대항하다보니 큰 기대를 걸었던 새로운 대규모 공세는 무산되고 말았다.

마. 헤르몬산(山) 탈환작전

　전쟁초기 전략요충인 헤르몬산(山)을 점령한 시리아군은 특공부대와 공정부대라는 2개의 정예부대를 투입하여 방어하고 있었다. 그러나 이스라엘군으로서는 그 어느 때보다 처절했던 골란 전역에서 헤르몬산(山)을 탈취당한 채 맥없이 전쟁을 끝낼 수는 없었다. 그리하여 전쟁이 종결되기 직전, 헤르몬산(山)을 차지하기 위한 쌍방 간의 작렬한 전투가 골란 전역의 마지막을 장식했다.

　정전협상이 급속도로 진전되고 있던 10월 21일 오후, 이스라엘군은 2개 방향에서 헤르몬산(山)을 공격하였다. 공중기동부대는 CH-53G 헬기에 탑승한 후 F-4 팬텀 전투기의 엄호를 받으며 레바논 상공을 가로질러 날아갔고, 이와 동시에 지상기동부대는 헤르몬산(山) 남서쪽 구릉으로 접근해가기 시작했다. 아울러 기습을 달성하기 위해 공격 전, 이스라엘 공군기들은 다마스쿠스와 시리아 공군기지를 폭격하는 양동작전을 실시했다. 그 결과 이날 오후 본 작전이 실시될 때 시리아군 공군은 다마스쿠스 상공에만 관심을 쏟고 있었다.

　공중기동부대의 침투 비행로는 시리아군의 방공망을 회피하기 위해 헤르몬산(山) 북쪽의 레바논 영내를 통과하도록 선정했다. 공정부대가 탑승한 CH-53G 헬기는 레바논 동남쪽의 수많은 와디(wadi)와 골짜기를 따라 초저공으로 비행하였다. 그리고 기습의 확률을 높이기 위해 착륙지점도 아무런 준비가 되어있지 않은 헤르몬산(山) 북단에 착륙하였다. 이때 모든 헬기들은 공기밀도가 낮은 고지대에 안전하게 착륙하기 위해 정상 적재능력의 절반 정도만 적재하였다.

　공중기동 작전은 대단히 성공적이어서 착륙할 때 아무런 저항도 받지 않았다. 첫 번째 부대가 착륙지점을 확보하자 후속부대들이 속속 수송되어 왔으며, 이들은 총 2개 대대에 달했다. 뒤늦게 이스라엘군 공정부대의 공격을 알아차린 시리아군은 가용수단을 총동원하여 반격하기 시작했다. 우선 헤르몬산(山) 북단에 착륙한 이스라엘군 공정부대를 격멸하기 위하여 헤르몬산(山) 관측소를 수비하던 공정부대를 투입하였다. 그러나 동쪽 소로를 이용하여 착륙지점으로 접근하던 시리아군 공정부대는 이스라엘군 전투기의 폭격에 의해 무력화되었다. 이에 시리아군은 증원부대를 투입하여 이스라엘군 공정부대를 격멸하려고 하였다. 소련제 MI-8 헬기 5기에 분승하여 날아온 시리아군 특공부대는 이스라엘군 전투기에 의해 3기의 헬기와 6기의 호위기가 격추됨으로서 지상작전이 무산되고 말았다.

시리아군의 반격을 격퇴한 이스라엘군 공정부대는 헤르몬산(山) 북단에서 내려오면서 시리아군이 확보하고 있는 관측소를 공격하였다. 관측소를 방어하고 있던 시리아군은 용감하게 저항했지만 이스라엘군의 우세한 화력과 고지대에서 공격하는 이스라엘군의 강력한 공격을 견디지 못하고 10월 22일 03:30분경에 관측소를 포기하였다.

한편, 골라니 여단(제1보병여단)으로 편성된 지상기동부대는 10월 21일, 날이 어두워지자 헤르몬산(山)을 오르기 시작했다. 2개 종대가 먼저 산을 오르기 시작했고, 3번째 종대는 전차와 공병을 동반하고 반궤도차량에 탑승했다. 화기와 탄약, 보급품을 짊어진 채 도보로 이동하는 골라니 여단의 병사들은 체력의 극한을 시험 받았다. 뿐만 아니라 시리아군은 대대급 병력을 투입하여 접근로 곳곳에 구축한 진지에서 이스라엘군을 저지했다. 시리아군은 야간 적외선 조준경까지 보유하고 있었음으로 이스라엘군 보병들은 큰 피해를 입었다. 그래서 뒤따라오던 전차 5대를 앞세우고 맹공을 펼쳤다. 하지만 시리아군은 RPG로 대항하며 결사적으로 저항하였기 때문에 쉽사리 돌파할 수가 없었다. 결국 관측소를 확보한 공정부대가 능선을 타고 내려와 후방에서 시리아군을 공격하기 시작하자 서서히 붕괴되기 시작했다. 이렇게 혈전을 거듭한 끝에 10월 22일 11:00시경, 헤르몬산(山)을 다시 이스라엘군이 장악하였다. 골라니 여단의 피해는 전사 51명, 부상 100여 명에 달했다. 값비싼 대가였다. 며칠 뒤, TV 인터뷰에서 골라니 여단의 한 젊은 병사는 이렇게 말했다.

"저희는 헤르몬산(山)이 이스라엘의 눈(eye)이라고 들었습니다. 그리고 어떤 대가를 치르더라도 이를 탈환해야 한다는 사실을 알고 있었습니다."[71]

바. 정전

헤르몬산(山)의 대격전을 끝으로 사실상 골란 전역은 종결되었다. 10월 22일 저녁, 이스라엘과 시리아가 UN안보리의 정전안을 받아들인 것이다. 이후, 이스라엘과 시리아는 24시간 동안 포격전을 계속했지만 더 이상의 지상전투는 벌이지 않았다. 10월 23일 밤,

---

71) 전게서, 사이먼 던스틴, p.126.

포격은 수그러들기 시작했고 자정이 되자 완전히 멈췄다. 이스라엘이 전쟁초기 잃었던 지역을 탈환하고, 헤르몬산(山) 아래 펼쳐진 사사평원의 돌출부를 새로이 점령한 상태에서 북부전선의 공식적인 전투행위는 막을 내렸다.

그러나 가장 큰 난제는 이스라엘과 시리아가 정전협정을 맺는 일이었다. 양국은 정전협정에 서명하는 것을 미뤘고, 시리아는 수개월 동안 이스라엘군 포로들의 명단조차 제공하려하지 않았다. 시리아는 이스라엘과 직접 협상하는 것은 물론 서로 만나는 것조차 거부했다. 이스라엘은 10월 전쟁 이전의 정전라인으로 철수할 용의가 있었지만, 시리아의 요구조건에 따라 골란고원의 일부를 양보하려고 하지 않았다. 그 결과 시리아는 영토를 점령하고 있는 이스라엘군의 전력을 저하시키기 위한 소모전을 전개하였다. 1974년 3월 중순에는 8일간이나 포격전을 계속했으며, 4월 14일에는 헤르몬산(山)의 지배권을 둘러싸고 대규모 백병전까지 벌어졌다. 완고한 협상가인 아사드 시리아 대통령은 이스라엘군의 사상자가 증가할수록 이스라엘군의 사기가 저하될 것이며, 언젠가는 협상에 응할 것이라 계산했다.

이 난제를 해결하기 위해 미국이 중재에 나섰다. 헨리 키신저가 다마스쿠스와 텔아비브를 오가며 장시간에 걸쳐 끈질긴 조정을 계속하였다. 그 결과 1974년 5월 29일, 쌍방의 병력분리에 관한 합의가 이루어졌고, 5월 31일에는 이스라엘과 시리아는 정전협정을 맺었다. 그 합의 내용은 다음과 같다.

① 이스라엘은 이번 전쟁에서 새로 점령한 지역을 모두 반환한다.
② 1968년의 정전라인에 기초하여 폭 1.6~8㎞의 완충지대를 설치하고, 1,200명의 규모의 UN감시단을 주둔시킨다. 완충지대 안에는 쿠네이트라와 라피드가 포함된다.
③ 정전라인 좌우 10㎞까지 쌍방의 전력은 병력 6,000명, 전차 75대, 곡사포 36문으로 제한한다.
④ 그 밖으로 다시 10㎞까지 병력은 무제한이나 전차는 450대로 제한한다.
⑤ 완충지대로부터 각각 25㎞ 이내에는 SAM을 배치하지 않는다.

이 협정에 따라 1974년 6월 6일, 오스트리아, 캐나다, 페루, 폴란드군으로 구성된 UN휴전감시단 1,200명이 북쪽 헤르몬산(山)에서부터 남쪽 요르단 국경까지 이어지는 이스라엘

군과 시리아군 사이의 완충지대에 배치되었다. 6월 18일, 이 협정이 발효되자 이스라엘군
은 새로 점령한 시리아 영토에서 철수하기 시작했고, 비로소 전쟁포로를 교환할 수 있게

〈그림 6-17〉 골란고원 분리협정

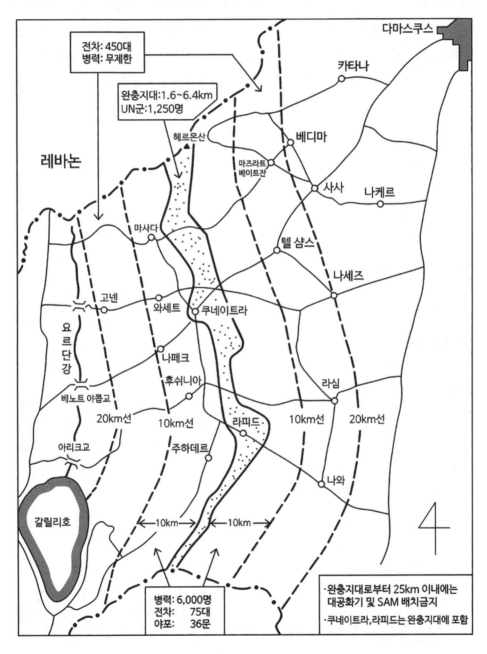

되었다.

이렇게 하여 전화(戰火)는 멈추었다. 쌍방 공히 매우 심각한 피해를 입었다. 시리아군은 전사 3,100명, 부상 6,000명, 포로 370명이라는 대가를 치렀다. 이라크군도 전사 278명, 부상 898명의 피해를 입었으며, 요르단군도 23명이 전사하고 77명이 부상했다. 이스라엘군이 골란 전선에서 입은 손실은 조종사를 포함하여 전사 772명, 부상 2,453명, 포로 65명이었다. 장비피해도 막심하여 시리아군은 전차 1,150대, 이라크군은 200여 대, 요르단군은 50대를 잃었다.[72] 이스라엘군의 전차도 250여 대가 파괴되었다.

5. 전쟁의 분석 및 그 여파

전쟁을 준비하면서 시리아는 군대를 훈련시키는 데 상당한 노력을 기울였다. 덕분에 병사들은 자신들의 군지휘부에 일찍이 볼 수 없었던 신뢰를 나타냈다. 전반적으로 시리아군 병사들은 모두 선전(善戰)하였고, 매우 용감하였다. 그러나 국가의 존망을 걸고 싸운 이스라엘군을 상대하기에는 충분하지 않았다. 이스라엘군의 제7기갑여단 및 제188기갑여단은 사실상 괴멸상태에 이를 때까지 초인적 결의를 갖고 싸웠다. 그들을 뒷받침한 것은 제36기갑사단장 에이탄 준장의 냉철한 지도력, 그리고 북부전선에 우선권을 부여한 전직 참모총장 바레브와 현 참모총장 엘라자르 소장의 결정적 판단이었다. 이에 비해 시리아군 지휘부는 초전의 유리한 상황을 이용하여 전세를 결정지을 수 있는 전술적·작전적 능력이 부족했고, 설령 능력이 있었다 해도 상급부대의 통제 때문에 적극적이고 융통성이 있는 공세행동을 지속할 수가 없었을 것이다.[73] 이렇듯 고급지휘관들의 능력이 승패를 좌우하는 데 중요한 요인으로 작용했는데, 그 능력의 격차는 단시간 내에 극복할 수 있는 성질의 것들이 아니었다.

시리아도 동맹국인 이집트와 마찬가지로 달성 가능한 목표를 제한적으로 선택할 만큼

---

72) 상게서, p.130.

73) 이스라엘군이 반격을 시작했을 때, 엘 알 일대에서 포로가 된 시리아군 제47기갑여단 부여단장 쿨 툼 중령은 "시리아군의 전진이 지연된 것은 이스라엘군의 잘 방어된 진지 때문이 아니라 시리아군의 대담성이 부족하여 '교과서대로(according to the book)'의 융통성이 결여된 작전을 실시했기 때문이다"라고 진술했다. 전게서, 김희상, p.673.

충분히 현실적이었다. 시리아군은 일단 SAM 우산의 보호를 벗어날 경우 아군 지상군이 취약해진다는 것을 간파하고 있었기 때문에 진격목표(전진한계선)를 골란고원의 경계까지로 제한했다. 그러나 종심돌파에 성공하여 예하 부대를 요르단강 지척까지 진출시킨 틀라스 장군(국방부 장관 겸 최고사령관)은 SA-6 포대를 추진하는 데 실패했다. 더구나 예비였던 제3기갑사단 주력을 돌파에 성공한 남부 골란 지역에 투입하지 않고 북부 골란 지역의 강력한 이스라엘군 저항선에 투입함으로서 성공의 마지막 기회를 날려버리고 말았다.

결국 시리아는 교묘한 기만작전과 이스라엘 정보부의 실패 및 이스라엘 최고지휘부의 안이한 판단 때문에 전략적 기습을 성공시키긴 했지만, 초기 공격 시의 전력을 충분히 집중시키는 데는 실패하였다. 시리아군의 공격계획은 지나치게 평범하여 어느 곳이 주공이라고 명확하게 지적하기가 곤란할 만큼 전력이 넓게 분산되어 있었다. 따라서 전력의 낭비를 초래하고 주공부대가 조기에 공격한계점에 도달할 수밖에 없도록 만들었다. 이와는 달리 이스라엘군은 10월 11일, 정전라인을 넘어 진격할 당시 3개 기갑사단 중 2개 사단을 북부전선의 협소한 고지대에 집중 투입하였다.

이스라엘군은 전쟁초기의 충격을 극복하자 반격에 나섰다. 그러나 10월 11일, 텔 샴스 공격에서 나타난 것과 같이 진격단계에서 과도한 자신감으로 인해 기계화보병의 지원 없이 전차 단독으로 공격함으로써 비싼 대가를 치렀다. 공격실패 후 그 다음날 밤에 투입된 공정대대는 불과 4명의 부상자를 내는 경미한 피해를 입고 텔 샴스를 점령하였다. 이처럼 지나치게 전차와 항공기에 의존했던 이스라엘군의 전술적 사고방식 때문에 적지 않은 피해를 입었다. 그럼에도 불구하고 이스라엘군 기갑부대는 전술 및 지휘구조상의 뛰어난 유연성 때문에 시리아군에게 언제나 상대적 우위를 유지할 수 있었다. 동원기갑부대가 완전히 집결할 때까지 기다리지 않고 도착하는 대로 중대단위로 묶어 신속히 전선에 투입하는 조치는 전술적 운용이나 지휘통제 면에서 지장을 주기도 했지만 골란 전투의 향배를 바꾸는 데 크게 기여했다.

시리아군 입장에서 볼 때는 병과 간의 협동 및 협력은 만족스러운 수준이었다고 할 수 있겠지만, 시리아와 아랍연합국 간의 소통과 협조는 만족스러웠다고 말하기 힘들 것이다. 따라서 연합작전 시, 지휘 및 협조체제가 미흡할 수밖에 없었고, 결국 전쟁 말기 수차례의 공세행동도 실패로 끝나고 말았다.

이스라엘 육군과 공군은 전쟁초기 시리아군의 SAM과 ZSU-23-4 자주대공포에 의해 공군전투기가 막대한 피해를 입었음에도 불구하고 상호 간의 협력을 계속하였다. 그 결과 전쟁초기 2일간 공군이 치른 희생은 동원부대가 도착하기 전까지 골란 전선을 지탱할 수 있었던 중요한 요인 중 하나였다. 한 가지 더 주목할 만한 것은 10월 전쟁 이후 이스라엘군은 기계화보병을 기갑병과에 통합시키고, 두 병과 장교들이 교환훈련을 함으로써 제병협동작전에 대해 더 깊이 이해할 수 있도록 했다는 것이다.[74]

10월 전쟁은 현대적인 고강도 전쟁의 특징, 즉 탄약 및 연료 등의 소모량이 엄청나다는 것을 여실히 보여주었다. 1일 1개 사단의 전투소모량이 1,000톤을 훨씬 상회했기 때문에, 이스라엘이나 시리아 어느 쪽도 자신들을 지원하는 강대국의 대규모 공수를 통한 보급 없이는 전투를 지속할 수가 없었다.

순수한 군사적 관점에서 볼 때, 이스라엘군은 전쟁 돌입 당시에 처했던 절박한 상황에 비추어 볼 때 굉장한 승리를 거둔 셈이었다. 특히 제7기갑여단과 제188기갑여단이 펼친 처절한 방어전은 20세기의 군사적 업적 중에서도 손꼽히는 빛나는 업적일 것이다. 그러나 같은 측면에서 1973년 10월 전쟁은 이스라엘 사회가 자랑하는 집단적 사기를 해체시켰고, 많은 이들은 승리를 패배나 다름없이 인식했다. 이번 전쟁에서 치른 생명과 재산상의 대가는 생각하기조차 끔찍했다. 경제적 비용은 이스라엘의 1년 치 국민총생산과 맞먹었으며, 죽은 이들의 희생과 다친 이들의 고통은 가늠할 수조차 없었다. 1948년 이후 연 이은 군사적 승리로 다져진 이스라엘의 이상에 대한 확신은 이 전쟁과 함께 사라지고 말았다. 전쟁을 조사한 아그라나트 위원회는 이스라엘의 뿌리 깊은 자신감과 그 운명에 대한 낙관론을 흔들어 놓았다. 근 30년 동안 군림한 노동당 정부가 몰락했고, 더불어 수많은 유력인사들이 공직에서 물러났다. 정치적으로는 민주적으로 국민의 합의를 도출했음을 자랑하던 국가 이스라엘이 서로를 불신하는 여러 파벌로 분열되고 말았다. 권위에 대한 존경심은 전쟁 이후 자취를 감췄고, 그 후에도 온전하게 회복하지 못했으며, 좌파와 우파 정당 어느 쪽도 국내나 해외의 이스라엘 국민을 위해 하나가 된 목소리를 내지 못했다.

1973년의 10월 전쟁은 중동역사의 결정적인 순간이었다. 역설적이게도 시리아와 이집트 양국은 이 전쟁을 기념할 만한 군사적 성공이자 전장에서 아랍 병사들의 능력을 입증한 사건으로 받아 들였다. 그러나 이스라엘인들에게 10월 전쟁은 결코 완전히 회복할 수

---

74) 전게서, 사이먼 던스틴, pp.135~136.

없는 재난이었다. 무적 이스라엘군의 면모와 지역 내 강국이라는 의식은 적대적인 세계와 마주한 이스라엘이 미국의 군사·외교·경제적 지원에 전례 없이 의존하게 되면서 사라지고 말았다.[75]

---

75) 상게서, pp.135~136.

▌▌▌▌▌ **제3장** ▌▌▌▌▌
시나이(수에즈) 전역(戰役)

1. 개전 전 양군의 대비태세

가. 지형

이 지역에서 가장 중요한 지형지물은 이스라엘군과 이집트군 사이에 있는 수에즈 운하였다. 지중해와 홍해를 잇는 총연장 160㎞의 수에즈 운하는 평균 폭이 150m, 깊이 15m 내외로서 군사적으로는 천연장애물이었다. 특히 운하 남쪽에는 크고 작은 2개의 비터호(Bitter Lake)가 넓은 수면을 드러내고 있고, 운하 북쪽 칸타라에서 지중해와 접하고 있는 포트사이드까지는 소금이 말라붙어 있지만 통행을 극단적으로 제한하는 염습지(Salt Marshes)가 펼쳐져 있어 또 다른 장애물의 역할을 하고 있었다.

운하의 동쪽 시나이 반도는 북쪽은 지중해를 연해 평원지대가 펼쳐져 있고, 중부지역은 고원과 구릉지대가 뒤섞여 있으며, 남부지역은 험한 산악지대로 구성되어 있다. 이러한 지형적 특성 때문에 도로망이 제한됐었는데, 6일 전쟁에서 시나이 반도를 점령한 이스라엘군이 군사작전을 위해 다수의 도로를 건설함에 따라 상당한 변화를 가져왔다. 시나이 반도의 동서를 잇는 주요 간선도로는 4개로서 다음과 같은데, 이는 종전과 큰 변화가 없었다.

① 칸타라~엘 아리쉬~텔아비브에 이르는 북부해안도로

② 이스마일리아~비르 기프가파~니짜나~베르세바를 잇는 중부도로

③ 수에즈 시(市)~미틀라 통로를 잇는 남부도로

④ 소 비터호(Little Bitter Lake)에서 기디 통로를 잇는 중간도로

그러나 이스라엘군은 수에즈 운하 지역의 방위를 강화하기 위해 운하와 나란히 남북으로 뻗은 3개의 간선도로를 양호하게 보수 및 건설하였다

① 수에즈 운하 동안에 근접하여 시나이 북단에서 남단의 샤름 엘 세이크에 이르는 렉시콘 도로(Lexicon Road)

② 운하 동쪽 10㎞에 위치한 포병도로(Artillery Road)

③ 운하 동쪽 25~30㎞에 위치한 측방도로(Lateral Road)

이뿐만 아니라 이스라엘군은 위와 같은 횡적 간선도로와 종적 간선도로를 중심으로 다수의 지선도로를 건설하여 전술적 대응능력을 향상시키려고 노력하였다.

운하 서쪽 이집트 쪽의 지형도 시나이 반도와 유사한 점이 많았다. 이스마일리아를 중심으로 한 중북부지역은 폭 80㎞의 광활한 평원이 펼쳐져 있었다. 그러나 비터호(湖) 서쪽의 평원은 폭이 8㎞로서 대단히 좁았다. 하지만 그곳은 다른 개활지와는 달리 양호한 경작지였다. 약5㎞ 폭의 경작지대는 이스마일리아에서 남쪽의 수에즈 시(市)까지 운하를 따라 이어져 있었으며, 그곳에는 각종 식물과 과일나무들이 무성하게 자라고 있었다. 그런데 이 경작지대에는 나일강 계곡으로부터 정교하게 구성된 관계수로들이 조밀하게 뻗어 있어 차량기동에 부분적인 장애가 되었다. 이 평원지대 서쪽은 시나이 지형과 유사하게 고원지대로 형성돼 있으며, 그 고원지대 남쪽에는 제벨 아타카 산악지대가 펼쳐져 있었다.

이집트 쪽의 도로망 구성도 시나이 반도의 이스라엘 쪽과 유사했다. 동서를 잇는 횡적 간선도로는 대부분 북부의 칸타라, 중부의 이스마일리아, 남부의 수에즈에서 카이로를 향해 뻗어있고, 남북을 잇는 종적 간선도로도 있었다. 제1측방도로는 북부 칸타라에서 수에즈 운하 서안과 근접하여 이스마일리아, 수에즈로 이어지며, 제2측방도로는 운하 서쪽 10~15㎞에 위치하였다. 또한 그 간선도로를 중심으로 다수의 지선도로가 연결되어 있었다.

〈그림 6-18〉 수에즈 운하지대 도로망

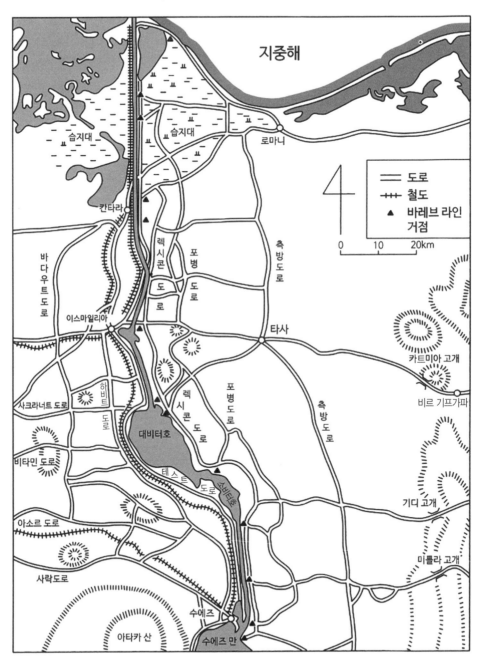

나. 부대배치

1) 이스라엘군

시나이 반도에서 이스라엘군의 최전선은 바레브 라인이었다. 바레브 라인의 핵심진지는 약 30개소의 방어거점들(Maozim)[76]로서 수에즈 운하와 그 주변을 감제관측 할 수 있는 곳에 위치해 있었다. 1969년, 바레브 라인을 구축할 당시에는 모래주머니를 쌓아 방어거점을 만들었지만, 그 후 계속 개선 및 보강공사를 실시하여 1971년 봄에는 강력한 철근콘크리트식 지하요새로 변모하였다. 이 방어거점들은 참호, 모래방벽, 철조망 및 지뢰지대 등으로 둘러싸여 있었고, 소화기, 기관총, 박격포로 무장한 소대규모의 수비대가 주둔할 수 있는 규모로 구축되었다.

이스라엘군은 각 방어거점에서 양 측방 1.6㎞까지는 직접통제하고, 거점과 거점간의 8~10㎞ 공간은 관측 및 순찰에 의해 통제하였다. 또한 전차 1개 소대를 각 방어거점의 모래방벽에 구축된 사격진지에 배치하여 거점을 지원하고, 필요시 거점 사이의 간격을 차장할 수 있도록 준비하였다. 그리하여 바레브 라인에는 2개 여단이 배치되어 이집트군의 공격을 저지 및 지연시키고, 제3의 여단을 예비대로 운용하여 역습을 감행하도록 되어 있었다. 이러한 개념에 의해 1개 우그다(Ugdah)가 바레브 라인의 방어를 담당했다. 우그다는 완편시 3개 전차대대로 편성된 3개 기갑여단을 주축으로 구성되었으며, 작전형태에 따라 보병과 포병의 배속규모가 조정되었다. 전투 서열을 엄격히 지키기 보다는 유연성에 우선을 둔 편성이었다. 바레브 라인을 방어하는 우그다는 제252기갑사단이었다.

그런데 1970년 8월, 휴전에 의해 소모 전쟁이 종결되고, 또 과중한 방위예산 때문에 경제가 압박을 받는다는 비판여론이 급등하자 바레브 라인의 방위태세는 점차 약화되기 시작하였다. 특히 고정 방어선에 의존하는 전투를 혐오하고 기갑부대에 의한 기동전을 선호하는 샤론 장군이 남부사령관에 부임하자 더 큰 영향을 받았다. 그래서 각 방어거점의 수비병력 규모가 축소되었고, 정상적으로 운용하는 거점도 16개소로 줄어들었다. 그 대신 샤론은 '쇼바치 요님(Shovach Yonim)'이라는 공세적 방어계획을 수립하였다. 즉 바레브 라

---

76) 마오짐, 히브리어로 '요새'를 뜻하는 Maoz의 복수형.

인 곳곳에 도하지점을 준비해 놓고 있다가 이집트군이 공격해 올 경우 48시간 이내에 대규모 역도하 공격을 실시한다는 것이었다. 이를 위해 지정된 도하지점 근처에 있는 모래방벽의 폭을 크게 줄이고, 그 대신 적의 포격으로부터 방호를 받을 수 있도록 모래격벽을 설치한 대규모의 도하대기지점을 구축하였다. 또 도하장비의 수송을 위해 도하지점까지 이어지는 지선도로를 건설하였다. 이처럼 기동성을 극대화한 기갑전의 열렬한 신봉자인 샤론은 바레브 라인에 대해서는 별로 신경을 쓰지 않았다. 그런데도 최고지휘부의 누구도 샤론의 그러한 태도를 바꾸도록 설득하지 않았다.[77]

　1973년 7월, 샤론의 후임으로 남부사령관이 된 쉬무엘 고넨 소장은 바레브 라인의 방위태세를 점검하고 방어시설 일부를 재정비 강화하려 했지만 너무 늦은 상태였다. 이렇게 바레브 라인의 방어태세가 악화되었음에도 불구하고 이스라엘군은 이집트군의 도하공격을 저지 및 격퇴할 수 있다고 과신했다. 1973년 10월 6일, 이집트군이 공격을 개시할 당시, 시나이 전선의 이스라엘군 방어배치는 다음과 같다.

　바레브 라인의 방어거점에는 제16보병여단(에쪼니 여단, 일명 '예루살렘'여단)의 제68보병대대(-)가 배치되어 있었다. 그러나 방어거점 32개소 중 16개소만이 정상적 상태로 운용되고 있었고, 2개소는 일부 병력만으로 유지되고 있었으며, 나머지는 폐쇄되거나 소규모 관측조 만으로(2개소) 운용되고 있는 상태였다. 16개소의 방어거점 모래방벽에 구축된 전차 사격진지에는 레세프 대령이 지휘하는 제14기갑여단 소속의 전차 1개 소대씩 배치되었고, 제14기갑여단의 잔여 전차(약 50%)는 바레브 라인 후방의 포병도로와 측방도로 사이에 위치하여 각 방어거점을 지원할 준비를 하고 있었다. 숌론 대령이 지휘하는 제401기갑여단은 미틀라 통로 서단 일대에 집결하여 예비로 운용될 준비를 하고 있었다. 그러나 아미르 대령이 지휘하는 제460기갑여단은 북부해안도로 동쪽의 엘 아리쉬 근처에 집결해 있었으므로 예비로서 즉응성이 결여된 상태였다. 3개 기갑여단 및 기타 배속부대를 지휘 통제하는 제252기갑사단 사령부와 남부사령부(행정 및 통신)는 중부도로상의 교통 요지인 비르 기프가파 인근 레피딤에 위치해 있었다.

　그러나 무엇보다 바레브 라인의 방어거점에 배치된 보병병력이 문제였다. 그곳을 담당하던 정규군은 훈련을 위해 내륙으로 이동하였고, 그 대신 제2예비역에서 최종 전역을 위

---

77) 상게서, p.40.

해 마지막 훈련차 소집되었던 제16보병여단의 제68보병대대가 배치된 것이다. 그들은 대부분 상점 주인이나 농장주 등, 신 이민자들로서 히브리어도 잘 모르는 사람들이거나, 대

〈그림 6-19〉 쌍방의 부대배치 및 전개(1973. 10. 6.)

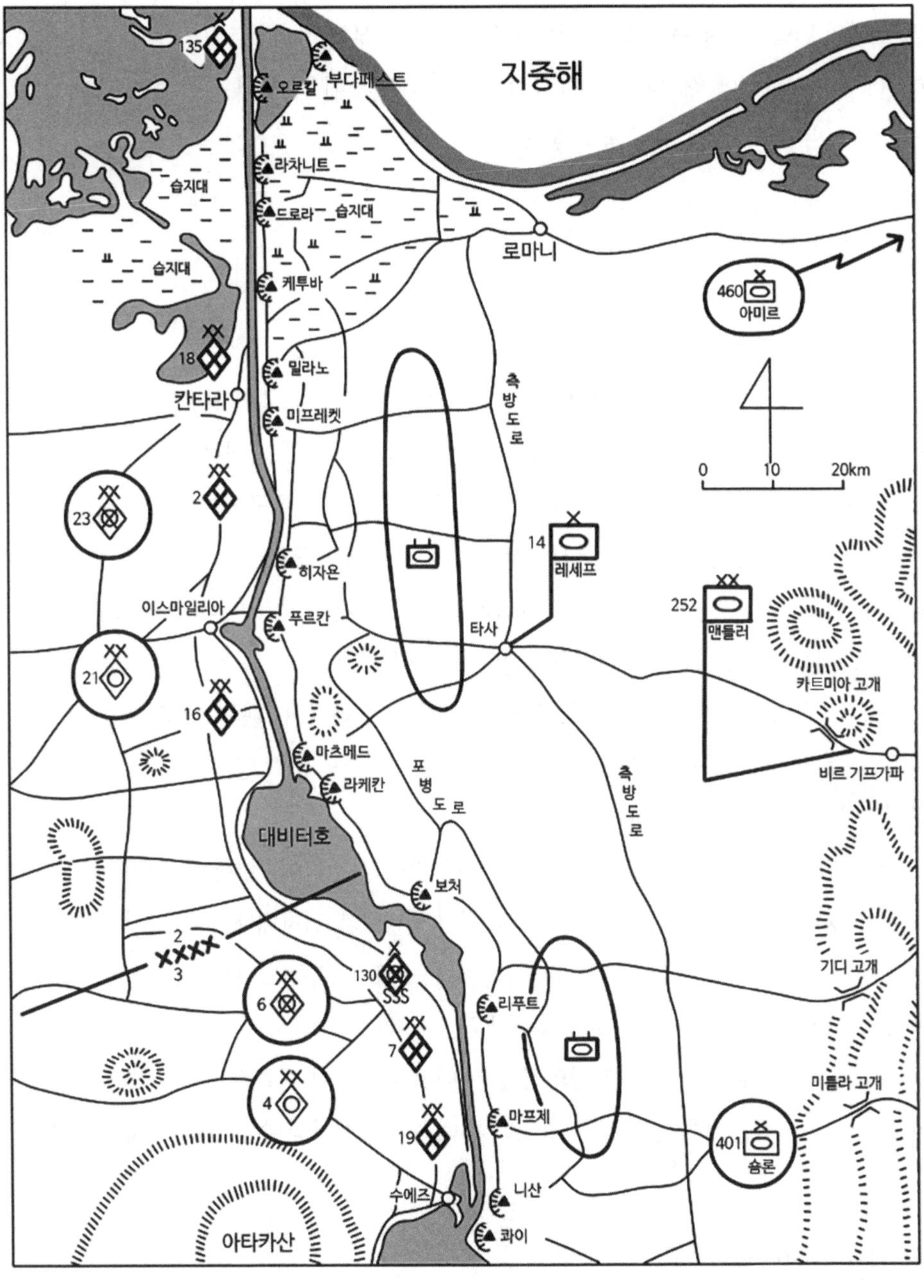

학교수나 정부의 중견관리 등으로 대부분 전쟁 경험이 없었다. 더욱 불운이 겹친 것은 병력수준이 충족된 상태가 아니라 욤 키푸르 휴가로 인해 468명으로 감소된 상태였다.

이리하여 전쟁이 개시될 때, 바레브 라인의 32개의 방어거점 중 16개소에 배치된 예비군 468명이 제252기갑사단의 전차 290대, 12개 야전포대(야포 52문), 2개 호크 지대공미사일 포대의 빈약한 지원을 받는 상태에서 압도적으로 우세한 이집트군의 공격에 맞서야 했다. 더구나 시나이에 배치된 병력 1만 8,000명 중 전투에 즉각 대응할 수 있는 태세를 갖추고 있는 병력은 8,000명에 불과했다.[78]

2) 이집트군

1973년 10월 당시의 이집트군 총병력은 약 110만 명으로 그 대부분은 육군이었다. 육군의 절반은 국가방위대에 소속되어 구식장비로 무장한 채 내륙의 방위를 담당했고, 수에즈 운하 도하작전에 참가한 부대 및 병력은 5개 보병사단, 3개 기계화사단, 2개 기갑사단, 7개 독립기갑여단, 2개 독립보병여단, 2개 공정여단 및 2개 특공여단을 기간(基幹)으로 하는 약 31만 명이었다. 이집트군 총사령부는 이 부대를 3개 군으로 편조하여 5개 사단기간의 제2군은 대 비터호 이북, 4개 사단 기간의 제3군은 대 비터호 이남의 작전을 담당하도록 했고, 제1군은 카이로 주변에서 예비임무를 수행하도록 했다.

이집트군은 6일 전쟁 이후 와신상담하며 전쟁준비를 해왔기 때문에 질과 양적인 면에서 획기적으로 발전하였으며, 특히 강습도하작전의 핵심부대인 보병사단의 전력을 대폭 강화시켰다. 각 사단의 편제는 다음과 같다.

보병사단은 2개 보병여단과 1개 기계화여단 그리고 포병여단(72문)을 기간으로 편성되었다. 보병/기계화여단은 3개 보병/기계화대대 외에 1개 전차대대, 1개 곡사포대(6문), 기갑수색중대, 대전차중대, 방공중대, 공병중대 등으로 강력하게 편성하였다. 보병사단은 이외에도 SU-100 자주 대전차포 1개 대대와 1개 대전차대대(RPG-7 휴대용 대전차로켓발사기 314문, 새거 대전차 미사일 48기)가 편성되어 있어 대전차 능력이 대폭적으로 강화되었다. 뿐만 아니라 이번 작전을 위해 별도로 기갑여단이 배속되어 전차의 수가 95대에서 200대로 증

---

78) 상게서, p.40.

가되었고, 병력도 약 1만 1,000명에서 약 1만 4,000명으로 증가되었다.

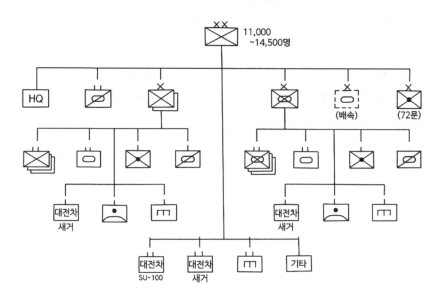

〈표 6-5〉 이집트군 보병사단 편성표

기계화사단은 2개 기계화여단, 1개 기갑여단, 포병여단을 기간으로 편성되었으며 전차 160대를 보유하였고, 기갑사단은 2개 기갑여단, 1개 기계화여단, 포병여단을 기간으로 편성되었으며 전차 250대를 보유했다.

이집트군은 도하작전에 참가하는 부대를 개전 2~3개월 전부터 수에즈 운하 서안을 연해 전개시키기 시작했다. 이스라엘군을 기만하기 위해 운하 주변을 점령하는 기동훈련을 수없이 반복하면서 병력과 장비를 집결시켰고, 대량의 탄약과 물자를 집적했다. 아울러 운하 서안 40~50㎞ 종심 내에 SAM 진지 130개소(30개소는 SA-6), 포병진지, 야전병원 등을 추진시켰다. 이리하여 이집트군은 이스라엘의 방심 속에 다음과 같이 부대를 전개시켰다.

마몬 소장이 지휘하는 제2군의 작전지역은 포트사이드부터 대 비터호까지였으며, 일선에 3개 보병사단 및 1개 독립보병여단을 전개시키고, 그 종심에 2개 기갑/기계화사단을 예비로 집결시켰다. 즉 최북단의 포트사이드 일대에 제135독립보병여단, 칸타라에 제18 보병사단, 이스마일리아에 제2보병사단, 대 비터호 북쪽에 제16보병사단이 전개했고, 이스마일리아 북서쪽 18㎞ 지점에 제23기계화사단, 남서쪽 12㎞ 지점에 제21기갑사단이

집결했다.

와셀 소장이 지휘하는 제3군의 작전지역은 대 비터호에서 수에즈 시(市)까지였으며, 일선에 2개 보병사단 및 1개 수륙양용여단을 전개시키고, 그 종심에 2개 기갑/기계화사단을 예비로 집결시켰다. 즉 소 비터호 부근에 제130수륙양용여단, 소 비터호 남쪽에 제7보병사단, 수에즈 시(市) 북쪽에 제19보병사단이 전개했고, 소 비터호 서쪽 20㎞ 지점에 제6기계화사단, 수에즈 시 서북쪽 15㎞ 지점에 제4기갑사단이 집결했다. 이외에 제3기계화사단이 추가적으로 후방 종심지역에 집결하였다. 거의 모든 면에서 개전을 위한 준비가 완료된 것이다.

다. 작전계획

1) 이집트군

이집트군의 작전계획도 오랫동안 연구 검토를 거듭한 끝에 작성되었는데, 어디까지나 제한전쟁이었기 때문에 추구하는 군사적 목표도 한정되었다. 계획의 골자는 '수에즈 운하를 기습적으로 도하하여 단시간 내에 제한된 목표선까지 진출한 후 이를 확보 유지한다'는 것이었다. 따라서 작전의 절대적 성공요소는 기습이었으며, 이스라엘군의 동원전력이 투입되기 전인 H+48시간 이내에 교두보를 확보해야만 되었다. 이러한 작전은 3단계로 구분되었는데 세부 계획은 다음과 같다.[79]

제1단계 작전의 핵심은 교두보 확보였다. 따라서 먼저 제2군 및 제3군의 5개 보병사단이 수에즈 운하를 동시에 도하하여 10~15㎞ 종심의 교두보를 확보한다. 이어서 4개 기갑/기계화사단이 도하하여 교두보의 종심을 보강한다. 그 다음 교두보 전방에 강력한 방어선을 형성하여 반격해 오는 이스라엘군 기갑부대를 저지 및 격멸하여 심대한 손실을 강요한다. 제1단계 작전은 대략 4~5일이 소요될 것으로 판단했는데, 가능하다면 이 기간 중에 라스 수다르의 유전지대도 확보하고, 아울러 제2단계 작전을 준비하기로 했다.

제2단계 작전은 교두보에 대한 이스라엘군의 반격을 분쇄시켜 이스라엘군의 전력이 약

---

79) 전게서, 김희상, pp.569~570을 주로 참고.

화되었다는 조건이 충족되어야만 실행이 가능했다. 이 조건이 충족되면 교두보 종심에서 예비임무를 수행하던 4개 기갑/기계화사단이 교두보선에서 방어를 하고 있는 보병사단을 초월, 카트미아 고개, 기디 고개, 미틀라 고개 방향으로 공격하여 비르 기프가파를 기준으로 남북을 긋는 선까지 진출하는 것이었다. 이 작전도 대략 4~5일이 소요될 것으로 판단했다.

제3단계 작전은 제2단계 작전이 완료되었을 때, 전진한계선을 연해 강력한 방어선을 구축하고 이를 확보하는 것이었다. 즉 교두보선을 방어하던 보병사단들이 기갑/기계화사단의 전진한계선까지 진출하여 그 지역에 강력한 방어선을 구축하고 이스라엘군의 반격을 저지 및 격퇴한다. 기갑/기계화사단은 진지교대 후 종심지역으로 이동하여 다시 예비임무를 수행하도록 계획되었다.

이와 같은 이집트군의 작전계획을 분석해 보면 핵심적인 작전은 제1단계였으며, 그 중에서도 개전 직후 24시간이 가장 중요했다. 그래서 도하에서부터 교두보를 확보할 때까지 세부 시간표상에 각부대의 행동을 명시하였다. 이집트군 작전계획의 특징은 주공 방향이 없는 전 정면 동시 공격이었다. 이는 이스라엘군을 격멸시켜 전쟁에서 완전한 군사적 승리를 획득하기 위한 계획이 아니라 한정된 종심의 교두보만 확보 및 유지하는 계획이었기 때문이다.

사다트 대통령은 전쟁을 통하여 정치적 문제를 해결하기 보다는 단지 전쟁으로서 정치적 환경을 변화시켜 정치적 매듭을 풀려고 했다. 따라서 이집트군은 사다트 대통령의 의도를 반영하여 어느 특정 방향에 주공을 지향하는 결전을 시도하지 않고, 전 정면에 걸친 단순한 공격을 계획하였다. 결국 정치적 목적을 달성하기 위한 제한전쟁이었기 때문에 추구하는 군사적 목표도 한정될 수밖에 없었다. 이것이 적극 과감한 공격계획이 아닌 수세적 공격계획을 수립할 수밖에 없었던 주요 이유다.

2) 이스라엘군

이스라엘군의 방어계획은 바레브 라인에 기초를 둔 방어작전과 기갑부대에 의한 역습 및 반격작전이 결합된 형태였다. 그래서 거대한 대전차 장애물인 수에즈 운하의 방어효과를 더욱 증대시키기 위해 운하 동안을 따라 모래방벽을 쌓은 후 시나이 반도 내부로 뻗은 도로 및 교차점을 감제하고 운하 연안을 제압할 수 있는 요지에 방어거점들(Maozim)을 구축하였다. 방어거점을 수비하는 보병부대의 주된 역할은 이집트군이 도하공격을 해 올 경우 전초전을 벌이면서 적의 전력에 대한 정보를 제공하고 접근로를 봉쇄하는 것이었다. 수비대를 지원하기 위해 포병도로와 측방도로 사이에 배치된 기갑여단에서 전차 1개 소대씩 각 방어거점에 투입되었다가 공격해 오는 이집트군을 저지하거나 거점과 거점 사이의 간격을 차장하도록 계획되었다.

이렇게 바레브 라인에 배치된 보병부대와 전차부대 일부가 이집트군의 도하공격을 일차적으로 저지 및 지연시킨다. 이때, 수에즈 운하를 화염화시켜 이집트군의 도하를 방해하고, 신속히 출동한 공군이 근접항공지원을 실시하여 이집트군을 격파한다. 그리고 2시간 이내에 포병도로와 측방도로 사이에 위치한 기갑여단(-)과 다른 기갑여단이 투입되어 도하하는 이집트군의 병력과 장비를 격파한다. 그다음 12시간 이내에 이집트군 주공이 파악되는 대로 제3의 기갑여단을 투입하여 이집트군을 격퇴한다.

이스라엘군은 만약 이집트군이 교두보를 확보한다하더라도 교두보 확보를 위한 전차 및 중장비를 도하시키는 데 24~48시간이 소요될 것이라 판단했다. 따라서 단시간 내에 공군과 기갑부대를 집중 투입한다면 바레브 라인 일대에서 이집트군을 격파할 수 있다고 확신했다. 그래서 이집트군이 교두보를 확보하고 계속 공격한다면, 48시간 이내에 동원기갑부대가 도착했을 때, 수에즈 운하를 역도하하여 이집트군을 포위 격멸하거나 카이로를 위협한다. 이것이 바로 쇼바치 요님(Shovach Yonim) 계획이었다.

그러나 이집트군의 공격이 시작되었을 때, 이스라엘군은 계획대로 방어를 실시할 수 없는 상태였다. 바레브 라인의 수비 병력인 보병부대는 훈련 소집된 예비역이었으며, 더구나 병력 수준도 낮은 상태였다. 또 기갑부대도 계획대로 작전 초기에 적절하게 활용할 수 있는 위치에 없었다. 이집트군의 거의 완벽한 기습 때문이라고 할 수 있겠지만, 이스라엘군은 계획과는 동 떨어진 상태에 있었기 때문에 결국 방어계획은 허상이 되고 말았다.

2. 이집트군의 도하공격(D~D+1 : 10월 6~7일)

가. 기습도하

1) 공격준비사격

1973년 10월 6일 12:00시, 이스라엘군 제252기갑사단 사령부에 '이집트군의 공격이 임박했다'는 경고와 함께 '모든 병력은 임전태세를 갖추라'는 지시가 내려왔다. 이에 부사단장은 사단장 멘들러 소장에게 '쇼바치 요님' 계획을 발동해 전차부대를 운하지대로 전진시키자고 강력히 건의하였다. 멘들러 소장은 쇼바치 요님 계획의 발동을 주저하는 남부사령관 고넨 소장과 통화를 마친 13:45분에서야 이를 명령했다.[80] 그러나 전차부대를 전방으로 추진하기 전에 이집트군의 공격준비사격이 개시되었다.

14:05분, 갑자기 날카로운 금속음이 울리며 약 200기의 이집트 공군기들이 수에즈 운하와 수에즈만을 건너 시나이 반도로 저공 침투해 들어갔다. 이 항공기들은 시나이 반도의 이스라엘군 포병진지, 호크 대공미사일진지, 비행장, 지휘소, 레이더 기지 및 병참시설 등을 공격했다. 그러나 각 목표물에 어느 정도 피해를 입히기는 했지만 공중전과 대공사격에 의해 30여기를 잃었다. 이와 동시에 지중해 위를 저공으로 비행해 온 이집트 공군의 Tu-16 폭격기 2기가 텔아비브를 향해 AS-5 켈트 미사일 2발을 발사했는데, 1발은 바다에 떨어지고 다른 1발은 이스라엘군 전투기에 의해 격추되었다. 또 다른 Tu-16 폭격기 14기는 시나이 사막의 목표물을 AS-5 켈트 미사일로 공격하여 약간의 전과를 올렸다.

항공공격에 이어 수에즈 운하 서안에서 약 4,000문의 각종 화포가 일제히 불을 뿜었다. 포격은 바레브 라인의 거점 및 진지, 지휘소, 장애물 지대 등에 집중되었다. 수에즈 운하 서안의 누벽에 위치한 전차들도 포격에 가세했다. 이스라엘군의 종심지역인 타사와 비르기프가파 지역에는 프로그 지대지 미사일이 떨어졌다. 이 공격준비사격은 포병 총사령관인 모하메트 메이 소장이 지휘했고, 야포 및 중박격포 1,850문, 운하 서안의 누벽에 배치된 전차 1,000대와 대전차포 1,000문, 그리고 다수의 방사포가 참가했다. 사격은 너무나

---

80) 전게서, 사이먼 던스턴, p.72.

격렬하여 최초 1분간에는 10,500발이 발사되었으며, 53분 동안 3,000톤의 포탄이 운하 동안에 떨어졌다.[81]

2) 강습여단 도하

14:20분, 폭격임무를 마친 이집트 공군기들이 귀환하고 있는 가운데, 강습도하부대 제1 파인 특수보병 4,000명이 운하 서안의 방벽 뒤에서 쏟아져 나와 질서 있게 운하기슭으로 내려갔다. 도하 준비를 끝낸 보트는 720척에 달했다. 특수보병들은 고무보트에 오른 후 연막발사기에서 뿜어져 나오는 연무의 보호아래 바레브 라인 내 유인(有人)진지 사이의 사각(死角)지대를 향해 나아갔다. 유인진지는 좌우 사계가 1㎞로 제한되어 사각지대가 다수 발생했다. 그들은 '알라흐 아크바르(Allah Akbar: 신은 위대하다)… 알라흐 아크바르'라는 찬송 리듬에 맞추어 힘차게 노를 저으며 운하를 건넜다.[82] 그들의 도하는 운하 서안의 높은 누벽 위에 올라간 전차로부터 직접적인 화력 지원을 받았다. 방어거점 내의 이스라엘군 일부 는 사격거리 내에서 도하하고 있는 이집트군을 향해 맹렬한 사격을 퍼부으려고 했지만 운 하 건너편 누벽에서 내려 쏘는 전차포 사격에 고개를 제대로 들 수가 없었다. 이 단계에서 엄청난 사상자가 발생할 것이라고 예상했던 이집트군은 수개월에 걸친 훈련과정에서 병 사들에게 개인적 희생의 필요성을 강하게 주입시켰다. 바레브 라인의 방어거점에서 퍼붓 는 사격에 의해 일부 피해가 발생하기도 했지만 제1파 병력 대부분은 6분 만에 운하 동쪽 기슭에 도착했다. 이들 특수보병은 모래제방 등반용 줄사다리를 이용해 대전차 및 대공팀 과 포병관측반을 대동하고 모래방벽을 기어올랐다. 모래방벽은 경사가 심해 개인 화기 및 개인 장구류를 휴대한 병사들조차 쉽게 오를 수 없었기 때문에 새거 대전차 미사일이나 SA-7 휴대용 대공미사일 같은 무기들은 특별히 제작된 손수레를 이용하여 운반했다.[83]

제1파 특수보병들은 바레브 라인의 모래방벽을 넘은 후, 비어있는 이스라엘군의 전차 엄체호를 장악함으로써, 이스라엘군 전차들이 준비된 사격진지에 자리를 잡을 수 없게 했

---

81) 전게서, 田上四郎, p.257.

82) 전게서, 사이먼 던스턴, p.75.

83) 이탈리아 베스파(Vespa)와 람브레타(Lambretta)사(社)에서 수입한 스쿠터 바퀴를 이용해 모래언덕을 오를 수 있는 손수레 2,240개를 만들었고, 제1파 병력은 이 손수레를 사용하여 336톤의 새거 대전차 미 사일과 SA-7 휴대용 대공미사일을 실어 날랐다. 상게서, p.78.

다. 6분 후 제2파의 보병중대가 도하하여 상륙했고, 다시 6분 후 일선 보병대대의 중화기 반들이 제3파로 도착했다. 운하 동안의 모래장벽을 절개하는 공병부대는 제4파로 도하했다. 강습초기 구조선 역할을 수행하던 TOPAS 수륙양용 장갑수송차량은 이때 공병부대를 도와 운하 동안으로 발전기와 고압펌프를 견인하기도 했다.

공병부대는 고압펌프로 물을 분사하여 거대한 모래방벽을 허물고 2시간 동안에 폭 7m의 통로를 82개소나 만들었다. 통로 바닥은 불도저로 평탄작업을 했고, 차량이동이 용이하도록 철제 매트를 깔았다. 그러나 3군 지역의 모래방벽은 모래와 진흙이 뒤섞여 있어 물을 분사해도 쉽사리 쓸려 내려가지 않았기 때문에 결국 불도저와 폭약을 사용하여 절개구를 만들었다. 그 때문에 후속 도하부대들이 돌파해 나가는 것이 지연되었다.

공병부대가 모래방벽을 절개하는 동안, 포병은 바레브 라인의 이스라엘군 방어거점을 포격해 도하를 저지하거나 공병의 절개작업을 방해하지 못하도록 했다. 이와 동시에 Mi-8 헬기들은 운하로 접근하는 이스라엘군의 증원 병력을 교란시킬 특공부대 병력을 수송했다.

이처럼 도하작전은 거의 계획대로 착착 진행되어 H+1시간에는 강습여단의 후속 보병대대가 도하를 개시했으며, H+2시간 이내에 후속여단의 선두대대가 그 뒤를 이었다. 그동안 제1파 특수보병들은 축차 전진을 계속하여 H+4시간에는 운하 동쪽 3km 지점에 저지진지를 구축하고 이스라엘군의 국지 역습에 대비하였다. 그리고 요새 공격 훈련을 받은 제2파 및 제3파의 보병부대가 바레브 라인의 이스라엘군 방어거점을 공격하였다. 이리하여 16:15분까지 총 8개 제파, 10개 여단, 2만 5,000명이 운하를 건넜고, 해질녘인 17:50분에는 도하병력이 3만 2,000명으로 증가되었으며 종심 5~6km의 교두보를 확보하였다.

3) 공병의 부교설치

강습도하부대가 바레브 라인의 이스라엘군 방어거점을 공격하고 있는 사이, 소련제 수륙양용차량들과 각종 도하장비들이 운하 서안의 도하지점으로 추진되었다. 여기에는 50톤짜리 동력잔교(動力棧橋)와 1시간 내에 조립할 수 있는 PMP 폰툰(pontoon) 부교들이 포함되어 있었다. 이집트군 공병부대는 신속히 문교를 조립하고 부교를 설치하기 시작했다. 전차운반용 중문교는 1개 사단 당 4세트를 보유하고 있었다. 문교가 조립되자 즉시 전차를 도하시켜 운하 동안의 저지진지 방어력을 보강시켰다. 부교 설치 작업은 특히 제2군 지역에서 순조롭게 진행되어 6~9시간 만에 엘 칸타라 지역에 3개, 이스마일리아~데베수와

〈그림 6-20〉 이집트군의 도하공격(1973. 10.6. 오후)

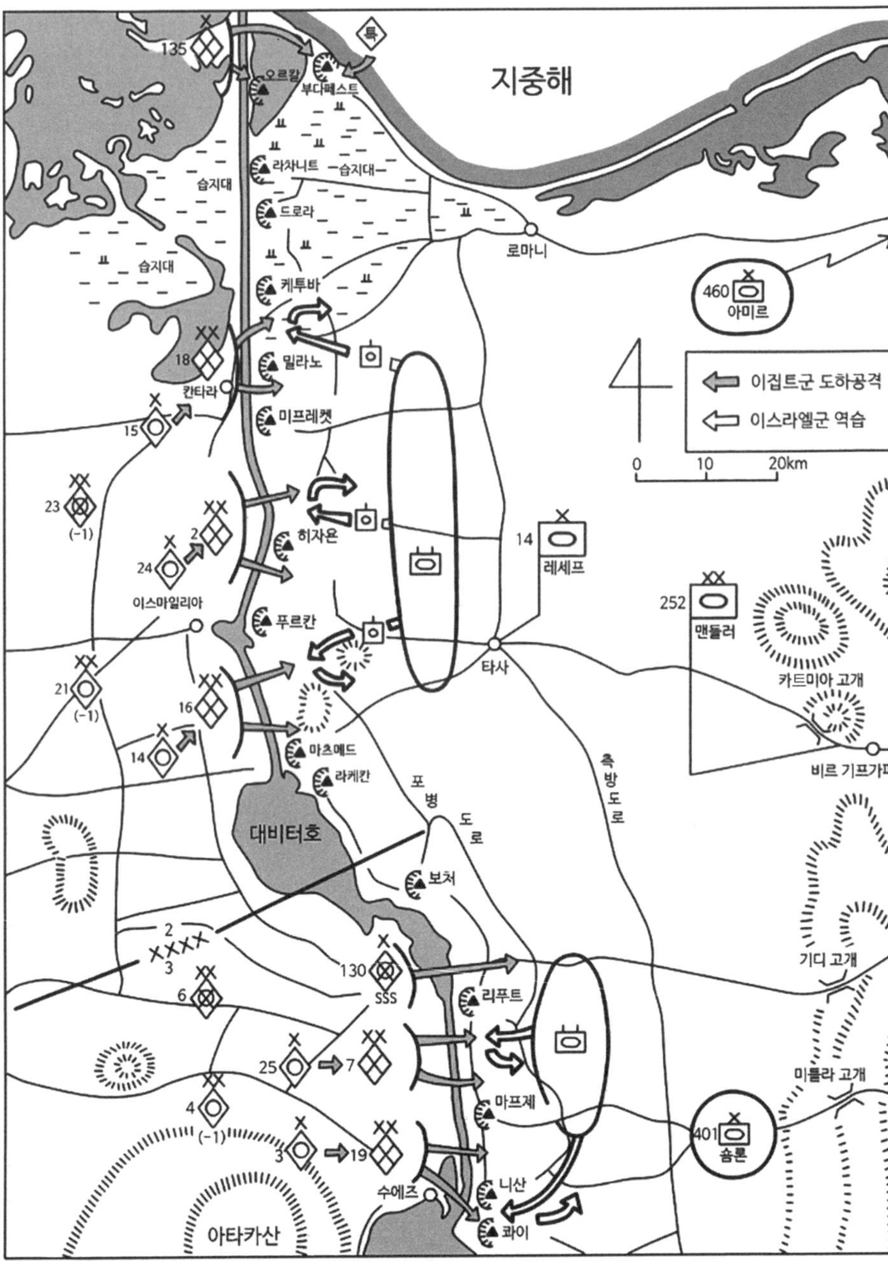

르 지역에 3개를 설치하였다. 그러나 제3군이 담당하고 있는 게네이파~수에즈 지역에 계획된 4개는 운하 동안의 지반이 단단한데다가 이스라엘군 175밀리 장사정포의 맹렬한 사격 때문에 10월 7일 09:00시까지 지연되었다. 부교를 설치하는 동안 이스라엘 공군기의 폭격으로 이집트군 공병 부사령관이 전사하는 등의 난관을 겪기도 했지만, 일단 완성된 부교는 연막차장으로 보호하고, 만약 피폭되어 파괴될 경우에는 각 지역에 있는 복구부대가 1시간 내에 수리할 수 있도록 조치했다.

4) 주력부대 도하

부교가 설치되자 10월 6일 밤부터 수많은 전차 및 장갑차, 야포, 대공화기 등이 운하 동안으로 건너가기 시작했다. 제3군은 설치되기 전까지 제2군의 부교를 이용하여 일부 전차부대를 운하 동안으로 이동시켰다. 이리하여 10월 7일 오전까지 5개 보병사단이 도하하여 운하 동안에 종심 8㎞의 교두보를 확보하였고, 이스라엘군의 반격에 대비해 대전차 무기 및 대공무기들의 장벽으로 형성된 강력한 방어선을 구축하였다. 이와 같이 교과서적(的)으로 도하공격을 실시한 이집트군의 도하지역별 도하부대는 다음과 같다.

대 비터호에서 엘 캅에 이르는 북부지구에서는 제2군의 3개 보병사단이 도하하였다. 엘 칸타라에서는 제18보병사단이 도하를 선도하고 제15독립기갑여단이 후속지원 했으며, 이스마일리아에서는 제2보병사단이 도하를 선도하고 제24기갑여단이 후속지원 했다. 이스마일리아 남쪽 팀사호와 대 비터호 사이에서는 제16보병사단이 도하를 선도하고 제14기갑여단이 후속지원 했다. 그리고 예비대인 제23기계화사단과 제21기갑사단이 도하를 준비하고 있었다.

대 비터호에서 수에즈 만에 이르는 남부지구에서는 제3군의 2개 보병사단이 도하하였다. 소 비터호 남쪽에서는 제7보병사단이 도하를 선도하고 제25독립기갑여단이 후속지원 했으며, 수에즈 북쪽에서는 제19보병사단이 도하를 선도하고 제3기갑여단이 후속지원 했다. 그리고 예비대인 제6기계화사단과 제4기갑사단이 도하를 준비하고 있었다.

계획단계에서 이집트군은 작전 초기 사상자가 약 3만 명에 이를 것으로 예상했다. 그러나 실제 입은 피해는 10월 6일 17:50분까지 전사 208명에 불과했다. 제3군의 2개 보병사단 중 이스라엘군의 강력한 저항에 부딪쳤던 사단은 초기에 10%의 피해를 입었지만 이것도 예상치의 1/3에 지나지 않았다. 이 사단은 이스라엘군 전차 1대가 끝까지 펼친 분전 때문에 30분이나 지체되기도 했다. 그 전차는 승무원 4명 중 3명이 전사했는데도 불구하고 생존한 1명이 부상당해 포로가 될 때까지 홀로 저항을 계속하였다. 그러나 이집트군의 모든 작전이 순조롭게 진행된 것은 아니었다. 일부 보조적 작전은 예상했던 것만큼 성과를 거두지 못했다.

첫 번째가 지중해 연안 사구(砂丘)의 이스라엘군 방어거점 '부다페스트' 공략작전이었다. 이집트군 제135독립보병여단은 포트 파드의 해안도로를 따라 동진하는 양동작전을 전개하여 해병특수부대의 상륙작전을 지원하고, 그 후 상륙한 해병특수부대와 함께 '부다페스트'를 협격하는 임무를 부여받았다. '부다페스트'는 예비역 대위 모티 아쉬케나지가 지휘하는 18명이 수비하고 있었는데, 기본 작전지침에 따라 바레브 라인에서 전차소대가 증강되어있는 유일한 진지였다.

10월 6일 오후, 이집트군 제135독립보병여단은 동진을 개시했다. 그 부대는 전차 16대 및 장갑차 16대, 106밀리 무반동총을 탑재한 지프까지 장비하고 있어 전력 면에서 이스라엘군 수비대를 압도하고 있었다. 제135독립보병여단의 선도대대는 자신만만하게 '부다페스트'를 공격하였다. 그러나 이스라엘군 수비대의 용전으로 전차 7대와 장갑차 8대가 파괴되는 큰 피해를 입었다. 그럼에도 불구하고 제135독립보병여단은 인근 해안에 상륙한 해병특수부대가 이스라엘군 방어거점 동쪽에 도착하자 양쪽에서 협격을 실시하였다. 이렇게 되자 이스라엘군 수비대는 고립무원의 상태에 빠져버렸다. 이들을 구출하려던 이스라엘군 부대는 이집트군 특공부대의 매복에 의해 또 다시 차단당했다. 그러나 격전 끝에 '부다페스트'로 이어지는 통로는 재개통되었고, 그 방어거점은 전쟁이 끝날 때까지 여러 차례의 이집트군 공격을 막아냈다. 그리하여 '부다페스트'는 바레브 라인에서 이집트군에게 함락되지 않은 유일한 방어거점이라는 명성을 얻게 된다.[84]

두 번째는 제130수륙양용여단의 기디 고개 및 미틀라 고개 확보 작전이다. 수에즈 운하 도하작전 간 공병부대가 운하 동안의 모래방벽에 절개로를 개설하자 제3군의 좌측에서는 제6기계화사단의 통제 하에 제130수륙양용여단이 PT-76 수륙양용 경전차를 타고 소 비터호를 자력으로 도하하기 시작했다. 그들의 임무는 도하 후 신속히 공격을 실시하여 기

---

84) 상게서, p.85.

디 및 미틀라 고개를 확보하고 공중강습한 특공부대와 연결하며, 그 후 이스라엘군의 증원부대를 차단하는 것이었다.

자력으로 신속히 도하한 제130수륙양용여단은 10월 6일 저녁, 기디 고개 및 미틀라 고개를 확보하기 위해 동쪽으로 진격했다. 그러나 불운하게도 비르 타마다에서 급히 달려오고 있는 단 숌론 여단의 전차 1개 대대와 기디 고개 서쪽에서 격돌했다. PT-76은 장갑이 얇은 경전차인데다가 주포도 76밀리 포로서 파괴력이 약하기 때문에 중장갑이면서 강력한 105밀리 주포를 장착한 이스라엘군의 M60 전차와 센츄리온 전차의 상대가 되지 않았다. 일방적인 전투 끝에 제130 수륙양용여단은 패주하였다.[85] 또 연결하기로 되어있던 특공부대는 공중침투 간 그들이 탑승한 헬기 중 14기가 이스라엘군 전투기에 의해 격추되었고, 간신히 착륙한 일부 병력은 동쪽에서 밀려오는 이스라엘군의 증원 병력을 저지하지 못한 채 포위되거나 포로가 되었다. 이 밖에도 이집트군 특공부대들은 시나이 반도에 공중 침투해 수에즈 운하 동안 10~20㎞ 부근에 위치한 이스라엘군 지휘소, 통신시설, 보급로 등을 공격했고, 시나이 남부에서는 아브 루데스 유전을 습격했지만 기대했던 만큼 성과를 거두지 못했다.

나. 이스라엘군의 초기 대응(D~D+1일 : 10월 6~7일)

1) 방어거점 수비대의 분전[86]

바레브 라인의 방어거점에 배치되어 있던 이스라엘군 수비대는 초기 단계에서는 제대로 싸워보지도 못한 채, 거점의 양 측방으로 밀고 들어온 이집트군에게 포위되고 말았다. 그럼에도 불구하고 수비대는 이집트군의 도하를 저지시키려고 최선을 다해 싸웠다. 특히 칸타라 북쪽의 '케투바' 거점과 최북단 지중해 연안의 '부다페스트' 거점, 그리고 수에즈 시(市) 맞은편 방파제에 위치한 '콰이' 거점에서는 처절한 전투가 벌어졌다.

케투바 거점은 교사출신인 오르레브가 지휘하는 소규모 수비대가 방어하고 있었다. 그

85) 전게서, 田上四郎, p.261; 이때 퇴각명령을 받지 못한 2개 소대 중 1개 소대는 미틀라 고개를 우회하여 10월 7일 10:10분, 타마다를 공격하는 용감성을 보이기도 했다.
86) 김희상, 『中東戰爭』, p.575; 사이먼 던스턴, 『욤 키푸르 1973(2)』, p.85를 주로 참고.

들은 수에즈 운하 서안의 누벽에서 내려쏘는 이집트군 전차의 포탄 때문에 제대로 머리를 들 수 없는 상황 속에서도 도하해 오는 이집트군을 향해 자동화기 사격을 퍼부어 고무보트 11척을 격침시켰다. 10월 7일 03:00시경에는 도하한 이집트군 보병 및 특공부대 수백 명이 남쪽과 북쪽에서 각각 접근해 왔다. 이때 오르레브는 병력이 부족했기 때문에 위협이 크다고 판단한 남쪽에 가용 병력을 집중 배치한 다음, 이집트군이 근거리까지 접근했을 때 맹렬한 사격을 퍼부었다. 약 45분간의 격전 끝에 남쪽의 이집트군은 격퇴되었다. 그러자 북쪽에서 접근해 오던 이집트군도 공격을 중지하였다. 이렇게 하여 이집트군을 격퇴했지만 거점 수비대도 피해를 입어 전투 병력이 17명에서 7명으로 감소되었다. 그래도 포위된 채 10월 7일 오전까지 버티었고, 가끔 전차를 운반하는 중문교를 관측하면 근접항공 지원을 요청하여 격침시키기도 했다.

부다페스트 거점은 아쉬케나지 대위의 지휘아래 18명의 병사와 전차 1개 소대가 방어하고 있었다. 그런데 전쟁이 개시되자마자 이집트군의 강력한 공격준비사격에 의해 3명이 전사했다. 이어서 16:00시경에는 포트 파드에서 동진해 온 이집트군의 공격을 받았다. 이집트군의 선도부대는 전차 16대 및 장갑차 16대, 그리고 지프 탑재 무반동총을 장비한 기계화부대였다. 이스라엘군 전차소대는 이집트군이 1,000m 이내의 사거리에 들어 왔을 때 정확한 사격을 퍼부어 여러 대의 전차와 장갑차를 파괴하였고, 때마침 도착한 팬텀 전투기의 근접항공지원을 받아 총 17대의 전차 및 장갑차를 격파하여 이집트군의 공격을 격퇴시켰다. 그 후 포위된 상태에서 여러 차례의 공격을 받았지만 그들은 끝까지 진지를 사수함으로서 전쟁이 끝날 때까지 점령되지 않은 유일한 거점이라는 영예를 얻었다.

콰이 거점은 운하를 화염으로 덮을 수 있는 장치까지 갖춘 중요한 거점으로써 아르디네스트 중위를 비롯한 42명의 정규군이 수비하고 있었다. 이 거점은 3면이 물이었고, 유일한 통로는 6.4m 폭의 육교뿐이었는데, 삽시간에 이집트군에게 포위되어 통로가 차단된 상태였다. 이 수비대도 이집트군의 강력한 포격을 받는 극한 상황 속에서 파상공격을 해오는 이집트군 보병들의 공격을 수없이 격퇴했지만 탄약이 바닥나고 전투 병력이 10여 명으로 감소되자 어쩔 수 없이 개전 1주일 만인 10월 13일 11:00시에 항복하고 말았다. 그러나 모든 거점들이 이렇게 끝까지 지탱하지 못했고, 다수의 거점들은 이집트군의 파상적인 공격을 받아 함락되었다. 칸타라 남쪽의 미프레켓 거점이나 수에즈 운하 북쪽 오르칼 거점의 A,B,C진지 중 A 및 C진지는 조기에 전멸 당했고, 아부디르함 중위가 지휘하는

B진지만이 버티고 있었다.

2) 막대한 피해를 입은 국지반격

개전 30분 후, 맨들러 사단(제252기갑사단)의 레세프 여단(제14기갑여단) 전차들은 이집트군 도하부대에 대한 상황을 제대로 파악하지 못한 채, 바레브 라인을 향해 전진했다. 이 국지적인 반격은 약 1개 중대(전차 8~10대)로 구성된 여러 개의 제대가 전 정면에 걸쳐 거의 동시에 실시되었다. 그러나 이들 제대가 바레브 라인에 접근하자 이집트군의 사격이 개시되었다. 갑자기 이곳저곳에서 날아오는 RPG 대전차로켓탄과 새거 대전차 미사일에 의해 이스라엘군은 큰 피해를 입었다. 레세프 여단은 불과 30분 만에 투입된 전차의 약 1/3이 파괴되었다. 이후에도 피해가 급증해 레세프 여단의 전력은 극도로 저하되었다.

긴급 출격한 이스라엘 공군기들도 기대와는 달리 성과를 거두지 못했다. 이스라엘 공군기들의 최우선 과업은 이집트군의 부교 설치를 저지하는 것이었다. 이스라엘 공군은 과거 '6일 전쟁' 시 저공폭격전술을 사용하여 큰 성과를 올렸었다. 그러나 이번에는 이집트군의 SA-7 휴대용 대공미사일과 ZSU-23-4 자주대공포, 차량에 탑재된 SA-6 저고도대공미사일 등의 농밀한 방공벽에 부딪쳐 저공에서 많은 피해를 입었기 때문에 그 전술을 포기해야만 했다. 더구나 이집트군의 대공미사일은 이스라엘군 항공기 1기당 보통 5~6발이 날아올 정도였고, 미사일을 회피하기 위해 초저공으로 내려오면 23밀리 고사기관포 4문을 탑재하여 분당 4,000발을 발사할 수 있는 ZSU 실카 자주대공포가 불을 뿜었다. 그리하여 전쟁 초기 수에즈 운하 상공에서는 이스라엘군 전투기와 이집트군의 SAM 간에 펼쳐지는 하늘의 경기와 같은 전투장면이 자주 목격되었다.

이스라엘군 전투기들은 평균 6개의 SAM 포대에 의해 추적되었다. 어떤 팬텀기는 바레브 라인의 방어거점 수비대가 손에 땀을 쥐고 바라보고 있는 가운데 뛰어난 비행기술을 발휘하여 5개의 미사일을 회피하는 묘기를 보여 보는 이의 찬사와 안도의 한숨을 내 쉬게 하였다. 그러나 그 순간 6번째로 날아 온 미사일에 격추되어 방어거점 내의 이스라엘군을 실망시켰다. 반면 수에즈 운하 일대에서 똑같이 그 광경을 바라보던 이집트군은 '알라흐 아크바르'를 외치며 환호성을 올렸다.

3) 군 예비대 투입

이집트군의 기습공격을 받은 이스라엘군 지휘부는 큰 혼란에 빠졌다. 남부사령관 고넨과 제252기갑사단장 맨들러는 이집트군이 공격을 개시한지 1시간이 지나서야 비로소 전면 공격이라는 것을 알아차렸다. 그러나 주공 방향이 모호하여 보유하고 있는 기갑예비대를 어느 곳에 투입해야 할 것인지 신속한 결단을 내리기가 어려웠다. 결국 또다시 1시간이 지난 16:00시경이 되어서야 주공이 없는 전 정면 동시공격이라는 것을 인지했고, 단지 운하 남부지역보다는 북부지역 이집트군 공세가 더 치열하고 상황도 심각한 상태라는 것을 깨달았다. 그래서 고넨과 맨들러는 가비 아미르 대령의 제460기갑여단을 북부지역에 투입하여 반격하게 하고, 단 숌론 대령의 제401기갑여단은 비터호 남쪽으로 전진하여 방어를 하도록 했다. 그리고 이미 투입되어서 심각한 피해를 입은 레세프 대령의 제14기갑여단은 중부의 좁은 정면에서만 방어를 하도록 조정하였다. 그러나 이때는 이미 도하한 이집트군이 바레브 라인상의 이스라엘군 방어거점을 포위 및 우회하여 교두보를 확보하기 시작한 상태였으므로 가장 양호한 방어선인 운하선에서 이집트군을 저지할 수 있는 기회는 완전히 지나간 다음이었다.

그런데 이때 이스라엘군 참모본부도 상황 판단을 제대로 하고 있지 못했다. 10월 6일 초저녁 무렵, 엘라자르 참모총장은 제252기갑사단 부사단장 피노 준장이 헬기를 타고 기디 및 미틀라 고개를 정찰한 결과를 토대로 현재 상황이 감당할만하다고 판단하였다. 그리하여 도하용 장비조차 준비되어 있지 않은 상태인데도 불구하고 내일이면 이스라엘군이 역도하를 실시할 수 있을 것이라는 낙관적인 예측을 내놓았다.

이런 가운데 맨들러 사단(제252기갑사단)의 부대들은 전선 상황을 명확히 파악하지 못한 채 바레브 라인을 향해 진격했다. 북부지역에 투입된 가비 아미르 여단(제460기갑여단)은 부대를 2개 제대로 나누어 전진했다. 1개 제대는 '미프레켓' 방어거점으로 보내고, 다른 1개 제대는 가비 아미르 대령이 직접 지휘하여 '밀라노' 방어거점으로 전진했다. 이때는 태양이 막 넘어가고 어둠이 깃들기 시작할 무렵이었다. 이스라엘군 전차가 바레브 라인에 접근하자 갑자기 여기저기서 쏘아대는 포탄과 미사일이 벌떼처럼 덮쳐왔다. 매복해 있던 이집트군 보병이 발사한 RPG 로켓탄이 근거리에서 날아왔고, 멀리 운하 건너편 서쪽 누벽에서 발사한 새거 대전차 미사일이 아름다운 만곡선을 그리면서 유성처럼 날아와 전차에 내리꽂혔다. 전장은 삽시간에 전차 살육장으로 변했고, 제460기갑여단은 심각한 피해를 입었다. 이런 상황임에도 불구하고 여단장 가비 아미르 대령은 명령받은 대로 운하선까지 밀고 나가려고 했다. 그리하여 간신히 운하선 가까이까지 진출하기는 했지만 피해는 눈덩이처럼 불어났다. 대부분의 전차장들이 전사하거나 부상당했으며, 여단 작전주임도 전사했다. 이집트군 대전차 화망에 빠져 집중 난타를 당한 가비 아미르 여단은 거의 와해상태에 이르렀다. 진퇴양난의 위기에 처한 가비 아미르 여단은 결국 다음날 아침에 긴급 투입된 아단 사단의 지원을 받고서야 가까스로 철수할 수 있었다. 이때 가비 아미르 여단의 잔존 전차는 20여 대에 불과했다.

중부지역의 좁은 전투정면을 부여받은 레세프 여단(제14기갑여단)도 잔존 전차를 한데 모아 또 다시 운하선을 향해 진격했다. 그들이 운하 가까이 접근했을 때 매복해 있던 이집트군의 집중사격을 받았다. RPG 로켓탄과 새거 대전차 미사일이 무수히 날아왔다. 레세프 여단은 제대로 싸워보지도 못한 채 사방에서 날아온 로켓탄과 미사일에 대부분의 전차가 피격되었다. 그럼에도 불구하고 몇 대 밖에 남지 않은 전차로 이날 밤 내내 이집트군 전차 50대에 맞서 피르단 교차로를 지켜내 이집트군의 교두보 확장을 저지시켰다.

남부지역으로 전진한 단 숌론 여단(제401기갑여단)의 상황은 달랐다. 제401기갑여단은 14:00시경, 이집트 공군기의 폭격을 받았지만 큰 피해를 입지 않았다. 출동대기태세를 갖추고 있던 여단은 16:15분, "최선을 다해 남부지역을 방어하라"는 명령을 받았다. 여단장은 즉시 부대를 3개 제대로 나누어 각기 다른 통로로 전진시켰다. 어느 통로가 차단되더라도 다른 통로를 이용하는 부대가 임무를 수행할 수 있도록 하기 위해서였다. 이에 따라 A대대는 기디 통로를 이용하여 소 비터호 남단 리푸트 및 보처 방어거점이 있는 지역으로 전진하고, 여단장 자신은 B대대와 함께 미틀라 통로를 이용하여 수에즈 시(市) 대안의 포트튜픽 일대로 전진하며, C대대는 앞의 2개 통로를 이집트군이 차단할 경우에 대비하여 카트미아 통로를 이용하여 수에즈 시 북쪽의 마프제 방어거점으로 전진시켰다. 이때 단 숌론 여단은 대 비터호와 경계지점에서부터 수에즈 남쪽 19㎞ 지점인 라스 마살라까지 총 56㎞의 정면을 담당했는데, 그 정면은 이집트군 제3군이 담당하고 있었다. 따라서 단 숌론이 상대하는 이집트군 부대는 제7 및 제19보병사단, 제6기계화사단 및 제4기갑사단, 제130수륙양용여단이었다. 이집트군 제3군은 총 650대의 전차를 보유하고 있었으므로, 전차 전력 면에서 제401기갑여단은 6:1로 열세였다. 그러나 여단장 단 숌론은 이러한 사실을 알지 못했다.

행운은 단 숌론에게 먼저 찾아왔다. 이집트군은 제3군의 일선 보병사단 도하가 지연된 탓에 제130수륙양용여단의 비터호 강습도하가 지연되었고, 이렇게 되자 기디 고개 및 미틀라 고개를 확보하기 위한 제130수륙양용여단의 진격도 지연되었다. 그래서 기디 고개를 통과하여 수에즈 운하의 소 비터호 방향으로 전진하던 단 숌론 여단의 A대대가 기디 고개 서쪽 입구에서 이집트군 제130수륙양용여단과 정면으로 충돌하였다. 갑작스런 조우전에서 PT-76 수륙양용경전차와 BTR 수륙양용장갑차를 장비한 이집트군 제130수륙양용여단은 이스라엘군 중전차대대의 상대가 되지 않았다. PT-76 경전차의 76밀리 주포는 이스라엘군의 M60 또는 센츄리온 중전차의 장갑을 관통할 수 없었기 때문이다. 전투는 일방적으로 진행되었고, 짧은 시간 내에 수많은 이집트군 경전차와 장갑차가 파괴되자 그들은 패주하고 말았다. 만약 이집트군 제3군의 일선 보병사단 도하가 지연되지 않았다면 제130수륙양용여단은 공중강습한 특공부대와 연결해 기디 및 미틀라 고개를 선점한 후 RPG-7 대전차로켓발사기와 새거 대전차 미사일로 대전차 화망을 구성했을 확률이 높았을 것이고, 그렇게 되었다면 이스라엘군의 예비대 투입이 차단되거나 지연되어 전세에 큰 영향을 미쳤을 것이다.

20:00시경, 단 숌론 여단은 바레브 라인의 방어거점 일대에 도착하는 데 성공하였다. 북부지역과 중부지역의 방어거점들은 도하한 이집트군으로부터 이미 포위공격을 받고 있었고, 그들을 구출하기 위해 투입된 기갑여단들은 바레브 라인에 제대로 접근하지도 못한 채 이집트군의 대전차 공격을 받아 큰 피해를 입었지만, 이곳 남부지역에서는 이집트군 제3군의 도하 노력이 아직도 계속되고 있었으며, 교두보도 제대로 구축하지 못하고 있었다. 단 숌론의 최우선 목표는 이집트군에게 포위된 바레브 라인의 방어거점들과 연결하는 것이었는데, 이날 저녁 그 목표를 달성했다. 그러나 포트 튜픽에서 수에즈 시(市) 맞은편 방파제에 구축된 '콰이' 거점과의 연결은 실패했다. 콰이 거점으로 진입하는 단 하나뿐인 접근로에는 지뢰가 매설되어 있었으며, 전차와 포병의 지원을 받는 수천 명의 이집트군이 포위하고 있었으므로 연결할 수가 없었다.

이렇게 전투가 계속되자 단 숌론은 지금 전개되고 있는 전쟁은 지난 1968년에 시작된 단순한 소모 전쟁의 일부가 아니라 대규모 전면 전쟁이라는 것을 명확히 인식했다. 그래서 단 숌론은 맨들러 사단장에게 '자신의 부대로 방어거점을 강화시켜 방어에 집중하던

가, 아니면 방어거점의 수비 병력을 철수시키고 자신은 오로지 이집트군의 도하 기도에 대해서만 융통성 있게 집중적인 방어작전을 할 수 있게 해 달라'고 건의했다. 그러나 맨들

〈그림 6-21〉 이스라엘군의 국지역습(1973. 10. 6. 저녁)

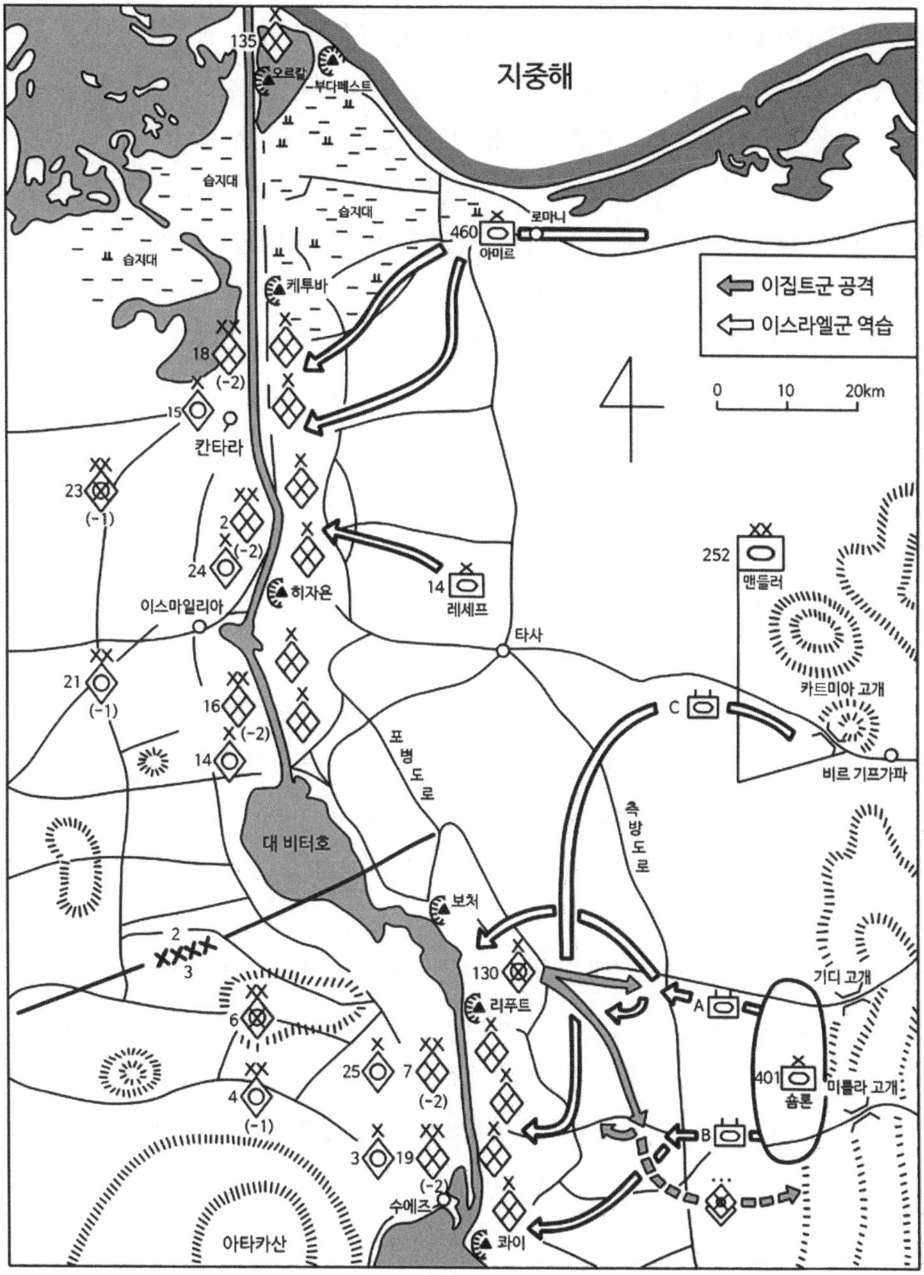

러는 어느 쪽도 허가하지 않았다. 상급사령부의 요구는 방어거점도 유지하고 도하하는 이집트군도 저지하라는 것이었다. 사실 단 숌론의 건의는 지극히 타당한 것이었고, 건의된 사항은 남부지역뿐만 아니라 보다 일찍 결심하여 전 전선에서 실시되었어야 할 사항이었지만 이스라엘군 수뇌부는 그렇게 하지 못했다. 그 어느 때보다도 신속하고 융통성 있는 결단과 행동이 필요한 때에 상급사령부와 수뇌부는 우유부단했고, 정확한 상황판단을 하지 못한 채 단순히 예정된 계획에만 얽매여 있었다.[87] 그 결과 단 숌론 여단은 밤새도록 방어거점들을 수비하랴, 거점과 다소 떨어진 이집트군의 도하지점에 대하여 국지반격을 실시하랴, 분주히 왕복하여야 했고, 그 어느 쪽에서나 또 이동 중에 이집트군 대전차 보병들의 매복공격을 받아 피해가 급증하기 시작했다. 이리하여 10월 7일 08:00시경에는 최초 100대였던 전차가 23대로 줄어들었다. 이렇게 되자 상급사령부에서도 '바레브 라인과의 접촉을 끊고 이집트군의 진격을 저지하는 데만 집중하라'는 명령을 내렸다. 자신의 절박한 상황을 깨달은 단 숌론은 이집트군이 수적 우세를 활용하지 못하도록 분산된 자신의 부대를 집결시키고, 전력의 소모를 최대한 방지하면서 원거리 사격과 기동 전투로 이집트군을 타격하여 그들의 전진을 최대한 저지 및 지연시켰다.

4) 부진한 항공작전

10월 6일 오후 늦게 이스라엘 공군은 심각한 피해에도 불구하고 이집트군 교두보에 대하여 수십 차례의 지상공격임무를 수행하기 시작했다. 어둠이 깔리면서부터는 부교를 포착하고 파괴하기 위해 조명탄에 의존해야 했다. 그러나 이스라엘 공군의 야간작전 능력은 제한적일 수밖에 없었기 때문에 이러한 공격은 이집트군의 도하작전을 지연시키는 데 별다른 효과를 거두지 못했다.

10월 7일 이른 아침, 이스라엘군 참모본부는 골란 전선에서는 시리아군의 공세를 저지시킬 수 있을 것이라 판단하고 공군의 역량을 수에즈 전선에 집중시키기로 결정했다. 그리하여 팬텀 및 미라쥬 전투비행대대에 수에즈 운하와 카이로 사이에 있는 이집트군의 대공미사일 진지를 파괴하고 아울러 근접항공지원기들을 위해 수에즈 운하 상공을 제압하

---

87) 전게서, 김희상, p.579.

는 임무를 부여했다.

첫 번째 임무를 수행하기 위해 07:00시에 이륙한 이스라엘군 전투기들은 이집트군의 SAM 망을 돌파한 후 수에즈 운하와 나일 계곡 사이에 위치한 레이더 기지 및 비행장 수개소를 타격했다. 임무를 끝내고 기지로 돌아온 그들은 재무장 및 재급유를 한 후 수에즈 운하 일대의 이집트군 SAM 우산에 대대적인 공격을 실시할 예정이었다. 그러나 바로 이때, 그들은 방향을 전환하여 골란 전선으로 출격하였다. 다얀 국방부 장관이 정상적인 명령계통을 무시한 채 펠레드 공군사령관에게 '제3사원(이스라엘을 의미하는 암호명)'이 절체절명의 위기에 처해 있으며, 골란고원을 돌파한 시리아군 기갑부대들이 요르단 계곡으로 밀고 내려오고 있다고 알린 것이다. 다얀은 펠레드에게 '시나이는 그저 모래벌판이지만 북부전선에서는 당장 이스라엘인들의 터전이 위험에 처했다'고 말했다.[88] 펠레드 휘하의 고위 참모들은 당황했지만, 펠레드는 이집트군의 SAM 우산 파괴와 시나이의 이스라엘군 기갑여단에 대한 근접항공지원을 연기하고, 공군전력을 우선적으로 골란 전선에 투입시켰다.

5) 바레브 방어거점 수비대의 철수

10월 7일 08:00시, 이집트군은 수에즈 운하 도하작전 간 전개된 전투를 승리로 이끌었다. 또한 18시간에 걸쳐 병력 9만 명과 전차 850대, 차량 1만 1,000대를 운하 동안으로 도하시켰다. 이후 4시간 동안 제3군의 제7보병사단 및 제25독립기갑여단 전 병력이 대 비터호 남단을 도하했다. 도하 후 다음 단계로 이집트군은 순전히 방어에 집중했다. 폭이 길고 종심이 짧은 교두보를 강화 및 확장하면서, 반격에 나선 이스라엘군에게 최대한의 타격을 가했다. 이와 동시에 시나이 반도의 해안선을 따라 라스 수드라와 샤름 엘 세이크로 진격할 계획을 세웠다.

이때, 이스라엘군 남부사령부 및 참모본부는 수에즈 운하 도하를 완료한 이집트군이 작전계획에 따라 진격을 정지했다는 것을 알 도리가 없었다. 그들은 운하를 건넌 이집트군의 기갑 및 기계화예비대가 요충지인 기디 고개와 미틀라 고개로 밀어 닥칠 가능성 때문

---

88) 전게서, 사이먼 던스턴, p.91; 그날 오후, 다얀 국방부 장관은 메이어 총리에게 '시나이에서는 기디 고개 및 미틀라 고개 방어선까지 후퇴하자'고 건의해 전략적 혼돈상태를 가중시키다가 참모총장 엘라자르의 반대에 부딪쳤다.

에 우려를 금치 못했다. 운하 연안에서 이집트군을 저지할 수 없었던 그들은 어떻게 해서든 포병도로 선에서 이집트군을 저지하겠다는 각오를 다졌다.[89]

한편, 예루살렘 여단장 루벤 대령은 10월 6일 저녁부터 수차례에 걸쳐 바레브 라인의 방어거점에 배치된 병력의 철수를 건의했다. 그러나 10월 7일 10:00시경까지도 남부사령관 고넨은 물론 제252기갑사단장 맨들러도 이스라엘군이 전 지역에서 고전중이라는 사실만 알았을 뿐, 바레브 라인의 방어거점들을 포기해야 할 만한 위급성을 느끼지 못하고 있었다. 그렇지만 루벤 대령의 입장에서는 실로 다급한 상황이었으므로 11:00시경에는 그 자신이 독단으로 철수시키는 것까지 고려하였다. 그러나 시간이 지나면서 상황이 점차 명확해지자 마침내 고넨도 철수에 동의하였다. 그 철수명령이 방어거점에 통보된 것은 13:00시가 넘어서였다. 그 무렵 방어거점 대부분은 완전히 포위되고 퇴로까지 차단된 상태였다. 따라서 철수에 성공한 방어거점은 극소수에 불과했다.

칸타라 북쪽 케투바 방어거점의 지휘자 오르레브는 생존자들을 2대의 반궤도차량에 분승시킨 후 탈출을 시도했다. 이때 이집트군 보병들이 전차 6대의 지원을 받으며 접근해 오고 있었다. 이스라엘군 수비대는 이집트군 보병들에게 기습적인 사격을 퍼부으면서 번개처럼 거점을 이탈하여 전속력으로 내달렸고, 간신히 탈주에 성공했다. 그러나 오르칼 방어거점의 B진지 지휘자 아부디르함 중위는 약 6㎞를 돌파해 나왔는데, 최후의 순간에 그가 탑승한 반궤도차량이 피격되었고, 그는 포로가 되었다.

이밖에 어떤 방어거점은 이미 함락되었고, 수에즈 시(市) 건너편 콰이 방어거점을 비롯한 몇 개의 방어거점은 끝까지 저항하다가 항복하였다. 단 지중해 연안의 부다페스트 방어거점만이 전쟁이 끝났을 때까지 함락되지 않은 유일한 거점이었다.

6) 동원부대 도착(전선 재정비)

이렇게 이스라엘군의 모든 작전부대들이 막대한 타격을 입고 거의 와해될 위기에 처했을 때, 전날 동원령에 따라 긴급히 동원된 부대들이 전선에 도착하기 시작했다. 이에 남부사령관 고넨은 도착하기 시작한 예비역 부대들을 투입하여 전선을 재정비하였다.

---

89) 상게서, p.87. 실제로 포병도로는 이집트군의 바드르 작전 제1단계의 전진한계선이었다.

제일 먼저 도착한 부대는 10월 7일 08:00시경, 북부해안도로를 따라 이동해 온 아단 사단(제162동원기갑사단)의 나타크 바람 여단(제600동원기갑여단)[90]이었다. 그들은 베르세바에서 약 200㎞를 이동해 왔다. 그런데 그들이 로마니에 도착하여 전차수송차량에서 전차를 내리고 있을 때, 그곳에 매복해 있던 250명의 이집트군 특공대의 기습공격을 받았다. 그 특공대는 전날 헬기로 각처에 투입된 부대들 중 하나였는데, RPG-7 대전차로켓발사기와 새거 대전차 미사일을 휴대하고 있었다. 약 2시간 동안 교전을 벌인 끝에 이집트군 특공대를 간신히 격퇴했지만 센츄리온 전차 1대와 반궤도차량 2대가 파괴되고 27명의 사상자가 발생하는 피해를 입었다. 제600동원기갑여단이 도착하자 고넨은 북부지역의 방어임무를 아단 사단에게 부여하였다. 그리고 최북단 지중해 연안의 좁은 정면은 마겐 준장의 특수임무부대(제146동원혼성사단)가 방어를 담당하도록 조정하였다. 이때, 북부지역에 투입되었던 가비 아미르 여단(제460기갑여단)은 전날 저녁때부터 계속된 전투로 인해 막대한 피해를 입어 100대의 전차가 20여 대로 줄어든 상태였다. 거의 붕괴될 위기에 처했는데 다행히 나타크 바람 여단이 도착하여 지원을 해 주었기 때문에 가까스로 전장에서 빠져 나올 수가 있었다. 그러나 후퇴하는 도중 부상병 13명을 태운 전차 1대가 이집트군이 쏜 대전차포탄에 피격되어 그들 모두가 한꺼번에 폭사하는 참상도 벌어졌다.

샤론 사단(제143동원기갑사단)도 10월 7일 오후부터 전선에 도착하기 시작했다. 대부분의 전차는 베르세바에서 이동해 오는 중이어서 도착이 늦어졌지만 그래도 일부 선발대가 13:00시경에 도착하기 시작했다. 그래서 대부분의 전력을 상실한 채 간신히 중부지역을 방어하고 있는 레세프 여단도 가까스로 위기를 모면하였다.

남부지역을 방어하고 있는 단 숌론 여단에는 새로운 부대가 증원되지 않았다. 그래서 단 숌론은 맨들러 사단장에게 건의하여 그의 부대를 포병도로 동쪽 3~5㎞ 지역으로 철수시켰으며, 미틀라 고개 서쪽 일대에 부대를 배치하고 그곳에서 재편성 및 재정비를 한 후 이집트군의 전진을 저지하였다.

이리하여 10월 7일, 이스라엘군의 방어 배치는 최북단에 마겐 특수임무부대(제146동원혼성사단), 북부지역은 아단 사단이 담당하며, 북부지역을 책임졌던 가비 아미르 여단은 아단 사단으로 배속전환 되었다. 최초 전 방어선을 담당했던 맨들러 사단은 단 숌론 여단을 지휘통

90) 전투 서열이 비교적 잘 정리된 전게서, 田上四郎, pp.359~360의 내용을 기준으로 함. 전게서, 김희상, p.580에는 '나타크 바람 여단'이 아니라 '나트케 니르 여단'이라고 기술돼 있다.

제하여 남부지역만을 책임지게 했다. 그 외 시나이 남쪽에는 이날 밤 22:00시경, 1개 공정여단을 라스 수다르 지역에 투입했고, 그들은 남부사령부의 직접적인 지휘통제를 받았다.

7) 공세행동을 위한 작전회의

10월 7일, 이스라엘군 고위지휘관들은 차후의 작전 방향을 놓고 격론을 벌였다. 전 남부사령관이었던 샤론 장군은 이날 저녁 즉각적인 일대반격을 개시하여 수에즈 운하를 역도하하자고 주장했고, 다얀 국방부 장관은 현 상황을 비관적으로 판단하고 오히려 비르기프가파 동쪽 산악 요충들과 아부루데이스 및 수에즈를 잇는 선으로 철수할 것을 주장했다.[91] 그러나 엘라자르 참모총장은 '후일의 반격을 위해서 산악 요충지의 서쪽을 확보하는 것이 필요하다. 만약 산악 요충지로 철수했을 경우 장차 반격을 개시할 때 지나치게 많은 희생을 강요받게 될 뿐만 아니라 무엇보다도 그 지역의 주요 사령부 및 진지들이 이집트군의 직접적인 위협에 놓이게 된다'는 이유를 들어 다얀의 철수방안에 반대했다. 또한 즉각 반격하여 수에즈 운하를 역도하하자는 샤론의 방안도 반대했다. 왜냐하면 그것이 좋은 방안임에는 틀림없지만 지나치게 높은 위험성을 수반하고 있기 때문이었다.[92] 남부사령관 고넨 역시 엘라자르와 같은 생각이었다. 그는 현재 당면한 급선무는 방어선을 강화시키는 것이지 대규모 반격이 아니라고 생각했으며, 그렇다고 즉각 철수할 필요는 없다고 확신했다. 그는 포병도로와 측방도로 이서(以西)에서 방어할 수 있도록 하는 것이 최선의 방안이라고 믿었던 것이다.

격렬한 토의 끝에 엘라자르와 고넨은 의기소침한 다얀을 설득해 새로운 2개 동원기갑사단, 즉 아단 소장이 지휘하는 제162동원기갑사단과 샤론 소장이 지휘하는 제143동원기갑사단을 투입하여 각각 시나이 북부와 남부에서 공세를 실시하는 방안을 승인받았다. 이때 이스라엘군 최고지휘부는 기갑부대의 집중운용교리를 신봉하는 자들이 주도하고 있었다. 엘라자르와 고넨은 초기에 맨들러 사단(제252기갑사단)의 전차를 소대나 중대 단위로 축차

---

91) 골란과 수에즈 양 전역을 다 돌아본 다얀은 심각한 위기를 느끼고 이스라엘 국가가 존재하기 위해서는 전장에서 다소 손실을 각오하더라도 이스라엘군의 전멸을 피해야 한다고 생각했다. 그러기 위해서는 골란 전선과 시나이 전선에서 각각 전면적인 철수를 감행하여 양 전선 사이의 거리를 축소시킴으로서 병참선을 단축하지 않으면 안 된다고 크게 비관하고 있었다. 전게서, Chaim Herzog, p.183.

92) 전게서, 김희상, p.585.

투입한 것이 이집트군 기갑부대와 포병, 그리고 잘 훈련되고 무장된 대전차 보병에게 큰 피해를 입은 원인이라고 보았다. 그래서 사단급이나 여단급 기갑부대를 집중 운용하여 타

〈그림 6-22〉 이집트군의 교두보 확보(1973. 10. 7.)

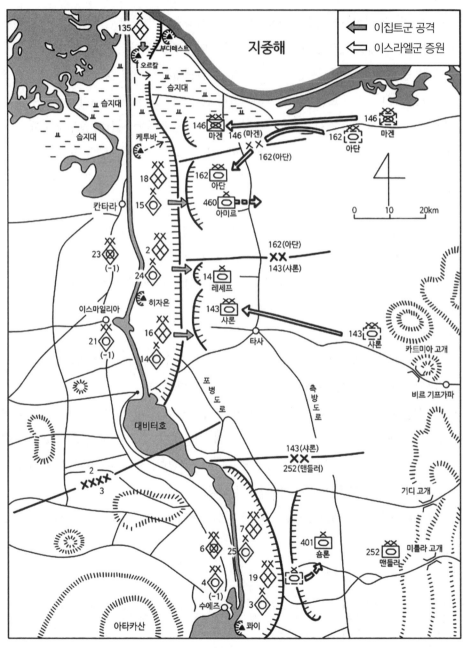

격한다면 결과가 다를 것이라고 생각했다.

　10월 7일 19:00시, 엘라자르는 전 참모총장 라빈과 함께 남부사령부를 방문해 다음날인 10월 8일에 실시할 반격작전에 관하여 토의했다. 이 작전회의에는 고넨 남부사령관, 맨들러 사단장, 아단 사단장, 남부사령부 참모장 벤 아리 준장이 참석했다. 샤론 사단장은 출석하지 않았다. 참석자들은 모두 지금의 불리한 상황을 냉정하게 받아들였고, 이를 타개하기 위해서는 공세로 나가는 것 이외에 다른 방법이 없다는 점에서도 의견이 일치했다.

　반격계획을 수립하기 위해서는 이집트군의 병력과 배치에 관한 상세한 정보가 필요했다. 그러나 그보다 더 중요한 선결과제는 이집트군의 교두보 확대를 저지하는 것이었다. 이 때문에 10월 8일에는 현재 가용한 전력으로 제한된 공격을 실시하여 교두보 확대를 저지하고, 아울러 주도권 탈취 및 적 상황에 관한 정보를 획득하는 것으로 결정했다. 다만 공격방법은 지금까지의 전투상황 및 피해 등을 고려해 보았을 때 정면 공격은 회피해야 한다는 점에서 의견이 일치했다. 그러나 고넨은 사태를 낙관해 제한된 공격에 의해서 교두보가 와해될 것으로 판단하고, 그럴 경우 즉시 1개 기갑여단을 역도하시킬 생각이었다. 하지만 다른 참석자들은 그럴 가능성은 희박하다고 판단했다.[93] 이날저녁, 엘라자르는 작전회의 결과를 토대로 이집트군 교두보를 분쇄하기 위한 제한된 공격작전 명령을 하달했는데, 각 부대별 임무 및 강조사항은 다음과 같다.[94]

- **아단 사단(제162동원기갑사단)** : 주공으로서 칸타라 남쪽에서부터 이스마일리아에 이르는 선까지의 이집트군 제2군에 대하여 역습을 실시한다.
- **샤론 사단(제143동원기갑사단)** : 최초 예비로서 타사 지역에서 대기하다가, 아단 사단의 역습이 위기에 처할 경우에는 즉시 지원을 하며, 역습이 계획대로 순조롭게 진행되면 대비터호 남쪽으로 이동하여 이집트군 제3군을 공격한다. 샤론 사단이 전투에 투입될 경우에는 필히 참모총장의 승인을 받아야 한다.
- **북단의 마겐 사단(제146동원혼성사단)** : 아단 사단의 역습이 성공하면 북쪽에서 남쪽으로

---

93)　전게서, 田上四郎, p.263.
94)　엘라자르와 고넨은 이집트군의 바드르 작전계획에 명시된 '작전상 정지'에 관해서는 아무것도 몰랐다. 그래서 남부사령부의 공격작전 목표는 교두보 확대 저지 및 기디 고개와 미틀라 고개를 향한 이집트군의 돌진을 사전에 저지한다는 것이었다.

운하 동안을 따라 내려오면서 이집트군 제2군의 잔적을 소탕한다.

• **남단의 맨들러 사단(제252기갑사단)** : 아단 사단이 역습을 할 때, 남측방을 방호하다가 샤론 사단이 이집트군 제3군을 공격하면 이를 지원한다.

• 역습 시, 운하 서안 누벽에서 날아오는 전차포탄이나 새거 대전차 미사일에 의한 피해를 예방하기 위해 운하선에 지나치게 근접하는 것을 회피한다.

그런데 역습명령을 하달하고 이후 작전준비를 하는 과정에서 엘라자르와 고넨의 작전 지도 방향이 달랐다. 엘라자르는 운하 동안의 이집트군 교두보를 분쇄하는 데 중점을 둔 반면, 고넨은 수에즈 운하를 역도하하여 전과확대를 하는 것을 강조했다. 그래서 고넨은 공군에게 대 비터호 북쪽의 이집트군 부교에 대한 폭격을 즉시 중단해 달라고 요청했는데, 그것은 부교를 탈취 확보한 후에 이스라엘군이 역도하할 때 사용하기 위해서였다.

작전회의 및 명령하달이 끝나고 참석자들이 돌아가려고 할 때 샤론 사단장이 도착했다. 샤론은 바레브 라인의 방어거점 수비대 구출작전을 시행하겠다고 고넨에게 건의했다. 고넨은 그 건의를 받아들이지 않고 상황이 변화되면 그 작전도 시행해 볼 수 있다고 답하면서 조금 전에 하달한 역습명령을 거듭 강조했다.

그날 밤 늦게 샤론은 다시 고넨을 찾아가 담당지역 내에 아직 건재하고 있는 방어거점의 수비대를 구출하는 작전계획을 설명하고, 10월 8일 06:00시에 공격을 개시하겠다고 건의했다. 이에 대해 고넨은 긍정도 부정도 하지 않았다. "오로지 내일 아침까지 상황의 발전에 따라서…"라고 말을 하며, 내일 아침 06:00시까지 샤론에게 상황의 변화를 알려주는 것으로 이 문제를 마무리 지었다.[95] 그런데 그날 밤, 2개의 방어거점 수비대가 탈주에 성공해 귀환했다. 10월 8일 아침까지 16개 방어거점 중 3개 거점만이 저항하고 있었다. 고넨은 샤론에게 10월 8일 06:00시의 공격을 중지하고 원래 계획대로 08:00시에 개시되는 아단 사단의 제한된 공격(역습)을 지원하도록 지시했다.

---

95) 상게서, p.265.

3. 이스라엘군의 역습(D+2일 : 10월 8일)

가. 아단 사단의 공세행동

공세행동(역습)의 주축이 되는 아단 사단(제162동원기갑사단)은 발루지의 동쪽에 있는 측방도로의 본선(本線)을 따라 전개한 상태에서 공격준비를 했다. 아단 사단은 최초 2개 여단을 전방, 1개 여단을 예비로 하는 대형으로 공격을 실시하되, 가급적 이집트군 교두보에 대한 정면 공격을 회피하고 측방공격을 실시하여 적진지를 돌파하며, 그 후 수에즈 운하와 포병도로 사이에서 남쪽으로 밀고 내려오면서 그 구역에 있는 이집트군을 격멸하는 것이었다. 이에 따라 가비 아미르 대령이 지휘하는 제460기갑여단은 히자욘 방어거점 방향으로 공격하여 피르단 및 이스마일리아 맞은편에 있는 바레브 라인의 방어거점까지 진출하고, 나타크 바람 대령이 지휘하는 제600동원기갑여단은 칸타라 방향에서 공격을 실시한 후 이스마일리아 맞은편에 있는 푸르칸 방어거점까지 남진할 계획이었다. 아리에 케렌 대령이 지휘하는 제217기갑여단은 최초에는 예비로서 포병도로 동쪽에서 대기하다가 의명 대비타호 북단에 위치한 마츠메드 방어거점을 향해 남진하며, 이집트군 부교를 온전하게 확보할 경우 그 부교를 이용하여 제한적인 도하작전을 실시하기로 했다.

10월 8일 08:00시경, 아단 사단은 야심차게 공세행동을 개시하였다. 이날 아침 아단 사단의 전차는 총 170대였다. 이때 아단 사단은 저돌적으로 몰아붙이기만 하면 이집트군의 방어선을 붕괴시킬 수 있을 것이라는 구태의연한 확신감에 취해 있었다. 그래서 포병의 엄호도 없다시피 한 상태에서 자신만만하게 공격에 나섰다. 자주포병부대와 탄약보급대는 시나이 중부를 가로질러 이동해 오고 있는 중이었다. 더구나 공군은 골란 전선의 위기에 대처하느라 시나이 전선에 대한 지원을 충분히 할 수 없었다. 이런 상황에서 기계화보병도 없이 전차 단독으로 공격을 감행한 것이다.

수에즈 운하를 향해 전진하던 아단 사단의 전방여단이 이집트군 교두보의 동쪽에 있는 포병도로에서 남쪽으로 방향을 전환하였다. 계획상으로는 이집트군 교두보의 북쪽 측면에서 돌입한 후 남쪽으로 방향을 전환하여 종심이 얕은 교두보를 유린하는 것이었다. 그런데 아단 사단의 전방여단은 이집트군 교두보 정면을 가로질러 이동하는 형태가 되어버렸다. 따라서 가비 아미르 여단은 아무런 저항도 받지 않고 부대이동을 하듯 쾌속 전진하였고, 그 결과 09:30분에는 벌써 히자욘 동쪽 지역에 도착하였다.

이처럼 어이없는 진격속도가 남부사령부에 알려지자, 그것을 이집트군이 공황에 빠지기 시작한 징조로 착각하고 지나치게 낙관적인 판단이 사령부 내에 빠르게 확산되었다. 이때 남부사령관 고넨도 아단 사단의 공격은 일단 성공한 것으로 간주하고 10:20분경, 아단에게 작전을 확대하여 가능하면 엘 발라 섬 북부와 피르단, 그리고 이스마일리아에 이집트군이 가설한 3개의 부교를 점령하라고 명령했다. 즉 제한된 공격(역습)이 아니라 수에즈 운하의 역도하를 기도하기에 이른 것이다. 또 타사 일대에서 대기하고 있는 샤론 사단에게는 측방도로를 이용하여 수에즈 시(市) 방향으로 남진할 준비를 하라는 명령도 내렸는데, 이는 이집트군 제3군의 교두보를 공격하기 위해서였다.

이때 이집트군 제2군 및 제3군은 제1제대 보병사단들은 이미 도하를 완료한 상태였고, 제2제대의 기갑/기계화사단 주력들이 운하를 건너오고 있는 중이었다. 그리하여 보병사단별로 형성되어있던 교두보가 점차 확대되어 연결되고 있었으며, 동시에 견고한 방어선을 구축하고 있었는데, 제1선 진지에는 대전차 보병들이 투입되어 강력한 대전차 화망을 구축하였다. 따라서 이스라엘군 남부사령부의 지나친 낙관은 환상이었다. 그런데도 이스라엘군은 과거 형편없었던 이집트군의 관념에 젖어 있었다. 이와 같이 적에 대한 멸시와 자신들의 교만 때문에 초기 전투에서 큰 피해를 입었음에도 불구하고 아직도 깨닫지 못하고 있었다.[96]

전반적인 상황을 알지 못하는 아단 사단장은 고넨 사령관의 명령이 최초 계획과는 상이하다는 것을 알았지만 남부사령부가 획득한 새로운 첩보를 바탕으로 작전을 전반적으로 변경시켰을 것이라고 믿어 의심치 않았다. 그래서 나타크 바람 여단은 엘 발라 섬(島) 일대로, 가비 아미르 여단은 피르단을 향해 진격시키고, 예비였던 아리에 케렌 여단도 이스마일리아를 향해 진격하도록 명령을 내렸다. 그러나 이들 3개 여단이 진격을 개시한 위치가 다르고, 운하선까지의 거리가 차이 나서 동시에 돌입할 수가 없었다. 가비 아미르 여단이 하비바 도로를 따라 진격하여 히자욘 부근까지 진출했을 때, 나타크 바람 여단은 아직도 바레브 라인 동쪽 멀리서 천천히 진격해 오는 중이었고, 예비였던 아리에 케렌 여단은 운하에서 동쪽으로 32㎞ 이상이나 멀리 떨어진 곳에 있었다.

---

96) 전게서, 김희상, p.587.

12:00시경, 가장 빨리 진격한 가비 아미르 여단이 운하 동안의 모래둔덕에 도달했을 때, 이집트군 대전차 보병의 맹렬한 사격을 받았다.[97] RPG-7 대전차로켓탄과 새거 대전차 미사일이 여기저기서 무수히 날아왔다. 이때 아단 사단은 기계화보병부대를 보유하지 못했고, 근접항공지원도 적시에 받을 수 없었으며, 대전차 보병을 제압하는 데 효과적인 포병조차 없었다. 아단 사단의 포병들은 아직도 시나이 중부를 가로질러 이동해 오고 있는 중이었다. 단지 샤론 사단의 포병 2개 포대가 아단 사단을 지원하고 있었는데, 그 마저도 휴대한 포탄이 적어 충분한 지원이 불가능하였다. 결국 가비 아미르 여단은 이집트군의 대전차 매복 공격에 속수무책이었다. 순식간에 전차 6대가 파괴되었고, 시간이 흐를수록 피해는 급격히 증가했다. 어쩔 수 없이 가비 아미르 여단의 선두 대대는 화염에 휩싸인 전차 12대를 버려둔 채 후퇴하였다. 대대장 1명이 부상당한 것을 비롯하여 인명피해도 적지 않았다.

아단은 가비 아미르 여단의 참화 소식을 듣고 긴급 근접항공지원을 요청하는 한편, 나타크 바람 여단의 주력 2개 대대를 그곳으로 증원시켜 2개 여단의 협조된 공격으로 피르단의 교량을 점령하기로 했다. 명령을 받은 나타크 바람은 1개 대대를 칸타라 남쪽에 남겨둔 채 2개 대대를 이끌고 신속히 남하했다. 공격은 14:30분에 재개되었다. 그러나 2개 여단의 협조된 동시 공격은 말뿐이었다. 이때 아단 사단과 예하 여단 간에 통신이 두절된 상태였고, 피아 상황에 관한 정보도 빈약했으며, 명령도 지나치게 간단해서 상급부대 지휘관의 의도를 파악하는 데 충분하지 못했다. 그래서 나타크 바람 여단이 공격을 개시했을 때 가비 아미르 여단은 준비가 되어 있지 않았다. 당연히 협조된 동시 공격이 이루어 질수가 없었다.

이러한 상황을 알 리가 없는 나타크 바람은 2개 대대를 병진시켜 공격을 개시하였다. 그런데 부대가 전진을 개시하자 이집트군 포병의 포탄이 우박처럼 쏟아졌다. 특히 맹렬하게 쏘아대는 방사포(다연장 로켓발사기)의 위력은 대단했다. 공격을 개시한 지 불과 15분 만에

---

97) 이때의 상황을 한 이스라엘군 장교는 이렇게 회고했다. "멀리서 모래둔덕 위에 널려있는 점들이 보였습니다. 그것이 무엇인지 도무지 감 잡을 수가 없었죠. 가까이 다가갈수록 나무둥치 같다는 생각이 들었습니다. 전혀 움직이지 않고 우리 앞에 펼쳐진 지형 곳곳에 흩어져 있었거든요. 앞선 전차에게 무엇이 보이는지 물었습니다. 전차장 중 한명이 응답했습니다. '맙소사, 저건 나무둥치가 아니야. 사람이라구!' 잠시 동안 저는 영문을 알 수가 없었습니다. '전차들이 다가오는데 저렇게 꼼짝하지 않고 뭘 하려는 거지?' 갑자기 아수라장이 펼쳐졌습니다. 대전차 미사일이 우리를 향해 무수히 날아온 겁니다. 많은 전차들이 명중되었습니다. 그건 그때까지 겪어본 적이 없는 일이었습니다." 전게서, 사이먼 던스턴, p.96.

전차 2대가 파괴되고 선두대대의 부대대장이 전사했다. 비 오듯 쏟아지는 포탄 속에서 피어나는 검은 연기와 모래먼지로 인해 1m 앞도 제대로 볼 수 없을 지경이었다. 이렇게 제한된 시계를 뚫고 전진하여 운하로(路)에서 1,000m 떨어진 지점까지 접근했을 때 이집트군의 대전차 화망에 봉착하였다. 각종 대전차 포탄 및 로켓탄, 대전차 미사일이 이스라엘군 전차를 향해 무수히 날아왔다. 순식간에 전차 18대가 불타올랐다. 선두 대대장 야구리 중령은 이때 포로가 되었다.[98] 이렇게 되자 나타크 바람 여단장은 더 이상 어떻게 해볼 수가 없어 즉각 철수명령을 내렸다.[99] 신속한 결정이었음에도 불구하고 여단이 간신히 전장을 이탈했을 때 남은 전차는 여단장 전차를 포함하여 4대 뿐이었다.

나타크 바람 여단을 박살 낸 이집트군은 제18보병사단이었다. 사단장 하산 아부 사다 준장은 이렇게 말했다. "적은 시속 40㎞의 속도로 전진해 왔다. 이집트군 보병은 사막 한가운데 참호를 파고 잘 위장한 채 매복하고 있다가 이스라엘군 전차가 그들의 참호를 통과하자마자 뛰어나와 이스라엘군 전차를 공격하였다. 그리고 모든 전차와 대전차포 및 대전차 미사일을 집중 배치했다가 일제히 사격을 개시하였다. 그 결과 불과 3분 만에 이스라엘군 기갑여단은 완전히 붕괴되었다."[100]

나. 샤론 사단의 남하

남부사령관 고넨이 전장의 실상을 제대로 파악하는 데는 제법 시간이 걸렸다. 12:00시경, 고넨은 '전차가 대전차 미사일에 맞아 불타고 있으며, 다수의 사상자가 발생했다'는 아단의 보고를 받았다. 그러나 그때까지도 상황을 제대로 파악하지 못하고 있었다. 이미 11:45분에 고넨은 샤론 사단의 남하를 명했으며, 12:45분에는 아단에게 '수에즈 운하를 역도하하여 운하 서안에 교두보를 구축하라'고 명령했다. 같은 시각, 참모총장 엘라자르는 '샤론 사단이 오후에 운하를 역도하여 수에즈 시(市)를 점령하게 해달라'는 고넨의 요청을 수락했다. 그러나 상황은 불리하게 전개되고 있었다. 남하를 명령받은 샤론 사단의

---

98) 그는 다음날 이집트의 매스컴에 기갑여단장이라고 소개되었다.

99) 아단 사단장이 철수 이유를 묻자 그는 "만약 그에 대한 답변을 계속해야 한다면 몇 분 후에는 대답할 사람이 한사람도 남아 있지 않을 것"이라고 대답했다. 전게서, 김희상, p.590.

100) 상게서, p.590.

2개 여단은 이스마일리아 정면의 이집트군 제16보병사단 및 제2보병사단과 접촉하여 교전 중이었기 때문에 양개 여단장은 '남진할 경우 그 정면이 돌파될 것'이라 판단하고 그 명

〈그림 6-23〉 이스라엘군의 역습 I (1973. 10. 8. 오전)

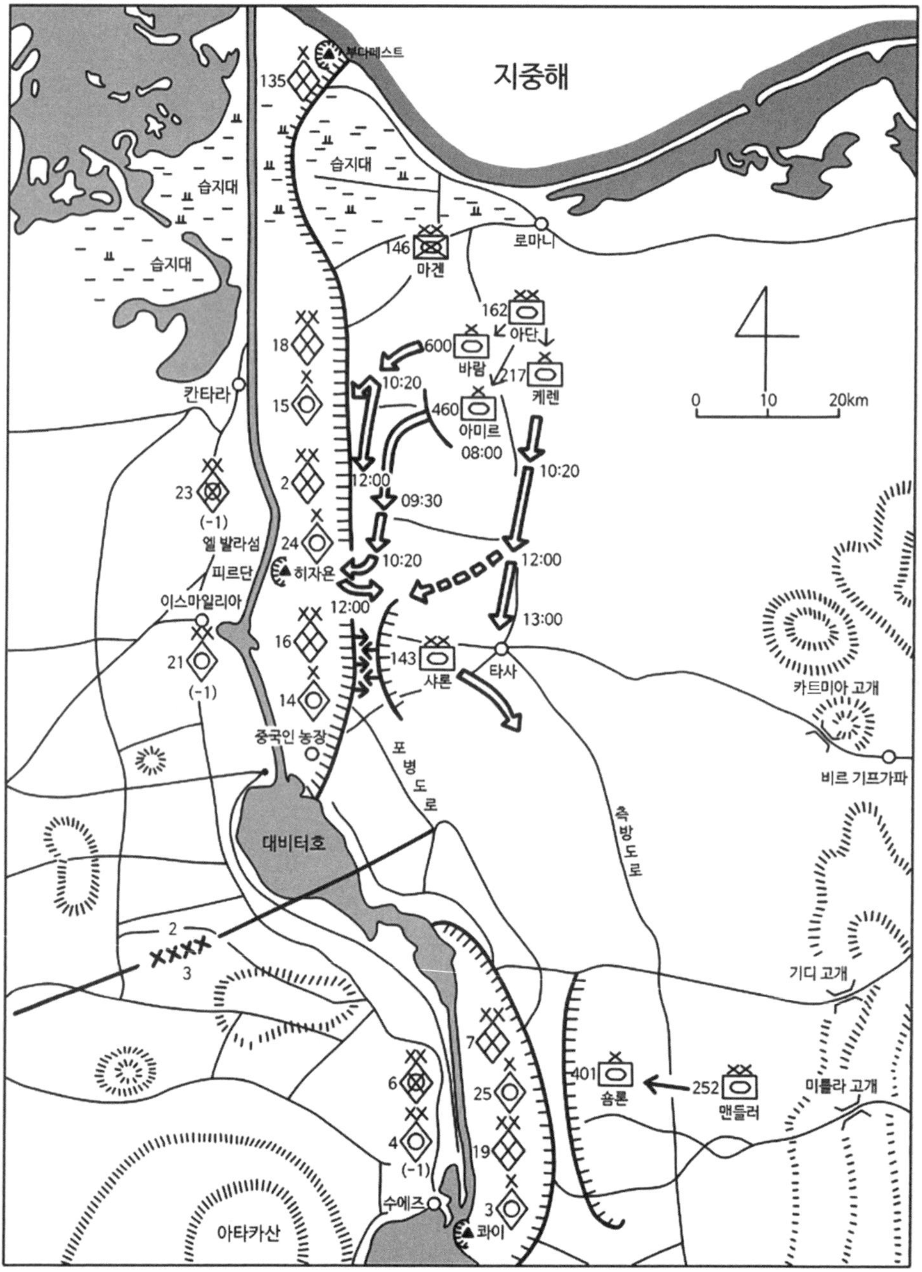

령에 반발했다. 그러나 샤론은 단호하게 남진할 것을 재차 명령했다. 13:00시경, 양개 여

단장은 마지못해 남진을 시작했다. 마침 그때 아단 사단의 예비였던 아리에 케렌 여단이

〈그림 6-24〉 이스라엘군의 역습 II (1973. 10. 8. 오후)

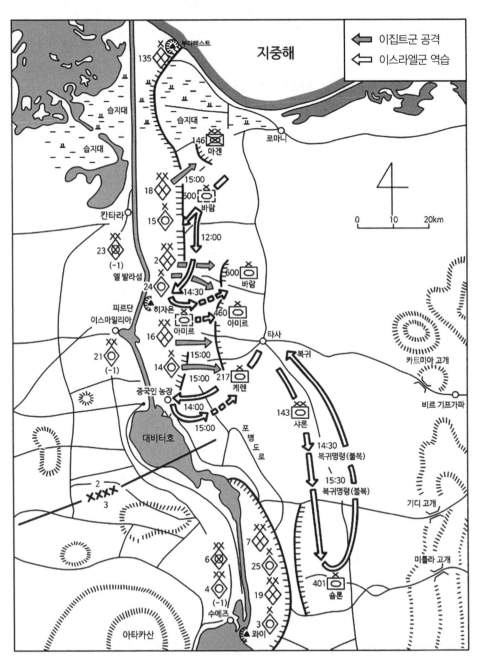

타사에 도착하여 샤론의 2개 여단이 담당했던 정면을 인계받았다. 그리고 아리에 케렌 여단은 '중국인 농장'[101]을 향해 공격을 개시했는데 이집트군의 저항이 격렬하였다.

14:30분이 지나면서부터 고넨은 아단 사단의 공격이 실패로 돌아갔으며, 이집트군이 반격으로 나서려고 하는 등, 사태가 심상치 않다는 것을 알아차리기 시작했다. 그래서 남하 중인 샤론에게 전선의 중앙으로 복귀하라는 명령을 내렸다.

다. 이집트군의 국지반격과 샤론의 명령 불복

아단 사단의 공격이 심대한 손실만 입고 실패하자 잠시 후 이집트군이 반격을 개시하였다. 이집트군의 반격은 아단 사단이 공격 실패 직후 여단장급 이상 지휘관들을 사단전술지휘소에 소집하여 대책회의를 하고 있을 때 시작되었다. 그 시간은 이집트군이 태양을 등지고 유리하게 싸울 수 있는 시간이기도 했다. 이집트군은 공격전 맹렬한 공격준비사격을 실시하였다. 그 포탄은 아단 사단의 전술지휘소 일대에도 수없이 떨어졌고, 그중 한발이 전술지휘소에 명중되어 사단 참모 수명이 전사하였다.

15:00시, 제일 먼저 반격을 개시한 이집트군 부대는 막시르와 텔레비지아 지역에서 하무탈 교차로로 밀고 올라와 그 지역의 아리에 케렌 여단을 밀어내고 15:30분에는 하무탈을 점령했다. 그 뒤를 이어 1개 기갑여단과 1개 기계화여단으로 구성된 또 하나의 반격부대가 피르단에서 포병도로를 향해 공격해 왔고, 거의 동시에 그와 비슷한 규모의 다른 기갑/기계화부대가 미조리에서 이스마일리아로(路)를 따라 공격해 왔다.

아단 사단은 위기에 빠졌다. 전면적인 붕괴는 시간문제처럼 보였다. 나타크 바람 여단은 겨우 10여 대의 전차만으로 방어를 해야 했는데 설상가상으로 서쪽으로 기우는 태양의 강렬한 빛을 정면으로 받아 눈을 뜰 수조차 없었다. 아단은 후퇴가 불가피하다고 판단했지만 이미 적이 너무 근접해 있어서 그 마저도 할 수 없었다. 이 위기를 벗어날 수 있는 유일한 방법은 샤론 사단이 공격해 오는 이집트군의 남측방을 공격하는 것이었다. 15분 내에 샤론 사단이 도착한다면 위기를 호기로 바꿀 수 있을 것 같았다.

---

101) 대 비터호 북단의 운하 동쪽에 있는 '중국인 농장'은 과거 농업연구소 자리였고, 1967년 이전까지 일본인 지도원들이 근무하고 있었다. 그런데 '중국인 농장'이라는 엉뚱한 별칭이 붙은 이유는 일본인들이 벽에 남기고 떠난 이국적인 문자(한자와 혼합된 일본의 가나문자) 때문이었다.

그런데 문제는 샤론이 전선 중앙으로 복귀하라는 고넨의 명령을 무시하고 계속 남하하고 있는 것이었다. 고넨은 다시 샤론을 호출하여 '1개 여단을 전용하여 이집트군의 맹공을 받고 있는 아단 사단의 좌측방을 방호하라'고 명령했다. 이에 대해 샤론은 '작은 덩어리로 운용하면 아무런 목적도 달성하지 못하고 병력만 소모하고 만다'고 대답한 후, 이미 부대가 30㎞ 이상 남하해 있고 넓게 분산되어 있어 15분은커녕 그 이상의 시간을 준다 해도 반격해 오는 이집트군의 남측방을 공격하기 위해 부대를 전용할 수 없는 상태라고 하면서 고넨의 명령에 불복했다. 샤론은 고넨의 명령이 그의 과감하지 못한 성격 때문일 뿐이며, 아단의 공격은 필히 성공할 것이라는 독단적인 판단 하에 신속히 이집트군 제3군을 격멸하겠다는 열망을 갖고 오히려 남하를 더욱 재촉하였다.

이러는 사이에도 격전은 계속되었고, 북부지역의 이스라엘군은 점점 뒤로 밀려나고 있었다. 오후 늦게 어둠이 깔리기 시작할 무렵에는 북부지역의 이스라엘군은 1개 대대 남짓한 전력밖에 남아 있지 않았다. 절체절명의 위기였다. 그런데 어둠이 이스라엘군을 살렸다. 태양이 지고 어둠이 온 사막을 뒤덮자 태양을 마주보고 전투를 하던 이스라엘군 전차의 불리점이 사라지면서 전차포의 명중률이 향상되기 시작했다. 그러자 이집트군은 더 이상의 공격을 중지했다. 이집트군은 하루 종일 그들이 이룩한 전술적 성과를 더 이상 확대하지 않고 스스로 포기해 버린 것이다.

이리하여 10월 8일 실시한 남부사령부의 야심적인 공세행동은 실패했다. 아단 사단의 공격이 실패하자 남하한 샤론 사단도 이집트군 제3군을 공격할 수 없었다. 샤론은 단독으로 공격하겠다고 요구했지만 고넨은 복귀하라고 거듭 명령을 내렸다. 결국 샤론 사단은 출발점으로 되돌아올 수밖에 없었다. 샤론의 명령 불복종으로 인해 그의 사단은 전투의 흐름에 아무런 영향을 주지 못한 채 유병화(遊兵化)되어 거의 온종일 남쪽과 북쪽으로 번갈아 이동하는 데만 시간을 허비하고 말았다. 이와 같은 오판과 샤론의 명령 불복은 남부사령부의 작전을 곤경에 빠뜨렸다.

이스라엘군의 패인으로 많은 요인들이 거론되지만 핵심적인 요인은 전력이 통합되어 있는 교두보에 대하여 준비가 제대로 되지 않은 상태에서 조급하게 공격을 실시했을 뿐만 아니라 전력을 축차적으로 투입하다가 각개 격파 당했다는 점에서 찾아야 할 것이다. 전쟁의 원칙(군사작전의 원칙)에 있는 집중과 절약의 원칙, 간명의 원칙에 반하는 부대 운용을 했고, 더구나 사령관과 사단장의 감정적 대립이 있어 지휘권이 확립되지 않았는데 승리를 기대할 수 있겠는가? 또한 이집트군 제2군 정면에서의 상대적 전투력 격차는 대단히 컸다. 만약 충분한 전투지원을 받는 아단과 샤론의 2개 사단으로 피르단의 도하지점을 공격했다면 이집트군의 전선을 분쇄할 수 있는 위치까지 돌파했을 것이다. 그러나 강력한 대전차 화망이 구성된 교두보에 대하여 전투지원도 없이 기껏해야 전차 100대 정도의 전력으로 실시된 정면 공격이 실패하리라는 것은 자명했다. 다만 이날의 뼈저린 실패는 그동안 적을 지나치게 경멸하고, 스스로 교만과 방심에 빠져있던 이스라엘군이 정신을 차리고 이제부터는 올바르게 피아를 분석할 수 있는 값비싼 교훈을 얻었다는 데서 다소 위안을 얻을 수 있을 것이다.

4. 교착된 전선(D+3~7일 : 10월 9~13일)

공세행동에 실패한 이스라엘군은 10월 8일 밤, 남부사령부에서 국방부 장관과 참모총장이 참석한 가운데 사단장급 이상 지휘관 회의를 개최했다. 이 자리에서 아단 사단장은 '이날 사단이 입은 피해가 심각하다'고 말한 후 '또 다시 이와 같은 전투가 재개된다면 더 이상 지탱할 수 없다'고 강조했다. 그 사실을 인정할 수밖에 없는 최고수뇌부와 고넨 사령관은 당분간 전투력 복원 및 전력 보충에 총력을 경주하기로 했다. 그래야만 당면한 이집트군의 공격을 저지하고 차후 반격작전을 실시할 수 있기 때문이었다.

한편, 승세를 탄 이집트군은 차후 작전 방향에 대하여 갈등을 겪었다. 10월 9일, 샤즐리 참모총장은 시나이 북부해안도로를 따라 엘 아리쉬로 기갑부대를 돌진시키는 강력한 공세행동을 실시하자고 이스마일 국방부 장관에게 건의했다.[102] 그러나 이스마일은 그 건의를 받아들이지 않았다. 그는 이스라엘군의 전력을 소모시킨 후에 공세를 개시해도 된다고 생각했다.[103]

---

102) 10월 8일의 격전에서 큰 피해를 입은 이스라엘군은 이집트군의 대규모 공세를 감당하기가 어려웠다. 그러므로 만약 이때 이집트군이 기갑부대 주력을 투입하여 맹렬한 공격을 계속했다면 시나이 내륙 깊숙이 진격할 수 있었을 것이다. 그러나 문제는 SAM 우산을 추진하는 것과 이집트군 지휘관들이 그러한 기동전을 실시할 수 있는 전술적 능력이 있느냐 였다.

103) 이스마일 국방부 장관은 이번 전쟁의 제한된 성격과 개전을 결의한 사다트 대통령의 숨은 의도를 잘 알고 있었다. 따라서 현재까지의 성과만으로도 개전의 목적을 어느 정도 달성했다고 보았다. 또한 보다 안전한 작전과 확고한 승리를 추구하기 위해서는 운하 서안에 대기하고 있는 작전적 예비인 2개 기갑

이렇게 되자 샤즐리는 공세작전을 위해서는 선결과제였던 SAM 부대를 운하 동안으로 추진하지 않았다. 그러나 종심 깊은 공격을 실시하지 않는다고 해서 교두보만을 강화하는 소극적인 행동만을 할 수는 없었다. 아랍 내에서 사다트 대통령의 정치적 입장을 곤란하게 만들 수 있기 때문이었다. 그래서 이집트군은 교두보를 다소 확장하고 방어선을 강화하면서 매일 여러 곳에서 제한된 공세행동을 병행하여 실시하기로 했다.

가. 이집트군의 국지적 공세행동

수에즈 운하 도하 후, 이집트군의 교두보는 계속적으로 확장되고 강화되어 10월 9일, 교두보 종심은 7~9㎞에 달했으며, 깊은 곳은 15㎞나 되었다. 교두보 일선에는 대전차 보병이 배치되었고, 그 후방에 기갑/기계화여단이 위치해 있었으며, 작전적 예비인 2개 기갑사단은 운하 서안에 대기하고 있었다. 이러한 상태에서 이집트군은 10월 9일, 일부 보병부대와 기갑/기계화여단을 투입하여 국지적 공세행동을 개시하였다.

제2군 지역에서는 사단급 규모의 부대가 이스라엘군의 아단 사단을 공격하였다. 이때 아단 사단은 전차가 123대로 감소된 상태에서 25㎞의 정면을 방어하고 있었다. 아단은 가비 아미르 여단으로 하여금 정면에서 이집트군을 고착·견제하도록 하고, 나타크 바람 여단을 북측방으로 아리에 케렌 여단은 남측방으로 이동시켜 양 측방에서 이집트군을 타격하였다. 이렇게 되자 이집트군은 공격을 중지하였다. 제3군 지역에서는 제19보병사단이 공세행동을 개시하여 포트 디픽에 있는 이스라엘군의 155밀리 곡사포(6문)진지를 점령하였다. 이스라엘군은 철수하기 전에 곡사포를 파괴하였다.

10월 10일에도 치열한 전투가 계속되었다. 이집트군 제2군 지역에서는 또 다시 아단 사단을 공격했고, 제21기갑사단의 일부 병력은 샤론 사단을 공격했다. 샤론 사단은 능숙한 기동전투를 실시하여 이집트군 전차 50여 대를 파괴하여 그들의 공격을 격퇴시켰다. 제3군 지역에서도 전투가 벌어졌다. 이집트군은 여러 곳에서 공격을 실시했으나 대부분 이스라엘군에게 격퇴당했다. 그러나 이집트군에게 포위된 상태에서도 끝까지 저항하던 운하 남단의 콰이 방어거점은 전투력이 소진되어 수비대장 이하 37명이 10월 13일, 마침내 항

사단을 보유하고 있어야 하며, 그렇게 함으로써 장차작전의 융통성을 확보할 필요가 있다고 판단했다.

복하고 말았다.

　이렇게 국지적 전투를 치르면서 이스라엘군은 꾸준히 전력을 보강하였다. 그 결과 이집트군의 국지적 공격은 대부분 실패하였고, 전장의 주도권도 점차 이스라엘군에게 넘어오기 시작했다. 또 하루에도 몇 차례씩 실시된 전투에서 이스라엘군이 선전할 수 있었던 이유도 그 지역의 지형에 친숙했다는 것과 이집트군의 천편일률적인 공격 방법 때문이었다. 이집트군은 대량의 공격준비사격을 실시한 후에 기갑부대가 전진해 오고 이어서 보병이 후속해 왔다. 이러한 이집트군의 공격 방법을 알아차린 이스라엘군은 대응전술을 개발하여 손쉽게 격퇴하였다. 또 대전차화기 및 대전차 미사일로 무장한 보병의 위협은 잘 조정된 연막차장, 포병의 사전 제압사격, 기계화보병과의 협동전투, 전차의 신속한 진지 변환 등의 방법을 통해 극복하였다.

나. 이스라엘군의 반격도하(역도하) 작전 준비

1) 샤론의 독단행동과 지휘체계 재편

　남부사령부는 10월 8일 밤 지휘관회의에서 당분간 공세행동을 중지하고 전투력 복원 및 전력 보충에 전념하기로 결정하였다. 그런데 지나치게 강한 개성의 소유자로서 용맹성과 외고집으로 유명한 샤론은 그와 같은 결정을 준수하지 않고 독단행동을 자행하였다.

　10월 8일 밤이 깊어질 때, 포위된 상태에서 필사적으로 저항하던 푸르칸 방어거점의 수비대가 더 이상 구출될 전망이 보이지 않자 스스로 탈출을 시도하였다. 이 보고를 받은 샤론은 그들을 구출하기로 결심하고 레세프 여단에게 임무를 부여하였다. 레세프 대령은 즉시 특수임무부대를 편성하여 푸르칸 방어거점을 향해 돌진시켰다. 그 뒤를 라비브 여단에서 편성한 후속지원부대가 따라갔다. 그러나 푸르칸 방어거점을 포위하고 있는 교두보 내 이집트군의 작전활동도 활발하여 구출부대가 쉽게 접근할 수 없었다. 어렵기는 탈출부대도 마찬가지였다. 탈출하는 도중에 이집트군의 RPG 사격을 받아 탑승하고 있던 반궤도차량이 파괴되었다. 이렇게 되자 그들은 어둠이라는 은폐물을 이용하여 도보로 탈출할 수밖에 없었다. 여러 차례 난관에 봉착하여 적지 않은 고난을 겪었지만 운 좋게도 구출부대 전차에게 발견되어 위기를 벗어날 수 있었다. 이리하여 탈출 병력 35명은 구출부대의 전차를 타고 탈출하는 데 성공하였다. 이 구출작전은 이스라엘군의 자부심인 전우애의 발로로서 모든 이의 심금을 울리기에 충분했다. 따라서 명령을 위반하고 독단행동을 하였다 하더라도 다소 설득력이 있고 변명이 통할 수 있는 사건이었다. 그러나 보다 큰 문제는 다음 날인 10월 9일에 발생하였다.

10월 9일 오후, 샤론은 전날 이집트군에게 탈취당한 텔레비지아와 막시르 일대를 탈환하기 위해 레세프 여단과 라비브 여단을 투입하여 공격을 개시하였다. 그러나 고넨은 그 지역에는 아직도 대전차화기와 대전차 미사일로 무장한 이집트군 보병부대가 강력하게 방어하고 있다는 것을 알고 있었기 때문에 공격을 중지하라고 명령했다. 그런데 샤론은 입으로는 '공격을 중지하겠다'고 말해 놓고는 실제로는 공격을 더욱 독촉하였다. 그 결과 사단 주력인 라비브 여단은 텔레비지아 일대에서 큰 피해를 입었다. 대대장 1명을 포함하여 다수의 사상자가 발생했고 많은 전차가 파괴되었으며, 일부 전차는 포위당하는 사태까지 벌어졌다. 이러한 처참한 상황 속에서 성과라고 한다면 오후 늦게 남서쪽으로 전진하던 레세프 여단과 사단정찰대는 뜻밖에도 대 비터호에 도착함으로써 이집트군 제2군과 제3군 사이에 간격이 있음을 발견했고, 또 제2군 남단의 방어 상태가 그다지 견고하지 않다는 사실을 알아 낸 것이다.[104]

샤론은 사단정찰대를 그곳에 남아 있으라고 명령한 후, 곧바로 고넨 사령관에게 대 비터호 북단의 데베소와르 부근에서 역도하의 허가를 요청했는데, 고넨은 그것을 거부하고 즉시 정찰대를 철수시키라고 명령했다. 그러자 샤론은 텔아비브의 참모본부 작전부장 도브 시온 준장에게 전화해서 "나는 대 비터호의 물에 발을 담그고 있다. 이 상황을 참모총장이나 국방부 장관에게 보고해서 도하작전을 허용하도록 조치해 달라"고 말했다.[105] 이 문제는 참모본부의 참모들 간에도 검토되었지만 고넨 사령관의 철수 조치를 인정하는 것으로 결론이 났다. 이렇게 되자 샤론도 정찰대를 철수시킬 수밖에 없었다.

샤론의 독단적 행동과 항명, 또 직속 상급지휘관을 거치지 않고 직접 참모총장에게 작전을 건의했다는 사실을 알게 된 고넨 사령관은 격노하여 참모총장에게 샤론의 해임을 요구

104) 이집트군 참모총장 샤즐리도 제2군과 제3군 사이에 간격이 발생했다는 사실을 감지하고 10월 9~12일까지 공격을 계속하여 제2군과 제3군의 연결을 시도하였다. 그 때문에 10월 9일에는 타사 서남 10km 부근의 샤론 사단 전방지휘소도 탈취되는 사태가 벌어졌다.
105) 전게서, 田上四郎, p.269.

하였다. 그러나 엘라자르 참모총장은 그것을 거부하였는데, 이유는 두 가지였다. 샤론은 과거 2회의 전쟁에서 빛나는 전공을 세운 적극 과감한 야전지휘관이었고, 더구나 그는 현재 정치권에서 야당 지도자의 한사람으로서 차기 총선을 위해 활동 중이었으므로 해임은 적절하지 않다고 판단한 것이다. 또 샤론은 다얀 국방부 장관과는 친구로서 정당은 다르지만 군사문제에 관해서는 사고방식이 비슷했다. 그래서인지 다얀은 오히려 고넨을 해임하고 그 후임으로 샤론을 임명하라고 엘라자르 참모총장에게 요구했다. 이에 대해 고넨은 '항명한 사단장이 승격하고 직속 상급지휘관인 사령관이 파면되는 것은 비정상적인 조치'라고 하며 반발했다.[106] 엘라자르는 궁리 끝에 샤론이 남부사령관으로 재직 시 참모총장이었으며, 현재는 산업교통부 장관으로 재직 중인 바레브 예비역 장군을 '참모본부 대리'라는 직책으로 파견하여 고넨과 샤론을 조정하면서 실질적인 남부사령관의 직무를 수행하게 하는 것으로 논란을 마무리 지었다. 이에 대해 고넨은 "바레브 장군이라 할지라도 샤론을 통제할 수 없을 것"이라고 말했다. 10월 10일, 남부사령부에 도착한 바레브는 우선 두 사람의 분쟁원인을 분석해 본 결과 샤론을 통제할 필요성을 느꼈다.

2) 역도하 공격작전 검토

이러한 논란과 갈등 속에서도 남부사령부의 최대 관심사는 '언제, 어디서 역도하작전을 개시할 것인가'였다. 샤론은 자신의 사단 정면인 데베소와르 부근을 도하지점으로 하는 것을 희망했다. 한편, 인접 사단장인 아단은 이집트군 제2보병사단과 제18보병사단 사이의 피르단 북쪽에서 역도하작전을 개시하고 싶어 했다. 이에 대해 바레브 장군, 고넨 사령관, 맨들러 사단장이 검토해 본 결과 데베소와르 부근에 도하지점을 선정하는 데 의견을 같이했다.

샤론은 자신이 역도하작전의 주도권을 쥐고 수행하려는 강한 욕망을 갖고 있었다. 그래서 그는 현재 교착된 전선은 이스라엘군에게 불리하게 작용하고 있으며, 이스라엘군이 역

---

106) 상게서, p.270. 고넨은 용감하고 전문성을 갖추었으며, 1967년 6일 전쟁 당시 제7기갑여단장으로서 눈부신 활약을 펼친바 있었다. 하지만 남부사령관이라는 직책은 그의 능력을 뛰어넘는 진급이었다. 더구나 그는 샤론이 남부사령관으로 있을 때 그 휘하의 사단장이었다. 그런데 1973년에는 두 사람의 직책과 역할이 뒤바뀌었고, 서로 전혀 다른 기질이 둘 사이의 갈등을 더욱 악화시켰다. 전게서, 사이먼 던스턴, p.101.

도하작전을 성공으로 이끈다 해도 그 전에 UN의 정전결의라는 압력에 굴복하게 될 것이다. 따라서 단기간의 작전이 필요하며, 자신의 2개 여단이 운하를 역도하하여 이집트군 제3군을 포위하고 동안으로 도하하지 않은 이집트군 부대를 소탕하겠다는 작전구상을 내놓았다. 그러나 그것은 이집트군이 운하 서안에 상당수의 기갑예비대를 계속해서 남겨 둘 경우 위험천만한 작전이 될 수도 있었다. 이때 이집트군 제2군 및 제3군에 배속되어 운하를 건넌 전차는 약 1,000대였고, 적의 역공격에 대응할 작전적 예비대로 운하 서안에 남긴 전차가 330대, 전략적 예비대로 이집트 본토에 배치되어 있는 전차가 250대였다.

10월 11일, 바레브 장군은 샤론과 그의 사단소속 여단장 3명을 움 쿠세이바의 남부사령부로 불러서 샤론의 작전구상을 검토하였다. 그 결과 작전의 전제가 되는 적 상황평가가 잘못됐다는 것이 드러났다. 3명의 여단장은 이집트군의 교두보 방어능력을 지나치게 과소평가한 샤론의 판단에 동의하지 않았다. 더구나 예상되는 UN의 정전권고에 대해서도 샤론을 제외한 참석자 모두는 "사태는 이스라엘군에게 불리하게 전개되고 있다. UN의 정전권고는 이스라엘군이 불리할 때보다 이집트군이 패배할 것 같을 때 강력하게 작용하게 될 것이다"라는 데 인식을 같이 했다. 결국 샤론의 작전구상은 채택되지 않았다. 이를 계기로 샤론과 바레브 간의 감정대립이 격화되기 시작했다.

10월 11일 밤, 남부사령부에서 작전회의가 열렸다. 이 회의에서 도하지점은 데베소와르로 결정되었다. 그 이유는 첫째, 대 비터호에 의해 좌측방이 방호를 받는다. 둘째, 도하 후 기동이 용이하다. 셋째, 데베소와르 부근은 이집트군 제2군과 제3군 사이에 간격이 존재하는 곳이고, 양안 공히 이집트군의 배비가 약하기 때문이었다. 다음으로 중요한 문제는 도하작전을 '언제 개시하느냐'이었는데, 날짜는 결정짓지 못했다. 이스라엘군이 골란 전선과 시나이 전선 양쪽에서 동시에 공세에 나설 만큼 전력이 충분하지 못하기 때문이었다. 그럼에도 불구하고 샤론은 고집을 꺾지 않았다. 샤론은 그의 2개 여단이 역도하하여 이집트군 제3군을 포위하는 계획을 조속히 실행하자고 강력하게 촉구하였다. 이에 대해 고넨 사령관은 현재 이스라엘군의 상태로서는 무리이며 당분간 전투력 복원 및 전력을 보충하는 데 주력해야 한다고 주장했다.[107]

---

107) 샤론의 끝없는 안하무인격의 독선을 지켜본 바레브는 그제야 사태의 심각성을 깨닫고 다음날인 10월 12일, 샤론의 해임을 건의했다(이것은 이후에도 몇 차례 반복된다). 그러나 다얀 국방부 장관은 여전히 샤론을 옹호하면서 더 나은 야전지휘관을 찾을 수 없노라고 단언했다. 상게서, p.101.

10월 12일에는 반격작전의 실행여부에 대한 최종적인 결정을 위해 전시 내각회의가 소집되었다. 이때 이스라엘이 선택할 수 있는 작전행동은 대체적으로 세 가지였다. 첫째는 이집트군을 운하 서안으로 구축하기 위해 교두보에 대하여 전면적인 공격을 개시하는 방안이고, 둘째는 즉각적인 역도하 공격을 실시하는 방안이며, 셋째는 가까운 시일 내에 있을 것으로 예상되는 이집트군의 대공세를 기다렸다가 이를 저지한 후 운하를 역도하하여 역공격을 실시하는 방안이었다. 엘라자르 참모총장은 제3안을 주장하였다.

다얀 국방부 장관은 정치적인 차원에서 볼 때 어느 방안도 결정적인 결과를 가져오지 않을 것이며, 이집트군에게 정전을 강요할 수 있는 방책이 되지 못할 것이라는 이유로 어느 안(案)에도 찬성하지 않았다.[108] 내각회의에서 왈가왈부하고 있을 때, 군의 정보보고가 들어왔다. 운하 서안의 이집트군 기갑부대가 움직이기 시작했다는 것이다. 그들은 운하를 도하하고 있었고, 10월 13일이나 14일 경에 공격에 나설 것으로 판단되었다. 이집트군의 움직임은 이스라엘 전시내각의 힘겨운 의사결정을 단번에 끝나게 해주었다. 이제 이스라엘 정치인과 군 수뇌부는 이집트군의 움직임을 지켜보며 그에 따라 대응하면 되었다.

내각회의 후, 엘라자르 참모총장은 다얀 국방부 장관 및 메이어 총리와 별도로 협의를 가졌다. 그 결과 상대방에게 선수(先手)를 허용하는 '요격전법'을 채용하기로 결정이 났다. 이때 검토했던 두 가지 안(案)은 '이집트군이 공격을 개시하기 전에 선수를 쳐서 이쪽에서 먼저 공세를 취할 것인가, 아니면 이집트군에게 먼저 공세를 허용한 다음 그것을 격퇴하고 역도하 공격을 실시할 것인가'였다. 공세로 전환하는 날짜는 이집트군의 공격개시 유무와 상관없이 10월 14일로 결정했다. 그것은 조속히 역도하 공격을 실시하자고 주장한 샤론의 강한 의지를 반영한 결과였다.

다. 정치적 결단에 의한 이집트군의 공세행동 준비

이스라엘군 수뇌부가 반격도하(역도하) 작전을 검토하고 있을 때, 이집트군도 대규모 공세행동 계획을 검토하고 있었다. 이집트군은 개전 초 신속히 교두보를 확보하고 이스라엘군의 역습을 격퇴하는 등, 비교적 성공적인 작전을 수행 했음에도 불구하고 제2단계 작전

---

108) 전게서, Chaim Herzog, p.202.

인 대규모 공세행동을 실시하지 않은 것은 이번 전쟁의 제한된 성격 때문이었다. 이집트는 교두보를 확보하고 있는 상태에서 유리하게 전쟁을 종결시키려고 하였다. 샤즐리 참모총장은 이스라엘군이 교두보의 방어선을 돌파한 후 이를 후방에서부터 붕괴시키는 데 역량을 집중시킬 것으로 예측했다. 그렇지만 이집트군이 강력한 방어태세를 유지하면서 작전적 예비전력만 보존하고 있으면 언제까지든 운하 동안을 장악할 수 있다고 확신했다. 이때 제2군 및 제3군에 배속되어 운하를 건넌 전차는 약 1,000대였으며, 운하 서안에 남긴 작전적 예비 전차가 330대였고, 전략적 예비로 이집트 본토에 배치된 전차가 250대였다. 샤즐리는 이집트군이 대규모 공세행동을 실시할 수 있을 만큼 전력이 우세하지 못하다는 것을 잘 알고 있었다. 하지만 사태는 샤즐리가 의도하지 않았던, 그리고 통제할 수도 없는 방향으로 흘러가기 시작했다.

10월 11일, 이스마일 국방부 장관은 시리아 측의 강한 요청을 받았다. 10월 10일부터 골란 전선에서 개시된 이스라엘군의 반격은 시리아군을 곤경에 몰아넣고 있었다. 그래서 이집트군이 시나이 전선에서 공세로 전환하여 골란 전선의 이스라엘군 공격충력을 감소시켜 달라는 것이었다. 이집트는 그 요청을 거부할 수가 없었다. 이스마일 국방부 장관은 샤즐리 참모총장에게 10월 13일을 기해 공세행동을 개시하라고 강력히 요구하였다. 샤즐리는 '며칠 전 항공엄호 없이 진격한 1개 기계화여단이 어떤 일을 당했는지 상기해 보라'는 경고성 발언을 하며 반대의사를 표명했다. 그러나 이스마일의 태도는 단호했다. 그는 시리아군이 받고 있는 압력을 감소시켜 주어야 한다고 주장했다. 이에 샤즐리는 시나이에 배치된 이스라엘군의 기갑여단이 아직 8개나 되며, 이집트 지상군이 SAM 우산 밖으로 고개를 내밀자마자 이스라엘 공군에 의해 괴멸될 수 있음을 지적했다. "진격을 시도한다면 우리는 시리아 형제들에게 별 도움도 주지 못한 채 전열이 무너지고 말 겁니다."[109] 그러나 정치적 결단 앞에서 전술적 문제를 제기하는 것은 부질없는 일이었다.

10월 12일 18:00시, 이집트군은 주요 지휘관 작전회의를 개최하였다. 이 자리에서 이스마일 국방부 장관은 사다트 대통령의 지시대로 공세행동에 대한 일체의 반대의견을 묵살했다. 그는 샤즐리 참모총장과 주요 지휘관들에게 대통령의 정치적 결단이 내려졌으니 그에 따라야 한다고 종용했다. 공세행동은 기정사실이 되었다. 이스마일이 양보한 것이라

109) 전게서, 사이먼 던스턴, p.106.

고는 공격준비를 위해 부대를 이동시키는 데 시간이 좀 더 소요된다는 것을 감안하여 공격개시 시간을 10월 14일 새벽으로 약간 늦추었을 뿐이었다. 또한 그는 공세행동으로 인해 교두보가 약화되어서는 안 된다고 강조했다. 이는 작전적 예비대를 운하 동안에 투입시켜야 한다는 것을 의미했다.

샤즐리는 무거운 마음으로 명령에 따랐다. 제2군 지역에서는 제21기갑사단과 제23기계화사단의 1개 여단이, 제3군 지역에서는 제4기갑사단(-1)과 제6기계화사단의 1개 여단이 10월 12일부터 13일에 걸쳐 운하 동안으로 이동했다. 운하 서안에 남겨진 작전적 예비대는 제4기갑사단 소속의 1개 여단이 전부였다. 샤즐리는 기적이 일어나지 않는 한 이집트군의 공세가 성공할 가능성은 없다고 느꼈다. "적은 작전 구역 내에 900대의 전차를 전개시키고 있는데, 우리는 고작 400대로 공세행동을 실시하려고 한다. 그것도 준비된 적진지를 향해서… 우리는 아군 전차병에게 '적이 제공권을 장악하고 있는 상황에서 개활지를 통과하여 공격하라'는 사형선고를 내리고 있었다."[110]

이집트군은 전 정면에서 공격을 실시할 계획이었는데, 그 개념은 다음과 같다.

제2군의 북부지구에서는 제18보병사단과 이를 지원하는 제15기갑여단이 로마니 방향으로 공격하며, 중부지구에서는 제23기계화사단 소속의 1개 기갑여단으로 증강된 제21기갑사단이 타사를 거쳐 비르 기프가파를 향해 공격을 실시한다. 제3군의 남부지구에서는 제4기갑사단(-1)이 중앙에서 미틀라 고개를 향해 공격하고, 그 북쪽에서는 제6기계화사단(-1)이 기디 고개를 향해 공격한다. 남쪽에서는 제19보병사단의 지원을 받는 제6기계화사단 소속의 제13기계화여단이 라스 수다르를 공격한다.

라. 이스라엘군의 대응준비

이집트군의 공세행동에 대한 이스라엘군의 대응개념은 이집트군을 운하 서안과 교두보로부터 최대한 끌어내어 준비된 방어진지에서 격멸시키겠다는 것이었다. 운하 서안과 교두보 내에서 밖으로 나온다는 것은 SAM 우산과 대전차 미사일 방어망에서 벗어나는 것이기 때문에 이스라엘군은 우세한 항공력과 뛰어난 전차포 사격기술을 최대한 발휘할 수 있

---

110) 상게서, p.107.

는 이점을 얻을 수 있었다. 이와 같은 대응개념을 바탕으로 남부사령부는 각 사단별로 책임지역을 부여하고 임무를 조정하였는데, 그 내용은 다음과 같다.

북부지구는 삿손 사단(제146동원혼성사단)[111]이 방어를 실시하고, 중부지구는 샤론 사단(제143동원기갑사단)이 방어를 실시하며, 아단 사단(제162동원기갑사단)을 예비로 운용한다. 아단 사단은 의명 샤론 사단의 전방지역 방어를 지원하며, 이집트군이 측방도로 동쪽 30㎞ 지점에 있는 중요 보급기지 레피딤을 위협할 경우에는 이를 측방에서 타격하여 격멸한다. 이를 위해 아단 사단의 1개 여단은 레피딤 인근으로 이동한다. 남부지구에서는 맨들러 사단(제252기갑사단)이 방어를 실시하여 이집트군이 기디 통로 및 미틀라 통로에 진입하는 것을 사전에 봉쇄한다. 수에즈만 남쪽 연안은 가비쉬 소장 예하부대가 방어한다.

이와 같은 개념에 의거 방어준비를 실시하는 가운데 고넨 사령관은 샤론 사단장 때문에 계속 스트레스를 받았다. 10월 13일 아침, 고넨은 참모장을 샤론에게 보내서 이집트군의 예상되는 공세와 그에 대한 방어계획을 설명하고 방어준비에 최선을 다할 것을 강조하였다. 그러나 샤론은 고넨의 방어계획을 반대하며 이집트군 주력이 운하 동안으로 이동하여 아직 전투준비를 갖추고 있지 못하고 있을 때 신속히 파쇄 공격을 실시하거나 또는 역도하 공격을 감행하여 운하 서안으로 진격한다면 이스라엘군이 승리할 수 있을 것이라고 고집을 부렸다. 결국 참모장은 이 방어계획이 상급부대에서 결정된 것임을 설명하고, 방어작전이 끝나는 대로 이어서 반격작전이 개시될 것이라고 간신히 샤론을 설득하였다.

그런데 불행한 사건이 발생했다. 맨들러 사단장이 전사한 것이다. 10월 13일 오전, 엘라자르 참모총장은 헬기를 타고 샤론의 전방지휘소로 이동하여 곧 있을 이집트군 공세행동에 대한 방어계획과 이후 실시될 역도하 작전계획을 검토하고 있었다. 이때 고넨 사령관도 헬기를 타고 샤론의 전방지휘소로 이동하고 있었다. 이동 중 고넨은 맨들러 사단장과 무선으로 교신했는데 도중에 연락이 끊어졌다. 맨들러 소장은 이날 11:00시경, 그의 참모들과 함께 2대의 장갑차에 분승하여 전방정찰을 실시하다가 이집트군의 포격을 받고 전사했다. 중요한 시기에 사단장 자리를 비워둘 수 없었기 때문에 엘라자르는 북부지구를 방어하는 제146동원혼성사단장 칼만 마겐 준장을 맨들러 후임(제252기갑사단장)으로 임명하였다.

111) 10월 13일, 제252기갑사단장 맨들러 소장이 전사하자 제146동원혼성사단장이었던 마겐 준장을 맨들러 후임으로 보내고 삿손 준장을 제146동원혼성사단장으로 임명했다.

5. 이집트군의 공세(D+8일 : 10월 14일)

가. 시기적으로 늦어버린 공격

10월 13일 밤, 이집트군은 타사 남쪽에 헬기로 특수부대를 투입하여 공격의 서막을 올렸다. 목적은 이스라엘군 후방을 교란하기 위한 것이었지만 이집트군의 공격을 예상하고 방어태세를 갖추고 있던 이스라엘군에게 조기 발견되어 특수부대원 대부분이 사살되거나 포로가 되었다.

주공격은 10월 14일 새벽, 여명과 함께 시작되었다. 먼저 이집트 공군 전투기들이 새벽 하늘을 가르며 이스라엘군 진지 위로 날아가 지상 목표를 타격했다.[112] 이어서 포병도로 일대에 전개한 수 백문의 화포가 약 90분간에 걸쳐 맹렬한 공격준비사격을 실시했다. 지상부대 공격은 제2군 지역에서 3개 축선, 제3군 지역에서 3개 축선, 총 6개 축선에서 실시되었다. 수백 대의 전차가 교두보선 밖으로 나와 동쪽으로 진격했고, 그 뒤를 수백 대의 장갑차가 후속했다. 이 공격은 규모와 처절함에서 1943년 여름 제2차 세계대전 중 동부전선의 쿠르스크에서 독일군과 소련군 사이에 벌어진 사상 최대의 전차전과 맞먹는 전투를 촉발했다. 운명적인 전투가 벌어졌던 30년 전의 그날처럼 이날도 날씨는 잔뜩 흐리고 공기는 습했다.

축선별 공격부대는 다음과 같다. 제2군의 북부지구에서는 제18보병사단이 제15기갑여단의 선도(先導) 하에 로마니 방향으로 공격했다. 중부지구에서는 제2보병사단에 배속된 제23기계화보병사단의 제24기갑여단이 타사 북쪽으로 공격했으며, 그 남쪽의 제16보병사단 지역에서는 추가 증원된 제21기갑사단의 제1기갑여단이 선두에서 타사~카트미아 고개~비르 기프가파를 향해 공격했다.

제3군의 남부지역에서는 제7보병사단에 증원된 제6기계화사단의 제22기갑여단이 선두에서 기디 고개를 향해 공격했고, 추가 증원된 제4기갑사단(-1)의 제3기갑여단이 선두에서 미틀라 고개를 향해 공격했다. 남쪽의 제19보병사단 지역에서는 제6기계화사단의 제113기계화여단이 수에즈 동부 연안에 있는 라스 수다르를 공격했다. 초기 진격은 비교

---

112) 이때 아랍동맹군으로 참전한 리비아군의 미라쥬 전투기도 공격에 동참하여 칸타라 동쪽의 이스라엘군 진지를 폭격했다.

적 순조로워 무난하게 동쪽으로 약 20㎞를 전진하였다. 그러자 카이로 총사령부의 상황실에서는 전황을 낙관하는 분위기에 휩싸였다. 그러나 곧 상황실의 분위기가 무거워지기 시

〈그림 6-25〉 이집트군의 공세(1973. 10. 14.)

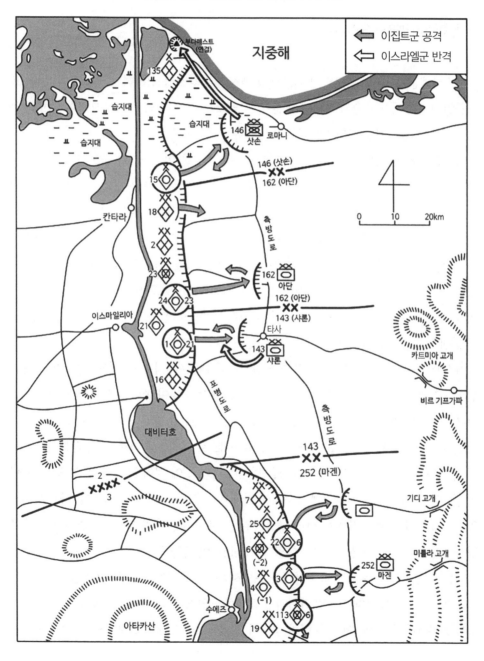

작했다. 이스라엘군과 접촉하자마자 피해가 속출하기 시작했던 것이다. 이스마일 국방부 장관은 상황실의 작전지도 위에 공격부대의 위치를 정확히 표정시키고 확인해 보니 이스라엘군 진지내로 수㎞ 정도 돌입한 상태에서 격전이 벌어진 것이었다.

나. 이스라엘군의 요격전투

이스라엘군은 10월 14일의 이집트군 공격시간과 장소를 정확히 예측하고 있었다. 또 그동안의 전투에서 도출된 쓰라린 교훈을 바탕으로 이집트군의 공격에 대응할 새로운 전기·전술을 개발하여 요격태세를 갖추고 있었다.

이스라엘군 전차는 8~12대의 중대 단위로 지형지물을 이용하거나 불도저로 긴급히 구축한 사격진지에서 이집트군 전차를 요격했다. 각 전차는 최초 진지에서 수발을 사격한 후 신속히 진지를 변환하고, 그 새로운 진지에서 수발을 사격한 후 또 다시 진지를 변환하는 방법으로 교전을 했다. 이러한 전투방법에 의해 이스라엘군 전차는 시종일관 선제사격을 계속할 수 있었을 뿐만 아니라 이집트군의 포병사격을 혼란시켜 피해를 최소화 할 수 있었다. 이날 양군 전차간의 교전거리는 400~500m이었다. 그 거리에서는 이집트군 전차의 전차포도 유효한 파괴력을 발휘할 수 있었지만, 이스라엘군 전차승무원들의 사격기술과 민첩한 기동이 훨씬 뛰어나 이집트군을 압도했다.

이스라엘군은 전차의 측방이나 후방에 장갑차를 1대씩 배치하여 전차를 방호했고, 진지 변환을 할 때도 수반하는 장갑차와 포병관측자는 행동을 같이 했다. 장갑차에 탑재된 기관총은 새거 대전차 미사일을 목시(目視) 유도하고 있는 사수를 향해 집중사격을 실시했다. 그러면 사수는 날아오는 총탄을 피하기 위해 본능적으로 머리를 숙이게 되고, 잠깐이라도 목시 유도를 하지 못하면 미사일은 표적을 벗어나 다른 곳에 떨어졌다. BMP 보병전투차량에 탑재된 새거 대전차 미사일에 대해서는 기관총사격의 효과가 별로 없었다. 하지만 미사일을 유도하기 위해 정지중인 BMP 보병전투차량은 미사일이 표적에 도달하기 이전에 포병사격이나 전차포 사격으로 격파하였다. 포병전방관측자도 장갑차나 전차를 타고 전차중대를 수반했기 때문에 전차의 사격과 포병사격을 긴밀하게 통합 및 조정할 수 있었고, 이는 이집트군의 대전차 미사일 제압과 공격대형을 와해시키는 데 큰 도움이 되었다.

이에 부가하여 이스라엘군은 이미 장비하고 있던 소수의 프랑스제 SS-11 대전차 미사일과 미국에서 긴급히 공수된 토우(TOW) 대전차 미사일을 배치하여 다수의 이집트군 전차를 격파하였다.[113] 특히 토우 대전차 미사일은 새거 대전차 미사일보다 유도가 간편하고 사거리가 길기 때문에 원거리 전차 킬러로서 크게 활약했다.

다. 이집트군의 일방적 패배와 그 여파

이스라엘군의 새로운 제병협동 전기·전술 앞에서 이집트군의 공격은 속절없이 무너졌다. 북부지구에서 발루자와 로마니를 노린 이집트군 제18보병사단 및 제15기갑여단의 공격은 샷손 사단이 저지하였다. 이어 반격으로 전환한 샷손 사단은 이집트군을 몰아내고 그동안 포위되었던 지중해 연안의 부다페스트 방어거점과 연결하는 데 성공하였다.

중부지구 타사 북쪽에서는 예비로 있던 아단 사단이 신속히 저지진지에 투입된 후 이집트군 제23기계화사단의 제24기갑여단 전차 약 50대를 격파하여 패퇴시켰다. 타사에서는 샤론 사단의 레세프 여단이 이집트군 제21기갑사단의 제1기갑여단을 격멸하였다. 레세프 대령은 그의 사격진지 앞으로 공격해 오는 이집트군 전차를 충분히 끌어들인 후 약 100m 거리까지 접근했을 때 기습적인 사격을 가했고, 1개 전차중대로 증강된 사단정찰대를 우회시켜 이집트군 남 측방을 타격하였다. 그 결과 이집트군 제1기갑여단은 93대의 전차가 파괴되어 더 이상 전투부대로서의 역할을 할 수 없게 되었다. 레세프 여단이 입은 피해는 전차 3대뿐이었으며, 그것도 모두 새거 대전차 미사일에 피격된 것이었다.

남부지구에서는 기디 고개를 향해 진격하던 이집트군 제6기계화사단의 제22기갑여단이 마겐 사단에 의해 저지당했다. 이내 반격으로 전환한 마겐 사단은 이집트군 전차 60여 대를 격파하였다. 또 미틀라 고개를 향해 진격하던 이집트군 제4기갑사단(-1)의 제3기갑여단도 마겐 사단에게 저지당했으며, 그 후 2시간 동안 계속된 교전에서 제3기갑여단은 사실상 괴멸되었다.

수에즈만 동부 연안을 따라 라스 수다르를 공격하던 이집트군 제6기계화사단의 제113기계화여단도 가비쉬의 부대와 공군에 의해 격퇴되었다. 이렇게 일방적인 지상전투가 전개되고 있을 때, 이스라엘 공군도 적극적으로 지상전투를 지원하며 SAM 우산 밖으로 나

---

113) 상계서, p.112. 그러나 미국은 이스라엘에 토우(TOW) 대전차 미사일을 공급한 것은 전쟁 말기였다고 주장하고 있다.

온 이집트군 기갑부대를 공격하여 큰 피해를 입혔다. 이스라엘 공군도 최소한 2기의 팬텀 전투기가 추진된 SA-6에 의해 격추되었다. 이처럼 이집트군의 공격부대가 심대한 피해를 입고 공격이 돈좌되자 이날 저녁, 이스마일 국방부 장관은 '전 부대가 공격을 중지하고 교두보 내로 복귀하라'는 명령을 내렸다. 이리하여 시리아군이 맞이한 위기가 정치적 압력으로 작용하면서 SAM 우산 밖으로 진격한 이집트군의 대규모 공세행동은 완전한 패배로 끝이 났다. 6개 축선에서 공격을 실시했지만 단 하나의 축선에서도 돌파에 성공하지 못했다. 이스라엘군 남부사령부는 이집트군이 타사에서 샤론 사단의 방어선을 돌파한 후 비르 기프가파로 돌진해 올 가능성에 대비하기 위하여 아단 사단의 1개 여단을 그 지역에 대기시켜 놓았는데 전혀 무의미한 것이 되었다.

이날 전투에서 이스라엘군은 이집트군 전차 264대를 파괴하였다. 그 반면 이스라엘군의 전차 손실은 총 6대에 불과했다.[114] 바레브 장군은 메이어 총리에게 전화를 걸어 이제야 말로 자신감을 회복했다고 보고했다. 이집트군으로서는 이날 피해가 너무 막대하여 제2군과 제3군의 전력이 현저히 약화되었다. 또한 제2군사령관 사드 마몬 장군은 이날의 패배를 도저히 감당할 수가 없었다. 그는 심근경색을 일으켜 후송되었고, 할릴 소장이 지휘권을 인수하였다.

10월 14일의 전투는 전쟁의 중대한 분수령이었다. 이제 주도권은 이스라엘군에게 넘어갔으며, 이스라엘군이 그토록 기다려온 반격을 위한 조건들이 충족되어 갔다.[115] 위기를 느낀 이집트군 참모총장 샤즐리는 즉시 제4기갑사단과 제21기갑사단의 잔여 병력을 운하 서안으로 철수시켜 기동예비대로 재편성함으로써 자신이 예견한 이스라엘군의 반격도하(역도하) 작전이 벌어졌을 때 대응전력으로 운용해야 한다고 역설하였다. 그러나 이스마일 국방부 장관은 그 같은 철수가 이집트군의 사기에 악영향을 끼칠 것이라 생각하고 그의 건의를 받아들이지 않았다. 또 그는 48시간 이내에 사다트 대통령이 인민위원회 연단에 설 것이며, 되도록 유리한 상황에서 연설하고 싶어 한다는 것을 알고 있었기 때문이었다. 결과적으로 10월 14일 이집트군의 총 공세가 실패한 이유로서는 다음과 같은 사항이 거론된다.[116]

---

114) 전게서, Chaim Herzog, p.206.

115) 이날(10월 14일) 밤, 엘라자르 참모총장은 '10월 15일 밤에 수에즈 운하를 역도하하라'는 명령을 내렸다.

116) 전게서, 田上四郞, p.275.

① 이집트군의 공세는 전력의 집중과 절약 없이 160㎞ 모든 전선에서 정면공격을 실시했고, 공격부대도 6개 기갑/기계화여단뿐이었으며, 주력은 교두보 방어에 투입되었다.

② 이집트군 SAM 망의 유효범위는 30㎞이었는데, 그중 SA-6는 15㎞이었다. 그런데 공세행동은 SAM의 유효 사정 밖에서 실시하는 작전이었기 때문에 이스라엘 공군의 공격을 저지할 수가 없었다.

③ 이스라엘군은 이집트군의 공격에 대응하기 위해 전차, 기계화보병, 포병의 협동작전에 의한 새로운 전기전술을 개발하였는데, 그것이 큰 성과를 올렸다. 종전에는 기갑전투의 최소 편성 단위를 통상 전차 3~4대와 장갑차 1대로 1개조를 구성했지만 이번 전투에서는 전차 1대와 장갑차 1대, 또는 전차 2대와 장갑차 1대의 비율로 재구성하여 장갑차(기계화보병)가 적 대전차 미사일을 제압할 수 있는 능력을 향상시킴과 동시에 임무를 확대시켰다.

6. 이스라엘군의 역도하작전(D+9~11일 : 10월 15~17일)

가. 전기도래(戰機到來), 위험한 승부의 시작

이집트군의 총 공세가 실패하고 '니켈 그래스(Nickel Grass)작전'[117]이 시작되자 이스라엘군의 역도하작전을 위한 전제 조건들이 충족되었다. 망설이거나 두려울 것이 없어진 이스라엘군은 이집트군의 총공세를 파쇄한 바로 그날 밤인 10월 14일 23:00시, 남부사령부에서 주요 지휘관 회의를 개최하여 역도하작전을 위한 세부 계획을 최종적으로 조율했다.

---

117) 미국이 C-5 및 C-141 대형 수송기를 투입하여 10월 13일부터 실시한 무기, 탄약, 물자 등의 대규모 공수작전을 말하며, 11월 14일까지 2만 2,395톤의 장비 및 물자를 이스라엘에 지원했다. 이를 통해 이스라엘은 전쟁 초기에 소모된 전력을 보충할 수 있었으며, 전쟁기간 중에 F-4 팬텀 40기와 A-4 스카이호크 36기를 수령했다. 니켈 그래스 작전 외에도 미국은 해상수송을 통해 11월 중순까지 전차를 포함한 3만 3,000톤의 장비 및 물자를 공급했다. 한편 소련도 미국이 니켈 그래스 작전을 통하여 이스라엘에 공급한 것과 비슷한 규모의 무기 및 탄약을 10월 10일부터 이집트에 공수하였다. 해상수송을 통해서는 전차와 야포 위주의 화물 6만 3,000톤이 10월 30일까지 이집트와 시리아에 도착했다. 이집트와 시리아는 총 1,200대의 전차와 300기의 MIG-21 전투기를 공급받은 덕분에 전쟁 막바지에 닥친 괴멸의 위기를 간신히 벗어날 수 있었다.

그 결과 작전 개시일은 10월 15일 17:00시로 결정되었는데, 이는 이집트군이 패배의 충격에서 벗어나지 못한 상태에 있을 때 공격하려고 일정을 최대한 앞당긴 것이었다. 도하 지점은 후보지 3곳 중에서 지난 10월 9일, 샤론의 정찰대가 이집트군의 약점을 발견한 대 비터호 북단의 '데베소와르'로 결정되었다.[118] 이와 더불어 확정된 작전개념 및 사단별 임무는 다음과 같다.

- 최초에는 3개 사단이 병진공격을 실시하되 중앙사단이 돌파/도하를 실시하여 교두보를 확보하며, 교두보 확보 후에는 2개 사단이 후속도하를 실시하여 돌파구를 확대하고 전과확대를 실시한다.

- **샤론 사단**(제143동원기갑사단) : 10월 15~16일 밤, 데베소와르 부근에서 도하를 실시하여 운하 서안에 교두보를 확보한다. 의명 마겐 사단에게 교두보를 인계 후, 아단 사단의 우측방을 방호하면서 전과확대를 실시한다.

- **아단 사단**(제162동원기갑사단) : 10월 16~17일 밤, 후속도하를 실시하여 수에즈 시(市) 방향으로 돌진한다.

- **마겐 사단**(제252기갑사단) :10월 15일 오후, 샤론 사단의 공격에 앞서 시나이 남부에서 양공을 실시하여 역도하 공격방향을 기만한다. 의명 아단 사단을 후속하여 도하를 실시한 후, 교두보 방어 임무를 수행한다.

- **삿손 사단**(제146혼성사단) : 10월 15일 오후, 샤론 사단의 공격에 앞서 시나이 북부에서

---

118) 도하 후보지 3곳은 엘 칸타라, 데베소와르, 수에즈 시 북쪽 16㎞ 지점의 쿠브리였는데, 바레브 장군은 이집트군 제2군과 제3군과의 간극이 있고, 대 비터호에 의해 좌측방의 방호를 받을 수 있는 데베소와르를 선택했다. 또한 그곳은 샤론이 남부사령관으로 재직시 도하준비가 이루어진 곳이기도 했다. 도하 후보지는 모두 중량급 도하장비를 수용할 수 있도록 135×63m 크기의 넓은 야드(yard)가 있었고, 그것은 모래격벽으로 방호되었으며, 접근이 용이하도록 도로까지 정비되어 있었다. 데베소와르도 도하준비/대기지점의 2㎞ 남쪽에 타사의 전방보급기지와 연결되는 '아카비쉬' 도로가 있었고, 보조도로인 '티르투르' 도로는 도하준비/대기지점에서 동북쪽으로 곧바로 뻗어있어 '아카비쉬' 도로와 평행하게 달리다가 포병도로에서 '아카비쉬' 도로와 합류했다.

양공을 실시하여 역도하 공격 방향을 기만한다.

샤론은 10월 7일 이래, 줄곧 운하 역도하작전을 기다리다 못해 안달이 나 있었다. 이제 그가 그토록 열렬히 주장한대로 '가젤(Gazelle)'이라 명명된 운하 역도하작전을 주도적으로 이끌어야 하는 임무를 부여받았다.[119] 샤론 사단의 임무는 가장 광범위하면서도 중요했는데, 대략 다음과 같은 세 가지로 요약되었다.

첫째, 운하 서안 데베소와르에 교두보를 확보한다.
둘째, 운하 동안의 도하지점에 가해질 이집트군의 압박을 막아낸다.
셋째, 도하장비와 후속부대가 용이하게 이동할 수 있도록 '아카비쉬' 도로와 '티르투르' 도로를 개통시킨다.

이러한 임무를 수행할 수 있도록 샤론에게 3개 기갑여단, 1개 공정여단, 1개 포병여단, 그리고 도하장비를 보유한 공병부대가 주어졌다. 샤론은 그 부대들에게 다음과 같은 임무 및 과업을 부여하였다.

- **라비브 여단**(제247동원기갑여단 : 2개 전차대대) : 10월 16일 17:00시, 타사~이스마일리아 도로를 따라 공격하여 이집트군 제16보병사단을 최대한 고착시킨다. 최초 목표는 하무탈과 마크쉬르 모래언덕이며, 그 후 남쪽으로 방향을 전환하여 텔레비시아 모래언덕을 점령한다.

- **레세프 여단**(제14기갑여단 : 6개 전차/보병대대) : 10월 16일 18:00시, 이집트군 제16보병사단의 진지 남쪽의 모래언덕을 지나 대 비터호 북쪽으로 우회 기동을 실시하여 운하 동안

---

119) 샤론은 6일 전쟁 후 소모전쟁시기에 시나이 반도에서 전투를 지휘했다. 당시 SA-2.3에 의해 공군의 피해가 거듭되자 그 피해를 어떻게 회피할 것인가를 검토했지만 결국 SAM기지를 파괴하는 것 외에는 방법이 없다는 결론에 도달했다. 그래서 샤론은 1970년 봄, 하나의 대담한 계획을 건의한다. 그 계획은 기갑부대와 특수부대가 수에즈 운하를 도하하여 SAM 기지를 파괴하는 것이었다. 그것이 참모본부에서 채택되었고, '가젤(Gazelle)'이라는 암호명이 붙여졌는데, 1970년 8월에 정전이 체결됨에 따라 실시할 기회를 잃었다. 이런 연유로 샤론은 가젤 작전의 세부계획을 잘 알고 있었으며, 도하지점이 데베소와르 지역이라는 것도 가젤작전의 계획지역과 일치했다.

의 마츠메드 방어거점과 기 설정된 도하지점을 점령한다. 아울러 티르투르 도로 및 그 이북의 이집트군을 공격하여 도하지점 북쪽의 위협을 배제하며, 또한 아카비쉬 도로

〈그림 6-26〉 이스라엘군의 역도하작전계획

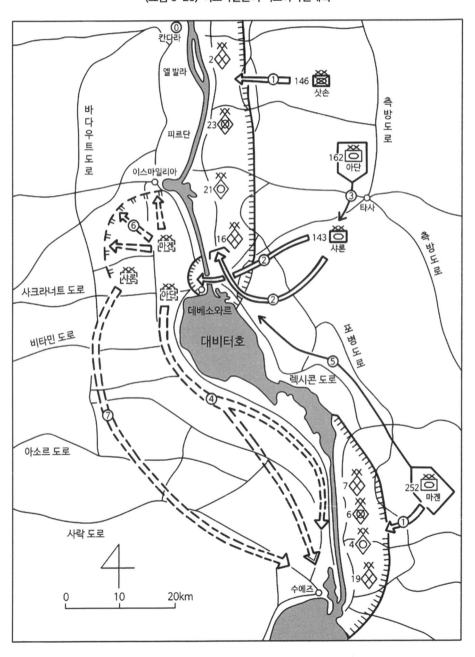

를 따라 동북방향으로 공격하여 매트 여단 및 가교장비 운반차량이 이동할 수 있도록 진출로를 개통시킨다.

- **매트 여단**(제243동원공정여단, 전차중대 및 공병부대 배속) : 측방도로~타사~아카비쉬 도로를 따라 전진하여 레세프 여단과 연결한 후 10월 15일 23:00시부터 운하를 도하한다. 도하 후 반경 4km의 교두보를 설치하고 이집트군의 반격을 저지한다.

- **에레즈 여단**(제431동원기갑여단) : 매트 여단을 후속하여 도하를 실시하고 교두보를 강화하며 이집트군 SAM 진지를 파괴한다. 부대의 일부는 도하장비 및 사전 제작된 조립식 부교를 견인해 온다.

- **공병부대** : 도하 지역 일대의 장애물을 제거하고, 도하통제본부의 지휘를 받아 도하를 지원한다.

이스라엘군의 역도하작전은 시나이에서 대규모 기갑전이 끝난 지 24시간도 지나지 않은 상태에서 개시되었으므로, 세부적인 명령을 하달하거나 예하부대를 재편성하고 집결시킬 시간이 거의 없었다. 만약 이집트군에게 도하지점 일대에 병력과 장비를 증원시키거나 방어태세를 강화시킬 시간을 허용할 경우 이스라엘군의 역도하작전은 지극히 위험해 질수 있었다. 그래서 샤론은 어떻게든 신속하고도 은밀하게 작전을 강행하기로 결정하였다.[120]

---

120) 10월 전쟁 초기, 이집트군의 수에즈 운하 도하작전과 전쟁 중반 이스라엘군의 역도하작전은 계획수립과 수행방식에서 완전히 대조적이었다. 이집트의 바드르 작전은 대대적인 준비 작업을 거쳤고, 섣불리 이스라엘군 기갑부대와 기동전을 벌이다가 작전을 그르치는 일이 없도록 단계적으로 작전을 진행해 나가는 데 중점을 두었으며, 모든 병사들은 수행할 임무의 세세한 부분까지 예행연습을 실시하였다. 이에 반해 이스라엘군의 역도하작전은 특수임무부대가 기습도하를 실시하여 교두보를 확보하고, 후속 기갑부대가 이를 신속히 확대한 다음, 특정 지역을 향해 집중 공격을 실시하는 기동전 위주의 작전으로 계획되었다. 이는 위험성이 대단히 높은 작전이었지만 단시간 내에 입안하였고, 성공 여부는 임기응변과 일선부대의 임무수행능력에 달려 있었다. 이집트군은 한낮의 태양아래 대규모 포격을 앞세우며 도하에 나섰다. 하지만 이스라엘군의 도하는 어둠의 보호아래 이루어졌으며, 은밀함이야말로 성공의 열쇠였다.

나. 초기 도하, 그 험난한 여정

샤론의 역도하 작전계획은 전격전과 똑같은 기습과 속도, 그리고 국지적 우세를 그 본질로 했다. 그런데 대치하고 있는 이집트군 제16보병사단과 제21기갑사단은 전날 총 공격의 실패로 인해 큰 피해를 입기는 했지만 아직 방어를 하는 데는 충분할 정도의 전력을 유지하고 있었다. 특히 새거 대전차 미사일과 RPG-7 대전차로켓발사기로 무장한 대전차 보병들이 운하에 이르는 주요 도로상에서 강력한 방어태세를 갖추고 있었다. 따라서 이스라엘군의 공격은 낙관할 수 없었다.

10월 15일 17:00시, 그동안 충분히 증강된 이스라엘군 포병이 전 전선에서 포문을 열고 이집트군 진지에 강력한 공격준비사격을 실시했다. 이와 거의 동시에 라비브 여단의 2개 전차대대가 타사~이스마일리아 도로를 따라 서쪽으로 전진했다. 이 공격은 전차가 원거리에서부터 사격을 개시하여 맹렬하게 공격하는 것처럼 연출하였다. 이러한 모습이 이집트군 제2군사령부의 관심을 끌어 예비인 제21기갑사단의 전력을 어느 정도 고착시키는 데 기여했다.

1) 레세프 여단 : 도하지점 확보, 거듭되는 혈전

레세프 여단은 계획보다 1시간 늦은 19:00시, 사단정찰대를 앞세우고 전진을 개시했다. 타사 남쪽에서 출발한 여단은 어둠속에서 모래언덕을 넘어 대 비터호를 향해 내려갔다. 대 비터호 동안에 도착하자 방향을 북쪽으로 전환하여 렉시콘 도로를 따라 올라갔다. 라케칸 방어거점 부근의 도로분기점에 도착한 여단은 그곳에서 각 대대별로 부여된 임무 과업을 수행하기 위해 분진(分進)하기 시작했다. 아직까지 이집트군은 레세프 여단의 접근을 감지하지 못하고 있었다.

- **도하지점 도착 및 점령(22:30~23:00)** : 여단을 선도해 온 사단정찰대는 분진점(分進點)에 도착하자 곧바로 대 비터호 북단의 운하지역으로 달려갔고, 그 뒤를 제42보병대대(전차 반개 중대 배속)가 후속했다. 22:30분 운하에 도착한 사단정찰대와 제42보병대대는 이집트군에게 점령당한 운하 동안의 마츠메드 방어거점을 공격해서 탈환했고, 이어서 주

〈표 6-6〉 시간대별 주요사태 및 부대별 전투상황

구분		10월 15일 17:00~24:00 / 10월 16일 01:00~08:00
이집트군	제16보병사단	방어 전투 계속
	제14기갑여단	←공세행동(미조리-텍시콘도로)─ ※공세행동 정지
이스라엘군 사론사단	라비브 여단(-1)	←견제공격개시
	사단정찰대	←견인지 출발, 우회기동 ※은하도착 ←미조리지역 투입 ←교차로지역투입 / (타사 남방) / 후속→ ←도하지역 확보→ (도하대기지점임대) ←전투력 복원← 전투력 축수→ ←공격실패(피해극심) (대낭파해)
	제42보병대대TF	
	제7전차대대	←출발-후속→ ←교차로 통과 ←전투이탈(재편성)
	제18전차대대	←출발-후속→ 교전 전술적 후퇴 ←도하대기지점 복축병 방호 / (미조리지역, 대낭파해)
	제40전차대대	←출발-후속→ ←A제대:아카비쇼도로 전투 ←A제대:교차로 공격(실패) 교차로 재공격(원거리 사격) / ←매트여단과 연결 B제대:교차로 전투(대낭파해)
	샤물리 공정대대TF	←출발-후속→ ←중국인 농장 도착, 교전/공격실패 (대낭파해) → 급편 방어로 전환
	네이탄 공정대대	←출발-후속→ ←교차로 도착, 교전/공격실패 (대낭파해)
	매트여단(공정)	타사출발-아카비쇼 도로로 이동-이동자제 ※포병도로 도착 ←도하지점 도착 ←보병도하완료 / (이집트군 항공공격+교통정체) 아카비쇼 도로로 이동 ←제40전차대대 A제대와 연결 ←도하개시 ←배속전차 도하완료
	에레즈 여단	매트여단 후속/이동 ←도하지점도착 ←도하개시 ←도하완료

변의 이집트군을 소탕하여 23:00시경에는 도하지점을 완전히 확보하였다. 도하지점 확보 못지않게 중요한 것은 도하지점에 이르는 통로 개통과 이집트군의 위협을 배재하는 것이었다. 이를 위해 각 대대별로 수행할 임무 과업은 다음과 같았다.

- 제7전차대대는 마츠메드 방어거점 북쪽 약 10㎞ 지점에 있는 이집트군의 부교를 점령한다.
- 제18전차대대는 제7전차대대를 후속하다가 중국인 농장 북쪽에 있는 '미조리' 모래언덕의 이집트군 진지를 점령한다.
- 제40전차대대는 동북쪽으로 뻗은 '아카비쉬' 도로와 '티르투르' 도로를 소탕하여 매트 여단이 진출할 수 있도록 개통시킨다.
- 쉬물릭 공정대대(전차 반개 중대 배속)는 제40전차대대를 후속하다가 렉시콘~티루투르 교차로에서 북진하여 중국인 농장 및 인접한 렉시콘 도로를 소탕한다.
- 네이탄 공정대대는 여단의 예비다.

이와 같은 대대별 임무 과업에 따라 레세프 여단은 여러 곳에서 동시다발적인 전투를 수행할 수밖에 없었다.

- **제7 및 제18전차대대의 북진(22:40~22:50)** : 레세프 여단의 주력인 제7전차대대와 제18전차대대는 분진점을 통과한 후 어둠속을 뚫고 북쪽으로 질풍처럼 내달았다. 렉시콘 도로와 아카비쉬 도로가 만나는 삼거리를 거쳐 5㎞ 북쪽의 렉시콘 도로와 티르투르 도로가 교차되는 사거리도 무사히 통과하였다. 이대로 전진한다면 이집트군의 부교를 탈취하고 미조리 모래언덕의 이집트군 진지를 점령하는 것은 시간문제일 것 같았다. 그러나 고난은 바로 그 순간부터 시작되었다. 이집트군 제16보병사단은 렉시콘~티르투르 도로의 교차로와 그 북쪽의 중국인 농장 및 미조리 모래언덕에 강력한 방어진지를 구축해 놓고 있었다. 특히 교차로 일대는 다수의 새거 대전차 미사일과 RPG-7 대전차로켓발사기로 무장한 보병중대가 전차의 지원 하에 방어하고 있었으며, 교차로 주변에는 지뢰까지 매설해 놓았다. 그런데 그들은 이스라엘군 전차가 야간에 남쪽에서 진격해 오는 것을 전혀 감지하지 못한 채 교차로 인근에 있는 중국인 농장에서 숙

영하고 있었다. 그래서 레세프 여단의 제7 및 제18전차대대는 아무런 저항도 받지 않고 사막의 회오리바람처럼 교차로를 통과할 수 있었다. 레세프 여단의 2개 전차대대가 통과하고 난 후에야 비로소 이집트군은 이스라엘군의 공격을 인지했고, 그 즉시 교차로 일대의 방어진지를 점령하고 방어태세를 강화하였다. 이렇게 되자 교차로는 강력하게 차단되었고, 레세프 여단의 제7 및 제18전차대대는 다른 부대들과 연결이 차단되어 적중에 고립된 것이나 다름없었다.

〈그림 6-27〉 샤론사단의 도하작전 I (1973. 10. 15. 17:00~24:00)

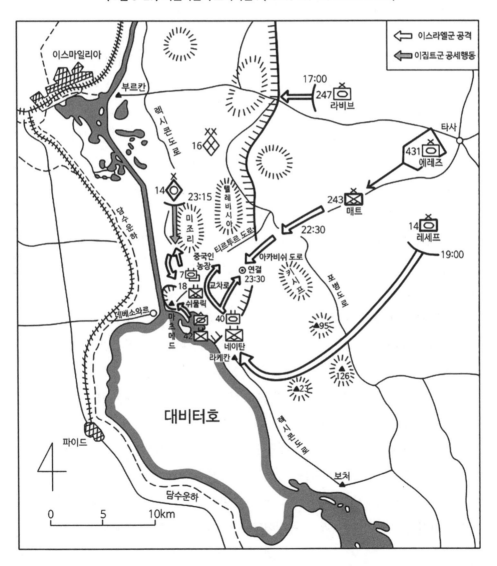

- **제40전차대대의 교차로 전투**(22:50~23:30) : 제7 및 제18전차대대와의 연결이 차단된 사실을 전혀 알지 못하는 레세프 여단의 후속부대들은 계획대로 행동하였다. 제40전차대대는 2개 제대로 편성하여 매트 여단이 도하지점으로 용이하게 진출할 수 있도록 동시에 2개의 통로를 개통시키려고 했다. 그래서 A제대는 대대장이 지휘하여 아카비쉬 도로를 따라 타사 방향으로 진격했고, B제대는 부대대장이 지휘하여 티르투르 도로를 따라 동북쪽으로 진격하기 위해 렉시콘~티르투르 교차로를 향해 전진하였다. 그러나 이때는 이미 이집트군이 교차로 일대의 방어진지를 점령하고 방어태세를 갖춘 상태였다. B제대는 이미 앞서서 제7 및 제18전차대대가 교차로를 통과하여 북진했기 때문에 큰 위협은 없으리라고 생각했다. 얼마 후, B제대의 선두가 교차로에 진입하여 우측으로 방향을 전환하려고 할 때, 이집트군이 일제 사격을 개시하였다. 어둠속에서 갑자기 쏟아지는 총탄과 포탄으로 인해 B제대는 순식간에 엄청난 피해를 입었다. 부대대장 부텔 소령은 부상을 입고 후송되었으며, 여러 대의 전차가 파괴되고 사상자도 많이 발생했다. 한편, 아카비쉬 도로를 따라 진격하던 A제대도 이집트군의 사격을 받아 대대장 에후드 소령이 부상을 당하는 등의 피해를 입었다. 따라서 도로 소탕 작전은 부진할 수밖에 없었다. 다행히 맞은편에서 매트 여단이 이집트군의 포화를 뚫고 진격해 오자 양쪽에서 협격을 받은 이집트군의 저항이 점차 약해졌고, 23:30분경에 양개 부대가 연결하였다. 이리하여 매트 여단은 24:00시경, 도하대기지점 전방 3㎞ 부근까지 진출하였다.

- **제7 및 제18전차대대의 북측방 전투**(22:50~24:00) : 렉시콘~티르투르 교차로를 통과한 후, 기세 좋게 북진하던 제7 및 제18전차대대는 곧 이집트군의 저지진지에 가로 막혔다. 이집트군은 최선두의 제7전차대대를 향해 집중사격을 퍼부었다. 집중포화 속에서 이스라엘군 전차들은 속절없이 파괴되었고, 시간이 지날수록 피해는 급증하였다. 교전을 시작한지 30분도 되지 않았는데 벌써 제7전차대대는 전력이 1/3로 저하되면서 부대의 조직체계가 거의 와해될 지경에까지 이르렀다. 후속하던 제18전차대대도 대전차화기 및 새거 대전차 미사일의 사격을 받아 전차 11대가 파괴되었다. 바로 이러한 때 23:15분경, 이집트군은 기다렸다는 듯이 반격해 왔다. 제16보병사단에 배속된 제14기갑여단(제21기갑사단 소속)이 공세행동을 개시한 것이다. 이렇게 되자 레세프 여단

의 주력인 제7 및 제18전차대대는 공격은커녕 오히려 전면적인 붕괴를 모면하기 위해 발버둥 쳐야만 했다. 레세프 대령은 어쩔 수 없이 제7전차대대장에게 약 3㎞ 정도 전술적 후퇴를 하여 중국인 농장 북쪽 약 1㎞ 지점에서 제18전차대대와 연결된 방어선을 형성한 후 이집트군의 역습에 대처하라고 명령했다. 그러나 이집트군 제14기갑여단의 역습은 매우 신속하고 단호하였다. 이집트군 기갑부대의 신속 과감한 공격에 제7전차대대는 대대장이 부상을 입어 후송되고, 방어선조차 제대로 형성해 보지 못한 채 패주하기 시작했다. 이에 레세프 대령은 극심한 피해를 입은 제7전차대대를 전투이탈 시켜 제18전차대대 후방 지역에서 재편성을 실시하도록 하고, 그 대신 바레브 장군의 조카 라피 바레브 중령이 지휘하는 사단정찰대를 그곳에 투입하였다. 제42보병대대와 함께 도하지점을 확보한 후 북측방을 경계하고 있던 사단정찰대는 즉시 기동하여 불과 3~4㎞밖에 떨어져 있지 않은 렉시콘 도로변에 도착하였다. 그러나 사단정찰대 역시 이집트군 제14기갑여단의 역습을 저지하지 못했다. 정찰대는 결사적으로 버티어 보았지만 엄청난 피해를 입었고, 바레브 중령도 전사했다. 이제 중국인 농장 북쪽의 북측방 방어선은 전면적으로 붕괴될 위기에 몰렸다. 제18전차대대 조차도 전력이 대폭 저하되고 있었기 때문이다. 이처럼 아슬아슬한 위기의 순간에 갑자기 이집트군의 역습이 중지되었다. 이집트군 제14기갑여단의 피해도 결코 적지 않았기 때문이다. 어찌되었든 간에 레세프 여단의 주력부대가 전멸의 위기를 모면할 수 있었던 것은 전적으로 이집트군이 역습을 중지했기 때문이었다. 하지만 이스라엘군의 피해는 심대했다. 더 이상 전투를 할 수 없는 상태였다. 그래서 레세프 대령은 제7 및 제18전차대대와 사단정찰대를 마츠메드 방어거점 및 도하 대기지점 부근으로 철수시켜 도하지점 북서쪽을 방호하면서 전투력 복원을 실시하고, 쉬물릭 공정대대에게 중국인 농장의 서쪽 전선을 맡겼다.

● **쉬물릭 공정대대의 중국인 농장 전투**(23:10~06:00) : 중국인 농장 북쪽 약 1~4㎞ 지점에서 제7 및 제18전차대대가 이집트군과 치열한 전투를 벌이고 있을 때, 그 남쪽 중국인 농장과 렉시콘~티르투르 교차로 일대에서도 똑같이 치열한 전투가 전개되고 있었다. 제40전차대대의 B제대가 렉시콘~티르투르 교차로에서 이집트군의 사격을 받고 공격이 돈좌되자 후속하던 쉬물릭 공정대대는 제7 및 제18전차대대의 후방이 차단되는 위협

을 제거하기 위해 좌측으로 우회하여 중국인 농장으로 진출하였다. 그러나 중국인 농장 일대에도 이집트군의 방어진지가 구축되어 있었고, 이미 진지에 병력이 배치된 상태였다. 쉬물릭 공정대대가 중국인 농장에 접근하자 농장에 설치된 무수한 수로(水路) 사이로 교묘하게 구축된 진지에서 일제 사격이 개시되었다. 이집트군이 퍼붓는 십자 포화에 쉬물릭 공정대대는 엄청난 사상자를 냈다. 배속된 전차는 대부분이 파괴되었다. 어떤 소부대는 괴멸되기까지 했다. 대대장도 이 전투에서 희생되었다. 결국 쉬물릭 공정대대는 공격에 실패했고, 그 일대에서 일시적인 방어로 전환했다.

날이 밝자 참혹한 전투현장의 모습이 드러났다. 불에 그슬린 전차들의 잔해, 파괴된 각종 차량과 장비들이 즐비했다. 이곳저곳에 이집트군과 이스라엘군 전사자들의 시체가 널려 있었는데, 그들 사이의 거리는 종종 몇 미터도 되지 않았다. 그럼에도 불구하고 중국인 농장은 여전히 이집트군이 장악하고 있었다.

● **계속 이어진 교차로 전투(24:00~06:30)** : 제40전차대대 B제대의 공격이 실패하자 자정이 지난 직후, 레세프 대령은 예비로 있던 네이탄 중령의 공정대대에 제40전차대대의 전차 1개 중대(B제대의 잔여전차)를 배속시켜 다시 교차로를 공격하게 하였다. 이때 네이탄 중령이 받은 명령이란 적군 상황이나 아군 상황에 대해서는 아무런 설명도 없이 그저 '교차로를 점령하라'는 것뿐이었다. 네이탄 중령은 배속 받은 전차중대를 렉시콘 도로 좌우측으로 기동시켜 교차로 양 측방을 공격하게 하고, 자신은 반궤도차량에 탑승한 공정부대를 지휘하여 교차로 정면으로 공격하였다. 렉시콘 도로를 따라 올라간 공정부대의 반궤도차량이 교차로 입구에 도달했을 때 이집트군의 일제사격이 개시되었다. 새거 대전차 미사일의 불빛이 하늘을 가로 지르고, 여기저기서 날아오는 대전차로켓탄이 반궤도차량에 정확히 명중하였다. 네이탄 공정대대는 삽시간에 다수의 차량을 잃고 패주하였다. 일부 소부대는 적중에 고립되었는데 그들을 구출할 아무런 방도가 없었다.

이렇게 되자 레세프 대령은 공격 방향을 바꾸어 다시 공격하기로 했다. 그래서 전사한 라피 바레브 중령의 뒤를 이어 사단정찰대장으로 임명된 요압 브롬 중령에게 티르투르 도로를 따라 교차로 서쪽에서 공격하라고 명령했다. 이때 사단정찰대는 북측방 전투에서 큰 피해를 입었기 때문에 마츠메드 방어거점 북서쪽으로 철수하여 전투력 복

원을 하고 있는 중이었다. 레세프 대령은 교차로 서쪽에서 공격을 하면 이집트군의 측
후방을 공격하는 것이기 때문에 기습효과를 거둘 수 있을 것이라고 판단한 것이다. 그

〈그림 6-28〉 샤론 사단의 도하작전 II (1973. 10. 16. 00:00~08:00)

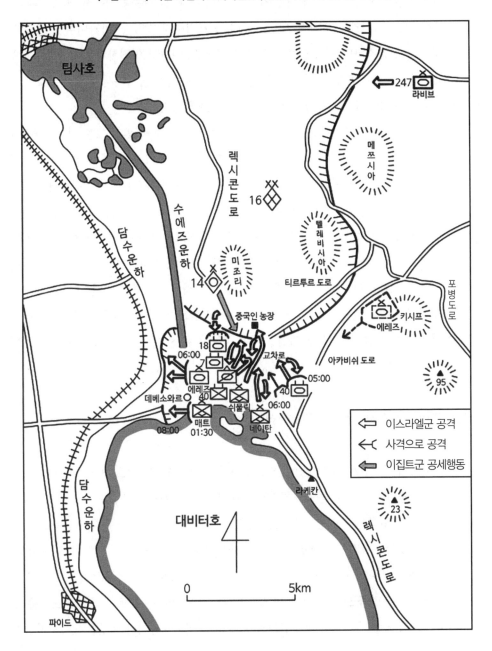

러나 이집트군의 방어태세는 빈틈이 없었다. 정찰대가 은밀하게 전진하여 거의 수류탄 투척거리까지 교차로에 접근했을 때 이집트군이 기습적으로 사격을 개시했다. 여기저기서 수류탄이 터지고 비명소리가 들려왔다. 비 오듯이 쏟아지는 총·포탄 속에서 이스라엘군 사상자는 점점 더 증가했다. 결국 대대장 브롬 중령도 전사하고 공격은 실패로 끝났다. 그래도 레세프 대령은 공격을 포기하지 않았다. 아카비쉬 도로를 따라 동쪽으로 공격하던 제40전차대대 A제대가 매트 여단과 연결하자 A제대에서 전차 1개 중대를 차출하였다. 그리고 그 중대로 하여금 또 다시 남쪽에서 렉시콘 도로를 따라 교차로 정면에서 공격을 했지만 이것 또한 실패하였다.

여러 차례의 공격이 모두 실패하자 레세프 대령은 전술을 바꿨다. 그는 전차중대장에게 이집트군과의 근접전투를 회피하고 일정한 거리를 유지한 채 계속 이동하면서 사격전을 전개하라고 지시했다. 이는 이스라엘군 전차포수들의 뛰어난 사격능력을 이용하여 고정된 이집트군 진지나 전차를 원거리에서 파괴하고, 그 대신 이스라엘군 전차는 원거리에서 계속 이동 상태를 유지함으로서 이집트군의 사격 명중률을 저하시키는 이중의 효과를 얻을 수 있는 방법이었다. 레세프 대령은 제40전차대대의 잔여 전차를 모두 집결시켰다. 다수의 전차가 파괴되어 남은 전력은 1개 중대 남짓했다. 그 전력으로 또다시 교차로 공격에 나섰다. 우수한 이스라엘군 전차승무원들의 장기를 활용할 수 있는 변경된 전투방법은 효과를 거두기 시작했다. 전투는 지루하게 장시간 계속 되었지만 이스라엘군 전차들은 이집트군의 전력을 계속 소모시켜 나갔다.

2) 매트 여단 : 도하지역 진출, 초기도하 성공

● **도하지점으로 전진(22:30~00:30)** : 10월 15일 오후, 매트 여단은 비르 기프가파와 타사 지역에서 그들에게 필요한 반궤도차량과 도하용 고무보트를 끌어 모은 다음, 아카비쉬 도로를 따라 서쪽으로 이동을 개시했다. 그러나 이집트군은 지금까지의 침묵을 깨고 필사적으로 항공작전을 감행했기 때문에 매트 여단의 이동은 지체되었다. 이동이 지체된 것은 이집트 공군의 공격 때문만은 아니었다. 대규모 교통 정체로 인해 이동속도는 고통스러울 만큼 느렸다. 일반차량의 바퀴가 푹푹 빠지는 도로 양쪽의 부드러운 모래지형은 사태를 더욱 곤란하게 만들었다. 보유한 병력수송차량 대부분이 궤도차량이

아니었기 때문에 여단정찰대와 단 중령의 대대는 대열 후미에 위치시켜야만 했다.

배속된 전차중대를 따라 이동하던 매트 여단은 22:30분경이 되어서야 선두부대가 운하 동쪽 12㎞ 지점인 포병 도로와 아카비쉬 도로의 교차점에 도달했다. 이때부터 북서쪽의 텔레비시아 모래언덕에서 이집트군이 쏘아대는 총·포탄 때문에 피해가 발생하기 시작했다. 교차점 일대를 장악하기 위해 사전에 투입된 선점부대는 전멸 당했다. 이집트군 맹화에 의해 적지 않은 차량과 고무보트를 상실했지만 그래도 포화를 뚫고 조금씩 전진해 나갔다. 다행히 이집트군은 아카비쉬 도로를 개통하기 위해 서쪽에서 공격해 오는 레세프 여단의 제40전차대대 A제대를 격퇴시키는 데 전력을 집중하고 있었기 때문에, 매트 여단을 가로 막은 이집트군의 전력은 미약한 편이었다. 그래서 매트 여단은 이집트군의 저항을 극복하면서 전진해 10월 16일 00:30분경, 도하지점에 도착하였다.

- **매트 여단의 최초 도하**(01:35~06:00) : 도하지점에 도착한 매트 대령은 배속된 전차중대를 렉시콘~티르투르 교차로로 보내 만약에 있을지도 모르는 이집트군의 북측방 위협에 배비하도록 하고, 여단 주력은 도하준비에 박차를 가하도록 했다. 이때 렉시콘~티르투르 교차로는 이집트군이 완전히 장악하고 있었는데 매트 대령은 그 사실을 전혀 모르고 있었다. 변화된 상황을 통보받지 못했기 때문이다. 그는 이미 레세프 여단의 전차대대가 교차로를 통과했고, 이집트군도 도주하고 없기 때문에 텅 비어있을 것으로 생각하고 있었다. 변화된 상황을 모르는 전차중대 또한 방심한 채 교차로를 향해 이동하기 시작했다. 그들이 교차로 입구에 진입했을 때 이집트군이 집중사격을 가해왔다. 완전히 기습을 당한 전차중대는 제대로 대응도 못하고 단시간 내에 완전히 붕괴되었다. 이러한 참상을 모르는 매트 여단의 수송차량들은 도하지점에 고무보트를 내려놓고 티르투르 도로를 따라 타사 지역으로 복귀하던 중에 교차로 일대에서 이집트군의 공격을 받았다. 선두의 수송차량들은 대부분 파괴되었고, 대열 후방에 있던 차량들은 방향을 돌려 다시 도하지점으로 돌아와 그 사실을 매트 대령에게 보고했다. 이 같은 보고를 받은 매트 대령은 경악하였다. 바로 그때, 도하 지역 일대에도 이집트군 포탄이 떨어지기 시작했다. 도하준비/대기지점 일대는 아수라장이 되었다. 넓은 야드(yard) 안으로 진입하려던 고무보트들이 피해를 입기 시작했다. 이런 와중에서도 도하지점에

도착한 샤론 사단장의 독전 하에 도하준비는 계속되었다. 이때 북측방을 방호하던 레세프 여단의 부대들도 전력이 극도로 저하된 상태였기 때문에 만약 이집트군 제21기갑사단이 도하지점을 향해 공격해 내려왔다면 전쟁 상황을 완전히 변하게 만들었을는지도 모른다. 그러나 이집트군 역시 실시간 정확한 정보를 획득하지 못한 채 행동으로 옮길 수 없었으며, 경직된 지휘체계가 적절하고 융통성 있는 행동을 억제하였다. 그 덕분에 이스라엘군은 위험한 고비를 넘길 수가 있었다.

10월 16일 01:30분, 이스라엘군 포병이 도하지점 맞은편인 운하 서안에 제압사격을 개시했다. 하지만 그곳에 이집트군은 없었다. 이어서 정찰중대와 공병중대가 고무보트를 타고 제1파로서 도하하기 시작했다. 01:35분, 이스라엘군은 '아프리카'라고 부르는 대안에 도착했다. 이집트군의 저항은 없었다. 샤론 사단장은 제2파로 도하해 02:00시 이전에 운하 서안에 도착했다.[121] 02:40분에는 매트 여단의 전방지휘소가 도하를 실시했고, 06:00시까지 여단의 모든 병력이 도하를 마치고 참호를 파기 시작했다. 전차의 도하는 공병이 도하지역의 모래방벽 3개소를 뚫어 통로를 개설한 후에 개시되었다. 02:40분, 문교를 이용하여 첫 전차가 도하하였고, 06:40분까지 매트 여단에 배속된 전차 10대가 운하를 건넜다. 첫 새벽이 밝아오면서 이집트군의 포탄이 도하지역에 본격적으로 떨어지기 시작해 한두 개의 문교가 파괴되기도 했다. 그러나 그것으로 이스라엘군의 도하를 막을 수는 없었다. 에레즈 여단이 후속도하를 시작한 것이다.

3) 에레즈 여단의 후속도하, SAM 진지 파괴

매트 여단이 최초도하에 성공하자 후속해 온 에레즈 여단(전차 27대, 장갑차 7대 포함)이 10월 16일 이른 아침부터 도하를 실시해 매트 여단과 합류했다. 이리하여 08:00시경에는 도하 병력이 2,000명으로 증가했고, 교두보도 대 비터호 북쪽 4.8km까지 확장되었다. 수에즈 운하에서 서쪽으로 1.5~2km쯤 되는 거리에는 담수운하가 남북으로 길게 이어져 있었다. 이 담수운하의 도하지점을 매트 여단이 확보하자, 에레즈 대령이 전차 21대를 지휘하여 이집트군의 SAM 진지를 파괴하기 위해 서쪽으로 진격하였다. 이 습격부대는 대 비

---

121) 상계서, p.282.

터호 연안과 카이로와 연결되는 사크라누트 도로 주변을 휩쓸었다. 습격부대의 행동은 완전히 기습이었다. 이때 운하 서안 데베소와르 일대에는 이스라엘군 습격부대에 대적할만한 이집트군 부대가 배치되어 있지 않았기 때문에 거의 저항을 받지 않았다. 따라서 거의 무방비 상태의 공간을 질주하면서 SA-2 진지 3개소를 파괴하고, 보급정비시설 수개 소를 유린하였다.

다. 작전의 일시적 변경과 갈등

운하 서안에서는 교두보를 확보한 후, 이집트군의 SAM 진지를 파괴하고 보급정비시설을 유린하는 등, 기대 이상의 성공을 거두고 있었지만, 운하 동안은 이와 대조적으로 레세프 여단이 여러 차례의 교전에서 막대한 피해를 입어 위기에 빠져 있었고, 북측방 위협을 제거하지 못한 상태에서 티르투르 도로의 통행마저 불가능했다. 게다가 아카비쉬 도로의 통행도 많은 제한을 받았다. 이런 상황에서 샤론 장군과 후속도하 사단장인 아단 장군은 사단주력을 운하 서안으로 도하시키기 위한 준비를 서두르고 있었다. 샤론은 '도하'라는 임무과업이 다른 무엇보다 중요하며 급선무라고 확신했다. 그래서 도하지점 북측방과 중국인 농장 및 교차로 일대의 전투에서 입은 피해를 축소해서 보고했다. 10월 16일 이른 아침까지 샤론 사단이 입은 피해는 전사 약 300명, 파괴되거나 움직일 수 없게 된 전차가 약 70대였는데, 대부분 레세프 여단에서 발생했다. 그러나 이스라엘군 참모본부의 판단은 달랐으며, 샤론이 제출한 조작(축소)된 피해 수치임에도 불구하고 경악을 금치 못했다. 심지어 다얀 국방부 장관은 '운하 도하'라는 발상 자체에 회의(懷疑)를 드러냈다. 바레브와 고넨도 대단히 곤혹스러워 했는데, 그들이 보여준 태도는 다음과 같이 요약할 수 있다. "이런 일이 벌어질 줄 미리 알았더라면 운하 도하작전은 시작되지도 않았을 것입니다. 그러나 운하를 건넌 지금으로서는 끝까지 가보는 수밖에 없습니다."[122] 결국 피해를 줄이려는 의도에서 이스라엘군 참모본부는 부교가 설치될 때까지 더 이상 병력과 전차를 도하시키지 말라고 명령했다.

고넨 사령관은 직접 전황을 파악하기 위해 10월 16일 06:00시, 아단 사단의 부사단장

---

122) 전게서, 사이먼 던스턴, p.127.

을 대동하고 아카비쉬 도로를 달려 내려가 중국인 농장과 교차로 일대를 내려다 볼 수 있는 마루턱에 올라섰다. 그곳에서는 전투하는 모습을 생생하게 볼 수 있었다. 그때는 레세프 대령이 밤새 수리한 전차 3대와 제40전차대대의 잔여 전차를 모두 긁어모아 원거리 사격전투를 전개하고 있는 중이었다. 이집트군 전차 1대가 언덕 위에 있는 두 사람을 발견하고 1,350m거리에서 사격을 했는데 다행히 명중되지는 않았다. 이것은 티르투르 도로가 아직도 이집트군의 강력한 통제 하에 있다는 명확한 표시였다. 이후, 이스라엘군 전차는 뛰어난 원거리 사격으로 이집트군 전차를 한 대씩 한 대씩 파괴해 나갔다. 그러자 이집트군도 밤새도록 반복된 이스라엘군의 공격에 의해 피해가 증가되고 피로가 극에 달한데다 탄약까지 바닥을 드러내자 더 이상 견디지 못하고 전투이탈을 하기 시작했다. 이리하여 레세프 여단은 교차로를 점령하는 데 성공했지만 계속해서 티르투르 도로로 전진할 수가 없었다. 전력이 극도로 저하되었기 때문이다.[123]

전선의 상황을 직접 확인하고 남부사령부로 복귀한 고넨은 최초 단계의 임무를 샤론 사단에게만 맡겨두면 성공하기 어렵다고 판단하고, 후속도하를 하기 위해 대기하고 있는 아단 사단을 투입하여 임무를 분담시키기로 결심했다. 그리하여 샤론 사단에게는 운하 서안의 교두보를 방어하고 운하 동안의 도하지점 북측방을 방호하기 위해 중국인 농장과 미조리 모래언덕을 확보하는 임무만 부여했다. 그리고 아단 사단에게 티르투르 도로와 아카비쉬 도로의 소탕 임무와 도하기재를 추진하는 임무를 부여했다. 이로서 후속도하는 연기되었다.

그런데 이와 같은 조치는 샤론의 의도와는 완전히 대립되는 것이었다. 샤론은 현 단계에서 가장 우선적 과제는 교두보를 확대 및 강화시키는 것이므로 설령 부교를 가설하지 못하더라도 아단 사단을 즉각 도하시켜 교두보를 확대하고 아프리카 내륙으로 돌진해 들어가야 한다고 주장했다. 그는 즉각 바레브에게 운하를 역도하한 이 기회를 어떠한 대가를 치르더라도 살려야 한다고 항의했지만 바레브는 고넨의 조치를 인정했다. 그리고 샤론에

---

123) 당시 티르투르~렉시콘 교차로의 전투가 전개되었던 현장을 시찰한 샤론은 이렇게 술회하였다. "불타고 뒤틀린 차량들의 수없이 많은 잔해가 눈앞에 펼쳐졌다…. 가는 곳마다 이스라엘군 전차와 이집트군 전차들이 서로를 겨눈 포신이 고작 몇 미터 떨어지지 않은 채 파괴되어 있었다…. 이들 전차의 내부와 바로 옆에는 죽은 승무원들이 쓰러져 있었다. 사진 따위로 그 광경의 참혹함을 다 담아 낼 수는 없을 것이다." 상게서, p.125

게 아단 사단의 도하는 시기상조라는 이유를 다음과 같이 설명했다.[124]

첫째, 도하지점 북측방의 위협을 막아내기 위해서는 중국인 농장과 미조리 모래언덕을 필히 확보해야 하는데, 아직까지 샤론 사단은 그것을 확보하지 못하고 있다. 이것을 무시하고 주력을 서안으로 투입했다가 이집트군이 총공격을 감행해 온다면 대처할 병력이 없게 되고, 그렇게 되면 도하한 서안의 병력은 고립·붕괴될 것이다.

둘째, 아단 사단까지 서안에 투입하면 운하 동안의 도하지점에 이르는 2개의 통로(티르투르 도로 및 아키비쉬 도로)를 소탕 및 확보할 병력이 부족하다.

셋째, 도하지점에 이르는 2개의 통로를 확실하게 확보하지 않으면 부교기재를 운반해 올 수가 없다. 부교가 설치되지 않은 상태에서 2개 사단의 방대한 보급품을 거룻배만으로 운반할 수 없다. 만약 현 상태에서 아단 사단이 후속도하를 강행한다면 도하한 병력은 24시간 이내에 보급품이 고갈되어 모든 작전행동이 정지될 것이다.

이리하여 10월 16일 12:00시경, 정식명령으로 하달됐고, 175밀리 자주평사포 이외에는 별명이 있을 때까지 서안으로 도하를 금지시켰다. 그래도 고넨은 안심이 되지 않았다. 샤론은 여전히 서안으로 기갑부대를 증파할 생각만 하고 있었기 때문이다. 답답함을 느낀 고넨은 샤론의 여단장 중 한명에게 남부사령관의 직접 명령 없이는 절대로 운하를 도하하지 말라고 강조했다.

라. 아단 사단의 통로개통작전

변경된 작전계획에 따라 아단 사단이 전면에 나섰다. 이때 운하 동안 도하지점 일대의 샤론 사단 잔존 부대들은 고립될 위험에 놓여 있었고, 중국인 농장을 장악하고 있는 이집트군은 아직까지 티르투르 도로를 봉쇄한 채 아카비쉬 도로를 위협하고 있었다. 따라서 아단 사단의 임무 우선순위는 샤론 사단의 레세프 여단을 지원하여 북측방을 방호하는 것이 급선무였고, 그 다음이 2개의 통로(티르투르 및 아카비쉬 도로)를 소탕하여 개통시키는 것이

---

124) 전게서, 田上四郎, p.283; 전게서, 김희상, p.618을 참고.

었으며, 마지막으로 부교장비 및 기재를 운반하는 것이었다. 그래서 아단은 우선 아미르 중령이 지휘하는 1개 전차대대를 멀리 남측방으로 우회시켜 레세프 여단으로 파견하고, 그 자신은 배속 받은 제35공정여단이 도착하면 티르투르 도로를 동쪽에서 정면으로 공격하기로 했다. 그리고 부교장비 운반책임은 부사단장에게 위임했다.

- **미조리 모래언덕 공격(14:00~17:00)** : 10월 16일 오후, 아미르 야페 전차대대는 아무런 저항도 받지 않고 남측방으로 우회하여 레세프 여단이 위치한 마츠메드 방어거점 북쪽에 도착하였다. 아미르 야페 전차대대는 레세프 여단의 잔존 부대들과 함께 중국인 농장 북쪽에 있는 미조리 모래언덕을 공격하기로 협조했다. 그곳을 점령하면 도하지점의 북측방을 방호하기가 용이하며, 동시에 중국인 농장을 감제할 수 있어서 티르투르 도로를 봉쇄하고 있는 이집트군에게 철수를 강요할 수 있기 때문이다. 레세프 여단의 잔존 부대와 아미르 야페 전차대대는 미조리 모래언덕의 남측방을 공격하기 시작했다. 그런데 미조리 모래언덕의 이집트군 진지에서 발사한 새거 대전차 미사일이 무수히 날아왔으며, 집중포화가 쏟아졌다. 삽시간에 레세프 여단은 엄청난 피해를 입었고 공세는 좌절되었다. 레세프 여단은 공격에 참가한 전차의 절반을 잃었으며, 특히 장교와 전차장의 손실이 대단히 컸다. 결국 레세프 대령은 아미르 야페 전차대대에게 급편방어로 전환하여 북측방을 방호하도록 하고, 자신의 잔존 부대는 대 비터호 동안의 라케칸 방어거점 일대로 철수시켜 재편성을 시작하였다.

- **통로개통 전투 및 도하장비 수송(22:00~06:00)** : 10월 16일 22:00시경, 제35공정여단의 1개 대대가 멀리 시나이 남부에서 공수되어 왔다. 이리하여 통로개통작전은 23:30분경부터 개시되었다. 공정대대는 횡대대형으로 전개하여 티르투르 도로와 아카비쉬 도로 사이를 소탕하기 시작했다. 그러나 티르투르 도로 북쪽의 이집트군 진지에서 날아오는 총·포탄 때문에 큰 피해를 입었고, 더 이상 전진할 수가 없게 되었다.

아단은 이 곤경을 어떻게든 타개해 보려고 10월 17일 03:00시경, 정찰대를 아카비쉬 도로에 투입하였다. 03:30분경, 정찰대로부터 보고가 들어왔다. 이집트군은 중국인 농장 정면과 티르투르 도로에 집중배치 되어있고, 아카비쉬 도로에는 배치되어 있지 않다는 내

용이었다. 그 보고를 받고 아단은 즉시 부사단장에게 부교장비를 아카비쉬 도로를 따라
이동시키라고 명령했다. 본래 계획은 직선거리인 티르투르 도로를 따라 이동시킬 계획이
었는데 이를 변경한 것이다. 이리하여 공정대대가 티르투르 도로 일대에서 이집트군과 치
열한 근접 전투를 벌이고 있는 가운데 부교장비 수송차량은 아카비쉬 도로를 이용하여 이
른 아침 무렵에 도하지점에 도착하였다. 하지만 그동안 티르투르 도로에서 이집트군을 저

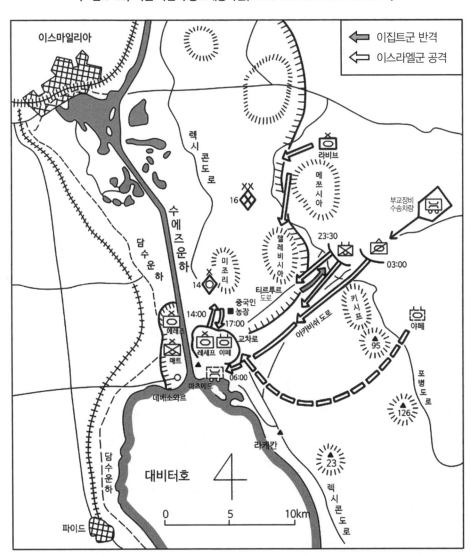

〈그림 6-29〉 아론 사단의 통로개통작전(1973. 10. 16. 14:00~17. 06:00)

지한 공정대대는 엄청난 피해를 입었고, 그 병력을 구출하는 것이 더 큰 문제가 되어버렸다. 결국 북쪽의 메쯔시아 모래언덕의 이집트군 진지에 견제공격을 실시하던 라비브 여단을 전환시켜 투입함으로써 그들을 구출하였다. 이날 전투에서 공정대대는 전사 40명, 부상 80명이라는 큰 피해를 입었다. 그러나 그들이 점령하려고 했던 티르투르 도로와 중국인 농장은 여전히 이집트군이 장악하고 있었다.

이렇게 많은 피해를 입고도 부여받은 임무를 완수하지 못하자 아단은 이집트군의 저항이 만만치 않다는 것을 실감하고 가용전력을 추가 투입하기로 했다. 즉 예비로 있는 케렌 여단(제217동원기갑여단)을 제외한 나타크 바람 여단(제600동원기갑여단), 아미르 여단(제460기갑여단)과 샤론 사단에서 배속전환 된 라비브 여단(제247동원기갑여단)을 투입하여 티르투르 도로를 소탕하고 북측방의 중국인 농장과 미조리 모래언덕을 점령하기로 한 것이다. 그런데 바로 이때 이집트군이 대규모 반격을 가해왔다.

마. 이집트군의 협격(촌단 공격)

이집트 제2군은 당초 샤론 사단의 도하를 모르고 있었다. 사다트 대통령은 그날(10월 16일) '이스라엘이 6일 전쟁 시 점령한 지역에서 철수한다면 정전에 응할 용의가 있다'고 발표했다. 그 발표 시점에서 사다트는 이스라엘군의 도하 상황을 모르고 있었다. 그러나 이스라엘 측은 사다트의 그 같은 표명이 이스라엘군의 도하를 알고 있으면서 발표한 것으로 알았다.[125]

샤론 사단이 도하하여 확보한 교두보 일대의 이집트군 지역 지휘관은 10월 16일 저녁 때까지도 이스라엘군의 도하병력은 전차 1개 중대와 보병 1개 중대 규모이며, 지역 내의 부대로도 격퇴할 수 있다고 보고했다. 그러나 사태의 심각성을 인식한 이집트군 총사령부와 제2군은 그 침입부대를 저지하기 위한 여러 가지 조치들을 취하기 시작했다. 10월 16일 오후 늦게 이집트 공군은 도하지점에 대하여 파상 공격을 실시했다. 당연히 운하 상공에서는 이집트군 전투기와 이스라엘군 전투기 간에 치열한 공중전이 벌어졌다. 그 결과 이스라엘 공군은 미그기 10기를 격추하고 아군기 손실은 없다고 발표했는데, 이집트 공군

125) 전게서, 田上四郎, p.285.

은 이스라엘 전투기 10기를 격추했다고 발표했다.

1) 갈등 속에 수립된 공격계획

10월 16일 오후, 사태가 심상치 않다고 판단한 이스마일 국방부 장관과 샤즐리 참모총장은 이스라엘군의 교두보 및 도하지점에 대하여 다음날(10월 17일) 공격을 실시하기로 합의했다. 그러나 부대 운용 개념 및 공격 방법에 관해서는 서로 의견이 달랐다. 샤즐리는 이스라엘군의 역도하 공격에 맞서 제2군 또는 제3군의 예비대를 운하 서안으로 이동시킬 것을 촉구했다. 제2군의 예비대인 제21기갑사단을 쉽사리 이동시킬 수 없었던 샤즐리는 제3군에서 제4기갑사단(-1)과 제25독립기갑여단을 운하 서안으로 이동시키자고 제안했다. 이동시킨 부대들이 운하 서안의 이스라엘군 교두보 남서쪽에서 공격해 올라가고, 동시에 운하 동안에서는 제21기갑사단이 렉시콘 도로를 따라 공격해 내려온다면 도하지점에 이르는 이스라엘군의 회랑(回廊)을 절단하고 교두보를 파쇄할 수 있을 것이라고 주장했다. 그러나 이스마일 국방부 장관은 그 건의를 받아들이지 않았다. 그는 제21기갑사단이 운하 동안을 따라 남쪽으로 공격해 내려오는 것을 승인했지만 제3군 지역에서 예비대를 서안 지역으로 이동시키는 것은 허락하지 않고 그 대신 제25독립기갑여단을 현 위치인 운하 동안의 제3군 교두보에서 북쪽으로 공격해 올라가 제2군과 연결하는 작전을 원했다. 그리고 운하 서안에서는 예비로서 잔류하고 있는 제23기계화사단의 제116기계화여단이 이스라엘군 교두보를 공격하도록 했다. 샤즐리는 제25독립기갑여단이 좌측에 대 비터호를 끼고 우측은 적의 공격에 노출시킨 채 30㎞를 진격한다는 것은 무모하기 짝이 없는 발상이라고 강력하게 항의했지만 이스마일은 이를 묵살했다.[126] 그리하여 구체화된 계획은 다음과 같다.

제2군에서는 제14기갑여단을 서쪽, 제21기갑사단(-1)을 중앙, 제16보병사단의 제3기계화여단을 동쪽으로 하는 3개 축선 병진공격을 실시한다. 제14기갑여단은 렉시콘 도로를 따라 공격하여 라케칸을 점령하고 제25기갑여단과 연결한다. 제21기갑사단(-1)은 티르투르와 아카비쉬 도로를 향해 공격함으로써 이스라엘군을 동·서로 분리 및 절단시키고 의명 도하지점의 이스라엘군을 격멸한다. 제3기계화 여단은 티르투르 도로 동쪽으로 공격하여

---

126) 전게서, 사이먼 던스틴, p.130.

제21기갑사단(-1)의 좌 측방을 방호하고 이스라엘군의 회랑(回廊)을 봉쇄한다. 이와 동시에 제3군의 제25독립기갑여단은 대 비터호 동안을 따라 북진하여 라케칸에서 제14기갑여단과 연결하여 도하지점에 대한 포위망을 완성시킨다. 그러나 이집트군의 협격(촌단 공격)계획은 시간적으로나 공격방법으로나 제2군과 제3군이 충분히 협조하지 않았다. 따라서 동시 공격이 제대로 이루어지지 않아 협격의 효과를 거둘 수가 없었고, 각개 격파되는 결과를 가져오게 된다. 그것보다도 더 불행했던 것은 그들의 행동이 우수한 정보활동 능력을 가진 이스라엘군에게 즉각 감지되었다는 것이다.

〈표 6-7〉 시간대별 주요사태 및 전투상황(1973. 10. 17.)

구분		7:00	8:00	9:00	10:00	11:00	12:00	13:00	14:00	15:00	16:00	17:00	18:00
이집트군 제2군	제14기갑여단	공격개시	렉시콘 도로 축선 →				→ 공격중지/급편 방어로 전환 (중국인 농장 일대)						
	제21기갑사단(-1)		티르투르 도로 아카비쉬 도로 축선										
	제3기계화여단		티르투르 도로 동쪽 축선 →				→ 공격중지/전투이탈						
이집트군 제3군	제25기갑여단						-이동/북상-+교전/좌우측 전개 - 교전 - 후방으로 도주 - 괴멸-+						
이스라엘군 샤론사단 아단사단	제14기갑여단 (레세프 여단)	+- 교전 (렉시콘 도로 및 교차로 방어) - 격퇴→				배치조정 (1개대대 추진)	←-- 사격개시(적 종대 선두) +-격퇴-+					
	제600기갑여단 (바람여단)	+- 교전 (티르투르 및 아카비쉬 도로 방어) - 격퇴→				배치조정 (2개대대 측방매복)	+-측방사격개시-교전→+-격퇴-					
	제460기갑여단 (아미르 여단)	+- 교전 (아카비쉬 도로 동쪽 방어) - 격퇴→										
	제217기갑여단 (케렌여단)	예비(기디 통로 일대)				+-이동개시(보처방향)	+---A제대 : 후방차단 (보처일대) +-사격개시/교전→+ 격퇴					
							+----B제대 : 측방공격개시					

2) 제1차 전투(이집트군 제2군의 공격)

10월 17일 아침, 이집트군 제2군은 이스라엘군을 동·서로 분리 및 절단시키고 도하지점에 이르는 회랑을 봉쇄시키겠다는 각오로 공격부대를 전개시키기 시작했다. 이때 이스라엘군은 새벽까지 계속된 전투에서 많은 피해를 입자 추가전력을 투입하여 작전을 재개하려고 준비 중이었다. 이러한 상황 속에서 이집트군 제2군의 움직임이 이스라엘군에게

〈그림 6-30〉 이집트군의 협격Ⅰ : 제2군의 공격(1973. 10. 17. 오전)

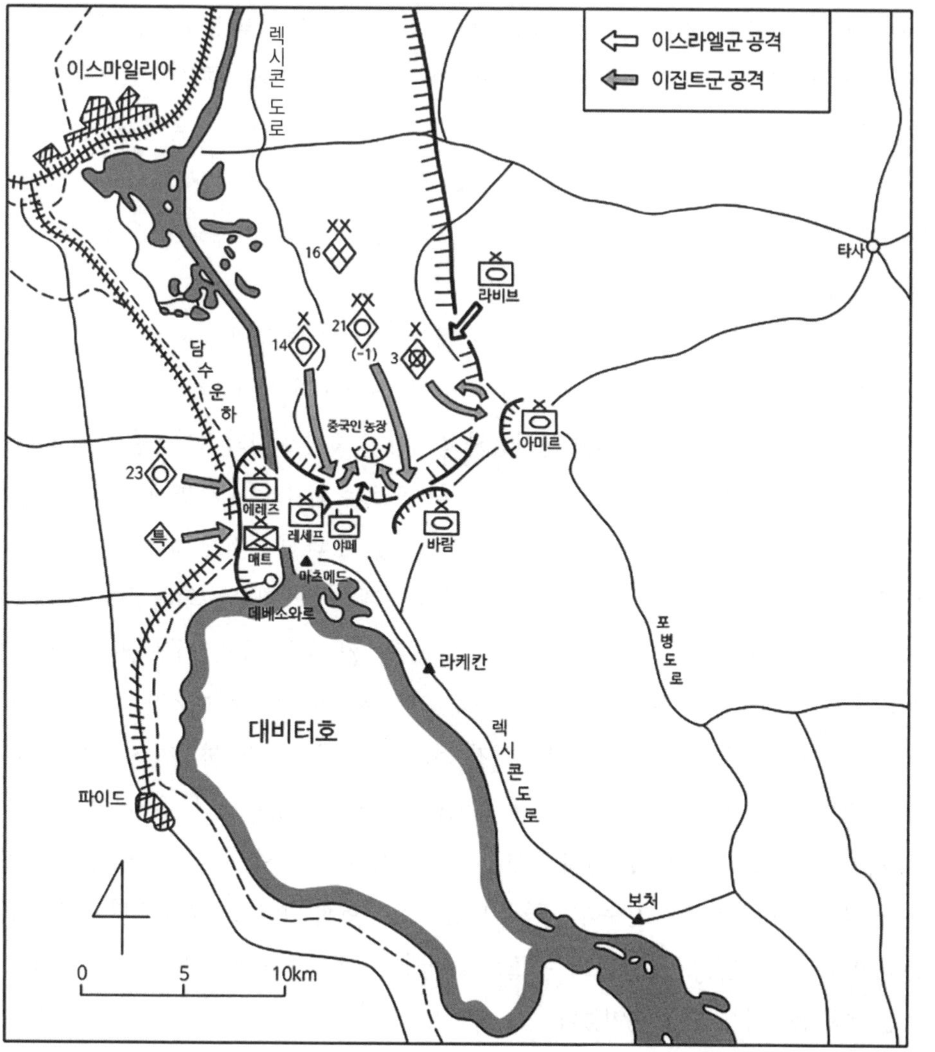

감지되었다. 이스라엘군은 즉시 아단 사단과 샤론 사단의 레세프 여단을 이집트군의 공격에 대응할 수 있도록 배치하였다. 즉 아미르 야페 전차대대로 증강된 샤론 사단의 레세프 여단은 도하지점 북쪽과 동쪽을 방어하고, 아단 사단의 나타크 바람 여단은 티르투르 도로 남쪽에서 방어하며, 야리이 공정여단(제35공정여단)과 아미르 여단은 티르투르 도로 동쪽에서 방어를 실시한다. 그리고 라비브 여단은 메쯔시아 모래언덕의 이집트군 진지를 공격시켜 이집트군 공격부대의 측방을 위협함으로써 공격의 충력을 약화시키려고 했다.

10월 17일 07:00시경, 이집트군 제2군의 공격이 개시되었다. 제14기갑여단이 렉시콘 도로를 따라 남쪽으로 공격해 내려왔다. 렉시콘~티르투르 교차로 남쪽에 배치된 아미르 야페 중령의 전차대대가 이집트군 제14기갑여단의 진격을 가로 막았다. 제21기갑사단(-1)의 전차들은 미조리 모래언덕과 중국인 농장 일대를 통과하여 티르투르 도로 일대로 쏟아져 내려왔다. 모래언덕이 온통 이집트군 전차로 뒤덮인 것 같았다. 일부 전차들은 아카비쉬 도로까지 진출하여 도하지점으로 가는 회랑을 차단했다. 그렇지만 곧 나타크 바람 여단에 의해 저지되었다. 제3기계화여단도 티르투르 도로 동쪽으로 공격해 나갔으나 미리 대기하고 있던 아미르 여단에게 피격되었다.

쌍방 간에 벌어진 전차전은 치열하면서도 참혹하였다. 전차포가 발사될 때마다 포구에서 뿜어져 나오는 포연과 충격파에 의해 일어나는 모래먼지가 시야를 가렸다. 또 무수히 들려오는 날카롭고 강력한 전차포 발사음과 전차에 명중했을 때의 폭발음은 인간의 공포와 스트레스를 극한까지 몰고 갔다. 더구나 불타오르는 전차와 그 주변에 죽은 전차승무원들이 널브러져 있는 모습은 지옥도(地獄圖) 그대로였다. 파괴된 전차 내부의 광경은 더욱 비참하였다. 전차승무원들은 명중된 포탄의 충격과 관통자의 파편에 의해 죽거나 또는 발생된 화재에 의해 질식사 하거나 불에 타 죽었다. 시체가 불에 타는 역겨운 냄새가 화약 냄새와 함께 파괴된 전차 주변으로 퍼져 나갔다. 가장 치열한 전투는 중국인 농장 남단에서 티르투르 도로의 쟁탈을 둘러싸고 약 5시간 동안이나 계속되었다. 하지만 사전 대응 태세를 갖추고 있던 이스라엘군이 곧 전투의 주도권을 장악했으며, 뛰어난 사격기술을 발휘하여 계속적으로 유리한 전투를 전개하였다. 결국 이집트군은 다수의 파괴된 전차를 남겨둔 채 공격을 중지하고 약간 철수하여 중국인 농장 일대에서 방어로 전환하였다. 이날 이집트군 공격의 결과는 오히려 티르투르 도로와 아카비쉬 도로를 소탕하려는 아단 사단의 노력을 더욱 용이하게 해 준 셈이었다.

3) 전투 중 이스라엘군 작전회의(격렬한 언쟁)[127]

이날 (10월 17일) 오전에 키슈프 부근에 있는 아단 사단의 지휘소에서 열린 작전회의에서는 또다시 격렬한 언쟁이 벌어졌다. 회의를 개최한 본래의 목적은 '역도하작전이 실패했을 때의 작전 방향에 대한 검토'를 위해서였다. 회의에는 다얀 국방부 장관, 엘라자르 참모총장, 바레브 장군, 고넨 남부사령관과 사단장들이 참석했다. 이때 샤론 사단장은 늦게 참석했는데, 그 무렵 전선 및 전투상황이 호전되어 토의 주제가 '운하 서안에서 어떻게 전과확대를 실시할 것인가'로 바뀌었다. 이번에도 샤론은 '운하 서안의 교두보를 아단 사단에게 인계하고, 샤론 사단이 서안지대를 남하하여 이집트군 제3군을 포위하는 안(案)'을 건의했다. 바레브도 그것에 동의하려고 하자 아단의 분노가 폭발했다. 그는 '서안에 고립된 샤론 사단을 구원하기 위하여 애당초 샤론 사단의 임무였던 중국인 농장 전투를 자신이 인수받아 30시간에 걸쳐 사투를 벌이고 있다. 그런데 자신에게는 교두보 방어 임무나 부여하고, 영광스런 돌격사단의 임무는 샤론 사단에게 부여하는 것이냐'고 화를 내며, 샤론이 공명심에 사로 잡혀 있다고 비난했다.

이스라엘군 고위 지휘관들 사이가 전에 없이 험악해졌다. 결국 엘라자르 참모총장이 나서서 불화를 무마시켰다. 그는 작전계획의 변경 없이 최초 계획대로 '샤론 사단이 교두보를 확보하고, 아단 사단이 도하 후 전과확대를 실시한다. 그 다음 마겐 사단이 교두보를 인수하면 샤론 사단도 전과확대를 실시한다'고 다시 한 번 강조하였다. 회의 도중, 이집트군 제3군 정면에서 기갑부대가 북상중이라는 보고가 들어왔다. 이제 관심의 초점은 이집트군의 공격을 격퇴시키는 것에 모아졌다. 아단 사단장이 직접 나서서 전장으로 달려갔다.

4) 제2차 전투(이집트군 제3군의 공격)

이집트군 제25독립기갑여단이 대 비터호 동쪽 기슭을 따라 북상하고 있었다. 이스라엘 공군은 기갑부대가 이동할 때 발생하는 먼지구름에 주목하고 정찰을 실시했다. 그 결과 T-62 전차 96대와 수많은 장갑차, 연료보급트럭, 포병 등이 이동하고 있는 것을 확인했

127) 전게서, 田上四郎, pp.286~287 ; 전게서, 사이먼 던스턴, p.135를 참고.

다. 아단은 이집트군을 함정에 몰아넣고 섬멸시키려고 했다. 아단의 작전구상은 단순했다. 제1차 전투를 막 끝낸 부대를 재배치하여 저지 및 측방타격을 실시하고, 예비대를 급히 이동시켜 후방을 차단하고, 배후 공격을 실시하는 것이었다. 아단은 작전구상을 구체화시킨 명령을 신속히 하달해 요격태세를 갖추게 하였다.

북쪽에는 레세프 여단이 렉시콘 도로 좌우측을 연해 배치되어 있었는데, 그중 1개 전차대대를 라케칸 방어거점 앞에 배치하여 이집트군 기갑부대의 전진을 저지 및 지연시키는

〈그림 6-31〉 이집트군의 협격Ⅱ : 제3군의 공격(1973. 10. 17. 오후)

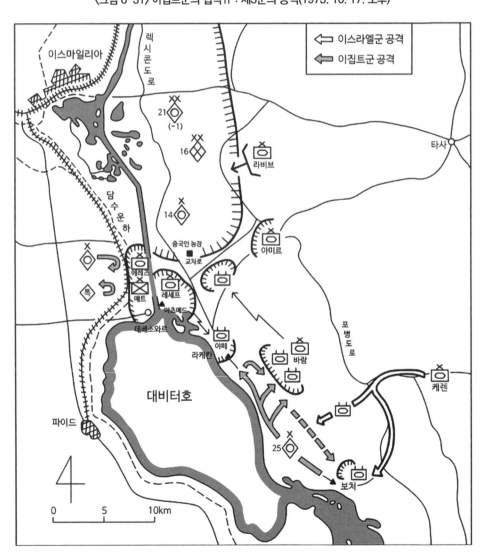

임무를 부여했다. 바람 여단은 티르투르 및 아카비쉬 도로 지역에 1개 대대를 남겨놓고 나머지 부대를 이동시켜 렉시콘 도로 동측에 매복시켰다. 측방사격으로 이집트군 기갑종대를 격멸시키기 위해서였다. 기디 통로 주변에서 예비로 대기하고 있던 케렌 여단은 대 비터호 남단 동쪽의 보처 방어거점을 향해 신속히 이동하라고 명령했다. 이집트군 기갑종대가 통과하고 난 후에 후방을 차단하고 배후에서 공격하기 위해서였다.

부대 배치가 되지 않은 서쪽은 대 비터호에 의해 차단되어 있을 뿐만 아니라, 대 비터호와 렉시콘 도로 사이에는 이스라엘군이 대량의 지뢰를 매설해 놓았기 때문에 이미 살상지대가 형성되어 있었다. 이러한 사실을 전혀 알지 못하는 이집트군 제25독립기갑여단은 제3군 교두보를 벗어나 보처를 통과한 후 이스라엘군을 협격하고 제2군과 연결하기 위해 북쪽으로 계속 전진해 왔다.

전투는 12:00시경, 라케칸 방어거점 앞에 배치한 레세프 여단 소속 전차들이 접근해 오는 이집트군 기갑종대를 발견하고 원거리에서 사격을 실시해 선도 전차 2대를 격파하면서 그 막이 올랐다. 사격을 받은 이집트군은 즉각 대응사격을 하면서 후속하던 전차들을 좌·우측방으로 전개시키기 시작했다. 그러나 좌측방(서측)은 지뢰지대였고, 우측방(동측)에는 이미 바람 여단이 매복을 하고 있었다. 기다리고 있던 바람 여단의 전차들이 일제히 포문을 열었다. 삽시간에 10여 대의 이집트군 전차가 파괴되었다. 살아남은 일부 전차들이 사막을 가로질러 도주하려다가 이스라엘군 전차의 사격을 받고 검은 연기를 뿜으며 하나둘 멈춰 섰다. 전투가 개시 된지 30분이 지났을 때 케렌 여단이 도착하여 보처 방어거점을 향해 크게 우회 기동했다.

전방과 좌·우측방이 모두 차단당하자 이집트군 전차 및 장갑차와 각종 차량들이 방향을 돌려 후방으로 도주하기 시작했다. 그러나 후방도 이미 케렌 여단이 차단하고 있었다. 케렌 여단의 전차들은 옴짝 달싹 못하게 된 이집트군을 향해 사격을 개시하여 전차 및 차량들을 마구 격파하기 시작했다. 마겐 사단의 포병도 지원사격을 실시하여 이집트군의 괴멸을 앞당겼다. 완전히 일방적인 전투였다. 이집트군 전차 몇 대가 도주를 시도하자 케렌 여단의 전차들이 추격에 나섰다가 오히려 보처 방어거점 인근의 지뢰지대에 빠져 피해를 입었다.

17:30분경 전투가 끝났을 때, 이집트군 제25독립기갑여단은 완전히 괴멸된 상태였다. T-62 전차 96대 중 85대가 파괴되었다. 여단장 전차와 다른 전차 3대는 보처 방어거점 안

으로 들어가 숨었다. 그 외 전투에 참가했던 장갑차와 보급차량들은 모조리 파괴되고 말았다. 이스라엘군의 피해는 도망치는 이집트군 전차를 추격하다가 지뢰지대에 들어갔던 4대가 전부였다. 이날(10월 17일)은 아단에게 행운의 날이었다. 보처 북쪽에서 이집트군 제25독립기갑여단을 난타하고 있을 무렵, 티르투르 도로 일대에 남겨놓은 바람 여단의 1개 대대가 이집트군을 소탕하고 티르투르 도로를 확보하였다.

바. 부교 설치 및 주력 도하

- **부교 설치**(17일 06:00~15:30) : 10월 17일 이른 아침에 부교세트를 실은 수송차량이 아카비쉬 도로를 통과하여 도하지점에 도착했다. 이스라엘군 공병대는 즉시 부교를 설치하기 시작했다. 그러자 이집트군의 무시무시한 일제 포격이 도하지점을 덮쳤다. 야포, 박격포, 다연장로켓포를 가리지 않고 수천수만 발의 포탄이 쏟아졌다. 포격에는 프로그 지대지 미사일도 가세했다. 또 도하지점 상공에 미그기들이 몰려와 부교를 조립하는 작업장을 생지옥으로 만들었다. 이집트군은 헬기마저도 자살 폭격 임무에 투입했는데, 헬기 동체에 네이팜 폭탄을 매달고 와서 도하지점에 투하했다. 교두보 상공을 경계하던 이스라엘군 전투기가 다수의 미그기 및 헬기를 격추시켰다.

    포탄 및 폭탄이 터지고 기총소사가 난무하는데도 불구하고 이스라엘군 병사들은 차량을 이동시켜 도하기재를 내려놓았고, 또 다른 병사들은 부교조립에 매달렸다. 도하지역 일대는 아비규환이었고, 그 혼란은 상상을 초월했으며 사상자가 속출했다. 교두보를 방어하고 있는 매트 여단의 공정부대도 이집트군 특수부대의 공격을 받았다. 그들 간에 벌어진 근접전투는 종종 백병전으로 돌변하기도 했다. 매트 여단의 지휘소에도 포탄이 떨어져 부여단장이 부상을 당했다. 에레즈 여단도 이집트군 총사령부의 통제를 받는 제3기계화사단 소속 제23기갑여단의 공격을 받았다. 치열한 교전 끝에 상당한 피해를 입고서야 간신히 그들을 격퇴했다. 이집트군의 끊임없는 포격과 공습은 이스라엘군의 부교설치를 매우 효과적으로 방해하였다. 그럼에도 불구하고 필사적인 노력을 경주해 비록 지연되기는 했지만 15:30분경, 부교가 완성되었다.

- **아단 사단의 도하**(17일 21:00~18일 04:00) : 대 비터호 일대에서 전투가 끝나자 아단은 즉시

사단지휘소가 있는 키슈프 부근에 병력을 집결시켜 연료와 탄약을 재보충한 뒤, 도하지점으로 이동해 왔다. 이때가 21:00시경이었는데 도하지점 일대에는 이집트군의 포격이 계속되고 있었다. 아단 사단이 케렌 여단을 선두로 설치된 부교를 이용하여 도하를 하려고 할 때, 이집트군이 쏜 포탄 중 한발이 부교 중앙에 떨어져 폭발해 큰 구멍이 생겼다. 이에 아단은 부교를 수리할 때까지 문교를 이용하여 전차를 도하시키려고 했다. 그러나 또 한발의 포탄이 첫 문교에 명중하여 그 위에 실려 있던 전차는 승무원을 태운 채 운하 밑으로 가라앉아버렸다. 이 문제는 결국 도하통제본부장이었던 샤론 사단의 부사단장이 먼저 건너가 교두보를 방어하고 있던 에레즈 여단에서 교량가설전차를 빌려와 부교의 파손된 부분에 교량가설전차에 실려 있는 교량을 내려서 길게 걸쳐 놓은 응급조치를 취함으로써 해결되었다. 이후 아단 사단은 부교를 이용해 도하하기 시작했고, 10월 18일 04:00시까지 2개 여단이 운하를 건넜다.

- **중국인 농장 점령**(18일 06:00~12:00) : 도하지점에 이르는 회랑의 안전한 통행을 위해서는 렉시콘~티르투르 교차로 북단에 있는 중국인 농장을 반드시 점령해야만 했다. 그동안 이집트군이 장악하고 있는 중국인 농장은 회랑을 통과하는 데 목의 가시 같은 존재였다. 그렇게 중요한 곳이었기 때문에 샤론 사단의 레세프 여단이 10월 16일 밤부터 계속 공격을 실시했지만 막대한 피해만 입고 아직까지 점령하지 못하고 있었다. 그러나 샤론 사단에 이어 아단 사단까지 도하한 상태였기 때문에 회랑의 안전한 통행이 보장되지 않으면 운하 서안으로 2개 사단분의 보급지원을 제대로 할 수 없고 그렇게 되면 운하 서안에서 종심공격 및 전과확대를 실시할 수 없게 된다. 따라서 빠른 시간 내에 중국인 농장을 점령하지 않으면 안 되었다. 이러한 사항을 누구보다 잘 알고 있는 샤론은 재편성을 완료한 레세프 여단에게 재공격 명령을 내렸다.

10월 18일 오전, 레세프 여단은 중국인 농장을 공격했다. 이집트군도 그동안 계속된 전투에서 많은 피해를 입어 거의 탈진한 상태였다. 전력을 회복한 레세프 여단이 저돌적인 공격을 계속하자 이집트군은 더 이상 버티지 못하고 북쪽으로 전투이탈을 하기 시작했다. 레세프 여단은 고삐를 늦추지 않고 중국인 농장 북쪽까지 공격하여 회랑을 확장하고 위협을 제거했다. 레세프 여단이 점령한 중국인 농장 일대는 며칠간 계속되었던 전투의 잔해가 그대로 남아 있었다. 파괴된 전차, 여기저기 널브러진 시체, 이

집트군이 버리고 간 각종 무기 및 장비, 전투의 참상 등을 한눈에 볼 수 있었다. 3㎞ ×
7㎞의 좁은 지역에서 벌어졌던 3일간의 전투에서 쌍방 합쳐 약 250대의 전차가 파괴
되었는데, 그중 2/3가 이집트군 전차였다. 그 정도로 격전이었다. 그날 오후, 다얀 국
방부 장관이 격전지를 찾아와 샤론과 레세프가 수행하여 중국인 농장 일대를 둘러보
았다. 참혹하기 그지없는 전투흔적을 본 다얀은 감정의 동요를 감추지 못했다. "여기
죽음의 계곡을 보십시오."라는 레세프의 말에 다얀은 홀로 중얼거리듯 "자네들 여기서
무슨 일을 벌인 건가"라고 대답했다.[128]

- **사전 조립식 롤러 운반 부교 설치**(18일 19:00~19일 00:00시) : 10월 18일, 이스라엘군의 운하
서안 교두보는 명실공히 확보된 셈이었지만 아직 안심할 단계는 아니었다. 연결식 부
교 1개만 완성되어 설치되었을 뿐 사전 조립식 롤러 운반 부교가 아직 설치되지 않았
기 때문이다. 사전 조립식 롤러 운반 부교[129]는 수많은 난관을 극복하면서 느리게 이동
해 오고 있는 중이었다. 이동로의 지뢰 제거는 물론이고, 도로 보수 및 포탄 구덩이를
메꾸어 가면서 12대의 전차가 조심스럽게 견인하였다.

10월 16일에 조립지역에서 출발한 이 부교는 아카비쉬 도로에서 함마디아 고개를 넘
어 내려올 때 제동장치 역할을 맡은 전차들이 제대로 제어를 하지 못해 부교가 빠르게
굴러 내려가자 롤러의 연결선 중 하나가 끊어지는 사고가 발생했다. 동반한 구난 전차
의 도움을 받아 몇 시간 동안 수리하느라고 이동이 더욱 지연되었다. 더구나 이동 도
중 주변 지세와 지질에 밝은 공병부장 탄 중령이 전사해 이동하는 데 많은 어려움을
겪었다. 결국 모래가 함몰되는 지역이나 지질이 연약한 곳 등을 전차와 장갑차들이 사
전에 확인해 가면서 견인할 수밖에 없었다. 더구나 10월 18일에는 하루 종일 이집트
군의 포격에 시달렸고, 한때는 공습까지 받아 이동 속도가 더욱 저하되었다.

---

128) 상게서, p.137.
129) 이스라엘군은 수에즈 운하의 도하를 용이하게 하기 위해 라스콥 공병 대령이 설계한 새로운 방식의 부
교를 제작하였다. 직경 2m의 강철 롤러 100여개로 구성된 받침대 위에 부교기재를 설치했기 때문에
도하지점으로 견인하여 이동시킬 수 있었고, 또 물위에 띄운 뒤에 끌면 통째로 운하 건너편까지 연결되
는 부교였다. 그런데 길이가 180m, 무게가 400톤이나 되기 때문에 가장 평탄한 지형과 치밀하게 준비
된 경로로만 이동할 수 있었다. 그래서 아카비쉬 도로와 티르투르 도로는 이 괴물 같은 부교를 운반할
수 있도록 특수하게 건설하였다. 이 부교를 조립하는 데는 3일이 소요되었으며, 이동시킬 때는 12대의
전차가 견인을 했고, 이와는 별도로 제동장치 역할을 할 4대의 전차가 필요하며, 총 16대의 전차가 필
요했다.

이렇게 수많은 우여곡절 끝에 10월 18일 저녁에 사전 조립식 롤러 운반 부교는 도하 지점에 도착하였다. 이후 물에 띄운 다음 견인하여 19일 00:00시가 조금 지났을 때 운하 동안과 연결시켰다. 이리하여 10월 19일 새벽부터 사전 조립식 롤러 운반 부교를 이용하여 후속부대가 도하하기 시작했고, 24시간 이내에 3번째 부교가 설치되면서 운하를 건너는 교통량을 분담했다. 그러나 부교를 설치하는 과정에서 이스라엘군은 값비싼 희생을 치렀다. 특히 이집트군의 포병사격과 공습에 의한 피해가 컸다. 모두 100여 명이 전사하고 수백 명이 부상을 당한 것이다.

7. 이스라엘군 주력의 수에즈 서안 작전(D+12~18일 : 10월 18일~24일)

가. 포위 기동을 위한 돌파구 확장(10월 18일)

● **작전계획의 변경** : 10월 17일 늦은 밤에 아단 사단이 도하를 개시할 무렵, 샤론은 '수에즈 서안 작전계획'의 변경을 건의했다. 당초 계획에서 샤론 사단은 교두보 방어임무를 수행하다가 마겐 사단에게 인계하고, 그 후 아단 사단의 우측방을 방호하면서 남진하도록 되어 있었다. 그런데 샤론은 아단 사단의 우측방을 방호하면서 남진하는 임무를 마겐 사단에게 부여하고 자신의 사단은 이스마일리아를 향해 북진할 수 있게 해 달라고 건의한 것이다.

샤론은 서안 작전에서 자신의 사단이 주공이 아닌 조공으로서 보조적인 역할을 수행하는 것이 못마땅했다. 그래서 자신의 사단을 이끌고 북진하여 이스마일리아를 점령함으로써 이집트군 제2군의 배후를 타격하는 또 하나의 대담한 작전을 수행하고 싶었다. 이러한 샤론의 건의를 남부사령부는 마지못해 승인했다.

10월 18일 04:00시에 아단 사단의 주력인 2개 여단이 도하를 완료하자, 샤론 사단과 아단 사단은 즉시 변경된 작전계획에 따라 공격할 준비를 하기 시작했다. 이날 새벽까지 운하 서안에 확보한 교두보는 동서 종심이 1.5km, 남북의 폭이 4.8km이었는데, 교두보 서쪽 끝은 담수운하[130]와 접해 있었다. 동이 틀 무렵, 이스라엘군은 교두보를 박차고

---

130) 나일 계곡의 강물을 끌어들여 이스마일리아와 수에즈 시(市)까지 흘려보내는 운하로서 수에즈 운하 서

나가면서 공격을 개시했다. 샤론 사단의 2개 여단은 이스마일리아를 향해 북진했고, 아단 사단의 2개 여단은 수에즈 시를 목표로 남진했다.

● **이집트군의 대응** : 이스라엘군의 주력이 도하하기 시작하자 이집트군도 사태의 심각성을 깨닫고 운하 서안에 추가 전력을 투입하기 시작했다. 지상군 보다 신속성 면에서 앞서는 공군이 먼저 투입되었다. 그동안 이집트 공군은 전력을 보존하기 위해 이스라엘 공군과의 직접적인 대결을 회피하면서 공격행동을 극도로 억제해 왔다. 그러나 이스라엘군의 도하가 대규모 적인 것이 명확해지자 공군 전력을 더 이상 보존만 하고 있을 수 없었다. 그들은 10월 18일 하루 동안에 3차례나 대규모 출격을 감행하여 이스라엘군의 부교를 파괴하려고 했다. 그 공습은 전폭기뿐만 아니라 헬리콥터까지 동원한 복합적이고 적극적인 공격이었다. 그러나 이스라엘 공군기에 의해 매 공습시마다 출격기수의 절반을 상회하는 7~8기의 미그기와 헬기가 격추됨으로서 목적을 달성할 수가 없었다.

이집트군은 공군에 이어 지상군도 투입하기 시작했다. 10월 18일에는 제2군의 제23기계화사단 소속 제116기계화여단을 운하 동안에서 차출하여 서안으로 이동시켰고, 제2군 예비인 제182공정여단을 이스마일리아 남쪽에 배치하였다. 이어서 제3군에서는 제4기갑사단(-1)을 차출하여 서안으로 이동시켰다. 또 총사령부 예비인 제3기계화사단의 제23기갑여단과 특수전여단 등을 새로운 전선으로 급파하였다. 이들 부대는 이스라엘군의 진격을 저지하고 격퇴시킬 만큼 강력하지는 못했지만 지연 및 방해시킬 수 있는 능력은 충분했다. 특히 공정 및 특수전 부대의 보병들은 방어전투시 매우 용감하였다. 이들 부대는 대부분 10월 6일 이전에 자신들의 제2차 및 3차 방어선이었던 진지에 자리를 잡고 서안에서의 이스라엘군 진격을 저지시키려고 하였다.

● **부진한 첫날의 공격** ; 이집트군의 지상군이 운하 서안으로 증강 배치되자 10월 18일의 이스라엘군 공격작전은 그다지 성공적이지 못했다. 이스마일리아를 향해 북쪽으로 진

쪽 1~2㎞ 내륙에 남북으로 길게 뻗어 있었다. 담수운하의 양쪽 기슭은 관개수로들이 얽힌 농업지대로 기갑부대의 기동이 곤란했다. 이스라엘군은 그곳을 '농업완충지대'라고 불렀다. 그 서쪽으로 나일 계곡을 향해 사막이 펼쳐져 있었다.

격하던 샤론 사단은 큰 피해를 입고 공격이 돈좌되었다. 매트 공정여단의 1개 대대가 세라피움 지역에 돌입했다가 그곳에 배치된 이집트군 제182공정여단에 의해 큰 피해를 입었고, 대대장을 비롯한 일부 병력이 차단당하는 곤경에 처했다. 이날 밤, 부여단장 즈비 중령의 지휘 하에 2개 대대를 투입하여 구출작전을 전개함으로써 간신히 철수시키기는 했지만 이미 40여 명의 병력손실을 입고 난 후였다. 결국 매트 공정여단은 이날 밤 더 이상의 공격을 중지하고 교두보 안으로 되돌아 올 수밖에 없었다. 그뿐만

〈그림 6-32〉 아단 사단의 도하 및 교두보 확장(1973. 10. 17. 21:00~18.)

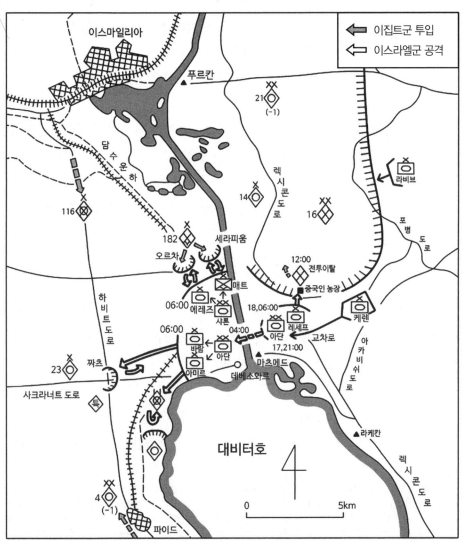

아니라 오르차 모래언덕 동쪽으로 진격하던 에레즈 여단은 이집트군의 집중적인 포격과 대전차 미사일 사격에 의해 공격이 돈좌되었다.

남쪽으로 진격하던 아단 사단의 공격도 부진하였다. 테스트 도로(운하 서안 기슭의 호변도로)를 따라 남진하던 아미르 여단은 그들을 향해 달려오다가 진흙 밭에 빠져버린 이집트군 전차대대를 격멸하는 전과를 올리기도 했지만, 얼마 못가서 새로운 이집트군 부대에 의해 진격이 저지되었다. 바람 여단도 하비트 도로(이스마일리아~수에즈 시 간의 주도로)를 따라 남진하다가 짜츠 교차로에서 저지당했다.

아단 사단의 공격이 부진하기는 했지만 그나마 성과를 거둔 것은 SAM 진지 파괴였다. 아미르 여단은 남진하다가 테스트 도로 인근에 있던 SAM 진지 1개소를 파괴하였고, 바람 여단의 1개 전차대대는 교두보 서쪽 24㎞까지 수색하여 SAM 진지 2개소를 파괴하였다. 이로서 이스라엘 공군의 활동 영역이 좀 더 확장되었고, 지상군과 합동작전이 가능하게 되었다.

이스라엘 공군도 지상군 공격과 병행하여 운하지대의 SAM 진지 공격에 나섰다. 그들은 포트사이드와 이스마일리아 사이에 있는 SAM 진지 15개소를 공격하여 6개소를 파괴했지만 F-4 팬텀 6기가 격추되는 값비싼 대가를 치렀다. 이후 이스라엘 공군은 치고 빠지기 식 전술을 구사해 SAM 진지를 공격함으로서 더 이상의 손실을 막았다.

나. 대규모 포위기동으로 발전(10월 19일)

10월 19일의 이스라엘군 공격은 대규모 포위기동으로 발전했다. 아단 사단과 마겐 사단은 이집트군 제3군을 고립시키기 위해 남쪽으로 진격했고, 샤론 사단은 이집트군 제2군의 후방을 차단하기 위해 이스마일리아로 북진했다.

● **샤론 사단의 진격** : 전날 공격 시, 큰 피해를 입은 샤론 사단은 레세프 여단을 불러들여 공격에 나섰다.[131] 레세프 여단이 부여 받은 임무는 이스마일리아 남쪽 약 12㎞ 지점에

---

131) 운하 동안 도하지점의 북측방을 방호하던 레세프 여단은 10월 18일 오전, 치열한 전투 끝에 중국인 농장을 점령했다. 이로서 도하지점에 이르는 회랑의 '목의 가시'같던 장애물이 제거된 것이었다. 그러나 좀 더 확실하게 회랑의 안전을 확보하려면 중국인 농장 북단에 있는 미조리 모래언덕까지 점령해야만 했다. 그런데 샤론은 이스마일리아를 신속히 점령하는 것이 더 우선이라 판단하고, 레세프 여단의 1개

있는 오르차 방어거점을 점령하는 것이었다. 그 작은 모래언덕에는 이스라엘군의 무전교신을 감청할 수 있는 장비를 갖춘 이집트군 보병 1개 대대가 급편방어를 실시하고 있었다. 비록 급편방어였지만 비교적 잘 구축된 진지에 배치되어 있었고, 또 대전차포, 대전차 미사일, 대공포 등으로 증강되어 있었다.

10월 19일 이른 아침, 매트 여단과 레세프 여단이 이스마일리아 방향으로 공격을 개시하였다. 레세프 여단이 오르차 모래언덕 가까이 접근하자 이집트군이 맹렬한 사격을 가해왔다. 그들은 제2군의 운명이 자신의 손에 달려 있음을 의식하고 결사적으로 저항했다. 그래서 주진지 전방의 소대 전초진지를 점령하는데 만도 이스라엘군은 적지 않은 피해를 입었다. 전초진지를 점령한 레세프 여단은 배속 받은 공정대대를 전차포 사격지원 하에 정면에서 공격시켜 이집트군 방어부대를 고착하고, 장갑차에 탑승한 보병들을 좌·우측방으로 돌진시켰다. 이집트군은 용감하게 싸웠지만 전투기술 및 유연성 면에서 이스라엘군보다 우수하지 못했다. 이스라엘군은 16명의 전사자가 발생했음에도 불구하고 악착같이 돌진하여 이집트군의 방어진지에 돌입하자 그들은 더 이상의 저항을 포기하고 다수의 전사자를 남겨둔 채 전투이탈을 했다. 오르차 방어거점을 점령한 레세프 여단은 경작지대를 따라 북쪽으로 전진했는데, 또 다시 이집트군의 저항에 부딪쳐 진격이 어려웠다. 매트 여단도 세라피움 부근에서 진격을 멈췄다. 이날 레세프 여단은 겨우 5㎞를 전진했을 뿐이었다.

- **아단 사단의 진격** : 주공부대 역할을 하는 아단 사단도 이른 아침에 남진을 개시했다. 아단은 그의 사단을 4개 제대로 나누어 3개 축선으로 진격시켰다. 사단 주력인 케렌 여단과 바람 여단은 중앙에서 하비트 도로(이스마일리아~수에즈 시 간의 주도로) 축선을 따라 남진하고, 그 우측 축선에서 아미르 여단이 우측방을 방호하면서 남진했으며, 좌측에서는 급편 된 특수임무부대[132]가 테스트 도로(운하 서안 기슭의 호면도로) 축선을 따라 남진하면서 좌측방을 방호하였다. 아단 사단의 주력은 농업완충지대를 통과한 후 사막으로 진출했다. 그들은 먼지구름의 소용돌이를 일으키며 남쪽으로 전진을 거듭했다. 좌측에서 진격하던 특수임무부대는 오래지 않아 파이드 비행장을 점령했다. 이로서

대대에게 작전지역을 맡기고 나머지 부대를 서안으로 불러들인 것이다.

132) 전차 1개 대대, 기계화보병 1개 대대, 공정보병 1개 대대, 공병 1개 대대로 구성.

이스라엘군은 운하 서안에서 공두보까지 확보한 셈이 되었다. 우측에서 진격하던 아미르 여단은 비타민 도로(파이드~카이로 간의 주도로)를 감제하고 있는 미쯔네페트 방어거점과 인접한 지역에서 잠시 동안 사단 주력의 우측방을 방호하였다. 잠시 후 마겐 사단이 막쩨라 남쪽을 통해 전진해 오자 아미르 여단은 즉시 사단 주력의 우측방을 따라 남진해 내려갔다.

아단 사단이 가장 격전을 벌인 곳은 제네이파 고개였다. 그곳은 대 비터호 남단 서쪽에 높이 솟은 모래언덕으로서 이집트군 특공부대가 배치되어 방어하고 있었다. 이스라엘군 남진의 성공여부는 이 고개를 얼마나 빨리 돌파하느냐에 달려있었다. 사단 주력인 케렌 여단과 바람여단은 제네이파 모래언덕을 통과하는 도로를 따라 올라갔다. 이들을 향해 고지에 배치된 이집트군이 사격을 퍼부었다. 공격대열 선두에 사격이 집중되었다. 여러 대의 이스라엘군 전차가 파괴되었다. 협로이기 때문에 기동공간이 제한되어 제대로 전개할 수가 없었기에 공격하는 데 애를 먹었다. 그런데 이때, 우측방에서 전진하던 아미르 여단이 측방 소로를 발견하고 그 소로를 통해 남쪽으로 우회하자 후방의 위협을 느낀 이집트군은 전의를 상실한 채 재빨리 후퇴하였다. 그 덕분에 아단 사단의 주력은 예상보다 쉽게 제네이파 고개를 통과하여 해질녘까지 총 35㎞를 진격했다. 대 비터호 서쪽 기슭의 테스트 도로를 따라 좌측방에서 남진하던 특수임무부대도 이집트군의 SAM 포대를 휩쓸며 내려갔다.

- **마겐 사단의 진격** : 전날 아단 사단을 후속해 도하한 마겐 사단도 10월 19일 아침 일찍 아단 사단과 협조하여 진격을 개시했다. 주공부대 역할을 하는 아단 사단이 신속히 남진하고, 조공부대 역할을 하는 마겐 사단이 그 우측방을 방호하면서 남진했다. 최초에는 사크라너트 도로(카이로~대 비터호 북단의 데베소와르 간의 주도로)를 차단하여 아단 사단의 우측방을 방호하였고, 그 다음에는 하비트 도로(이스마일리아~수에즈 시 간의 주도로)와 사크라너트 도로가 교차하는 짜츠 교차로를 우회하여 서진하였다. 짜츠 교차로에는 이집트군의 강력한 방어거점이 있었기 때문이었다. 그리고 바다우트 도로(하비트 도로 서쪽 10~15㎞ 거리에 평행하게 남북으로 연결된 도로)에 도착하자 이번에는 방향을 남쪽으로 전환하여 바다우트 도로를 따라 남하하기 시작했다.

마겐 사단이 격전을 치른 곳은 미쯔네페트였다. 그곳은 바다우트 도로와 비타민 도로

(카이로~파이드 간의 주도로)가 교차하는 곳으로서 이집트군의 방어거점이 자리 잡고 있었다. 아단 사단의 우측방을 방호하기 위해서는 그 교차로 일대를 차단하거나 미쯔네페

〈그림 6-33〉 포위망 형성을 위한 종심공격(1973. 10. 19.)

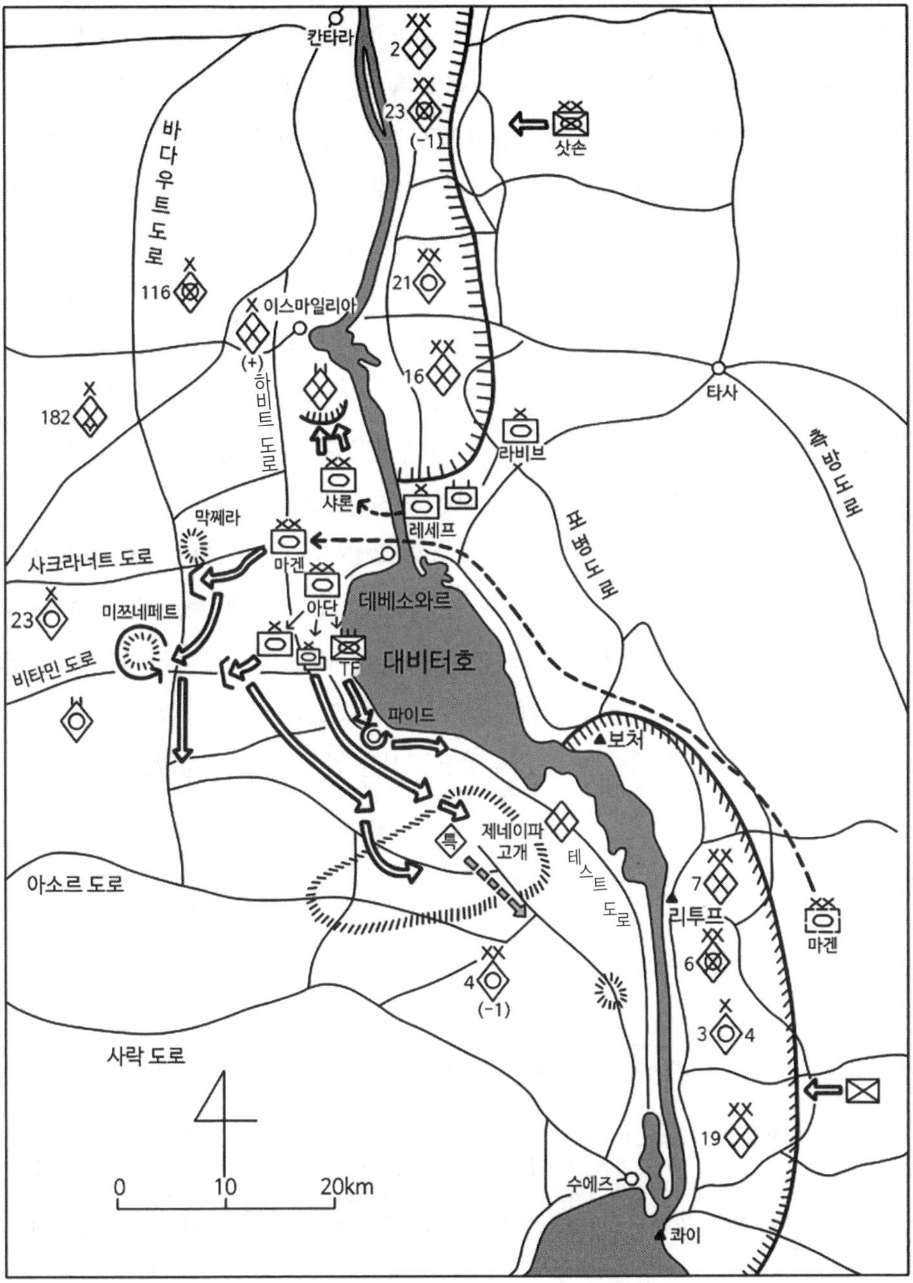

트를 점령해야만 했다. 마겐 사단은 즉시 미쯔네페트를 공격하였다. 그러나 방어하고 있는 이집트군의 저항은 매우 완강하였다. 장시간 격전 끝에 숌론 여단이 그 방어진지 를 점령했다. 그 후 다시 남진을 시작했다.

● **이집트 지도부의 대응** : 이집트군의 상황이 급격히 악화되자 10월 19일 밤늦게 사다트 대통령은 이스마일 국방부 장관을 대동하고 총사령부 상황실을 방문했다. 이때 샤즐 리 참모총장은 이스라엘군의 역도하 공격을 저지하는 데 실패하였음을 자인하고 이 집트군의 전면적인 붕괴를 막기 위해 운하 동안의 4개 기갑여단을 서안으로 이동시켜 이스라엘군의 진격을 저지시키는 방안을 건의하였다. 그러나 그것은 얼마 전까지 쌓 아올린 승리를 포기하고 패전을 자인하는 것이나 다름없기 때문에 사다트로서는 참을 수 없는 굴욕이었다. 사다트는 병사 한명이라도 동안에서 서안으로 이동시킬 뜻이 없 음을 명확히 밝혔다. 그는 즉각 샤즐리를 해임하고 이번 전쟁의 세부계획을 작성한 작 전참모부장 가마시 장군을 후임으로 임명하였다.[133] 그리고 이집트군이 붕괴되기 이전 에 전쟁을 끝내기 위해 정치적 결단을 내렸다. 사다트는 정전을 중재하겠다는 소련의 제안[134]을 수락하는 동시에 아사드 시리아 대통령에게도 이러한 그의 결정을 신속히 통 보했다. 아사드는 사다트가 일방적으로 결정을 내리지 못할 것이며, 모든 것은 둘이서 함께 논의할 것이라 믿고 있었다. 그런데 갑작스런 사다트의 일방적 결정에 펄쩍 뛰었 지만 시리아 단독으로는 전쟁을 계속할 수 없다는 것을 곧 깨달았다. 소련도 신속히 행동을 취해 키신저 미 국무부 장관이 정전 교섭을 위해 10월 19일 밤, 모스크바로 날 아갔다.

---

133) 이 사실은 이집트군 사기와 국제적 여건 때문에 2개월 동안이나 비밀로 붙여졌다. 전게서, 김희상, p.632.

134) 이스라엘군이 운하 서안으로 역도하를 개시한 날인 10월 16일 17:00시, 소련 수상 코시킨이 카이로를 방문하였다. 그가 이때 이스라엘군의 역도하 사실을 알고 있었는지의 여부는 알 수 없으나 알려진 바에 의하면 그의 방문 목적은 아랍권의 위기를 경고하고, 정전을 종용하기 위한 것이었다고 한다. 그러나 전쟁 초기 단계에서 작전의 성공으로 승리를 확신하고 있던 이집트로서는 즉각적인 정전을 받아들일 수 없었다.

다. 전략적 포위기동과 제1차 정전(10월 20~22일)

1) 이스라엘군의 종심공격, 이집트군의 위기

• **샤론 사단의 공격** : 10월 20일 아침 일찍, 샤론 사단은 3개 여단을 투입하여 공격을 재개하였다. 농업완충지대를 지나 북쪽의 이스마일리아를 향해 진격을 계속했지만 이집트군의 저항이 격렬하여 진격속도는 느렸다. 저녁 무렵이 되어서야 간신히 이스마일리아~카이로 간의 도로를 포병의 사정권내에 두었고, 운하 서안 상에 구축되어 있던 이집트군의 누벽 1개소를 점령하였다.

10월 21일에도 공격을 계속했지만 이집트군의 완강한 저항 때문에 진격이 부진하였다. 간신히 이스마일리아 시(市) 외곽에 도달했으나 그곳에는 특공부대로 증강된 보병여단이 배치되어 있었고, 이스마일리아~카이로 간의 도로에는 제116기계화여단이 배치되어 있었다. 이스마일리아를 신속히 점령한 후 지중해 연안의 다미네트 발라틴으로 깊숙이 우회하여 이집트군 제2군도 고립시키겠다는 샤론의 야심이 무산될 수밖에 없는 상황이었다. 그런데다가 21일 아침에 또다시 고넨 남부사령관과 심각하게 대립하는 상황이 벌어졌다.

레세프 여단을 운하 서안으로 전환한 샤론의 조치 때문이었다. 고넨은 운하 동안의 좁은 회랑에서 아직도 계속되고 있는 이집트군 제16보병사단의 위협을 고려해 볼 때 무엇보다도 미조리 모래언덕에 배치된 이집트군을 축출하는 것이 급선무라고 판단했다. 그래서 샤론에게 레세프 여단을 반전시켜 미조리 모래언덕을 공격하라고 명령했다. 그런데 샤론은 전차 4대만 전용시킨 다음, 동안에 잔류해 있는 라비브 여단을 투입하여 15:00시에 공격을 실시했는데, 이집트군 제16보병사단의 반격으로 실패했다. 고넨은 재차 공격할 것을 명령했지만 샤론은 불복했다. 결국 다얀 국방부 장관이 나서서 미조리 모래언덕에 대한 공격을 중지하는 것으로 결말지어 수습되었는데, 이런 대립과 갈등으로 인해 운하 서안에서 샤론 사단의 전진속도만 느려졌다.

• **아단 사단과 마겐 사단의 공격** : 10월 20일 아침, 아단 사단과 마겐 사단은 수에즈 전선에서 처음으로 효과적인 근접항공지원을 받았다. 그동안 계속적으로 SAM 진지를 파

괴하여 이집트군 방공망에 구멍을 뚫어 놓은 결과였다. 그리하여 공군기의 근접항공
지원 하에 대 비터호 서쪽 30㎞까지 휩쓸며 남진하였다. 아단 사단과 특수임무부대는
대 비터호에 연한 테스트 도로를 따라 남하하면서 그 지역에 배치된 SAM과 그것을 지
키고자 투입된 팔레스타인 부대, 쿠웨이트군 부대 등을 소탕하였다. 이렇게 되자 이집
트 제3군은 포위되지 않으려고 사다트 대통령의 공식 명령에도 불구하고 운하 동안의
병력을 서안으로 이동시키기 시작했다.

제네이파 고개를 통과한 아단 사단의 주력도 계속 남하하여 10월 21일 오전에는 이집
트군 제4기갑사단의 예하여단을 밀어내고 사락 도로(수에즈~카이로 간의 주도로) 북쪽 1.6
㎞ 지점에 도착하였다. 그런데 이 시기에 이스라엘군은 시나이 전선의 전차 중 약
50%가 운하 서안에 투입되었고, 갈수록 보급문제가 어려워지고 있었다. 또한 21일부
터 이집트군의 저항이 점점 더 강해지기 시작했다. 결국 10월 21일에 마겐 사단은 진
격을 일시 정지하였고, 아단 사단 역시 대 비터호 서안 기슭의 잔적을 소탕하는 것으
로 작전을 한정하였다.

2) 급진전된 제1차 정전안 협상

사다트 이집트 대통령의 정전 중재 요청을 받은 소련은 신속히 움직였다. 어떤 일이 있
어도 아랍군의 전면적 붕괴를 방치해서는 안 되기 때문이었다.[135] 브레즈네프 공산당 서기
장은 10월 19일 밤, 긴급히 키신저 미 국무부 장관을 초청한 후 빠른 시간 내에 정전이 이
루어질 수 있도록 재촉했다.[136] 회담은 10월 21일 아침부터 열렸고, 쌍방은 정전안의 내용

---

135) 중동전쟁에서 아랍·이스라엘군의 열전과 초강대국의 냉전이라는 이중성은 전쟁 중기부터 종말 단계까
      지 현저하게 나타났다. 소련은 서전에서 아랍의 우위를 배경으로 하여 대량의 무기·탄약 공급과 조기
      정전 실현이라는 두 가지 요인을 조합시켜 아랍을 지원했다. 10월 14일 이집트군의 재공세가 실패하고
      전세는 전환점을 맞았다. 10월 16일, 코시킨 수상이 급거 카이로를 방문했다. 그때 이미 샤론 사단의 일
      부는 수에즈 운하를 역도하하여 서안에 교두보를 확보한 상태였다. 코시킨 수상의 카이로 방문은 이스
      라엘군의 역도하작전을 알고 향한 것인지, 아닌지의 판단은 현 단계에서 알 수가 없다. 코시킨 수상의
      카이로 방문 목적은 공표되지 않았지만 무기 공급과 6일 전쟁 시의 점령지에서 철퇴를 이스라엘군에게
      강요하는 대신, 이집트에게 조기 정전을 수락시키는 것이 목적이었다고 전해진다. 10월 16일 저녁, 사
      다트 대통령은 정전 의지가 없다는 것을 표명했는데, 그 직후 코시킨 수상과 회담을 했다. 회담 내용은
      불명이지만 소련의 무기 공수가 17일부터 19일에 걸쳐 증대했다. 또 10월 18일에는 5번째의 회담이
      열려 전쟁 종결에 관한 합의가 이루어졌고, 다음날인 19일 아침, 코시킨 수상은 카이로를 떠났다.
136) 워싱턴 시각으로는 19일 10:00시, 소련 정부는 닉슨 대통령에게 전쟁 종결에 관한 긴급회담을 열자고

〈그림 6-34〉 전략적 포위 기동(1973. 10. 20~21.)

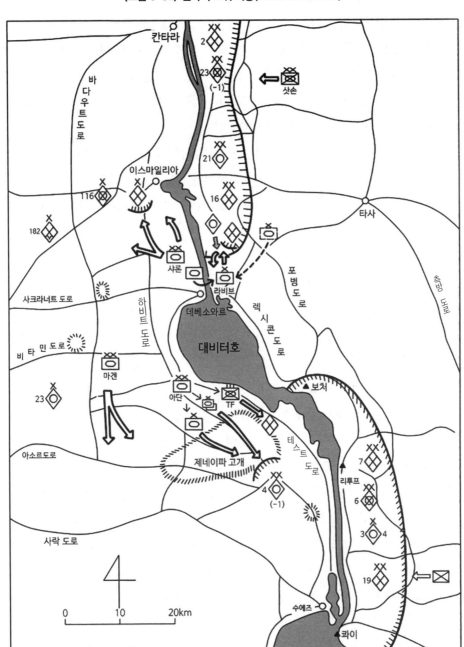

요청하면서, 그로미코 외교부 장관을 워싱턴에 파견하는 대신 키신저 국무부 장관이 모스크바를 방문해 줄 것을 언급했다. 그래서 키신저는 급히 모스크바로 향했다.

을 둘러싸고 협상을 벌였다. 첫 회담에서 소련은 '6일 전쟁 전의 경계선으로 이스라엘군이 철퇴'하는 것을 요구했다. 그러나 다음 회담에서 브레즈네프 서기장은 태도를 바꾸어 '즉시 현 상태로 정전하되, UN결의 242호 이행을 위해 회의를 소집한다'는 것을 덧붙였다. 그 결과 정전안 채택 후 12시간 이내에 현 전선에서 정전에 들어가며, 안보리 결의 242호를 바탕으로 당사자들이 '중동의 정당하고도 지속 가능한 평화'를 위해 교섭에 나설 것을 촉구하는 정전안의 공동 초안에 키신저가 합의했다.[137]

이렇게 신속히 미·소가 정전안에 합의한 것은 상호 이해관계가 맞아 떨어졌기 때문인데, 그 배경은 다음과 같다. 소련은 처음부터 이번 전쟁을 원하지 않았다. 근본적인 이유는 데탕트로 알려진 당시의 새로운 국제정치 분위기가 그 어느 때보다 중요했기 때문이다. 사실 그 당시 소련은 중·소 국경분쟁 등으로 긴장이 고조된 중국과의 관계에 대비하거나, 세계적 자원지대인 시베리아를 개발하기 위해서는 미국의 기술과 자본이 필요하기 때문에 미국과의 관계개선이 무엇보다도 중요했다. 물론 중동지역에서 소련의 영향력을 강화하는 것도 중요했지만, 이번 전쟁은 시기나 형태면에서 소련에게 바람직한 것이 아니었다. 그러나 일단 전쟁이 발발한 이상 아랍이 유리한 상황에서 끝내는 것이 좋겠지만 또 다시 아랍이 패배하는 것도 방관할 수 없었다. 그런데 시리아도 공세에 실패하고 다마스쿠스가 위협을 받는 상태가 되었으며, 이집트도 역도하 공격을 받아 위기에 처한 것이 확실했다. 따라서 소련은 더 늦기 전에 서둘러 정전의 길을 모색한 것이다.

이 당시 미국도 모처럼 미·소 사이에 이루어지고 있는 긴장완화의 분위기를 깨뜨릴 어떤 사건도 원하지 않았다. 그런데 미국의 바람과는 달리 중동에서 전쟁이 발발했다. 이때 키신저의 희망은 결코 이스라엘의 승리가 아니었다. 만약 또 다시 아랍이 패배하게 되면 그들은 소련에게 도움을 요청할 것이고, 그것은 소련이 개입할 구실을 주게 되며, 소련의 개입은 중동에서 소련의 영향력 확대로 이어지게 된다. 이러한 사태를 막기 위해 소련의 개입에 뒤이어 미국이 개입할 경우 중동에서 미·소간의 대결이 초래 될 수 있는데, 이것만은 어떤 일이 있어도 막아야 한다고 생각했다. 그렇다고 해서 이스라엘이 전면적인 패배를 당하는 것은 더욱 안 되는 일이었다. 이와 같은 미국의 미묘한 입장은 전쟁 발발 직후부터 적절한 시점에 즉각적인 정전을 모색하게 된 배경이었다. 그래서 당시 어떤 신문은 키

---

137) 전게서, 사이먼 던스틴, p.139.

신저가 '아랍측이 만족할 만한 정도이되 소련의 선전용으로는 미흡하고, 이스라엘을 손쉽게 협상테이블로 끌어들일 수 있는 정도이되 온건한 메이어 내각이 붕괴되지 않을 정도인, 말하자면 이스라엘의 제한된 패배를 희망하고 있다'고 떠들어 대기도 하였다.[138] 이처럼 작은 국가들은 전쟁 종결을 자신들이 결정하지 못하고 강대국들의 강요나 압박에 의해 끝낼 수밖에 없는 것이 국제정치의 현실이다.

  미·소가 정전을 위한 구체적인 방안에 합의하자 10월 21일 밤 22:00시(이스라엘 시간 22일 04:00시), UN안전보장이사회가 개최되고, 2시간 반에 걸친 토의 끝에 '즉각적인 정전과 안보리 결의 242호를 실천하는 데 필요한 조치 강구, 그리고 아랍·이스라엘 간의 즉각적인 회담 개최'를 주요 내용으로 하는 안보리 결의안 제338호가 통과되었다. 그 시간이 10월 22일 00:52분(이스라엘 시간 22일 06:52분)이었다. 그 결과 '교전 당사국은 안보리 결의안 채택 후 12시간 내에 전투 및 기타 모든 군사적 행동을 중지해야 한다'는 또 하나의 결정사항에 의해 아랍·이스라엘 양군이 전투를 할 수 있는 시간은 10월 22일 18:52분(이스라엘 시간)까지였다.[139]

3) 다급해진 이스라엘군의 막판 질주(10월 22일)

  소련과 정전협상을 끝낸 키신저는 즉시 이스라엘로 날아와 수뇌부를 설득했다. 이스라엘 수뇌부는 이렇게 빨리 정전이 닥쳐올지 전혀 몰랐다. 10월 20일까지도 다얀 국방부 장관은 아직까지 정전 전망은 보이지 않는 것으로 피력했고, 10월 21일, 샤론 사단을 방문한 이갈 아론 부총리는 아직 충분한 시간이 있으니 너무 서둘러서 큰 피해를 자초할 필요가 없다고 말했다. 그런데 바로 그 직후 키신저가 방문하여 정전을 강요하고 있으니 이스라엘에게는 청천벽력과도 같았다. 이스라엘 수뇌부는 불만이 컸지만 무기 및 탄약지원 등, 전쟁자원의 목줄을 틀어쥐고 있는 미국의 요구를 거절할 수가 없었다. 이렇게 되자 이스라엘 수뇌부는 정전이 발효되는 시간 내에 그들의 목표를 달성하기 위해 전력을 다하기로 했다.

  10월 22일 새벽, 아단은 고넨 사령관으로부터 금일 저녁 18:52분을 기해 정전에 들어

---

138) 전게서, 김희상, p.625.
139) 상게서, p.633.

간다는 소식을 통보받았다. 아단은 그 시간 내에 가능하면 수에즈 시(市)까지 진격하여 이집트군 제3군을 완전히 포위 차단하려고 여단장들을 독전했다. 그리하여 케렌 여단은 아소르 도로를 따라 리투프 방어거점 방향으로 질주하고, 바람 여단은 사락 도로에서 운하 서단의 미나 방어거점으로 질주했으며, 아미르 여단은 제네이파 모래언덕을 내려와 남쪽으로 질주하였다. 그러나 갈수록 이집트군의 저항이 심해져 수에즈 시에 도달할 수가 없었다. 아단 사단의 우측방을 방호하며 남진한 마겐 사단도 카이로~수에즈 시 가도를 차단했을 뿐이었다. 결국 이스라엘군의 막판 질주는 수에즈 시 북방 15㎞ 지점에서 멈췄다. 이집트군 제3군을 완전히 포위하지 못한 상태였다.

한편, 10월 22일 아침, 샤론 사단도 3개 여단을 투입하여 공격을 개시했다. 샤론도 정전 발효 전에 이스마일리아를 점령하려고 했다. 그의 부대들은 하비트 도로(이스마일리아~수에즈 시 가도)에 놓인 교량을 점령하면서 북진했다. 그러나 이집트군의 저항이 완강하여 진출 속도가 대단히 느렸다. 그 결과 이스마일리아에 진입하는 관문인 담수운하의 마지막 교량을 점령하기 직전에 정전이 발효됐다. 그런데 이때 정찰대가 이스마일리아 외곽에서 위기에 처해 있었다. 샤론은 정찰대를 구출하기 위해 정전을 무시하고 맹렬한 사격을 퍼부으며 4시간 이상 전투를 계속했다. 총성이 멈추고 정전에 들어간 것은 거의 자정이 임박해서였다.

라. 이집트군 제3군의 고립과 제2차 정전(10월 23~24일)

1) 정전결의를 무시한 이스라엘군의 공격

10월 22일 18:52분, 정전이 발효되자 곳곳에서 이집트군 부대와 이스라엘군 부대가 뒤엉켰다. 이들 이집트군 부대 중 상당수는 무기를 내려놓고 있지 않았다. 나아가 몇몇 이집트군 부대는 사령부와 연락이 끊긴 채 정전사실조차 모르고 있었다. 소 비터호 서쪽 기슭 일대에 배치되어 있다가 이스라엘군의 막판 질주에 의해 고립된 이집트군 일부 부대는 불리한 입장을 조금이라도 호전시키기 위해 야간에 전차파괴조를 투입하여 이스라엘군 전차를 습격했다. 그래서 리투프 방어거점 앞까지 진출한 아단 사단의 특수임무부대는 이집트군 전차파괴조의 야간 습격에 의해 전차 9대를 포함하여 여러 대의 장갑차가 파괴당하는 일이 벌어졌다.

한편, 이날 밤 개최된 이스라엘 내각회의에서는 UN의 정전결의안을 무시하고 공격을

〈그림 6-35〉 이스라엘군의 막판 질주와 제1차 정전(1973. 10. 22.)

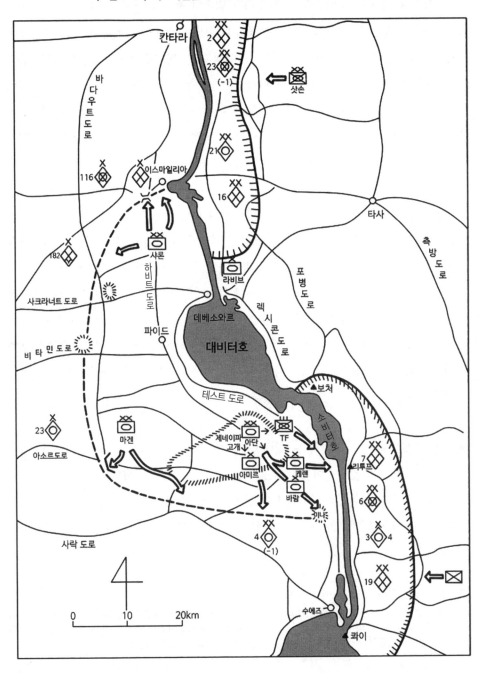

재개하기로 결정했다. 이스라엘 내각은 그 같은 조치가 이내 강대국들의 강력한 압박을 받게 될 것임을 알았다. 그러나 이집트군 제3군을 완전히 포위하지 못한 현재의 상태로 정전을 한다면 전후 협상에서 불리할 것이 명확했다. 따라서 강대국이 재차 압박을 가할 때까지의 짧은 틈새 기간에 이집트군 제3군을 포위하여 전후 협상에서 유리한 위치를 확보하는 것이 절대적으로 필요했다. 이는 분명히 UN 안보리 결의안 제338호 위반이었지만, 훗날 다얀 국방부 장관은 정전안에 대한 시리아의 미온적인 태도와, 정전이 발효되었음에도 불구하고 이집트군 부대가 여러 차례 이스라엘군 부대를 습격한 위반사례가 이스라엘에게 공격을 재개할 명분을 제공했다고 주장했다.[140] 10월 23일 새벽, 고넨 남부사령관은 '아단 사단은 남진하여 수에즈 시(市)를 점령하고, 마겐 사단은 아단 사단의 우측에서 전진하여 수에즈만의 아다비아 항(港)을 점령하라'는 명령을 하달했다.

- **아단 사단의 진격** : 아단 사단은 근접항공지원 하에 전진축선상의 이집트군 부대와 SAM 포대 등을 휩쓸면서 수에즈 시(市)를 향해 휘몰아쳐 내려갔다. 그들은 1,000명을 포로로 하였으며, 다수의 SAM 진지를 파괴하였다. 또 공군기들은 파괴된 부교를 복구하려는 이집트군 제3군의 기도를 7번이나 분쇄하였다. 이집트군도 아단 사단의 진격을 저지시키기 위해 필사적으로 저항했다. 이집트 공군까지 나서 잔여 전력을 투입하자 수에즈 상공에서는 공중전이 펼쳐졌다. 이렇게 격전을 전개하며 남쪽으로 진격한 아단 사단은 22:00시경, 수에즈 시(市) 북서 방향 접근로에 위치한 교차로를 점령했다. 이제 남은 것은 수에즈 시가지뿐이었다.

- **마겐 사단의 진격** : 마겐 사단도 최대한 신속하게 전진하였다. 간간히 발생하는 장비의 기계적인 문제점은 돌아볼 여유조차 없었으며, 사소한 이집트군의 저항은 사격으로 제압하며 지나갔다. 이리하여 오전 중에 사락 도로(수에즈~카이로 간의 주도로) 상의 유명한 "101㎞ 지점"[141]에 도착했다. 마겐은 그곳에 일부 부대를 잔류시켜 카이로 방향에

---

140) 전게서, 사이먼 던스틴, pp.143~144.
141) 카이로에서 101㎞가 되는 지점으로써, 그곳을 점령했다는 것은 카이로를 위협할 수 있고, 수에즈~카이로 간의 주도로가 완전히 차단되었다는 것을 의미했다. 그 지점이 유명하게 된 것은 정전 후 11월 11일 그곳에서 이집트와 이스라엘이 교섭을 벌여 정전협상이 성립되었기 때문이다.

〈그림 6-36〉 정전결의를 무시한 이스라엘군의 공격(1973. 10. 23~24.)

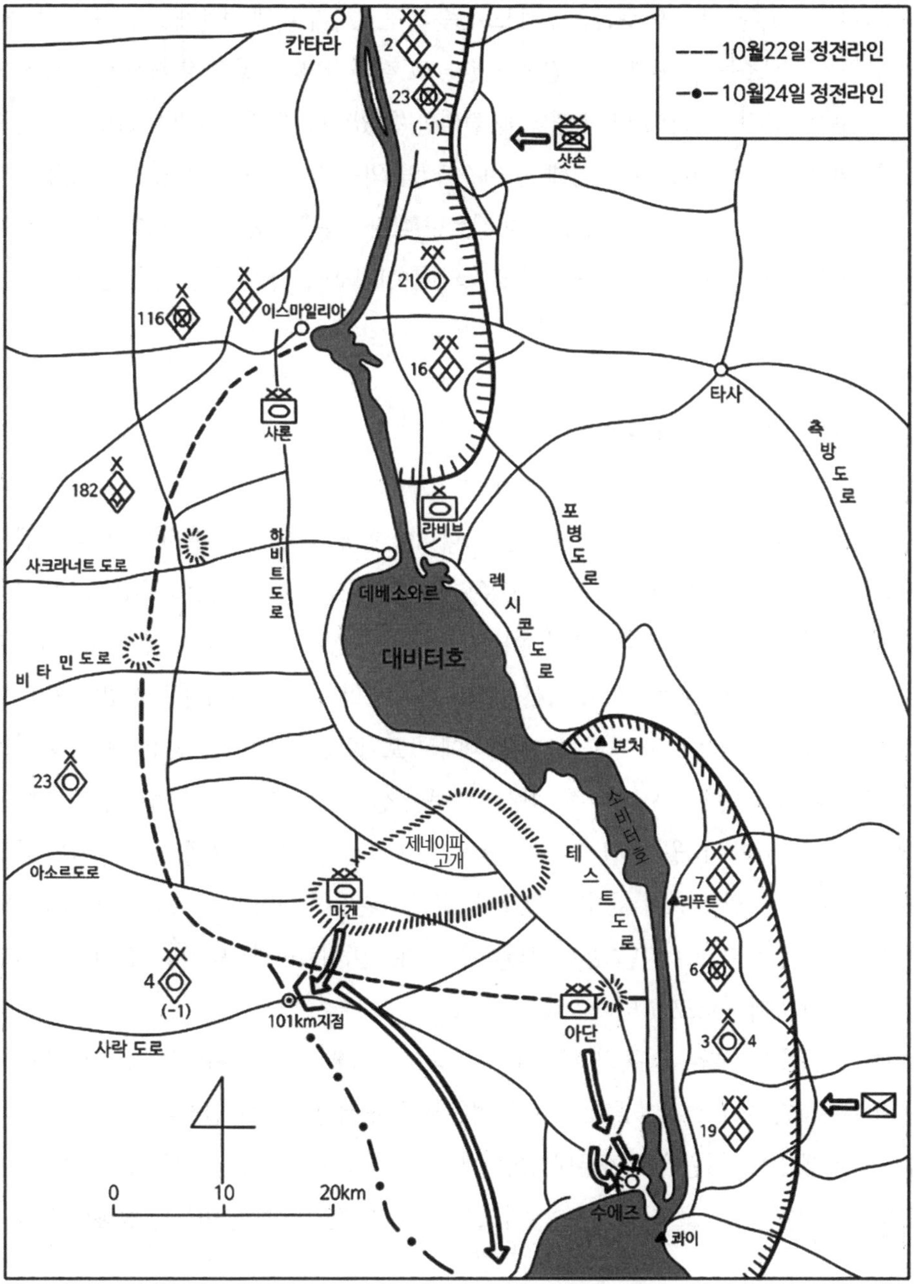

서의 이집트군 반격에 대비하게 하고, 나머지 주력은 계속 남진하였다. 이렇게 전진을 계속한 결과 저녁 무렵에는 아타카 산록에 도달할 수 있었는데 이때 남은 전차는 50여 대에 불과했다. 날이 어두워진 뒤에도 신속히 전진하기 위해 적에게 노출되는 위험을 무릅쓰고 전조등을 켠 채 계속 전진하였다. 그 결과 10월 23일 자정 직전에 마겐 사단은 수에즈만의 라스 아다비아 항(港)을 점령할 수 있었다. 아다비아의 이집트군은 야지를 횡단하여 빠른 속도로 전진해 온 이스라엘군의 기습적인 공격에 제대로 저항도 하지 못하고 무너졌다. 이스라엘군은 이집트군 대령 3명을 포함하여 800여 명을 포로로 하였다. 아단 사단의 전투력도 많이 소모되어 아다비아를 점령한 후 남은 전차는 17대에 불과했다.[142]

2) 수에즈 시(市) 혈전과 제2차 정전

10월 24일 날이 밝자마자 마겐 사단은 아다비아 항(港) 주변을 소탕했다. 그 후 마겐은 소규모의 병력만 아다비아에 남겨 놓고 주력은 철수시켜 사락 도로상의 '101㎞ 지점'에 배치하여 서측방 위협에 대비하였다. 이집트군이 총사령부 예비를 투입하여 공격한다면 이스라엘군의 포위망이 절단되고 오히려 역포위를 당할 위험이 있기 때문이었다. 이렇듯 마겐 사단에 의해 이집트군 제3군을 원거리에서 포위하는 데는 성공했지만 포위망 내의 상징적인 존재인 수에즈 시는 아직 점령하지 못한 상태였다. 수에즈 시 점령 임무는 아단 사단이 부여받았다. 10월 24일 아침, 아단 사단은 우선 정찰대를 보내 수에즈 시를 탐색해 보았는데 아무런 반응이 없었다. 그래서 시(市)가 완전히 비어 있거나 아니면 극소수의 병력만 남아있는 것으로 판단했다. 그러나 그곳에는 이집트군 제19보병사단의 1개 여단이 강력하게 방어를 하고 있었다.

10:30분, 아단 사단은 북쪽과 서쪽에서 공격을 개시했다. 케렌 여단은 카이로~수에즈 시 가도를 따라 시내로 진격했고, 아미르 여단은 운하 서안 기슭에 인접한 도로를 따라 시내로 진격했다. 각 여단은 전차부대가 앞장서서 공격을 선도하고 그 뒤를 장갑차와 반궤도차량에 탑승한 공정보병들이 후속했다. 초기 시내에 진입할 때는 아무런 방해나 저항이

---

142) 전게서, 김희상, p.635.

없었다. 그런데 이들 부대가 고층 건물이 들어선 시내 깊숙이 진입했을 때 이집트군의 기습적인 공격이 개시되었다. 도로 좌우측의 건물에서 투척한 수류탄이 반궤도차량에 떨어져 폭발했고, RPG 대전차로켓탄이 전차 및 장갑차를 향해 여기저기에 날아왔을 뿐만 아니라 기관총탄이 빗발치듯 쏟아졌다. 이스라엘군은 삽시간에 큰 피해를 입었다. 이집트군이 설치한 살상지대에 빠져든 것이다. 빠져 나갈 수 있는 방법은 후퇴뿐이었지만 사방의 건물에서 쏘아대는 총탄과 포탄에 막혀 그것마저 불가능했다. 피아가 너무 근접해 있었기 때문에 포병지원이나 근접항공지원도 할 수가 없었다. 결국 공정보병부대 위주로 편성된 구출부대를 투입할 수밖에 없었다. 그러나 구출부대도 시가지 전투를 벌이며 접근하는데 큰 피해를 입었고, 전진속도 또한 대단히 느렸다. 시내에 고립된 부대는 막대한 피해를 입은 상태에서 자체 방어를 하며 날이 어둡기만을 기다릴 수밖에 없었다.

이윽고 밤이 되자 어둠 때문에 이집트군의 사격효율이 현저하게 떨어졌다. 이틈을 노려 파괴되지 않은 전차들은 교차사격을 퍼부으면서 강행돌파를 실시하여 포위망에서 빠져나왔고, 일부 공정보병들도 간신히 탈출에 성공하였다. 이렇듯 수에즈 시의 이집트군 수비대는 자신들이 포위된 상태에서 오히려 이스라엘군 공격부대를 살상지대로 유인하여 격파하는 서안 지역 최고의 방어전투를 전개함으로서 수에즈 시를 사수했다. 그러나 수에즈 시는 함락되지 않았지만 이집트군 제3군의 약 4만 명이 고립된 채 전쟁이 끝났다.

3) 미·소의 대립과 제2차 정전

10월 23일, 이스라엘이 UN의 정전결의를 무시하고 운하 서안에서 공격을 계속하자 이집트군 제3군이 괴멸될 것을 두려워한 사다트 대통령은 10월 23일 즉각적인 정전이 실현될 수 있도록 미·소 공동감시단을 파견해 줄 것을 요청했다. 소련은 그 요청에 동의했지만 미국은 강경하게 반대했다. 그 대안으로서 미국은 미·소 양국을 제외한 UN긴급군의 파견을 제안했다. 10월 23일, 미·소의 대립이 긴박해지자 소련은 전략기동예비인 제7공정사단을 출동대기 시켰고, 프리킷함 1척이 22일에 보스포루스 해협을 통과한 후 이집트 알렉산드리아 항(港)을 향해 항행을 계속했다.

10월 24일은 정전결의를 둘러싼 문제가 표면화 되었다. 이날 시리아는 UN결의 제338호를 수락했지만 이스라엘은 운하 서안에서 공격을 계속하고 있었다. 10월 24일 21:30

분, 소련은 브레즈네프 서기장의 메시지를 키신저 국무부 장관을 통해 닉슨 대통령에게 보냈다. 그 메시지를 통해 브레즈네프는 '이스라엘군의 진격 속행은 미·소 양국에 대한 도전이므로 정전을 실행토록 하기 위해 무력행사도 불사한다. 지체 없이 이스라엘에게 정전을 강요하기 위해 방미할 용의가 있다'는 뜻을 전했다. 그러면서도 끝부분에 '나는 양국의 관계를 가치 있는 것이라 생각한다'고 덧붙였다.

그 메시지에 대한 회답으로 닉슨 대통령은 10월 24일 23:00시에 개최한 국가안보회의에서 키신저 국무부 장관과 슐레진저 국방부 장관의 건의에 따라 23:35분, 전 세계 미군에게 '데프콘-Ⅲ(Defence Condition-Ⅲ : 방어전투 준비태세 3단계)를 발령했다. 이러한 미국의 강경한 조치를 이스라엘 수뇌부는 자국에 대한 경고라고 인식했으며, 소련도 자국에 대한 경고라고 인식했다. 이렇게 되자 이스라엘은 더 이상 공격을 계속할 수가 없었다. 10월 24일, UN에서 결의된 제2차 정전결의에 따라 이날 밤 공격을 중지했다.

소련은 이미 10월 17일부터 제7공정사단을 유고의 베오그라드 공항에 추진 대기시켜 놓는 한편, 10월 24일, UN에서 제2차 정전결의가 되기 전에 UN군의 일부로서 70명의 감시단을 파견한 상태였다. 또한 지중해에서는 2척의 상륙용 함정을 포함한 6~9척의 소련함대가 크레타 섬 근처의 집합점에서 남동 방향으로 항행을 계속하고 있었다. 이러한 소련의 군사적 움직임은 미국의 '데프콘-Ⅲ' 발령에 의해 한 순간에 무력화되었다. 소련은 미국과 군사적 대결을 할 수가 없었다. 그래서 체면유지를 위해 미국의 조치를 과잉반응이라고 격렬히 비난하면서 슬그머니 물러서는 방법을 택했다. 제7공정사단은 투입되지 못했으며, 10월 25일 정오 무렵, 지중해의 소련함대도 진로를 변경하였다.

이리하여 미국의 과잉반응이라고 말하는 '데프콘-Ⅲ' 발령은 이스라엘의 공격을 중지시켰고, 미·소의 군사개입 위기를 증대시켰지만 그 때문에 오히려 군사개입이 회피되는 결과를 가져왔다. 미국의 과잉반응은 고도로 계산된 것이었다. 고도의 위기감은 오히려 위기를 회피시킨다는 키신저의 지론이 정책에 적용되어 효과를 본 것이다. 결국 10월 25일 낮에 재개된 UN안보리회의에서 5개 상임이사국을 제외한 안보리 회원국의 군대로 UN감시단을 편성하여 파견한다는 타협안이 가결되었고, 3일 후 감시단이 전선에 도착하였다.

██ **제4장** ██
기타 작전

1. 해상작전

중동전쟁에서 해상작전은 지상작전의 보조적인 역할에 머물렀다. 이러한 한계 속에서 10월 전쟁 시 **이집트 해군**은 통합작전계획의 틀 속에서 반(半) 독립적인 해상작전을 전개하였다. **따라서 이집트 해군**은 전략적으로 운용되었다. 이에 비해 이스라엘 해군은 전술적으로 운용되었다. 개전 전 이집트 해군은 이스라엘 해군 전력을 분석해서 다음과 같은 작전방침을 **정했다.**[143]

① 미사일 보트 전력은 이스라엘 해군이 우월하다. 따라서 아군 미사일 보트는 그들과 연안에서의 **교전**을 회피하고, 원해(遠海)에서 해상교통로를 방해하는 임무에 사용한다.
② 개전 **초기부터** 로켓 탑재 소형함은 연안에 대한 사격을 실시해 지상과 공중의 포·폭격을 **보강한다.**
③ **해협봉쇄작전**을 실시한다. 이스라엘 해군은 소해정을 보유하고 있지 않기 때문에 함정들의 **행동**이 제한될 것이다.

---

143) 전게서, 田上四郎, p.339.

이에 대한 이스라엘 해군의 기본적인 작전개념은 과거 6일 전쟁 시와 동일하게 적극적인 공세행동으로 작전의 주도권을 확보하고 아랍 해군을 격파하여 해상의 안전을 확보하겠다는 것이었다. 이를 위해 주로 지중해에 미사일 보트를 배치해 이집트 및 시리아의 해상전력을 파괴하고, 시나이 해안에 대한 이집트 해군의 함포사격을 봉쇄하는 데 역점을 두었다. 단기전을 추구하기 때문에 이집트 해군의 해상봉쇄작전은 효과가 적을 것으로 판단했다. 1973년 10월, 전쟁이 발발할 무렵 양군의 주요 전력은 다음과 같다.

이스라엘 해군은 미사일 보트 14척을 보유하고 있었다. 규모는 작았지만 최첨단 미사일과 전자전 능력을 갖추고 있었다. 이에 비해 이집트와 시리아 해군은 미사일 보트 21척(오사급 : 15척, 코마급 : 6척), 잠수함 10척, 구축함 3척, 토페도 보트(로켓발사기를 장착한 지상화력지원용 소형함) 37척을 주력으로 연합함대를 형성하고 있었다.

10월 6일, 전쟁이 개시되었다. 해상전투는 지중해와 홍해에서 각각 조금씩 상이한 양상을 띠고 전개되었다.

가. 지중해 작전 및 전투

10월 6일 전쟁이 개시되자, 이집트 해군은 이스라엘의 지중해 해안을 멀리서 봉쇄하려고 했다. 그래서 잠수함 부대를 크레타 섬 동측, 중부 지중해 연안에 배치하여 봉쇄작전을 실시했고, 그 일대 해역에서 이스라엘 해군함정을 요격하려고 했다. 그러나 그것은 예상되는 이스라엘 해군의 작전 및 방법을 제대로 분석해 보지 않은 일방적인 작전이었기 때문에 귀중한 잠수함 전력만 낭비할 뿐 성과가 없었다.[144] 다만 지상표적에 대한 함포사격지원은 적극적으로 실시하여, 개전 초 이집트 해군의 미사일 보트 및 토페도 보트들은 시나이 북부해안의 이스라엘군 방어거점을 포격하고 알렉산드리아로 귀환했다. 이후에도 이집트 해군은 지상표적에 대하여 급속적으로 함포사격을 퍼붓고 즉시 이탈하는 작전행동을 다용하였다.

아랍 해군에 비해 이스라엘 해군은 대단히 적극적이고 공격적이었다. 개전시 이스라엘

---

144) 잠수함 부대는 전쟁기간 대부분을 그곳에서 배회하다가 엉뚱하게 그리스 함정 2척을 격침시켰을 뿐이고, 전쟁 후반기 이집트 본토가 위협을 받게 되자 이집트 연안을 보호하기 위해 철수하였다. 전게서, 김희상, p.632.

해군의 미사일 보트 함대는 전술적인 면에서 아직 미완의 단계였기 때문에 감당해야 할 위험이 컸지만 지난 5년간 쌓아온 실력을 바탕으로 10월 6일 야전(夜戰)을 결행하기로 했다. 이스라엘 해군사령관 텔렘 제독은 10월 6일 밤, 시리아 해군이 하이파를 비롯한 이스라엘 항구를 공격해 올 것으로 예상되기 때문에 일부 전력으로 이집트 해안을 경계하고 주력으로는 시리아 해군을 선제공격하기로 결정했다. 이에 따라 미사일 보트 5척[145]으로 구성된 전단을 시리아 해역에 투입하였다.

- **라타키아 해전** : 10월 6일 저녁, 이스라엘 해군 미사일 보트 전단은 공해상으로 나가 북상한 후, 키프로스로 우회하여 시리아 해안에 접근하였다. 22:30분, 미사일 보트 전단은 라타키아 해역에서 경계중인 시리아 해군 어뢰정 1척과 접촉하였고, 즉시 교전에 들어갔다. 교전 도중 이스라엘군은 또 다른 시리아 해군의 미사일 보트 수 척과 소해정 1척이 북상하고 있다는 정보를 받았다. 그래서 미사일 보트 1척만 남아서 시리아 해군 어뢰정과 계속 교전하도록 하고, 나머지 4척은 두 개 전대로 양분한 뒤 새로운 적을 찾아 해안선과 평행하게 남하하기 시작했다. 시리아 해군 함정은 교전중인 어뢰정으로부터 조기 경보를 받은 후, 소해정 1척을 앞세워 이스라엘 해군 미사일 보트 전단을 유인하고, 그 남쪽 약 40㎞ 해상에 3척의 미사일 보트를 매복시켜 사정거리가 긴 스틱스 함대함 미사일로 요격할 계획이었다.

  그들의 계획은 성공하여 이스라엘 해군 미사일 보트 중 최신형인 레세프급 1척이 어둠 속에서 제일 먼저 소해정을 발견하고 공격을 개시하였다. 소해정은 단시간 내에 격침되었는데, 그때서야 이스라엘 해군 미사일 보트는 레이더로 남쪽 해상에 매복하고 있는 시리아 해군의 미사일 보트를 발견하였다. 이스라엘 해군 미사일 보트는 즉각 방향을 전환하여 맹렬한 속도로 남하하기 시작했다. 시리아 해군 미사일 보트(오사급 1척, 코마급 2척)는 약 37㎞ 거리에서 이스라엘 해군 미사일 보트를 향해 스틱스 미사일을 발사했다. 그런데 한발도 명중되지 않았다. 이스라엘 해군 미사일 보트에서 고도의 전자방해책을 활용하여 미사일 유도를 무력화 시켰기 때문이었다. 탑재된 미사일의 사거리가 짧은 이스라엘 해군 미사일 보트는 맹렬한 속도로 접근하여 약 19㎞ 거리에

---

145) 레세프급(이스라엘이 건조한 최신형) 미사일 보트 1척과 자르급(76밀리포 및 40밀리포 탑재) 미사일 보트 4척.

서 가브리엘 미사일을 발사했다.[146] 가브리엘 미사일은 시리아 해군 미사일 보트에 명중했다. 2척이 침몰하고, 1척은 파괴된 채 좌초하였다. 이스라엘 해군 미사일 보트 전단은 좌초된 코마급 미사일 보트에 40밀리 포탄을 퍼부어 자정이 넘어갈 무렵 완전히 격침시켰다. 라타키아 해전은 사상 최초로 함대함 미사일에 의해 전개된 해전이었다. 이 해전에서 시리아 해군은 오사급 미사일 보트 1척, 코마급 미사일 보트 2척, 어뢰정 1척, 소해정 1척이 격침되는 큰 피해를 입었으나 이스라엘 해군의 피해는 없었다. 한편 10월 6~7일 밤사이, 이스라엘 해군의 다른 함정들은 이집트의 포트사이드를 봉쇄하고 공군의 지원 하에 미사일 보트 1척을 격침시켰다.

● **다미에테~발라틴 해전** : 10월 8~9일 사이 나일델타 해역에서 또 한 번의 함대함 미사일에 의한 해전이 전개되었다. 10월 8일 밤, 이스라엘 해군은 이집트 해군이 알렉산드리아에서 포트사이드로 전력을 증원시킬 것이라 예측하고, 두 개의 항(港)이 이어주는 해상교통로를 차단하기 위해 6척의 미사일 보트로 구성된 전단을 파견하였다. 이 전단은 헬기 지원 하에 18:46분, 다미에테 해역에 도달했고, 다미에테 항에 집적된 군수품과 해안부대에 대하여 함포사격을 실시하였다. 21:10분, 서쪽으로 약 40㎞ 떨어진 해상에 있는 이집트 해군의 오사급 미사일 보트 4척을 발견하였다. 그들은 원거리에 위치하여 이스라엘 해군 미사일 보트와 전투를 회피하고 있다가 10월 9일 00:15분경, 약 48㎞ 거리에서 스틱스 함대함 미사일 12발을 발사하였다. 그러나 이스라엘 해군 미사일 보트의 전자방해책에 의해 한발도 명중되지 않고 모두 빗나갔다. 이스라엘 해군 미사일 보트는 즉시 전속력으로 이집트 해군 미사일 보트를 향해 질주하였다. 가브리엘 미사일 사거리 내로 접근하기 위해서였다. 이집트 해군 미사일 보트는 스틱스 미사일로 이스라엘 해군 미사일 보트를 격침시킬 수 없다는 것을 깨닫자 방향을 돌려 서쪽으로 도주하기 시작했다. 그러나 속도면에서 우월한 이스라엘 해군 미사일 보트의 추격을 벗어날 수가 없었다. 거리가 점점 좁혀져 20분 추격 끝에 약 20㎞까지 접근하자 이스라엘 해군 미사일 보트는 가브리엘 미사일을 발사했다. 오사급 미사일 보트 2척이 격침되었다. 이후 계속 추격하여 25분 후에 또 1척을 격침시켰고, 나머지 1척은

---

146) 소련제 스틱스 함대함 미사일의 최대 사거리는 48㎞이었으며, 이스라엘이 개발한 가브리엘 함대함 미사일 최대 사거리는 19~20㎞이었다.

침몰을 모면한 채 발라틴 해역에 좌초되었다. 이스라엘 해군의 피해는 없었다.

이렇게 아랍 해군은 미사일 보트 간 해전에서 연패하자, 이후 해상에서의 교전을 회피하고 항구의 엄폐물 뒤에 숨어 있다가 기습적으로 나타나 미사일을 발사하고는 즉각 엄폐물 뒤로 도피하던가, 아니면 해안에 정박 중인 민간 상선 곁으로 피신하고는 했다.

- **함포사격에 의한 지상표적 파괴** : 10월 10일 정오경, 이스라엘 공군은 라타키아 북쪽의 민트 엘 베이다에 있는 시리아 해군사령부를 폭격했다. 그날 밤, 이스라엘 해군 미사일 보트 4척은 민트 엘 베이다 군항을 포격했고, 이어서 라타키아, 바니아스, 타르투스 항(港)의 정유시설과 유류저장탱크, 항만시설 등을 포격했다. 시리아군은 레이더로 작동되는 100밀리 및 130밀리 해안포로 응전했는데, 이스라엘 해군 미사일 보트에는 피해를 주지 못하고 오히려 자군의 미사일 보트 2척이 피격되어 해안에 좌초하는 참사가 벌어졌다. 이후에도 이스라엘 해군은 시리아 연안 및 항구에 있는 표적에 대하여 여러 차례 함포사격을 실시했으며, 이집트 연안의 라스 카니아스, 라시드 등지도 여러 차례 포격을 받았다.

- **이집트 해군의 습격작전** : 10월 14일, 이집트 육군의 시나이 총공세와 연계하여 해군도 습격작전을 실시하였다. 이집트 해군은 특공부대를 상륙시켜 바레브 라인 북단의 부다페스트 방어거점을 습격했는데, 이스라엘 측은 전원 사살 및 포획했다고 발표했고, 이집트 측은 대부분 귀환했다고 발표했다.

- **이스라엘 해군의 습격작전** : 10월 17일, 이스라엘 해군 미사일 보트는 포트사이드를 포격했다. 포격 후에는 정박 중인 함정을 파괴하기 위해 수중침투조를 잠입시켰다. 그들은 항구 내로 잠입하여 전차수송함 1척, 미사일 보트 1척, 토페도 보트 1척을 파괴하였다. 이에 대해 이집트는 함정 피해는 없으며, 수중침투조 전원을 사살했다고 발표했다. 이후 이집트 해군은 이스라엘 해군의 수중침투조의 잠입을 방지하기 위해 매일 밤 항구 내에 1,000여발의 대인용 소형 수중 수류탄을 투하하였다. 10월 21일 밤, 이스라엘 해군 미사일 보트 전단은 알렉산드리아 부근의 아부키르 군항을 봉쇄하고, 소형 선박 2척을 격침시켰을 뿐만 아니라 다수의 포로까지 획득하였다.

〈그림 6-37〉 해상작전(1973. 10. 6~23.)

나. 홍해작전 및 전투

- **이집트 해군의 해상봉쇄작전** : 10월 5~6일 밤, 이집트 해군은 샤름 엘 세이크 근해에 기뢰를 부설했다. 그리고 전쟁발발과 동시에 홍해상의 23도선 이북을 연해 봉쇄를 단행하고, 2척의 구축함과 3척의 소형함정이 이스라엘 측 연안의 석유저장탱크를 공격했고, 카르다카 항(港)에 기지를 두고 있던 이집트 해군의 미사일 보트 및 토페도 보트는 라스 무하마드와 샤름 엘 세이크를 봉쇄함으로서 시나이의 아부 루데이스 유전에서 에일라트로 석유를 수송하는 해상교통로를 차단하려고 했다. 그러나 잠수함과 토페도

보트에 의한 공격은 기술적 수준 때문에 큰 성과를 올리지 못했다.

- **이집트 해군의 특공부대 작전지원** : 개전 후, 이집트 해군은 시나이 반도 연안시설에 대한 습격작전을 실시하여 지상 작전을 지원했다. 10월 6일, 특공부대를 수송하던 소형 보트들이 샤름 엘 세이크 해상에서 이스라엘 해군 패트롤 보트와 조우해 수 척이 피해를 입었다. 나머지 병력은 상륙하여 지상목표를 습격하였다. 10월 7일 아침에는 지상부대의 대규모 특공작전과 발맞추어 해상으로 침투할 특공부대를 태운 소형 보트들이 메르사 탈 마트 만(灣)과 라스 자프라니 항(港)에서 출항했다. 그러나 이들도 그 남쪽 해역을 순찰 중이던 이스라엘 해군 패트롤 보트의 20밀리 기관포 사격에 의해 저지되었다. 그럼에도 불구하고 이집트 해군 미사일 보트와 특공부대는 샤름 엘 세이크 및 엘 토르~아부 루데이스~라스 수다르 간의 도로와 그 도로를 연한 해상교통로를 차단하기 위해 해상침투와 차단 활동을 지속적으로 전개하였다.

- **이스라엘 해군의 항구습격작전** : 이집트 해군과 특공부대가 시나이 남부 연안 도로 및 해상에서 교통로 차단 작전을 적극적으로 전개하자 이스라엘 해군은 소극적인 경계나 방어작전으로 대응하지 않고 그들의 근거지를 파괴하는 적극적이고 공세적인 작전을 전개하였다. 그리하여 10월 10일에는 5척의 패트롤 보트가 라스 가레브 항(港)에 진입하여 그곳에 집결 중이던 50척 이상의 소형 선박을 파괴하였다. 특공부대의 해상수송 수단을 뿌리째 뽑아버린 것이다. 그리고 샤름 엘 세이크 일대에서 수에즈 만(灣) 입구를 차단하였다. 이는 개전 이래 이집트 해군이 바브 엘 만데브 해협을 봉쇄한 것 못지않게 중요한 의미를 갖는 것으로서 이집트 해군의 원거리 봉쇄선 안에서 이스라엘 해군이 근거리 봉쇄선을 형성한 꼴이었다. 이후 이스라엘 해군은 10월 15일 아침 일찍, 라스 가레브 항(港)에 함포사격을 퍼붓고, 특공부대를 투입하여 파괴했으며, 10월 17일에는 라스 자프라니의 연안방어진지를 포격했다. 그러나 무엇보다도 대담한 습격작전은 10월 22일 새벽에 실시한 카르다카 항(港) 습격이었다.
10월 22일 새벽, 이스라엘 해군의 특공부대는 소형 선박 2척에 분승한 후 카르다카 항(港)에 침투하였다. 이들의 목표는 항내에 정박 중인 1척의 코마 미사일 보트를 격파하는 것이었다. 2척의 소형 선박은 모래톱의 간격을 이용하여 정박지로 잠입해 들어가 안벽(岸壁)에 닻을 내리고 있는 코마 미사일 보트를 발견했다. 소형 선박이 은밀히 접근하자 미사일 보트의 승조원들은 이스라엘군 특공부대가 잠입한 것을 인지하고 약 50m 거리에서 RPG 대전차로켓을 발사하였다. 이집트군의 사격을 피해 회피행동을 하던 소형 선박 1척은 코마가 정박한 근처 해안에 좌초되었다. 다른 1척에 탄 특공대원들이 근거리까지 접근해 코마의 연료탱크에 대전차 수류탄을 투척하였다. 수류탄이 폭발하면서 연료탱크에 불이 붙자 코마는 삽시간에 화염에 휩싸였다. 그 후 이스라엘군 특공대원들은 좌초된 소형 선박을 수면으로 끌어냈고, 인원 손실 없이 전원이 탈출하는 데 성공하였다.

● **분석 및 평가** : 이번 전쟁은 이스라엘 해군의 질적 우수성과 아랍 해군의 양적 우월성의 대결임과 동시에 양측의 전략, 전술의 대결장이었다. 그 결과에 대한 평가는 각각 다를 수 있지만, 객관적인 피해 면에서는 다음과 같다. 이집트 해군은 오사급 미사일 보트 8척, 코마급 미사일 보트 4척을 잃었으며, 시리아 해군은 오사급 미사일 보트 2척, 코마급 미사일 보트 3척, 어뢰정 1척, 소해정 1척을 잃었다. 이스라엘 해군의 손해는 1척 뿐이었다.[147]

이집트 해군은 홍해에서 제해권을 장악해 바브 엘 만데브 해협을 봉쇄하는 데는 성공했지만 이스라엘 해군의 소형함정과 특공부대의 활약 때문에 큰 피해를 입었고, 수에즈 만과 쥬바르 해협의 수로를 제압하지 못했다. 이집트 해군이 거둔 성과라면 기뢰부설과 개전 후 지중해와 에일라트 항(港)에서의 상선 출입항이 중지된 것, 그리고 정전 후 아부 루데이스로 가던 이스라엘 탱커가 기뢰에 의해 피해를 입은 것뿐이었다. 이집트 측은 이스라엘에 대한 해상봉쇄 효과를 지중해 80%, 홍해 100%로 평가했다.[148]

이스라엘 해군의 작전과 전술은 큰 성과를 거두었지만, 10월 전쟁에 결정적인 영향을 미치지는 못했다. 그러나 미래전 양상과 관련하여 전 세계 해상전투 입안자들에게는 큰 주목을 받았다.

---

147) 전게서, 田上四郞, p.342.
148) 상게서, p.342.

2 항공작전

가. 항공운용개념과 보유전력

6일 전쟁 시, 이스라엘 공군이 주도면밀한 계획 아래 지중해를 우회하여 기습 공격을 실시한 결과, 불과 3시간 내에 이집트 공군을 지상에서 격파하고 조기에 전세를 결정지었던 충격적인 경험이 전후 쌍방의 항공운용개념에 절대적인 영향을 주었다. 이스라엘군은 현대전에서 승패의 관건은 오로지 공군에 있다는 사고방식이 팽배해졌고, 이러한 생각은 6일 전쟁 후 이집트에 의해 주도된 소모 전쟁과 아랍 게릴라들의 공격에 대한 효과적인 대응책으로 공군이 적절하게 활용됨에 따라 더욱 확고해졌다. 이에 따라 공군력의 확충과 강화에 전력을 쏟아 부었고, 당연히 항공운용개념은 6일 전쟁 당시와 똑같이 서전에서 아랍 측의 항공기를 파괴하여 조기에 제공권을 장악하고, 지상군을 근접 지원하는 것이었다.

한편, 아랍 측도 제공권의 중요성을 뼈저리게 인식하고 있었다. 따라서 그들도 항공운용개념의 최종 목표는 제공권 획득이었다. 다만 이스라엘군 항공기 및 조종사의 질적 우위를 명확하게 알고 있었기 때문에 최초부터 정면 대결을 할 수 없었다. 이집트 공군은 항공기 수에서는 우위를 차지하면서도 통합전력 면에서 열세를 면치 못하는 두 가지의 치명적인 약점을 갖고 있었다. 그 중 하나가 항공기 성능 문제였고, 또 다른 하나는 조종사의 훈련부족이었다. 이집트는 첫 번째 문제를 해결하기 위해 소련에게 수차례에 걸쳐 팬텀이나 미라쥐에 대응할 수 있는 MIG-23 이나 Su-20 등, 최신형 전투기의 공급을 요구했지만 거절당했고, 그 대신 최신형 대공미사일 SA-6이 공급되기 시작했다. 이러한 무기체계가 아랍 측의 항공운용개념에 지대한 영향을 미쳤다. 또한 이집트 공군 조종사의 숙련도는 6일 전쟁 이후 계속 향상되었지만 다음과 같은 이유로 인해 이스라엘 공군 조종사들과 정면 대결을 펼칠 수 없었으며, 적극적인 항공작전을 수행하는 것이 제한되었다.

첫째, 공중전투와 대지공격/지원임무에 관해 서구 군대 수준의 정규훈련이 부족했다. 공중전 훈련은 소련군 전술의 판박이 훈련만으로 한정되었고, 그것을 확대 및 응용하려고 노력하지 않았다. 대지공격/지원임무에 대한 훈련도 소홀했는데, 실제 구형 MIG-21은 그 임무에 적합하지도 않았다. 그런데 뒤늦게 공급된 MIG-21 J형은 연료 탑재량도 많고 파

일론(Pylon)도 2개에서 4개로 증가되어 대지공격/지원임무를 수행할 수 있는 능력이 향상되었음에도 불구하고 그것을 활용하려는 시도를 하지 않았다.

둘째, 평시 일상의 비행도 항공기 보존을 위해 엄격히 제한했다. 그 때문에 훈련수준 및 고도의 전투능력을 유지하는 것이 불가능했다. 특히 정규훈련 시, 야간비행, 계기비행, 해상비행의 훈련시간이 적었는데, 평시의 일상비행까지 제한함으로써 그 분야의 비행기술을 숙달할 수 있는 기회조차 얻을 수가 없었다.

셋째, 기술교범이 영어나 러시아어로 인쇄되어 있어서 모든 조종사들이 자신의 항공기와 무기체계에 관해 충분히 이해하는 것이 어려웠다.

이러한 제약과 여건 때문에 아랍 측의 항공운용개념은 수세적일 수밖에 없었다. 즉 제1단계에서는 SAM을 중심으로 한 방공우산체제로 이스라엘군의 항공우세를 억지 및 제한하고 뼈아픈 타격을 가한다. 그래서 이스라엘 공군이 다대한 피해를 입으면 제2단계에서 제공권을 확보하고 지상군을 근접 지원한다. 이를 위해 서전에서는 공군전력을 철저하게 온존한다는 것이었다. 따라서 6일 전쟁 시와 같은 이스라엘 공군의 선제공격에 대비하여 항공기 보호형 쉘터(Shelter)를 건설하였다. 시리아군이 건설한 쉘터의 수는 불명확하지만 이집트군은 최소 20여개의 공군기지에 각각 20여개 이상의 쉘터를 건설하여 주요 전투기 약 95%를 보호할 수 있었다. 개전 시 양군이 보유한 주요 전력은 다음과 같다.

이스라엘 공군은 작전기 360기, 수송기 66기, 헬기 50기를 포함해 도합 476기를 보유했다. 방공무기로서는 호크미사일 90기, 대공화기(20/30/40밀리 대공기관포) 900문을 보유했다.

아랍 측은 이집트 공군 750기, 시리아 공군 327기, 이라크 공군 73기, 기타 아랍 공군기 104기 포함 도합 1,254기를 보유했다. 방공무기는 SA-2/3/6가 1,200기, SA-7이 1,200기, 대공화기 3,200문에 달했다.

나. 이스라엘 공군 전투

이스라엘 공군은 개전 첫날부터 상황판단이 어긋나면서 결코 원하지 않았던 방향으로 대응행동이 전개되었다. 10월 6일 아침, 펠레드 공군사령관은 엘라자르 참모총장의 선제공격 가능성에 대해 문의했을 때, 즉각 공격준비에 착수하면서 11:00~12:00시까지는 선제공격 준비가 완료된다고 보고하였다. 그러나 공군의 선제공격 건의는 받아들여지지 않았고, 펠레드는 13:30분경, 골란과 시나이의 양 전선에 초계비행을 강화하도록 지시하였다. 그런데 초계기가 이륙한 직후 아랍군의 항공기가 쇄도해 왔다. 6일 전쟁 때와는 정반대로 기습을 당한 것이다. 이에 대응하여 이스라엘군의 첫 번째 항공기가 이륙한 것은 개전 20분 후였다. 선제공격을 준비했던 공군으로서는 대단히 늦은 반응이었다. 이날 저녁까지 항공기 운용은 찔끔찔끔 소수기(少數機)에 의한 반격이었기 때문에 성과는 적었고 피해는 극심했다.

이렇게 된 것은 아랍의 개전 시각을 10월 6일 18:00시로 오판한 것이 주된 원인이었다. 선제공격 건의가 거부되고 얼마 지나지 않아 아랍군이 기습공격을 해오자 공군의 주 임무가 지상작전 지원으로 변경되었고, 이에 따라 폭장(爆裝)도 대공 및 비행장 공격용에서 대지공격/근접항공지원용으로 변환시켜야 했다. 또 모든 요원들은 18:00시를 목표로 작전을 준비하고 있었다. 이러한 이유로 인해 기습공격을 받는 즉시 가용한 전 항공기를 출격시키지 못하고 20분이 지난 후에야 몇 기씩 찔끔찔끔 출격하는 현상이 벌어졌다. 이처럼 10월 6일 이스라엘 공군의 선제공격 불발과 아랍군의 기습공격은 무엇보다도 이스라엘 공군의 대응행동에 심대한 영향을 미쳤다.

개전 첫날, 이스라엘 공군이 당면한 가장 큰 과제는 수에즈 운하를 도하하는 이집트군과 골란 전선을 돌파해 오는 시리아군 기갑부대를 저지하는 것이었다. 그러나 자신만만하게 공격해 들어가던 이스라엘군 전투기는 창공에 하얀 줄을 그으며 치솟아 오르는 수많은 대공미사일의 벽에 부딪쳐 큰 피해를 입었다. 이스라엘군 전투기는 SA-2,3 미사일의 위협에 대한 전자전 장비를 탑재했을 뿐 SA-6/7 미사일에 대항할 수단은 갖추지 못했다. 최초 출격한 4기가 격추된 것을 비롯하여 첫날에만 스카이 호크 및 팬텀 전투기 약 30기를 상실하였다. 너무 큰 피해에 놀란 펠레드 공군사령관은 이날 17:00시, 수에즈와 골란 정면에서 정전라인 전방 15㎞ 이내의 공역에 들어가지 말라고 지시하였다.

개전 다음날인 10월 7일 07:00시부터는 다얀 국방부 장관의 지시에 따라 골란고원의 시리아군 기갑부대를 저지하는 데 공군전력을 집중하였다. 아울러 시리아군의 방공체제에 의한 피해를 경감하기 위해 SA-6 미사일 발사대에 대하여 직접공격을 실시하였다. SA-6 미사일에 대한 확실한 대응장비를 갖추지 못한 이스라엘군은 채프를 살포하거나 원격조종 무인항공기를 유인체로 사용하는 등의 기초적인 방법을 활용할 수밖에 없었다. 그러한 방법을 사용하여 피해를 감소시키기는 했지만 그래도 근 30기의 손실을 감수하면서 상당수의 SA-6 미사일 발사대를 파괴하고 일시적으로 제공권을 회복하였다. 그러나 파괴된 발사대는 12시간 내에 교체할 수 있고, 그 후 다시 임무를 수행할 수 있었으므로 이스라엘군 항공기의 손실이 또다시 증가하기 시작했다.

〈표 6-8〉 근접항공지원 추정 출격수(골란 정면)[149]

10월(일)	출격가능기수		출격수		진류기수	
	아랍군	이스라엘군	아랍군	이스라엘군	아랍군	이스라엘군
6	143	281	143	281	0	0
7	139	269	139	269	0	0
8	132	264	132	264	0	0
9	128	349	128	349	0	0
10	128	325	100	200	28	125
11	117	310	80	220	37	90
12	113	300	80	220	33	80
13	103	299	80	138	23	161
14	100	58	0	0	100	58
15	97	232	20	30	77	202
16	140	115	50	50	90	65
17	87	61	0	0	87	61
18	85	61	0	0	85	61
19	87	120	50	50	37	70
20	88	61	0	0	88	61
21	85	119	30	30	55	89
22	79	124	30	60	49	64

---

149) Trevor N. Dupuy, 「Combat Data Subscription Service Vol. II」, (New York : Harper & Row, 1977), No2, p.49.

<표 6-9> 근접항공지원 추정 출격수(수에즈 정면)[150]

10월(일)	출격가능기수		출격수		잔류기수	
	이집트군	이스라엘군	이집트군	이스라엘군	이집트군	이스라엘군
6	208	141	208	140	0	1
7	201	135	200	134	1	1
8	200	132	100	66	100	66
9	195	66	0	0	195	66
10	191	65	0	0	191	65
11	187	62	0	0	187	62
12	180	60	0	0	180	60
13	179	60	0	0	179	60
14	176	289	176	288	0	1
15	175	116	0	0	175	116
16	164	229	82	133	82	96
17	163	305	82	134	81	171
18	159	305	80	153	79	152
19	148	240	100	150	48	90
20	131	302	100	200	31	102
21	123	229	115	160	8	79
22	113	248	105	190	3	58
23	112	309	60	200	52	109
24	115	309	60	200	55	109

이러한 과정 속에서 적지 않은 피해와 노력을 소모하고 난 후에야 간신히 SA-6 미사일의 약점을 분석하여 새로운 공격법을 고안해 냈다. SA-6 미사일은 발사 시 탄도곡선이 완만하다는 허점을 이용, 고고도에서 접근한 후 거의 수직으로 급강하여 SA-6 미사일의 사각지대로 들어가 공격하는 방법이었다. 새로운 공격 방법을 포함한 여러 가지 대응책으로 골란 정면의 SA-6 미사일 발사대를 파괴하자 10월 9일, 시리아군은 전선에 남아있던

---

150) 상게서, p.40.

SA-6 발사대를 다마스쿠스 주변으로 철수시켰다. 이리하여 이스라엘군은 골란 정면에서 제공권을 확보하게 되었고, 10월 10일부터 반격을 시작하였다. 또한 이스라엘 공군은 작전반경을 시리아 영내 깊숙이 확대하여 전략목표에 대한 폭격을 강화하였다. 그리고 요격에 나선 시리아 공군의 MIG-21 전투기와 공중전을 벌여 70기 이상을 격추하였다.

10월 13일 이후부터 이스라엘군의 전력은 수에즈 정면에 집중되기 시작했다. 10월 14일, 이집트군이 방공우산을 벗어나 대규모 공세행동으로 나왔을 때 이스라엘 공군의 근접항공지원 위력이 다시 한 번 발휘되었다. 그 후 이스라엘 공군은 수에즈 운하 일대의 SAM 진지를 공격했으나 골란 정면과는 달리 피해만 입고 이집트군 방공체제를 제대로 파괴하지 못했다. 이러한 때, 샤론 사단의 역도하 작전 성공은 이스라엘 공군에게 돌파구를 만들어주었다. 기갑부대가 수에즈 서안에서 다수의 SAM 진지를 파괴하여 이집트군 방공우산에 구멍을 뚫어 놓은 것이다. 이스라엘 전투기들은 그 공중 돌파구로 날아 들어가 돌파구를 더욱 확장해 나갔다. 그 후 지상 기갑부대에 의한 SAM 진지 파괴가 계속되고, 그 간격을 이용해 공군이 본격적으로 SAM 진지를 파괴하자 10월 21일 경부터 수에즈 운하 동안의 이집트군 제2군 지역 대부분과 제3군 지역 전부, 그리고 운하서안 남쪽의 거대한 돌파구 및 수에즈 만(灣) 등, 작전지역 상공 대부분에서 완벽한 제공권을 확보할 수 있게 되었다.

18일간 전쟁이 지속되는 동안 항공우세는 대부분의 경우 이스라엘군에게 있었다. 그러나 아랍군의 방공우산에 막혀 그 항공우세는 제대로 활용되지 못했다. 뒤늦게 SAM 진지를 파괴하여 완벽한 제공권을 확보하였지만 그 시기가 너무 늦었고, 그 제공권도 과거와 같이 결정적인 영향력을 갖지 못했다.

다. 아랍 공군 전투

아랍군은 여러 가지 제약 때문에 수세적인 항공운용개념을 채택할 수밖에 없었지만 공군의 선제기습 공격의 이점을 분명히 인식하고 있었다. 따라서 개전 초반 기습공격 시 아랍 공군은 수백기의 항공기를 투입하여 이스라엘군을 타격하였다. 이집트 공군은 시나이에 있는 이스라엘군 비행장 3개소와 호크 대공미사일 포대, 레이더 기지 및 각종 통신시설, 포병부대, 그리고 타사에 있는 전선지휘소를 폭격했다. 이들의 공격은 성공적이어서 많은 군사시설과 장비가 파괴되었으며, 비행장도 적지 않은 피해를 입어 당분간 이스라엘 공군 항공기들은 멀리 떨어진 본토의 비행장에서 날아와 지원해야 하는 상황에 처했다. 그러나 종심 깊은 목표를 공격하려고 날아간 항공기들은 별로 성과를 거두지 못했다. 아랍 동맹군으로서 이집트군을 증원하고 있는 리비아군의 미라쥬 전투기 6기는 지중해로 우회하여 엘 아리쉬를 공격했지만 별 성과를 거두지 못하고 3기가 격추되는 피해를 입었다. 또 Tu-16 폭격기 2기가 에일라트를 폭격하기 위해 출격했지만 임무를 수행하지 못했다. 그리고 이스라엘군 후방지역에 특공부대를 공중침투 시키던 헬기 다수가 격추되었다.

시리아 공군도 골란 전선의 이스라엘군을 집중 공격해 어느 정도의 피해를 입혔다. 그러나 하이파 항(港)을 공격하기 위해 종심 깊이 진입한 수호이 전투기 편대는 피해만 입고 별다른 성과를 거두지 못했다. 그 후, 아랍 공군은 자국 영토 내에서 항공기를 온존하기 위한 행동에 들어갔다. 근접항공지원 등, 일부 공격 행동이 있었지만 대규모 작전은 회피했다. 다만 시리아 공군은 골란고원에서 파상적인 공격을 실시하는 지상군에 대하여 개전 초기 5일간은 적극적인 근접항공지원을 실시했고, 이집트 공군도 수에즈 운하 동안에 교두보를 확보하는 개전 초기 2일간은 적극적인 근접항공지원을 실시했다. 이때 이집트 공군은 그들의 방공우산 뒤에서 켈트 공대지 미사일을 발사하여 이스라엘군을 공격했지만 통상 이집트 영내 깊숙한 곳에서 발사했으므로 효과가 극히 저조했다. 10월 6일부터 약 250발 이상의 켈트 공대지 미사일이 이스라엘군에게 날아왔으나 그중 20여발은 이스라엘 공군에게 요격 당했고, 이스라엘군에게 피해를 입힌 것은 단 2발뿐이었다.[151]

10월 11일부터 골란 전선에서 이스라엘군이 반격을 실시하자 이스라엘 공군은 다마스쿠스를 비롯한 시리아 후방의 전략목표에 대하여 폭격을 실시하였다. 이에 대응하여 시리아 공군은 그동안 온존시켜 놓았던 항공기를 투입하여 요격에 나섰고, 다마스쿠스 상공일대에서 빈번하게 공중전이 벌어졌다. 그 결과 항공기 성능과 조종사 기량 면에서 뒤지는 시리아 공군이 큰 피해를 입었다.

10월 14일, 이집트군이 시나이 교두보에서 방공우산을 벗어나 대규모 공세행동을 실시할 때, 이집트 공군도 적극적으로 근접항공지원을 실시했다. 공세행동이 실패하자 잠시 소강상태를 유지하다가 이스라엘군이 수에즈 운하 역도하를 본격적으로 시작한 10월

151) 전게서, Chaim Herzog, p.257.

17일부터 전력을 다해 이스라엘군의 부교를 파괴하려고 시도하였다. 하루에도 몇 차례씩 한번에 10~20기를 투입하여 공격을 실시했다. 이때 MIG-21 전투기가 상공을 엄호하고, MIG-17 및 Su-7 전투기가 공격을 실시하여 이스라엘군에게 상당한 피해를 주었지만 부교를 완전히 파괴하지는 못했다. 이렇게 이집트 공군이 필사적으로 공격해 오자 수에즈 운하 상공에서도 작렬한 공중전이 전개되었고, 매 공습시마다 이집트 공군은 출격기수의 절반을 상회하는 피해를 입었다.

이후, 이스라엘군이 이집트군 제3군을 포위하기 위해 수에즈 시(市)를 목표로 남진을 계속하자 이집트 공군도 그동안 온존해 왔던 가용 항공기를 총 투입하여 필사적인 작전을 감행하였다. 어떤 때는 40~50기를 투입하여 파상적인 공격을 실시하기도 했다. 그러나 다수의 SAM 진지를 파괴하여 행동이 자유로워진 이스라엘 공군기의 맹활약에 의해 이집트 공군의 공격은 성공을 거두지 못했다. 이집트 공군의 맹렬한 공격행동이 다소 감소하기 시작한 것은 그들의 전력이 상당수 소모되고, 더 이상의 저항으로도 전세를 역전시킬 수 없을 것이라는 판단이 명확해질 때였으며, 실제로도 그 후 며칠 지나지 않아 정전이 이루어졌다.

라. 전투 결과

18일간의 전투에서 이스라엘 공군의 역할은 매우 컸다. 아랍군의 방공무기에 의해 막대한 피해를 입으면서도 제공권을 획득했고, 지상전투의 결정적 승리에 크게 기여했다. 그럼에도 불구하고 많은 비판을 받는 것은 너무나 찬란했던 6일 전쟁 시의 활약과 비교되었기 때문이다. 또한 이번 전쟁의 결과에 대한 일반적인 불만 때문이기도 하다.

제공권 획득은 지상군의 작전성공에 없어서는 안 될 조건이었다. 이스라엘 공군이 제공권을 획득했기 때문에 이스라엘군 남부사령부는 전쟁 기간 중 5회의 공습을 받았을 뿐이었다. 이것은 이집트군 사령부의 최초 계획을 빗나가게 만들었다. 이집트군은 SAM에 의해 이스라엘 공군이 막대한 피해를 입을 것이라 생각했고, 그렇게 되면 이집트 공군 항공기들이 큰 피해를 입지 않고 시나이 반도의 주요 통로 및 고개를 향해 진격하는 그들의 기갑부대를 지원할 수 있을 것이라고 예상했다. 그러나 그 기대는 실현되지 않았다. 그들이 기대했던 종심 공격은 실행되지 못했고, 방공우산의 보호를 받는 교두보를 벗어나지 못했다.

오히려 전쟁 초기 큰 피해를 입었음에도 불구하고 제공권을 장악한 이스라엘 공군은 역도하 작전이 성공할 수 있도록 적극적으로 지원하여 10월 전쟁에 결정적 영향을 주었다.[152]

● **아랍 측 방공무기** : 아랍군은 방공무기를 농밀하게 배치하여 한정된 공역에서 유효한 대공방어를 실시하는 성과를 거두었다. 아랍군이 사용한 방공무기체계는 지상으로부터 20㎞ 상공에 이르기까지의 대공방어를 수행할 수 있도록 목적별, 고도별로 구분되었다. 23밀리, 37밀리, 57밀리 대공포 및 SA-7 미사일은 저고도에서의 항공기 공격에 대한 점표적 방어에, SA-2 미사일은 중·고고도에서의 항공기 공격에 대한 광역 방어용으로, SA-6 미사일은 중간 공역인 저·중고도용 방어용으로 사용되었다. 이스라엘 공군의 항공기 손실은 합계 109기로서 큰 피해를 입었지만 다량으로 발사된 아랍군의 미사일 총 발사수에 관한 정확한 정보를 입수할 수 없기 때문에 아랍 측 방공무기체계의 효율을 산출할 수가 없다. 다만 6일 전쟁 시, 이스라엘 항공기 손실률이 100회 출격 시 4기였는데 비해, 10월 전쟁에서는 100회 출격 시 1기였다는 데이터를 통해 유추해 볼 수 있을 뿐이다.[153]

SA-2, 3 미사일은 대전자전 장비를 탑재한 이스라엘군 항공기에 대하여 거의 효과가 없었다. 그에 비해 SA-7 미사일(차량 이용, 1대에 4~8기 탑재)은 그 효력 이상으로 이스라엘군 항공기에는 공포의 대상이었다. 시나이 및 골란의 양 전선에서 약 100발이 발사되어 다수의 이스라엘군 항공기에 대해 손상을 주었지만 그것을 완전히 격추시키는 데까지는 이르지 못했다. 그 이유는 명중되어도 항공기를 파괴시킬 만큼 탄두의 폭발 위력이 강력하지 못했기 때문이었다. 반면 SA-6 미사일은 상당수의 이스라엘군 항공기를 격추시켰는데, ZSU 실카 자주대공포와 조합하여 운용했기 때문에 효과가 더욱 컸다.

이렇듯 아랍 측은 각종 방공무기를 조합하여 효과를 극대화 시켰는데, 그것은 각각의 무기성능 이상으로 평가되어야 할 사항이다. 그러나 이러한 방공체계는 대량의 보급 및 정비소요, 편성 및 장비면에서의 문제점 등이 기동성을 대폭 제한하였다. 따라서 방어하는 측이 항공공격으로부터 지상부대를 방호하는 경우에만 그 효과를 기대할

152) 전게서, 田上四郎, p.330.
153) 상게서, p.300.

수 있고, 공격중인 기갑부대를 수반하면서 밀접히 지원하는 것은 대단히 곤란하였다. 한편, 이러한 방공체계로부터 항공기를 보호하기 위해서는 대전자전 장비를 장착해야 한다는 것이 보다 더 명확해졌다.

● **공대지 미사일 효과** : 신형 공대지 미사일은 항공기의 대지공격효과를 현저하게 증대 시켰다. 이스라엘군은 전쟁 종료 1주 전에 미국으로부터 매버릭, 록키, 호브스 등, 공 대지 미사일을 공여 받았다. 이 미사일은 명중률 95%라는 뛰어난 성과를 올렸기 때문 에 이전 여러 기(機)에 의한 공격이 필요한 목표를 이제는 단 1기만의 공격으로도 파괴 하는 것이 가능해졌다. 다만 미사일의 사정거리가 짧았기 때문에 공격기는 자주 적의 SAM 유효사정에 들어가는 위험을 감수해야 했다. 만약 이스라엘군이 개전 시에 이러 한 공대지 미사일을 보유하고 있었다면 아랍군의 방공무기에 대한 공격이 보다 용이 했을 것이다. 이로부터 공대지 미사일의 개발은 방공무기에 의해 방호된 지상목표를 공격하기 위해 반드시 필요했다.

● **이스라엘군 공중전 승리 요인** : 아랍 측이 항공기를 온존하기 위해 SAM에 의해 방호된 콘크리트제 쉘터에 대피시켜 놓았기 때문에 이스라엘 공군은 조기에 전장 상공의 제 공권을 장악할 수 있었다. 그 후 이스라엘 공군이 다마스쿠스를 폭격하자 시리아 공군 이 요격에 나섰고, 또 이스라엘군이 역도하 작전에 성공하자 이를 저지하기 위해 이집 트 공군이 결사적으로 공격해 왔다. 이리하여 전장 상공에서는 작렬한 공중전이 펼쳐 졌다. 요격에 나섰거나 공격을 엄호하던 MIG-21 전투기에 주로 팬텀 전투기가 맞섰 다. 그때 팬텀 전투기가 주로 사용한 무기는 사이드 와인더와 샤핀 공대공 미사일이었 는데 MIG-21 전투기에 장착된 K13A 공대공 미사일보다 성능이 훨씬 우수하였다. 뿐 만 아니라 전투기에 탑재된 전자장비의 성능도 이스라엘군 측이 우수하였다. 따라서 조종사의 기량이 뛰어난 것은 물론이고 성능이 우수한 공대공 미사일과 항공기를 보 유한 이스라엘 공군이 공중전에서 압도적으로 승리할 수밖에 없었다.

● **지휘통제 및 통신체계** : 이스라엘군은 일사불란한 지휘통제 및 통신체계에 의해 공군을 효율적으로 운용하였다. 대단히 우수한 정보조직과 정찰기의 활약에 의해 이스라엘군

참모본부와 공군사령부는 골란과 수에즈 전선의 상황을 신속히 파악하고 정확한 판단을 통하여 닥쳐올 상황을 예측하였다. 따라서 이스라엘 공군은 골란과 수에즈 양 전선에 번갈아가며 적시적절하게 전력을 집중시킬 수 있었다. 아랍 측이 보유한 작전기 수의 절반에도 미치지 못하는 양적 열세에도 불구하고 출격 횟수에서는 어느 전선에서나 아랍 측보다 우세하였고, 전쟁 후반기에서는 출격 가능한 항공기 수에서도 아랍 측을 압도하였다. 이와 같이 이스라엘 공군이 적은 수의 항공기를 충분히 활용하여 시종일관 항공우세를 달성할 수 있었던 것은 지휘통제체계의 일체화와 우수한 통신체계를 확립하고 있었기 때문이었다.

결과적으로 10월 전쟁에서 아랍 측의 손실은 전투기 390기, 폭격기 1기, 수송기 1기, 헬기 55기였고, 이스라엘은 전투기 103기, 헬기 6기였다. 기종별, 원인별 손실은 〈표 6-10〉과 같다. 아울러 전쟁기간 중 미·소에 의한 재보충 기수는 이집트군 163기, 시리아군 125기, 이스라엘군 56기였다.

〈표 6-10〉 항공기 피해 상황[154]

구분			이집트군	시리아군	이라크군	기타 아랍군	아랍군 합계	이스라엘군
손실	기종별	전투기	222	117	21	30	390	103
		폭격기	1				1	
		수송기		1			1	
		헬기	42	13			55	6
		계	265	131	21	30	447	109
	원인별	공대공					287	21
		SAM					17	40
		대공화기					19	31
		착오·불명					66	15
		우군 오인사격					58	2
		계					447	109
파손		파손					125	236
		정비(1주간)					?	216

---

154) Trevor N. Dupuy, 「Elusive Victory : The Arab-Israel; War 1947~1974」, (Macdonald and Jane's, 1978), p.609

3. 아랍군의 방공 작전

가. 방공체제 강화

6일 전쟁에서 참패한 이집트의 나세르 대통령은 서전에서 이스라엘 공군이 거둔 결정적 승리를 인정하면서 "실제로 우리는 적과 마주치기도 전에 싸움에서 패해 전투를 해보지도 못하고 전쟁에서 패했다"고 한탄했다.[155] 그래서 이집트와 시리아는 6일 전쟁을 교훈삼아 전쟁 후 6년 동안 방공부대를 강화시켰다. 또 양국은 이스라엘과 전쟁을 할 경우 양 정면에서 노력을 통합하여 싸울 필요성을 깨닫고 소련의 지원을 받아 방공조직을 대폭적으로 개선하였다. 6일 전쟁 시 파괴된 SA-2 미사일은 개량형 SA-2 미사일로 교체되었고, 이어서 SA-3 및 SA-7 미사일이 도입되었다. SA-6 미사일은 1971년에 처음으로 이집트에 도입되었는데, 이 미사일 시스템을 보완한 것이 ZSU-23-4 자주대공포 시스템이었다.

SA-2 미사일은 경사거리(slant range) 40㎞의 고고도 시스템으로 5만 피트의 고고도를 방호한다. 그것을 판송(Fansong) 레이더 시스템을 사용하는 중고도 미사일 시스템 SA-3와 조합시켰다. SA-3 미사일의 경사거리는 24㎞이었다. 양 시스템 모두 이동 및 진지변환을 하는데 최소 6시간이 소요되었다. 스트레이트 플래시(straight flash) 레이더를 사용하는 SA-6 미사일은 ZSU-23-4 자주대공포 시스템과 조합하여 사용했다. SA-6 미사일은 다양한 유도 기술을 사용하며, 경사거리는 30㎞로서, 50~18,000m의 고도를 방호한다. SA-6는 기동력을 증대시키기 위해서 완전히 차량화 되었고, 1개 포대는 차량화 된 4기의 발사대로 구성되었다. 1기의 발사대에는 미사일 3발이 장전되어있다. 자주식 23밀리 4연장 대공기관포 시스템인 ZSU-23-4는 SA-6와 똑같은 레이더 기술을 내장한 건 디시(gun dish) 레이더를 사용한다.

ZSU는 23밀리 고사기관포 4문을 장착하고 있으며, 발사 속도는 분당 4,000발이고 사정은 3,000m이다. ZSU의 제1의 역할은 SA-6 미사일의 사각지대 5㎞를 방호하는 것이다. SA-7 미사일은 개인 휴대용으로 적외선 장치에 의한 열추적 미사일이며, 미군의 레드아이와 유사하다. 단(短)사정으로 좁은 공역의 저공용으로 사용된다. 이러한 다양한 방공무

---

155) 전게서, 田上四郎, p.306.

기를 이용하여 이집트군 정면의 방공벨트는 폭 32km, 고도 5만 피트, 길이 150km의 공역에 걸쳐 구축하였다.

6일 전쟁 후, 6년간 이스라엘 공군은 여러 차례 아랍 측의 방공무기와 조우하였고, 그 결과 아랍 측 방공무기의 위력이 점차 증대되고 있다는 것을 인식하였다. 그럼에도 불구하고 이스라엘 공군은 자신감에 가득차 있었으며, 아랍군 방공무기체계에 관하여 큰 관심을 갖지 않았다. 이러한 자신감은 과거부터 공중전에서는 압도적으로 승리해 왔으며, 특히 6일 전쟁 이후 국지적 충돌 시 전개된 공중전에서 아랍군 항공기 125기를 격추하는 성과를 거둔데서 기인했다.

나. 방공체계의 위력 및 성과

전쟁이 개시되자 이스라엘 공군은 아랍군의 방공체계로부터 두 가지 측면에서 큰 충격을 받았다. 첫 번째는 공격기에 대해 불을 뿜는 방공무기의 다양성이었다. 저공으로 비행하는 이스라엘군 전투기는 SA-6, SA-7 미사일과 ZSU-23-4 자주대공포의 포화를 뒤집어썼다. 저고도 방어용 방공무기에 의해 이스라엘군 전투기의 피해가 다수 발생한 것은 SA-7과 대공기관포의 유효성을 입증한 것이었다. 이집트군 참모총장 샤즐리 중장은 "이스라엘군 전투기가 부교를 폭격하기 위해 저공 또는 초저공으로 진입하였기 때문에 SA-7 미사일이 공격기를 격추시키는데 큰 역할을 했다"고 말했다. 대공기관포에 의한 항공기 격추는 대부분 ZSU-23-4 자주대공포에 의한 것이었다. 이스라엘군 전투기가 SAM을 피해 지상표적을 공격하려고 저공으로 내려오면 기다리고 있던 ZSU-23-4 자주대공포가 불을 뿜었다.

두 번째 충격은 아랍의 방공벨트를 구성하는 방공무기체계의 압도적인 수량이었다. SA-2, 3 미사일 기지는 130개소였으며, SA-6 미사일은 40개 포대 이상이었다. 이스라엘 공군은 SA-6 미사일과의 실전 경험이 없어서 그 시스템에 관해 알지 못했다. 여러 종류의 방공무기들은 그 사정거리와 위치 간의 지리적 거리를 고려하여 전개했고, 그 지역 내에서 다수의 사격부대는 상호지원이 가능하도록 복합적으로 배치했다. 이에 부가하여 소련으로부터 대량의 미사일을 원조 받아 표적 하나에 미사일을 한발 한발 발사하는 것이 아니라 다수의 미사일을 한꺼번에 발사했기 때문에 이스라엘군 전투기가 미사일을 몇 번 회피해도 결국에는 격추될 수밖에 없었다. 많은 목격자들은 공격하는 이스라엘군 전투기들이 각각 5~6기의 대공미사일에 의해 추적당했다고 술회했다.

새로운 방공체계의 중요한 이점 중 하나는 기동성이었다. 이것은 두 가지 이유에서 중요했다. 첫째는 신속히 이동하여 지상부대를 방호할 수 있고, 둘째는 끊임없이 이동하기 때문에 공격받을 위험이 감소해 생존성이 증가된다. SA-6와 ZSU-23-4는 완전히 자주화 되어있기 때문에 지상부대와 함께 전진할 수 있었다. 그래서 최소한 10개 포대의 SA-6가 수에즈 운하를 도하해 시나이 교두보에 진출했다. ZSU-23-4 자주대공포는 중요한 지역의 점표적, 예를 들면 교량방호와 같은 임무에 뛰어난 능력을 발휘하였다. SA-7은 본래 병사 1명이 휴대하고 사격하는 이른바 미군의 레드아이와 유사한 대공미사일이었다. 그런데 아랍군은 SA-7을 차량에 여러 개의 발사기를 장착하여 기동력을 발휘하고 동시에 4발을 발사할 수 있도록 만들었다.

10월 6일, 아랍군의 기습공격에 대한 이스라엘 공군의 반격 시, 이스라엘 공군은 아랍군의 두터운 방공벨트에 봉착하여 큰 피해를 입었다. 첫날에 30기가 격추되었다. 가장 위험한 곳은 이집트군 정면이었다. 그곳에 SA-6가 가장 밀도 높게 집중 배치되어 있었다. 이집트군은 방공우산을 벗어나 전진하지 않았기 때문에 이스라엘 공군은 이집트군 지상부대를 격파할 수가 없었다. 그런데 이집트 공군은 초기 기습공격 시에만 대거 참가하고 그 후에는 공군을 항공전력으로서 광범위하게 운용하지 않았다. 이집트군은 전투지역 전단에서 이스라엘 공군의 공격을 무력화 시키고 격파하는 것을 방공부대에 의존했다. 아울러 이집트군 자신들의 전력을 온존하는 수단으로서 방공부대를 활용했다. 이것은 일종의 소모전술로서 이스라엘 공군을 무력화시켜 3차원 전장을 2차원 전장으로 축소시키기 위해서였다.[156]

아랍군 방공체계의 우수한 특징 중에서 첫 번째는 전자전 분야였다. 이때까지 SA-6 및 ZSU-23-4의 다양한 능력은 이스라엘군에게 잘 알려지지 않았다. 이스라엘군은 SA-6 미사일에 사용되는 복잡한 호밍유도시스템에 관해서도 알지 못했다. 그래서 큰 피해를 입었으며, 전쟁 최종일까지도 그 시스템에 대하여 효과적인 ECM을 실시할 수 없었다.

---

156) 상게서, p.311.

다. 소극적 방공수단의 최대 활용

이집트군은 적극적 방공수단 외에 소극적 방공수단도 최대한 활용했다. 소극적 수단의 첫 번째는 공군 항공기를 지상에서 방호하는 것이었다. 이를 위해 이집트군은 다수의 비행장에 쉘터를 구축하여 항공기를 분산 대피시켰다. 그 쉘터는 두께 3m의 철근콘크리트로 만들었으며, 외벽은 흙으로 덮었고, 2기의 항공기를 수용하기 위해 양단은 개방되어 있었다. 방공망을 돌파한 일부의 이스라엘 공군기가 폭격을 한다 해도 쉘터 내의 항공기에 피해를 줄 수 없을 정도였다.

제2의 독특한 수단은 수에즈 운하에 가설된 부교의 방호에 관한 것이다. 이집트군 참모총장 샤즐리 중장의 말에 의하면 이집트군은 야음을 이용해 부교를 좌우로 약 1㎞ 정도 이동시키는 방법을 활용했다. 이는 이스라엘 공군의 기계획 된 1기의 항공기가 단 1회의 급강하 폭격으로 부교에 유효한 타격을 가할 수 있는 능력이 있음을 알기 때문이었다. 그래서 이집트군은 야간에 부교를 이동시켜 놓았다. 그럴 경우 이스라엘 공군의 기계획 된 공격은 종종 그 표적을 찾지 못했다. 연막 사용을 동반한 그 소극적 방법은 부교와 도선장을 방호하는 방공무기와 연계하여 큰 효과를 보았다.

제3의 소극적 수단은 허위 사이트(dummy site)를 광범위하게 사용한 것이다. 이러한 사이트는 실물처럼 교묘하게 설치했고, 대부분 액티브 레이더(active radar)를 포함하고 있었다. 그것을 사용한 이유는 두 가지였다. 하나는 이스라엘 공군의 공격을 고가치 표적으로 보이지만 가치 없는 표적으로 지향하게 하는 것이고, 또 하나는 허위 사이트를 미끼로 삼고 그 주변 수 개소에 방공무기를 배치하는 덫을 놓아 공격해오는 이스라엘 공군기를 격추하기 위해서였다. 특히 수에즈 운하 서측에 허위 사이트를 많이 설치했다고 한다.

라. 아랍 측 방공체제의 결함

아랍군의 방공체제는 멋진 성공이 보여주는 것 같이 많은 특질을 갖고 있었지만 완벽하지 못했다. 그 원인의 몇몇은 방어시스템 기획상의 기본적인 결함이고, 다른 것은 명백한 전술상의 잘못이었다. 이집트군이 10월 8일, 수에즈 운하 동쪽 10㎞ 선에서 진격을 정지하기로 결정한 원인 중 하나가 지상군을 엄호하는 방공능력상의 약점과 관계가 있는 것일

지도 모른다. 만약 공격의 충력(衝力)을 정지시킨다는 이집트군의 결심이 방공부대의 신속한 이동 또는 전진 후 작전상의 무능함에 기인한 것이라면 그것은 SA-6와 방공시스템의 본질적인 약점으로 인식되어야 할 것이다. 이 문제는 좀 더 많은 자료를 통해 분석해 볼 필요가 있다.

이집트군의 진격 정지는 이스라엘 공군에게 필요한 유예를 주었다. 즉 이스라엘군은 보다 위험한 골란 정면으로 공군 전력을 전환시킬 수 있었다. 골란 정면은 수에즈 정면보다 방공무기의 밀도가 낮았다. 이스라엘 공군은 시리아군 방공망의 틈새로 비집고 들어가 SA-6를 파괴하는 새로운 전술을 고안해 냈다. 이스라엘 공군은 신 ECM과 개량형 채프를 사용하고, SA-6 사격시 탄도곡선이 완만하다는 약점을 간파해 고고도에서 접근한 다음 급강하하여 SA-6 사각에서 공격을 감행하였다. 이렇게 되자 SA-6 부대의 피해가 증가되기 시작했고, 10월 9일부터는 다마스쿠스 방향으로 철수하였다. 전투력을 복원할 수 있는데도 불구하고 철수한 주요 이유는 전쟁 초기부터 미사일을 대량으로 발사하여 미사일이 고갈되었기 때문이었다.

골란 정면이 안정되자 이스라엘 공군 전력은 수에즈 정면으로 전환되었다. 이스라엘 공군은 새롭게 진보한 ECM과 개량형 채프, 고고도 접근 방법으로 수에즈의 이집트군 방공망을 무력화 시키려고 했지만 골란 정면과는 달리 성공하지 못했다. 그 이유는 확실하게 밝혀지지는 않았으나 가능성 있는 추론으로는 이집트군 방공부대의 훈련 수준이 높았고, 장비에 대한 숙련도가 높았던 것 같으며, 또 한 가지는 방공무기 간의 상호 밀접한 지원에 의해 방공능력이 강화되었기 때문인 것으로 판단된다.

이스라엘군이 역도하 후 SAM 진지 파괴에 나선 것도 공군이 SA-6를 효과적으로 무력화 시킬 수 없었기 때문이다. 역도하를 실시하여 교두보를 확보한 샤론 사단의 중요 임무 중 하나가 SAM 진지를 파괴하여 공군의 공로(空路)를 뚫어주는 것이었다. 샤론 사단은 전투력이 저하된 전차 1개 대대와 공정보병 1개 대대를 투입하여 최초 2일간에 10개의 SAM 부대를 성공적으로 무력화 시켰다. 이는 이집트군이 지상 공격으로부터 방공부대를 방호하는 충분한 대책을 마련하지 않았기 때문이었다. 이리하여 이스라엘군은 10월 20일 경까지 지상부대와 공군이 통합작전을 전개해 이집트군 제2군 지역 일부를 제외한 대부분의 전장에서 이집트군 방공부대를 격파하고 제공권을 장악하였다.

골란과 수에즈 양 정면에서 노출된 문제점 중 하나는 공중공간 통제 및 관리였다. 액티브 미사일 방어지역에서는 항공기의 식별 및 관리를 효과적으로 할 수가 없었다. 그래서 이집트군은 자유사격지대(free-fire zone)[157]를 설정하여 그 문제를 해결하려고 노력했다. 그러나 시리아군은 그러한 조치를 취하지 않았다. 그래서 시리아 공군은 우군사격에 의해 상당한 피해를 입었다. 이집트군도 이스라엘군이 역도하에 성공한 후 운하 서안에서 수에즈 시(市)를 향해 남진을 계속하자 이를 저지하기 위해 공군전력을 투입하였고, 그 항공기들은 아군의 SAM 상공에서 직접 작전하도록 명령을 받았다. 그 결과 이집트 공군도 아군의 SAM에 의해 다수의 항공기가 피해를 입었다.

SA-7은 칭찬과 비난을 동시에 받았다. SA-7은 이스라엘 공군의 근접항공지원을 효과적으로 제한시켰다. 이스라엘 공군 조종사들을 공포에 몰아넣었고, 많은 미사일이 이스라엘 공군 항공기의 테일 파이프(tailpipe)에 명중했다.[158] 그런데 SA-7의 결함은 탄두에 장착된 폭약의 양이 적어 폭발 위력이 부족한 것이었다. 그래서 항공기를 파괴하지 못하고 테일 파이프에 손상을 주는 정도였다.

이집트군이 사용한 허위 사이트(dummy site)에도 결점이 있었다. SA-2, 3는 ECM으로 무력화 할 수 있었기 때문에 이스라엘 공군에게 큰 위협이 되지 않았다. 따라서 이스라엘 공군은 SA-6를 파괴하는 데 관심을 집중했다. 그러나 SA-6 미사일 시스템의 형태는 명확히 구별할 수 있었기 때문에 허위 사이트의 사용효과가 감소했다.

4. 보급작전

10월 전쟁은 이때까지의 전쟁 중 가장 높은 전투소모율을 보였다. 18일간의 전투에서 이스라엘은 전차 840대, 항공기 109기를 잃었고, 아랍은 전차 2,554대, 항공기 447기를 잃었다. 이스라엘은 개전 1주간에 총보유수의 1/3에 해당하는 600대의 전차를 잃었고, 공군의 손실은 개전시 전력의 1/4에 달했다. 시리아도 개전 1주간에 1,300대의 전차 중

---

157) 특정 공역에 아군기의 비행을 금지시키고, 그 공역에 들어오는 모든 항공기는 적기로 간주하여 자유롭게 사격할 수 있는 공역을 말한다.

158) SA-7에 격추된 숫자는 최종적으로 3기에 그치며, 추가적으로 4기가 SA-7 또는 대공화기에 의해 격추되었다.

800대를 잃었다.

이렇게 놀라운 전투소모율이 미·소 양국으로 하여금 대량의 보급 활동을 단행하게 한 가장 큰 원인이었다. 미·소의 보급 활동은 최초 공수보급이 주체였다가 그 다음 해상보급으로 변환되었다. 개전 후 보급 활동은 먼저 소련이 공수를 실시하고 이어서 미국이 실시함으로서, 아랍군과 이스라엘군은 전투를 계속할 수 있었다.

가. 미 · 소의 보급작전[159]

미·소의 재보급활동 특징은 단지 아랍과 이스라엘이 전쟁을 계속할 수 있는 능력을 부여하는 것만이 아니라, 정전을 조기에 실현시킬 수 있는 방책의 일환으로써 활동이었다. 동시에 아랍, 이스라엘 어느 한쪽이 일방적인 승리를 하지 못한 상태에서 전쟁을 종결시킬 수 있도록 질과 양을 조절하였다.

소련의 재보급활동은 '대량(Mass)의 원칙'에 기초를 두고 한 번에 대량의 보급품을 수송하는 것이 특징이었다. 소련은 29일간 900개 품목 약 1만 5,000톤, 미국은 같은 기간에 670개 품목 2만 3,000톤을 공수 보급했다. 소련의 해상보급은 이집트에 13회 9만 2,000톤, 시리아에는 19회 13만 8,000톤의 화물을 양륙시켰다. 그 해상보급에 의해 이집트는 전차 및 장갑차량 900~1,000대(T-62 전차 400대 포함), 항공기 200~220기를 수령했고, 시리아는 전차 및 장갑차 810~1,000대, 항공기 215기를 수령했다. 미국의 지원은 소련이 아랍국가에 제공한 보충량과 균형을 유지할 수 있는 정도로만 실행되었다.

이스라엘 육군 및 공군의 1일 보급소요량은 6,000톤이었다. 개전 후 약 1주일 만에 보유량이 바닥나자 미국은 10월 13일부터 11월 14일까지 총 2만 2,395톤을 이스라엘에 공수했다. 미군은 원활한 공수작전을 수행하기 위해 로드 공항에 50명으로 구성된 공수통제팀을 파견하였다. 미 공군은 1일 최대 약 1,000톤의 군수품과 700~800톤의 탄약을 공수했는데 기종별 공수량은 다음과 같다.

- C-5 수송기 : 1만 763톤(145 소티)

---

159) Trevor N. Dupuy, 「Elusive Victory」, p.569; 田上四郎, 『中東戰爭全史』, pp.343-345 참고.

　- C-141 수송기 : 1만 1,600톤(421 소티)

　- 엘 알 항공(민간) : 5,500톤

　C-5 수송기는 주로 M48 전차, M60 전차, 155밀리 곡사포, 175밀리 평사포, CH-53 헬기, A-4 스카이 호크 동체 등, 대형장비를 공수했다. 또 NATO 국가에 보관하고 있던 탄약 및 장비가 우선대상이 되어, 서독의 람슈타인 기지에서 C-130 수송기로 각종 탄약, 항공기용 미사일, 토우(TOW) 대전차 미사일을 공수했다. 토우(TOW)는 NATO 비축분의 90%를 보급했고, 토우(TOW) 이외의 탄약은 미국 비축분의 50%를 보급했다. 그밖에 ECM과 스마트 폭탄도 보급했다. 이스라엘은 탄약비축량이 적었다. 특히 105밀리 전차포탄, 175밀리 평사포탄, 공대공 및 공대지 미사일이 적었다. 포병탄약은 1일 1문당 100발이 소요될 것이라고 판단했는데, 실제로는 400발이나 사용되었다. 당시 미 육군 1개 사단의 탄약 소요는 1일 350톤으로 산출되었는데, 이번 전쟁에서 이스라엘군은 미군 기준의 2배를 사용했다. 그 소모량의 대부분은 미국이 공여했다.

　소련의 이집트에 대한 공중수송은 10월 9일부터 개시되었다. 주로 헝가리의 부다페스트에서 AN-12(탑재중량 : 약 20톤)와 AN-22(탑재중량 : 약 80톤) 수송기를 이용, 총 1만 5,000톤의 무기 및 탄약을 공수했고, 소련의 키예프에서도 공수했다. 시리아에 대한 공중수송은 10월 10일부터 개시되어 AN-12 및 AN-22 수송기 각각 21기가 다마스쿠스 공항에 착륙하였다. 그 후 10월 15일까지 4,000톤의 무기 및 탄약을 공수하였다. 이라크에 대해서는 10월 13~14일간 450톤을 공수했다. 소련의 공수보급량은 10월 23일까지 총 1만 2,500톤에 달하는 것으로 추정된다. 개전 후 소련의 해상보급은 보스포루스 해협을 통해 이루어졌다. 이집트와 시리아로 수송된 양은 10월 7~20일간 4만 1,000톤, 10월 21일~23일간 2만 2,000톤으로 총 6만 3,000톤에 달했다.

나. 이스라엘군의 전투근무지원 활동

　수에즈, 골란 양 전선에서는 11월 2일까지 이번 전쟁에서 파손된 모든 전투차량을 회수하였다. 완전히 파괴되어 고철 가치밖에 안 되는 것만 방치되었다. 이러한 행동은 자원이 부족한 이스라엘군에게는 대단히 중요한 조치로서, 회수 및 정비를 통하여 전투 장비를 재생산하는 활동이었다. 전쟁 초기에는 이번 전쟁도 6일 전쟁과 똑같이 1주일 정도밖에 계속되지 않을 것으로 보였다. 그러나 예상을 뛰어넘어 18일간이나 계속되었다. 국력이 부족한 이스라엘은 큰 어려움에 봉착하게 되었다. 어쩔 수 없이 민간 트럭과 토목공사용 기재까지 동원하였다. 이렇게 되자 오렌지와 포도 수확이 중지되었고, 소비물자 생산도 정지되어 이스라엘 경제는 거의 마비상태에 도달하였다. 이와 같은 상황에서 이스라엘은 독창적이고 적극적인 방법으로 전투근무지원 활동을 전개하였다.

1) 보급 및 수송

개전 1주일 만에 국내 보유물자가 바닥나서 외부로부터 보급을 받지 않으면 안 되는 상황에 처했다. 다행히 미 공군의 C-5A와 C-141 수송기에 의해 공수보급이 실시되어 위기를 면했다. 이러한 상황 속에서 흥미를 끄는 것은 이스라엘군 군수지원부대가 공항에서 자재 및 보급품을 운반하는 방법이었다. 수송기 내의 군수품은 1~2시간 내에 완전히 하역한 후 즉시 공항에서 분배소로 보내졌다. 전쟁 발발 전 이스라엘군은 부대 유형별로 수리부속을 포함한 보급품의 소모, 수요, 공급량을 산출해 놓았다. 그것을 기준으로 각종 보급품을 전선 부대로 수송했으며, 엔진·통신기계 등 중요한 2차적 자재 대부분은 수에즈 전선 후방 80㎞ 및 골란 전선 후방 96㎞ 지점의 정비지역에 집적시켰다.

2) 야전정비

이번 전쟁에서 화포의 발사탄수는 미군이 베트남 전쟁 시 동종(同種)의 화포에서 발사한 탄수보다 훨씬 많았다. 야포와 전차포는 포신이 마모될 때까지 사격했다. 수명이 다한 포신의 교환은 사격현장에서 실시하였다. 이스라엘군 정비부대는 175밀리 평사포 포신이나 8인치 자주포 포신을 3시간 만에 교환할 정도로 숙달되어 있었다.

이스라엘은 자원이 부족하여 소모전에 취약했다. 이를 극복하기 위하여 전투지역에서 구난 및 정비에 전력을 다했다. 미국제 구형 하프트럭에 탑승한 이동정비팀은 포화 속을 뚫고 들어가 파손된 전차나 화포에 접근하여 긴급히 정비를 실시했다. 현장에서 정비할 수 없는 전투장비들은 전선에서 5~10㎞ 후방에 위치한 야전통합정비지역으로 견인해 왔고, 그 곳에서 통합정비를 실시하여 견인되어 온 전투장비의 2/3 정도가 다시 전선으로 복귀했다. 이스라엘군은 사용 불가능한 전투장비에서 필요한 부품을 떼어내어 사용했다. 또 전투가 격화되었을 때는 통합정비팀이 전선으로 진출해 파괴된 2~3대의 전차에서 포, 포탑, 차체 등을 떼어내어 1대의 완전한 전차를 조립하였다. 이런 작업은 격렬한 전투가 벌어지고 있는 인근에서 실시되었다. 이스라엘군은 시나이 반도의 모래와 먼지 때문에 엔진의 마모율이 높다는 것을 알고 예비 엔진을 전선에 비축해 놓았다. 그리고 필요할 경우 전선의 도로변에서 엔진을 교환했다. 교환된 엔진은 후방의 정비공장으로 보내 정비한 후 다시 전선으로 보내졌다.

3) 민간 기재 사용

자원이 부족한 이스라엘은 민간 기재를 동원하여 유용하게 사용하였다. 수에즈 운하 역도하시 교두보를 구축하는 데 구식의 민간용 불도저를 사용했다. 물자 수송을 하는 데 민간용 트랙터 및 세미 트레일러까지 동원하여 텔아비브 공항에서 전장에 가장 가까운 포장도로 말단까지 보급품을 운반했다. 또 민간용 크레인을 동원하여 전차, 화포, 중장비 등을 하역하는 데 사용했다.

개전 전부터 이스라엘군의 관심사 중 하나는 전차수송수단이었다. 이스라엘군은 전차 승무원의 피로감 해소보다 장거리 이동으로 인해 전차의 주행능력이 저하되는 것을 방지하는 데 더 큰 관심을 쏟았다. 그러나 이스라엘이 보유하고 있는 민간용 수송차량으로서는 적재중량과 사막의 지형조건을 동시에 충족시키지 못했다. 이런 연유로 인해 이스라엘은 보유하고 있는 미국제 구형 부품을 이용해 독자적인 전차수송차량을 개발하였다. 이와 같이 이스라엘은 이미 보유하고 있는 장비를 조합시켜 개발해 사용함으로써 엔진, 통신기재, 기타 장비를 필요 이상으로 제작하는 것을 피했다. 이러한 방법은 이스라엘이 여러 국가에서 생산된 다양한 종류의 장비를 보유하고 있었기 때문에 대단히 실용적이었다.

▌▌▌▌▌ 제5장 ▌▌▌▌▌
전쟁 결과

1. 쌍방의 피해

1973년 10월, 18일 동안 펼쳐진 전투에서 쌍방은 큰 피해를 입었다. 이스라엘군의 인명피해는 전사자 2,838명(약 절반이 전차승무원), 부상자 8,800명, 바레브 라인에서 발생한 포로 508명이었다. 이는 이스라엘 인구수를 고려했을 때 지금까지 볼 수 없었던 엄청난 인명손실이었다. 한편, 아랍 측의 이집트군은 전사자 약 5,000명, 부상자 1만 2,000명, 포로 8,031명이었고, 시리아군은 전사자 약 3,100명, 부상자 6,000명, 포로 500명이었다.

장비손실 또한 엄청났다. 이스라엘군 전차는 840대가 파괴되었다. 아랍군 전차의 총손실은 2,554대로 그중 이집트군 전차가 1,200대, 시리아군 전차가 1,100대, 기타 아랍군 전차가 254대였다. 그런데 이스라엘군은 파괴된 전차를 효율적으로 정비하여 파괴된 수의 50%인 420대를 복귀시켜 실제 피해는 420대였지만 아랍군은 파괴된 전차를 제대로 회수하지 못하고 정비능력이 떨어져 파괴된 수의 30%인 852대 밖에 복귀시키지 못해 실제 피해는 1,702대로서 피해 격차가 더욱 벌어졌다.

공군의 피해도 컸다. 이스라엘군은 작전기 전력의 25%에 달하는 103기의 항공기를 잃었다. 손실된 항공기의 70% 이상이 SAM 및 대공화기에 의해 격추당했다. 이전까지 이렇게 심대한 피해를 입은 적이 없었다. 아랍군도 392기의 항공기를 잃었다. 이 손실의 약 70%는 공중전에 의한 것이었다.

〈표 6-11〉 아랍·이스라엘 양군의 피해 상황[160]

구분		이스라엘군	아랍군(계)	아랍군				
				이집트군	시리아군	요르단군	이라크군	기타
병력	전사자	2,838	8,446	5,000	3,100	28	218	100
	부상자	8,800	18,949	12,000	6,000	49	600	300
	포로·행방불명	508	8,551	8,031	500		20	
	전차	840	2,554	1,200	1,100	54	200	
	장갑차	400	850	450	400		?	
	화포	?	550	300	250		?	
	SAM		47	44	3			
	항공기	103	392	223	118		21	30
	헬기	6	55	42	13		?	
	함선	1	19	12	7			

〈표 6-12〉 병력 손실 추정수(골란 정면)[161]

10월(일)	아랍군			이스라엘군		
	전투	비전투	누계	전투	비전투	누계
6	875	0	875	475	0	475
7	525	0	1,400	225	0	700
	1,000	0	2,400	400	0	1,100
8	1,450	0	3,850	550	50	1,700
9	1,350	100	5,300	500	100	2,300
10	750	100	6,150	300	100	2,700
11	850	100	7,100	315	75	3,090
12	850	50	8,000	315	50	3,455
13	850	50	8,900	225	50	3,730
14	0	50	8,950	0	50	3,780
15	200	50	9,200	100	50	3,930
16	450	50	9,700	100	50	4,080
17	0	50	9,750	0	50	4,130
18	0	50	9,800	0	50	4,180
19	550	100	10,450	160	50	4,390
20	0	50	10,500	0	50	4,440
21	150	50	10,700	80	40	4,560
22	250	47	10,997	100	25	4,685
합계	10,100	897		3,845	840	

〈표 6-13〉 병력 손실 추정수(수에즈 정면)[162]

10월(일)	아랍군			이스라엘군		
	전투	비전투	누계	전투	비전투	누계
6	750	0	750	500	0	500
7	1,550	0	2,300	850	100	1,450
8	700	100	3,100	700	100	2,250
9	0	500	3,600	0	100	2,350
10	0	300	3,900	0	100	2,450
11	0	300	4,200	0	100	2,550
12	0	300	4,500	0	100	2,650
13	0	200	4,700	0	100	2,750
14	3,050	100	7,850	640	100	3,490
15	0	150	8,000	0	100	3,590
	500	0	8,500	400	0	3,990
16	1,200	150	9,850	475	100	4,565
17	1,200	150	11,200	475	100	5,140
18	800	150	12,150	225	100	5,465
19	1,000	150	13,300	250	100	5,815
20	1,000	150	14,450	250	81	6,146
21	1,000	200	15,650	250	50	6,446
	400	0	16,050	75	0	6,521
22	1,550	631	18,231	300	50	6,871
23	1,100	2,300	21,631	245	50	7,166
24	1,100	2,300	25,031	245	50	7,461
합계	16,900	8,131		5,880	1,581	

---

160) 전게서, Trevor N. Dupuy, 「Elusive Victory」, p.609.

161) 전게서, Trevor N. Dupuy, 「Combat Data Subscription Service Vol.Ⅱ」, No2, p.9, 47.

162) 상게서, No2; p.9, 47.

〈표 6-14〉 전차 손실 추정수(골란 정면)[163]

10월(일)	이랍군				이스라엘군			
	전투파손	누계	정비/복귀	실제손실	전투파손	누계	정비/복귀	실제손실
6	120	120		120	47	47		47
7	68	188	20	168	22	69	12	57
	115	303		283	20	89		77
8	132	435	41	374	31	120	16	92
9	130	565	63	441	30	150	18	104
10	72	637	62	451	18	168	20	102
11	86	723	·31	506	20	188	12	110
12	86	809	25	567	20	208	8	122
13	167	976	26	708	14	222	10	126
14	25	1,001	40	693	2	224	9	119
15	59	1,060	30	722	6	230	6	119
16	82	1,142	13	791	8	238	3	124
17	25	1,167	23	793	2	240	4	122
18	25	1,192	16	802	2	242	4	120
19	102	1,294	7	897	10	252	1	129
20	20	1,314	20	897	2	254	2	129
21	20	1,334	19	898	2	256	2	129
22	20	1,354	5	913	2	258	1	130
23			10	903				1	129
합계	1,354		451	903	258		129	129

〈표 6-15〉 전차 손실 추정수(수에즈 정면)[164]

10월(일)	이집트군				이스라엘군			
	전투파손	누계	정비/복귀	실제손실	전투파손	누계	정비/복귀	실제손실
6	22	22		22	86	86		86
7	19	41	3	38	101	187	21	166
8	27	68	7	58	78	265	46	198
9	30	98	7	81	5	270	44	159
10	30	128	10	101	5	275	22	142
11	30	158	10	121	5	280	3	144
12	30	188	10	141	5	285	2	147
13	30	218	10	161	5	290	3	149
14	260	478	10	411	48	338	2	195
15	18	496	48	381	5	343	13	187
	62	558		443	56	399		243
16	111	669	47	507	20	419	13	250
17	111	780	32	586	20	439	20	250
18	64	844	48	602	18	457	24	244
19	61	905	28	635	20	477	10	254
20	61	966	21	675	20	497	9	265
21	61	1,027	20	716	20	517	10	275
	29	1,056		745	6	523		281
22	58	1,114	21	782	25	548	11	295
23	43	1,157	25	800	17	565	13	299
24	43	1,200	22	821	17	582	12	304
25			22	799			13	291
합계	1,200		401	799	582		291	291

쌍방의 피해를 통해 드러난 이번 전쟁의 특징은 엄청난 규모의 파괴성을 가진 소모전 양상이었다는 것이다. 18일간의 전투에서 쌍방의 전차는 무려 3,400대 정도가 파괴되고 항공기 또한 500기 정도가 상실되었다. 지금까지 이렇게 짧은 전투기간에 이 정도로 많은 전차와 항공기가 파괴된 적이 없었다. 뿐만 아니라 전쟁이 개시되고 불과 9일이 지난 이후부터 쌍방은 전쟁 전에 비축해 놓았던 전쟁물자가 거의 바닥이 나서 그 이후 미·소의 긴급 대량 보급지원이 없었다면 더 이상 전쟁 수행이 불가능한 상태였다. 이러한 현상은 앞으로 대부분의 정규적인 제한전쟁이나 국지전쟁에서 똑같이 재현될 확률이 크며, 이는 실로 중요한 사실을 의미한다. 즉 초강대국을 제외한 거의 대부분의 국가들이 자주국방이나 자

---

163) 상게서, No2; p.10, 48.
164) 상게서, No2; p.10, 48.

력에 의한 전쟁수행능력에 한계가 있다는 것이다. 그렇기 때문에 중소국가들은 단기전 선택이 불가피하다.

2. 전후 처리 – 병력분리협정

UN의 정전결의에 의해 수에즈 및 골란 전선에서 총성이 멈추기는 했지만 전선 상황은 대단히 불안정했다. 이스라엘군이 수에즈 운하를 역도하한 뒤 서안에서 남진하여 이집트군 제3군과 수에즈 시(市)를 포위했지만 운하 동안의 돌파 입구는 병목형태로서 이집트군 제2군과 제3군 사이에 끼인 꼴이었다. 즉 접촉선이 서로 물고 물리는 형태로 형성되어 있기 때문이었다.

결국 포위된 이집트군 제3군에 대한 보급지원과 UN에서 결의된 정전원칙에 따라 현 접촉선에서 '어떻게 병력을 분리시킬 것인가'에 대한 문제를 해결하기 위해 이집트 대표와 이스라엘 대표가 만날 수밖에 없었다. 그들이 만나서 교섭을 벌인 장소는 카이로에서 수에즈 시(市)를 잇는 간선도로 '101㎞ 지점'으로서 이집트군과 이스라엘군이 접촉하고 있는 곳이었다. 그런데 문제가 있었다. 이스라엘과 직접 협상한다는 그 자체가 이스라엘을 국가로 인정하는 것이므로, 이스라엘을 국가로 인정하지 않는다는 아랍연맹의 결의에 위배되기 때문이다. 그래서 이집트는 이번 행동이 이스라엘을 국가로 인정하는 것이 아니라고 여러 차례 강조했다. 이런 가운데 일련의 협상이 진행되었고, 마침내 1974년 1월 17일, 양국의 합의가 이루어졌다. 1월 23일에는 수에즈 운하 서안의 이스라엘군이 '예정을 앞당겨' 운하 동안으로 철수하기 시작했으며, 1월 25일에는 정식으로 양군의 분리가 시작되고, 2월 21일에는 수에즈 서안의 모든 이스라엘군이 철수를 완료하였다. 양국 간에 합의된 병력분리협정은 다음과 같으며, 이스라엘 측이 상당 부분 양보했다는 것을 알 수 있다.

"수에즈 운하와 평행하게 18마일의 운하 동안지대를 삼등분하여 서(西)로부터 이집트군, UN군, 이스라엘군에게 각각 6마일의 지대를 부여하는 것을 기준으로 한다. 중앙의 완충지대는 6,400명의 UN군(11개국)이 주둔하며, 그 좌우측에는 각각 이집트군과 이스라엘군이 동수의 경계병력(보병 7개 대대 : 7,000명, 전차 1개 대대 : 30대)과 포병 6개 포대(36문)만을 배치함과 아울러 그 양측 지역은 UN군의 사찰대상지역이 된다. 그리고 완충지대로부터 동서 각각 30㎞ 내에는 SAM을 배치할 수 없다.”

이 결과 이집트는 수에즈 운하를 되찾게 되었고, 귀중한 아부 루데이스 유전지대를 수복하였다. 이는 사다트에게는 귀중한 승리였으며, 이집트 국민들 역시 비록 작고 제한적인

〈그림 6-38〉 이집트·이스라엘 병력분리협정

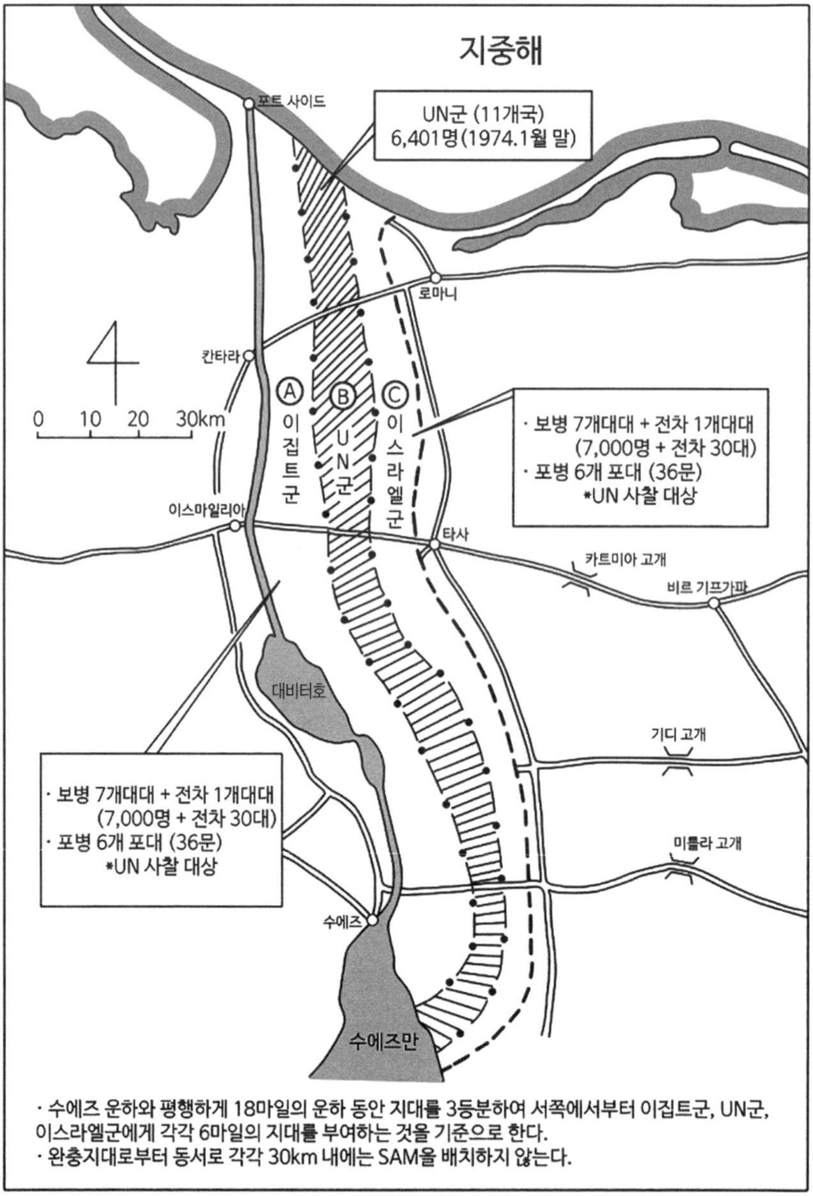

- 수에즈 운하와 평행하게 18마일의 운하 동안 지대를 3등분하여 서쪽에서부터 이집트군, UN군, 이스라엘군에게 각각 6마일의 지대를 부여하는 것을 기준으로 한다.
- 완충지대로부터 동서로 각각 30km 내에는 SAM을 배치하지 않는다.

성과였지만 모처럼의 승리에 환호했다. 이 승리감이 제3차까지의 중동전쟁과 비교해 볼때 가장 중요한 차이였다.

이집트와 이스라엘 간의 교섭과 협정이 신속하고 원만하게 이루어진 것과는 달리 시리아와 이스라엘 간에는 교섭 자체가 이루어지지 않았다. 이번 전쟁에서 아무것도 얻지 못하고 굴욕적인 패배를 당한 시리아로서는 너무나 자존심이 상해서 이집트와 같은 당당한 태도로 협상에 임할 수가 없었다. 그래서 골란 전선에서 포격전을 전개하는 등의 강경한 태도를 견지해 이스라엘로부터 큰 양보를 얻어내려고 하였다. 결국 미 국무부 장관 키신저가 오랫동안 끈질기게 조정하였고, 또 이스라엘이 대폭 양보하여 1974년 5월 29일, 골란고원에서 병력분리에 관한 합의가 이루어졌으며, 5월 31일, 협정이 조인되었다. 협정이 조인되고 30분이 지난 후 비로소 골란고원의 전화(戰火)는 꺼졌다.

3. 전쟁의 여파

10월 전쟁이 끝나자마자 이스라엘은 아그라나트 위원회(Agranat Commission)를 편성하여 전쟁 전반에 걸쳐 철저한 조사를 벌였다. 특히 정보 계통과 기갑병과는 엄중하고 혹독한 추궁을 받았다. 모든 경고신호를 간과했던 군 정보국은 이집트의 기만작전이 최고의 성과를 거두는 데 적극적으로 일조한 셈이었다. 수에즈 전역의 이스라엘 육군은 이집트 보병이 장비한 '새거', 무반동총, PRG 같은 위력적인 대전차 무기에 전혀 대비하지 못하고 있었다. 구식 바주카포와 로켓발사기, 반자동 FN 소총, 우지(Uzi) 기관단총으로 무장한 이스라엘군 보병들은 PRG-7과 AK-47 자동돌격소총을 장비한 이집트군 보병에게 화력면에서 상대가 되지 않았다. 또한 이스라엘 공군 역시 정교한 SAM 체계에 대하여 초기에 적절한 대응을 하지 못했다.

이스라엘의 아그라나트 위원회는 1974년 4월의 잠정보고서를 통해 1973년 10월 전쟁에 대한 원칙적인 결론을 내렸다. 위원회는 이스라엘군의 정보당국이 아랍 측의 의도와 전력을 평가하는 데 중대한 결함을 보여주었다고 비판했다. 이스라엘군 정보계통의 완전한 재편과 정보부장 제이라 소장의 해임이 권고되었다.

이스라엘군 지휘부도 비판과 책임을 면치 못했다. 참모총장 엘라자르 중장은 잘못된 정보 분석과 군의 임전태세를 확립하는 데 실패했다는 이유로 비판을 받았다. 그는 1974년 4월 2일부로 참모총장직을 사임했다. 또 다른 희생자는 남부사령관 고넨 소장이었다. 그에 대한 가혹한 비판은 10월 6일에서 8일 사이 이집트군의 운하 동안 교두보에 대하여 실시한 반격과 관련되어 있었다. 위원회는 고넨 소장에 대해서도 더 이상의 진급을 보류하고, 이후 고위지휘관 후보로 고려하지 말라고 권고하였다. 그는 역량과 용기가 출중한 인물임에도 불구하고 직위해제 되었다. 수모를 견디지 못한 고넨은 자진 망명의 길을 택했다.

이와 같이 아그라나트 위원회는 제이라, 엘라자르, 고넨의 직위를 박탈했을 뿐만 아니라 골다 메이어와 모세 다얀의 정치적 생명도 끝냈다. 메이어 총리는 비록 아랍 측의 전쟁의 도를 파악하지 못한 책임을 추궁 당하지는 않았지만 위원회가 조사결과를 발표하자 1974년 총리직을 사임해야 했다. 골다 메이어 내각의 대표적 참모였던 다얀 국방부 장관 역시 위원회 보고서가 발표되자 1974년에 자리에서 물러났다.

이처럼 이스라엘의 정치 및 군사지도부가 전쟁에 관한 책임을 지고 물러났지만 순수한 군사적 측면에서만 본다면 1973년 10월 전쟁의 최종 승자는 이스라엘이었다. 개전 초기 내·외적 요인에 의해 작전에 실패했음에도 불구하고, 지성과 능력을 겸비한 고급지휘관들(나름대로 결점도 갖고 있었지만)의 지도력 덕분에 수에즈 운하의 역도하를 감행할 수 있었고, 종국에는 이집트군 제3군을 포위하기에 이르렀다. 골란고원에서도 압도적인 시리아군의 공격을 저지하고 반격을 개시하여 다마스쿠스를 장사정포 사정권 내에 둘 수 있는 곳까지 진격하였다. 하지만 점령한 영토의 크기나 격파한 전차의 숫자만이 전쟁의 승패를 가늠하는 것은 아니었다. 이스라엘 국민들은 전쟁 초기 이스라엘 국방군의 무적신화를 깨뜨린 아랍군의 성공에 자존심이 완전히 무너졌고, 전쟁에서 발생한 사상자의 규모에 대해서도 충격을 받았다. 아그라나트 위원회의 발표만으로는 분노를 달랠 수가 없었다. 누군가 그에 대한 책임을 져야 했다. 그러한 분노는 투표용지에 반영되었다. 근 30년 집권한 노동당이 1977년을 기해 베긴이 이끄는 우익성향의 리쿠드(Likud) 당으로 교체된 것이다.

대다수의 이집트인들에게 사다트의 10월 전쟁은 길이 남을 쾌거였다. 이제 이집트군은 뛰어난 기량과 용기로 성취한 수에즈 운하 도하작전을 떠올리며 당당하게 가슴을 펼 수 있게 되었다. 이집트군 포로들도 과거와 달리 비굴하지 않았다. 그들은 최선을 다해 싸웠던 것이다. 그리고 이제 이스라엘군이 불패의 상승군(常勝軍) 만은 아니라는 것을 확인하고 뿌듯한 자신감과 민족적 긍지를 회복하였다. 전쟁은 정치적으로도 상당한 소득이 있었다.

최종적으로는 군사적으로 패배했음에도 불구하고 전쟁을 통해 정치적인 교착상태가 깨졌으며, 그것이 이스라엘이 시나이에서 철수를 약속하는 잠정합의에서부터 시나이 반도 전체를 반환하는 1982년 4월의 평화조약에 이르기까지 보다 큰 이집트의 전략목표를 달성하는 데 기여했다.

4. 관찰 및 분석

가. 이스라엘의 억지전략 파탄 원인

1) 일반적 견해

미국 주재 무관과 이스라엘군 정보부장을 역임한 하임 헤르조그 퇴역 소장은 1975년 2월에 저술한 「속죄의 전쟁(The War of Atonement, p.276)」에서 억지 파탄의 원인에 관하여 다음과 같이 기술했다.

"1973년은 이스라엘의 억지교리(Israeli doctrine of deterrent)가 실패했다는 것을 증명했다. 아랍은 이스라엘 방위태세의 억지요인을 분석하고, 그 요인에 대한 해결책을 준비했다. 그 주요 해결책은 전략적·작전적 기습이었고, 아랍에게 유리하게 진전되고 있는 국제정세의 이점을 활용하기 위해 국제정치의 구조를 이용하여 기습의 방책을 계획했다. 아랍의 계획은 성공했다. 아랍은 정전라인을 연해 배치된 이스라엘군이 국제정치적인 힘이 작용하기 이전에 아랍의 공격을 파쇄할 수 없는 태세를 확실히 하고 있는 것을 노리고 기습공격을 계획했다. 그것에 대하여 전후 이스라엘군은 '완전 동원에 가까운 병력을 상시 정전라인을 연해 배비해놓는 것은 경제적인 관점에서 곤란했다'고 억지 파탄의 원인에 관하여 말하고 있다."

에드워드 루트왁과 단 호르위츠가 1975년에 공저한 『이스라엘 육군(The Israeli Army, pp.359~360)』에서는 다음과 같이 기술하고 있다.

"이스라엘의 억지정책(Israel's deterrent policy) 실패는 '파멸적 오산(catastrophic miscalculation)'에 의한 것이지 복잡한 판단의 잘못(error of judgement)에 의한 것이 아니다. 억지에 대한 자

신감은 사태가 긴박한 상황 하에 놓여있는데도 불구하고 국경에 병력을 증강시키는 것을 방해하였고, 아랍의 군대는 약하다고 하는 선입관이 밑바탕에 깔려있는 억지사상은 전쟁 위기가 절박해졌는데도 적극적 방어에 의해 국경보존을 강화시키는 것을 거부하였다. 억지력에 대한 육군의 자신감은 다얀과 그 일파로 하여금 그들의 기대에 반(反)하는 불길한 경보를 줄이도록 만들었다. 이리하여 다얀은 제1선 부대의 강화와 조기동원을 반대하다가 마지막에 가서야 전면 동원을 하였다. 다얀 국방부 장관의 이러한 결단은 단지 억지력을 맹신하거나 또는 아랍군대는 약하다고 하는 '붕괴이론'을 믿고 있었던 것만이 아니라, 당시 다얀을 필두로 군인과 시민들까지 이스라엘 사회 전체에 만연된 자신 과잉의 풍조에 사로잡혀 있었기 때문이다. 그래서 생활수준을 향상시키고 복지에 충실하라고 하는 국민여론의 압력을 배경으로 한 결단이었다."

　전후, 기습을 받은 원인을 조사한 아그라나트 위원회는 억지파탄에 관해서는 직접 언급하지 않았지만 '동원은 10월 1일부터 늦어도 10월 5일까지는 하령되어야 했다'고 지적하고 있다. 그것과 관련하여 책임자였던 엘라자르 참모총장은 5월의 위기에서는 동원이 아랍의 개전을 억지했다고 믿었고, 10월 초 위기 절박 시 동원하령의 구신(具申)도 '동원하령은 개전을 억지한다는 신념이 바탕이었다'고 말했다. 또 메이어 총리도 자서전 「My Life, p.357」에서 '5월에는 동원을 한 것이 전쟁으로 이어지는 것을 막았다고 이해하고 있다'고 기술하였다. 더구나 다얀의 자서전 「Story of My Life, p.300」에도 '아랍의 개전 결의 정보가 이스라엘 측에 사전에 알려졌고, 기습 효과를 상실했다는 것을 사다트가 알아챘다면 공격을 중지하던가, 아니면 최소한 연기했을 수도 있다'고 기술하고 있다. 또 개전일인 10월 6일 08:00시에 검토한 결과, 이집트·시리아에 대하여 "공격을 중지하지 않으면 단호히 파쇄한다"는 뜻의 경고를 미국을 통해 하기로 결정하였다. 경고는 시간적 여유가 없을 때에 이루어졌는데 "너무 늦은 것은 아니었다"고 다얀은 말하고 있다.

　이상과 같이 억지파탄에 관하여 경제적, 심리적, 군사적 요인이 지적되었는데, 그런 것은 억지파탄의 근인(近因) 또는 동인(動因)에 해당하는 것으로서 중동의 억지구조 중 평면적 고찰의 요인(要因) 중 하나다. 1973년 시점에서 이스라엘이 현실로 채택할 수 있는 억지 행동은 '적시의 경보발령에 기초를 두고 동원에 의한 국경경비의 강화냐, 선제공격이냐' 이외에 선택할 사항은 보이지 않는다. 그렇지만 동원 태세를 장기적으로 계속 유지하는 것은 불가능하고, 아랍은 동원 해제의 사각을 찔러서 기습을 다시 실시할 공산이 있다. 또 선제공격은 국제정치적으로 현실에 적용할 수 없는 상황이었다. 이렇게 이스라엘이 진퇴양난의 상태에 빠져버린 것에서 억지파탄의 중요한 원인을 찾아야 할 것이다.

2) 미·소의 대중동 전략의 변화와 석유전략이 억지력에 미친 영향

아랍·이스라엘의 평면적 억지구조는 그 역사적 배경에서 보더라도 정치, 경제, 군사 등은 미·소의 지대한 영향으로부터 벗어날 수가 없었다. 1956년 10월의 수에즈 전쟁 이후 중동지역은 미·소의 세계전략의 일환으로서 편입되었다. 역사적 유산과 전략적 중요성 때문에 미·소 양국은 중동전쟁을 단기·한정적으로 제어하고, 그 세계전략을 자신이 제어하지 못하고 있는 사이에 중동 일국의 자의에 의해 파탄시켜서는 안 된다고 하는

〈표 6-16〉 이스라엘의 정세판단과 대처의 차이

구분			6일 전쟁(1967.6)	10월 전쟁(1973.10)
국제환경	미·소 관계		데탕트 미정착	데탕트 정착
	중동정책	미국	베트남전 본격개입 → 이스라엘 역할 증대	달러·석유문제 → 중동의 재편성?
		소련	이스라엘의 아랍화?	1보 후퇴·2보 전진
	자원(석유) 문제		정치적 무기가 되지 못함	정치적 무기
아랍	전쟁 목적		이스라엘 말살	피점령지 탈회 → 팔레스타인 국가
	전쟁 준비		준비 미완 → 돌발적 결의	치밀한 준비 → 전기를 기다림
	국제 여론		고립화	아랍 우위
	아랍 통일		전면적 통일	부분적 통일
	전쟁 결의		소련의 교사	주체적 결의
이스라엘	전쟁 목적		국가생존(죽느냐, 사느냐)	국가존속(침략배제)
	방위 전략		공세 전략	방어전략
	국민 감정		침체무드 → 위기감	전승 → 교만
	정부수뇌	사태 인식	국가비상상태	평상시 상태
		주된 관심	1. 국가 경제 문제 2. 티란 해협 봉쇄선언(5.22)	1. 총선거(10.28) 2. 쇼나우(열차습격)사건(9.29)
		의지결정기구	약체 → 다양 등장	약체 → 차기?
		정세 판단	개전필지	개전의 위기 없음
		정보 조직·활동	귀납적·통합	연역적·군 정보 독재화
		동원	조기 동원(개전 20일 전)	동원 지연(개전 4시간 전)
		사태해결의 선택지	1. 외교적 해결 2. 선제공격 1. 병력 집중을 기다려서 2. 병력 집중을 기다리지 않고	1. 아무것도 하지 않음(비중이 큼) 2. 외교 노력 3. 선제 공격 4. 동원 ⟨사전동원 → 반격 제1격 허용 → 반격
	선택지중요검토요인의	전쟁 예상기간	1개월	7일
		개전의 원인	티란해협 봉쇄	없음(연습 → 개전 → 중지)
		미국의 태도	자주적 해결 → 선제 공격 동의	자주적 해결 억제 → 선제 공격 부동의
		소련의 개입	개입하지 않을 것이다.	개입하지 않는다.
		국제 여론	우위	불리
		전승의 확률	비관적(40%~60%)	낙관적
	결단		선제 공격	제1격을 기다렸다가 반격
	억지파탄의 형태		억지의 자주적 포기	억지의 자주적 파탄

의지가 작용하고 있다. 따라서 아랍·이스라엘 전쟁의 군사행동목표는 단기간에 기정사실로 만들어, 그 직후 유리한 정전의 조건을 만드는 것 밖에는 할 수가 없다. 그것이 1950년대 이후 아랍·이스라엘 전쟁에 허용된 전략적 테두리다.

1967년 4월에 이르러 미국은 베트남 전쟁에 본격적으로 개입하게 되자 중동지역에서 전략적 우위를 확보하기 위해 이스라엘의 군사적 역할을 기대하였다. 그 이후 미국과 이스라엘은 군사적으로 긴밀한 상태를 유지하였고, 그런 가운데 6일 전쟁이 치러졌다. 그런데 6일 전쟁과 10월 전쟁에서 미국·소련·아랍·이스라엘을 둘러싼 전략 정세는 〈표 6-16〉에서 보듯이 일대 전환을 맞이함으로써, 1970년대의 이스라엘은 의지하고 있는 미국의 지지마저도 걱정해야 하는 상황에 놓여졌다. 1970년 8월 정전 이후 미국은 대이스라엘 정책에 관한 결단에 쫓겼다. 노동당이 주장하는 점령지 합병정책을 지지할 것인가, 그렇지 않으면 국제여론에 따라 점령지 철수를 결정한 UN안보리결의 242호를 실현하는 방향으로 해결할 것인가 였다. 미국은 후자를 택했다고 생각된다. 1968년부터 미 국무부는 대중동전략을 재검토하기 시작해, 1970년에는 중동정책의 대전환을 맞이하였다. 이러한 미국의 중동정책의 변화는 중동에서 이스라엘의 군사적 지위가 저하되었다는 것을 나타내는 것으로서, 이스라엘의 억지력은 필연적으로 감소될 수밖에 없었다.

한편, 이집트는 10월 전쟁계획을 수립할 때 이스라엘의 억지력을 분석한 결과 탁월한 정보활동, 항공우세, 동원능력, 신속한 미국의 지원체제, 기술적 숙련도, 높은 훈련수준이 거론되었으며, 그 중에서 특히 미국의 지원체제에 쐐기를 박는 데 노력을 경주하였다. 미국의 중동지역 재편성의 필요성과 석유위기가 유사시 이스라엘에 대한 신속한 지원을 제약한 것은 사실이었다. 또한 소련이 1973년 4월에 공여한 스커드 미사일은 군사적 으뜸패였고, 정치적 으뜸패인 석유전략의 발동은 서전의 기정사실을 유리하게 하는 교섭의 장(場)을 강화했다. 1973년 8월 말, 파이잘 국왕의 석유전략발동 합의 후 중동의 전략구조는 〈그림 6-39〉와 같이 요약될 수 있다. 석유전략을 발동한다는 합의가 성립됨으로써, 전쟁에 의한 아랍의 이득이 훨씬 더 증대되었고, 이스라엘의 억지력은 더욱 감소하여 아랍의 대 억지력이 우위에 서게 되었다. 이스라엘의 억지력은 소련, 산유국, 비동맹 및 미국의 외적 작용에 의해 감소했다고 볼 수 있다. 따라서 이스라엘의 억지는 외부에서부터 파탄이 났다. 그럼에도 불구하고 외관상 이스라엘이 억지력의 우위에 있다고 과신한 것은 그 본질적 변화를 간과했기 때문이 아닐까.

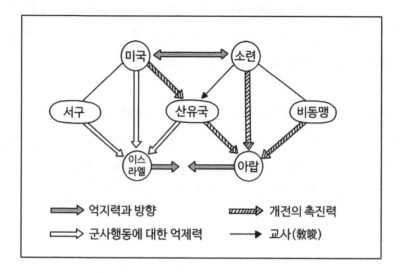

〈그림 6-39〉 중동의 전략구조(1973년 8월 이후)

6일 전쟁 시는 국가가 위기에 처하자 스스로 억지를 단념하고 선제공격을 발동했는데, 그 이후 이스라엘을 둘러싼 국제환경과 국내 사회의 급격한 변화는 공·방 양면에서 군사행동을 선택할 수 있는 자유를 구속해 옴짝달싹할 수 없는 궁지에 빠진 것이 진짜 모습이었다. 따라서 이스라엘의 억지전략은 외부의 적과 내부의 마음의 적에게 협격당해 파탄이 났다는 느낌을 지울 수가 없다. 외부의 적은 제어할 수 없는 것이라고 한다면 결국 스스로 제어할 수 있는 내부의 적에 의해 패했다고 생각할 수 있다.

3) 동원하령을 둘러싼 제반문제

가) 동원의 필요성을 부정한 요인

동원하령의 필요성에 관해 다얀 국방부 장관과 엘라자르 참모총장 사이에는 그 인식에 따라 차이가 보인다. 참모본부는 아랍이 먼저 공격하는 일은 없다는 판단 하에 바레브 라인의 저지 능력을 기대했다. 전쟁의 위기는 멀어졌으며, 만약 개전에 이른다 해도 정전라인을 연해 배비된 병력과 공군의 반격으로 유효하게 대처할 수 있다는 사상은 동원하령의 필요성을 부정하는 것이었다. 개전에 관한 가정과 억지성립의 조건은 '전쟁은 당분간 없다'고 하는 잠재의식 위에 성립하고 있었다. 10월 6일 오전, 개전 기도가 판명되어 개전이 임박한 시점에서 조차도 여전히 '전면동원이냐, 부분동원이냐'를 논의했는데, 그 동원하령을 둘러싼 논의는 중요한 문제를 내포하고 있었다. 개전 기도 판명 후 왜 10만 명 동원으로 한정했을까? 왜 즉시 전면동원을 하령하지 않았을까? 가설로서는 다음과 같은 것들을 판단해 볼 수 있는데, 다얀의 회고록은 ②를 지적하고 있다.

① 5월의 위기 체험으로, 동원이 불발로 끝날지도 모른다는 걱정과 두려움.
② 아랍이 침공한다 해도 대규모 침공은 아닐 것이므로 우선 부분동원으로 대처할 수 있다.
③ 조기 전면동원에 의한 유효한 지상반격은 정치적 관점에서 제약된다.
④ 아랍의 본격적인 침공을 받으면서부터 대처해도 군사적으로 대처 가능하고, 국제여론상 유리한 방책이다.

어느 쪽이라 해도 아랍의 침공이라는 충격이 없었다면 이스라엘 국민들은 6일 전쟁 이후의 깊은 잠에서 깨어날 수 없었을 것이다.

나) 동원하령을 제약한 요인
⑴ 거듭되는 동원

이스라엘의 병역 적령기(18세~45세)의 남자는 60만 명으로써, 예비역은 20만 명을 헤아리며 최대 30만 명까지 동원할 수 있다고 말하는데, 1973년의 전쟁에서는 동원하령 후 72시간 이내에 52만 명을 동원했다.[165] 동원에 응소한 경우 일급(日給)의 80%를 국가예산과 사용주의 헌금으로 지급하지만, 동시에 동원은 국민생활에 인플레이가 되어 돌아온다. 따라서 막대한 비용이 들어가는 동원을 손쉽게 하령할 수가 없었다. 그뿐만 아니라 5월 위기 때에 동원에 대한 비난 및 '당분간 전쟁은 없다'는 판단과 국민감정도 동원하령을 제약하는 요소였다. 더군다나 10월 30일에는 이스라엘 의회의 총선거가 예정되어 있었고, 메이어 총리의 후계자로 다얀을 지지하는 소리가 높았다. 그러한 경제적, 사회적, 정치적 요인들이 동원의 중대함을 배가시켰고, 하령을 더욱 신중하게 만들었다. 아랍에게 제1격을 허용한다는 결단은 동원의 중대함과 그 영향 때문에 채택한 고뇌의 산물이었을 수도 있다.

---

165) 전게서, 田上四郎, p.424.

⑵ 동원하령의 근거 : 아랍의 개전 기도

동원하령의 권한은 총리에게 있고, 국방부 장관과 참모총장은 동원하령을 구신(具申) 한다. 참모총장은 군정보부의 개전 기도 판명을 기초로 하여 동원하령을 구신하는데, 이것은 지극히 중대한 교훈을 내포하고 있다. 즉 아랍의 억지전략은 이스라엘의 동원하령을 제약하는 것인데, 자주 동원하령을 강요함으로서 그것을 불발로 끝나게 만들고, 최종적으로는 동원 감각을 마비시키는 것이었다. 그것이 아랍의 기만작전의 본질적 목표였다. 사실 이집트는 1973년 1, 5, 7, 9, 10월의 5회에 걸쳐 수에즈 운하를 연해 동원 및 연습을 실시했다. 이에 대응하여 이스라엘은 1, 5, 8월의 3회에 걸쳐 부분동원을 하령하였다. 따라서 이스라엘이 동원하령의 근거로 삼은 아랍의 개전 기도는 기만계획에 기초한 가면적 행동이었을 수도 있다. 진짜 개전 기도는 이스라엘이 동원하령의 시기를 잃고, 기습 성립의 가능성이 입증된 시점에서 최종적으로 결정되었다.

이렇듯 이집트의 빈번한 동원 때문에 정확한 개전 기도를 판단할 수 없으니까 어쩔 수 없이 신뢰할 수 없는 개전 기도 판단을 동원하령의 근거로 삼을 수밖에 없었다. 키신저도 '경보에 기초를 둔 억지력은 깨지기 쉽고, 위기가 닥쳤을 때는 진퇴양난에 빠진다'고 지적했다. 6일 전쟁은 위기가 닥쳤을 때, 스스로의 억지를 단념하고 아랍의 기도 판명을 기다리지 않은 채 동원을 하령했으며, 선제공격을 결행했다.

⑶ 동원의 목적 : 억지행동으로서의 동원에 대한 사고의 불일치

10월 6일 아침, 개전 필지의 상황 하에서 다얀 국방부 장관과 엘라자르 참모총장 사이에 동원하령의 목적에 관한 논의가 있었다. 국방부 장관은 방어를 위해서는 전면동원을 할 필요가 없다고 말했고, 참모총장은 반격의 발동 시기는 방어의 중요한 기능이며, 방어와 반격을 구분하는 것은 곤란하다고 반론하였다. 또 아그라나트 위원회의 조사보고에 의하면, 10월 6일 아침의 시점에서 참모총장이 전면동원하령을 강하게 구신한 것은 적절했지만, 동원하령은 10월 1일부터 늦어도 10월 5일의 시점에서 구신해야 했다고 참모총장의 잘못을 지적하고 있다.

그런데 동원목적에 관해 국방부 장관과 참모총장의 사고에 차이가 보인다. 국방부 장관은 제1격을 아랍에게 허용하고, 그 후 반격으로 전환하겠다고 마음먹은데 비하여, 참모총장은 전면동원에 의해 아랍의 개전을 억지할 수 있다는 생각을 하고 있었다. 사실 5월 위

기 때 동원은 아랍의 개전을 억지했다고 주장해 왔다. 다얀의 회고록 「Story of My Life, p.300」에 의하면 10월 6일 아침에 이르러서도 전면동원을 하는 것을 아랍 측이 알아차리면 공격을 중지하던가, 아니면 개전을 연기했을 것이라는 군의 판단이 있었다고 말한다. 그 판단이 맞는지, 틀리는 지를 입증할 아랍 측의 자료가 없지만, 아랍 측이 개전을 결의한 10월 2일 이전에 이스라엘이 동원을 하령했다면 10월 6일의 개전을 억지했을 지, 못했을 지를 속단하기 어렵다.

어느 것이라 해도 10월 2~3일의 개전결의와 이스라엘 측의 대응은 억지의 성부(成否)를 결정하는 분기점이었으며, 억지력은 적어도 그 이전에 집중적으로 발휘되지 않으면 안 되는 것이었다. 억지력은 발휘해야 할 시기가 있다. 그러나 도발이 되어서는 안 된다. 억지는 양날의 검이다. 그렇지만 어느 것이라 해도 이스라엘군 수뇌부는 '억지를 위한 동원'이라고 하는 전략사상에 관해 혼란이 있었다는 것은 사실이었으며, 10월 위기에서는 동원의 방법에 관해서도 '전부냐, 전무냐'고 하는 경직된 동원 요령을 고수했다. 억지행동으로서의 동원은 위기의 양상, 규모 등에 따라 적시적절하며 유연한 동원이 필요하다. 5월의 위기 때, 약 10만 명(5월 7일 하령)으로 추정되는 동원은 억지행동으로서 동원의 역할을 완수했다는 것을 보여주고 있다. 억지전략은 국제적으로도 여론의 지지가 필요하며, 억지행동으로서의 동원은 이스라엘의 억지전략에 불가결한 요건이다.

⑷ 개전 기도 오판의 원인

아그라나트 위원회는 1974년 4월 1일, 제1회 중간 보고서를 제출했다. 그것은 적측의 움직임과 의도에 관한 특수정보와 이스라엘 국방군의 준비사항에 관한 순 군사적인 내용에 한정된 것이었다. 위원회는 4명의 장교를 해임하도록 권고했고, 사실 그대로 되었다. '정보부장 제이라 소장은 그 중대한 실책을 고려해… 군 정보부장의 직위를 유지해서는 안 된다. 군 정보부 주무관 샤레브 준장은 계속 정보 분야에 근무할 수 없다. 정보부 이집트 과장 벤드만 중령은 더 이상 정보의 평가에 관련되는 직책에 근무할 수 없다. 남부사령부 정보부장 게다리아 중령은 앞으로 어떠한 정보 분야의 직위에도 기용될 수 없다'고 하였다. 그리고 엘라자르 참모총장에 대해서는 '우리들은 정세의 평가와 국방군의 준비사항, 그리고 전쟁 전야에 일어났던 것에 관하여 참모총장에게 직접책임이 있다는 결론에 도달해… 참모총장의 임기 단축을 권고 한다'고 기술되어 있었다.

다만 국방부 장관에 대해서는 '문제는 국방부 장관이 그 책임 범위 내의 사항에 관하여 의무수행 상 태만했는가, 아닌가에 있다. … 우리들은 모든 사실을 충분하고도 면밀하게 고려해, 국방부 장관 직책을 수행하는 자에게 요구되는 타당한 행동기준으로 판단했는데, 국방부 장관은 참모총장과 정보부장 간에 이루어진 합동평가와 협의에 따라 참모본부에서 제출된 것인 이상, 어쩌면 그것과 다른 예방적 조치의 지시를 내리는 것을 요구하지 않는다는 결론에 도달했다'고 하여 그의 법적 책임은 추궁하지 않았다. 그래서 아그라나트 위원회 보고는 기습을 받은 최대 요인은 군 정보부가 아랍의 개전 기도를 잘못 판단한 것에 있으며, 그 오판에 관한 원인으로서 다음과 같은 사항을 지적하고 있다.

(가) 개전에 관한 가정(假定)에 지나치게 집착하였다.

개전에 대한 가정은 1972년 12월, 야리브 전 정보부장(1964~1972년 재직)의 후임인 제이라 정보부장이 작성한 것이다. 그 가정은 두 개로 구성되었는데, 하나는 '이집트는 이스라엘 공군을 무력화하기 위해 비행장 폭격이 가능한 능력을 갖출 때까지는 개전하지 않을 것이다. 그 능력을 갖추는 것은 1975~1976년경일 것이다'였고, 또 하나는 '시리아 단독으로는 개전할 수 없으며, 이집트와 연합하지 않으면 개전하지 않을 것이다'라는 내용이었다.

10월 중동전쟁 전의 정보근무자에게는 이 두 가지 가정이 금과옥조였고, 그 가정에 적합한 정보자료만 받아들이고 그것과 다른 자료는 거부되었다. 자료는 그 가정을 실험하기 위해 사용되었다. 더구나 1973년 5월 위기에 정보부 판단의 정당성이 입증되자 더욱 더 권위를 띠었고, 그것이 10월에 오판하게 된 큰 원인이었던 것이다. 문제는 그 가정이 설정된 시점에는 이집트가 이미 제한전쟁을 결의한 상태여서 그 가정은 현실과 동떨어져 있었다. 아울러 1972년 10월, 이집트군 수뇌부의 대규모 인사이동과 그 의미의 중대성을 당시 이스라엘 정보부가 어떻게 평가했는가? 올바른 평가를 방해한 것은 무엇인가? 1972년의 대규모 인사이동과 억지전략 전환의 혼란 때문인지, 이스라엘 국방군에 만연했던 '교만' 때문인지는 다시 한 번 살펴볼 문제라 할 수 있다.

(나) 적시에 동원할 수 있도록 경보발령(최소한 개전 24시간 전)을 할 수 있다는 정보부의 보장은 그 근거가 부족했다.

이스라엘의 경우, 경보발령은 국가 존망에 관한 중대한 문제이며, 동시에 방어계획을 수립하는 데 기초가 된다. 동원하령의 전제가 되는 경보발령의 근거는 결국 아랍의 개전 기도에서 도출해 낼 수밖에 없다. 6일 전쟁 이전에는 이집트군이 시나이 반도에 병력을 증강하면 경보발령이 필요하다는 공감대가 형성되어 있었다. 그러나 6일 전쟁 이후에는 정전라인에 대병력이 상시 전개해 있고, 연습을 반복하고, 더구나 1971년부터는 개전을 부르짖으며 이스라엘에게 동원하령을 강요해 왔다. 그래서 이스라엘군 정보부는 어쩔수 없이 '적국 지도자의 개전 기도'를 경보발령의 근거로 삼았다. 변하기 쉽고 더구나 관찰하기 어려운 것이 개전 기도였다.

그런데 개전 기도 판단을 곤란하게 한 것은 아랍의 기만전략이었다. 아랍 측은 자신의 전력, 계획 및 기도를 오판하도록 만들기 위해 모든 방책을 연계시켰다. 예를 들면 1973년 9월, 키신저 미 국무부 장관의 중동평화교섭 타진과 관련해서는 수에즈 운하 지대에 배치된 소련제 장비는 노후화 되었으며, 자신들은 개전을 원하지 않는다는 내용의 기사를 레바논 신문에 내기도 했고, 9월 29일에 벌어진 '쇼나우(Schonau) 사건'에 의한 보복공격에 대비하기 위한 것이라고 칭하며 시리아군을 방어 배치하여 개전 기도를 오인시켰다. 이리하여 '아랍은 전쟁준비가 불충분하고, 개전을 원하지 않는다'라고 생각하는 이스라엘 지도자의 선입관이 점점 굳어져 갔다.

(다) 개전을 나타내는 많은 징후를 입수했지만 그 평가를 잘못했다.

군 정보부는 개전의 징후를 나타내는 많은 자료를 입수했지만 정보부장과 그 요원들은 그들이 세운 가정에 집착해서 정전라인 부근의 이집트군 행동은 연습이고, 시리아군의 움직임은 방어행동이라고 득의양양하게 설명하기 일쑤였다. 그 가정에 대한 신념이 처음으로 흔들린 것이 10월 5일 아침이었는데, 그런데도 여전히 개전의 공산이 낮다고 판단했다. 그러나 개전의 징후를 나타내는 중요한 정보는 참모본부에 보고되지 않았다. 남부사령부의 시만 도브 중위의 10월 1일과 3일의 보고서(이번 연습은 개전을 기만하기 위한 것이라는 내용)도 게다리아 중령에 의해 삭제되어 참모본부에 보고되지 않았다. 제이라 정보부장이 시만 도브 중위의 보고서를 본 것은 전쟁이 끝난 후였다. 이집트 과장 벤드만 중령은 그 가정에 가장 집착한 사람으로 그의 신념은 "운하지대의 이집트군 병력 전개는 확실히 공격기도를 나타내는 징후이기도 하지만, 이집트군 수뇌가 말하는 '전력의 균형(balance of power)'[166]은 아무런 변화가 없다"는 것으로 생각되며, 그것이 벤드만 중령의 자료평가 기준이었다. 또 남부사령부 정보부장 게다리아 중령은 시만 도브 중위의 보고서를 '이집트군의 행동은 연습이라고 하는 정보부의 평가에 반(反)하고 있다'는 이유로 삭제했다.

아그라나트 보고서에는 '게다리아 중령의 사고방식이 악순환의 함정에 빠져있다'는 것을 지적하고, '정보장교로서 모든 정보자료를 있는 그대로 받아들이고 선입관 없이 평가하는 노력이 결여되었다'고 기술되어 있다. 그래서 동 보고서는 정보부 사회를 비판하면서 고정관념의 함정에 빠지지 말 것을 요구했다. 또 과거의 잣대로 현재의 상황을 진단했다고 지적하였다. 이는 변화하는 사태에서 정보활동의 중요성과 그 곤란함의 한 단면을 나타낸 것이다. 즉 무수한 소음 중에서 진짜 신호를 가려내는 것은 역시 어렵다는 뜻이 내포되어 있다. 그러나 이스라엘 해군사령관 텔렘 제독은 10월 1일에 이미 경계태세를 하달하고 작전을 준비하였다. 그 결과 10월 전쟁 시 전개된 여러 해전에서 압도적인 승리를 거두었다. 6일 전쟁에서는 무능하다고 비난받던 해군이었다.

(라) 정보조직상의 문제

아랍의 개전 의도를 오판한 원인은 정보조직상의 요인도 있다. 이스라엘은 4개의 국가정보기관을 갖고 있다. ① 군 정보부, ② 국외정보를 주요 임무로 하는 모사드(Ham mosad), ③ 국내 치안, 대첩보 활동, 아랍 테러리스트의 절멸을 주임무로 하는 신 베스(Shin Beth), ④ 소규모의 외교부 조사실이 그것이다. 그러나 4개의 정보기관 중, 군 정보부가 규모로나 기능으로나 타 기관을 능가하는 국가정보기관의 중추적인 역할을 수행하고 있다. 즉 6일 전쟁 이후 다얀 국방부 장관은 국무회의와 국가안전보장회의에 군 대표로서 참모총장과 정보부장을 동석시키는 것을 관례화했다. 동시에 6일 전쟁 시, 이스라엘군 정보기관의 우수한 실적을 배경으로 타 정보기관의 반대를 무릅쓰고 군 정보기관을 강화시켰다. 여기에 군 정보부는 정보독재의 경향을 띠었고, 전술정보, 전략정보에 추가하여 국제정세 판단까지 실시하고 그것을 관장하는 중심이 되었다. 이와 같이 군 정보부의 절대적 지위 위에 개전에 관한 '가정'이 정당화 되었고, 1973년 5월 위기에 그 가정의 정당성이 실증된 것이다.

---

166) 이집트 육군 참모총장 샤즐리 중장은 1973년 초두에 양군의 전력비는 1:2로서 이스라엘군이 우세하다고 말했다.

이러한 배경 하에 이루어지는 군 정보부의 활동은 정부와 군부 간에 책임의 경계를 불명확하게 하였고, 정보 작성자와 사용자가 섞여 있었으며, 더구나 '가정'에 대한 비판을 허락하지 않는 환경을 조성했다고 한다. 뿐만 아니라 1975년 5월, 아그라나트 위원회에서 엘라자르 참모총장의 메모가 보여주는 것 같이 전쟁 돌입을 의미하는 400건 이상의 징후를 입수했으면서도 개전의 절박함을 나타내는 중요한 자료는 정부, 군 수뇌부의 손에 닿지 않고 도중에 묵살되었다. 가정에 집착하고 개전 기도를 오판한 원인이 많이 있지만 제1선의 생생한 자료를 군 수뇌부가 받지 못한 것은 오판의 중대한 요인이다. 전 후, 아그라나트 위원회는 정보 분야의 결함을 시정하도록 다음의 5개 항목을 제안하였다.

① 정치·전쟁 양면의 국가정보평가에 관해 총리 직속의 보좌기관을 갖는다.
② 외무부 독자적으로 정치·전쟁 양면의 평가가 가능하도록 외무부 조사실을 강화한다.
③ 각 정보기관이 수집한 본래 그대로의 자료를 각 정보기관과 총리, 국방부 장관에게 보고하고 자료를 피드백 시키는 명확한 규정을 확립한다.
④ 군 정보부는 군사적, 전략적, 작전적, 전술적 정보 분야에 관한 수집, 평가하는 기관일 뿐이다. 또 군 정보부의 공식평가에 반대하는 의견을 제시하는 용기와 적당한 기회를 부여하며, 요원의 선발, 승진 및 임기를 적절하게 하고, 특히 정보평가를 계속적으로 검토한다.
⑤ 정보평가기관은 중앙 정보안전국(Ham mosad)에 설치한다.

아비 슈라임[167]에 의하면 10월 중동전쟁에서 이스라엘의 실패는 안전보장에 관한 국방군의 독재에 그 원인이 있다고 말했다. 또 월터 라쿠르[168]에 의하면 10월 중동전쟁 개전에서의 실패는 군사적 이유보다는 오히려 정치적 실패였다고 말했다.

---

167) Avi Shlaim, 「Failures in National Intelligence Estimates」 저자
168) Walter Laqueur, 「Confrontation in the Middle East and World Politics」 저자

나. 10월 전쟁의 특질과 이스라엘군의 간접접근전략

1) 10월 전쟁의 특질(特質)

"전쟁은 다른 수단에 의한 정치의 연장이다"라고 한 클라우제비츠의 말은 여전히 유효한 것 같다. 전면 핵전쟁의 경우는 정치의 연장이라고 할 수 없겠지만 오늘날의 제한전쟁, 국지전쟁은 국제정치 틀 속에서 국책수행 수단이나 마찬가지이므로, 통상적인 전쟁은 정치의 연장이라고 인식하는 것이 보다 실상을 정확히 보는 시각이라 판단된다. 4회에 걸친 중동전쟁도 예외는 아니었다. 국제정치의 틀 속에서 각국이 국익을 추구하였다. 특히 중동지역은 3대륙의 육교, 수에즈 운하, 석유자원 때문에 각국의 이해가 심각하게 대립하고 있다. 따라서 팔레스타인의 문제해결이 어려운 것은 그것이 아랍인과 유대인 간의 문제가 아니라 강대국들의 이해관계가 얽혀있기 때문이다.

10월 전쟁의 발발 원인을 고찰해 보면 6일 전쟁에 의한 피 점령지 문제와 팔레스타인인(人)들의 권리회복이 전쟁의 목적이긴 했지만 그것이 전쟁의 주요 원인은 아니었다. 미·소의 데탕트와 아랍민족주의가 이번 전쟁 발발의 근원적임과 동시에 최대 요인이었고, 그 외는 부수적 원인으로 볼 수 있다. 그리고 전쟁 발발 과정에는 3개의 주요한 결절(結節)이 있다. 첫 번째는 1970년 8월의 정전 성립과 그 좌절이고, 두 번째가 1972년 1월, 카이로의 반정부 폭동이었으며, 그것이 사다트 대통령으로 하여금 전쟁을 결심하게 된 직접적인 요인이라고 말한다. 마지막 세 번째는 1972년 7월, 소련인 추방에 의한 아랍인들의 사기 고양과 전쟁 준비의 가속화에 있다고 볼 수 있다.

이번 전쟁에서는 전쟁지도, 특히 전진한계와 정전문제는 강대국의 무기 탄약의 보급, 강대국 군대의 동향 등, 외적 요인에 의해 큰 영향을 받았다. 하나의 전쟁을 아랍과 이스라엘, 크렘린과 백악관이 동시에 싸우고 있었는데, 전쟁의 주재자는 서전에서는 아랍과 이스라엘이었지만, 중반 이후에는 미국과 소련이었다고까지 말하고 있다. 또 이번 전쟁의 성격은 오로지 민족주의적 성격만도 아니며, 그렇다고 순전히 미·소의 대리전쟁도 아니다. 아랍민족주의는 심정적으로 대리전쟁에 익숙하지 않다. 따라서 아랍·이스라엘의 국지전략과 미·소의 세계전략의 유기적인 중층구조(重層構造)에 기반을 둔 것이라고 볼 수 있다.

현대전쟁은 순수한 무력전만이 아니고, 정치전과 군사전이 유기적·병행적으로 수행되는 특질이 있다. 여기서 간과해서는 안 될 것이 군사적 특질이다. 중동전쟁에 있어서 군사면의 전쟁지도는 섬멸전이라는 클라우제비츠의 전략사상이 아니라, 리델 하트의 전략사상에 의해 지도했다는 것이다. 현대전쟁의 특질을 고려했을 때 초기부터 리델 하트의 간접접근(Indirect approach)전략의 진면목을 발견할 수가 있다. 즉 '적부대 격멸 → 전투의지 파쇄'가 아니라, '후방 병참선 차단·지휘중추의 교란 → 전투의지 파쇄'라는 사고방식이었다. 그렇다면 이번 전쟁에서 간접접근전략이 어떻게 적용되었을까?

첫째, 10월 10~11일, 이스라엘군 수뇌부의 상황 판단에서 찾아볼 수 있다. 즉 골란 공세로부터 수에즈 결전으로 작전을 전환하는 중대한 결단을 내린 것은 10월 10일, 시리아군이 공세를 단념하면서 전의가 좌절된 후였다.

둘째, 10월 15일의 역도하 발동 시기다. 그것은 이집트군의 공세가 실패한 직후 심리적으로 동요한 시기이기 때문에 대규모 반공(反攻)의 전기(戰機)가 도래한 것이다. 또 반공의 목표도 이집트군 제2군이나 제3군이 아니라 후방 병참선에 지향되었고, 작전방향 또한 적이 예상하지 못하고 적의 저항이 가장 적은 코스(최소 예상선 및 최소 저항선)인 수에즈 시(市) 방향이었다. 이렇게 하여 이집트군 제3군을 포위하는 간접접근전략의 의미는 '적의 주력부대(제2군)를 격파하면 자동적으로 조력부대(제3군)가 붕괴된다고 믿고 주력부대를 공격하는 것보다 오히려 조력부대에 대하여 노력을 집중하는 편이 성과가 더 크다'고 하는 리델하트의 전사연구 결론과 일치하는 것이다.

2) 이스라엘군의 간접접근전략 수용 및 동화(同化)

"리델 하트가 가르치는 것은 모두 다 우리에게 필요한 것이다. 우리는 과거에도 현재도 작은 국가다. 따라서 최소한의 비용으로 신속히 승리하지 않으면 안 되며, 그것을 위해 우리는 기습과 기동과 질적인 면에서 최대한의 효과를 거두지 않으면 안 된다. 반복적인 정면 공격보다는 측 후방으로 공격하는 편이 보다 용이한데다가 경제적이다." 이 말은 1971년, 이갈 야딘 장군이 한 말로써 건국 이래 이스라엘군의 작전지침을 잘 나타내 주고 있다.

이스라엘이 리델 하트의 사상을 수용 및 동화해 온 과정을 살펴보면, 건국 초기에는 기계화보병의 편제와 같은 하드웨어로부터 시작하여 전화(戰火)가 재개될 때마다 운용면에서의 소프트웨어도 전훈을 참고하면서 비약적으로 발전하였고, 동시에 독자적인 단기전 이론을 창조해 그 이론을 가능하게 하는 군대로 육성해 나갔다. 인적(人的)인 면에서도 수차례에 걸친 전쟁을 체험하면서 전투를 알고 전투감각이 뛰어난 지휘관과 기간요원을 양성하였다. 이스라엘군의 경험적 발전 모습은 다얀 장군의 4차에 걸친 전장 통수(統帥)의 변천에서 나타난다. 예를 들면 1956년 수에즈 전쟁에서 다얀 참모총장이 얻은 전훈은 다음과 같다.

① 충분한 준비를 하지 않은 채 군에 행동명령을 내리는 결정을 했다. 이 때문에 동원, 차량준비, 보급, 항공공격, 지상 순찰 등에서 착오가 발생한데다가 작전의 속도도 떨어졌다.

② 군사행동에는 다모클레스의 '정치의 검(劍)'이 걸려있다. 이스라엘의 계획이 사전에 누설되어 2~3일이라도 전쟁이 더 지속되었다면 미·소의 압박을 벗어나지 못하고 UN에서 침략자로 몰렸을 것이다.

③ 시나이 반도에서 이스라엘이 직면한 현실적인 문제는 이집트군에게 승리하는 것이 아니라 이스라엘을 둘러싸고 있는 국제정치적 제한의 틀 안에서 어떻게 작전을 하는가였다. 이스라엘은 전쟁 중지 또는 종결의 결정조차도 마음대로 할 수 없었다.

이상과 같이 다얀 참모총장이 얻은 수에즈 전쟁의 전훈은 당연히 6일 전쟁에 활용되었다. 전기(前記)의 ①의 전훈은 6일 전쟁 개전 전 주도면밀한 준비와 기만행동으로 나타났으며, ②의 전훈은 전쟁 기간을 더욱 확실하게 단축할 수 있도록 속도를 향상시켰다. ③의 전훈에 대해서는 개전 시기 비닉(祕匿)과 인내할 수 있는 마지막 시점까지 늦추는 것과 치밀한 작전계획, 현장지휘 및 지도 등에서 나타나 있다. 그렇다면 간접접근전략은 어떻게 동화(同化)시킨 것일까?

4차에 걸친 전쟁의 성격은 민족독립전쟁 → 대리전쟁 → 미·소 대결로 변천해 왔고, 전투 양상은 보병전투 → 전차전투 → 미사일전투로 변화하였다. 또한 이스라엘의 군사전략은 명확히 클라우제비츠 류(流)의 적부대 격멸, 전의 파쇄를 추구하는 직접전략의 색채가 강했고, 전쟁지도도 자율성 및 적극성을 강조하는 순수한 무력전의 전쟁지도에 가까웠다. 그러나 그러한 전쟁지도는 수에즈 전쟁 결과 점령한 시나이에서 철수라고 하는 정치적 패배를 가져왔다. 또 6일 전쟁에서는 군사적으로 쾌승을 거두었지만 그 쾌승의 역으로 국제적 고립을 더욱 심화시키는 결과를 초래하였다. 수에즈 전쟁과 6일 전쟁의 전쟁지도 상의 실패는 전략사상을 직접접근전략에서 간접접근전략으로 전환하게 만들었고, 그 위에 무력전 중시에서 정치전 중시로 방향을 전환했는데, 이는 일국(一國)의 전략에서 벗어나 세계 전략으로 적응해 나가려는 시도였다.

중동지역은 단지 아랍과 이스라엘만의 국지적 이해관계가 대립하는 지역이 아니라 세계 각국의 이해가 겹치고 또 겹쳐진 중층적 전략구조를 갖고 있는 지역이다. 따라서 군사 작전은 제한전쟁을 그 특질로 하며, 각국 특히 미·소 강대국의 이해관계 및 세력균형이 무너지지 않는 범위내로 한정되고, 성패도 그 테두리 안에서 받아들여질 수 있는 것이 아니면 안 된다.

6일 전쟁 이후 방어로 전략을 전환한 것도 이러한 사태인식과 반성이 내포된 것이다. 그래서 10월 전쟁 시, 이스라엘군의 전쟁지도는 6일 전쟁까지의 전훈을 참고하여 전략사상과 동원하령의 판단에 관해서도 군사적 요청보다는 국제여론을 중시한 정치적 판단을 우선시 한 것으로 판단된다. 그것이 아랍 측의 선제 기습을 허용한 최대 요인으로 생각된다. 그것은 리델 하트가 지적하고 있는 군사적 승리를 통해서 평화를 획득한다고 하는 사상 자체가 갖는 한계를 인식하고, 완전한 군사전략은 대전략 차원에서, 장기적이면서도 더욱 넓은 관점에서 지도해야 할 필요가 있다는 체험적 인식에 기초를 두고 있다.

다. 이스라엘군 전세역전의 저류적(底流的) 요인

"전장에서 희생적 정신을 발휘하는 것만으로는 승리를 얻을 수 없다. 전승의 2/3는 전쟁 밖의 다른 것들과 관련되어 있다고 말해도 과언은 아니다." 이 말은 1948년 11월, 독립 전쟁의 전화(戰火)가 한창일 때 중대장들을 집합시켜 교육하는 자리에서 총사령관인 벤 구리온 총리가 한 말이다. 그렇다면 10월 전쟁 시, 이스라엘군이 전세를 역전시킨 저류적 요인을 무엇일까?

1) 제1요인 : 사막의 풍토와 민족생존의 투쟁 속에서 형성된 이스라엘 정신

이스라엘군의 선천적이라고 생각되는 전투감각과 민족의 전투성은 1948년, 건국후의 짧은 역사로는 이해할 수 없고 오랜 민족의 역사로 소급해 올라가야만 한다.

이스라엘 민족은 사막에서 오랫동안 유목생활을 하며 살아왔다. 그런데 사막이란 가혹한 자연환경은 인간에게 혜택을 주는 존재가 아니라 죽음의 위협으로서 존재하며, 그 속에서 가만히 기다린다는 것은 죽음을 의미한다. 생존하기 위해서는 능동적으로 자연에 쳐들어가 그 자연으로부터 약간의 획득물이라도 탈취해 오지 않으면 안 된다. 이러한 사막의 자연환경은 개인으로서의 생존을 허락하지 않고 부족이란 집단으로서만 가능하게 한다. 그러나 부족조차도 풍토적, 사회적, 역사적으로 가혹한 생존을 할 수밖에 없을 때, 생각하고 몸부림치며 절대적인 것을 찾는 것을 마다하지 않는다. 그래서 우주자연의 섭리와 절대적인 것을 보는 것이다. 결국 그들에게 필요한 신(神)은 '야훼'와 같은 절대적인 신이며, 자신들은 신의 선택을 받은 민족이 될 수밖에 없는 것이다. 이리하여 사막의 유목민족은 전투성을 형성할 수밖에 없으며, 부족을 생각하는 전체의 의지로서의 충성과 복종이 그들의 특징이다.

따라서 신에게 절대적 복종과 타 민족에 대한 전투성이야말로 사막의 유목민족인 이스라엘 민족의 최대 특질이라고 할 수 있다. 즉 그리스도적(的)이거나 아랍적(的)인 논리적, 형태적, 공간적, 정적 개념과는 거리가 멀고, 오히려 심리적, 기능적, 시간적, 분석적, 동적 개념을 특색으로 한다. 단적으로 말한다면 이상보다 현실을, 현상보다 본질을, 명분보다 실리를 중시한다. 이것이 이스라엘 민족의 사고방식과 시각의 기본적 특질인 것이다. '이스라엘'이라는 명칭이 '신(神)을 위해 싸운다'고 하는 의미도 내포하고 있듯이 3,000년의 경쟁에서 생존한 이스라엘 민족의 역사는 바로 창조의 신 '야훼'와 가혹한 자연환경의 섭리를 몸으로 부딪치며 터득해 온 고투의 역사다. 그래서 이스라엘 민족의 저류에는 선민의식과 위기의식이 흐르고 있고, 그것이 전장에서 창의 및 창조력을 발휘하는 근원이 되고 있다. 그렇다면 그러한 민족적 특성이 전장에서는 어떻게 구체적으로 표현될까?

이스라엘 민족의 현실을 직시하는 특성은 위기의식의 반증이고, 공간을 시간으로 환산하고 그 시간을 리듬으로 인식한다. 그 특성이 곧잘 전기(戰機)를 간파하고, 또 전투의 한계를 시간적, 공간적으로 인식한다. 자기 자신 속에 개념으로서의 한계를 만드는 것이 아니라, 지형상의 능선·하천의 공간적 한계가 시간적, 전력적 한계로 환원되어 현실의 능선상에 그 한계가 인식된다.

이러한 이스라엘 민족의 특성을 다얀 장군의 전쟁지도에서 볼 수 있다. 6일 전쟁 시 다얀은 진출한계를 미틀라-기디 고개 선(線)으로 정하고, 수에즈 운하까지 돌진을 정지시키려고 했다. 운하까지 진출하면 필히 새로운 전쟁을 야기할 것이라는 이유에서였다. 이 예(例)와 같이 진출한계 또는 공세종말점은 자신이 갖는 절대적인 한계와 적을 고려한 상대적 한계의 복합으로 나타나는데, 이스라엘군의 전진한계, 2개 정면 작전회피를 잘 견지한 것도 민족의 생존이 걸린 싸움이 빈번했던 고대 이스라엘 민족의 역사와 무관하지 않다. 또한 다얀의 전쟁지도를 잘 관찰해 보면 1956년 수에즈 전쟁의 적극 과감한 통수(統帥) → 1967년 6일 전쟁의 치밀한 통수(統帥) → 1973년 10월 전쟁의 제2격론적(第二擊論的) 방위구상과 같이 신중, 수동적인 전쟁지도로 변화해 왔는데, 이는 국제여론의 동향과 강대국과의 상호의존이 증대한 것은 물론이고, 현실 직시와 한계 인식의 구체적 표현이라고 볼 수 있다.

"이스라엘 육군의 전통을 계승하고 있는 것은 나다."라고 말한 샤론 장군의 직선적, 전투적 성격이 이스라엘 민족의 특질이기 때문에, 이스라엘군에 뿌리박고 있는 리델 하트의 간접접근전략은 본래 민족의 특질과 서로 맞지 않는 성질의 것이다. 그러나 그 간접접근전략이 이스라엘 국방군에서 맥맥히 살아있는 이유는 위기의식에 기인하여 '모든 것으로부터 배운다'고 하는 현실직시의 특성을 통해 이해할 수 있다. 이처럼 샤론이 보여주는 직선적, 전투적, 창조적인 민족의 특질과 다얀의 곡선적, 심리적인 간접접근전략이 유기적으로 결합하여 생동하는 곳에서 이스라엘 국방군 전략사상의 중후성과 정강성(精强性)을 볼 수 있다.

2) 제2의 요인 : 팔마치(Palmach)의 전통인 공세의지와 간접접근전략

이스라엘 국방군의 모태인 하가나(Haganah)의 기원은 투르크의 지배시대로 거슬러 올라간다. 당시 '쇼메린(경비대)'이 편성되어 베드윈의 습격으로부터 유대인 촌락과 이주지를 지키는 일종의 경비임무를 수행하였다. 그것이 1907년에 '하소메르(야간순찰대)'로 확대되었고, 제1차 세계대전 중에는 영국군 부대에 편입되었다. 1917년 밸푸어 선언 후 하소메르는 대부대로 개편되어 '하가나(지역방위부대)'로 발전했다. 그러나 시온주의 지도자 대부분은 하가나가 군대형태로 발전하는 것을 반대했기 때문에 하가나는 무기를 은밀하게 획득하고 비밀리에 훈련을 실시하면서 지하경찰부대로서 행동하지 않으면 안 되었다. 이렇게 발전시킨 하가나는 1936년 경, 아랍폭동이 발발했을 때 실력을 발휘했다.

제2차 세계대전 중 다수의 하가나는 영국군에 근무했고, 유대인들은 대 독일 전쟁에 참가했다. 이스라엘 국방군의 중핵이 된 팔마치는 1941년, 독일의 팔레스타인 침공 가능성이 점점 커지자 철수에 앞서 제5열로서 잔류해 적중에서 지하무장특공대로 활약할 자원을 하가나에서 선발해 훈련한 것이 시작이었다. 그 팔마치가 1948년 독립전쟁에서 진가를 발휘했고, 그 후 이스라엘 국방군의 중핵이 되었으며, 역대 참모총장은 대부분 팔마치 출신들이 차지하기에 이르렀다.

1948년 독립전쟁 시, 하가나는 기본적으로 4개부대로 구성되었다. 즉 공격부대인 팔마치, 지역방위 제1선부대인 야전군, 지역방위 제2선부대인 본토방위군, 그리고 청년대대였다. 그렇다면 팔마치가 어떻게 국방군의 중핵이 되었을까? 그것은 이스라엘군의 전통을 이해하는 것 이상으로 중요하다. 단적으로 말하면 1948년 독립전쟁의 전세를 역전시키고 승리를 거둔 원동력이 된 것은 팔마치였다. 개전 초기 아랍의 선제기습을 받아 국토가 촌단(寸斷)될 위기에 직면했고, 작전 면에서도 보병 주체의 정면공격이 성공하지 못해 전세가 극도로 불리했다.

그러나 1개월의 제1차 휴전에서 전력을 회복한 국방군은 리델 하트의 기계화 보병 전투와 우회작전의 간접접근전략을 활용하여 전세를 역전시켰다. 예를 들면 지프로 보병을 전투지대까지 수송한 밀카스 대령의 '승차보병' 개념은 즉시 전군에 공명(共鳴)을 불러 일으켜 대규모로 확산되었다. 대 이집트전의 '텐 프랙스 작전'과 '야인 작전', 갈릴리아 해방을 위한 '히람 작전'의 성공은 기계화 보병 전투이론과 간접접근 방법을 구체적으로 적용해 성공을 거둔 사례였다.

그렇다면 리델 하트의 전략사상을 어떻게 이스라엘군이 수용했을까? 그것은 1941년 5월, 팔마치를 창설한 러시아계 유대인 이작크 히데와 1948년 독립전쟁 때 작전부장으로 근무한 이갈 야딘 장군의 공적이다. 즉 1920년 4월에 보병의 기동력 증진, 보병과 전차의 결합에 의한 기갑전술을 제창한 '보병전술의 신이론'과 1922년, 신형 육군을 전차와 장갑차량에 탑승한 보병 및 포병이 중심이 된 여단 규모의 전투 집단으로 편성하자고 하는 제안 등의 리델 하트 사상을 히데와 야딘은 직접 원문을 읽고 연구해 왔다. 그 후 히데는 이스라엘군 최초의 기갑여단을 사적(私的)으로 편성했고, 젊은이들의 교육훈련도 대단히 중시하였다. 모세 다얀 장군과 이갈 아론 장군도 히데로부터 직접 지도를 받았다. 그렇기 때문에 1954년에 히데가 세상을 떠났지만 그가 죽은 후에도 그가 가르치고 지도한 사상은 맥맥이 살아서 이어지고 있는 것이다.

이상과 같이 팔마치는 리델 하트의 사상을 이어받았는데, 여기서 간과해서는 안 될 사항은 오늘날 이스라엘군의 성격이 1948년의 전화 속에서 벤 구리온에 의해 결정되었다는 것이다. 즉 제1차 휴전 기간에 군을 재편성했는데, 그 때 혁명군이냐, 일반적 군대냐의 논의가 있었다. 이때 팔마치는 계급장도 훈장도 없고, 정식의 군사적 절차나 규율 등에 그다지 신경을 쓰지 않는, 본질적으로는 혁명군의 성격이 강했다. 그런데 벤 구리온은 영국식의 일반적 군대를 기본으로 한다고 명철한 결단을 내렸다. 팔마치는 그 방침에 실망했지만 그것을 극복하고 일반적인 군대의 틀 속으로 들어왔을 뿐만 아니라 리델 하트의 사상을 구체화 하였다.

3) 제3의 요인 : 야딘 장군의 단기전 이론에 기초를 둔 폭발적인 전력발휘능력

야딘 장군은 1948년 독립전쟁 시 작전부장으로 근무했고, 1951년에 참모총장으로 취임했다. 이때 직면한 문제는 독립전쟁 후 군을 해체하려고 하는 세력을 저지하고 새로운 군대를 만드는 것이었다. 야딘의 새로운 건군 구상은 소수의 현역을 기간으로 하고, 즉시 동원 가능한 예비역을 배합하여 단기간에 전투준비를 완료한 후 적의 영역 깊숙이 작전행동이 가능한 체제를 완비하는 것이었다. 그 계획에 대하여 경제계의 반대가 있었지만 야딘은 그것을 무릅쓰고 강행하면서 전술 연습을 통해 검증하였다.

1950년에 예비역 소집 방법을 재검토할 목적으로 A작전 연습을 실시했는데, 그것을 참고하여 1951년 8월, 야딘은 B작전과 C작전의 전술연습을 주관하였다. B작전은 팔레스타인 전쟁 또는 10월 전쟁과 같이 아랍 측이 선제기습공격을 가해온다고 하는 가정 하에 3단계로 나누어 연습을 실시했다. 제1단계는 황군의 초기 침공, 제2단계는 청군에 의한 황군 침공 저지, 제3단계는 청군의 반격으로 구성되었는데, 황군의 침공 개시(H-24시간)부터 H+12시간까지 총 36시간의 연습은 침공 저지와 동원 능력을 검토하기 위한 연습이었다. 또 C작전은 이스라엘이 어느 1개 국가에 대하여 선제공격을 실시할 경우에 동원능력을 검토하는 것이었다. 이러한 연습 결과를 참고하여 기본적인 방위계획의 골격이 수립되었고, 동원 시에 보병여단 48시간, 기갑여단 72시간이란 기준도 이렇게 해서 결정되었다.

야딘 장군의 또 다른 공헌은 단기전 이론(short war theory)이었다. 1948년 5월 14일~1949년 2월 24일까지의 팔레스타인 전쟁은 제1차 휴전(6월 11일~7월 9일), 제2차 휴전(7월 18일~10월 15일)이 포함된 장기전이었다. 그 전쟁 최대의 교훈은 장기전은 반드시 피해야 한다는 것이었다. 그래서 전쟁 중 작전부장 직책을 수행했던 야딘은 전쟁이 끝난 후 독자적인 국방체계를 개발하기 시작했는데 그 골자는 다음과 같다.

일반적으로 단기전이나 장기전 모두 피아의 병력수에 시간을 곱했을 때 큰 쪽이 승리할 전략적 가능성이 높다. 따라서 작은 국가는 통상 전쟁목적이 한정되어 있으므로 병력동원 체제가 잘 되어있으면 단기간의 병력수를 증가시켜 시간을 곱하면 그 수치를 높일 수 있으며, 더구나 국가 경제가 파괴되기 이전에 전쟁 목적을 달성할 수 있다. 단기전 이론의 경제적 이점은 최소의 비용으로 큰 병력동원기구를 설치할 수 있으며, 인건비도 적게 들고, 장비의 장기간 사용도 가능할 뿐 아니라 전략적 선제공격의 선택도 가능하다. 예비군이 군의 주병(主兵)이고, 상설부대는 훈련목적을 위해 설치한다. 편제도 100% 완편부대, 50% 감편부대, 기간요원만 편성된 부대의 3종류다. 전력 발휘에 관해서는 전쟁기간을 1주간으로 가정할 경우 공군은 1기당 1일 7회 출격한다.[169] 이처럼 단기간에 대병력을 동원하고, 공군의 초기 높은 출격률을 유지하며, 여기에 강한 전투의지가 결합된다면 폭발적인 전력 발휘가 가능하므로 단기 결전을 통해 전쟁 목적을 달성하려고 하는 것이 야딘의 단기전 이론이다.

4) 제4의 요인 : 다얀 장군이 부단히 육성·강화한 '싸우는 군대'의 소신

1953년 12월 7일, 당시 39세로 참모총장에 취임한 다얀은 그의 개념에 기초하여 군의 재편성을 진행하였다. 그가 목표로 한 것은 불필요한 것을 없애고, 작지만 정예의 국방군을 만드는 것이었다. 그는 취임 후 3년에 걸쳐 서서히 그러면서도 계통적으로 단행하였다.

제1의 혁신은 대담한 인원 정리로서 현역장교의 정원 제한이었다. 그 조치에 의해 절약된 경상비로 무기 및 장비를 도입했다. 또 전투에서 장래성이 없는 기병과 전서구(傳書鳩) 부대를 폐지했다. 또 하가나 시대부터 근무해 온 다수의 고급장교가 군을 떠났다. 이리하

---

169) 6일 전쟁 시, 초일 354기 보유, 3,000회 이상 출격했다. 10월 전쟁 시, 개전 초기 3,000회 출격, 후반에는 1,500회로 저하되었다가 다시 상승해 최고 1,900회까지 출격했다. 전게서, 田上四郎, p.391.

여 1948년 독립전쟁에서 활약한 팔마치가 국방군의 주류를 형성하게 되었다.

제2의 혁신은 조기정년제 채택이다. 참모장교는 40세, 야전부대장교는 더 젊은 나이를 정년으로 규정했는데, 인사부에서는 40세에 장교들을 전역시키기 쉽도록 군인연금법을 제정하였다. 경제계에서는 젊어서부터 연금을 받고 있는 예비역 장교들을 좋은 조건으로 채용했고, 국민들도 조기정년제를 폭넓게 지지하였다. 그 결과 이스라엘 사회는 점점 더 군사적 색채가 짙어져 갔다. 다얀 장군이 이임한 후인 1958년 이후부터는 점차 연배자가 많아졌는데, 10월 전쟁에서도 다얀 국방부 장관 58세, 엘라자르 참모총장 48세, 북부사령관 호피 소장 46세, 남부사령관 고넨 소장 43세였다.

제3의 혁신은 전투의지에 대한 전군적 교육이었다. 부대는 최소한 사상자가 50%에 달하기까지는 부여된 임무를 수행하지 않으면 안 된다고 하는 요구였다. 아울러 군은 피해에 관한 과민성을 극복하지 않으면 안 된다. 부대의 경우 가장 중요한 것은 적이라는 목표이므로 지휘관은 전투현장에서 멀리 떨어진 곳에서 구두나 문서로 지휘해서는 안 된다. 그래서 다얀은 지휘관이 최전선에 진출하여 상황을 파악하고 진두지휘할 것을 강하게 요구하였다. 전장에서 지휘관의 극한적 결단은 임무냐, 생명이냐의 이율배반에 망설이게 된다. 그러나 병력 손실에 과민할 수밖에 없는 이스라엘군은 다얀의 지속적인 전투의지 교육에 따라 50% 이상의 부대전력을 보유하고 있는 이상 지휘관은 실패를 정당화 할 수 없다는 불문율이 정착되었다. 그 불문율이 민족적 특질인 전투성에 뿌리를 두고 이스라엘군의 불굴의 전투의지를 형성하고 있는 것이고, 그 불문율을 빼놓고서는 이번 10월 전쟁에서 보여준 불굴의 전투의지를 이해할 수 없다.

라. 이집트군 서전의 성공과 전훈 활용의 한계

1) 이스마일 국방부 장관의 지휘철학과 소련식 세트피스(set piece) 작전

본래 작전 성패의 원인을 고찰할 때, 마지막에는 인간의 정신과 사상이란 내면적인 문제와 마주치게 된다. 그와 같이 이번 전쟁에서 아랍군이 서전에서 성공한 요인을 분석하다 보면 이집트 국방부 장관 이스마일의 사람 됨됨이란 문제에 부딪친다. 그리하여 이스마일의 사상 또는 철학과 소련의 세트피스 작전의 집권적 운용이 교묘하게 결합한 것이 서전

성공의 중요한 요인이라는 것을 발견하게 된다. 이에 덧붙여서 세트피스 작전이 이스라엘 군의 동원태세에 기초를 둔 억지전략의 사각(H+24시간)을 찌른 것이다.

이스마일 국방부 장관은 1957년, 최초의 소련 유학 장교로서 소련에서 군사교육을 받은 이집트 육군의 엘리트였고, 네 번에 걸친 대 이스라엘 전쟁을 모두 체험하였다. 1948년, 1956년, 1967년의 전쟁은 보병부대 지휘관으로 참전했고, 특히 6일 전쟁 패전 후에 전개된 소모 전쟁에서는 수에즈 운하 서안의 방어진지 구축을 지휘하면서 군의 괴멸이 무엇을 의미하는 가를 온몸으로 경험했다. 1969년 3월, 참모총장에 취임했지만 나세르 대통령의 카리스마적인 호언장담에 호의적인 태도를 보이지 않아 빨리 경질되었다. 그 후 1970년, 사다트가 대통령에 취임하자 다시 복귀해 1972년 10월에는 국방부 장관에 취임하였다.

다른 때와는 달리 이번 전쟁에서 이집트군의 용감성은 결코 부족함이 없었다. 이렇게 견실한 이집트군의 전투 모습은 이스마일 국방부 장관의 사상을 반영하는 것이었고, 그 사상의 밑바닥에서 6일 전쟁과 같이 군대의 괴멸을 초래해서는 안 된다는 굳은 신념을 감지할 수가 있다. 이러한 이스마일 국방부 장관의 신념은 전쟁불가피론을 낳았고, 무기가 우선이 아닌 인간중심주의를 추구했으며, 이것이 훈련제일주의로 나타났다. 이스마일 국방부 장관의 사상을 좀 더 세부적으로 고찰해 보면 다음과 같다.

첫째, 전쟁불가피론은 6일 전쟁 이후 전쟁도 아니고 평화도 아닌 현상인식에 대한 결론이었다. 즉 현재의 상황이 고착된다면 수에즈 서안 진지에 병력이 묶여있게 된다. 그러면 장병들은 참호 병에 걸리고 사기가 저하되어 '고인 물은 썩는다'는 말같이 군대가 내부에서부터 붕괴하게 된다. 이것이 이스마일 국방부 장관의 기본적 인식이었다. 그래서 전쟁불가피론을 주창하여 전쟁의 원칙 중에서 '목표의 원칙'처럼 이집트군 장병에게 군 재건의 방향을 명시하고, 모든 것을 전쟁이라는 한 방향으로 몰고 나갔다.

둘째, 인간중심주의는 6일 전쟁 때 무기를 우선하던 사고방식에 대한 반성과 대안이었다. 6일 전쟁 때의 무기 우선론은 적의 포화 앞에서 무기를 버리고 심지어는 전우까지 버리는 군대를 만들었다. 그래서 '무기를 만들고 그것을 운용하는 것인 인간이다. 또한 장병들이 상호 신뢰심과 자신감을 가지면 무기는 장병들을 돕는 도구'라는 사고방식을 주입시켰다. 이리하여 전쟁은 전술과 무기가 하는 것이 아니라, 피도 있고 눈물도 있는 인간이 하는 것이라는 철학이 이번 전쟁에서 이집트군 지휘통솔의 골간이 되었으며, 민족주의에 불타는 장병들의 전투의지를 불러일으키게 만들었다.

셋째, 훈련제일주의는 6일 전쟁 때까지의 형식주의와 탁상업무에 대한 반성으로부터 생겨났다. 훈련 중시는 협동동작이 서투른 아랍민족의 특성과 소련식 세트피스 작전계획을 결합한 것이 특색이다. 40명의 참모장교가 작성한 대규모적이면서도 상세한 계획에 따라 각 부대는 기계적으로 행동할 수 있도록 훈련을 반복하였다. 모의 바레브 라인에 대하여 300회의 공격전투훈련을 실시했는데, 부대별로 표식된 야간유도 테이프를 따라 전차와 화포 등이 야간에 도하하는 훈련도 실시하였다. 더구나 수에즈 운하와 똑같은 유속 하에서의 도하 훈련은 이집트군의 전투능력을 크게 향상시켰다.

이집트군이 서전에서 성공한 요인 중 또 다른 하나는 이스라엘군 억지전략의 사각(死角)이었다. 이스라엘군의 억지전략은 동원하령 후 48~72시간 후에 전력 발휘가 가능한 동원체제를 바탕으로 성립된다. 그러므로 동원하령 후 전력 발휘가 제한되는 48~72시간 이전에 상대가 달성 가능한 목표를 한정하여 공격해 온다면 그 억지전략은 성립 조건에 허점이 생겨 성립될 수가 없다. 이번 전쟁에서 이스라엘군 억지전략의 파탄은 동원체제의 사각이 찔린 것이며, 더구나 개전 전 이집트의 기만행동은 동원하령 시기를 늦추게 만드는 효과를 거두었다. 이번 전쟁을 통하여 선제기습을 포기한 일반적인 동원체제에 기반을 둔 억지전략은 성립하기 어렵다는 것을 알 수 있었다. 또 억지전략은 장병들의 전의와 사기에 미치는 영향도 고려하지 않으면 안 된다는 교훈도 얻었다.

2) 이집트군의 한계 : 민족성에 기인한 군의 체질

'바드르 작전'이라고 이름 붙여진 이집트군의 작전계획은 '세트피스 작전(set piece operation)'이라고 말하는데, 집권적 성격을 가졌으며, H+24시간에 승산을 추구하는 것이었다. 하지만 그 집권적 작전계획이 이스라엘군의 역도하 작전을 성공시키게 하는 요인 중 하나가 되었다.

세트피스 작전에는 사전에 대규모적이면서 상세하게 작성된 계획 속에 작전행동이 포함돼 있으며, 각 부대 및 팀은 시간계획표에 따라 행동한다. 그런데 제3군이 도하 시 계획된 시간에 전차가 도하할 수 없는 예기치 못한 사태가 발생하여 차질이 생겼듯이, 상세한 계획이 집권적으로 실행되다가 예기치 못한 상황에 조우하면 제1선 부대가 즉시 적절한 조치를 취하기가 어렵다. 따라서 현 상황에 적시 적절하게 대응 행동을 하지 못하고 당초 주동적(主動的)이었던 행동이 점차 수동적으로 변해 버린다. 이집트군은 전반적인 작전계획 중 제1단계 도하 작전에 중점을 두었고, 그 작전은 반드시 성공해야 하기 때문에 심혈을 기울여 계획을 수립했다. 그러나 발생가능한 모든 상황에 대응할 수 없기 때문에 계획에 한계가 있었다.

전반적으로 볼 때, 이집트군의 용감성은 결코 부족함이 없었다. 또 사전에 세밀하게 계획된 공격작전이나 사전에 충분히 준비된 전투에 임했을 때 그들의 작전 및 전투행동은 나무랄 데가 없었다. 그러나 문제는 일단 그들이 세밀하게 계획하고 반복훈련을 했던 상황에서 벗어나면 이집트군 지휘관들은 금방 균형과 평형을 잃고 당황한 나머지 적절한 대응을 하지 못함으로서 전체 작전계획에 차질이 발생하는 것이다. 이것이 바로 이집트군의 치명적인 약점이었고, 이스라엘군과 같은 기동전을 수행할 수 없는 근본적 요인이다. 왜냐하면 전쟁이나 전투는 자유의지를 가진 상대방과의 충돌이기 때문에 최초에는 치밀하게 계산된 계획에 의해 시작되었다 할지라도 그 수행과정에서 필연적으로 수많은 우연성과 마주치지 않을 수가 없다. 따라서 아무리 치밀하게 계획을 수립했어도 그것에 집착하여 종속되는 한 그 결과는 모든 전쟁(전투)에서 승리의 가장 중요한 요소 중 하나인 융통성 있는 행동을 억압하고 제한시킬 뿐이다.

그런데 이집트군의 사고방식은 최초 수립한 세트피스 작전계획을 예정대로 실행하는 것뿐이었다. 사단장이라 할지라도 자주적 행동의 여지가 적었다고 한다. 또 전쟁지도 및 지휘활동도 10월 2일~16일 정전 제안 시까지 수에즈 전선에서 100㎞ 후방인 카이로 교외의 지하벙커에서 이스마일 국방부 장관이 채색된 지도를 앞에 놓고 제1선의 작전 및 전투를 지휘하고 있었다. 그런데 10월 16일, 사다트 대통령이 정전 제안 연설을 할 때, 이집트군 수뇌부는 이스라엘군의 역도하 정보를 접하지 못했다고 한다. 그 후 보고된 정보도 현실과 너무 달랐다. 즉 중국인 농장의 전투가 성공적이어서 수에즈 서안에 역도하한 이스라엘군의 후방 연락선을 차단했다는 것이었다. 이러한 과대전과 보고는 현실과는 동떨어져 대응행동에 차질을 가져왔고, 제2군사령관 마몬 소장이 할릴 소장으로 교체되는 원인 중 하나였다고 한다.

여기서 우리는 이집트군이 오랜 노력에도 불구하고 아직도 현대전의 본질적 특징과 기동전에 숙달되지 못한 한계를 보게 되는데, 그 한계에 부닥치게 되는 것은 민족성에 바탕을 둔 군대의 체질 때문이라고 생각된다. 즉 이집트의 풍토와 역사에 의해 형성된 민족성이 보이지 않는 깊은 곳에서 유기적으로 결합하여 작용하고 있기 때문이다. 그렇다면 이집트의 민족적 특질은 어떤 것일까?

이 주제는 별도의 연구를 요하는 문제이지만, 풍토에 기초한다면 대략 다음과 같다. 이집트의 풍토는 건조와 습윤의 이중성을 갖기 때문에 고대 이집트인들은 사막과 대결하면서 한편으로는 나일로 귀의하는 것이 특색이었다. 또 나일의 홍수와 혜택은 인지(人知)가 미치지 못하는 것이므로 그것을 수동적으로 받아들이고, 다른 편이나 사막이나 외부의 적에게는 전투적이 된다. 그 특질은 피지배자의 역사에 의해 심화되어 기다리는 것을 알고 참고 견디는 것을 안다. 그리하여 역사를 회귀적(回歸的)으로 생각해 시간적 관념이 결여된 폐단이 생겨났다. 그것이 아라비아어(語)로 '마렛슈(naver mind; 신경 쓰지 마)'로서 민족의 마음속 깊이 뿌리박고 있다.

이집트군의 작전행동이 완만해서 전기(戰機)를 잃기 쉽고, 자주성 및 적극성이 결여된 것도 그 '마렛슈'의 풍토적, 역사적 사실을 알면 이해하기 쉽다. 또 1952년 쿠데타의 반영 독립운동과 1964년의 반미투쟁, 게다가 1972년 7월의 소련인 추방운동 등, 그 일련의 강대국들과의 대립투쟁은 아랍민족주의의 일환이지만, '마렛슈'의 허용 한도를 넘는 사막거주민으로서의 전투성이 나타난 것으로 볼 수 있다.

마. 시리아군의 초기공세 실패 요인

개전 초기 골란고원에서 시리아군의 맹렬한 공세는 이스라엘군에게 큰 충격을 주었고, 곧이어 중대한 위기에 봉착하게 되었다. 시리아군은 골란 남부지역을 휩쓸었으며, 요르단강이 보이는 곳까지 진출하였다. 이스라엘군의 위기였다. 그러나 바로 그 순간에 시리아군의 진격은 극적으로 저지되었고, 점차 격퇴 되었으며, 마침내 참담한 실패를 맛보아야만 했다. 그렇다면 시리아군의 초기공세는 왜 실패했을까?

• **제1요인** : 무엇보다도 공격계획이 너무 평범했다. 그 결과 병력집중과 절약이 제대로 구현되지 않았다. 시리아군의 공격계획은 골란고원의 모든 접촉선에서 최소 4개 보병사단에 의한 정면공격을 실시하는 것이었다. 그런데 4개 사단이 각각 비슷한 전투정

면을 할당받아 어느 사단이 주공이라고 확실하게 지적하기가 곤란할 만큼 병력이 넓게 분산되었다. 그 결과 골란 남부지역에서 공격하는 제5보병사단이 주공이었지만 병력집중이 이루어지지 않았으며, 결국 주공사단이 쉽사리 공격한계점에 도달하게 만들었다. 시리아군에게 다행이었던 것은 주공이 지향된 골란 남부지역의 이스라엘군 방어진지 강도와 방어전력 밀도가 낮았다는 것이다. 따라서 시리아군이 공격 초기 골란 남부지역을 조기 돌파한 것은 그들이 골란 남부지역에 주력을 투입했기 때문이 아니라 그 지역 이스라엘군의 방어 상태가 상대적으로 취약했기 때문이다.

● **제2요인** : 시리아 국방부 장관이면서 동시에 야전군 총사령관인 무스타파 틀라스 소장의 무능과 전략적, 작전적 마인드가 부족했기 때문이다. 정치군인이었던 틀라스 소장은 지휘소를 다마스쿠스와 전선의 중간지점에 설치함으로써 정치적 통제와 전장에서의 지휘라는 별개의 두 가지 일을 동시에 하려다가 두 가지를 다 그르치고 말았다. 그는 전선의 지휘관들을 찾아가 상황을 직접 파악할 만한 여유가 없다고 생각했고, 오히려 전투가 중대한 고비를 맞고 있을 때인 10월 7일 오후에 군 수뇌부회의를 개최하였다. 그때 시리아군은 골란 남부지역에서 대규모 돌파에 성공한 후 종심공격을 실시하고 있는 중이었다. 전투를 전술적으로 지휘통제하고 있어야 할 중요한 시기에 일선 사단장까지 전선 후방의 지휘소로 불러들였고, 17:00시에는 일시적인 전투중지 명령까지 하달하였다. 모든 부대가 그 명령에 따라 진격을 중지하지는 않았지만 주공부대인 제5보병사단과 주공을 초월하여 공격하고 있는 제1기갑사단이 그 명령에 따랐다. 제1기갑사단과 제5보병사단의 주력은 후쉬니아에서 진격을 멈추었다. 또 엘 알을 향해 공격하던 제5보병사단의 제132기계화여단과 제47기갑여단의 일부도 도로상에 멈춰섰다. 스스로 발을 묶은 것이다. 그렇다면 시리아군 수뇌부는 왜 일시적 진격 정지 명령을 내렸을까? 그것은 다음과 같이 추측된다.

골란 북부지역에서는 이스라엘군의 완강한 저항으로 인해 시리아군의 진출이 지연되고 있는 반면, 골란 남부지역에서 이스라엘군이 계속 후퇴하는 것은 함정으로 유인하는 것이 아닌지 의심스러웠다. 그래서 시리아군은 주공인 제5보병사단과 제1기갑사단의 우측방이 노출되는 것을 꺼려했고, 그 때문에 제1기갑사단이 엘 알 통로를 따라 이스라엘 본토로 진격하는 것을 생각하지도 못한 채, 계속 이스라엘군이 끈질기게 방어하고 있는 후쉬니아 지역과 TAP 라인 도로를 따라 나페크로 진격하여 우측방을 방호함과 동시에 골란 북부지역의 이스라엘군 측 후방을 타격하려고 했던 것으로 보인다. 이러는 동안 거의 무방비상태였던 엘 알 통로를 따라 이스라엘 심장부로 돌입할 수 있었던 절호의 기회를 놓쳐버렸다. 또 엘 알로 진격하던 제5보병사단 예하부대들이 좋은 기회를 제대로 활용하지 못하고 공격을 일시 중지한 것은 '작전계획과 교범대로'만 움직이려고 했기 때문인 것 같다. 시리아군의 공격작전계획은 소련군 교리의 영향을 받았는데, 그것은 치밀한 계획과 더불어 상급부대의 철저한 통제를 받는 형태였다. 그래서 당시 이스라엘군의 방어선이 붕괴되고 멀리 패퇴하였지만 일선지휘관들이 그와 같은 상황을 이용하여 전세를 결정지을 수 있는 능력을 갖추지 못했고, 설사 그런 능력을 갖추었다 하더라도 상급부대의 지나친 통제 때문에 적극적인 공세행동과 추격을 실시할 수가 없었을 것이다. 그러니까 시리아군은 지정된 진출선에 도착하면 이스라엘군의 저항이 없는데도 불구하고 자신들을 초월하여 공격할 후속부대를 기다렸다. 상황을 기준으로 한 융통성이 절대적으로 부족했던 것이다. 그 후 시리아군이 진격을 재개했을 때는 이미 호기가 사라져 버린 상태였다. 이처럼 틀라스 장군의 무능과 시리아군의 유연성 부족이 승리를 무산시킨 가장 큰 요인이라고 할 수 있다.

- **제3요인** : 틀라스 장군은 군 수뇌부회의에서 일시적인 전투 중지 명령을 내린 것 외에 또 하나의 큰 실수를 저질렀다. 예비대인 제3기갑사단을 대규모 돌파에 성공한 골란 남부전선에 종심공격 또는 전과확대부대로 투입하지 않고, 이스라엘군이 방어선을 유지하고 있는 골란 북부전선에 돌파부대로 투입한 것이다. 이는 전술의 기본원칙을 무시한 조치였으며, 공세의 실패를 자초한 꼴이었다.

- **제4요인** : 시리아군의 초기공세 실패의 궁극적 원인을 따져보면 고급장교들의 전술적 능력이 부족했기 때문이다.[170] 그들은 변화하는 상황에 융통성 있게 대처하지 못했고

---

170) 대다수의 시리아군 고급장교들에게 군 경력은 군인으로서 국가를 지키는 직업이라기보다는 단순히 정치적 상승을 위한 수단에 불과했다. 물론 주목할 만한 예외는 있었다. 제7보병사단장인 오마르 아브라쉬 준장은 미 육군 지휘참모대학을 나왔다. 그는 제1선에서 사단을 지휘했으며, 골란 중북부의 쿠네이트라를 노린 공세에서는 대전차호 속에서 작전을 지시하기도 했다. 10월 8일 오후 늦게 이스라엘 제7기갑여단은 붕괴직전에 있었다. 그는 남은 전차를 집결시키고, 야간전투장비에서 이스라엘군을 압도

창의적으로 대응하지 못했다. 그 결과 시리아군은 압도적으로 우세한 전력을 보유하고 있으면서도 공격 방법이 병력과 장비를 축차적으로 투입하여 파상공격을 감행하는 것뿐이었고, 그것도 동일한 형태로 밀어대기만 했다. 결국 그들은 차례차례 각개 격파당하고 말았다. 바로 이것이 이스라엘군 제7기갑여단이 서사시적 대혈투에서 승리할 수 있었던 원인이었다.

바. 대전차 전투 분석

대전차 전투는 주로 전차, 항공기(전투기/공격헬기), 보병 대전차화기의 세 가지 종류의 무기를 사용해 실시한다. 그밖에 대전차 지뢰가 중요한 역할을 수행하기도 한다. 이러한 무기를 통합해서 운용할 경우 그 효과가 더욱 증대된다. 그러면 10월 전쟁에서 이러한 대전차 무기가 어떻게 운용되어 전투를 실시했는지 살펴보겠다.

1) 전차

전차는 통상 공격무기로 알려져 있다. 따라서 방어 시에도 공세적으로 운용한다. 그런데 이번 전쟁에서 이스라엘군은 골란고원에서 서전에, 또 수에즈 전선에서는 10월 14일에 전차를 방어적으로 운용했지만 큰 성과를 거두었다. 전차의 전술적 운용 문제를 언급하기 전에 우선 이스라엘군 전차가 아랍군 전차에 비해 성능과 승무원 훈련 수준면에서 명확하게 우위에 있었다는 것을 이해할 필요가 있다. 즉 이스라엘군 전차의 105밀리 주포 유효사거리는 아랍군 전차보다 약 400m나 더 길었다. 또 이스라엘군은 전차 포수 훈련 시 제반동작의 신속성을 중시했다. 대전차 전투에서는 불과 1~2초의 차이가 생사를 좌우한다. 그래서 이스라엘군 전차는 사격속도에서 아랍군 전차보다 빨랐으며, 그것이 전차 파괴 수에서 아랍군보다 압도적으로 우세하게 만들었고 시종일관 선제사격을 유지하는 데 바탕

한다는 장점을 살려서 마지막 일격을 가하려고 했다. 이렇게 중대한 시점에 그가 탑승한 전차가 이스라엘군이 쏜 전차포탄에 명중되어 불길에 휩싸였고, 아브라쉬 준장은 전사했다. 사단장이 전사하자 공격은 연기되었고, 이스라엘군 제77전차대대는 전력보충 및 회복할 수 있는 귀중한 시간을 얻었다. 아브라쉬의 역동적인 지휘력이 사라지자 시리아군의 공격은 치열한 교전 끝에 기세가 꺾였고, 다시 회복하지 못했다.

이 되었다. 아울러 정확성 면에서도 아랍군을 앞섰다. 그들은 2,000m 거리에 있는 표적들을 거의 초탄에 명중시켰는데, 대부분의 전투를 분석해 보면 전차전에서의 승패는 전차의 성능과 승무원들의 훈련 숙련도에 의해 좌우된다는 것을 확실하게 보여준다.

10월 6~7일에 걸친 시리아군의 공격초기, 이스라엘군은 전차를 방어진지에 배치하여 운용했는데, 이것도 지극히 유효하다는 것을 입증했다. 특히 골란고원 북부의 부채꼴 지역에서는 시계 및 사계가 양호한 지역에 진지를 편성하고, 전방에는 대전차호 및 지뢰 등의 장애물을 설치해 방어강도를 증가시켰다. 유리한 지형과 장애물은 시리아군 기갑부대를 대전차 격멸지대로 유입되게 만들었으며, 은폐 및 엄폐된 진지에 배치되어 있던 이스라엘군 전차는 신속정확한 사격을 실시해 약 20:1의 비율로 시리아군 전차를 파괴하였다. 약 180대의 이스라엘군 전차가 공격해오는 약 800대의 시리아군 전차를 저지 및 지연시킨 것이다. 물론 이스라엘군 진지에는 보병도 배치되어 있었다. 그러나 현대적인 보병 대전차화기가 부족했기 때문에 시리아군에게 치명적인 타격을 주지 못했다. 만약 그들이 최초부터 토우나 드래곤 같은 최신의 대전차무기를 장비하고 있었다면 대전차 방어력은 한층 더 강화되었을 것이다.

10월 14일, 수에즈 전선에서 이집트군의 대규모 공세 시 예비로 있던 기갑부대가 보병의 전면으로 나와서 목표를 향해 돌진하였다. 이스라엘군 전차는 엄폐된 사격진지에서 대기하고 있다가 이집트군 기갑부대가 충분히 접근해 왔을 때 일제사격을 개시하였다. 이때 이스라엘군 전차 사격진지는 대부분의 경우 공병의 불도저가 모래를 밀어내 전차가 엄폐를 받을 수 있을 정도의 구덩이를 파놓은 정도였다. 진지는 각 전차 단위로 또는 소대 단위로 3~4개씩 준비하였다. 전차의 사격과 진지 변환은 전적으로 중대장에게 위임하였다. 이리하여 이스라엘군은 끊임없이 진지를 변환해 가며 '쏘고 빠지는' 식의 전투를 계속했는데, 대부분의 교전거리는 300~400m이었고, 때로는 영(zero)거리인 경우도 있었다. 이날 전투는 이스라엘군의 완승이었다. 이집트군은 큰 피해를 입고 출발선으로 되돌아갔으며, 이후 또다시 대규모 공세를 실시하지 못했다.

2) 전투기

전투기가 효과적인 대전차 무기로 존재하기 위해서는 1기당 12대의 전차를 파괴할 수 있어야 한다. 그러나 그것은 아군이 항공우세를 달성한 상태여야 하고, 더구나 적의 방공체제가 빈약해야 한다는 조건이 성립되어야 비로소 달성 가능해진다. 이를 확실히 인식하기 위해 골란고원과 수에즈 전선을 고찰해 보자.

전쟁 초기, 이스라엘군 전투기들은 근접항공지원 임무를 부여받고 출격하여 골란 전선의 시리아군 기갑부대를 공격하는 도중, 시리아 방공부대의 대공미사일에 의해 약 30기가 격추되었다. 그 후 이스라엘 공군은 천신만고 끝에 시리아군 방공조직을 무력화시키고 항공우세를 획득하면서부터 행동의 자유를 얻었다. 그리하여 10월 12일, 이스라엘군이 시리아 영내로 진공해 들어갈 때는 효과적인 근접항공지원을 실시할 수 있었다.

수에즈 전선에서도 상황은 동일한 모습으로 전개되었다. 이집트 육군이 SAM의 우산 속에 들어가 있는 동안은 이스라엘군 전투기들이 지상부대를 지원하는 데 있어 대전차 무기로서 유효한 역할을 하지 못했다. 그러나 10월 14일, 이집트군이 SAM의 세력권 밖으로 나와 대규모 공세를 실시할 때, 이스라엘군 전투기들은 지상부대와 함께 이집트군 기갑부대를 효과적으로 격파하였다. 그 후 수에즈 운하를 역도하한 지상부대가 운하 서안의 SAM 부대를 소탕하자 이집트군 방공조직의 위협이 감소했으며, 그 단계부터 이스라엘군 전투기들은 지상군의 요청에 따라 출격하여 이집트군 기갑부대를 격파하기 시작했다.

3) 보병의 대전차 전투

10월 중동전쟁에서 보병의 대전차 전투 중 가장 좋은 전례는 수에즈 정면에서 볼 수 있다. 이집트군은 수에즈 운하에 도착하자마자 RPG-7 대전차로켓발사기를 휴대한 보병이 모래방벽을 넘어 전진하여 교두보를 확보했다. 교두보 선상에서 약 500m 떨어진 후방에 새거 대전차 미사일이 배치되었다. 교두보 강화에 나선 이집트군은 1㎞당 55문의 각종 대전차화기를 배치했고, 전방에 대전차 화력 집중지대를 설정하였다. 뿐만 아니라 전단 종심에 다시 전차와 새거 대전차 미사일을 배치하여 중첩된 대전차 화망을 구축하였다. 이후 그 방어진지에서 전개된 대전차 전투 상황은 다음과 같다.[171]

---

171) 전게서, 田上四郎, pp.295~296.

"한 이스라엘군 소위가 3대의 전차를 지휘하여 운하로 접근해 왔다. 돌연 그의 전차에 수발의 RPG 로켓탄이 명중해 불타올랐다. 그는 약 300m 전방에 배치되어 있는 이집트군 보병을 발견했다. 그는 두 번째 전차에 탑승하여 이집트군 보병을 향해 돌진했고, 세 번째 전차가 지원사격을 실시했다. 그의 전차가 이집트군 방어진지 가까이 도달했을 때, 4문의 RPG-7이 동시에 사격을 했다. 전차장 포탑에 서있던 소대장은 부상을 입고 포탑 안으로 쓰러졌다."

"한 이스라엘군 중사는 10월 6일 밤, 운하정찰임무를 부여받고 전차 2대를 지휘하여 출발했다. 선도 전차에 탑승한 중사가 수에즈 운하 1㎞ 전방까지 왔을 때, 돌연 전방의 제방에서 새거 대전차 미사일이 발사되었다. 미사일이 선도 전차에 명중하여 승무원 1명이 즉사하였고 중사도 부상을 입었다. 중사는 생존한 승무원들과 함께 후속 전차에 옮겨 탔다. 그 후 벌어진 전투에서 후속 전차도 3문의 RPG-7 로켓발사기 사격을 받고 파괴되었다."

"이집트군의 새거 대전차 미사일 사수 아부다 아 아치[172]와 다른 2명의 사수에게 부여된 임무는 제2파 도하부대를 격파하기 위해 돌진해 오는 이스라엘군 전차를 격파하는 것이었다. 그들은 교두보 제2선에 배치되어 있었다. 얼마 후 이스라엘군의 M60 전차 5대가 교두보를 향해 전진해 왔다. 즉시 새거 대전차 미사일이 발사되어 첫 번째, 두 번째, 세 번째 전차에 잇달아 명중했다. 네 번째와 다섯 번째 전차는 황급히 전장을 이탈하였다. 그리고 얼마 지나지 않아서 다시 3대의 M60 전차가 전진해 왔다. 역시 새거 대전차 미사일이 발사되었고, 3대의 전차는 불타올랐다. 생존한 승무원은 전차에서 비상탈출 했다."

이집트군 제2군사령관으로서 도하 및 교두보 확보 작전을 지휘했던 마몬 소장은 이스라엘군의 반격에 대하여 다음과 같이 술회했다.[173]

---

172) 1974년 12월에 카이로에서 열린 전리품 전시회 개회식 때, 이스마일 국방부 장관은 "아부다 아 아치 외 2명의 병사는 10월 6일 전투에서 이집트군 병사의 모범이었다. 그들은 적 전차 25대를 격파했다"고 말했다.

173) 상게서, p.296

"이스라엘군의 반격 초기에 우리들은 이스라엘군 보병을 한 사람도 보지 못했다. 최초 3일 동안 본 것은 전차뿐이었다. 그 후에는 전차 50%, 장갑차(보병 탑승) 50%였다. 내가 제2군을 지휘한 10월 7~8일 양일간 2개의 교두보에 대하여 적이 16차례나 반격을 해왔다. 그러나 모두 파쇄 되었다."

이것은 통상 주도면밀하게 준비된 방어진지에 대한 병과(兵科) 단일의 정면 공격은 모두 실패한다는 것을 여실히 증명해 주는 것이다. 상기의 예는 세 종류의 대전차 무기, 즉 전차, 항공기, 보병의 대전차 수단이 적절히 통합 사용되는 경우에만 효과가 상승한다는 것을 보여주고 있다. 또 무기의 비율과 조합을 어떻게 하느냐에 따라 전투의 양부(良不)가 결정된다는 것을 밝혀주고 있다.

4) 교훈

10월 중동전쟁에 관한 연구를 거듭해 온 미 육군 교육사(TRADOC)는 다음과 같은 교훈을 얻었다고 발표했다.[174]

① 전차는 오늘날 기동화 된 전장에서 가장 중요한 무기지만 단독으로 행동하지 말고 반드시 보병과 함께 행동해야 하며, 또한 포병의 엄호를 받지 않으면 안 된다. 이를 위해 미국은 필요한 지원 하에 고도의 훈련을 실시하고, 숙련된 제병협동전투단을 보유할 필요가 있다.
② M60A1 전차와 T-62 전차를 비교한 결과, T-62 전차는 근접전투에서 뛰어나고, 원거리 전투에서는 M60A1 전차가 약간 우수하다.
③ 전차전의 경우 먼저 사격하는 전차의 승률이 50% 더 높다. 미군은 지금까지 전차포수에게 13~15초 내에 발사할 수 있도록 훈련해 왔는데, 앞으로 5~7초 내에 발사할 수 있도록 훈련기준을 이미 변경하고 있다.
④ 전차의 막대한 손실은 탄약을 포탑 내에 수납하고 있기 때문이며, 그 결함을 제거하

---

174) 상게서, pp.298~299; 발표된 교훈은 그 후 각 분야별로 모두 반영되었다.

기 위해 전차포탄 수납 위치 변경을 검토 중에 있다.

⑤ 파손된 전차의 부품을 사용하여 전차를 수리할 수 있는 정비특기자를 훈련시킬 필요가 있다.

⑥ 기계화 보병 전투차의 포탑에 토우(TOW) 대전차 미사일과 25밀리 기관포를 장비하는 것을 고려하고 있다.

⑦ 장갑차량에 대전차 미사일을 장착하고 전차와 동행시킬 필요가 있다.

⑧ 소련제 T-62 전차의 115밀리 활강포 초속은 1,650m로서 세계 최고이며, 개활지에서는 1,600m 거리에서 초탄 명중 확률이 50%다. 따라서 지형을 이용한 은폐, 연막 차장 등이 필요하다. 또 적에게 발견되면 큰 피해를 입는다는 것을 철저히 교육시키지 않으면 안 된다.

교훈을 개괄하면 다음과 같다.

현대 무기의 파괴력은 이전에 사용된 어떤 무기보다 크다.

현대 무기를 장비한 군대에 대항하기 위해서는 충분한 훈련에 의해 숙련도를 향상시켜야 하며, 전투지원 및 전투근무지원부대가 수반된 제병협동전투부대가 필요하다.

사. 포병 운용 분석

10월 중동전쟁에서 포병 운용은 미군과 소련군 전술사상의 대결이라고 부를 수 있는 형태로 진행되었다. 아랍군은 대량의 화포를 사용해서 계획사격과 대포병사격을 실시하였다. 한편, 이스라엘군은 아랍 측보다 훨씬 적은 소수의 화포로 임기 표적에 대하여 관측사격을 많이 했다. 대포병사격에 대한 주요한 회피 방법은 양군 공히 '사격 후 신속한 진지이탈(Shoot & Scoot)'이었다.

1) 이스라엘군 포병과 주요 장비

이스라엘군 포병은 단일 화포를 장비한 대대를 기본으로 편성되어 있었다. 각 기동여단은 1개 포병대대를 보유하고 있었는데, 통상 160밀리 박격포 또는 155밀리 자주곡사포를 장비하고 있었다. 10월 중동전쟁 이전, 이스라엘군은 기동여단을 지원하는 포병대대 외에 남부 및 북부사령부에 각각 1개 포병여단을 배비하였고, 포병훈련센터에 1개 포병여단이 배치되어 있었다. 나머지 예비 포병은 3개 여단으로 추정된다. 수량적으로는 1,250문 이상을 보유하고 있었는데, 그 중 105밀리 및 155밀리 자주곡사포가 350문, 120밀리 및 160밀리 박격포가 900문이었다. 그밖에 6일 전쟁에서 노획한 소련제 화포를 다수 보유하고 있었다. 다수의 독립포병대는 대대별로 122밀리 곡사포, 130밀리 및 175밀리 평사포, 8인치 곡사포, 240밀리 다연장로켓 등을 장비하고 있었는데, 필요시 어느 전선이라도 투입하는 것이 가능했다.

동원과 더불어 포병을 통일 운용하기 위해 직접지원 포병연대 및 독립포병대대로 구성된 포병단이 3개 전선 사령부에 각각 편성되었다. 포병단의 편성은 고정된 것이 아니라 임무에 따라 결정되었다. 포병단 사령부에서는 탄약을 엄격하게 관리 및 통제했다. 재보급뿐만 아니라 각 사격임무에 사용되는 탄약에 관해서도 사용제한을 명시했다. 또 예비탄약도 직접 관리했다. 사격지휘는 통상 포병대대급에서 실시했고, 사격단위는 통상 4~6문의 화포를 장비한 포대규모였다. 각급 포병부대는 현재 출현한 표적에 대하여 또 관측자의 요구에 의하여 사격 가능한 모든 부대의 화력을 집중하는 권한을 가졌다. 그리고 기동부대에 대한 적시 적절한 화력지원, 적의 대포병 사격을 회피하기 위한 신속한 진지변환 훈련 등을 수없이 반복하였다.

화력계획 작성, 화력의 우선권 지정, 공격방법, 기동부대를 지원하는 포병부대의 할당 등은 각급부대에서 실시했다. 또 각급부대를 지원하는 포병지휘관은 각급부대 참모부의 포병참모 역할을 수행했다. 예를 들면 기동여단을 지원하는 포병대대장은 기동여단의 포병참모를, 사단을 지원하는 포병여단장은 사단의 포병참모를 겸한다.

2) 아랍군 포병과 주요 장비

시리아군 및 이집트군 포병은 85밀리, 100밀리, 122밀리, 152밀리, 180밀리 견인곡사포를 장비한 대대를 중심으로 구성되었다. 그 밖에 122밀리, 140밀리, 240밀리 다연장로켓, 120밀리, 160밀리, 240밀리 박격포 및 프로그 미사일을 장비한 대대도 보유하고 있었는데, 그것은 20km 이내의 어떤 표적에도 대량의 화력을 퍼부을 수 있고, 또 70km까지의 고정표적에 대해서는 지대지 미사일에 의한 공격을 실시할 수 있었다. 이집트군은 1,500 문 이상의 화포를 보유했고, 시리아도 최소한 800문을 보유하고 있었다. 이러한 화포들은 대전차포와 T-34 전차 차체에 탑재한 122밀리포를 제외하고 모두 견인식이었다.

각 기동여단은 1개 포병대대를 보유했고, 사단은 1개 포병여단을 보유하고 있었다. 그 밖에도 이집트군 및 시리아군 모두 별도의 포병단을 보유하고 있었다. 아랍군은 그 병력 규모를 감안해 포병사단을 편성하지 않았지만 이집트군 및 시리아군 포병은 기본적으로 소련군의 장비와 전술사상을 채용하고 있었다. 그래서 각급부대 수준에서 포병부대 수를 늘리고, 또 화력을 고도로 집중 운용하는 경향이 있었다. 또 포병은 모든 임무에 참가하여 단지 전투지원만을 실시하는 것이 아니라 공격, 방어 양면에서 결정적인 역할을 수행한다.

3) 골란 전선에서 쌍방의 포병 운용

10월 6일 14:00시, 시리아군은 대규모 공격준비사격을 실시하였다. 각종 화포 약 600문과 다연장로켓, 프로그 미사일 부대가 공격준비사격에 참가한 것으로 추정된다. 시리아군은 소련군 포병전술을 사용해 기갑 및 보병부대의 공격에 앞서 이스라엘군 진지에 대량의 화력을 퍼부었다. 또 시리아군은 전쟁 초기에 헤르몬산을 점령하자 그곳을 관측소로 활용해 정확한 사격을 실시했으며, 지상 관측자들은 양호한 관측 지점을 최대한 활용하였다.

전쟁 초기부터 이스라엘군 전투기와 포병의 공격을 받은 시리아군 포병은 초기 공격이 실패로 돌아가자 점령했던 지역에서 철수할 수밖에 없었고, 그때 대량의 화포와 장비가 전장에 유기되었다. 또 다수의 견인차량이 후퇴하는 도중에 파괴되었다. 그럼에도 불구하고 시리아군 잔여 포병은 각 지역에서 정확한 사격을 실시하였다. 최초 사격은 통상 500m의 오차가 발생했는데, 불과 수초 만에 조정을 하여 효력사를 퍼부었다. 사사 근처에서는 이동 중인 이스라엘군 탄약수송트럭 2대를 명중시켰다. 이것만 보더라도 시리아군 포병의 전방관측자를 포함한 포대요원들 능력이 우수하고 잘 훈련되었다고 판단된다. 이리하여 10월 13일부터 14일까지 양일간에 시리아군 포병은 이스라엘군의 사사공격을 저지시키는 데 중요한 역할을 했다. 그러나 시리아군 포병은 상호 간의 협조, 연락, 조정 등에서 많은 문제점을 드러냈다. 특히 연합작전에 필요한 협조, 조정 및 통제기구가 없었기 때문에 이러한 문제점의 결과가 전쟁 후반기에 한꺼번에 나타났다. 일례로서 전투기간 중 시리아군 포병이 요르단군 제40기갑여단을 포격하기도 하고, 시리아군 포병 자신이 이라크군 전투기의 공격을 받기도 했다.

전쟁기간 중 시리아군은 포병을 전략적으로도 운용했다. 이스라엘 영내의 집단농장과 국경진지에 대한 장거리 공격에 프로그 미사일을 사용했다. 이러한 사격은 전술적으로는 한정된 의미밖에 갖지 못했지만 심리적으로는 중요한 의미가 있었다. 지대지 미사일이 20발 이상 발사되어 기브츠와 작은 도시 등에 피해를 주었다. 이러한 공격의 전술적 효과는 대단한 것이 없었지만 이스라엘 국민의 사기를 저하시킨다고 하는 전략적 효과를 얻기 위한 노력의 일환이라고 판단된다.

개전 시, 이스라엘군은 북부사령부 지휘 하에 포병 11개 포대를 전선에 전개시켰다. 그후 계속 증강되어 개전 1주일 후에는 약 15개 대대가 투입된 것으로 추정된다. 이스라엘군 포병부대는 기동부대에 대한 화력지원과 대 포병사격 등의 일반적인 임무에 부가하여 두 가지의 특별한 임무를 수행하였다. 하나는 연막탄을 사용하여 전투기에게 표적의 위치를 알려준 것인데, 이 때문에 이스라엘군 전투기는 신속 정확하게 표적위치를 식별하게 되어 표적상공에 체공하는 시간을 줄일 수 있었다. 또 하나는 전쟁 말기에 175밀리 자주평사포가 시리아의 수도 다마스쿠스 교외의 군수품 저장고를 포격해 군사적 목적을 달성함과 동시에 심리전 효과를 거두려고 하였다.

골란고원에서 전투가 진행되는 동안 이스라엘군 야전포병부대가 직면한 주요한 문제는 탄약의 부족, 적의 격렬한 대 포병사격, 매일 저녁때 날아오는 적항공기의 공격, 미국제 무기(자주포)의 동력계통 정비문제, 지형 및 적방공체제의 영향을 받는 관측상의 문제 등이었다. 탄약부족은 주로 155밀리 및 8인치 자주곡사포, 175밀리 자주평사포에서 발생하였다. 이 탄약은 미국에서 대량공수작전을 실시하여 겨우 해결되었다. 하지만 전반적으로 탄약보급이 충분하지 않아 전선사령부, 사단사령부 등 각급 수준 부대의 포병지휘관이 탄약을 집중 관리 및 통제하였다.

양군 모두가 대 포병사격을 활발하게 실시했고, 항공기가 그것을 지원하였다. 이스라엘군은 포병부대가 강력한 대 포병사격에 취약하다는 것을 10월 전쟁에 앞서서 전개되었던 소모 전쟁 중에 배웠다. 그래서 취약성을 감소시키기 위해 신속한 진지 점령 및 변환훈

련을 중점적으로 실시하였다. 그 훈련이 효과를 발휘하여 이번 전쟁에서는 시리아군의 대
포병사격에 의해 소수의 화포만이 피해를 입는 데 그쳤다. 전쟁 기간 중 각 포대는 1일 평
균 12~15회의 진지 점령 및 변환을 실시하였다.

골란고원에서의 관측은 주요 지형을 획득하느냐, 못하느냐에 따라 큰 영향을 받았다.
전쟁 초기 헤르몬산을 빼앗긴 이스라엘군은 헤르몬산보다 낮은 구릉에서 관측을 할 수밖
에 없었고, 그 때문에 초기에는 공중에서 관측하지 않으면 안 되었다. 그러나 시리아군 방
공무기에 의해 관측기가 격추되었기 때문에 그 또한 중지하였다. 그래서 지형적 제약에도
불구하고 지상관측을 표적포착의 주요 수단으로 삼을 수밖에 없었다.

4) 수에즈 전선에서 쌍방의 포병 운용

남부사령부 예하의 이스라엘군 포병은 최초에 곡사포 및 평사포가 200문 이하, 박격포
가 약 200문 가량이 배치되어 있는 정도였다. 이러한 화포는 수에즈 운하 동쪽 10㎞의 '포
병도로'를 따라서 약 20개의 진지에 배치되어 바레브 라인에 대한 화력지원 임무를 부여
받고 있었다. 각 진지에는 전차, 보병, 방공부대 외에 1~3개 포대가 배치되어 있었다.

10월 6일, 이집트군의 도하공격이 개시되었을 때 이스라엘군 포병부대들은 응전했지만
얼마 지나지 않아 바레브 라인의 관측소가 탈취 당하자 효율적인 사격에 제한을 받았다.
시나이 반도에 배치된 포병의 유일한 특별임무는 이집트군의 도하지점과 부교를 175밀리
자주평사포의 장거리 사격에 의해 파괴하는 것이었다. 그 임무는 10월 10일까지 계속되
었는데, 마침 그날 이집트군의 도하지점을 방문한 외국 보도진들은 이스라엘군의 포탄이
주변에 낙하하는 것을 목격하였다.

이집트군은 수에즈 운하 도하작전 초기에 수에즈 운하 동안을 따라 배치된 이스라엘군
기관총 진지와 그 후방의 포병진지를 파괴 및 제압하려고 강력한 공격준비사격을 실시하
였다. 각종 화포 1,850문을 투입하여 실시한 공격준비사격은 통상 1개 표적당 4문의 화포
를 할당하여 몇 초 간격으로 포탄을 발사했으며 53분간 지속되었다. 이와 같이 다량의 포
탄을 퍼부은 강력한 공격준비사격으로 인해 이스라엘군은 제대로 응전을 할 수가 없었으
며, 그 결과 이집트군은 경미한 피해만 입고 수에즈 운하 도하에 성공하였다.

전투 서열 (1973. 10. 6~24.)

이집트군

국방부 장관 겸 최고사령관	아메드 이스마일 알리 대장
참모총장	사드 엘 샤즐리 중장
작전부장	모하메드 엘 가마시 소장
정보부장	아비라힘 파드 나세르 소장
제2군 사령관	모하메드 삿드 엘 덴 마몬 소장
제3군 사령관	모하메드 압드 엘 모넴 왓셀 소장
해군사령관	아마드 파드 츠케리 소장
공군사령관	모하메드 호스니 무바라크 소장
방공군사령관	모하메드 알리 파니 소장

제2군

제18보병사단(+)	제21기갑사단(-1)
제131보병여단	제1기갑여단
제135보병여단	제14기갑여단(파견)
제136기계화여단	제18기계화여단
제15기갑여단(배속)	제51야전포병여단
야전포병여단	

제2보병사단(+)	제23기계화사단(-1)
제4보병여단	제116기계화여단
제120보병여단	제118기계화여단
제117기계화여단	제24기갑여단(파견)
제24기갑여단(배속)	제67야전포병여단
제59야전포병여단	

제16 보병사단(+)	제135독립보병여단
제16보병여단	제82공정여단
제112보병여단	제90기계화여단
제3기계화여단	제129특전단
제14기갑여단(배속)	제9공병여단
제41야전포병여단	제2군포병단(3개 여단)

제3군

제7보병사단(+)
제11보병여단
제12보병여단
제8기계화여단
제25기갑여단(배속)
제49야전포병여단

제19보병사단(+)
제5보병여단
제7보병여단
제21기계화여단
제3기갑여단(배속)
제69야전포병여단

제4기갑사단(-1)
제2기갑여단
제3기갑여단(파견)
제6기갑여단
제4야전포병여단

제6기계화사단
제1기계화여단
제113기계화여단
제22기갑여단
제43야전포병여단

제3군포병단
제53야전포병여단
제55야전포병여단
제60박격포여단

제130기계화여단(배속)
제127특전단
제109공병여단

참모본부직할

홍해방위대
2개 보병여단
제133특전단

제3기계화사단(-1)
제10기계화여단
제114기계화여단
제130기계화여단(파견)
제39야전포병여단

제140공정여단
제150공중강습여단
제160공중강습여단
근위여단
나세르 독립기갑여단
독립기갑여단
제63포병여단
제64포병여단(프로그)
제128특전단
제130특전단
제131특전단
제132특전단
제134특전단
포병대대
공병대대
레인저대대

시리아군	
국방부 장관	무스타하 틀라스 소장
참모총장	요셰프 샤크 소장
해군사령관	하다르 후세인 준장
공군사령관	나지 자미르 소장

제5보병사단(+1)	참모본부직할
제12보병여단	아사드 독립기갑여단
제61보병여단	제30보병여단
제132기계화여단	제90보병여단
제47기갑여단(배속)	제62기계화여단
제50야전포병여단	제88기갑여단
	제141기갑여단
제7보병사단(+1)	제1특전단(5개 대대)
제68보병여단	제82공정대대
제85보병여단	타라키아 경비여단
제1기계화여단	홈즈 경비여단
제78기갑여단(배속)	알레포 경비여단
제70야전포병여단	
	이라크 참전군
제9보병사단(+1)	제3기갑사단
제52보병여단	제6기갑여단
제53보병여단	제12기갑여단
제42기계화여단	제8기계화여단
제51기갑여단(배속)	야전포병단
제89야전포병여단	
	요르단 참전군
제1기갑사단	제40기갑여단
제4기갑여단	
제91기갑여단	모로코 참전군
제2기계화여단	제1기계화보병여단
제64야전포병여단	2개 보병대대
제3기갑사단	사우디아라비아 참전군
제20기갑여단	제20 기갑여단
제65기갑여단	
제15기계화여단	팔레스타인 해방군
제13야전포병여단	2개 특전여단

이스라엘군

국방부 장관	모세 다얀	남부사령관	사미엘 고넨 소장
참모총장	다비드 엘라자르 중장		
참모총장 특별보좌	하임 바레브 중장	제252기갑사단	아비라함 맨들러 소장(전사)
참모차장	이스라엘 탈 소장		칼만 마겐 준장(후임)
작전부장	아비라함 타미르 소장	제460기갑여단	가비 아미르 대령
정보부장	엘리오이 제이라 소장	제14기갑여단	암논 레세프 대령
모사드사령관	세부 차미르 소장	제116보병여단(에쪼니)	레벤 핀차스 대령
공군사령관	벤하민 펠레드 소장	제401기갑여단	단 숌론 대령
해군사령관	벤자민 텔렘 소장	제164기갑여단	아비라함 바롬 대령(10월 8~9일)
북부사령관	이작크 호피 소장	제162동원기갑사단	아비람 아단 소장(10월 7일)
			드빅크 타마리 준장
제36기갑사단	라페르 에이탄 준장	제217동원기갑여단	아리에 케렌 대령
부사단장	메나헴 아비렘 준장	제600동원기갑여단	나트케 바람 대령
제188기갑여단	이작크 벤 샤옴 대령	제460기갑여단	가비 아미르 대령(10월 7일)
제7기갑여단	아빅도우 벤갈 대령	제247동원기갑여단	츠비아 라비브 대령(10월 16~17일)
제1보병여단	아미르 드로리 대령	제35공정여단	우지 야리 대령(10월 16~17일)
제31공정여단	엘리샤 시렘 대령	? 동원기갑여단	요엘 고넨 대령
		혼성보병여단	드빅크 타마리 준장(10월 21~25일)
제240동원기갑사단	단 라이너 소장(10월 7일)		
부사단장	모세 바 코히바 준장	제143동원기갑사단	아리엘 샤론 소장(10월 7일)
제17동원기갑여단	란 사릭 대령		야코브 에분 준장
제79동원기갑여단	우리 오르 대령	제431동원기갑여단	하임 에레즈 대령
제20동원기갑여단	옷시 펠레드 대령(10월 10일)	제247동원기갑여단	츠비아 라비브 대령
제14동원보병여단	이작크 바 대령(10월 9일)	제14기갑여단	암논 레세프 대령
제19동원기갑여단	미르 대령	제243동원공정여단	다니 매트 대령(10월 15일)
		제116동원보병여단	레이운 핀차스 대령(10월 8~13일)
제146동원기갑사단	모세 펠레드 소장(10월 8일)		
부사단장	아리에 세이카 준장	제146혼성사단	삿손 준장(10월 13일)
제19동원기갑여단	미르 대령(10월 10일)	제116동원보병여단	레이운 핀차스 대령
제70동원기갑여단	야코브 훼파 대령	제11동원기계화여단	쟈코브 펠레드 대령
제9동원기갑여단	몰디하이 벤 포라트 대령		
제20동원기갑여단	옷시 펠레드 대령	제440혼성사단	그라니트 이스라엘 소장(10월 15일)
		남부 시나이 사령관	이샤오이 가빗슈 소장
		제99보병사단	츠리 샤피라 대령
		중부사령관	요나 에하라트 소장
		2개 여단	

제7부
1975년 이후 분쟁 및 충돌

▮▮▮▮▮ **제1장** ▮▮▮▮▮
레바논 분쟁

1. 1980년 제1차 이스라엘 · 레바논 분쟁(South Lebanon Conflict)

가. 역사적 배경과 내전의 시작

1) 역사적 배경

레바논은 로마제국의 속주인 시리아 코일레 관할구역이었고, 로마제국이 쇠퇴할 때까지 그 보호 하에 있었다. 그 영향으로 고대부터 기독교계 마론파의 비중이 큰 지역이었다. 이슬람이 발흥하고 동로마제국이 쇠퇴한 이후에는 이슬람제국들의 영향권 아래 있었고, 그 후 십자군시대(1095~1291)에는 다시 기독교 세력의 지배를 받았다. 이때 마론파 기독교도들은 적극적으로 십자군에 협력했다. 십자군 국가 멸망(1291) 이후 레바논은 맘루크 왕조의 영향을 받다가 이슬람 역사상 최강의 제국인 오스만 튀르크(1299~1921)에게 점령당한 후 그의 지배를 받았다. 오스만 제국이 허약해지자 무슬림과 마론파 기독교 간의 다툼이 끊임없이 발생했는데, 프랑스가 개입하여 1861년, 오스만 제국으로부터 자치권을 보장받게 되었다.

제1차 세계대전에서 오스만 제국이 패하자 프랑스는 시리아와 레바논을 식민지로 삼아 위임통치를 하기 시작했다. 원래 레바논의 영역은 '산악 레바논'이라고 불렀는데,[1] 프랑스는 산악 레바논을 넘어 '대 레바논'으로 확대[2]하여 레바논 국경선을 확정했다. 이때 베카 계곡 등, 시리아 내륙 일부가 레바논으로 편입되면서 기독교가 다수였던 지역에 무슬림의 비중도 상당해졌다.[3] 이렇게 프랑스가 일방적으로 국경선을 그어 버린 것은 기독교도와 무슬림 간의 반목을 이용해 레바논의 독립운동을 방해하려는 노림수가 있었기 때문이다.

이리하여 레바논은 마론파 기독교 공동체, 그리스 정교회 공동체, 그리스 가톨릭 공동체, 아르메니아 공동체, 수니파 이슬람 공동체, 시아파 이슬람 공동체, 드루즈 공동체 등, 다양한 집단들로 구성된 모자이크적(的) '조각 국가'로서, 태생적으로 분쟁의 가능성을 내포하고 있었다. 이러한 공동체들은 각각 고유의 특성과 정체성을 갖고 있지만 크게 기독교 세력과 이슬람 세력으로 구분된다. 그리고 이러한 두 세력은 상충된 정치관으로 대립하였다.

독립운동 과정에서 원래 레바논 지역의 주류였던 마론파 기독교도들은 '소(小) 레바논주의(Lebanizm)'를 주장해서 기독교계 거주지역(산악 레바논) 위주로 영토면적을 축소하려고 했지만, 이슬람 세력은 '아랍주의(Arabizm)에 바탕을 둔 대(大) 레바논 주의'를 주장했다. 이 갈등은 1943년에 독립을 하면서 국민협정(National Pact)을 맺어 임시 봉합하였다. 즉 다수인 마론파가 대통령직을 차지하고 수니파가 총리, 시아파가 국회의장 등, 각 종파들이 각료와 군의 지위를 나누어 가지며, 국회의석은 '기독교(57석) : 무슬림(42석)'으로 권력을 배분하기로 합의한 것이다. 그러나 독립을 위해 잠시 미루어 두었던 내부의 갈등은 다시 폭발해 내전으로 확대되기 시작했다.

2) 내전의 시작

최초의 본격적인 내전은 1958년에 발생하였다. 당시 중동지역에서는 1952년, 이집트 나세르 혁명과 1956년, 수에즈 전쟁 등에 자극받아 아랍 민족주의 운동이 고조되었고, 이

---

1) 드루즈파 에미르가 다스리는 오스만 제국의 자치지역이었던 산악 레바논 에미리국(國)에서 유래한 것이다.

2) 시리아 영역인 베카 계곡, 레바논 북부와 트리폴리시(市), 레바논 남부까지 포함.

3) 1913년 '산악 레바논'지역에서는 기독교계 비중이 80%에 가까웠지만, 1932년, 새로운 국경선으로 그어진 '대 레바논' 지역에서는 기독교계의 비중은 50%로 떨어졌다.

스라엘의 탄압을 피해 대규모의 팔레스타인 난민들이 국경을 넘어 레바논으로 유입된다. 이러한 와중에 기독교계의 샤문 대통령은 1957년, 미국 아이젠하워 대통령이 추진한 중동지역 방위계획(실제로는 미국과 영국이 중동지역에 영향력을 행사하기 위한 것)에 적극적으로 참여할 자세를 견지했는데, 이러한 친 서방정책은 아랍민족주의 세력의 반감을 불러 일으켰다. 더구나 샤문은 1957년의 의회선거에서 기독교 진영의 확대를 노리면서 재선을 시도하였다. 이에 이슬람 세력은 국민통일전선을 결성하고, 1958년 5월, 전국적으로 소요를 일으켰는데, 한 달 후에는 수도 베이루트까지 파급되어 정부 지지파와 반대파 간의 시가전으로 확대되었다.

상황이 악화되자 샤문 대통령은 1958년 7월 15일, 미국에게 개입을 요청하였고, 이에 미국은 영국과 터키의 주둔병력 1만 5,000명을 베이루트에 상륙시켰다. 미국이 개입하고 대통령 선출을 국회에 맡기기로 하면서 사태는 일단 수습되었으나, 미국의 개입은 여러 아랍국가들의 반발을 초래했다. 당시 아랍연맹에 가입하고 있던 10개 국가는 UN에 '중동평화결의안'을 제출하고 미군의 철수를 요구하였다. 미국은 각 종파간의 화해와 새로운 연립정권의 출범으로 내전이 진정국면에 접어들자 1958년 10월부터 병력을 철수시키기 시작했다.

약 3개월간 지속된 내전으로 2,700명이 사망하고, 미군도 240명의 사상자를 냈다. 그러나 이것은 기나긴 레바논 내전의 시작에 불과했다. 이미 레바논은 기독교계 인구가 전체 인구의 절반이 아니라 1/3로 줄어들었고, 아랍계는 높은 출산율과 팔레스타인 난민들이 유입되면서 인구가 급증하기 시작했다. 이런 상황에서 레바논은 기독교와 이슬람, 소 레바논주의와 범 이슬람주의, 우익과 좌익이 대립하는 혼란 상태로 빠져들어 가고 있었다. 그런데 집권세력인 마론파 기독교 세력은 자신들의 기득권을 양보하면서 타협하고 국정을 안정시킬 마음이 없었다. 이로 인해 갈등은 쌓여만 갔고, 1970년대에 들어서자 상황은 더욱 악화되었다.

나. 제1차 이스라엘 · 레바논 분쟁

1) PLO[4]의 등장과 내전 양상의 변화

1967년 제3차 중동전쟁(6일 전쟁)으로 인해 팔레스타인 난민이 대량으로 발생하자, 이는 또 다른 문제점의 씨앗이 되었다. 팔레스타인의 독립국가 건설을 목표로 하는 정치조직인 PLO는 1964년에 창설되었다. 그러나 초기의 PLO는 아랍권 국가들의 꼭두각시에 불과하여 대 이스라엘 투쟁을 제대로 할 수 없었다. 그 후 1969년, 야세르 아라파트가 PLO 수장이 된 다음에는 본격적인 무장투쟁을 위한 민족해방운동기구로 변모하였다.

PLO는 창립초기 팔레스타인 난민이 많은 요르단에 근거지를 두었다. 그러나 PLO가 요르단 정부와 각종 마찰을 빚다가 1970년 9월, 팔레스타인 급진 게릴라들이 여객기 3대를 납치하여 요르단에 착륙시키는 사건을 일으켰다. 은인자중하던 요르단 국왕 후세인 1세는 9월 15일, 계엄령을 선포하고, PLO 지배하의 난민촌과 수도 암만지역에 군대를 투입하여 PLO 진압작전을 개시했다. 일명 '검은 9월'[5]사건이다. 큰 타격을 입은 PLO는 인접한 레바논으로 거점을 이동하여 베이루트에 캠프를 설치했다. 레바논은 정부의 통제가 약하고 팔레스타인 난민이 많아서 PLO가 활동하기에 유리하였다.[6] 다시 전열을 정비한 PLO는 레바논 남부를 근거지로 해서 1974년 4월, 키야트 쉬모나(Kyat Shmona) 학살, 5월의 마아롯(Ma'alot) 학살을 비롯한 대 이스라엘 테러활동을 거듭했다. 이에 대한 보복으로 이스라엘은 공군 전투기나 특수부대를 투입해서 레바논 내의 PLO 근거지를 수시로 공격했다. 그러나 이스라엘군의 개입은 레바논 내에서의 분쟁이 더욱 격화되는 결과를 초래했다.

1975년 4월 13일 아침, 기독교 마론파 소속의 팔랑헤당(黨)이 동(東) 베이루트 아인 라마나 지역의 교회에서 집회를 하는 도중, 근처를 지나가던 PLO 지지자들이 교회에 발포하여 팔랑헤 당원 4명이 사망했다. 이에 대한 보복으로 제마엘이 이끄는 기독교 우파 팔랑헤당 민병대는 아인 알 루마네 지역에서 팔레스타인 민병대들이 탄 버스를 습격하여 27명

---

4) 팔레스타인 해방기구(Palestine Liberation Organization)
5) 이때 살아남은 과격파 PLO가 '검은 9월단'을 결성하고, 1972년 뮌헨 올림픽에서 이스라엘 선수단 숙소를 습격하여 11명을 살해했다.
6) 레바논 정부는 1969년, PLO와 카이로 협정을 맺어 레바논 남부지역에 PLO가 사실상 지배하는 팔레스타인 난민 밀집지역이 형성되는 것을 방관했다.

이 사망하는 참사를 일으켰다. 이날 밤, 팔레스타인 측에서 발사한 것으로 추정되는 박격포탄이 동 베이루트에 떨어져 기독교도 몇 명이 부상당했고, 다음날에는 팔레스타인 과격파가 레바논군을 공격했으며, 이어서 팔레스타인 민병대와 팔랑헤 민병대 간에 치열한 전투가 벌어져 하루에만 35명이 사망했다. 그 후 며칠간 소강상태를 유지하다가 다시 팔레스타인 민병대와 레바논군 간에 치열한 전투가 재개되기도 했다. 그러나 전투의 대부분은 저격, 로켓탄 공격 등과 같은 형태였다.

레바논의 수니파 지도자 카말 줌불라트는 팔레스타인에 대한 지지를 공개적으로 선포했다. 각 파벌들은 각자의 활동지역에 검문소를 설치하고 대립하는 파벌의 민간인을 납치, 고문, 처형하는 잔학행위를 저질렀다. 특히 주말은 '블랙 먼데이(Black Monday)'라고 불리며 잔학행위가 빈발했고, 폭탄이 적재된 자동차까지 베이루트에 등장하여 요인을 포함한 다수의 시민을 폭사시켰다. 이처럼 치안이 붕괴된 베이루트는 전투와 범죄로 황폐해졌다. 또한 베이루트는 이슬람교도와 팔레스타인 난민이 많이 거주하는 서(西) 베이루트와 마론파 기독교도가 많이 거주하는 동(東) 베이루트로 분리되었고, 그 경계선을 흔히 '그린라인(Green Line)'이라고 불렀다.

1975년 6월부터 9월까지 비상내각이 구성되고 공식적으로 휴전이 성립되었지만, 휴전안은 휴지조각에 불과한 것으로서 파벌 간 전투는 계속되었다. 내전이 격화되자 PLO의 큰 걱정거리 중 하나는 기독교 지역에 고립된 여러 난민촌의 안전이었으며, 그래서 그곳과 연결통로를 만들고 싶어 했다. 그러나 곳곳에 산재해 있는 기독교 민병대의 눈을 피한다는 것은 거의 불가능에 가까웠다. 더구나 레바논군과 팔랑헤 민병대는 난민촌에 대한 엄격한 감시를 더욱 강화했다. 이에 대응하기 위해 PLO는 상응한 조치를 취한다. 1976년 1월 9일, PLO는 레바논 남부 다무르 지역의 기독교도 밀집지역에 대한 공격을 개시했다. 그러자 기독교 민병대는 다음날, 드바에 팔레스타인 난민촌을 포위하기 시작하여 4일 만에 함락시킨다. 또 1월 18일에는 카란티나 팔레스타인 난민촌을 공격하기 시작했고, 3일간의 치열한 교전으로 팔레스타인인(人) 수백 명이 사망했다.

이러한 기독교 민병대의 공격에 분노한 PLO는 1월 20일을 기해 다무르 기독교도 지역에 대한 총공격을 개시한다. 그동안 다무르를 포위하고 있던 PLO는 시가지에 포격을 실시했고, 부상자 후송도 거부하는 강경한 자세를 보였다. 레바논군은 다무르 사태를 해결하기 위해 선박을 동원하여 해상으로 민간인들을 후송시켰는데, 약 600명 정도는 거주지를 포기하지 않고 끝까지 저항했다. 그러나 결국 다무르는 PLO에게 함락되었다. 다무르에 진입한 PLO 민병대는 살아있는 모든 생명체를 몰살하기 시작했으며, 어린이를 포함하여 모두 582명이 살해되었다.

2) 시리아의 개입

1976년 6월에 들어서자 레바논 전체가 내전에 휩싸이고 마론파 기독교도 세력은 패배의 위기에 직면한다. 그들은 팔레스타인에 대한 두려움을 실감했고 생존의 위협까지 받는다고 생각했다. 이렇게 되자 레바논의 형식적인 대통령인 술레이만 프라지에는 더 이상의 학살을 막고 PLO의 확장을 견제하기 위해 시리아의 도움을 요청한다. 시리아도 방관하는 자세를 버리고 수세에 몰린 마론파 기독교도에 대한 지원에 나선다. 이미 이스라엘은 위기에 처한 마론파 기독교도들을 지원하고 있었다. 시리아는 레바논에서 세력균형이 깨지는 것을 원하지 않았고, 또 시리아와 코드가 맞지 않는 무슬림 형제국이 등장하는 것도 원하지 않았다. 더구나 레바논을 시리아의 일부분이라고 생각하고 있었던 시리아는 자신들과 노선이 다른 PLO가 주도권을 잡고 설치는 것을 더 이상 방관할 수가 없었다.

1976년 10월, 리야드에서 열린 아랍정상회의에서는 '레바논에서 벌어지고 있는 내전을 더 이상 수수방관할 수 없다'는 결정을 하고, 시리아를 주축으로 하는 아랍평화유지군을 구성하여 파견하자는 데 의견을 같이 했다. 주시하고 있던 시리아는 다른 아랍 국가들의 요청도 있고, 또 레바논 내전이 자신들의 이익을 저해하는 방향으로 흘러가고 있으므로 레바논의 정국을 안정시킨다는 구실을 명분으로 삼아 개입한다. 시리아는 베카 계곡을 통과하는 베이루트~다마스쿠스 고속도로를 이용하여 약 3만 명의 군 병력을 투입했다.[7]

한편, PLO 무장세력들은 시리아군의 개입을 자신들에 대한 공격으로 인식하고 적극적 저지행동에 나선다. 그들은 시리아군이 레바논 영내로 들어온다면 자신들이 무사하지 못할 것이라는 것을 너무나 잘 알고 있었다. 이미 요르단의 후세인 국왕으로부터 호되게 당한 쓰라린 경험을 갖고 있었기 때문이다. PLO 무장세력은 베카 계곡의 중요 지점에 진지

---

7) 시리아는 레바논 내전에 개입하기 전, 이스라엘과 비밀리에 '레드라인(Red Line)' 협정을 체결했다. 베이루트 이남에 여단급 이상의 시리아군 주력부대를 주둔시키지 않고, 레바논 내에 이스라엘을 사정권에 두는 장거리포나 로켓발사기를 배치하지 않으며, 전투기나 폭격기도 절대로 레바논 내에 배치하지 않는다는 내용이었다.

를 구축하고 시리아군이 통과할 수밖에 없는 주요 목(choke point)에 지뢰를 매설했다. 이러한 사실을 모르는 시리아군의 이동종대가 PLO 무장세력들이 매복한 지점에 도착하자 PLO 무장세력은 기습적인 사격을 개시했고, 애로지역에서 매복공격을 받은 시리아군은 여러 대의 T-62 전차를 포기하고 후퇴를 했다. 당황한 시리아군은 특공부대를 헬기에 태워 PLO 무장세력이 배치된 거점 일대에 공중강습 시켰다, 베이루트~다마스쿠스 고속도로를 감제할 수 있는 주요 고지와 목 일대에서 시리아군은 PLO 무장세력들과 치열한 교전을 거듭한 끝에 마침내 고속도로를 확보하고 베이루트에 입성하였다.

시리아군이 레바논에 진주하자 파벌 간의 전투가 소강상태로 접어들었지만 완전히 끝난 것은 아니었다. 시리아군은 베카 계곡에서 당한 것에 대한 보복도 겸해서 PLO에 대한 공격을 시작했다. 이에 동조하여 기독교 민병대들도 동 베이루트의 팔레스타인 난민촌에서 2,000명의 난민을 학살하였다. 그러나 기독교의 마론파와 시리아의 연합은 애초부터 불안정한 것이었다. 그래서 마론파는 내부에서 시리아에 대한 반발이 점점 커지자 반(反)시리아, 반(反)팔레스타인을 기치로 삼아 레바논군단이라는 민병연합조직체를 구성하였다. 이 레바논군단은 시리아군과 산발적으로 충돌했고, PLO나 드루즈파와도 전투를 벌였다. 하지만 레바논군단은 정규군인 시리아군에 비해 열세했기 때문에 자신을 지원해 줄 세력을 찾았는데 그것이 바로 이스라엘이었다. 이스라엘은 레바논군단을 적극적으로 지원하면서 레바논 내의 이슬람 세력과 싸우도록 부추겼다. 이른바 이스라엘판 이이제이(以夷制夷) 책략이었다.

한편, 레바논 남부에서도 친이스라엘 계 남부 레바논군과 PLO 무장세력 간의 전투가 연일 계속되었다. 그 전투는 국경을 맞대고 있는 이스라엘에도 당연히 영향을 미쳤다. 간간이 PLO 무장세력이 쏜 포탄과 로켓탄이 이스라엘 영내에 떨어졌고, 이에 대한 보복으로 이스라엘은 전투기를 출격시켜 PLO 거점을 폭격했다.

3) 이스라엘군의 레바논 남부 침공

1978년부터 레바논 남부에서 활동 중인 PLO 무장세력들의 대 이스라엘 투쟁이 점차 과격해지기 시작했다. 1978년 3월 11일, PLO의 군사조직인 알 파다의 자살특공대 8명이 이스라엘 북부해안으로 침투했다. 그들은 '마간 미첼' 키부츠를 기습 공격해 1명의 여성사진사를 사살하고 하이파~텔아비브를 잇는 고속도로로 이동하여 2대의 관광버스를 납치했는데, 버스는 관광객들로 만원이었다. 이스라엘군과 경찰은 비상경계작전을 펼쳐 텔아비브 북쪽에서 이동을 차단했다. 곧 치열한 총격전이 벌어졌고 그 과정에서 37명의 인질이 사망하고 수십 명이 부상당하는 참사가 발생했다. 이스라엘 국내에서는 비난여론이 들끓었고 즉각 군사적 행동을 개시해야한다는 요구가 빗발쳤다. 시리아가 레바논에 진주한 것에 신경을 곤두세우고 있던 이스라엘로서는 좋은 명분거리가 생긴 것이다.

PLO 게릴라들의 공격이 있은 지 4일 후, 이스라엘군 2만 5,000명은 전투기와 전차의 지원을 받으며 레바논을 침공하였다. '리타니 작전'이라고 명명된 이 작전의 목적은 남부 레바논에서 활동하는 PLO 무장세력을 소탕하는 것으로서 리타니 강(江)까지 40㎞만 진격하는 제한된 공격작전이었다. 이 작전은 시리아의 암묵적 동의하에 실시되었는데 리타니 강은 시리아가 정한 일종의 국경선으로 간주되었다. 시리아로서도 PLO 무장세력들이 활개 치며 말썽을 부리는 것을 원하지 않았기 때문에 리타니 강만 넘지 않는다면 이스라엘군의 작전을 묵인할 생각이었다. 이스라엘군은 리타니 작전에 기갑/기계화부대와 함께 공정부대를 투입하였다. 보병이 전차 및 포병의 지원을 받으며 유기적으로 진격해 PLO 무장세력의 대전차 공격조(휴대용 대전차로켓발사기 RPG 장비)를 무력화시켰다. 진격 도중에 PLO 무장세력이 보유하고 있던 T-34 전차와 가벼운 전차전이 벌어지기도 했으나 이스라엘군의 싱거운 승리로 끝났다.

리타니 작전이 계속되면서 수천 명의 사상자와 더불어 약 10만 명의 레바논 난민이 발생하자 큰 부담을 느낀 레이건 미 행정부와 UN은 안보리 결의안 제425호를 제출하고 이스라엘군의 즉각적인 철군과 UN평화유지군의 파견을 결정한다. 그러나 이스라엘군은 UN평화유지군을 무시하고 곳곳에서 PLO 무장세력과 치열한 전투를 계속했다. 심지어 친이스라엘 세력인 남부 레바논군의 공격으로 UN평화유지군이 죽거나 다치는 경우도 자주 발생했다. 이렇게 하여 어느 정도 작전목적을 달성한 이스라엘군은 국제적 비난을 피하기 위해 점령지를 남부 레바논 군에게 양도하고 1978년 말에 철수했다. 그동안 이스라엘은 레바논의 두 파벌인 팔랑헤 민병대와 하다트 소령이 지휘하는 남부 레바논군을 적극적으로 지원해 왔다. 특히 하다트는 남부 레바논 지역에서 자신만의 확고한 위치(통치자)를 확보하려 했고, 이스라엘은 남부 레바논을 안전지대화 하기 위해 친 이스라엘 성향의 하다트 세력을 괴뢰부대로 만들어 이용했다.

4) 이스라엘의 기독교 민병대 지원과 그 여파

베긴 총리와 샤론 국방장관은 레바논에서 활동 중인 팔랑헤당(黨) 및 민병대와 정치, 군사적으로 밀접한 관계를 유지했다. 그것은 레바논 기독교 세력들과 심정적으로 코드가 맞고, 또 자신들을 대신하여 PLO 및 이슬람 민병대와 기꺼이 싸워주는 대리인이나 마찬가지였기 때문이다. 그 보답으로 이스라엘은 팔랑헤 민병대에게 많은 무기를 지원한다. 그러나 이스라엘 정보 담당자들은 베긴 총리와 샤론 국방장관의 이러한 태도에 우려를 나타냈다. 레바논 기독교도들과 너무 밀접한 관계를 유지하는 것은 오히려 이스라엘이 그들에게 이용당하는 것으로써, 앞으로 레바논 기독교도들의 이익을 위해 원하지 않는 내전에 끌려들어 갈 수 있다고 경고했다. 거듭된 경고에도 불구하고 이스라엘 지도부는 레바논 기독교 세력들에 대한 지원을 계속했다.

이스라엘의 지원으로 세력이 팽창된 팔랑헤 민병대는 레바논에서 가장 강력한 파벌로 급부상한다. 이렇게 되자 지금까지 PLO를 억압하고 공격했던 시리아의 정책 방향이 바뀌게 된다. 당시 시리아는 세력이 커져가는 팔랑헤당(黨)의 제마엘 대신에 술레이만 프라지에를 대통령에 앉히고 싶어 했다. 그러기 위해서는 급속히 커져가는 제마엘의 팔랑헤 민병대의 힘을 빼놓을 필요가 있었다. 그래서 시리아군은 레바논 제2의 도시로서 베이루트 동쪽에 있는 기독교도 밀집 거주지역인 잘레를 포위한다. 시리아로서는 잘레가 베이루트~다마스쿠스 고속도로 인근에 위치해 있어 전략적으로 중요했고, 또 팔랑헤 민병대를 유인하여 타격을 가할 수 있는 장소였다. 이렇게 되자 제마엘은 이스라엘에게 지원을 요청했고, 베긴 총리는 이스라엘 공군에게 잘레의 팔랑헤 민병대를 지원하라는 명령을 내렸다. 이스라엘 공군은 즉시 전투기를 출격시켜 잘레 지역 상공을 비행 중인 시리아군 Mi-8 헬기 2기를 격추시켰다. 시리아도 즉각 대응에 나서 베카 계곡에 SA-6 지대공미사일을 배치하는 등, 군사적 행동에 나섰다. 이로써 '서로 싸우지 말고 사이좋게 베이루트 이북은 시리아가, 베이루트 이남은 이스라엘이 지배하자'고 했던 "레드라인" 협정은 유명무실하게 되어 버렸다.

5) 잘레(Zahle) 포위전

잘레는 동(東)레바논의 고도(古都)로서 인구는 15만 명이었는데 그 대부분이 그리스 정교파(派)였다, 또한 잘레는 베이루트~다마스쿠스 고속도로 인근에 있어서 전략적으로 중요했는데, 그동안 잘레 주민들은 레바논군 분견대와 힘을 합쳐 PLO와 이슬람 민병대의 끊임없는 공격을 잘 막아왔다.

시리아는 잘레가 전략적으로 중요한 위치에 있었기 때문에 잘레를 접수하여 자신들의 군대를 주둔시킬 필요성을 느꼈다. 그런데 마침 1980년 12월, 잘레 지역을 순찰 중이던 시리아군 정찰대가 피습을 당했다. 시리아는 그 사건이 우발적으로 발생했다는 것을 잘 알고 있었지만 사건 관련자를 48시간 내에 색출해 내라고 협박한다. 그러나 대답은 부정적이었다. 시리아군은 잘레 주둔 레바논군과 팔랑헤 민병대 거점에 포격을 가하고 본격적인 포위공격을 개시한다. 시리아에서는 국방장관까지 내려와 관전할 만큼 잘레 전투에 대한 관심이 높았다. 양측 간에 격렬한 전투가 계속되었다. 그러나 시리아군은 뜻밖의 거센 저항에 부딪혀 번번이 격퇴 당했다. 잘레의 팔랑헤 민병대는 바시르 제마엘의 탁월한 지휘 아래 조직적으로 저항했고, 레바논군은 추가 병력을 보내는 조치를 취했다. 결국 1980년 12월 26일, 임시휴전이 발효되고 전투는 소강상태에 들어갔다.

1981년 4월 2일, 지루하고 긴 소강상태를 깨고 시리아군은 공격을 재개했다. 전투 첫날, 시리아군은 잘레를 감제할 수 있는 고지를 공격했으나 장갑차 3대가 파괴되고 20명이 전사하는 피해를 입고 격퇴 당했다. 이에 대한 보복으로 시리아군은 다음날 잘레 시가지에 무차별 포격을 가했다. 그 후에도 시리아군의 공격이 번번이 실패하자 시리아군은 갈레 도심을 직접 조준 사격을 할 수 있도록 포병을 재배치한다.

한편, 잘레 시민들은 시리아의 항복 요구를 거절하고 끝까지 항전할 것을 천명한다. 이처럼 시리아와 제마엘이 이끄는 팔랑헤 민병대가 서로 양보하지 않고 극한까지 대립하는 이유는 누구를 대통령으로 앉히느냐는 문제 때문이었다. 시리아는 제마엘을 제치고 술레이만 프란지에를 앉히려 했다. 제마엘은 그와 같은 시리아의 의도를 받아들일 수 없었고, 그래서 그는 잘레에서 그의 모든 것을 걸 수밖에 없었다. 잘레 사태가 수습될 기미를 보이지 않자 레바논 정부는 UN에 특사를 보내어 UN평화유지군의 잘레 진주를 요청한다.

4월 마지막 주부터는 시리아군의 MIG 전투기들이 공습에 나서기 시작했다. 그것은 일종의 무력시위로서 항복이냐, 죽음이냐를 선택하라는 것이었다. 더구나 로켓탄까지 쏘면서 위협을 가했다. 이러한 시리아군의 압력에 레바논군이 먼저 도심에서 철수한다. 계속된 시리아군의 포위로 인해 드디어 잘레에서는 식량과 식수, 의약품, 탄약 등이 바닥을 드러내기 시작했다. 포위망을 뚫으려는 시도가 몇 차례 있었지만 번번이 시리아군 특공부대에 의해 무산되었다. 천신만고 끝에 산악지역을 통과하는 보급로가 만들어지기는 했지만 험악한 기상조건으로 인해 눈 속을 뚫고 도보로 운반해야 했다.

4월 말, 휴전에 대한 대화가 재개되면서 잘레의 지도부는 시리아군에게 임시 휴전안을 내놓는다. 주요골자는 '시리아군은 잘레에 대한 포위를 풀고, 그동안 항전을 벌였던 팔랑헤 민병대의 안전한 철수를 보장하며, 그 후 잘레의 치안은 레바논 경찰이 책임진다'는 것이었다. 이 내용대로 휴전이 된다면 제마엘의 팔랑헤 민병대는 완전한 승리를 거두는 거나 다름없었다. 그래서 시리아 지도부는 큰 모욕을 받았다고 분개하였다. 아사드 시리아 대통령은 휴전안을 거부하고 재공격 명령을 내린다.

시리아군은 헬기로 특공부대를 공중강습 시켜 잘레 주변고지의 팔랑헤 민병대 거점을 공격했다. 시리아군이 공세로 나오자 잘레 지도부는 시리아와의 휴전 대화를 중단했다. 그러자 시리아는 다시 MIG 전투기를 동원하여 잘레 주변 고지의 팔랑헤 민병대 거점을 공격해 잘레 지도부를 압박한다. 시리아군은 잘레를 감제하는 고지를 공격했지만 또 다시 레바논군과 팔랑헤 민병대의 강력한 저항으로 인해 저지당했다. 공격이 제대로 진전되지 않자 시리아는 타 지역에서 전력을 차출해 잘레 공격부대를 증강시켰다. 이리하여 레바논에 진주한 시리아군 전력의 절반 정도가 잘레에 투입되었다. 날이 갈수록 잘레의 포위전이 격렬해지고 시리아군의 공격부대가 증강되자 위기감을 느낀 제마엘은 이스라엘 베긴 총리에게 '시리아군이 기독교도의 심장부인 잘레를 초토화시키려 한다'고 호소하며 긴급 지원을 요청하였다.

4월 28일, 이스라엘 내각은 심사숙고를 거듭한 끝에 공군의 제한된 공습을 허가하는데, 이때도 이스라엘 정보부는 레바논의 책략에 말려들어가는 것일지도 모른다고 하며 우려를 나타냈다. 명령을 받은 이스라엘군 전투기는 곧 출격하였고, 마침 잘레 상공에서 특공부대를 수송하던 시리아군 Mi-8 헬기 2기를 발견하고 격추시켜 버렸다. 그러자 시리아는 이스라엘 공군기에 대처하기 위해 베카계곡에 SA-6 지대공미사일을 배치하기 시작했다.

이스라엘 공군의 개입에 잠시 주춤했던 시리아군은 다시 잘레에 대한 공격을 재개했다.

그러나 팔랑헤 민병대는 격렬하게 저항하면서 절대로 항복하지 않겠다는 의지를 확고하게 내비쳤다. 이리하여 일진일퇴의 격렬한 전투가 계속되었다. 그러나 더 이상 해결될 기미가 보이지 않고 이스라엘마저 개입할 양상으로 변화되어가자 시리아로서도 상당한 부담감을 느끼기 시작했다. 지루한 전투가 6월 말까지 지속되면서 소모전으로 변하자 양측은 서로의 타협점을 찾기 위한 모색을 시도한 끝에 일단 양측이 모두 군대를 철수하는 것으로 결론이 났다.

6개월의 지루한 포위전이 끝나고 양측은 휴전에 들어갔다. 잘레의 모든 무장세력들은 무장을 해제하고 레바논군은 베이루트로 철수하며, 잘레의 치안은 레바논 경찰이 담당하기로 했다. 또한 시리아군도 포위를 풀고 일부 병력만 남겨 잘레 주변에 검문소만 설치 운용하기로 했다. 4월 말의 임시 휴전안과 크게 다를 바가 없었다.

1981년 7월 1일, 트럭과 버스들이 잘레로 들어가 그동안 건투했던 레바논군을 철수시켰다. 다음날, 시리아군도 잘레에서 철수하기 시작했다. 잘레 포위전은 결국 바시르 제마엘의 승리로 끝났고, 시리아는 큰 굴욕을 당했다. 이제 바시르 제마엘은 시리아와의 전투에서 '이스라엘의 개입'이라는 카드 하나를 완전히 쥐게 되었다.

6) 꺼지지 않은 전쟁의 불씨

잘레 포위전이 끝난 1981년 7월 1일부터 남부 레바논에서는 PLO 무장세력들이 이스라엘 정착촌에 로켓탄 공격을 가하기 시작했고, 이에 대한 이스라엘의 반격도 이어졌다.

7월 10일, 레바논 남부에서 교전이 벌어지자 이스라엘군은 공습을 개시했고, 5일 뒤인 7월 15일에 PLO 무장세력은 이스라엘 북부를 포격했다. 7월 17일, 이스라엘 공군은 서 베이루트 시내의 PLO 본부와 남부 레바논의 PLO 거점에 대규모 공습을 감행하여 약 300명의 민간인이 사망했으며, 800명이 부상을 당했다. 이에 대한 보복으로 PLO 무장세력은 이스라엘 북부 정착촌에 대해 격렬한 포격 및 로켓탄 공격을 실시했다. 양측의 공방이 가열되자 즉각 미국이 중재를 하여 이스라엘과 PLO는 일단 휴전에 합의했다. 휴전을 이용하여 PLO는 군사력 강화에 나섰다. 아라파트는 그동안 '테러리스트나 게릴라'라는 단어가 어울렸던 그의 무장세력을 정식군대(PLA)로 육성한다. 그리하여 1981년까지 카스텔, 카라미, 야르묵크 여단이 창설되었으며 7개의 포병대대도 편성하였다. 이런 상황 하에서 남부 레바논의 불안한 휴전은 8월까지 이어진다.

2. 1982년 레바논 내전(Lebanon War) 개입

가. 이스라엘의 침공준비

1981년 8월, 베긴이 재선에 성공하자 샤론 국방장관을 비롯한 이스라엘의 매파들은 레바논의 PLO를 완전히 소탕하기 위한 군사작전계획을 수립하기 시작한다. 샤론의 생각은 레바논에서 PLO를 뿌리째 뽑아버리고 제마엘을 대통령으로 앉힌 다음 평화협정을 맺어 이스라엘 북부지역에 대한 항구적인 안전을 확보하려는 것이었다. 이러한 샤론의 계획은 이스라엘 내에서 많은 반발을 불러왔고 베긴 총리도 그 계획을 보류하라고 했다. 그러나 불도저라는 별명을 갖고 있는 샤론은 굴하지 않고 오히려 1982년 1월, 레바논 앞바다에서 제마엘과 선상회담을 가졌다. 회담내용은 이스라엘의 레바논 침공과 그 이후의 역할로 추정된다. 2월에는 정보담당자를 미국으로 보내 레바논 사태에 관해 의견을 교환했다. 이때 미 국무장관 헤이그는 레바논의 요청이 없는 한 이스라엘의 침공은 안 된다는 점을 강조했다.

이스라엘은 레바논 침공에 관해 3가지 안(案)을 작성하였다. 제1안은 '리타니' 작전을 다시 실행하는 것, 제2안은 일명 '작은 백향목'[8] 작전으로서 레바논 영내 40㎞까지만 밀고 들어가는 것, 제3안은 '큰 백향목' 작전으로 베이루트와 베카 계곡까지 포함하여 레바논 전역을 작전 반경에 포함하는 것이었다. 3가지 안을 검토한 결과 제1안은 군사적으로 무의미한 것이고, 제2안은 정치적으로는 가장 안전하나 군사적인 면에서는 역시 제한된 행동에 불과하여 효과가 적다. 그래서 정치가나 전략가들은 이스라엘 북부지역에 항구적인 안정을 가져올 수 있는 제3안, 즉 '큰 백향목' 작전을 선호했다.

이스라엘군 참모부가 수립한 '큰 백향목' 작전에서는 레바논을 3개의 작전구역으로 나누었다. 하나는 이스라엘의 로쉬 하니크라에서 지중해변을 따라 티레 — 시돈 — 다무르

---

8) 백향목(柏香木)은 레바논을 상징하는 국목(國木)으로서 소나무 과에 속하는 상록교목 중 하나이다. '레바논 삼나무'라고도 부르는데, 레바논 국기 한가운데 새겨져 있다.

— 베이루트로 올라가는 축선과 그 근처의 팔레스타인 난민촌을 포함하는 해안구역, 다른 하나는 마르자야욘 — 제찐 — 이루눈 고원 — 쉬우프 산맥과 베이루트~다마스쿠스 고속도로가 통과하는 중앙축선 구역, 나머지 하나는 하스바이에 — 카론호(湖) — 제벨 바룩으로 이어지는 레바논 동부 구역이었다. 그리고 각 구역별로 임무부대(Task Force)를 편성해 북진하도록 계획을 수립하였다. 이에 따라 이츠하크 모르드카이 소장이 지휘하는 서부 TF(주요 부대 : 제91 우그다)[9]는 해안도로를 따라 진격하여 베이루트를 포위하고, 아미르 드로리 소장의 중부 TF(주요 부대 : 제36우그다, 제162우그다)는 중앙축선으로 진격하여 베이루트~다마스쿠스 고속도로를 차단한다. 그리고 아비그도르 벤갈 소장이 지휘하는 동부 TF(주요부대 : 제252우그다, 제90우그다)는 베카 계곡 및 헤르몬 산지 방향으로 진격하여 시리아군을 축출하는 임무를 부여 받았다.

작전 병력은 7만 6,000명에 달했으며, 주요 전투부대는 5개 우그다(사단)와 2개 전투단(바르디 전투단, 페레드 전투단)으로서 전차 1,250대, 장갑차 1,550대를 장비하고 있었다. 또한 전력의 질적인 면에서도 우수했는데, 10월 중동전쟁 이후 F-15 및 F-16 전투기를 도입하여 주변 아랍국가보다 최소 10년은 앞서가는 공군력을 구축했다. 뿐만 아니라 10월 중동전쟁의 전훈을 연구하여 전자전기(電子戰機)와 와일드 위젤 도입으로 SAM 대응능력을 강화시켰고, 지상군은 성능이 향상된 보병의 대전차 화기에 대응하기 위해 반응장갑을 채용하는 한편, 생존성을 대폭 향상시킨 이스라엘군 고유의 신형 메르카바 전차를 생산 및 배치시켰다.

'큰 백향목' 작전은 이스라엘군뿐만 아니라 레바논 내 친이스라엘계 민병대의 협력이 절대적으로 필요했다. 이스라엘측은 친 이스라엘계 민병대 중 최대 세력인 팔랑헤 민병대의 능력에 의구심을 갖고 있었다. 그들은 정규전을 잘 모르고 단지 시가전 능력만 있었기 때문이다. 따라서 이스라엘군의 능력과 팔랑헤 민병대의 능력을 적절히 조화시키는 것이 중요한 과제였다.[10] 그런데 '큰 백향목' 작전을 실시하면 레바논에 주둔해 있는 시리아군과의

---

9) 우그다(Ugdah)는 이스라엘군의 독특한 사단단위 전술부대로서 예하부대가 고정 편성되어 있지 않고 필요에 따라 배속 받아 운용하는 편합(編合)부대이다. 이후 이해를 쉽게 하기 위해 사단으로 기재한다.

10) 1978년, 리타니 작전의 경험을 바탕으로 세밀한 훈련계획을 수립해 훈련을 실시했다. 훈련은 순수한 전차전보다 시가지 전투와 매복 및 기습에 대비하는 것이 주를 이루었다. 즉 대대, 여단 급의 기동훈련대신 작은 마을, 좁은 도로, 복잡한 난민촌 같은 곳에서의 전투에 대비하는 훈련이었다. 시리아군과의 전투에 대비한 훈련은 간과했는데, 이것이 나중에 시리아군에게 고전하는 원인이 된다.

일전은 피할 수 없을 것이고, 또 강대국의 개입을 초래할 수도 있어 정치적으로 큰 부담이 될 수 있기 때문에 어떤 안(案)의 작전이 가장 적합할 것인지에 대한 결정은 미루고 있었다.

한편, 당시 이스라엘군의 공격에 대응할 팔레스타인 해방군(PLA)과 시리아군의 전력은 다음과 같았다. PLA의 병력은 약 1만 5,000명이었는데 그중 약 6,000명(정규 훈련을 받은 병력은 약 4,500명)이 남부 레바논에 배치되어 있었다. 주요 장비로는 T-34 전차 60대와 T-54 전차 20여 대를 보유하고 있었지만, 이스라엘군 전차보다 성능이 열등해 기동전투를 할 수 없었으므로 주로 매복용으로 배치해 놓았다. 포병 전력으로는 130밀리 및 155밀리 야포 90문, 방사포(다연장로켓) 80문, 120~160밀리 중박격포 200문을 보유하였고, 그 외에도 대공화기, 대전차 미사일 등을 장비하여 게릴라 조직의 수준을 넘어 준 정규군급의 무장을 하고 있었다. 그러나 장비나 규모면에서 PLA가 이스라엘군을 상대하기에는 역부족이었다. 이스라엘군도 PLA를 격멸하는 것을 작전목적으로 삼았지만 가장 강력하게 저항할 세력은 시리아군이라고 판단했다.

시리아는 10월 중동전쟁 후 소련으로부터 MIG-23 및 25, Su-22 등의 최신예 전투기를 지원받아 괴멸된 공군력을 재건했고, 소련과 북한, 베트남 등지에서 조종사 및 군사고문을 초빙하여 훈련을 강화했다. 더구나 당시 최신예 전차였던 T-72 전차를 도입하여 질적으로 괄목할만한 성장을 이루었다. 6개 사단으로 구성된 시리아군은 1976년 레바논 내전 개입 이후 항상 1개 사단의 전력을 레바논에 주둔시키고 있었는데 약 3만 명의 병력과 수백 대의 전차가 베카 계곡과 베이루트에 배치되어 있었다. 이러한 가운데 전쟁의 먹구름이 빠른 속도로 밀려오고 있었다.

1982년 4월 21일, 남부 레바논군의 포대를 방문한 이스라엘군 장교가 지뢰를 밟고 사망하는 사고가 발생했다. 이에 대한 보복으로 이스라엘 공군은 PLA가 통제하고 있는 다무르 항구 마을을 폭격하여 23명의 희생자를 냈다. 5월 9일, 이스라엘군은 재차 폭격을 실시하였고, 이날 PLA도 이스라엘 북부에 로켓탄 공격을 퍼부었다. 1982년 6월 3일, PLO의 급진 과격파 아브 니달 그룹[11]은 런던주재 이스라엘 대사인 솔로모 아르고프를 기습하여 중상을 입혔다. 사건을 조사한 영국 정보 당국은 이스라엘 대사 암살계획이 이라크의 지원 하에 실행되었다고 밝혔고 이스라엘도 인정하였다. 이 사건이 비록 PLO와 직접 관

---

11) 아부 니달 그룹은 PLO의 유연한 태도에 반대하는 급진 과격파로서 1980년에는 유럽지역 PLO 대표부의 외교관을 살해 했었다. 그 사건으로 아부 니달은 PLO에 의해 사형판결이 내려진 상태였다.

련은 없었지만 베긴 총리와 샤론 국방장관에게는 더할 나위 없이 좋은 핑계거리였다. 그래서 이스라엘은 이 사건을 문제 삼아 서베이루트의 PLO본부 및 시설에 대하여 강도 높은 폭격을 실시하였고, 이에 대한 보복으로 PLO는 이스라엘 북부지역에 대하여 로켓탄을 발사했다. 불안하게 유지되어 온 휴전이 깨지게 된 것이다. 여론의 지지를 등에 업은 이스라엘 내각은 6월 5일, '큰 백향목' 작전('갈릴리 평화' 작전으로 명칭을 변경)을 승인한다.

나. 이스라엘군의 레바논 침공

1) 제1일차(6월 6일) '갈릴리 평화' 작전

1982년 6월 6일 11:00시, 이스라엘군은 3개 방향에서 레바논 국경을 넘어 대규모 침공을 개시하였다. '갈릴리 평화' 작전(Operation 'Peace for Galilee')이 시작된 것이다.

가) 서부 TF(지중해 해안도로 축선)의 북진

이츠하크 모르데차이 준장이 지휘하는 제91기계화사단[12]이 지중해 해안도로를 따라 진격했다. 사단의 선두부대는 제211기갑여단이었으며, 주 임무는 우선적으로는 PLA와 이슬람 민병대의 저항을 분쇄하는 것이었다. 게바 대령[13]이 지휘하는 제211기갑여단은 국경에서 북쪽으로 22㎞ 올라간 지점에 위치한 해안도시 티레에 접근하였다. 그곳에는 6개의 팔레스타인 난민촌이 있어서 상당히 위험했다. 그러나 그곳에 대한 평정은 후속하는 골라니 여단에게 맡기고 제211기갑여단은 신속히 전진하라는 명령을 받는다. 티레 부근의 해안도로가는 오렌지 나무가 무성하였고 도로의 폭이 좁아 전진하는 기갑부대가 제대로 속도를 낼 수가 없었다. 그래서 RPG를 휴대한 대전차공격조가 기갑부대 대열을 기습하기에는 더할 나위 없이 좋은 매복 지점이었다.

제211기갑여단의 선두 전차대대는 오렌지 나무숲을 통과한 후 계속 전진하였고, 그 뒤

---

12) 센츄리온 전차와 M-113 장갑차를 장비한 3개 기계화보병여단과 제36기갑사단으로부터 배속 받은 제211기갑여단(M-60, M-60A3 전차 장비)으로 구성.

13) 게바 대령은 1973년 10월 중동전쟁 시, 카할라니 중령이 지휘하는 제77전차대대 중대장으로서 골란 고원 방어전투에서 뛰어난 활약을 한 후 승승장구하고 있었는데, 당시 그는 이스라엘군 역사상 최연소인 32세에 대령이 되어 기갑여단을 지휘하고 있었다.

를 배속된 그리거 중령의 공정대대(M-113 장갑차와 지프에 탑승)가 부대 행렬 후방을 경계하면서 오렌지 나무숲에 들어섰다. 그런데 높이 자란 오렌지 나무숲으로 인해 후미 부대를 시야에서 놓치고 말았다. 설상가상으로 후미 부대가 길을 잘못 들었고, 그 부대를 찾아 다시 이동대형을 갖추는 데 상당한 시간을 허비한다. 바로 그때 우려했던 일이 현실로 다가왔다. PLA가 기습공격을 실시한 것이다. 샤브리카 난민촌 근처 교차로에서 시작된 PLA의 공격은 매우 정확하여 공정대대에 배속된 M-60 전차 2대가 피탄되어 행동불능에 빠졌다. 다행이 장갑판에 추가로 부착된 반응장갑 때문에 완파되는 것만은 면할 수 있었다. 다른 전차들이 도착하여 지원에 나섰다. 전차장이 위험을 무릅쓰고 상반신을 해치 밖으로 노출시킨 채 12.7밀리 중기관총을 붙잡고 매복지점을 향해 총탄을 퍼부었다. 양측 간 치열한 교전이 계속되었다.

제211기갑여단장 게바 대령은 대열 후미에서 솟아오르는 연기를 걱정스런 눈으로 바라보면서 그리거 중령의 공정대대와 통신두절이 될까봐 염려했다. 그는 선두 전차대대는 진격을 멈추지 말고 계속 전진하라고 지시하는 한편, 부관에게 약간의 병력을 이끌고 가서 곤경에 빠졌을지도 모르는 공정대대를 지원하라고 했다. 부관이 탑승한 M-60 전차가 교전이 벌어지고 있는 지점에 도착하자마자 RPG의 집중사격을 받았고 전차는 화염에 휩싸였다. 불타는 전차에서 간신히 탈출한 부관과 전차승무원들은 날아오는 총탄을 피하며 그리거 중령의 M-113 장갑차로 피신했지만 그 장갑차도 피격된다. 그리거 중령은 부하 2명과 함께 매복당한 지점을 벗어나 이탈하는데 불운하게도 길을 잘못 들어 팔레스타인 무장세력에게 포로로 붙잡혔다.[14]

당시 게바 여단장은 근접항공지원을 요청했지만 교전지역이 민간인이 거주하는 곳이라 거부되었다. 결국 전차를 추가 투입하여 PLA 거점을 집중공격하자 PLA의 사격이 멈추었다. PLA의 매복 공격을 격퇴한 제211기갑여단은 티레를 벗어나 시돈을 향해 진격하는데 전진하는 선두부대 앞으로 자동차 한대가 다가왔다. 차량 안에는 부녀자들만 타고 있었다. 이스라엘군은 차량을 정지시켰다. 그러자 차에 타고 있던 부녀자들이 내리고 황급히 그 자리를 떠난다. 잠시 후 자동차는 거대한 폭발을 일으켰고, 그 폭발의 충격이 선두 전차에 타격을 가하여 행동불능에 빠뜨렸다. 자동차 안에는 폭약이 가득했고, 부녀자들은 지

---

14) 며칠 후 그리거 중령과 그의 부하 2명은 싸늘한 시체로 발견되었다.

연신관을 조작한 다음 도망친 것이었다.

선두 전차가 움직이지 못하게 되자 뒤따라오던 차량대열 전체가 정지됐다. 그 순간 도로 옆에 매복해 있던 PLA의 대전차 특공조와 저격병의 사격이 시작되었고, 이스라엘군 제211기갑여단의 선두제대 대열은 아수라장이 되었다. PLA의 대열에는 RPG를 휴대한

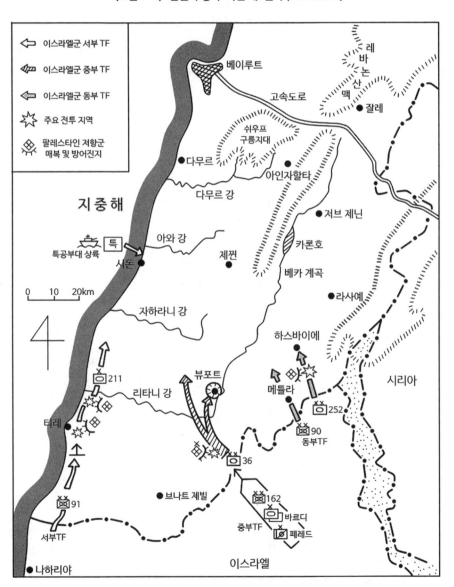

〈그림 7-1〉 '갈릴리 평화' 작전 제1일차 (1982. 6. 6.)

13~14세의 어린이들까지 동참해 있었다. 이스라엘군은 그들을 'RPG 소년'이라고 불렀다. 당시 이스라엘군 지휘부는 불필요한 살상을 최소화하기 위한 교전규칙을 하달했는데, 그 때문에 전투현장에서는 여러 가지로 제약을 받았다. 이러한 제한 속에서 제211기갑여단의 선두제대는 PLA의 습격을 격퇴하고 저녁때까지 티레와 시돈의 중간 지점인 사라펜드에 도착하였다. 그리고 그곳에서 노숙을 하기로 한다.

한편, 제91기계화사단의 기계화보병여단은 제211기갑여단을 후속하다가 티레 주변의 팔레스타인 난민촌 일대에서 저항하는 PLA잔여 세력을 소탕하기 시작했다. 6월 6일 저녁에는 이스라엘 해군 소속의 특공부대가 시돈 북부해안에 상륙했다. 그들은 곧 전개될 이스라엘군 역사상 최대 규모의 상륙작전을 위한 선발대였다.

나) 중부 TF(중앙축선)의 돌파작전

카할라니[15] 준장이 지휘하는 제36기갑사단[16]은 중앙축선의 공격을 담당하였다. 1982년 6월 6일 11:00시, 레바논 국경을 넘은 제36기갑사단은 진격도중 PLA의 야르묵크 여단의 완강한 저항에 부딪쳐 지체되기도 했지만 전진은 계속되었다. 그러나 뷰포트 성채(城砦)[17]에서의 전투는 만만치 않았다. 이스라엘군은 골라니 여단 소속 2개 중대 병력이 갈고리를 이용해 암벽을 기어올랐고, PLA는 격렬하게 저항하였다. 그러나 PLA는 방어진지의 견고함을 과신한 나머지 이스라엘군의 야간공격에 효율적으로 대응하지 못했다. 골라니 여단 병사들이 기관단총을 난사하며 접근해서 백병전을 벌인 끝에 요새를 점령하였다.

제36기갑사단이 리타니 강(江)을 건너서 제찐 방향으로 북진을 하자 제162기계화사단[18]이 그 뒤를 후속해 전진하기 시작했다. 메나헴 아이난 준장이 지휘하는 제162기계화사단은 제36기갑사단을 후속하다가 제찐-바이트 다인, 아인 자할타 방향으로 진격하여 베카 계곡에 포진한 시리아군으로부터의 측방 위협을 저지하고 베이루트~다마스쿠스 고속

---

15) 중대장으로 6일 전쟁에 참전하였고, 10월 전쟁 시에는 77전차대대장으로서 골란 고원에서 시리아군 기갑부대의 파상적인 공격을 막아내는 혁혁한 전공을 세웠다. 이번 전쟁이 3번째 참전이었다.

16) 3개 기갑여단과 1개 기계화보병여단으로 구성되었고, 성능을 업그레이드 시킨 센츄리온 전차와 이스라엘이 자체 개발한 메르카바 전차를 장비했다.

17) 뷰포트 성채(Beaufort Castle)는 10세기경, 십자군이 건축한 요새로서 북쪽 능선을 제외하고는 깎아지른 듯한 암반위에 높이 자리하고 있어서 다마스쿠스로 향하는 도로를 감제할 수 있었다. PLA는 이 성채를 이스라엘 영토 포격용 관측소로 활용하고 있었는데 포격이나 폭격으로는 거의 타격을 줄 수 없었다.

18) 제188바락기갑여단, 2개 골라니 보병대대, 1개 포병대대로 구성.

도로를 차단해 PLA의 탈출과 시리아군의 지원을 차단하는 것이 목표였다. 제162기계화사단은 제36기갑사단을 후속하여 순조롭게 북진했고, 사단 후방 오른쪽에서는 바르디 전투단[19]의 제460기갑여단이 제찐을 목표로 전진하고 있었다. 또 바르디 전투단을 후속하여 페레드 전투단[20]도 제찐-제벨 바룩 방향으로 전진하고 있었다.

다) 동부 TF(베카 계곡 및 헤르몬 산지)의 진격

가장 험준한 지역인 동쪽에서는 에마뉴엘 사켈 준장이 지휘하는 제252기갑사단[21]이 헤르몬산(山) 하단에서 출발하여 국경을 넘었다. 초반에는 공병들이 진격로를 개척하는 데 어려움이 있어 부대이동이 다소 지체되었다. 제252기갑사단은 시리아군의 퇴로를 차단하는 임무를 부여받았다. 그래서 골란 고원 일대에서 국경을 넘은 후 전차 통과가 거의 불가능한 곳으로 알려진 험난한 지형의 바시 체바를 지나 하스바이에-크파이르-라샤에-크파르 큐오크를 향해 진격했다.

제252기갑사단은 하스바이에[22] 근처에 있는 PLA 기지를 강습하기 위해 이동했다. 17:00시경, 사단의 수색정찰대가 하스바이에를 막 통과하고 있었다. 일단의 메르카바 전차들이 공정부대원의 엄호를 받으며 이동을 하고 있는 도중 RPG와 새거 대전차 미사일의 사격을 받았다. 몇 대의 메르카바 전차가 피격되었지만, 우수한 방호력 때문에 행동불능에 빠진 전차는 하나도 없었다.[23] 제252기갑사단은 이 날 밤까지 PLA의 저항을 물리치고

---

19) 다니 바르디 준장의 지휘 하에 2개 기갑여단으로 구성되었으며, 제162기계화사단과 함께 나바티야 북쪽으로 진격하여 제찐을 점령하고 마스가라에 위치한 시리아군 사령부를 공격하는 임무를 부여받았다.

20) 요시 페레드 준장의 지휘 하에 기갑, 대전차보병, 공격헬기로 구성된 협동부대, 2개 기갑수색대대, 사예랏 오레브(제35공정여단의 대전차대대), 2개 공격헬기대대로 구성되었으며, 사예랏 오레브는 LAW(경대전차로켓발사기), RPG(휴대용 대전차로켓발사기), 드래곤(중거리 대전차 미사일), TOW(원거리 대전차 미사일) 탑재 지프로 무장한 대전차 전문부대로서 10월 중동전쟁 시 아랍군의 보병 대전차공격팀 편성 및 전술을 참고하여 더욱 발전시킨 특수목적 부대이다.

21) 2개 기갑여단으로 구성.

22) 국경에서 14㎞ 떨어진 곳으로 주로 드루즈인(人)들이 거주하고 있었다.

23) 중동전쟁의 전훈을 반영하여 이스라엘 기갑부대의 아버지 '탈' 장군이 중심이 되어 메르카바 전차를 개발했으며, 1974년에 시제 1호차가 배치되었다. 이스라엘은 인구가 적고 10월 중동전쟁 시 승무원들의 희생이 컸기 때문에 승무원의 생존성을 향상시키는 데 중점을 두었다. 그래서 엔진블록을 전면에 배치하여 내부승무원을 보호하고, 차체 전면부와 포탑 또한 극단적인 경사장갑을 채택해 방호력을 향상시켰다. 차체 뒷부분이 열리게 되어 있어 그 공간은 승무원 비상탈출, 예비탄약수납, 임시화장실(전차승무원이 외부에서 용변을 보다가 적탄에 희생되는 경우가 많아서 내부에 설치) 등으로 사용한다. 그 후 레바논 분쟁의 교훈을 받아들여 시가전이나 저강도 분쟁에 적합하도록 개량하여 증가장갑을 덧붙이고 60밀리 박격포를 내장형으로 설치했다. 최종 개량형(현재)의 제원은 다음과 같다. 중량 65톤, 120밀리 활강포,

하스바이에를 점령했다. 사단장 사켈 준장은 장병들에게 '드루즈인(人)'들을 자극하는 어떤 행동도 하지 말도록 주의를 환기시켰다. 드루즈 원로들은 이스라엘군을 해방자로 환영하면서 그동안 PLA가 은닉한 무기고와 매복지점 등의 정보를 제공해 주었다.

기오라 레브 준장이 지휘하는 제90기계화사단은 메튤라에서 국경을 넘어 마르자윤 방향으로 진격했는데, 작전목표는 카룬호(湖) 근처에 있는 시리아군의 보급소를 파괴하는 것이었다.

2) 제2일차(6월 7일) '갈릴리 평화' 작전

가) 서부 TF(지중해안 도로축선)의 전투

6월 7일 이른 새벽, 이스라엘 해군은 시돈에 함포사격을 가한 후 아모스 야론 준장이 지휘하는 제96사단 소속의 상륙부대가 시돈 북쪽해안에 상륙을 감행하였다. 제일 먼저 해안에 발을 내딛은 부대는 제35공정여단의 제50공정대대였다. 그들의 임무는 제96사단 상륙부대의 상륙을 엄호하는 것이었다. 제96사단은 상륙 후 중부 TF의 제36기갑사단과 함께 시돈 및 시돈 남쪽의 아인 힐웨 난민캠프를 공격하도록 계획되어 있었다. 이 난민캠프는 이스라엘군이 '갈릴리 평화' 작전을 수행하는 데 있어서 목의 가시 같은 존재였다. 따라서 신속히 제거할 필요가 있었다.

시돈 북쪽해안에서 전개된 상륙작전은 시돈에 대한 3방향 공격작전의 일환이었다. 즉 남쪽에서는 제91기계화사단이, 동쪽에서는 중부 TF의 제36기갑사단이, 북쪽에서는 상륙한 제96사단이 협공하여 시돈을 완전히 포위한 다음 소탕작전을 실시하는 것이었다.

이때 제91기계화사단의 선두부대로서 티레와 시돈의 중간지점까지 진출해 있던 게바 대령의 제211기갑여단은 계속 시돈 북쪽으로 진격하기 위해서 정면 돌파를 시도할 것인가, 우회할 것인가 중 하나를 선택해야만 했다. 여단장 게바 대령과 제36기갑사단장 카할라니 준장 사이에 열띤 논쟁이 벌어졌는데 시돈을 우회하여 다무르로 진격하는 것으로 결론이 났다. 그 대신 제91기계화사단에서 1개 센츄리온 전차여단을 제36기갑사단에 합류시켜 난민캠프에 대한 공격을 지원하기로 했다. 이때 제36기갑사단은 제7기갑여단을 동

60밀리 내장형 박격포, 12.7밀리 기관총 1정, 7.62밀리 기관총 2정, 승무원 4명, 1,500마력 디젤 엔진, 최대속도 도로 64㎞/시, 야지 55㎞/시, 연료적재량 1,400L, 항속거리 500㎞. 경사장갑 및 복합장갑.

부 TF에서 작전 중인 제252기갑사단에 파견한 상태여서 전력이 부족했다.

제36기갑사단이 주공격부대로서 난민캠프에 대한 공격을 개시하였다. 그러나 PLA의 완강한 저항으로 공격이 지지부진했으며 피해만 점점 늘어나고 있었다. 난민캠프 주위는 RPG 대전차 특공조가 활동하기에 좋은 환경이었다. 전차장들이 특공조의 위치를 파악하

〈그림 7-2〉 '갈릴리 평화' 작전 제2일차(1982. 6. 7.)

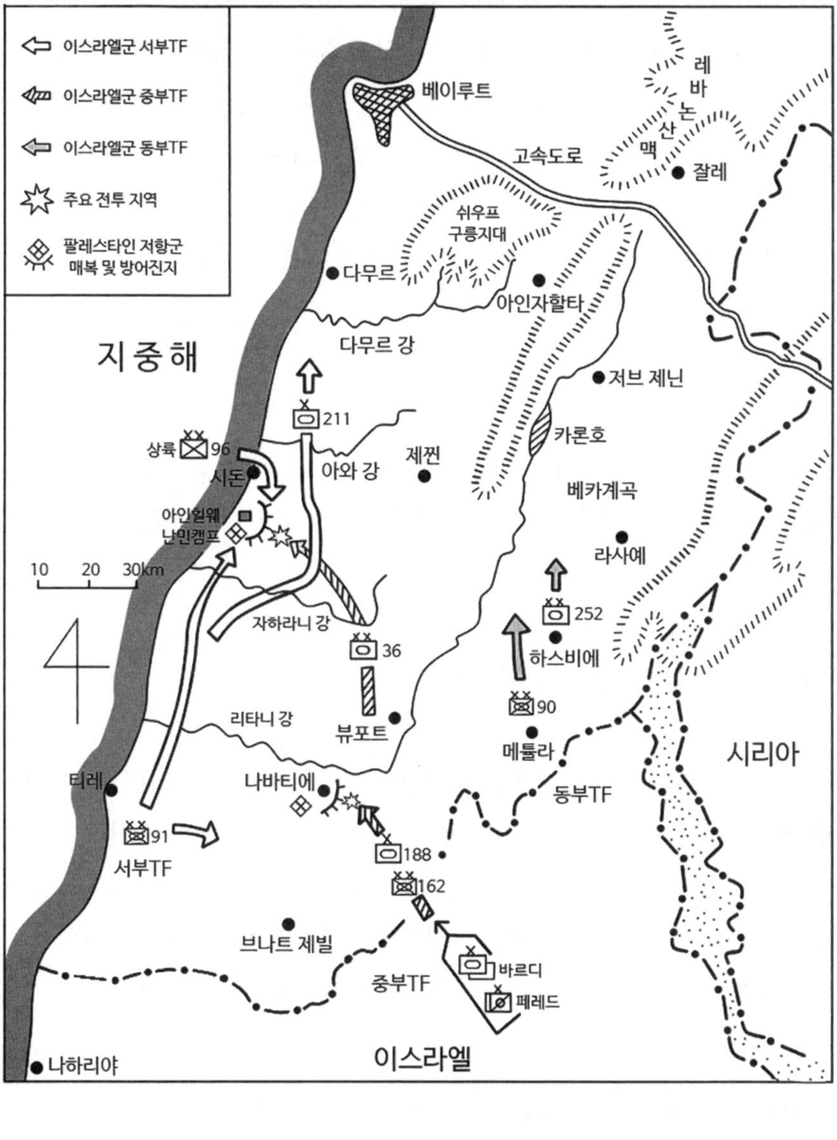

려고 해치 밖으로 상반신을 내놓으면 어김없이 저격병의 총탄이 날아왔다. 이에 맞서 이스라엘군은 먼저 전차가 의심스런 건물에 포격을 가하고 이어서 보병이 수색하는 전술을 사용했다. 그래서 시돈으로 향하는 길가의 건물들은 거의 초토화되기 시작했다.

나) 중부 TF(중앙축선)의 전투

6월 7일 아침, 제36기갑사단을 후속하여 북진하던 제162기계화사단의 제188기갑여단(일명 바락 기갑여단)은 나바티에 외곽에 도착했다. 제162기계화사단장 아이난 준장은 서쪽에 강력한 PLA 기지[24]가 있어 팔레스타인 해방군의 습격을 걱정했다. 나바티에로 진입한 바락 기갑여단은 주의 깊게 주변을 경계하며 전진하였다. PLA는 6개소의 진지에 T-34 전차를 매복시켜 놓은 후 이스라엘군이 접근하자 사격을 가해왔다. 하지만 바락 기갑여단의 메르카바 전차가 반격하자 모두 고철덩어리로 변했다. 이렇게 되자 PLA의 방어진지는 급속히 무너졌고, 나머지 전사(warrior)들은 도망치거나 포로로 잡혔다. 단 2시간 만에 나바티에는 점령되었다.

다) 동부 TF(베카 계곡 및 헤르몬 산지)의 전투

6월 7일 아침, 제252기갑사단은 하스바이에에 약간의 병력을 남겨놓고 주력은 카론 호수 방향으로 진격했다. 시리아군과 이렇다 할 접촉은 없었다. 시리아군도 이스라엘군과의 본격적인 전투를 회피하고 싶었던 것 같았다.

3) 제3~4일차(6월 8~9일) '갈릴리 평화' 작전

6월 8일, 이스라엘의 레바논 침공을 비난하는 UN안보리 결의안에 대하여 미국이 거부권을 행사했다. 미국은 공식적으로 이스라엘의 레바논 침공을 환영하지 않았다. 그렇다고 이를 비난하지도 않았다. 이러한 미국의 태도는 이스라엘의 침공목표가 PLO와 PLA를 제거하는 것이었다 하더라도 즉각적으로는 레바논 남부에 대한 이스라엘의 점령을 기정사실화하는 결과를 낳았다. 이스라엘군의 작전도 한층 더 탄력을 받게 되었다.

---

24) 국제적 테러훈련기지로 악명 높은 곳이었다.

가) 서부 TF(지중해안 도로축선)의 전투

6월 8일, 티레 인근의 라쉬디에 난민캠프에서 이스라엘군(제91기계화사단의 기계화보병여단)
과 PLA 간의 전투가 벌어졌다. 라쉬디에 난민캠프는 7년 전에 시리아군이 점령했던 곳이
었다. 당시 시리아군은 이곳을 평정하는 데 거의 한 달이 걸렸다. 그 과정에서 시리아군은
무자비한 공격을 감행했는데, 그 경험을 잊지 못하는 난민캠프에서는 사생결단의 자세로

〈그림 7-3〉 '갈릴리 평화' 작전 제3~4일차 (1982. 6. 8~9.)

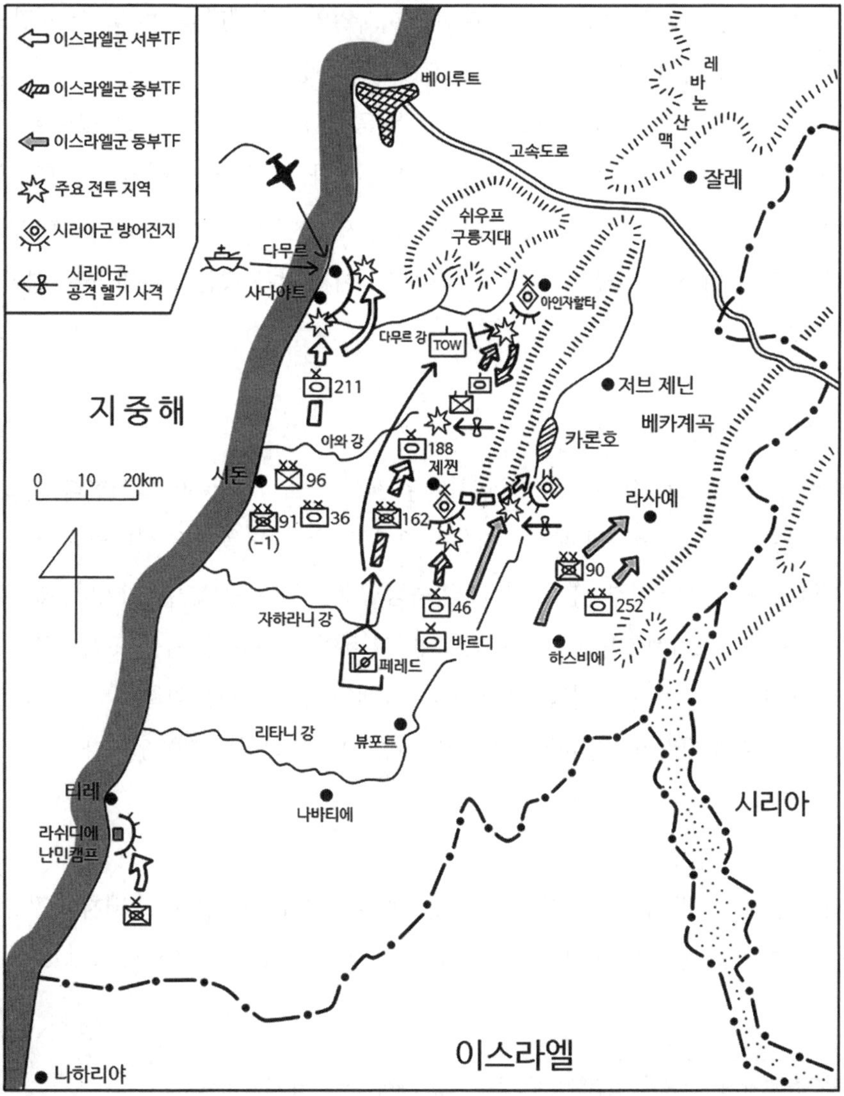

전투에 임했다. 이스라엘군은 라쉬디에 난민캠프를 격자로 구분했다. 그리고 격자 하나를 완전히 수색한 후, 다음 격자로 이동하여 또 수색을 하였다. 수색 방법은 전차의 엄호 하에 보병이 수색을 하고, 그 전차 또한 보병에 의해 엄호를 받는 방법이었다. 이러한 조각내기 전술과 전차의 엄호 하에 보병이 수색하는 방법에 의해 단 5일 만에 라쉬디에 난민캠프는 완전히 평정되었다.

이렇게 제91기계화사단의 기계화보병여단이 후방에서 PLA 소탕 작전을 벌이고 있는 동안 제211기갑여단은 계속 북진하고 있었다. 그런데 다무르 남쪽의 작은 마을 사다야트에 도착하는 순간 PLA의 RPG 및 새거 대전차 미사일의 사격세례를 받았다. 몇 시간 동안 전투를 벌인 끝에 제211기갑여단은 사다야트를 점령하였다.

6월 9일, 이스라엘군은 3군 합동으로 다무르를 공격했다. 공군의 F-4E와 크피르C-2 전투기가 공습에 나서고 해군함정이 함포사격을 퍼부었다. 08:55분, 지상에서는 제211기갑여단이 본격적인 공격에 나섰다. PLA가 격렬하게 저항했으나 이스라엘군의 상대가 되지 못했다. 마침내 이스라엘군은 다무르를 점령했다. 이제 남은 것은 혼돈의 도시 베이루트 뿐이었다.

나) 중부 TF(중앙축선)의 전투

6월 8일, 아이난 준장의 제162기계화사단은 제찐(Jezzine)[25] 서쪽에 도착한다. 제162기계화사단은 이미 제찐 서쪽의 베스리 마을을 확보하라는 명령을 받은 상태였다. 베스리는 지중해안 도로를 따라 진격하는 서부 TF의 측방방호를 위한 주요 지역이었다. 베스리 마을을 확보한 제162기계화사단은 제찐을 우회하여 베이루트~다마스쿠스 고속도로 남쪽에 있는 아인 자할타를 목표로 진격을 개시했다. 제찐에 대한 공격은 후속하는 바르디 전투단 소속으로 코헨 대령이 지휘하는 제460기갑여단이 담당하기로 되어 있었다.

(1) 제찐 전투

시리아군도 제찐의 중요성을 잘 알고 있었기 때문에 제424보병대대를 배치하고 방어준비를 강화하고 있었다. 이스라엘 공군은 무인정찰기(RPV: Remotely Piloted Vehicle)를 제찐

---

25) 제찐은 베카 계곡 서부를 연결하는 주도로가 있는 레바논 중부의 요충지였다.

상공에 날려 시리아군의 방어 상태를 정찰해 본 결과 1개 전차대대와 2개 특공중대가 증강된 것을 발견했다. 그러나 불행히도 그 정보가 제460기갑여단장 코헨 대령에게 미처 전달되지 못했다.

6월 8일 오전, 제460기갑여단은 제찐을 공격할 준비를 하고 있었다. 그런데 포병부대의 전개가 늦어져 공격개시가 지연되고 있었다. 이런 상황에서 중·동부전선에서 진격하는 이스라엘군의 총지휘관인 야누시 벤갈 소장으로부터 포병의 지원과 상관없이 13:30분에 제찐을 공격하라는 명령이 내려왔다.

13:30분, 제460기갑여단은 포병의 지원사격 없이 공격을 개시하였다. 선두 전차들이 제찐 중심부에 진입하자 건물 여기저기서 RPG 대전차로켓탄과 새거 대전차 미사일이 날아왔고, 또 매복한 T-62 전차로부터 사격을 받았다. 이스라엘군 선두 전차중대는 즉각 대응사격을 실시하여 T-62 전차 3대를 파괴하였다. 그리고 좌우측 건물에 대한 제압사격을 실시하면서 중심부를 통과하여 그럭저럭 외곽으로 빠져 나왔다. 그 순간, 기다리고 있던 시리아군 대전차 특공조의 RPG 사격과 밀란 대전차 미사일, 그리고 T-62 전차의 집중사격을 받았다. 순식간에 센츄리온 전차 3대가 불길에 휩싸이고 전장은 아수라장으로 변했다. 파괴된 전차에서 비상 탈출한 이스라엘군 전차병들은 가릴 소총을 들고 언덕위의 시리아군 특공부대와 교전에 나섰다.

제찐 전투에서 시리아군은 그전과 달리 인상 깊은 대전차 매복전술과 전투기술을 보여주었다. 4명으로 편성된 대전차 특공조와 밀란 대전차 미사일, T-62 전차를 잘 위장된 매복진지에 배치하고 기습적인 집중사격을 실시하여 여러 대의 센츄리온 전차를 파괴하는데 성공한 것이다. 전투는 저녁 늦게까지 계속되었다. 이스라엘군은 악전고투를 거듭한 끝에 저녁 무렵부터 주도권을 회복하였다. 시리아군은 전세가 서서히 이스라엘군 쪽으로 기울자 베카 계곡 방향으로 철수하였고, 마침내 제460기갑여단은 제찐을 점령하였다. 제찐 전투에서 이스라엘군은 전차 4대가 완전 파괴되고, 5대가 파손되는 피해를 입었고, 시리아군은 전차 20대가 완전파괴, 5대가 파손, 그리고 보병전투차 및 장갑차 3대가 파손되는 피해를 입었다.

이때 본대인 바르디 전투단은 제찐 근처 후나에 포진하고 있었다. 그런데 제찐 전투에 이어 바르디 전투단 소속의 부대가 또 실수를 저지르는 사건이 발생하였다. 마스가라 방향으로 전진하던 1개 전차대대(기갑사관 과정 교육생으로 구성)와 다른 1개 전차대대(기갑소대장

과정 교육생으로 구성)가 주도로 상에서 서로를 시리아군으로 오인하여 교전을 벌인 것이다. 어처구니없는 이 교전은 무려 2시간이나 계속되어 12명이 사망하고 전차 5대가 파괴되는 피해를 입었다. 이스라엘군은 교육생으로 구성된 부대를 실전에 참가시켜 실전 감각을 익히는 효과를 거두려고 했지만 실패하고 만 것이다. 여단이나 사단의 적절한 지휘통제 없이 단독으로 내보낸 것이 이와 같은 실수를 낳았다.

⑵ 아인 자할타 전투

제162기계화사단은 제찐을 우회한 후, 제188바락기갑여단을 선두로 하여 아인 자할타를 향해 계속 전진하고 있었다. 그런데 갈수록 도로 폭이 좁아져 각종 차량들이 북새통을 이루었다. 더구나 차량이 고장 나면 정체현상이 더욱 심했다. 고장 난 차량은 구난차를 이용하여 길옆으로 치운 후 정비에 들어갔다. 그래도 교통체증을 해결하는 데 큰 애를 먹었다. 어느 정도 교통체증이 해소될 무렵인 15:23분, 공중에서 헬기 소음이 들려오면서 제188바락기갑여단 상공에 미확인 헬기들이 모습을 드러냈다. 미처 피아식별을 하기도 전에 시리아군의 가젤 공격헬기에서 발사된 최신형 HOT 대전차 미사일이 날아왔다. 이동 종대 대열의 3번째 전차가 피격되어 화염에 휩싸였고, 곧이어 다른 전차도 피격되었다. 순식간에 벌어진 일이라 이스라엘군은 혼란에 빠졌다. 전차포탑에 장착된 기관총으로 사격을 해보았지만 기관총 유효 사거리 밖에서 대전차 미사일을 발사하는 공격헬기를 어찌할 수가 없었다. SA-7이나 레드 아이 같은 휴대용 대공미사일을 갖고 있었다면 대응할 수 있었겠지만 불행히도 그런 장비는 없었다.[26]

지상부대의 긴급 요청을 받고 전투기가 출격하여 전장 상공으로 날아왔다. 그러나 시리아군 공격헬기는 이미 베카 계곡을 따라 날렵하게 은신하였고, 이스라엘군 전투기들이 수색에 나섰으나 숨어있는 시리아군 공격헬기를 찾을 수가 없었다. 그런데 최고사령부는 아직 충격에서 벗어나지 못한 제162기계화사단장 아이난 준장에게 신속히 아인 자할타로 진격하라고 독촉했다. 아이난 준장은 제188기갑여단에게 서둘러 진격할 것을 명령했지만 좁은 도로 한복판에 파괴된 채 주저앉은 전차를 치우고 차량이 이동할 수 있도록 통로를 개척하는 것이 쉬운 일이 아니었다. 그럼에도 불구하고 전력을 다해 파괴된 전차를 밀어

---

26) 이스라엘군은 10월 중동전쟁 시 지상에서 발사하는 대전차 미사일에 큰 피해를 입어 그에 대한 대책은 강구했으나 공중에서 발사하는 대전차 미사일에 대해서는 대비책을 강구하지 않았다.

내고 차량이동 공간을 만든 다음 우선적으로 A전차중대와 1개 보병대대를 출발시켰다.

한편, 이스라엘군의 진격이 지체되고 있는 틈을 이용하여 시리아군은 아인 자할타의 방어태세를 강화하고 있었다. T-62 전차를 장비한 2개 전차대대와 대전차 특공조로 구성된 1개 특공대대를 배치하였다. 전투지원부대까지 포함하면 거의 완편된 1개 여단 규모가 아인 자할타에 배치된 것이다. 6월 8일 23:00시, 제188바락기갑여단을 선도하는 A중대의 선두 전차가 아인 자할타 외곽에 진입하기 시작했다. 밝은 달빛이 꼬불꼬불한 산속의 도로를 따라 전진하는 이스라엘군에게는 그나마 다행스러운 일이었다. A중대 전차들은 산 아래 방향으로 내려가 개울가로 향했다. 이동 간 사주경계를 하고 있었지만 아무 이상도 발견하지 못했다.

이때, 시리아군은 매복을 한 상태에서 이스라엘군 전차가 격멸지역 안으로 들어오기만을 기다리고 있었다. 시리아군은 점점 크게 들리는 이스라엘군 전차의 굉음을 들으며 방아쇠를 당길 준비를 했다. 긴장되고 초조한 시간이 지나고 드디어 이스라엘군 전차가 격멸지역 안으로 들어왔다. 시리아군의 각종 매복화기가 일제히 불을 뿜었다. RPG 대전차 로켓탄, 밀란 대전차 미사일, 새거 대전차 미사일이 이스라엘군 전차를 향해 날아갔다.

기습사격을 받은 A중대는 선두에서 전진하던 센츄리온 전차 2대가 순식간에 파괴되자 패닉 상태에서 빠졌다. 급격한 공포를 느낀 병사들은 제대로 정신을 차릴 수가 없었다. 어디서 총·포탄이 날아오는지 모른 채 방향 감각을 잃고 허둥지둥했다. 전차 무전기에서는 구조를 요청하는 병사들의 목소리가 애타게 들려왔다. 심지어 기도를 하는 병사도 있었다. 중대장 모세 크라비츠 대위가 상황을 수습하기 위해 동분서주했다. 피격된 전차에서 부상자를 구출하여 후송시키고, 정신을 못 차리고 있는 부하들을 독려하여 대응사격에 나섰다. 후속해 오던 보병대대가 사태를 수습하려고 나섰지만 그들 역시 매복공격에 걸려들어 제대로 대처할 수가 없었다.

제162기계화사단의 지휘소 무전기에도 A중대의 고통소리와 지원 요청이 쏟아졌다. 사단장 아이난 준장은 도로상에서 긴급작전회의를 열고 대책을 숙의했다. 그러는 동안에도 시리아군의 치열한 사격은 계속되었고 이스라엘군의 피해는 점점 늘어만 갔다. 피해 상황이 위험 수준에 도달했다고 판단한 아이난 준장은 부하들에게 '부상자를 구출하지 말고 즉각 전투이탈을 하여 재편성하라'는 보기 드문 명령을 내렸다. 부상자를 구출하다가 더 많은 희생이 발생할 수 있는 비상상황이었기 때문이다,

제162기계화사단의 긴급요청을 받은 페레드 전투단(대전차 전문부대)이 구출작전에 나섰다. TOW 탑재 지프에 탑승한 대전차 보병들이 아인 자할타를 향해 전속력으로 내달렸다. 그들은 시리아군 전차 사냥에 나서서 TOW 대전차 미사일로 몇 대의 T-62 전차를 파괴했지만 A중대에 대한 시리아군의 공격을 잠재울 수가 없었다. 결국 A중대 후미에 있던 전차들만이 간신히 방향을 전환하여 왔던 길로 탈출해 시리아군의 호구(虎口)를 벗어났다.

다) 베카 계곡의 전투(SAM 진지 파괴 및 공중전)

시리아군의 공격을 침묵시키기 위해서는 이스라엘 공군의 지원이 필수적이었지만, 베카 계곡에 배치된 SA-6 대공미사일 때문에 그리 쉬운 일이 아니었다. 본격적인 베카 계곡 전투를 앞두고 샤론 국방장관은 중대한 결정을 내려야 할 상황에 처한다. 샤론은 베카 계곡의 시리아군 대공미사일 진지를 공습할 경우 필연적으로 발생할 시리아 공군과의 충돌까지 고려하여 심사숙고 하였다. 그 결과 10월 중동전쟁 시 아랍군의 SAM망에 부딪쳐 큰 피해를 입었던 쓰라린 경험을 바탕으로 발전시킨 대응전술과 장비를 사용하여 대공미사일진지를 파괴하고, 그것을 미끼로 삼아 시리아 공군을 유인한 후 대규모 공중전을 통해 격멸하려고 결심하였다.

6월 9일, 이스라엘군은 무인정찰기(RPV)를 베카 계곡 상공으로 비행시켜 정보를 수집하였다. 시리아군은 곧 레이더를 작동시켰는데, 적의 함정임을 눈치채고 즉시 꺼버렸다. 그러나 이미 주파수 정보가 탐지되었고 이는 곧 E-2C 조기경보기로 전송되었다. 이런 정보를 바탕으로 이스라엘군은 베카 계곡에 배치된 SAM 진지를 파괴하고 시리아 공군에게 타격을 주기 위해 14:00시에 작전을 개시한다.

먼저 이스라엘군 자주포가 베카 계곡일대에 적 방공망제압(SEAD: Suppression of Enemy Air Defense)사격을 실시했다. 이어서 96기로 편성된 통합공격대(Strike package)가 작전지역 상공에 도달했다. F-15, F-16 전투기와 크피르 C-2 전투기가 제공권을 장악한 가운데 무인정찰기가 전파 방해를 실시했고, F-4E 전폭기가 레이더 파괴용 공대지미사일을 사용하여 레이더 시설을 파괴했다. 혼란에 휩싸인 SAM 진지를 전투공격기들이 마음 놓고 폭격했다. SAM 진지는 하나씩 차례차례로 전투불능이 되었다. 불과 1시간 만에 19개소의 SAM 진지 중 17개소가 완파되고 나머지 2개소도 심각한 타격을 받았다. 반면 이스라엘군의 피해는 A-4 공격기 1기와 F-4E 전폭기 1기뿐이었다.

연이어 제2차 통합공격대(Strike Package) 92기가 출격하여 공격을 반복하자 시리아 공군은 MIG-21, 23, 25 및 Su-7 전투기를 출격시켜 요격에 나섰다. 이리하여 베카 계곡 상공에서는 양측 합계 약 200기에 달하는 전투기들이 공중전을 벌였다. 하지만 이스라엘군 전투기들은 시리아군 전투기들의 접근을 조기경보기를 통해 완전히 파악하고 있었으며, 당시 최강의 제공전투기인 F-15 전투기를 상당수 보유하고 있었기 때문에 공중전에서 절대적으로 유리하였다. 시리아군 전투기는 전적으로 지상관제를 받는 것을 전제로 훈련을 받았는데, 그 관제를 해 주어야 할 지상기지들이 이스라엘군의 전파방해(ECM: Electrical Counter Measure)로 인해 전혀 역할을 하지 못했다. 결국 시리아 공군은 베카 계곡 상공의 공중전에서 참패하였다.

이날, 이스라엘 공군은 초전에서만 29기의 MIG 전투기를 격추시켰고 이날 밤까지 41기 이상을 격추시켰다. 이스라엘군 전투기는 주로 신형 AIM-9L 사이드 와인더 공대공미사일로 적기를 격추시켰다. 이 미사일은 적기를 HUD(Head Up Display: 상방 시현기)에 넣기만 하면 적기가 어떻게 회피를 해도 록온(lock-on: 레이더에 의한 자동추적) 할 수 있었다. 반면 시리아 공군의 경우 전반적으로 공대공미사일에서 열등했고, 소련의 신형 공대공미사일 아톨(Atoll)도 성능 면에서 훨씬 뒤쳐져 있었다.

라) 동부 TF(베카 계곡 및 헤르몬 산지)의 전투

이스라엘 공군이 베카 계곡 상공에서 완벽한 승리를 거두자 중·동부전선의 총지휘관인 야누시 벤갈 소장은 베카 계곡에 배치된 시리아군 제1기갑사단을 축출시키기로 결심했다. 그래서 제252기갑사단, 제90기계화사단, 바르디 전투단(추가 배속)으로 보강된 동부 TF는 시리아군 제1기갑사단을 공격하기 위해 저브 제닌을 목표로 삼고 전진하기 시작했다. 우측에서는 제90기계화사단이 제252기갑사단의 측방엄호를 받으며 라사예를 향해 전진했고, 좌측에서는 페레드 전투단의 측방엄호를 받으며 바르디 전투단이 쉬우프 산맥을 따라 제벨 바룩으로 전진했다.

북쪽으로 전진할수록 길이 험하고 좁아져 부대 이동이 쉽지 않았다. 힘들게 전진하던 바르디 전투단은 라사예와 카론호(湖) 사이의 주도로 교차점에서 시리아군과 접촉했다. 시리아군도 이 교차점의 중요성을 잘 알고 있었기 때문에 도로 주변에 지뢰를 매설하고 T-62 전차를 장비한 2개 전차대대를 배치하여 방어하고 있었다. 일단 접촉이 되자 쌍방 간에 치열한 전차전이 벌어졌다. 이 전투에서 메르카바 전차가 위력을 발휘했다. 뛰어난 전면 방호력으로 적의 사격을 잘 막아내면서 아울러 우수한 사격통제장치를 활용, 많은 수의 T-62 전차를 격파하였다. 여러 대의 메르카바 전차가 피격되었지만 완파되지는 않았고 경상자는 발생했지만 중상자와 전사자는 나오지 않았다.

이렇게 유리한 전투를 전개하면서 시리아군 진지를 유린할 즈음, 갑자기 시리아군의 가젤 공격헬기가 내습해 왔다. 공격헬기에서 발사된 HOT 대전차 미사일에 의해 센츄리온 전차 1대와 메르카바 전차 2대가 피격되었다. 바르디 전투단은 긴급 공중지원을 요청했고, 얼마 지나지 않아 크피르 C-2 전투기가 상공에 나타났다. 그러자 시리아군 가젤 공격 헬기는 재빨리 계곡 사이로 몸을 숨겼다. 이제 거칠 것이 없는 베르디 전투단은 시리아군을 격파하며 북쪽으로 진격하였다.

4) 제5~6일차(6월 10~11일) '갈릴리 평화' 작전

가) 서부 TF(지중해안 도로축선)의 전투

지중해안 도로축선을 따라 진격하는 제91기계화사단은 티레, 시돈, 다무르를 차례로 점령하며 북쪽으로 진격했다. 아직 소탕 및 평정하지 못한 몇몇 포켓(Pocket)이 있었으나 후속하는 기계화보병여단에게 맡기고 제211기갑여단은 6월 10일, 베이루트 외곽까지 진출했다.

이스라엘군은 베이루트를 포위하기로 하고 2개 방향에서 공격할 계획을 수립했다. 하나는 해안도로를 따라 정면에서 공격해 올라가는 축선과, 다른 하나는 쉬우프 산맥을 따라 전진하여 베이루트 동쪽을 차단하는 방법으로 포위망을 형성하는 것이다. 동쪽을 차단하는 것은 베이루트에 주둔하고 있는 시리아군과 PLA가 시리아로 탈출하는 것을 봉쇄하고 동시에 시리아군의 증원부대 투입을 차단하기 위해서였다.

시리아군과의 첫 교전은 6월 10일, 베이루트 남동쪽 쉬우프 산맥의 작은 마을 크파르실 근처에서 벌어졌다. 제211기갑여단의 정찰대와 시리아군 제85보병여단 소속의 전차대대가 접촉한 것이다. 제211기갑여단 정찰대의 유리 호취테르 상사는 자신의 전차에 이상이 발생하자 정비를 하기 위해 도로 옆으로 뺀 다음 정비 공구를 찾고 있었다. 그 순간 유리 상사는 조금 멀리 떨어진 곳에 있는 미확인 전차를 목격했다. 그는 본능적으로 쏜살

같이 전차 안으로 뛰어 들어가 포수에게 미확인 전차를 조준하라고 지시한다. 그런데 유리 상사의 전차가 사격하기 직전, 갑자기 포성이 울리고 미확인 전차에 포탄이 명중했다. 확인해보니 위험을 먼저 감지한 동료 전차가 먼저 사격을 한 것이고, 미확인 전차는 접근해 오는 시리아군 전차대대의 선두전차였다.

정찰대는 즉시 전투태세를 갖추었다. 곧이어 크파르 실을 통과하는 주도로에서 시리아

〈그림 7-4〉 '갈릴리 평화' 작전 제5~6일차 (1982. 6. 10~11.)

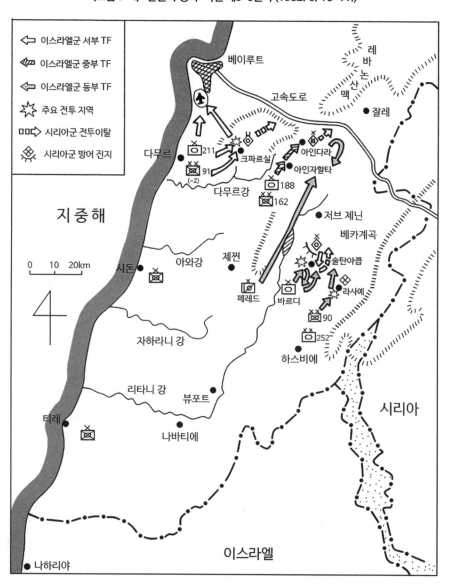

군 전차들이 모습을 드러냈다. 정찰대는 시리아군 전차가 좀 더 접근할 때까지 침착하게 기다리다가 최적의 사격위치에 도달했을 때 일제 사격을 개시하였다. 기습을 받은 시리아군 전차는 제대로 대응사격도 하지 못하고 북쪽으로 전투이탈을 하였다. 이렇게 시리아군과의 첫 교전에서 모두 11대의 T-62 전차를 파괴했는데 그중 7대는 유리 상사의 전차가 파괴하였다.

한편, 미국의 중재 하에 휴전협상이 이루어져 6월 11일 12:00시를 기해 이스라엘과 시리아는 휴전에 들어갔다. 그러나 베카 계곡을 비롯한 이곳저곳에서 간헐적인 전투가 벌어지면서 휴전이 깨지고 다시 발효되기를 반복했다. 베이루트 남동쪽의 크파르 실에서도 잠깐의 휴전이 깨지자 이스라엘군은 다시 공세를 취했다.

6월 11일 오후, 제91기계화사단은 2개 골라니 보병대대와 1개 메르카바 전차대대를 투입하여 크파르 실을 공격했다. 시리아군도 어제 큰 피해를 입었던 전차대대와 2개 특공중대를 투입하여 이스라엘군 공격에 맞섰다. 이스라엘군은 메르카바 전차대대가 크파르 실 마을로 돌입해 들어가는 동안 골라니 보병대대 병사들은 RPG, LAW 등의 경대전차화기를 휴대하고 시리아군 전차사냥에 나섰다. 시리아군 대전차 특공조도 RPG와 새거 대전차 미사일을 활용하여 메르카바 전차에 대항했지만 강화된 방호력 때문에 행동불능으로 만드는 것이 어려웠다.

투발 그비르츠만 대위가 지휘하는 메르카바 전차중대가 종횡무진 전장을 누비며 큰 활약을 했다. 약 1시간 만에 T-55 전차 16대, BMP 보병전투차 3대, 수송차량 4대를 파괴하는 눈부신 전과를 올렸다. 그런데 골라니 병사들이 탑승하고 전진하던 M-113 장갑차 1대가 시리아군의 RPG 대전차로켓탄에 맞아 불길에 휩싸였다. 그 모습을 목격한 투발 대위는 자신이 탑승하고 있는 메르카바 전차를 즉시 불타는 M-113 장갑차에 바싹 붙여서 적탄을 막도록 하고 그는 신속히 부상당한 골라니 병사들을 구출하여 후송하고 있었다. 그때 시리아군이 쏜 포탄이 날아와 터지면서 투발 대위를 쓰러뜨렸다. 그는 레바논 전장에서 몇 번이나 목숨을 걸고 부하를 구하는 데 앞장서 왔었다. 하지만 그의 무운도 크파르 실 전투에서 다하여 전사하고 말았다.

시리아군도 크파르 실 전투에서 용감하게 잘 싸웠다. 하지만 전차 손실이 점점 증가하자 패퇴하기 시작했다. 전장에는 파괴된 28대의 T-55 전차가 불타고 있었다. 골라니 보병부대도 시리아군 특공부대를 축출시켰다. 이리하여 크파르 실을 통과하는 1㎞의 도로를 따라 전개된 격렬한 전투가 끝났고, 이스라엘군은 베이루트 국제공항의 남쪽 부분을 장악하게 된다.

나) 중부 TF(중앙축선)의 전투

6월 10일, 아인 자할타로 진격하다가 시리아군의 매복에 걸려 큰 피해를 입었던 제162기계화사단이 포병과 공군의 지원을 받으며 재공격을 실시하자 그동안 선방하던 시리아군의 아인 자할타 방어선은 무너지고 말았다. 시리아군 방어선을 돌파한 제162기계화사단은 베이루트~다마스쿠스 고속도로를 향해 진격하기 시작했다. 사단장 아이난 준장은 곧 발표될 것으로 예상되는 휴전에 앞서 유리한 지역을 확보하려고 제188기갑여단(바락 기갑여단)에게 아인 다라를 점령하라는 명령을 내렸다. 아인 다라는 베이루트~다마스쿠스 고속도로를 감제할 수 있은 요충지로서 이를 확보한다면 베이루트에 주둔하고 있는 시리아군의 생명선에 비수를 꽂는 것이나 마찬가지였다. 이렇게 중요한 지역이니 시리아군으로서도 더 이상 물러설 수가 없었고 절대적으로 고수할 지역이었다. 그래서 시리아군은 아인 다라 지역에 3개 전차/기계화보병대대와 대전차 미사일로 무장한 특공부대를 배치하였다.

제162기계화사단장 아이난 준장은 아인 자할타와 같은 전투가 반복될 것을 우려해 공격헬기를 요청했다. 공격헬기가 먼저 적전차를 파괴하여 지상의 기갑부대가 용이하게 진격할 수 있는 여건을 조성해 주기 위해서였다. 잠시 후에 코브라와 디펜더 공격헬기가 큰 소음을 일으키며 상공에 나타났고, 곧 이어 TOW 대전차 미사일로 시리아군 기갑부대를 공격하기 시작했다. 시리아군도 공중에서 발사되는 대전차 미사일에는 속수무책이어서 다수의 전차 및 장갑차량이 파괴되었다.

이에 대응하여 시리아군도 가젤 공격헬기를 보내어 제162기계화사단을 공격하려 했지만 미리 준비한 M-163 대공 장갑차[27]에서 발사되는 20밀리 벌컨포 사격을 뒤집어쓰자 임무를 포기하였다. 1대가 격추되었고 다른 1대는 연기를 내뿜으며 계곡 너머로 도주한 끝에 간신히 기지에 착륙하여 부상당한 조종사는 목숨을 건졌다. 이리하여 제162기계화사단은 큰 피해를 입지 않고 아인 다라를 점령하였다.

---

27) 그동안 M-163은 탑재된 20밀리 벌컨포를 이용하여 PLA나 시리아군의 저격수를 소탕하는 데 사용했었는데, 본래의 임무로 되돌아 온 것이다.

다) 동부 TF(베카 계곡 및 헤르몬 산지) 전투

베카 계곡을 따라 북쪽으로 진격하던 동부 TF의 부대들은 시리아군의 거센 저항에 직면하였다. 페레드 전투단은 6월 10일 밤부터 11일 새벽까지 거세게 저항하는 시리아군을 격파하면서 베이루트~다마스쿠스 고속도로에서 불과 5㎞밖에 떨어지지 않은 아나, 자노브엘 제디다에 힘겹게 도착했다. 그곳이 이스라엘군이 진격한 최북단 지점이었다. 그러나 중·동부전선의 총지휘관인 야누시 벤갈 소장은 너무 돌출된 전선을 정리하기 위해 페레드 준장에게 현 위치에서 후퇴하여 방어가 용이한 지역에서 급편 방어를 실시하라고 명령을 내렸다.

(1) 시리아군의 야간기습

베카 계곡 동쪽 지역에서 북쪽 방향으로 진격하던 동부 TF의 부대 또한 시리아군의 저항과 연료 보급문제로 인해 전진이 부진했다. 라사예 점령을 목표로 전진하던 제90기계화사단은 라사예를 눈앞에 두고 끊어진 교량 앞에서 일단 멈추었다. 공병부대가 교량복구 작업을 하는 동안 부대 전체가 노숙에 들어갔다.

02:30분, 시리아군 대전차 특공조들이 은밀하게 침투하기 시작했다. 그들은 제90기계화사단을 내려다 볼 수 있는 고지로 침투하여 대전차 미사일을 배치하고 기습할 준비에 들어갔다. 이러한 사실을 눈치 채지 못한 이스라엘군 병사들은 침낭 속으로 들어가 피곤한 몸을 눕히고 있었다. 갑자기 시리아군 특공조들의 일제사격이 개시되었다. 깜짝 놀란 이스라엘군 장병들은 벌떡 일어나서 전차로 뛰어 올라갔다. 그들은 포탑에 장착된 기관총으로 정신없이 사격했고, 메르카바 전차 포탑에 거치된 박격포로 대응사격을 했다. 양쪽에서 쏘아대는 기관총탄이 빗발쳤고 포성이 여름밤의 적막을 깨고 멀리까지 메아리쳤다.

사단장 레브 준장은 이 사태를 벗어나기 위해 즉각 북쪽으로 이동하라고 지시했는데 만성적인 연료부족에 시달리는 이스라엘군으로서는 여러 대의 차량을 남겨두고 움직일 수밖에 없었다. 또 교량을 보수하는 공병들도 전투에 휘말린 상태였다. 모든 전차가 1시간 정도의 연료 밖에 없었다. 그렇다고 연료트럭이 올 때까지 기다리고 있을 수도 없었다. 이 난관을 극복하기 위해서는 오직 전진하여 빠져나가는 것이 최상의 방법이었다. 그런데 시리아군 특공조의 공격으로 이마저 여의치 않았다. 운이 없던 제90기계화사단은 새벽까지 몇 시간을 버티는 수밖에 없었다. 이윽고 날이 밝기 시작하자 시리아군 특공조는 전투를

이탈하기 시작했고 이스라엘군은 한숨을 돌렸다. 그리고 늦게 전진을 재개하여 제90기계
화사단의 선도부대가 얀타에 도착한다.

(2) 술탄 야콥 전투(THe battle of Sultan Yacoub)

M-60 전차를 장비한 바르디 전투단의 예비역 전차여단은 베카계곡의 작은 마을인 '술
탄 야콥'으로 진격하고 있었다. 이스라엘군은 술탄 야콥을 점령한 다음 그곳에 강력한 저
지 진지를 구축해 시리아군 제3기갑사단의 공격을 막을 계획이었다. 그런데 예비역 전차
여단 지휘부의 전술적 지휘능력이 형편없었으며, 술탄 야콥 일대의 시리아군 상황에 대한
정보를 전혀 파악하고 있지 못했다. 이때 술탄 야콥에는 이미 다마스쿠스에서 급파한 시
리아군 제3기갑사단이 방어준비를 하고 있었다. 이러한 사실을 전혀 모르는 예비역 전차
여단은 바로 그때 술탄 야콥 외곽에 도착한다.

한편, 술탄 야콥에 방어진지를 구축한 시리아군 지휘관들은 계곡 아래에서 작은 규모의
이스라엘군 기갑부대가 다가오는 것을 바라보고 있었다. 그들은 이스라엘군의 의도가 무
엇인지 알 수 없다는 듯 의심스런 표정으로 고개를 갸우뚱 거렸다. 하지만 일단 적부대가
접근해 오는 이상 시리아군도 멍하니 바라만 볼 수는 없는 것이기에 배치된 T-62 전차들
은 사격준비에 들어갔다.

술탄 야콥을 향해 전진하는 이스라엘군 예비역 전차여단의 선도 부대 지휘관은 경험이
많은 아이라 예프로니 소령이었다. 에프로니 소령의 선도 대대가 술탄 야콥에 진입하기
시작했다. 주변 건물에 매복하고 있는 시리아군은 이스라엘군 전차가 격멸지역 내에 완전
히 들어오기를 기다렸다. 이스라엘군 전차들도 사주경계를 하고 있었지만 잘 위장된 매복
지점을 발견하지 못했다. 드디어 사격개시 명령이 내려졌고 건물 사이사이에 매복해 있던
시리아군 대전차특공조가 RPG 대전차로켓탄, 밀란 대전차 미사일, 새거 대전차 미사일을
발사했다. 어떤 특공조가 발사한 대전차 미사일은 너무 가까운 거리에서 발사하여 반대편
의 시리아군 매복진지를 가격하기도 했다. 순식간에 여러 대의 전차가 피격되어 행동불능
에 빠졌다. 이스라엘군도 전차포와 기관총으로 반격에 나섰다. 그러나 이미 선두 제대는
시리아군에게 완전히 포위된 상태였다. 후속 중대는 아직 술탄 야콥에 진입하지 못하고
있었다. 에프로니 소령은 대대 전체를 지휘할 수 없는 상황이었다. 다행히 술탄 야콥 안에
포위된 에프로니 대대(-)는 아직 피해가 심각한 상태는 아니었다. 몇 대의 전차와 장갑차

만 파괴되었을 뿐이었다. 치열한 사격전이 계속되었고, 어느새 해가 지고 어둠이 찾아왔다. 그래서 에프로니 소령은 새벽까지 버티다가 날이 밝으면 포위망을 돌파하기로 결심하였다.

6월 10일 저녁부터 11일 새벽까지는 에프로니 대대가 결코 잊지 못할 '지옥의 밤'이었다. 시리아군 대전차 특공조의 공격은 끈질기게 계속되었다. 이스라엘군은 전체 대형을 방어태세로 전환하고 전차 포탑에 장착된 7.62밀리 기관총과 12.7밀리 기관총으로 의심스러운 곳을 사격하면서 시리아군 대전차 특공조의 접근을 차단하기 위해 애를 썼다. 그러나 시리아군 대전차 특공조 일부는 근거리까지 침투하여 접근전을 펼쳤다. 밤새 악전고투하던 이스라엘군은 날이 밝자 자신들이 시리아군에게 완전히 포위되었다는 것을 확실히 깨닫는다.

시시각각으로 들려오는 구조요청과 피해 상황보고가 에프로니 소령의 무전기에 울려댔다. 이스라엘군은 파괴된 전차와 장갑차에서 부상자를 끌어내어 옮기며 시리아군의 공격을 막아내고 있었다. 그러나 시간이 지날수록 피격되는 전차 및 장갑차와 사상자의 수가 늘어났고, 마침내 연료와 탄약까지 바닥을 드러냈다. 긴급 항공지원을 요청했지만 현재 그 지역에 가용 항공기가 없다는 무전연락을 받는다. 오히려 잠시 후에 시리아군 MIG-23 전투기가 날아와 이스라엘군에게 기총소사를 퍼부었다. 점차 이스라엘군은 절망감에 사로잡히면서 패닉 상태에 빠졌다. 통신망에는 구조요청과 지원 요청이 넘쳐났다. 마침내 공포감에 사로잡힌 전차 조종수 1명이 명령을 무시하고 전장을 이탈하여 전속력으로 내달리다가 장애물에 충돌하자 부상당한 전우를 전차 안에 내버려둔 채 도망쳤다.

에프로니 소령은 중·동부전선의 총지휘관 야누시 벤갈 소장에게 긴급 지원을 요청했으나, 1시간만 더 버티라는 대답만 들었다. 이제 그는 세 가지 방안 중 하나를 결심해야 할 순간을 맞이했다. 첫 번째는 구출될 때까지 버티며 싸우는 것, 두 번째는 항복하는 것, 세 번째는 즉시 포위망을 탈출하는 것이었다. 첫 번째와 세 번째 모두 상당한 피해를 감수해야 하는 것으로 판단한 그는 가장 가까운 이스라엘군 전선[28]을 향해 전속력으로 탈출하기로 결정을 내렸다. 그는 신속히 가용한 장비와 병력을 모았다.

그 시각, 베카 계곡의 전 이스라엘군은 작은 마을 술탄 야콥에서 포위된 에프로니 대대

---

28) 가장 가까운 아군은 5㎞ 떨어진 곳에 있었다.

를 구출하기 위해 전력을 다한다. 6월 11일 08:45분, M-109 자주포의 지원사격과 공군의 근접항공지원 하에 '포위로부터의 탈출 작전'을 감행한다. 에프로니 대대는 탈출직전, 수습하지 못한 희생자들에 대한 간단한 추도식을 했다. 그리고 시리아군에게 사격을 퍼부으며 포위망을 뚫기 시작했다. 시리아군도 사격으로 맞섰고, 에프로니 대대의 전차 및 장갑차 몇 대가 더 희생되었다. 결국 탈출을 시작한지 약 20분 만에 포위망을 벗어나는 데 성공했다.

⑶ 불안한 휴전

한편, 미국이 중재하는 휴전협상이 이루어져 6월 11일 12:00시를 기해 이스라엘과 시리아간의 휴전이 발효될 예정이었다. 그런데 술탄 야콥 마을 전투에서 승리한 시리아군은 전과를 확대하기 위해 휴전이 발효되기 1시간 전인 11:00시에 제3기갑사단을 술탄 야콥 마을에 투입하였다. 선도 대대는 최신형 T-72 전차를 장비한 제82전차여단 예하부대로서 술탄 야콥 마을을 통과한 후 이스라엘군을 향해 진격해 왔다.

이스라엘군은 메르카바 전차, TOW 탑재 지프, 코브라 및 디펜더 공격헬기를 투입하여 공지합동으로 시리아군의 공세행동을 요격했다. 지상 전차부대만으로 전과확대에 나섰던 시리아군은 이스라엘군의 공지합동 공격에 큰 피해를 입고 패퇴했다. 이 요격전에서 이스라엘군은 시리아군의 T-72 전차 9대, T-62전차 13대를 파괴하여 에프로니 대대가 당한 것에 대한 복수를 했다.

6월 11일 12:00시, 휴전이 발효되고 이스라엘과 시리아는 모든 적대행위를 중지했다. 며칠 동안 베카 계곡에서 벌어졌던 전투는 그 어떤 전투보다 치열했고, 이스라엘군의 피해도 컸다. 또한 베카 계곡 전투는 공격헬기의 본격적인 실전투입, 메르카바 전차와 T-72 전차의 실전투입 및 첫 교전, 양측의 대전차 전담부대 운용 등, 새로운 전투양상이 선보인 의미 있는 전투였다.

이렇게 휴전이 발효되었지만 베카 계곡에서는 간헐적인 전투가 계속되면서 무려 10여 차례나 휴전이 깨지고 발효되기를 반복했다.

다. 베이루트 포위전과 PLO 철수

1) 베이루트 포위전

이스라엘군은 레바논 남부 4,500㎢를 점령하고 베카 계곡 전투에서 승리했지만 아직 완전한 군사적 목표를 달성하지 못한 상태였다. 베이루트 시가에 숨어 들어간 1만 명 이상의 팔레스타인 게릴라를 축출하지 못했기 때문이다.

베이루트는 군사 요새가 아니라 200만 명 이상의 시민이 살고 있는 레바논 최대의 서구적 도시였다. 그런데 베이루트에는 무고한 시민과 함께 PLO와 팔레스타인 게릴라, 이슬람 민병대, 시리아군 제85보병여단이 남아 있었다. 이미 시돈에서 격렬한 시가전을 벌여 많은 민간인 희생이 발생했던 것을 잘 알고 있는 이스라엘군으로서는 베이루트에서 또 시가전을 벌일 수가 없었다. 더구나 전 세계는 이스라엘의 레바논 침공을 거세게 비난하고 있었다. 그래서 베이루트를 포위하고 압박을 가함으로서 최대한 피를 적게 흘리고 PLO 및 팔레스타인 게릴라를 축출하려고 했다.

6월 11일, 이스라엘과 시리아 간의 휴전 발효 이후, 잠깐 잠깐의 전투와 휴전으로 베이루트 포위기동이 중단되었는데, 6월 22일, 이스라엘군 전투기가 시리아군 전차부대 집결지를 폭격한 것을 신호로 지상군 부대가 움직이기 시작했다. 더 이상 지체하다가는 다잡은 물고기(베이루트에 있는 PLO본부 및 팔레스타인 게릴라, 시리아군 부대)를 놓치고 마는 상황이 벌어질 수도 있기 때문이었다.

제91기계화사단은 베이루트를 포위함과 동시에 베이루트~다마스쿠스 고속도로를 차단했다. 그리고 일부 부대를 투입해 고속도로를 따라 동쪽으로 전진하면서 주변 거점들을 차례로 접수하기 시작했는데, 바브다~자부르~알레이~밤도운으로 전진하던 부대가 시리아군의 거센 반격을 받고 단 하루 만에 센츄리온 전차와 장갑차 18대를 상실하는 피해를 입었다. 그래서 중부 TF의 제162기계화사단 예하 제188기갑여단(바락 기갑여단)이 아인 자할타를 출발해 서쪽으로 전진하여 밤도운을 공격했고, 이어서 알레이 지역의 시리아군을 포위했다. 포위된 시리아군은 전열이 흐트러지고 방어선이 급격히 무너지기 시작했다. 이리하여 이스라엘군은 베이루트~다마스쿠스 고속도로 서쪽 구간을 완전히 장악하게 되고, 그 지역에서 시리아군을 몰아내는 데 성공한다. 이제 베이루트는 완전히 고립된 신세가 되었다.

이스라엘군은 베이루트를 포위한 후 PLO 및 팔레스타인 게릴라와 이슬람 민병대가 포진하고 있는 서 베이루트를 향해 공습과 포격, 함포 사격을 가하며 PLO를 압박하기 시작했다. 그것은 '항복 아니면 죽음'이라는 메시지였다. 샤론 국방장관은 라디오 인터뷰에

〈그림 7-5〉 베이루트 포위 및 고속도로 차단 전투

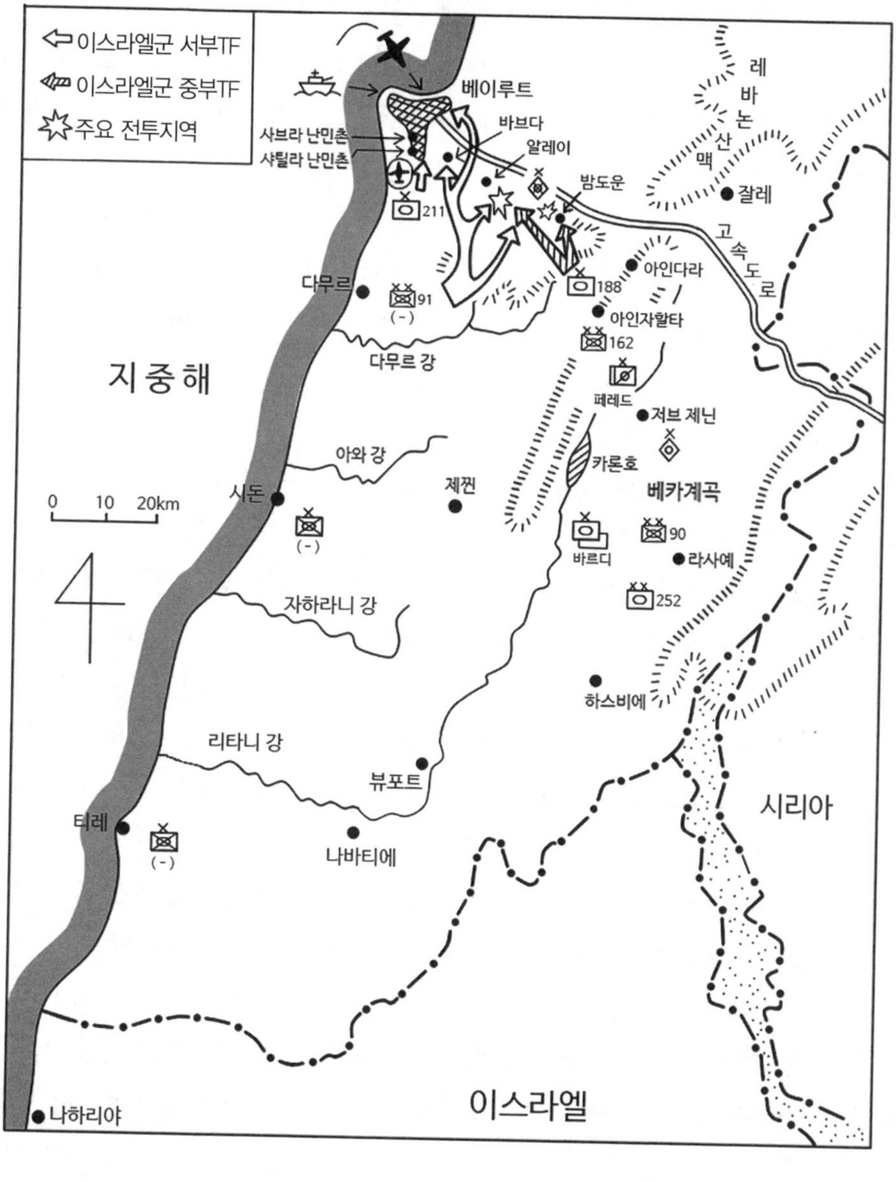

서 "시리아는 레바논에 대한 통제권을 완전히 상실했다. 이제 목표는 베이루트에 잔류해 있는 6,000명 정도의 팔레스타인 게릴라들이다. PLO는 파멸 과정에 들어가 있다"고 말했다.

미국과 아랍지도자들은 베이루트 사태를 우려하면서 양측을 설득하는 데 총력을 기울였다. 미국의 필립 하비브 특사는 계속 새로운 협상안을 제시했지만 양측 모두 거부했다. 아라파트는 부하들에게 무기를 내려놓게 할 수 없다고 했고, 베긴은 미국의 충고를 일언지하에 무시한다. 베이루트를 포위한 이스라엘군은 점점 더 압박을 가하기 시작했다. 서베이루트에서 PLO 거점으로 의심되는 곳에 끊임없이 155밀리 곡사포탄을 쏘아대는 한편, 공중에서는 전투기가 유유히 날아다니며 폭격할 목표를 찾았다. 바다에서는 해군 함정들이 서 베이루트에 함포 사격을 계속하고 있었다.

이 무렵, 이스라엘군 제211기갑여단장인 게바 대령의 명령 불복종 사건이 발생했다. 게바 대령은 '베이루트 포위 공격은 무고한 많은 시민들의 희생을 초래할 것이라며 시가지에 대한 공격 명령을 거부'하고는 사직서를 제출하였다. 며칠 후 그는 이스라엘 당국에 의해 해임된다.

미국 관리들은 베이루트에서 시가전이 벌어지면 양측에서 수천 명의 인명 손실이 불가피할 것이라고 경고했다. 팔레스타인 게릴라들은 도시의 빌딩 속에 수백 개의 벙커와 기관총 진지를 구축하고 최후 항전을 위한 준비에 들어갔다.

시리아군과의 충돌도 완전히 끝난 것이 아니었다. 시리아군의 MIG 전투기 2기가 이스라엘군 전투기에게 격추당했고, 시리아군 특공대의 공격에 의해 이스라엘군 16명이 사망했다. 또 이스라엘군의 포격으로 PLO 병원이 피격되어 환자 5명이 사망하는 일이 발생하기도 했다. 전투가 가열되는 양상으로 번지자 미국은 베이루트 대사관을 폐쇄하고 철수에 나섰다. 미국인 400명과 영국인 700명이 주니에 항(港)으로 이동하여 미 제6함대 소속 함정 2척과 1척의 영국 컨테이너 선박으로 철수하였다.

PLO의 지도자 야세르 아라파트는 한줌 밖에 되지 않는 군대를 갖고 팔레스타인 국가 창설을 목표로 투쟁해 왔지만 이제 그는 베이루트 한복판에서 그의 조직 유지를 위해 사투를 벌이고 있었다. 그는 결사항전을 부르짖었지만 레바논 내에 이미 우군은 없었다. 이슬람 시아파는 PLO를 공격하는 이스라엘군을 수수방관했고, 마론파 기독교 민병대는 적극적으로 이스라엘군에 협조했다. PLO는 12살 소년병에게까지 RPG를 쥐어 주면서 저항했지만 아랍권은 이스라엘에 대한 비난 성명만 발표했을 뿐 어느 나라도 군사행동에 나서지 않았다. 또 어떤 아랍국가도 PLO와 그 무장세력을 자신의 국경 안으로 받아들이려고 하지 않았다.

베이루트 포위전이 장기화되자 이스라엘 국민들 사이에서도 전쟁에 대한 염증이 나타나기 시작했다. 전쟁이 길어지면서 전쟁비용이 국가 경제에 미치는 영향에 대한 관심이 고조되었고, 평화주의자들과 좌파행동가들은 반전시위에 나섰다. 샤론 국방장관은 그들에게 '만일 지금 중단한다면 오히려 전쟁기간이 더 늘어날 것이라고 주장'하면서 조금만 더 참아 달라고 호소했다. 베긴 총리는 언론과의 인터뷰에서 '이스라엘은 그 어떤 나라도 침략하지 않았으며, 레바논 땅 한 뼘도 원하지 않는다. 국제평화유지군이 레바논 남부지대에 40㎞의 완충지역을 설정해 관리하고 PLO와 시리아군이 레바논에서 철수한다면 우리도 철수할 것'이라고 말했다.

2) PLO의 베이루트 철수

PLO는 항복을 거부한 채 저항을 계속했지만 외부 지원을 기대할 수 없는 상황에서 버틴다는 것은 한계가 있었다. 더구나 레바논 내 이슬람 세력까지 나서서 PLO에게 명예로운 후퇴를 요구하자 PLO는 눈물을 머금고 베이루트에서 물러날 수밖에 없었다. 7월 3일, 아라파트는 'PLO 지도부를 이끌고 레바논을 떠나겠다'는 의사를 미국 정부의 특사인 필립 하비브에게 전달한다. 이리하여 하비브 특사가 양측의 의견을 조율하고 설득해 해결점을 찾았다. 베이루트에서 PLO와 시리아군이 모두 철수하고, 베이루트에는 미국, 프랑스, 이탈리아 3개국의 군대로 구성된 다국적 평화유지군을 배치하기로 하는 협상안이 타결되어 이스라엘은 베이루트 포위를 푸는 데 합의한다.

8월 25일 아침, 미 해병대 800명이 서 베이루트에 상륙하였다. 그들은 프랑스군 800명, 이탈리아군 500명과 함께 다국적 평화유지군 자격으로 베이루트에서 철수하는 8,000명의 게릴라와 시리아군의 철수를 감시하는 임무를 맡았다. 철수작전은 비교적 순조롭게 이루어졌다. 가족들과 생이별하며 머나먼 곳으로 정처 없이 떠나야하는 팔레스타인 게릴라들은 눈물을 훔치며 애써 태연한척 하기도 하고 공중을 향해 총을 쏘기도 했다. 최신예 전차 및 전투기를 보유한 시리아군이 이스라엘군을 상대로 6일도 버티지 못했는데, 소총과 수류탄뿐인 팔레스타인 게릴라가 이스라엘군을 상대로 2개월이나 버틴 것은 죽음을 각오한 사람들이 무엇을 할 수 있는지를 보여주었다. 하지만 PLO 지도부의 후퇴로 패배는 돌이킬 수 없는 것이 되었다.

베이루트를 떠난 팔레스타인 게릴라들은 시리아, 요르단, 수단, 튀니지, 북예멘, 남예멘 등으로 뿔뿔이 흩어졌다. 대부분 미국의 요청과 압력에 의해 마지못해 팔레스타인 게릴라를 받아들였다. 8월부터 실시된 PLO 및 팔레스타인 게릴라의 철수는 9월 10일경 거의 마무리 되었다. PLO의 수장 아라파트도 레바논 내의 팔레스타인 난민들로 구성된 작은 팔레스타인을 잃고 튀니지로 거점을 옮겼다. 레바논에 남겨진 팔레스타인 난민들은 아라파트가 최후까지 저항하지 않았다고 비난했다.

라. 정치적 혼란과 팔레스타인 난민학살

1) 팔랑헤 당수 바시르 제마엘 암살

PLO와 시리아군 축출이라는 1차적 목표를 달성한 이스라엘은 마론파 기독교 팔랑헤당(黨)의 젊은 지도자 바시르 제마엘을 내세워 레바논에 친 이스라엘 정권을 수립하려고 시도한다. 그 결과 1982년 8월 23일, 레바논 의회에서 단독으로 출마한 바시르 제마엘을 대통령으로 선출했다. 그는 기독교파와 무슬림파들을 연쇄 접촉하면서 완전히 새로운 레바논을 건설하기 위한 계획을 수립한다. 레바논 독립 이래 어느 누구도 실천하지 못한 각 종파 간 화해와 협력을 실현하기 위해 동분서주하였다.

제마엘은 대통령에 취임하기 9일 전인 1982년 9월 14일 16:10분, 아쉬라피에에 위치한 팔랑헤당 사무실에서 일상적인 회의를 주재하고 있었다. 그런데 갑자기 2층에서 강력한 폭발물이 터져 3층짜리 건물이 붕괴되면서 제마엘과 다른 26명이 사망하는 참사가 발생했다. 범인은 시리아 사회민족당원인 하비브 샤르토니와 시리아 정보요원인 나빌 알람이었다. 두 사람 다 레바논 사람으로 기독교 신자였지만 시리아에 충성하고 있었다. 샤르토니는 기자회견에서 '바시르 제마엘은 이스라엘과 내통한 반역자이며, 그에게 교훈을 주려고 폭탄을 터트렸다'고 말했다. 바시르 제마엘이 암살당하자 팔랑헤 당원들은 커다란 분노와 복수심으로 불타올랐다. 이윽고 그 분노는 또 다른 폭력의 형태로 나타나는데, 운

나쁘게 걸려든 것이 힘이 약해진 레바논의 팔레스타인 난민이었다.

2) 사브라, 샤틸라 팔레스타인 난민촌 학살

1982년 9월 16일, 정치공작의 방해를 받은[29] 이스라엘군과 지도자를 잃은 기독교 팔랑헤 민병대는 베이루트 외곽에 있는 2개의 팔레스타인 난민촌으로 진입했다. 이스라엘군은 난민촌에서 외곽으로 통하는 도로를 봉쇄했고, 기독교계 팔랑헤 민병대 200명은 난민촌에 숨어든 팔레스타인 게릴라들을 색출한다는 명목 하에 난민촌으로 들이 닥쳤다.

2일 전에 지도자가 암살당해 눈이 뒤집어진 팔랑헤 민병대는 이성을 잃고 있었다. 팔레스타인 게릴라 색출은 명분에 불과했고, 난민촌에 진입한 민병대는 팔레스타인 난민들에게 닥치는 대로 총격을 가하기 시작했다. 그들의 광신적 학살은 9월 18일이 되어서야 끝났다. 이스라엘군은 팔랑헤 민병대를 난민촌에서 철수시켰다. 그들이 철수한 난민촌에는 수백구의 시체가 널려 있었다. 여자와 어린이 시체도 36구나 확인되었다. 학살자 수를 레바논 경찰은 460명 이상, 이스라엘은 800~900명, PLO는 3,000~3,500명이라고 주장했다. 팔랑헤 민병대가 증거인멸을 위해 시체를 고의적으로 훼손한 경우가 많아서 정확하게 몇 명이 희생되었는지는 알 수 없다.

이스라엘군은 단순히 난민촌에서 외곽으로 향하는 도로를 차단한 수준으로 방관만 한 것이 아니었다. 팔랑헤 민병대가 난민촌에서 민간인을 학살하는 중에 난민촌 상공에 조명탄 지원사격까지 하면서 적극협조 했다는 것이 나중에 밝혀졌다. 학살현장의 사진이 매스컴을 통해 보도되자 전 세계가 전율하면서 이스라엘을 비난했다. 이스라엘 국내에서도 큰 충격에 빠지면서 30만 명의 시위대가 베긴 총리와 샤론 국방장관의 사임을 요구했다. 이스라엘은 대법원장 이츠하크 카한을 위원장으로 하는 조사위원회(일명 '카한 위원회')를 구성했다. 그리고 결국 샤론 국방장관에게 책임을 물어 해임시켰다.[30]

---

29) 이스라엘은 친 이스라엘파인 기독교계 팔랑헤 당수 바시르 제마엘을 대통령으로 선출시킨 다음, 레바논과 평화협정을 맺어 이스라엘 북부지역에 대한 안전을 확보하려고 했다. 그런데 바시르 제마엘이 사망하자 그 계획은 뿌리부터 흔들리게 되었다.

30) 1983년 2월 8일에 제출한 카한 위원회의 보고서에는 샤론 국방장관과 관련하여 다음과 같이 기술하였다. "우리는 샤론 국방장관이 자신의 책무를 망각했다고 생각한다. 그가 사임하던가, 아니면 총리가 해임해야 한다. 그는 팔랑헤 민병대의 PLO에 대한 증오심과 복수심이 어떤 행동으로 나타날지 신중하게 생각하지 못했고, 복수심에 불타는 그들을 난민촌으로 들어가게 만드는 중대한 실수를 범했다고 본다."

한편, 학살을 실행한 팔랑헤 민병대의 정보책임자인 엘리 호베이카[31]는 그 사건 후, 시리 아편에 섰다가 2002년 1월, 의문의 차량폭발로 사망했다.

3) 베이루트 미 해병대 막사에 대한 자살폭탄 공격

이스라엘은 악화된 상황을 수습하려고 암살당한 바시르 제마엘의 뒤를 이어 대통령으 로 선출된 바시르의 형(兄) 아민 제마엘을 지지했다. 그리고 그와 "이스라엘·레바논 평화협 정"을 조인하고 국회 가결까지 받으려 했지만 아민 제마엘은 바시르 제마엘을 대신할 수 없었다. 바시르는 잔인했지만 혼란을 극복하는 데 필요한 추진력과 결단력이 있었다. 아 민은 온건했지만 정치력에서는 동생과 비교할 수가 없었다. 레바논은 다시 혼란에 빠져 들었다.

이스라엘은 국제 여론의 악화를 핑계로 1983년 9월부터 레바논에서 철수하기 시작했 다. 이스라엘이 PLO를 축출하려는 대의에는 레바논 내 이슬람 시아파도 동조하고 있었지 만, 이스라엘이 정치공작을 통해 레바논 남부를 자신들의 통제 하에 두려고 하는 의도가 드러나자 레바논의 각 정파들은 적대감을 드러냈다. 특히 1983년 10월 16일, 레바논 남 부의 나바티아에서 이스라엘군이 시아파 민간인에게 총격을 가하는 사건이 발생하자 이 슬람 무장 세력들은 격분하였다. 그들은 매복공격, 차량을 이용한 자살폭탄 공격, 폭탄테 러 등등, 수단과 장소를 가리지 않고 이스라엘군을 공격했다. 그중에서 이스라엘을 상대 로 레바논 남부에서 가장 강력하게 맞선 단체는 헤즈볼라[32]이었다.

---

31) 1982년 이스라엘군의 레바논 침공 시, 호베이카는 이스라엘군의 주요 정보통으로 활동했다. 이스라엘 군이 베이루트를 포위하자 그는 숙적인 무슬림 군벌들과 팔레스타인 무장 세력을 타도하는 데 이스라엘 군을 적극 이용하였다. 특히 팔랑헤 당수이며 동시에 레바논 대통령으로 선출된 바시르 제마엘이 폭탄 공격으로 암살당하자 호베이카는 팔랑헤 민병 대원에게 베이루트 외곽의 팔레스타인 난민촌 사브라와 샤틸라에 대한 공격을 지시했다. 3일간 이어진 학살에서 팔랑헤 민병대는 약 800명의 난민을 살해하였 고, 나중에 학살 현장을 조사한 이스라엘의 '카한 조사위원회'는 이 사건이 호베이카의 지시로 이루어졌 음을 밝혀냈다. 위원회에서 증인으로 나온 한 이스라엘군 장교는 증언을 통해 다음과 같이 말했다. "무선 감청을 하고 있던 중, 우연히 팔랑헤 민병대의 무선통신을 엿들었습니다. 무선 통신에서는 난민촌에 들 어간 한 민병대 장교가 여자와 어린아이를 몰아세우고 나서 '호베이카'를 호출하여 어떻게 할지를 물었 습니다. 상대(호베이카)는 '네가 물어보는 것이 이번이 마지막이야'하고 호통 치며 '네가 알고 있는 그대 로 해!'라고 말했습니다. 이어서 쉰 목소리의 웃는 소리를 들었습니다."

32) 이스라엘이 레바논을 무력침공하고 레바논 남부를 강제 점령하자, 이에 대항하기 위해 1982년 결성된 무장저항조직이다. 이념적으로는 1979년 이란 혁명의 영향을 많이 받았다. 설립자는 압바스 알 무사위 이다.

이스라엘군이 빠져나간 자리를 미군을 중심으로 프랑스군, 이탈리아군이 메우면서 평화유지 활동을 한다고 했지만 레바논인(人)에게는 그들도 이스라엘군과 마찬가지로 침략자로 비춰졌다. 미군은 레바논 대통령인 아민 제마엘의 요청에 따라 레바논 정부군의 재건에 나섰는데, 아민은 그러한 지원을 정부군 재건이 아니라 적대 세력의 탄압에 사용하였다. 이에 격분한 헤즈볼라는 1983년 10월 23일, 2명의 자살특공대가 TNT 환산 5.4톤의 폭약을 적재한 트럭을 몰고 베이루트의 미 해병대 막사로 돌진하는 초유의 자살폭탄공격을 감행하였다. 강력한 폭발로 인해 미 해병대 241명과 프랑스군 58명이 폭사했다. 레바논 주재 미 대사관 건물의 자살폭탄테러(1983년 4월 18일 발생)에도 버티었던 미국이었지만 해병대 막사에 대한 공격에는 견디지 못하고 결국 미 해병대는 레바논에게 철수하였다.

이후 레바논 정부는 유명무실해지고, 각 종파별 민병대가 레바논을 분할통치하는 사실상 무정부 상태가 된다. 나중에는 같은 종파 민병대 간에도 대립이 발생했다.

4) 시리아군의 재 개입 및 그 이후

이스라엘군에게 패배하여 물러났던 시리아군은 1986년, 평화유지군 명목으로 다시 레바논에 개입했다. 이 무렵, 이스라엘군이 레바논 남부에서 물러나자 이스라엘군에게 쫓겨났던 팔레스타인 게릴라 상당수가 레바논으로 다시 돌아 왔는데, 시리아 입장에서 그들은 껄끄러운 존재였다. 그래서 시리아군은 기독교계 아말 민병대와 함께 팔레스타인 게릴라를 소탕하기 위해 팔레스타인 난민캠프를 공격했다. 시리아군이 협조하는 가운데 기독교계 아말 민병대가 팔레스타인 난민캠프를 포위한 후 식수와 식량 반입을 차단하고 집요하게 총격전을 벌이자 팔레스타인 민간인 사상자가 다수 발생하였다.

1988년에 아민 제마엘 대통령의 임기가 종료되었다. 그런데 원래 이슬람교도의 자리인 총리직에 마론파인 미셸 아운이 임명되어 일시적으로 레바논은 대통령이 공석인 상황이 발생했다. 1989년, 사우디아라비아의 중재로 내전 종결을 목표로 하는 타이프 합의가 채택되었다. 처음에는 각종 민병대 지도자들과 시리아가 협상에서 소극적이었지만 사우디아라비아의 설득으로 시리아는 찬성으로 돌아섰고, 각 종파별 민병대도 친 이란 파(派), 헤즈볼라 파, 친 이스라엘 파, 남부 레바논 군, 반 시리아 파, 아운 파를 제외한 대부분의 조직이 그 합의에 동의했다.

시리아는 반 시리아 파인 미셸 아운의 총리 취임을 거부하며, 전통적으로 총리를 배출했던 수니파에서 셀림 알 호스를 총리로 취임시켰다. 그리고 시리아군이 주둔했었던 베카 고원에서 그동안 비어 있는 상태였던 라야크 공군기지에 국회의원을 소집시켜 명문가 출신 정치가이었던 르네 무아와드를 대통령으로 취임시켰다. 그 결과 반 시리아의 아운 정권과 타이프 합의에 기초한 무아와드 대통령의 정권, 이 두 개의 세력이 레바논에 존재하게 되었다. 그렇게 대립이 이어지던 와중에 아운 파를 후원해 주던 이라크가 1990년, 걸프전쟁에 돌입하면서 아운 파에 대한 지원을 끊자 아운 파는 레바논 내외에서 고립되었다.

결국 1990년, 집권하고 있던 기독교계 마론 파가 세력변동을 반영해 기독교와 무슬림 간의 국회의석을 64(석) : 64(석)로 하는 헌법 개정에 동의하면서 레바논 정국은 다소 안정되었다. 그리고 1990년 10월 13일, 걸프전쟁을 치르느라고 정신이 없던 미국의 묵인 아래 시리아군이 대대적인 아운 파 소탕 작전을 벌였으며, 시리아군에게 패한 아운 파 지도자 미셸 아운이 파리로 망명[33]함으로써 레바논 내전은 막을 내렸다.

이리하여 1975년부터 1990년까지 이어진 제1차 레바논 내전은 추정 사망자 15만 명 이상, 중상자 10만 명 이상, 난민 90만 명 이상, 수많은 건물이 파괴되고 경제는 망가져 버린 상태로 끝이 났다. 2000년 기준 추정 인구가 350여만 명인 것을 감안하면 피해 규모를 상상할 수 있을 것이다.

3. 2006년 제2차 레바논 전쟁(Second Lebanon War)

가. 전쟁의 배경

1975년 레바논 내전이 발발하자 이스라엘은 내전의 혼란을 틈타 반 이스라엘 무장조직이 레바논 내에서 성장할 것을 우려했다. 그래서 친 이스라엘계인 기독교 우파 단체를 지

---

33) 2005년, 시리아군이 레바논에서 철수하자 미셸 아운은 귀국했다. 그 후 2016년, 미셸 아운은 127명의 국회의원 중 83명의 찬성으로 제18대 레바논 대통령으로 선출되었다. 기독교계 마론 파에 배정하는 대통령직에 미셸 아운이 선출된 이유는 그가 기독교도이지만 친 헤즈볼라 성향이라는 점이 많은 영향을 미친 것으로 보인다.

원하는 등의 간접적인 방법으로 견제했으나 별효과가 없자 1982년, 레바논 남부를 침공하여 남부지역을 점령했다.

전쟁초기 이스라엘군은 시리아군을 격파하고 PLO 및 팔레스타인 게릴라를 국외로 축출하여 군사적 목표를 달성하였다. 그러나 그 후, 예상하지 못한 여러 가지 악재가 발생하여 정치적 목표 달성에는 실패하고 장기전의 늪에 빠지고 말았다. 이 과정에서 레바논 정부를 괴뢰화 하려는 이스라엘의 음흉한 의도가 드러나자 이슬람 무장 세력들은 격분하여 반 이스라엘 무장투쟁을 강화하였다. 이때 시아파 무장조직의 하나로 헤즈볼라가 결성되었으며, 여러 무장조직 중 가장 강력한 반 이스라엘 무장투쟁을 실시하였다.

헤즈볼라는 탄생하자마자 이스라엘군과 게릴라전으로 치열한 교전을 펼치며 전투경험을 쌓았고, 동시에 자살폭탄테러 전법을 적극적으로 활용하여 이스라엘을 끊임없이 괴롭혔다. 그 결과 이스라엘의 피해가 심각하게 증가하고 또 이스라엘에 대한 국제사회의 비난이 거세지자 2000년에 이스라엘은 군 병력을 철수시켰다. 그런데 이스라엘군이 레바논 남부를 점령하고 있는 동안 기독교계 무장단체를 지원하였고, 그 무장단체의 민병대는 이스라엘군의 비호 아래 무슬림 세력을 공격했다. 그렇지만 헤즈볼라는 내란을 수습하기 위해 기독교계와 공존을 선택하고, 전쟁 및 학살에 대한 책임을 이스라엘에 돌려 이스라엘을 집중 공격했다. 이에 이스라엘도 공군기의 폭격으로 대응했고, 1992년에는 헤즈볼라 설립자이자 지도자인 압바스를 향해 유도 미사일을 발사하여 폭사시켰다.[34]

나. 이스라엘 · 헤즈볼라 전쟁

2006년, 헤즈볼라는 이스라엘을 향해 박격포 및 로켓탄을 발사하여 이스라엘군 16명을 살상했고 또 2명을 납치하였다. 이스라엘군은 자국 군인 구출이라는 명분으로 또 다시 레바논을 침공하였다. 그러나 헤즈볼라를 압박하여 레바논에 친 이스라엘 정권을 세우려는 것이 숨은 진짜 목적이었다. 그래서 약 1만 명의 병력을 투입하여 공격을 개시하였다. 그러나 작전은 이스라엘군의 의도대로 진전되지 않았다. 침공 초기부터 헤즈볼라의 거센 저

---

34) 그래서 하산 나스랄라가 32세의 젊은 나이로 제2대 지도자가 되었고, 현재까지 헤즈볼라를 이끌고 있다.

항에 부딪쳤다.[35]

전쟁 초기, 이스라엘군은 막강한 화력과 공군의 지원을 받는 지상부대가 거침없이 밀고 들어가 레바논과 헤즈볼라를 박살내면 전쟁을 빨리 종결시킬 수 있을 것이라고 자신만만하였다. 어차피 공군이나 해군이 없는 거나 다름없는 레바논은 이스라엘의 상대가 될 수 없고 게릴라 수준의 헤즈볼라도 별거 아니라고 생각했다. 그런데 시간이 지날수록 보병 전투에서는 헤즈볼라 대원들이 이스라엘군과 대등하게 싸우거나 오히려 능가하였다. 막강한 이스라엘군의 기갑부대도 매복한 헤즈볼라의 대전차 로켓 공격에 곳곳에서 저지당했다. 이스라엘군의 메르카바 전차는 보병위주의 적을 상대로 한 시가지 전투에서는 세계 최고라고 평가 받고 있었는데 좁은 통로를 활용한 헤즈볼라의 매복 공격에 이스라엘군 전차의 피해도 늘어만 갔다.

이스라엘군은 헤즈볼라 수뇌를 제거하여 조직적인 저항을 둔화시키려고 했다. 그래서 헤즈볼라 수장인 나스랄라를 암살하려고 그의 집을 파괴했지만 집에 없는 바람에 실패하였다. 물론 장비와 화력에서 이스라엘군이 압도적으로 우세했기 때문에 인명피해는 헤즈볼라가 더 많았지만 전투현장에서는 결코 밀리지 않았다. 심지어 헤즈볼라는 이란으로부터 지원 받은 대공포로 이스라엘군 전투기를 격추하기도 했다. 이는 일개 테러조직에 불과한 헤즈볼라가 대공포를 장비하지는 못했을 것이라고 생각했던 이스라엘군에게 큰 충격을 주었다. 더구나 헤즈볼라는 지대함 미사일을 발사하여 이스라엘 해군 초계함 INS하니트를 반파시켰다. 초계함에 타고 있던 이스라엘 해군 4명이 사망했으며 함정도 심한 손상을 입어 이스라엘 항구로 견인해 갔다.

이러한 전투상황을 종합해 볼 때, 이것은 도저히 국가와 테러조직 간의 전쟁이라고는 생각할 수 없는 지경에 이르렀다. 오히려 헤즈볼라의 반격으로 이스라엘 제2의 도시인 텔아비브와 제3의 도시인 북부의 하이파까지 로켓탄 공격을 받아 피해를 입었다. 이에 대한 보복으로 이스라엘군은 백린탄과 집속탄, 그리고 화학무기(최루탄 종류)까지 마구 쏴대 레바논과 헤즈볼라에 몇 배의 피해를 입혔다. 하지만 이러한 공격으로 레바논 내 민간인들의 피해가 속출하자 레바논 내에서 반 이스라엘 감정이 더욱 커졌고, 반대로 헤즈볼라의 인기

---

35) 헤즈볼라의 병력규모는 정규군 5,000명과 예비군 1만 5,000명을 포함해 약 2만 명에 이른다. 핵심조직인 '이슬람 아말'은 1,000~1,400명으로 추산되는 조직원으로 구성되어 있으며, 최정예 자살특공대를 지휘한다. 복장도 일반 정규군과 비슷하다. 장비 수준도 상당히 좋아서 러시아 및 이란에서 구매한 미사일과 로켓은 물론 원격 조종이 가능한 무인 항공기까지 보유하고 있는 것으로 알려졌다.

는 높아져 갔다.

이스라엘은 이런 현상을 막으려고 의도적으로 헤즈볼라에 대하여 긍정적인 발언을 한 알자지라 방송의 레바논 현지 중계팀[36]을 폭격해 날려 버리기까지 하였다. 이에 격분한 알 자지라는 이스라엘군이 저지른 학살이라며 백린탄에 희생된 민간인들의 시체들과 파괴된 도시의 모습을 전 세계에 보도했다. 결과적으로 이스라엘은 국제사회로부터 큰 비난을 받 았다. 그래도 미국이 비호해 주니 이스라엘은 아무렇지도 않았다. 당장에 UN에서 논의되 는 정전도 미국이 반대했다. 한마디로 말한다면 테러집단인 헤즈볼라를 이스라엘이 흠씬 두들겨 패 주라는 것이었다.

다. 이스라엘군 철수 및 헤즈볼라의 부상(浮上)

이스라엘군은 군사적으로 헤즈볼라를 실컷 두들겨 패 주었으나 전쟁이 예상외로 길어 지자 이스라엘의 피해도 점점 늘어났다. 또한 국제사회로부터 맹비난을 받았으며 매스미 디어 전(戰)에서도 실패해 도무지 얻은 것이 없었다. 결국 이스라엘은 레바논에서 철수하 고 말았다.[37] 특히 이스라엘은 팔레스타인 문제 때문에 레바논에 오래 머무를 수가 없었다. 이스라엘군의 패배나 다름없었다.

한편, 헤즈볼라는 단번에 아랍권의 영웅이자 반 이스라엘 저항을 대표하는 이름으로 떠 올랐다.[38] 헤즈볼라 지도자의 언행일치 및 솔선수범도 헤즈볼라의 지지도가 높은 또 다른

---

36) 알자지라 방송은 친 아랍 방송국이 아니었다. 당시 알자지라는 레바논에서 종파간의 불화와 방관하는 현실을 다루면서 레바논에 대해서도 헤즈볼라에 대해서도 부정적인 모습(민간인을 방패로 삼는다고 비 난했다)을 보여주며 중립을 지키려고 노력하였다.

37) 심지어 이스라엘의 후원국인 미국조차 효과가 없으니 철수하라고 권고할 정도였다.

38) 헤즈볼라는 비록 레바논의 합법정당이고 사회단체이기도 하지만, 자국을 침공하는 이스라엘이나 미국, 혹은 타 수니파 국가들로부터 조국을 수호하기 위해 범주를 초과한 테러활동을 전개하는 조직이기도 하 다. 그럼에도 레바논 현지에서 이들의 지지도가 매우 높은 편인데 여기에는 여러 가지 이유가 있다. 헤 즈볼라는 교전에 임하는 대원들에게 대가 없는 일방적인 희생을 요구하지 않는다. 자폭테러대원의 가족 에게는 조직 고위간부들의 조문과 위로와 함께 막대한 위로금이 주어진다. 자살폭탄테러가 아닌 일반전 투 중 사망자도 마찬가지고 부상자의 경우에도 치료와 함께 일자리를 주선하고 생활비를 보조해 준다. 특히 팔레스타인인(人)도 틈만 나면 신경을 쓰고 도와주기에 그들에게도 지지를 받고 있다. 여기에 전체 적으로 지역민들의 생활환경 및 경제적 처우개선에 노력하며, 2006년 전쟁직후에는 민간인 희생자들에 대한 보상이나 장례도 정부대신 헤즈볼라가 다 해주었으며, 공습으로 집을 잃은 사람들의 주택건설이나 수리도 헤즈볼라가 했다. 이런 대민 친화적 모습 덕분에 헤즈볼라는 현지인들에게 많은 지지를 받고 있 다. 소요되는 비용은 대부분 이란을 비롯한 아랍 각국으로부터 들어오는 지원금으로 충당한다. 헤즈볼 라가 이런 활동을 할 수 있는 것은 레바논 정부의 힘이 약하기 때문이다.

요인이다. 헤즈볼라의 최고 지도자인 나스랄라는 자신의 아들들도 최전선에 내보내 병사들과 함께 싸우게 했다. 평소 아끼던 장남은 18세의 나이로 이스라엘군과 싸우다 전사하였고, 차남인 자와드도 레바논 남부의 최전선에서 이스라엘군과 교전을 벌인 바가 있다. 나스랄라는 장남이 숨진 날, 군중 앞에서 다음과 같이 연설하였다.

"내 아들이 죽어 자식을 잃은 부모들 앞에서 고개를 들 수 있게 됐다. 아들이 너무나 자랑스럽다."

이 전쟁으로 이스라엘군은 148명, 헤즈볼라는 550명가량 사망했다. 또 수많은 민간인들이 사망했다. 그리고 국경에는 레바논군과 UN평화유지군[39]이 배치됨으로써 일단 봉합되었다.

---

39) UN평화유지군의 일원으로 한국군 동명부대도 2007년 7월에 파병되어 레바논 남부 타르 지역에서 임무를 수행하고 있다.

▌▌▌▌▌ **제2장** ▌▌▌▌▌
팔레스타인 민중봉기(Intifada)

1. 1987~1993년 제1차 이스라엘·팔레스타인 분쟁(First Intifada)

가. 배경 및 원인

1948년에 일어난 제1차 중동전쟁(팔레스타인 전쟁) 결과 수많은 팔레스타인인들이 고향 땅에서 쫓겨났다. 또 정전협정에 따라 예루살렘은 반으로 나뉘었고, 동 예루살렘과 요르 단 강 서안지구는 요르단에, 가자 지구는 이집트에 귀속되었다. 이때 발생한 난민의 수는 1950년 UN국제사업국이 발표한 바에 의하면 95만 7,000명 정도이다. 그중 대략 1/3은 서안지구로, 다른 1/3은 가자 지구로, 나머지 1/3은 요르단, 시리아, 레바논 등지로 피신 했다.

설상가상으로 1967년의 제3차 중동전쟁(6일 전쟁)으로 인해 또 다른 30만여 명의 팔레스 타인인들이 서안지구와 시리아의 골란 지역을 떠나 요르단, 시리아, 이집트, 그 밖의 지역 으로 피신해야 했다. 더구나 동 예루살렘 및 서안지구와 가자 지구는 이스라엘군에 의해 점령되었고 이스라엘의 통치를 받게 되었다.

한편, 팔레스타인을 대표할 팔레스타인 해방기구(PLO)는 1964년에 결성되었는데 초 기에는 역할이 미미하였다. 그러나 6일 전쟁에서 아랍 국가들이 이스라엘에게 패배한 후 PLO는 팔레스타인인의 대변자 겸 팔레스타인 이데올로기의 주창자로 재조직되었고, 1969년에 팔레스타인 조직 가운데 가장 큰 집단인 파타(Fatah)의 지도자 야시르 아라파트가 PLO 의장으로 임명되었다. 그리고 1960년대 후반부터 PLO는 요르단에 본거지를 두고 이스라엘에 대항하기 위한 군사조직을 창설하고 육성하기 시작했다. 그러나 1970년, 후세인 국왕이 이끄는 요르단 정부와 PLO의 갈등이 심화되었고 결국 1971년, PLO는 요르단 군대에 의해 축출되어 레바논으로 본거지를 옮겼다. 이때부터 PLO 과격파 무장단체들은 테러를 비롯한 대 이스라엘 무력투쟁을 본격적으로 전개하여 존재감을 드러냈다. 대표적인 것이 1972년, '검은 9월단'이 뮌헨 올림픽 선수촌에서 이스라엘 선수단 숙소를 습격한 사건이다.

제4차 중동전쟁(10월 중동전쟁)이 끝난 이듬해인 1974년부터 아라파트는 PLO가 이스라엘 외부에서의 국제테러리즘에는 더 이상 개입하지 말아야 한다고 주장하는 한편, 국제사회가 PLO를 팔레스타인 국민의 정당한 대표체로 인정해 줄 것을 요청했다. 1974년 아라파트의 요청은 아랍국가 지도자들에 의해 수용되었고 1976년, PLO는 팔레스타인의 대표체로서 아랍연맹 정식회원으로 가입했다.

그러나 PLO는 제4차 중동전쟁과 연관된 이집트와 이스라엘 협상에서 배제되었다. 그 협상 결과 1979년에 이집트·이스라엘 간 평화조약이 체결되었는데, 그 평화조약에서 이스라엘은 점령하고 있던 시나이 반도는 이집트에 반환하기로 합의했으나 요르단 강 서안지구와 가지지구에 팔레스타인 국가를 건설하는 것은 동의하지 않았다. 이스라엘은 팔레스타인을 완전히 무시한 것이다. 이렇게 되자 PLO는 레바논을 근거지로 하여 이스라엘 영토를 공격하기 시작했다. 그러자 이스라엘은 1982년 6월 6일, 팔레스타인 무장 세력을 완전히 뿌리 뽑고 시리아 주둔군을 무력화시키기 위해 레바논을 침공했다. 수주일간의 전투 끝에 이스라엘군은 PLO 본부가 있는 베이루트를 포위하였다. PLO는 더 이상 버틸 수가 없어 협상 끝에 베이루트에서 철수하여 우호적인 인근 아랍국가로 피난해야만 했다.

한편, 동 예루살렘 및 요르단 강 서안지구와 가자 지구에 사는 팔레스타인 거주민과 난민들은 식민지나 다름없는 점령지 내에서 이스라엘 정부의 엄격한 통제를 받으며 살아가고 있었다. 그들의 좌절감은 높은 실업률, 저임금, 열악한 생활조건, 그리고 고향으로 돌아갈 수 없는 처지로부터 기인하며, 이것이 사회적·정치적 불만으로 확산되어 마침내 1987년 12월에 '인티파다(Intifada)'[40]가 일어난다.

---

40) '민중봉기·반란·저항·각성'이란 뜻의 아랍어로서 팔레스타인인의 반 이스라엘 투쟁을 통칭한다.

인티파다를 점화시킨 불만은 1936~1939년까지 계속되었던 팔레스타인 봉기의 원인과 유사했다. 이 두 팔레스타인 봉기는 '점령과 수탈'에 분노하는 대중의 감정을 대변했다. 1930년 후반에 팔레스타인인들은 유대인의 지속적인 이민과 정착으로 인해 자신들이 토지를 잃고 팔레스타인에서 쫓겨나지 않을까 두려워했다. 또 1980년대 후반의 팔레스타인인들은 이스라엘의 혹독한 군사통치 아래서 경제적 곤경과 더불어 서안지구와 가자 지구에 유대인 정착촌이 계속 증가됨에 따라 그들이 아직도 다수를 차지하고 있는 팔레스타인에서 민족정체성 말살과 거주지의 추가 상실이라는 절망으로 이어지는 것을 두려워했다.

나. 제1차 인티파다(First Intifada)

1987년에 발생한 인티파다의 발단은 우발적인 사건이었다. 1987년 12월 6일, 이스라엘 점령하의 가자 지구에서 쇼핑 중이던 한 이스라엘인이 칼에 찔려 사망했다. 다음날, 같은 지역에서 이스라엘 차량에 의한 교통사고로 팔레스타인인 노동자 4명이 사망했다. 그런데 이 교통사고가 앞서 발생한 이스라엘인 피살에 대한 보복이었다는 소문이 퍼지면서 가자 지구가 동요하기 시작했다.

12월 9일에는 대규모 봉기가 발생했다. 군중을 향해 이스라엘 치안부대가 발포를 했고, 봉기는 반 이스라엘 투쟁으로 확산되었으며, 지역적으로도 가자 지구에서 요르단 강 서안지구로 확대되며 점점 조직화 되었다. 특히 이 투쟁을 더욱 확대시킨 것은 같은 달, 가자 지구에서 발생한 팔레스타인 소녀 살해 사건이었다. 팔레스타인 소녀 인티사르 알아타르가 학교 운동장에서 놀다가 근처에 사는 유대인 정착민 시몬 이프라가 쏜 총에 맞아 숨진 사건이다. 시몬은 그저 재미로 인티사르를 쏜 것이다. 시몬은 체포되었지만 이스라엘 법원은 그를 무죄로 석방했다. 이 사건은 이스라엘 사법부의 불공정성을 그대로 보여주었고, 팔레스타인인들을 분노하게 만들었다.

인티파다가 쉽게 불이 붙고 순식간에 확대된 것은 이 저항운동의 주축이 된 연령대에 그 이유가 있다. 그 당시 가자 지구와 서안지구에서 15세 전후의 청소년 층 인구가 1/3을 차지하고 있었다. 그들은 이스라엘이 가자 지구와 서안지구를 점령한 이후에 태어났으며, 태어난 이후 줄곧 이스라엘의 탄압에 시달려 왔었다. 그 때문에 감수성이 예민한 그들이 시위에 앞장섰고, 그래서 인티파다는 이스라엘군 전차를 향해 돌을 던지는 청소년들로 형

상화 된다. 이 청소년들의 투쟁은 점령지 전체를 자극하여 가자 지구와 서안지구 전체를 반 이스라엘 투쟁, 즉 1967년 전쟁에서 빼앗은 땅을 이스라엘이 20년 동안이나 계속 점령하고 있는 것에 항의하는 봉기로 확대시키는 계기가 된다. 이 투쟁 과정에서 팔레스타인인들은 이스라엘 제품 불매운동과 자급자족 캠페인을 실시하였다. 그리고 이 과정에서 이득을 보려는 사람을 없애기 위해 자체적으로 물가를 단속하였다.

인티파다가 진행되던 1987년 12월, 이슬람 원로(Sheikh) 아메드 야신의 지도하에 저항단체 하마스(Hamas)가 설립되었다. 그들은 PLO의 지도력을 공식적으로 부인하지는 않았지만 팔레스타인 전체의 단결을 강조했다. 또한 인티파다를 조직화해 각종 활동을 이끌면서 PLO의 온건노선을 비판하고 이스라엘에 대한 강경투쟁을 전개해 나갔다. 이렇게 되자 이스라엘은 그들을 탄압하기 시작했다.

이스라엘 정부는 시위대를 무자비하게 진압하기 시작했다. 기껏해야 돌과 화염병이 주무기였던 시위대를 진압하기 위해 경찰은 물론 군까지 투입하였고, 그들은 최루탄은 물론 발포까지 서슴지 않으며 진압에 나섰다. 전차에 돌을 던진 청소년은 손을 짓이기거나 팔을 부러뜨렸다.[41] 다시는 돌을 던지지 못하게 위해를 한 것이다. 이렇게 팔이 손상된 시위대만 수백 명이었다. 이스라엘군이 비무장 팔레스타인 시위대를 무자비하게 진압하는 장면이 그대로 전 세계에 노출되면서 이스라엘에 대한 전 세계적인 비난 여론을 불러왔다. 그런데 인티파다는 아랍세계의 독재자들을 긴장시키는 의외의 부작용이 나타나 팔레스타인 난민이 많던 요르단 등에서는 오히려 서안지구 문제에 대하여 손을 떼기 시작했고, 또 이스라엘에서는 여론이 오히려 반 팔레스타인으로 돌아서 당시 선거를 우익 리쿠드 당이 승리하게 되었다.

1987년 시작된 인티파다는 오슬로 협정이 있었던 1993년까지 이어졌고, 그 기간 동안 이스라엘은 강경진압을 계속했다. 그 기간 동안 팔레스타인인 1,603명이 사망했는데 그 중 17세 미만이 273명이었다. 부상자 또한 수만 명에 달했다. 게다가 이스라엘군은 불시에 팔레스타인 남성을 소집해서 폭행하거나 고문했으며, 가택수색 명목으로 집안에 최루탄을 던져 넣기도 했다. 이 때문에 이스라엘은 국제사회로부터 심한 비난을 받았다. 이스라엘 역시 피해를 입어 시민과 군인 277명이 사망했다. 더구나 친 이스라엘 팔레스타인인

---

41) 이츠하크 라빈이 "그놈들의 팔다리를 부러뜨려라"라는 명령을 내렸다고 알려져 있다.

들과 이스라엘 아랍인들도 팔레스타인인들에게 공격을 당해 359명이 살해되었다.

이 전면적인 민족저항운동은 결과적으로 팔레스타인에 유리한 세계여론을 조성했다. 동시에 이스라엘은 팔레스타인 민족운동을 군사적 탄압만으로는 해결할 수 없으며, 정치적 접근이 필요하다는 사실을 인식하게 되었다. 이러한 사태를 계기로 레이건 미 행정부가 중동에 평화를 정착시키기 위해 적극적인 노력을 기울임으로써 PLO는 평화정책을 지향하는 쪽으로 변화를 보이기 시작한다. 1988년 11월, 아라파트는 서안과 가자 지구에서 팔레스타인 국가의 독립을 선언했는데, 이는 UN안보리 결의안 242호, 338호가 그들에게 알맞은 틀이라고 암묵적으로 인정하는 것이었다.[42] 아라파트의 선언으로 미국과 PLO 간의 공식적인 대화의 문이 열렸다.

다. 오슬로 협정

1991년 3월 6일, 부시 미국 대통령은 "이제 아랍·이스라엘 분쟁을 종결해야 할 때가 왔다"고 미 의회에서 천명하고 중동 평화회담을 추진했다. 미국의 노력으로 1991년 10월, 마드리드 평화회담이 성사되었는데, 미국의 부시 대통령과 소련의 고르바초프 대통령 외에 이스라엘, 이집트, 시리아, 레바논 대표단뿐만 아니라 요르단·팔레스타인 연합대표단이 참석했다. 이 회담에서 팔레스타인 측은 독립국가 건설을 주장했지만 이스라엘 측은 팔레스타인의 자치를 고집해 진전을 이루지 못했다. 이후 참여국가 간 양자 협상은 중단되었다가 1993년, 오슬로에서 비밀협상이 시작되었다.

중동 평화협상을 꺼려 온 이스라엘이 1991년 마드리드 협상과 1993년 오슬로 협상에 임하게 된 배경은 1987년에 시작된 인티파다 때문이다. 이전까지 볼 수 없었던 팔레스타인인들의 대규모 봉기는 이스라엘 사회에 큰 충격이었다. 시위대에 대한 강경진압으로 국제사회의 거센 비난에 직면한 이스라엘로서는 탈출구가 필요했다. 반면 아라파트 PLO 의장은 1991년 걸프전쟁에서 이라크의 사담 후세인 대통령을 지지한 것이 문제가 되어 외교적 입지가 좁아졌고, 사우디아라비아, 쿠웨이트 등, 걸프 아랍국가의 재정지원도 끊어

---

42) PLO의 입장에서 중요한 변화는 무엇보다도 암묵적으로 이스라엘의 존재를 인정했다는 점이다. 즉 이스라엘을 말살시킨다는 목표를 버리고 팔레스타인 전체가 아닌 요르단 강 서안과 가자 지구에 팔레스타인 국가를 건설하는 쪽으로 입장을 바꿨던 것이다. 이로써 레이건 미 행정부 말기에 아랍·이스라엘 분쟁의 당사자들은 대화를 시작했다.

지면서 선택의 여지가 없었다. 또 PLO가 협상에 적극 나서게 된 다른 배경으로는 이스라엘 정부가 점령지에서 대대적으로 정착촌을 확대 건설함으로써 팔레스타인인들이 위기감에 빠져 있었던 것도 한몫했던 것으로 보인다.

이스라엘과 팔레스타인 양측이 비공개로 직접협상을 계속한 결과 1993년 9월 13일, 이츠하크 라빈 이스라엘 총리와 야세르 아라파트 PLO 의장은 미 백악관에서 '오슬로 협정'에 서명했다. 이날 체결된 '오슬로 협정 I'은 이스라엘 정부와 PLO를 상호 인정하는 서명과 5년 내에 팔레스타인 자치정부를 수립하는 '원칙선언(DOP: Declaration of Principles)'으로 나눌 수 있다. '오슬로 협정 I'은 5년 내에 2개 단계를 거쳐 팔레스타인 자치정부를 세우는 것을 목표로 했다.[43] 제1단계는 가자 지구와 예리코에 팔레스타인 자치정부를 수립하는 것이고, 제2단계는 총선거를 통해 의회를 구성한 다음 나머지 요르단 강 서안지구에서 이스라엘군이 철수하고 팔레스타인 자치정부를 세우는 방식이다.

합의 이행의 첫 단계로 1994년 5월, 이스라엘은 가자 지구와 예리코의 통치권을 팔레스타인 자치정부에 넘겼다. 팔레스타인인들에 의한 자치가 시작된 것이다. 그리고 몇 차례 연기되기도 했으나 2단계도 추진되었다. 이어서 1995년 9월에 합의된 '오슬로 협정 II'의 내용은 '가자 지구와 요르단 강 서안의 나머지 팔레스타인 지역에서의 이스라엘군 철수 계획안, 공동치안 협의와 향후 팔레스타인 자치정부가 이스라엘로부터 돌려받을 요르단 강 서안 지역을 A, B, C 3개 지역으로 나누는 계획안'으로 구성되어 있었다.

> *A지역(전체 반환 영토의 18%) : 팔레스타인 자치정부가 행정권[44]과 경찰권을 모두 행사하는 지역이다.*
>
> *B지역(전체 반환 영토의 21%) : 팔레스타인 자치정부는 행정권만 갖고, 이스라엘 시민들의 안전을 위해 경찰권은 이스라엘이 갖는 지역이다.*
>
> *C지역(전체 반환 영토의 61%) : 유대인 정착촌과 전략적으로 중요한 지역으로서 이스라엘이 행정권과 경찰권을 행사한다.*

---

43) 이스라엘·팔레스타인 협상의 최종 지위문제, 즉 국경선 확정, 예루살렘 지위, 팔레스타인 난민 문제와 이스라엘 정착촌에 대한 협상은 3년 후에 논의를 시작해 2년 내(오슬로 협정 종결시한 내)에 마무리 하는 것을 목표로 했다.

44) 보건, 교육, 복지, 관광 및 문화 등 5개 행정 분야

그런데 두 차례의 협정은 팔레스타인인들과 이스라엘인들 모두 납득하지 못했다. 특히 팔레스타인인 입장에서 보면 이 협정은 사기나 마찬가지였다. 어찌 보면 오슬로 협상의 본질은 점령상황이 지속되도록 팔레스타인이 동의해준 것이나 마찬가지였다.

협정에는 팔레스타인의 자결권과 관련된 표현이 한마디도 없었다. 또 문제의 핵심인 예루살렘, 난민, 정착촌 문제가 배제되어 있었다.[45] 또한 협정에 따르면 이스라엘은 안보라는 이유로 모든 지역의 팔레스타인인을 마음대로 처리할 수 있다. 하지만 팔레스타인 자치경찰은 어떤 경우에도 이스라엘인을 수감할 수 없다.

이 협정을 사기라고 판단한 하마스는 분노하면서 PLO를 탈퇴하여 독자적 행동을 시작했으며 더욱 더 과격해졌다. 다른 팔레스타인 무장단체들도 하마스에게 동조하여 과격해진다.

하마스 세력이 배제된 상황에서 선거를 통해 자치정부를 장악한 PLO는 파타를 중심으로 하는 아라파트 세력이 주류를 이루었다. 이렇게 구성된 자치정부는 완전히 부패하기 시작했고, 이스라엘을 반대하는 세력을 오히려 억압할 수밖에 없었다. 그러다 보니 이스라엘의 행패는 어찌하지 못하고 오히려 팔레스타인 민중들의 원성을 사게 되었다.

그렇다면 '오슬로 협정'을 이스라엘은 만족했느냐 하면 그것도 아니다. 애초 협정 자체를 반대한 것은 이스라엘 내의 극우파들도 하마스와 마찬가지였다. 그 때문에 협정을 무시하고 정착촌을 늘려 나간 것이다. 또 팔레스타인 강경 무장단체들의 활동이 활발해지자 이스라엘은 가자 지구와 서안지구에 수십 개의 검문소를 설치하고 두 지역 간의 소통을 봉쇄해 버렸다.

오슬로 협정의 가장 큰 위기는 1995년 11월 4일, 라빈 총리가 텔아비브에서 열린 중동평화회담지지 집회에서 연설 후 차에 타려던 중, 협정을 반대한 유대인 극우단체의 청년 이갈 아미르에게 암살되면서 시작되었다. 총리직을 이어받은 페레스는 1995년 12월, 6개의 팔레스타인 주요 도시에서 철수하여 협정의 약속을 지키려 했다. 그러나 시간이 지날수록 협정은 표류하기 시작했다.

그렇다면 왜 오슬로 협정이 제대로 이행되지 못했을까? 여러 가지 이유가 있겠지만 대략 다음과 같이 사료된다. 아라파트 의장에게 오슬로 협정은 팔레스타인 국가의 지위와

---

45) 1996년 5월부터 안보, 국경, 예루살렘, 난민, 정착촌 등에 관한 최종지위 협정체결 문제를 다룰 계획이었다.

자결권 획득으로 가는 임시 과정일 뿐만 아니라 PLO가 팔레스타인 민족의 유일한 대표로 미국과 이스라엘의 인정을 받고 국제사회의 정당성을 얻을 기회였다. 반면 이스라엘은 오슬로를 팔레스타인이 독립할 준비가 되었는지 시험하는 과정과 준비단계로 인식했기 때문이다.

협상 당시 이스라엘 외교 차관이었던 베일린은 "오슬로 협정이 중단된 이유는 양측 극단주의 세력을 막지 못했기 때문"이라고 설명한다. 실제로 아라파트가 하마스와 이슬람 지하드의 테러행위를 막지 못하자 이스라엘 여론은 평화에 대한 팔레스타인 측의 의지를 믿지 않게 됐다. 또 이스라엘 우파도 라빈 총리를 나치에 비유하고 아라파트에게 이스라엘 안보를 팔았다고 라빈과 오슬로 협정을 악마화 하였다. 이는 아미르와 같은 극우파 급진 유대교 청년이 라빈을 암살하도록 부추긴 것이라고 볼 수 있다. 그리고 실무협상을 담당했던 외교국장 사비르는 "양측이 동반자 관계의 장점을 활용하기 보다는 상대방으로부터 최대한의 것을 끌어내기를 원했기 때문"이라고 설명한다.

2. 2000~2007년 제2차 이스라엘·팔레스타인 분쟁(Second Intifada)

가. 배경 및 원인

2000년 10월부터 시작된 알 아크사 인티파다(al-Aqsa Intifada)[46] 또는 '인티파다 2000'은 여러 가지 면에서 제1차 인티파다와는 다른 양상을 보였다.

1987년 제1차 인티파다의 경우는 이스라엘의 점령지 외부(요르단, 레바논 등 인접 아랍국)에 근거지를 두고 전개되어 온 팔레스타인 해방운동이 점령지 내부에서도 일어날 수 있다는 것을 보여 주었고, 이 운동이 대중운동[47]의 형태를 띠고 전개되었다는 점에서 역사적 의의가 있다. 반면 '인티파다 2000'은 무엇보다도 오슬로 협정 이후 팔레스타인 자치정부가

---

[46] 샤론이 예루살렘 알 아크사 사원 방문 사건으로 인해 시작되었기 때문에 '알 아크사 민중봉기'라고도 부른다.

[47] 이스라엘 정부의 행정조치에 대한 불복종, 이스라엘 상품 불매운동, 세금납부 거부, 파업, 상가철시 등, 그야말로 가능한 모든 대중적 방법이 동원되었다.

성립된 상황에서 그간 평화협상에 대한 반대와 자치정부가 제 역할을 하지 못했던 것에 대한 불만이 폭발한 것이다. 더구나 2000년의 경우, 사태의 심각성은 이를 진정시킬 수 있는 제3자의 개입이 절대적으로 부족했다는 점에서도 기인했다. 중동 문제의 중재자인 미국은 신정부 출범으로(어찌 보면 신정부가 무능해서) '인티파다 2000'을 철저히 방관했다. 그러니까 샤론은 '폭력행위가 종식되기 이전에는 어떠한 협상도 없다'고 하는 강경한 태도를 취했고, 아라파트는 사태에 개입하지 않고 지켜만 보면서 협상의 적기만을 기다렸다.

2000년 9월, 동 예루살렘의 주권을 둘러싸고 이스라엘과 팔레스타인 간의 주장이 팽팽하게 맞선 상황에서 동년 9월 28일, 이스라엘의 리쿠드 당 당수인 샤론이 무장경찰 수백 명의 호위 하에 동 예루살렘에 있는 이슬람 성지 알 아크사 사원을 방문해 "동 예루살렘도 이스라엘에 병합되어야 한다"고 연설을 했다. 다음날, 금요집회에 참석했던 팔레스타인인들은 샤론의 주장에 분노하여 폭동을 일으켰다. 그들은 통곡의 벽을 향해 돌을 던졌다. 진압에 나선 이스라엘 군경은 즉각적인 대응사격을 실시하여 팔레스타인인 13명이 사망하고 200여 명이 부상을 당했다.

그동안 이스라엘 정치·종교지도자가 알 아크사 사원을 방문하는 것은 금기시 되어왔다. 그곳을 이스라엘이 관리하고 있었지만 이슬람의 소유임을 존중한다는 의미에서였다. 더구나 '인타파다 2000'이 발발하기 직전은 그 사원과 동 예루살렘의 지배권 문제가 이스라엘·팔레스타인 간 평화협상의 최대 쟁점으로 부각된 상황이었다. 샤론은 일부러 그런 상황을 골라 알 아크사 사원과 황금 돔 사원을 방문했다. 그의 방문은 그 성지가 이스라엘 점령지라는 것을 과시하려는 의도에서 비롯되었다. 그러나 이러한 행동은 이슬람교도들의 입장에서 볼 때 불에 기름을 끼얹는 것과 같은 도발이었다.[48]

나. 제2차 인티파다(Second Intifada)

1) 폭발한 팔레스타인 민중의 분노

샤론의 행동에 대하여 팔레스타인인들은 대규모 항의 시위를 벌였고, 이스라엘 군대가

---

48) 샤론은 이 사건에 대하여 "나는 평화의 메시지를 전하러 간 것인데 도발이라고 하는 것은 지나친 처사다"라고 변명했다.

이를 제압했다. 이렇게 시작된 알 아크사 인티파다는 1987년부터 1991년 사이에 일어난 제1차 인티파다보다 훨씬 더 격렬했다. 들불처럼 번진 시위는 변함없이 이스라엘군 전차에 돌과 화염병을 던지는 모습으로 전개되었고, 그 결과 희생자도 청소년층에서 대규모로 발생하였다.

2000년 9월 30일, 예루살렘의 중고차 시장에 들렀던 자밀 알두라와 그의 아들 라미는 팔레스타인 시위대를 피해서 이동하는 도중에 이스라엘군 진압부대를 만났다. 총을 겨누는 이스라엘군을 향해 자밀 알두라는 "아이가 있다!"고 외쳤으나 이스라엘군은 이를 무시하고 사격을 가했다. 자밀 알두라는 간신히 살았지만 그의 아들 라미는 그 자리에서 즉사했다. 이때 사격한 병사와 피해자의 거리는 13m에 불과했다. 이 사건은 당시 현장에 있던 프랑스 2TV 방송을 통해 전 세계에 생중계되었다. 이 사건으로 팔레스타인과 국제사회는 이스라엘에 대한 분노로 뒤덮였고, 라미는 반 이스라엘의 상징이 되었다. 그렇지만 시위 과정 중 이스라엘군 병사 2명이 시위 군중에게 맞아 죽자 이스라엘에서도 분노가 치솟았고, 평화를 위한 노력은 더욱 어려워졌다.

10월 4일, 올브라이트 미 국무장관, 바라크 이스라엘 총리, 아라파트 팔레스타인 자치정부 수반 등이 파리에서 협상을 시도했지만 합의안을 도출하는 데 실패했다. 다음날에도 올브라이트와 아라파트는 이집트의 샤름 엘 셰이크에서 협상을 시도했으나 바라크 총리는 참석조차 거부했다. 10월 7일에는 요르단 강 서안 나블루스에서 팔레스타인인 수백 명이 유대인의 성지인 요셉 무덤을 파괴했다. 또 레바논의 무장세력 헤즈볼라가 순찰 중이던 이스라엘군 병사 3명을 납치하는 사건이 발생했다.

10월 12일에는 길을 잃고 팔레스타인 자치지구로 잘못 들어간 재향군인 2명이 예루살렘 북쪽의 라말라에서 팔레스타인 자치정부의 경찰에게 체포되었다. 그런데 그들이 이스라엘 비밀 수색대 요원이라는 소문(유언비어)이 퍼지면서 팔레스타인 주민들에 의해 참혹하게 살해되었다. 이 장면이 이탈리아 TV를 통해 전 세계에 방영되자 이스라엘인들은 큰 충격을 받았다. 이에 이스라엘군은 공격 헬기를 투입하여 라말라와 가자 지구에 있는 팔레스타인 자치정부 청사에 미사일과 로켓, 그리고 기관총 사격을 퍼부었다. 이에 반발하여 팔레스타인 자치정부는 감금하고 있던 무장세력 하마스와 이슬람 지하드 요원을 석방했다. 대 이스라엘 강경투쟁을 간접적으로 지원한 것이다. 이로서 사태는 급격히 악화되었다.

하마스를 포함한 팔레스타인 무장단체들이 모두 들고 일어나 이스라엘과 격렬하게 싸우기 시작했다. 이스라엘 정부는 전투기, 메르카바 전차, 아파치 공격헬기까지 투입해 진압에 나섰으나 제대로 진압이 되지 않아 사태가 더욱 악화되기 시작했다. 그런데 이스라엘 정부는 무장단체들과 싸우는 과정에서 팔레스타인 민간인들도 함께 공격하여 사상자를 더욱 늘리는 바람에 국제적 비난을 받았고 이미지가 더욱 추락했다. 또 무장투쟁을 주도하는 하마스의 위상이 점점 높아져 팔레스타인 자치정부는 아무런 힘을 쓰지 못했다.

이러한 팔레스타인의 저항은 자살폭탄 공격으로 이어졌다. 자살폭탄 공격은 오슬로 협정 이후인 1994년부터 본격적으로 시작되었다. 그러나 2000년 이후의 특이점은 자살폭탄 공격에 여성들까지 동참하기 시작했다는 것이다. 또 자살폭탄 공격의 지원자가 넘쳐나서 팔레스타인 무장단체들은 선발자 외 나머지 지원자는 돌려 보낼 정도였다. 계속된 자살폭탄 공격은 이스라엘 측에게 큰 골칫거리였고, 피해도 막심해서 나중에는 테러 공포증까지 확산된다.

주변 아랍국가에서는 이스라엘과 단교 및 성전을 촉구하는 시위가 대규모로 일어났다. 이스라엘에 대한 아랍인들의 악화된 감정은 온건 노선을 추구해 온 아랍 지도자들이 평화회담에 적극적으로 개입할 수 있는 여건을 어렵게 만들었다. 이집트 무바라크 대통령은 10월 국회의원 선거에서 여당이 참패함으로서 정치적 심판을 받았다. 경제난과 함께 당면한 중동사태에서 소극적으로 대응한 것이 참패의 원인으로 분석되었다. 이스라엘과 국경을 접한 요르단과 시리아의 경우에도 사정은 비슷했다.

그래도 휴전을 위한 협상은 간간이 이어졌다. 이스라엘 측의 평화협상 옹호자인 페레스 전 총리는 아라파트 수반을 설득해 휴전에 합의하도록 하고, 그 대가로 이스라엘은 팔레스타인 마을 외곽에 배치한 전차를 철수하고 평화협상을 재개하기 위한 일정을 제시하기로 했으며, 그 결과 11월 2일, 이스라엘과 팔레스타인 지도자들이 휴전을 선언하기로 했다. 그런데 휴전선언 불과 몇 분 전에 예루살렘의 한 시장 근처에서 자동차 1대가 폭발했다. 이 사건으로 간신히 합의된 휴전 협상은 물거품이 되어 버렸다.

2001년 1월 20일, 중동평화에 관한 협상이 최종 타결될 때까지 '마라톤 협상'을 벌이자는 팔레스타인 측 제의를 이스라엘이 받아들임에 따라 양측 간의 협상이 1월 21일, 이집트 타바에서 시작됐다. 양측은 클린턴 미국 대통령이 제시한 평화협상 중재안을 토대로 동 예루살렘의 지배권과 팔레스타인 난민 귀환권 문제 등을 집중 협의한 것으로 생각된다. 협상은 상당한 진전을 보았고 거의 합의점에 이른 것 같은 분위기였는데 1월 27일, 이스라엘 측에 의해 갑자기 중단되었다. 그리고 2월 6일, 샤론이 이스라엘 총리로 선출됨으로써 협상타결의 가능성은 완전히 사라지고 말았다.

2) 강경파 샤론의 등장과 사태 악화

샤론이 총리에 선출된 이후, 이스라엘은 팔레스타인의 무장 공격에 미사일과 로켓을 장착한 공격헬기 등을 투입해 강력한 보복 공격으로 대응했다. 팔레스타인도 샤론이 총리로 선출되자 인티파다를 더욱 강화하겠다고 선언하고 "유대인 정착촌을 생지옥으로 만들겠다."고 다짐함에 따라 피로서 피를 씻는 악순환이 날마다 반복되었다.

샤론이 선출된 이후 두 가지 큰 변화가 있었다. 하나는 이스라엘 정부가 이제까지 팔레스타인과 벌여온 모든 평화협상은 효력이 없음을 선언한 것이고, 다른 하나는 리쿠드당과 노동당이 연정협상을 통해 팔레스타인과의 영구 평화협정 대신 잠정 평화협정을 추진하기로 의견을 모은 것이었다. 하지만 팔레스타인이 줄기차게 거부해 온 잠정 평화협정 안을 놓고 협상하자는 것은 팔레스타인 측에서 볼 때 협상을 하지 않겠다는 말의 다른 표현일 뿐이었다. 더구나 샤론은 팔레스타인이 폭력사태를 멈추지 않는 한 협상에 응할 수 없다는 입장을 고수했다.

2001년 3월 6일, 총리에 취임한 샤론은 '예루살렘 문제'에 대해서는 강경했다. 그는 '예루살렘에서 팔레스타인의 지배권은 결코 인정할 수 없으며, 동 예루살렘을 포함한 전 예루살렘은 통일된 상태로 이스라엘이 지배해야 하고, 이를 분리하거나 팔레스타인 측에 양도하는 일은 절대 있을 수 없다'는 입장을 견지했다. 이러한 샤론의 입장은 '동 예루살렘은 1967년, 이스라엘이 점령한 지역이며 따라서 이스라엘군은 철수해야 한다. 그러면 그곳을 수도로 삼아 팔레스타인 독립국가를 창설하겠다'는 팔레스타인 측의 입장과 정면으로 충돌하는 것이었다. 샤론이 이렇게 팔레스타인 측에 대한 공격의 수위를 높였던 것은 팔레스타인 지도부를 압박해 협상테이블로 끌어내고 협상에서 유리한 고지를 확보하려는 의도로 풀이되었다. 또한 테러와 폭력 행위를 중단하지 않을 경우 평화회담을 재개할 수 없음은 물론 팔레스타인인의 생존 자체까지 위협 받을 수 있다는 강력한 메시지였다.

하지만 양측 간의 폭력사태는 고조되어 공격과 보복이 계속되는 통제 불능의 악순환을 반복하고 있었다. 이러던 중, 2001년 9·11테러로 인해 부시 미국 대통령이 '테러와의 전쟁'을 시작하자 샤론 총리는 이 기회를 이용해(동참한다는 명분으로) 테러 용의자 수천 명을 체포하고 테러리스트 수십 명을 암살했다. 그 다음에는 폭탄 테러를 막는다는 명목으로 서안지구에 분리 장벽을 설치하였다. 하지만 이를 비웃듯 2002년 3월, 파크 호텔 자폭테러로 이스라엘인 29명이 사망했다. 이에 분노한 샤론은 '방패 작전'이라는 이름으로 대규모 보복에 나섰다. 이 작전은 팔레스타인 자치구 주민들을 힘으로 쫓아내는 것이었다. 장갑차와 불도저를 앞세우고 진입해 팔레스타인 자치구의 모든 도시를 박살냈다. 이 과정에서 적어도 500여 명의 팔레스타인인들이 사망했다. 하지만 팔레스타인 주민들과 무장단체의 저항으로 방패작전을 수행 중이던 이스라엘군도 29명이나 사망했다. 이렇게 보복 공격을 실시해도 별 효과가 없었으며 오히려 테러만 더 증가했고 팔레스타인인들의 저항은 계속되었다.

2003년 9월, 샤론 총리는 팔레스타인 자치정부가 무장단체들을 제대로 통제하지 못하자[49]이에 대한 응징으로 군대를 투입하여 라말라에 있는 팔레스타인 자치정부 청사를 공격해 점령한 후 자치권을 박탈하였다. 그 다음에는 아라파트를 축출하려고 했다. 하지만 그것은 UN을 비롯한 모든 단체로부터 비난을 받았다. 왜냐하면 아라파트를 수반으로 하는 PLO야말로 가장 온건한 세력인데 이들을 축출한다면 다음에 등장할 주도세력은 강경파인 하마스가 될 것이 명확했기 때문이었다.[50] 이렇게 이스라엘이 팔레스타인 자치 정부까지 짓밟자 분노한 팔레스타인인들의 폭동과 시위가 연달아 일어났고 무장단체들도 게릴라식 공격을 강화해 사태가 더욱 악화되었다.[51]

---

49) 사실 자치정부의 군대인 팔레스타인 보안군은 이스라엘이 중화기를 보유하지 못하도록 했기 때문에 다양한 무기를 보유한 무장단체를 진압하거나 통제하지 못하는 것은 당연했다.

50) 오죽하면 이스라엘 평화단체들이 아라파트 사무실에서 '아라파트를 이스라엘군이 살해하는 것은 이스라엘에 재앙이 될 것이기 때문에, 만일 이스라엘군이 온다면 우리들이 몸으로 막겠다'고 선언할 정도였다. 미국 역시 아라파트를 죽이는 것은 결코 좋은 일이 아니라며 제지했다. 결국 아라파트는 라말라의 공관에 감금되었다가 나중에 풀려났는데, 이것만 보더라도 샤론 총리가 깊이 생각하지 않고 움직였다는 것을 알 수 있다.

51) 2003년 10월, 27세의 여 변호사 하니디는 폭탄을 몸에 두르고 하이파에 있는 식당에 뛰어 들어가 자폭을 하여 이스라엘인 21명을 죽였다. 그녀의 오빠와 사촌, 약혼자까지 모두 이스라엘군 공격으로 사망하였고, 부친이 위독하다는 소식을 듣고 가자 지구에서 서안지구로 가려고 했으나 이스라엘군에게 거부당한 것이 동기였다.

다. 사태 종결 및 그 여파

　무자비하게 대응했는데도 인티파다가 좀처럼 해결되지 않자 나중에는 강경파인 샤론도 골치가 아프기 시작했다. 특히 인티파다 진압을 공약으로 내걸었는데 이것이 해결되지 않으니 샤론의 지지율도 떨어지고 있었다. 결국 미국 중재 하에 새로 팔레스타인 수반이 된 마흐무드 압바스를 만나 회담을 했다. 이 회담에서 이스라엘 측은 정치범을 제외한 팔레스타인인 수감자를 석방하고 자치정부를 부활시키기로 했으며, 팔레스타인 측도 자치정부가 봉기와 게릴라전을 멈추기로 합의했다. 당연히 이스라엘 강경파들이 반발했지만 샤론 총리는 어쩔 수 없다고 무시하며 강행했다. 팔레스타인 주민들과 무장단체들도 자치정부의 권고를 받아들이면서 제2차 인티파다는 막을 내렸다.

　제2차 인티파다로 팔레스타인인은 3,334명이 사망하고 5만 3,000명이 부상당했다. 경제 또한 팔레스타인인들의 대량 실직으로 고사 상태가 되었다. 이스라엘 역시 피해가 만만치 않아 1,074명(시민 773명, 군인 301명)이 사망한 데다 막대한 재산 피해를 입었다. 더구나 이 기간 동안 국방비가 급증하여 국가 경제에 큰 부담을 주었고, 나중에는 심한 재정적자를 냈다. 이스라엘의 중요한 사업인 관광업 또한 계속된 폭동과 시위, 테러 등으로 인해 세계인들이 기피하면서 국가경제에 큰 손실을 주었다. 왜냐하면 양측의 충돌로 인해 외국인이 55명이나 사망했기 때문이다. 이로서 이스라엘 경제는 최악의 마이너스 성장을 기록했고, 공식 실업률이 11%나 되어 건국 이래 최대의 경제위기에 몰렸다는 말이 나올 정도로 경제가 추락하였다.

　결과적으로 양측은 얻은 것 없이 피해만 보았다. 이스라엘인들은 팔레스타인을 군사력으로는 제거할 수가 없으며 팔레스타인 문제가 이스라엘에게도 피해가 간다는 것을 깨달았다. 특히 이스라엘인들도 계속된 분쟁과 테러에 지치기 시작해 팔레스타인과 우호적인 관계를 유지하려는 평화단체가 인티파다 때부터 생겨나기 시작했다. 그런데 두 번에 걸친 인티파다에도 불구하고 이스라엘의 압제가 변함없이 계속되다보니 팔레스타인인들은 분노하며 저항을 멈추지 않고 있다. 그래서 틈만 나면 저항을 하고 그러면 이스라엘이 무자비하게 진압하고, 이런 일들이 계속 반복되고 있다. 최근에는 2019년 3월부터 하마스가 팔레스타인 가자 지구에서 또다시 저항을 시작하였다.

▐▐▐▐▐ **제3장** ▐▐▐▐▐
가자 전쟁(Gaza War)

1. 2008~2009년 제1차 가자 전쟁(이스라엘·하마스 전쟁)

가. 배경 및 원인

1987년, 팔레스타인인들이 이스라엘의 압제에 저항하는 대대적인 봉기(제1차 인티파다)가 일어나자 이스라엘의 차별과 폭력을 경험한 민중 지식인들이 아흐메드 야신을 중심으로 이슬람 저항운동 단체인 '하마스(Hamas)'를 창당했다. 하마스는 결성 초기 요르단 강 서안 지구와 가자 지구에서 이스라엘을 완전히 몰아내고 팔레스타인에 이슬람 국가를 세우는 것을 목표로 했다. 그러나 이스라엘 정부가 제1차 인티파다를 잔혹하게 진압하자 이에 대한 보복으로 1989년, 이스라엘군을 공격해 2명의 이스라엘군 병사를 사살하면서 그 이름을 세상에 알렸다.

1991년, 하마스의 무장조직인 알 카삼 여단이 결성되자 이스라엘군에게 더 많은 공격을 가했고, 1993년부터는 민간인에 대한 자살테러 공격을 서슴지 않는 등, 수단이 급격히 과격해졌다. 이에 이스라엘 정부는 팔레스타인 자치정부에게 이스라엘 민간인에 대하여 테러를 저지르는 하마스를 처벌할 것을 요구한다. 그러나 병력 및 장비에서 열세인 팔레스타인 자치정부가 하마스를 통제하지 못하자 2003년, 이스라엘은 서안지구와 동 예루살렘을 공격해 팔레스타인 자치정부 청사건물을 부수고 자치정부 수장인 야세르 아라파트를 사실상 감금한 채 촛불에 의존하여 집무를 보게 만드는 만행을 저지르면서 팔레스타인의 자치권을 박탈한다. 이러한 이스라엘 정부의 강경책은 오히려 팔레스타인인들의 분노를 사게 되어 이스라엘과 타협을 주도해 온 파타에 등을 돌리고 과격파인 하마스를 지지하는 역효과를 낳았다. 하마스는 2000년에 일어난 제2차 인티파다에서 주도적인 역할을 한데다가 앞에서 언급한 과정을 거치면서 주류세력으로 떠오르기 시작한다.

결국 하마스는 2006년 1월 25일 총선거에서 132석 중 75석을 획득하는 대승을 거두었다. 의회 과반 이상을 얻었기 때문에 단독으로 내각을 구성할 수 있었다. 하지만 미국과 이스라엘은 이러한 선거 결과를 용인하지 않았다. 야세르 아라파트의 뒤를 이어 파타의 수장이 되었고 아울러 팔레스타인 자치정부의 수장이 된 마흐무드 압바스는 미국과 이스라엘의 압박에 넘어가 총선결과에 불복하고 하마스의 내각수립을 거부한다.

당연히 심각한 갈등이 있었지만 2007년 3월, 총리직과 각료 대부분을 포기하는 하마스의 대폭적인 양보로 팔레스타인 거국통합내각이 수립되었다. 하지만 거국통합내각에도 불구하고 하마스와 파타는 심각하게 갈등을 지속했고,[52] 결국 3개월 만에 파타의 마흐무드 압바스 수반은 팔레스타인의 거국내각을 파탄 내 버린다. 이로 인해 팔레스타인은 내전으로 치닫는다.

이런 팔레스타인의 갈등은 이스라엘의 눈엣가시인 하마스를 박살 낼 절호의 기회였다. 팔레스타인의 수도 라말라는 이미 2003년, 이스라엘군이 손쉽게 정부 청사를 장악하고 아라파트를 구금할 정도로 방어력이 거의 전무했으며, 하마스는 파타군(軍)을 압도할 수 있을지는 몰라도 대공무기가 없다보니 이스라엘군을 상대로 서안지구에서 버틸 수가 없었다. 그러나 지형적인 조건을 대입하면 이야기가 달라진다. 이미 2006년, 레바논에서 헤즈볼라가 이스라엘군을 상대로 선전 했듯이 사실상 전역이 시가지인 가자 지구에서는 하마스가 시가전으로 버틸 수 있을 것으로 판단됐다. 그렇기에 하마스는 가자 지구에서 영향력을 유지할 수 있었다. 하지만 부패와 지나친 유화책, 아라파트의 사망, 무능한 대처 등으로 악재가 겹친 파타는 이스라엘 정부에 놀아나 선거결과 불복, 친위 쿠데타, 내전까지 저지르는 실책을 연달아 저지르며 지지기반에 치명타를 입고 무기력해지기에 이른다. 따라서 이스라엘은 요르단 강 서안지구 전역을 손쉽게 장악했으며, 이를 통해 이스라엘은

---

52) 파타는 세속주의, 친 서방, 온건이고, 하마스는 골수 이슬람, 반 서방, 강경입장이니 둘의 성격이 안 맞을 수밖에 없다.

팔레스타인의 저항을 분쇄하고 유대인 정착촌, 팔레스타인 차별정책 및 전반적인 탄압으로 팔레스타인을 무력화시키고 축출하는 식민정책을 계속해 나갔다. 그러나 여전히 가자 지구에 영향력을 유지하고 있는 하마스는 이러한 식민정책에 분노하여 테러와 까삼 로켓 공격으로 계속 저항했다.

〈그림 7-6〉 가자 지구 전투(2008.12.27~2009.1.18.)

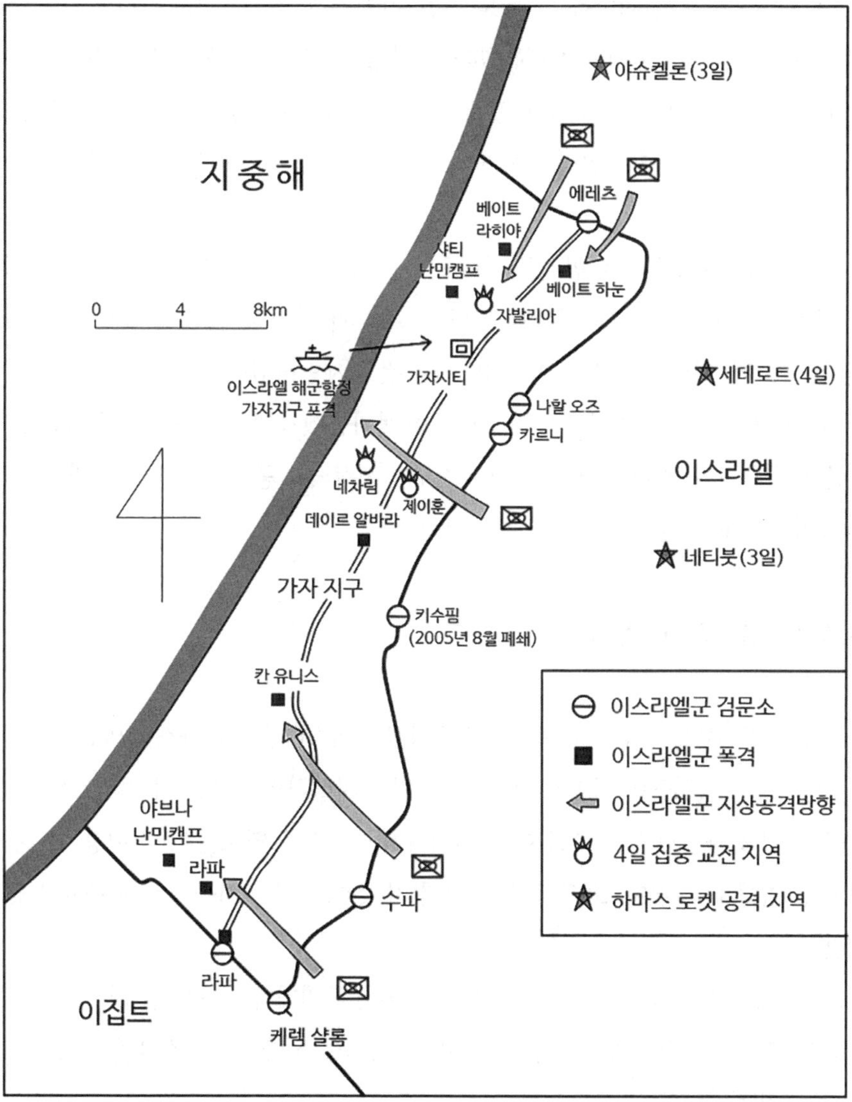

이스라엘은 무장투쟁을 일삼는 가자 지구의 하마스를 그대로 둘 수가 없었다. 그래서 육상, 해상, 공중으로 경제봉쇄(민간인 생활필수품까지 포함)를 실시해 엄청난 압박을 가했다. 인구밀도가 1㎢당 4,500여 명인 가자 지구는 이스라엘에게 경제봉쇄를 풀어줄 것을 계속 요구했지만 이스라엘은 하마스 세력이 커질까봐 그 말을 듣지 않았다.

2006년 6월 경, 가자 지구 근처에서 경계 중이던 이스라엘군 길라드 샬리트 상병이 하마스 무장단체에게 납치, 억류당했다. 하마스는 샬리트 상병의 석방 조건으로 수감 중인 팔레스타인 재소자들의 석방을 요구했다. 이스라엘은 이를 거부하고 샬리트 상병 구출을 위해 가자 지구를 공격했지만 실패하였다. 동년 6월, 이스라엘군 해군 함정이 가자 지구 해변에 포격을 가해 피서를 즐기고 있던 팔레스타인인 수십 명이 죽거나 다치는 사고가 발생했다. 이스라엘 정부는 인명 피해가 하마스가 매설한 지뢰 때문이라고 주장해 국제사회의 빈축을 샀다.

하마스는 이스라엘에 로켓 공격을 가했으며, 이스라엘도 강력한 화력으로 무자비한 공격을 퍼붓고 가자 지구를 계속 봉쇄하였다. 이로 인해 가자 지구 팔레스타인인들의 피해가 심해져 3개월 만에 하마스는 이스라엘에 휴전을 제안하였다. 이스라엘 측은 강경파들의 반대에도 불구하고 불경기로 인해 장기전이 불가능했기 때문에 휴전을 승인했다. 하지만 1년 만에 휴전은 깨지고 2007년, 다시 전투가 시작되는 등, 이스라엘과 하마스 간의 전쟁은 끊이지 않고 이어졌다.

나. 이스라엘 · 하마스전쟁

2008년 12월 19일, 이집트의 중재로 이루어졌던 이스라엘과 하마스 간의 6개월 휴전이 종료되면서 이스라엘군이 하마스 무장대원 3명을 사살하였다. 그러자 하마스는 휴전 연장 종료 선언을 하면서 12월 23일부터 24일까지 이스라엘 영토에 70발 이상의 로켓탄을 발사했다. 이렇게 되자 이스라엘도 더 이상 참지 못하고 가자 지구에 대한 대규모 공격을 감행한다.

2008년 12월 27일 11:30분, 이스라엘군 F-16 전투기가 휴전 연장을 거부한 하마스의 본산 가자 지구를 전격적으로 공습했다. 이에 대응하여 하마스도 이스라엘 영토에 로켓탄 130여발을 발사했다.

12월 28일 : 이스라엘은 무기 반입 용도로 의심되는 땅굴을 집중 공습하였다. 또 이슬람 대학과 하마스 소유의 알 아트사 TV 방송국도 폭격했다. 하마스도 로켓탄 20여발을 발사해 응전했으며, 이슬람권에서는 이스라엘을 규탄하는 대규모 시위가 확산되어 갔다.

12월 29일 : 이스라엘군은 전면전을 선언하고 공습을 계속했다. 하마스는 이스라엘 남부에 로켓탄 50발을 발사했고, 이스라엘인 3명이 사망했다.

12월 30일 : 이스라엘군은 하마스 정부 건물 5동을 폭격했다. 유럽 연합(EU) 외교장관들이 프랑스 파리에서 긴급회의를 개최했다. 이날까지 사상자가 2,000명에 육박했다(팔레스타인 측 : 사망 360명, 부상 1,600명, 이스라엘 측 : 사망 4명, 부상 7명). 사상자는 주로 이스라엘군 공습에 희생된 가자 지구 주민이었다.

12월 31일 : 프랑스 외교장관이 제안한 '48시간 휴전안'을 이스라엘이 거부했다. 이스라엘 외교부 대변인은 "이번 휴전안은 하마스의 로켓공격과 밀수 방지에 대한 보장이 담겨져 있지 않다"고 하며 "이 같은 공격을 멈출 장치 없이 이스라엘만 일방적으로 휴전하는 것은 비현실적이다"라고 지적했다. 침묵을 지키던 미국의 부시 대통령도 이날 팔레스타인 자치정부의 마흐무드 압바스 수반과 살람 파예드 총리에게 전화를 걸어 휴전 방안을 논의하였다. 압바스는 가자 지구에 대한 국경봉쇄를 풀 경우 휴전안을 논의해 볼 수 있다는 입장이었다.

2009년 1월 1일 : 이스라엘군의 공습으로 하마스 지도자인 니자르 니얀과 그의 가족 4명이 폭사했다. 이에 맞서 하마스도 로켓탄 10발 이상을 발사했다.

1월 2일 : 이스라엘군은 하마스의 무기보관 추정 주택 15채를 폭격했다.

1월 3일 : 미국의 부시 대통령은 하마스의 로켓공격을 테러행위로 규정했다. 그러면서 백악관과 국무부는 '이스라엘이 자위권을 갖고 있다'고 천명했다. 국제사회의 비난에도 불구하고 미국의 동의를 얻은 이스라엘은 20:00시경, F-16 전투기와 공격헬기, 그리고 포병의 지원을 받는 기갑부대를 투입해 지상전에 나섰다. 가자 지구 북쪽과 남쪽, 그리고 중앙의 3개 방향에서 공격해 들어갔다. 하마스 지도부는 "가자에 이르는 길은 이스라엘군 병사를 위한 꽃으로 장식되어 있지 않다. 지옥불이 타오르는 그 길은 이스라엘군의 무덤이 될 것이다"라고 하며 결사항전의 의지를 밝혔다. 그런데 이스라엘군은 2006년 헤즈볼라와의 전쟁에서 많은 피를 흘리며 얻은 쓰라린 교훈을 바탕으로 준비태세, 전기 및 전술 등을 개선하여 군사적 기준으로는 대단히 성공적으로 전투를 수행하였다. 그 대신 팔레스타인의 피해규모가 훨씬 더 크고 잔혹했다. 때문에 국제적 여론이 더 나빠지는 대가를 치러야 했다.

UN안보리는 이날 긴급 이사회를 열어 이스라엘과 하마스 간의 즉각적인 휴전을 촉구하는 의장 성명을 채택하려고 했으나 미국의 반대로 무산됐다. 반기문 UN사무총장은 별도 성명을 통해 양측의 즉각적인 공격 중단을 촉구했다. 요르단의 주요 도시에서는 각계각층의 대규모 반 이스라엘 시위가 이어졌다. 이날까지 사상자 수는 팔레스타인 사망 421명, 부상 1,850명, 이스라엘 사망 4명, 부상 9명이었다.

1월 4일 : 지상전 2일차로서 이스라엘군은 가자 지구 측면을 돌파해 가자를 남북으로 분리시킨 뒤 중심 도시인 가자시티(Gaza city)를 포위했다. 공격초기 이스라엘군은 베이트 라히야, 베이트 하눈, 자발리아에서 하마스와 치열한 전투를 벌였다. 하마스는 도로에 매설한 폭발물을 터뜨리고 박격포 사격을 하면서 버티었지만 이스라엘군은 하마스의 저항을 물리치고 로켓발사진지 대부분을 점령하였다. 이날 오전, 가자 지구를 관통하면서 이스라엘군 대변인은 "이번 작전의 목적은 가자 지구 점령이나 하마스 축출이 아니라 하마스의 로켓 발사 능력을 무력화 시키는 것"이라고 밝혔다.

한편, 유럽연합(EU)은 이스라엘군의 공격으로 피해를 입은 가자 지구 주민들을 구호하기 위해 300만 유로를 지원하기로 했으며, EU집행위원회는 "이스라엘군의 공습과 계속되는 접근 제한으로 타격을 받은 주민들의 기본적인 수요를 충족시킬 수 있도록 구호물자가 최대한 신속하게 분배 될 것"이라고 말하며, 가지지구에 대한 공격을 지상전으로 확대한 이스라엘군에게 국제법을 준수하고 고통을 당하는 사람들에 대한 접근을 허용해 줄 것을 촉구했다.

1월 5일 : 계속되는 지상전에서 밀리고 있는 하마스가 조건 없는 휴전을 원하고 있다고 이스라엘 일간지 〈마리브〉가 보도했다. 하마스 고위간부 아흐마드 유수프는 프랑스 뉴스 채널 〈프랑스 24〉와의 전화회견에서 "하마스는 가자 지구가 평온을 되찾기를 바란다."고 말했다. 이렇게 휴전에 응하겠다고 나선 것은 이스라엘군의 파상 공격으로 막다른 골목에 몰린 상황에서 생존을 위한 어쩔 수 없는 선택이었다. 이날, 사르코지 프랑스 대통령이 중동 순방길에 나서는 등, 휴전 중재를 위해 노력하고 또 유럽연합이 이스라엘과 하마스 간의 휴전을 제의했으나 이스라엘이 거부하였다.

이날까지 팔레스타인의 사망자 수는 517명(그중 어린이 87명)을 넘어섰고, 부상자도

2,500명이 넘는 것으로 알려졌다. 이스라엘측도 하마스의 저항으로 지상전이 개시된 이후 병사 1명이 추가로 사망하여 모두 5명이 사망하고 약 50명이 부상당했다.

1월 6~7일 : 이스라엘군 전차가 1월 6일, 가자 지구 북부 자발리아에서 UN팔레스타인 난민기구가 운영하는 알팍후라 학교를 향해 수차례나 포탄을 발사하여 30명 이상이 사망했다. 국제사회는 1월 7일, 일제히 이스라엘을 비난했다. 국제법상 가자 지구의 UN시설은 전투금지 지역인데도 이스라엘군은 지난 12월 27일 가자사태가 시작된 이래 네 번째나 UN시설을 공격한 것이다.

1월 8~17일 : 이스라엘군은 UN의 구호트럭도 공격했다. 구호트럭은 피격당시 구호활동 중이었으며 UN 표식과 깃발이 달려있었다. 또한 그 시각은 이스라엘이 스스로 정한 임시휴전시간(3시간)이었다. 이로 인해 UN은 구호활동 중단을 선언했고 이스라엘은 국제사회의 비난을 받았다. 뿐만 아니라 이스라엘군 전투기가 가자 지구를 폭격하는 광경을 바라보고 환호하는 이스라엘 민간인들의 모습이 그대로 찍혀 전 세계 사람들로부터 비난을 받았다. 전황이 일방적으로 이스라엘의 우위로 흘러가는 상황에서 이러한 모습은 세계 각국에서 이스라엘에 대한 반감만 높이는 자충수가 되었다. 더구나 가자 지구 거주 민간인들이나 외국 기자들이 찍은 민간인 희생사진이 전 세계로 퍼져 나가자 이스라엘은 더욱 국제사회의 비난을 받았다. 국제사회의 노력에도 휴전에 동의하지 않고 일방적으로 우세한 전투를 실시하며 하마스의 뿌리를 뽑으려 했던 이스라엘도 국제사회의 거센 비난에 직면하게 되자 정전을 고려할 수밖에 없었다.

1월 18일 : 군사적 작전 목적을 달성했다고 판단한 이스라엘은 일방적으로 휴전을 선언했다. 그로부터 약 12시간 후에 하마스 측에서 1주일간의 휴전을 선언하면서 23일간 지속되었던 전쟁은 일단 끝이 났다. 어차피 이스라엘의 경제력으로는 장기전을 수행할 수 없었다. 더구나 시가전을 계속한다면 이스라엘군이 더 힘들어질 것이 뻔했기 때문이다.

다. 전쟁 결과

이스라엘은 2006년 헤즈볼라와의 레바논 전쟁 실패를 교훈으로 팔레스타인 지역에서 반 이스라엘 무장 세력들을 불과 한 번의 전쟁으로 제거한다는 것이 불가능하다는 것을 깨달았다. 그래서 필요한 군사력을 동원하여 그들을 공격해 전력을 감소시켜 전력회복에 많은 시간이 소요되도록 강요함으로써 일정기간동안 안전을 도모한다는 전략으로 선회했다. 이스라엘은 이를 '잔디 깎기 전략'이라고 표현했다. 제1차 가자 전쟁이 바로 그런 전략에 바탕을 둔 전쟁이었다. 다음의 피해 상황을 보면 실감할 것이다. 양측의 피해 상황은 아래와 같다.

이스라엘 측 : 13명 사망(군인 10명, 민간인 3명, 군인 10명 중 4명은 아군기 오폭에 의해 사망), 518명 부상(군인 336명, 민간인 182명)

가자 지구 : 1,417명 사망(그중 하마스 대원과 그 휘하 무장단체 대원이 236명, 하마스 소속 경찰이 255명), 5,380명 부상, 건물파괴 4,100동, 건물 부분파괴 1만 7,000여동, 어린이와 청소년 11만 2,000여 명을 포함한 약 20만 명이 집을 잃었다.

이번 전쟁으로 하마스는 큰 피해를 입었고, 가자 지구도 초토화 되었다. 이스라엘군은 군사적 면에서는 큰 성과를 거두었다. 그런데 전쟁 이후 하마스의 지지율이 더 높아져 가자 지구를 더욱 확고하게 장악하였다. 이스라엘은 하마스를 격파해서 승리했지만 하마스는 살아남았다는 점에서 승리한 것이다. 그러나 무엇보다도 이스라엘이 이 전쟁에서 보인 민간인에 대한 무차별 공격, 자아도취적인 자국민들의 반응 등으로 국제적으로 비난받고 고립되었다는 것이다. 한마디로 단기적 군사 대결에서는 이겼지만 중·장기적 외교전에서는 손해가 더욱 컸다고 하겠다.

2. 2012년 11월 제2차 가자 전쟁(가자 지구 폭격)

가. 배경

2008년 제1차 가자 전쟁에서 큰 타격을 받았던 하마스는 헤즈볼라, 이란, 터키 등의 후원으로 급속히 전력을 회복하였고, 전쟁 이후 지지율이 더욱 높아져 가자 지구를 확고하게 장악하였다. 또한 이스라엘에 대한 무력 투쟁을 포기하지 않았고, 2012년 2월에는 그동안 대립해 왔던 파타와 화해를 시도하면서 점점 영향력을 확대해 나갔다. 이에 이스라엘은 하마스의 도발을 빌미로 삼아 또 다시 대 타격을 가하여 일정 기간 동안 안전을 도모하는 '잔디 깎기 전략'을 발동하게 된다.[53]

나. 개전 및 진행 과정

2012년 11월 14일 : 이스라엘은 팔레스타인 가자 지구에 20여 차례의 공습을 실시했다. 이스라엘군 전투기의 폭격으로 하마스 최고 군사령관인 아흐마드 알 자바리가 사망했다. 그러나 후계자가 지정되어 있었기 때문에 큰 혼란을 주지 않았다. 오히려 하마스 측을 분노하게 만들었다. 이날 공습으로 10여 명이 사망하고 100여 명이 부상을 당했다. 사망자 중에는 어린이도 있었다.

가자 지구 공습 1시간 전에 네타냐후 이스라엘 총리는 미국의 오바마 대통령과 통화를 했으며, 미국은 이스라엘의 자위권을 지지한다는 의사를 표명했다. 이날, 에후드 바라크 이스라엘 국방장관은 "이번 행동은 끝이 아닌 시작이며, 단기 처방으로 끝나지 않고 설정한 목표를 반드시 달성하겠다."고 말했다. 하마스는 "이스라엘은 지옥문을 열었다. 우리는 계속 저항할 것이다."라는 성명을 냈다.

11월 15일 : 이스라엘군은 하마스의 무기고 등, 100여 곳을 공습했다. 이러한 공격은 전투기뿐만 아니라 해군 함정과 육군의 전차까지 동원하여 포격을 확대하였다. 이에 대한 보복으로 하마스는 이스라엘 남부지역에 로켓탄을 발사하여 이스라엘 민간인 3명

---

53) 정치적 배경으로는 물가폭등으로 인한 시위와 낮은 지지율에 허덕이는 중도우파 여당이 극우와 손을 잡고 다음 선거(2013년 1월)에서 안정된 지지율을 얻기 위해 전쟁을 시작한 것으로 보고 있다.

이 사망하고 4명이 부상했다. 이스라엘 국방장관은 예비군 3만 명의 소집을 승인했으며, 1만 6,000명의 예비군을 소집하기 시작했다. 당시 하마스의 무장병력은 1만 2,000명 정도였다.

　11월 16일 : 이스라엘군은 446회의 공습을 실시했다. 가자 지구의 팔레스타인인 21명이 사망하고 최소 235명이 부상했다. 하마스도 이스라엘의 수도 텔아비브와 예루살렘 인근까지 로켓 공격을 실시했으나 피해는 없었다. 이스라엘군이 미사일 방공시스템(아이언 돔)[54]으로 요격했기 때문이다. 이날 밤, 네타냐후 총리는 미국의 오바마 대통령에게 전화하여 사태 진행을 설명하고 자국민 보호의 미사일 방공시스템(아이언 돔) 구축을 미국이 도와준데 대하여 감사를 표시했다. 오바마 대통령은 이스라엘의 자위권을 지지한다고 재차 확인했다.

　11월 17일 : 이스라엘은 해군 함정이 가자 지구에 포격을 가하고 공군 전투기가 약 200회나 출격해 하마스 보안청사와 가자시티(Gaza city)의 TV 방송사 알 쿠즈 건물, 총리 집무실과 경찰본부, 지하터널 등에 맹폭을 가했다. 내무부 청사가 파괴되고 공대지 미사일 공격으로 전력 변압기가 파괴되어 주민 40만 명에 대한 전력 공급이 끊겼다. 또 이스라엘은 예비군 소집 규모를 7만 5,000명으로 확대하기로 했다.

　11월 18일 : 이스라엘 해·공군의 계속된 공격으로 가자 지구의 희생자가 계속 증가했다. 이날 하루 동안 사망한 주민은 31명으로 11월 14일 교전 이래 1일 사망자로는 최대이며 그중에 어린이가 10명이나 포함되어 있다.

　11월 19일 : 이스라엘군 전투기에서 발사한 미사일이 가자 지구 민가에 떨어져 어린 자녀를 포함해 일가족 11명이 모두 사망했다. 네타냐후 총리는 오바마 미국 대통령과의 전화 통화에서 "하마스와 테러 조직에 대가를 치르게 하고 있습니다. 이스라엘은 좀 더 강력한 작전을 준비하고 있습니다."라고 말했고, 이에 대해 오바마 대통령은 "자국민에게 로켓탄이 비 오듯 쏟아지는 것을 참을 나라는 지구상에 없습니다."라고 하며 이스라엘의 공격이 정당한 자위권 행사라는 것을 인정했다. 이스라엘은 이집트 중재로 휴전을 논의하면서

---

54)　아이언 돔(Iron Dome)은 이스라엘 라파엘사와 이스라엘 항공우주산업에서 개발한 전천후 이동식 방공시스템이다. 개발된 배경은 1990년대 레바논에 기반을 둔 헤즈볼라가 이스라엘 북쪽의 인구 밀집지역을 로켓탄으로 공격하자 이를 막기 위해 개발하였다. 4~70㎞ 거리에서 발사된 로켓탄과 155밀리 포탄을 요격해 차단 및 파괴한다. 아이언 돔은 2011년 3월에 최초 운용되기 시작하여 4월 7일에는 가자 지구에서 발사된 BM-21로켓을 성공적으로 최초 요격하였다.

한편으로는 지상군을 투입할 준비를 하고 있었다.

11월 20일 : 이스라엘이 지상군을 투입하는 최악의 상황에 직면하였다. 이에 대해 오바마 미국 대통령과 서방지도자들은 최근에 하마스의 공격을 비난하며 이스라엘에게 자국을 방어할 권리가 있다고 했지만, 또한 이스라엘에게 가자에 지상군을 투입하는 것도 경고하였다. 미국과 국제사회의 압력을 받자 이스라엘은 지상군 투입을 잠시 연기하였다. 그리고 휴전 논의를 계속하였다. 하마스 지도자는 "우리는 더 이상 나쁜 상황으로 가기를 원하지 않는다. 이스라엘에게 폭력행위와 억압, 그리고 봉쇄를 끝낼 것을 요구한다."고 말했고, 이스라엘 외교장관은 "휴전을 위한 첫 번째 조건은 가자 지구로부터 모든 포격을 막는 것이다."라고 말했다.

11월 21일 : UN, NATO, 미국, 이집트, 아랍연맹 등은 이스라엘과 하마스 간 휴전 협상을 체결할 것을 요구했지만 어떤 합의도 이루어지지 않은 채 이스라엘은 휴전 논의를 잠정 중단하고 가자 지구에 대한 폭격을 계속했다. 네타냐후 이스라엘 총리는 "외교적 방법으로 이 문제를 해결할 수 있는 가능성이 있다면 우리는 그렇게 할 것이다. 그러나 그렇지 않다면 이스라엘은 자국민을 방어할 수 있는 어떠한 조치도 마다하지 않을 것이다."라고 말했다. 반기문 UN사무총장은 "(전쟁의) 확대는 모든 지역을 위험하게 할 것이다. 가자에 대한 이스라엘 폭격은 즉시 중지되어야 하며, (이스라엘의) 지상군 투입을 경고한다."고 이스라엘을 압박했다.

뉴욕, 아테네, 바르셀로나 등, 세계 각국 360여 곳에서 이스라엘의 가자 지구 폭격에 항의하는 시위가 벌어졌다.

다. 국제여론과 휴전

유럽국가 다수는 팔레스타인에 우호적인 반면 재선에 성공한 미국의 오바마 대통령은 당연하다는 듯이 이스라엘의 자위권을 옹호했다. 하지만 사태가 점점 심각해지자 이스라엘의 상대적 우호국인 터키도 이번 사태를 '인종 청소'로 규정하고 크게 반발하였으며, NATO마저도 이스라엘의 자위권을 인정하면서도 국제사회의 억제 여론을 명시하였다. 반기문 UN사무총장도 이집트를 전격 방문하여 이집트 대통령과 휴전을 논의했으며, 이스라엘의 무조건적인 폭격 중지를 촉구하면서 지상군 투입에 대해 경고했다. 그러나 UN

안보리 내부의 협상은 어떠한 결론도 나지 않았고 주요국들은 이 사태에 대하여 적극적인 개입보다는 방조하는 태도를 보였다.

결국 이스라엘이 지상군을 투입할 경우 사태가 최악의 상황으로 확대될 것을 우려한 미국이 11월 21일, 힐러리 클린턴 국무장관을 보내 이집트의 무르시 대통령과 휴전협정 논의를 주도해 11월 21일 21:00시에 이스라엘과 하마스는 휴전협정을 체결하였는데, 그 주요 내용은 다음과 같다.

- 휴전협정은 현지 시간 11월 21일 21:00시 부로 발효된다. 양측은 잠정적인 공격의 중단 및 가자 지구 국경을 개방하여 인원과 물자의 통과를 허용한다.
- 이스라엘 정부는 가자 지구의 육상, 해상, 공중 공격은 물론 개인을 겨냥한 모든 적대적 공격을 중단한다.
- 팔레스타인 가자 지구 하마스는 로켓 공격과 국경에서의 공격을 포함해 이스라엘에 대한 모든 적대적 공격을 중단한다.

이렇게 하여 전쟁은 끝났다. 8일간의 전쟁기간 중 팔레스타인은 사망 최소 162명, 부상 최소 1,200명이었고, 이스라엘은 사망 5명, 부상 111명이었다. 그러나 이스라엘의 여당 분위기는 별로 좋지 않았다. 팔레스타인의 사상자 대다수가 민간인이었고, 그 반면 하마스는 자바리 사령관이 폭사한 것 외에는 별다른 피해가 없었으며, 오히려 팔레스타인에서 하마스 지지여론만 더욱 굳어지게 만들었기 때문이다. 이스라엘에서도 '전쟁 자체는 지지하나 이번 전쟁을 이겼다고 보기는 어렵다'는 시각이 우세했다.

라. 팔레스타인 UN 비회원 국가 인정

제2차 가자 전쟁(가자 지구 폭격)이 끝나고 8일이 지난 2012년 11월 29일, UN총회에서 팔레스타인이 사상 처음으로 UN 비회원 국가로 인정을 받았다. 미국과 이스라엘이 결사 반대했지만 압도적인 찬성으로 통과되었다. 찬성이 138개국, 반대는 미국과 이스라엘, 체코, 파나마를 빼면 나우르 같은 오세아니아의 작은 섬나라들로 겨우 9개국에 지나지 않았다. 한국과 독일, 영국을 비롯한 41개국은 기권하고 우크라이나 외 5개국은 아예 표결에 참석하지 않았다.

팔레스타인이 비회원 참관국가(종전에는 참관 단체였기에 국가로 인정받지 못했다)로 인정된 것은 여러 가지 면에서 의미심장하다. 국제 형사재판소와 UN 산하기구에 가입할 자격이 생겼기 때문에 이스라엘이 함부로 폭격을 하면 형사재판소에 제소가 가능하고, UN군이 주둔할 명분이 주어졌다.

이것이 통과되자 팔레스타인인들은 크게 기뻐했고, 팔레스타인 압바스 총리는 보란 듯이 UN본부에 팔레스타인 국기를 직접 게양했다. 이와 반대로 이스라엘은 큰 충격에 빠졌다. 11월의 가자 지구 폭격이 국제여론을 악화시켜 표결에 큰 영향을 준 것이 확실시되었기 때문에 이스라엘이 스스로 무덤을 판 것이라고 볼 수 있다.

3. 2014년 7월 제3차 가자 전쟁(가자 지구 분쟁)

가. 배경 및 전개

팔레스타인에 대한 이스라엘의 강경한 정책과 행동, 즉 서안지구에서 식민 정책의 강행, 가자 지구 봉쇄, 두 차례에 걸친 가자 전쟁에서의 민간인 폭격 등은 팔레스타인인들의 큰 반발을 초래하였고, 아울러 국제사회의 공분을 일으켰다. 그러자 팔레스타인에서 무력해진 파타도 이런 여론을 활용해 적극적인 외교활동에 나섰다. 그 결과 미국이 이스라엘을 적극 옹호했음에도 불구하고 2012년 11월 29일, UN 총회에서 팔레스타인을 비회원 참관국가, 즉 국가로 인정받았다. 이는 이스라엘의 전쟁 범죄를 국제 형사재판소에 제소할 수 있다는 의미였다.

이러한 파타의 외교적 성과와 하마스의 강인한 저항을 바탕으로 파타와 하마스는 다시 손을 잡았고, 지속적인 협상 끝에 2014년 4월 22일, 통합정부 구성을 위한 협상을 시작했다. 그 결과 2014년 6월 2일, 서안지구 라말라에서 파타와 하마스의 팔레스타인 거국 통합정부가 다시 구성되기에 이른다.[55] 이것은 하마스와 파타의 분열을 조장하고 이를 적극

---

55) 이스라엘이 팔레스타인의 온건파 세력인 파타까지 차별하고 탄압한 것도 주요 원인이었다.

이용해 온 이스라엘에게는 위협적인 일이었다. 그래서 이스라엘은 당연히 적대적인 반응을 보였다.

위와 같은 배경 하에 2014년 6월 12일, 이스라엘 소년 3명이 요르단 강 서안에서 괴한에게 납치된 뒤 변사체로 발견되었다. 이스라엘 정부는 납치범에 대한 근거가 전혀 밝혀지지 않은 상황에서 하마스가 이들의 납치 및 살해의 배후라고 일방적으로 주장하며 보복을 결의했다.[56]

팔레스타인 통합정부와 하마스는 이를 즉각 부인했다. 그러나 증거와 무관하게 이스라엘은 가자 지구와 요르단 강 서안지구에 포격과 폭격을 가해 수많은 팔레스타인인들이 죽거나 다쳤다. 특히 하마스의 근거지인 가자 지구를 중점적으로 공격하였다. 이에 팔레스타인 측도 로켓탄으로 응수하였다.

한편, 소년 3명의 납치 살해 사건은 표면상의 명분일 뿐이며, 이스라엘이 이번 분쟁을 일으킨 진짜 목적은 가자 지구내의 땅굴을 무력화시키기 위한 것이라는 주장도 있다. 이스라엘은 이 땅굴들이 무기 반입, 이스라엘 민간인 또는 군인 납치, 마약 밀수, 물자와 인력이동, 게릴라 은신처 등으로 이용되고 있다고 주장했다. 물론 그런 경우도 있겠지만 상당수의 땅굴은 이스라엘에 의해 봉쇄당한 가자 지구로 생필품을 반입하기 위한 것이어서 땅굴파괴는 팔레스타인인들의 저항을 부를 수밖에 없었다. 이집트 역시 미국과의 관계 때문에 하마스를 지원하지는 않지만 가자 지구 주민들의 사정을 알기 때문에 묵인하고 있었다.

나. 전쟁 진행 과정

2014년 7월 13일 : 이스라엘은 특수부대를 포함한 6만 명의 지상부대를 가자 지구에 투입해 본격적인 지상공격에 나섰다. 이번 전쟁은 하마스에 대한 응징 작전이 아니라 아예 소멸시키려고 했기 때문에 종전의 전쟁과는 차원이 달랐다. 하지만 하마스와 가자 주

---

56) 이와는 별개로 일부 극우 이스라엘인들은 아무 상관없는 팔레스타인인들을 납치해 보복 살해했고, 그중 팔레스타인 청소년 카다이르는 산채로 불태워 죽임을 당했다. 이것은 팔레스타인인들을 분노하게 만들어 상황이 걷잡을 수없이 퍼져 나갔다. 이 때문에 네타냐후 총리는 이스라엘인들에게 보복 범죄를 하지 말 것을 당부하며 단속하겠다고 말했다.

민들, 무장단체들은 결사적으로 항전했다.[57] 그러다 보니 전투는 점점 치열해져 이스라엘이 지상군을 투입한 이후 양측이 하루에 100명 이상의 사상자가 발생하였다. 그 와중에 레바논의 헤즈볼라가 하마스를 돕겠다는 선언을 하고 가자 지구에 지원군을 파견해 하마스와 합세함에 따라 전투는 더욱 더 치열해졌다. 이 때 이스라엘은 가자 지구를 공격하면서 플레셰트(flechett : 원뿔형으로 비산되는 강철제 화살탄)를 사용했다는 사실이 밝혀지고, 또 병원 등 민간시설이나 구조 지원팀에게도 포격을 가해 죽거나 다치는 일이 발생하여 큰 비난을 받았다.

7월 24일 : 대피소로 사용되고 있는 가자 지구의 UN학교를 이스라엘군이 폭격해 UN직원을 포함하여 10여 명이 숨지고 수십 명이 다쳤다. 이것은 UN이 가자 지구 공격을 조사하겠다고 결정한 직후에 발생한 일이며, 더구나 정밀폭격을 실시했기 때문에 고의적인 행동으로 보인다.

7월 28일 : 하마스 대원 9명이 가자 지구에 인접한 이스라엘 마을인 나할오즈에 침투하여 이스라엘군 기지를 기습해 이스라엘군 10명을 사살하고 무기 등을 탈취한 후 사라졌다. 이 사건은 이스라엘군에게 큰 충격을 주었다. 그래서 이스라엘군은 침투로 의심되는 땅굴 수색 및 파괴에 나섰다. 또 가자 지구 쿠자 마을에서 벌어진 교전에서 이스라엘군 6명이 사망했다.

7월 29~30일 : 이스라엘군의 폭격으로 놀이터에서 놀고 있던 9명의 팔레스타인 어린이가 목숨을 잃었다. 다음날인 30일에는 제발리야 난민 캠프의 UN학교가 다시 폭격을 당해 110명의 사상자를 내어 전 세계의 공분을 샀다. UN도 강한 유감의 뜻을 표하며 조사를 촉구했으나 이스라엘은 장비의 오류로 인해 발생된 실수라고 변명했다. 그러나 비난 여론이 거세지자 가자 지구 내 UN지역에 대한 공습은 중지했다. 또한 이스라엘군의 폭격으로 발전소가 파괴되어 병원에 전기 공급이 끊기면서 많은 환자가 고통을 당했다. 이 와중에 이스라엘은 하마스 지도자 이스마일 하니야를 암살하려고 저택을 공습했으나 하니야가 없는 바람에 실패했다.

가자 지구에서 지상부대간의 교전은 여전히 치열하게 전개되었다. 이스라엘군은 시가

---

57) 어차피 무자비한 이스라엘군의 성격상 항복해 봤자 학살이 일어날 것이 분명하니까 죽기로 싸울 수밖에 없었다. 실제로 2008년 제1차 가자 전쟁 때 이스라엘군은 가자 지구에서 항복하겠다며 백기를 들고 나오는 여성을 쏘아 죽이는 만행을 저질렀다. 그런 일이 있었기에 가자 지구 주민들은 당연히 하마스의 결사항전에 동참하게 된다.

전에서 하마스 대원 5명을 사살했으나 이스라엘군도 5명이 사망했고, 그 후 하마스의 박격포 사격을 받아 이스라엘군 4명이 추가 사망했다.

8월 1~4일 : 8월 1일, 양측은 피해가 점점 커지자 72시간의 한정된 휴전을 하기로 합의했다. 그러나 이스라엘측이 여전히 봉쇄 해제를 거부하자 이에 분노한 하마스는 이스라엘군 초소를 공격해 하디르 골딘 이스라엘군 중위를 납치하는 도발을 감행하였다. 그러자 이스라엘 정부는 휴전을 취소한 후 다시 군부대를 투입하였고, 따라서 양측은 다시 교전에 들어갔다.

이스라엘군은 8월 1일부터 4일까지 가자 지구의 라파 마을을 공습하였고 그 결과 민간인 135명이 사망하였다. 이에 대한 보복으로 하마스는 박격포와 로켓탄 공격을 퍼부었다. 특히 로켓탄 공격은 날이 갈수록 사거리가 늘어났고 나중에는 텔아비브까지 떨어져 차량 1대가 파괴되는 일까지 벌어졌다. 이 때문에 텔아비브에서는 로켓탄이 날아올 때마다 대피 사이렌이 울렸고 외출을 삼갈 정도에 이르렀다. 이 일로 인해 텔아비브도 더 이상 하마스가 발사한 로켓탄의 안전지대가 아니라는 것이 증명되었고 텔아비브 시민들의 불안도 점점 더 커졌다.

이스라엘군은 골딘 중위의 구출 작전을 시도하였다. 그러나 이 작전을 눈치 챈 하마스 대원이 골딘 중위를 처형해 구출은 실패하고 시신만 회수했다. 또 이스라엘군은 땅굴 수색 및 파괴 작전을 8월 4일까지 계속하여 32개의 땅굴을 파괴했다고 발표했다.

8월 17일 : 이스라엘은 하마스에게 "무장해제를 하면 휴전하겠다."고 통보했다. 하지만 하마스는 "무장해제는 절대로 할 수 없으며 이스라엘이 가자 지구 봉쇄를 해제하고 가자 지구에 항구와 공항을 신설한다면 휴전하겠다."고 응답했다. 이를 이스라엘이 거부해서 협상이 결렬되자 또다시 교전이 벌어졌다. 이렇게 되니까 협상을 중재하던 파타 측은 "협상 결렬은 모두 이스라엘의 책임이다."라고 비난했다.

8월 21일 : 이번 가자 전쟁의 발단이 되었던 이스라엘 소년 3명의 납치 살해 사건이 하마스의 소행이었다는 것을 공식 인정한 발언이 처음 나왔다. 하마스 고위관계자인 살라 아루미가 터키에서 개최된 회의에서 10대 청소년 납치 살해는 하마스 소속인 알 카삼 여단이 벌인 일이였으며, 이는 새로운 팔레스타인 봉기를 일으키기 위한 목적의 작전이었음을 시인한 것이다.

8월 22일 : 하마스는 이스라엘 남부도시에 박격포 사격을 실시하여 피해를 입혔다. 이 와중에 운 나쁘게도 유치원 차량이 파괴되어 그 안에 타고 있던 이스라엘 어린이 1명이 사망하였다. 분노한 이스라엘 정부는 가자 지구를 보복 공습하였고 그 결과 가자 주민 12명이 사망했다. 이날도 가자 지구에서는 전투가 계속되어 교전을 벌이던 이스라엘군 19명이 사망했다. 이렇게 승부가 단기간에 결정 나지 않고 소모전으로 이어지자 이스라엘측도 고민하기 시작했다.

다. 전쟁에 대한 해외의 반응

전쟁이 개시 된지 10일이 지난 후부터는 아랍은 말할 것도 없고 유럽, 그리고 미국에서도 이스라엘의 전쟁 범죄를 규탄하는 시위가 곳곳에서 벌어졌다.

중동에서 그나마 이스라엘과 가까운 편이었던 터키마저도 이스라엘에게 등을 돌렸다. 터키의 에르도안 대통령은 '중동의 나치국가 이스라엘은 히틀러와 나치로부터 잘 배웠다'고 강력하게 비난했고, 또 이스라엘을 비호하는 미국을 향하여 "왜 이스라엘의 악행을 감싸주는가? 도대체 UN안보리 상임이사국이 맞느냐?"고 비난을 퍼부었다.

하마스 후원국인 이란의 최고 지도자 하메네이는 이스라엘의 공격을 "집단 학살이자 역사에 남을 규모의 대재앙"이라고 비난했다. 특히 세계의 무슬림에게 가자 지구의 팔레스타인인들을 도와야 한다고 율령을 포고했다.[58]

일반 대중의 이스라엘에 대한 반감이 확산되면서 그동안 잘 드러나지 않았던 반유대주의까지 공공연히 표출되었다. 프랑스에서는 유대인 상점들이 무슬림에게 습격을 받아 부서지고 약탈당했다. 유대인 표식을 하고 길을 가는 유대인들은 시민들로부터 "나치랑 네 놈들의 차이가 뭐냐?"라며 삿대질과 욕설까지 들었다. 심지어 독일조차도 반 유대시위가 모습을 보였으며, 시위대는 "우리는 나치를 옹호하는 것이 아니라 팔레스타인에서 나치가 하던 짓을 따라서 하는 이스라엘을 비난하는 것"이라고 분명히 선을 그었다.

---

58) 하메네이의 율령포고는 호소라서 명령이 아니다.

라. 휴전

8월 26일까지 팔레스타인의 전체 사망자는 2,168명, 부상자는 1만 895명에 달했는데, UN의 발표에 의하면 사망자 중 70%가 민간인이다. 이스라엘도 피해가 만만치 않아 공습 및 포격이 주가 되었던 개전 초기에는 사상자가 미미했으나, 지상군을 투입해 본격적인 교전이 개시된 이후에는 급격하게 증가해 군인 67명이 사망하고[59] 450명이 부상했으며, 민간인도 6명이 사망하고 80명이 부상당했다. 팔레스타인 측도 사망자가 2008년 제1차 가자 전쟁 당시의 사망자를 넘어섰다. 이렇게 사망자가 급격히 증가하자 미국, 프랑스를 비롯한 여러 국가에서 우려를 나타냈다. 전쟁을 단기간에 끝낼 수 있을 것이라고 생각했던 이스라엘 정부도 예상외의 사상자와 팔레스타인인들의 격렬한 저항에 당혹하기 시작했다. 특히 가자 지구 내부로 진입한 이스라엘군은 하마스의 저항이 너무 강해서 심장부인 가자시티(Gaza city)로 진출하지 못하고 교착상태에 빠져 버렸기 때문에 고민이 이만저만이 아니었다.

이렇게 되자 팔레스타인의 압바스 수반과 반기문 UN사무총장은 국제사회가 중재해 줄 것을 호소했고, 오바마 대통령도 휴전을 권고했다. 이집트도 이스라엘과 하마스 측에 휴전을 제안했다. 그 동안 미국과 이집트, 파타 측에서 산발적인 휴전제의가 있었으나 하마스는 그들의 중요한 요구인 '가자 지구 봉쇄 해제'가 들어있지 않다고 거부하였다.

결국 현지시간 8월 26일, 하마스와 이스라엘은 이집트가 제안한 무기한 휴전 협정에 서명했다. 이에 따라 '무력사용 중단과 동시에 가자 지구 국경을 개방해 인도적 지원과 재건을 위한 구호 물품, 건설자재의 반입이 허용'되었다. 또 이스라엘은 그동안 제한했던 가자 지구 연안에서의 어로작업을 6해리까지 허용하기로 했다. 협정직후, 이스라엘 정부는 가자 지구에서 군대를 철수시킴으로서 전쟁은 끝났다. 그리고 양측은 서로 자신들이 승리했다고 선언했다.

---

59) 3주간 지속되었던 2008년 제1차 가자 전쟁의 이스라엘군 전사자는 11명이었고, 1주간 지속되었던 제2차 가자 전쟁(지상군 미투입)의 이스라엘군 전사자가 2명이었던 점을 감안하면 대단히 큰 피해였다.

마. 전쟁 결과

이번 전쟁의 결과를 종합해 보면 최소한 하마스가 승리하거나 아니면 무승부였지 이스라엘이 승리한 것은 아닌 것으로 분석된다. 이번 전쟁을 시작한 네타냐후 총리는 단기간 내에 전쟁을 끝내려고 했는데 예상외로 길어져 50일이 넘어가자 인명피해가 급증하고 엄청난 피해가 발생하여 지지율이 폭락했으며 국가경제가 전비를 감당할 수 없는 지경에 이르게 되었다.[60] 어찌할 수가 없어서 휴전을 하니까 이제는 강경파로부터 "전쟁을 계속해 하마스를 격멸시켜야 했는데 쓸데없이 휴전을 했다."고 비난을 받았다. 아울러 이스라엘 국민들의 실망도 컸다.[61]

이스라엘은 이번 기회에 하마스를 뿌리 뽑기 위해 국제적인 비난 여론도 감수하면서 가자 지구를 맹폭하고 지상군까지 투입해 공격했는데, 하마스와 가자주민들이 일치단결하여 굳세게 저항하니 이스라엘군이 제아무리 강하다 해도 중심부인 가자시티에 진입할 수가 없었다. 그리고 인명피해만 급증하니 장기 소모전을 수행할 수가 없었다. 결국 휴전으로 끝나게 되자 이스라엘은 얻은 것(하마스 붕괴)도 없고 국제사회로부터 '나치랑 비교 된다'는 비난을 받으며 악명만 쌓은 꼴이 되고 말았다. 더구나 막대한 전비 지출로 인해 국가경제가 곤경에 빠져 버렸다.

물론 가자 지구의 팔레스타인 측도 엄청난 민간인 피해를 입었고 수많은 건물 및 인프라 시설이 파괴되었다. 그래서 양측이 피해만 입고 끝난 승자 없는 싸움이었다고 할 수 있다. 하지만 하마스는 소멸되지 않고 살아남아 입지가 더욱 더 굳건해졌으며 지지도는 폭등했다.

바. 악순환의 저류(低流)

하마스가 주축이 된 팔레스타인과 이스라엘 간의 충돌 및 혈전이 반복되는 것은 가자 지

---

60) 막대한 전비로 인해 교육예산이 1/4이나 삭감되어 교육부와 각급 학교가 크게 반발했다.

61) 이번에야 말로 하마스를 붕괴시킬 줄 알았다. 특히 2008년 및 2012년과 비교할 수 없을 정도의 대규모 공격이었다. 동원 병력 또한 2006년 레바논의 헤즈볼라를 공격할 때보다 6배 많은 병력을 동원하였다. 그런데 목적을 달성하지 못했다.

구와 서안지구에 거주하는 팔레스타인인들의 이스라엘에 대한 적개심이 하늘을 찌르고 있기 때문이다. 이는 단순히 '수년 전에 우리 땅을 빼앗아서' 따위의 문제가 아니라 지금 현재 이스라엘이 가자 지구를 강력하게 봉쇄하고 있어 생활 여건이 지극히 열악하기 때문이다. 서안지구도 다를 바 없이 가난과 인종차별, 이스라엘 정부의 압제, 유대인 정착민들의 행패로 고통 받고 있다.

가자 지구는 서안지구보다 더 심해서 전기, 식수, 생필품을 포함한 모든 자원이 턱없이 부족하며, 좁고 인구밀도도 높은 지역이다. 그마나 지하 비밀 터널(땅굴)을 통해 이집트와 카타르, 이란, 터키 등에서 지원해 주고 들여오는 생필품과 물자로 살아가고 있다. 이렇기 때문에 더 이상 잃을 것이 없는 가자 지구 주민들은 앉아서 죽으나 서서 죽으나 그게 그거라는 여론이 팽배해져 있고, 하마스가 제대로 통제할 수 없을 정도로 수많은 소규모의 무장 세력들이 창궐하고 있다. 그나마 이 무장 세력들은 이스라엘을 증오하기 때문에 하마스의 통제에 따르며 단합한다. 하마스가 반복해서 휴전을 거부하는 것 역시 가자주민들이 요구하는 봉쇄 완화가 관철되지 않으면 전쟁 상태와 비교해도 크게 나아질 것이 없다는 인식 때문이다. 더구나 이스라엘은 파타까지 탄압하여 파타도 이스라엘을 증오하고 있는 상황이니 현재로서는 마땅한 해결책이 없다. 그래서 2016년에도 하마스의 도발에 대한 보복으로 이스라엘이 가자 지구를 공습해 또 다시 분쟁이 터지고 말았다.

부 록
제4차 중동전쟁(10월 전쟁)
심포지엄 자료

이집트 측 군사논문

이스라엘 측 군사논문

██████ **이집트 측 군사논문[1] [1]** ██████

10월 전쟁에서의 이집트군 군사전략

이집트 부총리 겸 국방부 장관
모하메드 엘 가마시 대장

1. 서언

10월 전쟁의 전략은 본래 이집트·시리아 양 정면에 관하여 고려해야 하지만 이번에는 이집트 정면만을 취급한다. 이미 본 전쟁에 관해 많이 연구되었고, 많은 논문이 세상에 나오고 있지만 아직도 검토해야 할 사항이 적지 않다.

10월 전쟁은 기성(旣成) 개념 및 이론에 대한 도전이고, 또한 그것에 수반되는 장애와 문제의 극복이나 다름없었다. 즉 전략적으로는 이스라엘의 기본개념을 동요시키고, 그 안전보장정책을 타파해 그들의 일류 군사전략이론을 위기에 빠뜨렸다. 전술적으로는 도섭 곤란한 하천장애물을 극복했고, 강고한 방어태세에 타격을 주었으며, 중동에서 처음 등장한 장비에 의해 질과 규모의 양면에서 격렬한 전투를 체험했다. 또 적을 기만했고 기습에 성공했다. 종합적으로 볼 때 이번 전쟁은 지난 6일 전쟁의 패배를 뛰어넘었다고 객관적으로 평가할 수 있다. 다음의 세 가지에 관하여 고찰하겠다.

---

1) 陸幹校 教育資料, 「エジプト・イスラエル軍シンポジェーム 資料」; 田上四郎, 『中東戰爭全史』, (東京 : 原書房, 1981), pp.470~508을 패러프레이즈(Paraphrase). 심포지엄은 1975년 10월 27~31일까지 카이로 대학에서 개최되었다.

- 이스라엘의 군사전략
- 이집트의 군사전략
- 10월 전쟁의 성과

2. 이스라엘의 군사전략

가. 이스라엘의 군사전략을 연구하면 다음 사항을 용이하게 이해할 수 있다.

시오니즘은 중동에서 이스라엘을 건국하고, 최대한으로 확대한 그 영역 내에 세계의 유대인을 모아서, 국제사회에서 유력한 지위를 점유함과 아울러 아랍인을 지배하려고 한다. 그 때문에 시오니즘은 다음과 같은 기본적인 방침을 확립하고 있다.

- 아랍영토의 희생으로 축차 지리적 범위를 확대한다.
- 정책수행의 수단으로서 강력한 군사력을 보유한다.
- 아랍의 약체화 및 분단화를 도모한다.

이스라엘은 건국 이래 국내적 요인, 아랍의 정세 및 국제정세를 고려하면서 달성 가능한 목표를 설정하고 아랍과의 항쟁을 계속해 왔다. 시오니즘은 이스라엘의 확장주의를 비닉하고 국제여론을 속이는 수단으로서 "이스라엘의 안전보장정책"이라고 호칭하는 일련의 군사교리를 고안해 냈고, 계속적인 군사모험의 필요성을 국민에게 납득시켰다. 그들의 안전보장정책은 말할 나위도 없이 군사력의 사용을 그 기반으로 하고 있다. 확장주의 정책을 실시하기 위해 자위전쟁의 명목으로 단기간 공세작전을 채택하고, 전장을 타국의 영토 내에서 구하려고 한다. 그래서 이스라엘군은 공군 및 기갑부대를 골간으로 하는 편성을 채택하고 있다.

6일 전쟁의 결과 이스라엘군은 수에즈, 요르단강 및 골란에 도달했고, 확보를 요하는 영역이 몇 배 확장됨에 따라 전선과 나란히 도로망을 확대했지만 전반적인 태세는 필연적으로 군사적 부담을 증대시켰다. 그렇지만 이스라엘은 점령지역을 확보 유지하기 위해 수에즈 운하의 선(線)을 중시하고, 그것을 고정적인 방어선으로 한 결과 그것으로부터 군사전략상의 실책을 초래하기에 이르렀다.

1967년 이후 2년간에 걸친 소모 전쟁(The War of Attrition)에서 이집트는 이스라엘 측에게 많은 인적 소모를 강요했다. 이에 대하여 이스라엘은 기술력을 총동원해 각종 진지를 구축해서 바레브 라인이라 호칭하는 방어선을 형성했고, 그 견고함에 기대를 걸었다.

6일 전쟁의 성공과는 대조적으로 그 후에 이스라엘의 군사적 실책은 현저히 증가했는데, 그 승리 요인은 그들 자신의 탁월한 능력에 의한 것이 아니라 우리들의 실책으로 귀착한 것임에도 불구하고 그들 지도층은 다음과 같은 생각을 품고 있었다.

- 이집트 측은 공세를 채택할 능력이 없다.
  이번에도 수에즈 동안에 발판을 획득하려고 하는 기획을 우리들의 손으로 신속히 파쇄 시켰다.
  …… 이번 10월 전쟁의 결과는 이러한 생각이 잘못되었음을 실증했다.
- 아랍 측은 2개 정면 이상의 전선에서 공격을 유효하게 조정할 수 있는 능력이 없다.
  …… 이것 또한 전략상의 오판이었다.
- 이집트는 오직 이스라엘의 군사적 우위 하에서 살아갈 수밖에 없다.

나. 10월 전쟁 이전에 이집트 정면에 대한 이스라엘 측의 군사전략은 다음과 같은 사고 방식에 입각하였다.

- 군사적 우위를 과시하여 이집트 측에게 전쟁을 단념하게 만듦과 아울러 이스라엘과의 대결이 불가능하다는 분위기를 조성하는 데 노력한다.
- 운하의 선(線)은 이집트군의 진공을 저지하는 특별한 방벽이며, 안전한 국경선으로서의 요건을 구비하고 있다.
- 이집트군의 공격 준비를 파쇄 한다. 징후를 감지한 경우에는 우세한 공군력을 갖고 선제공격을 가한다.
- 홍해를 통과하는 해상교통로를 확보하기 위해 샤름 엘 세이크 주변 해역을 지배하는 데 노력한다.
- 뛰어난 정보조직을 갖고 어떠한 공격징후도 사전에 감지하여 작전준비 및 동원을 위

해 충분한 시간적 여유를 얻는다.

1967년부터 1973년까지의 기간에 이스라엘은 상기의 전략상의 사고방식에 기반을 두고, 6일 전쟁의 승리에 도취해 모든 평화적 해결을 거부하는 한편, 무력에 의한 위협으로 인근 아랍 국가들에 대한 적대행위를 계속해 왔다. 또 세계에 대해서는 '아랍은 산송장이며, 이집트를 시작으로 그들 국가는 존립의 지주(支柱)를 잃었다'고 교묘하게 선전했다. 그 결과 공정한 평화적 타결의 길이 막혔으며, 전쟁은 불가피하게 되었고, 이집트로서는 무력 이외의 해결책을 찾아낼 수가 없었다.

3. 이집트의 군사전략

가. 이스라엘과의 싸움은 명예의 회복이었고, 정의의 싸움이었다.

이때, 현대 무력분쟁에 수반되는 제약조건과 효과의 한계를 항상 고려하였다. 10월 전쟁은 핵전력의 균형과 중동에 대한 정치, 외교 및 군사상의 이해를 배경으로 하는 미·소 양진영의 긴장완화정책 하에 놓여진 복잡한 국제정세 하에서의 싸움이었다.

국제정세가 중동에서 무력전의 형태, 수단 방법 및 그것에 수반하는 한계를 규제하는 것과 전쟁이 아랍 및 세계에 미치는 영향을 고려하여 국가전략을 수립했다. 따라서 10월 전쟁은 재래식 무기에 의해 국한된 지역에서 본격적인 무력전의 수단을 갖고, 중동에서 힘의 균형을 역전시켜 이스라엘의 이론적, 전략적 기반을 붕괴시키고, 다른 아랍 국가들이 참전하는 데 필요한 시간적 여유를 획득할 목적으로 계획되었다. 이때 최고의 전략목표 중 하나는 이스라엘의 안전보장정책에 대한 도전이었다. 즉 군사력을 갖고 최대한의 피해를 주어, 우리들의 영토를 계속 점령하는 것은 값비싼 대가를 치를 수밖에 없다는 점을 적측에 인지시키는 것이다. 적측의 안전보장에 대한 사고방식은 정치적, 군사적 및 심리적 협박에 기초를 둔 것이며, 앞으로도 스스로를 지키는 수세적인 형태가 아닐 것이다.

나. 이집트의 군사전략은 우리나라의 독자적인 사고방식이지, 결코 서구, 동구에서 도입한 것이 아니며, 1967년 패배 이후 체험한 혹독한 현실 속에서 탄생하여, 과학기술의 탐

구와 활용에 의해 육성되었으며, 피와 땀에 의한 전쟁 속에서 진보를 성취한 것이다.

1967년 당시, 정치·군사를 상호 조정하는 종합전략이 결여됐기 때문에, 군으로서는 준비할 여유도 없이 갑자기 정치적 결정이 통보되었고, 그것을 지원하기 위한 위력시위를 하다가 전쟁에 돌입했다. 그때 군은 달성해야 할 군사전략목표를 알지 못한 채 시나이에 집결하는 한편, 국제여론도 이집트에 불리하였다. 전쟁 발발 시, 군 지도부는 정치적 결정으로부터 분리되어 있었고, 군사적 환경에도 적응하지 못하고 있었다. 군은 6일 전쟁 패배의 요인이 아닌 희생자다.

1973년, 전쟁이 임박하자 패인이 인식되고, 종합전략이 확립되는 가운데 처음으로 군이 정치 등, 각 분야의 지지를 받는 주요한 역할을 완수할 수 있었다. 특기할만한 것은 정치적 노력에 의해 군사행동을 개시하기 좋은 최적의 환경이 조성됨과 아울러 군 지도부에 대하여 1973년도 중에서 개전에 유리한 시기를 몇 가지 제시한 것이다. 또한 전쟁 간에는 군사를 지원하고, 그 성과를 활용하기 위한 정책이 전개되었다.

다. 우리의 전략은 물심양면의 공세 외에 운하를 연해 안전한 방어선에 의존하는 이스라엘의 안전보장정책을 타파하는 것에 착안했다. 이를 위해 우리들은 다음의 조치를 강구했다.

- 선제기습으로 나가 적을 심리적으로 압도하기로 했다. 이 경우 단순한 교란공격이 아니라 본격적인 공격을 의미한다. 수많은 난관을 배제하고 운하의 선(線)을 돌파한다.
- 이스라엘 측의 장점을 타격하고 단점을 조장한다. 적의 선제공격을 봉쇄하고, 우리가 역으로 그것을 실행한다. 공지합동의 방공태세에 의해 적 항공 전력을 감쇄시킨다. 강력한 화력으로 적 기갑부대의 반격을 타격한다, 적 예비대의 이동을 저지함과 아울러 후방연락선의 활용을 방해한다.
- 적의 노력을 2개 정면으로 분산시키고 시나이(수에즈) 전선에 적의 중점형성을 저해하기 위해 이집트·시리아 양군의 작전을 유효하게 조정한다.
- 적의 정보효율을 저하시키고, 대응의 여유를 주지 않기 위해 비닉, 기만을 철저히 한다.
- 바브 엘 만디브 해협에서 해상봉쇄를 실시하여 이스라엘군의 샤름 엘 세이크 확보를

무력화 한다.
- 유한한 인적 전력에 큰 손해를 입혀 이스라엘 측의 전쟁수행능력을 저하시킨다.

라. 이집트는 임전태세 준비에 관해서도 최대한의 노력을 지향했다.

이 경우 군비가 최대의 문제였다. 당시에 유일한 무기 공급원은 소련이었는데, 그 때문에 무기의 종류, 질, 양 및 취득시기에 관해서는 소련 측의 대 중동정책의 규제를 받았다. 우리들로서는 현재 보유하고 있는 무기 및 장비로 싸우는 것 외에는 다른 방법이 없었으므로 치밀한 계획과 과감한 실행, 무기의 효율적 사용 및 고도의 사기를 유지하여 물적 전력의 부족을 보완시켰다.

이점에 관하여 적은 평가를 잘못했다. 1972년에 소련 군사고문단이 귀국하자 이집트는 전쟁수행능력을 상실했고, 그들의 공군력에 대항할 수 있는 신형무기를 입수하지 않는 한 전쟁은 일어나지 않을 것이라는 판단을 내렸다. 그래서 우리들은 적의 이와 같은 견해를 역이용해서 성공을 거두었다.

마. 이집트는 군사전략의 기반으로서 아랍의 전쟁수행능력을 고려했다.

이 경우 시리아와 조정하고, 이집트 스스로의 힘을 최대한 발휘하여 전쟁을 수행하는 것이 전제였고, 그것에 기초하여 작전계획을 수립했다. 1973년 10월 6일, 아랍 측의 선제공격으로 전쟁이 개시되고 수많은 전투가 벌어졌다. 그것을 세부적으로 모두 설명할 수가 없으므로 중요한 점만 소개하겠다.

- 전쟁의 계획 및 실행의 양면에서 이집트가 완전히 주도권을 발휘했다.
- 항공기의 성능을 포함해 적의 공군력이 우위에 있는 것을 충분히 알고서도 우리는 전쟁의 결단을 내렸다.
- 언뜻 보기에 극복하기 곤란하다고 생각한 수에즈 운하의 방어선을 돌파했다.
- 작전계획의 완전한 실행, 복잡한 무기의 교묘한 조작, 병사들의 용기 및 탁월한 지휘에 의해 전투를 효과적으로 수행했다.

4. 10월 전쟁의 성과

가. 전략상의 성과

■ 이스라엘의 의도는 이집트군의 도하 진공을 저지하고, 도하부대를 격멸하며, 더 나아가서는 이집트군을 패배로 이끌어 그들이 부과하는 정치적 조건에 따르게 하는 것이었다. 이스라엘 국민의 어느 한사람도 그것을 의심하지 않았고, 그 밖의 국가들도 똑같은 생각을 갖고 있었다.

■ 우리의 목표는 이스라엘의 안전보장정책을 좌절시키고, 시나이에서 이스라엘군 주력을 격파해 가능한 한 큰 피해를 줌으로서, 아랍의 영토를 계속 점령하고 있으면 값비싼 대가를 치른다는 것을 인식시키는 것이었다.

■ 우리군은 수에즈 운하를 도하해 바레브 라인을 돌파하고, 적의 대부대를 패배시킴과 아울러 큰 손해를 주고 격퇴시켜, 전쟁 전체의 결말로서 중동지역에서 힘의 균형을 변화시켰다.

■ 이스라엘의 안전보장의 사고방식을 무너뜨려 안전한 국경선에 대한 생각이 잘못되었다는 것과 함께, 항시 중동에서 긴장의 원인이었다는 것을 밝혔다. 이스라엘은 1967년에 안전하지 않다고 생각하는 국경선에서 전승을 거둔데 반해 이번에는 안전하다고 생각하는 국경선에서 패배했다. 이스라엘의 확장정책 이론은 제2차 세계대전에서 패했고, 나치 독일을 붕괴로 이끌었던 히틀러의 이론을 연상시킨다.

■ 이 전쟁은 이스라엘 국내에 충격과 동요를 주었으며, 확장주의와 힘에 의한 목표를 추구하고, 기성사실을 아랍에 강요해 온 정부의 정책이 신뢰를 잃었다. 또 이번 전쟁에서는 과거 3회의 전쟁에서 받은 것보다 더 많은 인적 피해를 입은 결과, 이스라엘로서는 새로운 전제에 입각한 이론과 정책을 창안할 시기를 맞이하기에 이르렀다.

■ 이집트를 포함한 아랍세계는 위신을 회복했고, 암흑시대에서 여명의 시대로 들어섰다. 이집트인은 자신과 미래에 대한 신뢰를, 또 모든 아랍인은 자긍심과 세계 각국으로부터 존경심을 되찾았다.

■ 전후, 세계 전반은 아랍의 공정한 대의명분에 유리한 대 중동정책과 자세를 채택하게 되었다.

나. 전술상의 교훈

10월 전쟁은 국제적인 긴장완화의 정세 하에서 실시된 국지적이면서도 최대한의 규모를 갖는 총력전이었으며, 중동 사상 미증유의 병력과 무기 및 장비가 동원되었다. 육·해·공 전투 및 방공 작전 등 각 분야에서 다수의 미사일과 전자장비가 사용된 것은 주목할 만하다. 전술적으로 귀중한 교훈이 많았는데, 주요한 것으로서는 다음 사항을 들 수 있다.

- 현대 전사 상 차폐물이 없는 사막에서 기습공격의 가능성을 실증했다. 제1차 세계대전 및 제2차 세계대전에서는 정찰, 정보수단이 제한되었기 때문에 기습공격이 성립됐지만, 이번에는 그러한 수단이 현저하게 발달해 있는데도 불구하고 기습이 가능했다.
- 현대전에서는 특정 목적 또는 목표를 달성하기 위해 모든 병과와의 협동전투가 중시된다. 이스라엘이 많은 전투에서 전차에만 의존한 것은 분명히 실패의 요인을 초래했다. 이집트 측은 각 병과와의 협동전투가 작전 면에서 현저한 성공을 거두었으며, 동시에 각 병과와의 협동작전이 군사전략 전반의 승리를 가져왔다.
- 공군력이 상대측보다 우월한 경우에도 강력한 방공체제가 존재한다면 제공권을 획득할 수가 없다. 공군 및 전자전의 발달에 대항하는 방공분야의 성장과 그들 상호 간의 항쟁은 점점 더 치열해질 것이다.
- 지상전투에서는 대전차 미사일이 다수의 전차를 효과적으로 파괴하여 그 능력을 입증했다. 그 결과 일시적으로 현대전에서 전차의 역할에 의문을 던졌지만, 앞으로도 전차는 지상전투에서 주요한 역할을 수행할 것이며, 대전차 무기와 경쟁할 것이다.
- 전쟁 중 2만 2,000톤의 무기를 미국이 공수하지 않았다면 이스라엘의 사태는 아마도 변했을 것이 틀림없다. 한편, 이집트도 무기 공급원이 한곳이기 때문에 큰 제약을 받았다. 앞으로 무기 공급원을 다양화 하면서 국내 군수산업을 강화하는 것이 필요하다는 것을 통감했다.
- 이번 전쟁의 승리는 스스로 임무와 행동에 관하여 확고한 신념을 갖은 이집트군 장병들이 가져온 것이다. 이번 전쟁은 이집트와 전 아랍의 승리이고, 이스라엘 분쟁의 역사에서 우리들의 대의명분을 유리하게 하는 전기를 마련한 것이라고 말할 수 있다.

- 지난 25년 동안 4회의 전쟁이 일어났지만, 그 중 3회는 침략과 확장을 기도하는 이스라엘이 먼저 시작했다. 이에 대하여 아랍은 그 영토와 권리를 회복하고, 공정한 평화를 실현하기 위해 4번째 전쟁을 시작했다. 우리들이 고유의 영토를 해방시키려는 것은 대의(大義)이며, 팔레스타인인(人)의 권리를 회복시키려는 것도 정의(正義)이다. 대의와 정의의 실현이 중동에서 평화의 길로 통한다는 것은 더 이상 말할 필요도 없다.

▌▌▌▌▌ **이집트 측 군사논문 [2]** ▌▌▌▌▌
이스라엘의 안전보장정책에 관한 고찰

이집트 육군성 정보정찰부장
이브라힘 파드 나사르 소장

1. 이스라엘 안전보장정책의 논거

가. 이스라엘은 장기간에 걸쳐 '이스라엘의 안전보장정책'이라고 부르는 그들 형태의 사고방식을 계속 선전해 왔다.

이 기회에 현대를 규제하는 국제법에 비추어 안전보장의 개념을 명확하게 하면서 이스라엘 자신의 안전보장에 관한 사고방식과 그들의 기도를 폭로한 10월 전쟁의 효과에 관하여 설명하겠다. 덧붙여 이러한 연구를 거듭함으로서 그 지역의 모든 국민들은 말할 것도 없고, 전 세계의 인종에게 의미 있는 중동에서 진정한 평화와 안전을 가져올 수 있을 것이라고 확신한다.

국제법의 원칙에 의하면 한 국가의 안전보장은 그 국가의 실질적, 표면적 양면에 걸쳐 독립을 유지하고 주권을 옹호하는 데 있다. 더구나 이런 원칙은 침략행위, 공갈, 영토의 탈취, 국제사회에 대한 배신행위 등, 비합법적인 수단의 행사를 어떤 국가에도 허용해서는 안 된다고 정의하고 있다.

나. 이스라엘의 안전보장정책은 다소 이질적이며, 그들이 달성하고자 의도하는 정치적 목적의 반영이나 다름없다.

즉, 중동지역 내에서 최대한으로 가능한 영역을 획득해 정치적, 경제적, 사회적 지배를 확립하고, 인종차별주의 국가의 존재를 강요하는 데다가 한 걸음 더 나아가서는 그것을 세계로부터 인정받으려고 하는 것이다. 현실에서 이스라엘은 아랍 국가들과 무리를 해가면서까지 축차적으로 상기의 목적을 달성하기 위해 노력해 왔다. 이스라엘의 안전보장정책 실현의 욕구는 그들 지도자의 손으로 비합법적인 정치목적 달성의 욕구를 비닉하고, 국제여론의 눈을 속이고, 이스라엘 국민들을 호전적으로 만들어 위험한 짓을 하게 하는 등 각종 모습으로 드러나고 있다. 그 내용은 다음의 세 가지로 귀결된다.

첫째, 국경을 확보한다
둘째, 강력한 군사력으로 억지하고, 예방전쟁도 불사한다.
셋째, 이스라엘을 지지하는 강대국과 제휴한다.

10월 전쟁의 목적 중 하나는 군사력으로 이스라엘에 통격을 가해 그들의 안전보장정책을 좌절시키는 것이다. 즉, 아랍의 영토를 계속 점령하고 있으면 값비싼 대가를 치른다는 것을 인식시키고, 정치적, 심리적 및 군사적 억지작용이 앞으로 이스라엘을 지키는 철벽과 같은 역할을 할 수 없다는 것을 납득시키는 것을 주안으로 했다. 이하 이스라엘의 안전보장 요점을 관찰하면서 10월 전쟁의 효과를 알아보자.

2. 제1의 정책 : 국경을 확보한다.

가. 이스라엘의 지도자는 이제까지 영토의 지리적 범위 및 국경에 관하여 어떠한 언급도 하지 않았다.

예를 들면 건국선언의 내용을 보아도 분명히 알 수 있다. 초대 총리는 "이스라엘 병사가 서있는 지점이 곧 우리나라의 국경이다"라고 말했다. 또 이스라엘 정부가 예전부터 제안을 받은 모든 국경 안(案)을 거부한 것도 역시 주지의 사실이다. 현실에서도 그들은 팔레스타인 분할안의 경계도, 또 1956년의 침략(수에즈 전쟁) 이전의 국경 어느 것도 인정하지 않았다.

1967년 침략(6일 전쟁) 이전의 국경에 관해서도 마찬가지다. 원래 이스라엘 정부는 수립 이래 국경을 고정하려는 의지가 없다. 한편에서 지도자는 '식별이 용이한데다가 방어상 유리하고, 더구나 소요(所要)에 응해 어떠한 공격이라도 나갈 수 있는 천연의 지형선(線)에 국경을 유지'하는 필요성을 항상 말하고 있다. 그런데 그들의 국경은 언제나 자신들이 지배하는 지역의 밖인 아랍이 지배하는 지역 내에 존재하고 있다.

건국 이래 이스라엘은 아랍의 희생을 전제로 하고, 힘에 의해 영토를 축차 강탈하면서 확장을 계속해왔다. 맨 먼저 1948년에는 분할안이 제시한 팔레스타인 전역의 56.5%에서 77.4%로 증대시켰다. 1956년에는 벤 구리온 총리가 시나이 반도와 가자 지역을 병합하겠다는 의지를 분명히 했다. 이어서 1967년 6월 12일, 다얀 국방부 장관은 다음과 같이 말했다. "일주일 전만 하더라도 이와 같이 국경을 확보할 수 있을 것을 그 누가 예상할 수 있었을까."

영토 확장 정책을 해명하는 수단으로서 이스라엘은 자국 영역 내에 위험이 미칠 것을 피하기 위해 인근 아랍국들 영역 내에 지배를 미칠 필요성을 강조한다. 이를 위해 다음과 같이 설명한다.

- 동부 국경 부근의 아랍군 포병은 이스라엘의 주요 도시를 포격할 수 있다.
- 골란고원 지대의 화포는 이스라엘 입식지와 북부 이스라엘을 포격할 수 있다.
- 에일라트에서 아카바 만을 경유해 홍해로 통하는 중요 수로를 사름 엘 세이크가 제압하고 있다.

이러한 지리적 견지에서 국경에 대한 요구는 팔레스타인 및 다른 아랍 국가들로부터 영토를 탈취하는 확장정책을 비닉하는 수단이나 다름없다. 이와 같은 요구를 만들어 낸 구실은 앞으로도 지대지 미사일의 사정권 내에 들어온다는 위험성, 항공공격을 받을 수 있다는 위험성 등을 주장하며 언제나 제한 없이 구실을 확대할 수 있다. 따라서 이스라엘은 국경 내에서 안전보장을 받으려는 이유로 계속 인근 영토를 병합하려고 할 것이다. 이를 위해 그들의 사고방식은 천연의 저항선(경계), 방위상의 중요 지역 및 그것을 위한 정복의 권리를 발상하기에 이르렀다. 그것에서 필연적으로 종래로부터의 확장주의, 식민지주의의 정당화가 생겨났고, 참혹한 국지적 혹은 세계적인 전쟁의 싹이 자라났다. 그리고 그러한 독특한 이념이 파쇄되어 힘의 규칙이 종말을 고할 때까지 비인간적인 행위가 반복되어 왔다.

나. 10월 전쟁은 그들 고유의 국경확보 신화를 파괴했다.

그 이전의 시기에는 위험을 느끼는 국경의 태세에서도 승리를 거둔 것에 반해, 이번에는 안전하다고 간주되었던 국경의 태세에서 패배를 당했다. 양호한 하천 장애물인 운하와 바레브 라인을 연해 구축한 강력한 방어진지는 이집트군의 진공을 막아내지 못했다.

홍해~에일라트 간의 항로는 그들이 예측한 샤름 엘 세이크 보다도 더 먼 지점에서 저지되었다. 원래 이스라엘의 국경확보정책은 확장주의자의 침략적 사상을 기반으로 하는 것으로, 그 움직임에는 하등의 제한이 없으며, 중동에 대한 연속적인 긴장과 항쟁을 가져오는 것 이외에는 아무 쓸모가 없다. 지금이야말로 세계 전체가 고통의 끝에 도달한 것과 같이 이스라엘의 지도자가 다음 사항을 납득해야 할 시기로 접어들고 있다고 생각한다.

- 안전보장을 위해 넓은 지역을 확보하는 것은 전적으로 무익하다.
- 영토 확장은 역사의 섭리를 이기지 못한다.
- 자국의 안전보장은 병력 수에 의존하지 않는다.
- 항구적, 결정적인 안전보장은 힘에 의한 것이 아니라 인간집단 상호 간의 관계를 좋게 만드는 것에 따라 달렸다.

3. 제2의 정책 : 강력한 군사력으로 억지하고, 예방전쟁도 불사한다.

가. 군사력이 이스라엘 안전보장정책의 기둥을 이루고 있다.

즉, 이스라엘은 군사력의 은혜로 태어났고, 게다가 팽창을 이루었다. 그들의 군사전략목표는 다음과 같이 규정한다. "아랍 측보다 우수하고 강력한 군사력을 유지하고, 실력에 의한 영토확장과 억지로서 안전보장을 구현한다." 이 목표를 달성하기 위해 이스라엘은 건국 당시부터 호전적인 국가로서, 인적자원, 경제력, 심리동향 등을 모두 전쟁으로 돌리면서 군비를 강화하는 데 광분했다.

그들이 말하는 억지는 국민 전체를 위기감 속에서 생활하게 하여 유사시 즉응태세를 취하게 하고 국토 전체를 요새화 한 상태에 놓는 것을 의미한다. 아울러 때때로 주변의 아랍국들에게 군사적 모험을 감행하여 힘을 과시하고, 국경지대에 극심한 긴장상태를 초래하는 것 또한 억지의 범주에 들어간다. 그것이 노리는 것은 위기의 분위기 속에서 고도의 긴장감이 가득한 사회 상태를 만들어 국민들에게 호전적 국가를 용인하게 함으로서, 힘에 의한 팽창을 계속하려는 것이다. 이와 병행하여 이스라엘군 우위의 분위기를 조성하고, 아랍 측을 실망시키는 씨앗을 뿌리는 것을 의도하고 있다. 예방전쟁은 적이 공세를 기도하거나 혹은 그 준비를 완료했다고 이스라엘이 주장하는 때에 그들 스스로 발동하는 선제적 일격이다. 이를 위해 이스라엘은 정보기간에 의존하며, 또한 그것을 대단히 중시한다.

이상에서 말한 바와 같이 억지(抑止)라는 이유로 긴장 상태를 만들고, 그럴듯하게 예방전쟁의 구실을 준비하며 침략을 단행하는 것이 그들의 상투적 수단이다. 억지와 예방전쟁을 통해서 이스라엘은 무한정 국가적 확장을 추구하고, 또 그것을 위해 제한 없이 국민을 동원함으로서, 아랍 국가의 실의(失意)와 굴복을 강요할 수 있다고 몽상(夢想)하고 있다. 건국 이후 이스라엘군의 역할 및 그 행동을 개략적으로 살펴보면 다음의 사실이 인정된다.

- 오로지 공세에 적합한 전력을 보유하고, 전투를 국경 밖의 땅에서 추구하는 침략적인 군대다.
- 억지를 위해 단기간 보복적인 약탈, 파괴를 기도하는 공격을 감행하여 이스라엘군 우위를 각인시킴과 함께 아랍의 좌절감을 높인다.
- 어떠한 아랍 국가에 대해서도 가치가 낮은 보잘 것 없는 승리를 단기간 지속시키기 위해 국지적 및 국제적으로 과대선전 하는 데 노력한다. 반면 아랍군과의 직접적 대결은 회피한다.
- 억지를 위해 작전의 성과를 크게 홍보하면서 특수부대의 습격 상황을 과시해 이스라엘군을 최면에 빠지게 한다.

나. 1973년 10월 이전의 시기에 이스라엘은 자국군의 능력을 과대평가하였고, 그것을 내외에 인식시키려고 했다.

1967년의 전쟁 결과는 전 세계에 이스라엘군의 강인함을 인식시켰다. 그 결과 그들의 오만함과 자신감 넘치는 태도는 정점에 달했고, 정치 지도자층은 아랍은 빠른 시간 내에 재기할 수 없으며, 때문에 이스라엘이 제시한 조건에 따를 수밖에 없을 것이라고 확신했다. 그 결과 이스라엘이 추구하는 안전보장의 조건이 달성되었다고 간주하였다. 과연 그러했는가?

- 이스라엘 국내의 안전이 보장되었는가?
- 점령한 아랍 영토를 완전히 확보하고 있었을까?
- 정전 라인을 연해 배치된 이스라엘군은 안전했는가?
- 최종적으로 아랍을 완전히 실망시키기에 이르렀는가?

10월 전쟁에서 이스라엘군은 군사적 패배로 얼룩졌다. 정보기관은 경고를 하지 못했고, 동원기관은 예방전쟁을 발동할 수 있는 유리한 상태를 조성하지 못했다. 힘의 신화, 억지 (抑止), 기다란 손(항공전력)은 모두 서전에서 봉쇄되었고, 그 결과 본격적 대결을 할 수밖에 없었다. 이에 대하여 이집트군의 계획준비와 전쟁지도는 이스라엘의 군사력을 파악해, 그들의 장점을 막고 단점을 조장했다.

- 기습은 전략·전술 양면을 망라해서 총합적이었다.
- 광대한 정면에서 동시공격을 실시했다.
- 근접전투를 강요했다.
- 전투지속시간은 인적·물적 전력의 허용한도를 넘었다.

그 결과 이스라엘군의 가면이 벗겨지고, 거기에 본래 모습이 폭로되었다. 국경, 군사력, 요새적 국가사회에 의지하고, 비합법적인 국가목표를 갖고 있던 이스라엘은 국토와 자유 회복을 위해 싸우는 아랍과의 대결을 강요받아 완전히 자신을 잃은 모양새가 되었다. 그런데 안전보장이 달성되었을까?

4. 제3의 법칙 : 이스라엘을 지지하는 강대국과 제휴한다.

이스라엘 자신은 자기실력으로 달성하기 어려운 큰 전략목표를 설정했다. 그 결과 강대국에 의존하는 것은 안전보장의 실현을 위한 중요한 대책의 일부가 되었다. 때문에 국제관계의 불안정한 상태를 종종 추구해, 국제분쟁을 확대하여 강대국의 협력을 얻으려고 획책해 온 결과 1973년 10월 이전에는 성공을 거두었다고 말한다.

강대국과 전략적으로 결속한 결과, UN의 해결안은 완전히 허사로 돌아갔다. 이스라엘은 최신 최고의 무기 및 장비를 보유하고, 외국으로부터 경제 원조를 받았기 때문에 불안전한 승리 아래서 오랫동안 살아올 수가 있었다. 10월 전쟁은 중동에서 강대국의 이익을 보장하는 것을 전제로, 이스라엘이 분쟁을 계속하려는 태세와 세계 각국이 아랍의 권리를 존중하는 책임을 무시하며 중동 자원의 이익을 향유하는 경향에 종지부를 찍었다.

5. 결론

- 이스라엘의 안전보장정책은 영토 확장주의자의 공식(公式)에 지나지 않는다.
- 1973년 10월까지 그 구상이 성공한 것은 우발적 요인 및 작위적 요인이 좋은 결과를 가져온데 기인한 것이다.
- 10월 전쟁은 이스라엘의 기획을 봉쇄하고, 그 비합법적인 정치적 목적이 달성될 수 없다는 것을 실증했다. 동시에 정의의 시점과 아랍의 합법적인 목적달성의 범위에 들어오지 않는 한, 이스라엘의 안전보장은 성립되지 않는다는 사실도 드러났다.
- 10월 전쟁은 이스라엘이 자기에게 편리한 상황을 작위(作爲)할 수 있는 시대를 끝냈다.
- 아랍 각국의 국민들은 공정하고 안정된 평화를 희구하고 있으며, 그 방법에 대하여 충분히 자각하고 있다. 그 때문에 스스로의 안전보장을 달성하는 데 현실적인 조치를 필요로 하더라도 앞으로는 타인의 희생을 전제로 하는 안전보장은 당연히 피해야 할 것이라고 생각한다. 이러한 점을 거스르는 생각은 무력 전념(무력 제일주의)의 안전

보장과 다를 것이 없다.

- "유대인을 총칼과 피로 쓰러뜨린다면, 똑같이 총칼과 피로 일어설 것이다"고 말했는데, 그것이 바로 이스라엘의 안전보장의 본질을 드러내고 있다. 그래서 더욱 더 다음 사항을 덧붙여야 할 것이다. '총칼과 피에 의해 그들이 이미 잃지 않은, 더욱 더 잃지 않으려고 하는 것은 장래에 대한 희망, 즉 안전보장에 대한 자신감이다. 지리적 확장, 억지력, 예방전쟁은 어느 것이라도 그것을 위한 수단이 될 수 없다. 영토 확장이 목적이고, 침략전쟁이 그 수단이고, 기성(既成) 사실의 작위(作爲)가 분쟁 해결책에 있는 것을 정당한 행위로 인정할 수 있겠는가.'

- 탈취당한 토지의 해방은 아랍 고유의 권리다. 팔레스타인인(人)의 권리를 회복하고, 자신들의 땅에서 평화롭고 안정된 생활을 할 수 있도록 보장하는 것은 아랍인으로서 정당한 행위다.

- 결론적으로 빼앗긴 땅과 팔레스타인인(人)의 권리를 회복하는 것이 중동의 평화와 안전을 실현하기 위한 결정적 수단이 된다.

▌▌▌▌▌ **이집트 측 군사논문 [3]** ▌▌▌▌▌
10월 전쟁에서 이집트 공군이 수행한 역할

이집트 공군사령관
무하메드 샤크르 아부델 모넴 중장

1. 1967년의 패배와 공군의 재기(再起)

가. 개설(槪說)

- 1967년에 발생한 패배의 사실은 아랍으로서는 뼈아픈 교훈 그 자체였고, 스스로의 결함, 모순, 수동성을 밝힌 것이라고 말한다. 그 때문에 군대는 작전계획의 수립과 그 실행 그리고 교육훈련에 과학적 수법을 채용하기로 했다.
- 충성심이 가득한 공군 장병들은 당시 패배에 의한 충격을 견디어 내면서 새로운 활동을 시작했다. 그들이 은밀하게 품었던 모토(motto)는 "오명의 만회"였다. 그 오명은 자신의 책임을 회피하고 잘못을 모두 공군에게 전가시키려 한 일부 사람들이 뒤집어 씌운 것이다.

나. 패인

현실에서 배웠던 패인으로 지금 소개할 수 있는 사항은 다음과 같다.

- 부적격한 많은 지휘관들의 실력에 관하여 과대평가
- 피·아 전력에 관한 피상적 관찰
- 전법 및 무기 사용법의 경직화와 아울러 통신수단 및 전자기기의 빈곤
- 정치가의 요구와 군의 계획 간 상호 부조화(不調和)
- 기습대처의 가능도 등, 항공작전에 관한 추상적 인식
- 항공조직의 불비
- 항공기지의 수적 부족

다. 자신감 회복

- 1967년의 패배 직후, 신속한 훈련을 재개한 시점에서부터 이미 자신감을 회복하는 징후가 나타나기 시작했다. 먼저 전선에서 멀리 떨어진 항공기지에서 다수의 조종학생을 양성하기 시작함과 동시에 훈련을 위해 모든 장비 및 기재를 집권적으로 운용하여 모든 분야에서 전투효율을 개선하고 고양하는 데 노력했다.
- 1967년 7월 14일 및 15일의 항공공격에서, 적이 시나이 각지에서 모아 저장한 탄약을 모두 폭파한 무렵부터는 자신감 회복의 징후가 더욱 확실해졌다. 집중적인 폭격 결과, 운하 인근지역의 적은 분산했고, 공포심에 사로잡혀 일부는 엘 아리쉬까지 후퇴했다. 전에는 그 지역에서 볼 수 없었던 맹렬한 폭격 후 이스라엘 측은 정식으로 정전을 타진해 왔다. 그때 이미 공군사령부는 '수에즈 운하를 도하하여 운하 동안의 진지를 어느 정도 탈취할 가능성이 있다'는 것을 공식적으로 표명했지만 정치지도부는 실행에 옮기지 않았다.

2. 재건

- 공군 재건을 위해 다음 사항이 중요 과제였다. '조종사 수의 증가, 항공기 및 기지의 정비' 등이었는데, 이것의 일환으로서 적의 폭격으로부터 방호하기 위해 전 항공기를 쉘터에 수용할 수 있도록 노력했다.
- 아울러 다음의 제반시설 등을 신설하고 확충하는 데 힘썼다.

'지휘중추, 지휘통제기구, 조기경고수단, 통신연락 및 항법기능'

- 방어계획에 기반을 두고 항공전력을 각 기지에 분산시키는 반면, 작전 발동 후에는 신속하게 재편 조직화하여 공세이전을 할 수 있도록 준비했다.
- 우리 공군의 기본임무는 운하를 따라서 이집트 동부 사막지대의 진지에 전개하는 지상군의 상공 공역의 제공권을 유지하고 엄호하는 것이다.
- 고난을 극복하고 훈련수준을 높이면서 적측이 윤택하게 보유하고 있는 서구제 무기에 비해 열등하다고 그들이 헐뜯는 소련제 무기의 사용법을 숙달하는 동안에 새로운 지휘기법이 생겨났다.
- 장병들은 명예를 만회해야 한다는 신념 때문에 지금 갖고 있는 무기로 싸워야 한다는 필요성을 충분히 인식하고 있었다. 이 때문에 공군은 단순한 표어가 아니라 새로운 과학적 수법에 의해 사기의 고양을 도모했는데, 그때에 애국심, 협동정신 및 희생정신을 함양하는 것을 특히 중시했다.
- 위의 사항을 볼 때, 표어 "승리냐, 죽음이냐"가 몸에 밴 것은 당연한 것이다. 1967년의 재난 재발의 환영은 이제 모든 이들의 마음속에서 말살되었다. 이스라엘이 선전을 하면 할수록, 또 그들이 자만심을 조장하면 할수록, 그것에 비례해 공군의 사기는 점점 높아졌다.

3. 훈련의 강화 및 충실

가. 훈련

- 부대 또는 동원기관의 대소를 불문하고 훈련계획 및 실행은 더할 나위 없이 엄격했지만, 협동정신을 고양하기 위해 각 부대 간의 협조와 팀웍(team work)을 중시했다.
- 조종사, 정비사, 항법사, 관제사, 기술 및 행정관리 담당자 등, 각 분야의 능력향상을 위해 훈련에 필요한 최대한의 장비 및 기재를 투입했다. 이집트 공군은 1명의 조종사가 체공 중 안전하고 확실하게 활동할 수 있도록 항시 20명 이상의 지상근무원이 필요했는데, 이들까지 포함하여 협동동작을 향상시켰다.
- 조종사가 적의 레이더 및 대공화기를 피해서 기습공격을 할 수 있도록 실전적 상황

하에서 초 저공 공격훈련을 반복하였다.

- MIG-21 전투기의 공중전 훈련 시, 대항군용으로 리비아 공군의 미라쥬-5형 전투기를 최대한 활용했다.
- 모든 분야에서 근무하는 간부들의 기술수준을 향상시키기 위해 국내연수, 해외연수, 인쇄물 및 해설서 등을 작성 배포했으며, 사고원인의 조사연구와 더불어 대책을 수립하고 전파하였다.
- 요격관제사의 훈련은 전자방해가 실시되는 상황 하에서 숙련도 향상을 중시했다.
- 조종사는 모든 기상조건 하에서 기존의 모든 기지에서 이착륙훈련을 실시했고, 각종 상황 하에서 적응할 수 있도록 반복 숙달시켰다. 그 결과 각 개인의 이륙소요시간을 현저하게 단축시킬 수 있었다.
- 헬기 조종사 훈련은 특히 야간에 병력강하 및 자재투하를 중시했다.

이상과 같이 훈련을 실시한 결과 1967년 당시에 비해 1973년에는 비행시간이 2.5배, 전투폭격기 이륙회수와 폭격훈련 회수는 18~21배로 급증했다.

나. 소모 전쟁의 경험

- 1969년 3월 8일, 본래 불안정한 정전상태가 파탄 나고 소모 전쟁이 시작되었다. 이스라엘의 목적은 그 무렵 확실하게 성장하고 있는 이집트 군사력을 파괴하는 것이었다. 그렇지만 그 싸움의 성과는 이집트 공군에게 자신감을 회복시킨 것이다. 또 전훈에서 조종사들은 적이 공중전 때나 우리 방공조직의 간격으로 침투할 때 잘 사용하는 전법을 간파하기에 이르렀다.
- 우리 전투폭격기는 제공권의 획득과 사막에 전개한 우리 지상부대의 상공 엄호를 위해 최대한 노력했다. 동시에 적부대의 행동과 기도를 탐지하기 위해 항공정찰 활동도 소홀히 하지 않았다. 전투 간 약간의 조종사를 잃었는데, 그들은 용맹과 책임감의 모범을 보였고, 영웅적인 행동 결과 국가에 생명을 바쳤다.
- 싸움은 요격관제사의 숙련도 향상과 공지협동전투의 개선을 위한 좋은 기회였다.

다. 무기 및 기재의 개선

- 무기 및 기재를 개량하여 좋은 성과를 거두었다. 그 일환으로서 동구제 장비를 개조하기 위해 서구제 장비를 일부 채용했다. 통신전자 장비의 개선에 특별히 심혈을 기울였다. 또 항공기의 항속거리와 무장의 증대도 도모했다. 특히 헬기에 관해서는 원래 수송기능에만 한정되어 있던 것을 폭탄 및 미사일을 장비할 수 있도록 한 것은 주목할 만한 가치가 있다.
- 초 저공의 대책으로 조색기구(阻塞氣球)를 사용했다. 새로운 특색을 가미한 폭탄 및 탄약에 관해서는 이집트에서 자체 생산했다. 한편, 정찰 및 항법기재도 개량을 했다. 우리 항공기지에 대한 적기의 접근을 탐지하기 위해 새로운 조기경보장치를 도입했는데, 그러한 장치는 내탄형 방호쉘터 내에 수용하여 전개했다.

4. 공병 작업

가. 항공기지 건설

- 공병 작업력을 광범위하게 구사하여 작전준비를 철저하게 했다. 항공기용 방호 쉘터, 인원 및 기재 보호용 각종 엄호시설을 포함한 공군의 축성시설의 용량은 대형 피라미드의 8배 이상이었다.
- 이집트가 설계한 항공기용 쉘터는 신형 도어를 장착한 항공기 출격구, 내탄용 방호벽을 구비하고 위장을 실시한 참신한 설비였다. 그 때문에 전후 NATO 관계자가 이집트 쉘터를 견학하고 채용하는 것을 결정하였다.
- 사막이나 벌판을 불문하고 국내 곳곳에 항공기지의 신설 및 개선이 이루어졌고, 특히 주요한 기지에는 위장활주로가 설치되었다. 모든 신설 항공기지는 다음과 같은 제반 시설을 구축했다.
  '항공기용 쉘터, 활주로, 대피로, 탄약용 쉘터, 지휘용 쉘터, 기재용 쉘터, 각종 허위·기만 쉘터'
- 이러한 공병 작업을 위해 소요된 자재는 다음과 같다.

'시멘트 70만t, 모래·자갈 200만㎥, 철근 10만t, 콘크리트 100만㎥

나. 활주로 보수작업

활주로 보수요령의 개선, 기재의 준비 및 작업요원의 훈련을 중시했다. 각 기지에는 레미콘으로 신속히 활주로를 복구함과 아울러 낙하한 불발탄을 적절히 제거할 수 있도록 특별히 훈련시킨 공병대를 상시 배치하였다. 10월 전쟁의 결과는 공병대의 시설 설계와 유사시 대응조치가 뛰어났다는 사실을 증명했다. 각 기지에는 상당히 많은 폭탄이 떨어졌는데도 불구하고, 겨우 1개의 항공기용 쉘터가 일부 파괴된 것이 전부였다. 활주로의 신속한 복구 작업 역시 효과를 나타냈고, 6시간 이상에 걸친 연속적인 공격에도 충분히 대처한 결과 사용불능이 되었던 기지는 전혀 없었다.

5. 서전에서의 대규모 항공공격

가. 개전

- 10월 6일 14:00시, 대규모 항공공격, 즉 전쟁이 시작되었다. 이집트군의 기습이 성공했다. 그 결과 이스라엘군은 큰 피해를 입었으며, 지휘통제가 혼란에 빠졌다. 6시간 후 아랍 측의 승리가 확실해졌다.
- 서전의 결과는 사전의 예측, 계획 및 준비가 옳았다는 것을 실증했다. 우리들은 예측 시점에서 각각의 명확한 목표에 대하여 최소한 200기 이상을 출격시켜 동시에 공격하는 것이 유리하다고 인식했다.

나. 항공공격의 실행

- 전투폭격기, 폭격기 및 엄호전투기로 구성된 편대는 사막 위를 거의 스칠 듯이 아슬아슬하게 초 저공으로 비행하여 공격에 나섰다. 항공공격이 개시된 지 5분 후에 포병이 공격준비사격을 실시했다. 그 결과 폭격 후 항공기들의 귀환이 곤란했는데, 방

공조직의 적절한 조치를 받아 정해진 항로를 각 비행기가 수초 간격으로 무사히 통과할 수 있었다.

■ 공격은 항공기 5기의 손실로 약 98%의 성공을 거두었다. 주요 전과는 다음과 같다.

- 활주로 파괴 : 3개소   - 보조활주로 파괴 : 3개소

- 호크 진지 제압 : 12개소   - 야포 진지 제압 : 2개소

- 레이더 기지 파괴 : 1개소   - 지휘소 파괴 : 2개소

- 통신 중추 파괴 : 2개소   - 통신방해소 파괴 : 1개소

■ 항공공격 결과 이스라엘군 지휘기관은 후방지휘소에 의존할 수밖에 없었고, 또 가동되는 통신방해소는 엘 아리쉬에 소재한 1개소뿐이었다. 그래서 필연적으로 우리 공군은 행동의 자유를 얻을 수 있었다.

6. 각 항공부대의 행동

가. 개설(概說)

모든 항공부대가 전투에 참가했는데, 그때 뛰어난 효율성을 구비한 지휘, 기술, 관리 등 각 기능의 지원을 받은 결과 괄목할 만한 전과를 거둘 수가 있었다.

나. 전투기의 역할

■ 개전 초기부터 전투기는 지상부대, 중요시설 및 항공기지의 상공 엄호를 계속했다. 또 그 일부는 대지공격을 실시하던가, 그렇지 않으면 그 엄호를 담당했다.

■ 전투기는 다른 방공수단과 협동전투를 수행한 결과, 대공미사일 벽을 돌파하려고 하는 적 공군의 활동을 봉쇄할 수 있었다.

■ 우리 항공기지에 접근하거나 또는 포트사이드를 고립시킬 목적으로 북방에서 공격해 온 적을 요격해 유리한 공중전을 전개했다. 그 전투는 양군에서 각각 50기 이상의 항공기가 참가했으며, 대단히 격렬한 양상을 보였다. 그때 개개의 전투 중에는 10분 이상이나 계속된 것도 있었다.

- 전투기부대는 지상부대의 상공에서 행동하면서 도하행동, 바레브 라인에 대한 공격, 시나이 내륙으로의 전진 및 기갑전투를 전개하는 부대의 안전과 기동의 자유를 확보했다.
- 한편, 적이 일시적으로 데베소와르 부근에서 우리 방공조직의 일부를 타개하는 데 성공한 시기에, 전투기부대는 그에 따라 발생한 간격을 유효하게 폐쇄했다.

다. 전투폭격기의 역할

- 전투폭격기부대는 서전에 대규모 공격을 실시해 적에게 큰 타격을 주었다.
- 육·해군과 긴밀하게 협동작전을 실시했는데, 그때 특히 적 기갑부대에 대하여 맹렬한 공격을 가했다. 일부 전투폭격기는 속도, 무장 면에서 우월한 적 전투기에 싸움을 걸었다. 2기의 MIG-17이 팬텀 및 미라쥬 각 1기를 격추시키는 것을 목격한 자들은 모두 놀랐다.

라. 폭격기의 역할

- 폭격기 일부는 최초 대규모 공격에 참가했다. 그 사이에 중폭격기는 시나이 남부의 항공기지와 진지를 공격했다. 또 포트사이드 동방의 적 축성진지에 대하여 폭격을 집중하였다. 동시에 시나이 내륙의 적 예비대, 후방지휘소 등에 대해서도 공격을 가했다.

마. 헬기의 역할

- 헬기는 광범위하고 다양한 분야에서 사용되었다. 예컨대 베트남 전쟁에 기반을 두고 미사일 또는 폭탄을 탑재할 수 있도록 했다.
- 헬기의 주된 임무는 특공부대를 시나이 내륙에, 또 소부대를 전선 배후에 각각 착륙시켰다. 이렇게 착륙시킨 부대에 대해서는 탄약 및 기타 보급품을 추가 수송하려고 노력했다.

- 상기 외에 작전간 수행한 임무는 다음과 같다.
  - 적 기갑부대 동향탐지　　　　- 고립된 동안의 제3군에 대한 보급품 공수
  - 포병화력의 유도 및 조정　　　- 바이렌 유전 폭격

7. 영웅적 행동의 성과

가. 전과

10월 전쟁은 이집트군의 각 장병, 그중에서도 조종사가 진가를 발휘했다. 그들의 높은 사기는 스스로의 행동에 대한 자신감에 기인한 것이었다. 이스라엘군에 미친 진정한 기습 효과는 공중의 조종사와 지상 근무원이 실증한 세계적 수준의 우수한 능력, 그것 외에는 없다. 그 능력의 일례는 다음과 같다.

- 상당히 많은 조종사들이 1일 당 6~7소티 비행을 했다.
- 일부 조종사는 1회의 공중전에서 적기 4~5기를 격추했다.
- 헬기의 한 조종사가 팬텀 1기를 격추했다.
- 2기의 MIG-17이 팬텀 및 미라쥬 각 1기를 격추했다.
- 기지 공병대는 피탄된 활주로를 신속히 복구했다. 그 때문에 6시간 이상 사용불능이 된 기지는 전무했다.
- 각 정비사는 주야 불문하고 항공기를 수리·정비했다.
- 이륙준비 시간을 2분으로 단축할 수가 있었다.
- 연료보충 및 무장소요시간은 1기당 6분이었다(이스라엘군은 8분이 걸린다).
- 공중전에서는 항공기의 집중도가 대단히 높아 양군에서 각각 50~70기가 참가하는 것이 적지 않았다.
- 전에는 최대 10분을 넘지 않았던 공중전 시간이 이번에는 40~50분에 달하는 경우가 있었다.
- 조종사들이 목표를 파괴하는 데 통상 1~2회의 공격으로 충분했다.

나. 전통의 확립

각 장병들의 높은 사기에 기인한 이번 전과는 다음 세대에 좋은 교훈으로 계승될 것이다. 조종사, 항법사, 정비사 등은 종래 개인적 용기의 발휘를 저해하고 있던 과거의 전설을 뒤엎었다. 지상의 각 근무원들은 관제, 감시, 관리, 활주로의 수리복구 및 항공기 수리 등, 각 분야에서 모범을 보였다.

다. 중요한 교훈의 요약

- 조종사들이 좋은 성과를 거둔 요인은 기량에 대한 자신감 외에 다른 것은 없다.
- 각 장병의 사기가 전투의 원동력이었다.
- 전력을 철저히 집중 사용한 서전의 공격은 적 전력을 저하시키는 데 크게 기여했다.
- 옴카세이브(기디고개 서쪽 약 10㎞)에 있는 적의 통신방해소를 파괴한 결과, 우리 항공기는 행동의 자유를 얻었으며, 관제 기능도 정상적으로 운용될 수 있었다.
- 방공부대와의 협동전투 또한 눈에 띄는 성과를 거두었다.
- 일부 전투기를 대지공격용으로 활용할 수 있었다.
- 전 작전기간 중, 계속적인 항공소요를 충족시키기 위해 제1일차에 항공 전력을 경제적으로 사용한 것은 효과적이었다.
- 주요한 군수산업이 결여된 발전도상국으로서는 10월 전쟁의 교훈에서 다음 사항을 강조할 수밖에 없다.
  '전쟁의 귀결에 영향력을 미치는 강대국에 좌우되지 않고 전쟁을 계속하기 위해서는 평시부터 충분한 무기, 탄약 등을 비축해두어야 할 것이다.'

▐▐▐▐▐ 이집트 측 군사논문 [4] ▐▐▐▐▐
10월 전쟁에서 이집트군 방공부대가 수행한 역할

이집트군 방공부대사령관
무하메드 알리 파미 중장

1. 개설(槪說)

아랍·이스라엘 전쟁에서는 오랜 기간 동안 이스라엘 공군이 큰 영향력을 미쳤다. 특히 1967년 6일 전쟁의 결과, 그 명성은 현저하게 높았다. 이스라엘 측의 선전은 일부러 자신의 공군을 과대평가하고, 불패의 신화를 만들어내기에 이르렀다. 한편, 세계의 군사계(軍事界)도 역시 이스라엘 공군의 우수성을 인정하고 있었다.

1969~1970년의 소모 전쟁(The War of Attrition)에서는, 이스라엘군 참모본부는 "장대(長大)한 손(手)이며 강력한 타격력인 항공전력을 갖고, 수시로 통격을 가해 아랍의 행동을 억제하고 실의에 빠지게 함으로써, 우리들의 절대불패의 원칙을 인정받는 것이다"고 강조하며, 공군에 전적으로 의존하고 있음을 시사했다.

그러면 이 기회에 10월 전쟁에서 이스라엘 공군의 불패신화를 무너뜨리는 데 기여한 이집트군 방공부대가 수행한 역할에 관하여 소개한다.

2. 계획준비의 개요

10월 전쟁을 계획할 때, 우리들은 매우 간명한 생각을 갖고 준비에 임하게 되었다. 다가오는 전쟁을 피할 수 없었으므로 그때는 방공부대가 짊어질 사명의 중요성을 심각하게 인식하지 않을 수 없었다. 우리들의 적이 자신의 능력을 과신하고 오만방자한 이스라엘이기에 어중간한 태세로 전쟁에 임할 수는 없었다. 그렇지만 1967년부터 1970년 사이의 소모전쟁 경험을 통해 우리들은 적의 실체를 충분히 파악했다. 그 전쟁 기간 동안 이스라엘 공군의 동향을 끊임없이 주시한 결과 그들이 반드시 만능이 아니라는 것이 밝혀졌다. 수많은 전훈을 통해 적의 약점을 간파하고 그것에 대응하는 편성, 장비, 전법을 결정해 다가오는 전쟁의 계획을 수립하는 데 반영시켰다.

3. 전반적인 계획수립

방공부대의 계획수립 시, 다음과 같은 요인을 고려했다.
- 이집트 공군의 능력　　　　　　　　　　- 방공부대의 전개 지역
- 도하지점의 엄호와 각 병과별 협동작전　　- 예비 방공부대

가. 이집트 공군이 이스라엘 영내 깊숙한 곳의 적 공군기지를 공격할 수 있는 항공기를 보유하지 못했기 때문에 방공부대는 적의 모든 항공전력과 대결하는 것을 예기하였다. 이 때문에 기습과 적 전력의 분산화를 도모하는 데 착안했다.

1) 적 공군으로부터 주도권의 이점을 빼앗기 위해 기습의 효과를 발휘할 때, 방공부대가 큰 역할을 수행하였다. 이것에 관한 포석은 이미 10월 전쟁 이전 시점으로 거슬러 올라간다. 즉, 우리 방공부대는 수에즈 동안의 공역에서 적 정찰기를 빈번하게 격파해왔다. 그 결과 우리는 이스라엘 측의 유력한 정보획득수단을 박탈해 필연적으로 공세작전을 비닉하는 데 유리한 여건을 조성시켰다.

2) 운하 전역 및 수에즈 만(灣)을 포함한 광대한 정면에서 동시공격과 병행하여, 50㎞ 동

쪽의 시나이 내륙 깊숙한 곳에 공중강습을 망라한 군의 작전구상은 방공 작전을 실시하는 데 다음과 같은 효과를 초래하게 했다.

- 적 공군의 노력을 분산시켜 그 위력을 감소시켰다.
- 이집트군의 작전 중점을 기만했고, 이에 대한 적 항공전력의 집중을 곤란하게 했다.

나. 방공부대가 전개할 지역은 운하 지대와 시나이에 한정되는 것이 아니라 이집트 국토의 거의 전역이 그 대상이었다.

정치 중추, 해·공군 작전기지 등은 원격지에 있을지라도 예외 없이 항공공격을 받을 것으로 판단했다. 따라서 공세작전을 지원하고 후방지역의 중요지역 및 시설을 방호하기 위해서는 각종 방공수단을 검토해 조정할 필요가 있었다. 이 때문에 전황의 변화와 각 단계별 또는 전쟁양상에 부합되는 항공공격의 예상목표를 판단해 지상부대의 기동계획수립과 통합 및 연계하여 치밀하게 방공 작전계획을 수립하였다. 전투의 성과는 계획 타당성과 담당자의 노력을 충분히 실증했다.

다. 적 공군에게 교량이 파괴되는 것은 작전의 실패와 직결되는 문제였다.

방공부대는 특히 그 점에 유의하여 교량방호계획을 수립하고, 가용한 방공수단을 배치했다. 또한 공군, 방공부대 및 기타 지상부대와의 상호협동동작을 훈련장에서 실험한 후 그 교훈을 반영시켜, 종국적으로는 다양한 항공공격에도 대처 가능한 계획을 완성하였다.

라. 현대전에서는 상황의 급변에 부응하는 유연성과 연속적으로 작전을 수행할 수 있는 능력을 보유 및 유지하기 위해 막대한 양의 무기 및 장비, 예비품 외에 충분한 예비전력이 필요하다.

그래서 이집트군은 예비방공부대를 충분히 확보하고 대기시켜 놓았다. 제1선의 방공부대가 큰 피해를 입어 방공조직에 간격이 발생했을 경우, 신속히 그것을 복원할 수 있도록 예비방공부대를 진출 및 전개가 용이한 지점에 위치시켰다. 한편, 방공부대가 타병과와의 협동작전, 공지합동작전, 기만 등에 관한 계획을 추가하여 실전을 맞이하였다.

4. 물적 전력의 충실

물적 전력의 충실이라고 말하면 작전상 필요한 무기, 장비 등의 획득이고, 정치적·군정적 수준이라고 일반적으로 해석하기 쉽지만 단지 그것에만 국한되는 것은 아니다. 여러 가지 상황을 고려해 볼 때, 이집트군은 자신이 원하는 만큼의 양과 질을 구비한 무기를 입수할 수 없었지만 작전요구에 부응할 수 있도록 현 보유 장비를 개량하여 질적 향상을 도모하는 등, 전력을 강화시키는 데 노력했다. 이집트군 간부 및 기술요원들의 창의성과 적극성이 개량을 가능하게 했으며, 재래식 무기의 결함을 해소하는 데 그치지 않고 성능을 비약적으로 향상시켜 적의 의표를 찔렀다.

5. 인적 전력의 충실

인적 전력은 작전 준비 사항 중에서 가장 중요한 부분의 하나였다. 본래 적절한 계획을 그 수립자의 의도대로 실현하는 것은 그것을 받아서 실행하는 개개인의 활약에 기대하는 바가 크다. 따라서 우리들은 다방면에 걸쳐 개개인을 훈련시키고 정밀한 무기를 보다 효과적으로 조작할 수 있도록 능력을 향상시키는 데 힘썼다. 사람의 질적 수준 향상은 이스라엘군을 기습할 수 있는 요인의 하나로서 평가할 수 있다.

6. 임전 준비

임전 준비는 전반적인 계획 중 중요한 부분을 차지하고 있다. 이 준비는 단지 수에즈 운하지대에만 국한하지 않고 국토 전역을 포함하는 것이었기 때문에 수백 개의 방공진지가 곳곳에 배비되었다. 주진지와 동일하게 배려한 예비진지 및 허위진지 또한 다수 구축했다. 이러한 방공조직을 구성하는 데 따른 고난은 필설로 다할 수가 없다. 소모 전쟁 기간 중, 이스라엘 공군의 공격에 노출되었지만 그것에 단호하게 대처하면서 운하지대의 진지 구축을 계속했다. 그런 보람이 있었기에 소모 전쟁이 끝날 무렵, 일대 전기가 찾아오기에 이르렀다. 즉 나중에 '미사일 벽'이라고 이름 붙여진 강력한 방공조직이 완성되어 효과를 발휘하기 시작한 것이다.

1970년 7월에, 이집트군의 SAM 때문에 다수의 이스라엘 공군기가 격추되고, 그들이 우위를 과시하던 신화가 종말을 고하는 시대의 징후가 나타났다. 그렇지만 이스라엘은 1970년 8월 8일 정전 이후, 전훈을 심각하게 연구하지 않고 그저 단순히 미사일 벽을 극복하는 수단을 확립했다고 주장을 계속했는데, 그 결과 10월 전쟁 시 그들에게 절망감이 밀어닥쳤다고 말한다.

7. 방공전투의 성과

10월 전쟁에서 이스라엘 공군과 이집트군 방공부대와의 대결은 이번 전투의 꽃이며 결정적인 의미를 갖는다.

가. 적 공군은 아래와 같은 임무에 항공전력을 지향했다.

1) 이집트군 도하부대 및 도하수단(부교, 문교 등)에 대한 공격
2) 도하 성공 후 진지 강화 및 교두보를 확보하려는 이집트군에 대한 공격
3) 이집트군 방공조직의 무력화와 공군기지 공격에 의한 항공우세 획득
4) 이스라엘군 지상부대에 대한 근접지원

나. 이에 대하여 이집트군 방공부대는 아래의 각 분야에서 모두 성공하였다.

1) 전쟁이 시작될 때부터 끝날 때까지 지상부대의 상공 공역을 유효하게 방호했다. 또 공군과 합동작전을 실시하여 이스라엘 공군의 전력을 파괴하고 불패의 신화를 깨뜨렸다. 이렇게 해서 지상부대의 도하 및 수에즈 운하 동안에서의 전투가 하늘로부터 방해를 받지 않고 유리하게 수행할 수 있는 조건을 형성했다.
2) 방공부대가 도하수단도 역시 유효하게 방호했기 때문에 적 공군은 부교, 문교 등을 거의 파괴할 수 없었다.

3) 항공기지를 유효하게 방호한 결과, 1967년처럼 이집트 공군을 지상에서 격파하려고 하는 그들의 기도를 완전히 봉쇄했다. 그 결과 모든 항공기는 전쟁의 전 기간을 통해 정상적으로 기능을 발휘했다.

4) 방공부대는 야전군 지역과 후방지역에 각각 운용하는 전력의 균형을 유지하는 것에도 성공했다. 이것은 적 공군의 활동범위를 축소시키고, 그들의 공격 지점을 전장지역과 항공기지만으로 한정시키는 역할이었다. 동시에 정치, 경제, 산업의 중추를 안전하게 만들어 그 기능이 정상적으로 운영될 수 있게 만들었다. 국내의 사회활동도 건전성을 유지했고, 전선에 대한 지원·협력을 계속했다.

5) 다수의 공군기와 방공무기가 전투에 참가했음에도 불구하고 공지합동작전은 대단히 유효적절했다.

6) 적기의 저공 공격에 대한 대응도 역시 유효했고, 그 분야에서의 기술적 기습은 많은 성과를 거두었다.

7) 이스라엘군이 서안 지구에 침투하여 미사일 벽의 파괴를 기도했을 때의 예(例)에서 보듯이 돌발적 사태에서도 방공부대 작전계획의 유연성이 실증되었다. 이를테면 각 SAM을 적화(敵火)의 사정 밖에 있는 예비진지로 단시간 내에 배비를 변경하는 것이 가능했다. 배비 변경 후 미사일 벽은 이스라엘군의 돌출부를 접해 凹 형태로 나타난 상태에서 저지 및 반격을 실시하는 우군 지상부대를 방호했다.

8) 방공부대의 대응책이 적절했기 때문에 적의 ECM은 전투에 결정적 영향을 미치지 못했으며, 이스라엘군 참모본부 내에서도 그 효과를 의문시하기에 이르렀다는 것을 주목해 볼 필요가 있다. 그 후 미국은 전훈을 통해 증명된 많은 결함을 인식하고 새로운 ECM 장비 개발에 노력하고 있다.

9) 유인기에 대항하는 이집트군의 조치가 주효했고, 이스라엘군의 무인정찰기(RPV)의 사용도 성공하지 못한 사실 또한 특별할만한 성과였다. 덧붙여서 이번 전쟁의 경험에 기초하여 개량형 무인기가 등장한다 해도 역시 대응할 수 있다.

10) 방공부대에 의한 항공기 피해에 관하여 이스라엘 측은 120기를 넘지 않는다고 주장하고 있는데 반해, 동구 측은 280기, 서구 측은 200기라고 각각 산정하고 있다. 이번에는 구태여 숫자를 언급하지 않겠지만 항공기 손실이 큰 것은 당연한 것이다. 그러나 그 손실보다도 이스라엘 측을 더욱 고통스럽게 한 것은 오랜 기간 동안 피땀

흘려 양성한 우수 조종사를 다수 잃은 것이다. 전쟁 2일째 이후, 숙련도가 낮은 조종사의 출현이 두드러진 것을 보고 우리는 적의 고뇌에 찬 모습을 현실에서 느낄 수 있었다. 이런 유형적인 손실 이상으로 이스라엘군이 받은 큰 타격은 심리적 충격과 그로부터 파생된 자신감의 동요였다. 그때부터 2년이 지난 지금에도 그들은 항공기를 잃은 원인에 관하여 고민하며 심각하게 생각하고 있는데, 그 사실 자체만으로도 이집트군 방공부대가 자랑할 가치가 있는 전적이다. 최근 서구 측에서 밝힌 '항공기 손실 원인에 관한 이스라엘 자신의 고찰' 자료에 의하면 다음과 같다.

- SAM에 의한 손실   30%
- ZSU-23-4에 의한 손실   30%
- 공중전에 의한 손실   15%
- 원인불명   25%

(계 100%)

우리 방공부대의 경이적인 작전행동과 복잡 교묘한 현대장비를 능숙하게 운용한 사실은 세계 각국은 물론 일부 아랍인들조차 믿어 의심치 않았던 이스라엘의 프로파간다(propaganda)[2]가 틀렸음을 폭로했다. 이집트 방공부대와 이스라엘 공군의 싸움은 시대의 첨단을 달리는 과학기술의 싸움이었다. 싸움의 결과는 양에 대한 질의 우위를 자부하는 이스라엘 사고방식을 깨뜨림과 함께, 그것을 달성한 우리 방공부대의 계획과 준비의 타당성을 실증했다.

8. 결언

10월 전쟁 그 자체가 현대전에서 방공전투의 중요성을 여실히 말해주고 있다. 항공 및 전자전 분야와 그것에 대항하는 방공전투 분야에서 전술과 병행하여 과학기술의 발전 및 그것에 부응하는 연구개발의 활성화는 앞으로 계속될 추세라고 판단된다.

---

2) '선진적인 이스라엘과 후진적인 아랍 사이에는 절대로 메꾸기 어려운 기술적 갭(gap)이 존재한다'는 내용.

<hr />

|||||| 이집트 측 군사논문 [5] ||||||
10월 전쟁에서 이집트 해군이 수행한 역할

이집트 해군부대사령관
파드 아부 지크리 중장

1. 서언

10월 전쟁은 이집트·이스라엘 간의 네 번째 전쟁이었지만 우리 군, 특히 해군으로서는 건전한 과학적 기반을 갖고 전쟁에 임할 수 있었던 최초의 기회였다. 이번 작전은 우리나라 군사전문가의 경우, "피·아 양군의 실력 및 잠재적 능력을 현실에서 비교해 상응의 결론을 구하기에 적합한 실험장이었다"고 말한다. 과거의 중동전쟁은 전격전의 상황 하에서 달성된 것도 있고, 전술상 한정적 혹은 특수한 범주에 속하는 것도 있다. 따라서 그다지 새로운 분석이나 연구할만한 성질의 것이 아니었다.

2. 6일 전쟁

1956년의 전쟁에서는 주요 노력을 영국과 프랑스 함대에 지향했었다. 그때 해군의 작전은 부대 전체의 전투능력보다는 개인적 용기와 희생적 정신에 의존하였다. 1967년의 전쟁에서는 잠수함, 구축함, 미사일 보트 등 유효한 전력을 보유하고 있었음에도 불구하고 우리 해군은 하등의 공격적 임무를 부여하지 않았다. 주요 임무는 해안 및 항만의 방어

외에 확보유지가 걱정되고 두려웠던 아카바 만(灣) 입구 주변 해역에서 항로 확보를 기대하는 정치적 목표의 달성이었다. 따라서 해군 작전의 본질은 주도권을 전혀 확보할 수 없는 상태였다.

어떤 국가가 해군함대를 투입하여 이집트가 실행한 봉쇄를 실력으로 돌파하고 아카바 만에 진입하자는 의사표시를 했기 때문에 우리나라의 정치적 결의가 점점 더 굳어졌고, 해군의 유력한 일부를 만(灣) 입구 주변에 분산배치하게 되었다. 그렇지만 우리 해군은 임무를 효과적으로 수행하여 아카바 만을 완전히 지배했다. 그 결과 '이스라엘이 지중해에서 행동의 자유를 얻기 위해, 동 해역에서 이집트 해군을 홍해로 유인해 낸 계책이었다'고 주장하는 그들의 선전에 일부 이용된 면도 부정할 수 없다. 그런데 이스라엘 해군이 한 일은 미국의 리버티 형 선박을 실수로 격파한 것 이외에 알렉산드리아 항에 프로그맨(frogman)을 잠입시켜 파괴하려다 실패로 끝난 습격뿐이었다. 프로그맨이 전원 체포되고 적 잠수함이 큰 타격을 받은데 비해 우리 함선의 피해는 전무했다. 이에 대하여 이스라엘 측은 그들의 항만 부근에 이집트 잠수함이 진공해 오는 위험성을 감지했다고 하였지만 당시 우리 해군은 그와 같은 공격계획이 전혀 존재하지 않았다.

3. 에일라트 사건

정전 후, 대함미사일로 적 구축함 에일라트를 격침[3]시킨 사실은 우리 해군의 전투효율이 좋은 상태였다는 것을 실증했다. 이 전투는 단지 양쪽 해군의 단순한 교전현상에 머무르지 않고 세계 군사 분야 전반에 일대 충격을 준 해전의 전례라고 말한다. 종래 서구 각국이 장비하고 있지 않은 함대함 미사일이 가령 세계 최강을 자부하는 재래식 함대에 대해서도 그 사정 밖에서 위협을 줄 정도로 실용화 되었다는 것에 큰 의의를 인식할 수 있다.

이때 주의할 요인은 미사일이 갖는 대단히 양호한 정밀도다. 이 효과는 재래의 전술을

---

3) 에일라트 사건의 개요 : 1967년 10월 21일 17:30분경, 포트사이드 동방 로마니 만에서 항진중이던 이스라엘 해군 구축함 에일라트(Eilat : 1,710t)호에 이집트 해군 코마급 미사일 보트 2척에서 발사한 스틱스 함대함 미사일 4발 중 2발이 명중되어 함체가 경사했다. 19:30분경, 또다시 날아온 동형의 미사일 2발 중 1발이 명중하여 결국 에일라트 호는 침몰했다. 그때 승조원 202명 중 47명이 전사하고 91명이 부상했다 (이스라엘 해군사령관 에도르 제독의 기자회견에서 발표). 당시 에일라트 호는 이집트의 영해 12마일을 넘어 포트사이드에서 10마일 되는 곳에 진입하였다.

변화시켜 힘의 균형을 역전시킬 정도의 혁명적 변화를 초래하였다. 에일라트 사건은 과거의 전투에서는 무력했지만 장래의 전투에서는 두려운 존재가 된 이집트 해군의 잠재 전력을 이스라엘 측에 확실히 각인시켰다. 그 결과 그들은 10월 21일을 이스라엘 해군 사상 보기 드문 재앙의 날로 취급하고 있다. 그때의 피해와 그것이 사기에 미치는 영향 때문에 이스라엘 측은 항공 및 기갑만을 중시하지 않고 해군력도 강화하기 시작했다.

이상의 사항을 볼 때, 그 사건은 소모 전쟁이 끝난 후 10월 전쟁이 도래할 것임과 그 전쟁 양상을 시사해주는 것이나 다름없었다. 소모 전쟁 시, 프로그맨이 4회에 걸쳐 에일라트 항을 습격[4]해 적의 선박, 인원에 큰 피해를 준 전적은 높이 평가할만하다. 한편, 항공위협 하에서도 구축함대가 3시간에 걸쳐 연안의 적에 대해 포격을 가한 사건도 있다.[5] 그 외에도 특출난 작전을 실시했지만 현재는 아직 발표할 시기가 아니기 때문에 생략한다.

상기의 모든 작전은 양측 해군이 정면 대결의 상태에 이르렀던 최초의 전투나 다름없다. 그 결과 10월 전쟁에 필요한 공세계획을 수립 시, 피아 전력분석 및 예상되는 대응책을 연구할 때 이러한 전훈들을 참고하였다. 또 이스라엘 해군의 발전 상황과 현재의 위치 및 작전환경에 관해서도 당연히 검토를 했다.

4. 공세작전의 준비

다가오는 전쟁에 대응하는 우리 해군의 비전은 다음에 제시하는 전략적, 전술적 제반 조건을 고려하였다. 먼저 우리 영토를 탈환하고 승리를 획득하기 위해 골간이 되는 전력인 지상부대의 지원과 합동작전에 중점을 지향한다. 이를 위해 공격준비사격 및 그 후 공격 간에 연안 포병 및 함포가 화력 급습을 실시한다. 해군은 적이 예기치 못한 화력수단에 의해 기습효과를 발휘하는 데 유의했다. 이것은 미사일 보트에 의해 위력이 큰 화력의 등장과 신속한 기동을 병용한 전법에 기반을 둔 것이었다. 이 전훈으로부터 재래식 포를 장비

---

4) 이집트군 프로그맨이 에일라트 항을 습격한 대표적인 예. ① 1969년 11월 16일; 대형선박 2척의 5개소에서 수중폭파가 발생하여 1척은 침몰하고 다른 1척을 좌초됨. ② 1970년 2월 5일; 소형 선박 2척이 폭파되어 1척은 침몰, 다른 1척을 좌초. ③ 1971년; 수송함 바트 고림(900t)이 침몰.

5) 1969년 11월 8일 밤, 이집트 해군 구축함 2척과 미사일 보트 수 척이 포트사이드 동방 15마일 지점에 있는 이스라엘군 시설을 포격했다. 함대는 이스라엘 공군기가 날아온 후 퇴거했다. 이집트 측은 연료 및 탄약 관련 시설을 염상시켰다고 공표한 데 대하여 이스라엘 측은 35분간 포격을 받았지만 피해는 없었다고 주장했다.

한 구축함은 장래에 미사일 보트로 대치되는 것을 예기할 수 있다. 육군의 기동에 협력하는 해군부대는 그 측익인 해면에서 특히 적의 상륙부대에 대한 경계 및 엄호를 맡았다.

5. 해상봉쇄의 검토

이어서 해군은 전략 임무의 달성을 위해서도 노력했다. 지금까지 중동전쟁의 전훈, 작전 환경, 전략전술 등 각 분야를 계속 연구하는 과정에서 지중해 및 홍해를 통과하는 이스라엘의 해상교통로를 차단하는 것을 착안하고, 또 그것을 기습적으로 발동하기로 했다. 역시 그런 종류의 임무수행에 전제가 되는 고려사항은 다음과 같다.

- 지금까지 외견상으로 본 결과 이스라엘 해군의 활동은 국지(局地)로 한정되었고, 특히 연안 해역을 중시하고 있다.
- 이스라엘은 스스로 차단하기 용이한 항로에 의존하고 있다.
- 이스라엘은 상당한 전략물자(특히 석유)[6] 및 주요 장비를 해상수송에 의존하고 있다.
- 이스라엘 해군 및 공군의 민감한 감시를 멀리 벗어나고, 우리 해군의 집결 및 보급을 위해 우호국으로부터 편의 제공을 기대할 수 있는 지점[7]에서 항로를 통제한다. 이를 위해 장기간 행동 가능한 구축함대를 투입하는 것으로 했다.
- 수에즈 만 입구의 경우, 적이 지배하고 있는 지역에서 가깝고, 또한 그곳을 통과하는 연안항로를 직접 통제하기 위해 기뢰를 사용하기로 했다. 기뢰를 적절하게 부설하면 그 효과가 크며, 또 용이하게 제거할 수 없다.
- 해상봉쇄는 적국으로의 전략물자 수송을 저지할 목적으로 공해상에서 선박을 임검하는 행위를 인정하고 있는 국제법의 원칙에 합치하는 동시에 다른 나라의 정당한 행동에 대해서는 하등의 악영향을 미치지 않는다. 본래 이스라엘은 티란 해협의 항로 안전을 위해 샤름 엘 세이크를 확보하는 것을 전제로 하고 있기 때문에 수에즈 만 및 바브 엘 만데브 해협을 봉쇄하면 그들 국가의 태세 전반에 위기가 닥쳐올 것이 확실했다. 이에 대하여 적은 대처할 수단을 갖고 있지 않았다. 지중해역에서 해상교통

---

6) 이스라엘은 연간 석유소비량의 40%를 페르시아 만에서 홍해를 거쳐 아카바 만으로 수송한다.
7) 바브 엘 만데브 해협을 가리킨다.

로를 차단할 경우 조치를 취해야 할 지점이 너무 많아서 항로의 상태, 적 해군 및 공군의 능력을 검토해 본 결과, 장기간 비닉할 수 있는 잠수함대를 전개시키기로 했다.

6. 방어작전의 준비

방어작전을 연구하면서 우리의 주요 항만을 충분히 방호해야 한다는 필요성을 인식하게 되었다. 항만에 대한 제1의 위협은 잠입 또는 파괴공작원을 상륙시키는 잠수함과 항만의 입구 부근으로 공격해 오는 함정이나 선박이며, 제2의 위협은 항만 시설이나 선박 등을 포격하는 무장 공격정이었다. 이러한 적의 가능성 있는 행동을 예측하고, 그것을 기초로 항만방어계획을 수립했다. 아울러 적 잠수함을 발견하고 소탕하는 기능도 강화시켰다. 이를 위해 근해에서 수시 대잠 경계를 하는 수단으로서 헬기를 활용하기로 했다.

수상 함정의 대책으로서 기술적 수단 및 목시 수단에 의한 감시를 강화할 수 있도록 각 연안에 감시소를 증설했다. 게다가 고정식 연안포 및 로켓을 설치함과 함께 그러한 화기들의 사정 밖에서 교전할 수 있는 미사일 보트를 대기시켰다. 적이 우리 선박을 항구 밖으로 유인해서 매복공격을 가하는 것도 예상되었는데, 그런 경우 우리들은 연안 감시소를 비롯해 적을 찾는 각종 수단을 활용함과 아울러 미사일 사격으로 대응하려고 했다.

함내 수면에 대해서는 주야를 불문하고 엄중한 감시를 계속함과 아울러 프로그맨의 특수장치 폭탄에 대한 조치도 강구했다. 적의 최신형 미사일 보트, 병력 수송함, 잠수함, 상륙용 주정 외 제공능력까지 검토한 끝에 우리들은 적의 가능성 있는 행동을 다음과 같이 도출하였다.

- 특히 석유 확보의 관점에서 지중해 및 홍해의 항로를 확보한다.
- 함포사격에 대비하여 해안선을 연해 있는 중요 시설을 방어한다.
- 이집트 주요 항만으로 물자 유입을 방해한다.
- 우리의 진지 붕괴와 지휘의 혼란을 야기할 목적으로 지상부대의 측익 또는 배후로 특별공격을 실시한다.

7. 작전의 개요

10월 전쟁에서 우리 해상작전의 성과와 적이 현실에서 채택한 행동을 평가한 경우 다음과 같이 말한다.

- 우리 해군은 연안의 넓은 범위에 걸쳐 적의 집결지, 부대시설 등에 대하여 함포사격을 실시했고, 함선 및 해안포의 격렬한 화력으로 지상부대를 지원했다. 개전 당일 바이론 곶(cape), 포트사이드 동측지구, 스도르 곶, 샤름 엘 세이크 및 모하메드 곶에 대하여 함포사격을 실시했다. 동시에 아인무사 지구, 메세라 곶, 포트사이드 동측 지구에 공격준비사격을 실시했다. 이러한 유형의 화력전투는 작전 전 기간에 걸쳐 반복 실시되었다.
- 해상교통로 무력화 계획 역시 효과적으로 실행되었기 때문에, 병력분리협정 조인 때까지 적 함선은 단 1척도 에일라트 항에 출입하지 못했다. 한편, 지중해역의 여러 항구를 출입하는 선박의 수도 평상시에 비해 12%로 감소했다.
- 적은 우리의 주요 항만, 특히 알렉산드리아 및 사파가로 통하는 항로에 위협을 주지 못했다. 이러한 항만은 평상시와 똑같이 정상적으로 기능을 발휘했다. 예를 들면 알렉산드리아에 출입하는 선박의 경우, 10월 3일에 10척이었는데 10월 17일에는 21척을 헤아렸다. 10월 전쟁의 결과는 이스라엘 해군이 그들의 임무를 제대로 달성하지 못했으며, 지휘를 잘못했기 때문에 견실하게 작전을 수행할 수 없었다는 사실도 드러났다. 그것은 이스라엘군 참모본부가 이집트 육군의 운하 도하 능력을 과소평가한 것과 더불어 우리 해군의 실력도 정확하게 판단하지 못한 데서 기인한 것이다.

8. 해상봉쇄의 효과

이어서 이번 작전을 관찰한 결과 나타난 중요한 점에 관해 소개하겠다.

- 개전을 앞둔 시점에서 적 점령지와 접해 있는 수에즈 만 입구에 기뢰를 부설할 때,

다수의 부대가 활동했음에도 불구하고 적측은 하등의 징후도 감지하지 못했다. 전쟁 기간 중에도 우리 해군은 10월 19일의 최종 작업을 제외하고는 전혀 적의 방해를 받지 않고 기뢰부설을 반복해서 실시했다.

- 우리 해군은 그 기지로부터 상당히 떨어진 지역에 함포사격을 실시했는데, 그러는 동안 적으로부터 전혀 요격을 받지 않았다. 이런 지역은 이스라엘이 티란 해협의 항로 안전을 위하여 특별히 중요시하고 있는 샤름 엘 세이크도 포함되어 있다. 또한 사격은 유도미사일과 무 유도미사일에 의해 반복 실시되었다.

- 전쟁의 전 기간, 이스라엘 해군의 수뇌부가 평소부터 강조하던 주 임무의 하나인 해상교통로는 제대로 확보할 수 없었다. 그런데 이집트 해군이 해상교통로를 차단하고 있는 동안 이스라엘 해군은 도대체 어디에 있었던 것일까? 예루살렘대학 내 레오나르드 데비스 학회의 연구결과는 다음과 같이 말하고 있다.

"이집트 해군은 관계 해역 주변의 아랍 국가들로부터 시설을 제공받아 바브 엘 만데브 해협의 봉쇄에 성공했다. 이것에 대하여 이스라엘 해군은 봉쇄에 대항할 수 없는 소부대를 항해 해역에 배치하고 있는 것에 불과했다. 즉 이러한 부대는 넓은 해원(海原)에서의 행동을 감내할 수가 없었다."

9. 이스라엘의 선전(宣傳)

이상 소개한 것이 명백한 사실임에도 불구하고 이스라엘 측의 선전기관과 신문은 모두 그들 해군이 이집트 해군의 작전을 크게 제약시켰으며, 엘 알라메인에서부터 다미에타 사이의 연안 목표에 대하여 사격했다고 끊임없이 과대선전을 하고 있다.

이스라엘은 그들 자신의 선전 목적에 기여하기 위해 지극히 소규모의 전술적 효과를 이용하는 데 머물고 있다. 적 해군은 그다지 중요하지 않은 목표를 포격했고, 게다가 어떤 손해도 주지 못했다. 우리 해군 측은 그동안 효과적으로 작전을 실시하여 적을 요격하고 동시에 그들에게 중대한 피해를 입혔다. 우리들이 많은 주정을 격침시킨 충분하고 구체적인 증거가 있음에도 불구하고, 이스라엘 측은 자신이 받은 피해에 관해 언급하는 것을 피하고 있다.

10. 해군작전의 평가

이집트 해군은 작전의 계획과 실행의 양면에서 과학적 기반 및 해전의 제반 원칙에 충실했다. 기만과 기습에 관한 계획의 착상이 그 대표적인 일례다. 우리 해군은 집중의 원칙을 중시하면서 지상부대와의 합동작전에서 성과를 거두기 위해 미사일 보트 및 포함(砲艦)의 제반 행동을 집권적으로 규제하는 데 노력했다. 또 적의 해상교통로를 차단할 때는 지리적 조건, 아랍 우호 국가가 제공하는 전략적 중심 및 유리한 작전환경을 최대한 활용했다.

특정 지역에 대한 기뢰부설은, 그것으로써 적을 기습함과 동시에 보다 중요한 임무를 위해 전력을 절약하는 수단으로 운용되었다. 10월 전쟁은 최고도의 과학기술의 운용을 특색으로 하는 두 국가 간의 항쟁인 전형적 국지전이었다. 현실에서는 예상을 훨씬 뛰어넘는 많은 양의 최신무기가 사용되었다. 전략 전술의 각 분야에서 귀중한 교훈을 얻었기 때문에 앞으로 각종 연구가 계속될 것이다.

이번 전쟁은 현대전 하의 실체, 전 병과가 전투에 참가하는 것의 중요성을 유감없이 강조했다. 이때 국가의 전략목표 달성에 이바지하는 합리적인 계획에 따라 각각의 병과가 상호 긴밀히 협조 및 협동을 하여 성과를 거두지 않으면 안 된다. 고도의 과학기술은 미사일 및 전자장비의 위상을 높임과 아울러 전황의 급속한 변화 및 전장의 광역화를 초래하여 해군의 전술 전기를 더욱 복잡하게 만들었다.

고도의 과학기술에 입각한 무기에 대한 의존도가 컸지만 결코 인간적 요소의 가치를 잃어서는 안 된다. 오히려 인간적 요소가 점유하고 있는 비중이 점점 더 증가되면서 온갖 종류의 전투의 귀추에 영향을 주는 결정적 요인으로서 앞으로도 계속 존속할 것이다. 이번 전쟁에서 이집트군 장병들은 그들의 영웅적인 전투 자세와 고도의 사기에 의해 인간적 요소가 중요하다는 것을 몸으로 증명했다. 장병들의 행위는 신(神)에 대한 충성심, 지휘관에게 품은 신뢰감, 정교한 현대무기를 조작할 수 있는 자신감을 기반으로 했다는 것을 굳이 강조할 필요는 없다.

이상 설명한 바와 같이 이집트 해군은 견실하고 합리적인 계획에 입각하여 10월 전쟁에 임했다. 동시에 고도의 사기, 주도면밀한 준비 및 맹렬한 훈련을 바탕으로 삼고 효과적으로 작전을 수행한 결과 충분히 임무를 완수할 수 있었다.

▌▌▌▌▌ 이스라엘 측 군사논문[8] [1] ▌▌▌▌▌
10월 전쟁의 전훈

짐 선박회사 전무이사(10월 전쟁 시 이스라엘 국방군 참모총장)
다비드 엘라자르 예비역 중장

1. 개요

10월 전쟁은 재래전의 원리원칙 면에서 가치 있는 많은 교훈을 남겼다. 서구 및 소련권의 현대전 무기가 전쟁 기간 중 광범위하고 다양하게 사용되었다. 아랍 육군은 소련제 무기를 소련의 교리에 따라 사용했지만 그 효율은 무기설계상의 기준에 비해 무척 저조했다.

한편, 이스라엘군은 미국을 중심으로 한 서측의 무기를 사용했는데, 그 운용교리는 독자적인 것이었으며, 대부분의 경우 미 육군의 사고방식과는 현저하게 달랐다. 이와 같은 조건 및 상황 하에서 10월 전쟁은 1970년대 초기 동·서 양진영의 무기에 관한 전술교리 및 과학기술 수준을 평가하기 좋은 기회였다.

전쟁의 결과를 분석하고, 특히 실패의 원인을 규명해서 이를 개선하는 데 기여하는 것이 중요하다고 일반적으로 생각한다. 이에 관하여 동일한 전쟁은 장래에 결코 다시 일어나지

---

8) 陸幹校 教育資料,「エジプト・イスラエル軍シソポジェーム 資料」; 田上四郎,『中東戰爭全史』, (東京 : 原書房, 1981), pp.509~536을 패러프레이즈(Paraphrase). 심포지엄은 1975년 10월 12~17일까지 예루살렘의 힐튼호텔에서 개최되었다.

않으므로, 한번 체험한 성공사례를 다시 적용하려고 하는 어리석은 행동은 피해야 한다. 우리들이 경험한 전쟁의 실체는 그때마다 다르다. 6일 전쟁에서 완승 후, 이스라엘군은 전훈의 결과를 참고해 부대의 편조, 무기 장비의 종류와 수량, 교리 등을 바꾸어 1973년의 전쟁에 임했다.

1967년 당시, 아랍군이 전체적으로 비효율적이었던(무력했던) 결과, 우리 군이 승리를 거두었다는 견해에 동의하지 않는다. 오히려 우리 군의 뛰어난 지혜, 노력 및 확고한 의지가 승리를 가져오게 한 요인이지 결코 아랍 측이 무력해서가 아니었다. 또 1973년에 들어서서 아랍군이 획기적인 변혁을 했다고 생각하지 않는다. 수적 요소 및 계획 준비는 확실히 약간 향상되어 있었지만 본질적으로 우리 군에 비해 여전히 열세였다. 개전 초기 기습의 결과 전략상 유리한 태세를 획득했지만, 그것이 지속된 것은 최초 40시간뿐이고, 그 후 점차적으로 주도권을 잃었으며, 강대국이 이끈 정전에 의해 간신히 파멸을 면했다.

2. 기습에 관한 교훈

아랍의 기습효과로부터 우리들이 배운 교훈은 국가전략(정략), 전략정보, 전술정보의 세 가지 분야가 있지만 이 논문에서는 정보 분야만 다루기로 한다.

아랍군의 동향에 관한 정보자료의 수집에 관해서는 어떠한 문제점도 인정되지 않는다. 실제로 우리는 필요한 자료를 입수하고 있었다. 따라서 기습을 받은 조건은 신뢰할 수 있는 정보가 결여된 것이 아니고, 평가판정, 특히 적측의 기도 판단에 관한 오판이었다. 이 전훈으로부터 우리들은 정보처리의 중요성을 재인식하게 되었다. 군사전략 및 전술상의 관점에서는 국경선을 연해 유력한 부대를 집결 및 전개시키는 조치가 기습방지 상 유효하다. 양 교전국이 강력한 무기를 보유하고 있는 현대전에서는 상대측의 병력전개 및 임전 상태를 군사적 대책이 필요하다고 정치적 판단을 내리기에 충분한 공격 징후로 해석해야 한다.

이와 같은 경우, 정치적 요인보다도 군사적 요인을 중시해서 결단을 내리는 것이 오히려 중요하고, 그 때문에 공격을 기도하는 상대측에 대하여 선제공격을 실시하는 것이 가장 효과적인 대응책이라고 확신한다. 10월 전쟁 시, 이스라엘 육군이 본격적인 선제공격을 실행할 상태가 아니었다는 것은 주지의 사실이다. 공군 쪽은 실행 가능한 태세에 있었는데, 정치적 이유에서 선제공격이 허가되지 않았다.

3. 양적 우위에 대한 질적 우위의 가치

이집트·시리아 양국과 우리나라 간의 힘의 비율은 평균 3:1(분야에 따라서는 4:1 또는 2:1)로서 어느 분야에서나 그들이 우세한데, 장차전에서도 아마 그 상태일 것이다. 이번 전쟁의 결과는 양적 우위보다 질적 우위의 중요성을 말하고 있지만, 그 질은 각종 요인이 일으킨 효과에 의해 귀결된다.

- 장병들의 싸우려는 의지와 희생정신이 가장 중요하다.
- 군의 질적 수준은 국민의 수준, 즉 국가의식, 문화수준 및 기술능력의 반영이나 다름 없다.
- 군의 정강도(精强度)는 그 전투효율, 편조, 훈련수준, 각 전문 부분의 능력, 군기 및 각 급 지휘관의 지휘통솔력에 의해 좌우된다.

상기의 각 요인에 관해 우리 군의 우수한 점은 과거의 전쟁에서도 실증되었고, 또 이번 전쟁에서도 양적으로 우세한 적을 압도하기 위해 큰 역할을 했다고 말하면서, 아울러 개선시킬 여지가 있다는 것도 인정한다. 우리 군의 조종사, 전차병, 공정대원, 보병, 포병 등의 수준은 적측에 비해 월등히 우수하다. 따라서 전쟁 간 각 분야에서 최대의 전과를 올릴수가 있었다.

- 전차 수는 2.5:1로 아랍 측이 우위에 있었지만 피해는 4:1로 우리 군이 유리했다.
- 항공기 수도 2:1로 아랍 측이 우위에 있었지만 피해는 5:1로 역시 우리 군이 유리했다(특히 공중전에서 현저했다).

이제까지 우리나라의 전쟁준비는 항상 적이 우리에 비해 3배 우세한 것을 전제로 하여 실시해 왔으며, 앞으로도 그렇게 할 수밖에 없을 것이다. 그 때문에 우리 군이 질적으로 높은 수준을 유지해야 한다는 것은 국방상 중요한 요인임에 변함이 없다. 장래 수적으로 우세한 적과의 대결이 예상되는 서측 진영으로서는 군사력의 질적 향상을 위한 노력이 불가결한 것이라는 것을 이 기회에 강조하고자 한다.

4. 제병협동 · 전차 · 항공기의 가치

제병협동작전의 의의가 작전·전투상의 교훈으로서 거론된다. 당연한 것이므로 그 문제 자체에 어떠한 새로운 사항도 없지만, 현대전 양상에서는 모든 전투, 회전(會戰) 및 전쟁 전반의 성패에 영향을 미치는 요인으로서 비중이 높은 것은 틀림없다. 그 이유는 현대의 무기가 고도로 발달함과 아울러 다양화했기 때문이다. 10월 전쟁 때, SAM의 유효성이 입증된 사실이 그 일례다.

SAM에 대처하기 위해 우리 공군의 임무가 복잡화 되어가는 것과 더불어 새로운 각종 문제점이 발생하기에 이르렀고, 이에 따라 종류가 다른 수단을 조합시켜 대항할 필요성이 밀어닥쳤다. 신화적인 과정을 에누리해도 역시 대전차 미사일은 유효했지만 그렇다고 전차의 가치가 떨어졌다고 말하지 않는다. 그렇지만 대전차 미사일이 전차에게 위협이 되고, 전차가 보병이 방어하고 있는 진지를 공격하는 것이 종전에 비해 어려워지고 있다는 것도 부정할 수 없다. 따라서 기갑부대 공격시 포병과 긴밀히 협조하여 대전차 미사일의 위협을 최대한 감소시키는 것이 대단히 중요해졌다. 동시에 기갑부대의 전진을 저해하는 적 포병에 대항할 수 있는 강력한 화력운용도 필요하다.

전차의 시계 및 사계가 제한되는 상황 하에서는 적의 대전차 화기에 대한 조치로서 보병의 직접적인 지원이 중요하다. 그 밖에 단시간 내 대량의 지뢰를 매설할 수 있는 장비가 일반화된 현대의 발전추세에 대처하기 위해 장애물 처리를 전담하는 공병부대의 지원을 강화할 필요성도 역시 증대하였다. 항공기와 전차의 가치가 저하되었다고 보는 것은 분명히 잘못된 견해이며, 그 두 개의 수단은 여전히 전장에서 결정적인 역할을 수행하는 데 변함이 없다.

협동전투를 할 때, 타 병과 및 지원수단은 항공기와 전차의 우위를 확실하게 조성한다. 공군의 1차적인 임무는 국토 및 전장 일대의 공역을 제압하는 것으로서, 단적으로 말하면 그 효과는 그 공역 전반에 퍼져있는 방공병력의 필요성을 없애고, 아울러 적측의 유효한 공격을 파쇄하는 수단이나 다름없다. 공군의 대지 직접지원에서 주된 역할은 적의 후방조직, 부대이동 등을 교란하고 파괴할 목적으로 실시되는 항공저지 작전이다.

1973년 이전의 시기에는 근접항공지원 작전을 공군의 임무 상 최하위에 해당되는 것으로 이해했었다. 또 적 공군의 공격에 대하여 안전한 상태에 있는 우리 지상부대는 독력으로 적을 격파할 수 있다는 사고방식도 강했다. 예상한대로 10월 전쟁에서는 달성할 수 있었던 효과에 비해 근접항공지원의 피해가 컸다는 사실을 밝혔다. 다만 그런 종류의 항공작전이 필요하기 때문에, 그럴 경우에 대비한 공지합동작전의 의의를 잊어서는 안 된다.

전장에 집중하는 SAM에 대한 대피행동과 특별한 대응책이 등장한 결과, 공지합동작전은 점점 더 복잡해지고, 종래의 기법은 구식화 되기에 이르렀다. 이번 전쟁에서도 전차는 지상부대의 핵심전력이었는데, 장래에도 그럴 것이다. 지뢰로부터 대전차 미사일에 이르기까지 모든 대 기갑수단은 전차의 효과를 감소하고 제한시키겠지만 전차 대 전차의 전투에서 보는 바와 같이 결전(決戰)적인 의의는 인정되지 않았다. 항공전력 및 기갑전력은 공격, 방어 양면에서 유효하다.

5. 방어의 의의(意義)

10월 전쟁에서 열세한 부대가 진지에 의지하여 우세한 부대의 공격을 저지하는 수단으로서 방어의 강점을 실증했지만, 방어만으로는 최종적 승리를 거둘 수 없다는 고전적인 원칙은 불변이다. 10월 9일부터 14일까지의 전황에서 우리 군이 실행한 것처럼, 적의 공격을 저지하여 그 기도를 분쇄함과 아울러 막대한 피해를 강요하고, 그 결과 피아의 전력비를 조금이라도 유리하게 만들어 공격의 여건을 조성하는 수단으로서 방어는 일시적으로 이용할 가치가 인정된다. 특히 10월 14일에는 우리 군의 전차 피해가 30대에 불과한데 비해 이집트군 측에는 200대 이상의 피해를 주어 그 공세를 좌절시켰다.

신속한 승리를 얻으려면 가능한 한 신속히 공격으로 전환하는 것이 바람직하다. 10월 전쟁 시, 최초 아랍의 기습에 의한 충격이 미친 영향과 우리에게 불리한 전황인데도 불구하고 위와 같은 원칙에 입각하여 작전을 지도 및 지휘한 결과 개전 후 겨우 40시간 밖에 경과하지 않은 10월 8일부터 공격을 개시할 수 있었다. 모든 공세이전이 전술적으로 성공했다는 것은 아니다. 예를 들면 골란 고원에서는 공격의 목적과 목표를 달성했지만 시나이에서는 그렇지 못했다. 그렇지만 적의 공세 기도를 파쇄함과 더불어 그 주도권을 빼

앉고, 이스라엘 측에 유리한 조건을 만들었다는 점에서 보면 전략적으로는 성공을 거두었다.

6. 결언

이번에는 10월 전쟁의 교훈을 약간 소개한 것에 머무르지만, 그 참혹하기 짝이 없는 전투에서 우리들은 군사적으로 승리를 쟁취했다고 평가할 수 있다. 금후, 카이로의 심포지움에 가시는 분들을 위하여 이집트에 대한 전언으로서, 이미 이 회의에서 많은 강연자로부터 들을 수 있었던 다음의 두 가지에 대하여 중복됨을 마다하지 않고 말씀드리고자 한다.

첫째, 이스라엘은 지난 전쟁에서 많은 교훈을 체득한 결과, 이미 앞으로의 전쟁에서 필승할 수 있는 준비를 완료했다.

둘째, 이스라엘은 다시 승리하는 것을 바라지 않는다. 거듭되는 전쟁은 이 땅에 평화를 가져올 수 없다. 중동에서 모든 국가를 대상으로 절실히 요구되고 있는 것은 진정한 평화의 실현이다.

▌▌▌▌▌ 이스라엘 측 군사논문 [2] ▌▌▌▌▌
10월 전쟁에서 기습에 관하여

산업통상부 장관
하임 바레브 예비역 중장

1. 개요

　10월 전쟁에 관한 글과 개인의 발언은 대단히 많으며, 또 그러한 경향은 앞으로도 계속될 것이다. 그것들 가운데 의견이 일치하고 있는 것도, 그렇지 않은 것도 인정된다.

　예를 들면 10월 전쟁에서 이스라엘이 완전히 기습을 당했다고 하는 견해에 관해서는 일반적으로 공통적 인식인 것 같다. 각자가 각양각색으로 판단하고 있지만 그 기본 바탕은 전쟁이 기습으로 시작되었다고 하는 직감적 인식이나 다름없다. 개전 당일, 제1선 병사를 포함한 유대교도가 기도 중에 있었던 것은 사실이다. 그러나 기습 발생의 원인, 기습이 초래한 효과 등에 관한 견해는 일치하지 않는다. 따라서 이 기회에 기습에 관한 사적 견해를 소개하는 것으로 했다. 기습을 받은 원인에 대해 전술교리의 부적절, 힘의 불균형, 작전사상의 경직화, 군기 저하 등을 드는 자가 많다. 또 이스라엘 사회의 비대화, 부패화, 군무에 대한 혐오감 조장 등에서 원인을 찾는 자도 있다는 것을 안다. 이상의 사고방식은 본질적으로 기습에 관한 이해 부족에서 파생된 잘못된 견해다.

　한편, 기습의 실태를 알고 있어도 정치적 의도 등으로부터 견해를 피력하는 자도 적지 않다. 이스라엘군이 예비를 2~3일 빨리 동원해 전개시켜 놓았다고 가정하면 이집트군 주

력의 수에즈 운하 도하 및 시리아군 주력의 돌파를 제한하고, 10월 10일 경부터 공세이전
이 가능했다고 생각하는 자는 그와 같은 조치를 채택하지 못한 원인을 기습에 귀결시키고
있다. 전황을 불리하게 한 주요 원인이 기습에 있었다는 것을 전제로, 전쟁의 원칙 및 이스
라엘이 기습에 의해 받은 영향에 초점을 두고 이제부터 이야기를 진행하고 싶다.

2. 기습의 원리

기습은 심리적 효과를 초래하는 전쟁의 원칙 중 하나다. 전쟁실행의 직접적 수단인 다른
여러 원칙과는 달리 기습은 적에 대한 우리 기도를 비닉할 수 있는 가능성에 의지하는 바
가 크다. 이 때문에 적의 약점을 이용하는 것에 착상하면서, 그 심리적 요소에 직접 지향한
다. 기습을 가한 측은 현저하게 유리하게 되는데 반해 상대측은 현저하게 불리하게 되고
대부분의 경우 패배를 당한다. 기습의 원칙은 공격, 방어, 후퇴 등 여러 가지 전술행동에
적용할 수 있지만, 가장 결정적이고 전형적인 효과가 기대되는 경우는 공격이다.

- 기습의 성공요건은 비닉, 기만 및 적의 오판이다.
- 비닉은 본래 수동적 성격을 갖으며, 우리의 기도, 작전준비, 전투 서열, 작전계획 등
  을 보전하는 것에 의해 달성할 수 있다.
- 기만은 우리의 기도, 계획, 전투 서열 등에 관하여 적에게 잘못된 인상을 주어 기습
  을 용이하게 하는 능동적 행동이다.
- 오판은 현실의 사태 및 정보자료에 관하여 정당한 평가판정을 그르치는 것이다. 이
  경우 기습을 기도하는 측의 비닉효과보다 오히려 자신의 정보수집능력이 부족해서
  충분한 자료가 결여된 것이 더 영향을 준다.

진주만, 바르바로사 및 10월 전쟁에서 기습의 성공은 무엇보다도 공격을 받은 측의 오
판이라는 도움을 받았다. 기습의 요소로서는 수단(예: 전격전), 장소(예: 아르덴느), 시기(예: 바르
바로사) 또는 그것의 조합(組合)이다. 10월 전쟁은 시기적 기습이었으며, 장소적으로는 아랍
의 공격정면이 한정되었기 때문에 하등의 문제가 되지 않았다. 수단적 요소도 기습의 범
위 밖이었다. 이집트군의 세부공격계획과 형태를 알았기 때문이다. 또 시리아군의 공격계

획에 관해서는 그 정도는 아니지만 전투 서열을 알고 있었고, 북부 골란에 이스라엘군의 유력한 부대를 사전에 배비해 놓았기 때문에 종심돌파를 저지할 수 있었다.

이상에서 말한 것 같이 이번 기습은 전략, 전술 각 분야에서 시기적 기습이나 다름없었다. 기습은 인간 고유의 특성의 한계로부터 성립된 심리적 방책이며, 기술적 방책은 아니다. 기습은 여러 가지 형태로 사람의 사고방식과 마음의 움직임에 변화를 주는 것이다.

3. 정보상의 문제점

정보의 주요한 목적은 기습 방지에 있고, 그 성부(成否)는 수집 및 평가판정 능력의 양부(良否)에 의한다. 정보가 결여된 상태는 기습을 가능하게 하지만 전사적으로 볼 때 그와 같은 예는 결코 많지 않다. 오히려 정보수집의 수단 등을 구비하고 있음에도 불구하고 정보자료의 평가판정에서 잘못을 범한 경우가 너무나도 많다.

10월 전쟁 외에 진주만, 바르바로사, 한국전쟁이 그 전형이다. 정치적 및 군사적 타협, 인간관계, 매스컴 등은 모든 평가판정을 혼란시키는 요인으로 작용한다. 전쟁 전의 정치 정세는 아랍의 기도 판정을 잘못하게 하는 데 영향을 주었다. 즉, 이스라엘은 사다트 대통령이 반 나세르 노선을 추구하고, 아랍의 맹주로서의 지위를 단념한 채, 오직 이집트만을 위해 관심을 쏟는 지도자로 보았다. 또 소련과의 관계가 멀어지는 것을 전쟁 회피의 증거로 보았고, 이스라엘에 대한 항전을 계속하겠다는 의사표시는 진의를 비닉하는 사다트의 고단수 공작으로 해석했다.

잘못된 판단은 군의 정보 부문, 보도관계자 등에게 선입감을 심어주는 역할을 했는데, 그것은 인간사회에서 일어나는 일반적인 경향이었다. 시기적 기습이 성립되는 조건에 관해서는 정치, 군사, 종교, 인종 등의 여러 가지 요인에서부터 각양각색이다. 전후, 아랍 측은 전쟁의 결과 그들 자신의 명예를 회복했다고 주장하고 있지만, 전쟁 전에 이스라엘에서는 아랍이 그러한 기도를 갖고 있다는 것에 대하여 의혹을 갖고 보는 사람이 많았다.

'적이 하지 않을 것이다' 또는 '할 수 없다'고 생각하는 것은 잘못된 평가에 빠지기 쉽다. 유력한 부대가 아르덴느를 돌파할 수 없다고 보았던 프랑스군의 생각에는 근거가 없었다. 항공우세를 획득할 수 없는 상황 하에서는 아랍은 공격할 수 없다. 또는 24~48시간 전에 우리가 감지할 수 없는 조건에서는 전쟁이 시작되지 않는다고 보았던 이스라엘군의 생각에 관해서도 똑같은 모습이라고 말할 수 있다.

명성에 대한 의식이나 그 반대의 공포심도 필요한 전쟁대비태세를 갖추려고 하는 경우의 장애가 된다. 객관적으로 본다면 이러한 경향은 정보 부문 외에 각급 지휘관들 속에서도 인지되는데, 인간사회이기 때문에 인간 고유의 문제점에 기인하는 것이 틀림없다. 잘못된 '적의 내습' 경보를 두려워한 나머지 실제의 '적의 내습' 경보를 발령할 수 없다는 것같이 되는 것은 유감이다. 약간 잘못된 경보를 발령해도 괜찮으니 단 한 번의 기습을 절대 놓치지 말라고 하는 편이 좋다.

10월 전쟁 당시 일부 사람들이 잘못된 경보의 하령을 생각했기 때문에 10월 6일이 되어서도 여전히 동원하령에 대한 시비를 논하고 있었다. 1973년 5월의 잘못된 경보의 반향이 10월의 결단을 지연시킨 것이다. 전쟁 발발의 가능성을 항상 의식하고 있을지라도 기습대처에 관해서 무감각해지기 쉽다. 그렇지만 전쟁이 일어나는 일반적인 예측과 개전을 목전에 두고 느끼는 절박한 의식으로부터 초래하는 각각의 영향력에는 상당한 차이가 인정된다. 개전을 목전에 두고 느끼는 절박한 의식은 일반적으로 전쟁 준비를 받아들이지만, 긴요한 시점에서 충분한 임전태세를 갖추는 것을 가로막는 경우도 있다. 10월 전쟁에서 그것이 여실히 나타났다.

한편, 상습적으로 경보를 발령해 긴장상태를 높이는 것은 적의 기도에 대한 판단을 잘못되게 하는 선입감이 생기기 쉽다. 이 경우 적이 징후를 폭로하면 우리가 구체적인 정보자료를 입수할 수 있는 상황에서도 적측의 기도를 정확하게 판정할 수 없는 것도 예상된다.

객관적 정보자료가 주관적으로 판정되는 요인으로서는 당사자의 입장, 편견, 잘못된 생각, 자신 과잉, 희망적 관측, 시기하고 의심하는 마음, 공포심, 선입감 등이다. 평가판정의 잘못을 시정하기 위해 적측의 진짜 기도를 실증하는 새로운 정보자료 등이 당연히 필요하게 된다. 미국에서 실험한 예가 이러한 문제를 단적으로 증명하고 있기에 소개한다.

실험에는 개에서 고양이로 서서히 변해가고 있는 20장의 그림을 사람에게 보여주었다. 연속해서 나오는 한 장 한 장의 그림의 변화는 지극히 미미했고, 18장째 또는 19장째가 되었을 때 간신히 개가 고양이로 변한 것을 눈치 챌 정도였다. 다만 마지막 한 장은 명확히 고양이 그림이었다. 그런데 18장째 또는 19장째의 그림이 나온 단계에서도 대부분의 사람들은 아직도 개가 나온다고 생각하고 있었다.

바르바로사 당시 스탈린은 미·영이 소련을 전쟁에 끌어들이려고 하고 있지만, 히틀러는 아직 대소(對蘇) 주전론(主戰論)이 아니라는 선입감에 사로잡혀 있었다. 10월 전쟁 개전 전, 이스라엘은 이집트군이 연습을 하고 있다고 입수된 모든 정보자료가 그 선입감에 기초하여 평가되었다.

4. 기습 대처에 관한 교훈

10월 전쟁 당일, 이스라엘군이 입수한 제반 징후를 연구한 사람은 한결같이 '그때 왜 적절한 예측을 못했는가?'라고 이상하게 생각한 것이 틀림없지만 확실히 합당하지 않은 것은 사실이며, 그 결과 다음과 같은 교훈을 도출해 낼 수 있다.

가. 기습이 지배적이었던 전사(戰史)의 예는 대단히 많다.

그러나 오늘날에도 기습이 일어날 가능성이 여전히 존재하지만, 그것을 방지하거나 그 영향을 경감할 수 있는 수단이 발달했다고 생각한다.

나. 기습에 대한 절대적 수단은 당연히 존재하지 않는다.

따라서 중국의 속담 "조심은 지혜의 어머니다"를 기준으로 삼고 전쟁 및 작전준비, 경계 병력의 전개, 동원 등을 규제할 필요가 있다.

다. 양질의 정보자료 입수야말로 '양질의 정보'의 전제임은 말할 나위도 없다.

적정, 적의 기도, 작전계획, 전투 서열, 부대 식별 등에 관한 지식은 정보예측의 소재다. 요행을 만나지 않는 한 양질의 정보가 부족한 상태에서 합당한 평가판정을 내리는 것은 어렵다. 이스라엘의 정보자료 수집능력은 대단히 높은 수준이다.

라. 선제공격은 때로는 기습을 받지 않기 위한 안전판으로서의 가치를 나타낸다.

바꿔 말하면 기습에 의해 기습을 제압하는 사고방식이다. 기동력이 풍부한 전력을 보유하는 것은 선제공격 실행 상 중요한 요건이다. 단, 정치 또는 군사정세 상 언제나 마음대로 채택할 수 있는 것이 제일이지만 선제공격에 과도하게 의지하는 것은 위험하다.

마. 자신의 과잉은 엄격하게 규제하지 않으면 안 된다.

바. 몇 개의 독립된 조직에 의해서 정보예측을 실시하면 선입감의 영향을 피하게 된다.

이스라엘은 타당한 결론을 도출하기 위해 그러한 조직의 통제에 임하는 기관이 예측결과를 재확인하려고 했다. 상기 요령은 정보자료의 평가 작업에 적용해도 효과가 있다. 이제까지 기습을 받을 가능성을 감소하는 데 도움이 되는 각종 수단 방법을 강구했는데, 본래 특효약 같은 것은 존재하지 않는다. 필요로 하는 정보자료 수집을 위해 최선의 노력을 다하고, 부적절한 평가에 빠지지 않도록 주의하는 것은 정보임무를 담당하는 모든 조직의 본래의 사명이다.

5. 아랍군의 기습이 미친 영향

제1일차의 아랍군 성공요인은 기습의 시기 선정에 따른 직접적 효과에 의한 것 이외에 그 무엇도 아니었다. 이스라엘은 전략·전술 양면에서 큰 영향을 받아, 수동적 조치와 혼란에 가득 찬 전쟁을 맛보았다. 적의 진공을 저지시키기 위한 사전 병력배치, 항공공격, 도하진공작전 등 선제 주동적(主動的)인 대책 중 어느 것도 실행할 수가 없었다.

긴급동원의 과정 또한 응급적으로 수정해서 실시한 결과, 장비 수령 시간이 현저하게 단축되어 상당한 혼란이 발생했고, 계획된 대로 지정된 무기, 장비 등을 휴대하지 못하고 전선으로 향하는 병력들이 인지되었다. 동원계획 수정의 영향은 말단 소부대까지 응급적으로 편성해서 전투에 임할 수밖에 없는 사태를 초래하였다. 전차승무원, 포(砲)반원, 지휘조직 등은 어쩔 수 없이 다시 편성했다. 기습의 영향은 전쟁기간을 예상보다 훨씬 더 길어지게 했으며, 그 결과 탄약 비축량에도 영향을 미치게 만들었고, 그 때문에 대책을 마련하는 데 고통을 겪었다.

반면, 기습을 받아 일시적으로 주도권을 잃었음에도 불구하고 10월 8일에는 시리아군의 공세를, 10월 14일에는 이집트군의 공세를 각각 돈좌(頓挫)시키는 데 성공했다. 즉, 수동적 상황 하에서 혼란의 악조건을 극복하는 능력은 아랍군에 비해 이스라엘군이 훨씬 뛰어나다는 사실을 증명했다.

6. 결언

성서시대부터 6일 전쟁에 이르는 역사를 보면 기습을 받은 결과 파멸의 쓰라림에 봉착했던 예가 대단히 많다. 기습을 받은 나라가 자원이 풍부하고 국토가 광대하기 때문에 파멸에서 구해진 예도 있지만, 그 경우 주도권을 회복하는 데 예외 없이 오랜 시일을 요하고 있다. 이번에 이스라엘군이 겨우 수 일 만에 주도권을 빼앗을 수 있었던 요인은 풍부한 자원도 광대한 국토도 없이 오랜 세월에 걸쳐 만고풍상을 견디며 조국을 위해 전투를 준비해 온 상비군 및 예비군 각 장병의 실력이었다고 확신한다. 그들 장병은 갑자기 닥친 시련에 맞섰고, 훌륭하게 그것을 극복했다.

▌▌▌▌▌ 이스라엘 측 군사논문 [3] ▌▌▌▌▌

10월 전쟁에서 이스라엘 공군 (주요한 행동과 교훈)

공군사령관
벤자민 펠레드 소장

1. 개요

10월 전쟁과 과거의 다른 전쟁과의 주된 차이점은 이스라엘군이 48~72시간 후 전력(全力)을 발휘하기에 앞서 두 정면에서 동시 공격을 받았다는 것이다. 그 원인은 기술적 문제는 아니고, 전략적, 사상적 또는 심리적인 여러 요인에서 발견된다. 6일 전쟁 전에는 공군력을 비롯한 전 이스라엘군은 방어수단 만으로는 국가의 존립을 유지할 수 없다고 생각했다. 따라서 선제 기습공격으로 적을 격파하고, 최악의 조건 하에서도 국가를 방위하기에 적합한 요선(要線)을 획득했다.

10월 6일의 사태는 6일 전쟁 이후 우리들이 예상했던 것 이상으로 최악이었다. 정치전략 상의 배려와 침략을 피하려는 기본적인 태도가 결정적 승리를 추구하는 것을 방해했다. 1967년 이래 확보한 요선에 의해 용이하게 우리의 비침략적 정책을 관철시킬 수 있을 것이라 생각했다. 그런데 전쟁에 관한 일반적인 견해는 진실과 동떨어졌다는 점에 주의하지 않으면 안 된다. 이러한 의견의 대표적인 예는 다음과 같다.

"적의 공격 개시 24시간 전에 여유를 갖고 동원할 수 있다고 하는 사고방식은 비현실적

이다."

"당시 현실적으로 존재하고 있는 상비군이 최단시간 내 방위태세를 갖출 것이다."

"적측의 계획을 세세한 부분까지 알 수 있다면, 24시간 이내에 신속하고 확실하게 대처할 수 있을 것이다."

"적이 주도권을 상실한 후 즉시 공세로 이전할 수는 없었는가?"

"조치를 잘하면 무의미한 손실은 피하는 것 아닌가?"

"사전의 계획준비와 실행이 정상적으로 일치하지 않으면 작전현장에서 상황판단을 하는 데 문제가 발생하지 않겠는가?"

"공지합동작전의 유일한 저해 사항은 기상조건과 SAM이다."

이상과 같은 견해는 어느 것이나 100% 실상과 동떨어졌다. 전쟁의 결과는 우리들이 예기했던 것 이상으로 나빴다고 말하는데, 사태의 중대함과 비교하면 그다지 나쁘지 않았다고 생각한다. 전쟁은 군사 분야를 포함해 완전히 종료한 것이 아니라 단지 중단된 것 외에 지나지 않는다.

2. 항공작전의 성과

첫 번째로 생각하는 성과는 우리의 방어선이 예상 이상으로 최악의 조건이었는데도 국토를 위험에 빠뜨리지 않았고, 또한 정치적 요구(평화를 희망)를 손상시키지 않은 채 충분히 방위 목적을 달성할 수 있었다는 점이다. 방공 분야에서는 이집트·시리아 양 공군의 기도를 최초부터 완전히 파쇄해서 만족할 만한 성과를 올렸다고 말한다. 항공우세의 결과, 우리 부대는 적으로부터 하늘을 통한 위협을 받지 않고 동원, 기동 및 전투행동이 가능했다.

다음에는 적 방공조직의 제압을 포함한 전술항공작전에 관하여 생각해 보기로 하자. 10월 6일(토요일) 14:00시에 개전이 되고, 이스라엘군의 최초 반격이 실시되지 않은 것이 생각나는데, 그것은 마치 체스(chess)에서 선수(先手)가 수를 놓는 사이에 후수(後手)가 기다리고 있는 것과 똑같은 상황이었다. 그날과 다음날인 7일(일요일) 아침부터 적의 SAM을 제압하기 시작하는 것으로 계획했다.

10월 6일 전반야, 골란 고원은 확보하고 있었기 때문에 문제가 없었고, 수에즈 정면이 위험했기 때문에 그 정면의 SAM을 우선적으로 제압하기로 했다. 그런데 그 날 한밤중에 골란 고원의 전황이 악화되어 위험 수위에 도달하자 참모총장은 계획을 변경해 티베리아스 호(湖)가 바라보이는 언덕 가까이까지 다가오는 시리아군 기갑부대를 먼저 제압하도록 명령을 내렸다. 시리아군의 돌진이 역사상 세 번째의 유대 신전의 파멸로 이어지는 것으로 느꼈기 때문이다.

SAM의 제압은 정말 필요로 하는 시기를 중시하여 몇 회로 나누어 실시하기로 했다. 그리하여 10월 7일~22일 사이에 6회에 걸쳐 이집트군 SAM을 공격해, 배치된 62개 사격단위 중 항공부대가 40개, 지상부대가 16개를 파괴했다.

한편, 대(對) 지상작전에서는 포트사이드 주변의 제공권을 획득한 후, 해안도로를 연해 작전하는 이집트군 부대의 후방보급로를 차단하고 증원을 저지시키는 데 성공했다. 그 정면에서 이집트군은 2개 보병여단과 부다페스트 거점 부근에 상륙한 1개 특수여단을 갖고 바르자 로마니 지구를 점령하려고 했지만, 이스라엘군은 전쟁기간 중 최대 규모의 공지합동작전으로 그것에 대응했다.

이집트군 제3군 정면에서도 공격을 격퇴한 후 격렬한 대지공격을 실시해 전차를 비롯한 각종 장비를 다수 파괴하였다. 다른 주목할 만한 전과는 10월 8일 정오경, 운하에 걸쳐있는 전 교량을 파괴한 것이며, 그 후 이집트군 기갑부대는 야간에 겨우 4개의 교량을 사용할 수밖에 없었다. 수에즈 운하 서안 진공작전 때의 대지작전도 매우 가치가 있어, 전과확대를 실시하는 사단이 유효적절하게 공군력을 활용했다.

골란에서는 10월 7일 05:30분, 티베리아스 호(湖) 근처까지 다가온 시리아군 전차를 파괴해 그 전진을 저지시키는 데 성공했다. 그리고 우리 공군의 대지공격능력을 실증한 또 하나의 경우는 적지 후방 깊숙한 곳에 존재하는 목표에 대한 저지작전으로서, 작전 실시 결과 아랍군 후방 연락선에 직접적인 위협을 가할 수 있었다. 아랍군은 전방지역에 상당한 방공전력을 집중했는데, 후방지역도 경시하지 않았다. 이집트군은 158개의 SAM 사격단위 중 62개를 운하 주변에, 96개를 후방지역에 각각 전개하였다. 그렇지만 그들의 방공조직은 우리 공군의 행동을 제한하는 것도, 또 기도를 파쇄하는 것도 할 수 없었다.

3. 교훈

한편, 이집트·시리아 양 공군의 전투기 부대는 그 노력의 80~90%를 그들의 영공 공역의 방공에 투입할 수밖에 없었다.

다음에는 보안상 저촉되지 않는 범위 내에서 5개 분야에 걸쳐 교훈이 되는 사항을 소개한다.

가. 정보

지상, 특히 전장에서 언제나 신속 정확한 전황에 관한 정보자료 수집 책임은 이들 정보 분석 결과에 기초한 목표에 대하여 공격하라는 명령을 받는 부대, 즉 공군이 관장하는 편이 좋다. 그런 종류의 정보는 지휘중추에 신속히 전해져야 할 성질의 것이다. 앞으로 목표 발견에서 공격완료까지의 시간을 30분 정도로 단축시키지 않으면 안 된다. 종래의 전쟁에서 유동적 상황에 즉각 대처하기 위해서는 이와 같은 착상이 중요했으며, 실현 가능할 것으로 확신한다.

나. 통신

당연한 것이지만 전쟁을 통해 각종 통신수단의 가치가 인식되었다. 앞으로 음성, 디지털, 아날로그, 비디오 등 각종 수단이 대대적으로 활용되겠지만 활용 및 속도와 더불어 신뢰도를 증가시키지 않으면 안 된다.

다. 지휘통제기능

공군의 지휘통제기능은 본래 어려움이 따르며, 게다가 고가(高價)다. 재공(在空) 부대 지휘의 실효를 거두기 위해서는 소부대 단위의 운용이 바람직하지만, 지상지원기능에 관해서는 정비작업의 효율상 집권적인 큰 조직이 유리하다. 이 때문에 공군의 지휘통제기능은 기본적으로는 집권적이지만 북부, 남부, 동부 3개 정면의 전황에 따라 하급부대에 일시적으로 권한을 위임하는 등 유연성을 갖추어야 한다. 만약에 전체 전력이 풍부하다면 전략공군, 전술공군, 방공군, 해공군, 통합작전부대 등으로 구분하고, 각각의 소요에 따라 수단을 배분하는 방법도 유력한 방안 중 하나다. 현실은 동일의 비행대를 갖고 시종일관 그런 임무를 동시에 수행하지 않을 수 없기 때문에 현재는 그와 같은 편조는 채용하기 어렵다.

라. 대(對) SAM

최신형 SAM은 원래부터 고가(高價)이고, 유능한 조작자를 양성 및 획득하기 어렵기 때문에 일반적으로 볼 때 수량의 제약을 받는다. 그런데 이번 전쟁에서 아랍군 지상부대가 전장에 투입한 최고의 무기는 지상전투용 무기가 아니었다. 아랍군 각 사단 내에서 가장 고가의 무기는 SA-6였다. 방공을 중시하는 것은 지상부대의 주된 임무가 아니며, 또 전선에 배치된 SAM은 취약한 목표이고, 대부분의 경우 그것을 격파하는 것은 비교적 용이하다.

SAM은 단일 임무(항공기 격파)밖에 사용할 수 없는데, 그것에 대항하는 항공전력의 용도는 다양하다. 방공조직의 제압을 고려할 때 발생하는 유일한 문제점은 해당 임무의 중요도와 다른 임무의 중요도를 비교했을 때 어느 것이 더 중요하냐는 것뿐이다. 앞으로 항공전력의 관계는 각각의 본질로부터 상대적인 것으로 보아야 하며, 값이 비싸고 수량의 한도가 있는 SAM이 절대적으로 유리하다고 단정할 수 없다.

마. 무기체계

스탠드 오프(stand off) 무기에 관해서는 오해가 많은 것 같다. 사정이 길어지면 정확도를 향상시키는 것이 문제의 핵심이다. 스탠드 오프 무기는 전투원의 생명이 고귀함을 대전제로 한 후 비용 대 효과를 충분히 검토해야 한다. 앞으로 우리는 핀 포인트(pin point) 형, 즉 원형공산오차(CEP : Circular Error Probability) '제로(0)'의 무기를 추구하면서, 그 때 투사되는 폭약의 양과 바람직한 목표(표적)가 논의의 초점이 될 것이다. 장래 200㎢의 지역을 제압함과 동시에 1㎢의 작은 목표(표적)에 정확하게 명중할 수 있는 성능을 가진 무기의 출현을 기대할 수 있다.

4. 결언

무기만큼이나 싸우는 사람의 정신적 요소야말로 더욱 더 중요하다. SAM은 실제로 기계화된 장난감이며, 탄두가 목표를 추적할 수 있도록 한 단순한 로봇(robot)이다. 베트남, 이어서 이스라엘이 실증한 것 같이 고도의 무기는 조작하는 자의 정신적 요소보다 능력에 좌우된다. 다시 말하면 단지 조작기술만이 아니고, 그것에 정신적 요소가 부가되어야 비로소 그 무기가 충분히 성능을 발휘한다. 전투에서 무기와 인간의 양면을 분석하지 않으면 의미가 없다. 따라서 무기를 연구·개발할 때는 전투에서 인간의 연구를 잊어서는 안 된다. 이스라엘이 지금 우위를 유지할 수 있는 것은 전자보다 후자를 중시하고 있기 때문이다.

▌▌▌▌ 이스라엘 측 군사논문 [4] ▌▌▌▌
10월 전쟁에서 해군의 교훈

해군사령관
벤자민 텔렘 소장

1. 이스라엘 해군의 초기 상황

10월 전쟁의 해상전 양상에서 종전에는 예상할 수 없었던 것도 인지했다. 1940년대부터 1970년 사이, 우리 해군은 직면하는 정세에 따라 그것에 부적합한 무기 및 함선을 새로운 것으로 교체하는 등 비약적인 발전을 이룩했다. 그렇지만 단지 구형 장비라고 해서 그것의 가치를 경시하는 것은 적절하지 않으며, 승조원의 훈련, 피난민을 타국으로 수송하는 임무 등에서 큰 역할을 했다.

이스라엘 해군 창설기의 배(船) "노스랜드 호(號)"에 관하여 참고할 정도로 소개하겠다. 이 배는 1927년에 건조한 쇄빙선이었고, 제2차 세계대전 중에는 미국 연안경비대 선박으로 사용되었으며, 1947년 파나마 운하 회사에 10달러에 매각된 후 하가나 단(團)의 손에 넘어갔고, "쥬위슈 스테이트 호(號)"로 개명되었다. 이민선으로 취항 중, 영국 해군 구축함과 충돌했는데, 쇄빙용의 뱃머리로 영국 함을 손상시키는 사고가 일어났다. 그 후 "INS 에일라트"로 다시 개명하고 이스라엘 해군에 편입되어 갑판에 화포를 장비했다. 동 선박은 독립전쟁 때 텔아비브 앞바다 해전에 참가했고, 그때 적함을 남방으로 후퇴시키는 데 성공했는데, 당시 최대 속도는 7노트에 불과했다.

10월 전쟁에서 해군사상 특필할만한 사항은 쌍방이 함대함 미사일을 사용했다는 것이다. 미사일함 전술사상은 1950년대 후반 소련에서 처음 개발된 결과, 1959년에 이르러 스틱스 미사일을 장비한 코마형(型) 주정이 등장했다. 상기의 전술사상은 장사정이며, 정밀도가 높은 액티브 호밍형 미사일을 장비한 고속주정을 다량으로 운용하는 사고방식에 기반을 두었다. 또 예상교전거리는 35~45㎞로서 종전의 상식을 훨씬 뛰어넘는 거리였다.

주력으로부터 예상교전거리의 1/2(약 17~22㎞) 정도 앞에서 행동하는 정찰부대 또는 초계기가 적을 조기에 탐지 식별하면 주력부대가 최대 사정에서 기습적으로 사격하는 것이 소련 해군이 개발한 전술개념이었다. 이는 확실히 간명한 사고방식이었다. 그 반면 대량의 미사일 및 주정의 남용에 전적으로 의존하고 있는 점이 결점으로 인지되었다. 중량 약 400㎏의 고폭탄으로 이루어진 스틱스 탄두는 1발로 1만톤 이상의 군함에 큰 피해를 줄 수 있으며 작은 주정은 필히 격침시킬 수 있다. 더구나 어선 등과 같은 작은 목표에 대해서도 명중 정도가 대단히 높다. 미사일 발사 후 함정은 적함과의 간격 및 고속기동력을 이용하여 교묘하게 이탈한다.

이러한 소련의 새로운 발상은 종래의 각국 함대에 대한 중대한 위협으로 받아들여졌다. 1962년에 코마(Komar)가, 1966년에 오사(Osa)가 각각 출현한 후 이집트 해군은 동구 국가들 이외에 세계에서 최초로 이들 신형 주정을 보유했다. 이것을 간파한 우리 해군은 피아의 힘의 균형에 영향을 미칠 것으로 예기하고, 새로운 전술의 시대가 도래했다는 것을 감지하고 있었지만, 현실에서는 기습의 시련에 조우했다. 1965년 당시, 우리의 Z형 구축함(대전 중 영국함정)은 코마, 오사 중 어느 것에도 대항할 수 없었으므로, 해군에서는 전술, 전법의 개선을 그것보다 빠른 시간 내에 추진하고 있었다. 이집트 해군은 1962년 미사일 보트 등장 후 대대적으로 그 효과를 과대 선전하는 데 힘썼다.

2. 미사일 보트 사상의 발전

우리 해군은 Z형 구축함의 사거리 밖에서(out range) 교전할 수 있는 이집트 해군의 스코리급 구축함의 5인치 함포에 대응하기 위하여 사정 20㎞의 가브리엘 함대함 미사일을 개발하였다. 1962년 당시, 2급 구축함에 이러한 종류의 미사일을 장비해 적 구축함을 사격하는 방법을 임시방편으로 채용했다.

6일 전쟁 무렵부터 우리 군의 상태는 상당히 개선되었다. 즉 새로운 전술사상에 기초하여 레이더에 의해 완전 자동으로 조작되는 가브리엘 미사일 외에 40밀리 포 및 76밀리 포를 장비한 250톤의 함정을 다수 보유하게 되었기 때문이다. 다만 함정의 대부분은 생산 중이었고, 또 그 일부는 여전히 설계 중이었다. 프랑스의 셸부르 조선소에서는 이스라엘 및 전 유럽의 소형 함정을 건조하고 있었다. 1967년 당시, 이스라엘 해군은 새로운 전술 사상의 발전을 위해 적극적으로 노력한 결과, 현재의 참신한 사고방식과 구형의 무기 및 장비를 조합시켜 언뜻 보기에 기묘한 형태의 작품을 만들었다.

동년 10월, 2급 구축함 "에일라트"가 스틱스 미사일을 장비한 코마 미사일 보트에게 취약하다는 사실을 비극적으로 실증했다. 동함과 47명의 장병을 잃은 해군은 신시대의 전투에 적합하도록 신속히 체질을 개선해야 할 필요성을 통감했다. 12월, 최초의 미사일 보트 "미부다하"가 하이파 항에 도착했는데, 아직 무기를 장착하고 있지 않았다. 그 후 동형의 미사일 보트 "오일엑스브로 아레이숀"이 도착한 후 5년 동안 미사일 탑재, 성능평가 등에 관하여 검토를 거듭하였다.

1968년, 홍해에서 해군의 임무에 부응하는 레세프급 함정의 설계가 시작되었고, 1970년에는 동 함정을 건조하기 시작했다. 우리 해군의 전술사상은 가브리엘이 스틱스에 2:5의 비율로 사거리 밖에서 교전하는 것을 전제로 하여 발전시킬 수밖에 없었다. 즉 오사 미사일 보트와 교전하는 우리 미사일 보트는 20~30㎞의 사거리 상 사계(死界)를 어떤 방법으로 극복할 것인가가 가장 큰 문제였다. 이 때문에 3단계에 걸쳐 대항하는 전법을 채택했다.

- 제1단계 : 조기에 적을 탐지, 식별한다.
- 제2단계 : 우리 미사일의 사정까지 접근한다. 이 경우 적 미사일을 회피하기 위한 조치를 강구한다.
- 제3단계 : 미사일, 이어서 함포로 적함을 사격하여 파괴한다.

당연히 제2단계가 가장 곤란했으므로 적 미사일의 직격을 회피하는 대책으로서 전자전을 주목하였다. 전자전은 대 미사일 방어 조치와 함정 자체의 고속운항을 조합시킨 것이었다.

1968~1973년 사이에는 상기 제2단계의 개선책이 전법과 전자기술 상 가장 중요시 되었다. 전자기술 상의 문제점은 함정의 비좁은 공간에 탑재(설치)할 수 있고, 또한 신뢰도가 높은 장비의 개발이었다. 전자전 무기자체는 서구의 어느 곳이나 존재하고 있지만, 우리들은 다음의 두 가지 문제점에 직면했다. 첫째, 어느 나라도 즉시 사용할 수 있는 적당한 장비를 인도해 주려고 하지 않았다. 둘째, 우리들이 획득 가능한 장비는 본래 공간의 제약을 받지 않는 대형 함선용이었다.

그 밖에 소형 함정을 기준으로 한 전자전 사상은 전혀 존재하지 않았다. 서구 각국은 미사일 보트 및 이들에 수반하는 전자전 장비의 필요성을 전혀 느끼고 있지 않았기 때문이다. 따라서 개발담당관, 전자산업 관계자, 함정 승무원의 상호 협력 하에 새로운 기술을 창출하는 동시에 실용시험과 훈련을 통해 문제점을 해결했다.

3. 10월 전쟁에서의 해전

10월 전쟁 개전 시, 미사일 함대는 전술적으로 아직 미흡한 단계였기 때문에 위험한 부분도 적지 않았지만 5년간 축적한 실력을 바탕으로 10월 6일, 야전(夜戰)을 결행하기로 했다.

10월 6일 밤, 시리아 해군이 하이파 등을 공격할 것으로 예상되었기 때문에 5척의 전투초계대가 북 정면에 전개하였다. 22:30분, 라타키아 근해에서 경계중인 시리아 해군 어뢰정 1척과 접촉했다. 그 어뢰정과 포화를 주고받는 도중에 또 다른 적 미사일 보트 수 척과 T형 소해정 1척이 이스라엘 함대의 동쪽 해상에서 연안을 향해 이동하고 있다는 정보를 받았다. 그래서 1척은 남아서 시리아 해군 어뢰정과 계속 교전을 하도록 하고, 나머지 주력은 새로운 적을 향해 이동했다. 이 해전의 특징은 다음과 같다.

탐지 거리	약 40km
적 미사일의 사격개시 거리	약 37.5km
아 미사일의 사격개시 거리	약 20km
라타키아 남방 해상에 좌초한 코마를 40밀리 함포로 격파	
종합전과	오사 1척, 코마 1척, K123형 어뢰정 1척, T43 소해정 1척 각각 격침

아군피해   없음

10월 8일 밤, 이집트 해군이 알렉산드리아에서 포트사이드로 증원하고 있을 것이라 예측하고, 동 해역에 6척의 전투초계대를 분파했다. 우리 해군은 양개 항구를 연결하는 연락선을 차단하라는 명령을 받았기 때문이다. 18:46분, 함대는 다미에타 근해에 도달했고, 21:10분, 약 40㎞ 거리에서 최초의 적을 발견했다.

10월 9일 01:15분, 이집트 해군이 사거리 48㎞에서 미사일 12발을 일제히 발사했는데, 우리는 적을 추적해 약 20㎞까지 접근했다. 20분간 추적 후 4척의 오사에 대하여 사격을 퍼부은 결과 3척을 격침하고 1척을 바르탐 근해에 좌초시켰는데, 아군의 피해는 전무했다. 양 해전 후, 잠수함을 제외하고 아랍 측 해군은 육상에서 포병과 미사일로 사격을 해왔다.

홍해 해역에서의 양상은 약간 달랐다. 동 해역용의 레세프 형 미사일 보트가 지중해역에 배비한 2척을 제외하고 아직 전개하고 있지 않았던 것이 영향을 미쳤다. 예상했던 대로 카르다카 항(港)의 적 미사일 보트 및 수에즈 만(灣) 내의 적 해상특공부대는 샤름 엘 세이크와 나란히 엘 토르~아부 루데스~라스 수다르 도로와 그것에 연하는 해상연락선을 노리고 활발히 행동하고 있었다.

적은 수에즈 만 안의 우리 지배지역에 상륙하기 위해 탄약 등을 적재한 어선대(漁船隊)를 준비하고 있었다. 이에 대하여 우리는 겨우 6척의 W형 소형함정과 특공부대를 갖고서 적의 주된 활동거점인 카르다카 항을 목표로 공격했다. 다음에는 카르다카 항 습격의 전형적인 일례를 소개한다.

작전목적은 항내에 잔류한 1척의 코마를 격파하는 것이었다. 10월 22일 새벽녘, 우리 특공대가 탑승한 2척의 소형함정은 모래톱의 간격을 이용하여 정박지로 잠입 후 투묘중인 코마를 발견했다. 적 함정은 약 50m 거리에서 대전차로켓을 발사했다. 회피 행동을 취하던 우리 소형함정 중 1척은 코마가 정박한 부근의 해안에 좌초했다. 특공대원들은 대전차 수류탄을 코마의 연료탱크에 투척하여 선체 전부를 염상시켰다. 그 후 좌초한 소형함정을 수면으로 끌어내어 탈출하는 데 성공했다. 코마를 격파한 것에 비해 우리 측의 인원피해는 전무했다.

이집트 해군은 홍해에서 제해권을 장악하고, 바브 엘 만디브 해협의 봉쇄에 성공했지만,

우리 W형 소형함정과 특공대가 활동한 수에즈 만과 쥬바르 해협의 수로는 끝까지 제압하지 못했다. 이 해역에서 이집트 해군의 유일한 성공사례는 기뢰 부설과 정전 후 아부 루데스로 향하던 탱커를 격파한 것뿐이었다. 쥬바르 해협의 기뢰 부설은 이집트 자신의 선박들 통과에도 지장을 주었다. 한편, 제해권을 갖고 있던 이스라엘 측은 정전 4일째 이후 아부 루데스로 통하는 항로를 재개시켰다.

4. 10월 전쟁의 교훈과 앞으로의 전망

이번 전쟁에서의 해군 전술 및 전법과 과학기술이 앞으로의 전쟁에서 계속 전적으로 적용되지는 않을 것이다. 아랍 측은 그들의 입장에서 전술을 배웠고, 그 나름대로 교훈을 체득했을 것이다. 현재 상태에서 이번 전쟁의 교훈을 앞으로 어떻게 적용할 것인가 묻는다면 우리들은 이미 적에게 알려지고 이용될 위험성이 있는 기존의 사고방식도 이미 구식화되었다고 간주하고 다음 전쟁에 대비해야 한다고 답하겠다. 이것을 전제로 새로운 기술을 도입하여 재조정하고 점검을 반복하며 개선을 위해 노력을 해야지, 언제까지나 과거의 영광에 도취되어 있어서는 안 된다.

미사일 보트의 전술사상은 해상 전반에 절대적 지위를 차지하고 있지 않다고 말하지만, 연안 또는 특정한 해역에서는 중요한 의의를 갖는다. 이스라엘 해군은 홍해 및 지중해 전역을 미사일 보트의 전장으로 생각하고 있다. 우수한 미사일 보트 운용상의 요구는 다음과 같다.

- 고속성과 운동성
- 우수한 미사일 시스템
- 우수한 전자전 장비
- 대 미사일 방어능력

오랫동안 위와 같은 네 종류의 요구를 모두 만족시키고, 협소한 함 내에 설치할 수 있는 좋은 방법이 등장하지 않았다. 따라서 당분간은 어느 것이든 한 가지의 요구를 완전히 충족시키기 위해 다른 요구를 희생시켜 전반적으로 조화를 추구하면서 동시에 가격을 낮추려고 시도할 것이다. 전장에는 다수의 미사일 보트가 등장할 것인데, 직격을 받을 가능성을 감소시키기 위해 분산소개(分散疏開)가 강조될 것이다.

종합적으로 볼 때, 이런 종류의 장비는 절대로 고가여서는 안 된다. 그럼에도 불구하고 적절한 성능을 구비해야 하므로 방위정책상 최우선으로 둘만하다. 전후 아랍은 해군력에 대한 투자를 확대하고 있으며, 동구 국가들을 대상으로 수상함정, 잠수함, 미사일 시스템, 전자전 장비 등에 관해 연구 조사활동을 활발하게 진행하고 있다.

아랍의 해군력에 대한 투자비율은 공군력 및 지상전력에 비해 상당히 증가하고 있다. 이집트, 리비아, 알제리아, 모로코, 시리아, 사우디아라비아 및 이라크의 모든 해군력은 장차 국지적으로 위협적인 존재가 될 것이며, 수에즈 운하를 이용할 수 있는 유리점과 함께 홍해와 지중해에서 중대한 영향을 미칠 것이라고 생각한다.

10월 전쟁은 이스라엘과 아랍 모두에게 해상교통로의 중요성을 인식시켰다. 일정기간 스스로 해상교통로를 확보하는 것의 의의와 함께, 정치적 이유에 의해 장기간 확보하는 것이 얼마나 어려운지도 실증되었던 것 같다. 도시 및 중요산업이 지중해 및 홍해와 인접한 지역에 집중되어 있는 우리 국토의 현실을 살펴보면 장래의 전쟁에서 해군력의 성쇠(盛衰)는 중대한 영향을 미칠 것이다. 아랍 측 또한 해군력의 중요성을 인식하고, 그것을 위해 오일달러를 사용해 다시 현대적인 전력을 건설하는 데 노력하고 있다는 사실을 잊어서는 안 된다.

▌▌▌▌▌ **이스라엘 측 군사논문 [5]** ▌▌▌▌▌

동·서 양진영의 무기체계와 그 과학기술의 관찰

전 국방부 연구개발부장
우지 에이람 준장

1. 개요

기술적 전제가 다른 두 종류의 무기체계 비교는 본래 대단히 어려운 일이다. 따라서 이번에는 전략 전술상의 교리와 신무기체계 사용의 상관관계에 주안을 두고 어느 정도 한정된 범위 내에서 동서 양진영의 과학기술을 비교해 보겠다.

소련은 풍부한 인적 전력 외에 유럽을 예상전장으로 하고, 실전 경험이 없는 상태에서 30년간에 걸쳐 교리를 발전시키고 있다. 소련제 무기를 사용해서 싸웠던 타국군의 전훈은 당연히 교리 개선에 반영되고 있다. 서구 및 미국 측도 한국전쟁 및 베트남전쟁의 최신 교훈이 신무기체계의 사고방식에 영향을 미치고 있다. 제2차 세계대전 후의 전쟁은 국지전이고 사용할 전력의 양을 한정하면서 상대측에게 최대의 피해를 강요하는 성격이기 때문에 무기체계를 개발하는 데는 다음 사항을 고려하고 있다.

① 개발을 요구하는 전술교리의 내용
② 최고도의 성능을 발휘할 수 있게 하는 참신한 과학기술
③ 전훈에 의해 직접 반영된 운용상의 요구

소련은 상기 사항 중 '①'을, 미국은 '② ③'을 각각 중시해 무기체계 개발에 노력하고 있는데, 그들의 실체를 각 분야별로 관찰해보겠다.

2. 미사일

가. 대전차 미사일

6일 전쟁 당시, 소련의 스내퍼는 지프형 차량위에서 발사했는데, 별 위협이 되지 않았다. 10월 전쟁 시, 새거는 스내퍼와 원리적으로는 거의 동일했지만 더욱 경량화 되었다. 새거가 성공을 거둔 원인은 방어를 실시하는 보병이 대량으로 집중 사용한 데 있었다. 서측의 토우(미국), 드래곤(미국), 호트(미국, 프랑스) 및 밀란(독일, 프랑스)은 새거와 동일하게 유선유도식이지만 기술적으로 새롭고 성능도 좋다. 그렇지만 새거가 조작이 간편하다고 보는 시각이 지금으로서는 유력하다.

나. SAM

동·서 양측의 SAM을 단순히 비교해서 잘못된 결론을 내리는 경우가 적지 않다(예 : 스트렐라와 레드 아이, SA-6와 개량 호크).

- 시스템 전체와 유효 범위 외, 다른 시스템과 조합의 적합성 여부 등을 총합적으로 검토하지 않으면 무의미하다.
- 스트렐라, 57밀리 포, 23밀리 포가 함께 전선 부근에 집중 전개하면 2,000m 이하의 경 대공 목표(표적)에 대하여 유효하다. 또 SAM(SA-2, 3, 4 등의 조합)은 전선으로부터 수십 ㎞ 후방지역에 걸쳐 고도 20㎞ 이하 공역을 대처할 수 있다.
- SA-6는 시스템 자체의 신뢰성을 유지하면서 기동력을 이용해 필요한 시기, 장소에 대공엄호를 가능하게 한다.

다. 함대함 미사일

오사, 코마, 각 미사일 보트는 해전에 일대 변혁을 가져왔지만, 처음에 서측은 충분히 인식하지 못했다. 그래서 미국이 하픈 미사일 개발에 착수한 것은 1968년에 에일라트가 격침되고 나서였다.

라. 레이저 폭탄

북베트남의 교량, 병참선 등을 파괴할 목적으로 등장한 이래 높은 정밀도가 관심을 불러일으켜 각종 형태의 폭탄이 개발되기 시작했다.

마. 공대지 스탠드 오프(stand off) 미사일

전훈의 결과 개발된 대표적인 무기다. 적은 피해로 SAM 진지를 유효하게 격파한다는 요구에 따라 미국이 내놓은 해답으로서 콘돌, 워르아이 및 EOGB2가 개발되어 실용화 되었다. 이러한 시스템은 SAM의 사정권 밖에서 그 진지를 격파할 수 있다.

3. 통신 레이더

■ 전장 통신 분야에서도 동·서 측의 과학기술을 비교해 볼 수 있다. 지금 사용하고 있는 무전기는 소련의 R-123과 미국의 AN/VRC-12가 있는데, 과학기술 수준에서는 동측이 서측에 비해 1세대 뒤져 있다. 예컨대 동측은 신세이더, LSI, 하이프리트 등 최신형 회로를 아직 채용하지 못하고 여전히 진공관을 다용하고 있다. 또한 트랜지스터는 전원부에만 사용되고, 설계의 사고방식도 구식이다. 제어수단은 동측이 주로 전자기계식인데 반해 서측은 대부분 자동식 및 전자식을 이미 실용화하고 있다. 인간공학적인 면에서도 양자의 차이는 현저했다. 이를테면 R-123은 전담 기술자가 아닌 경우에는 취급 및 조작이 대단히 불편했다. 또 AN/VRC-12 무전기는 조작자 스스로 여러 개의 주파수를 전치(前置)할 수 있는 프리셋(preset) 기능이 있는데, R-123

무전기는 그렇게 편리하지 않았다.

전반적으로 보았을 때, 동측 장비의 기술은 구형이지만 성능은 거의 서구의 동종 장비에 필적했으며, 기구가 간단하고 신뢰성이 풍부했다. 소련은 제2차 세계대전 중 스스로 개발한 레이더가 없어서 오로지 미국이 공여해주는 장비에 의존했다. Son-9형 대공용 레이더는 미국제 SCR-584를 그대로 모방한 기재였고, 진공관은 미국제와 자국제를 혼용하고 있었다. 이것을 참고하여 개발한 것이 Son-50형이었고, 베트남에서 전자전 수행을 위해 TV 트래킹(tracking; 레이더에 의한 미사일 추적) 장치 등을 부가하였다.

- 소련의 레이더 분야는 시스템 전체로서는 비교적 진보하고 있었지만, 그곳에 적용되는 기술은 늦어지고 있다. 다만 서측에 새로운 전자전 대책을 강요한 Ku밴드의 사용 및 시스템의 간소화 등에 관해서는 주목할 필요가 있다. 그밖에 대부분의 사격통제장치를 보면 전자·목시 겸용 조준 기능도 구식이라고 말하지만 전장에서 실용성이 뛰어나기 때문에 경시할 수 없다. 제어장치의 대부분은 수동이고 프로세서(processor)는 별로 보이지 않는다. 장래에는 서측 컴퓨터의 마이크로 프로세서로 교체하는 것이 예상된다.

4. 전자장비

전자장비를 개발하는 데 있어서 소련은 가능성 있는 모든 것을 다루고 있다. 포병용 사격통제·SNAR, 지상항법장치·TNA2, 인원 및 차량용 탐지레이더, PSNRI·지상용(대) 전자경보 기재 등이 그 예다. 이들 시스템은 어느 것이나 기본적인 기술에 입각해 있기 때문에 구조는 복잡하지 않다. 소형화 경향에 관해서는 서측의 유사한 시스템에 비해 뒤떨어졌고, 송신용 진공관의 전력소비량도 과다하다.

- 소련제 전자장비의 장점은 정비 및 보정작업이 간단하고 쉽다는 것이다. 또한 지상무기의 대부분이 자주화되었기 때문에 그것에 관련된 장비의 양이 많아져 결과적으로는 병력들의 노고가 증대되는 폐해가 생기고 있다. 동측, 즉 소련 계열 시스템의

공통적 특성은 구조의 간소화에 있다. 소련제 야시장비는 성능이 좋고 신뢰도가 높은 액티브(active) IR형의 조종용 잠망경과 차장(포수용) 조준경으로서 모든 전차 및 장갑차의 고유 장비다.

한편, 패시브(passive) 방식의 야시장비는 서측에 비해 현저하게 뒤떨어졌다. 소련의 신형 전차가 레이저식 거리측정기를 장비하고 있는 징후가 인지되므로 다른 신형의 패시브 야시장비의 존재도 추측할 수 있다.

5. 소련제 무기체계의 경향

10월 전쟁에서 본 소련제 무기체계의 특징은 취급 및 조작의 용이성이다.

- 소련의 무기 행정은 개발이 미완료 된 무기라 할지라도 필요에 따라 전장에서 사용하는 것을 주저하지 않는다.
- 그 때문인지 동일시기, 동일부대 내에 형식이 다른 동종의 무기가 혼재해 있다. 소련제 무기는 작은 개량을 거듭하면서 장기간 존속 후 참신한 형태로 다시 태어나는데, 그 예로서 T-62 전차로 변천해 가는 것을 들 수 있다.
- T-54 전차에 작은 개량을 더해 T-55 전차가 되었고, 이어서 좀 더 큰 개량(특히 포의 확장)을 한 후 T-62 전차로 넘어갔다. 종전의 전차포인 76밀리 포(T-34, PT-76), 85밀리 포(T-34), 100밀리 포(SU-100, T-54/55), 122밀리 포(JS-3, T-10)는 어느 것이나 야포 또는 함포를 전용한 것이나 다름없다. T-62 전차의 115밀리 포는 전차 전용으로 만들어진 포로써, 사상 최초로 전장에 나타난 활강포신이다. 서독에서도 동종의 포가 개발되고 있지만 아직 부대에 장비되지는 않았다. 이스라엘군이 포획한 T-62 전차를 분석한 결과, 미국의 M60A3 전차에 비해 열세하다는 사실이 판명됐다. BMP-1형 보병전투차는 서구사상에 가까운 무기로서 지금까지 소련에서는 찾아보기 힘든 복잡한 무기체계였다. BMP-1은 앞 세대의 형태와는 달리 획기적으로 변모한 모습을 취해 73밀리 활강포, 새거 대전차 미사일, 패시브 식 포수용 야간조준경을 각각 장비하기에 이르렀다. 탑승 인원은 승무원 3명(차장, 포수, 조종수) 외에 보병분대(8명)을

포함해 11명이다. 기구의 복잡함과 가격면을 감안한다면 BMP-1은 거의 전차에 필적하는 가치를 갖고 있다. 서독의 마르더, 프랑스의 AMX-10P(양자 모두 밀란 대전차 미사일을 장비)가 겨우 BMP와 유사하다는 것을 제외하고, 서구에는 아직 BMP-1에 대비할만한 보병전투차가 존재하지 않는다고 말하겠다.

6. 결언

동측의 무기체계사상과 그 구체화 경향에 관해서는 상당한 장점을 인정받고 있다. 즉, 얼핏 보기에는 조잡하고 단순하지만 신뢰성이 풍부하다. 서구 측의 과학기술 수준은 지금도 계속 발전하고 있지만 차기 단계의 요구에 따른 노력이 충분하지 않다. 따라서 10월 전쟁의 교훈을 충분히 연구하고 활용해야 할 것이다.

참고문헌

김희상, 『中東戰爭』, (서울 : 일신사, 1977)

사이먼 던스턴/박근형, 『욤 키푸르 1973(1, 2)』, (서울 : 플래닛 미디어, 2007)

플라비우스 요세푸스/박정수·박한웅, 『유대전쟁사』, (서울 : 나남, 2008)

데이비드 프롬킨/이순호, 『현대 중동의 탄생』, (서울 : 갈라파고스, 2016)

제러미 보엔/김혜성, 『6일 전쟁』, (서울 : 플래닛 미디어, 2010)

최성권, 『중동의 재조명』, (서울 : 한울아카데미, 2011)

甲斐靜馬, 『中東戰爭』, (東京 : 三省堂, 昭 46年)

田上四郎, 『中東戰爭全史』, (東京 : 原書房, 1981)

服部 實, 『現代局地戰爭論』, (東京 : 原書房, 昭 48年)

Anwar el Sadat/朝日新聞 東京本社 外報部, 『サダト自伝』, (東京 : 朝日新聞社, 昭 53年)

John W. Spanier/田村辛策·花井等, 『戰後 アメリカ 外交政策』, (東京 : 鹿島研究出版社, 昭 47年)

John Kimche/田中秀穗, 『パレスチナ現代史』, (東京 : 時事通信社, 昭 49年)

Moshe Dayan/込山敬一郎, 『イスラエル鷹』, (東京 : 讀賣新聞社, 昭 53年)

Shimon Press/古山樺, 『ユダヤの挑戰』, (東京 : 讀賣新聞社, 昭 48年)

A. J. Barke, 『Arab-Israeli War』, (London : Ian Allan, 1980)

_____, 『Six Day War』, (New York : Ballantine Book, 1974)

Abdullah Schliefer, 『The Fall of Jerusalem』, (New York and London : Monthly Review Press, 1972)

Abraham Rabinovich, 『The Battle for Jerusalem』, (Philadelphia : Jewish Publication Society, 1987)

Ahron Bregman, 『A History of Israel』, (London : Palgrave, 2002)

_____, and el-Tahri Jihan, 『The Fifty Years War』, (London : Penguin/BBC Books, 1998)

Albert Hourani, 『A History of the Arab Peoples』, (London : Faber & Faber, 1991)

Amos Elon, 『A Blood-Dimmed Tide』, (London : Penguin, 2001)

Amos Perlmutter, 『Politics and the Military in Israel』, (Frank Cass, 1978)

Anthony Nutting, 『Nasser』, (New York : Dutton, 1972)

Anwar El-Sadat, 『In Search of Identity』, (New York : Harper & Row, 1978)

Arie Brown, 『Moshe Dayan and the Six-Day War』, (Tel Aviv : Yediot Aharonot, 1997)

Ariel Sharon, 『Warrior』, (New York : Simon & Schuster, 1989)

Aviezer Golan, 『The Commanders』, (Tel Aviv : Mozes, 1967)

Avigdor Kahalani, 『A Warrior's Way』, (Tel Aviv : Steimatzky, 1999)

_____, 『Combat Data Subscription Service』, (New York : Harper & Row, 1978)

_____, 『The Height of Courage : A Tank Leader's War on the Golan』, (Praeger, 1992)

Benny Morris, 『Righteous Victims : A History of the Zionist-Arab Conflict 1881~1999』, (John Murray, 2000)

Chaim Herzog, 『The Arab-Israeli War : War and Peace in the Middle East』, (Arms and Armor Press, 1982)

_____, 『The War of Atonement : The Inside Story of the Yom Kippur War, 1973』, (London : Weidenfeld and Nicholson, 1975)

D. A, Farnie, 『East and West of Suez』, (London : Clarendon Press, 1962)

David Eshel, 『Chariot of the Desert : The Story of the Israeli Armored Corps』, (Washington DC : Brassey's, 1989)

David Horovitz, 『Yitzhak Rabin : Soldier of Peace』, (London : Peter Halban, 1996)

David Kimche & Dan Bawley, 『The Sandstorm: The Arab-Israeli War of June, 1967: Prelude and Aftermath』, (New York : Stein & Day, 1968)

Donald Neff, 『Warriors for Jerusalem』, (New York : Linden Press/Simon & Schuster, 1984)

Dr Yehuda Slutsky, 『Under British Rule : History from 1880』, (Jerusalem : Keter Publishing House, 1973)

Edgar O'Ballance, 『No victor, No Vanquished』, (Presidio Press, 1978)

Edward Luttwak and Dan Horowitz, 『The Israeli Army』, (London, 1975)

El-Gamasy, 『Mohamed Abdel Ghani, The October War』, (Cairo : The American University in Cairo Press, 1993)

Eric Hammel, 『Six Days in June : How Israel Won the 1967 Arab-Israeli War』, (New York : Scribner, 1992)

Ezer Weizman, 『On Eagle' Wings』, (New York : Macmillan, 1976)

Gallia Colan, 『Yom Kippur and after』, (Cambridge Univ Press, 1977)

General Beaufre, 『L'expedition De Suez』, (Grasset, 1967)

Gideon Rafael, 『Destination Peace』, (New York : Stein & Day, 1981)

Golda Meir, 『My Life』, (London : 1975)

Henry Near, 『The Seventh Day : Soldiers Talk About the Six-Day War』, (London : Andr Deutsch, 1970)

Howard M. Sachar, 『A History of Israel』, (Oxford Press, 1976)

Hussein, King of Jordan, as told to Vick Vance and Pierre Lauer, 『My 'War' with Israel』, (New York : William Morrow, 1969)

Ian Black and Morris Benny, 「Israel's Secret War」, (London : Warner Books, 1992)

Isam Draz, 「June's Officers Speak Out : How the Egyptian Soldiers the 1967 Defeat」, (Cairo : El Manar al Jadid, 1989)

Jay Cristol, 「The Liberty Incident」, (Washington DC : Brassey's, 2002)

John Norton Moore, 「The Arab-Israel Conflict, I ~III」, (Prinston Univ Press, 1974)

Jon D. Glassman, 「Arms for the Arabs」, (London : 1975)

Kenneth M. Pollack, 「Arabs at War : Military Effectiveness, 1948~1991」, (Lincoln, NE : University of Nebraska Press, 2002)

Lawrence L. Whetten, 「The Canal War」, (The MIT Press, 1974)

Leonard J. Stein, 「The Balfour Declaration : History from 1880」, (Jerusalem : Keter Publishing House, 1973)

Martin Gilbert, 「The Israeli Conflict」, (London : Merton College, 1975)

Matitiahu Mayzel, 「The Golan Heights Campaign」, (Tel Aviv : Ma'arachot, 2001)

Matti Golan, 「The Secret Conversation of Henry Kissinger」, (New York Times Book Co, 1976)

Michael Bernet, 「The Time of the Burning Sun」, (New York : Signet, 1968)

Michael Brecker, 「Decisions in Israel's Foreign Policy」, (Oxford Univ Press, 1974)

Michael Oren, 「Six-Day of War」, (New York : OUP, 2002)

Misha Louvish, 「The State of Israel : History from 1880」, (Jerusalem : Keter Publishing House, 1973)

Mohamed Heikal, 「The Cairo Documents」, (New York : Double day, 1973)

_____, 「The Road to Ramadan」, (Fontana, 1975)

Moshe Dayan, 「Diary of Sinai Campaign」, (New York : Harper & Row, 1976)

_____, 「Story of my Life」, (London : Weidenfeld and Nicholson, 1976)

Nadav, Safran, 「From War To War : The Arab-Israeli Confrontation 1948~1967」, (New York : Pegasus, 1969)

_____, 「Israeli, the embattled Alley」, (Harvard Univ Press, 1978)

Noam Chomsky, 「Peace in the Middle East」, (New York : 1975)

Odd Bull, 「War and Peace in the Middle East」, (London : Lea Cooper, 1976)

Otto Van Pivoka, 「Armies of Middle East」, (Garden City Press, 1979)

Patrick Wright, 「Tank : The Progress of a Monstrous War Machine」, (London : Faber & Faber, 2000)

Peter Dodd and Barakat Halim, 「River Without Bridge : A Study of the Exodus of the 1967 Palestinian Arab Refugees」, (Beirut : The Institute for Palestinian Studies, 1969)

Randolph S. Churghill and Winston S. Churchill, 「The Six-Day War」, (Boston, MA : Houghton Mifflin, 1967)

Raphael Bashan, 「The Victory」, (Chicago : Quadrangle, 1967)

Robert J. Donavan, 「Israel's Fight for Survival」, (New York : New American Library, 1967)

Roland Dallas, 「King Hussein : A Life on the Edge」, (London : Profile Books, 1998)

S.L.A. Marshall, 「Swift Sword : The Historical Record of Israel's Victory, June 1967」, (New York : American Heritage Publishing, 1967)

Sa'ad Al Shazly, 「The Crossing of the Suez」, (American Mideast Research, 1980)

Samir A. Muttawi, 「Jordan in the 1967 War」, (Cambridge : CUP, 1987)

Samuel M. Katz, 「Israeli Tank Battle Yom Kippur to Lebanon」, (Arms and Armor Press, 1988)

Shabtai Teveth, 「The Tank of Tammuz」, (London : Weidenfeld & Nicolson, 1968)

Shimon Peres, 「David's Sling」, (New York : Random House, 1970)

Stephen J. Roth, 「The impact of the Six-Day War」, (New York St Martin's Press, 1981)

Tim Hewat, 「War File」, (London : Panther Record, 1967)

Trevor N. Dupuy, 「Elusive Victory : The Arab-Israeli Wars 1947-1974」, (Macdonald amd Jane's, 1978)

U.S. Army Command and General Staff College, RB. 100-2, Vol. I , 「The 1973 Middle East War」, (Kansas, 1976)

Uzi Narkiss, 「The Liberation of Jerusalem」, (London : Valentine Mitchell, 1992)

Wagih Abu Zikri, 「The Massacre of the Innocents on 5 June」, (Cairo : Modern Egyptian Bookshop, 1988)

Walter Laqueur, 「Confrontation in the Middle East and World Politics」, (New York : 1974)

Wolfgang Bretholz, 「Aufstand der Araber」, (Mnich, 1960)

Yigal, Allon, 「Shield of David : The Story of Israel's Armed Forces」, (London : Weidenfeld and Nicholson, 1970)

_____, 「The Making of Israel's Army」, (Valentine, 1970)

Yitzhak Rabin, 「The Rabin Memoirs」, (London : Weidenfeld & Nicolson, 1979)

Ze've Schiff, 「A History of the Israeli Army」, (San Francisco : Straight Arrow Book, 1974)

중동전쟁전사

발행일	2022년 07월 29일
저자	오정석
펴낸이	이정수
책임 편집	최민서 · 신지항
펴낸곳	연경문화사
등록	1-995호
주소	서울시 강서구 양천로 551-24 한화비즈메트로 2차 807호
대표전화	02-332-3923
팩시밀리	02-332-3928
이메일	ykmedia@naver.com
값	30,000원
ISBN	978-89-8298-199-9 (93390)